Tafel I.

Der 60-zöllige Reflektor und die Turmteleskope des Mt. Wilson-Observatoriums

GRUNDRISS DER ASTROPHYSIK

VON

PROF. DR. KASIMIR GRAFF
OBSERVATOR DER HAMBURGER STERNWARTE
IN BERGEDORF

MIT 6 LICHTDRUCK-TAFELN UND
468 TEXTABBILDUNGEN

SPRINGER FACHMEDIEN WIESBADEN GMBH 1928

ISBN 978-3-663-15381-8 ISBN 978-3-663-15952-0 (eBook)
DOI 10.1007/978-3-663-15952-0
Softcover reprint of the hardcover 1st edition 1928

Vorwort.

Der „Grundriß der Astrophysik" soll künftighin die in gleichem Verlage erschienene „Populäre Astrophysik" von J. SCHEINER ersetzen. Die rasche Entwicklung der Himmelskunde in den letzten Jahrzehnten, die Umstellung ihrer Ziele und Arbeitsmethoden hat bereits bei der vor fünf Jahren erfolgten Herausgabe der letzten (dritten) Auflage des SCHEINERschen Werkes eine sehr wesentliche Umarbeitung des Textes notwendig gemacht. Bei der neuerlichen Durchsicht des Buches zum Zwecke eines Neudrucks wurde schließlich der Entschluß gefaßt, die „Populäre Astrophysik" nicht nur in der äußeren Gestalt, sondern auch in der ganzen Anlage des Inhalts vollständig neu aufzubauen. Auf diese Weise ist dann der vorliegende „Grundriß" entstanden, der mit der „Popularen Astrophysik" nur noch wenige Berührungspunkte zeigt, und für den der Unterzeichnete nunmehr allein die Verantwortung übernimmt.

Dem Kollegen vom Fach brauchen die Schwierigkeiten nicht geschildert zu werden, die heute bei Abfassung eines praktisch gegliederten, alle Gebiete gleichmäßig behandelnden und dabei leicht faßlichen Leitfadens der astrophysikalischen Forschung zu überwinden sind. Die alten, der astrometrischen Schule entlehnten Verfahren, deren Hauptverfechter neben H. C. Vogel gerade J. Scheiner war, sind zum großen Teil durch weniger genaue, großzügigere Arbeitsmethoden abgelöst worden, über deren Bedeutung man wohl zuweilen verschiedener Meinung sein kann, die aber uns, den gegenwärtig lebenden Astronomen, den unzweifelhaften Vorteil gebracht haben, daß wir heute weit eher, als es vordem möglich war, die Erfolge der eingeschlagenen Wege noch persönlich erleben und über deren Wert und Unwert ein Urteil gewinnen können. Daß bei einer so raschen, dem alteren Zweige der Himmelskunde völlig unbekannten Arbeitsweise nicht alle Einzelheiten der neuzeitlichen Astrophysik Ewigkeitswert besitzen, ist ohne weiteres klar. Ein vollkommen auf die Gegenwart und ihre Tagestheorien eingestelltes Buch wird daher weit rascher veralten als ein anderes, das in erster Linie auf den feststehenden Erfahrungstatsachen aufgebaut ist, und in dem nur vorsichtig die alten Pfade verlassen werden. Hier das richtige Maß zu treffen, ist durchaus nicht leicht. Wie der Leser des vorliegenden Grundrisses bald erkennen wird, hat dem Verfasser von Anfang an der zweite Gesichtspunkt als Leitgedanke weit stärker vorgeschwebt als der erste. Dafür liegt aber nunmehr die Hoffnung vor, daß der Leser des Buches die sichere Führung durch das Gedankenlabyrinth der neuzeitlichen astrophysikalischen Forschungsmethoden und Überlegungen von Anfang bis zu Ende nirgends vermissen wird. Abgesehen von einer übersichtlichen Stoffgruppierung ist dabei jeder Abschnitt so abgefaßt worden, daß sein Inhalt auch ohne dauerndes Zurückgreifen auf vorausgegangene Erläuterungen verständlich ist. Wer tiefer in die Materie einzudringen wünscht, findet in den zahlreichen Zifferntabellen und Diagrammen des Textes sowie in den Literaturnachweisen die notwendige Anleitung dazu. Infolge dieser Hilfsmittel wird das Buch sicher auch dem Fachmann aus verwandten Wissensgebieten, dem Physiker, dem Geologen, dem Meteorologen, vor allem aber dem Studierenden der Astronomie von Nutzen sein, zumal die wissenschaftlichen Gesichtspunkte jetzt noch etwas mehr in den Vordergrund gestellt sind, als es bei Scheiner der Fall war.

Wie weit es geglückt ist, bei Abfassung des Grundrisses den Leitgedanken einer klaren, kritischen und auch für den eingeweihten Leser nirgends seichten Darstellung zu erfüllen, wird die Aufnahme des Buches zeigen. Mit besonderer Sorgfalt ist bei der Durcharbeitung des Textes auf Gleichmäßigkeit der Stoffbehandlung geachtet worden, obwohl dabei subjektive Gesichtspunkte kaum auszuschalten sind. Die Grundlage aller streng naturwissenschaftlichen Anschauungen, die Beobachtungserfahrung, ist überall besonders betont und hervorgehoben. Aber auch die mathematisch-physikalischen Überlegungen finden sich, sofern dies mit elementaren Hilfsmitteln möglich war, so weit berücksichtigt, daß sie als Ausgang für ein tieferes Eindringen in die Materie dienen können. Jedenfalls wird der Leser darüber nicht im Zweifel bleiben, daß das großzügige Weltbild der Gegenwart der Zusammenarbeit und ständigen Fühlungnahme zwischen Praxis und wissenschaftlicher Theorie zu verdanken ist.

Für die äußere Form der Darstellung waren Erfahrungen maßgebend, die sich bei Gelegenheit von früheren Vorlesungen und bei der langjährigen Auskunftserteilung für verschiedene astronomische Interessengemeinschaften ergeben haben. Einigen befreundeten Physikern und Astronomen verdanke ich verschiedene wertvolle Ratschläge, Herrn Kollegen Dr. Larink außerdem eine Durchsicht des Manuskriptes und die sehr weitgehende Unterstützung beim Lesen der Korrekturen. Zu der bildmäßigen Ausstattung des Buches haben in dankenswerter Weise das Mt. Wilson- und Einstein-Observatorium, die Heidelberger Sternwarte, das Zeiss- und Bambergwerk sowie einige Sternfreunde durch Überlassung von Photographien beigetragen.

Bergedorf, im Mai 1928.

K. GRAFF.

Inhaltsverzeichnis.

Erster Teil.

Die wissenschaftlichen Grundlagen der astrophysikalischen Forschung.

I. Physikalische Grundbegriffe.

II. Die Himmelsphotographie.

III. Die Spektralanalyse.

5. Die spektralanalytischen Theorien.

6. Die Konstruktion der astroı mischen Spektralapparate.

IV. Die Photometrie.

7. Die photometrischen Theorien.

8. Die photometrischen Meßapparate.

9. Die Strahlungsmessung.

Zweiter Teil.

Die Weltkörper des Sonnensystems.

V. Die Sonne.

10. Die Erscheinungen der Sonnenoberfläche.

11. Einflüsse der Sonne auf Erde und Planeten.

VIII. Die kosmischen Nebel und Sternhaufen.

Erster Teil

Die wissenschaftlichen Grundlagen der astrophysikalischen Forschung

I. Physikalische Grundbegriffe.

1. Strahlung und Bau der Materie.

Die sinnfälligste Wahrnehmung der Außenwelt und der Vorgänge in der Natur erfolgt durch Vermittelung des Lichtstrahls, der von einer Leuchtquelle ausgehend oder von den Gegenständen unserer Umgebung reflektiert, das Auge erreicht. Ein klarer Einblick in das Wesen des Lichtes wäre besonders dort von unschätzbarer Bedeutung, wo die Beobachtung, wie in der Himmelskunde, sich ausschließlich auf optischen Erscheinungen gründet. Will man alles das, was uns das Licht aus dem Weltraum vermittelt, nicht nur als gegebene Tatsache hinnehmen, sondern auch physikalisch erklären, so ist ein Zusammenarbeiten mit einer klaren, eindeutigen Theorie unentbehrlich. Leider läßt sich heute ein Schema, in das alle optischen Vorgänge hineinpaßten, noch nicht aufstellen. Gerade in der theoretischen Behandlung der Lichterscheinungen ist seit etwa einem Vierteljahrhundert alles im Werden begriffen und niemand vermag auch nur den Umriß des Gebäudes vorauszuahnen, zu dem sich die gegenwärtigen Arbeiten der Physiker, Chemiker und Astronomen einmal gestalten werden.

Der erste, der sich mit den Lichterscheinungen auf Grund von beobachteten Tatsachen theoretisch gründlicher beschäftigte, war Isaak Newton. Von den damals bekannten Eigenschaften des Lichtes ausgehend, faßte er die Strahlung als einen materiellen Vorgang auf und zwar als Fortführung von stofflichen Partikelchen durch den Raum, ähnlich den durch Wind fortgetragenen Staubteilchen der Atmosphäre. Diese leicht faßbare und nach den Beobachtungen über die geradlinige Fortpflanzung, den Schattenwurf u. a. ohne weiteres verständliche Emissionstheorie des Lichtes hat sich in der Physik über 100 Jahre gehalten, obwohl ihrer Bekanntgabe die zweifellos viel tiefer durchdachte und besser begründete Wellentheorie von Christian Huygens unmittelbar folgte. Die optischen Erfahrungen der letzten Hälfte des achtzehnten und im Beginn des neunzehnten Jahrhunderts, insbesondere auf dem Gebiete der Beugung und Interferenz, haben dann allmählich der Wellentheorie zum entscheidenden Siege verholfen. Trotz verschiedener Mängel, die nach und nach in ihren Grundanschauungen entdeckt wurden, ist sie bis in unsere Tage die „klassische" Theorie des Lichtes geblieben, und erst die neueste Entwicklung der experimentellen und theoretischen Physik hat ganz unerwartet andere Vorstellungen an ihre Stelle gesetzt.

Um den Zusammenhang mit der älteren Auffassung der Physik nicht zu verlieren, wollen wir hier die Tatsachen, die uns das Licht bietet, zunächst im Sinne der Wellentheorie betrachten und diese Ansichten dort, wo bessere neuzeitliche Grundlagen vorhanden sind, ändern bzw. ergänzen. An der mathematischen Behandlung der Aufgaben wird durch einen Wechsel der Vorstellung über das Wesen der Vorgänge zum Glück nichts geändert, mag man das Licht als eine Wellenerscheinung, eine fortlaufende elektrische Zustandsänderung oder als eine stoßweise Emission quantenhafter Energiewerte auffassen. Dementsprechend wird es sich an mehr als einer Stelle zeigen, daß die meisten grundlegenden älteren Anschauungen nur in anderer Form und in anderer Deutung in das neue Gebäude der Physik übernommen worden sind.

Aus der Äthertheorie des Lichtes. Nach der Wellentheorie wird die Lichtenergie im Raume fortgeführt durch transversale Schwingungen eines hypothetischen, den Weltraum erfüllenden elastischen Mediums, des Äthers. Der Äther der klassischen Theorie ist immateriell, d. h. er ist der Wahrnehmung durch unsere Sinne oder durch Instrumente nicht zugänglich. Seine Annahme erscheint notwendig, weil sonst die Fortpflanzung von Kräften, z. B. der Gravitation, durch den absolut leeren Raum unvorstellbar wäre. Der Äther ist nicht nur überall im Weltraum, sondern auch im Innern aller Körper anzunehmen. Er setzt der Bewegung der Materie keinen meßbaren Widerstand entgegen und ist absolut elastisch, so daß die Fortpflanzung von Kräften in ihm ohne Energieverlust erfolgt.

In der beistehenden Abb. 1 möge die Pfeilachse die Richtung einer optischen Erscheinung, den Strahl, darstellen. Dann ändern nach den HUYGENSschen Vorstellungen die Ätherteilchen ihre Lage in der Strahlrichtung gar nicht, sondern sie schwingen senkrecht hierzu, wie es für die Papierebene Abb. 1 andeutet. Die Entfernung von Berg zu Berg oder von Tal zu Tal stellt dabei eine Wellenlänge dar. Bei einem normalen aus zahllosen Einzelstrahlen bestehenden Bündel verlaufen für gewöhnlich die Schwingungen nicht sämtlich in einer bestimmten Ebene wie in Abb. 1, sondern in allen möglichen Ebenen senkrecht zur Fortpflanzungsrichtung, doch ist es für besondere physikalische Untersuchungen möglich, aus der Gesamtheit bestimmte Schwingungen so abzusondern, daß die in Abb. 1 dargestellte Form gewahrt wird.

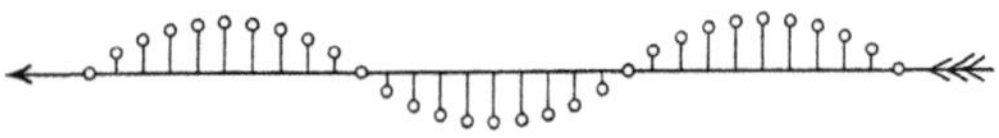

Abb. 1. Fortpflanzung einer Wellenbewegung.

Ein anschaulicheres Bild der Vorgänge, die bei der Lichtfortpflanzung eintreten, erhält man durch Betrachtung der Erscheinungen, die ein in ruhiges Wasser geworfener Stein auf dessen Oberfläche erzeugt. Man sieht dabei deutlich, wie sich die Wellen vom Erregungszentrum aus in Kreisen fortpflanzen und ausbreiten. Die Wasserteilchen selbst ändern hierbei ihren Abstand vom Zentrum nur insofern, als sie auf kleinen, in senkrechten Ebenen liegenden

Kreisen auf und abschwingen (Abb. 2). In einer gegebenen Entfernung vom Ausgangspunkte der Erregung herrscht also für einen bestimmten Moment die gleiche Schwingungsphase, so daß die Wellenberge und Wellentäler geschlossene Kreise einer einheitlichen Wellenfront bilden. Aus diesen Verhältnissen, die ohne weiteres auf die Lichterscheinungen übertragen werden können, geht deutlich hervor, daß die Verbindungslinie zwischen dem Erregungszentrum und einem Punkt der kreisförmigen Welle, d. h. der Strahl, an sich keine reelle Bedeutung hat. Mathematisch strenge Betrachtungen auf dem Gebiete der theoretischen Optik werden daher nur auf Wellenflächen bezogen; bei den meisten Aufgaben und Überlegungen der praktischen Optik, die mit den Hilfsmitteln der elementaren Geometrie durchgeführt werden können, ist aber die Senkrechte zur Wellenfläche, der Strahl, so bequem und anschaulich, daß wir von diesem Ausdruck in Zukunft fortwährend Gebrauch machen werden.

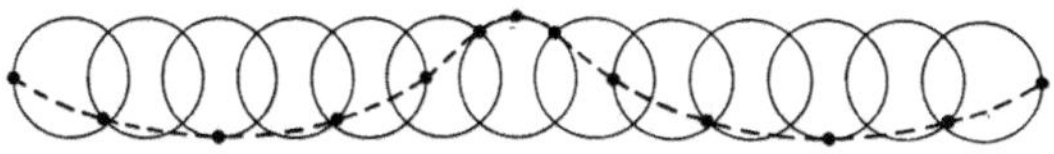

Abb. 2. Entstehung einer Wasserwelle.

Bei der wissenschaftlichen Verwertung der von den Sternen ausgehenden Schwingungen steht die Quantität des Lichtes an erster Stelle. Die Intensität J eines Strahls ist dabei durch die Energie definiert, die in der Zeiteinheit auf die Flächeneinheit fällt. Sie entspricht der lebendigen Kraft

$$J = \frac{M}{2} v^2$$

eines Teilchens M, das sich mit der Geschwindigkeit v fortbewegt. Diese ändert sich proportional der Amplitude, so daß die Intensität der Strahlung bei unveränderter Wellenlänge mit dem Quadrat der Schwingungsweite wächst. Entfernen sich also bei einer Strahlung die Ätherteilchen doppelt so weit von ihrer Ruhelage als bei einer anderen, so ist die Intensität viermal so groß. Die vorhin an einer Wasseroberfläche veranschaulichte konzentrische Ausbreitung der Wellen lehrt weiter in einfacher Weise, wie die Energie der Strahlung mit der Entfernung abnimmt. Da die Wellen in dem absolut elastischen, d. h. reibungslosen Äther ohne Energieverlust fortschreiten, so ist es klar, daß die Energiemenge, die in einer gegebenen Zeit, z. B. in einer Sekunde, einer Kugelfläche vermittels der Strahlung zugeführt wird, immer dieselbe ist, gleichgültig, wie groß deren Radius, d.h. die Entfernung von dem strahlenden Punkte ist. Die Kugelflächen selbst wachsen bekanntlich mit dem Quadrat des Halbmessers. Ist nun E die Energiemenge, die durch ein Quadratzentimeter einer Kugelfläche vom Radius 1 hindurchgegangen ist (Abb. 3), so ist es klar, daß ein Quadratzentimeter der viermal so großen Kugelfläche vom Radius 2 nur noch $\frac{1}{4} E$ erhält, ein Quadratzentimer im Abstand 3 nur noch $\frac{1}{9} E$ usf. Wir kommen dadurch zu dem ganz allgemeinen Gesetz, daß die Strahlungsenergie, die

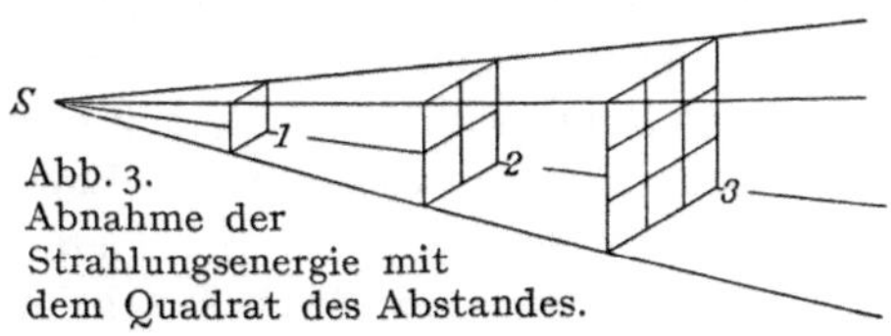

Abb. 3. Abnahme der Strahlungsenergie mit dem Quadrat des Abstandes.

auf eine bestimmte Fläche auffällt, mit dem Quadrat der Entfernung von der Strahlungsquelle abnimmt. Es gilt also für die Strahlung genau dasselbe Gesetz wie für die Gravitation. Der universellen Anwendung des Abstandgesetzes der Schwerkraft in der Astrodynamik steht in der Astrophysik die ständige Heranziehung der quadratischen Entfernungsregel für das Licht gegenüber. Die neueren so erfolgreichen Methoden der astrophysikalischen Entfernungsbestimmungen stehen und fallen mit dieser fundamentalen Beziehung, die gegenwärtig bis in die entlegensten Fernen unseres engeren Sternsystems, ja bis über seine Grenzen hinaus zuverlässig kontrolliert werden kann.

Außer dem eben betrachteten wollen wir jetzt noch einen zweiten strahlenden Punkt annehmen, für den natürlich dieselben Gesetze gelten wie für den ersten. Auch von ihm breitet sich die Strahlung in konzentrischen kugelförmigen Wellenflächen aus, und wir wollen nunmehr die Vorgänge betrachten, die sich abspielen, wenn sich die beiden Wellenflächen treffen. Werfen wir zwei Steine gleichzeitig ins Wasser, so breiten sich von beiden Einschlagspunkten konzentrische Kreiswellen aus, die sich gegenseitig durchdringen. Die Erregung pflanzt sich aber von jedem Punkte aus genau so fort, als wenn der andere gar nicht da wäre, d. h. beide Wellensysteme sind klar und deutlich in ihrem Verlauf zu verfolgen. Wie sich dabei die Bewegungen der Wasserteilchen im einzelnen abspielen, ist sehr einfach zu verfolgen. Jedes führt diejenige Bewegung aus, die durch die Summe der einzelnen Schwingungen gegeben ist. Trifft ein Wellenberg des einen Systems mit einem Wellenberg des andern zusammen, so entsteht eine Überhöhung. Beim Zusammentreffen zweier Wellentäler addieren sich zwei negative Bewegungen, das Tal wird tiefer. Trifft ein Wellenberg mit einem Wellental zusammen, und waren die beiden Schwingungen an Stärke einander gleich, so heben sie sich vollständig auf; die Bewegung des Wasserteilchens an dieser Stelle ist Null. Es ist klar, daß dieselben Vorgänge sich ereignen, wenn anstatt zweier Erregungszentren deren mehrere vorhanden sind, denn man kann nach dem gleichen Prinzip die resultierende Bewegung zweier Systeme mit dem dritten kombinieren, die hieraus folgende mit dem vierten usw.

Die Übertragung dieser an der Wasseroberfläche gemachten Erfahrungen auf die Strahlung führt zu der Erkenntnis, daß die von verschiedenen materiellen Punkten kommenden Wellen sich im allgemeinen ohne gegenseitige Störung durch den Raum ausbreiten. Beim Zusammentreffen gleicher oder verschiedener Schwingungsphasen regelt sich die Bewegung der einzelnen Ätherteilchen nach dem eben ausgesprochenen Summationsgrundsatz; sie führt dann zu den interessanten und wichtigen Erscheinungen der Interferenz, die früher als sicherster Beweis für die mechanische Schwingungstheorie des Lichtes angesehen wurden.

Neben der Quantität der uns von den Himmelskörpern erreichenden Strahlung ist für den Astrophysiker auch ihre Qualität, m. a. W. ihre Farbe von der allergrößten Wichtigkeit. Sie hängt von der Zahl der Schwingungen ab, die die Ätherteilchen in der Zeiteinheit ausführen. Schon bei einzelnen Wellen der wägbaren Materie, z. B. den Schallwellen, zählen die Schwingungen nach vielen Tausenden in der Sekunde. Beim Licht verlaufen sie so rasch, daß hierbei Schwingungszahlen von ganz unvorstellbarer Größe entstehen. Es ist nun für die Darstellung mancher Erscheinungen bequemer, statt der unbegreiflich hohen Schwingungszahlen die Längen der Ätherwellen einzuführen; wir erhalten dann umgekehrt zwar recht kleine, aber doch durchaus nicht unvorstellbare Zahlen. Die Umsetzung der Schwingungszahlen in Wellenlängen, und umgekehrt, ist sehr einfach. Sie beruht auf dem Naturgesetz, daß sich die Strahlung im leeren Raum ohne Rücksicht auf die Zahl der Schwingungen mit derselben Geschwindigkeit von 299860 km oder rund 300000 km in der Sekunde fortpflanzt. Man erhält also die Länge λ der Wellen, wenn man die konstante Fortpflanzungsgeschwindigkeit des Lichtes V durch die Schwingungszahl N pro Sekunde dividiert, d. h.

$$\lambda = \frac{V}{N}$$

setzt. Je schneller die Schwingungen verlaufen, um so kleiner werden natürlich die entsprechenden Wellenlängen. Als Grundmaß für die λ-Werte gilt heute allgemein der zehnmillionste Teil eines Millimeters, der als Ångström-Einheit (AE) bezeichnet wird. Daneben wird für gröbere Abkürzungen noch der millionste und der tausendste Teil eines Millimeters verwendet ($\mu\mu$ bzw. μ). In der üblichen abgekürzten Schreibweise ist somit

$$\begin{aligned} 1\,\mu &= 1 \cdot 10^{-3}\ \text{mm} = {}^{1}/_{1000}\ \text{mm} \\ 1\,\mu\mu &= 1 \cdot 10^{-6}\ \text{»} = {}^{1}/_{1\,000\,000}\ \text{»} \\ 1\,AE &= 1 \cdot 10^{-7}\ \text{»} = {}^{1}/_{10\,000\,000}\ \text{»} \end{aligned}$$

Für allgemeine Betrachtungen genügen diese Erläuterungen. Bei theoretischen Untersuchungen müssen die Wellenlängen noch durchweg auf den luftleeren Raum bezogen werden. An ihrer Stelle werden in diesem Falle ihre reziproken Werte, die sog. Wellenzahlen oder Frequenzen

$$\nu = \frac{1}{\lambda}$$

verwendet, die dann von dem umgebenden Medium und dessen optischen Eigenschaften völlig unabhängig sind.

Nur ein verhältnismäßig sehr schmales Gebiet der Wellen ist befähigt, auf die Netzhaut unseres Auges einzuwirken und hier die Empfindung von Licht hervorzurufen. Dieses visuelle Gebiet erstreckt sich günstigen Falles von der Wellenlänge 800 $\mu\mu$ bis 400 $\mu\mu$, umfaßt also Schwingungen zwischen 380 und 750 Billionen in der Sekunde. Von der Wellenlänge der Lichtstrahlen hängt die Farbe ab, indem von 800 $\mu\mu$ bis 400 $\mu\mu$ der Reihe nach die Töne des Spektrums Rot, Orange, Gelb, Grün, Blau, Violett mit allen Zwischenstufen erscheinen.

Die langwellige Strahlung liegt demnach am roten, die kurzwellige am blauen Ende des spektralen Farbenbandes. Jenseits der violetten Grenze erstreckt sich das für die neuen physikalischen Theorien so wichtige Gebiet der ultravioletten

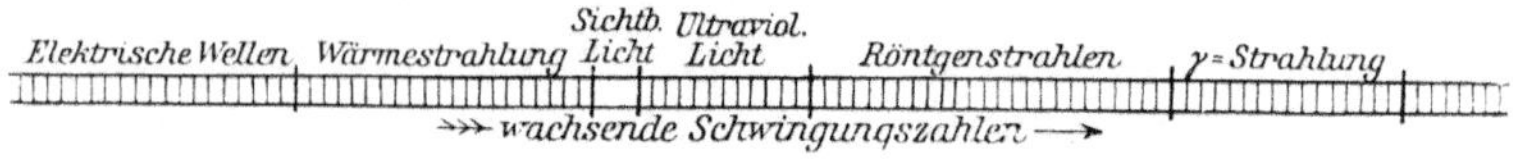

Abb. 4. Ausdehnung des Energiespektrums.

Wellen, das auf photographischem Wege durch V. Schumann, O. Lyman und R. A. Millikan erschlossen worden ist, ganz zuletzt die Röntgen- und γ-Frequenzen, die heute bis 0.0019 AE nachweisbar sind, aber bestimmt noch keine Grenze der Strahlung bilden. Verfolgt man in ähnlicher Weise das Energiespektrum nach dem Ultrarot, so sind hier gegenwärtig an der Wärmewirkung Wellen bis etwa 100 μ feststellbar. Die noch längeren, unmittelbar anschließenden Ätherwellen rufen elektrische Erscheinungen in der wägbaren Materie hervor. Sie erreichen schließlich die Länge von vielen Kilometern, so daß bei ihnen nur etliche Tausend Schwingungen auf die Sekunde fallen. Einige Einzelheiten ergibt neben dem Schema der Abb. 4 die in ihren Grenzwerten natürlich etwas willkürliche Tabelle[1]), von der noch später wiederholt Gebrauch gemacht werden soll.

Ausdehnung des Energiespektrums.

Spektralgebiet	Beobachtete Wellenlänge
Elektromagnetische Wellen	> 50 km bis 0.2 mm
Wärmewellen (Ultrarot)	200 μ » 0.8 μ
Lichtwellen (Visuelles Gebiet)	0.8 μ » 0,4 μ
Aktinische Wellen (Ultraviolett)	0.4 μ » 0.2 μ
Schumann-Gebiet	195 μμ » 122 μμ
Lyman-Gebiet	122 μμ » 51 μμ
Millikan-Gebiet	51 μμ » 14 μμ
Röntgen-Schwingungen	700 AE » 0.2 AE
γ-Strahlung	0.2 AE » 0.002 AE

Wärmestrahlung. Hauptsätze der mechanischen Wärmetheorie. Es muß gleich zu Anfang unserer Betrachtungen erwähnt werden, daß die Ätherschwingungen, von denen bisher dauernd die Rede war, durch unsere Sinne nicht wahrgenommen werden können. Das Weltall, das von Sternen erfüllt ist und von zahllosen Wellen nach allen Richtungen hin durchquert wird, ist demnach selbst absolut dunkel. Zur Empfindung gelangen die Ätherschwingungen erst, wenn sie auf Materie treffen. So bemerken wir die Strahlung der Sonne an der Sichtbarkeit der Planeten, an der Erleuchtung des Erdbodens und der Atmosphäre. Trifft das Licht auf dunkle Körper, so wird nur ein Teil des in den Ätherwellen mitgeführten Energiebetrages in Form von Licht wieder ausgestrahlt; der Rest

1) Vgl. z. B. W. Gerlach, Materie, Elektrizität, Energie. Leipzig 1923. — A. Nodon, L'Astrophysique. Paris 1926.

setzt sich in Wärme um, d. h. er wird dazu verwendet, um die Temperatur des bestrahlten Körpers zu erhöhen. Schon daraus ist ersichtlich, daß zwischen Licht und Wärme eine enge Beziehung bestehen muß. Dabei zeigt sich, daß der Bereich der Ätherschwingungen, die unseren Meßinstrumenten durch ihre Wärmestrahlung zugänglich sind, weit umfangreicher ist als das Auge ahnen läßt. Er erstreckt sich von etwa 100 μ bis 0.15 μ, reicht also von den elektrischen Wellen, das kurze Gebiet des sichtbaren Spektrums einschließend, bis weit ins Ultraviolett hinein. Die Wärmestrahlung ist also eine weit allgemeinere Eigenschaft der Materie als das Leuchten, ja, wir können sie sogar in Zukunft als das allgemeinste Maß für die Intensität der Strahlungsenergie ansehen. Jedenfalls brauchen die beiden Begriffe Licht und Wärme fortan nicht getrennt zu werden, sondern können in dem Ausdruck der strahlenden Energie eine Vereinigung und gemeinsame physikalische Behandlung finden.

Die Wärme wird von der Physik als Bewegungsenergie der Moleküle aufgefaßt, sei es derart, daß die Moleküle und Molekülgruppen regellose Bewegungen innerhalb der Körper ausführen, sei es, daß noch innerhalb der Moleküle oder gar der Atome gesetzmäßige Schwingungen oder Rotationen stattfinden. Die ungeordnete Bewegung wird durch die Annahme vorstellbar, daß die kleinsten Teilchen eines Körpers nicht starr miteinander verbunden sind, sondern innerhalb gewisser Grenzen pendelnde oder schwingende Bewegungen ausführen können. Hieraus folgt, daß in bezug auf die Deutung zwischen Gasen und festen oder flüssigen Körpern ein ganz wesentlicher Unterschied bestehen muß. Während bei letzteren nur begrenzte Schwingungen vorkommen, geht in den Gasen die Freiheit der Moleküle so weit, daß sie sich unabhängig voneinander geradlinig bewegen können, bis sie auf eine Wand oder auf ein anderes Molekül stoßen. Je stärker diese Schwingungen und Zusammenstöße sind, um so höher ist die Temperatur. Damit tritt die Geschwindigkeit der molekularen Bewegung als Maß für die innere Wärme der Körper auf, was zu sehr wichtigen theoretischen und praktischen Folgerungen führt. Den Maßstab für die Temperatur bildet in der Physik neben den Celsius-Graden noch eine gleichartige absolute Skala (S. 11), deren Nullpunkt bei -273^0 liegt, und die allen theoretischen Untersuchungen ausschließlich zugrunde gelegt wird. Eis schmilzt danach bei der absoluten Temperatur $T = +273^0$, Wasser siedet bei $T = +373^0$ usw. Der absolute Nullpunkt der Temperatur ist dadurch definiert, daß bei ihm jegliche innere molekulare Bewegung der Materie aufhört. Wenn es auch experimentell gelungen ist, dieser Grenze durch Verflüssigung und darauf folgende Verdampfung der Edelgase, insbesondere von Helium, bis auf wenig mehr als 1^0 nahezukommen, so ist es auf Grund von theoretischen und praktischen Erwägungen nicht möglich, den Punkt mit absoluter Genauigkeit zu erreichen. Selbst werm wir uns mit einem geeigneten Thermometer ins Weltall hinausbegeben könnten, stets würde es eine um ein Geringes oberhalb des absoluten Nullpunktes gelegene Temperatur anzeigen, da es direkt oder indirekt der Strahlung der Fixsterne ausgesetzt wäre. Durch die Definition der Wärme als Bewegung der Moleküle ist der Temperaturbegriff an die wägbare Materie und deren physikalische Eigenschaften gebunden. An einer leeren Stelle des Weltalls, an der sich keine Materie befindet, gibt es also überhaupt keine Temperatur, und der Begriff verliert hier jeden Sinn. Bei astrophysikalischen Betrachtungen muß daher von einer Temperaturdefinition ausgegangen werden, die von der Materie völlig unabhängig ist. Es wird später noch zu zeigen sein, in welcher Weise es dabei gelungen ist, die Temperatur ausschließlich mit den quantitativen und qualitativen Eigenschaften der Strahlung zu verknüpfen.

Als Einheit der Strahlungsenergie wird in der Astrophysik fast ausschließlich die Gramm-Kalorie (g-cal) verwendet. Es ist dies diejenige Wärmemenge, die erforderlich ist, um die Temperatur von 1 g Wasser von 15^0 C um 1^0 zu erhöhen. Den Messungen des Energiestromes der Strahlung muß natürlich eine Flächeneinheit, etwa 1 qcm, und eine Wirkungszeit, z. B. 1 Sekunde bzw. 1 Minute zugrunde gelegt werden. Die Arbeitsgröße, die der Wärmeeinheit pro Sekunde gleichwertig ist, heißt mechanisches Wärmeäquivalent. Sie beträgt nach den klassischen Versuchen von J. P. Joule und G. A. Hirn 0.4269 Meterkilogramm, entspricht also der Arbeit, die beim Heben von 1 kg um rund 43 cm geleistet wird.

Die Äquivalenz, d. h. die Gleichwertigkeit von Wärme und Arbeit wird als erster Hauptsatz der mechanischen Wärmetheorie bezeichnet. Für alle uns hier interessierenden physikalischen Betrachtungen ist dieser von R. Mayer 1842 aufgestellte und besonders durch die Arbeiten von J. P. Joule und H. v. Helmholtz begründete Satz von der größten Wichtigkeit. Er gipfelt in dem bekannten Gesetz von der Erhaltung der Energie, das in der üblichen Form die Möglichkeit eines „perpetuum mobile“ leugnet. In einem äußeren Einflüssen vollständig entzogenen System von Körpern ist ihr Energieinhalt unveränderlich, wobei nicht nur an mechanische, sondern auch an elektromagnetische, chemische und vor allem thermische Energiequellen zu denken wäre. Der Energiebetrag, der an einer Stelle oder in einer bestimmten Erscheinung verschwindet, geht nie verloren, sondern wird in andere Formen umgesetzt, auch wenn dies nicht ohne weiteres oder unmittelbar wahrgenommen werden kann. Wenn aber alle Naturerscheinungen auf Umsetzungen von Energie beruhen, dann ist es auch unmöglich, ohne Energiezuführung irgendwie mechanische Arbeit zu leisten. Auch bei den Strahlungsvorgängen, mit denen wir uns im folgenden näher bekannt machen werden, kann demnach ein Verlust nie stattfinden, so sehr auch manche oberflächliche Wahrnehmung dies darzutun scheint; der Physiker ist in solchen Fällen stets in der Lage, den Verbleib der scheinbar verschwundenen oder verlorenen Energie nachzuweisen.

In bezug auf Wärmeabgabe und Wärmeempfang stehen die verschiedenen Körper ständig in Wechselbeziehung zueinander. Jeder teilt dem anderen Wärme mit und empfängt sie auch von ihm, sei es unmittelbar oder mittelbar, gleichgültig, ob sie einige Millimeter oder viele Billionen von Kilometern voneinander entfernt sind. Die Wärmeübermittelung auf dem Wege der Ausstrahlung braucht kaum besonders veranschaulicht zu werden. Wir empfinden sie deutlich, wenn wir in einem kalten Raum beim Kaminfeuer sitzen, oder wenn an einem frostigen Wintertage vorüberziehende Wolken die Sonne plötzlich freigeben. In diesem zweiten Beispiel liegt zwischen der Wärmequelle und dem ihre Anwesenheit empfindenden Beobachter der weite leere Raum, und ein anderer Weg der Energieübermittelung als derjenige der Ausstrahlung ist nicht möglich. Anders liegen die Dinge dort, wo eine materielle Verbindung zwischen den stofflichen Bestandteilen vorhanden ist. Wird ein erhitztes Stück Eisen auf ein anderes von gewöhnlicher Zimmertemperatur gelegt, so kühlt es sich nach kurzer Zeit ab; dafür ist das kühlere Metallstück merklich wärmer geworden. Hier ist der Übergang der Wärme von einem Körper zum anderen hauptsächlich durch direkte Leitung erfolgt. Erhitzt man dagegen den oberen Teil eines mit Wasser gefüllten Reagenzglases durch eine Spiritus- oder Bunsenflamme, so wird die Oberfläche des Wassers bald ins Sieden geraten, während der untere Teil kühl bleibt und erst nach längerer Zeit merklich wärmer wird. Hier erfolgt der Wärmeübergang wiederum durch Leitung; da aber Wasser im Gegensatz zu Eisen ein sehr schlechter Wärmeleiter ist, so geht in diesem Falle der Wärmeaustausch sehr langsam vor sich. Wird dagegen der untere Teil des Glases erwärmt, so kommt in sehr kurzer Zeit die ganze Wassermasse ins Sieden. Die unteren Wasserschichten werden zuerst erwärmt; sie werden hierdurch leichter, steigen in die Höhe und bewirken durch ihre Vermischung mit den kälteren Teilen, daß die ganze Masse sehr bald die gleiche Temperatur annimmt. Das ist die Mitteilung der Wärme durch Konvektion, ein Vorgang, wie wir ihn z. B. tagtäglich an den durch die Sonnenstrahlung veranlaßten Strömungen der Erdatmosphäre beobachten können.

Man kann nun die Versuche anstellen, wie man will, stets wird man die Erfahrung machen, daß bei dem wechselseitigen Austausch der Wärme auf den drei verschiedenen Wegen die Temperatur des wärmeren Körpers sinkt, diejenige des kälteren steigt, bis Temperaturgleichheit eingetreten ist. Es kommt niemals vor, daß in einem abgeschlossenen, äußeren Einflüssen nicht zugänglichen System der ursprünglich kühlere Körper nachher eine höhere Temperatur besitzt, als der ursprünglich wärmere Körper gehabt hat. Es ergibt sich hieraus ein höchst wichtiges empirisches Naturgesetz, das als zweiter Hauptsatz der mechanischen Wärmetheorie bezeichnet wird und von R. Clausius 1850 aufgestellt worden ist. Es läßt sich dahin fassen, daß Wärme nie von selbst von Körpern niederer Temperatur auf solche höherer Temperatur übergehen kann, wenn weitere Umwandlungen nicht stattfinden. Bei dem Austausch kann die Temperatur eines wärmeren Körpers durch einen kühleren nur unter Aufwand von weiterer Energie vermehrt werden, m. a. W. der Prozeß des Wärmeaustausches ist nicht umkehrbar. Das Ende aller gegenseitigen Wärmemitteilungen läuft auf die Herbeiführung einer einheitlichen Temperatur für alle Körper hinaus. Das schließliche Ende des Weltalls ist demnach ein Zustand, bei dem die ganze Materie keiner Veränderung mehr fähig ist. In den mathematischen Auseinandersetzungen, die sich auf den zweiten Hauptsatz beziehen, tritt eine bestimmte Zustandsfunktion der Körper auf, die in isolierten Systemen bei allen umkehrbaren Prozessen unverändert bleibt, bei nicht umkehrbaren dagegen immer höhere Werte annimmt. Diese Funktion, von CLAUSIUS als Entropie bezeichnet, gestattet eine sehr bekannte kurze Formulierung des Satzes von dem Endzustand eines thermisch abgeschlossenen Systems, wie es die uns umgebende Natur aller Wahrscheinlichkeit nach ist. Man sagt, die Entropie des Weltalls strebe einem Maximum zu. Aus diesem Gesetz ist dem Weltall ein schließlicher „Wärmetod" vorausgesagt worden, doch darf man wohl bezweifeln, ob die von CLAUSIUS angenommene Verallgemeinerung des zweiten Hauptsatzes nicht wesentlich die Grenzen unseres gegenwärtigen Naturerkennens überschreitet.[1])

Aus der kinetischen Gastheorie. Die Hypothese, daß die Temperatur eines Stoffes durch Bewegungsvorgänge innerhalb seines molekularen Verbandes hervorgerufen wird, wäre eine leere Annahme, wenn man nicht durch ihre Anwendung gewisse Eigenschaften der Körper, insbesondere ihr thermisches Verhalten bis in die kleinsten Einzelheiten hinein deuten und erklären könnte. Wir wollen uns hier zunächst auf die Betrachtung der Gase beschränken, bei denen die Verhältnisse viel einfacher liegen als bei den flüssigen oder festen Körpern. Bei letzteren stößt die Betrachtung der inneren Bewegungen auf Schwierigkeiten, die darin begründet sind, daß im festen und flüssigen Aggregatzustand der Zusammenhang der Moleküle und Molekülgruppen, die Kohäsion, so bedeutend ist, daß theoretisch erfaßbare freie Schwingungen nicht zustande kommen können. Im Falle der Gase treten dagegen diese Hindernisse völlig in den Hintergrund. Die einzelnen Moleküle können sich hier frei und zwanglos bewegen, bis sie anderen begegnen oder gegen die Wand des Gefäßes, welches das Gas umschließt, stoßen. Die Bewegung muß man sich als unregelmäßig aber geradlinig, also wegen der Zusammenstöße etwa in Zickzackbahnen erfolgend denken. Für das Zusammenprallen mit anderen Molekülen oder mit der Gefäßwandung sollen die Gesetze des vollkommenen elastischen Stoßes gelten, wie man sie an Billard- und Stahlkugeln am einfachsten studieren kann. Richtung und Geschwindigkeit ändern sich dabei nach jedem Zusammenprall, bleiben aber innerhalb jeder einzelnen Teilbahn ungeändert. Die Abstände der einzelnen Moleküle gegenüber den Massen sollen, wenigstens vorläufig, als so groß angenommen werden, daß die Wirkung der gegenseitigen Anziehung vernachlässigt werden kann.

Bereits ohne tiefere Überlegungen wird man erkennen, daß die Annahmen einigen alltäglichen Beobachtungstatsachen gut Rechnung tragen. Die experimentelle Erfahrung, daß ein Gas in kürzerer oder längerer Zeit den ihm dargebotenen Raum ausfüllt, oder daß zwei Gase ineinander diffundieren, findet in der Theorie eine einfache Erklärung. Auch der Druck des Gases gegen die Gefäßbegrenzung

[1]) Vgl. O. D. CHWOLSON, Lehrbuch der Physik, Bd. I.

ist gedeutet; er rührt einfach von den Stößen der Moleküle gegen die Wand her. Die Geschwindigkeit und die Richtung der molekularen Bewegung sind in jedem einzelnen Falle natürlich sehr verschieden. Für jedes abgeschlossene, der Schwerkraft entrückte Gas kann jedoch bei konstanter Temperatur ein Mittelwert für die Geschwindigkeit angenommen werden, ebenso darf man voraussetzen, daß keine Richtung besonders bevorzugt wird. In einem Würfel von 1 cm Kantenlänge, der z. B. N Moleküle von der Einzelmasse M und der mittleren Geschwindigkeit v enthält, werden zwischen zwei gegenüberliegenden Würfelflächen $\frac{1}{3} N$ Moleküle die betrachtete Bewegung ausführen. Verdoppelt man die Geschwindigkeit, so verdoppelt man nicht nur die Zahl, sondern auch die Wucht der Stöße. Es wird dann auf jeden Quadratzentimeter Fläche ein Druck P ausgeübt im Betrage

$$P = \tfrac{1}{3} N M v^2$$

Dies ist die Grundformel der kinetischen Gastheorie. Sie führt gleichzeitig auf ein sehr wichtiges, schon vor 250 Jahren von R. Boyle und etwas später von E. Mariotte empirisch gefundenes Gesetz, das die Beziehung zwischen Druck und Volumen eines Gases festlegt. Das Produkt NM, d. h. die Zahl der Moleküle pro Kubikzentimeter, multipliziert mit ihrer Masse ist nämlich nichts anderes als die Gesamtmasse des Gases in der Raumeinheit oder seine Dichte D. Bei gegebenem Druck und bekannter Temperatur ist D dem Volumen V des Gases umgekehrt proportional, somit

$$MN = D = \frac{1}{V} = \frac{3P}{v^2}$$

und

$$PV = \tfrac{1}{3} v^2$$

In der Gleichung treten nur links veränderliche Größen auf. Sie besagt, daß für jedes ideale Gas bei gleicher Temperatur das Produkt aus Druck und Volumen konstant ist, eine Regel, die als Boyle-Mariottesches Gesetz oder als Zustandsgleichung der idealen Gase bekannt ist.

Zwecks Berücksichtigung der Temperatur sei daran erinnert, daß bei unveränderlichem Druck für jeden Grad Temperaturerhöhung jedes Gas sich um $\frac{1}{273}$ seines ursprünglichen Volumens ausdehnt. Daraus folgt die bereits erwähnte Tatsache (S. 7), daß bei einer Temperatur von -273^0 C jeder Druck und damit auch jede molekulare Bewegung aufhören muß. Ist T wieder die von -273^0 an gezählte absolute Temperatur eines Gases, so kann demnach das Boyle-Mariottesche Gesetz auch in der Form

$$PV = GT$$

geschrieben werden, wo G eine empirische in der Regel auf den Druck von 1 Atmosphäre und 0^0 C bezogene allgemeine Gaskonstante bedeutet. Sie ist für unsere Betrachtungen noch insofern von Bedeutung, als sie es gestattet, für verschiedene Gase eine mittlere Geschwindigkeit der Molekularbewegung in ihrer Abhängigkeit von der Temperatur zu berechnen. Ist D die Dichte des Gases, bezogen auf atmosphärische Luft, so wird nach Einsetzen der Gaskonstante

$$v = 485 \sqrt{\frac{T}{273\,D}} \text{ Meter pro Sekunde}$$

oder

$$v = 29.35 \sqrt{\frac{T}{D}} \text{ Meter pro Sekunde}$$

Die mittlere Geschwindigkeit der Molekularbewegung wächst demnach proportional der Quadratwurzel aus der absoluten Temperatur und umgekehrt proportional der Quadratwurzel aus der Dichte.

Für die Temperatur 0° C, d. h. für $T = +273°$ erhält man auf diese Weise die im folgenden verzeichneten mittleren Geschwindigkeiten der Moleküle in der Sekunde.[1]) Wie man sieht, handelt es sich dabei um sehr beträchtliche Zahlenwerte, die die auf der Erde erzielbaren Geschoßgeschwindigkeiten nicht nur erreichen, sondern z. T. sogar merklich übertreffen. Es werden aus dieser Tabelle bei der Betrachtung der Bedingungen, die für die Erhaltung einer Atmosphäre beim Erdmond und bei anderen kleinen Weltkörpern maßgebend sind, noch bemerkenswerte Folgerungen zu ziehen sein.

Dichte und mittlere molekulare Geschwindigkeiten verschiedener Gase für 0° C und Normaldruck von 1 Atm.

Gasart	Dichte		Geschw. pro Sek.
	Sauerst. = 16	Luft = 1	
Wasserstoff	1.006	0.0695	1840 m
Helium	2.001	0 1383	1300
Stickstoff	14.003	0.9674	490
Luft	14.474	1.0000	485
Sauerstoff	16.000	1.1054	460
Kohlensäure	22.133	1.5291	390

Nach unseren gegenwärtigen Kenntnissen kann die Grundformel der kinetischen Gastheorie, also auch das mit ihr identische Boyle-Mariottesche Gesetz nur für ideale Gase als gültig angesehen werden. Bei Druckwirkungen von mehreren hundert Atmosphären und darüber machen sich Abweichungen in dem Sinne bemerkbar, daß der theoretische Druck nicht ausreicht, um die Gase auf das gewünschte kleine Volumen zu bringen. Bei sehr geringem Druck findet eine Abweichung im entgegengesetzten Sinne statt. An und für sich sind die Unterschiede verständlich. Denn die bisherigen Annahmen stützten sich auf die Voraussetzung, daß die bewegten kleinsten Teilchen an Ausdehnung wie an Masse im Vergleich zu ihren Abständen außerordentlich klein sind, so daß irgendwelche Massenkräfte nicht zur Geltung kommen. Durch den Druck können natürlich nur die Abstände, nicht die Dimensionen der Moleküle verkleinert werden, m. a. W. der experimentell anzuwendende Druck muß den theoretischen überschreiten. Andererseits ist bei größerer Annäherung der Moleküle aneinander eine Vernachlässigung ihrer gegenseitigen Anziehung nicht mehr statthaft. Kommen aber Anziehungskräfte zur Wirksamkeit, so muß, da beide Ursachen einander entgegenwirken, ein Teil der Abweichung wieder aufgehoben werden. Diese Dinge hat der holländische Physiker J. van der Waals

[1]) Berechnet nach den Daten in F. Kohlrausch, Lehrbuch der praktischen Physik, 15. Aufl. Leipzig 1927.

geklärt und in ein Gesetz gebracht, das in weiten Grenzen den experimentellen Erfahrungen entspricht. Die van der Waalssche Zustandsgleichung kann hier in ihrem Wortlaut und mathematischem Ausdruck übergangen werden. Für die Druckverhältnisse, wie sie in den äußeren Schichten der Sonne und der Fixsterne allen Erfahrungen nach herrschen, genügt das Boyle-Mariottesche Gesetz vollkommen, ja es gilt wegen des vermutlich sehr lockeren Aufbaus der Sterne wahrscheinlich noch weit ins Innere dieser Himmelskörper hinein. Da, wo seine Voraussetzungen nicht erfüllt werden, sind die Probleme vorläufig aus anderen Gründen so verwickelt, daß auch eine Erweiterung des Idealgesetzes die Lösung der Aufgaben kaum entscheidend beeinflussen würde.

Wenn ein Gas zusammengepreßt werden soll, so muß eine Arbeit geleistet werden, die gleich dem Produkt aus Druck und Volumänderung ist. Die gleiche Arbeit ist notwendig, um etwa eine Gaskugel gegen ihre Gravitationskräfte wieder auszudehnen. Die hierzu notwendige Energie kann in Form von Wärme der Umgebung oder aus dem Energievorrat des betr. Gases selbst entnommen werden. Im ersten Falle behält das Gas die ursprüngliche Temperatur, und man spricht von einer isothermen Erscheinung, im zweiten erfolgt eine Abkühlung und wir haben es mit einem sog. adiabatischen Vorgang zu tun. In der uns umgebenden irdischen Welt spielen sich die Vorgänge in der Regel isotherm ab; adiabatische Vorgänge liegen meist nur bei plötzlichen Ausdehnungen bzw. Kompressionen vor. Im Weltraum sind die Gaskugeln der Sterne isoliert, d. h. von absoluten thermischen Nichtleitern umgeben. Hier sind auch bei sehr langsamen Volumänderungen nur adiabatische Zustandsänderungen möglich, also Abkühlung bei der Ausdehnung, Erwärmung bei der Kontraktion. Alle Theorien und Vorstellungen, die wir über die zeitliche Entwicklung der Weltkörper im Raum besitzen, beruhen ohne Ausnahme auf dieser Voraussetzung und wären bei isothermen Beziehungen undenkbar.

Neuere Anschauungen über den Strahlungsvorgang. Die soeben skizzierten Grundsätze der kinetischen Gastheorie haben lediglich die Aufgabe, einige ganz allgemeine Erscheinungen und Gesetzmäßigkeiten im thermischen Verhalten der Körper zu erklären. Das Wesen der Strahlung lassen sie vollkommen unberührt, so daß die Theorie mit jeder bisher vertretenen Auffassung über die Natur von Licht und Wärme vereinbar ist. Bis in das achte Jahrzehnt des vergangenen Jahrhunderts hinein lag, wie wir sahen, allen Ansichten über das Wesen der Licht- und Wärmeerscheinungen die elastische Wellentheorie mit ihren klaren mechanischen und geometrischen Vorstellungen zugrunde. Sie gestattete eine unzweideutige Erklärung der Reflexions- und Brechungsgesetze und eine Deutung selbst so verwickelter Vorgänge wie der Emission und Absorption auf Grund von einfachen Analogien aus der Schallehre. Wohl wurde man allmählich auf Grund der photographischen und der sehr empfindlichen thermometrischen Beobachtungen darauf aufmerksam, daß die physiologische Empfindung von Licht und Wärme den Bereich der Ätherschwingungen nicht erschöpft, doch war über die Ausdehnung und über die gegenseitigen Beziehungen der betr. Wellenlängengebiete noch zu wenig bekannt, um darauf etwa eine neue Vorstellung vom Wesen dieses Strahlenkomplexes aufzubauen.

Eine wesentliche Klärung brachte die inzwischen von W. Weber und R. Kohlrausch 1856 gemachte und später durch C. Maxwell bestätigte Entdeckung, daß jede elektrische bzw. magnetische Erregung sich mit der Geschwindigkeit von annähernd 300000 km in der Sekunde fortpflanzt. Da diese Zahl genau der Lichtgeschwindigkeit entspricht, so lag es nahe, auch die Lichterscheinungen als einen elektromagnetischen Vorgang besonders hoher Schwingungszahl aufzufassen. Der experimentelle Nachweis dieses Zusammenhanges ist bekanntlich H. Hertz zu verdanken, der an den „Strahlen elektrischer Kraft" Spiegelung, Brechung und Polarisation nachwies und dabei zum erstenmal Wellen von unerwarteter Länge bestimmte. Während bis in die neuere Zeit hinein zwischen den kürzesten elektrischen und den längsten Wärmewellen experimentell noch eine große räumliche Kluft bestand, liegt gegenwärtig, wie ein Blick auf Abb. 4 und die Übersicht der S. 6 lehrt, das elektromagnetische Energiespektrum lückenlos vor unseren Augen. Mit der Länge von vielen Kilometern beginnend, erreichen die elektrischen Schwingungen bei etwa 0.1 mm Wellenlänge das ultrarote Gebiet, an das sich die heute thermisch wie photochemisch leicht erreichbare visuelle und ultraviolette Schwingungsskala anschließt. Jenseits der Röntgen-Strahlen bilden das vorläufige Ende des Spektrums die mit ihnen verwandten, aber mit einer außerordentlichen Durchdringungskraft ausgestatteten sog. γ-Strahlen, deren kleinste Wellen der Größenordnung nach bereits den Dimensionen der Atome entsprechen. Der wissenschaftliche Gewinn dieser Erkenntnis liegt klar vor Augen. Angesichts der Identität der Licht- und Wärmeerscheinungen werden dadurch wieder zwei weitere, bisher getrennte Gebiete der Physik, die Optik und die Elektrizitätslehre, zu einem einheitlichen Gebäude, demjenigen der Elektrodynamik vereinigt.

Für die Betrachtungsweise der elektromagnetischen Lichttheorie bleiben die Ausbreitungsgesetze der alten mechanischen Theorie erhalten. An Stelle der Ätherschwingungen tritt eine regelmäßige, periodisch verlaufende Schwankung der elektrischen bzw. magnetischen Feldstärke. Die geometrische Wellenform des Vorgangs kommt damit zwar in Fortfall, doch kann sie wegen ihrer Anschaulichkeit beibehalten werden, wenn man sich bildlich in den Wellenbergen die Maxima, in den Tälern die Minima der Feldschwankungen verkörpert denkt. Durch die elektromagnetische Theorie wird eine ganze Reihe von physikalischen, speziell optischen Vorgängen dem Verständnis näher gebracht, ja überhaupt erst erklärbar, während andere, z. B. die wichtigen Erscheinungen der Interferenz, unter den gegebenen Voraussetzungen sich nur schwer oder weit weniger anschaulich deuten lassen als nach der rein mechanischen Undulationstheorie.

Über die Art, wie die Strahlung durch elektrische Zustandsänderungen in den kleinsten Bestandteilen der Materie hervorgerufen wird, besitzen wir seit einigen Jahren bestimmte, theoretisch wie experimentell gut begründete Vorstellungen, die auf der Elektronentheorie beruhen. Um 1895 hatte H. A. LORENTZ zuerst die Anschauung ausgesprochen, daß in allen Körpern in Verbindung mit den kleinsten Teilen der Materie elektrisch geladene Partikelchen von einer bestimmten Masse vorhanden sind. Die Vorstellung war insofern nicht völlig neu, als schon die von M. FARADAY gefundenen Gesetze der Elektrolyse H. v. HELMHOLTZ zu der Ansicht geführt hatten, daß die Elektrizität aus Atomen, also aus kleinsten unteilbaren Bausteinen bestehen müsse. Der englische Physiker G. J. STONEY nannte zuerst die Träger der geringsten in der Natur vorkommenden Elektrizitätsmengen Elektronen. Nach dieser Auffassung wird z. B. der elektrische Strom durch ein materielles Fließen von Elektronen zwischen den Atomen des Leiters hervorgerufen, wobei sowohl Ladung als auch kinetische Energie transportiert werden. Wie ungeheuer klein diese Teilchen sind, ersieht man daraus, daß die Masse eines Wasserstoffatoms noch etwa 1800 mal so groß ist, wie die Masse eines Elektrons. Die Zweifel über das Vorzeichen der Elektronenladung sind durch die von P. ZEEMAN entdeckte und gedeutete spektrale Linienaufspaltung in magnetischen Feldern endgültig entschieden worden. Danach sind die Elektronen mit negativen Ladungen ausgestattet. Einen ähnlichen Träger der positiven Elektrizität gibt es anscheinend in der Natur nicht. Es ist wenigstens der Physik bisher nicht gelungen, die positive Elektrizität von den kleinsten Bestandteilen der Materie völlig loszulösen. Als Träger der positiven Elementarladung kann der Kern eines jeden Atoms auftreten. Nach dem, was über das Massenverhältnis des Wasserstoffatoms zum Elektron gesagt worden ist, folgt hieraus, daß der positiv geladene Kern eine mindestens 1800 mal so große Masse hat wie das Elektron.

Bildet das Elektron, wie die Physik es annimmt, den Schlußstein im elementaren Teilprozeß der Elektrizität, so folgt daraus, daß diese nur aus quantenhaften Ladungen von der Form

$$-N\varepsilon \quad \text{oder} \quad +N\varepsilon$$

bestehen kann, wenn ε die Elementarladung in elektrostatischen Einheiten (nach R. A. MILLIKAN $4.774 \cdot 10^{-10}$) und N eine ganze Zahl bedeutet. Das Elektron wird damit, was Masse anbetrifft, zum kleinsten bekannten Baustein der ganzen uns umgebenden Materie. Seine räumliche Größe ist unbekannt. Aus Betrachtungen über Masse und Energieinhalt folgt aber, daß die Elektronen weit größer sind als die Atomkerne, und zwar erweisen sich Masse und Radius als nahe umgekehrt proportional.

Zu sehr merkwürdigen, aber wie sich gezeigt hat, überaus fruchtbaren Vorstellungen über das Wesen der Strahlung ist um 1900 der Berliner Physiker M. PLANCK gelangt. Er konnte den Nachweis führen, daß zur Erklärung gewisser spektraler Erscheinungen unbedingt die Annahme notwendig sei, daß die Strahlung nicht durch einen stetigen Energiestrom hervorgerufen wird, sondern ihren Ursprung stoßartig abgeschiedenen Energiemengen verdankt, die einem ganzzahligen Vielfachen eines elementaren, experimentell bestimmbaren

Wirkungsquantums h entsprechen.[1]) Die Elementarquanten sind nur von der Wellenlänge abhängig und bewegen sich mit Lichtgeschwindigkeit durch den Raum. Der Quantenbegriff erscheint gegenüber den weit schlichteren und überall an stetige Vorgänge anknüpfenden Auffassungen der alten Wellentheorie zunächst als gekünstelt. Trotzdem ist er nicht nur unentbehrlich geworden, sondern beherrscht die ganze Atomphysik derartig, daß er allmählich zu ihrem sichersten Grundpfeiler geworden ist. In der uns hier besonders beschäftigenden Theorie der Strahlung würden ohne Annahme von Lichtquanten gerade die wichtigsten Erscheinungen, wie die Beziehungen zwischen Temperatur und Strahlung, die Gesetze der Linien- und Bandenspektra u. a. vollkommen rätselhaft bleiben, während gerade die neuen Anschauungen die Vorausssage und Deutung teilweise sehr verwickelter Erscheinungen in einer früher nicht geahnten Weise ermöglicht haben.

Man kann nicht behaupten, daß die gleichzeitige, je nach der vorliegenden Aufgabe vorgenommene Beanspruchung von drei z. T. unvereinbaren Lichttheorien, der mechanischen, der elektromagnetischen und der Quantentheorie, besonders klare Vorstellungen über den Strahlungsvorgang vermittelte. Diese Verfolgung von verschiedenen Pfaden stellt aber den einzigen Weg dar, den die Forschung vorläufig gehen kann; denn das Gebäude der heutigen theoretischen Optik ist nicht auf den Trümmern oder auf dem Fundament der alten Wellentheorie errichtet worden, sondern neben derselben. Manche Dinge, z. B. die Erscheinungen der Interferenz, lassen eine völlige Loslösung von den bequemen Vorstellungen der Ätherwellen noch nicht zu, wie ja überhaupt die Anschauung in der neuen Welt der Physik vorläufig entschieden zu kurz kommt. Zwischen den Ansichten der klassischen und der neuen Physik liegt zweifellos ein Widerspruch; die eine schließt die andere aus, und doch ist keine zu entbehren. Niemand vermag vorauszusagen, ob und wann einmal zwischen ihnen eine Brücke geschlagen werden wird, oder ob die heutigen Ansichten ganz neuen Anschauungen den Platz räumen müssen. Gerade der ernste Forscher darf nie vergessen, daß alle seine Hypothesen, soweit sie sich auf das Wesen der Materie und der in der Natur wirksamen Kräfte beziehen, stets nur zeitliche Bedeutung besitzen und lediglich eine sinnfällige Ausgestaltung der augenblicklichen Vorstellungen zu einem möglichst einfachen Bilde bedeuten. Ist diese modellmäßige Anschauung imstande, viele, womöglich alle bisher beobachteten Vorgänge in ihren Rahmen zu fassen, oder gestattet sie sogar, bisher unbekannte Erscheinungen vorauszusagen, so ist damit die Arbeit des Naturwissenschaftlers vorläufig, aber wie die Erfahrung zeigt, nicht für alle Zeiten abgeschlossen. Wissenschaftliche „Wahrheit" darf demnach stets nur als augenblickliche Freiheit von Widersprüchen aufgefaßt werden. Gerade angesichts der Wandlungen, die die noch vor kurzem als so fest begründet geltende Wellentheorie des Lichtes erlitten hat, muß man vermuten, daß auch die neuen Anschauungen von der Erkenntnis des wahren Wesens der Strahlung und der mit ihr zusammenhängenden Vorgänge noch weit entfernt sind.

---

[1]) F. Reiche, Die Quantentheorie. Naturw. 1918. — M. Planck, Das Wesen des Lichts. Naturw. 1919.

Der Strahlungsdruck. Bei Gelegenheit von Betrachtungen über die Natur der Kometen äußerte J. Kepler 1619 die Ansicht, daß die stets von der Sonne abgekehrten Schweife dieser Gestirne ihre Richtung einer Abstoßung verdanken könnten, die das Licht auf die lockeren Bestandteile des Kometen ausübe. Die Meinung entsprach durchaus den damaligen Vorstellungen über die Natur der Strahlung, also der Anschauung von der geradlinigen Fortführung materieller Teilchen durch den Raum. Etwa 130 Jahre später verfolgte L. Euler, der die Lichtwellen, entsprechend den Erfahrungen beim Schall, für longitudinale Schwingungen hielt, den Gedanken näher, doch waren die kurz darauf (um 1754) unternommenen Versuche von J. J. Mairan derart erfolglos geblieben, daß der Gedanke, den Druck auch experimentell nachzuweisen, nicht weiter verfolgt wurde, um so mehr, als er den Vorstellungen der transversalen Ätherschwingungen, die fortan in der Physik maßgebend wurden, nicht entsprach. Erst C. Maxwell und A. Bartoli kamen um 1870 auf den Strahlungsdruck zurück, indem sie zeigten, daß die von Kepler geahnte, den Gesetzen der Schwere entgegenwirkende Kraft eine zwingende Folgerung der elektromagnetischen Lichttheorie bzw. des zweiten Satzes der Thermodynamik darstelle. Wenn diese Tatsache zunächst wenig Beachtung fand, so lag es daran, daß die Wirkungen des Strahlungsdrucks sich auf Grund der theoretischen Überlegungen als außerordentlich geringfügig ergaben. Bezeichnet man ihn mit P, die in der Zeiteinheit auffallende Energiemenge mit E, mit R das Reflexionsvermögen des beeinflußten Teilchens und schließlich mit V die Lichtgeschwindigkeit, so ist

$$P = \frac{E}{V}(1 + R)$$

wobei R zwischen 0 und 1 liegen kann, je nachdem es sich um einen absolut schwarzen oder absolut spiegelnden Körper handelt. In Worten läßt sich das Gesetz so ausdrücken, daß im Sinne der elektromagnetischen Theorie in einem Medium, in dem eine Welle oder eine elektrische Zustandsänderung sich fortpflanzt, in der Richtung ihres Weges ein Druck ausgeübt wird, der an jeder Stelle der daselbst vorhandenen, auf die Volumeinheit bezogenen Energie proportional ist. Wie man der Formel entnimmt, bewirkt der Faktor $1 : V$, daß selbst bei großen Energien die Druckwirkung überaus klein ausfällt. Die Sonnenstrahlung übt z. B. in der Erdentfernung auf einen Quadratmeter einer vollständig absorbierenden, also schwarzen Fläche, einen Druck von 0.4 Milligramm aus, auf einen ebenen Spiegel das Doppelte. Bei einigermaßen großen Körpern wie z. B. den Planeten macht das natürlich, absolut genommen, recht viel aus, doch ist zu beachten, daß der dabei resultierende Druck von einigen Millionen Kilogramm gegenüber der Anziehung der Sonne wieder verschwindend gering bleibt.

Die experimentelle Bestätigung des Strahlungsdrucks hat lange Zeit hindurch außerordentliche Schwierigkeiten bereitet. Die Möglichkeit ihrer Überwindung bot zuerst das von E. F. Nichols konstruierte Radiometer. Dabei werden zwei durch einen leichten Wagebalken starr miteinander verbundene senkrechte

Metallblättchen der Einwirkung der Strahlung ausgesetzt und die Torsion des Aufhängefadens gemessen. Bei dieser Versuchsanordnung wird aber leicht nicht der Lichtdruck, sondern ein Temperatureffekt gemessen, den man besonders deutlich an der sog. Crookesschen Lichtmühle (Abb. 191) beobachten kann. Hier wird an den geschwärzten Flächen der frei hängenden, zu einem Achsenkreuz vereinigten Metallblättchen die Strahlung absorbiert und in Wärme umgewandelt. Durch die Temperaturerhöhung wird die Geschwindigkeit der Molekülbewegung derart gesteigert, daß das drehbar angebrachte Metallkreuz in rasche Rotation versetzt wird. Bei den Versuchsanordnungen zur Feststellung des Strahlungsdrucks ist demnach stets die Gefahr vorhanden, daß man an seiner Stelle den Radiometereffekt mißt und untersucht. Diese Schwierigkeiten sind durch sinnreiche Vorkehrungen allmählich überwunden worden, so daß es möglich geworden ist, mit dem sehr empfindlichen Instrument auch unverfälschte absolute Druckwerte in Dynen zu erhalten. Der Reflexionskoeffizient der Radiometerflügel ist meßbar, und die wirksame Strahlungsenergie kann kalorimetrisch bestimmt werden, wenn man sie auf ein geeignetes Meßinstrument durch Blenden fallen läßt, deren Öffnung der Fläche der Radiometerflügel genau entspricht. Auf diese Weise wird in der Gleichung von Maxwell und Bartoli (S. 17) links und rechts alles bekannt und damit eine Prüfung des Gesetzes ermöglicht. Zu Beginn dieses Jahrhunderts ist es zuerst P. Lebedew und nahe gleichzeitig E. F. Nichols und G. F. Hull gelungen, den Strahlungsdruck auf diesem Wege nachzuweisen und dem Betrage nach zu messen.[1]) Das Ergebnis hat dabei vollkommene Übereinstimmung mit der Theorie ergeben, so daß ein Zweifel an ihrer Gültigkeit nicht mehr möglich ist. Einen analytischen Beweis liefert das jederzeit kontrollierbare sog. Stefansche Strahlungsgesetz (S. 137), das, wie L. Boltzmann gezeigt hat, aus dem Gesetz des Strahlungsdrucks und dem zweiten Hauptsatz der mechanischen Wärmetheorie unmittelbar folgt.

Das Verhältnis zwischen Strahlungsdruck und allgemeiner Anziehung ist zunächst von der Größe der bestrahlten bzw. angezogenen Teilchen abhängig. Die Anziehung ist eine Funktion der Masse eines Körpers, oder wenn nur Körper derselben Dichte betrachtet werden, eine Funktion des Volumens. Die Attraktion nimmt also mit der dritten Potenz des Durchmessers der kugelförmig gedachten Körper zu, während der Strahlungsdruck lediglich von dem Querschnitt abhängig ist und mit dem Quadrat des Durchmessers zunimmt. Bei einer so großen Kugel wie der Erde ist der Lichtdruck, wie wir sahen, im Verhältnis zur Gravitation verschwindend klein. Dagegen muß bei fortgesetzter Verkleinerung eines Körpers ein Durchmesser erreicht werden, bei dem Anziehung und Strahlungsdruck einander gleich werden, so daß das betr. Teilchen von der Sonne weder angezogen noch abgestoßen wird. Das tritt für vollkommen absorbierende Tröpfchen von der Dichte des Wassers dann ein, wenn der Durchmesser der Kugel gleich dem $2\frac{1}{2}$fachen der Wellenlänge ist, für die sichtbare Strahlung also

[1]) P. Lebedew, Die Druckkräfte des Lichtes. Ostwalds Klassiker Nr. 188. Leipzig 1913.

bei einem Durchmesser von 1.5 μ. Die Zahl nimmt umgekehrt proportional der Dichte ab, würde also z. B. bei Eisenstaub einen Durchmesser von 0.24 μ voraussetzen. Werden die Körper noch kleiner, so überwiegt der Lichtdruck, so daß Abstoßungswirkungen eintreten. Nach Untersuchungen von K. SCHWARZSCHILD wurde eine Zeitlang angenommen, daß infolge von Beugungserscheinungen der Strahlungsdruck bei einer bestimmten unteren Grenze wieder unwirksam werden müßte. Da nun alle Gasmoleküle sehr viel kleiner sind als die hier in Betracht kommenden Teilchen, hat man geglaubt, daß der Strahlungsdruck auf Gase keine Wirkung ausübt. Demgegenüber hat 1883, also zu einer Zeit, als an einen experimentellen Nachweis des Strahlungsdruckes noch nicht gedacht werden konnte, G. F. FITZGERALD gezeigt, daß der Maxwellsche Druck infolge von Resonanzerscheinungen auch bei Gasen sich äußern müßte, allerdings nur dann, wenn die Strahlung dabei vollständig absorbiert wird. Die Versuche, die LEBEDEW an Methan, Äthylen, Kohlensäure und anderen Gasen angestellt hat, ließen dann auch experimentell keinen Zweifel darüber, daß das Licht auch auf Moleküle eine Druckkraft ausübt, ferner, daß innerhalb der Beobachtungsfehler die von FITZGERALD aufgestellte Beziehung zum Absorptionskoeffizienten vollkommen zu Recht besteht. Nach neueren Untersuchungen darf überhaupt angenommen werden, daß die Wirkung des Strahlungsdrucks von einer bestimmten oberen Grenze an von der Größe der materiellen Teilchen unabhängig ist und lediglich durch deren physikalische Eigenschaften, insbesondere die selektive Absorption, bestimmt wird. Ist die Grenze, bei der die Schwerkraft überwunden wird, einmal erreicht, so können Atome, Ionen und Elektronen vom Strahlungsdruck ebenso fortgeführt werden, wie Staubteilchen und Moleküle.

Es liegt nichts im Wege, die außerhalb einer kosmischen Lichtquelle, also etwa außerhalb der Sonne gewonnenen Erfahrungen über den Strahlungsdruck auch auf ihr Inneres zu übertragen. Alle Beobachtungen deuten darauf hin, daß die Sonne und mit ihr alle Fixsterne Gaskugeln von wenig verschiedener Masse, dagegen von sehr abweichender Größe, Dichte, Leuchtkraft und Temperatur sind, und man hat sich oft die Frage vorgelegt, wodurch gegenüber dieser Mannigfaltigkeit die verhältnismäßig engen Massengrenzen bedingt seien. Nun liegen bei strahlenden Gaskugeln von der Beschaffenheit der Sterne zwingende Gründe dafür vor, daß der Temperaturgradient von der Oberfläche bis zum Kerngebiet ganz gewaltig ansteigt, so daß schließlich fast unvorstellbar hohe Wärmegrade erreicht werden. Da die Strahlung, wie wir noch später sehen werden, mit der vierten Potenz der Temperatur wächst, so kommen damit im Innern der Sterne auch überaus hohe Druckkräfte zur Geltung, die diese Körper windartig aufblasen und sie bei genügender Kraft auseinanderreißen würden, wenn nicht die Wirkung der Gravitation ein Gleichgewicht herstellte. Verstärkt wird der Strahlungsdruck in diesem Falle noch durch die Stöße der freien Elektronen und Atome, die bei derart hohen Temperaturen besonders hohe Geschwindigkeiten annehmen. Auf dieser Vorstellung hat A. S. EDDINGTON seine Theorie des inneren Aufbaus der Sterne begründet.[1]) Das uns hier interessierende Ergebnis der Überlegungen gipfelt darin, daß das Verhältnis der wirksamen Kräfte, der Expansion von innen nach außen und der Schwerkraft von außen nach innen, von der Dichte und Zusammensetzung der Gaskugel völlig unabhängig ist und nur durch das mittlere Molekulargewicht und die Masse bestimmt wird. Für das Molekulargewicht der Sternmaterie hat EDDINGTON die Zahl 4 angenommen, die später noch näher begründet werden soll. Unter Voraussetzung dieses Wertes ist er zu merkwürdigen Folgerungen gelangt. Berechnet man nämlich den prozentualen Schwere- und Strahlungsdruck für wachsende Potenzen von 10 g, so erkennt man, daß bei Gaskugeln bis zur Masse von 10^{33} g die Schwerkraft fast ausschließlich das Feld beherrscht, während von 10^{35} g an die Expansion derart überwiegt, daß wahrscheinlich instabile Verhältnisse eintreten. In der nebenstehenden Tabelle sind die Prozentziffern für die beiden entgegengesetzt wirkenden Kräfte an der Übergangsstelle einander gegenübergestellt. Wie man sieht, wird das Gleichgewicht zwischen beiden etwa bei Massen von 10^{34} g erreicht. Übereinstimmend mit der Erfahrung darf daraus gefolgert werden, daß strahlende Massen von mehr als 10^{35} g physikalisch außerordentlich unwahrscheinlich sind, solange die obige Voraussetzung über das Molekulargewicht zutrifft. Es ist beachtenswert, daß alles, was zur Berechnung der hier gegenübergestellten astronomisch sehr bedeutungsvollen Daten gedient hat, den allgemeinen Eigenschaften der Materie und den experimentellen Erfahrungen des Laboratoriums entnommen worden ist. Mit einigem Recht ist demnach von EDDINGTON die Ansicht geäußert worden, daß wir über die Masse der Sterne, d. h. über die Masse von Gaskugeln hoher Temperatur auch dann eine Vorstellung hätten, wenn etwa eine ständige Bewölkung der Erde jeden Ausblick in das Weltall verhinderte.

Schwere- und Strahlungsdruck bei Gaskugeln vom Sterncharakter.

Masse	Schwere-druck	Strahlungs-druck
10^{31} g	1.000	0.000
10^{32}	0.998	0.002
10^{33}	0.894	0.106
10^{34}	0.430	0.570
10^{35}	0.150	0.850
10^{36}	0.049	0.951
10^{37}	0.016	0.984
10^{38}	0.005	0.995

Der Aufbau der Materie. Jede Art von Strahlung geht von wägbarer Materie aus. Da dem Astrophysiker zur Untersuchung der Beschaffenheit der Weltkörper nur das Licht, das sie ihm zusenden, zur Verfügung steht, sind für ihn alle Beziehungen, die sich physikalisch zwischen der Beschaffenheit der Materie und der beobachteten Strahlung aufstellen lassen, von besonderer Bedeutung.

Die Anschauungen der neuen Physik über die Materie beruhen, wie schon aus den bisherigen Abschnitten hervorgeht, durchweg auf einer atomistischen

[1]) A. S. EDDINGTON, The interior of a star, Seeliger Festschrift. Berlin 1924.

Grundlage.[1]) Vor kaum einem Vierteljahrhundert hatten Moleküle, Atome und Elektronen bei einer großen Zahl von Physikern nur die Gültigkeit von Hilfsvorstellungen, deren man vielleicht nur vorübergehend zur Erklärung von einzelnen Beobachtungstatsachen bedurfte. Heute ist man zu der Annahme gezwungen, daß die erwähnten Begriffe eine durchaus reelle Bedeutung haben, ja, daß viele Vorgänge, nicht zuletzt solche im Himmelsraum, ohne Annahme der atomistischen Naturvorstellung völlig dunkel und rätselhaft wären. Freilich darf nicht außer acht gelassen werden, daß es fast durchweg theoretische Betrachtungen sind, die hier in strenger Folgerichtigkeit zu den Ergebnissen führen. In praktischer Hinsicht haftet den Theorien über den molekularen Aufbau der Körper mit verschwindenden Ausnahmen das Mißgeschick an, daß die Einzelheiten, auf die dauernd zurückgegriffen wird, sich der Sinneswahrnehmung vollkommen entziehen. Der Astronom wird in den Ergebnissen dieser „Physik des Unsichtbaren" um so weniger grundsätzlichen Schwierigkeiten begegnen, als er ja seit Jahrzehnten im eigenen Arbeitsgebiet täglich derartigen Dingen begegnet. Es sei nur an die spektroskopischen Doppelsterne, an die Bahnen von Verfinsterungsveränderlichen u. a. erinnert.

Alle Materie, der wir in der Natur begegnen, besteht aus chemischen Verbindungen, die sich experimentell zunächst in die einzelnen Elemente auflösen lassen. Die irdischen Grundstoffe zeigen dabei einen Aufbau, bei dem man nach dem Vorgange von A. Avogadro die Moleküle von den Atomen zu unterscheiden hat. Unter Molekülen verstand man im Sinne Avogadros kleinste Massenteilchen, die physikalisch, unter Atomen solche, die chemisch nicht weiter getrennt werden konnten. Diese Unterscheidung der Atome von den Molekülen läßt sich heute nicht immer in so klarer, eindeutiger Form durchführen, wie man das früher annahm; es gibt Fälle, wo sie ihren Sinn verliert und nur der Begriff des Atoms übrigbleibt.

Wir haben gesehen, daß nach der Elektronentheorie alle chemischen Elemente letzten Endes aus elektrisch geladenen Teilchen zusammengesetzt sind. Da die Elektrodynamik zur Physik gehört, so ist damit die ursprüngliche Grenze der Teilbarkeit im physikalischen Sinne überschritten. Die alte Definition des Moleküls läßt sich also nicht mehr aufrecht erhalten. Die Atome als Endpunkte einer chemischen Zerlegung der Elemente bleiben bestehen; nur daß auch sie für die Physik nichts „Unteilbares" mehr darstellen, sondern sich als komplizierte kleine Körper erweisen, bei denen die Probleme der Naturwissenschaften nicht aufhören, sondern zu einem wesentlichen Teil überhaupt erst beginnen.

Sind die Elektronen die an Masse kleinsten Bausteine der Materie, so ist die Annahme notwendig, daß die überall in der Natur vorkommenden neutralen Atome sowohl aus positiven wie aus negativen Teilchen zusammengesetzt sind, die einander das Gleichgewicht halten. Über die wahre Gestalt eines derartigen neutralen Atoms können sehr verschiedene Ansichten bestehen. Naheliegend

[1]) M. Born, Aufbau der Materie. Berlin 1922. — G. Mie, Das Wesen der Materie. Aus Natur und Geisteswelt. Leipzig 1919.

ist z. B. die Vorstellung, daß ein Kern eine positive und eine oder mehrere äußere Schalen von Elektronen die entsprechende negative Ladung enthalten. Dabei muß aber normalerweise die Bedingung erfüllt sein, daß die positive Kernladung gerade so groß ist, wie die Ladung aller Elektronen zusammengenommen. Hieraus ergibt sich, daß die Kernladung stets nur ein ganzzahliges Vielfaches des Elementarquantums ε (S. 15) sein kann, eine Folgerung, die, wie wir noch an mehreren Stellen sehen werden, dem sog. Periodischen System der Elemente einen tieferen Sinn gegeben und die ganze physikalische Chemie vollkommen umgestaltet hat.

Die überaus fruchtbare Entwicklung der Atomtheorie in den letzten beiden Jahrzehnten kann hier nur kurz gestreift werden. Der Fortschritt wurde zu Beginn unseres Jahrhunderts durch die Arbeiten von Lord KELVIN (W. THOMSON) und E. RUTHERFORD eingeleitet. Beide Forscher haben den Atomaufbau bereits durch bestimmte Modelle zu veranschaulichen versucht, aber erst in unseren Tagen gelang es dem dänischen Physiker N. BOHR durch Vereinigung der RUHTERFORDschen Kerntheorie mit dem PLANCKschen Quantenbegriff sowie durch Berücksichtigung der an Röntgen-Spektren gewonnenen Ergebnisse ein so einfaches und anschauliches Bild einiger Atome zu schaffen, daß es allgemeinen Anklang gefunden hat. Danach sind die Kerne aller Elemente als physikalisch sehr ähnliche Teilchen der Materie aufzufassen. Sie unterscheiden sich hauptsächlich durch den Betrag der positiven Ladung, den sie enthalten. Ein Atom kann als Verbindung des Kerns mit ein, zwei oder mehreren Elektronenschalen angesehen werden, die um so fester an den Kern gebunden sind, je näher sie ihm liegen. Bei einem neutralen Atom entspricht der positiven Kernladung N stets die Anzahl N von äußeren Elektronen. Etwaige Bewegungsregeln der letzteren können den Keplerschen Gesetzen der Planetentheorie angeschlossen werden, da das dynamische Anziehungsgesetz von NEWTON und das elektrodynamische von COULOMB dem Sinne und Wortlaut nach identisch sind. Wie man sich diese kleinen Planetensysteme etwa vorzustellen hat, zeigt Abb. 5, die das Wasserstoffatom (Kernladung 1, also 1 Elektron) und das Heliumatom (Kernladung 2, also 2 Elektronen) nach N. BOHR bzw. A. LANDE veranschaulicht.

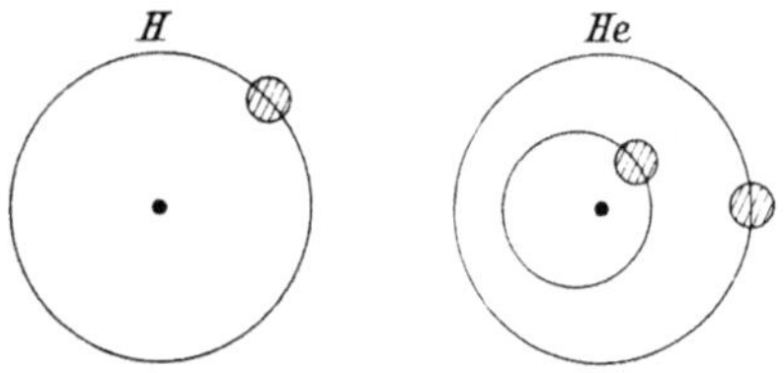

Abb. 5. Modell eines neutralen Wasserstoff- und Heliumatoms.

Mit dem Sonnensystem gemeinsam haben diese Modelle die Konzentration der Hauptmasse im Kern; abweichend von den planetarischen Verhältnissen entfallen dagegen auf die Begleiter die größeren Dimensionen. Es muß noch erwähnt werden, daß unter der Ladung des Kerns stets nur die freie, nach außen wirksame positive Ladung zu verstehen ist. Gewisse Eigenschaften der Elemente, z. B. die noch zu erwähnende Isotopie, zwingen zu der Annahme, daß die Kerne in Wirklichkeit noch in sich positive, durch innere Elektronen gebundene Einheiten enthalten, die aber bei den hier betrachteten

Vorgängen nicht zur Geltung kommen und daher außer Betracht bleiben können.

Die Atomsysteme werden aufrecht erhalten durch elektrostatische Kräfte, deren Betrag auf Grund der Quantentheorie genau bestimmbar ist. Die Hoffnung, die Störungsgesetze der klassischen Himmelsmechanik auf die Atome mit höherer Kernladung und damit auch höherer Elektronenzahl anwenden zu können, hat sich nicht erfüllt, jedenfalls begegnet das Bohrsche Bild schon bei der Berechnung des *He*-Atoms mit seinen zwei äußeren Elektronen unerwarteten Schwierigkeiten.[1]) Daß im Gegensatz zum Planetensystem die einzelnen Elektronen aufeinander eine abstoßende Wirkung ausüben müßten, braucht kaum besonders betont zu werden. Nur sehr wenige Elemente haben sich übrigens in so schlichte Modelle einordnen lassen, wie sie Abb. 5 zeigt. Aber auch in den einfachen Fällen bleiben noch viele Zusammenhänge dunkel. Insbesondere ist die naheliegende Vermutung, daß die im Grunde nicht sehr verschiedenen Kerne aller Elemente aus einer einheitlichen Materie, etwa aus Wasserstoff aufgebaut seien, wie es sich schon um 1815 der englische Arzt W. Prout vorgestellt hat, noch ungeklärt. Ob die Hypothese in irgendeiner anderen Form aufrecht erhalten werden kann, muß die Zukunft lehren. Betrachtet man von diesem Gesichtspunkte aus die im Licht der Fixsterne nachgewiesenen Elemente, so fällt es auf, daß in den betreffenden Atomgewichten ganze Vielfache von 4, also vom Atomgewicht des Heliums überwiegen. Danach könnte vielleicht mit drei Bausteinen der Weltmaterie gerechnet werden, und zwar mit Wasserstoff- und Heliumkernen sowie Elektronen. Die Zusammensetzung von Helium aus 4 Wasserstoffprotonen und 2 Elektronen liegt sehr nahe, ist aber noch durchaus hypothetisch. Daß eine Umwandlung der Grundstoffe im Prinzip möglich ist, zeigen die Erfahrungen der Radioaktivität, ferner die Tatsache, daß E. Rutherford und andere Physiker von den Atomen von Bor, Stickstoff, Fluor, Natrium, Aluminium und Phosphor durch die von Radiumelementen emittierten α-Strahlen Wasserstoffkerne abspalten konnten. Dagegen haben Versuche an Explosionsfunken ebensowenig zu einem Zerfall der schweren Elemente in leichtere geführt, wie die Anwendung von Bogenlicht bis zu Stromstärken von etwa 2000 Amp.

Die Deutung des inneren Aufbaus von Molekülen, also von Atomverbänden, gestaltet sich, wie kaum anders zu erwarten, noch weit schwieriger als bei den Einzelteilen. Die Vorstellungen sind hier selbst bei dem zweiatomigen Wasserstoff noch bei weitem nicht geklärt. Der Molekülbegriff ist sowohl physikalisch als auch chemisch nicht zu entbehren. Physikalisch, weil die Atome und Moleküle eine gänzlich verschiedene Strahlung liefern, chemisch, weil ohne ihn die Verbindungen der Elemente quantitativ gar nicht zu erklären wären. Wird z. B. ein Liter Wasserstoff mit einem Liter Chlorgas vereinigt, so entstehen nicht ein, sondern zwei Liter der Verbindung Chlorwasserstoff. Nehmen wir an, daß diese

[1]) Über die Berechnung des *He*-Atoms auf Grund der neuen Quantentheorie von W. Heisenberg s. Zeitschr. f. Phys. 1925 und Naturw. 1926.

zwei Liter 2 N Moleküle enthalten, so ist der Vorgang nur so vorstellbar, daß die beiden Grundstoffe mit je N Molekülen zu je 2 Atomen zu der Verbindung HCl beigetragen haben. Diese Annahme findet ihren Ausdruck in dem Satz von A. Avogadro (1811), der besagt, daß ohne Rücksicht auf die Zusammensetzung der Gase in gleichen Raumteilen stets die gleiche Anzahl von Molekülen vorhanden ist. Durch physikalische, auf der kinetischen Gastheorie aufgebaute Überlegungen ist es J. Loschmidt 1865 gelungen, die wichtige Avogadrosche Naturkonstante, die auf $27 \cdot 10^{18}$ Moleküle pro Kubikzentimeter führt, zu berechnen.

Das Periodische System der Elemente. Das chemische wie das physikalische Verhalten eines Grundstoffes wurde nach der älteren Anschauung durch sein Atomgewicht bestimmt, d. h. diejenige Verhältniszahl, die angibt, wieviele seiner kleinsten Gewichtsteile sich mit Atomen anderer Elemente zu chemischen Verbindungen vereinigen. Die Atomistik der Chemie ist von J. Dalton begründet worden, der schon 1805 die erste Atomgewichtstabelle aufgestellt hat. Vor Ableitung der Loschmidtschen Zahl konnten in einer solchen Übersicht nur relative Atomgewichte angegeben werden, ein Brauch, der sich bis zum heutigen Tage erhalten hat. Der Wasserstoff hat das kleinste Atomgewicht von allen Elementen. Dalton hat es mit 1 bezeichnet, so daß die Atomgewichte aller anderen Elemente größer sind als 1. Wenn z. B. das Atomgewicht von Sauerstoff 16, dasjenige von Stickstoff 14 ist, so wird damit ausgedrückt, daß sich nur 16 Gewichtsteile Sauerstoff mit 14 Gewichtsteilen Stickstoff vereinigen können oder ganze Vielfache davon, z. B. $2 \cdot 16$, $3 \cdot 16$ usw. Teile Sauerstoff mit 14 Teilen Stickstoff, niemals aber unter beliebigen anderen Verhältnissen. Für unsere Zwecke genügt es, wenn die Atom- oder Verbindungsgewichte in ganzen Zahlen angegeben werden; auch in Wirklichkeit sind sie bekanntlich mit sehr wenigen Ausnahmen (z. B. Kupfer, Nickel, Gold) nahe ganzzahlig. Seit dem Jahre 1905 pflegen die Chemiker die Atomgewichte nicht auf Wasserstoff, sondern auf Sauerstoff zu beziehen, dem das Atomgewicht 16.00 beigelegt wird. Die ungefähre Ganzzahligkeit bleibt dabei bestehen, nur kommt dann dem Wasserstoff das Atomgewicht 1.008 zu.

Wenn man die chemischen Elemente nach ihrem Atomgewicht ordnet, so bemerkt man, daß sich dabei gleichzeitig eine fortlaufende Änderung ihrer physikalischen und chemischen Eigenschaften ergibt, die periodisch wiederkehrt. Die Eigenschaften ändern sich stetig, bis bei einer bestimmten geringen Änderung des Atomgewichts eine Rückkehr zu den Eigenschaften eines Ausgangselements unverkennbar hervortritt. Die Zahl der Elemente, die zu einer Periode gehören, beträgt entweder 8, 18 oder 32. Nach diesen Gesichtspunkten haben L. Meyer und D. J. Mendelejeff um 1870 das berühmte Periodische System der Elemente aufgebaut, das in der heute üblichen Form auf S. 27 wiedergegeben ist.[1]) Die Elemente sind hier nach Perioden (arabische Ziffern)

[1]) Vgl. F. Paneth, Das Periodische System der chemischen Elemente. Ergebnisse der exakten Naturwiss. I. Berlin 1922.

und nach Gruppen (römische Ziffern) geordnet, so daß sowohl die horizontalen wie die vertikalen Reihen fortschreitende Ähnlichkeiten haben. Nicht immer verlaufen übrigens die chemischen Eigenschaften dem Gang der Atomgewichte parallel. So folgt das Kalium (39.1) auf das schwerere Argon (39.9), das Jod (126.9) auf das Tellur (127.5), das Protaktinium (230) auf Thorium (232.2). Ein geringerer Sprung findet bei Nickel (58.7) und Kobalt (59.0) statt.

Der innere Sinn der Elementenfolge im Periodischen System ist nicht durch chemische, sondern fast ausschließlich durch physikalische Untersuchungen klargestellt worden, die bei Behandlung der spektralanalytischen Theorien noch zur Sprache kommen werden. Jedenfalls herrscht heute Klarheit darüber, daß die Atomgewichte nicht die wichtigste charakteristische Eigenschaft eines Elements darstellen. Dagegen ist ihre Ordnungsnummer z im Periodischen System von entscheidender Bedeutung, da sie unmittelbar die positive Kernladung des Atoms, bei neutralen Elementen somit gleichzeitig die Zahl der an den Kern gebundenen äußeren Elektronen angibt, die alle physikalischen Eigenschaften des Grundstoffes bestimmen. Wasserstoff (*H*) hat also die Kernladung 1, Helium (*He*) 2, Lithium (*Li*) 3 usw. Das Verhalten der Elemente im Mendelejeffschen System erweist sich dementsprechend als eine periodische Funktion ihrer Kernladung und nicht der Atomgewichte. Die unberechtigte Bedeutung, die den Atomgewichten ein Jahrhundert hindurch in der Chemie und Physik eingeräumt wurde, ist darauf zurückzuführen, daß sie, wie die Tabelle der Elemente S. 27 ohne weiteres zeigt, in den ersten Perioden ungefähr der doppelten Ordnungszahl entsprechen.

In der modellmäßigen Form kann man sich den Aufbau der Horizontalreihen des Periodischen Systems nunmehr so vorstellen, daß diese sich nicht nur durch die Zahl, sondern auch durch die Gruppierung der an den Kern gebundenen Elektronen unterscheiden. Die erste Reihe mit Wasserstoff und Helium bildet die erste, innerste Schale, die zweite von Lithium bis Natrium die zweite usf. (Abb. 95). Diese räumliche Vorstellung ist durchaus hypothetisch, wird aber durch die experimentelle Erfahrung, daß bestimmte Elektronengruppen fester, andere loser an den Kern gebunden sind, recht anschaulich unterstützt.

In erster Linie waren es Untersuchungen an radioaktiven Elementen, die um 1910 den Glauben an den physikalischen Wert der Atomgewichtsziffern im Periodischen System erschütterten. Das Studium der betreffenden Vorgänge und der mit ihnen verbundenen Umwandlungen hat nämlich eine ganze Reihe von Elementen zum Vorschein gebracht, die absolut dieselben chemischen und physikalischen Eigenschaften haben, dabei aber verschiedene Atomgewichte aufweisen. So hat das gewöhnliche Blei das Atomgewicht 207.2, das aus Radiummineralien entstandene das Atomgewicht 206.0, das Thoriumblei das Atomgewicht 207.9. Noch größere Abweichungen, die bis zu 8 Einheiten gehen, zeigen einige chemisch wie physikalisch gleiche Radiumelemente; dabei kann es sogar vorkommen, daß zwei Grundstoffe mit gleichem Atomgewicht sich durch völlig verschiedene Eigenschaften auszeichnen. Bei den stabilen Elementen ist ein solcher Fall noch nicht beobachtet worden, wäre aber ebenfalls durchaus denkbar.

Daß mit der Ordnungsnummer z eines Grundstoffes seine Stellung im Periodischen System endgültig bestimmt ist, haben die Röntgen-Spektrogramme völlig eindeutig gezeigt. Benutzt man verschiedene Elemente als Material für die Antikathode, so stellt sich heraus, daß alle Grundstoffe den gleichen spektralen Röntgen-Aufbau haben. Die Anordnung und Folge der Linien ist identisch, und nur die Wellenlänge λ bzw. ihr reziproker Wert, die Frequenz ν im Vakuum, erweist sich als verschieden. Wird nun die Quadratwurzel aus ν in Hundertmillionteln als Funktion von z aufgetragen (Abb. 6), so erhält man im Gegensatz zu der entsprechenden Beziehung bei den Atomgewichten (gerissene Kurve) eine gerade Linie. Diese wichtige, von H. G. Moseley gefundene Gesetzmäßigkeit hat dem Periodischen System die lange gesuchte feste Grundlage gegeben und die Elementenfolge in ihrer einfachen Gesetzmäßigkeit unzweideutig festgelegt.

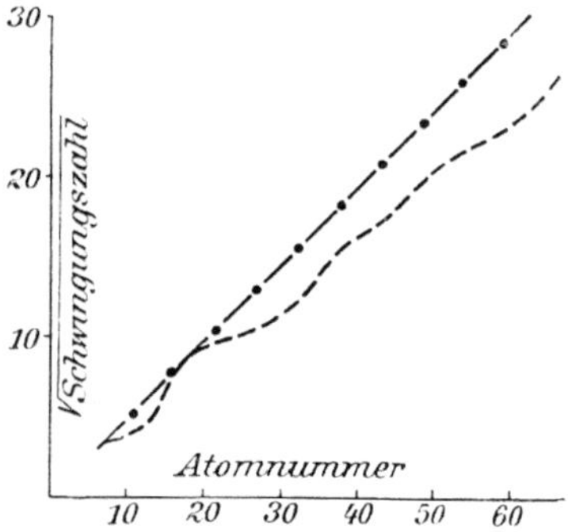

Abb. 6. Beziehung zwischen den Schwingungszahlen, der Ordnungsziffer und dem Atomgewicht der Elemente (nach M. Born).

Es wurden vorhin neuartige Gruppen von Grundstoffen erwähnt, die bis auf das Atomgewicht vollkommen die gleichen chemischen und physikalischen Eigenschaften besitzen. Man bezeichnet die einzelnen Glieder derartiger Elemente nach dem Vorschlage des ersten Entdeckers, F. Soddy, als Isotopen. Die bisher gefundenen Isotopengemische weichen im Atomgewicht durchweg von der Ganzzahligkeit stark ab, so daß die Vermutung besteht, daß auch alle anderen nicht ganzzahligen Fälle im Periodischen System isotopisch zu deuten sind. Jedenfalls sind gegenwärtig die für die Chemie so wichtigen Verbindungsgewichte von den stets ganzzahligen Gewichten der Atomarten oder Isotopen wohl zu unterscheiden. Nur bis $z = 20$ (*Ca*) entsprechen übrigens die Atomgewichte ungefähr der doppelten Ordnungsnummer des betr. Elements. Für die schwereren Grundstoffe sind sie durchweg größer, z. T. erheblich größer als $2z$. Durch die Moseleysche Entdeckung der Beziehung zwischen Atomnummer und Wellenzahl ist die Reihenfolge der 92 Elemente zwischen Wasserstoff (1) und Uran (92) so genau bestimmt, daß dabei auch die Lücken in unseren bisherigen Kenntnissen deutlich hervortreten. Sie betreffen die nebenstehenden durchweg ungeraden Ordnungsnummern von 5 Elementen, deren Auffindung im Laboratorium, neben der Entdeckung noch schwererer Grundstoffe außerhalb der At.-Nr. 92, wohl nur als eine Frage der Zeit betrachtet werden darf. Selbst-

Vermißte Elemente zwischen den Atomnummern 1 u. 92

Nr.	At.-Gew.
43	97 — 101
61	145 — 149
75	185 — 190
85	211 — 221
87	223 — 225

Das Periodische System der Elemente.

(Perioden und Gruppen, Ordnungsnummern und Atomgewichte.)

Periode	Gruppe I	Gruppe II	Gruppe III	Gruppe IV	Gruppe V	Gruppe VI	Gruppe VII	Gruppe VIII
1	1 *H* (1)							2 *He* (4)
2	3 *Li* (7)	4 *Be* (9)	5 *B* (11)	6 *C* (12)	7 *N* (14)	8 *O* (16)	9 *F* (19)	10 *Ne* (20)
3	11 *Na* (23)	12 *Mg* (24)	13 *Al* (27)	14 *Si* (28)	15 *P* (31)	16 *S* (32)	17 *Cl* (35)	18 *Ar* (40)
4	19 *K* (39) 29 *Cu* (64)	20 *Ca* (40) 30 *Zn* (65)	21 *Sc* (45) 31 *Ga* (70)	22 *Ti* (48) 32 *Ge* (72)	23 *V* (51) 33 *As* (75)	24 *Cr* (52) 34 *Se* (79)	25 *Mn* (55) 35 *Br* (80)	26 *Fe* (56) 27 *Co* (59) 28 *Ni* (59) 36 *Kr* (83)
5	37 *Rb* (85) 47 *Ag* (108)	38 *Sr* (88) 48 *Cd* (112)	39 *Y* (89) 49 *In* (115)	40 *Zr* (91) 50 *Sn* (119)	41 *Nb* (94) 51 *Sb* (120)	42 *Mo* (96) 52 *Te* (128)	43 — 53 *J* (127)	44 *Ru* (102) 45 *Rh* (103) 46 *Pd* (107) 54 *X* (130)
6	55 *Cs* (133) 79 *Au* (197)	56 *Ba* (137) 80 *Hg* (201)	57—71 Seltene Erden 81 *Tl* (204)	72 *Hf* (178) 82 *Pb* (207)	73 *Ta* (182) 83 *Bi* (209)	74 *W* (184) 84 *Po* (210)	75 — 85 —	76 *Os* (191) 77 *Ir* (193) 78 *Pt* (195) 86 *Em* (222)
7	87 —	88 *Ra* (226)	89 *Ac* (227)	90 *Th* (232)	91 *Pa* (230)	92 *U* (238)		

Seltene Erden

57 *La* (139)	58 *Ce* (140)	59 *Pr* (141)	60 *Nd* (144)	61 —	62 *Sm* (150)	63 *Eu* (152)	64 *Gd* (157)
65 *Tb* (159)	66 *Dy* (162)	67 *Ho* (164)	68 *Er* (168)	69 *Tu* (169)	70 *Yb* (174)	71 *Lu* (175)	

verständlich wäre es auch denkbar, daß sich einzelne Elemente auf der Erde nicht gebildet haben, oder daß es sich in den Lücken um instabile Grundstoffe handelt. Für die Ordnungsnummern 85 und 87 ist dies sogar recht wahrscheinlich. Daß die vermißten Elemente im Periodischen System durchweg ungerade Ziffern betreffen, ist nicht weiter verwunderlich, da die geraden z-Nummern am Aufbau der Erdrinde merklich stärker beteiligt sind. Diese Gesetzmäßigkeit, für die eine Erklärung vorläufig fehlt, tritt in noch stärkerem Maße bei den Spuren kosmischer Materie hervor, die in Form von Meteoriten zu uns gelangt und hier qualitativ wie quantitativ ebenso untersucht werden kann, wie ein Bestandteil der Erde.

2. Die Grundlagen der Optik.

In dem ersten Kapitel ist der physikalische Begriff der Strahlung im allgemeinsten Sinne kurz definiert und erläutert worden. Solange sich die Strahlung im Weltraum, d. h. in dem absolut elastischen Äther fortpflanzt, geht, soweit wir gegenwärtig unterrichtet sind, keinerlei Änderung mit ihr vor, gleichgültig, ob sie von hellen oder schwachen Lichtquellen ausgeht, ob der Weg einige Kilometer oder Hunderttausende von Lichtjahren beträgt. Diese Unabhängigkeit von Raum und Zeit bleibt dagegen nicht bestehen, wenn dem Lichtstrahl auf seinem Wege ein materielles Hindernis begegnet. Richtung, Weite und Dauer der Schwingungen ändern sich dann mehr oder weniger, ja einem Beobachter innerhalb eines solchen ponderablen Mediums kann es sogar schwer fallen, die ursprünglichen Eigenschaften der ankommenden Strahlung zu ergründen. Durch die Fähigkeit der uns umgebenden Stoffe, das Licht in seinem Charakter zu verändern, ergibt sich andererseits die Möglichkeit, die Strahlung ihrem Wesen nach physikalisch zu untersuchen. Wir können sie veranlassen, in optischen Medien einen zweckmäßigen Weg innezuhalten oder nur ganz bestimmte Schwingungen auszuführen, je nach dem Ziel, das gerade verfolgt wird. Die Aufgabe des nächsten Kapitels soll darin bestehen, die instrumentellen Hilfsmittel, die diesen Untersuchungen dienen, in ihren allgemeinen Grundlagen kennenzulernen.

Brechung, Zerstreuung und Spiegelung. Tritt die Strahlung in einen mit Materie erfüllten, aber ihren Gang nicht unbedingt hindernden Raum ein, so ist dies stets mit einer Verlangsamung ihrer Fortpflanzungsgeschwindigkeit verknüpft. Wahrscheinlich liegt der Erscheinung ein Bremsvorgang zugrunde. Vom elektrodynamischen Standpunkt aus kann man dann die Verzögerung so deuten, daß die elektromagnetischen Schwingungen des Lichtstrahls die Elektronen des getroffenen Körpers zum Mitschwingen veranlassen und dadurch selbst gehemmt werden.

Wir wollen zunächst voraussetzen, daß die Materie, in die der Lichtstrahl eindringt, keine Kristallstruktur besitzt, also homogen oder isotrop ist, d. h. daß in ihr die Strahlung, wie im Äther, nach allen Richtungen hin gleichmäßig fortgepflanzt wird. Je nach der Größe der Geschwindigkeitsverzögerung bezeichnet man dann die Stoffe als optisch mehr oder weniger dicht; so stellt z. B. Glas ein optisch dichteres Medium dar als Wasser, letzteres ist wieder optisch dichter als Luft usw. Ohne daß hierbei ein bestimmtes Gesetz obwaltet, und obgleich Ausnahmen vorkommen, darf angenommen werden, daß die Stoffe im allgemeinen um so dichter in optischer Beziehung sind, je größer ihr spezifisches Gewicht ist.

Wir hatten erwähnt, daß im immateriellen Äther die Fortpflanzungsgeschwindigkeit aller Wellen unabhängig von ihrer Länge dieselbe sei; das ist in einem materiellen Medium nicht mehr der Fall; hier ist die Geschwindigkeit der Bewegung für die kürzeren Wellen geringer als für die längeren. Würde man also beispielsweise das plötzliche Aufflammen eines weißen Lichtes durch eine sehr dicke Schicht eines Stoffes wie Luft, Wasser, Glas u. dgl. beobachten, so würde es zuerst rot erscheinen und erst dann durch Hinzutreten der übrigen Farben in Weiß übergehen. Daß wir das niemals in Wirklichkeit beobachten, liegt daran, daß bei der enormen Lichtgeschwindigkeit selbst im Falle eines optisch sehr dichten Mediums eine Schichtendicke von vielen Hunderttausenden von Kilometern nötig wäre, um die Unterschiede in der Ankunftszeit der verschiedenen Wellenlängen dem Auge unmittelbar zur Wahrnehmung zu bringen.

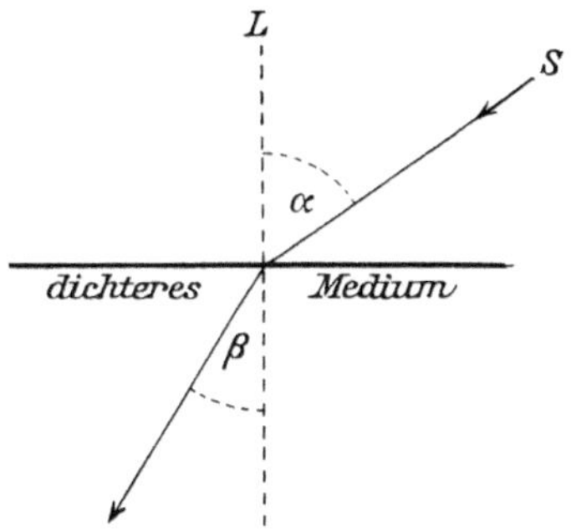

Abb. 7. Brechung an der Grenze optisch verschiedener Medien.

Eine Folge der Verzögerung der Geschwindigkeit beim Eintritt in ein dichteres Medium ist die Lichtbrechung, während die Verschiedenheit der Verzögerung für die Strahlen der verschiedenen Wellenlängen Zerstreuung oder Dispersion der Strahlung hervorruft. Wir wollen die beiden Vorgänge etwas genauer betrachten und zwar auf Grund der anschaulichen geometrischen Betrachtung der Lichtstrahlen und ihres Weges. Die Überlegungen sollen dabei, wenn Lichtzerlegung in Frage kommt, stets mit zwei homogenen Strahlen durchgeführt werden, von denen der eine rot, der andere blau sein soll. Es bedarf alsdann keiner besonderen Erwähnung, daß der Gang der übrigen sichtbaren Lichtstrahlen dazwischen liegt und in diese Grenzen eingeschlossen ist.

Fällt ein homogener, d. h. einfarbiger Lichtstrahl aus einem dünnen Medium in ein dichteres (Abb. 7), so ist bekanntlich die Ablenkung gegen die Richtung des Einfallens durch ein einfaches, von W. Snellius 1620 gefundenes Gesetz verbunden, und zwar ist für ein und dasselbe Medium

$$\frac{\sin \alpha}{\sin \beta} = n$$

wenn α den Einfalls- und β den Brechungswinkel bedeutet. Die Konstante n wird in der Regel für gelbes Licht bestimmt und als Brechungsindex oder

Brechungsexponent und reziprokes Zerstreuungsvermögen durchsichtiger Stoffe.

Stoff	n	ν
Wasser	1.33	56
Flußspat	1.43	95
Kronglas, leicht	1.46	66
Altkron	1.52	59
Kanadabalsam	1.54	—
Bergkristall (ord. Strahl)	1.54	70
Neuflint	1.58	50
Neukron	1.62	55
Schwefelkohlenstoff	1.63	18
Altflint	1.66	34
Schwerflint	1.74	28
Schwerstes Silikatflint	1.96	20
Diamant	2.47	—

-koeffizient, auch als Brechwert bezeichnet; sie ist nichts anderes als das Verhältnis der Lichtgeschwindigkeiten im dünneren und im dichteren Medium. Auf atmosphärische Luft und die Wellenlänge der Natriumlinie (D) bei λ 5893 des Sonnenspektrums bezogen, hat der mittlere Brechungsindex einiger farbloser, durchsichtiger Stoffe die in dem nebenstehenden Täfelchen verzeichneten Werte.[1])

Die normale Lichtbrechung ist bei ein und demselben Medium um so stärker, je kleiner die Wellenlängen sind, d. h. ein Strahl roten Lichtes wird weniger stark abgelenkt als ein grüner oder blauer. Beim schrägen Eintritt weißen Lichtes in ein dichteres Medium findet somit eine kontinuierliche, fächerartige Ausbreitung oder Dispersion der einzelnen Strahlenarten zwischen S_r und S_b statt (Abb. 8). Für senkrecht auffallende Strahlen ($\alpha = 0$) ist sie gleich Null und wächst mit der Zunahme des Winkels α. Bezeichnet man wieder die mittlere auf gelbes Licht bezogene Brechung allgemein mit n, diejenige für rotes und blaues Licht mit n_r bzw. n_b, so nennt man nach E. Abbe den Ausdruck

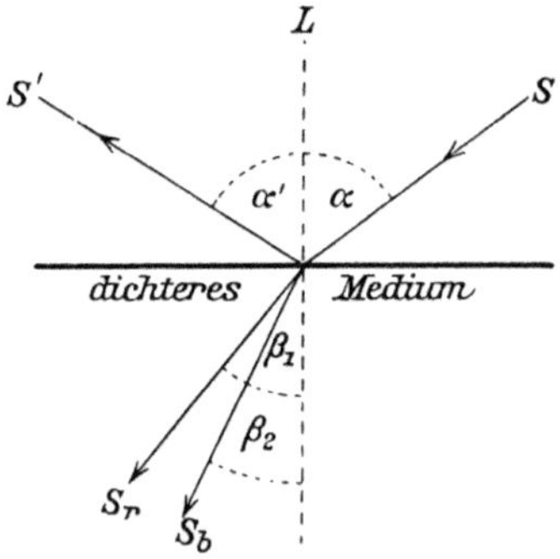

Abb. 8. Lichtbrechung für verschiedene Farben.

$$\frac{1}{\nu} = \frac{n_b - n_r}{n - 1}$$

das mittlere relative Zerstreuungsvermögen des Glases. Es wird gewöhnlich auf die Wasserstofflinien (C) und (F), die im roten bzw. blauen Teil des Sonnenspektrums bei λ 6563 und λ 4861 (Abb. 30) liegen, bezogen und nimmt bei den technisch herstellbaren Gläsern Werte zwischen 0.015 und 0.050 an. Die Größe ν, die man genauer, unter Berücksichtigung der n-Werte für die erwähnten Fraunhoferschen Linien (C), (D) und (F) durch die Gleichung

$$\nu = \frac{n_D - 1}{n_F - n_C}$$

ausdrücken kann, spielt in der rechnenden Optik bei allen Fragen, die die Farben-

[1]) Nach verschiedenen Quellen. Bei den Glasern fallen in der Regel die ν-Werte bei jeder Schmelze etwas abweichend aus. Ohne Rücksicht auf die Zusammensetzung werden gegenwärtig von den Optikern die Glaser in Krone ($\nu > 55$), Flinte ($\nu < 50$) und Kronflinte ($\nu = 55$ bis 50) eingeteilt.

korrektion der Linsen betreffen, eine sehr wichtige Rolle und ist daher in die kleine auf S. 30 gegebene Zahlenübersicht der Brechungsexponenten mit aufgenommen worden. Werden für einige ältere, bis 1886 ausschließlich herstellbare Glasarten die Beziehungen zwischen n und $1/\nu$, letzterem in Einheiten der dritten Dezimale, graphisch aufgetragen, so läßt sich der Zusammenhang sehr nahe durch eine gerade Linie darstellen (Abb. 9). Wie unangenehm und hemmend dieses anscheinend zwangsläufige Gesetz für die praktische Fernrohroptik gewesen ist, wird noch später (S. 51) auseinanderzusetzen sein.

Brechung und Dispersion sind keineswegs die einzigen Erscheinungen, die beim Auftreffen einer Strahlung auf die Oberfläche eines Mediums eintreten. Auch beim durchsichtigsten Stoff dringt die Strahlung nicht ihrem Gesamtbetrage nach in ihn ein, vielmehr wird stets ein mehr oder weniger großer Teil an der Oberfläche reflektiert. Die Richtung, in der die Reflexion erfolgt, ergibt sich genau in der gleichen Weise, wie beim elastischen Stoß materieller Teilchen. Ein Lichtstrahl wird also stets so reflektiert, daß die durch ihn und das Lot am Einfallspunkt definierte Einfallsebene gewahrt bleibt und der Reflexionswinkel α' gleich dem Einfallswinkel α ist (Abb. 8). Das Verhältnis zwischen dem Betrage des reflektierten Lichtes und dem in das zweite Medium abgelenkten hängt dabei vom Brechungskoeffizienten ab, außerdem aber auch in recht verwickelter Weise von dem Einfallswinkel. Nur für den Fall, daß der Strahl senkrecht einfällt, wenn also $\alpha = 0$ ist, wird die Beziehung sehr einfach; es ist alsdann, wie A. FRESNEL gezeigt hat, der reflektierte Betrag

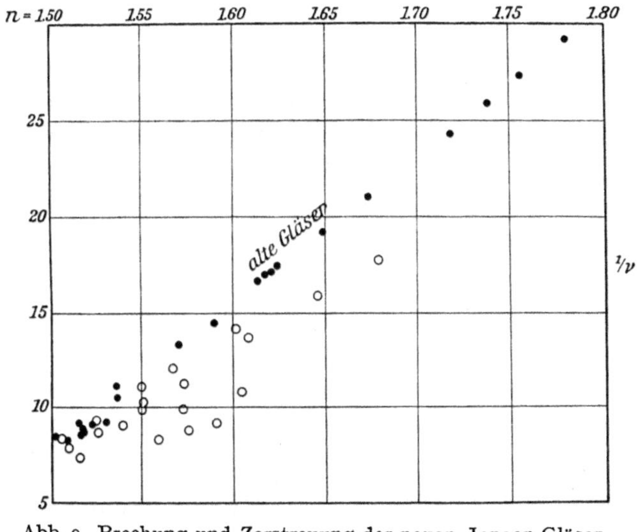

Abb. 9. Brechung und Zerstreuung der neuen Jenaer Gläser von 1886 im Vergleich mit den alten (nach S. Czapski).

$$J_r = J_o\left(\frac{n-1}{n+1}\right)^2$$

wenn J_o die auffallende Lichtmenge bezeichnet. Setzt man den für Kronglas gültigen Wert von $n = 1.5$ ein, so erhält man einen Reflexionsverlust von 4%. Die Formel gilt erfahrungsgemäß nicht nur für ebene, sondern auch für leicht gekrümmte Flächen, wie sie z. B. bei Linsen in Fernrohren normaler Brennweite vorkommen. Stets ist der reflektierte Teil um so stärker, je größer n, je größer also die optische Dichtigkeit des betreffenden Mediums ist. Außerdem wird Blau etwas stärker reflektiert als Rot, so daß, streng genommen, das durchgehende bzw. abgelenkte Licht einen Überschuß an roten Strahlen enthält. Der Unterschied ist aber sehr gering.

Trifft die Strahlung auf einen Körper, den sie in einer bestimmten Schichtdicke nicht zu durchdringen vermag, so wird ein Teil derselben absorbiert, d. h. in innere Wärme oder sonstige Energieformen umgesetzt, der andere in einer bestimmten Richtung oder diffus reflektiert. Nach dem Grade der Absorption und Reflexion für die verschiedenen Strahlenarten richtet sich das Aussehen der uns umgebenden Dinge in Farbe und Helligkeit. Je mehr von einem Körper eine besondere sichtbare Strahlung absorbiert, dafür eine spezielle andere reflektiert wird, eine um so ausgesprochenere Farbe besitzt er. Wird von allen Strahlen gleichviel reflektiert, so erscheint er dem Auge grau oder weiß. Ein vollkommen spiegelnder Körper würde alle auf ihn fallende Strahlung vollständig reflektieren, ein absolut schwarzer Körper wäre so zu definieren, daß alle auf ihn fallende Strahlung vollständig absorbiert und in thermische, chemische oder andere Energie umgewandelt wird. Diesen idealen Grenzfällen kommen poliertes Silber bzw. Lampenruß am nächsten.

Viele Körper, die wir als optisch undurchsichtig bezeichnen, z. B. die Metalle, lassen in dünnen Schichten das Licht gut durch. Andere sind nur für bestimmte Gebiete des Energiespektrums undurchlässig. So absorbiert z. B. Pappe die Lichtstrahlung vollständig, läßt aber die ultraroten Wärmestrahlen recht gut durch. Umgekehrt ist reines Wasser sehr durchsichtig, absorbiert aber die ultraroten Strahlen schon in sehr dünnen Schichten fast vollständig. Pappe ist also undurchsichtig, aber diatherman, Wasser ist durchsichtig aber fast atherman. Für alle diese Verhältnisse sind Oberflächenbeschaffenheit und chemisches Verhalten maßgebend, letzteres freilich mit bemerkenswerten Ausnahmen. Es sei nur an den Kohlenstoff erinnert, der in seiner Form als Ruß in bezug auf Absorption dem idealen schwarzen Körper von allen anderen Substanzen am nächsten kommt, während er kristallisiert als Diamant einen besonders hohen Grad von Durchsichtigkeit erreicht.

Planparallele Platte und Prisma. In dem vorangehenden Abschnitt sind die Vorgänge der Brechung, Zerstreuung und Reflexion ganz allgemein behandelt worden, ohne Rücksicht auf die äußere Gestalt der durchsichtigen Stoffe, die der Lichtstrahl durchdringt. Diese Lücke soll nun ausgefüllt werden durch einige Betrachtungen über planparallel und prismatisch begrenzte homogene Medien, also zwei geometrisch streng definierte Körperformen, auf die sich alle dioptrischen Systeme, d. h. solche, bei denen Brechung in Frage kommt, zurückführen lassen. Soweit es sich um homogene Strahlen handelt, soll alles, was sich auf den roten Strahl bezieht, den Index *r* erhalten, während der Index *b* für den blauen Strahl verwendet wird. Da die Erscheinungen der Doppelbrechung, wie sie bei natürlichen Kristallen vorkommen, außer Betracht bleiben, läßt sich der Gang des Lichtes in einer einzigen Ebene, also zeichnerisch sehr einfach darstellen.

Fällt ein weißer Lichtstrahl auf eine planparallele Platte (Abb. 10), so wird er gebrochen, und zwar der blaue stärker als der rote. Ist α der Eintritts-, α' der Austrittswinkel, β der Brechungswinkel, so ist das Brechungsgesetz erfüllt, wenn

$$\frac{\sin\alpha}{\sin\beta_r} = \frac{\sin\alpha'_r}{\sin\beta_r} = n_r$$

ist. Dasselbe gilt für den blauen Strahl, es ist also

$$\alpha'_r = \alpha'_b = \alpha$$

Beide Strahlen, S_r und S_b, verlassen also die Platte auf der Rückseite unter demselben Winkel, unter dem sie eingetreten sind. Der Hauptunterschied ist der, daß sie, ursprünglich in einem Strahl vereint, nunmehr getrennt nebeneinander parallel verlaufen. Bei nicht zu dicken Platten ist ihr Abstand aber so gering, daß sie gleichzeitig ins Auge fallen und eine Zerlegung in die Farben nicht wahrnehmbar wird. Dagegen sind beide gegen den eintretenden Strahl verschoben; bei der schrägen Durchsicht durch eine planparallele Platte erscheint also ein Gegenstand in veränderter Richtung, was besonders für konvergente Büschel von Wichtigkeit ist. Wird in ein Strahlenbüschel dieser Art eine Planplatte eingeschaltet, so wird der Vereinigungspunkt um eine gewisse Strecke nach außen, also nach dem Auge des Beobachters zu verschoben.

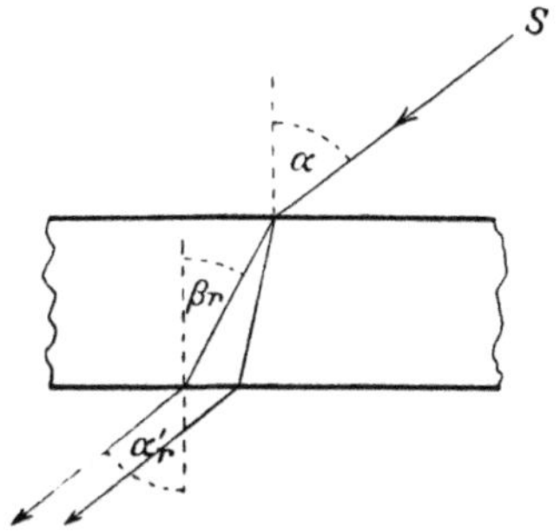

Abb. 10. Gang der Lichtstrahlen beim Auftreffen auf eine planparallele Platte.

Da der Brechungsindex n das Verhältnis Glasweg zu Luftweg angibt, so beträgt die Verlagerung des Bildes bei einer Platte von der Dicke d

$$d - \frac{d}{n}$$

was bei der Einschaltung von Farbfiltern, Prismen usw. in optische Systeme zu beachten ist.

Der Gang der Lichtstrahlen in einem Prisma[1]) soll an einem Hauptschnitt ABC (Abb. 11) erläutert werden. Denkt man sich den Prismenkörper senkrecht zur Papierebene stehend, so ist B die Projektion der brechenden Kante und P der von den ebenen Flächen AB und BC eingeschlossene brechende Winkel; die Ein- und Austrittswinkel seien wieder mit α und α', die Brechungswinkel mit β und β' bezeichnet. Der schräg einfallende weiße Strahl wird durch das Prisma in die Grenzkomponenten S_r und S_b zerlegt, von denen wir zunächst nur die rote S_r verfolgen wollen. Nach bekannten geometrischen Regeln ist dann

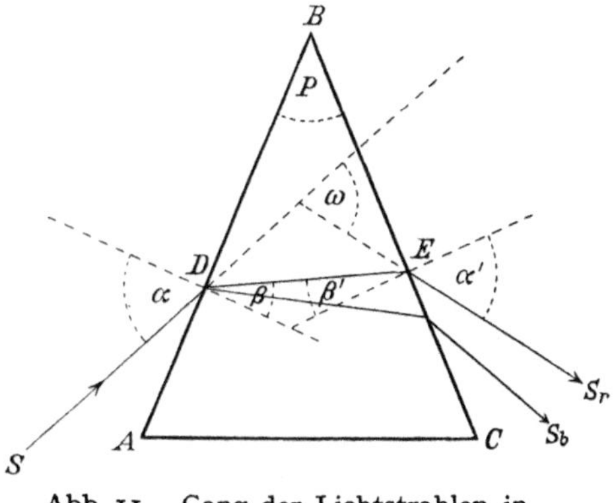

Abb. 11. Gang der Lichtstrahlen in einem Prisma.

[1]) Vgl. z. B. J. P. C. SOUTHALL, Mirrors, prisms and lenses. New York 1918.

$$P = \beta + \beta'$$

und der Ablenkungswinkel ω zwischen dem eintretenden und austretenden Strahl

$$\omega = (\alpha - \beta) + (\alpha' - \beta') = \alpha + \alpha' - P$$

Läßt man den Strahl so durchgehen, daß er im Innern des Prismas parallel zur Basis verläuft, DE somit parallel AC wird, so ist $\beta' = \beta$ und $\alpha' = \alpha$, demnach

$$\omega_0 = 2\alpha - P$$

Es läßt sich zeigen, daß diese Totalablenkung ω_0 die kleinste ist, die bei dem Gang der Lichtstrahlen durch das gegebene Prisma überhaupt möglich ist. Auf die Vorteile, die das Minimum der Ablenkung für die meisten spektroskopischen Aufgaben bietet, wird noch später hinzuweisen sein. Hier mag nur erwähnt werden, daß der praktisch sehr leicht erzielbare symmetrische Durchgang der Lichtstrahlen durch ein Prisma sofort eine einfache Bestimmung des Brechungsexponenten des benutzten Glases ermöglicht. Es ist nämlich in diesem Sonderfalle

$$\alpha = \frac{\omega_0 + P}{2} \quad \text{und} \quad \beta = \frac{P}{2}$$

folglich

$$n = \sin \frac{\omega_0 + P}{2} \operatorname{cosec} \frac{P}{2}$$

Die Ablenkung ω_0 und der brechende Winkel P des Prismas sind leicht meßbar, so daß die letzte Formel eine der wichtigsten Methoden zur Bestimmung des Brechungsverhältnisses einer Glassorte in sich schließt.

Für den blauen Strahl (n_b und ω_b) läßt sich genau dieselbe Betrachtung durchführen wie für den roten (n_r und ω_r). Da n_b und ω_b größer sind als n_r und ω_r, so verläßt der blaue Strahl die letzte Prismenfläche unter einem größeren Winkel als der rote, es findet also eine Winkeltrennung der verschiedenen Strahlen oder eine Zerstreuung statt; der Dispersionswinkel selbst ist dabei durch

$$\delta = \omega_b - \omega_r$$

definiert. Die Größe δ wird jedoch in dieser Form in der theoretischen Optik nicht gebraucht. Setzt man aber für den Fall kleiner brechender Winkel und kleiner Einfallswinkel in der letzten für n abgeleiteten Formel die Sinusse gleich den Bögen, so wird

$$\omega_0 = P(n - 1)$$

und die Größe δ nach Trennung von n_r und n_b

$$\delta = P(n_b - n_r)$$

Der Quotient ω_0 durch δ ist dann nichts anderes als die von E. Abbe eingeführte Zerstreuungskonstante ν, die wir bereits auf S. 30 kennengelernt haben.

Die Lichtzerlegung in Prismen erfolgt fast stets zum Zweck von Wellenlängenbestimmungen. Die funktionellen Beziehungen zwischen der Dispersion, der Wellenlänge und dem Brechungsexponenten werden dabei durch eine theoretisch begründete komplizierte Gleichung dargestellt, die von E. Ketteler und H. v. Helmholtz aufgestellt worden ist. Sie ist für die Rechnung sehr unbequem und kann hier um so eher übergangen werden, als in der astrophysikalischen

Praxis sich an ihre Stelle ein sehr bequemer und doch genügend genauer empirischer Ausdruck setzen läßt.

Aus dem allgemeinen Brechungsgesetz (S. 33) folgt unmittelbar, daß beim Eintritt in ein dichteres Medium, wobei n stets größer als 1 ist, β kleiner sein muß als α. Der denkbar größte Wert von α ist nun 90^0. Er tritt dann ein, wenn der Lichtstrahl parallel zur Grenzfläche einfällt. Für gewöhnliches Glas ist n nahe gleich 1.52; für $\alpha = 90^0$ wird demnach $\beta = 41^0$. Tritt umgekehrt ein Lichtstrahl aus dem Glase heraus, so würde bei $\beta = 41^0$ der austretende Strahl die Glasfläche streifend verlassen; wird β noch größer, so kann ein Austritt überhaupt nicht mehr erfolgen; der Strahl wird alsdann unter dem gleichen Winkel total reflektiert, d. h. die sonst durchsichtige Trennungsfläche des Glases wirkt wie ein vollkommener Spiegel. Man macht von dieser Eigenschaft des Prismas sehr häufig Anwendung, um Strahlen in eine gewünschte Richtung abzulenken. Soll ihr Weg um 90^0 bzw. 180^0 geändert werden, so verwendet man die rechtwinkligen Prismen in der durch Abb. 12*a* und *b* gegebenen Anordnung. Man kann ein Prisma auch so in das Strahlenbündel einschalten, daß letzteres parallel zur Hypotenuse einfällt, und nach der Brechung und Spiegelung wieder parallel zur ursprünglichen Richtung austritt (Abb. 12 *c*). In diesem Falle des völlig symmetrischen Strahlendurchgangs sind die durch die Brechung an den beiden Katheten entstehenden Dispersionen einander genau entgegengesetzt und heben sich auf, so daß eine Farbenzerlegung nicht stattfindet. Bei einer 90^0-Drehung des Prismenkörpers um den Strahl als Achse erfolgt dann eine Drehung des Bildes um 180^0, also die direkte Umkehr. Bringt man ein solches Reversionsprisma vor dem Okular eines Fernrohrs oder Mikroskops drehbar an, so kann man im Gesichtsfeld den Bildern eine beliebige Lage gegen die Vertikalrichtung geben, was zur Beseitigung physiologischer Richtungsfehler, z. B. bei Doppelsternmessungen, Schätzungen von Veränderlichen usw. von Wert ist. Die total reflektierenden Prismen haben den Vorteil, daß außer dem normalen Reflexionsverlust (vgl. S. 31) fast alles Licht in der neuen Richtung zurückgeworfen wird. Ihr Nachteil beruht darin, daß **ein** Prisma nur seiten- bzw. höhenverkehrte Bilder liefert. Vereinigt man jedoch zwei Prismen (Abb. 12*a* und *c*), so wird die richtige Höhen- und Seitenlage wieder hergestellt, während die Ablenkung um 90^0 erhalten bleibt (Abb. 13).

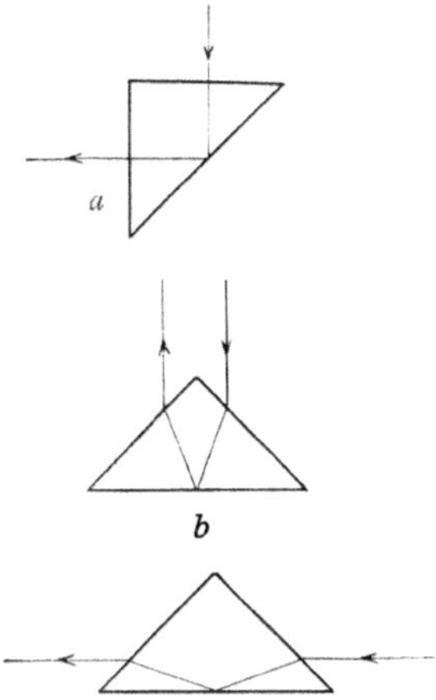

Abb. 12. Änderung des Strahlenganges durch ein rechtwinkliges Prisma.

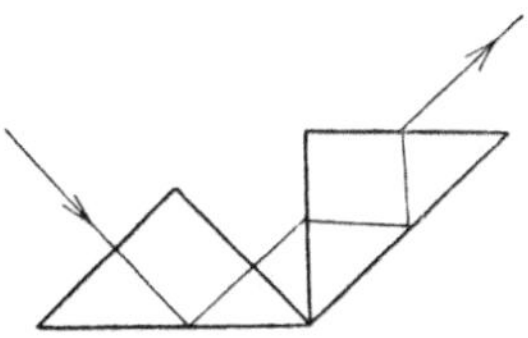
Abb. 13. Vereinigung von zwei Prismen zur Erzielung höhen- und seitenrichtiger Bilder bei 90^0 Ablenkung.

Die Linsen und ihre Abbildungsfehler. Die einfachen Gesetzmäßigkeiten, die sich bei Betrachtung des geometrischen Verlaufes der Strahlen bei ihrem Auftreffen auf ebene Flächen durchsichtiger Stoffe ergeben, lassen sich nur in beschränktem Maße auf Körper übertragen, die eine gekrümmte Begrenzung haben. Gläser dieser Art nennt man bekanntlich Linsen. Ihre Hauptaufgabe besteht in der Vereinigung von Strahlen, die von einem selbstleuchtenden oder beleuchteten Körper ausgehen, zu einem nach Umriß und Farbe völlig ähnlichen Bilde. Die Aufgabe, ein beliebiges Stück Glas mit zwei Begrenzungen so zu versehen, daß die eben gestellte Bedingung der scharfen Abbildung selbst nur für homogenes Licht erfüllt wird, ist mit nicht geringen theoretischen und technischen Schwierigkeiten verknüpft. Praktisch herstellbar sind nur sog. achsensymmetrische Rotationsflächen von Kugel-, Ellipsen- oder Paraboloidform, doch wird keine einzige dieser Linsenformen den gestellten Anforderungen allgemein gerecht. Während sich die älteren Optiker fast ausschließlich auf die empirische Entdeckung der günstigsten Abbildungsbedingungen verließen, wurde im 19. Jahrhundert auch die theoretische Seite der Aufgabe ernsthaft in Angriff genommen. Als erster hat die Gesetzmäßigkeiten in dioptrischen Systemen K. F. Gauss entwickelt und dabei gezeigt, daß unter bestimmten Voraussetzungen wenigstens innerhalb eines kleinen Feldes eine streng ähnliche Abbildung möglich ist, wenn die Winkel, unter denen die Strahlen auf die Linse fallen, klein, die Linsen selbst sehr dünn und zu mehreren achsialen Systemen vereinigt sind. Nun liegen die Verhältnisse auch praktisch so, daß bei vielen optischen Instrumenten, die für das menschliche Auge konstruiert sind, wie z. B. beim astronomischen Fernrohr, nur die scharfe Abbildung in nächster Nähe der Achse in Frage kommt. Ganz anders sind dagegen die Anforderungen, die von der Photographie, der Reproduktionstechnik und der Bildprojektion an die Optik gestellt werden. Sie wären zum großen Teil unerfüllbar, wenn die Beschränkung auf den achsialen Raum, die Gauss seinen Betrachtungen auferlegt hat, tatsächlich allgemeine Gültigkeit hätte. Es ist das große Verdienst von E. Abbe, gezeigt zu haben, daß die Einschränkung der Betrachtungen auf die nächste Umgebung der Symmetrieachse unnötig ist, und daß man auch ohne besondere Annahmen für die Konstruktion eines optischen Systems, ja selbst ohne die Reflexions- und Brechnungsgesetze allgemeine Abbildungsbedingungen ableiten kann.

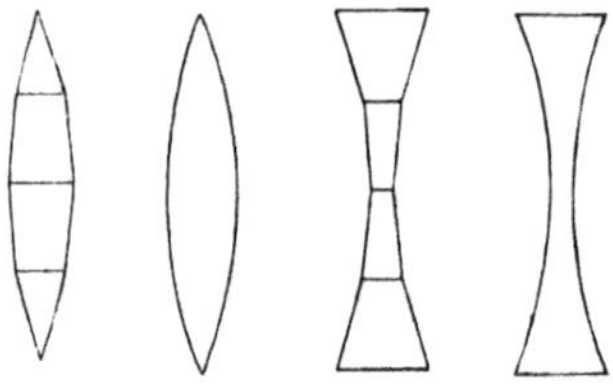

Abb. 14. Entstehung der Linsen aus Prismenkombinationen.

Für astronomische Zwecke kommen fast nur Linsen mit sphärischen Flächen in Frage. Faßt man sie in der bekannten Weise als zusammengesetzte Prismensysteme auf (Abb. 14), so können ihre Fehler an besonders ungünstigen Fällen deutlich verfolgt werden. In Abb. 15 haben wir es mit einer sehr dicken, stark gekrümmten konvexen oder positiven Linse zu tun, auf welche die von dem unendlich fernen leuchtenden Punkt S kommenden einfarbigen Strahlen parallel auftreffen mögen. In diesem Falle wird das Lichtbüschel bekanntlich durch die Linse konvergent gemacht und in einem bestimmten Abstande, der Brennweite, zu einem Bild vereinigt. In dem Idealfalle eines Sterns müßte dieses Bild genau punktförmig sein, doch überzeugt man sich leicht, daß dies bei einer gewöhnlichen Linse durchaus nicht der Fall ist. Betrachtet man z. B. die äußersten Randstrahlen S_1, so vereinigen sich diese zu einem Bilde B_1, das wegen des kurzen Weges im Glase verhältnismäßig weit entfernt liegt. Die Strahlen S_2, die die mittleren Zonen der Linse passieren, geben den merklich näheren Vereinigungspunkt B_2, während das Bündel S_3 wegen der geringen Krümmung der Glasflächen an dieser Stelle in B_3, zwischen B_1 und B_2, ein Bild erzeugt. Die Strahlen, die auf die Linse von einem entfernten leuchtenden Punkt fallen, vereinigen sich also keineswegs in einem Bildpunkte, sondern verteilen sich auf die achsiale Strecke B_1B_2 derart, daß jede konzentrische Zone der Linse ein eigenes Bild von S erzeugt. Man nennt die damit verbundene Unschärfe der Abbildung den Zonenfehler, auch monochromatische oder sphärische Aberration der Linse, weil der Mangel an der Kugelform der Flächen haftet und sich bei Einzellinsen nur durch Anwendung von asphärischen, mathematisch viel komplizierteren und praktisch sehr schwer herstellbaren Flächen (Abb. 134) vermeiden läßt. Betrachtet man eine dünnere Linse, bei der die Flächen weniger gekrümmt sind, so fallen die äußersten Strahlen unter kleineren Winkeln ein; infolgedessen ist auch die sphärische Aberration bzw. die Distanz B_1B_2 wesentlich kleiner, die Abbildung des Punktes S also merklich besser. Errichtet man in den Punkten B_1, B_2, B_3 usw. die Senkrechten zur Achse und konstruiert die Schnittpunkte mit den parallel einfallenden ungebrochenen Strahlen, so läßt sich die sphärische Aberration der untersuchten Linse kurvenmäßig darstellen (Abb. 15), wobei der Punkt B_0 der Vereinigung der innersten um die Linsenachse herum liegenden Strahlen entspricht. Je stärker die Krümmung der beiden symmetrischen Aberrationskurven, um so schlechter sind die Bilder, die die Linse schon in der Achse liefert; der Idealfall würde durch eine gerade, durch den einheitlichen Bildpunkt B_0 gehende Linie dargestellt werden. Jedenfalls ist infolge der sphärischen Aberration bei gewöhnlichen Linsen eine punktuelle Abbildung ausgeschlossen; die günstigsten Bedingungen liegen bei bikonvexen Gläsern dann vor, wenn die beiderseitigen Krümmungsradien sich etwa wie 1 : 6 verhalten.

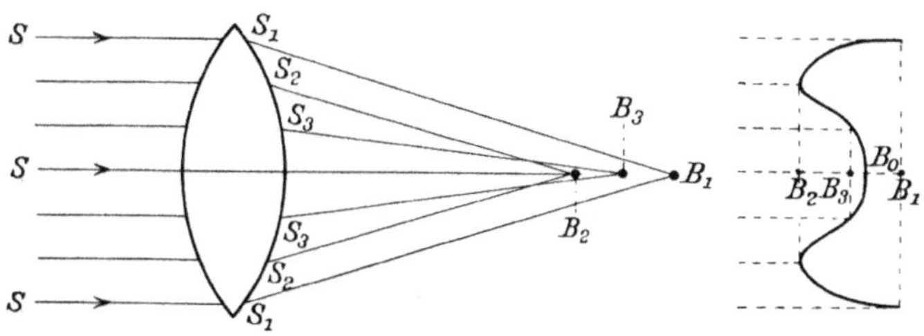

Abb. 15. Sphärische Aberration einer Linse.

Neben der monochromatischen Aberration tritt bei einfachen Linsen noch eine andere, viel lästigere Abweichung von der einheitlichen Strahlenvereinigung auf, die auch dann sich bemerkbar machen würde, wenn die sphärische Aberration praktisch als nicht vorhanden anzunehmen wäre. Es wurde bis jetzt vorausgesetzt, daß homogenes Licht von bestimmter Wellenlänge auf die Linsen fällt. Sind die Strahlen nicht homogen, sondern bestehen sie aus verschiedenen Spektralfarben, so werden sie in der Linse genau wie in einem Prisma verschieden abgelenkt, die roten weniger stark als die blauen (Abb. 16). Infolgedessen vereinigen sich die roten Strahlen in B_r, die blauen in B_b. Das Objekt S, z. B. ein Stern, liefert also jetzt wieder nicht mehr einen einzigen Punkt B, sondern eine ganze Reihe von achsialen Abbildungen. Wir haben es hier mit einer neuen Aberrationserscheinung zu tun, ähnlich der sphärischen, nur mit dem Unterschiede, daß die einzelnen Bildpunkte verschieden gefärbt sind. Diese chromatische Aberration wird unter denselben Bedingungen geringer, wie die monochromatische, also bei Verwendung enger Strahlenbüschel und schwach gekrümmter dünner Linsen. Aus diesen Gründen benutzte man anfangs in der Astronomie zu den Fernrohren Objektivlinsen, die bei 5 bis 8 cm Öffnung Brennweiten von 40 und mehr Metern besaßen.

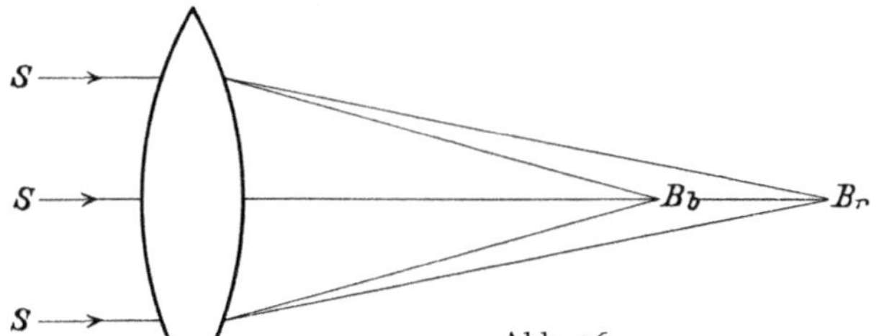

Abb. 16.
Chromatische Aberration einer Linse.

Solange es sich um die Abbildung in der Achse handelt, sind sphärische und chromatische Aberration die einzigen Fehler, die einer Linse anhaften. Vorausgesetzt ist dabei, daß das Material homogen ist. Ist letzteres nicht der Fall, so wird die Vereinigungsweite der Strahlen nicht nur von Zone und Farbe abhängig, sondern auch von den Positionswinkeln, in denen die Strahlen das Objektiv passieren. Die Abbildung wird dann astigmatisch, d. h. ein Objektpunkt wird nicht mehr als Punkt, sondern als ein Strich quer zur Achsenrichtung wiedergegeben. Eine derartige Linse wird von Sternen unscharfe, kometenartige Bilder geben, Doppelsysteme schlecht trennen und bei Betrachtung von Planetenoberflächen mangelhafte Definition zeigen. Zum Glück ist bei der gegenwärtigen Vervollkommnung der Glastechnik Astigmatismus auf der Achse höchstens bei sehr großen Objektiven nachweisbar und auch hier meist so geringfügig, daß er ohne wesentlichen Einfluß auf die Bildgüte bleibt.

Es ist bis jetzt nur der Fall der Strahlenvereinigung bei unendlich fernen Punkten berücksichtigt worden, es braucht aber nicht erst besonders erwähnt zu werden, daß die betrachteten Fehler für divergent einfallende Strahlen genau ebenso gelten wie für parallele. Größere Schwierigkeiten entstehen aber dadurch, daß gegenüber der flächenhaften Abbildung aller Himmelsobjekte bei näheren Gegenständen stets ein Raumgebilde in ein anderes übergeführt werden soll. Ein strengeres Verfolgen der Abbildungsgesetze ist dabei nur möglich, wenn diese nicht auf die äußere Begrenzung der Linsen, sondern auf die sog. Hauptebenen bezogen werden. Nach den Definitionen der geometrischen Optik versteht man darunter zwei innerhalb der Linse liegende Ebenen mit besonderen Eigenschaften, die senkrecht zur Achse verlaufen und auf dieser die zwei achsialen Hauptpunkte H_1 und H_2 definieren (Abb. 17). Geht ein Strahl vor der Brechung durch den Hauptpunkt H_1, so verläßt er die Linse so, als ob er von H_2 käme. In gleicher Weise gehört für nicht achsiale Strahlen zu jedem Punkt der ersten Hauptebene ein konjugierter Punkt der zweiten. Hierauf läßt sich eine Berechnung bzw. geometrische Konstruktion der Abbildung durch eine Linse gründen. Nach einem von J. B. Listing um 1850 angegebenen Verfahren geschieht das bekanntlich in der Weise (Abb. 18), daß man von den unendlich vielen Strahlen, die von einem reellen Punkt A ausgehen, zwei aussucht, von denen der eine durch den objektseitigen Hauptpunkt, der andere parallel zur Achse verläuft. Ihre Vereinigung auf der Bildseite der Linse ergibt bei Betrachtung beliebig zahlreicher Strahlenpaare auch beliebig viele Punkte der räumlichen Abbildung in geometrisch strenger Projektion. Zwischen Gegenstandsweite a, Bildweite b und Brennweite f der Linse, alles von den entsprechenden Hauptpunkten aus gerechnet, besteht dabei die einfache Beziehung

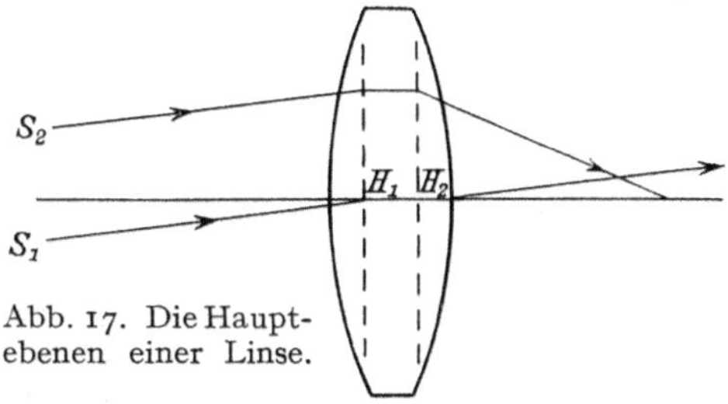

Abb. 17. Die Hauptebenen einer Linse.

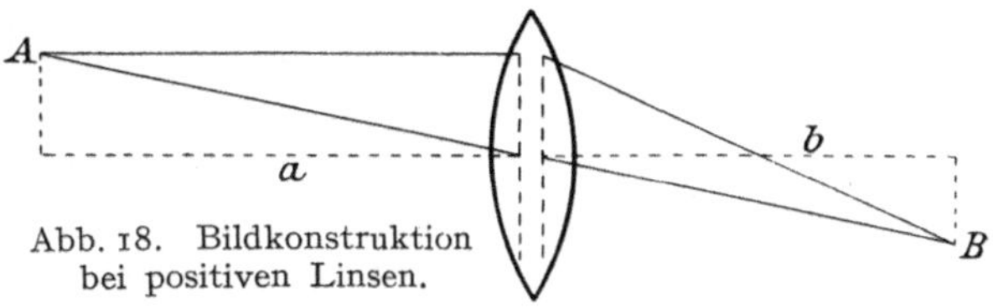

Abb. 18. Bildkonstruktion bei positiven Linsen.

$$\frac{1}{a} + \frac{1}{b} = \frac{1}{f}$$

die auch zu einer Bestimmung der Bildgröße B im Verhältnis zur Gegenstandsgröße A führt. Es ist nämlich

$$\frac{B}{A} = \frac{b}{a} = \frac{f}{a-f}$$

Das Bild hat die umgekehrte Lage wie das Objekt, ist aber reell, d. h. es entsteht durch wirkliches Zusammentreffen von Strahlen.

Konkave oder sog. negative Linsen kommen einzeln für die Abbildung entfernter Gegenstände nicht in Frage. Die von dem leuchtenden Punkt S (Abb. 19) einfallenden, bereits divergierenden Strahlen S_1 und S_2 werden nach dem Durchgang durch die konkave Linse noch stärker divergent. Ihre rückwärtige Verlängerung führt aber auf einen virtuellen Punkt B, sie verhalten sich daher für ein Auge, dessen Pupille den Strahlenkegel $S_1 S_2$ aufnimmt, so, als wenn sie

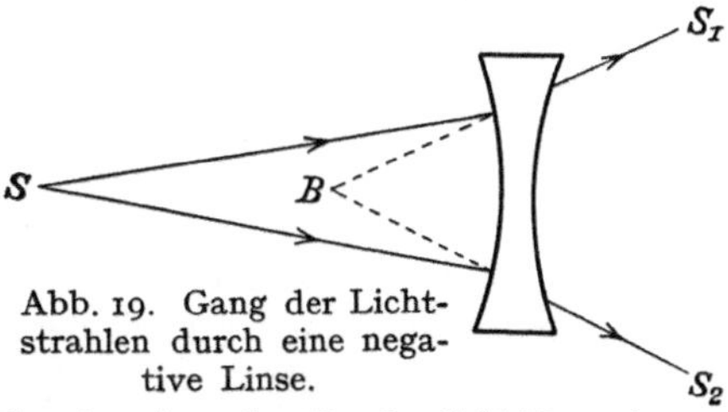

Abb. 19. Gang der Lichtstrahlen durch eine negative Linse.

tatsächlich von B herkämen. Bei parallel eintreffenden Strahlen entsteht in Negativlinsen ein virtueller Brennpunkt. Für die Nebenstrahlen gilt das gleiche, es bleiben überhaupt alle Verhältnisse genau dieselben wie bei den konvexen Linsen, nur mit dem einzigen Unterschiede, daß die Bilder nicht reell sind, sondern auf der Objektseite durch rückwärtige Verlängerung der Strahlen zustande kommen.

Die Betrachtung der reellen von einer Objektlinse, dem Objektiv, entworfenen Bilder erfolgt durch eine Augenlinse oder ein sog. Okular. Das einfachste Okular ist die Lupe; sie besteht aus einer konvexen Linse, die vor das Auge so gehalten wird, daß der Gegenstand der Beobachtung zwischen Linse und Brennpunkt zu liegen kommt. Verfolgt man für diesen Fall den Gang der Lichtstrahlen nach dem Verfahren der Abb. 18, so erkennt man, daß die beiden maßgebenden Strahlen (Nebenachse und Strahl parallel zur Hauptachse) nach dem Austritt divergieren und sich für das Auge vor der Linse zu einem aufrechten, vergrößerten, aber virtuellen Bilde vereinigen (Abb. 20). Auch hier geben die sphärische und chromatische Aberration des Okulars zu Verzeichnungen und zur Unschärfe Anlaß, die aber bei achsennaher Lage der beobachteten Gegenstände die Bilder nur wenig verschlechtern und bei astronomischen Beobachtungen jedenfalls ohne Bedeutung sind.

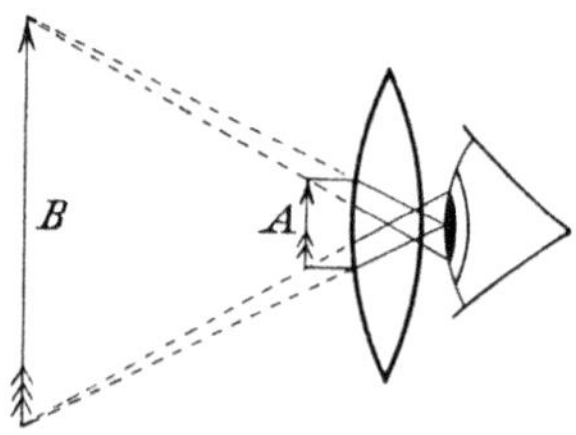

Abb. 20. Anwendung einer positiven Linse als Lupe oder Okular.

Am Schluß der allgemeinen Betrachtungen über die Abbildung von Gegenständen durch Linsen muß noch ein ganz allgemein gültiger Satz angeführt werden, der besagt, daß bei jeder optischen Konstruktion die Richtung, in der die Strahlen verlaufen, gleichgültig ist. Die geometrischen Verhältnisse bleiben also ungeändert auch dann bestehen, wenn die Strahlen den umgekehrten Weg nehmen, der Objektpunkt also mit dem Bildpunkt vertauscht wird usw. Gehen z. B. die Strahlen vom Brennpunkte aus, so verlassen sie die Linsen als paralleles Bündel, d. h. so, als wenn sie von einem unendlich weit entfernten Punkte herkämen. Die Linse erhält in diesem besonderen Falle die Bedeutung eines sog. Kollimators, dem bei einigen astronomischen und astrophysikalischen Apparaten, insbesondere solchen für spektralanalytische Arbeiten eine wichtige Aufgabe zufällt.

Die Spiegel. Statt der Lichtbrechung kann man auch die Reflexion der Strahlen an gekrümmten Spiegelflächen zur Abbildung von Punkten und ausgedehnten Objekten benutzen. Die Gegensätze zwischen konvex und konkav bleiben bei den Spiegeln ebenso erhalten, wie bei den Linsen, nur daß sich die Begriffe hier in ihrer optischen Wirkung umkehren; die konkaven Spiegel haben die Eigenschaften der positiven, die konvexen die der negativen Systeme.

Die Strahlen (Abb. 21) mögen wieder parallel zueinander und zur optischen Achse eines sphärischen Spiegels verlaufen, also von einem unendlich weit entfernten leuchtenden Punkt S herkommen. Die Stellen, wo sie den Spiegel treffen, verbinde man mit dem Krümmungsmittelpunkt M des Spiegels, dann stehen diese Radien senkrecht auf der Spiegelfläche, sind also die Lote; die Strahlen werden unter dem gleichen Winkel reflektiert und die Konstruktion führt zu dem Ergebnis, daß sie sich alle in dem gleichen Punkte, dem Brennpunkte F vereinigen, der auf der Hauptachse, genau in der Mitte zwischen M und der Spiegeloberfläche liegt. Es ist also die Brennweite f gleich dem halben Kugelradius r des Spiegels, somit

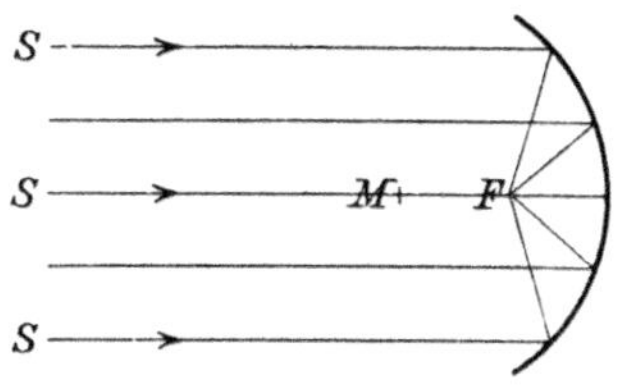

Abb. 21. Vereinigung paralleler Strahlen durch einen Hohlspiegel.

$$f = \frac{r}{2}$$

Kommen die Strahlen nicht von einem unendlich weit entfernten Punkte her oder entstammen sie einem ausgedehnten Gegenstande, so erfolgt die Abbildung nach denselben Grundsätzen wie bei den positiven Linsen. Man konstruiert den Hauptstrahl durch den Krümmungsmittelpunkt des Spiegels, der in sich selbst zurückgeworfen wird und den Parallelstrahl zur Achse, der nach Reflexion den Hauptstrahl in einem vor dem Spiegel liegenden Bildpunkte trifft. Man überzeugt sich dabei, daß die konkaven Spiegel reelle Bilder liefern, die wie bei den konvexen Linsen umgekehrt sind und auch dasselbe Abbildungsgesetz

$$\frac{1}{a} + \frac{1}{b} = \frac{1}{f}\,.$$

befolgen. In ganz analoger Weise entsprechen die Konvexspiegel den konkaven Linsen. An ihrer gewölbten Oberfläche werden die Strahlen wieder unter dem gleichen Winkel reflektiert, unter dem sie auffallen. Ihre rückwärtige Verlängerung führt zu dem auf der Kehrseite der spiegelnden Fläche liegenden virtuellen Bildpunkte, bei einem parallelen Bündel zu dem virtuellen Brennpunkt F (Abb. 22). Die von einem Konvexspiegel erzeugten Bilder sind stets aufrecht.

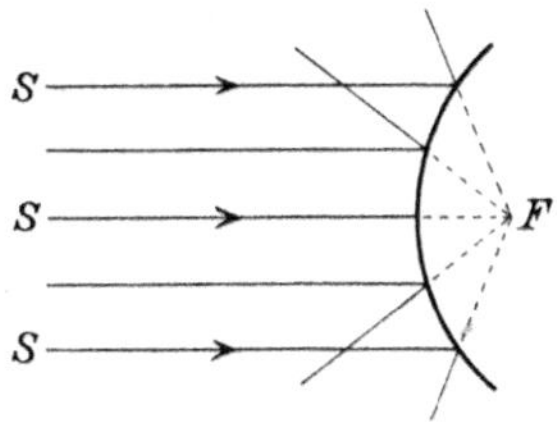

Abb. 22. Virtueller Brennpunkt bei einem Konvexspiegel.

Der große Vorteil der Spiegelabbildung gegenüber den Linsen beruht darin, daß hier die chromatische Aberration vollständig fortfällt, da für alle Farben die Reflexionswinkel genau gleich den Einfallswinkeln sind. Dagegen kommt bei den Spiegeln, soweit Kugelflächen betrachtet werden, die sphärische Aberration genau so zur Geltung, wie bei den Linsen. Es liegt dies daran, daß das Gesetz der Abb. 21 nur genähert gilt. Eine genauere Konstruktion würde erkennen lassen, daß der Abstand MF nur für solche Strahlen konstant $= \frac{1}{2} r$ ist, die nahe der Hauptachse des Spiegels einfallen. Für alle fernerliegenden oder randnahen Strahlen, die also unter stärkerer Neigung zum Einfallslot den Spiegel treffen, wird MF größer, d. h. die einzelnen Bildpunkte kommen hier zwischen den theoretischen Brennpunkt und die Spiegeloberfläche zu liegen. Da die Abweichungen proportional dem Cosinus des Einfallswinkels wachsen, bleibt allerdings der größte Teil der Strahlen sehr nahe bei F vereinigt. Hier entsteht also ein Lichtmaximum, während die Kreuzungspunkte aller Strahlen mit größeren Einfallswinkeln sich zu einer bei F in eine Spitze auslaufenden sog. kaustischen Fläche vereinigen, die man erhält, wenn man die gestrichelte Kurve der Abb. 23 um den mittleren durch F gehenden Strahl rotieren läßt. Die sphärische Aberration der Spiegel kommt, entsprechend den Verhältnissen bei den Linsen, um so weniger zur Geltung, je geringer die Spiegelkrümmung ist, bzw. je mehr Randstrahlen bei der Verwendung des Spiegels abgeblendet werden.

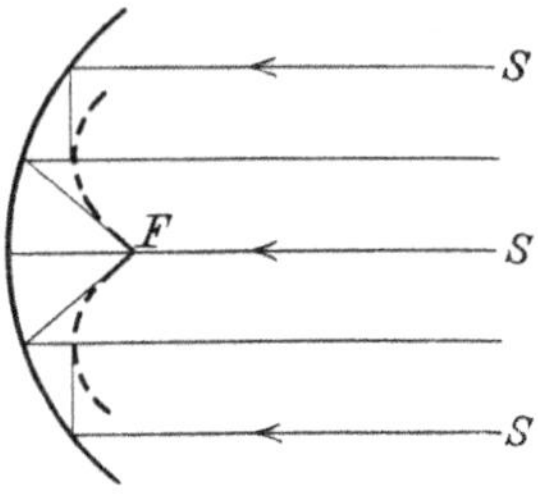

Abb. 23. Kaustische Flache eines Konkavspiegels.

Es ist bereits angedeutet worden, daß es bei den Linsen möglich ist, durch die Wahl asphärischer Flächen die monochromatische Aberration in bestimmten Grenzen zu beseitigen. Das gleiche Ziel läßt sich aber, wie wir sehen werden, viel einfacher durch Kombination mehrerer sphärischer Linsen erreichen. Bei den Spiegeln hat man nur eine Begrenzungsfläche zur Verfügung, doch haben schon recht frühzeitig die Optiker erkannt, daß die Nachteile der Kugelform ohne besonders große Mühe durch Umschleifen auf eine andere geometrische Fläche beseitigt werden können. Wird hierzu ein Rotationsparaboloid gewählt, so werden nach den grundlegenden Eigenschaften der Parabelkurve die parallel zur Hauptachse einfallenden Strahlen sämtlich in einem einzigen Punkte vereinigt; die Bilder sind also frei von sphärischer Aberration. Da, wie erwähnt, bei Spiegeln die chromatische Aberration ebenfalls fehlt, so stellen selbst stark gekrümmte parabolische Reflektoren bei Abbildung kleiner Felder (vgl. S. 98) das Ideal eines bilderzeugenden optischen Apparates dar. Die Herstellung und Prüfung der erforderlichen Flächen hat lange Zeit große Schwierigkeiten bereitet; in neuerer Zeit sind die Hindernisse aber vollkommen überwunden worden, wie die riesigen und so leistungsfähigen Spiegel einiger amerikanischer Sternwarten (Victoria 1.84 m, Mt. Wilson 2.58 m Öffnung) zeigen.

Die älteren Spiegel, wie sie z. B. noch J. Gregory, W. Herschel und W. Lassell benutzten, wurden aus sog. Spiegelmetall, d. h. einer Kupferzinnlegierung hergestellt und mit Silber amalgamiert. In der neueren Zeit wird fast ausschließlich dickes Glas und zwar sorgfältig gekühltes Kronglas verwendet. Gegenüber dem Metall haben alle Glasspiegel die unangenehme Eigenschaft, daß sie sich bei Temperaturänderungen am Rande stark verziehen. Damit werden die Bilder infolge fortlaufender Brennweitenänderung sehr bald unbrauchbar. Für die Beobachtung am Tage, besonders aber für Sonnenaufnahmen, sind daher nur Spiegel am Platze, die entweder starke Metallfassungen haben oder aus Gläsern mit niedrigen Ausdehnungskoeffizienten hergestellt sind. Auf amerikanischen Sternwarten ist in dieser Hinsicht das sog. Pyrexglas als besonders günstig erprobt worden, das bei starker Bestrahlung zwar auch Verziehungen zeigt, sich aber in weit kürzerer Zeit auf die geänderte Temperatur einstellt, als andere Gläser. G. W. RITCHEY hat neuerdings mit Erfolg größere Spiegel auch aus recht dünnem Glase hergestellt. Um eine Verbiegung zu verhindern, werden dabei die Scheiben mit einem besonderen wetterfesten Kitt auf ein System von Glaskammern montiert, die die Fläche stützen und unter einander derart in Verbindung stehen, daß ein ständiger Temperaturausgleich stattfinden kann. Wegen des geringen Gewichtes des Spiegels fallen auch die schwierigen Boden- und Seitenentlastungen fort, die sonst bei Glasblöcken großer Masse notwendig sind, so daß möglicherweise der Zellenspiegel noch eine Zukunft hat. Nach Ansicht des Erfinders wird es jedenfalls nicht besonders schwierig sein, auf diesem Grundgedanken optisch vollkommene Spiegel bis zu 4 oder 5 m Öffnung herzustellen, deren Anfertigung in demselben Material und in massiver Form höchstens in Teilstücken möglich sein dürfte.

Wie bereits oben angedeutet, werden die parabolischen Spiegel zuerst sphärisch geschliffen und dann durch geringfügige, aber äußerst sorgfältig auszuführende Mittelpunkts- bzw. Randkorrektionen parabolisiert. Im ersten Falle wird die Brennweite verkürzt, im zweiten verlängert. Selbst bei großen Spiegeln handelt es sich dabei um ein Aus- bzw. Abschleifen der Glasflächen um Beträge von einigen Tausendsteln eines Millimeters.[1]) Da Kugel- und Parabelfläche sich im Verhältnis

$$\frac{o^4}{f^2}$$

voneinander entfernen, wenn o die Spiegelöffnung und f die Brennweite bezeichnet, so ist der Betrag der Parabolisierung bei großem Brennweitenverhältnis größer als bei kleinem.

Die geschliffenen und polierten Glasspiegel sind in der durchsichtigen Form nur für Sonnenaufnahmen verwendbar. Für alle anderen Aufgaben müssen sie mit einem Belag aus einem weißen Metall, am besten aus Silber, versehen werden. Die Oberflächenversilberung von Glas wurde 1835 von J. LIEBIG zufällig gefunden, als er eine wässerige Lösung von Silberoxyd und Aldehyd in einem Reagenzglas erhitzte. Seitdem ist eine ganze Reihe von Verfahren ausprobiert worden[2]), die den frisch versilberten Spiegeln ein Reflexionsvermögen bis zu 98% erteilen. Gegenüber den alten Amalgamspiegeln, die nur etwa 70% reflektierten, bedeutet das einen erheblichen Gewinn. Die Reflexion der Silberspiegel erreicht für rote Strahlen den höchsten Wert, fällt aber nach den kleinen Wellenlängen zu nur wenig ab, so daß ein frischer Spiegel, der bei 700 $\mu\mu$ noch 95% des Lichtes reflektiert, bei 450 $\mu\mu$ auf etwa 90% heruntergeht. Jenseits dieser Wellenlänge erfolgt ein rapider Abfall, der bei 316 $\mu\mu$ mit 4% das Minimum erreicht. Wo dies erforderlich ist, läßt sich eine spektrale Verschiebung der

---

[1]) G. W. RITCHEY, On methods of testing optical mirrors etc., Ap. J. 1904 I.

[2]) Optical Society, The making of reflecting surfaces, London 1920. Deutsch von M. KALLENBACH. Berlin 1926.

reflektierten Energie nach Ultraviolett hin durch Vernickelung der Silberspiegel auf galvanischem Wege erzielen, während für ultrarote Bilder der Spiegel zu vergolden wäre. Ein das Spektrum sehr gleichmäßig reflektierendes Metall ist nach W. J. HUMPHREYS das Magnalium, doch ist für astronomische Aufgaben sein Reflexionsvermögen zu klein.

Einfache optische Apparate. Refraktor und Reflektor. Die einfachsten optischen Apparate entstehen durch die Verbindung von Linsen oder Spiegeln mit dem Auge, wobei das letztere als einfache konvexe Linse aufzufassen ist. So besteht das astronomische Fernrohr, das die Betrachtung des reellen Bildes eines unendlich entfernten Gegenstandes mittels einer Lupe bezweckt, aus einer positiven Linse oder einem konkaven Spiegel, die ein reelles Bild erzeugen, und einem Okular, durch das das Bild betrachtet wird. Je nachdem man zur Bilderzeugung eine Linse oder einen Spiegel benutzt, je nachdem also Lichtbrechung oder Lichtreflexion stattfindet, nennt man das Fernrohr einen Refraktor oder einen Reflektor. Der erste ist ein dioptrisches, der zweite ein katoptrisches System.

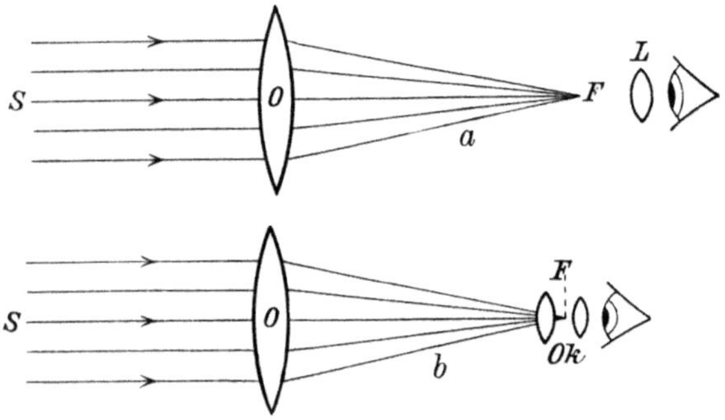

Abb. 24. Strahlengang in einem astronomischen (Keplerschen) Fernrohr.

Der Strahlengang in einem astronomischen Linsenfernrohr sog. Keplerscher Bauart ist für punktförmige Bilder in Abb. 24*a* dargestellt. Die parallelen Lichtstrahlen werden durch das Objektiv in *F* vereinigt und hier durch die Okularlinse *L* betrachtet. Bei dieser einfachen Konstruktion braucht nur darauf geachtet zu werden, daß sämtliche durch *F* gehende Strahlen in die Irisöffnung des Auges gelangen. Wird nämlich die Linse *L* als Objektglas aufgefaßt, so entwirft sie von dem durch einen Stern oder dgl. erleuchteten Objektiv in einem bestimmten Abstande einen kreisförmigen Lichtfleck, den man die Austrittspupille des Okulars nennt. Nicht immer wird diese kleiner sein als die Irisöffnung des Auges; günstigen Falles wird sie sich mit ihr gerade decken, so daß nur bei sehr ruhiger Kopfhaltung alle vom Objektiv kommenden Strahlen aufgefangen werden. Es entsteht auf diese Weise nicht nur Lichtverlust, sondern auch eine sehr störende von der Augenstellung abhängige Änderung des Bildfeldes. Sie läßt sich leicht dadurch beseitigen, daß man vor das Okularglas noch eine Kollektivlinse vorschaltet, die die Strahlen vor ihrer Vereinigung kondensorartig sammelt und den scheinbaren Bildwinkel vergrößert (Abb. 24*b*).

Die Umkehr der Bilder ist bei der Beobachtung astronomischer Objekte gänzlich ohne Belang, wirkt dagegen bei der Betrachtung irdischer Gegenstände sehr störend. Beim holländischen oder sog. Galileischen Fernrohr werden aufrechte Bilder dadurch erzielt, daß man als Okular eine negative Linse benutzt und diese in den Strahlengang vor der Vereinigung des Lichtbündels in der Brennebene einschaltet. Die vom Objektiv kommenden konvergenten Strahlen werden durch die Zerstreuungslinse wieder divergent gemacht, so daß sie scheinbar von dem virtuellen Punkte B kommen. Im Auge erscheint also das Bild aufrecht stehend (Abb. 25). Der

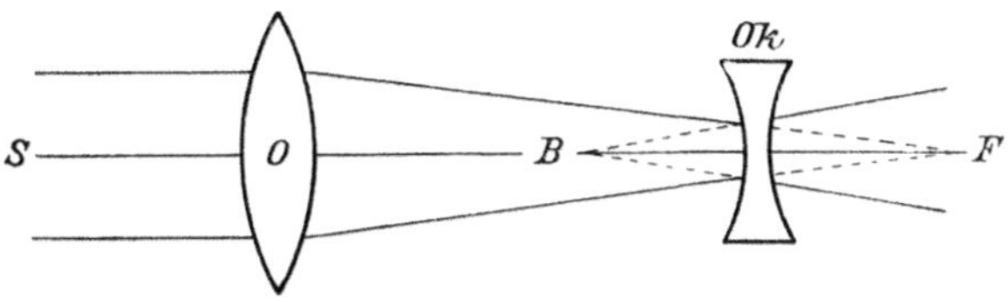

Abb. 25. Strahlengang in einem Galileischen Fernrohr.

Vorteil des Galileischen Fernrohres beruht in seiner Lichtstärke und der kurzen gedrungenen Form, der größte Nachteil in dem kleinen Gesichtsfeld. Für messende astronomische Beobachtungen kommt es schon deshalb nicht in Betracht, weil die virtuelle Abbildung die Verwendung von irgend welchen Orientierungsmarken, Mikrometern usw. ausschließt. Dieser Mangel liegt in der optischen Konstruktion begründet und läßt sich nicht beseitigen. Dagegen kann durch Vorschalten eines schwach gekrümmten positiven Meniskus vor das Objektiv das Gesichtsfeld ein wenig erweitert werden.

Die sog. Keplerschen Fernrohre erfordern zur Umkehr der Bilder ein ganzes Linsensystem, das dann ein sog. terrestrisches Okular ergibt. Solche Okulare sind noch heute bei einfachen Zug- und Aussichtsfernrohren in Gebrauch, obwohl sie wegen ihrer Länge und der Notwendigkeit eines weiten Fernrohrauszuges unvorteilhaft sind. Die beste Bildumkehr wird zweifellos durch ein sog. Porrosches Prismensystem bewirkt, d. h. durch eine viermalige totale Reflexion der Lichtstrahlen in P_1 und P_2 nach Maßgabe der Abb. 26. Wie man aus der perspektivischen Darstellung ohne weiteres erkennt, wird durch das erste Prisma bei P_1 oben und unten, durch das zweite bei P_2 links und rechts vertauscht, so daß in der Brennebene des Objektivs wieder ein aufrechtes Bild entsteht. Bei P_1 verläuft der Lichtstrahl in der Papierebene, bei P_2 senkrecht dazu. Zu dem Vorteil eines großen randscharfen Gesichtsfeldes tritt infolge der Prismenanordnung noch der einer sehr erheblichen Achsenverkürzung hinzu.

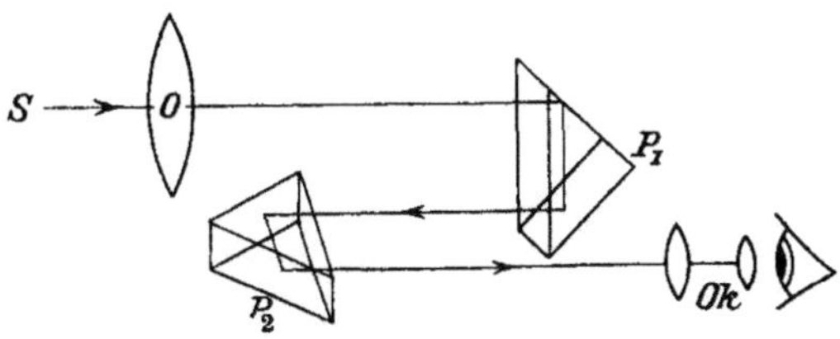

Abb. 26. Bildumkehr in einem Porroschen Prismensystem.

Diese Eigenschaften haben den Prismenfernrohren trotz ihrer relativen Lichtschwäche auch in der Himmelskunde, besonders bei Beobachtungen der veränderlichen Sterne, bei Helligkeitsschätzungen von Kometen und Nebeln usw. Eingang und Geltung verschafft.

Die Erläuterung weiterer dioptrischer Fernrohrkonstruktionen würde hier zu weit führen. Dagegen muß an dieser Stelle noch ein einfacher optischer Apparat

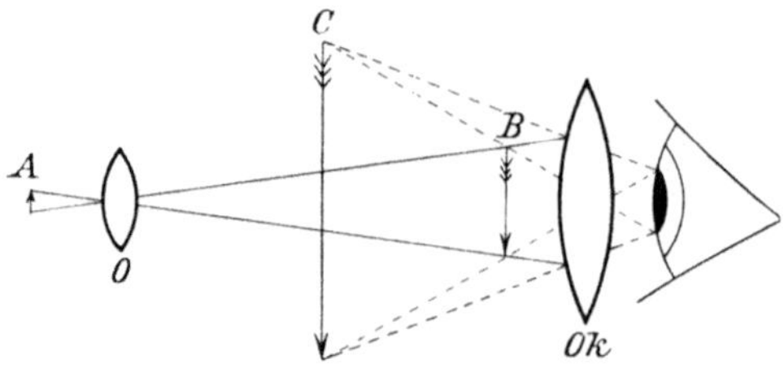

Abb. 27. Optische Wirkung des Mikroskops.

Erwähnung finden, der weniger bei direkten Beobachtungen, als bei der Betrachtung und Ausmessung von astronomischen Photogrammen verwendet wird. Soll ein kleines Objekt bei stärkerer Vergrößerung beurteilt werden, als dies bei Benutzung einer einfachen Linse in Lupenform geschehen kann, so ist hierfür die Kombination von zwei oder mehreren Gläsern, d. h. ein Mikroskop, erforderlich (Abb. 27). Die vorderste, meist kleine und stark gekrümmte Linse, das Objektiv, befindet sich nahe beim Objekt *A* in einem Abstand, der zwischen der einfachen und der doppelten Brennweite variieren kann; in diesem Falle wird ein reelles Bild *B* erzeugt, das größer ist als das Objekt. Das Bild wird durch ein meist nach dem Kollektivprinzip (S. 44) gebautes Okular betrachtet und nochmals vergrößert. Die Vergrößerungskraft eines Mikroskops mit gegebenem Objektiv und Okular ist beliebig veränderlich und nach oben hin theoretisch unbeschränkt. Praktisch tritt aber bald eine Grenze ein, die durch die abnehmende Lichtstärke, die Mängel des Objektivs und die unhandlich werdende Länge des Instruments bedingt ist. In der Astrophysik sind diese Fragen ohne Belang, da hier ausschließlich sehr schwache Vergrößerungen (3- bis höchstens 20fach) angewendet werden. Die Lage von Gegenstand und Bild, die Bildgröße usw. wird bei den Mikroskopen genau so wie bei den Fernrohren durch das Abbildungsgesetz der Linsen (S. 39) bestimmt.

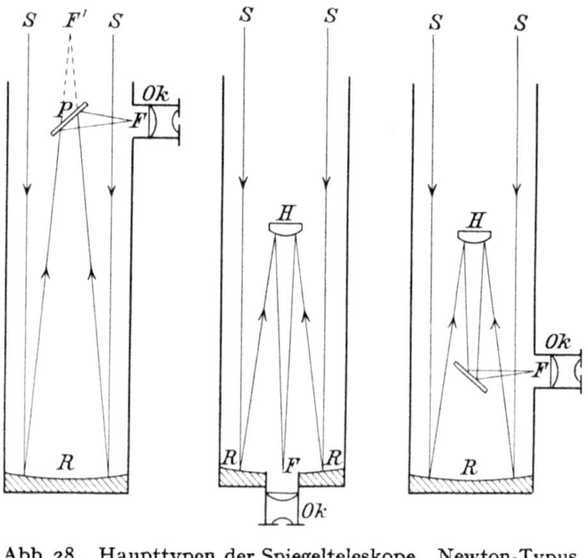

Abb. 28. Haupttypen der Spiegelteleskope. Newton-Typus, Cassegrain-Typus und vereinigtes System.

Bei Spiegelfernrohren werden die Lichtstrahlen in derselben Richtung zurückgeworfen, aus der sie ankommen, daher gestaltet sich die Bauart eines Reflektors stets umständlicher als diejenige eines Refraktors. Von den verschiedenen im Laufe der Zeit gemachten Vorschlägen haben sich gegenwärtig nur noch zwei Anordnungen erhalten, die auf I. Newton und den Bildhauer G. Cassegrain zurückgeführt werden und etwa vom Jahre 1670 stammen. Bei der Newtonschen Bauart (Abb. 28) werden die Lichtstrahlen *S* nach Reflexion am Hauptspiegel *R* kurz vor ihrer Vereinigung mitten im Tubus durch einen Spiegel oder ein total reflektierendes Prisma *P* aufgefangen und in einen seitlichen Okularstutzen abgelenkt. Die direkten Bilder der Newtonspiegel erscheinen infolge dieses Strahlenganges seitenverkehrt, d. h. es ist auf ihnen Ost und West vertauscht. Es muß dies hier erwähnt werden, da zuweilen astronomische Bilder ohne besonderen Hinweis in dieser unrichtigen Form auch vervielfältigt werden und schon zu Irrtümern Anlaß gegeben haben. Bei der Cassegrainschen Anordnung bleibt die Blickrichtung dadurch erhalten, daß die Strahlen kurz vor dem Brennpunkt durch einen kleinen Fangspiegel *H* mit konvexer, hyperbolisch gekrümmter Oberfläche reflektiert und wieder mehr divergent gemacht werden, so daß sie sich erst bei *F* in einer zentralen Öffnung des Hauptspiegels *R* vereinigen. Da die Durchbohrung eines Spiegels diesen stets gefährdet, pflegt man neuerdings die Lichtstrahlen seitlich abzulenken. Es wird dabei noch der Vorteil gewonnen, daß das Instrument für visuelle und photographische Zwecke sofort auch in der Newtonschen Anordnung verwendet werden kann. An Stelle des hyperbolischen Konvexspiegels innerhalb der Brennweite kann beim Cassegrain-Reflektor auch ein elliptischer Konkavspiegel außerhalb derselben verwendet werden. Die geometrische Form muß aber bei den kleinen Spiegeln streng innegehalten werden, wenn die Vorteile des parabolischen Hauptspiegels voll zur Geltung kommen sollen. Die Cassegrainsche Konstruktion schließt äußerlich alle Vorteile der dioptrischen Linsenfernrohre in sich, da Teleskope dieser Art vollkommen in der gleichen Weise montiert und gehandhabt werden können wie die Refraktoren. Was die allgemeinen Leistungen anbetrifft, so treten die Vorzüge der Spiegel nur bei photographischen Arbeiten hervor. Bei visuellen Beobachtungen steht ein Spiegel einem guten Refraktor gleicher Ausmaße erfahrungsgemäß stets erheblich nach, auch wenn für die Seiten- und Bodenentlastung der Glasmasse und ihren Temperaturausgleich alle Vorkehrungen getroffen sind.

Der eigentliche Entdecker des Spiegelteleskops in der heute gebräuchlichen Form ist James Gregory, der schon 1663 einen Reflektor beschrieb, der aus einem durchbohrten Parabolspiegel und einem konkav-elliptischen Fangspiegel bestand. Zum zweiten Male wurde der parabolische Spiegel dann von J. Hadley 1722 entdeckt und ist dann seit W. Herschels Erfolgen am Himmel stets neben dem Refraktor in Anwendung geblieben.

Achromatische Linsensysteme. Während bezüglich der sphärischen Aberration bei Einzellinsen wenigstens die theoretische Möglichkeit besteht, durch Einführung von besonderen Begrenzungsflächen die fehlerhafte Strahlenvereinigung zu beseitigen, ist dies bei der chromatischen Aberration vollkommen ausgeschlossen. Lichtbrechung und Dispersion hängen eben aufs engste zusammen und sind nicht voneinander zu trennen. Das wurde den Optikern schon bald nach Erfindung des Fernrohrs klar. In präziser Form hatte dann I. Newton, von der Ansicht ausgehend, daß Brechung und Dispersion bei allen Substanzen streng proportional verlaufen, auf die physikalische Unmöglichkeit der Konstruktion eines achromatischen Objektivs hingewiesen. Um das Jahr 1733 fand indessen C. M. HALL in Essex, daß entgegen der Newtonschen Anschauung durch eine geeignete Kombination zweier Linsen aus verschieden stark brechenden und zerstreuenden Glassorten der Farbenfehler doch größtenteils behoben werden müßte.[1] Die praktische Ausführung des Gedankens übertrug er dem Londoner Linsenschleifer G. BAST, der dann aus Kron- und Flintglas einige Objektive bis zu zwei Zoll Öffnung herstellte und auch in den Handel brachte. Vermutlich wegen des mangelhaften Flintmaterials der damaligen Zeit wurde die Erfindung wenig beachtet, bis der Optiker J. DOLLOND 1758 die HALLsche Entdeckung wieder ans Tageslicht brachte und ihre Vervollkommnung energisch in Angriff nahm. Die zwei-, später sogar dreilinsigen DOLLONDschen Objektive (Abb. 32) wiesen bereits eine gute Farbenkorrektion auf und sind dann über 100 Jahre hindurch verwendet worden. Bei der Kombination zweier entgegengesetzt gekrümmter Linsen ließ sich gleichzeitig auch die sphärische Aberration fast gänzlich aufheben, so daß die achromatischen Linsen auch sonst eine viel bessere Abbildung erzeugten als die gewöhnlichen; sie gelangten nach und nach bei allen optischen Apparaten, die wissenschaftlichen Zwecken dienten, allein noch zur Verwendung, soweit es die lange andauernden Schwierigkeiten bei der Beschaffung von brauchbarem Flintglas zuließen.

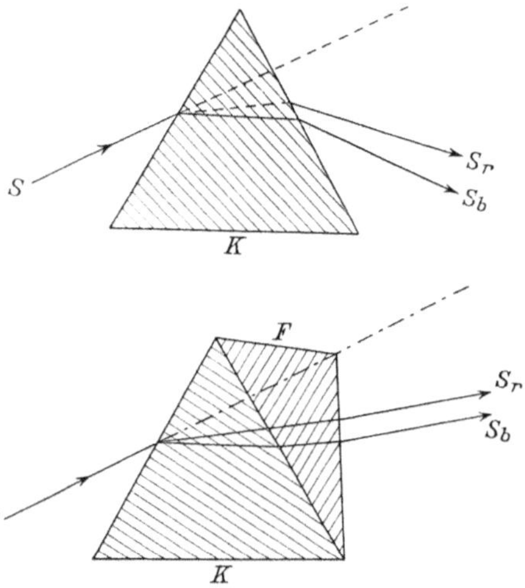

Abb. 29. Gewöhnliches und achromatisches Prisma.

Der Grundgedanke der Achromasie läßt sich leicht an der Kombination zweier Prismen klarlegen. Das Prisma K (Abb. 29) aus leichtem, verhältnismäßig schwach brechendem Kronglas besitze für die Strahlen S_r und S_b den Dispersionswinkel δ (S. 34). Das Prisma F dagegen sei aus schwerem Flintglas hergestellt.[2] Bei gleichem brechendem Winkel ist die Dispersion von F nahe doppelt so groß, wie bei K, also $\sim 2\delta$. Gibt man also F nur den halben Brechungswinkel, und setzt es so hinter K, daß die brechende Kante von F an der Basis von K liegt, so heben sich die beiden Dispersionen gegenseitig auf und die Strahlen S_r und S_b treten parallel zueinander aus; die Farben sind also für das Auge wieder vereinigt, dagegen ist die Ablenkung geblieben; allerdings ist sie

[1]) L. BELL, The telescope. London 1922.
[2]) In den Abbildungen ist Kronglas schräg abwärts, Flintglas schräg aufwärts schraffiert.

nur halb so groß, als wenn das Prisma K allein wirksam wäre. Auf Objektive angewendet, besagt dieser Grundsatz, daß man durch Verbindung einer bikonvexen Kronglaslinse mit einer etwa halb so stark gekrümmten konkaven Linse aus Flintglas die Strahlen verschiedener Farbe in dem gleichen Bildpunkte vereinigen kann.

Es muß hier ausdrücklich hervorgehoben werden, daß alle diese Überlegungen nur genähert zutreffen; in Wirklichkeit ist das Problem der Achromasie viel verwickelter und erst in neuerer Zeit für kleinere Objektive bis zu etwa 30 cm Öffnung praktisch gelöst worden. Die Unmöglichkeit der Vereinigung aller farbigen Strahlen in einem einzigen Brennpunkte beruht darauf, daß die Spektra, die die normalen Flint- und Kronglassorten erzeugen, auch bei gleicher Länge einem etwas verschiedenen Dispersionsgesetz folgen und daher irrationale Verhältnisse ergeben. Decken sich z. B. die Sonnenlinien (C) und (H) der beiden von einem Kron- bzw. Flintprisma entworfenen Spektra (Abb. 30), so weichen die zwischenliegenden erheblich in der Lage ab, werden einige mittlere, z. B. (D) und (F) zur Deckung gebracht, so treten am Anfang und am Ende des Spektrums stärkere Unterschiede auf. Wie man also die beiden Bilder gegeneinander auch verschieben mag, stets wird nur ein beschränktes Gebiet des Spektrums zur Deckung und damit zum Ausgleich gebracht. Die übrigbleibende Restfärbung der zweiteiligen Objektive bezeichnet man als sekundäres Spektrum. Bei kleinen Linsen ist es ohne jede praktische Bedeutung, bei großen Objektiven ist aber sein Einfluß recht störend, da dann selbst die chromatisch korrigierten Brennpunkte um mehrere Zentimeter auseinanderliegen können.

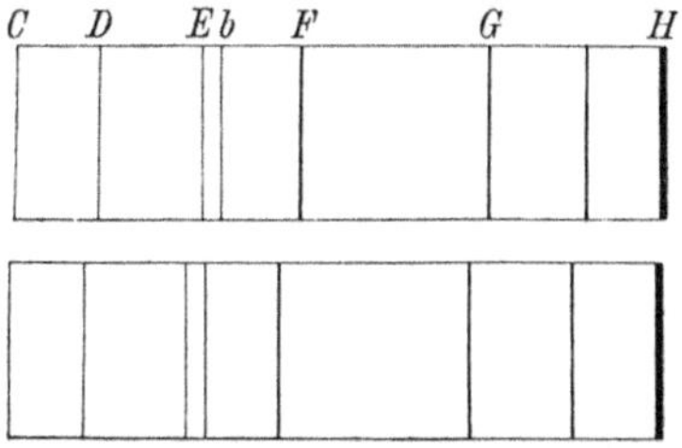

Abb. 30. Verteilung der einzelnen Farbdispersionen bei Kron- und Flintglas.

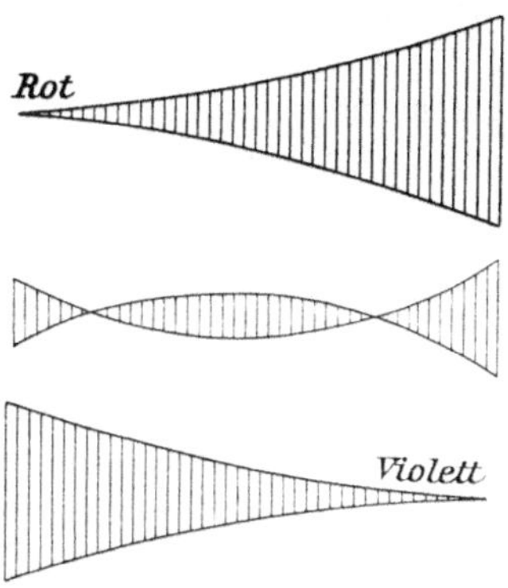

Abb. 31. Aussehen der Sternspektren in verschiedenen Objektivabständen.

Am besten und leichtesten feststellbar ist die sekundäre Brennpunktsdifferenz bei Einstellung eines hellen weißen Sterns und Vorschaltung eines sog. geradsichtigen Prismas (S. 169) vor das Okular. Nur für die Strahlengattung, für die die Bedingung erfüllt ist, daß der Stern ein Punkt ist, wird dabei die Breitenausdehnung des Spektrums einem Faden gleichen; alle übrigen Teile werden mehr oder weniger breit erscheinen, und zwar so, wie es in übertriebener Form Abb. 31 zeigt, bei der eine für Gelb und Grünblau korrigierte Doppellinse

Vereinigung der farbigen Strahlen bei einem visuellen Objektiv (Öffn. = 30 cm, Brennw. = 540 cm).

Fraunhofersche Linien		Abstand d. Brennp.	Durchm. d. chrom. Kreise
B	687 μμ	+ 3 8 mm	0.21 mm
C (*Hα*)	656	+ 2.4	0.13
D	589	− 0.3	0.02
E	527	− 1 7	0.09
F (*Hβ*)	486	0.0	0.00
Hγ	434	+ 8.2	0.46
Hδ	410	+ 16.3	0.90
Hε	397	+ 22	1.22

angenommen ist. Je nach der Lage des roten, grünen, violetten Brennpunktes muß also das Spektroskop von außen nach innen verschoben werden, wenn man eine bestimmte Farbe scharf erhalten will. Eine Vorstellung von der Größenordnung der vorkommenden Abweichungen in der Brennweite mögen die nebenstehenden Zahlenwerte für ein SCHRÖDERsches Doppelobjektiv von 30 cm Öffnung und 5.4 m Brennweite geben[1]); wie man sieht, sind schon bei einem so kleinen Glase die Brennpunktsdifferenzen so groß, daß höchstens ein Gebiet von 200 $\mu\mu$ (660 bis 460 $\mu\mu$) als leidlich vereinigt gelten kann. Wenn die anderen Farben bei normalen Helligkeiten der Bilder nicht gar zu störend wirken, so liegt das an der steilen Form der physiologischen Empfindungskurve des menschlichen Auges für die spektralen Töne (Abb. 178).

Die unvollkommene Achromasie der Objektive bringt es mit sich, daß ein zweiteiliges System entweder für visuelle oder für photographische Arbeiten, nie aber für beide gleichzeitig hergestellt werden kann. Es läßt sich wohl zeigen, daß man durch Vergrößerung des Abstandes der beiden Linsen eines visuellen Objektivs dieses zur Not auch für photographische Aufgaben dienstbar machen kann; gegenüber den speziell für diesen Zweck korrigierten Systemen bleibt aber die Leistungsfähigkeit einer solchen Kombination stets merklich zurück und ist schon wegen der damit verbundenen Schwierigkeiten der Zentrierung usw. nicht zu empfehlen.

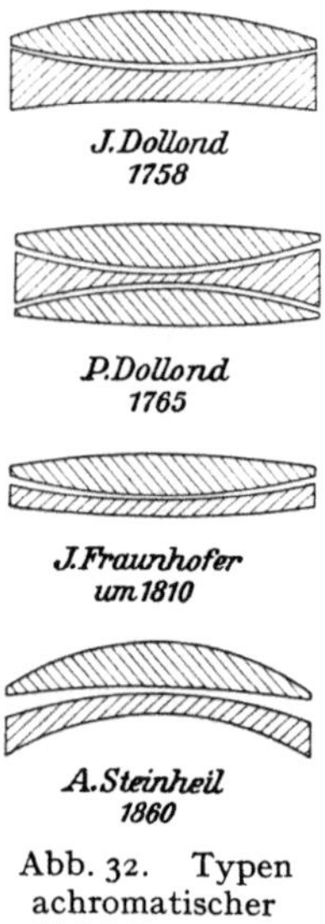

Abb. 32. Typen achromatischer Objektive 1758 bis 1860 (nach R. Hodgson).

In Abb. 32 ist eine Übersicht der älteren Objektivkonstruktionen von J. DOLLOND bis C. A. STEINHEIL wiedergegeben, während Abb. 33 eine Anzahl von zweiteiligen visuellen Objektivtypen verschiedener Bauart veranschaulicht wie sie je nach der Brennweitenforderung, Bildebnung usw. für die mannigfachen Zwecke der visuellen Optik noch heute hergestellt werden. Jeder Typus hat seine Vor- und Nachteile, deren Auseinandersetzung aber hier zu weit führen würde. Die am häufigsten verwendete Form ist die dritte (Abb. 33*c*). Die Krümmungsradien der Kronglaslinse ($n = 1.518$) verhalten sich hier wie 2 : 3; die Flintglaslinse ($n = 1.620$) schließt sich mit dem Radius 2.82 der zweiten Krümmung

[1]) Ausgeglichene Kurvenwerte nach den Daten in J. SCHEINER, Photographie der Gestirne. Leipzig 1897.

der Kronglaslinse sehr nahe an, während die letzte Fläche schwach konvex geschliffen wird. Etwaige Korrekturen der sphärischen Aberrationsreste werden an größeren Objektiven meist an der dritten Fläche in Form von empirischen Retuschen vorgenommen, während man die vierte in entsprechender Weise zwecks Erreichung einer besseren Achromasie nacharbeiten kann. Im allgemeinen läßt sich von den Objektiven aussagen, daß sie außerhalb der Achse um so schlechtere Bilder liefern, je mehr konkave Flächen auftreten. Typen von der Form der Abb. 33*a* sind also als Sucherobjektive oder gar für photographische Zwecke unbrauchbar.

Eine chromatische Vervollkommnung der Bilder bei zweiteiligen Objektiven war von vornherein weniger durch technische Kunstgriffe von der in Abb. 32 und 33 angedeuteten Art, als durch die Auffindung zweier Glassorten mit stark ver-

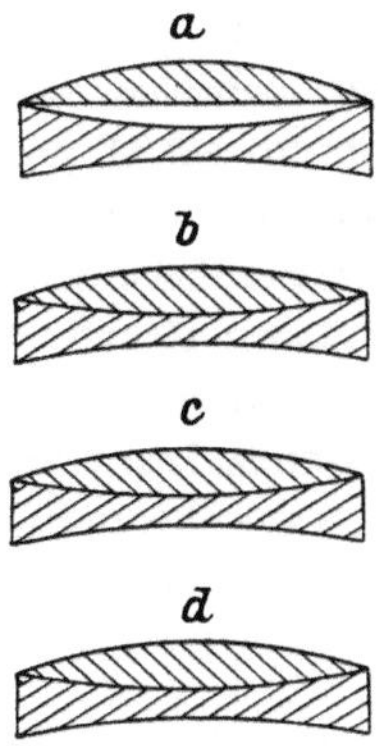

Abb. 33. Haupttypen der heute gebräuchlichen zweiteiligen Objektive.

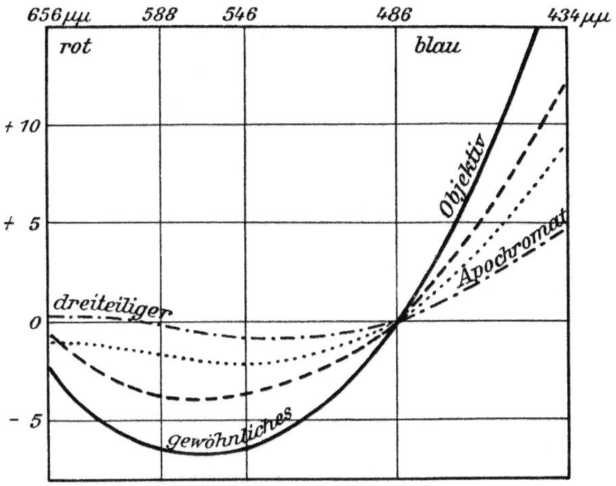

Abb. 34. Farbenkurven von vier Objektivtypen des Zeiss-Werks.

schiedener Brechung und dabei gleichmäßiger Zerstreuung zu erwarten. Es galt vor allem, den durch die vollen Punkte der Abb. 9 veranschaulichten zwangsläufigen Gang der mittleren Zerstreuung mit dem Brechungsexponenten technisch zu überwinden, also ein hohes ν bei hohem n und umgekehrt zu erzielen. Tatsächlich ist es der vereinigten Arbeit von O. Schott und E. Abbe nach langjährigen, mühsamen Versuchen gelungen, solche Gläser in kleinen Proben zu erhalten. Von den für die Schmelzen verwendeten Zusatzchemikalien hatten sich Bor- und Phosphorsäure als besonders wirksam erwiesen. Durch Beimengung von Borsäure zum Flintguß ließ sich die Dispersion so ändern, daß Rot gedehnt und Blau gekürzt wurde, die Verhältnisse sich also dem Kronglas besser anpaßten. Dagegen wurde durch Phosphorsäure die Brechung und mittlere Zerstreuung des Kronglases nicht unwesentlich erhöht und so dem Flint näher gebracht. Nach Überwindung verschiedener technischer Schwierigkeiten, die sich der Herstellung der Flintborat- und Kronphosphatgläser in größeren Stücken in den Weg stellten[1]), konnten von S. Czapski 1885 die ersten Objektive mit vermindertem sekundären Spektrum aus den neuen Schmelzen, dem Fernrohrkron und Fernrohrflint, berechnet werden. Wie groß der Gewinn in bezug auf chromatische Aberration bei den Spezialgläsern ist, zeigt Abb. 34, die in den mittleren Kurven die Farbenvereinigung von zwei Zeiss-Objektiven der neuen Art veranschaulicht. Zum Vergleich können die Kurven eines gewöhnlichen Objektivs vom Fraunhoferschen Typus und eines dreiteiligen sog. Apochromaten dienen. Bei Annahme einer Brennweite von 10 m stellen die Ordinaten der Figur die chromatischen Abweichungen in Millimetern dar, so daß zwischen den Wellenlängen 660 $\mu\mu$ und 460 $\mu\mu$, die das hellste Gebiet des Spektrums umfassen, sich die farbigen Brennpunkte bei dem älteren Objektivtypus auf eine Strecke von nahe 13, bei dem neuen dagegen auf 4 bis 6 mm verteilen. Mit der Erfindung der neuen Gläser darf die alte Aufgabe der Optik, Objektive ohne störende chromatische Aberrationsreste herzustellen, praktisch als gelöst gelten, soweit Fernrohre von etwa 20 bis 30 cm Öffnung und kein größeres Brennweitenverhältnis als 1 : 17.5 in Frage kommen. Da die sphärische Korrektion dieser Objektive und damit die Bildschärfe die gegenwärtig bei den normalen Silikatgläsern erzielte Vollkommenheit nicht ganz erreicht, so sind weitere Bemühungen der Glastechnik um die Beseitigung der chromatischen Aberration kaum zu erwarten, zumal der Schwerpunkt der wissenschaftlichen Arbeiten am Himmel wie im Laboratorium längst von den visuellen auf die photographischen Instrumente übergegangen ist und die hier maßgebenden Anforderungen an die chromatische Korrektion der optischen Bestandteile durch die vorhandenen Gläser bereits ausreichend erfüllt werden.

Physiologische Eigenschaften des Auges. Bei der Konstruktion aller optischen Apparate muß darauf Rücksicht genommen werden, daß die endgültige Auffassung und Beurteilung der Bilder mit Hilfe des Auges erfolgt, daß dieses also einen wichtigen Bestandteil eines jeden optischen Systems bildet.[2])

Das menschliche Auge besteht aus einem optischen Teil und einer lichtempfindlichen Fläche, der Netzhaut, auf der die reellen Bilder erzeugt werden (Abb. 35). Die Optik ist aus mehreren Teilen verschiedener Brechbarkeit zusammengesetzt: der vordersten stark gewölbten durchsichtigen Hornhaut, der wässerigen Flüssigkeit, der eigentlichen Linse und dem Glaskörper. Vor der Linse befindet sich die Iris, deren kreisrunde Öffnung, die sog. Pupille, je nach der Intensität des auffallenden Lichtes unwillkürlich vergrößert und verkleinert wird. Die Durchmessergrenzen liegen dabei zwischen 2 und $8\frac{1}{2}$ mm. Die Linse, die aus einzelnen Schalen zusammengesetzt ist, hat einen mittleren Brechungsindex $n = 1.34$ und kann durch besondere Muskeln mehr oder weniger stark in ihrer Wölbung, also auch in ihrer Brennweite verändert werden. Im Alter läßt diese Akkommodationsfähigkeit nach; ein ursprünglich

[1]) E. Zschimmer, Die Glasindustrie in Jena. Jena 1909.
[2]) M. v. Rohr, Das Auge und die Brille. Aus Natur und Geistesw. Leipzig 1912.

normales Auge kann dann zwar noch immer gut in der Ferne sehen, nicht aber in der Nähe. Bekanntlich kann diese Weitsichtigkeit, genau ebenso wie der umgekehrte Fehler, die Kurzsichtigkeit, durch entsprechende Brillengläser beseitigt werden.

Das normale Auge sieht einen Gegenstand in der Entfernung von 20 bis 25 cm am deutlichsten. Was für optische Teile sich auch vor dem Auge befinden mögen, der Strahlengang muß zuletzt doch derart eingerichtet sein, als wenn das Bündel von einem in der angegebenen Entfernung befindlichen Punkte käme. Die deutliche Sehweite ist etwas Individuelles, so daß bei einem optischen Apparat im allgemeinen jeder Beobachter diesen für sich besonders einstellen muß, wenn er die Bilder scharf sehen will.

Abb. 36 stellt einen Querschnitt durch den verwickelten Bau der Netzhaut eines menschlichen Auges dar. Links hat man sich den Glaskörper, rechts die sog. Aderhaut vorzustellen, so daß der Gang der Lichtstrahlen von links nach rechts

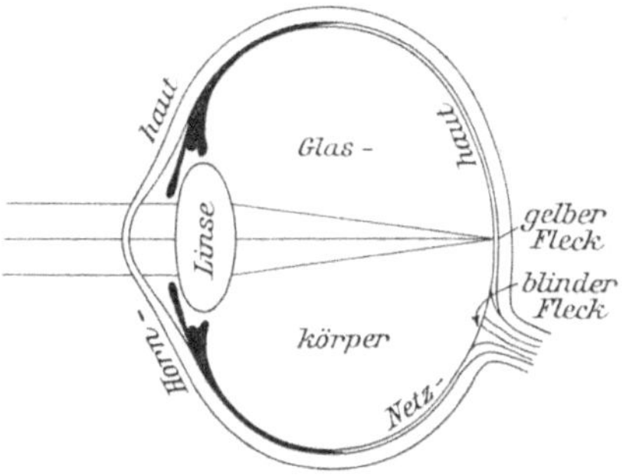

Abb. 35. Querschnitt durch das menschliche Auge.

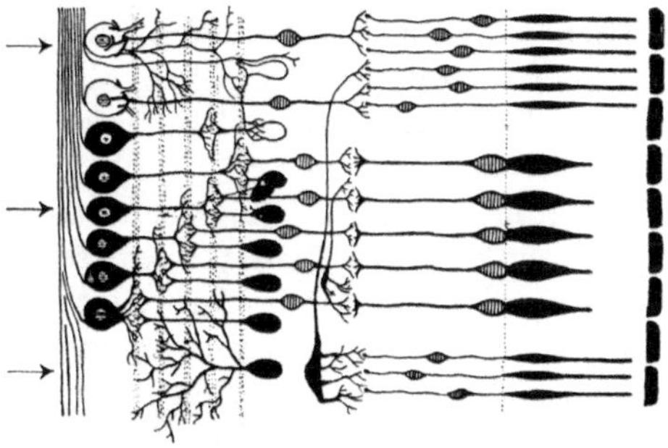

Abb. 36. Querschnitt durch die Netzhaut des menschlichen Auges (nach R. Greeff).

erfolgt. Wie man sieht, endigen die Fasern der Sehnerven in Zellen, deren es zwei verschiedene Arten gibt, die dicken Zäpfchen und die dünnen Stäbchen. Beide sind mosaikartig ineinander geschachtelt, aber so, daß in der Mitte der Netzhaut die Zapfen überwiegen; daß es sich um eine außerordentlich feine Struktur handelt, erkennt man daran, daß etwa 14000 solcher Mosaikelemente auf 1 qmm entfallen. Die Dicke der Zapfen beträgt da, wo sie allein auftreten, im sog. gelben Fleck, 5 μ, oder im Winkelmaß, vom optischen Mittelpunkte des Auges an gerechnet, etwa 1′, d. h. es ist für das unbewaffnete Auge nicht möglich, zwei Lichtpunkte getrennt zu erkennen, deren Winkeldistanz weniger als 1′ beträgt. Dem entspricht auch durchaus die Erfahrung, die man in Betreff der Trennung von Doppelsternen mit unbewaffnetem Auge macht. Die Regel gilt aber nur für Punktdistanzen. Werden von den Bildern mehrere Zapfen gleichzeitig beeinflußt, wie das z. B. bei Strichen der Fall ist, so geht d e Trennungsschärfe auf das Doppelte und mehr herauf. Aus dem gleichen Grunde werden auch Intensitätsunterschiede von flächenhaften Gebilden stets schärfer aufgefaßt als solche von Punkten, besonders wenn sich diese der Idealform der Sterne nähern.

Vom Standpunkte des Linsenoptikers ist das Auge ein recht unvollkommener optischer Apparat. Das Aussehen ferner Lichtpunkte in Scheiben- und Sternform deutet auf Beugung und sphärische Aberration in der Achse hin. Chromatische Aberration ist gleichfalls in starkem Maße vorhanden, kommt aber wenig zur Geltung, da die spektrale Empfindlichkeitskurve des Auges (Abb. 178) in ihrem Maximum nur einen kleinen Wellenbezirk umfaßt und einen ziemlich steilen An- und Abstieg hat. Abweichungen im Krümmungsradius einzelner Teile der Hornhaut machen sich oft durch Astigmatismus unangenehm bemerkbar.

Alles Sehen beruht auf Unterschieden in der Helligkeit oder in der Farbe. Zunächst ist es die Kontrastwirkung zwischen zwei Stellen eines Gegenstandes, die diese zur getrennten Wahrnehmbarkeit bringt. Unterhalb einer gewissen geringen Intensität wird vom Auge nichts mehr wahrgenommen. Der Kontrast liegt dann unterhalb der Reizschwelle des Auges. Ebenso können auch oberhalb einer gewissen Grenze Helligkeitsunterschiede nicht mehr empfunden werden; das Auge ist dann überblendet. Da die Öffnung der Iris innerhalb ziemlich weiter Grenzen veränderlich ist, so nimmt das Auge bei ganz schwachen Eindrücken automatisch viel mehr Licht auf als bei sehr heller Beleuchtung. Diese Tatsache ist wohl zu beachten und beispielsweise bei photometrischen Untersuchungen von Bedeutung.

Hat man sehr helle Objekte, wie die Sonne oder elektrisches Licht, wenn auch nur sehr kurze Zeit, fixiert, so entstehen Nachbilder, die so intensiv sein können, daß man längere Zeit das Auge kaum gebrauchen kann. Aber auch weit geringere Lichteindrücke halten zuweilen längere Zeit an, was oft erst bemerkt wird, wenn man sich in völlig dunklem Raum befindet. Die Erkennung lichtschwacher astronomischer Objekte ist daher nur mit ausgeruhten Augen möglich, d. h. erst dann, wenn die letzten Reste der Nachbilder ausgelöscht sind. Dabei erweisen sich die stäbchenreichen Randgebiete der Netzhaut für geringe Helligkeitseindrücke als besonders empfindlich, doch haben sie den Nachteil, daß mit ihnen keine Farbe zur Wahrnehmung gelangt. Schon bei 20° bis 30° Achsenneigung tritt reines Stäbchensehen ein; schwache Spektra erscheinen dann merklich heller als bei direktem Anblick, doch sind sie in diesem Falle völlig farblos. Auf Grund dieser Erfahrung lassen sich sehr schwache Objekte, wie Nebel, Kometen usw. oft im Fernrohr besser erkennen, wenn man die direkte Blickrichtung vermeidet und benachbarte Stellen des Gesichtsfeldes fixiert. Dabei reagiert das Auge auf erstaunlich geringe Lichteindrücke; man hat berechnet, daß die Energie der in die Pupille eindringenden eben noch wahrnehmbaren Grenzstrahlung einer Gramm-Kalorie in 1700 Millionen Jahren entspricht.

Auf die physiologischen Sehfehler ist besonders dann zu achten, wenn es sich nicht nur um Helligkeits-, sondern auch um Farbeneindrücke handelt. Nach allen Erfahrungen an Strahlen verschiedener Wellenlänge hat sich das Auge demjenigen Spektralgebiet am besten angepaßt, in dem die Gegensätze zwischen Licht und Schatten in der uns umgebenden Natur am deutlichsten hervortreten. Dabei ist jedoch die Empfindlichkeit für die verschiedenen Farben je nach der

Intensität der Lichtquelle etwas verschieden. Ist z. B. für Rot und Blau bei mittlerer Helligkeit Gleichheit des physiologischen Eindrucks erzielt, so wird bei gleichmäßiger Verstärkung der Intensität das rote, bei gleichmäßiger Abschwächung das blaue Bild heller geschätzt. Dieser von J. C. PURKINJE entdeckte Effekt deutet auf eine Verschiebung des Empfindlichkeitsmaximums des Auges im Spektrum mit der Intensität hin, wie sie durch den direkten Versuch bestätigt wird. In einem Spektrum mittlerer Helligkeit erscheint für das Auge das Maximum der Helligkeit im Gelbgrün. Bei zunehmender Intensität verschiebt es sich ein wenig nach dem roten, bei abnehmender nach dem blauen Ende des Spektrums hin, bis es schließlich beim Verschwinden im Grünblau liegt. Der Purkinje-Effekt ist von der größten Wichtigkeit, wenn es sich um die Beurteilung verschiedenfarbigen Lichtes handelt. Er beeinflußt in gleicher Weise die Abschätzung von Punkt- wie von Flächenhelligkeiten, allerdings mit bemerkenswerten Ausnahmen. Erscheinen die Flächen unter einem kleineren Sehwinkel als etwa 45′, und handelt es sich um geringe Intensitäten, so bleibt wohl eine gewisse Unsicherheit im Schätzen der Farbenhelligkeit bestehen, systematische Fehler treten dann aber nicht mehr auf.[1])

Der physiologische Vorgang des Sehens, der für die Beurteilung der Realität aller Wahrnehmungen an der Schwelle der Empfindung die größte Wichtigkeit besitzt, ist noch völlig unbekannt.[2]) Zweifellos erregt der eindringende Lichtstrahl irgendwie das Zellengebäude der Netzhaut, das die Empfindung von Helligkeit und Farbe an das Nervenzentrum weitergibt; wie sich aber die Vermittelung im einzelnen abspielt, entzieht sich der Erkenntnis. Nach dem Physiologen E. HERING ist das Sehen ein rein materieller Vorgang, hervorgerufen durch den photochemischen Zerfall und Ersatz des sog. Sehpurpurs. Den durch das Licht bewirkten Zerfall empfinden wir als hell, den Ersatz als dunkel. Noch unklarer ist das Zustandekommen der Farbeneindrücke. Als Vermittler werden hier allgemein die Zäpfchen angesehen, weil in der Netzhautgrube, die nur diese Zellenform enthält, die Farbe am deutlichsten empfunden wird, und die Wirkung in der Richtung nach den peripheren Teilen der Netzhaut, wo die Stäbchen vorherrschen, abnimmt. Ein weiterer Beweis für die Richtigkeit der Auffassung kann darin erblickt werden, daß die Augen der Tagtiere überwiegend mit Zapfen, die Augen der Nachttiere der Hauptsache nach mit Stäbchen ausgestattet sind. Bestimmte anatomische Merkmale sprechen dafür, daß unter normalen Verhältnissen jedes einzelne Zäpfchen alle Farbenempfindungen vermittelt, und daß dies nicht über rot-, grün- bzw. violettempfindliche Zellen geschieht, wie man früher glaubte.

Polarisation und Doppelbrechung. Es ist bei allen bisherigen Betrachtungen in der Sprache der Wellentheorie vorausgesetzt worden, daß bei der Strahlung die Schwingungen der Ätherteilchen senkrecht zur Fortpflanzungsrichtung,

---

[1]) F. UPPENBORN und B. MONASCH, Lehrbuch der Photometrie. München 1912.

[2]) S. HECHT, Zur Photochemie des Sehens. Naturw. 1925.

und zwar in allen möglichen Ebenen erfolgen. Durch gewisse Anordnungen ist man nun in der Lage, für ein ganzes Strahlenbündel dauernd eine ganz bestimmte Schwingungsebene wie in Abb. 1 zu isolieren; man nennt dann das Licht polarisiert und zwar in diesem speziellen Falle geradlinig polarisiert. Aus den bisher gegebenen Definitionen geht hervor, daß der Weg der Ätherteilchen bei einem geradlinig polarisierten Strahl ganz streng definiert ist. Die Schwingungen erfolgen senkrecht zum Lichtstrahl und in einer einzigen Ebene. Denjenigen Teil der physikalischen Anordnung, durch den die Polarisation der ursprünglichen natürlichen Strahlung bewirkt wird, nennt man den Polarisator, denjenigen, durch den die erfolgte Polarisation festgestellt und untersucht wird, bezeichnet man als Analysator.

Ein besonders einfaches Verfahren zur Hervorrufung der Polarisation wurde von E. L. MALUS 1808 zufällig gefunden. Es beruht auf der Reflexion der Strahlen an ebenen Flächen homogener, durchsichtiger Körper, z. B. Wasser oder Glas. Fällt natürliches Licht senkrecht auf eine Glasplatte, so bleibt es nach der Reflexion ungeändert, fällt es dagegen schräg auf, so wird es polarisiert. Der unter einem ganz bestimmten Winkel reflektierte Teil des Lichtes falle nun auf eine zweite Platte, den Analysator, schräg ein. Wird dieser, während der Einfallswinkel erhalten bleibt, um die Richtung des Strahls als Achse gedreht, so macht sich eine Lichtschwächung bemerkbar, bis bei einer ganz bestimmten Lage überhaupt kein Licht mehr vom Analysator reflektiert wird. Dieser Fall ist dann erreicht, wenn die Einfallsebenen der beiden Glasplatten zueinander senkrecht stehen (Abb. 37). Außer dieser Bedingung ist für die Lichtauslöschung der sog. Polarisationswinkel, d. h. der Einfallswinkel der Strahlen, maßgebend, und zwar fand D. BREWSTER, daß vollständige Polarisation nur dann eintritt, wenn bei beiden Platten der reflektierte Lichtstrahl senkrecht auf dem gebrochenen steht. Dadurch ist eine einfache Beziehung des Polarisationswinkels w zum Brechungsindex n gegeben. In dem vorausgesetzten Falle ist ja der Eintrittswinkel in Luft $= w$, der Austrittswinkel im Glase $= 90^0 - w$. Hieraus folgt

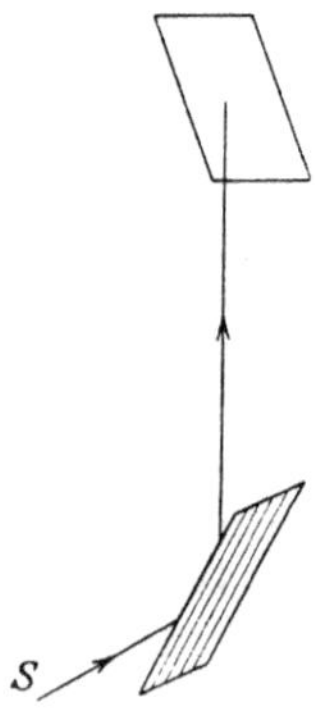

Abb. 37. Polarisation des Lichtes durch Reflexion an gekreuzten Glasplatten.

$$\operatorname{tg} w = n$$

Die Tangente des Polarisationswinkels ist also gleich dem Brechungsindex. Für eine Glassorte, deren Brechungskoeffizient $n = 1{,}52$ ist, beträgt demnach der Polarisationswinkel $56^0 40'$. Ist bei den Reflexionen der Polarisationswinkel bzw. die senkrechte Lage der reflektierenden Spiegel zueinander nicht genau innegehalten, so wird nur ein Teil des reflektierten Lichts polarisiert und dieses erscheint alsdann nur geschwächt. Den Vorgang der totalen Polarisation bei den Glasplatten kann man sich so vorstellen, daß bei der Reflexion unter dem Winkel w eine ganz bestimmte Schwingungsebene in dem Strahl isoliert wird. Nehmen wir sie als parallel zur Plattenebene liegend an, so steht ihr bei der

Gleichheit aller Eintritts- und Austrittswinkel an der zweiten der Weg nur dann offen, wenn die Plattenebenen parallel zueinander stehen. Liegen sie zueinander senkrecht, so wird an der zweiten Ebene nichts mehr reflektiert.

Ein anderes oft verwendetes Verfahren zur Erzeugung der Polarisation bedarf einiger allgemeinerer Auseinandersetzungen. Die Stoffe, in denen bisher die Strahlung betrachtet worden ist, z. B. Luft, Wasser und Glas, sind sog. isotrope Medien, d. h. sie verhalten sich der Strahlung gegenüber nach allen Richtungen hin gleichartig. Die Geschwindigkeit der Lichtfortpflanzung und damit zusammenhängend die Brechungsverhältnisse sind dabei vollständig unabhängig von der Richtung, in der das Licht sich ausbreitet. Es gibt nun eine große Zahl von durchsichtigen Körpern, die anisotrop sind, in denen also die Lichtstrahlen sich in verschiedenen Richtungen verschieden verhalten. Natürliche anisotrope Medien sind z. B. die Kristalle, doch kann man isotrope Medien künstlich in anisotrope verwandeln, z. B. Glas durch starken einseitigen Druck. Wenn man an einem durchsichtigen Kristall Flächen anschleift, so erscheint das Mineral auf den ersten Anblick überall homogen und strukturlos, genau wie optisches Glas, und trotzdem zeigt es nach verschiedenen Richtungen hin verschiedene physikalische, insbesondere optische Eigenschaften. Maßgebend ist dabei in erster Linie die Symmetrieachse der Kristallisation, die man daher auch als optische Achse des Kristalls zu bezeichnen pflegt. Jede Ebene, die parallel zur optischen Achse liegt oder diese enthält, wird als Hauptschnitt bezeichnet.

Abb. 38. Doppelbrechung in Kalkspatkristallen.

Alle optischen Erscheinungen in den Kristallen lassen sich durch die Annahme erklären, daß die Fortpflanzungsgeschwindigkeit des Lichtes und damit auch der Brechungskoeffizient in der Richtung parallel zur optischen Achse und senkrecht hierzu verschieden sind; beim Kalkspat sind z. B. die beiden Brechungskoeffizienten 1.66 und 1.49, bei Natronsalpeter gar 1.59 und 1.34, der Unterschied ist also hier sehr beträchtlich. Betrachten wir nur die einachsigen Fälle, so läßt sich aus der Existenz zweier verschiedener Brechungskoeffizienten in zwei zueinander senkrechten Richtungen voraussagen, daß jeder Lichtstrahl, der lotrecht auf die Grenzfläche eines einachsigen Kristalls fällt, sich in der Regel in zwei Einzelstrahlen teilen muß, von denen jeder seinen besonderen Weg geht. Schneidet man z. B. aus dem Kristall parallel zur natürlichen Spaltfläche eine plane Platte heraus, so spaltet sich demnach der senkrecht einfallende

Strahl in zwei Komponenten, die entsprechend dem zugehörigen Brechungsindex unter verschiedenen Winkeln austreten. Schaut man durch eine solche Platte hindurch, so erscheinen alle Gegenstände doppelt (Abb. 38).

Für unsere Betrachtungen ist es von besonderer Wichtigkeit, daß eine derartige Trennung der beiden Strahlen stets mit Polarisation verbunden ist. Beide Strahlen werden dabei geradlinig polarisiert und zwar rechtwinklig zueinander, so daß damit ein sehr einfaches Mittel zur Herstellung polarisierten Lichtes gewonnen ist. Derjenige Strahl, dessen Schwingungen senkrecht zur Einfallsebene stehen, verfolgt seinen Weg stets nach dem gewöhnlichen Sinusgesetz und wird daher der ordentliche Strahl genannt; der andere tritt im allgemeinen aus der Einfallsebene heraus, und folgt wegen der abweichenden Form seiner Wellenfläche einer weit verwickelteren Brechungsregel. Er wird daher der außerordentliche Strahl genannt. Hat der ordentliche Strahl das größere Brechungsverhältnis, so bezeichnet man den betreffenden Kristall als negativ, im anderen Falle als positiv. Zu den ersteren, den negativen, gehört der Kalkspat, zu den positiven der Quarz. Von den doppeltbrechenden Mineralien eignen sich außer diesen beiden für gewöhnliche optische Zwecke nur noch Glimmer und Gips. Alle anderen ein- oder mehrachsigen Kristalle sind meist schon wegen ihrer ausgesprochenen Färbung nicht verwendbar.

Von der geradlinigen ist die elliptische bzw. zirkulare Polarisation zu unterscheiden, die dann eintritt, wenn zwei senkrecht zueinander polarisierte Schwingungen miteinander kombiniert werden. Wird einem freischwingenden Pendel in der größten Ausschlagstellung, also um $\frac{1}{4}$ Schwingung von der Ruhelage entfernt, ein Stoß senkrecht zur Schwingungsebene versetzt, so kombinieren sich der ursprüngliche Antrieb und der Stoß zu einer elliptischen Bewegung, die in dem Falle, daß Schwingung und Stoß gleich groß sind, in eine kreisförmige Bahn übergeht. Wird dagegen das Pendel beim Passieren der Ruhelage angestoßen, so kommt als Resultante eine geradlinige Bewegung in einem der vier Quadranten des Kreises zustande. Genau die gleichen Erscheinungen lassen sich auch an polarisierten Strahlen nachweisen.[1]) Werden zwei geradlinige, senkrecht zueinander polarisierte Schwingungen miteinander vereinigt, so folgen die Ätherteilchen wie vorhin das Pendel gleichzeitig zwei Antrieben. Je nach dem Vorsprung, den die eine Welle gegen die andere hat, entstehen dann elliptische, kreisförmige oder geradlinige Bewegungen. Der Nachweis des Polarisationszustandes bei elliptischen und zirkularen Schwingungen ist nicht so einfach, wie in dem vorhin betrachteten Falle, bei dem sie in einer abgesonderten Ebene erfolgten. Nun haben wir aber Kristalle kennengelernt, die das Licht in zweifacher Weise brechen, die Wellenbewegung also in den beiden Richtungen verschieden verzögern. Denkt man sich also in den Gang eines zirkular polarisierten Lichtstrahls ein solches Kristallplättchen eingeschaltet, so wird je nach der Dicke desselben den Komponenten des durchgehenden Strahls ein Gangunterschied

---

[1]) Lommel-König, Lehrbuch der Experimentalphysik. Leipzig 1920.

von bestimmten Bruchteilen einer Wellenlänge erteilt. In Abb. 39 sind zwei Plattenquerschnitte in starker Vergrößerung unter perspektivischer Darstellung der in Frage kommenden Ebenen und der in ihnen stattfindenden Schwingungen skizziert. In dem einen Falle kommen 5 bzw. 6, in dem anderen 7 bzw. 9 Halbwellen zustande, so daß der erzielte Gangunterschied hier $\frac{1}{2}\lambda$ bzw. 1λ beträgt. Im Falle einer Abweichung von $\frac{1}{4}\lambda$, wie er vorhin bei dem Pendelversuch angenommen wurde, erscheinen die beiden vordem kombinierten Schwingungen wieder getrennt, das zirkular polarisierte Licht ist somit wieder in geradlinig polarisiertes umgewandelt worden. Die Herstellung von derartigen Plättchen, die je nach Bedarf die eine Schwingung um $\frac{1}{4}\lambda$, $\frac{1}{2}\lambda$ usw. verzögern, bereitet technisch keine Schwierigkeiten, besonders bei so hoher Spaltbarkeit, wie sie z. B. Glimmer und Gips aufweisen. Beiläufig sei erwähnt, daß auch durch zweimalige totale Reflexion unter bestimmten Winkeln, wie sie etwa das sog. Fresnelsche Prisma ermöglicht, eine Zerlegung von zirkular polarisiertem Licht in die ebenen Komponenten erfolgen kann.

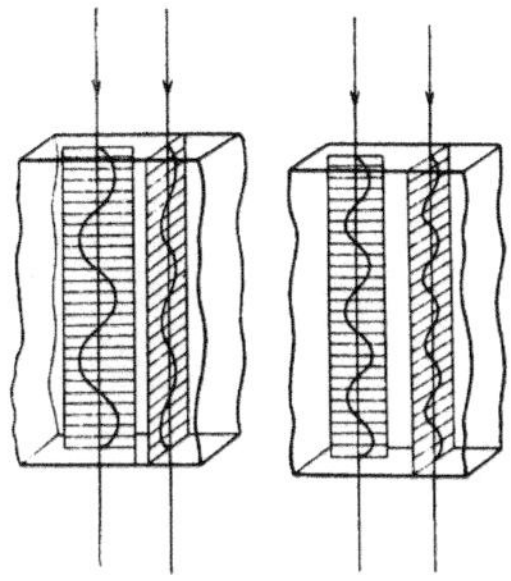

Abb. 39. Gangunterschied von Lichtwellen nach Durchgang durch doppelbrechende Kristallblättchen.

Die eben kurz behandelten Polarisationserscheinungen sind für die Astrophysik sehr wichtig. Sie gestatten es, bei den Himmelskörpern reflektiertes von eigenem Licht zu unterscheiden und eigentümliche mit Polarisation verknüpfte magnetische Erscheinungen auf der Sonne sehr genau zu analysieren.

Die Beugungserscheinungen. Bei der Definition der Strahlung und ihrer Zurückführung auf Wellenbewegungen wurde an Schwingungen angeknüpft, die auf der von einem oder mehreren Zentren aus erregten Wasseroberfläche beobachtet werden. Stößt eine derartige radial sich fortpflanzende Wasserwelle auf irgendein Hindernis, so bildet dieses ein neues Erregungszentrum und wir beobachten dann deutlich, wie sich von ihm aus Sekundärwellen auch nach dem abgeschirmten Gebiet hin ausbreiten, beim Vorhandensein mehrerer Störungszentren miteinander interferieren usw. Diese Verhältnisse lassen sich wieder auf das Licht übertragen. Geht ein Strahl von einem Punkte in den Raum hinaus, so entspricht das in einem isotropen Medium der Aussendung von sphärischen Wellen, und zwar stellt jede Wellenfront die Summe der Schwingungen gleicher Phase dar. Trifft der Lichtstrahl oder ein Bündel von Lichtstrahlen auf ein Hindernis, z. B. die Kante eines undurchsichtigen Körpers, einen Spalt u. dgl., so gehen von den Hauptwellenflächen Sekundärwellen aus, die sich auch in den Schattenraum ausbreiten und hier Licht eindringen lassen, entgegen der sonstigen geradlinigen Fortpflanzung der Strahlung. Bei besonderer Versuchsanordnung führen diese seitlich abgebeugten Wellen durch Interferenz zu merkwürdigen periodischen Aufhellungen und Verdunkelungen, die man als Beugungs- oder Diffraktionserscheinungen zusammenzufassen pflegt.

Wir wollen zunächst annehmen (Abb. 40), ein Bündel paralleler monochromatischer Strahlen falle mit gleicher Phase senkrecht auf einen Schirm mit der spaltförmigen Öffnung $AB = e$ und treffe alsdann ungebeugt auf einen zweiten parallelen Schirm CD auf. Da die Strahlen und die Schirme parallel angenommen sind, wird CD überall in der gleichen Schwingungsphase getroffen. Vereinigt man die von dem entfernten Lichtpunkt kommenden Strahlen in CD durch eine hinter AB eingeschaltete Linse, so findet eine Verstärkung oder Aufhebung der Wellenbewegung durch Interferenz nicht statt, man erhält also durch Vereinigung der Lichtstrahlen mittels einer Linse ein scharfes, helles Spaltbild von e.

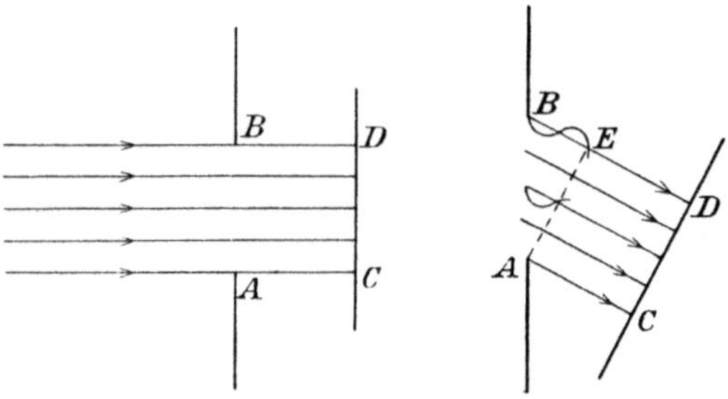

Abb. 40. Entstehung von Gangunterschieden bei gebeugten Lichtbündeln.

Nun betrachten wir ein gebeugtes Strahlenbündel, das von AB unter einem gewissen kleinen Winkel ϑ abgeht und in CD einen schrägen Schirm senkrecht trifft. Man sieht, daß der Weg von B bis D jetzt länger ist als der von A nach C, und die Neigung ϑ sei so gewählt, daß dieser Wegunterschied BE gerade eine ganze Wellenlange λ besitzt. Dann ist es klar, daß der Randstrahl A gegen den mittelsten einen Phasenunterschied von $\frac{1}{2}\lambda$ hat; diese beiden Strahlen heben sich also nach Vereinigung durch eine Linse in ihrer Wirkung auf. Der nächst benachbarte zweite Strahl hebt sich aber gerade so mit dem vierten auf usw., d. h. es gibt für jeden Strahl der einen Hälfte einen Strahl der anderen Hälfte mit dem Phasenunterschied $\frac{1}{2}\lambda$. Sämtliche abgebeugten Strahlen vernichten sich also, d. h. es entsteht bei einer Strahlenvereinigung auf CD vollständige Dunkelheit. Die gleichen Verhältnisse treten ein, wenn die Neigung so gewählt wird, daß BE dem Wegunterschiede von 2λ, 3λ, $4\lambda \ldots N\lambda$ entspricht. Die sehr einfache Bedingung für die Entstehung dunkler Spaltbilder lautet demnach

$$\sin\vartheta = \frac{N\lambda}{e}$$

Für die Neigung des Schirms, für die BE nicht wie oben λ, sondern nur $\frac{1}{2}\lambda$ beträgt, kommen die beiden Randstrahlen AC und BD mit $\frac{1}{2}\lambda$ Wegunterschied an, sie heben sich also bei einer Vereinigung ebenfalls vollkommen auf. Für zwei näher zusammenliegende Strahlen ist der Unterschied aber nicht mehr genau $\frac{1}{2}\lambda$, diese werden also nicht mehr vollständig getilgt. Überhaupt heben sie sich immer weniger auf, je mehr sie in der Mitte liegen. Wir erhalten also in diesem Falle ein nach beiden Seiten abfallendes Intensitätsmaximum. Eine ähnliche Betrachtung zeigt, daß bei einem Abstand $BE = \frac{3}{2}\lambda$ von dem in drei Teile zerlegten Strahlenbündel sich zwei durch Interferenz aufheben, bei $\frac{5}{2}\lambda$ vier usf. Man erhält in diesen Fällen eine Reihe von Spaltbildern, die durch schmale dunkle Streifen getrennt erscheinen, und deren Zustandekommen durch die Erfüllung der Gleichung

$$\sin\vartheta = \frac{(2N+1)\lambda}{2e}$$

bedingt ist. Da die Beugung der Lichtstrahlen an den Spaltkanten nicht nur nach unten erfolgt, wie in Abb. 40, sondern auch nach oben, so ist es klar, daß die Erscheinung der hellen und dunklen Streifen beiderseits symmetrisch verlaufen muß. Die Trennung der Einzelbilder, also auch die Deutlichkeit der Diffraktionserscheinungen ist sowohl von der Wellenlänge als von der Spaltweite abhängig. und zwar folgt aus den Gleichungen für $\sin\vartheta$, daß der Abstand der hellen Streifen der Wellenlänge λ direkt, der Spaltweite e dagegen umgekehrt proportional ist, m. a. W. er wächst beim Übergang zu größeren Wellenlängen und zu engeren Spaltöffnungen. Die Intensität J der einzelnen Streifen im Verhältnis zum einfallenden Licht J_0 läßt sich aus der Amplitude der Schwingungen berechnen[1]), und zwar beträgt für das Mittelbild

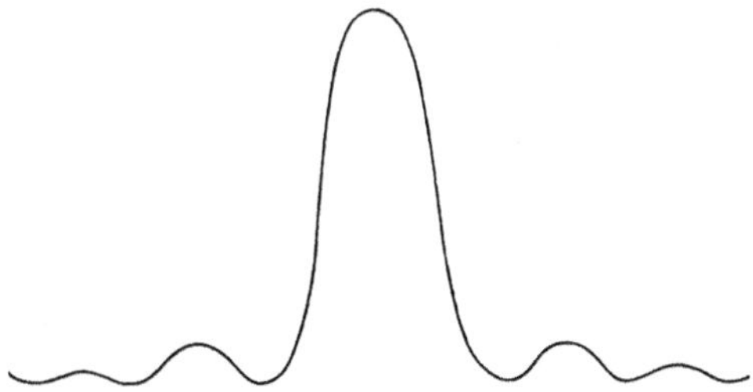

Abb. 41. Graphische Darstellung der Intensität im Beugungsbild eines Spaltes.

$$J = 0.405\, J_0$$

während für die seitlichen Streifen (Abb. 41) entsprechend den Schwingungsamplituden $\frac{1}{3}$, $\frac{1}{5}$, $\frac{1}{7}$ usw. die Helligkeit in der Folge $\frac{1}{9}J$, $\frac{1}{25}J$, $\frac{1}{49}J$ usw. abnimmt.

Es wurde bisher vorausgesetzt, daß für die Spaltversuche homogene Strahlung einer ganz bestimmten Wellenlänge zur Verwendung gelangt. Bei der Benutzung weißen Lichts treten neue Erscheinungen auf, die für die Spektralanalyse von besonderer Bedeutung sind. An der Abb. 40 wurde dargelegt, daß, wenn BE gleich 1λ, 2λ, 3λ usw. ist, auf dem Schirm völlige Dunkelheit entsteht. Nun sind aber die Wellenlängen für die verschiedenen Strahlen des weißen oder allgemein des unhomogenen Lichtes verschieden. Eine bestimmte Neigung der gebeugten Strahlen, die für die eine Wellenlänge Dunkelheit ergibt, tut dies nicht für eine andere. Dasselbe gilt natürlich auch für die Lichtmaxima; daraus folgt, daß bei der Diffraktion des weißen Lichtes stets auch eine Farbenzerlegung stattfinden muß, über deren Anordnung nach dem Vorangegangenen kein Zweifel bestehen kann. Aus den Beziehungen zwischen ϑ und λ folgt, daß die Maxima und Minima für Rot bei stärkeren Neigungen stattfinden, als für Gelb, Grün, Blau usw. Vom mittleren Spaltbild aus gerechnet liegen daher die Maxima der roten Strahlen weiter ab als die grünen oder gar die blauen (Abb. 42). Für die von AB senkrecht ausgehenden Strahlen, die das mittlere Spaltbild erzeugen,

[1]) Vgl. z. B. A. H. Farnsworth, An elementary view of diffraction etc. Pop. Astr. 1920.

tritt natürlich keine Dispersion ein, da hierbei Wegdifferenzen nicht in Frage kommen. Wir erhalten damit ein mittleres farbloses Spaltbild, neben dem in symmetrischer Lage sich mehr oder weniger verwaschene lichtschwache Spektren anordnen, deren rotes Ende außen, das violette dagegen innen liegt. Die Diffraktion liefert damit ein Mittel zur Dispersion des Lichtes ohne Anwendung von Prismen.

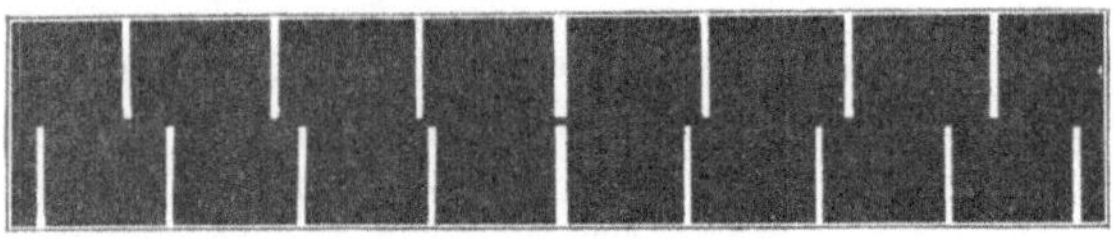

Abb. 42. Beugungsbilder verschiedener Farben an einem Spalt (oben rot, unten gelb).

Durch einen Spalt sind saubere Spektren nicht zu erzielen. Verwendet man aber möglichst dicht nebeneinander liegende Spaltsysteme in Form von mikroskopisch engen Gittern, so erhält man sowohl in durchgehendem wie in reflektiertem Licht Spektra von hoher Dispersion, die für die Untersuchung lichtstarker Strahlungsquellen sich weit besser eignen als die Prismenspektra. Auf diesem Wege wird es schließlich möglich, Dispersionen von größter Vollkommenheit und einer Ausdehnung zu erzielen, wie dies bei Prismen völlig ausgeschlossen ist. Die theoretische Verfolgung dieser Vorgänge ist zu kompliziert, als daß sie hier dargestellt werden könnte; die Endwirkung ist aber die, daß bei monochromatischem Licht die Interferenzmaxima schließlich zu ganz feinen intensiven Streifen werden, die scharf durch breite lichtlose Lücken getrennt sind. Bei weißem Licht kommen dagegen saubere, nebeneinander liegende Spektra zustande. Sie werden mit zunehmendem Abstand vom Spaltbild immer lichtschwächer, aber auch immer länger und überdecken sich bald; schon das Rot des zweiten Spektrums fällt mit dem Violett des dritten zusammen. Der Reihenfolge nach, vom ungebeugten Spaltbild an gerechnet, unterscheidet man Spektra I., II., III. Ordnung usf. Wir werden auf ihre Eigenschaften und ihre Verwendung noch ausführlich zurückkommen (S. 197).

Nur in diesem und in einem anderen wichtigen Falle, der bei den Sterndurchmessern zur Sprache kommen wird, sind übrigens die Diffraktionserscheinungen dem Astronomen willkommen. Sonst üben sie stets auf die mit oder ohne Fernrohr betrachteten Bildumrisse eine sehr störende Wirkung aus. Durch die Lichtbeugung erscheinen im Fernrohr die Sterne dem Auge in Scheibenform; handelt es sich um beleuchtete Flächen, z. B. um Planeten, so werden die Bildumrisse derart entstellt, daß die scheinbare Begrenzung der wahren nur annähernd entspricht. E. MACH, H. v. SEELIGER und in neuerer Zeit A. KÜHL haben sich mit den dabei auftretenden Kontrasterscheinungen, die z. T. auch physiologischer Natur sind, eingehend beschäftigt. KÜHL[1]) ist es sogar gelungen, auf Grund der Kontrasttheorie nicht nur eine größere Zahl von Unstimmigkeiten in astronomischen und astrophysikalischen Messungsreihen zu deuten,

[1]) A. KÜHL, Die Reduktion von Fernrohrbeobachtungen wegen Kontrastfehlers. Seeliger-Festschrift. Berlin 1924.

sondern sie auch zahlenmäßig zu beseitigen. Die meisten Fehler der erwähnten Art haben darin ihren Grund, daß bei der Abbildung einer gleichmäßig hellen geometrischen Fläche auf der Netzhaut ein Kontrastmaximum dicht innerhalb, ein anderes dicht außerhalb der wahren Begrenzung entsteht. Dadurch kommt eine Art Irradiation zustande, die sowohl helle wie dunkle Umrisse beeinflußt und die Einstellungssicherheit an diesen Stellen erheblich herabsetzt.

II. Die Himmelsphotographie.

3. Die photographische Technik und ihre Geschichte.

Die Himmelsphotographie darf nicht als ein selbständiger Zweig der Astrophysik angesehen werden, wie etwa die Spektralanalyse oder die Photometrie. Ihre Aufgaben gehören teils zur Photochemie, teils zur Optik, sind also Hilfswissenschaften zuzurechnen. Die Photographie hat aber auf allen Gebieten der Himmelskunde eine derartige Bedeutung erlangt, daß an ihr kein praktisch arbeitender Astronom mehr vorübergehen darf. Da beim photographischen Abbildungsverfahren die Hauptarbeit der Optik und der lichtempfindlichen Platte zufällt, so muß der Beobachter, der hier persönlich stets nur eine Nebenaufgabe zu erledigen hat, auf die Prüfung dieser beiden Hauptfaktoren sein besonderes Augenmerk richten. Technische Geschicklichkeit im Entwickeln und im weiteren Behandeln der Platten darf ohne weiteres vorausgesetzt werden. Aber auch die Wirkungen der Objektivfehler auf die Abbildung und alle Einzelheiten der physikalischen und chemischen Bildentstehung müssen ihm theoretisch und praktisch so weit geläufig sein, daß er die Grenzen überschauen kann, in denen die wissenschaftliche Auswertung eines Negativs möglich ist. Andererseits wird er beim Ausmessen der Platten kaum irgend etwas von dem wissenschaftlichen Rüstzeug entbehren können, über das der Beobachter am Meridiankreis oder am Refraktor verfügen muß. Von diesem Gesichtspunkte aus betrachtet, erfordert das photographische Arbeiten gegenüber dem visuellen wesentlich erweiterte Kenntnisse und Fähigkeiten, deren Bedeutung in den nächsten Abschnitten vielleicht erst allmählich hervortreten wird.

Daguerreotypie und Kollodiumverfahren. Die Kenntnis der chemischen Wirkung des Lichtes ist uralt. Die Leinwand- und Wachsbleiche war zweifellos schon in prähistorischen Zeiten bekannt, ebenso die Veränderung bestimmter Farben unter der Einwirkung der Sonnenstrahlen. Daß gewisse Metallverbindungen sich merkwürdig im Lichte ändern, wußte man bereits im 16. Jahrhundert. Besonders auffällig zeigte sich die Lichtwirkung bei einigen Silbererzen, z. B. am Silberhornerz, das eine Verbindung von Silber und Chlor darstellt, unter Tage grau aussieht, aber im Sonnenlicht in wenigen Minuten eine violette Farbe annimmt. Mit Höllenstein, d. h. salpetersaurem Silber präpariertes „photographisches“ Papier wurde bereits um 1800, allerdings meist als

Spielerei verwendet, da es zu unempfindlich war, und man noch kein Mittel kannte, um die Bilder lichtbeständig zu machen. Dieser Mangel wurde beseitigt, als J. Herschel 1819 die fixierenden Eigenschaften des unterschwefligsauren Natrons erkannte, doch blieben die Verfahren durchweg unvollkommen, solange das Licht noch die volle Arbeit der Bilderzeugung übernehmen mußte.

Die Entdeckung der ersten photographischen Prozesse ist von Versuchen ausgegangen, die ein wohlhabender Privatmann, N. Niépce in Châlon-sur-Saône, zum Zwecke der Vervollkommnung des lithographischen Bildverfahrens anstellte, und die den Zweck hatten, die umständliche Handübertragung des Originals auf den Stein dem Licht zu überlassen.[1]) Bei den langjährigen Experimenten in dieser Richtung wurde die chemische Lichtwirkung auf eingetrocknete Asphaltlösungen entdeckt und 1822 in einer Camera obscura sogar eine Photographie von Haus und Garten nach dem neuen Verfahren erhalten. Asphalt ist in ätherischen Ölen löslich und hinterläßt nach Übertragung auf eine Glas- oder Metallplatte ein braunes Häutchen, das durch eine genügend lange Bestrahlung grau wird und seine Löslichkeit in ätherischen Ölen einbüßt. Damit war dem Licht die Aufgabe zugewiesen, den chemischen Prozeß nur einzuleiten. Wurde also eine mit Asphalt überzogene Metallplatte in einer Camera obscura belichtet und nachher etwa mit Petroleum oder Lavendelöl behandelt, so lösten sich alle unbelichteten Stellen des latenten Bildes auf und die belichteten blieben auf der Platte haften. Das Verfahren wird noch heute beim sog. Kupferdruck angewendet. Daß die hierzu notwendige Ätzung der Platten Niépce selbst bereits bekannt war, zeigt die Tatsache, daß man in seinem Nachlaß eine ganze Reihe von richtigen photographischen Bildreproduktionen in Kupferdruck vorgefunden hat.

Für den direkten Anblick waren die Asphaltbilder unvorteilhaft, da sie den Charakter von Negativen hatten. Das blanke Metall entsprach den Schatten, die stehengebliebenen dunklen Asphaltflächen den Lichtern des Originals. Eine Umkehr in einen brauchbaren positiven Eindruck wurde dadurch erzielt, daß man die Kupferplatten vor dem Gebrauch versilberte, das Negativbild Joddämpfen aussetzte und die Asphaltreste fortwischte. Die dunkle Jodsilberschicht stellte dann die Schatten, die vorher vom Asphalt geschützten blanken Stellen die Lichter dar. Kurze Zeit vor dem Tode von Niépce, im Jahre 1831, entdeckte dessen Mitarbeiter, der Dekorationsmaler J. L. M. Daguerre, bei der Behandlung dieser sog. heliographischen Platten zufällig die Lichtempfindlichkeit des Jodsilbers und vier Jahre später die Entwicklungsfähigkeit der darauf erzeugten latenten Bilder. Bei seinen Versuchen waren einige Jodsilberplatten zu kurz belichtet worden. Sie wurden als unbrauchbar angesehen und in einen Chemikalienschrank beiseite gelegt, auf dessen Boden sich eine offene Schale mit Quecksilber befand. Als nach einiger Zeit die Platten wieder aus dem Schrank

---

[1]) Société française de photographie, Centenaire de l'invention de la photographie, Paris 1926 — J. M. Eder, Geschichte der Photographie, 3. Aufl. Halle 1905. — H. W. Vogel, Die chemischen Wirkungen des Lichts und die Photographie. Leipzig 1874.

entfernt werden sollten, bemerkte DAGUERRE zu seinem Erstaunen, daß die viel zu kurz belichteten, vorher fast völlig strukturlosen Platten nunmehr deutlich die Umrisse der aufgenommenen Bilder zeigten. Nachdem die Quecksilberdämpfe als eigentliche Ursache der Bildentwicklung festgestellt waren, konnte damit das Wesen der heutigen Photographie als entdeckt gelten; es genügte fortan eine verhältnismäßig kurze Exposition zur bildmäßigen Festhaltung des Originals in allen seinen Umrissen. Die weitere Hervorrufung des unsichtbaren Bildes konnte außerhalb des Aufnahmeapparates und zu beliebiger Zeit durch einen von der Lichtwirkung unabhängigen chemischen Prozeß bewerkstelligt werden. Die DAGUERREsche Entdeckung erfüllte in dieser Form die damaligen Anforderungen an Reproduktionsplatten derart, daß ein gleichzeitiger nicht geringerer Erfolg des Engländers H. F. TALBOT (1840), der in der Kamera entwicklungs- und kopierfähige Bilder auf Papier hergestellt hatte, vorläufig in Vergessenheit geriet.

Es bedeutete einen wesentlichen Fortschritt auf dem Wege des photographischen Arbeitsverfahrens, als A. NIÉPCE de St. Victor, ein Verwandter des gleichnamigen Begründers der Lichtbildkunst, im Jahre 1847 die bisher undurchsichtigen Träger der photographischen Schicht, also Metalle und Papier, durch Glasplatten ersetzte. Dazu war es notwendig, die lichtempfindlichen Substanzen in einem durchsichtigen, am Glase haftenden Überzug unterzubringen. NIÉPCE wählte hierzu Eiweiß; dieses wurde zu Schnee geschlagen, die sich absetzende Flüssigkeit mit Jodkalium präpariert und die Platten damit dünn überzogen. Nach dem Trocknen und Baden in einer Silberlösung konnten sie unmittelbar zur Aufnahme verwendet werden. Die Entwicklung geschah mit Gallussäure, die sich seitdem als ein vortreffliches Reduktionsmittel in der Photographie eingebürgert hat. Der einzige Nachteil der NIÉPCEschen Platten beruhte in der geringen Haltbarkeit der Eiweißschicht. Als daher vier Jahre später L. ARCHER das viel dauerhaftere Kollodium als Träger der lichtempfindlichen Verbindungen einführte, war für längere Zeit ein zuverlässiges, auch für wissenschaftliche Zwecke brauchbares Lichtbildverfahren erfunden, dem die veraltete Daguerreotypie sehr bald weichen mußte.

Beim sog. nassen Kollodiumverfahren wird eine mit peinlichster Sorgfalt gereinigte Glasplatte mit Kollodium, d. h. einer Lösung von Schießbaumwolle in Alkohol und Äther, der eine geringe Menge Jod- und Bromkalium zugesetzt ist, übergossen. Das Lösungsmittel verdunstet schnell und hinterläßt eine sehr feine, strukturlose Haut. Sobald die Schicht angetrocknet ist, wird die Platte bei Schutzlicht einige Minuten in eine Lösung von salpetersaurem Silber gelegt, wodurch sich in dem Häutchen ein äußerst feiner Niederschlag von Jod- und Bromsilber bildet, der es undurchsichtig gelb erscheinen läßt. Die aus dem Silberbade genommene Platte muß unmittelbar, etwa innerhalb einer Viertelstunde, verwendet werden, d. h. solange sie noch feucht ist; auch darf sie nicht abgespült werden, da die anhaftende Lösung von salpetersaurem Silber bei der nun folgenden weiteren Bearbeitung von Wichtigkeit ist. Während der

Behandlung der exponierten Platte mit einer Eisenvitriollösung erfolgt nämlich ein Niederschlag von metallischem Silber nicht nur auf der Platte, sondern auch in den vom Silberbade noch anhängenden winzigen Tröpfchen der Lösung. Dieser Niederschlag setzt sich besonders stark an den belichteten Stellen ab, bis schließlich das Bild in allen Umrissen deutlich, aber mit geringer Deckung hervortritt. Eine Verstärkung kann durch wiederholtes Übergießen mit einer Silber- oder Eisenvitriollösung erfolgen, die schließliche Fixierung wird durch Auflösen des nicht zersetzten Jodsilbers in unterschwefligsaurem Natron oder in einer Zyankaliumlösung erzielt.

Eine Verbesserung des Verfahrens wurde durch die Erfindung der trockenen Kollodiumemulsionen herbeigeführt. Den Gedanken hatte bereits im Jahre 1853 A. A. Gaudin ausgesprochen, aber die ersten praktischen Erfolge wurden erst 1864 erzielt. Zur Verwendung kamen dabei zunächst die wenig empfindlichen Chlor- und Jodsilberverbindungen. Das Wesen der Emulsionsmethoden bestand darin, daß das lichtempfindliche Silbersalz für sich dargestellt und dann in dem dickflüssigen Kollodium fein verteilt wurde. Die damit übergossene Platte konnte nach dem Trocknen bereits einige Zeit aufbewahrt werden, ohne zu verderben. Der Erfolg der neuen Erfindung war nicht derartig, daß er das äußerst feinkörnige nasse Verfahren völlig verdrängt hätte. So hat sich das letztere noch einige Zeit im täglichen Gebrauch des Photographen erhalten, bis mit der Entdeckung der hochempfindlichen Bromsilberplatte das Hauptziel der langjährigen Versuche erreicht war. Im Reproduktionsverfahren, bei Sonnen- und Mondaufnahmen usw. wird die nasse Kollodiumplatte auch heute noch häufig verwendet, da sie in bezug auf die Feinheit des Korns unerreicht dasteht.

Im Gegensatz zu anderen Erfindungen ist hier die Geschichte der photographischen Plattentechnik etwas eingehender behandelt worden. Gerade die Himmelskunde bietet häufig Anlaß zum Zurückgreifen auf besondere Methoden, die außerhalb des Rahmens der gegenwärtig gebräuchlichen Verfahren liegen. Da die Jetztzeit etwas einseitig auf die hochempfindliche Bromsilberplatte eingestellt ist, können Erfahrungen mit anderen lichtempfindlichen Schichten nur aus dem an Entdeckungen und Erfindungen überreichen Werdegang der Lichtbildkunst entlehnt werden.

Die Brom- und Chlorsilberplatten. Schon im Jahre 1847 sind von Niepce Versuche angestellt worden, um neben dem unbeständigen Eiweiß auch Gelatine als Träger der lichtempfindlichen Stoffe zu benutzen. Aber erst durch Verbindung der Gelatine mit Bromsilber wurde eine Emulsion geschaffen, die allen bisherigen Verfahren in kurzer Zeit den Rang streitig machen sollte. Als Erfinder der heutigen Trockenplatte können die Engländer W. H. Harrison (1868) und R. L. Maddox (1871) gelten. Die technische Herstellung nahm aber mehrere Jahre in Anspruch, so daß die heutige Alleinherrschaft der Bromsilberplatte erst etwa seit 1880 besteht. Von diesem Datum an beginnt überhaupt erst die Photographie eine Rolle in der Astronomie zu spielen, obwohl nicht zu leugnen ist, daß die an besonders hellen Himmelskörpern, wie Sonne und Mond, nach den älteren Verfahren hergestellten Bilder den neueren Durchschnittsaufnahmen auf Trockenplatten mindestens nicht nachstehen.

Bei der fabrikmäßigen Herstellung erfolgt die Bildung des Bromsilbers aus Bromkalium und salpetersaurem Silber in der flüssigen Gelatine.[1]) Nach dem Erstarren wird die Emulsion zerkleinert und einer sehr sorgfältigen Waschung unterzogen zur vollständigen Entfernung des noch von der Herstellung des Bromsilbers her in der Gelatine gelösten salpetersauren Kalis. Daran schließt sich ein Reifungsprozeß, der den Zweck hat, das in der Gelatine suspendierte, mikroskopisch feine aber unempfindliche Silberkorn gröber, dafür aber wesentlich empfindlicher zu machen. Es geschieht dies durch vorsichtiges Kochen der Emulsion unter Zusatz von etwas Ammoniak. Nach erfolgter Reinigung durch Filtrieren wird die Bromsilbergelatine schließlich auf sorgfältig gereinigte Glasplatten gegossen, auf denen sie nach dem Trocknen als eine gelbliche, dünne, aber sehr feste und widerstandsfähige Schicht haftet. In geeigneter Verpackung bleiben die Trockenplatten etwa 1 bis 2 Jahre lang haltbar; während einiger Monate nehmen sie an Empfindlichkeit zu, werden dann aber allmählich flau und überziehen sich schließlich von den Rändern aus mit einem grauen Schleier.

Die Art der Entwicklung hat auch bei astronomischen Aufnahmen auf den Charakter des Negativs großen Einfluß. Bei Sternaufnahmen ist eine härtere, bei Sonnen-, Mond-, Planeten- und Nebelphotographien eine weiche Entwicklung am Platze. Soll, wie gewöhnlich, die Zahl der abgebildeten Sterne eine Höchstziffer erreichen, so wird mit einem kräftigen, frisch angesetzten, gut deckenden Entwickler, etwa Hydrochinon, ohne jeden hemmenden Zusatz, wie Bromkalium u. dgl., bis zur Schleierbildung entwickelt, d. h. so lange, bis die unbelichteten Stellen der Platte leicht anlaufen. Damit ist das Maximum des Kontrastes erreicht; eine weitere Entwicklung würde nur den grauen Ton des Negativs steigern und die Helligkeitsunterschiede herabsetzen. Bei der Behandlung der Aufnahmen von Flächengebilden mit vielen Einzelheiten würden bei dem gleichen Verfahren feinere Abstufungen verlorengehen. Hier ist die Verwendung alter oder schon in frischem Zustande weich arbeitender Lösungen, der Standentwicklung und anderer bewährter Verfahren zu empfehlen. In wie weiten Grenzen die Wirkung eines Entwicklers für astronomische Zwecke abgestuft werden kann, zeigt das sehr bequeme aus Paramidophenol, Natriumsulfid und Ätznatron bestehende, häufig verwendete Rodinal. Während es für kontrastreiche Bilder in einer Lösung 1 : 10 bei kurzer Entwicklung angewendet wird, kommen die Einzelheiten von Nebelflecken, Mondaufnahmen usw. nur gut heraus, wenn die konzentrierte Lösung 30 bis 40fach verdünnt und die Hervorrufung auf $\frac{1}{4}$ bis $\frac{1}{2}$ Stunde ausgedehnt wird. Über die Fixierung der Negative braucht nichts besonderes gesagt zu werden; sie erfolgt auch heute noch, genau wie bei den älteren Verfahren vor 100 Jahren, am bequemsten durch Lösungen von unter-

[1]) J. M. Eder, Photochemie, 3. Aufl. Halle 1906. — J. M. Eder, Die Photographie mit Bromsilbergelatine und Chlorsilbergelatine, 5. Aufl. Halle 1903.

schwefligsaurem Natron, die man zum Zwecke einer härtenden und klärenden Wirkung stark anzusäuern pflegt.[1])

Wenn auch die Sterne fürs Auge keine sehr auffälligen Farben besitzen, so kommt ihre verschiedene chemische Wirksamkeit photographisch schon deutlich zum Ausdruck. Erfreulicherweise bleiben in dieser Beziehung wenigstens die Emulsionen ein und derselben Fabrik nahe unverändert. Das Maximum der Wirkung liegt bei der Bromsilberplatte zwischen 490 $\mu\mu$ und 420 $\mu\mu$, doch ist der Charakter der Empfindlichkeitskurven bei den einzelnen Plattensorten recht verschieden, indem bald der Aufstieg, bald der Abstieg steiler verläuft. Da die maximale Farbenauffassung des Auges bei etwa 550 $\mu\mu$, also außerhalb der angegebenen Grenzen liegt, so muß man bei Betrachtung wissenschaftlicher Aufnahmen sich stets vergegenwärtigen, daß das Original in seiner Helligkeitsabstufung durch das photographische Bild unter Umständen ganz verkehrt wiedergegeben wird. Diese Unstimmigkeit läßt sich jedoch heute fast beliebig ausgleichen. Im Jahre 1873, also bald nach Erfindung der Bromsilberemulsion, ist es H. W. VOGEL gelungen, die Platten auch für solche Farben empfindlich zu machen, die bisher photographisch als völlig unwirksam galten. Er fand, daß man z. B. durch Farblösungen, die die inaktinischen Spektralbezirke absorbieren, die Schicht auch für diese Gebiete empfindlich machen kann, z. B. durch das rote Erythrosin für Gelbgrün, durch das blaue Alizarin für Rot. Nach VOGEL haben sich besonders J. M. EDER in Österreich und R. W. WALLACE in Amerika mit dem Sensibilisierungsprozeß beschäftigt, doch ist er theoretisch noch sehr wenig geklärt. WALLACE hat gefunden, daß die Empfindlichkeit der Farbenplatten für die langen Wellenlängen wesentlich erhöht wird, wenn diese kurz vor dem Gebrauch in einer wässerigen Ammoniaklösung von etwa 1 : 5 gebadet und dann rasch getrocknet werden. Dem Bedürfnis der neuen technischen Reproduktionsverfahren entsprechend hat die fabrikmäßige Herstellung von farbenempfindlichen Platten einen hohen Grad von Vollkommenheit erreicht, der auch der

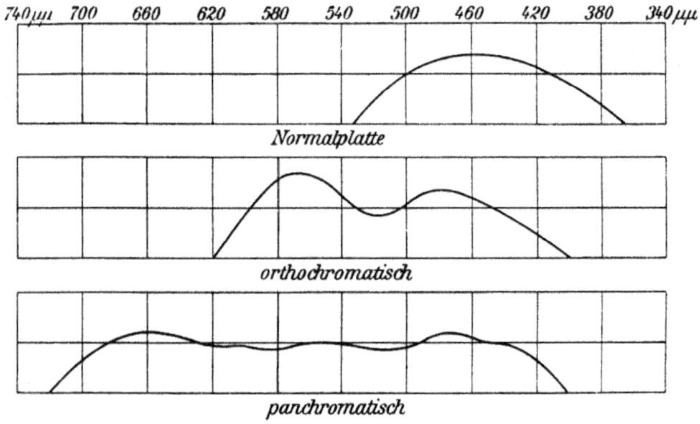

Abb. 43. Beispiele von Empfindlichkeitskurven verschiedener photographischer Platten.

[1]) Unter den zahlreichen Lehrbüchern der Photographie seien nur erwähnt: L. DAVID, Photographisches Praktikum, 5. Aufl. Halle 1924. — F. SCHMIDT, Kompendium der praktischen Photographie. Wiesbaden 1922. — A. MIETHE und O. MENTE, Lehrbuch der praktischen Photographie, 4. Aufl. Halle 1922.

Himmelskunde sehr zustatten kommt. Als Farblösungen für die Emulsionen kommen dabei in erster Linie Isokol, Pinaverdol, Pinazyanol und das sehr klar arbeitende Auramin, für das äußerste Rot besonders Dizyanin in Frage. Die Färbung erfolgt bei den Fabrikplatten durchweg in der Emulsion. Es gibt bereits Platten, die die ganze sichtbare Strahlung von Rot bis Violett fast gleichmäßig und schleierlos wiedergeben. Die gewöhnlichen, sog. ortho- und panchromatischen Fabrikate sind von dieser Gleichförmigkeit noch weit entfernt, und zwar ist es in erster Linie die Wiedergabe von Grün, die Schwierigkeiten bereitet (Abb. 43). Bei Aufnahmen des Spektrums weisen solche Platten in der Regel mehrere Maxima und Minima auf, die aber durch farbige Filter ausgeglichen werden können. Die Herstellung solcher Filter in Glas und Gelatine ist bereits so weit gediehen, daß es möglich ist, die Wirkung des Lichtes auf die Platten nicht nur für weite Spektralbezirke auszugleichen, sondern auch, wenn dies erforderlich erscheint, auf sehr kurze Gebiete einzuengen. Das geht so weit, daß in besonderen Fällen Abschnitte des Spektrums isoliert werden können, deren Bereich dem Abstand der beiden Natriumlinien entspricht.

Die astronomischen Ansprüche an photographische Platten sind im allgemeinen sehr hoch. Es wird in erster Linie von ihnen verlangt, daß sie eine völlig gleichmäßige Schicht besitzen, möglichst empfindlich sind und ein feines Korn haben. Die Forderung nach höchster Empfindlichkeit ist angesichts der Lichtschwäche der meisten Himmelsobjekte ohne weiteres verständlich. Daß sie für den vorliegenden Zweck noch nicht ganz erfüllt ist, zeigen astronomische Aufnahmen an sehr lichtstarken Instrumenten, die Expositionszeiten von 20 bis 30, bei besonderen Spektralaufnahmen von Nebeln usw. sogar solche von 60 bis 80 Stunden erfordern. Der Wunsch nach möglichst feinem Korn wird verständlich, wenn man bedenkt, daß in sehr vielen Fällen nachträglich eine Vergrößerung der Aufnahmen stattfinden soll, ferner, daß das Endziel der wissenschaftlichen Anwendung der Photographie auf den Himmel fast stets die Ausmessung der Platte unter dem Mikroskop ist. Daß man aber Objekte, die eine feine Körnung besitzen, nach Lage und Schwärzungsgrad weit besser beurteilen kann, als solche, die schon bei schwachen Vergrößerungen eine rauhe und grobe Struktur zeigen, liegt auf der Hand. Beide Eigenschaften, hohe Empfindlichkeit und feines Korn, sind vorläufig unvereinbar. Wir haben gesehen, daß bei der Herstellung der Emulsion das Korn zum Zwecke der höheren Empfindlichkeit sogar künstlich gröber gemacht wird. Dabei darf freilich nicht übersehen werden, daß die unentwickelten bzw. unbelichteten in der Emulsion suspendierten Bromsilberkörner immer noch die Dimensionen von Bakterien haben, so daß ihr Studium äußerst starke mikroskopische Mittel voraussetzt. Nach der Entwicklung wächst bei hochempfindlichen Schichten ihr Durchmesser durch Gruppenbildung auf 2 bis 4 μ an, so daß die Kornstruktur der Platte dann schon in einer Lupe zu erkennen ist (Abb. 44). Wie so manches andere in der Photochemie ist auch der Zusammenhang zwischen Empfindlichkeit und Korngröße noch nicht eindeutig geklärt, jedenfalls haben Beobachtungen des Entwicklungsvorgangs unter dem Mikroskop gezeigt, daß die größten Körner nicht immer den stärksten Grad der Schwärzung annehmen. Offenbar besteht hier auch eine Beziehung zu dem angewendeten Entwickler, die vielleicht so zu deuten ist, daß einzelne Lösungen das Korn chemisch angreifen. Wenn man von Aufnahmen der Körper im Sonnensystem, z. B. der Planeten absieht, für die stets starke Vergrößerungen notwendig sind, so darf man wohl aussprechen, daß weniger das grobe Korn als die langen Expositionszeiten und ein den brechbareren Strahlen anhaftender Trübungsfaktor die astrophotographischen Bilder für Meßzwecke verderben, und daß bessere Erfolge weniger von der Abnahme der Körnung als von der Erhöhung der Empfindlichkeit der Platten zu erhoffen sind.

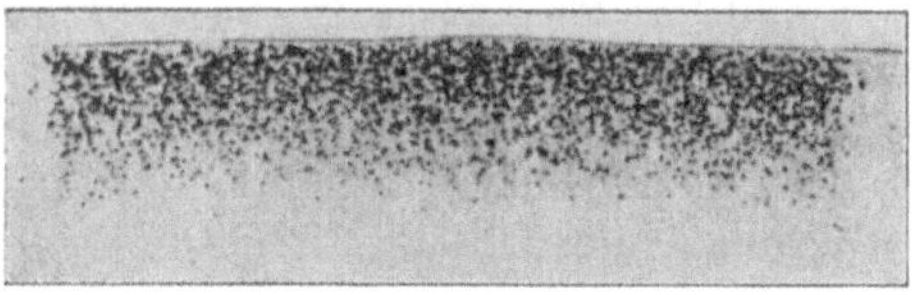

Abb. 44. Mikroskopischer Querschnitt durch die geschwärzte Schicht einer photographischen Platte (nach F. E. Ross).

Die feinkörnigen Chlor- und Jodsilberplatten, wie sie für Diapositive und photomechanische Ätzungen hergestellt werden, finden in der Astronomie direkt nur bei Sonnen- und Mondaufnahmen Verwendung, dagegen sind sie bei der nachträglichen Herstellung von Reproduktionen jeder Art nicht zu entbehren. Daneben werden für Kopien noch die ähnlich präparierten Gaslichtpapiere angewendet, bei Vergrößerungen auch Bromsilberpapier. Es ist aber zu beachten, daß Abzüge auf den üblichen Entwicklungspapieren infolge der mangelhaften Gradation der Schicht große Helligkeitsunterschiede meist viel zu hart wiedergeben. Die direkt kopierenden Papiere sind in dieser Beziehung viel besser, ohne daß sie die Vollkommenheit guter Diapositive erreichten. Sollen die Originalnegative geschont werden, so muß die Reproduktion in durchfallendem Licht mit der Kamera erfolgen, wozu möglichst feinkörnige und empfindliche, aber silberreiche Platten besonders zu empfehlen sind. Es gelingt dann zuweilen, durch fortgesetztes Umkopieren, Verstärken usw. kaum sichtbare Teile des Originalnegativs schließlich recht kräftig zur Abbildung zu bringen. Ein einfacheres Mittel, um schwache Lichteindrücke, wie Nebel, Koronastreifen, feine Kometenschweife u. a. herauszuholen, besteht darin, daß man in einer Kamera das Original zweimal kopiert, einmal von der Schicht-, das andere Mal von der Glasseite, und die Entwicklung der etwas überexponierten Platten vorzeitig unterbricht. Die weichen und etwas kraftlosen seitenverkehrten Einzeldiapositive werden nach dem Fixieren, Wässsern und Trocknen Schicht gegen Schicht gelegt, sorgfältig orientiert, wenn nötig gleichmäßig beschnitten und an den Rändern zusammengeklebt. Die Anwendung dieser Verfahren, ebenso wie der üblichen Verstärkung und Abschwächung, ist auch vom wissenschaftlichen Standpunkte aus einwandfrei, da die Vermehrung des Kontrastes auf rein mechanischem Wege bewirkt wird, ohne Änderung der Formen und ohne Dazwischentreten der menschlichen Hand und Phantasie. Durch jede Art Retusche verliert die Photographie ihre hohe objektive Bedeutung. Wo einmal zum Zwecke des Buchdrucks eine Nachhilfe unbedingt notwendig geworden ist, hat das Bild eigentlich nur noch den Wert einer besonders vollkommenen Zeichnung.

Untersuchung der Plattenempfindlichkeit. Die Wirkung der Lichtstrahlen auf eine photographische Schicht ist von so vielen, z. T. unberechenbaren Faktoren abhängig, daß selbst bei ein und demselben Herstellungsverfahren die Empfindlichkeit der einzelnen Emulsionen sehr verschieden ausfällt. Bei den Aufnahmen des täglichen Lebens sind diese kleinen Schwankungen meist ohne Belang, dagegen haben sie für den Astronomen, der unter Umständen dadurch ein bis zwei Arbeitsstunden gewinnen bzw. verlieren kann, eine große Bedeutung. Schon seit der ersten wissenschaftlichen Anwendung der Photographie hat man daher nach Verfahren Ausschau gehalten, die wenigstens die Unterschiede in der Empfindlichkeit verschiedener Platten mit Hilfe photometrischer Verfahren zahlenmäßig festzustellen gestatten. Derartige Instrumente heißen Sensitometer und sind früher von H. W. Vogel, I. Warnecke u. a. nach ziemlich willkürlichen Grundsätzen konstruiert worden.

Um 1890 verwendeten P. Hurter und V. C. Driffield zur Prüfung von Plattenempfindlichkeiten zuerst ein streng definiertes photometrisches Prinzip, nämlich rotierende Sektoren, deren Grundgedanke auch von J. Scheiner bei der Konstruktion seines praktischen Sensitometers verwertet worden ist. Nach dem schon von H. F. Talbot vorgeschlagenen Sektorenprinzip wächst die Expositionszeit proportional dem Winkel, den man dem freien rotierenden Sektor erteilt. Ist J_0 die Intensität des auf die volle Kreisscheibe auffallenden Lichtes, φ die Winkelöffnung des Sektors, so ist offenbar die wirksame Lichtmenge

$$J = J_0 \frac{\varphi}{360}$$

Welche Gestalt man der Öffnung nun geben mag, stets ändert sich die Lichtwirkung nach dieser Regel, d. h. im Verhältnis der Zentriwinkel einer jeden freibleibenden konzentrischen Zone. Scheiner hat die Form des Ausschnitts so berechnet, daß die Öffnungen der Kreiszonen nach außen hin gesetzmäßig immer enger werden. Zu diesem Zweck ist der Radius der Scheibe in 25 gleiche Teile geteilt und der Zentriwinkel von innen nach außen für jeden Punkt so gewählt worden, daß die 20. Zone den hundertsten Teil des Lichtes der ersten erhält. Der konstante Intensitätsunterschied zwischen zwei aufeinanderfolgenden Zonen beträgt dabei 1.27. In Abb. 45 ist die bei Anwendung dieses Prinzips entstandene Form des Ausschnitts auf der Scheibe deutlich zu erkennen. Dahinter ist die Kassette angebracht, die auf der vorderen Seite, dicht hinter dem Schieber, eine Metallplatte mit 20 gleichartigen rechteckigen Öffnungen und durchbrochenen Zahlen trägt. Auf diese Schablone wird die photographische Platte mit der empfindlichen Schicht gelegt und durch die rotierende Scheibe hindurch belichtet. Hierzu muß natürlich eine völlig konstante und für alle Sensitometer gleiche Lichtquelle benutzt werden. Als solche dient eine einfache durch eine Kette mit dem Apparat verbundene Benzinlampe (Abb. 45). Die Flamme brennt dabei aus einer Röhre ohne Abnutzung des Dochtes und wird durch ein Diopter in konstanter Höhe gehalten. Sie ist in einen roten Zylinder eingeschlossen, der an der Stelle der größten Flammenhelligkeit einen horizontalen Spalt von 1 mm Breite frei läßt. Da nur ein kleiner Teil der Flamme benutzt wird, so entspricht die von der Lampe gelieferte Beleuchtung in 1 m Abstand nur 0.08 der sonst in der Photometrie gebräuchlichen auf die sog. Hefner-Kerze bezogenen Lichteinheit (S. 207). In der erwähnten Entfernung wird als Belichtungszeit 1 Minute gewählt. Die Entwicklung muß in einem Eisenoxalatentwickler bestimmter Zusammensetzung und Temperatur bis zur ersten Schleierbildung vorgenommen werden; die Fixierung erfolgt in einer reinen, also nicht angesäuerten Lösung von schwefligsaurem Natron. Nach dem Entwickeln erscheinen die Rechtecke der Metallplatte in abgestufter Helligkeit wie in Abb. 46, und man kann unmittelbar die Zahl ablesen, bei der noch eben eine photographische Wirkung stattgefunden hat. Nach diesen Ziffern, den sog. Scheiner-Graden, wird die Plattenempfindlichkeit noch heute ganz allgemein angegeben. Sie beträgt bei gewöhnlichen nicht farbenempfindlichen und nicht lichthoffreien Momentplatten bis zu 24^0 Sch, sinkt dagegen bei einzelnen photomechanischen Emulsionen bis auf 5^0 Sch herab.

Abb. 45. Das Scheinersche Sensitometer.

Es ist sehr wohl zu beachten, daß bei dem Scheiner-Sensitometer nicht eine Abschwächung der Intensität des Lichtes, sondern eine Verminderung der Expositionszeit durch geringere oder stärkere Unterbrechung der Belichtung stattfindet, was durchaus nicht auf die gleiche photographische Wirkung hinausläuft. Für die kurzen Aufnahmen des Berufsphotographen sind die Scheiner-Grade als Maßstab für die anzuwendende Expositionsdauer recht brauchbar. Soll jedoch die Stärke der Schwärzung eine Beurteilung der Intensität der wirksamen Lichtquelle ermöglichen, so sind dem Verfahren photometrische Einrichtungen mit wechselnder Absorption vorzuziehen. Ein solches den neueren Anforderungen entsprechendes sehr einfaches Instrument ist z. B. von J. M. Eder und W. Hecht konstruiert worden. Es besteht aus einer 9×12 cm-Platte mit stetig verlaufender Schwärzung und einem davor angebrachten Film mit

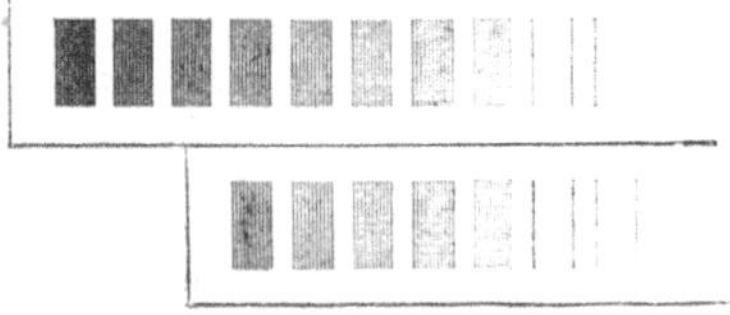

Abb. 46. Vergleich von zwei Prüfplatten des Scheinerschen Sensitometers.

10 gleichen Feldern, die je 5 Unterabteilungen aufweisen und günstigen Falles noch die Ablesung von Einzelstufen einer 100-teiligen Skala gestatten (Abb. 47). Bei dem einheitlichen neutralen Schwärzungsverlauf der verwendeten Keile ist es unter Anwendung einer konstanten Lichtquelle und einer konstanten Entfernung möglich, nach diesem Prinzip die Platten in Eder-Hecht-Graden zu eichen. Verwendet man die Hefner-Lampe in 1 m Abstand, d. h. die Beleuchtung von 1 Lux (S. 207), so entsprechen 10^0 Sch etwa 70^0 EH, 17^0 Sch rund 90^0 EH. Ein weiterer Vorteil des Photometers beruht darin, daß ein Teil des Keils mit Filterstreifen in den Farben rot, gelb, grün und blauviolett (rechts in Abb. 47) überzogen ist, so daß die Platten gleichzeitig genähert auf ihre spektralen Eigenschaften hin geprüft werden können.

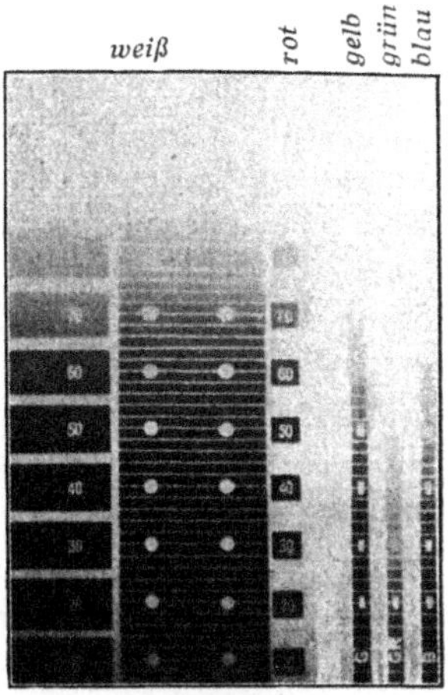

Abb. 47. Photometrisches Bild einer farbenempfindlichen Platte am Eder-Hecht-Sensitometer.

Für besondere astrophysikalische Aufgaben wird eine derartige Farbenprüfung im allgemeinen nicht genügen. Man muß dann den spektroskopischen Weg einschlagen, am besten in der Weise, daß unmittelbar das Sonnenspektrum auf den zu untersuchenden Platten aufgenommen wird. In Abb. 48 ist dies für vier Fälle mit einem Quarzspektrographen geschehen, und man kann an den reichlich belichteten Bildern deutlich das Maximum der spektralen Empfindlichkeit für die einzelnen Platten (nasses Kollodium mit und ohne Filter, gewöhnliche und panchromatische Bromsilberemulsion) ablesen. Verzichtet man auf das äußerste Ultraviolett, so ist für derartige Prüfaufnahmen nicht mehr notwendig, als ein Fensterspalt in einem verdunkelten Zimmer und ein photographischer Apparat mit der vorgeschalteten Kopie eines Diffraktionsgitters. Die Verwendung einer ebenfalls sehr einfachen Hilfsvorrichtung gestattet dabei die direkte Registrierung der Plattenempfindlichkeit in Kurvenform. Sie besteht in einem Absorptionskeil, der den Spalt so deckt, daß dieser an dem einen Ende hell erscheint, am anderen dagegen fast verschwindet. Da jedes Element des Spektrums durch die Lichtverteilung im Spalt beeinflußt wird, bildet sich dieser in den verschiedenen Wellenlängen in wechselnder Ausdehnung ab, so daß ein kurvenmäßiges Bild nach Art der Abb. 43

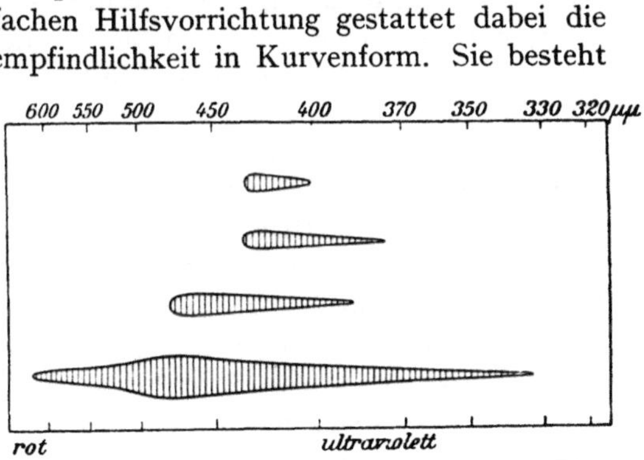

Abb. 48. Farbenempfindlichkeit verschiedener Platten (nach F. E. Ross).

entsteht. Die Orientierung nach Wellenlängen kann mit Hilfe der Fraunhoferschen Linien oder durch gleichzeitige Aufnahme eines beliebigen Vergleichsspektrums erfolgen.

Der Belichtungsprozeß und das Schwärzungsgesetz. Die Theorie der photochemischen Vorgänge ist bereits wiederholt Gegenstand sehr eingehender Untersuchungen gewesen und auch gegenwärtig wenden ihr die Physiker und Chemiker wieder ein besonderes Interesse zu. Die Arbeiten haben wohl einige wichtige Vorgänge geklärt, aber den Kernpunkt, die Frage nach der Entstehung des latenten Bildes, doch noch nicht eindeutig erfaßt. Da die belichtete, aber unentwickelte Platte sich in der Struktur von der unbelichteten absolut nicht unterscheidet, so ist es nicht einmal sicher, ob die Einwirkung des Lichtes auf die Silberverbindungen physikalischer oder chemischer Natur ist. Wahrscheinlich nimmt das belichtete Bromsilberkorn durch die Wirkung der Strahlung die Eigenschaft an, Entwicklersubstanzen energisch an sich zu ziehen. Ein solcher Vorgang wird als Adsorption bezeichnet und ist von hygroskopischen Substanzen wie Chlorkalzium, Kochsalz u. a. her allgemein bekannt. Es würde sich dann um eine kolloidale Reaktionserscheinung handeln, deren Wesen in erster Linie die Chemie anginge, doch ist zu bezweifeln, ob ohne die Hilfsmittel der heutigen Physik, also ohne Untersuchung des molekularen Aufbaues des Plattenkorns während der Bildentwicklung ein erfolgreicher Einblick in das Wesen des latenten Bildes zu erwarten ist.

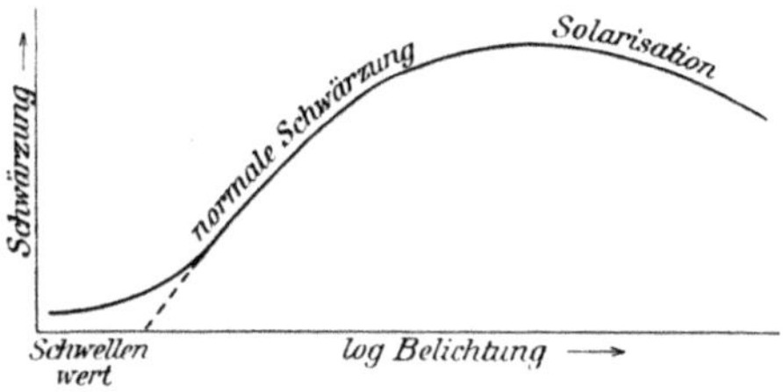

Abb. 49. Funktionelle Beziehung zwischen Belichtung und Schwärzung (nach P. Hurter und V. C. Driffield).

Bei sehr intensiver oder langer Belichtung wird das Bromsilber bekanntlich auch unmittelbar zersetzt. Die Wirkung kann die Schicht in ihrem vollen Querschnitt umfassen und doch bleiben alle derartigen direkt kopierten, also nicht entwickelten Negative stets sehr flau, zeigen auch sonst einen ganz anderen Charakter als die verhältnismäßig sehr kurz belichteten aber entwickelten Platten. Dabei läßt die mikroskopische Untersuchung erkennen, daß im letzten Falle, also selbst bei kräftiger Deckung, die Strahlung an den Bromsilberkörnern nur eine oberflächliche Wirkung hervorgerufen hat.

Da der graduelle Vorgang von der Belichtung Null bis zu den kräftigsten Lichteindrücken für die Astrophotographie von der größten Bedeutung ist, und die Theorie hier versagt, wollen wir ihn wenigstens vom Standpunkte der Erfahrung aus betrachten. Jede frische, selbst mit der größten Vorsicht hergestellte Platte weist auch ohne jede Belichtung nach dem Entwickeln eine nicht unbeträchtliche Zahl von reduzierten Silberkörnern auf, allerdings nicht in dem Maße, daß dadurch ein Schleier entstünde. Dieser Umstand beweist, daß bereits während der Herstellung der Emulsion die Reduzierbarkeit einzelner Körner eingetreten ist. Beginnt man nun mit sehr geringen Belichtungen, so wird zwar die Zahl der zersetzten Körner stetig vermehrt, aber bis zu einer gewissen Grenze nur in sehr geringem Maße, so daß auch dann die Platte noch vollkommen klar bleibt. Ist diese Grenze erreicht, so befindet sich die Platte im Zustande der Vorbelichtung; denn es genügt nun eine weitere sehr geringe Lichtwirkung, die auf eine gänzlich unbelichtete Schicht keinen merklichen Einfluß hätte, um eine sehr plötzliche, beträchtliche Vermehrung der reduzierten Körner hervorzurufen. Die Vorbelichtung, die man folgerichtig auch künstlich anwenden kann, hat also die Platte empfindlicher gemacht, und der ganze Vorgang beweist, daß normalerweise eine gewisse kleine Lichtarbeit als Vorbereitung für die Reduzierarbeit des Korns notwendig ist. Hieraus folgt eine weitere, für die astronomische Anwendung recht unerfreuliche Tatsache, nämlich die, daß es eine gewisse, sehr kleine Intensität gibt, die auch bei sehr langen Expositionszeiten keine erkennbare Wirkung auf die Platte ausübt.

Ist die Grenze der Vorbelichtung, also der sog. Schwellenwert der Platte überschritten, so findet bei gradueller Weiterbelichtung eine Vermehrung der Silberausscheidung statt, die eine Zeitspanne hindurch ungefähr der Belichtung proportional verläuft (Abb. 49), bis man sich dem Maximum der Dichtigkeit des Niederschlages genähert hat. Die Zunahme der Bilddeckung wird dann immer geringer und hört schließlich gänzlich auf. Setzt man die Belichtung noch weiter fort, so tritt wieder eine gewisse Aufhellung des Niederschlages ein, bis schließlich nur noch ein grauer Schleier übrigbleibt; es ist dann der höchste Grad der sog. Solarisation erreicht. Bei noch weiterer Verstärkung der Belichtung macht sich wieder eine geringe Verstärkung des Niederschlages bis zu einem gewissen schwachen Maximum bemerkbar usw., bis die Belichtung schließlich keine merkliche Änderung der Schwärzung mehr hervorruft. Nach dem Vorgange von P. Hurter und V. C. Driffield[1]) pflegt man die normale Kräftigung des Bildes von der Dichte Null bis zum Beginn der Solarisation durch charakteristische Kurven darzustellen. Es ist eine bekannte physikalische Tatsache (S. 204), daß einer arithmetischen Folge von Reizempfindungen allgemein eine geometrische der Ursachen entspricht. Im vorliegenden Falle ist somit die arithmetische Skala der vom Auge empfundenen Schichtdichte bzw. ihrer Transparenz durch eine geometrische Folge der Intensitäten bzw. der Expositionszeiten hervorgerufen, d. h. während die Transparenz in gleichen Intervallen abnimmt, schreiten Intensität J und Expositionszeit t logarithmisch fort. Die relative Plattenschwärzung S kann somit durch

$$S = a \log \frac{J}{J_0} = b \log \frac{t}{t_0}$$

definiert werden, wo a und b experimentelle Konstanten sind. Zur graphischen Darstellung der Abhängigkeit der Schwärzung von der Intensität bzw.

[1]) E. Goldberg, Der Aufbau des photogr. Bildes. Halle 1925. — W. B. Ferguson, Photographic Researches of Hurter and Driffield. London 1920.

von der Expositionszeit ist demnach nichts weiter notwendig, als die Ordinatenachse nach Schwärzungsstufen und die Abszissenachse nach den Logarithmen der Intensität oder der Belichtungszeit einzuteilen. Wird z. B. eine Platte den Helligkeitswerten 1, 2, 4, 8 usw. ausgesetzt und die Dichte des Silberniederschlages gemessen, so kommt eine charakteristische Kurve von der in Abb. 49 dargestellten Art zustande, aus der alle wichtigeren Eigentümlichkeiten der Emulsion in bestimmten Formen sehr klar zum Ausdruck kommen. Fast alle in das Schema von HURTER und DRIFFIELD eingetragenen Plattenkurven zeigen, entsprechend den vorangegangenen Auseinandersetzungen, zunächst einen sehr geringen Anstieg. Nach Überwindung des Schwellenwertes setzt der normale Vorgang der Bromsilberreduktion ein, der durch den fast geradlinigen, mehr oder weniger steilen Anstieg gekennzeichnet ist. Das Auftreten eines deutlichen Maximums und das Umbiegen der Kurve zeigen den Beginn des Solarisationszustandes, ihr Ansetzen oberhalb des Nullpunktes den Schleier der normal entwickelten Platte an. Die Erfahrung lehrt, daß der Charakter eines Negativs in erster Linie durch die Steilheit der charakteristischen Kurve bestimmt wird. Bezeichnet man die Tangente des Winkels, den der nahe geradlinige Teil derselben mit der Abszissenachse bildet, mit γ, so ist

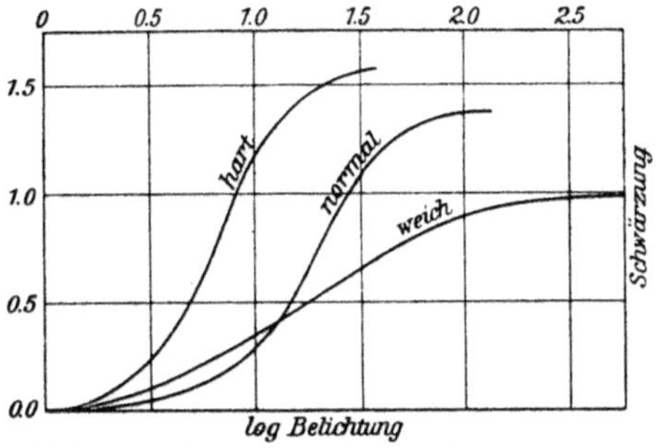

Abb. 50. Charakteristische Kurven von weichen, normalen und harten Papieren.

$$\gamma = \frac{S_2 - S_1}{\log J_2 - \log J_1}$$

wenn S_1 und J_1 die Schwärzung bzw. die Intensität für den Schwellenwert der Platte bedeuten. Man bezeichnet γ als den Kontrastfaktor des vorliegenden Negativs, weil er die Beziehung der Lichtabstufung zwischen Bild und Gegenstand festlegt. Genaue Identität der Helligkeitsverhältnisse ist bei $\gamma = 1$, d. h. bei 45^0 Kurvenneigung gegeben; $\gamma > 1$ gibt verstärkte, $\gamma < 1$ verminderte Kontraste.

In Abb. 50 sind zum Vergleich die Schwärzungskurven einiger gebräuchlicher photographischer Papiere dargestellt. Die steile Gradation der hart und die flache der flau arbeitenden Emulsionen kommt dabei deutlich zur Geltung. Da bei Papieren nur klare Lichter in Frage kommen, fällt der Schleier fort; alle Kurven setzen daher am Nullpunkt des Koordinatensystems ein. Dagegen ist der Schwellenwert fast durchweg sehr groß. Dem Idealfall eines geradlinigen Kurvenverlaufs kommt, wie aus Abb. 51 ersichtlich, schlichtes, schwarzes Pigmentpapier mit Chromgelatineschicht am nächsten. Bromsilberplatten ergeben einen ähnlichen Verlauf nur dann, wenn die Schwärzungen durch Röntgen-Strahlen hervorgerufen sind. Offenbar liegt das daran, daß diese kurzwellige Strahlung tiefer in den molekularen Aufbau der Bromsilberkörner eindringt und diese nach einem anderen Gesetz beeinflußt, wie das sichtbare Licht. Ein weiterer Vorzug dieses Sonderfalles, der vorläufig für die Astronomie ohne Bedeutung ist, beruht darin, daß die in sehr weiten Grenzen geradlinige Röntgen-Kurve im Diagramm sehr nahe durch den Nullpunkt des Koordinatensystems geht, also auch keinen Schwellenwert hat

Der Astrophysik, die mit gewöhnlichen Platten und dem Sternlicht arbeiten muß, stehen so einfache lineare Kurven, wie sie Abb. 51 zeigt, nicht zur Verfügung. Es muß also stets damit gerechnet werden, daß die Dichte des Silberniederschlags eine komplizierte periodische Funktion der Belichtungsenergie $J \cdot t$ darstellt, deren Form unbekannt ist und zunächst empirisch abgeleitet werden muß.[1]) Nun sind die Schwärzungen auf astronomischen Aufnahmen zum Teil das Ergebnis verschiedener Intensitäten, zum Teil sind sie durch die gewählten Expositionszeiten beeinflußt. Da aus den Schwärzungen die Intensität der Lichtquelle abgeleitet werden soll, so ist eine Kenntnis der gesetzmäßigen Beziehungen zwischen der wirksamen Energie und der Belichtungsdauer einer- und der Schwärzung andererseits unbedingt erforderlich. Bei allen früheren Untersuchungen dieser Art wurde die vom Licht geleistete Arbeit der Intensität J und der Belichtungszeit t, die Dichte S des Niederschlages somit dem Produkt $J \cdot t$ proportional gesetzt. Dabei wurde also angenommen, daß auch beim Vertauschen der Zahlenwerte für J und t die gleiche Schwärzung S resultiert. Dieses von R. Bunsen und H. E. Roscoe aufgestellte sog. Reziprozitätsgesetz trifft bei normalen photographischen Wirkungen nicht zu. Nach den Untersuchungen von K. Schwarzschild kommt man dagegen den wirklichen Verhältnissen hinreichend nahe, wenn man für die Dichte S einer normalen, also nicht solarisierten Schwärzung den Ausdruck

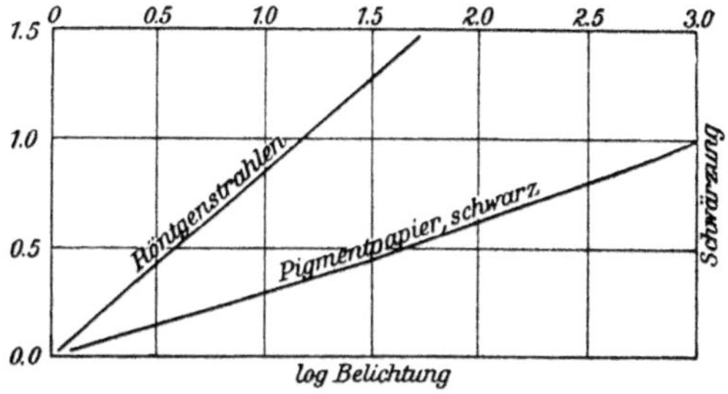

Abb. 51. Charakteristische Kurven der Schwärzung durch Röntgenstrahlen und auf Pigmentpapier (nach E. Goldberg u. a.).

$$S = Jt^q$$

annimmt. Gleiche Schwärzung ergibt sich also stets dann, wenn der Ausdruck Jt^q den gleichen Wert annimmt. Hierbei ist q eine von der Plattensorte und der Art der Entwicklung abhängige Zahl, die bei gewöhnlichen Aufnahmen zwischen 0.85 und 0.95 liegt und in dem Idealfall der Röntgen-Schwärzungen (S. 76) den Grenzwert 1.0 erreicht. Hieraus folgt, daß bei den üblichen Expositionen die Belichtungsdauer auf die Schwärzung einen geringeren Einfluß ausübt, als die Intensität.

[1]) E. Kron, Über das Schwärzungsgesetz photographischer Platten. Publ. Astroph. Obs. Potsd., Bd. 22, 1913. — G. M. Dobson, Photographic photometry. Oxford 1926.

Die Verfolgung der Gesetzmäßigkeiten im physikalischen Aufbau der entwickelten Bilder wird dadurch erschwert, daß das Bromsilber stets in einen durchsichtigen Träger eingebettet werden muß. Die hierzu gewöhnlich verwendete Gelatine hat aber für die vorliegenden Aufgaben verschiedene unangenehme Eigenschaften, worunter ihre geringe Durchlässigkeit für blaue und violette Strahlung besonders hervorzuheben ist. Im gelben und roten Teil des Spektrums liegen die Verhältnisse weit günstiger; hier dringt das Licht merklich tiefer in die Schicht ein und erzeugt kräftigere und klarere Bilder. Nach P. G. NUTTING läßt die hochempfindliche Bromsilberemulsion von blauen Strahlen nur 8 %, von grünen und roten 39 bis 41 % durch, so daß die Photographie mit kleinen Wellenlängen nicht den Idealzustand, sondern nur einen durch die Plattenempfindlichkeit bedingten Notbehelf darstellt. Da Chlorsilberschichten sich in dieser Beziehung merklich günstiger verhalten, so handelt es sich vermutlich nicht um eine Absorption in der Gelatine, sondern um einen Streueffekt. Besonders vorteilhaft wäre die Anwendung von Kollodium, das in der üblichen Schichtdicke das Ultraviolett bis 260 $\mu\mu$ durchläßt.

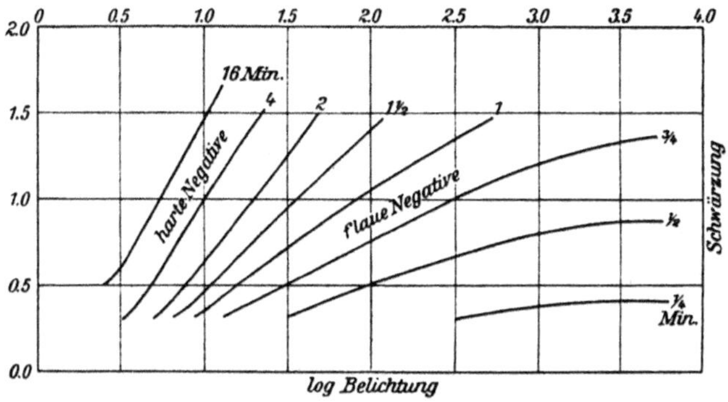

Abb. 52. Abhängigkeit der Schwärzungskurven von der Zeitdauer der Entwicklung (nach E. Goldberg).

Die starke Abhängigkeit der Schwärzungskurve von der Zeit und Art der Entwicklung ist von verschiedenen Seiten diskutiert worden. Den klarsten Überblick gewinnt man auch hier wieder durch Zeichnung der charakteristischen Kurven, wozu E. GOLDBERG einen handlichen selbstzeichnenden Apparat, den Densographen, konstruiert hat.[1]) Abb. 52 zeigt eine ganze Anzahl solcher Densographenkurven für verschiedene Entwicklungen einer normalen Landschaftsplatte, die die Kräftigung des Bildes mit fortgesetzter Entwicklung an der Zunahme der Kurvensteilheit sehr deutlich vor Augen führen.

Platten- und Aufnahmefehler. Bei den photographischen Aufnahmen des Himmels handelt es sich entweder um flächenhafte Gebilde, wie Sonne, Mond, Planeten und Nebelflecke, oder um schwache Lichtpunkte, die Sterne. Bei Spektralaufnahmen kommt die Abbildung von mehr oder weniger gut begrenzten Linien in Frage. Sowohl die Sternörter auf der Platte wie die photographierten Spektrallinien sollen den direkten visuellen Anblick am Okular ersetzen, müssen

[1]) E. GOLDBERG, Der Aufbau des photographischen Bildes. Halle 1925.

also bildmäßig einer strengen sog. orthoskopischen Projektion des Gegenstandes auf eine feste, unveränderliche Ebene entsprechen. Nun bestehen die photographischen Schichten stets aus organischen Substanzen, die bei der notwendigen Behandlung mit wässerigen Entwickler- und Natronlösungen stark aufquellen und keineswegs als stabil anzusehen sind. Gerade bei den Gelatineplatten sollte man sehr starke Verziehungen vermuten, da hier die Schicht durch den Entwicklungsprozeß bis zum zehnfachen ihrer ursprünglichen Dicke aufquillt. Die Erfahrung zeigt jedoch, daß die schließlichen Änderungen des Bildträgers trotzdem so gering sind, daß sie nur auf Grund ganz spezieller Untersuchungen festgestellt werden können. Nach S. Albrecht kommen auf Platten Bildverzerrungen bis zu 2 μ vor, die sich aber nicht in Regeln fassen lassen. Sie haben ihre Ursache in lokalen Schichtverziehungen, wechselnder Empfindlichkeit und in Unregelmäßigkeiten der Kornanordnung. Durch eine besonders gründliche Untersuchung von F. E. Ross[1]) sind diese Tatsachen vollauf bestätigt worden. Danach sind auf gewöhnlichen Himmelsaufnahmen wegen der geringen Schärfe der Bilder überhaupt keine Verziehungen der Schicht nachweisbar. Für die Laboratoriumsversuche mußten künstliche Sterne verwendet werden, wie sie bei Kontaktbelichtungen durch winzige Öffnungen einer Metallplatte erhalten werden. Die mikroskopische Messung bestimmter Punktabstände bis zu 30 mm Distanz wurde auf der noch nassen, der getrockneten, der gehärteten und der verstärkten Platte vorgenommen. Die Reihen ergaben Unstimmigkeiten, die erst in der vierten Dezimale des Millimeters merklich wurden, also selbst für astronomische Zwecke völlig vernachlässigt werden können. Auf dünnen Schichten sind die Fehler kleiner als auf mehrfach gegossenen Emulsionen, aber auch hier noch sehr geringfügig. Erst wenn man sich dem Plattenrande bis auf 2 oder 3 mm nähert, wird das Negativ für Messungen rasch unbrauchbar, kann aber durch nochmaliges Aufquellen der Schicht und Trocknen mit Alkohol oder Härtung mit Formalin wesentlich verbessert werden. Kleine Platten im Format von etwa 3×4 cm, die zwecks Hervorrufung starker Schichtverziehung in Heißluft getrocknet wurden, verloren die Bildverzerrungen nach erneutem Wässern und normalem Trocknen vollkommen. Diese günstigen und für die astronomischen Arbeiten besonders erfreulichen Ergebnisse beziehen sich ausschließlich auf die mit Glas verbundenen Schichten, und die üblichen normalen Entwickler. Bei Filmen, besonders bei solchen ebener Form, sind die Bildverzerrungen weit größer; ebenso schädigen einige Entwickler, wie Pyrometol, Hydrochinon mit Ätznatron u. a. die Platten in ihrer Orthoskopie sehr erheblich. Im mikroskopischen Querschnitt erscheint die mit ihnen hervorgerufene Schichtoberfläche nicht eben, sondern unregelmäßig gekrümmt (Abb. 53). Die Ursache liegt hier wahrscheinlich an dem besonders großen Unterschied der Zeit zwischen dem Festtrocknen der unbelichteten und belichteten Gelatine. Daß in dieser Hinsicht bei den verschiedenen Entwicklern Abweichungen bestehen, zeigen die

[1]) F. E. Ross, The physics of the developed image. New York 1924.

Reliefbilder, die man im schräg einfallenden Licht an der halbfeuchten Schicht aller Negative mehr oder weniger deutlich beobachten kann.

Eine Nachprüfung der Schichtschwärzungen an verschiedenen Stellen der Platten hat ein weniger günstiges Resultat ergeben. Nach den Untersuchungen von G. EBERHARD[1]) darf jedenfalls nicht ohne weiteres angenommen werden, daß an allen Stellen einer Platte gleichen Schwärzungen auch die gleichen Intensitäten entsprechen. Die beobachteten Abweichungen rühren offenbar daher, daß der übliche Bildträger, also Glas, von der ebenen Form merklich abweicht, so daß die Emulsion stellenweise in dickerer bzw. dünnerer Schicht auftritt und daher vom Licht ungleichmäßig reduziert wird.

Während der Einfluß der Temperatur des Entwicklers den Charakter und die Deckung des Bildes sehr stark beeinflußt, machen bei der trockenen Platte während der Exposition auftretende Temperaturunterschiede in der Empfindlichkeit und im Charakter der Reduktion nichts aus. Erst bei sehr tiefen Laboratoriumstemperaturen geht, wie J. DEWAR gefunden hat, die Empfindlichkeit stark herunter. Demgegenüber setzt schon ein geringer Grad von Feuchtigkeit die Schwärzungen merklich herab. Eine im trockenen Raum aufbewahrte Platte wird während der Belichtung im Fernrohr fast stets Feuchtigkeit aus der Luft aufnehmen, demnach zu Beginn der Arbeit empfindlicher sein als am Ende. Bei den normalen Aufnahmen macht das nichts aus; werden aber für photometrische Zwecke ganze Reihen von Bildern hintereinander auf eine Platte gebracht, so kann es wohl vorkommen, daß die ersten Schwärzungen mit den letzten nicht ohne weiteres vergleichbar sind.

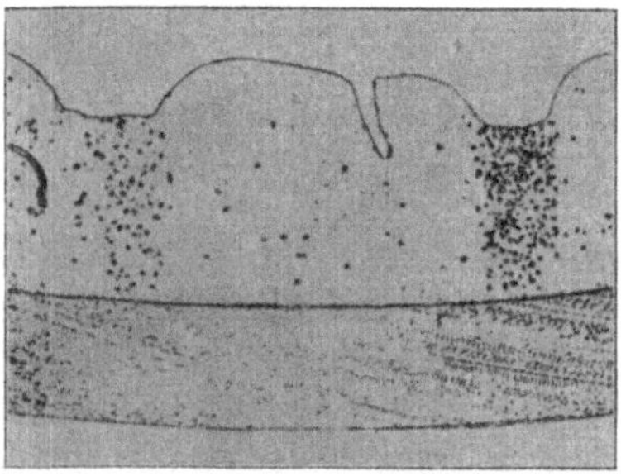

Abb. 53. Querschnitt durch eine stark verzerrte Bromsilberschicht (nach F. E. ROSS).

Die Eigenschaft der photographischen Platte, sehr schwache Lichteindrücke auch bei langen Expositionszeiten nicht aufzunehmen, ist bereits (S. 74ff.) erwähnt worden. In der charakteristischen Schwärzungskurve prägt sich dies durch den sehr langsamen Anstieg zum Schwellenwert aus (Abb. 49 u. ff.). Es ist bereits häufiger versucht worden, der Emulsion durch entsprechende künstliche Vorbelichtung vor oder nach der Aufnahme die Überwindung des Schwellenwertes zu erleichtern, so daß der Entwickler schon derart vorbereitete Bromsilberkörner vorfindet, daß der normale Anstieg sofort und ohne jede Verzögerung vor sich gehen kann. Ausführlichere Untersuchungen dieser Art sind von R. W. WOOD und J. RHEDEN angestellt worden und haben die eben angestellten Überlegungen bestätigt. In besonders günstigen Fällen kann

[1]) G. EBERHARD, Photographisch-photometrische Untersuchungen. Publ. Astroph. Obs. Potsd. Bd. 26, 1926 und: Zur Bestimmung der effektiven Wellenlängen der Sterne. Seeliger-Festschrift. Berlin 1924.

mit Hilfe einer gut abgepaßten Vorbelichtung die Aufnahmezeit für schwache Sterne, Spektra usw. auf die Hälfte verringert werden; die Negative verlieren jedoch durch diese Behandlung ihren üblichen Charakter, indem sie dabei leicht flau und unansehnlich werden. Offenbar liegt hier ein ähnlicher photographischer Entwicklereffekt vor, wie ihn bei einer anderen Gelegenheit G. EBERHARD gefunden hat. Werden auf je eine Hälfte einer photographischen Platte mehrere Flächenschwärzungen mit gegebenen Expositionszeiten getrennt aufkopiert, und dann die eine Felderreihe durch eine gemeinsame Exposition mehr oder weniger verschleiert, so bleibt, besonders bei sehr langsamer Entwicklung, das Verhältnis der Schwärzungen nicht das gleiche wie bei den Feldern der klaren Plattenhälfte, sondern erscheint durchweg verkleinert. Der Schleier drückt also die Dichteunterschiede des Negativs herunter und zwar an stärker gedeckten Stellen mehr, an den dünnen weniger. Selbstverständlich darf für den Versuch die Solarisationsgrenze der Platte nirgends erreicht sein. Da die beiden Schwärzungsskalen sich nur dadurch unterscheiden, daß die erste an klare, die zweite an verschleierte Felder grenzt, so ist damit sehr wahrscheinlich gemacht, daß die Feldschwärzung durch die Beanspruchung der Entwicklerarbeit in der Nachbarschaft heruntergedrückt wird. Eine Folge hiervon ist die für dichte Sternhaufen- und Nebelaufnahmen wichtige Erscheinung, daß in einem Schwärzungsfelde ohne störende Nachbarschaft die Mitte durchsichtiger ausfällt als der Rand, m. a. W. daß kleine, gleichmäßig belichtete Felder eine um so kräftigere Deckung aufweisen, je geringer ihr Durchmesser ist. In dem mikroskopischen Querschnitt der Schicht erscheinen also die Randgebiete einer belichteten Fläche tiefer reduziert als die Mitte. Von den gebräuchlichen Entwicklern sind die Eisenoxalatlösungen von dem Eberhard-Effekt fast ganz frei. Sie sollten daher bei allen photographisch-photometrischen Arbeiten ausschließlich Verwendung finden, wie das bei den sensitometrischen Plattenuntersuchungen schon durchweg geschieht (S. 71ff.). Empfehlenswert ist es noch, die für photometrische Zwecke bestimmten Platten vor dem Entwickeln etwa eine Stunde lang zu wässern.

Neben der Erhöhung der Empfindlichkeit, die, wie wir sahen, durch Vorbelichtung, Ammoniakbäder usw. erzielt werden kann, ist für besondere Aufgaben zuweilen auch eine örtliche Herabsetzung der Lichtwirkung auf einer Platte notwendig. Wird z. B. die Umgebung der helleren Sterne photographiert, so erscheinen diese als so große geschwärzte Flächen, daß sie zuweilen das Gesichtsfeld des Meßmikroskops ausfüllen und die ganze Nachbarschaft verdecken. In diesem Falle ist es erwünscht, den störenden Stern entweder ganz zu beseitigen oder die Wirkung seines Lichtes derart herunterzudrücken, daß die Umgebung ungehindert zur Abbildung gelangt. Eine ganz besondere Bedeutung hat das Verfahren bei photographischen Parallaxenmessungen erlangt, und es sind im Laufe der letzten Jahre verschiedene Verfahren der örtlichen Desensibilisierung vorgeschlagen worden. Als vorläufig bestes Material hat sich Kupfersulfat erwiesen. Man bringt eine 1 %ige Lösung auf die gewünschte Stelle

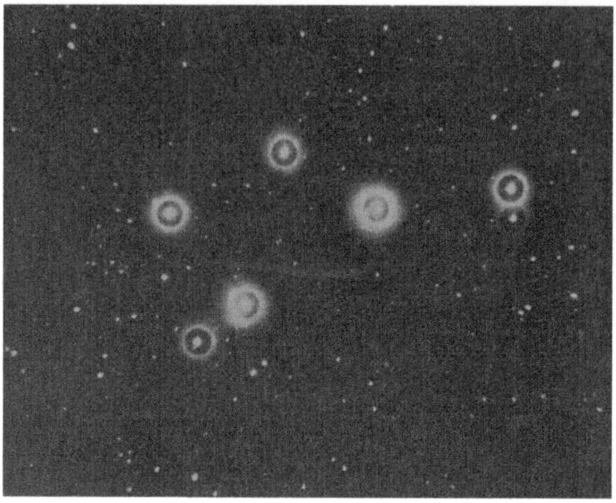

Abb. 54. Reflexringe um helle Sterne.

der Platte, wischt nach 5 Minuten den Tropfen ab und trocknet rasch. Das Ergebnis entspricht in diesem Falle einer Lichtdämpfung um etwa 4 Größenklassen; Schichtverziehungen treten erfahrungsgemäß dabei nicht ein.

Der die visuellen Beobachtungen farbiger Sterne beeinträchtigende Purkinje-Effekt (S. 55) macht sich auch photographisch bemerkbar. Hier wie dort erweist sich also die relative Intensität von zwei farbigen Lichtquellen als von ihrer absoluten Helligkeit abhängig. Auf die Erscheinung machte zuerst J. Precht 1899 aufmerksam. Er benutzte für sensitometrische Versuche eine Benzin- und eine Amylazetatlampe, wobei sich ergab, daß die beiden recht verschieden gefärbten Lichtquellen je nach ihrem Abstand auf denselben Platten verschieden graduierte Schwärzungen ergaben. Der Sinn der Abhängigkeit mit wachsender Intensität bzw. Expositionszeit wurde genau entsprechend den visuellen Verhältnissen gefunden. Die Wichtigkeit einer solchen Feststellung für die Astrophotographie liegt klar zutage. Nimmt die Wirksamkeit der roten Strahlen mit abnehmender Helligkeit gegenüber den weißen unverhältnismäßig ab, so muß die Übertragung der an hellen Sternen gewonnenen photometrischen Erfahrungen auf schwächere Objekte zu Fehlschlüssen in der Richtung führen, daß man diesen eine viel zu starke Rotfärbung zuschreibt. Nach den von J. Parkhurst[1]), F. E. Ross u. a. gesammelten Erfahrungen und Versuchsergebnissen ist der photographische Purkinje-Effekt bei Verwendung gewöhnlicher Platten, bei denen Strahlungen in der Nähe des Empfindlichkeitsmaximums der normalen Emulsionen verwendet werden, gering, wird aber bei farbenempfindlichen Schichten recht merklich. Der Grund ist vermutlich wieder darin zu suchen, daß die gelben und roten Strahlen tiefer in die Gelatine eindringen als die blauen und violetten (S. 78), so daß bei langen Expositionen die Schwärzungen sich zugunsten der gelben Bilder verschieben. Es ist nicht ausgeschlossen, daß auch hier die Wirkung durch Wahl eines geeigneten Entwicklers ausgeglichen werden kann. So soll Pyrogallolentwickler mit Ammoniak den normalen Purkinje-Effekt sogar in sein Gegenteil umkehren, eine Beobach-

¹) J. A. Parkhurst, Precautions necessary in photographic photometry. Ap. J. 1910, I.

tung, die auch schon an farbenempfindlichen, durch Baden (also nicht durch Emulsionsfärbung) hergestellten Platten gemacht worden ist.

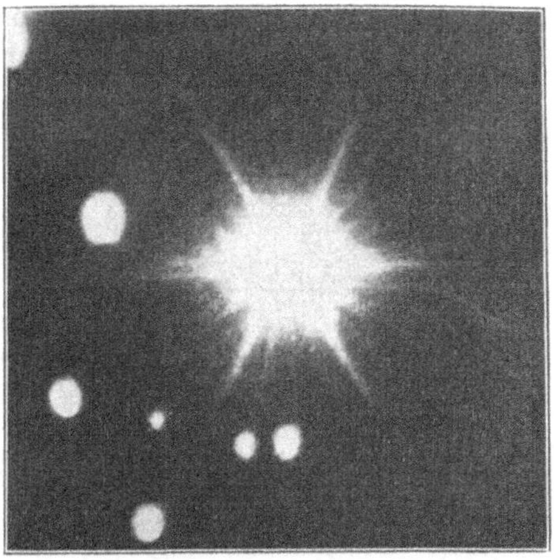

Abb. 55. Photographisches Beugungsbild eines Sternes (ι Orionis) im Brennpunkt eines Newton-Reflektors.

Infolge nicht genügender Vertrautheit mit der photographischen Bildentstehung kann es bei wissenschaftlichen Aufnahmen leicht vorkommen, daß Reflexe, die zufällig auf die Platte gelangt sind, für reelle Bildungen gehalten werden. Die häufigsten Störungen dieser Art bestehen im Auftreten von Lichthöfen und Strahlen an besonders stark belichteten Stellen der Platte. Wie z. B. die Plejadenaufnahme auf S. 82 (Abb. 54) zeigt, ist hier das Bild der sechs hellsten Sterne von je einem Ring umgeben, dessen innere Begrenzung scharf ist, während die äußere ganz allmählich verläuft. Diese Höfe kommen dadurch zustande, daß die Strahlen, besonders solche längerer Wellen, teilweise die Bromsilberschicht und das Glas durchdringen und an seiner Rückseite total reflektiert werden. Der Durchmesser des inneren Ringes ergibt sich durch nähere Betrachtung der Brechung und Reflexion für Fensterglas gleich dem 3.6fachen der Plattendicke. Auf Grund dieser einfachen Beziehung ist der Ursprung einer jeden verdächtigen Haloerscheinung auf Himmelsaufnahmen leicht nachzuprüfen. Mit der Reflexion der Strahlen an den Glasflächen hängt auch der Übelstand zusammen, daß bei starken Gegensätzen in der Intensität aktinisches Licht von der Rückseite in völlig dunkle Felder eindringt und die Bildumrisse verschleiert.

Eine andere störende Erscheinung bilden die Strahlenkreuze, die bei langen Reflektoraufnahmen die helleren Sternscheibchen durchqueren und z. B. auf Abb. 55 vergrößert dargestellt sind. Sie sind auf Beugungserscheinungen an den Stäben des in der Tubusöffnung zur Aufnahme der photographischen Platte oder des Fangspiegels angebrachten Halters zurückzuführen. Die Anzahl der Speichen, die die Kassette oder den Fangspiegel tragen, ist an der Zahl der Hauptstrahlen im Bilde der helleren Sterne sofort zu erkennen. Himmelsaufnahmen von Gegenden mit geradlinigen Nebelstreifen, wie z. B. von den Plejaden, können durch diese Diffraktionskreuze schon äußerlich sehr unangenehm beeinträchtigt werden. Bei kurzen Expositionen oder bei Aufnahmen lichtschwacher Objekte treten die Strahlen natürlich nicht störend hervor.

Während es ein Mittel zur Beseitigung der Beugungskreuze nicht gibt, braucht man zur Vermeidung der Reflexe, also der Ringe oder Höfe, nur die Rückseite der Platte mit einer Schicht zu versehen, die nahe denselben Brechungskoeffizienten wie Glas hat und gleichzeitig alle eindringenden Strahlen durch Absorption vernichtet. Man hat früher die Platten mit verschiedenen Stoffen, die diese beiden Eigenschaften besitzen, hinterkleidet. Heute ist das umständliche, nicht immer saubere Verfahren durch fabrikmäßige Herstellung lichthoffreier Emulsionen gegenstandslos geworden. Die Reflexe werden in diesem Falle dadurch unmöglich gemacht, daß eine rote oder braune, auf dem Glase angebrachte Zwischenschicht alles wirksame Licht von der Platte fernhält. Die Färbung wird im sauren Fixiernatron gänzlich zerstört, so daß die Negative sich später von den gewöhnlichen kaum unterscheiden.

Der Werdegang der astronomischen Photographie. Aufnahmen von Mond und Sonne. Die im ersten Abschnitt dieses Kapitels gebotene kurze Geschichte der photographischen Verfahren wäre für den vorliegenden Zweck unbefriedigend, wenn wir ihr nicht den Gang der Fortschritte angliedern würden, die sie der Astronomie im Laufe des 19. Jahrhunderts gebracht hat.[1])

Obwohl schon bei der ersten Bekanntgabe der Daguerreschen Entdeckung F. Arago auf die großen Ziele hinwies, die das Lichtbildverfahren auch der Himmelskunde eröffnete, wurde in Frankreich selbst sehr wenig unternommen, um diese Aussichten irgendwie zu verwirklichen. Von den Gestirnen kamen natürlich zunächst nur die hellsten Objekte, also Sonne und Mond in Frage. Bei der Umständlichkeit und Kostspieligkeit des Verfahrens — schon das Fixiersalz erforderte hohe Ausgaben — ist es verständlich, daß man die uninteressante Sonne vorläufig ganz außer Betracht ließ und die Aufmerksamkeit fast ausschließlich dem Erdtrabanten zuwendete.

Die ersten Versuche einer Mondphotographie wurden in Neuyork angestellt, und zwar von J. W. Draper dem Älteren, der 1841 in 20 Minuten den ersten leichten Umriß der Mondeinzelheiten auf einem Daguerreotyp erhielt. Als richtige Photographien dieses Himmelskörpers können jedoch erst die Aufnahmen angesehen werden, die W. C. Bond 1845 unter Beihilfe des Photographen J. A. Whipple mit dem 38 cm-Refraktor des Harvard-Observatoriums anfertigte. Obwohl das Instrument visuell korrigiert war, erhielt er mit demselben so gute Aufnahmen, daß diese nunmehr auch in Europa eine ganze Reihe von Nachfolgern zum Wetteifer anregten. Wie groß aber die Schwierigkeiten dieser ersten Versuche waren, ersieht man daraus, daß nach den auch wissenschaftlich gut gelungenen englischen Mondbildern, die von Anfang 1850 an erhalten wurden, und die den Bondschen Aufnahmen etwa ebenbürtig waren, acht Jahre vergingen, bis ähnliche oder bessere Erfolge vorlagen. Sie sind der unermüdlichen Energie von drei Liebhabern zu verdanken, deren Namen wir fortan dauernd in der Entwicklungsgeschichte der Himmelsphotographie begegnen: W. de la Rue in England, sowie H. Draper und L. M. Rutherfurd in Amerika. Die besten

[1]) J. Scheiner, Photographie der Gestirne. Leipzig 1897. — E. E. Barnard, The development of photography in astronomy, Pop. Astr. 1898.

Ergebnisse hat dabei zweifellos DE LA RUE erzielt, der von dem bisher ausschließlich benutzten visuellen Refraktor zum Spiegel überging. DE LA RUE arbeitete mit einem Reflektor 1 : 9 von 33 cm Öffnung, den er freihändig einem Mondkrater oder dgl. nachführte. Als Leitinstrument diente ihm entweder ein Sucher oder ein hinter der Kollodiumplatte selbst angebrachtes Okular. Mit einem etwas größeren Spiegel von 40 cm Öffnung begann H. DRAPER in Neuyork, der Sohn des oben erwähnten ersten Mondphotographen, seine Arbeiten. Bei der gleichartigen technischen Geschicklichkeit und Veranlagung streiten nun eine Weile die Photographen in Europa und Amerika um den Vorrang in der Mondphotographie, bis man es schließlich so weit bringt, daß von den 3 bis 4 cm im Durchmesser fassenden Brennpunktsbildern gute Vergrößerungen angefertigt und weiteren Kreisen zugänglich gemacht werden können. Man darf dabei nicht vergessen, daß die Erfolge zum großen Teil auch der wachsenden Empfindichkeit der Platten zuzuschreiben sind. Während in den ersten Jahren der Mond noch etwa 1 Stunde Exposition erforderte, war um 1855 das gleiche Ergebnis bereits in etwa 4 Sekunden zu erzielen, was die Nachführung wesentlich erleichterte und damit auch merklich schärfere Bilder ergab.

Als sich bei Anwendung der Spiegel schließlich kein erheblicher Fortschritt mehr zeigte, beschloß RUTHERFURD wieder zum Linsenfernrohr überzugehen. Langbrennweitige photographische Objektive waren damals noch unbekannt, es kamen also zwecks Verbesserung der schlechten violetten Strahlenvereinigung der visuellen Objektive nur Korrektionslinsen in Frage. Die Versuche schlugen zunächst fehl, entsprachen jedenfalls bezüglich der Bildschärfe nicht den gehegten Erwartungen. So wurde denn von RUTHERFURD um 1865 zum erstenmal für die Zwecke der Astrophotographie ein besonderes Objektiv berechnet, das die stattliche Öffnung von 29 cm hatte und für die chemisch wirksamen Strahlen achromatisiert war. Der Erfolg dieses Versuches hat für dreißig Jahre die etwas unhandlichen Spiegelteleskope wieder vollkommen aus dem Felde geschlagen. Die RUTHERFURDschen Aufnahmen stellen technisch eine so glanzvolle selenographische Leistung dar, daß selbst noch um 1895 niemand an ihre weitere Vervollkommnung dachte. Die Sammlung ist in weiten Kreisen auch dadurch bekannt geworden, daß RUTHERFURD geeignete, bei verschiedener Mondlibration erhaltene Positivpaare zu sehr eindrucksvollen Stereoskopbildern vereinigte. Ein Atlas seiner besten Aufnahmen, die sich auf die Jahre 1865 bis 1874 verteilen und auf einen Monddurchmesser von durchschnittlich 21 cm gebracht sind, erschien in Neuyork in den neunziger Jahren des vorigen Jahrhunderts. Die Bilder sind entsprechend dem damals benutzten nassen Kollodiumverfahren auch in der starken Vergrößerung noch völlig kornlos und bis zum Rande des Mondes durchgearbeitet, so daß sie auf den ersten Blick von den neuzeitlichen meist zu harten Aufnahmen zu unterscheiden sind.

Wenn man von dem Erdtrabanten absieht, wurden um die Mitte des vergangenen Jahrhunderts alle anderen Aufnahmen am Himmel mehr aus technischen als aus wissenschaftlichen Gründen ausgeführt. Selbst die merklich über dem Durchschnitt stehenden Fleckenerscheinungen des Jahres 1848, die die Anwendung der Daguerreotypie auf die Sonne geradezu herausforderten, brachten keine wesentliche Änderung. Greifen wir einige Jahre zurück, so ist wohl der Franzose P. Lerebours der erste gewesen, der 1842 ein photographisches Sonnenbild herstellte. Das erhaltene Daguerreotyp wurde zunächst als sehr unvollkommen angesehen, weil es die Randgebiete der Sonnenscheibe dunkler zeigte als die Mitte. Im Jahre 1845 wurde auf Veranlassung von F. Arago der Versuch durch H. L. Fizeau und L. Foucault wiederholt. Das Daguerreotyp bewies nicht nur die Realität der Randverdunkelung, sondern zeigte zum ersten Male auch eine Wiedergabe der Fleckengebilde. Trotz dieses verhältnismäßig leicht erreichten Erfolges sind in der Folgezeit mit wenigen Ausnahmen Sonnenphotographien nur gelegentlich angefertigt worden. Größere Aufmerksamkeit widmeten ihnen um 1854 J. B. Read in England und zur Zeit der eindrucksvollen großen Fleckenerscheinungen zwischen Anfang 1869 und Ende 1873 L. M. Rutherfurd in Neuyork und H. C. Vogel in Bothkamp. Diese Aufnahmen wirken durchaus neuzeitlich. Sie zeigen in aller Deutlichkeit bereits die Kleinstruktur der Photosphäre, also auch die Fleckenpenumbra, die Granulation und die Fackeln. Es mag noch bemerkt sein, daß Rutherfurd bei diesen Arbeiten von den Brennpunktsbildern bereits zu Okularvergrößerungen an positiven Systemen überging, also zu einem Verfahren, wie es noch heute häufig angewendet wird. Der Höhepunkt der direkten Sonnenphotographie liegt nicht, wie bei den anderen Himmelskörpern in der Gegenwart, sondern fällt bereits in die achtziger und neunziger Jahre des vergangenen Jahrhunderts. Er wurde von J. Janssen in Meudon bei Paris mit einem bescheidenen Fünfzöller ohne Uhrwerk und ohne Heliostat dadurch erreicht, daß das Objektiv für den Höhepunkt der Empfindlichkeit der nassen Kollodiumplatten korrigiert und die Expositionen so kurz gewählt wurden, daß fast eine monochromatische Abbildung herauskam.

In dem Zusammenhange mit Sonnenaufnahmen mögen noch die photographischen Erfahrungen gelegentlich des Venusdurchgangs vom Jahre 1874 erwähnt werden. Für viele Astronomen bildeten sie den entscheidenden Versuch für die Genauigkeit der photographischen Abbildung und ihrer Verwertung für Meßzwecke. Wegen der unzureichenden technischen Erfahrung der Expeditionsteilnehmer endeten sie mit einem Mißerfolg, so daß bei der gleichen Erscheinung im Jahre 1882 die Photographie nur noch vereinzelt angewendet, ja, von einem so einflußreichen Astronomen wie A. Auwers mit einer nicht mißzuverstehenden Deutlichkeit im voraus abgelehnt wurde.

Ältere Sonnenfinsternisse, Kometen- und Fixsternaufnahmen. Neben den direkten Aufnahmen der Sonne boten ihre totalen Verfinsterungen Gelegenheit zu photographischen Versuchen. Einen schönen Erfolg erzielte hier schon 1851 an einem mäßigen Fernrohr von 60 mm Öffnung, das auf der Montierung des

Königsberger Heliometers notdürftig untergebracht war, der Daguerreotypist Berkowski aus Königsberg unter Anleitung des Astronomen A. L. Busch. Vorher soll er sogar mit dem Fraunhoferschen, nach unserer jetzigen Auffassung recht mangelhaften Heliometerobjektiv der Königsberger Sternwarte leidliche Aufnahmen des Mondes erhalten haben. Bei Gelegenheit der Finsternisse von 1860 und 1869 bis 1871 kommt der Fortschritt der Photographie schon unverkennbar zum Ausdruck. Die erhaltenen Bilder zeigen nicht nur Protuberanzen und innere Korona, sondern auch schon die Andeutung einer Struktur in der letzteren in Form von Büscheln und Strahlen. Die Abstufung und innere Feinheit der Zeichnung bei den Aufnahmen vom 22. Dezember 1870 und vom 12. Dezember 1871 ist besonders bewundernswert und entspricht den höchsten Anforderungen. Leider sind die meisten dieser älteren Aufnahmen entweder in der unvollkommenen Woodburytypie oder durch Stich vervielfältigt worden, so daß ein Urteil über die zum großen Teil verloren gegangenen Negative nicht möglich ist.

Bemerkenswert ist es, daß man in zwei rasch aufeinander folgenden Fällen, 1882 und 1893, dicht neben der total verfinsterten Sonne einen hellen, weder vorher noch nachher sichtbaren Kometen auf den Negativen vorfand. Damit wird die Frage der Kometenphotographie angeschnitten, die angesichts der Lichtschwäche des Objektes und der Feinheit der Schweifstruktur erst verhältnismäßig spät zu wissenschaftlichen Erfolgen geführt hat. Von dem berühmten Donatischen Kometen von 1858 erhielt nur ein englischer Porträtphotograph ein brauchbares Bild, und auch die schöne Erscheinung des Kometen Coggia von 1874 verging, ohne daß etwas über geglückte Aufnahmen bekannt geworden wäre. Erst im Jahre 1881 gelang es H. Draper und J. Janssen, auf Bromsilberplatten vollständige Kometenbilder mit Kopf und Schweif zu erhalten, doch blieben die Negative noch so dünn, daß sie kaum anders als durch Zeichnung zu vervielfältigen waren. Das Jahr 1882 mit seinem prächtigen Septemberkometen brachte auch hier eine Wandlung. Angeregt durch einige gut gedeckte, aber nicht nachgeführte Aufnahmen einiger südafrikanischer Fachphotographen hat D. Gill von einem derselben ein Porträtobjektiv Petzvalscher Konstruktion von 60 mm Öffnung und 1 : 4.5 Brennweitenverhältnis entliehen und mit Unterstützung des Besitzers in Kapstadt eine Reihe vortrefflicher Aufnahmen des denkwürdigen Kometen erhalten. Damit darf das Jahr 1882 als Begründungsepoche der Kometenphotographie angesehen werden. Wenn dem Gillschen Erfolg in den nächsten Jahren kein gleichartiger zur Seite gestellt werden konnte, so lag das daran, daß erst im neuen Jahrhundert Kometen auftauchten, die den Erscheinungen von 1858, 1874, 1881 und 1882 einigermaßen nahekamen und photographisch gründlicher studiert werden konnten.

Wohl die größte Schwierigkeit bot der Himmelsphotographie ein heute zur höchsten Vollendung gediehener Zweig derselben, der die Fixsterne und Nebelflecke umfaßt. Als Beginn der Stellarphotographie kann das im Jahre 1850 in 100 Sekunden erzielte erste Daguerreotyp von α Lyrae und α Geminorum durch W. C. Bond und J. A. Whipple gelten. Weitere Versuche scheiterten damals an der Unvollkommenheit des Uhrwerks und dem Mangel einer geeigneten Leitvorrichtung. Die Arbeiten wurden 1857 mit nassen Kollodiumplatten wieder aufgenommen und führten trotz der Beschränkung der Expositionsdauer auf einige wenige Minuten alsbald zu sehr befriedigenden Ergebnissen. Insbesondere war die Schärfe der Bilder so vortrefflich, daß Bond an dem Beispiel des Doppelsterns ζ Urs. mai. zeigen konnte, daß die so erhaltenen Fixsternnegative die gleiche Meßgenauigkeit boten, wie die direkten Brennpunktsbilder im Fernrohr. Seit dem Jahre 1864 findet die Astrophotographie bereits dauernde Anwendung auf den Sternhimmel, und zwar ist es zunächst der bei den Mondaufnahmen schon erwähnte photographische Refraktor von Rutherfurd, der die besten Leistungen zu verzeichnen hat. Nach Überführung des Instruments nach Cordoba hat es B. A. Gould zu Sternhaufen- und anderen Aufnahmen verwendet und hier das aus etwas 1350 Platten bestehende, wegen seines Alters besonders wertvolle Negativarchiv gesammelt, dem erst viel später das weit umfangreichere der Harvard-Sternwarte folgte.

In der Geschichte der Fixsternphotographie dürfen die Gebrüder M. P. und P. P. Henry in Paris nicht vergessen werden. Bei der visuellen Fortsetzung der von J. Chacornac begonnenen Ekliptikalkarten stellten sich in der Gegend der Milchstraße derartige Schwierigkeiten einer zeichnerischen Darstellung heraus, daß es zweckmäßig schien, die Arbeit abzubrechen und eine Vervollkommnung der Photographie abzuwarten. Aber erst die große Zahl von Sternspuren, die D. Gill beim Kometen 1882 II erhalten hatte, führte die als Beobachter, Optiker und Mechaniker gleich geschulten Brüder Henry zum Bau von zwei photographischen Refraktoren von 16 bzw. 34 cm Öffnung. Mit diesen Instrumenten sind sehr wertvolle Aufnahmen hergestellt worden, die neuzeitlichen Leistungen durchaus nicht nachstehen. Das größere Instrument hat in seinen Ausmaßen — es bildete 1′ genau durch 1 mm ab — bis in die Gegenwart ein Modell für die sog. Normalastrographen abgegeben. Angesichts der Fülle neuer Aufgaben ist die geplante photographische Aufnahme der Ekliptik damals unausgeführt geblieben. Sie ging in dem großzügigen aber etwas voreilig festgelegten Unternehmen der sog. Photographischen Himmelskarte unter und ist erst in neuerer Zeit in den ausgezeichneten Ekliptikalblättern von J. Palisa und M. Wolf verwirklicht worden.

Von den Nebelflecken konnten selbst nach Entdeckung der Bromsilberplatten zunächst nur die stark aktinischen Gasnebel zu photographischen Arbeiten anregen. Das beliebteste Versuchsobjekt war dabei aus naheliegenden Gründen der große Orionnebel. Als erster erhielt H. Draper von ihm im Jahre 1880 nach fast einstündiger Exposition ein Negativ, das die Zentralgebiete gut darstellte; zwei Jahre später gab eine Aufnahme von $2\frac{1}{4}$ Stunden schon ein sehr brauchbares Gesamtbild, und vom Jahre 1885 an bildet die Nebelphotographie ohne Beschränkung auf die Gasgebilde ein Hauptgebiet der Tätigkeit für Laien und Astronomen. Die Erfahrungen führten hier wieder allmählich auf die Verwendung von Spiegeln zurück, die seit den Arbeiten von DE LA RUE fast vergessen waren. Die erste neue Anregung zur Benutzung der katoptrischen Systeme für Nebel gab J. JANSSEN schon 1871, indem er selbst Versuche mit einem sehr kurzbrennweitigen System (1 : 3) anstellte, das aber den unempfindlichen nassen Platten noch nicht gewachsen war. So blieben die Spiegel weiter vernachlässigt, bis in den neunziger Jahren ein Aufsatz von G. E. HALE[1]) und die vortrefflichen Erfolge von I. ROBERTS in England sowie von J. E. KEELER am Lick-Observatorium die Fachwelt auf die Vorzüge der katoptrischen Systeme aufmerksam machten.

Dieses flüchtige Bild der historischen Entwicklung der Himmelsphotographie wird im zweiten und dritten Teil dieses Buches an geeigneten Stellen noch verschiedentlich ergänzt und erweitert werden müssen. Der auf diesem Gebiete von Fachastronomen wie von Laien geleisteten geistigen und praktischen Arbeit ist zu einem großen Teil der Aufschwung zuzuschreiben, den die Astrophysik in unseren Tagen genommen hat.

4. Die photographische Optik. Aufnahme- und Meßinstrumente.

Obwohl die Ansprüche, die an die optischen Teile der photographischen Instrumente gestellt werden, im allgemeinen die gleichen sind, wie bei der visuellen Beobachtung, so ergeben sich doch im einzelnen wesentliche Unterschiede. Sie liegen weniger darin begründet, daß beim photographischen Prozeß andere Wellenlängen des Lichtes in Frage kommen, als vielmehr darin, daß die verschiedenen Arbeitsgebiete der Astrophysik entweder besonders lichtstarke Gläser erfordern oder Objektivkonstruktionen, die bei möglichst großem Gesichtsfeld bis an den Rand der Platte gleichmäßig runde und scharfe Bilder geben.[2]) Die ersteren werden dort verwendet, wo es lediglich auf eine bildmäßige Darstellung einer Himmelsgegend ankommt; bei beabsichtigten Messungen, auf die schließlich jede astronomische Beobachtungstätigkeit hinzielt, sind natürlich nur die an zweiter Stelle ausgesprochenen Bedingungen maßgebend. Aber nicht nur in bezug auf die Optik werden an die photographischen Instrumente höhere Ansprüche gestellt, als an die visuellen. Die Erfindung der Bromsilberplatten hat ja den großen Vorteil mit sich gebracht, daß am Himmel sehr lange Expositionszeiten von vielen Stunden Dauer angewendet werden können. Sollen dabei die Sterne absolut scharf erscheinen, so muß nicht nur das Fernrohr an sich sehr fest gebaut und frei von Durchbiegungen sein, sondern es muß auch die Orientierung seines Achsensystems, die Regulierung des Uhrwerkes u. a. mit einer weit größeren Präzision durchgeführt werden, als dies bei direkten Beobachtungen und Messungen am Okular notwendig ist.

---

[1]) G. E. HALE, On the comparative value of refracting and reflecting telescopes. Ap. J. 1897, I.

[2]) M. v. ROHR, Theorie und Geschichte des photographischen Objektivs. Berlin 1899. (Auszug von F. AUERBACH in „Himmel und Erde“, Bd. 12, 1900). — H. HARTING, Die photographische Optik. Berlin 1925.

Lichtstärke. Das sekundäre Spektrum. Wenn die Lichtstrahlen materielle, geometrische Linien wären, so würde jedes durch ein ideales Objektiv einfallende, von einem unendlich fernen Fixstern kommende Bündel in einem einzigen durchmesserlosen Punkt vereinigt. Dabei ist aber außer acht gelassen, daß das Licht beim Passieren irgendeiner Öffnung, in diesem Falle des Objektivs, nicht mehr streng geometrisch verläuft, sondern nach Maßgabe der auf S. 59ff. geschilderten Verhältnisse von seiner ursprünglichen Richtung abgebeugt wird. Die Abbildung eines Punktes durch ein ideales Objektiv ist daher kein Punkt mehr, sondern eine Beugungsfigur, die, wie sich praktisch zeigen und theoretisch ableiten läßt, aus einem kleinen Scheibchen mit konzentrischen, sehr rasch schwächer werdenden Ringen besteht (Abb. 56). Bezeichnet man die Helligkeit des mittleren Beugungsscheibchens mit 1, so ist die Intensität des Ringes I., II., III. Ordnung usw. gleich 0.017, 0.004, 0.002 usw. Bei diesem starken Lichtabfall kann die Betrachtung der Erscheinung auf das mittlere kreisförmige Bild beschränkt werden, dessen Durchmesser durch die Lage des ersten Interferenzringes bestimmt ist. Nun hat G. B. Airy gezeigt, daß die erste völlige Lichtauslöschung dann eintritt, wenn der Unterschied der Weglängen zwischen dem gebeugten und dem ungebeugten Strahl 1.22 λ beträgt. Ist $f : o$ das Verhältnis der Brennweite zur Öffnung, und wird der Durchmesser des Diffraktionsscheibchens gleich der Hälfte des ersten dunklen Ringdurchmessers gesetzt, so ist demnach linear

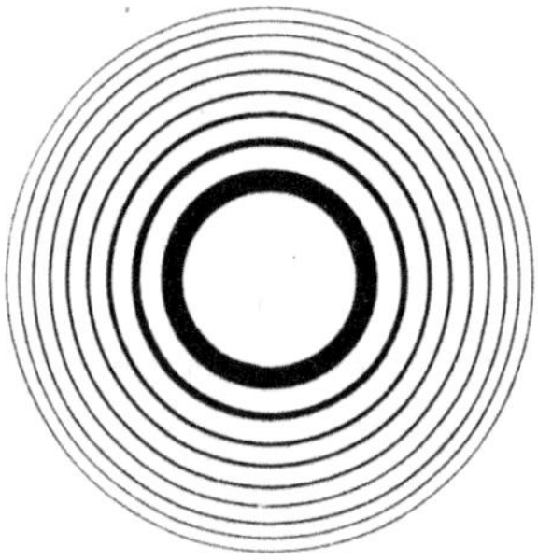

Abb. 56. Beugungsbild eines Sternes im Fernrohr (schemat.)

$$d = 1.22 \frac{f}{o} \lambda$$

und in Winkelmaß

$$\delta = \frac{1.22\,\lambda}{o \sin 1''}$$

wobei für λ bei visuellen Beobachtungen rund 550 $\mu\mu$ gesetzt werden kann.

Die Formeln sind in mancher Beziehung lehrreich. Bei gleichem Verhältnis $f : o$ haben zunächst die Sternscheibchen stets den gleichen linearen Durchmesser, gleichgültig, ob es sich um ein Handfernrohr oder um einen großen Refraktor handelt. Bleibt die Brennweite unverändert, und wird die Objektivöffnung vergrößert oder verkleinert, so verhalten sich die Durchmesser umgekehrt proportional wie die Öffnungen. Ein Fernrohr von der doppelten Öffnung liefert demnach ein Scheibchen von halbem Durchmesser usf. Man erkennt ferner, daß der Durchmesser mit abnehmender Wellenlänge kleiner wird. Die roten Beugungsscheibchen sind demnach größer als die violetten, m. a. W. selbst bei gleicher optischer Qualität liefert der photographische Refraktor theoretisch schärfere Bilder als der visuelle. Die Verhältnisse sind aus dem Täfelchen auf S. 91 zu ersehen, in dem die Winkeldurchmesser δ für einige Fernrohröffnungen von den kleinsten bis zu den größten in ihrer Abhängigkeit von verschiedenen Wellenlängen berechnet sind. Die zweite senkrechte Reihe ist etwa für visuelle, die letzte für normale photographische Abbildung maßgebend. Die Unterschiede sind sehr erheblich. Man erkennt z. B., daß gegenüber den visuellen Bedingungen der photographische Gewinn bei Fernrohröffnungen zwischen 30 und 60 cm schon eine Ersparnis von etwa 10 cm im Objektivdurchmesser bedeutet, sofern die theoretische Schärfe der Bilder in Frage kommt. Da die Zahlenwerte gleichzeitig als Trennungsgrenzen engster Doppelsterne in dem visuellen bzw. photographischen Instrument anzusehen sind, so könnte gerade auf diesem Gebiete der Vorteil der photographischen Beobachtung sehr bedeutend sein. Leider wird er durch die Art der Korngruppierung im Bildpunkt, durch die mangelhafte Gradation und Auflösungskraft der Platte an der Stelle ihres Empfindlichkeitsmaximums, sowie durch den stärkeren Einfluß der Luftunruhe auf die photographischen Bilder nicht nur vollständig aufgehoben, sondern in sein Gegenteil verkehrt. In Wirklichkeit muß man die Zahlen der letzten Reihe mindestens mit 10 multiplizieren, um die tatsächlichen Durchmesser zu erhalten.

Durchmesser der Beugungsbilder für verschiedene Fernrohröffnungen und Wellenlängen.

Objektivöffnung in cm	Durchmesser der Beugungsbilder			
	$H\alpha$ λ 6563	(D) λ 5893	$H\beta$ λ 4861	$H\gamma$ λ 4340
10	1.65″	1.48″	1.22″	1.09″
20	0.83	0 74	0.61	0.55
30	0.55	0.49	0.41	0.36
40	0.41	0.37	0.31	0.27
50	0.33	0.30	0.25	0.22
60	0.28	0.25	0.20	0.18
100	0.17	0.15	0.12	0.11
150	0.11	0.10	0.08	0.07
200	0.08	0.07	0.06	0.05
250	0.07	0.06	0.05	0.04

Aus den Formeln für die Größe des Diffraktionsscheibchens ergeben sich noch einige Folgerungen bezüglich der Lichtstärke eines Objektivs bei Abbildung von Punkten. Wenn man den Durchmesser eines Objektivs bei gleicher Brennweite vergrößert, so wächst seine Fläche mit dem Quadrat des Durchmessers und entsprechend auch die Lichtmenge, die das Brennpunktsbild erhält. Mit zunehmendem Objektivdurchmesser nimmt aber auch der Durchmesser des Diffraktionsscheibchens proportional ab. Da hier die Fläche mit dem Quadrat der Öffnung abnimmt, so führen beide Wirkungen hahin, daß bei gleichbleibender Brennweite die Lichtstärke der Punktabbildung mit der vierten Potenz der Objektivöffnung zunehmen sollte. Nun beeinflussen aber beim Auge alle Erscheinungen, die sich unterhalb eines bestimmten Winkelwertes abspielen (S. 53), nur noch ein einzelnes Netzhautelement, so daß die Verengung bzw. Verbreiterung der Diffraktionsscheibchen dann visuell nicht mehr zum Bewußtsein kommt. Aber auch bei der photographischen Platte, bei der das unbelichtete und unentwickelte Korn Dimensionen hat, die weit unterhalb der Zapfendicke des Auges liegen, wird das o^4-Gesetz nicht erfüllt. Ein kleiner Gewinn gegenüber der gleichartigen visuellen Optik macht sich beim Erscheinen der feinsten Lichtpunkte vielleicht eben bemerkbar, sobald aber ausexponierte Sternscheibchen in Frage kommen, gilt auch hier nur das quadratische Gesetz, das in der Form

$$J = c o^2$$

geschrieben werden kann, und nach dem die Lichtstärke eines Objektivs für die Sternabbildung einzig und allein vom Quadrat seiner Öffnung o und einer Instrumentalkonstante c abhängt und von der Brennweite völlig unabhängig ist. Der Satz ist auf die Wiedergabe von Punkten beschränkt; schon auf die Abbildung von feinen Strichen ist er, wenigstens visuell, nicht mehr anwendbar.

Bei flächenhaften Objekten ist zu beachten, daß ihre Ausdehnung durch alleinige Vergrößerung des Objektivdurchmessers nicht geändert wird. Bei konstanter Brennweite bleibt mithin nur die mit dem Quadrat wachsende Vermehrung der Intensität des wirksamen Lichtes übrig. Sobald jedoch die Brennweite vergrößert wird, wächst damit der Bilddurchmesser proportional zu f. Die Fläche wird dadurch im Verhältnis f^2 vergrößert, während gleichzeitig die Lichtdichtigkeit in demselben Maße abnimmt. Demnach stellt der Ausdruck

$$H = c \left(\frac{o}{f}\right)^2$$

die Lichtstärke eines optischen Instruments für Flächenhelligkeiten dar. Es ist allgemein bekannt, daß aus diesem Grunde in der photographischen Optik jedes Objektiv die Verhältniszahl $o : f$ eingraviert erhält und oft ausschließlich, aber sehr einseitig, danach bewertet wird. Bei der Lichtschwäche der Objekte, mit denen es die Himmelskunde oft zu tun hat, ist diese Einseitigkeit natürlich nicht zu vermeiden. Während also für gewöhnliche Sternaufnahmen lediglich eine Vergrößerung der Objektiv- bzw. Spiegeldurchmesser zu erstreben ist, muß für die günstigste Abbildung schwacher Nebel und ähnliche Aufgaben gleichzeitig auch eine möglichst starke Verkürzung der Brennweite vorgenommen werden. Da damit auch das Gesichtsfeld vergrößert wird, so kommt jeder neue Erfolg in der Herstellung kurzbrennweitiger Objektive stets irgendwie auch der Himmelskunde zugute.

Es ist früher gezeigt worden (S. 49ff.), daß die Bedingungen, die an die punktuelle Vereinigung der sichtbaren Strahlen in der Achse eines Objektivs zu stellen sind, bei Fernrohren mit achromatischen Linsen sehr nahe, bei Reflektoren mit parabolischen Spiegeln sogar vollkommen erfüllt werden können. Die Verhältnisse ändern sich nun bei allen Fernrohrkonstruktionen sehr ungünstig, sobald nicht nur der achsiale Raum, sondern eine größere Fläche zur Abbildung gelangen soll, wenn es sich also darum handelt, Linsensysteme bzw. Spiegel für photographische Aufnahmen größerer Himmelsgebiete zu konstruieren. Dabei ist die astronomische Anwendung der Optik deshalb besonders empfindlich, weil es sich am Himmel fast stets um absolute Lichtpunkte handelt, an deren Abbildung auch geringere Fehler der brechenden oder spiegelnden Flächen auffällig hervortreten. Dagegen ist gegenüber der direkten Beobachtung zu beachten, daß beim Betrachten und beim Vermessen der Negative nie so starke Vergrößerungen in Frage kommen, wie bei visuellen Arbeiten am Fernrohr.

Berücksichtigt man zunächst die chromatischen Fehler der üblichen zweilinsigen Objektive, so ist bereits darauf hingewiesen worden, daß bei einer derartigen Linsenkombination immer nur zwei Strahlen von verschiedener Wellenlänge in einem Brennpunkt vereinigt werden können. Die Schnittweiten der anderen Strahlen in bezug auf diese beiden beliebig gewählten Wellenlängen sind dann nur von dem Brechungskoeffizienten der beiden Glassorten, Flint und Kron abhängig, können also, wenn die Wahl der Gläser entschieden ist, nicht mehr geändert werden.

Bei einem photographischen Objektiv werden natürlich andere Strahlen zur Vereinigung gebracht, wie bei einem visuellen. Die Maximalempfindlichkeit der normalen photographischen Platte liegt nach G. Eberhard für dünne Bromsilberschichten (0.01 mm) zwischen 445 und 448 $\mu\mu$, für dicke (0.05 mm) etwa 15 $\mu\mu$ höher, kann sich aber bis 485 $\mu\mu$ erstrecken (Abb. 48). Die Achromasie muß daher besonders in dem Gebiet zwischen 490 und 440 $\mu\mu$ erstrebt, die Vereinigung der Lichtstrahlen demnach vom gelben in den blauen Teil des Spektrums verlegt werden. Daß dieses Verfahren nur einen Notbehelf darstellt, ist schon bei Besprechung der Wirkung verschiedener Farben auf das Bromsilber angedeutet worden. Da die gelben Strahlen stets weit besser abgestufte und stärker gedeckte Bilder geben als die violetten, und bei langen Aufnahmen alles schwache Licht mit kürzeren Wellenlängen als 440 $\mu\mu$ wegen der selektiven Undurchlässigkeit der Gelatine fast unwirksam bleibt, so wird vermutlich bei zukünftigen astronomischen Arbeiten das Augenmerk mehr auf die panchromatische Platte zu richten sein, natürlich in Verbindung mit Objektiven, die für Blau und Gelb achromatisiert sind. Solange dies noch nicht geschieht, muß in der Astrophotographie durchweg mit der einseitigen blauen Farbenvereinigung der Optik gerechnet werden.

Als Beispiel einer chromatischen Korrektion ist in dem nebenstehenden Täfelchen der Zustand des alten photographischen Objektivs der Potsdamer Sternwarte von 33 cm Öffnung und 3.4 m Brennweite gewählt.[1]) Bei diesem Instrument sind, offenbar unter dem Einfluß der Erfahrungen an den älteren Kollodiumplatten, die eng benachbarten Farben von $H\gamma$ und $H\zeta$

Farbenkorrektion des Potsdamer Astrographen.
(Öffn. = 32.5 cm, Brennw. = 344 cm.)

Fraunhofersche Linien		Abstand der Brennpunkte	Durchm. d. chromat. Scheibchen
C ($H\alpha$)	656 $\mu\mu$	+ 20.0 mm	1.90 mm
D	590	+ 13.6	1.28
b	517	+ 6.6	0.64
F ($H\beta$)	486	+ 3.6	0.34
$H\gamma$	434	0.0	0.00
$H\varepsilon$	397	− 0.6	0.06
L	382	+ 0.6	0.06

[1]) Ausgeglichene Kurvenwerte nach den Angaben in J. Scheiner (vgl. Fußnote S. 50) und H. C. Vogel, Publ. Astroph. Obs. Potsd., Bd. 15, 1905.

nahe vereinigt worden. Die Abweichungen der Brennpunkte für die dazwischen liegenden Wellenlängen und auch noch außerhalb $H\gamma$ sind verschwindend gering; erst bei $H\beta$ werden sie merklich, wo sie 4 mm erreichen, entsprechend einem Durchmesser der Zerstreuungsscheibchen von 0.4 mm. Bis zu diesem Betrage können also an dem Instrument die Sternbildchen bei helleren Sternen oder bei sehr langen Expositionen anwachsen. Für die visuellen Strahlen von Gelbgrün an werden die Abweichungen so groß, daß ein solches Objektiv für direkte Beobachtungen gänzlich unbrauchbar ist. Ebensowenig kommt bei dieser Farbenkorrektion die Verwendung orthochromatischer Platten in Betracht.

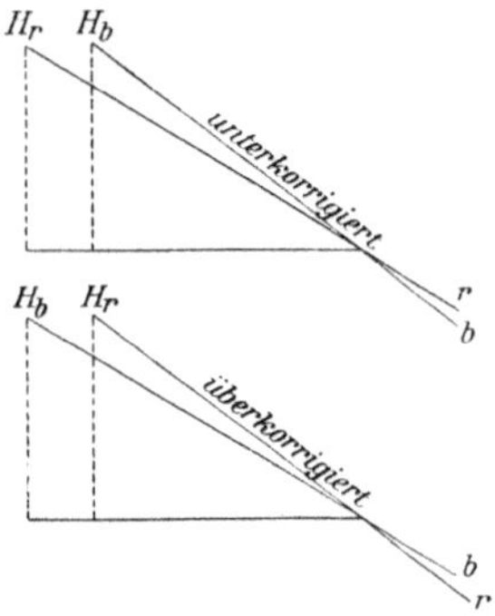

Abb. 57. Lage der Hauptpunkte bei einem unter- und überkorrigierten Objektiv.

Für achsennahe punktförmige Bilder ist es vollkommen gleichgültig, in welcher Weise dem Optiker die Vereinigung der Strahlen verschiedener Wellenlänge gelungen ist. Sobald jedoch der abzubildende Gegenstand eine bestimmte Ausdehnung hat, sind noch an die Art der Vereinigung bestimmte Bedingungen zu stellen. Es muß dann noch eine weitere Voraussetzung erfüllt sein, die sich aus Abb. 57 herleiten läßt. Der Forderung einer Farbenvereinigung auf der Achse ist offenbar bei der oberen wie bei der unteren Skizze Genüge geleistet, da in beiden Fällen der rote und der blaue Lichtstrahl in einem einzigen Punkte vereinigt werden. Die Figuren unterscheiden sich nur dadurch, daß der Hauptpunkt des roten Strahls einmal vor, das andere Mal hinter dem des blauen liegt. Beide Objektivtypen wären für ein größeres Gesichtsfeld unmöglich zu verwenden. Bei Abbildung von ausgedehnten Gegenständen würden hier wie dort die farbigen Bilder verschieden groß ausfallen und sich daher nicht decken. Bei Sternaufnahmen würde die unsymmetrische Überlagerung außerhalb der Achse kleine Spektren ergeben, die in dem einen Falle das rote, in dem anderen das violette Ende der Plattenmitte zukehren würden. Es ist Sache des Optikers, durch geeignete Wahl der Flächen die Hauptpunkte für die farbigen Einzelstrahlen so nahe aneinander zu bringen, daß diese chromatische Vergrößerungsdifferenz keine Störung in dem erwähnten Sinne mehr hervorruft.

Normale Verzeichnung und Koma. Für die weiteren, sich zunächst auf Linsen erstreckenden Betrachtungen soll wieder vorausgesetzt sein, daß das verwendete Glasmaterial völlig homogen ist, die Flächen streng sphärisch geschliffen und die beiden Linsen genau zentriert sind. Die sphärische und chromatische Aberration auf der Achse sollen beseitigt sein, soweit sich das durch die Wahl der vier Linsenflächen und des Materials überhaupt erzielen läßt. Die Bildebene, auf die sich die Betrachtungen beziehen, soll durch den Brennpunkt gehen und senkrecht zur optischen Achse stehen.

Betrachtet man wieder an erster Stelle die Fehler, die mit der Kugelgestalt der Linsenflächen zusammenhängen, so erkennt man auf Grund einer geometrischen Konstruktion (Abb. 58), daß alle in der Haupt- und in den Nebenachsen entworfenen Bilder des Objektivs sehr nahe in einer Kugelfläche liegen, die man sich um den zugehörigen Hauptpunkt *H* des Objektivs als Zentrum gelegt denken kann. Das Bildfeld zeigt also eine nach dem Objektiv zu konkav verlaufende Krümmung; in der Brennebene außerhalb der Achse erscheint dadurch die Brennweite verkürzt, bei kleiner Brennweite stärker, bei langer weniger. An einem visuellen Fernrohr hätte man an den betreffenden Stellen das Okular ein wenig tiefer in den Stutzen zu schieben, um ein scharfes Bild zu erhalten. Sollen jedoch mit einem solchen Objektiv photographische Aufnahmen von Sternen angefertigt werden, so liegen die Dinge nicht so einfach. Würde man eine konkave photographische Platte mit der Brennweite *HF* als Radius benutzen, so würde allerdings auf ihr eine völlig orthoskopische Abbildung möglich sein, und der Bogen *FB'* würde genau dem entsprechenden Winkel am Himmel gleich sein. Von einigen Versuchen abgesehen, die E. C. Pickering in dieser Hinsicht angestellt hat, verwendet man aber in der Astronomie durchweg ebene Platten, deren Querschnitt in der Abb. 58 als Tangente der Fokalfläche erscheint. Der außerhalb der optischen Achse befindliche Stern bildet sich also nicht in *B'*, sondern in *B* ab, und zwar wird die Entfernung *FB* gleich der Tangente von *FB'*. Die Distanzen der Sternbilder vom Plattenmittelpunkt fallen deshalb **größer** aus, als sie auf der Kugelfläche sein würden. Die Abbildung des Himmels durch das ideale Objektiv liefert also eine gesetzmäßige Verzeichnung, die sog. normale Distorsion, die wegen ihres einfachen Tangentenzusammenhanges mit dem Abstand vom Mittelpunkt sehr leicht in Rechnung gezogen werden kann.

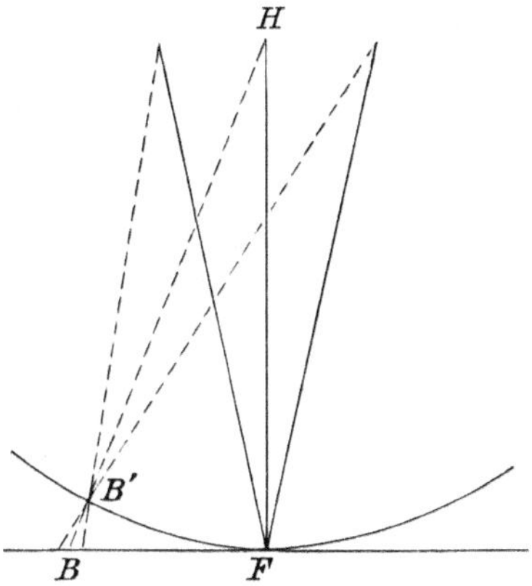

Abb. 58. Kugelgestalt der Abbildungsflache einer Linse.

Die normale Verzeichnung ist indessen mit einem weiteren Übelstand behaftet. Das ideale Objektiv liefert nur innerhalb der Brennfläche, also z. B. in *F* und *B'* punktförmige Sternbilder. Seitlich der optischen Achse schneidet die photographische Platte den Lichtkegel schräg, und die Abbildung der Punkte geschieht in kleinen Ellipsen, deren Durchmesser mit dem Abstand vom Mittelpunkt immer größer wird. Zu den Lagefehlern treten also noch Bildänderungen dazu. Die Sterne erscheinen nur in der Mitte der Platte scharf und rund; in einigem Abstande davon werden sie länglich und wegen der Verteilung der Helligkeit auf eine größere Fläche auch lichtschwächer als in der Nähe der optischen Achse.

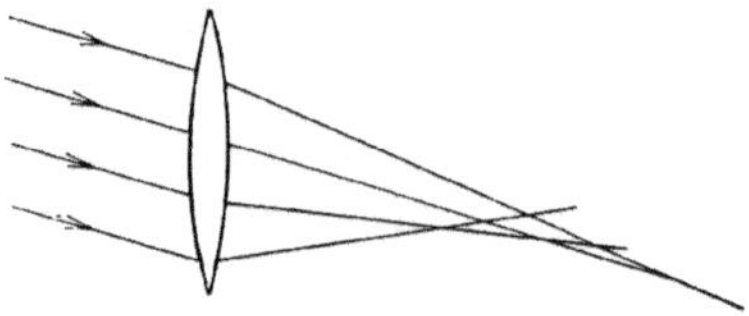

Abb. 59. Aberration schräg einfallender Strahlenbündel.

Damit sind die außerachsialen Fehler aber nicht erschöpft. Daß es technisch möglich ist, die sphärische Aberration in der Achse zu beseitigen, d. h. die Strahlen, die in konzentrischen zylindrischen Bündeln die einzelnen Zonen eines zusammengesetzten Objektivs passieren, nahe in einem Punkte zu vereinigen, ist schon erwähnt worden (S. 37). Stellen wir uns einmal die Abb. 15 so geändert vor, daß das Strahlenbündel schräg zur Linsenachse einfällt, so zeigt die Konstruktion der Schnittweiten sofort, daß diese eine ziemlich komplizierte kaustische Kurve bilden (Abb. 59), somit in der Plattenebene sehr ungleichmäßig abgestufte, geschwänzte Bilder geben müssen. Hier ist zwar eine einfache Linse vorausgesetzt, aber sowohl die theoretische Überlegung wie die Erfahrung zeigen, daß selbst ein aus mehreren Linsen bestehendes Objektiv schräge Lichtbündel zu derartigen kometenförmigen Bildern vereinigen kann. Es gibt allerdings einen Weg, um diese sehr unangenehme Aberrationserscheinung, die der Optiker als Koma bezeichnet, zu vermeiden. Um das Jahr 1870 fanden C. A. STEINHEIL auf einem empirischen und E. ABBE auf einem sehr geistvollen theoretischen Wege, daß die Abbildung außerhalb des Plattenzentrums nur dann in geschlossener Ellipsenform mit einem Intensitätsmaximum in der Mitte erfolgt, wenn die Krümmungsflächen der Objektivlinsen so berechnet werden, daß für alle einfallenden und gebrochenen Strahlen der Sinus des Eintrittswinkels α zum Sinus des Austrittswinkels α' ein konstantes Verhältnis hat. Kommen die Lichtstrahlen aus großer Entfernung, d. h. treffen sie als paralleles Bündel auf das Objektiv im Abstande r von der Mitte auf, so läßt sich die wichtige Abbesche Sinusbedingung einfach so ausdrücken, daß für alle Strahlen

$$\frac{r}{\sin \alpha'} = f$$

sein muß, wenn f die Brennweite des Objektivs bedeutet.

Um zu zeigen, welchen Einfluß die Nichterfüllung der Sinusbedingung auf die seitlichen Bilder ausübt, hat C. A. STEINHEIL das alte von J. FRAUNHOFER hergestellte Objektiv des Königsberger Heliometers auf die Komawirkung hin untersucht. Betrachtet wurden dabei 25 Einzelstrahlen, die in symmetrischer Verteilung das volle Objektiv schräg passieren (Abb. 60a) und in einem Achsenabstand von 50′ sich zu einem Bilde vereinigen. Die Konstruktion führt dann auf die merkwürdigen Form- und Helligkeitsverhältnisse der Abb. 60b. Die dem innersten Kreise ent-

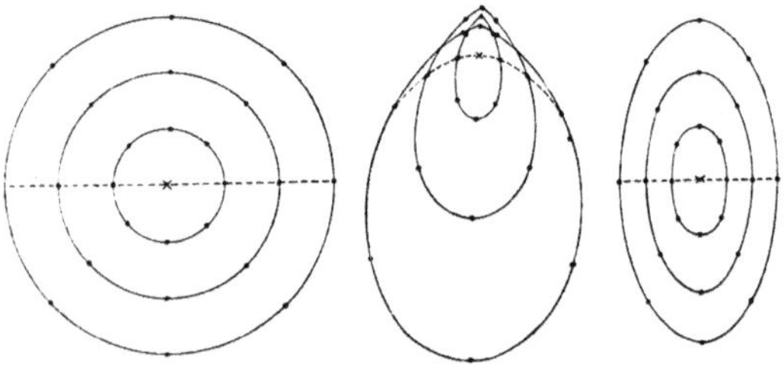

a *b* *c*

Abb. 60. Entstehung der Koma- bzw. der Ellipsenform der Sterne außerhalb der Achse.

sprechende Kurve liegt hier nicht in der Mitte der Figur, sondern viel höher, d. h. sie ist in der Richtung nach der optischen Achse zu verschoben. Die gerissene horizontale Linie, die im Objektiv den Umriß der Figur und die Zahl der Strahlen halbiert, teilt das Bild des Sterns zwar auch in zwei Teile von gleicher Gesamtintensität, aber von sehr ungleicher Ausdehnung. An einen länglichen Lichtkern schließt sich ein Schweif an, der nach außen zu allmählich schwächer wird und nur bei hellen Objekten den vollen Abschluß der Abb. 60*b* zeigt. Unter diesen Umständen werden sichere Helligkeitsmessungen oder Schätzungen auf den gewonnenen Negativen unmöglich. Aber auch die linearen Einstellungen werden durch diese Form der Bilder sehr beeinträchtigt. Damit die Distanzen von der Plattenmitte unter Berücksichtigung des Tangentengesetzes den tatsächlichen Abständen am Himmel entsprechen, muß nämlich auf das kleine Kreuz, d. h. auf den Schnittpunkt des Hauptstrahls mit der Plattenebene, eingestellt werden. Genähert wird man dabei das Maximum der Schwärzung als maßgebend betrachten dürfen. Mit der Zunahme der Intensität rückt aber der Schwerpunkt des Bildes immer mehr nach außen, bis schließlich, bei völlig ausexponierten Scheibchen, nur die geometrische Mitte der ovalen Figur einstellbar bleibt, wenn man nicht zu ganz unsicheren Schätzungen greifen will. Dadurch entstehen systematische, von der Sterngröße abhängige Schätzfehler, die das Messungsergebnis ganz in Frage stellen können. Ist die Sinusbedingung erfüllt, so werden die Sternscheibchen außerhalb der Achse zwar elliptisch (Abb. 60*c*), aber die Helligkeitsverteilung um den Hauptstrahl erfolgt symmetrisch, so daß die erwähnten Nachteile sich nicht mehr bemerkbar machen.

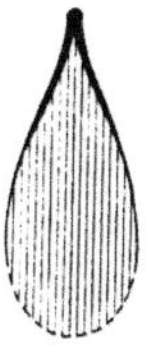
a

b *c* *d*

Abb. 61. Wirkung von Koma, Bildkrümmung und anderen Fehlern auf außerachsiale Bilder von Sternen.

Die soeben behandelten Aberrationsfehler seitlicher Büschel treten naturgemäß auch bei der vollkommensten Konstruktion eines reflektierenden Instruments, dem Parabolspiegel auf. Allerdings ist die bei zweilinsigen dioptrischen Systemen immer nur unvollkommen erreichbare Freiheit von sphärischer und chromatischer Aberration in der optischen Achse hier durch die geometrische Form einer einzigen Fläche mit absoluter Genauigkeit verbürgt. Entfernt man sich aber in der Brennebene vom Mittelpunkt der Platte, so treten sogleich Bildfeldkrümmung und Koma in genau so störender Weise in die Erscheinung, wie bei den Linsen. Der Unterschied liegt nur darin, daß das Bildfeld jetzt dem Spiegel die konvexe Seite zuwendet, und daß die Kometenform der Bilder durch k e i n e Bedingung der einen zur Verfügung stehenden Fläche beseitigt werden kann. Je kürzer die Brennweite im Verhältnis zur Spiegelöffnung, je größer also das Verhältnis $o : f$ ist, desto unangenehmer machen sich die Aberrationsfiguren der Sternscheibchen auf der Platte bemerkbar. In Abb. 61 ist schematisch das Aussehen einiger außerachsialer, normal exponierter Sternbilder wiedergegeben und zwar für eine einfache Linse 1 : 5 (*a*), einen Spiegel

Lichtausbreitung durch Koma und Bildkrümmung bei Spiegeln.

Opt. System	Feld	Koma	Bild-wölbung
	0.5°	1.7″	0.4″
Spiegel	1.0	3.4	1.6
1:10	2.0	6.8	6.3
	4.0	13.6	25.2
	0.5°	18.7″	1.3″
Spiegel	1.0	37 4	5.0
1:3	2.0	74.9	20.0
	4 0	149.8	83.8

1:3 (*b*), ein Petzvalobjektiv 1:5 (*c*) und ein Triplet 1:5 (*d*). Die Achsenabstände betrugen bei den Aufnahmen 12, 2, 7 und 8 Grad.

K. Schwarzschild hat die Streuung durch die Koma und durch die Bildwölbung für zwei parabolische Spiegel 1:10 und 1:3 berechnet und dabei die Zahlenwerte der nebenstehenden Tabelle erhalten. Bei kleinem Brennweitenverhältnis überwiegt demnach die Unschärfe durch die Bildwölbung, bei großem der Komafehler. Schwarzschild hat auch gezeigt, daß es theoretisch möglich ist, die Komawirkung durch Hinzuziehen einer weiteren optischen Fläche, also durch einen zweiten Spiegel zu beheben. Er hat bei dieser Gelegenheit auch ein Teleskop 1:3.5 mit zwei reflektierenden Flächen von besonderem Krümmungsverhältnis berechnet. Die Konstruktion eines solchen katoptrischen Systems bietet aber so große Schwierigkeiten, daß sie praktisch noch nicht erprobt werden konnte.

Bildfeldkrümmung und Astigmatismus. Das Hartmannsche Prüfungsverfahren. Die bei den zweilinsigen Fernrohren der Gegenwart am meisten störenden, nicht zu beseitigenden Fehler beruhen in dem Vorhandensein des sekundären Spektrums und in der Krümmung des Bildfeldes. Der Restfehler der Farbenkorrektion hat erfahrungsgemäß auf die Bilder keinen besonders schädlichen Einfluß, dagegen ist die mit der Bildwölbung zusammenhängende elliptische Form der Sternscheibchen außerhalb der optischen Achse sehr unangenehm, da sie nicht nur das Erkennen von Einzelheiten beeinträchtigt, sondern auch wegen der systematischen Einstellungsfehler zwischen Plattenmitte und -Rand jede genauere Messung in einem größeren Achsenabstand unmöglich macht. Da die Verebnung der Bildfläche sich durch zwei Linsen ohne Aufgabe der bisher erzielten Vorteile nur in beschränktem Maße bewerkstelligen läßt, muß auch der Astronom zuweilen zu komplizierteren Objektivsystemen greifen, obwohl dann durch Reflexion an den vielen Flächen und durch Absorption in den Gläsern ein merklicher Lichtverlust eintritt.

Mit der Bildfeldebnung allein wäre zunächst die Punktabbildung noch nicht gesichert. Wir haben bisher angenommen, daß die Strahlen, ohne Rücksicht auf den Weg, den sie durch ein Objektiv nehmen, also gleichgültig, ob sie in einer senkrechten oder wagerechten Ebene einfallen, zwar in einer gekrümmten

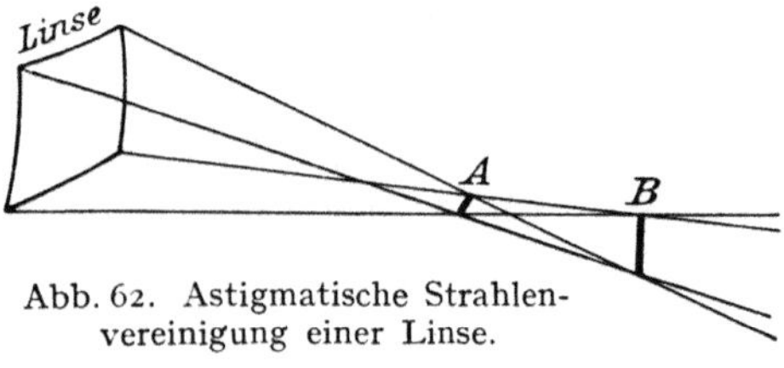

Abb. 62. Astigmatische Strahlenvereinigung einer Linse.

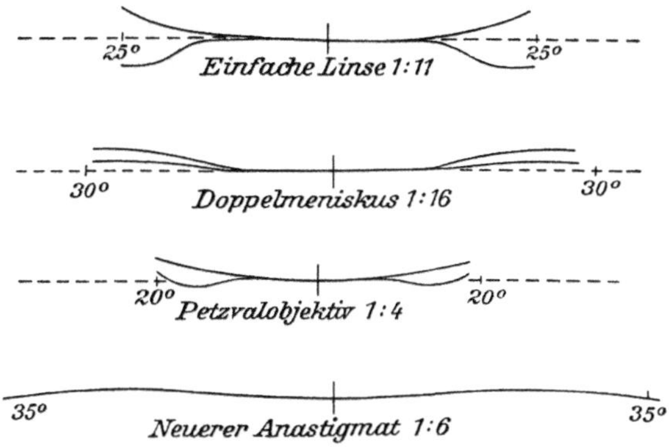

Abb. 63. Astigmatische Kurven verschiedener Objektivtypen (nach C. Beck).

aber wenigstens in der gleichen Fläche vereinigt werden. Das ist nun keineswegs der Fall. Betrachtet man ein schräg ins Objektiv fallendes Strahlenbündel, das in der Brennfläche das elliptische Bild eines Punktes erzeugt, so stellt sich heraus, daß die sog. tangentialen Strahlenbüschel, die die große Achse der Ellipse erzeugen und die sog. sagittalen, die senkrecht dazu einfallen, sich in räumlich getrennten Flächen vereinigen (Abb. 62). Schnittpunkte kommen dabei überhaupt nicht zustande, sondern nur Schnittlinien. Ein Strahlenbündel, das in zylindrischer Anordnung am Objektiv anlangt und dieses schräg passiert, nimmt nach der Brechung eine elliptische Querschnittsform an und behält sie während des ganzen Verlaufs des Strahlenganges bei; an zwei bevorzugten Stellen der Strahlenachse schrumpft dann die Ellipse in zwei räumlich getrennte, annähernd senkrecht zueinander stehende Lichtlinien A und B zusammen, zwischen denen eine mehr oder weniger verwaschene und unscharfe, nahe kreisförmige Abbildung mit allen Eigentümlichkeiten einer nicht punktuellen Strahlenvereinigung entsteht. Selbst dann, wenn es sich erreichen läßt, daß die Platte für alle Achsenabstände gerade in die Mitte zwischen den Brennlinien zu liegen kommt, bleibt der astigmatische Fehler sehr störend. Wir haben schon einmal eine bestimmte in der Achse auftretende Form des Astigmatismus kurz erwähnt (S. 38). Während aber die nicht punktuelle Strahlenvereinigung im achsialen Brennpunkt stets auf Mängel in dem Glasguß zurückzuführen ist, liegt sie hier ausschließlich im Strahlengang begründet, und kann daher höchstens auf Grund von theoretischen Überlegungen über die Wahl der Krümmungsradien usw. behoben werden. Der Wiener Mathematiker J. Petzval war der erste, der sich mit dieser Aufgabe eingehender beschäftigte. Er fand, daß innerhalb eines beschränkten ebenen Feldes dann eine punktuelle Abbildung entsteht, wenn das Objektivsystem nach dem Grundsatz konstruiert ist, daß

$$\frac{1}{n_1 f_1} + \frac{1}{n_2 f_2} = 0$$

wird. Hierbei sind n_1 und n_2 die Brechungsfaktoren, f_1 und f_2 die Gesamtbrennweiten der verwendeten positiven bzw. negativen Linsen. In etwas anderer Formulierung besagt dieser Satz, daß die positiven Linsen eines Systems eine solche Gesamtbrennweite haben müssen, daß diese sich zu der Gesamtbrennweite der Negativlinsen verhält wie die Brechungsindizes der benutzten Glassorten. Obwohl die Petzvalsche Bedingung kein strenges Gesetz darstellt und z. B.

von den gleich zu erwähnenden neuen Anastigmatkonstruktionen überhaupt nicht erfüllt wird, hat sie doch 50 Jahre hindurch der photographischen Optik mehr oder weniger die Richtung gewiesen.

Eine sehr vollkommene stigmatische Ebnung des Bildfeldes über große Plattenformate ist durch Verwendung der neuen Jenenser Gläser (S. 33) von hoher lichtbrechender Kraft und verhältnismäßig geringer Zerstreuung bzw. geringer Brechung und hoher Zerstreuung geglückt. Als Ergebnis der theoretischen und praktischen Arbeiten auf diesem Gebiete sind die Anastigmate anzusehen, deren erster Typus, das Protar, im Jahre 1890 von P. RUDOLPH berechnet und von C. ZEISS hergestellt wurde. In der praktischen Photographie, im Reproduktionsverfahren u. a. beherrschen die Anastigmate heute vollkommen das Feld. Die lichtstarken Typen werden auch für astronomische Zwecke, besonders als Kameraobjektive für Spektrographen gern verwendet. Wie bedeutend der Vorteil bezüglich der Bildebnung ist, den die Anastigmate gegenüber älteren Objektivtypen gebracht haben, veranschaulicht Abb. 63. Sie stellt für vier Linsen bzw. Linsensysteme einen Querschnitt durch die Vereinigungsflächen der tangentialen und der sagittalen Büschel dar.

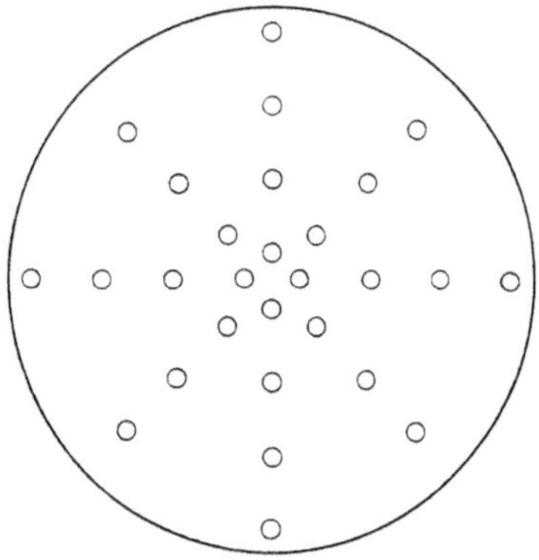

Abb. 64. Lochblende nach J. Hartmann zur Untersuchung von sieben Objektivzonen.

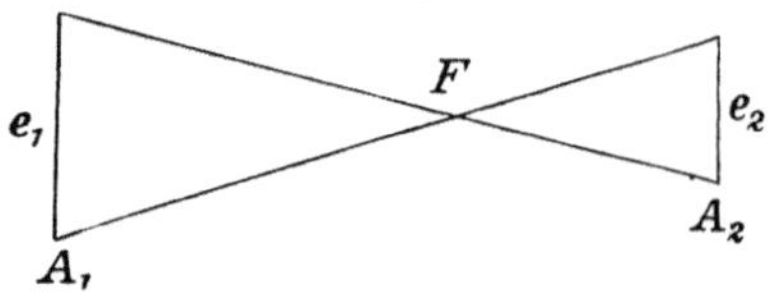

Abb. 65. Brennpunktsbestimmung nach dem Blendenverfahren.

Um die rasche Untersuchung kleinerer Objektive auf sphärische Aberration, Koma, Astigmatismus, Bildfeldkrümmung und Verzeichnung zu ermöglichen, hat die Werkstatt von A. HILGER in London ein besonderes Interferometer konstruiert. Bei größeren Linsensystemen, wie sie in der Himmelskunde Verwendung finden, führen Versuchsaufnahmen am besten zum Ziele. Gibt ein Objektiv in dem gewünschten Gesichtsfelde tadellos runde, leidlich scharfe Bilder, so wird man es auch dann als gut bezeichnen, wenn etwa die sphärische Aberration nicht vollkommen beseitigt sein sollte. Umgekehrt kann die beste Vereinigung der Zonenbrennpunkte nichts nützen, wenn außerhalb der Achse oder gar schon auf dieser die Bilder astigmatisch erscheinen, also von der Kreisform merklich abweichen und ungleichmäßige Schwärzung zeigen.

Zur Ermittelung der genauen Brennweite, der sphärischen und chromatischen Aberration und des Astigmatismus größerer astronomischer Objektive und Spiegel ist von J. HARTMANN ein einfaches und praktisches Verfahren ausgearbeitet worden. Vor dem Objektiv wird an Stelle des Deckels eine geeignete

Lochblende befestigt, die so angeordnet ist, daß eine Reihe von Zonen durch je vier symmetrische Öffnungen bezeichnet wird (Abb. 64). Fällt Licht von einer möglichst einfarbigen fernen Lichtquelle, also z. B. von einem roten Stern auf die Linse, so entstehen innerhalb wie außerhalb des Brennpunktes etwas unscharfe Abbildungen der Blende. Nimmt man sie vor und hinter dem Fokus photographisch auf, so bestimmen je 4 Lochbilder die optischen Eigentümlichkeiten einer Zone. Sind e_1 und e_2 die zusammengehörigen Durchmesser ein und derselben Zone auf diesen Blendenbildchen (Abb. 65), so ist, wenn die Stellung A_1 und A_2 des Fernrohrauszuges an einer Skala abgelesen wurde, die Lage F des Brennpunktes aus

$$F = A_1 + \frac{e_1}{e_1 + e_2}(A_2 - A_1)$$

oder

$$F = A_2 - \frac{e_2}{e_1 + e_2}(A_2 - A_1)$$

sehr genau abzuleiten. Die Lochabstände e auf dem Negativ werden bei den Zonen nicht auf genau den gleichen Wert von F führen; die Abweichungen vom Mittel geben, nach der Regel der Abb. 15 aufgetragen, ein Bild der sphärischen Aberration. Stellt sich dabei heraus, daß die Zahlenwerte von F noch einen Gang mit dem Positionswinkel φ der Öffnungen zeigen, so ist das Objektiv astigmatisch. Größe und Richtung des astigmatischen Zerstreuungskreises sind dann ohne weiteres ableitbar. Durch Anwendung von farbigen Filtern kann die Untersuchung auf verschiedene Teile des Spektrums ausgedehnt und damit auch die chromatische Korrektion des Objektivs nachgeprüft werden.

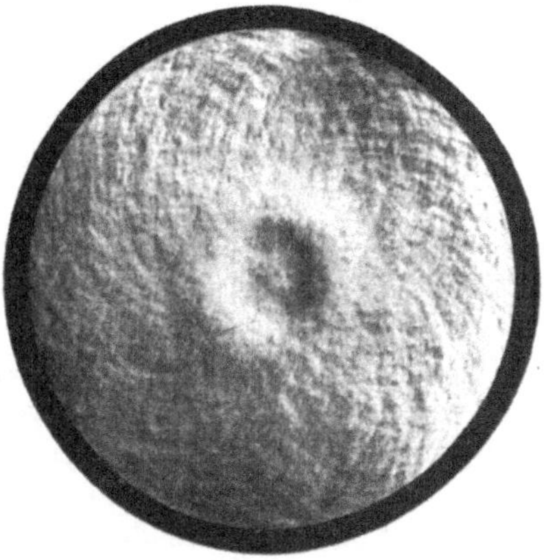

Abb 66. Schlierenbild (Fokogramm) eines mangelhaft korrigierten und polierten Objektivs (nach J. Hartmann).

Eine sehr anschauliche direkte photographische Aufnahme der Objektivfehler gestattet das von dem Physiker A. Töpler für andere Zwecke zuerst angewendete Schlierenverfahren. Wird ein Fernrohr auf einen hellen Stern gerichtet und das Auge ohne Anwendung eines Okulars in die Nähe des Brennpunktes gebracht, so sieht es das Objektiv vom Sternlicht hell erleuchtet. Alle durch Unregelmäßigkeiten des Materials oder des Schliffs hervorgerufenen Linsenfehler müßten in diesem Falle durch ungleichmäßige Beleuchtung der Fläche sichtbar werden. Wegen des Funkelns der Sterne gehen sie indessen visuell auch dann größtenteils verloren, wenn die Farbendifferenz der Brennpunkte durch eine Lochblende vor dem Auge erheblich herabgedrückt wird. Bringt man jedoch an Stelle des Auges eine auf das Objektiv fokussierte photographische Kamera an und ersetzt die Lochblende zweckmäßigerweise durch eine dicht an den Brennpunkt herangeführte Schneide (vgl. Abb. 74), so lassen sich, wie J. Hartmann gezeigt hat, in einer bestimmten Stellung derselben Schlieren

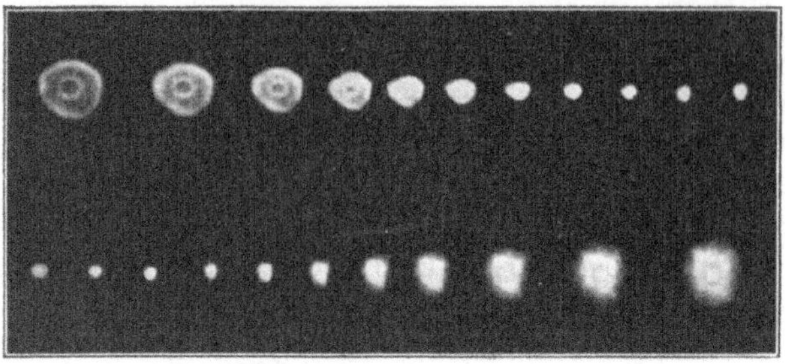

Abb. 67. Sternbilder außerhalb des Brennpunktes bei einem mangelhaften Objektiv (nach J. Hartmann).

sowie Zonen- und Schliffehler auf das deutlichste in einem sog. Fokogramm abbilden. Ein vollkommenes Objektiv muß dann eine nahe gleichmäßig geschwärzte Fläche im Negativ ergeben. Abb. 66 gibt das Fokogramm eines Objektivs mit erheblichen Zonen- und Polierfehlern wieder. Die ersteren machen sich in der Kraterform der Bildmitte, letztere durch die regelmäßige fast geometrische Struktur der Fläche bemerkbar. Bei so mangelhafter Optik treten die Fehler auch schon in den Sternaufnahmen innerhalb und außerhalb des Fokus deutlich zutage (Abb. 67).

Geschichte der photographischen Spezialobjektive.[1]) Wie die visuelle Beobachtung, so hat auch die Photographie ihren Werdegang mit einfachen Linsen begonnen. Es wurde bereits erwähnt, daß schon vor der Daguerreschen und Talbotschen Erfindung photographische Reproduktionsverfahren im Gebrauch waren. Für die notwendigen Aufnahmen verwendete man zuerst bikonvexe bzw. plankovexe Linsen, wie sie seit der Zeit Leonardo da Vincis in der sog. Camera obscura gebräuchlich waren. Um 1804 fand dann der englische Arzt und Physiker W. H. Wollaston die beträchtliche Verzeichnungsfreiheit von positiven Menisken. Dieses erste photographische Objektiv wurde mit der konkaven Fläche dem Aufnahmegegenstand zugekehrt und vorn stark geblendet (Abb. 68). Es läßt sich zeigen, daß man tatsächlich in sehr weiten Grenzen eben zeichnende Menisken herstellen kann. Die günstigste Form ist dann erreicht, wenn eine Fläche elliptisch so geschliffen wird, daß ihr Brennpunkt mit dem Zentrum der zweiten kugelförmigen Linsenbegrenzung zusammenfällt. Die Wollastonschen Menisken genügten dem damals noch nicht verwöhnten Auge derartig, daß sie bald allgemeine Verbreitung und Anwendung fanden. Ihr Farbenfehler machte sich nur durch eine konstante Fokusdifferenz und eine gewisse künstlerische Unschärfe der Umrisse bemerkbar, die nicht unangenehm auffiel. Es war daher praktisch nur ein sehr geringer Vorteil erzielt, als C. L. Chevalier um 1833 den achromatischen Meniskus in die Photo-

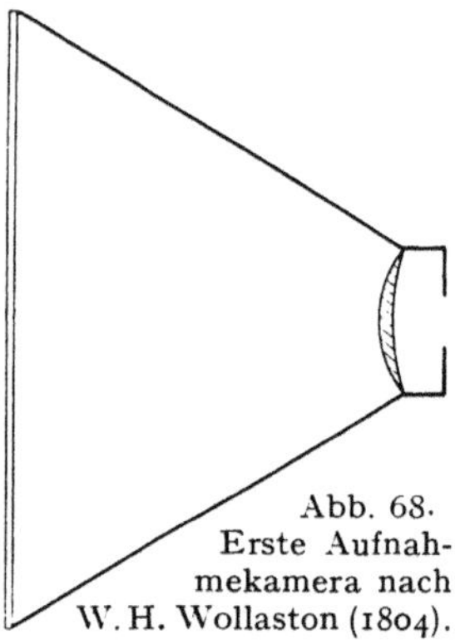

Abb. 68. Erste Aufnahmekamera nach W. H. Wollaston (1804).

[1]) M. v. Rohr, Theorie und Geschichte des photographischen Objektivs. Berlin 1899.

graphie einführte. Der neue Aufschwung, den die photographischen Verfahren durch die Entdeckung der latenten Bilder erhielten, stellte auch an die Optik der Camera obscura erhöhte Anforderungen. Kaum ein Jahr war seit der Erfindung DAGUERRES verflossen, als J. PETZVAL auf Grund des bereits erwähnten, von ihm gefundenen Prinzips (S. 99) die Berechnung eines sehr vollkommenen, besonders lichtstarken photographischen Spezialobjektivs glückte. Das berühmt gewordene, von F. VOIGTLÄNDER konstruierte System besteht aus vier Linsen, die in zwei weit getrennten Einzelfassungen hinter einander angeordnet sind. Die vordere umfaßt ein verkittetes achromatisches Objektiv von der üblichen FRAUNHOFERschen Form, mit der Kronglaslinse im Vordergrunde; das hintere besteht aus einem Flintmeniskus und einer Bikonvexlinse aus Kronglas mit erheblichem Luftraum zwischen beiden (Abb. 70). Bei den späteren verbesserten Objektiven des Petzval-Typus ist die Reihenfolge von Flint und Kron bei dem hinteren Linsenpaar vertauscht, im übrigen hat sich aber die optische Konstruktion fast 50 Jahre ohne wesentliche Änderungen erhalten. Mit dem Augenblick, als die Petzval-Objektive wegen ihrer großen Ausmaße für die Aufnahmen des Berufsphotographen ihre Bedeutung verloren, kamen sie der aufstrebenden Himmelsphotographie gerade sehr gelegen und haben sich hier bis zum heutigen Tage ebenso behauptet, wie auf dem Gebiete der Bildprojektion. Ihr nutzbares Feld ist zwar nicht groß, für dieses sind aber sphärische und chromatische Aberration gut korrigiert und die Koma beseitigt. Die Krümmung des Bildfeldes ist nur zum Teil kompensiert (Abb. 63), ebenso macht sich außen eine Vignettierung bemerkbar, die auf den durch die vielen dicken Linsen erklärlichen Lichtabfall der Randstrahlen und auf den großen Abstand der Gläser zurückzuführen ist. Der astronomische Hauptvorzug der Petzval-Objektive beruht in ihrer Lichtstärke; in der Werkstätte von F. VOIGTLÄNDER sind sie bis zu einem Verhältnis $o:f = 1:2.3$ hergestellt worden.

Durch die PETZVALsche Konstruktion ist eine wichtige englische Entdeckung fast in Vergessenheit geraten, das Dublet von A. ROSS aus dem Jahre 1840. Es bestand aus einem vierlinsigen Satz, bei dem je zwei Komponenten verkittet waren (Abb. 69). Für die Geschichte der photographischen Objektive ist es insofern von Bedeutung, als bei ihm ein wichtiger heute allgemein benutzter Grundsatz der geometrischen Optik zuerst zur Anwendung gekommen ist, nach dem die geringste Verzeichnung bei symmetrischer Anordnung der Linsenflächen zu erwarten ist. Auch die um 1865 durch C. A. STEINHEIL erfolgte Konstruktion der Periskope, einer Verbindung von zwei positiven, durch einen Luftraum getrennten Menisken war wichtig, da damit ein sehr einfaches und doch das Gesichtsfeld in weitem Maße ebnendes Objektivsystem geschaffen war. Die Periskope wurden später durch Einführung von zwei achromatischen Linsen wesentlich verbessert; sie hatten in der

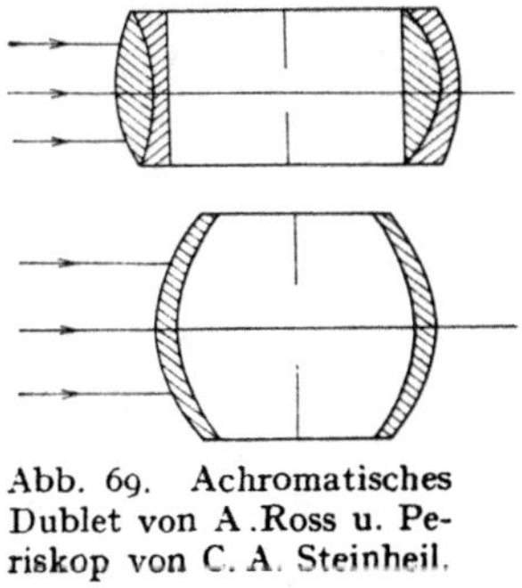

Abb. 69. Achromatisches Dublet von A. Ross u. Periskop von C. A. Steinheil.

neuen Gestalt, die sich unter der Bezeichnung Aplanat, Euryskop u. a. bis auf den heutigen Tag erhalten hat, keine Fokusdifferenz und konnten wesentlich lichtstärker hergestellt werden als die einfachen Doppellinsen. Für die astronomische Photographie sind diese Objektivtypen nur selten verwendet worden, obwohl sie für manche Zwecke, bei denen es weniger auf Randschärfe als auf Lichtstärke ankommt, gut verwendbar sind und bei manchen Aufgaben einen sehr billigen Ersatz für die meist recht teure Optik der Gegenwart darstellen.

Während die bisherigen Konstruktionen photographischer Objektive mit dem älteren Glasmaterial bewältigt werden konnten, treten seit dem Jahre 1890 mehrlinsige Systeme auf, die auf den Eigenschaften der neuen Gläser, insbesondere des hochbrechenden Barytkron aufgebaut sind. Dazu gehören in erster Linie die astronomisch wichtigen Tripletsysteme, die um 1894 von H. D. Taylor berechnet und dann durch die optische Anstalt von F. Cooke in London hergestellt und vertrieben wurden. Sie bestehen (Abb. 70) aus zwei positiven Linsen aus schwerem Barytkron, zwischen denen eine sehr dünne Negativlinse aus normalem Flintglas angebracht ist. Die Objektive sind außerordentlich lichtstark und können so konstruiert werden, daß die Sterne auch bei großen Feldern fast bis zum Rande der Platte scharf und punktförmig erscheinen. Sie eignen sich daher besonders gut zu Durchmusterungsarbeiten am Himmel und haben sich hier tatsächlich ganz vortrefflich bewährt. Die Negative zu dem ausgezeichneten Franklin-Adams-Atlas, einer photographischen Wiederholung der visuellen nördlichen und südlichen Durchmusterung des Himmels, sind z. B. mit diesem Objektivtypus hergestellt worden. Wird die letzte Fläche des Systems asphärisch gehalten, so kann die Leistung noch etwas gesteigert werden. Solche Astrotriplets sind von A. Sonnefeld berechnet und von C. Zeiss herausgebracht worden. In bezug auf die Vereinigung von Lichtstärke mit gutem Bildfeld stehen die Triplets noch heute unerreicht da. Ihre vollkommenste Form haben sie in den Heliaren von F. Voigtländer und den Tessaren von C. Zeiss (Abb. 70) erhalten. Letztere werden in Gestalt der Astrotessare auch für astronomische Zwecke bis zu Öffnungen von 16 cm und dem Brennweitenverhältnis 1:4.5 gebaut.

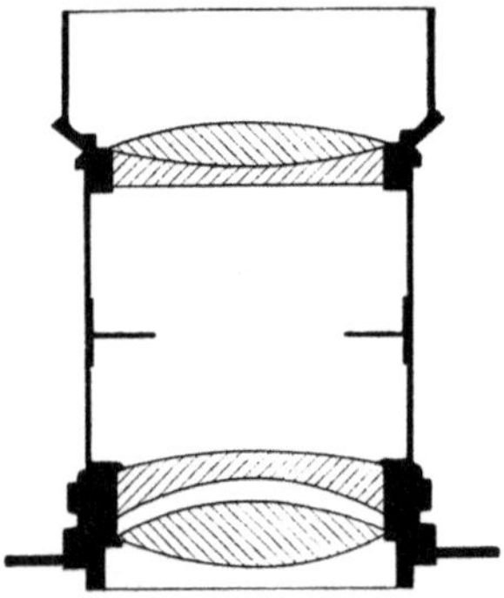
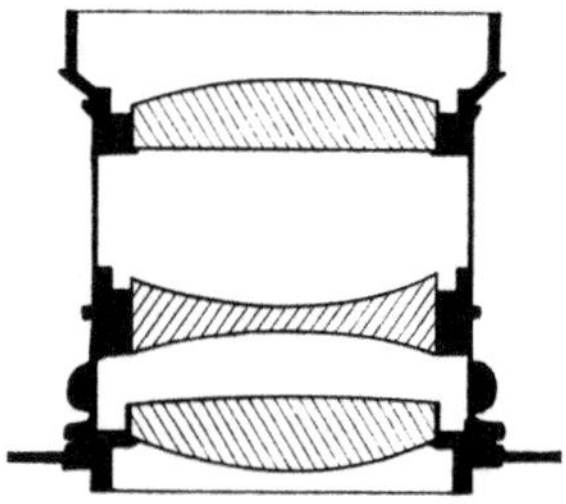
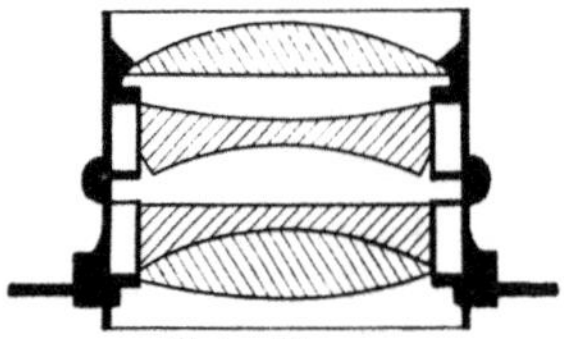

Petzval-Objektiv *Cooke-Triplet* *Zeiss-Tessar*

Abb. 70. Astronomisch wichtige Typen photographischer Objektive hoher Lichtstärke.

Es darf nicht vergessen werden, daß die kurzen Brennweiten der Astrographen nur dann am Platze sind, wenn Kometen, Nebel, Milchstraßengegenden und kleine Planeten photographiert werden sollen. Für die Vermessung hellerer Sterne, also für photographische Katalogarbeiten, kann auf besonders hohe Lichtstärke verzichtet und dafür das Hauptgewicht auf ein möglichst großes verzeichnungsfreies Bildfeld gelegt werden. In dieser Beziehung verdient ein Weitwinkel-Dublet von F. E. Ross Beachtung, auf das besonders F. Schlesinger hingewiesen hat. Es braucht kaum bemerkt zu werden, daß es mit dem gleichnamigen Doppelachromaten von 1840 (S. 103) nichts als die Bezeichnung gemeinsam hat. Es handelt sich um ein symmetrisches, aus zwei weit getrennten Doppellinsen bestehendes System, das bei einem Brennweitenverhältnis 1:22 etwa 25 Quadratgrad sehr gut auszeichnet, also rund sechsmal soviel wie der zweiteilige Normalastrograph 1:10. Der nicht zu unterschätzende Vorteil so großer Felder beruht darin, daß die Negativvermessung viel einheitlicher erledigt werden kann, und für die Reduktion stets eine genügende Anzahl von Vergleichsternen zur Verfügung steht.

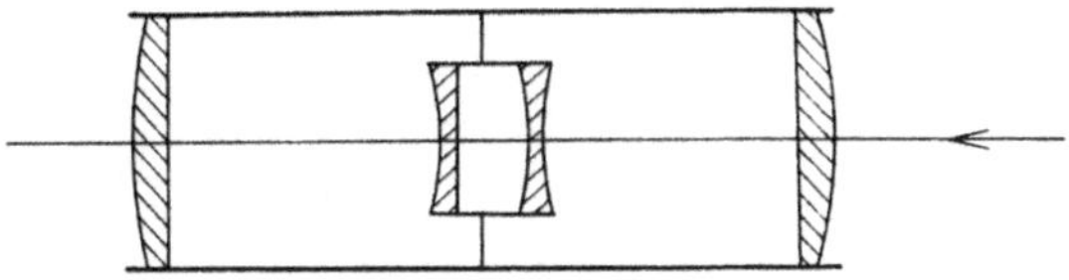

Abb. 71. Weitwinkel-Dublet von F E. Ross. (Konstruktion von C. Zeiss)

Nur sehr wenige der kleineren Objektivkonstruktionen konnten aus der Fülle des Vorhandenen hier Erwähnung finden. Die Zahl der neueren, z. T. ganz vortrefflichen Systeme ist außerordentlich groß, und jede bedeutendere optische Anstalt hat eigene besonders bevorzugte Typen. Neben den Glasobjektiven werden für die ultraviolette Strahlung auch solche aus Quarz und Flußspat, einzeln oder zu achromatischen Systemen kombiniert, von der Technik hergestellt, so daß selbst bei ganz speziellen Aufgaben der Physiker und Astronom nur die Mühe der Wahl hat.

Reflexion und Absorption. Atmosphärische Einflüsse. Beim Eintritt von Licht aus einem durchsichtigen Medium in ein anderes entsteht stets ein Verlust durch Reflexion, der bei senkrechtem Einfall der Strahlen aus dem Brechungskoeffizienten nach der S. 33 erwähnten Fresnelschen Formel berechnet werden kann. Da bei gewöhnlichen Fernrohrobjektiven die Krümmung der Flächen nicht groß ist, so läßt sich dieser einfache Ausdruck ohne merkliche Fehler stets zur Berechnung der Reflexionsverluste anwenden, wobei nur zu beachten ist, daß die damit erhaltenen Zahlen Minimalwerte darstellen.

Bei einem zweiteiligen Fernrohrobjektiv, das aus einer getrennten Kron- und Flintglaslinse zusammengesetzt ist, findet Reflexion an vier Flächen statt. Dem Brechungsindex für Flint und für Kron entsprechend (1.66 bzw. 1.52) sind dann die Reflexionskoeffizienten nach obiger Formel 0.062 und 0.043, d. h. im Mittel findet an jeder Fläche ein Lichtverlust von rund 5% statt. Im ganzen gehen infolge der vier Reflexionen am Objektiv 19% verloren, also nahe der fünfte Teil des Gesamtlichts. Bei sechs unverkitteten Flächen würden im günstigsten Falle 74%, bei acht nur noch 66% der Strahlung von den Linsen in den Bildraum weitergehen. Es ist zu beachten, daß auch diese Beträge nicht voll zur Geltung kommen, weil selbst das klarste Glas das Licht noch erheblich absorbiert. Der dadurch verursachte Verlust kann besonders dann sehr beträchtlich werden, wenn dicke Linsenkombinationen oder gelbliche Glassorten verwendet werden, die aktinische Strahlen kaum noch durchlassen. Jenseits der Wellenlänge 325 $\mu\mu$ absorbiert normales Glas bei der hier in Frage kommenden Schichtdicke alles Licht bereits vollkommen. Eine geringe Erweiterung der Durchlässigkeit ist dann nur noch durch Verwendung des Jenaer UV-Glases möglich, das bei Objektiven mittlerer Öffnung noch Wellenlängen bis 300 $\mu\mu$ zur Abbildung bringt; Quarz und Flußspat sind in dieser Beziehung weit vorteilhafter, eignen sich aber nur für die Herstellung kleiner Objektive. Nimmt man nun an, daß das beste optische Glas in einer Dicke von 1 cm von den visuellen Strahlen 1.5%, von den photographischen 3% absorbiert, so beträgt der Lichtverlust bei einem 50 cm-Objektiv visuell 11%, photographisch bereits 20%. Rechnet man die Verluste durch Reflexion hinzu, so erhält man für die Objektive verschiedener Ausmaße die nebenstehende Tabelle, die sich auf eine ältere Übersicht von H. C. Vogel stützt, aber mit den oben angenommenen abgerundeten Reflexions- und Absorptionskoeffizienten gerechnet ist. Die visuellen Verluste beziehen sich auf etwa 520 $\mu\mu$, die photographischen auf rund 410 $\mu\mu$, also nicht ganz dem Empfindlichkeitsmaximum von Auge und Platte entsprechend. Aus den Zahlen geht hervor, daß bei einem Objektiv von 50 cm Öffnung bei visuellen Beobachtungen etwa 30%, bei photographischen rund 40% für die Bilderzeugung verlorengehen, wobei noch zu beachten ist, daß im letztgenannten Falle ein weiterer sehr erheblicher Bruchteil in der Plattenemulsion zerstreut und absorbiert wird. Diese Verhältnisse sind sehr wohl zu beachten. Es kann nämlich schließlich eine Grenze erreicht werden, oberhalb der eine weitere Vergrößerung des Objektivs keinen Gewinn an Licht mehr gewährt. Mit dem großen Refraktor der Yerkes-Sternwarte von 102 cm Durchmesser ist diese Grenze bereits annähernd erreicht; ein achromatisches Objektiv von den Dimensionen des größeren Reflektors auf Mt. Wilson, also von 2.6 m Öffnung, würde überschlagsweise nur noch wenig mehr als 10% des einfallenden aktinischen Lichtes durchlassen. Ebenso ungünstig lägen die Verhältnisse, wenn man die in kleinen Dimensionen so vorzüglichen vier- oder sechslinsigen Anastigmate mit z. T. sehr bedeutenden Glas-

Mindestverluste durch Reflexion und Absorption in Doppelobjektiven.

Durchm.	Glas-dicke	Visuelle Strahlen	Photogr. Strahlen
26 cm	4 cm	23 %	28 %
39	6	26	32
52	8	28	36
65	10	30	40
78	12	32	44
91	14	34	47
102	16	36	50

dicken im großen Maßstabe herstellen und zur Konstruktion von photographischen Fernrohren verwenden wollte.

Bei der Behandlung der Objektive und ihrer Fehler dürfen die Wirkungen der irdischen Lufthülle nicht außer acht gelassen werden. Die Atmosphäre ist gleichfalls ein optisches Medium und als solches ein unvermeidlicher Bestandteil eines jeden Fernrohres, nur daß der Beobachter auf ihre sehr komplizierte und wechselnde Struktur keinen Einfluß hat. Neben der Zusammensetzung, der Dichte usw. ändert sich fortwährend der Gehalt an Staub und kleinsten Wassertröpfchen. Eine Folge hiervon ist die ständig wechselnde Absorption und Zerstreuung, wobei die kurzen photographischen Wellenlängen besonders stark beeinflußt werden. Die mangelhafte Durchsichtigkeit der Luft hat daher auf die Güte der photographischen Aufnahmen einen schädlicheren Einfluß als auf visuelle Beobachtungen. Der Anfänger in der Himmelsphotographie hat mit diesen Einwirkungen und den mit ihnen verknüpften häufigen Unterexpositionen dauernd zu kämpfen. Dagegen stört die Luftunruhe bei photographischen Arbeiten nicht so sehr, wie bei visuellen Beobachtungen. Bei längeren Aufnahmen gleichen sich auch sehr merkliche Ausschläge der Sternbildchen um die Mittellage schließlich aus, so daß als Endergebnis nur eine mehr oder weniger stark hervortretende Vergrößerung der Scheibchen übrigbleibt. Die spätere Einstellung des Mikrometerfadens auf große, verwaschene Bilder ist natürlich etwas ungenauer als auf kleine, scharfe; von einer wesentlichen Schädigung der Meßgenauigkeit kann jedoch, wenn es sich nicht gerade um Doppelsterne oder enge Sternhaufen handelt, kaum die Rede sein.

Sollen die Negative nicht zu astrometrischen Zwecken verwendet werden, sondern etwa zu Helligkeitsschätzungen dienen, so macht sich die Luftunruhe schon störender bemerkbar. Jedes Sternscheibchen bildet sich dann größer ab, als bei ruhiger Atmosphäre. Dadurch verteilt sich das Gesamtlicht auf eine größere Fläche, so daß bei schwachen Sternen die Dichte des Korns geringer wird und die Sichtbarkeitsgrenze bei gegebener Expositionszeit herabgedrückt erscheint. Das geht so weit, daß unter sehr schlechten atmosphärischen Verhältnissen bei sonst völlig durchsichtiger Luft der Verlust bis zu einer Größenklasse anwachsen kann und in seiner Wirkung einem Ergebnis entspricht, das man sonst in dem dritten Teil der angewendeten Aufnahmezeit erhalten hätte. In genau umgekehrter Weise wirkt die Luftunruhe auf die Größenbestimmung von Sternen, die so hell sind, daß bei gegebener Expositionszeit ein völlig geschwärztes Scheibchen entsteht; man ist in diesem Falle geneigt, die betreffenden Sterne wegen ihres großen Durchmessers für heller anzusehen, als bei ruhiger Luft. Auf diese Weise zeigen bei ungünstigen atmosphärischen Verhältnissen erhaltene Aufnahmen zwar weit weniger Sterne, aber eine scheinbar steilere Gradation, d. h. größere Kontraste.

Daß bei Flächengebilden, wie bei Sonne, Mond und Planeten, jede Art von Luftstörung, mag sie das Bild in eine rasch flackernde oder langsam wallende Bewegung versetzen, äußerst schädlich einwirkt, ist selbstverständlich. Es ist zum Beispiel nicht möglich, von einer Mondformation ein leidliches Negativ zu erhalten, wenn das Bild während der Aufnahme um mehrere Sekunden hin- und hergeschwankt hat. Man kann ohne weiteres behaupten, daß brauchbare, für neuzeitliche Untersuchungen geeignete Aufnahmen der Planeten nur unter Luftzuständen erhalten werden können, die in unseren Breiten- und Höhenlagen überaus selten vorkommen, und dann nur nach Minuten oder höchstens einmal nach Stunden zu zählen sind. Nicht viel besser steht es um manche astronomischen Momentaufnahmen. Bei der Sonne kann es z. B. vorkommen, daß wohl ein scharfes Bild mit gut hervortretenden Umrissen erhalten wird; ob jedoch die einzelnen Teile desselben sich in richtiger Lage befinden oder gegeneinander verzerrt abgebildet sind, bleibt unbestimmt. Es kann, wie die Erfahrung lehrt, leicht eintreten, daß das zu messende Objekt, z. B. ein kleiner Sonnenfleck, die Venus- oder Merkurscheibe vor der Sonne, ohne merkliche Verzerrung der Gestalt um ein beträchtliches Stück verschoben sind. Eine solche Aufnahme gibt dann trotz sorgfältigster Messung ein fehlerhaftes Resultat. Für die Zwecke genauer Vermessungen, wie sie bei partiellen Finsternissen, Planetendurchgängen usw. erforderlich werden, sind daher die üblichen Momentaufnahmen der Sonne unbrauchbar und durch kurze Zeitaufnahmen von etwa $\frac{1}{5}$ bis 1 Sekunde Dauer bei künstlicher Abblendung zu ersetzen.

Aus allen diesen Betrachtungen geht hervor, wie wichtig für alle photographischen Aufnahmen die Wahl des Beobachtungsortes ist. Nach den amerikanischen Erfahrungen dürften hochgelegene Bergobservatorien in waldreicher Umgebung die günstigsten Aussichten bieten. Die großartigen Erfolge der Lick- und Yerkes-Sternwarte, des Mt. Wilson-Observatoriums und anderer wissenschaftlicher Arbeitsstätten der Neuen Welt sind zweifellos nicht nur den nach Größe und Beschaffenheit erstklassigen Instrumenten und ihrer sachgemäßen eifrigen Verwendung, sondern auch der vorzüglichen Beschaffenheit der Luft und ihrer Beständigkeit zu verdanken. So verfügt der Gipfel des Mt. Wilson durchschnittlich über 250 vollkommene klare Nächte im Jahre, die sich so verteilen, daß von den vorhandenen 1600 nächtlichen Arbeitsstunden nur etwa 300 verlorengehen, während Mitteleuropa kaum das umgekehrte Verhältnis aufweisen kann.

Das Halten der Sterne bei Himmelsaufnahmen. Damit das Bild eines Sterns völlig rund und scharf abgebildet wird, ist es nötig, daß es während der ganzen Aufnahmezeit mit einer den astronomischen Messungen entsprechenden Genauigkeit auf derselben Stelle der Platte gehalten wird. Das geschieht zunächst durch Anwendung eines Uhrwerks, es ist aber einleuchtend, daß bei der Himmelsphotographie an diesen Hilfsapparat ganz andere Anforderungen gestellt werden müssen, als bei direkten Beobachtungen im Felde eines Okulars. Da seit etwa 100 Jahren die Triebwerke der Fernrohre stets ein sehr vielseitiges und dankbares Gebiet für neue Konstruktionen geboten haben, ist die Zahl derselben recht groß. Die meisten älteren beruhen auf der Verwendung der Schwerkraft als

Antrieb und bedienen sich zur Regelung des Ganges eines Wattschen Reibungsregulators, wie er von jeder Dampfmaschine her bekannt ist. Der Wattsche Regulator wirkt wie ein Kegelpendel und seine Umlaufszeit ist durch die Länge der Pendelstangen und den veränderlichen Öffnungswinkel derselben definiert. Eine in Deutschland vielfach angewendete Regulatorform stellt das von J. Repsold konstruierte Federpendel dar, bei dem eine senkrechte, auf einer Grundplatte festsitzende Stahlstange an ihrem oberen Ende ein verstellbares Gewicht trägt. Bei dem Antrieb des Uhrwerks, der durch Gewichtsaufzug oder Elektromotor erfolgen kann, geht die überschüssige Kraft auf das Vertikalpendel über; dieses wird in Schwingungen versetzt und das Gewicht durch die Zentrifugalkraft aus der Ruhelage gebracht. Die synchronen Umdrehungen werden durch einen Mitnehmer auf das Uhrwerk übertragen. Die Regulierung erfolgt hier nicht durch Reibung, sondern durch den Biegungswiderstand des rund schwingenden Pendels. Die gegenwärtig beste Form für große Instrumente hat den Triebwerken C. Zeiss gegeben (Abb. 72). Als Triebkraft dient ein elektrischer Hauptschlußmotor, der aber lediglich die Aufgabe hat, ein Gewicht ständig gerade um den Betrag aufzuziehen, um den es ohne Antrieb des Mechanismus ablaufen würde. Der Regulator besteht aus einem vervollkommneten Kegelpendel mit vier Armen, das durch Spannfedern eine sehr genaue Justierung der Zentrifugalkraft der Kugeln ermöglicht. Wird dem Werk eine geringe Beschleunigung erteilt, so kann mit ihm mittels eines Relais die automatisch wirkende Sekundenkontrolle einer Sternzeituhr gekuppelt werden, die dann eine präzise Mitführung des Instruments gewährleistet.

Abb. 72. Antriebsvorrichtung v. C. Zeiss für die Stundenbewegung großer Refraktoren und Reflektoren.

Daß auch das beste Uhrwerk für die Aufnahmen der Astrophotographie allein nicht genügt, ist leicht einzusehen. Nehmen wir als Grenze der scharfen Abbildung auch nur den Wert von $\pm 1''$ an, so würden diesem Winkel bei den üblichen photographischen Refraktoren von $3\frac{1}{3}$ m Brennweite $\pm$ 0.02 mm entsprechen. Eine solche Forderung vermag aber weder die beste Aufstellung eines Fernrohrs noch das beste Uhrwerk zu erfüllen. Selbst wenn es einmal der Fall wäre, so entspringen aus den Veränderungen der Strahlenbrechung während der Aufnahme, der Durchbiegung des Fernrohrs usw. Fehlerquellen, die außerordentlich viel stärker wirken, als es den obigen Grenzen entspricht. Es muß also das menschliche Auge hinzutreten und durch irgendeine Vorrichtung einen der abzubildenden Sterne genau auf derselben Stelle der Platte halten. Im Laufe der Zeit sind zu diesem Zweck verschiedene Verfahren angewendet worden. Als erstes und einfachstes bot sich die Benutzung des an jedem Refraktor vorhandenen Suchers dar. Sind die optischen Achsen von Haupt- und Nebenfernrohr parallel, so läßt es sich erzielen, daß beim Halten eines Sternes im Fadenkreuz eines starken Sucherokulars das Bild auch im photographischen Instrument auf demselben Punkt der Platte bleibt. Dieser Parallelismus der beiden Fernrohre kann aber streng nur für eine bestimmte Lage des Instruments hergestellt werden; bei der allgemein gebräuchlichen Befestigung des Suchers am Okularende des Fernrohrs wirkt die Biegung so einseitig auf das Hauptrohr, daß bei jeder stärkeren Änderung der Zielrichtung die Parallelität der Absehnslinien alsbald aufgehoben wird.

Wesentlich vorteilhafter wird die Einrichtung, wenn ein anderes, größeres Fernrohr an Stelle des Gegengewichts auf die Deklinationsachse als Leitinstrument gesetzt wird. Dieses Verfahren ist schon mehrfach, z. B. von Lord Roberts bei seinen umfangreichen Nebel- und Sternhaufenaufnahmen angewendet worden. Wegen der unvermeidlichen Durchbiegung der Deklinationsachse kommt aber hier ein neuer Fehler hinzu, so daß auch dieses Verfahren nur einen Notbehelf darstellt und für längere Aufnahmen jedenfalls nicht geeignet ist. Roberts selbst hat mit seinem in Crawborough Hill in England aufgestellten Instrument nur deshalb so vortreffliche, scharfe Negative erhalten, weil er die Belichtungen mehrfach zu unterbrechen pflegte, um sich an dem geschlossenen, außen versilberten Kassettenschieber seines Newton-Spiegels von der unveränderten Lage der Sterne und damit von der dauernden Paralleljustierung der beiden Fernrohre zu überzeugen.

Zweifellos die beste Lösung der Aufgabe ist in der Anordnung zu erblicken, die schon zu Beginn der astronomischen Sternphotographie die Gebrüder M. und P. Henry getroffen haben. Sie gaben dem Sucherobjektiv die gleiche Brennweite wie dem photographischen Fernrohr und vereinigten Leitrohr und Hauptinstrument in einem einzigen Tubus, in dem nur eine dünne Scheidewand die optische Trennung der beiden Instrumente bewirkte. Hierdurch ist jede Verschiedenheit der Biegung für die beiden Systeme ausgeschlossen, und es kann viele Stunden lang exponiert werden, ohne daß eine Verschiebung des photographischen Bildes auf der Platte zu befürchten wäre. Wesentlich ist bei dieser Einrichtung, daß sowohl die beiden Objektive als auch Kassettenauszug und Okular auf je einer gemeinschaftlichen starken Grundplatte befestigt sind, damit nicht noch an diesen Stellen eine verschiedene Einwirkung eintritt. Neben dieser Sicherung bietet die Henrysche Einrichtung noch den Vorteil, daß das Objektiv des Leitrohrs so groß gewählt werden kann, daß auch schwächere Sterne zum Halten in Frage kommen. Die für den ersten Pariser photogra-

Okularende des 100-zölligen Mt. Wilson-Reflektors

phischen Refraktor gewählten Maße (Öffnung 34 cm, Brennw. 3.4 m), sind späterhin für eine große Zahl von Instrumenten gleicher Art beibehalten worden. Die zweilinsigen Objektive der Leitfernrohre bei diesen Himmelskartenrefraktoren oder Normalastrographen besitzen eine Öffnung von 20 bis 25 cm, so daß bei hellem Gesichtsfelde Sterne bis zur 10. Größe noch gut zum Nachführen benutzt werden können. Man wird indessen nur selten in der Nähe der Stelle, die in die Mitte der Platte kommen soll, einen genügend hellen Stern finden; deshalb ist es unumgänglich notwendig, das Fadenkreuz am Okular nicht festzusetzen, sondern auf einem Kreuzschlitten anzubringen, der es gestattet, jede Stelle eines Feldes von mindestens 30′ Durchmesser abzusuchen, um unter Beibehaltung des gewünschten Plattenmittelpunktes auch weiter entfernte Sterne zum Halten benutzen zu können.

Abb. 73. Doppelschlittenkassette am 72 cm-Reflektor der Heidelberger Sternwarte.

Es kann sehr wohl die Frage aufgeworfen werden, ob für die photographischen Aufnahmen überhaupt ein besonderes Führungsrohr notwendig ist. Wäre die Schicht der photographischen Platte durchsichtig, so könnte tatsächlich mit einem hinter derselben angebrachten Okular die unveränderte Lage eines Leitsterns ständig kontrolliert werden. Da aber alle Plattenemulsionen undurchsichtig sind, muß für den Zweck entweder die Schicht auf einem kleinen Fleck ausgespart oder das Okular vor der Platte angebracht werden. Beide Wege sind versucht worden, der letzte in Form von gebrochenen senkrecht zur Achse stehenden Leitokularen. Wegen der damit verbundenen Störung des einheitlichen Plattenbildes durch teilweise Beschattung bringt man gegenwärtig das Leitokular meist dicht neben der Kassette an (Abb. 73). Diese Anordnung hat bei kurzbrennweitigen Spiegeln den Nachteil, daß mit den schlechten außerachsialen Bildern geführt werden muß. Bei den komafreien zweiteiligen photographischen Objektiven stören dagegen die farbigen Sterne das Auge derart, daß man sie nicht einmal zum scharfen Halten auf einem Fadenkreuz verwenden kann. Dadurch werden für die Leitokulare Korrektionssysteme notwendig, die das Verfahren nicht gerade vereinfachen. Andere Einrichtungen zur Erleichterung und Vervollkommnung der Nachführung, wie sie z. B. photographische Parallaxenmessungen und andere Aufgaben erforderlich machen, müssen hier übergangen werden, obwohl dabei mancher sinnreiche Gedanke verwirklicht worden ist. So haben z. B. R. König und K. Satori die mit lästigen Diffraktionserscheinungen behaftete Fadenbeleuchtung der Führungsrohre durch Konstruktion eines besonderen Leitokulars zu umgehen versucht, bei dem ein Teil der Lichtstrahlen zu dem normalen umgekehrten, der andere dagegen zu einem aufrechten Bilde vereinigt wird. Werden Haupt- und Nebenbild zu Beginn der Aufnahme subjektiv zur Deckung gebracht, so hat dann der Beobachter lediglich auf diese Koinzidenz zu achten. Da jede Änderung der Blickrichtung, z. B. im Stundenwinkel, das eine Sternbild nach links, das andere nach rechts verschiebt, ist das Verfahren sehr empfindlich.

Das Halten der Sterne ist, wie jede andere astronomische Beobachtung, eine Fertigkeit, die nur durch Übung erworben werden kann. Vor allem muß man sofort erkennen können, ob eine plötzlich stattfindende Abweichung des Sternes vom Fadenkreuz durch die Luftunruhe oder durch einen Fehler im Instrument verursacht ist. Im ersten Falle hat man nicht zu korrigieren, da die Schwankungen sich alsbald von selbst ausgleichen; im anderen Falle aber muß natürlich sofort nachgeholfen werden. Die Bedienung der Feinbewegungen an großen Instrumenten erfolgt durch Schlüsselübertragung aus freier Hand oder elektrisch durch Tasterauslösung. Das letzte Verfahren ist schon deshalb besonders zu empfehlen, weil es jedes Anstoßen gegen das Instrument verhindert. Bei Expositionen in der Nähe des Horizontes, wie sie bei Kometen zuweilen unvermeidlich sind, ist bei der Nachführung der Einfluß des Refraktionsunterschiedes zwischen den visuellen und den photographischen Strahlen nicht mehr zu vernachlässigen. In solchen Fällen empfiehlt es sich, bei Verwendung genügend heller Sterne ein dunkles Blauglas vor das Okular zu setzen, wodurch der Eindruck für das Auge weit besser dem photographischen Bilde angepaßt wird.

Selbst ein auf das sorgfältigste gebautes und montiertes photographisches Instrument wird mangelhafte Bilder geben, wenn sein Achsensystem nicht genau mit demjenigen der Himmelskugel übereinstimmt. Die Anforderungen in dieser Beziehung sind verhältnismäßig sehr hoch. So darf der Fehler der Achsenrichtung schon bei kleineren Instrumenten keine Bogenminute betragen, wenn eine Bilddrehung auf der Platte vermieden werden soll. Die Orientierung der Achsen muß hier also weit genauer sein als bei den visuellen Instrumenten. Die erforderliche Verbesserung der rohen Aufstellung kann auch ohne Kreisablesungen auf photographischem Wege erfolgen, am besten nach einem sehr einfachen von J. Scheiner angegebenen Verfahren, das aber hier nicht näher auseinandergesetzt werden kann.[1])

Bei großen Instrumenten ist noch eine häufige Fokussierung der Abbildungsebene unumgänglich notwendig, da infolge der Temperatureinflüsse auf Linsen, Spiegel und Rohre der Brennpunkt sich im Laufe der Zeit um mehrere Millimeter hin und her verschieben kann. Photographisch korrigierte Objektive bereiten dabei einige Mühe, da hier der beste Fokus durch Serienaufnahmen auf einer Platte versuchsweise gefunden werden muß. Bei Spiegeln und bei visueller Optik erfolgt die Kontrolle am besten nach der von L. Foucault angegebenen sog. Messerschneidenmethode. Ein scharfes Messerchen, ein

[1]) J. Scheiner, Photographie der Gestirne. Leipzig 1897.

schwarzes Kartenblatt oder dgl. wird nahe dem Brennpunkt in den Strahlengang gebracht. Die Pupille befindet sich hinter dem Brennpunkt und beobachtet ohne Okular das von einem hellen Fixstern voll erleuchtete Objektiv. Wird die Schneide innerhalb des Fokus nach oben vorgeschoben, so erscheint entsprechend Abb. 74 die obere Hälfte, bei Verschiebung außerhalb des Fokus dagegen die untere Hälfte des Objektivs verdunkelt. Im Brennpunkt selbst verschwindet die ganze Objektivbeleuchtung plötzlich und gleichmäßig, wobei die Beurteilung der Messerstellung so genau ist, daß es nicht schwer fällt, die Lage der Strahlenvereinigung bis auf wenige Hundertstel eines Millimeters zu bestimmen.

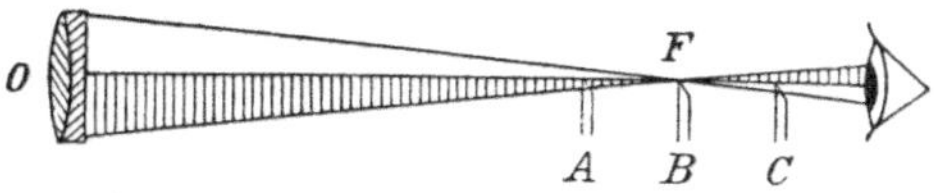

Abb. 74. Prinzip des sog. Messerschneidenverfahrens.

Photographische Refraktoren und Reflektoren. Der Achsenaufbau der photographischen Fernrohre muß stets so erfolgen, daß das übliche Umlegen des Instruments beim Übergang vom östlichen zum westlichen Himmel fortfällt. Der ursprüngliche Astrograph der Gebrüder M. und P. Henry der Pariser Sternwarte und seine Kopien im Vatikan, in La Plata usw. haben zu diesem Zweck die sog. englische Fernrohrmontierung erhalten. Das Doppelfernrohr besteht dabei aus einem viereckigen Kasten, der inmitten der geteilten großen Stundenachse sitzt. Diese Anordnung hat insofern einen Nachteil, als sie Aufnahmen in der unmittelbaren Nähe des Himmelspols ausschließt. Der einzige deutsche photographische Refraktor in einer englischen von der beschriebenen allerdings etwas abweichenden Montierung befindet sich auf dem Astrophysikalischen Observatorium in Heidelberg (Abb. 75). Das von Miss C. Bruce dem Institut gestiftete Instrument besteht aus zwei gleichen photographischen Refraktoren von 40 cm Objektivöffnung und 2 m Brennweite, die mit dem visuellen Leitrohr seitlich an der $5\frac{1}{2}$ m langen Stundenachse angebracht sind.

Der Astrograph des Potsdamer Observatoriums (Abb. 76) stellt den Typus eines um 1890 in Deutschland gebauten Doppelrefraktors nach Henryschem Prinzip, aber in einer abweichenden Achsenkonstruktion dar. Das photographische und das visuelle Instrument mit Objektiven von 33 bzw. 23 cm Öffnung sind in einem Rohr von elliptischem Querschnitt vereinigt. Die Brennweite beider beträgt 3.4 m; sie ist, wie bereits S. 88 erwähnt, so gewählt, daß in der Brennebene eine Bogenminute möglichst genau einem Millimeter entspricht. Die eiserne Kassette zur Aufnahme der photographischen Platten im Format 16 × 16 cm kann durch einen Bajonettverschluß leicht abgenommen und wieder angesetzt werden, ohne daß ihre Justierung dadurch geändert wird. Die von der Werkstätte J. G. Repsold in Hamburg gelieferte Montierung ist eine selbständige Nachbildung einer älteren englischen Aufstellung: die kurze deutsche Stundenachse ist beibehalten, dafür ist aber die Säule geknickt, so daß der obere Teil derselben in der Fortsetzung der Stundenachse liegt. Damit ist erreicht, daß das Fern-

Abb. 75. Der photographische Bruce-Refraktor der Heidelberger Sternwarte.

rohr ohne Umlegen in jede beliebige Stellung gebracht werden und auch die Polgegend photographiert werden kann. Ähnliche Instrumente von diesem Typus sind von C. ZEISS in Jena und O. TOEPFER in Potsdam für die Sternwarten in Bergedorf und Babelsberg gebaut worden.

Als Beispiel der neuzeitlichen Montierung eines Spiegelteleskops mag Abb. 77 dienen, die den Reflektor der Bergedorfer Sternwarte darstellt. Die kräftige Stundenachse des im vorliegenden Falle sehr kurzbrennweitigen Instrumentes (Öffnung 100 cm, Brennweite 3 m) läuft in eine Art Gabel aus, in der das Spiegelteleskop ruht und in beliebige Deklinationsstellungen gebracht werden kann. Die Durchbiegung der Achsen wird für alle Instrumentlagen durch ein besonderes, von Ingenieur F. MEYER angegebenes Entlastungssystem verhindert, dessen Gewichte und Hebelarme man auf der Photographie deutlich erkennt. Der Reflektor zeigt im übrigen die Newtonsche Konstruktion; die kleine Kassette mit der Platte befindet sich also im Brennpunkte des Spiegels mitten in der vorderen Tubusöffnung. Die mechanische Nachführung erfolgt durch ein kräftiges, im Nebenraum aufgestelltes Uhrwerk mit Motorantrieb, konstantem Gewichtsaufzug und Sekundenkontrolle (Abb. 72). Zur Überwachung der Bewegung dient ein größeres, mit dem Spiegel fest verbundenes Fernrohr und ein elektrisch betätigtes durch Druckkontakte auslösbares Schlüsselwerk.

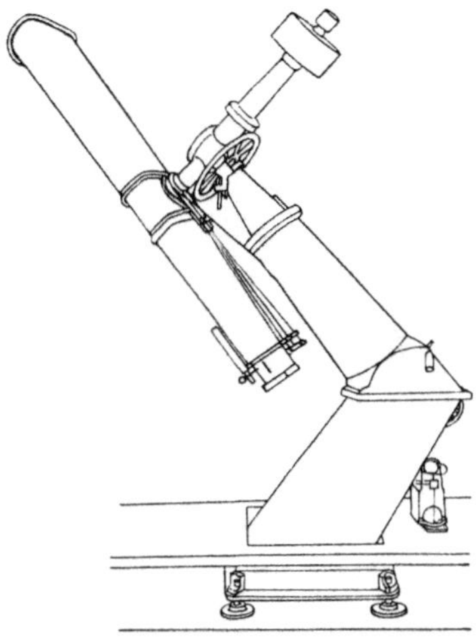

Abb. 76. Geknickte Säule der deutschen Normalastrographen.

Wie die Abb. 77 zeigt, herrscht gegenwärtig das Bestreben vor, die Montierungen für die Spiegelteleskope möglichst massig zu bauen, was sehr zu ihrer Festigkeit beiträgt. Am weitesten sind darin wohl die Amerikaner gegangen, deren Riesenspiegel von 1.5 m und 2.6 m Öffnung, beide aus den Händen von G. W. RITCHEY hervorgegangen und auf der Mt. Wilson-Sternwarte in Benutzung, eine besonders sichere Aufstellung erforderlich machten, die mit der zierlichen Montierung der älteren Fernrohre, besonders derjenigen aus der REPSOLDschen Werkstatt, nichts mehr gemeinsam hat.

Im Gegensatz zu den Anforderungen, die an die zu Daueraufnahmen bestimmten photographischen Refraktoren und Reflektoren gestellt werden, sind die Instrumente für Sonnenaufnahmen, also die Heliographen, in mechanischer Beziehung einfach gebaut. Daß die optischen Teile genau so wie bei den Astrographen möglichst vollkommen sein müssen, ist selbstverständlich; aber die Ansprüche sind hier viel leichter zu erfüllen, da auf Lichtstärke kein Gewicht gelegt ist. Die Objektive oder Spiegel für Sonnenaufnahmen können daher eine lange Brennweite erhalten, wodurch die Konstruktion merklich erleichtert wird.

Abb. 77. Der 100 cm-Zeiss-Spiegel der Hamburger Sternwarte in Bergedorf.

Ebenso dürfen die mechanischen Anforderungen an die Aufstellung solcher Fernrohre recht bescheiden sein, weil bei der überaus kurzen Expositionszeit — es handelt sich um wenige Tausendstel einer Sekunde — selbst der Einfluß der täglichen Bewegung sich nicht bemerkbar macht. Ein Uhrwerk ist also gar nicht erforderlich. Es genügt überhaupt, wenn das Fernrohr auf die Sonne gerichtet werden kann, und dem Beobachter die Möglichkeit gegeben ist, sich durch irgendeine Projektions- oder Absehvorrichtung zu überzeugen, daß das Bild auch wirklich auf die Platte fällt. Der größeren Bequemlichkeit halber gibt man auf Sternwarten den Heliographen meist doch eine feste Montierung mit einfachem Uhrwerk, wobei fast stets das Fernrohr festgelegt und das Sonnenlicht durch den Spiegel eines Uhrwerksheliostaten aufgefangen wird. Die Drehung des Bildes mit wachsendem Stundenwinkel, die jedem Heliostaten eigen ist, hat bei der Kürze der Expositionszeit keine Bedeutung. Die Lagerung der festen Heliographen kann nach verschiedenen Gesichtspunkten erfolgen. In Frage kommt die Aufstellung in der Richtung der Erdachse, die horizontale Fernrohrlage im Meridian und die senkrechte Montierung in einem Turmteleskop. Über die letztere sollen später (S. 191) noch einige nähere Angaben folgen.

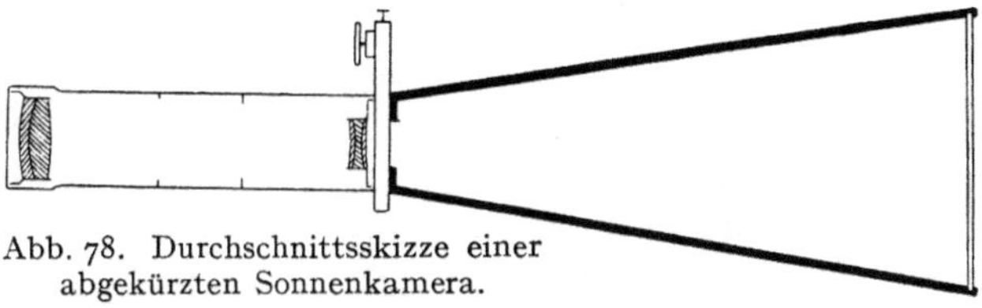

Abb. 78. Durchschnittsskizze einer abgekürzten Sonnenkamera.

Für Sonnenaufnahmen, an deren Orthoskopie keine hohen Ansprüche gestellt werden, können auch abgekürzte Fernrohre verwendet werden, die in Wirklichkeit nichts anderes sind, als feste photographische Apparate normalen Formates von 9×12 bis zu 18×24 cm, die mit sog. Teleobjektiven ausgestattet sind. In den Gang der Lichtstrahlen eines photographischen Objektivs wird vor dem Brennpunkt ein negatives System eingeschaltet, so daß das Ganze genau die Anordnung der Linsen in einem Galileischen Fernrohr erhält (Abb. 78). Ist f_1 die Brennweite des positiven, f_2 diejenige des negativen Systems, e der Linsenabstand, so ist die Äquivalentbrennweite F bzw. der Abstand a der Platte von der Telelinse

$$F = \frac{f_1 f_2}{f_1 + f_2 - e}$$

$$a = \frac{f_2(f_1 - e)}{f_1 + f_2 - e}$$

Ist beispielsweise $f_1 = 80$ cm, $f_2 = 15$ cm, $e = 67$ cm, so wird $F = 600$ cm und $a + e = 164.5$ cm. Mit einer solchen Telekamera von 1.6 m Länge ist es dann möglich, Sonnenbilder von fast 6 cm Durchmesser zu erhalten, wie sie sonst ein Fernrohr von 6 m Länge liefert. Selbst bei derartig starken direkten Vergrößerungen ist natürlich die Anwendung eines sehr raschen Momentverschlusses in Spalt- oder Sektorenform nicht zu umgehen. Wegen der unvermeidlichen Beugungserscheinungen an den Verschlußrändern ist es dabei nicht gleichgültig, wo man die Auslösevorrichtung anbringt. Der Schlitzverschluß, der für die Sonne aus Metall hergestellt sein muß, findet den geeignetsten Platz unmittelbar vor der photographischen Platte; Auslöser in Sektoren- oder Irisform sind so anzubringen, daß ihre Öffnung jedenfalls das volle, vom Objektiv kommende Lichtbündel gut erfaßt.

Für alle direkten Sonnenaufnahmen sind möglichst unempfindliche Platten zu verwenden, wenn man kontrastreiche und dabei feinkörnige Negative erhalten will. Die Benutzung der gewöhnlichen Trockenplatten ist trotz der Bequemlichkeit der Handhabung als ein Rückschritt gegenüber dem nassen Kollodiumverfahren zu bezeichnen. Von dem gangbaren Handelsmaterial dürften lichthoffreie Chlorsilber- bzw. Reproduktionsplatten für direkte Sonnenaufnahmen noch am geeignetsten sein. J. Janssen und sein Nachfolger H. Deslandres, die neben G. E. Hale als die auch technisch erfahrensten und geschicktesten Sonnenphysiker unserer Tage gelten, haben für ihre Aufnahmen bis in die Neuzeit hinein nasse Kollodiumplatten präpariert und verwendet. Da in Meudon außerdem ein Objektiv genau für den spektralen Gipfelpunkt der Empfindlichkeit der benutzten Platten achromatisiert worden ist, darf damit der Idealzustand für die höchste Leistungsfähigkeit von Objektiv und Platte, demnach auch für die Schärfe der Abbildung als erreicht gelten. Tatsächlich stehen die betreffenden Aufnahmen, was die Einzelheiten in Granulation und Penumbra anbetrifft, noch heute unerreicht da.

Verzeichnis der größten Spiegel und Objektive.

Instrument	Öffnung	Sternwarte
Reflektor	258 cm	Mt. Wilson, Kalifornien
»	184	Victoria, Kanada
»	183	Birr Castle, Irland
»	152	Mt. Wilson, Kalifornien
»	125	Babelsberg, Deutschland
»	122	Melbourne, Australien
»	120	Paris, Frankreich
Refraktor	102 cm	Yerkes-Observ., Nordamerika
»	91	Lick-Observ., Nordamerika
»	83	Meudon, Frankreich
»	80	Potsdam, Deutschland
»	77	Nizza, Frankreich
»	76	Pulkowo, Rußland
»	76	Allegheny, Nordamerika
»	71	Greenwich, England

Zum Schluß dieses Abschnittes mag in der nebenstehenden Tabelle eine Übersicht über die größten zu wissenschaftlichen Zwecken verwendeten Reflektoren und Refraktoren der Gegenwart gegeben sein. Bei den katoptrischen Systemen sind alle Instrumente über 100 cm, bei den dioptrischen solche über 70 cm Öffnung berücksichtigt.[1])

[1]) Ausführliche Liste bis 50 cm Öffnung bei H. P. Hollis, Large telescopes „The Observatory" 1914 (1 Zoll = 2.54 cm, 1 Fuß = 0.305 m).

Schärfe der photographischen Abbildung. Die Vermessung der Negative. Bei der Abhängigkeit der astronomischen Arbeiten von den Witterungsverhältnissen können Himmelsaufnahmen nicht immer zu einem ganz bestimmten Zweck hergestellt werden. Angesichts der Vielseitigkeit der heutigen Aufgaben bleibt es daher nicht aus, daß in bestimmten günstigen Arbeitsperioden auch Material für künftige, oft noch gar nicht scharf umrissene Untersuchungen gesammelt wird. Dabei darf in bezug auf Zeitangaben, Fokussierung und Entwicklung keine geringere Sorgfalt obwalten, als bei genau festgelegten Programmarbeiten. Hier wie dort muß stets beachtet werden, daß der Endzweck einer jeden astronomischen Aufnahme in ihrer früheren oder späteren Vermessung besteht und gegenüber diesem Ziel alle anderen Gesichtspunkte zurückzutreten haben.

Es hat mehrere Jahrzehnte gedauert und manche Kämpfe gekostet, bis sich unter den Astronomen die Überzeugung durchgesetzt hat, daß die photographischen Meßverfahren die meisten direkten mikrometrischen und photometrischen Beobachtungen in bezug auf innere Genauigkeit übertreffen. Unter Voraussetzung einer geometrisch richtigen Abbildung auf dem Negativ und Berücksichtigung der veränderten Arbeitsbedingungen im Laboratorium gegenüber der Okularmessung am Fernrohr leuchten gewisse Vorzüge ohne weiteres ein. Die Luftunruhe und die mit ihr verknüpfte Unsicherheit der Einstellungen sowie sonstige atmosphärische Störungen während der Beobachtung fallen fort, und das Messen kann am Tage ohne jede Hast, bei bequemer Beleuchtung und Körperhaltung erfolgen. Stellen sich bei der Reduktion Unstimmigkeiten heraus, so ist jederzeit eine Nachprüfung möglich usw. Die Arbeit selbst wird dadurch nicht geringer, und die Überlegenheit der Photographie kommt nur dann zur Geltung, wenn man die Eigentümlichkeiten der astrographischen Abbildung und ihre Fehlerquellen genau so studiert, wie dies bei direkten Messungen am Himmel zu geschehen pflegt. Auch dann muß leider damit gerechnet werden, daß die innere Übereinstimmung der Meßreihen vielleicht vortrefflich ist, der mittlere Fehler des Ergebnisses sich also als sehr gering herausstellt, und daß trotzdem die an verschiedenen Instrumenten und von verschiedenen Beobachtern gewonnenen Resultate um ganz unerwartet hohe Beträge voneinander abweichen. Wenn der am Himmel durch die Photographie erreichte absolute Gewinn an Genauigkeit im allgemeinen noch nicht ganz den geschilderten Vorteilen entspricht, so liegt das in erster Linie an der Luftunruhe und noch mehr an der Ungenauigkeit der Nachführung, die der Bildschärfe unerwartet rasch eine Grenze setzen. Dazu kommt die geringe Vergrößerung der Meßmikroskope, die nicht gesteigert werden kann, da das Korn der Platte schon bei Anwendung stärkerer Lupen unangenehm hervortritt.

Da die Fixsterne ohne Rücksicht auf ihre Helligkeit punktförmige Objekte sind und in der Brennebene eines Objektivs sich als genau gleiche winzige Beugungsscheibchen abbilden, so erscheint zunächst ihre Vergrößerung auf der photographischen Platte, wenigstens bei ruhigem Luftzustande, etwas merkwürdig. Versuche an künstlichen Sternen im Laboratorium haben gezeigt, daß hier die Scheibchen zwar etwas kleiner und schärfer werden, aber sonst durchaus das gleiche Bestreben haben, mit wachsender Intensität oder Expositionszeit im Durchmesser zuzunehmen, und zwar nach den gleichen Gesetzmäßigkeiten, wie sie bei wirklichen Sternaufnahmen beobachtet werden. Der Grund der Erscheinung ist danach in erster Linie in der Entstehung des photographischen Bildes, vor allem in der Art der Gruppierung der reduzierten Silberkörner um den wirksamen Lichtpunkt herum zu suchen. Man hat früher an einen Reflexionsvorgang gedacht, der an der Stelle des Bildpunktes von den beleuchteten Bromsilberpartikelchen nach den Seiten hin stattfindet. Beim Nachprüfen der Niederschlagsbildung im Entwickler unter dem Mikroskop hat sich jedoch herausgestellt, daß dies nicht der Fall ist, ja, daß streng genommen, der Keim der Entwicklung überhaupt nicht von der Stelle ausgeht, auf die der Schwerpunkt des Lichtkegels gefallen ist, sondern häufig ein wenig außerhalb davon liegt (Abb. 79). Das entspricht auch dem Ergebnis eines Versuches von M. Wolf, der das Bild eines Sterns auf einen schmalen undurchsichtigen, auf einer photographischen Platte angebrachten Gitterstrich exponierte. Obwohl auf diese Weise überhaupt kein primärer Lichtpunkt auf der Schicht vorhanden war, erschienen zu beiden Seiten des Striches die Segmente des Scheibchens in derselben Ausdehnung, wie bei ungestörten Aufnahmen. J. Scheiner hat eine sehr anschauliche Analyse der Form und des Helligkeitsverlaufs für die Sternscheibchen gegeben, wobei die radiale Helligkeitskurve als durch Überlagerung von fünf Einzelwirkungen entstanden aufgefaßt wird. Als solche kommen in Betracht: die Beugungserscheinungen, die sphärische und chromatische Aberration, die innere Reflexion in der Schicht und die durch die unregelmäßigen Objektivfehler verursachte Lichtzerstreuung. Konstruiert man für verschiedene Abstände vom Bildpunkt die Resultante, so nimmt die Gesamtwirkung tatsächlich einen Verlauf, der der Intensitätskurve der Sternscheibchen nahe entspricht. Es ist möglich, daß die angenommenen Ursachen bei der Bildung der Korngruppen auf dem Negativ mitwirken und zur Verbreiterung der Scheibchen beitragen. Der wahre Grund zu ihrer Entstehung ist aber damit nicht gefunden, da bei den vorhin erwähnten Versuchen mit feinen in Kontakt verwendeten Lochblenden die radiale Ausdehnung der Schwärzung gleichfalls auftritt und sogar das gleiche Gesetz befolgt, wie bei Sternaufnahmen. Es handelt sich also offenbar um einen noch nicht geklärten Vorgang in dem trüben Medium der Bromsilberemulsion. Die auch bei besten Bildern auftretende Erscheinung darf man nicht mit der Vergrößerung der Sternscheibchen durch Luftunruhe verwechseln, deren Wirkung bereits auf S. 107 geschildert worden ist.

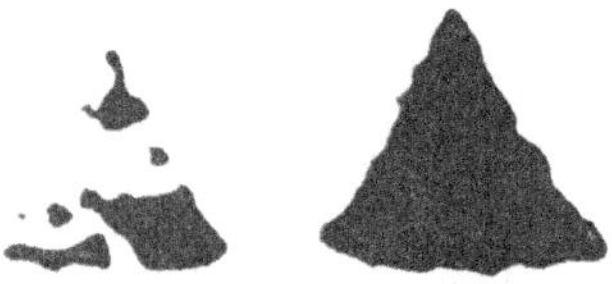
Abb. 79. Entstehung eines photographischen Bildes bei der Entwicklung (nach M. B. Hodgson).

Auch für die Beurteilung der Abbildung von Spektrallinien, der Begrenzung von Planetenscheiben usw. sind die photographischen Erfahrungen im Laboratorium von Wichtigkeit.[1]) Sie zeigen vor allen Dingen, daß die Strahlen verschiedener Wellenlänge Bilder von sehr verschiedener Schärfe liefern. Da nach den allgemeinen photographischen Erfahrungen (S. 82) die durch rotes und gelbes Licht hervorgerufenen Bilder kontrastreicher sind als die violetten, liegt die Vermutung nahe, daß bei gleicher Schichtdicke die langwellige Strahlung auch eine bessere Randschärfe und ein besseres Auflösungsvermögen gibt. Dies wird durch die Versuche vollauf bestätigt. Drückt man nach F. E. Ross das Auflösungsvermögen durch die Zahl der Linien aus, die beim Aufkopieren verschieden dichter Netze innerhalb von 1 mm auf dem Negativ getrennt werden können, so beträgt die Zahl bei hochempfindlichen Emulsionen 33, bei photomechanischen Platten 55; bei Anwendung von rotem Licht läßt sich in beiden Fällen das Auflösungsvermögen fast verdoppeln.

Daß von allen zu Meßzwecken aufgenommenen Himmelsplatten die störenden Wirkungen mancher Entwickler im Sinne des Eberhard-Effektes (S. 81) ferngehalten werden müssen, braucht nicht besonders erwähnt zu werden. Mit dieser Vorsichtsmaßregel werden aber einwandfreie mikrometrische bzw. photometrische Messungen noch nicht gewährleistet, da die Unschärfe der Abbildung noch zu allerhand anderen Störungen physiologischer Art Anlaß gibt. Im Jahre 1906 fand S. Kostinski in Pulkowo, daß der Abstand von zwei Sternen auf der Platte um so größer gemessen wird, je mehr die Grenzen der Sternscheibchen sich einander nähern. Die Distanz der Mittelpunkte der Bilder erweist sich damit als eine Funktion ihres Randabstandes. Die umgekehrte Wirkung hat H. H. Turner bei Gitterlinien beobachtet, die sich unter spitzen Winkeln schneiden, indem an der Kreuzungsstelle eine Anziehung der Strichbilder sich bemerkbar macht. Man pflegt diese Erscheinungen, also die scheinbare gegenseitige Abstoßung und Anziehung von Bildern in Kreis- und Strichform als positiven bzw. negativen Kostinski-Effekt zu bezeichnen. Der Grund dieser Fehler liegt zweifellos in physiologischen Einflüssen, in Beugungserscheinungen an der Stelle der Bildbegrenzung im Sinne der Machschen Phänomene (S. 62) usw. Es gab eine Zeit, in der man sich der Hoffnung hingab, daß die Plattenvermessung von den vielen persönlichen Fehlern, mit denen man bei der visuellen Beobachtung zu kämpfen hatte, vollkommen frei sein würde. Diese Erwartung hat sich zwar nicht erfüllt, aber es darf doch gesagt werden, daß die Beseitigung der Einflüsse, mögen sie auf die persönliche Gleichung bei Mittelpunkts- oder Randeinstellungen, auf Kontrast- oder Beugungserscheinungen zurückzuführen sein, bei der Vermessung der Negative wesentlich leichter ist als bei der direkten Beobachtung.

Wir wissen bereits, daß man, von einigen optischen und photographischen Unvollkommenheiten abgesehen, ein astronomisches Negativ als die zentrale

[1]) F. E. Ross, The physics of the developed image. New York 1924 und Aufsatzreihe in Ap. J. 1920, II ff.

Projektion eines Teiles der Himmelssphäre ansehen darf. Die Projektion wird dabei besonders einfach, wenn die Platte eben ist und bei der Exposition senkrecht zur optischen Achse des Objektivs oder des Spiegels gestanden hat. Wenn es nicht auf die äußerste Genauigkeit ankommt, sind beide Bedingungen mechanisch unschwer erfüllbar, so daß wir von den entsprechenden Fehlern hier ganz absehen können. Nach Berücksichtigung der normalen tangentialen Distorsion (S. 95) gewährt demnach jedes astronomische Negativ ein in allen Teilen ähnliches Bild der scheinbaren Konstellation, die photographiert worden ist.

Um die früher befürchteten systematischen Verzerrungen der Gelatineschicht unschädlich zu machen, hat man für verschiedene astrophotographische Aufnahmen vorgeschlagen, die Platten mit einem feinen Gitter von 5 mm Strichabstand zu versehen. Wird ein solches Netz vor der Exposition am Himmel auf die Schicht aufkopiert, so erhält man auf dem Negativ nach der Entwicklung bereits ein Koordinatensystem, das bei der Feinheit der Striche, die kaum 0.01 mm dick sind, die Aufnahme selbst nicht beeinträchtigt, dagegen die Messungen sehr erleichtert. Besonders A. Gautier in Paris hat Gitter mit einer solchen Genauigkeit hergestellt, daß selbst für die feinsten Messungen die Strichabstände als genau gleich gelten können. Dieser Vorteil kommt bei dem Abdruck auf die Gebrauchsplatte nur dann voll zur Geltung, wenn beim Kopieren des Netzes streng paralleles Licht verwendet wird. Einen geeigneten Kollimator für diesen Zweck liefert jedes größere Fernrohr, in dessen Brennpunkt man eine elektrische Lampe angebracht hat. Auf Vorrat können die Netzabdrücke auch im Mondlicht vorgenommen werden. Wegen der Geringfügigkeit der Schichtverzerrungen ist das Gitter gegenwärtig eigentlich überflüssig geworden. Man benutzt es aber trotzdem noch häufig, weil es sofort rasche Orientierungsmessungen zuläßt, und weil bei Messungen mit dem Fadenmikrometer dann nur kleine Distanzen bis zu 5 mm zu überbrücken sind. Dadurch wird nicht nur die Konstruktion der Meßapparate einfacher, sondern die Ergebnisse fallen auch genauer aus, da kleine Strecken durch die unvermeidlichen mechanischen und thermischen Veränderungen der Apparatur in viel geringerem Maße beeinflußt werden als große.

Dieser Grundsatz der Mikrometrie kann in Fällen, in denen es sich lediglich um die Vergleichung von zwei zeitlich auseinanderliegenden Platten handelt, dazu führen, daß man die beiden Negative nicht mehr getrennt auswertet, sondern sie Schicht an Schicht zusammenlegt und lediglich die Differenzen mikrometrisch mißt. Dazu ist erforderlich, daß die Belichtung der einen Aufnahme von der Glasseite aus erfolgt ist, und daß auch die Messung selbst durch die Glasscheibe hindurch vorgenommen wird. Bei der Unvollkommenheit der verwendeten Platten wären dabei starke Fehler zu erwarten, doch zeigt die Erfahrung, daß dies keineswegs der Fall ist. Wird für derartige Sonderzwecke die Emulsion auf gewöhnliches Spiegelglas gegossen, so ist die Gefahr unregelmäßiger Verzerrungen schon so gut wie ausgeschlossen. Auch eine

Verkittung der Negative mit Kanadabalsam erweist sich als unschädlich; sie bringt im Gegenteil den Vorteil mit sich, daß die störende, durch Niederschläge im Fixier- oder Wasserbade zuweilen entstehende Körnung der Platten sehr stark zurücktritt.

Die astrophotographischen Meßapparate. Da eine jede astrophotographische Aufnahme ein in allen Teilen ähnliches, also auch winkeltreues Bild einer Himmelsgegend darstellt, so kann sie nach genau denselben Verfahren ausgemessen werden, wie sie bei direkter Beobachtung durch das Prinzip des Äquatorials gegeben sind: entweder durch Winkelmessung an den Kreisen eines in einiger Entfernung von der Platte aufgestellten parallaktischen Fernrohrs oder durch Längen- bzw. Positionswinkelmessungen auf dem Negativ im Gesichtsfelde eines Meßmikroskops. Das erste Verfahren führt, wie bei Anwendung der Kreisablesung am Äquatorial, rascher zum Ziele, gibt aber nur genäherte Ergebnisse, das zweite ist mühsamer, aber fast jeder beliebigen Verfeinerung fähig.

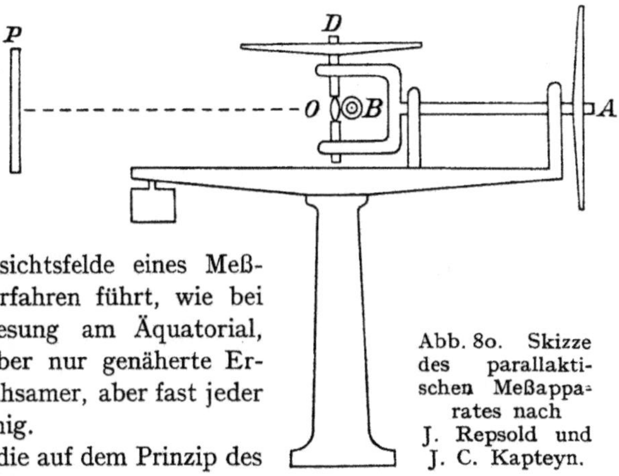

Abb. 80. Skizze des parallaktischen Meßapparates nach J. Repsold und J. C. Kapteyn.

Die einzige Vorrichtung, die auf dem Prinzip des Äquatorials für die Negativvermessung konstruiert worden ist, dürfte der parallaktische Meßapparat von J. C. Kapteyn sein (Abb. 80). Er besteht seinem Wesen nach aus dem üblichen Zweiachsensystem *A* und *D*, das man praktischerweise für die Polhöhe 0^0 orientiert, um der Platte *P* eine senkrechte Lage geben zu können. Besonders wichtig ist die Stellung des Beobachtungsfernrohrs *B* im Achsensystem. Beim Äquatorial ist es gegenüber der Entfernung der Sterne gleichgültig, ob die Messungen in der einen oder anderen Achsenlage vorgenommen werden; bei dem endlichen Abstand der Platte im Meßraum würde die Parallaxe zwischen Drehungszentrum und Fernrohrmitte die Reduktion der Messungen derart verwickelt gestalten, daß der ganze Vorteil der Anordnung verlorenginge. Daher muß die optische Achse des Beobachtungsfernrohrs nicht nur durch den Schnittpunkt der beiden Instrumentachsen gehen, sondern das Objektiv muß auch so angeordnet sein, daß es genau mit diesem Schnittpunkt zusammenfällt. Die Schwierigkeit der Unterbringung des Beobachtungsfernrohrs *B* ist in Abb. 80 in der Weise gelöst, daß dieses parallel zur Plattenebene angeordnet ist. Das von *P* kommende Licht gelangt also durch die Objektivlinse *O* zunächst in die Richtung der Stundenachse *A* und wird von hier durch ein totalreflektierendes Prisma nach *B* abgelenkt. Das im parallaktischen Meßapparat beobachtete Bild entspricht ohne weitere Vorkehrungen dem Original am Himmel und der Winkelmaßstab bleibt bei den Fadeneinstellungen der einzelnen Sterne über die ganze Platte unveränderlich. Der nach diesem Grundsatz von J. Repsold gebaute Apparat hat z. B. zur Ausmessung der Platten für die Cap-Durchmusterung gedient.

Bei den allgemein üblichen Meßapparaten oder Komparatoren erfolgen die Längenmessungen auf der Platte nach rechtwinkligen oder nach Polarkoordinaten. Das Negativ wird dabei in einen festen, meist schräg liegenden Rahmen gefaßt und unter schwacher Vergrößerung durch ein Mikroskop betrachtet. Weiterhin muß entweder das Mikroskop in meßbarer Weise über die ganze Strecke verschoben werden können oder die Platte unter dem Mikroskopobjektiv. Die eigentliche Messung der Verschiebung geschieht mit einer genügend langen Mikrometerschraube mit Meßtrommel und Zählwerk oder durch Anschluß an die Teilstriche einer feinen Millimeterskala aus Metall oder Glas. Um auch die andere Koordinate messen zu können, muß mindestens eine Drehung des Plattenrahmens um genau 90° möglich sein; meist wird ein Positionskreis Einstellungen in allen beliebigen Winkeln gestatten. Falsche Kombinationen von x- und y-Koordinaten sind kaum zu befürchten, besonders wenn die Skalen abweichend beziffert sind (etwa 0 bis 200 mm für die x- und 200 bis 400 mm für die y-Skala), und wenn für die fortlaufende Numerierung der Sterne, Notizen u. a. ein vergrößerter Papierabzug des verwendeten Originalnegativs benutzt wird. Die Bestimmung von Polarkoordinaten, d. h. von Distanzen und Positionswinkeln ist nur noch bei Doppelsternaufnahmen üblich, also dort, wo es sich um sehr kleine Abstände handelt. Bei größeren Feldern ist sowohl die Messung wie die Umrechnung der rechtwinkligen Koordinaten einfacher.

Abb. 81. Repsoldscher Komparator der Heidelberger Sternwarte.

Am schlichtesten und bequemsten lassen sich die Meßvorrichtungen gestalten, wenn es sich um Platten handelt, die bereits ein Gitter enthalten. Dann ist die auszumessende Strecke stets klein, jedenfalls nicht größer als die Strichdistanz von 5 mm, und die Einstellungen können bei feststehendem Mikroskop mit einem Okularmikrometer erfolgen; es werden dann zweckmäßig zwei senkrecht zueinander stehende Mikrometer benutzt, so daß beide Koordinaten gleichzeitig gemessen werden können. Bei dieser Art von Apparaten muß natürlich jedes Netzquadrat in die Mitte des Gesichtsfeldes gebracht werden können, was dadurch ermöglicht ist, daß die Platte auf einem verschiebbaren Kreuzschlitten befestigt wird. Die Führungen des letzteren sind mit Teilungen versehen, die der Quadratfolge der Platte entsprechen, so daß man die Nummer des eingestellten Gitterstriches jederzeit am Schlittenmaßstab ablesen kann.

Eine einheitliche Form haben die Komparatoren für Himmelsaufnahmen noch nicht erhalten, und fast jede größere Werkstatt, wie J. Repsold, C. Bamberg, G. Heyde, W. Gaertner, hat eigene Modelle konstruiert. In Abb. 81 ist der von Repsold gebaute Meßapparat der Heidelberger Sternwarte wiedergegeben. Der runde, an dem Zahnkranz kenntliche Plattenträger gleitet auf einer zylindrischen Führung unter einem festen Mikroskop auf und ab und gestattet die Ablesung der y-Koordinaten an einem fein geteilten Maßstabe unter Zuhilfenahme eines Okularmikrometers. Die x-Koordinaten werden durch Verschieben des Beobachtungsmikroskops auf dem brückenförmigen Oberbau und nachfolgendes Hochkippen auf einen zweiten Maßstab erhalten. Die beiden anderen, in der Abb. 81 noch sichtbaren Mikroskope dienen zur Ablesung des Positionskreises bei etwaigen Messungen von Polarkoordinaten. Der einzige Nachteil dieses viel verwendeten Komparators liegt in der unvermeidlichen Kippung des Beobachtungsmikroskops von der Platte nach der x-Skala, was ein vorsichtiges Arbeiten erfordert. Die für die Apparate gelieferten Millimeterskalen stellen sonst wohl die präzisesten Maßstäbe dar, die bisher überhaupt für Messungen irgendwelcher Art Verwendung gefunden haben. Als Material eignet sich dafür am besten Platin oder Stahl, da beide Metalle sehr nahe denselben Ausdehnungskoeffizienten haben, wie die auszumessenden Glasplatten.

Abb. 82. Toepferscher Komparator (Bamberg-Werk).

Der Meßapparat der ehemaligen O. Toepferschen Werkstätte (Abb. 82) ist etwas übersichtlicher konstruiert. Auch hier ist die Platte im Positionswinkel drehbar. Die Ablesung erfolgt jedoch nur nach Zehnteln eines Grades mit Hilfe einer Lupe. Der Plattenträger ist durch eine lange Mikrometerschraube verschiebbar, deren volle Umdrehungen an einer Skala, die Zehntel und Hundertstel an der Trommel, mittels einer Lupe abgelesen werden. Zur Messung der y-Koordinaten muß die Platte auf dem Träger um 90° gedreht werden. Eine geringe unmittelbare Meßmöglichkeit in der y-Richtung ohne Änderung der Lage des Negativs ist durch eine Verschiebung des Mikroskops in einem geteilten, senkrecht zur Hauptschraube verlaufenden Schlitten geboten. Das Doppelmikrometer am Okular dient zu Anschlußmessungen an das Netz eines Gitters, zu Doppelsternbeobachtungen, Durchmesserbestimmungen der photographischen Sternbildchen usw.

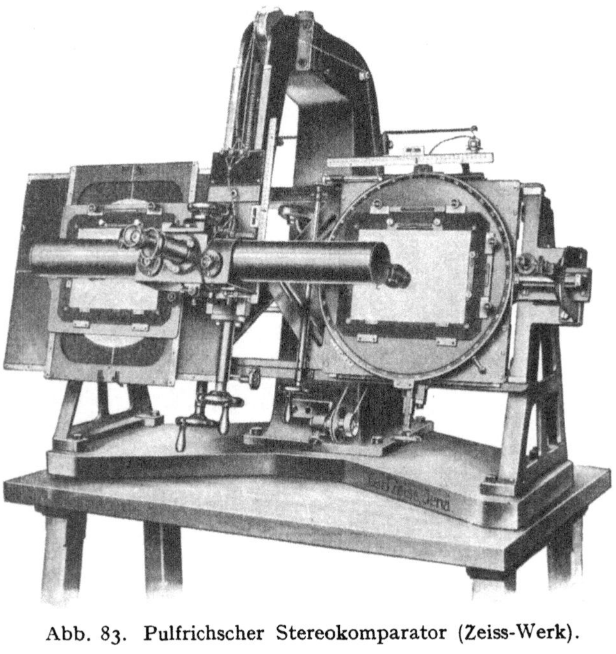

Abb. 83. Pulfrichscher Stereokomparator (Zeiss-Werk).

Für sehr große Platten sind die eben beschriebenen Meßapparate ungeeignet. Bei Formaten, die größer als etwa 13 × 18 cm oder 16 × 16 cm sind, wird mit Vorteil der von C. Pulfrich konstruierte Stereokomparator verwendet. Ursprünglich für geodätische Aufnahmezwecke und die stereoskopische Vergleichung zeitlich auseinanderliegender Himmelsaufnahmen bestimmt, gestattet das nach Art eines Scherenfernrohrs gebaute Instrument nicht nur die scharfe Vereinigung und Durchmusterung der Bilder von Negativpaaren derselben Himmelsgegend, sondern nach entsprechender Ausrüstung des Okularkopfes mit mikrometrischen und photometrischen Einrichtungen auch Messungen jeder Art, wie sie in der Astrophotographie vorkommen. Bei der Anordnung der Abb. 83 ist der Stereokomparator mit einer Blinkvorrichtung ausgestattet, die in raschem Wechsel einen monokularen Vergleich der beiden links und rechts eingestellten Plattenfelder ermöglicht.

Es bedarf kaum einer besonderen Erwähnung, daß alle Meßapparate der genannten Art als erstklassige Präzisionsinstrumente ein recht kostspieliges

Arbeitsgerät darstellen und daher für gelegentliche Arbeiten, wie sie etwa von Freunden der Himmelskunde ausgeführt werden, kaum in Betracht kommen. Hier kann man sich durch Zusammenstellung von Einzelteilen aus der mikroskopischen Technik, durch Verwendung von präzisen Glasskalen und Schätzmikrometern so weit behelfen, daß damit ohne große Unkosten eine Reihe von wertvollen Aufgaben in aller erforderlichen Schärfe bewältigt werden kann.

Die Umwandlung der rechtwinkligen Plattenkoordinaten x und y in die Rektaszension α und die Deklination δ unter Berücksichtigung der den scheinbaren Ort am Himmel bedingenden Faktoren, wie Refraktion, Präzession, Nutation und Aberration, gehört in das Gebiet der Astrometrie und soll daher hier nicht weiter verfolgt werden. Beiläufig sei aber erwähnt, daß die Berechnung aller dieser Einflüsse sich auf den Platten, besonders bei einer größeren Zahl von gemessenen Sternen, weniger umständlich gestaltet als bei der direkten Beobachtung. Nach einem sehr praktischen Vorschlage von H. H. Turner werden z. B. zunächst mehrere möglichst gleichmäßig über das Negativ verteilte Anhaltsterne aus den vorhandenen Katalogen ausgesucht und während der Arbeit sorgfältigst mitgemessen. Aus ihren rechtwinkligen und sphärischen Koordinaten kann man dann sechs Plattenkonstanten, die die Beziehungen von x und y zu α und δ festlegen, nach der Methode der kleinsten Quadrate ableiten und damit alle gemessenen Koordinaten reduzieren. Die sechs Konstanten enthalten alles, was für die Berechnung notwendig ist, also Skalenwert, Plattenneigung, Refraktion, Aberration usw. Die abgeleiteten Örter ergeben sich dann bis auf die Eigenbewegung nicht für den zufälligen Moment der Beobachtung, sondern direkt für die Katalogepoche der Anschlußsterne, was eine große Erleichterung der Rechenarbeit darstellt. Für die Berechnung eines einzelnen Planeten- oder Kometenortes wäre dieses Verfahren natürlich viel zu umständlich. Hier kommt nur eine Interpolation der gemessenen Positionen zwischen zwei oder mehrere Vergleichsterne in Frage, die selbst in der Nähe des Himmelspols durch besondere Wahl des Koordinatensystems mit Hilfe leicht zu berechnender Näherungsverfahren verhältnismäßig rasch erledigt werden kann. Derartige Interpolationsmethoden sind von M. Wolf, F. Kaiser, H. H. Turner u. a. ausgearbeitet worden und befinden sich an Sternwarten in ständigem Gebrauch.

III. Die Spektralanalyse.

5. Die spektralanalytischen Theorien.

Die Theorie der spektralen Strahlung, besonders in ihrer Anwendung auf die gasförmigen Körper, hat gegenüber anderen Aufgaben der Physik lange Jahrzehnte hindurch im Hintergrunde der wissenschaftlichen Arbeiten gestanden. Nachdem G. Kirchhoff seinen Grundsatz über die Beziehungen zwischen der Emission und Absorption aufgestellt und damit der Astronomie die Aussicht eröffnet hatte, aus dem Spektrum Schlüsse auf die physische Beschaffenheit der Sterne zu ziehen, wurden am Himmel wie im Laboratorium in erster Linie die praktischen Arbeiten gefördert. So kam es, daß bereits in den 90er Jahren des vergangenen Jahrhunderts die Beobachtungen der Sternspektren viele Gesetzmäßigkeiten ergaben, für die einstweilen eine Erklärung fehlte. Die merkwürdigen Regeln, die in der Linienfolge der weißen Sterne und in den Banden der roten zum Ausdruck kamen, die man in den Flecken der Sonne oder gar in den Sternen mit hellen und dunklen Linien bemerkte, mußten vorläufig ohne Deutung hingenommen werden, bis dann die Quantentheorie der Strahlung in Verbindung mit der Erforschung des Aufbaus der Atome fast plötzlich alle diese Erscheinungen umfaßte und nun umgekehrt, der praktischen Arbeit voraus-eilend, der Beobachtung neue Wege weisen konnte. Heute steht die Frage nach dem Ursprung und dem Wesen der Strahlung im Mittelpunkte des physikalischen und astronomischen Interesses. Die wichtigsten Ergebnisse und Leitgedanken des Problems sind bereits im ersten Abschnitt in ihren Grundlagen skizziert worden; hier sollen sie noch weiter entwickelt werden, allerdings nur so weit, als es für die astronomischen Aufgaben und Gedankengänge notwendig erscheint.

Der Kirchhoffsche Satz. Bis zur Mitte des vergangenen Jahrhunderts gab es bereits eine große Anzahl von experimentell erworbenen Kenntnissen auf dem Gebiete der Spektralanalyse. Die gebräuchlichen Lichtquellen, wie Kerzen, Öl-, Gasflammen, lieferten kontinuierliche Spektra, die aus einer Aufeinanderfolge der Regenbogenfarben mit ihren zahllosen Übergängen bestanden, ohne irgendeine Unterbrechung oder Unstetigkeit. Verflüchtigte man dagegen Metallsalze in der schwachleuchtenden Spiritus- oder Bunsen-Flamme, so erhielt man einzelne helle Linien, deren Lage bei dem gleichen Stoff stets dieselbe war. Gase, die durch einen Glimmstrom in luftverdünnten Röhren zum Leuchten gebracht wurden, gaben das helle Linienspektrum ebenfalls, z. T. in einer so großen Anzahl von Komponenten, daß diese sich zu gesetzmäßig aufgebauten Banden zusammenschlossen. Einen dritten Fall spektraler Strahlung ergab das Licht der Sonne, deren Spektrum zwar kontinuierlich, aber von einer sehr großen Zahl dunkler Linien durchquert erschien. Dieses Verhalten wurde, soweit man mit den damaligen Mitteln erkennen konnte, auch von allen hellen Sternen in einer großen Mannigfaltigkeit in bezug auf Lage und Anordnung der Linien geteilt. Der Zusammenhang zwischen diesen Erscheinungen blieb dunkel, obwohl nicht geleugnet werden kann, daß einige Physiker, wie G. G. Stokes, A. J. Ångström, B. Stewart u. a. die Beziehungen bereits ziemlich sicher geahnt haben. Eine Klarlegung der Verhältnisse in strenger mathematischer Form ist erst um 1860 durch G. Kirchhoff erfolgt, und zwar in Gestalt eines Satzes, der lange Zeit hindurch als das absolute Fundament der ganzen Spektralanalyse gegolten hat. Dieser Kirchhoffsche Satz lautet: *Für jede Strahlengattung ist bei allen Körpern das Verhältnis zwischen Emissions- und Absorptionsvermögen bei derselben Temperatur das gleiche.*

Es ist sehr zu beachten, daß der Kirchhoffsche Satz mit allen seinen Folgerungen nur für eine Strahlung gilt, deren Intensität allein von der Temperatur abhängt. Zur Zeit KIRCHHOFFS waren zwar schon Leuchtvorgänge bekannt, die diese Bedingung nicht erfüllten, sie waren aber noch nicht soweit untersucht, um ihre Beziehungen zur normalen Temperaturstrahlung irgendwie festlegen zu können. Inzwischen haben die physikalischen Erfahrungen die Anschauungen merklich erweitert, und man darf heute behaupten, daß gerade bei den gasförmigen Körpern, die in der Astrophysik eine fast ausschließliche Rolle spielen, die Energie der Strahlung nicht allein aus thermischen, sondern zu einem sehr wesentlichen Teil auch aus elektrischen und chemischen Vorgängen stammt. Trotz seiner offenbaren Unvollständigkeit hat aber der Kirchhoffsche Satz einen astronomischen Kernpunkt der Frage richtig gedeutet und damit die spektralanalytische Forschung derart gefördert, daß der Gedankengang, der ihm früher zugrunde gelegt wurde, hier nicht ohne weiteres übergangen werden kann.

Alle älteren Versuche ließen bereits erkennen, daß das Spektrum eines Körpers offenkundige Beziehungen zu seinem Aggregatzustand aufweist. Der Hauptfaktor, der diesen bedingt, ist die Temperatur, in dem Sinne, daß die meisten Stoffe mit steigender Temperatur die drei Aggregatzustände in einer gegebenen Reihenfolge überschreiten. Das einfachste und bekannteste Beispiel hierfür bietet das Wasser, das bei normalem Luftdruck und einer Temperatur unterhalb 0° C als Eis in fester Körperform auftritt, zwischen 0° und 100° als Wasser flüssig und oberhalb 100° als Wasserdampf gasförmig ist. Wird die Temperatur noch mehr gesteigert, so bleibt zwar der Wasserdampf längere Zeit in diesem Zustand erhalten; bei weiterer starker Erhitzung zerfällt er aber plötzlich in seine Elemente, Wasserstoff und Sauerstoff, die dann trotz ihrer chemischen Verwandtschaft nebeneinander in Mischung bleiben. Dieser Zerfall in die Grundstoffe tritt bei allen chemischen Verbindungen an einer bestimmten Stelle der Temperaturskala ein; man kann annehmen, daß oberhalb von etwa 5000° C überhaupt keine normalen Verbindungen mehr bestehen. Die Zerfallserscheinungen sind, wie wir heute wissen, mit dem zuletzt erwähnten Prozeß nicht erschöpft; bei noch höheren Temperaturen werden auch die Atomverbände der einzelnen Elemente dissoziiert, doch sollen, da hierzu noch andere Vorbedingungen, insbesondere solche elektrischer Art, notwendig sind, diese Vorgänge vorerst noch unerörtert bleiben.

Da die Erscheinungen der Wärme in molekularen Bewegungen bestehen, so muß bei der KIRCHHOFFschen Annahme einer ausschließlichen Beeinflussung der Strahlung durch die Temperatur, der Aggregatzustand eines Körpers von wesentlicher Bedeutung für sein spektrales Verhalten sein. Im festen Zustande sind die Moleküle infolge ihrer gegenseitigen Anziehung recht innig miteinander verbunden. In einer Flüssigkeit ist der Zusammenhang bereits wesentlich gelockert; die Moleküle hängen hier noch eben zusammen, aber so wenig, daß sie den geringsten äußeren Eingriffen gegenüber sofort ausweichen. Im gasförmigen Zustand endlich hat die Verbindung zwischen den einzelnen molekularen Teilchen gänzlich aufgehört; sie sind weit voneinander entfernt und bewegen sich mit großer Geschwindigkeit geradlinig durch den Raum, bis sie aufeinander oder gegen die Wand des Gefäßes stoßen. Je höher die Temperatur, um so rascher werden die Bewegungen und um so wuchtiger der Anprall an die Gefäßwände, der sich dann als Gasdruck äußert und gewaltige Beträge annehmen kann, wie z. B. in einem Dampfkessel oder gar im Augenblick des Abschießens eines schweren Geschützes.

Wie mögen sich diese Verschiedenheiten der Aggregatzustände in der spektralen Strahlung der leuchtenden Körper äußern? Ein Gegenstand, der in seinen Bewegungen behindert ist, kann keiner bestimmten einfachen Schwingungsregel folgen. In festen strahlenden Körpern, so schloß man, schwingen zwar die Moleküle, aber sie stören sich gegenseitig, so daß alle möglichen Schwingungsarten und damit Strahlen von allen möglichen Wellenlängen entstehen, die dann als weißes Licht zum Ausdruck gelangen. In seine Bestandteile zerlegt, gibt dieses daher ein kontinuierliches Spektrum. Da alle festen Körper sich so verhalten, so geben sie auch sämtlich eine kontinuierliche Farbenstrahlung, die nur nach der jeweiligen Temperatur Änderungen in der Lage des Helligkeitsmaximums zeigt. Auch im flüssigen Aggregatzustande ist der wechselseitige Einfluß der Moleküle noch so groß, daß sie gleichfalls nur ein kontinuierliches Spektrum geben können.

Ganz anders verhält sich dagegen ein glühendes Gas, dessen Moleküle fast frei von jeder gegenseitigen Störung sind, wie etwa ein frei schwingendes Pendel oder eine Stimmgabel. Wie das Pendel an eine bestimmte Zeitdauer und die Stimmgabel an ein und denselben Ton gebunden sind, so ist es auch verständlich, daß beim Aufleuchten eines bestimmten Gases immer Lichtstrahlen von derselben Wellenlänge emittiert werden. Jede freie Schwingung erzeugt demnach im Spektroskop ein Spaltbild besonderer Farbe, so daß das Gasspektrum durch isolierte helle Linien gekennzeichnet ist.

Eine weitere Art der Linienentstehung, und zwar gerade diejenige, die bei Sonne und Sternen die Regel bildet, stützt sich auf den Grundsatz der Resonanz, die in der Akustik die auffälligsten Erscheinungen zeigt, aber bekanntlich an dieses Gebiet der Physik nicht gebunden ist. Sind zwei benachbarte Saiten oder eine Saite und eine Luftpfeife gleichgestimmt, so wird beim Anschlagen der Saite auch der in der Nähe befindliche Körper, also die Saite bzw. die Luftsäule zum Mitschwingen gebracht. Körper, die in einer bestimmten, nach Zeitdauer und Wellenlänge beschränkten Weise schwingen, sprechen also sofort an, wenn sie ein Ton erreicht, dessen Wellenlänge mit der eigenen genau übereinstimmt. Da zur Erregung jeder mechanischen Bewegung stets eine gewisse Energie erforderlich ist, die in diesem Falle nur den ankommenden Schwingungen entnommen werden kann, so büßen diese natürlich an Kraft ein, d. h. der die Resonanzerscheinung erzeugende Ton wird schwächer oder unter Umständen vollkommen vernichtet. Dieses akustische Experiment läßt sich ohne weiteres wieder auf die Lichtwellen übertragen. Der Reihe der Töne entspricht dann das kontinuierliche Spektrum, das von irgendeinem glühenden festen oder flüssigen Körper herrührt. Die Saite oder die Stimmgabel, an der die Resonanz veranschaulicht werden soll, ist durch ein Gas gegeben, das die kontinuierliche Strahlung zu durchdringen hat, und das in selbstleuchtendem Zustande nur einzelne, ganz bestimmte Schwingungen aussendet. Die meisten Lichtstrahlen werden ein solches Gas ungehindert passieren und an dem kontinuierlichen Spektrum des Strahlungszentrums nichts ändern. Eine Ausnahme bilden diejenigen Schwingungen, deren Wellenlänge gerade den Eigenschwingungen der betreffenden Gasmoleküle entspricht. An dieser Stelle werden Resonanzvorgänge ausgelöst, die die Ursprungsstrahlung schwächen und sie schließlich soweit herunterdrücken können, daß dort, wo sonst helle Linien auftreten, dunkle Lücken im kontinuierlichen Spektralgrund entstehen. Das Experiment mit der Linienumkehr gelingt nur dann, wenn die Temperatur des Gases niedriger, die Energie seiner Schwingungen also geringer ist als diejenige des glühenden festen Körpers. Wird die Temperatur des Gases höher, so geht seine Strahlung durchaus normal vor sich und man erblickt im Spektroskop ein kontinuierliches Farbenband mit einzelnen hellen Linien. Es ist klar, daß bei genau gleicher Temperatur, also bei genau gleicher Energie der Schwingungen weder dunkle noch helle Linien auftreten können. In diesem Falle ist das kontinuierliche Spektrum allein sichtbar, und von der zwischen der Lichtquelle und dem Beobachter liegenden Gasmasse ist überhaupt nichts zu merken, obwohl ihre Schwingungen in der zerlegten Strahlung nach wie vor vorhanden sind. Hieraus folgt, daß die Begriffe hell und dunkel bei Spektrallinien stets durchaus relativ und von den physiologischen Eigentümlichkeiten des Auges stark abhängig sind.

Hat die größere oder geringere Bewegungsfreiheit der Moleküle auf die Strahlung entscheidenden Einfluß, so muß es möglich sein, auch die Wirkungen der Temperatur und des Druckes auf das Spektrum eines Gases vorauszusagen. Nur wenn die Schwingungen nicht besonders heftig sind, also bei verhältnismäßig niedriger Temperatur und bei dünner Verteilung der Moleküle, wird ausschließlich Licht von einzelnen, ganz bestimmten Wellenlängen ausgesandt. Werden Temperatur oder Druck erhöht, so müssen Störungen der benachbarten Schwingungen eintreten, die sich im Spektroskop derart äußern, daß die Linien breiter und gleichzeitig auch verwaschener werden, bis sie in einzelnen Fällen ineinanderfließen, und auch von einem Gase ein kontinuierliches Spektrum entsteht. Das wurde auch tatsächlich beobachtet und erschien durchaus verständlich, da ja bei stärkerem Druck die Gasmoleküle immer näher zusammengedrängt werden, bis schließlich ein ähnlicher Zustand eintritt, wie in einem flüssigen oder festen Körper.

Mit Hilfe dieser leicht faßbaren Vorstellungen[1]) ließen sich etwa 40 Jahre hindurch fast alle Ergebnisse der Spektralanalyse dem Verständnis näher bringen. Sie gestatteten in der praktischen Anwendung die Trennung des gasförmigen Aggregatzustandes von den beiden anderen und die Erkennung der chemischen

[1]) Vgl. z. B. J. Scheiner, Der Kirchhoffsche Satz und seine Folgerungen. „Himmel und Erde" 1897.

Elemente und ihrer Verbindungen aus den hellen und dunklen Linien des Spektrums, ohne Rücksicht auf die räumliche Trennung zwischen Lichtquelle und Beobachter. Bei einem Einblick in die letzten Ergebnisse der Physik darf man trotzdem nicht übersehen, daß diese Anschauungen zum mindesten unvollständig und lückenhaft, z. T. sogar ohne Zweifel unrichtig sind. In Wirklichkeit ist der Strahlungsprozeß viel verwickelter, als man früher dachte. Während in den ersten Jahrzehnten der spektralanalytischen Forschung gerade bei den festen und flüssigen Körpern mit ihrem kontinuierlichen Spektrum die Dinge besonders deutlich vor Augen zu liegen schienen, und die Strahlung der Gase und Dämpfe mit ihren unbestimmten Beziehungen zur Temperatur Schwierigkeiten bereitete, ist in der neueren Zeit der umgekehrte Zustand eingetreten. Die Theorie beherrscht zwar die Gasstrahlung soweit, daß in einfacheren Fällen Lage, Intensität und Charakter von Emissionen und Absorptionen in noch unerschlossenen Gebieten des Spektrums vorausgesagt werden können, dagegen ist die Entstehung der kontinuierlichen Strahlung auf Grund derselben theoretischen Überlegungen vorläufig in keiner Weise erklärbar, so daß auch die scheinbar sehr einleuchtenden, oben skizzierten älteren Schlußfolgerungen über die Druck- und Temperaturwirkung bei Gasen sicher nicht zutreffen. Die Anschauung, daß die kontinuierlichen Spektra der Gase durch Zusammenfließen der Linien entstehen, ist auch experimentell unhaltbar geworden. Selbst die bis dahin als selbstverständlich geltende Auffassung, daß bei den dunklen Sonnen- und Sternlinien tatsächlich reine Absorption vorliegt, muß heute dahin berichtigt werden, daß dabei auch Streuerscheinungen erheblich mitwirken. Diese Überlegungen ändern in keiner Weise etwas an dem praktischen Kernpunkt des Gesetzes, das auf Resonanzerscheinungen fußt und ohne Rücksicht auf die Deutung der Einzelvorgänge seine Gültigkeit bewahrt.

Folgerungen aus dem Kirchhoffschen Satz. Der Kirchhoffsche Satz handelt nur von dem Verhältnis zwischen der Absorption A und der Emission E eines Körpers; über die absoluten Beträge dieser beiden physikalischen Eigenschaften gibt er keine Auskunft. Ebenso gilt die Aussage, daß das Verhältnis $E:A$ für alle materiellen Stoffe eine Konstante darstellt, nur, wenn dabei eine bestimmte absolute Temperatur T und eine bestimmte Wellenlänge λ ins Auge gefaßt wird. Solange aber eine thermische Strahlung in Frage kommt, ist das Gesetz von außerordentlicher Allgemeinheit und gilt dann für alle festen, flüssigen und gasförmigen Körper, gleichgültig, ob diese reine Elemente sind oder komplizierte chemische Verbindungen.

Für die weiteren Betrachtungen soll der Wert des Verhältnisses von Emission zu Absorption ganz allgemein mit J bezeichnet werden. Wir wissen dann, daß J bei allen Körpern für irgendeine bestimmte Temperatur und Wellenlänge zwar eine Konstante, sonst aber eine Funktion von Wellenlänge und Temperatur ist, d. h. es ist

$$J = \frac{E}{A} = F(\lambda, T)$$

Die Funktion J wird als Kirchhoffsche Funktion bezeichnet. Der Entdecker konnte zwar ihre mathematische Form noch nicht angeben, hatte aber bereits erkannt, daß erst nach Auffindung derselben die wissenschaftliche Fruchtbarkeit der Beziehungen zur vollen Auswirkung kommen würde. Etwa 40 Jahre hat es gedauert, bis M. PLANCK die Aufgabe vollständig lösen konnte, nachdem es bereits einigen Vorgängern, wie J. STEFAN, L. BOLTZMANN, W. WIEN u. a. gelungen war, verschiedene wichtige Eigenschaften der Funktion experimentell nachzuweisen und theoretisch zu begründen.

Eine Funktion ist einfach, wenn ihr Verlauf bei kurvenmäßiger Darstellung keine auffallenden Knickungen, Umkehrungen u. dgl. zeigt. Die Erfahrung lehrt, daß die meisten Naturgesetze, die nicht von besonderen Eigenschaften der Körper abhängen, einfach sind. Dies braucht natürlich nicht absolut aufgefaßt zu werden; Hauptsache ist, daß für unsere Genauigkeitsforderungen die schlichte Darstellung genügt. Es konnte danach auch für die J-Funktion zum mindesten angenommen werden, daß sie sich bei allen Körpern mit der Wellenlänge und der Temperatur kontinuierlich ändert, also weder Unstetigkeiten noch ausgesprochene Minima oder Maxima zeigt.

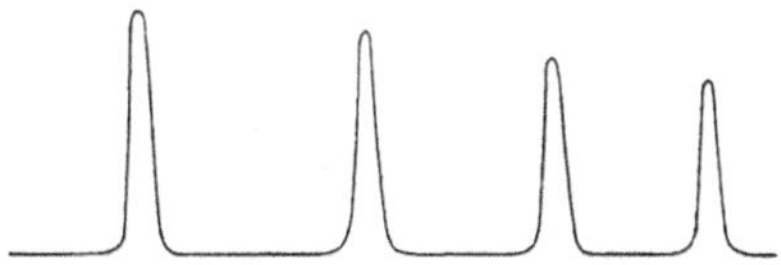
Abb. 84. Emission einer Gasstrahlung als Funktion der Wellenlange.

Dieser Auffassung scheint zunächst das spektrale Verhalten der Gase zu widersprechen. Ihr Emissionsvermögen ist für die meisten Wellenlängen auch bei hohen Temperaturen Null und erreicht nur für einzelne scharf begrenzte Stellen des Spektrums merkliche Werte. Wollten wir also die Emission eines Gases als Funktion der Wellenlänge graphisch darstellen, so würden wir stets eine recht komplizierte Kurve erhalten (Abb. 84). Wenn aber das Verhältnis von Emissionsvermögen zum Absorptionsvermögen auch hier eine einfache Funktion der Wellenlänge sein soll, so ist beides miteinander nur dann vereinbar, wenn die Absorption genau dasselbe komplizierte Gesetz befolgt, wenn also A genau dieselben Maxima wie E besitzt. Emission und Absorption sind demnach zwei genau konträre Begriffe. Ist die Emission bei einem Gase für eine bestimmte Wellenlänge ein Maximum, so daß im Spektrum eine helle Linie aufleuchtet, so liegt auch bei der Absorption für dieselbe Wellenlänge ein Maximum vor, d. h. in dem durch das hindurchgehende Licht erzeugten hellen Spektrum muß hier eine dunkle Linie auftreten. Hieraus folgt der bereits behandelte Satz, der für die Anwendung der ganzen Kirchhoffschen Theorie auf die Himmelskörper von grundlegender Bedeutung geworden ist und so gefaßt werden kann, daß ein glühendes Gas aus dem weißen Licht einer Strahlungsquelle höherer Temperatur diejenigen Wellenlängen absorbiert, die es selbst in leuchtendem Zustande aussenden würde.

Aus dem Kirchhoffschen Satze von der Konstanz des Verhältnisses $E:A$ folgt noch eine wichtige Tatsache, die alle experimentellen Untersuchungen über die Beziehungen der Strahlung zur Temperatur sehr gefördert, ja überhaupt erst ermöglicht hat. Sie beruht auf der Definition des sog. Schwarzen Körpers, der physikalisch dadurch bestimmt ist, daß er alle einfallende Strahlung ohne Rücksicht auf die Temperatur und die Wellenlänge vollständig absorbiert. Für einen solchen Körper ist das Absorptionsvermögen $A = 1$ und damit $J = E$, d. h. das Emissionsgesetz des Schwarzen Körpers entspricht dem Verlauf der J-Funktion. Gelingt es, einen solchen Körper herzustellen und seine Strahlungsenergie bei verschiedenen Temperaturen und in den verschiedenen Wellenlängen zu messen, so lassen sich auf diese Weise alle Eigenschaften der Kirchhoffschen Funktion empirisch feststellen und das Gesetz ableiten, das die Beziehung zwischen der Temperatur und der Strahlung bei einer gegebenen Wellenlänge regelt.

Absolut schwarze Körper gibt es in der Natur nicht, dagegen lassen sie sich in guter Näherung künstlich herstellen. Kirchhoff hat bereits angegeben, daß in einem Hohlraum, dessen Hülle für Strahlung jeder Art undurchlässig ist und überall die gleiche Temperatur besitzt, die Emission des Schwarzen Körpers von der Hüllentemperatur herrscht. Gibt man der Wandung eine kleine Öffnung, so tritt aus derselben die Schwarze Strahlung aus und kann experimentell für alle möglichen Temperaturen und Spektralgebiete untersucht werden. Trotz dieses einfachen Prinzips ist es erst nach Überwindung vieler technischer Schwierigkeiten gelungen, einen Apparat zu konstruieren, der mit einem hohen Grade von Genauigkeit die reine Hohlraumstrahlung bei sicher angebbaren Temperaturen liefert. Die beste ältere Lösung der Aufgabe rührt von W. Wien und O. Lummer her, die im Jahre 1895 einen bereits recht vollkommenen Schwarzen Strahler in Gestalt eines elektrischen Ofens konstruiert haben. Der viel angewendete Apparat (Abb. 85) bestand aus einem innen geschwärzten engen Porzellanrohr P, das auf der Vorderseite offen, hinten aber bis auf die Durchführung der Drähte eines Thermoelements T geschlossen war. Um die innere Reflexion auf ein Minimum herabzudrücken, wurde das Rohr durch achsiale Lochblenden in verschiedene Abteilungen getrennt. Dieses Kernstück wurde mit einer dicht anschließenden äußeren Umhüllung aus dünner Platinfolie F umgeben, und diese wiederum mit einem Mantel A von Asbest umschlossen, der als Wärmeschutz diente. Werden die beiden Enden des Platinrohres mit je einem Pol einer Starkstromleitung verbunden, so hat man es in der Hand, durch Regulierung der Stromstärke den Ofen von der schwächsten Leuchttemperatur bis zur Weißglut zu heizen. Die Wärme des Metallrohrs teilt sich allmählich dem inneren Hohlkörper aus Porzellan mit, und nach längerer gleichmäßiger Heizung stellt sich Gleichgewicht zwischen der durch den Strom zugeführten und der durch Strahlung und Leitung nach außen abgegebenen Wärme ein, so daß die Wand in der Mitte des Rohres, also der eigentliche Schwarze Körper, überall die gleiche Temperatur besitzt. Wann dieser stationäre Zustand ein-

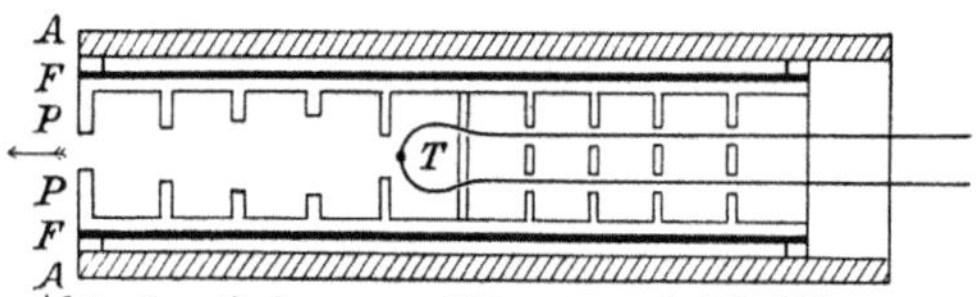

Abb. 85. Schwarzer Körper nach W. Wien und O. Lummer (schematisch).

tritt, läßt sich bei Temperaturen, die ein Glühen hervorrufen, leicht durch den bloßen Anblick erkennen. In diesem Falle wird das Material, aus dem die Hülle besteht, gleichgültig. Die vorher noch erkennbaren verschiedenen Teile des Apparates, besonders die Diaphragmen und die im Innern befindlichen Platindrähte verschwinden, und der ganze Raum erscheint als vollständig gleichförmig glühende Fläche. Die Temperaturmessung des Hohlraumes erfolgt durch ein Thermoelement aus Platin und Platinrhodium, dessen hintere Lötstelle dauernd auf der Temperatur Null erhalten wird. Die Stärke des Thermostroms wird, wie üblich, an einem Galvanometer abgelesen. Nach den skizzierten Grundsätzen werden noch heute alle elektrischen Laboratoriumsöfen für Strahlungsmessungen gebaut. Die hauptsächlich von F. KURLBAUM, E. WARBURG, A. KING u. a. angegebenen Verbesserungen beziehen sich vor allem auf die Verwendung von Graphit an Stelle des Porzellans, auf einen besseren Abschluß der Strahlung nach außen durch besondere Kühlvorrichtungen und Einschaltung eines luftdichten Fluoritfensters vor dem Hohlraum, das die Strahlung weit über die visuellen Grenzen des Spektrums durchläßt, gleichzeitig aber gestattet, die Emission bei verschiedener Druckwirkung zu untersuchen.

Es ist bemerkenswert, daß man auf einige Erscheinungen, die mit der Schwarzen Strahlung innig zusammenhängen, schon frühzeitig aufmerksam geworden ist. Da der Wert von J vom Material gänzlich unabhängig ist (S. 132), so muß die erste physiologische Wahrnehmung der Strahlung bei allen erhitzten Körpern nahe in dem gleichen Moment erfolgen. Das entspricht der von J. W. DRAPER 1874 gefundenen Regel, nach der die meisten Stoffe bei derselben Temperatur, die etwa bei 500° C liegt, zu glühen anfangen. Da bei einigen Metallen, wie Gold und Neusilber, die Grenze um fast 100° tiefer liegt, kann bei der DRAPERschen Feststellung von einem Naturgesetz keine Rede sein. Erwähnenswert ist noch, daß es Büchsenmachern längst aufgefallen war, daß das Innere eines zur Glut gebrachten Gewehrlaufes eher leuchtend wird als das Äußere, und daß Kratzer und rauhe Stellen bei der Erhitzung eine höhere Strahlung liefern als glatte, Tatsachen, die aus der engen Beziehung zwischen Emission und Absorption ohne weiteres erklärlich sind.

Plancksche Gleichung. Beziehung zwischen Temperatur und Strahlung.[1]) Obwohl KIRCHHOFF nur einige allgemeine Eigenschaften der Funktion J angeben konnte, genügten diese doch vorerst, um die Spektralanalyse plötzlich zu einem der wichtigsten Zweige der praktischen Chemie, der Physik und der Astronomie zu erheben. Da es aber keinem Zweifel unterliegen konnte, daß in der strengen mathematischen Form des Gesetzes noch wichtige Folgerungen steckten, ist die Aufgabe in der Folgezeit immer wieder auch von der theoretischen Seite in Angriff genommen worden, bis schließlich die Beziehungen nicht nur in aller Vollständigkeit klargelegt waren, sondern auch zu der unge-

---

1) O. LUMMER, Grundlagen, Ziele und Grenzen der Leuchttechnik. München und Berlin 1918.

ahnten Entwicklung der theoretischen Spektralanalyse führten, auf die wir bereits gegenwärtig zurückblicken dürfen. Es gab dabei zwei Wege, auf denen man zum Ziele gelangen konnte. Den theoretischen, der auf einer Weiterentwicklung der Licht- und Elektrizitätstheorie beruhen mußte, und den praktischen, der nach der Konstruktion des Schwarzen Körpers ohne weiteres durch sein Emissionsvermögen in Abhängigkeit von Temperatur und Wellenlänge vorgezeichnet war. Beide Möglichkeiten sind eifrigst ausgenutzt worden und haben, dank dem engen Ineinanderarbeiten der theoretischen und praktischen Physik, schließlich zu einem besonders glänzenden Erfolge geführt. Die mathematischen Ergebnisse wurden dabei unmittelbar durch die am Schwarzen Körper erhaltenen Beobachtungen geprüft und als richtig erkannt oder als unrichtig verworfen. Unter den an der Arbeit beteiligten praktischen Physikern sind an erster Stelle F. Kurlbaum, O. Lummer und E. Pringsheim zu nennen, unter den Theoretikern W. Wien und M. Planck. Letzterer hat dann 1900 den Schlußstein für das Gebäude durch eine präzise und klare mathematische Formel geliefert, die unter dem Namen des Planckschen Strahlungsgesetzes bekannt ist und die komplizierte Aufgabe für alle Temperaturen und Wellenlängen restlos löst. Nach dem ganzen Werdegang des Problems stellt die Plancksche Formel für die Kirchhoffsche Funktion ursprünglich einen rein empirischen Ausdruck dar, der erst später durch Zuhilfenahme der Quantentheorie eine strenge Begründung erfahren hat.

Bezeichnet man wie bisher mit J die Strahlungsenergie des Schwarzen Körpers, mit λ die Wellenlänge und mit T die absolute Temperatur der Strahlungsquelle, so ist nach Planck

$$J = \frac{C}{\lambda^5 (\varepsilon - 1)}$$

wobei

$$\varepsilon = e^{\frac{c}{\lambda T}}$$

ist. Hierin ist $e = 2.71828$ die Basis der natürlichen Logarithmen, C und c dagegen näher bestimmbare Konstanten. Die letztere heißt die Strahlungskonstante und hat eine universelle Bedeutung. Ihre Grenzen sind gegenwärtig zwischen 14200 und 14600 eingeschlossen; der wahrscheinlichste Wert dürfte bei 14300 liegen. Bei dieser, wie bei allen folgenden Konstanten ist vorausgesetzt, daß die Strahlungsenergie in Gramm-Kalorien pro Sekunde und die Wellenlängen in Einheiten von μ ausgedrückt sind.

Aus der Planckschen Gleichung lassen sich zunächst einige Gesetze für ganz spezielle Fälle ableiten, die für die Astrophysik von ebenso großer Bedeutung sind wie der Hauptsatz und teilweise schon früher bekannt waren. Durch eine analytische Summierung über alle Wellenlängen von $\lambda = 0$ bis $\lambda = \infty$ erhält man z. B. eine Formel für die Gesamtenergie, die von der Flächeneinheit eines strahlenden Schwarzen Körpers von der Temperatur T in der Sekunde ausgeht, also diejenige Intensität, die man direkt, ohne vorherige spektrale Zerlegung der Strahlung photometrisch messen kann. Diese Gesamtstrahlung bleibt nur noch von T abhängig, bezeichnet man sie mit ΣJ, so ergibt sich das äußerst einfache Gesetz

$$\Sigma J = \sigma T^4$$

das bereits 1879 von J. STEFAN gefunden und durch L. BOLTZMANN kurze Zeit später aus den Gesetzen der elektromagnetischen Lichttheorie und der mechanischen Wärmetheorie abgeleitet worden ist. Die Konstante σ läßt sich sowohl durch Versuche als auch durch theoretische Betrachtungen bestimmen. Sie beträgt nach dem Mittel der sichersten Bestimmungen $8.2 \cdot 10^{-11}$. In Worten ausgedrückt, besagt das Stefan-Boltzmannsche Gesetz, daß die Flächenstrahlung des Schwarzen Körpers mit der vierten Potenz seiner absoluten Temperatur wächst. Bei der Steigerung der Temperatur auf das Doppelte ist also die resultierende Gesamtstrahlung auf das 16fache gestiegen, beim 10fachen Betrage der Temperatur auf das 10000fache usf. Die Strahlung wächst also mit der Temperatur ganz enorm, eine Erkenntnis, die auch praktisch für die gesamte Leuchttechnik von der größten Bedeutung geworden ist.

Wird die J-Funktion in ihrer Abhängigkeit von der Wellenlänge für eine bestimmte Temperatur aufgetragen, so erhält man eine kontinuierliche Kurve mit einem Maximum in der Form der Abb. 86. Bezeichnet man den Höchstwert der Strahlung im Spektrum mit J_{max}, so erhält man aus der Planckschen Gleichung

$$J_{max} = \varkappa T^5$$

wobei $\varkappa$ einen Proportionalitätsfaktor bedeutet. Während also die Gesamtstrahlung des Schwarzen Körpers mit der vierten Potenz der absoluten Temperatur wächst, nimmt die Maximalstrahlung sogar mit der fünften Potenz zu. Bei unserem ersten Beispiel (Steigerung der Temperatur auf das Doppelte bzw. 10fache), würde also die Maximalstrahlung im Spektrum auf das 32- bzw. 100000fache wachsen. Beim Betrachten mehrerer Kurven, die für verschiedene Temperaturen berechnet sind, erkennt man sofort, daß das Maximum um so mehr nach den kleinen Wellen zu liegt, je höher die Temperatur ist; die Wellenlänge des Strahlungsmaximums wird also mit steigender Temperatur immer kleiner, und zwar geht dies nach einem einfachen Verschiebungsgesetz

$$\lambda_{max} = \frac{A}{T}$$

vor sich, das W. WIEN gefunden hat. Hier ist A eine Konstante, deren Wert zu nahe 2900 gefunden wurde. Im Emissionsspektrum des Schwarzen Körpers verschiebt sich also bei der Temperaturänderung die Wellenlänge des Strahlungsmaximums so, daß das Produkt aus Temperatur und Wellenlänge konstant bleibt. Die in der Planckschen Gleichung auftretende Strahlungskonstante c hängt mit A derart zusammen, daß $c \sim 5A$ (genauer $c = 4.965\,A$) ist.

Das bereits 1893 entdeckte Verschiebungsgesetz ist astronomisch wieder wichtig, denn es liefert ein Mittel, um die Temperatur eines strahlenden Schwar-

Beziehungen zwischen absol. Temperatur u. Strahlungsmaximum.

T	λ_{max}	Spektralgebiet
500°	5800 $\mu\mu$	Ultrarot
1000	2900	Ultrarot
2000	1450	Ultrarot
3000	970	Ultrarot
4000	720	Tiefrot
5000	580	Hellgelb
6000	480	Zyanblau
7000	410	Violett
8000	360	Ultraviolett
9000	320	Ultraviolett
10000	290	Ultraviolett

zen Körpers lediglich aus der Wellenlänge seines Energiemaximums, also ohne irgendwelche speziellen Intensitätsmessungen zu bestimmen. Hat man also durch Beobachtungen festgestellt, bei welcher Wellenlänge das Maximum der Strahlung liegt, so erhält man nach der Gleichung

$$T = \frac{2900}{\lambda_{max}}$$

sofort die Temperatur des strahlenden Körpers. Die nebenstehende Tabelle veranschaulicht die Beziehungen zahlenmäßig für die absoluten Temperaturen zwischen 500 und 10000°. Die letzten Werte der Tafel beruhen auf einer Extrapolation. Die experimentelle Bestätigung der Strahlungsgesetze reicht nicht so weit; sie beginnt bei $\lambda_{max} = 500000\,\mu\mu$ ($T = 6^0$) und hört etwa bei $\lambda_{max} = 500\,\mu\mu$ ($T = 6000^0$) auf. Die meisten irdischen Temperaturen haben demnach ihr Strahlungsmaximum im Ultrarot, das natürlich nicht mehr mit den Mitteln der visuellen Spektralphotometrie erforscht werden kann. Die hierzu erforderlichen besonderen bolometrischen und thermoelektrischen Vorrichtungen werden später noch eingehend beschrieben werden. Den damit erzielten Messungen vorausgreifend, stellt Abb. 86 den Verlauf der Energiekurven für die absoluten Temperaturen 1000°, 2000°, 3000° und 4000° unter Annahme eines normalen, d. h. proportional zum Maßstab fortschreitenden Spektrums dar. Die Lage des visuellen Gebietes ist durch die Strecke RV angedeutet. Die Stelle $R = 0.8\,\mu$ wird also bei der absoluten Temperatur 3600° erreicht, so daß Körper, die nur wenig kühler sind, für das Auge unsichtbar bleiben. Umgekehrt fällt schon bei $T = 7000^0$ der Höchstwert der Strahlung ins Ultraviolett. Wie die Skizze zeigt, werden die Maxima der Kurven immer spitzer, je mehr die Wellenlängen abnehmen; dafür rücken die Gipfelpunkte immer enger aneinander.

Es muß noch einmal betont werden, daß die Kirchhoffsche J-Funktion als Plancksche Gleichung, als Stefan-Boltzmannsches Gesetz, Wiensches Verschiebungsgesetz usw. ihrer Definition nach nur für den Schwarzen Körper gilt. Die Strahlungskurven der meisten anderen bis jetzt untersuchten festen Körper, wie Ruß, Kohle, Platin usw. zeigen aber keine großen Abweichungen und kommen der Hohlraumstrahlung desto näher, je höher ihre Temperatur wird. Da es sich gegenüber dem Schwarzen Körper um nicht vollkommene Strahler handelt, ist die bei einer gewissen Temperatur erzielte Energie hier stets etwas kleiner, als sie aus der J-Funktion folgt, der Exponent in der Stefan-Boltzmannschen Formel ist also im allgemeinen größer als 4. In der Praxis hat man sich bisher damit beholfen, daß man die Form der Energiegleichung auch für beliebige Körper beibehält, aber für die Naturkonstante c

bzw. A einen davon abweichenden Wert einführt, der eine möglichst günstige Darstellung der Beobachtungen gestattet. Von den bekannten Metallen dürfte blankes Platin die am stärksten abweichende Strahlung liefern; hier muß z. B. bei Anwendung des Verschiebungsgesetzes $A = 2600$ statt 2900 angenommen werden.

Die für die festen Körper abgeleiteten Gesetzmäßigkeiten der Temperaturstrahlung lassen sich nicht ohne weiteres auf die Gase ausdehnen, da ihr Leuchten nicht allein durch thermische Vorgänge bedingt ist, und der Charakter des Spektrums die Anwendung der bisher besprochenen Gesetze ausschließt. Nun sind zwar Sonne und Sterne als Gaskugeln aufzufassen, aber die kontinuierliche Strahlung überwiegt bei ihnen derartig, daß die Benutzung der Regeln wenigstens in erster Näherung statthaft ist. Wir werden später sehen, auf welchem Wege der Nachweis gelungen ist, daß die Sternstrahlung auch sonst von derjenigen des Schwarzen Körpers nicht sehr abweichen kann. Eine absolute Übereinstimmung ist schon deshalb nicht zu erwarten, weil die Hohlraumstrahlung eine einheitliche Temperatur des ganzen glühenden Körpers voraussetzt und eine solche bei den Sternen ohne Zweifel nicht vorliegt.

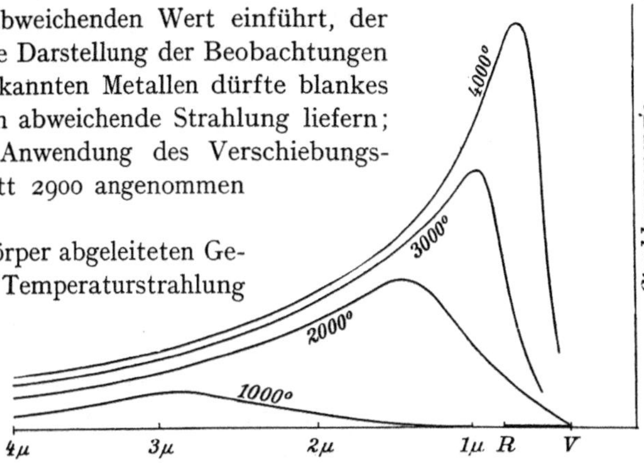

Abb. 86. Gestalt der Strahlungskurven bei Temperaturen zwischen 1000 und 4000°.

Abhängigkeit der Spektra von den Anregungsbedingungen. Als der wichtigste Erfolg der ersten Jahrzehnte spektroskopischer Forschung darf wohl weniger der tiefere Einblick in bestimmte Naturgesetze gelten, als die praktisch sehr bedeutsame Erkenntnis, daß die Spektra der Elemente und ihrer Verbindungen so charakteristisch sind, daß aus dem Vorhandensein gewisser Linien auf die Anwesenheit der betreffenden Grundstoffe in der Lichtquelle geschlossen werden kann.

Die in den letzten vier Jahrzehnten angestellten sehr ausführlichen Untersuchungen haben nun ergeben, daß die Beziehungen hier durchaus nicht so einfach sind, wie man es früher geglaubt hat. Die Art des Spektrums ist zwar stets für ein bestimmtes Element charakteristisch, aber fast alle Grundstoffe besitzen nicht nur ein Spektrum, sondern verschiedene, je nach den Bedingungen, unter denen die Leuchterregung vor sich geht. Die Abweichungen können dabei so weit gehen, daß ein Grundstoff zwei, drei oder noch mehr Spektra besitzt, die untereinander gar keine Ähnlichkeit mehr haben. Selbst von einem so einfachen Element wie Wasserstoff liegen drei Spektra vor: die bekannte, nach dem Violett zu immer enger zusammenlaufende gesetzmäßige Linienfolge, ein verwickeltes Viellinienspektrum vom Bandencharakter und bei besonderen Anlässen eine im Ultraviolett gelegene kontinuierliche Strahlung. Die Unterschiede hängen sicher von der Anregungsenergie ab, die das Leuchten in jedem einzelnen Falle hervorruft. Dabei liegt es wieder nahe, zunächst an thermische Einflüsse zu denken, und es erscheint daher notwendig, an erster Stelle diese Frage zu klären.

Werden Salze von Alkalimetallen, wie Kalium, Strontium usw. in eine Alkoholflamme gebracht, so beobachtet man, daß bei der eintretenden Verdampfung bereits die roten und gelben Liniengruppen zum Vorschein kommen. Im heißeren Bunsen-Brenner treten die grünen und blauen Emissionen dazu, womit im vorliegenden Falle die spektralen Eigentümlichkeiten erschöpft sind, da eine ultraviolette Strahlung fehlt. Eine andere Form des Leuchtens bei niedriger Temperatur liegt in der Glimmentladung vor, wie man sie z. B. an Wasserstoff, Helium, Stickstoff usw. in den Kapillaren der sog. Geißlerschen Röhren beobachten kann, wenn man die abgeschlossenen Gase leitend zwischen die Pole eines eingeschalteten Funkeninduktors bringt. Die Flammen- und Glimmtemperatur genügt natürlich nur bei einigen wenigen Grundstoffen zur Erzeugung einer nichtkontinuierlichen Strahlung. Zur Verflüchtigung und Leuchterregung der Elemente, deren Siedepunkt besonders hoch liegt, also z.B. der Metalle, sind besondere Vorrichtungen notwendig. In einem Gebläse aus Leuchtgas und Luft läßt sich die Temperatur bis 1900 ⁰ C, bei Anwendung von Leuchtgas und Sauerstoff bis zu 2100 ⁰ C steigern. Für noch höhere thermische Anregungen muß der elektrische Ofen, der Lichtbogen oder gar der durch Einschaltung Leidener Flaschen bis zur Explosionswirkung verstärkte Funken herangezogen werden. Das geht heute so weit, daß man z. B. feine Metalldrähte bzw. mit alkalischen Erden getränkte Asbestfäden durch Entladung von Kondensatoren mit 30000 bis 40000 Volt Spannung in Zeiten, die auf 10^{-5} Sekunden geschätzt werden, zur Explosion bringen kann. Die dabei erzeugten Temperaturen liegen etwa bei 15000 ⁰ bis 20000 ⁰, erreichen also bereits diejenige der heißesten Sternoberflächen. Entsprechend der Temperaturfolge, die durch den elektrischen Ofen, den Lichtbogen, die gewöhnliche und die bis zur Grenze der physikalischen Laboratoriumsleistung verstärkte Funkenentladung verkörpert wird, verändert sich der Charakter des Spektrums. Als Beispiel mag Abb. 87 dienen, die einen Teil des Ofenspektrums des Strontiums bei verschiedenen Temperaturen im Vergleich zum Bogenspektrum veranschaulicht. Die beiden untersten Spektralaufnahmen sind bei der gleichen Temperatur von 2350⁰ C, aber bei verschiedener Dampfdichte aufgenommen. Die auffallendste Veränderung, die mit den Spektren beim Übergang von der einen Anregungsart in eine andere vor sich geht, betrifft das Aussehen der Emissionen bzw. Absorptionen. Während im elektrischen Ofen

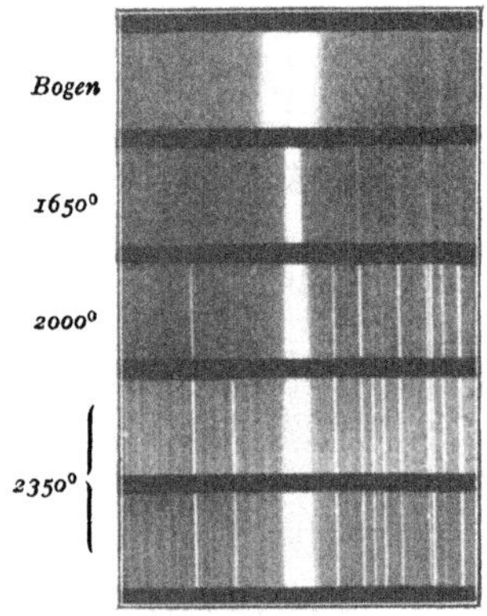

Abb. 87. Gegend der Linie λ 4272 des Strontiums im elektrischen Bogen und Ofen bei verschiedenen Temperaturen.

und im Bogen die meisten Linien verhältnismäßig breit und ein wenig verwaschen erscheinen, nehmen sie im Funkenspektrum zum großen Teil einen auffallend scharfen Charakter an. Daß es sich dabei wieder hauptsächlich um einen Temperatureffekt handelt, ersieht man daraus, daß einzelne Funkenlinien schon in den heißeren Teilen des Bogens bei etwa 2200° auftreten. Über das Spektrum der Explosionsfunken herrschen noch Unklarheiten. Während die alkalischen Erden dabei keine sehr wesentliche Änderung der normalen scharfen Emissionslinien ergeben, machen sich bei den Metallen sehr starke Abweichungen gegen das übliche Funkenspektrum bemerkbar. Bei Eisen tritt z. B. bei höherem Druck ein kontinuierliches Spektrum mit scharfen dunklen Linien auf, während im Falle des Kalziums bei der Vakuumentladung etwa 1000 helle Emissionen beobachtet werden, von denen nur etwa 75% schon bei tieferen Temperaturen vorkommen. Wichtig ist dabei noch die Beobachtung, daß gegenüber der sonstigen Durchsichtigkeit leuchtender Gase und Dämpfe die im Explosionsfunken verflüchtigten Metalle schon in Schichten von 4 bis 5 cm Dicke jegliche Strahlung vollkommen absorbieren.

Diese Feststellungen sind für die Physik der Sterne von der größten Bedeutung und müssen fortan stets im Auge behalten werden. Flammenspektra sind bei strahlenden Sonnen kaum oder nur in Ausnahmefällen zu erwarten, dagegen treten die Linien des elektrischen Ofens in den roten Sternen bereits häufig auf. Schreitet man von hier aus in der Temperaturfolge weiter, so erkennt man in den der Sonne und den gelben Sternen eigentümlichen Fraunhoferschen Linien deutlich den Bogencharakter. Bei den weißen Sternen sind sowohl Bogen- wie Funkenlinien vorhanden und in einigen besonderen Fällen treten die Funkenlinien ausschließlich, oft sogar in ungewöhnlich scharfer Form hervor. Wenn also später bei den Sternspektren von Bogen-, Funken- oder gar von sog. Überfunkenlinien die Rede sein wird, so darf daran erinnert werden, daß es sich dabei um Strahlungen handelt, die in erster Linie von niedrigeren zu höheren Temperaturen führen.

Mit der thermischen Anregung sind die Möglichkeiten der Erzeugung verschiedener Spektralarten bei den Elementen nicht erschöpft. Alkalien, alkalische Erden, auch Thallium z. B. lassen sich thermisch zum Leuchten bringen. Dagegen ist dies schon bei den Edelgasen und bei den hauptsächlichsten Luftbestandteilen, Sauerstoff und Stickstoff, nicht möglich. An die Stelle der thermischen tritt hier die Glimmstrahlung. Daß in diesem besonderen Falle der Grad der Erwärmung des Gases nur eine überaus geringe Bedeutung hat, ersieht man daraus, daß man die Röhren merklich erwärmen bzw. selbst in flüssige Luft tauchen, also bis etwa — 190° C abkühlen kann, ohne an dem Spektrum wesentliche Veränderungen zu bemerken. Dagegen reagiert das Glimmspektrum sofort auf Änderungen des Druckes und der elektrischen Spannung. Nur solange geringer Gasdruck und ein schwacher Strom verwendet wird, gibt z. B. Wasserstoff das übliche Serienspektrum. Schon bei Erhöhung des Potentialgefälles durch Verengung der Kapillare treten Abweichungen auf, die bei verstärktem Druck zum Viellinienspektrum führen, das mit dem ursprünglichen nichts mehr gemeinsam hat. Bei Atmosphärendruck erhält man sogar ein fast kontinuierliches Spektrum, daß sich von Rot bis Violett erstreckt, und in dem nur mühsam die Zusammensetzung aus den verbreiterten Linien der Balmer-Serie wiederzuerkennen ist (Abb. 106). Da bei höherem Druck auch die Dichte der leuchtenden Gase zunimmt, so erscheint damit die Emission in ihrer Allgemeinheit mindestens durch vier Faktoren bestimmt, durch Temperatur, Druck, Dichte und elektrischen Zustand. Daß damit die Bedingungen nicht erschöpft sind, erkennt man daran, daß weitere sehr wesentliche Abweichungen im Aussehen der Spektra eintreten, je nachdem die Glimmerregung durch negative oder positive Strahlung hervorgerufen wird bzw. die Grundstoffe rein, in Verbindungen oder in Mischungen vorliegen. So erzeugen die negativen Kathodenstrahlen ein anderes Spektrum als die positiven Kanalstrahlen. Bringt man ferner in eine Quecksilberröhre Stickstoff oder Wasserstoff, so erteilt die Beimischung dem Spektrum einen komplizierten Bandencharakter. Außerdem machen sich beide Gase trotz der sonstigen Empfindlichkeit der spektroskopischen Reaktion erst bemerkbar, wenn sie etwa 40 % des Röhreninhalts ausmachen. Verschiedene andere Elemente zeigen bei Anwesenheit von Helium neue Linien, die sonst in keinem der Gase vorkommen u. a. m. Zu den oben festgestellten thermischen, mechanischen und elektrischen Faktoren der Leuchterregung kommt also noch das Vorzeichen der Ladung, die Mischungsart und das Mischungsverhältnis hinzu, wodurch jeder natürliche, nicht laboratoriumsmäßig hervorgerufene und daher in seinen Einzelheiten nicht kontrollierbare Strahlungsprozeß zu einem sehr verwickelten unübersichtlichen Vorgang wird. Dabei ist bei diesen Betrachtungen noch von allen quantitativen Einflüssen abgesehen worden, also von der Berücksichtigung des Abklingens der Emissionen bis zu gewissen letzten Linien, die bei stufenweiser Abnahme der Quantität der leuchtenden Materie schließlich übrigbleiben.

Daß in diesen Beziehungen ein Schlüssel für den molekularen Aufbau der Elemente stecken müsse, hat bereits J. N. LOCKYER um 1880 richtig erkannt.[1]) Wurde das Spektroskop auf den gelben Teil einer Kerzenflamme gerichtet, so erhielt er ein farbiges Band, in dem sich nur die Strahlung des Natriums in Gestalt der bekannten Doppellinie bemerkbar machte. Der Anblick änderte sich aber sofort, wenn auf dem horizontal orientierten Spalt ein scharfes Bild der Kerzenflamme entworfen wurde. Es waren dann drei Spektra zu unterscheiden, die vom inneren blauen Teil, von der gelb leuchtenden Fläche und vom äußeren Rand der Flamme geliefert wurden und sämtlich verschieden waren. Noch deutlicher traten die Unterschiede auf, wenn man in gleicher Weise das Licht einzelner Elemente im elektrischen Bogen untersuchte, etwa derart, daß der horizontale Bogen auf einem vertikalen Spalt abgebildet wurde. Da der Dampf im Zentrum ein viel verwickelteres Spektrum zeigt als in den äußeren Teilen, so erhält man durch den Versuch ein Spektrum mit langen und kurzen

---

[1]) N. LOCKYER, Studien zur Spektralanalyse. Leipzig 1879.

Linien, unter denen die kurzen des Flammenkerns der Zahl nach bedeutend überwiegen (Abb. 88). Dabei ändert sich das Bild sehr wesentlich, wenn die Stromstärke, der Abstand der Pole u. a. herauf- oder herabgesetzt werden. Aus diesen berühmt gewordenen Versuchen mit den langen und kurzen Linien hatte LOCKYER den richtigen Schluß gezogen, daß die Spektra der Körper, solange der gasförmige Zustand erhalten bleibt, mit steigender Dichtigkeit oder Temperatur oder unter dem Einfluß beider Ursachen immer komplizierter werden. Daran hatte er dann Betrachtungen über die Dissoziationen der Elemente geknüpft, die durchaus neuzeitlich anmuten, aber den Physikern vor 40 Jahren noch derart fernlagen, daß sie fast unbeachtet blieben, bis sie um 1920 durch den indischen Physiker MEGH NAD SAHA in ein physikalisches Gesetz gebracht und von neuem bekannt gegeben wurden. Gestützt auf thermodynamische

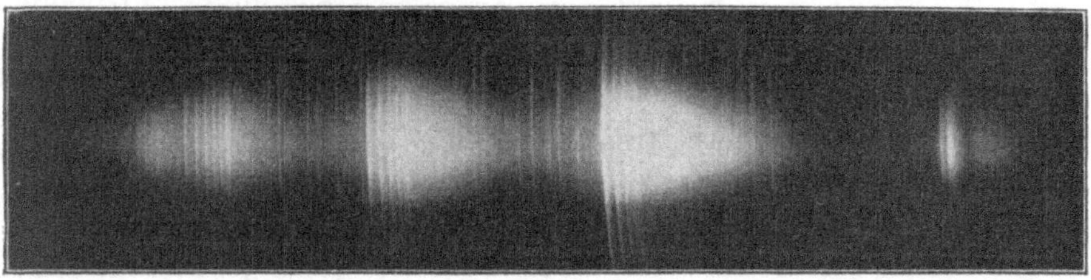

Abb. 88. Spektrum des horizontalen Kohlenbogens (Spektralkohle) mit Lockyers langen und kurzen Linien.

Vorarbeiten von W. GIBBS, W. NERNST, J. EGGERT u. a. hat SAHA den Einfluß, der der Temperatur, dem Druck und dem elektrischen Zustand beim Entstehen der Spektren zukommt, durch den Nachweis geklärt, daß die Ursache der spektralen Änderungen auf Ionisationsvorgänge zu schieben ist, die die Atome der einzelnen Grundstoffe in weiten Grenzen verändern und umgestalten.

Wie bereits in den ersten Abschnitten dieses Buches auseinandergesetzt ist, können die Atome heute nicht mehr als unteilbare Baustoffe der Materie angesehen werden. Nach dem von der Physik vorläufig angenommenen Modell (S. 20ff.) bestehen sie in neutralem Zustand aus einem Kern, dessen positiver Ladung eine Anzahl von negativen Elektronen das Gleichgewicht hält. Die Kernladung bzw. die Zahl der Elektronen ist durch die Ordnungszahl des Elements bestimmt. Durch entsprechende Energiezufuhr können die Elektronen aus engeren in weitere Bahnen geleitet werden, ja, es ist bei steigender Anregung schließlich möglich, sie einzeln aus dem Kernverbande herauszureißen. Das Gleichgewicht der elektrischen Ladung ist damit gestört und man spricht dann von ionisierten Atomen. Das neutrale Wasserstoffatom mit einem Elektron kann nur einmal ionisiert werden, Helium zweimal, Kalzium zwanzigmal usw. Da bei jeder Ionisation eine überschüssige Positivladung im Atom verbleibt, wird der Grad der Ionisierung durch + Zeichen neben der Elementbezeichnung angedeutet. Demnach ist z. B. unter *He* das neutrale, unter He^+ das einfach, unter

He^{++} das vollständig ionisierte Helium zu verstehen. Für das Verständnis der Strahlungserscheinungen ist es nun von höchster Wichtigkeit, daß der Vorgang der Elektronenabspaltung gleichzeitig eine vollständige Umwandlung des Spektrums bedingt. Als maßgebender Faktor für den Grad der Ionisation tritt dabei die sog. Ionisationsspannung auf. Man kann sie als die Energiemenge definieren, die einem Elektron zugeführt werden muß, um es aus dem Atomverband herauszuschleudern. Die Ionisationsspannung ist danach als Maß der Kräfte anzusehen, die die Elektronen in dem betreffenden Atomverband zusammenhalten. Niedrige Temperatur und hoher Druck setzen die Prozentzahl der ionisierten Atome herab, hohe Temperatur und niedriger Druck steigern sie, bis mit der Fortführung des letzten Elektrons das Atom als solches zertrümmert und in einzelne neben dem Kern bestehende freie Elektronen aufgelöst erscheint.

Ionisationsspannung einiger Elemente.

Element	Bez.	Ordn. Nr.	Übergang neutr. zu +	Übergang + zu ++
Natrium	*Na*	11	5.1 Volt	32.5 Volt
Barium	*Ba*	56	5.1	10.0
Strontium	*Sr*	38	5.7	11.0
Kalzium	*Ca*	20	6.1	11.8
Magnesium	*Mg*	12	7.7	15.0
Wasserstoff	*H*	1	13.7	—
Helium	*He*	2	24.7	54.2

Das Ionisationspotential kann aus den Frequenzen der Linien berechnet oder experimentell bestimmt werden. Für einige astronomisch wichtige Elemente ist es in der nebenstehenden kleinen Tafel angegeben[1]), wobei die Zahlen der vierten Reihe für die Loslösung des ersten, diejenigen der fünften für die Abspaltung des zweiten Elektrons gelten. Bemerkenswert ist dabei, daß schon zur Abtrennung des zweiten Elektrons mindestens eine doppelt so große Energie notwendig ist, wie beim ersten. Mit der experimentellen Bestimmung der Ionisationspotentiale, die im allgemeinen selbst in der Strahlung der heißesten Sterne nur zur Abspaltung von drei Elektronen führen, treten in dem Abhängigkeitsverhältnis der Spektra von den physikalischen Bedingungen nur noch zwei veränderliche Größen auf, der Druck und die Temperatur. Werden demnach in dem Spektrum eines Weltkörpers bestimmte Liniengruppen eines Grundstoffes beobachtet, so ist damit zunächst die Energie zahlenmäßig gegeben, die zur Erzeugung der betreffenden Emissionen oder Absorptionen an Ort und Stelle aufgewendet wird. Hieraus ergibt sich eine physikalische Beziehung zu Druck und Temperatur, die je nach der vorliegenden Aufgabe zur Ableitung einer von diesen beiden Größen verwendet werden kann.

Seriengesetze der Spektrallinien. Der Umstand, daß jedes Gas nur für ganz spezielle Wellenlängen ein merkliches Emissionsvermögen besitzt, läßt eigentlich erwarten, daß die emittierten Schwingungen mit irgendwelchen anderen chemischen oder physikalischen Eigenschaften der Elemente zusammenhängen

[1]) Siehe z. B. C. H. Payne, Stellar atmospheres. Cambridge (Mass.) 1925.

müßten. Es liegt z. B. nahe, eine Beziehung mit der Atomnummer der Elemente oder mit ihrer Stellung im Periodischen System zu vermuten. Daß durch die Entdeckung solcher Beziehungen die wertvollsten Aufschlüsse über den Aufbau der verschiedenen Grundstoffe zu erwarten sind, wurde schon von N. Lockyer erkannt und ausgesprochen. Den jahrelangen praktischen und theoretischen Bemühungen in dieser Richtung hat man es zu verdanken, daß hier in der letzten Zeit ganz unerwartete Regeln und Zusammenhänge aufgedeckt worden sind.

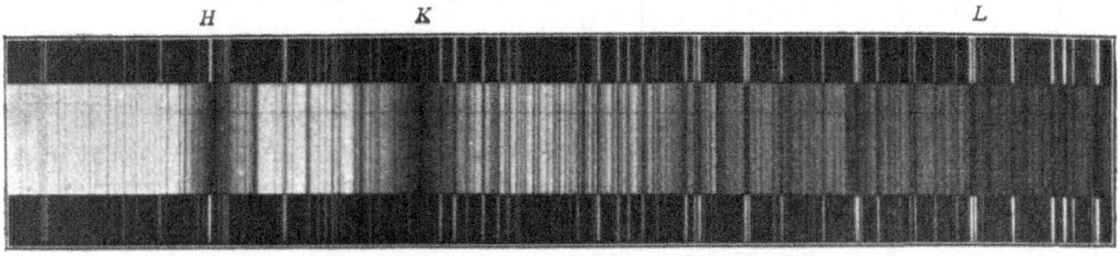

Abb. 89. Zunahme der Linienzahl im Ultraviolett des Sonnenspektrums. (Aufnahme des Einstein-Observatoriums)

Wie so oft in solchen Fällen, sind die Arbeiten zunächst von sehr bescheidenen Anfängen ausgegangen, denn auf den ersten Blick findet man bei Betrachtung der Spektra der Elemente wenig, was an Gesetzmäßigkeit erinnern könnte. Gewöhnlich scheinen die Linien, starke und schwache, völlig regellos angeordnet und gänzlich nach dem Zufall verteilt zu sein; höchstens wird man darauf aufmerksam, daß ihre Zahl in dem blauen und violetten Teil des Spektrums viel größer ist als im roten und gelben Gebiet. Beim Spektrum der Sonne, in dem etwa drei Dutzend Elemente mit ihren Linien mehr oder weniger deutlich vertreten sind, und das sich wegen seiner Intensität sehr weit nach Rot und Violett hin verfolgen läßt, ist die Zunahme der Linienzahl mit abnehmender Wellenlänge besonders auffallend (Abb. 89). Bei genauerer Betrachtung der Photogramme sind jedoch in einzelnen Fällen gewisse Regeln in den Spektren nicht zu übersehen. So folgen z. B. beim Wasserstoff die Linien von Rot nach Violett ganz regelmäßig in immer kürzeren Intervallen, bis sie schließlich im Ultraviolett in Form eines dicht zusammenliegenden Bündels plötzlich aufhören (Abb. 90). Manche Elemente besitzen auffallende zweifache oder dreifache Liniengruppen, die in allen Teilen des Spektrums immer wiederkehren, ganz abgesehen von den sog. Bandenspektren, bei denen das Vorhandensein offenkundiger Gesetzmäßigkeiten auf den ersten Blick zu erkennen ist.

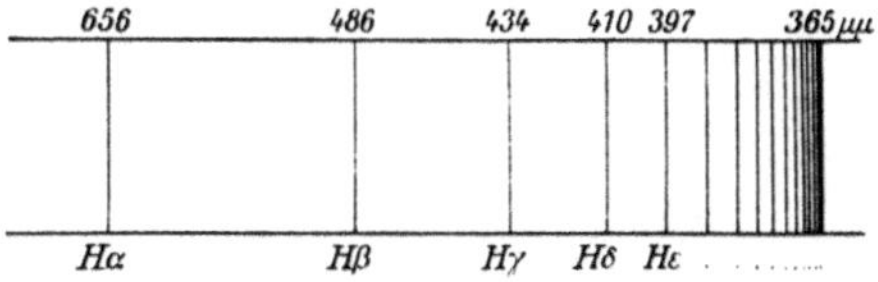

Abb. 90. Schematische Darstellung der Balmer-Serie des Wasserstoffs.

Den Ausgang für die Lösung des ganzen Fragenkomplexes, der sich an die Linienfolge in den Spektren der Elemente knüpft, bildet eine Arbeit des Baseler Mittelschullehrers J. J. Balmer, der im Jahre 1885 die für die Aufeinanderfolge der Wasserstofflinien geltende äußerst einfache mathematische Formel auffand.

Beobachtete und berechnete Wellenlängen der Balmer-Serie.

Linie	Beob.	Rechn.	m
$H\alpha$	6564.97	6564.96	3
$H\beta$	4862.93	4862.93	4
$H\gamma$	4342.00	4341.90	5
$H\delta$	4103.11	4103.10	6
$H\varepsilon$	3971.4	3971.4	7
$H\zeta$	3890.3	3890.3	8
$H\eta$	3836.8	3836.7	9
$H\vartheta$	3799.2	3799.2	10
$H\iota$	3771.9	3771.9	11
$H\varkappa$	3751.3	3751.4	12

Bezeichnet man die Wellenlänge einer Wasserstofflinie mit λ, so lautet die Balmersche Formel

$$\lambda = h \frac{m^2}{m^2 - 2^2}$$

wenn für $h = 3647.20$

und für die Ordnungszahlen m der einzelnen Emissionen der Reihe nach 3, 4, 5 ... gesetzt wird. Die Übereinstimmung zwischen den gemessenen und den nach dieser Formel berechneten Wellenlängen der Wasserstofflinien ist so vollkommen, wie nach der Messungsgenauigkeit nur zu erwarten ist. In dem obenstehenden Täfelchen[1]) sind einige beobachtete und berechnete Wellenlängen der Serie nebeneinander gestellt. Die letzte im Sonnenspektrum beobachtete Linie liegt bei $\lambda = 3659.1$, die für $m = 35$ folgt; bei Sternen ist man bis $m = 29$ gekommen. Das theoretische Ende der Serie tritt für $m = \infty$ bei $\lambda = h = 3647.2$ ein. Die Häufung der Linien mit wachsendem m geht aus der Tabelle wie aus der von Balmer gegebenen graphischen Interpretation (Abb. 91)[2]) ohne weiteres hervor. Die λ-Werte der Übersicht sind hier auf den luftleeren Raum bezogen, und auch in allen folgenden Fällen, soweit es sich um rein physikalische Betrachtungen handelt, so zu verstehen. Statt der direkt gemessenen Wellenlänge λ' wird dabei

$$\lambda = \lambda' n$$

gesetzt, wenn n den Brechungsindex der atmosphärischen Luft bei $+20^\circ$ C und 760 mm bedeutet. Die aus Tabellensammlungen zu entnehmenden Korrektionen sind nicht groß; sie betragen an den Grenzen des visuellen Spektrums bei 800 $\mu\mu$ $+2.20\,AE$, bei 400 $\mu\mu$ $+1.13\,AE$.

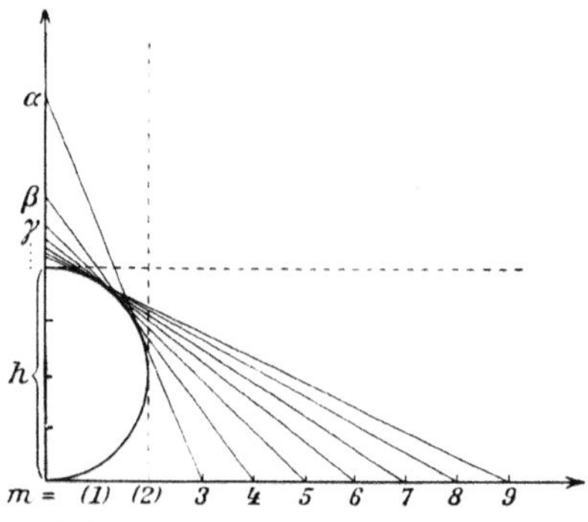

Abb. 91. Graphische Darstellung der Wasserstoffserie (nach J. J. Balmer).

Bereits Balmer beschäftigte sich mit der Frage, ob vielleicht durch Einsetzen einer anderen Zahl als 2 in den Nenner seines Ausdrucks eine weitere reelle Gesetzmäßigkeit des Wasserstoffs zustande käme, doch war damals die Spektroskopie noch weit davon entfernt, eine so schwierige Frage beantworten zu können. Die Entscheidung ist erst in neuerer Zeit durch die Erweiterung der Untersuchungen auf das ultrarote und ultraviolette

[1]) M. Born, Der Aufbau der Materie. Berlin 1922.

[2]) J. J. Balmer, A new formula of the wave lengths of the spectral lines. Ap. J. 1907, I.

Gebiet des Spektrums praktisch geglückt. Schreibt man den BALMERschen Ausdruck in der Form

$$\lambda = \frac{4}{N} \frac{m^2}{m^2 - 2^2}$$

oder reziprok

$$\nu = \frac{1}{\lambda} = N\left(\frac{1}{2^2} - \frac{1}{m^2}\right)$$

führt also statt der Wellenlänge λ die sog. Wellenzahlen oder Frequenzen ν (S. 5) ein, so stellt sich tatsächlich heraus, daß die drei Formeln

$$\nu = N\left(\frac{1}{1^2} - \frac{1}{m^2}\right) \qquad \nu = N\left(\frac{1}{2^2} - \frac{1}{m^2}\right) \qquad \nu = N\left(\frac{1}{3^2} - \frac{1}{m^2}\right)$$

$$m = 2, 3, 4, 5 \ldots \qquad m = 3, 4, 5, 6 \ldots \qquad m = 4, 5, 6, 7 \ldots$$

(Lyman-Serie) (Balmer-Serie) (Paschen-Serie)

spektroskopisch erreichbare Wasserstoffserien darstellen. N ist dabei eine einheitliche Konstante, deren Wert von J. R. RYDBERG und W. RITZ zu 109677.69 bestimmt worden ist, wenn die Wellenlängen der Formeln entsprechend der Definition von ν in Zentimetern angesetzt werden. Zu der Balmerschen Zahl h besteht dabei die einfache Beziehung, daß $Nh = 4$ ist. Es darf als ein erster großer Erfolg der Spektrallinientheorie bezeichnet werden, daß die Existenz der drei vorausberechneten Serien nachträglich experimentell völlig einwandfrei nachgewiesen werden konnte. So ist die ultraviolette Serie von T. LYMAN an den Linien λ 1216, 1026 und 972, die ultrarote von F. PASCHEN an λ 18751 und 12818 festgestellt worden.

Das Charakteristische der Serienformeln liegt darin, daß die Wellenzahl einer jeden Linie sich als Differenz zweier Terme darstellen läßt, eines konstanten, der durch die Seriengrenze und eines variablen, der durch die Ordnungszahl der Linie bestimmt wird. Derartige auffallende Serienbildungen zeigen neben dem Wasserstoff auch Helium, Lithium, Aluminium, Thallium, Kalium, Natrium und andere Elemente. In Abb. 92 sind als Beispiel die sog. ersten Nebenserien von *He*, *Li*, *Na* und *K* der Balmer-Serie gegenübergestellt. So einfache Beziehungen wie beim Wasserstoff sind an und für sich bei den anderen merklich komplizierteren Grundstoffen natürlich nicht zu erwarten. Dagegen wären sie sehr wohl bei ionisierten Atomen zu vermuten, die ihrem Bau nach etwa mit dem Wasserstoffatom übereinstimmen. Ein solcher Fall liegt z. B. beim einfach ionisierten Helium (He^+) vor, bei dem das Atom ein Elektron aus seinem Verband verloren hat und genau wie der nicht dissoziierte Wasserstoff aus Kern und einem äuße-

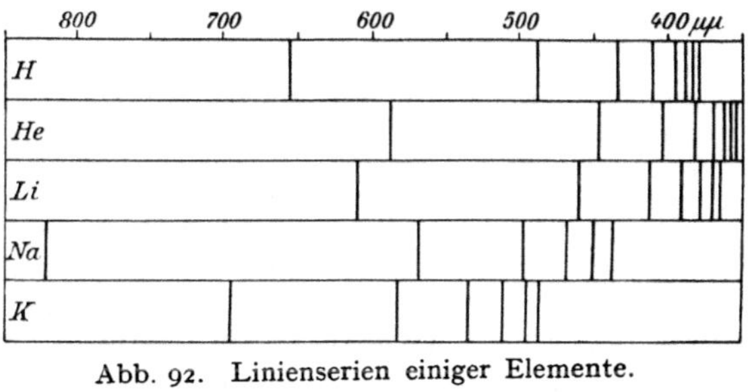

Abb. 92. Linienserien einiger Elemente.

ren Elektron besteht. Seine in den letzten Jahren ebenfalls experimentel bestätigten Serienformeln

$$\nu = 4N\left(\frac{1}{1^2} - \frac{1}{m^2}\right) \quad \nu = 4N\left(\frac{1}{2^2} - \frac{1}{m^2}\right) \quad \nu = 4N\left(\frac{1}{3^2} - \frac{1}{m^2}\right) \quad \nu = 4N\left(\frac{1}{4^2} - \frac{1}{m^2}\right.$$

$m = 2, 3, 4, 5 \ldots$ $m = 3, 4, 5, 6 \ldots$ $m = 4, 5, 6, 7 \ldots$ $m = 5, 6, 7, 8 \ldots$
(1. Lyman-Serie) (2. Lyman-Serie) (Fowler-Serie) (Pickering-Serie

sind tatsächlich vollkommen analog den Wasserstoffserien aufgebaut. Si unterscheiden sich von diesen nur durch den Faktor 4, in dem offenbar di doppelte Kernladung des Heliums zum Vorschein kommt. Die Identität de Formelaufbaus zwischen H und He^+ veranschaulicht sehr deutlich das sog Kossel-Sommerfeldsche Verschiebungs gesetz, nach dem bei Verlust von 1, 2, 3.. Elektronen das Spektrum in seinen Charakter um 1, 2, 3... Nummern in de Ordnungszahlen zurückgeht. Die spek trale Ähnlichkeit mit einem vorangehen den Element kann unter diesen Umstän den sehr auffallend sein. Als die Picke ring-Serie zum ersten Male bei dem Heliumstern ζ Puppis gefunden wurde ist sie von ihrem Entdecker ohne Bedenken als ein modifiziertes Wasserstoff spektrum angesehen worden (Abb. 93). Die Ritz-Konstante N ist übrigens be He^+ nicht ganz mit dem für H abgeleiteten Wert identisch, sondern um 44.4 Einheiten größer. Sie ist, wie N. Bohr nachgewiesen hat, eine Funktion de Atommasse und nähert sich erst bei höheren Atomnummern asymptotisch einen konstanten Maximalwert. Daß es sich um eine im Naturgesetz begründete Zah handelt, hat H. H. Plaskett gezeigt, der aus Sternen mit Heliumlinien einen N-Wert erhalten hat, der mit dem terrestrisch abgeleiteten identisch ist.

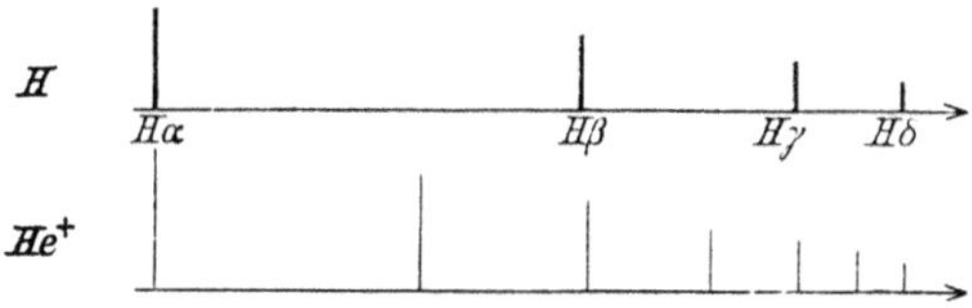

Abb. 93. Verwandtschaft der Pickering-Serie (He^+) mit der Balmer-Serie (H).

Die in den Seriengesetzen zutage tretende Harmonie ist sehr merkwürdig und besitzt auf keinem Gebiete der Physik irgendein Gegenstück. O. Lummer hat, an akustische Erscheinungen anknüpfend, das Atom mit einem Turm ver glichen, in dem Glocken verschiedener Tonhöhe erklingen und ihre Schwin gungen in den Raum hinaussenden. Mit fortschreitender Atomziffer und zu nehmender Linienzahl wird es freilich immer schwieriger, diese Schwingungen zu analysieren. Bei den meisten Elementen liegen ähnlich wie bei H und He^+ ganze Systeme von Serien vor. Jede besteht aus einer konvergierenden Folge von Emissionen oder Absorptionen mit bestimmten Eigenschaften der Linien Außer einer Hauptserie unterscheidet man noch eine scharfe und eine diffuse Nebenserie, eine sog. Bergmann-Serie usf., die sich theoretisch durch bestimmte Konstanten und die Ordnungsfolge, praktisch durch die größere oder geringere Schärfe der Linien voneinander unterscheiden. Zahlreiche Elemente, wie Natrium, weisen in der Haupt- und Nebenserie Doppellinien auf, die um so schwieriger zu trennen sind, je höher die Ordnungszahl m der Schwingungen wird. Für die meisten Spektrallinien fehlen vorläufig noch die Gesetze. Nach den jüngsten Fortschritten auf diesem Gebiet, die besonders F. PASCHEN und seinen Schülern zu verdanken sind[1]), ist die Auflösung der meisten Spektra sicherlich nur als eine Frage der Zeit zu betrachten. Die Schwierigkeiten sind hier nicht immer in der Zahl der Linien begründet. Ein großer Teil der scheinbar gesetz- und regellosen Eisenemissionen z. B. ist in seinem Zusammenhang geklärt, während das äußerlich merklich schlichtere Neonspektrum einen weit verwickelteren Aufbau zeigt.

Deutung der spektralen Gesetzmäßigkeiten. Obwohl die Entdeckung der Gesetzmäßigkeit des Wasserstoffspektrums bis auf das Jahr 1885 zurückgeht, war der innere Sinn der Balmerschen und der anderen einfachen Serienformeln lange Zeit hindurch völlig rätselhaft. Eine wesentliche Klärung hat erst die Atomtheorie in Verbindung mit der quantenhaften Auffassung der Strahlungsvorgänge herbeigeführt.

Wie bereits erwähnt, war schon N. LOCKYER bei seinen lehrreichen Versuchen mit den kurzen und langen Linien im Flammenbogen (S. 142f.) die tiefere Bedeutung dieser Experimente für die Molekularphysik aufgefallen. Seine außerordentlich klaren Schlüsse gipfelten darin, daß unter den thermischen und elektrischen Einflüssen im Kohlebogen nicht nur die Moleküle, sondern vermutlich auch die Atome nach und nach in Körper von abweichenden physikalischen Eigenschaften dissoziiert werden, und daß durch ein Studium der Spektren ein Einblick in die eingetretenen Umwandlungen möglich sein müßte. Bei einer früheren Gelegenheit (S. 129) ist der Einfluß der Temperatur auf den Aggregatzustand des Wassers bis zur Dissoziation in Wasserstoff und Sauerstoff verfolgt worden. In diesem Zustande, der bis rund 1000^0 reicht, sind die H-Atome noch zu Paaren, also zu Wasserstoffmolekeln (H_2) vereinigt. Unter einem Druck von $\frac{1}{10}$ Atmosphären ist bereits bei rund 5000^0 der Molekülverband vollständig gelöst, und die Strahlung des H-Atoms kommt zum Vorschein. Zur völligen Zertrümmerung der Wasserstoffatome in Kerne und Elektronen wären unter den gleichen Druckverhältnissen Temperaturen von etwa 20000 bzw. 25000^0 notwendig, wie sie terrestrisch kaum herstellbar sind. Noch länger widersteht das Helium der Aufspaltung. Bei den zuletzt angenommenen Druck- und Temperaturbedingungen dürften erst 70 bis 80% der vorhandenen He-Atome einfach ionisiert sein; die vollkommene Auflösung in Kerne und Elektronen erfolgt hier selbst bei einem Druck von $1 \cdot 10^{-6}$ Atmosphären erst bei Temperaturen, die in der Nähe von 30000^0 liegen mögen, also selbst für astronomische Vorstellungen als ungewöhnlich hoch bezeichnet werden müssen.

Durch diese Beziehungen lassen sich zunächst die spektralen Unterschiede zwischen dem Bogen- und dem Funkenspektrum aufklären. Das Bogenspektrum gibt die Strahlung des neutralen, das Funkenspektrum diejenige des ionisierten Atoms wieder. Sind ein oder mehrere Elektronen abgespalten, so wird die Strahlung von den übrigbleibenden geliefert, mit dem einzigen Unterschied, daß durch

[1]) F. PASCHEN u. R. GÖTZE, Seriengesetze der Linienspektren. Berlin 1922.

die überschüssige Kernladung die Schwingungsperioden verkürzt werden. Die Linien erscheinen somit nach dem Ultraviolett zu verschoben, und die Strahlung weicht von der ursprünglichen derart ab, daß ohne genaueres Studium der Linienfolge und ihrer Gesetze das Ausgangselement sich nicht mehr feststellen läßt. Die Verschiebung bei weiterer Ionisation ist wegen der photographischen Abbildungsschwierigkeiten nicht beliebig ins Ultraviolett hinein verfolgbar. Diese Lücke wird aber um so weniger empfunden, als es der Physik geglückt ist, durch die Röntgen-Spektroskopie die Schlußphase der Entwicklung zu erfassen: Die Strahlung dieser kurzen Wellen geht nur noch von den innersten Elektronenschalen der Atome aus und liefert für alle Grundstoffe das gleiche Ergebnis. Soweit die Zahl, Stärke und Gruppenbildung der Linien in Frage kommt, haben also alle Elemente das gleiche Röntgen-Spektrum (Abb. 94). Verschieden ist nur die Wellenlänge λ bzw. die Frequenz ν, deren Quadratwurzel, wie wir gesehen haben (S. 26), nach der Moseleyschen Regel mathematisch streng an die Stellung des Elements im Periodischen System geknüpft ist. Die in Abb. 94 die Spektra einheitlich durchquerende erste Linie stellt das ungebeugte am Kristallgitter erhaltene Spaltbild dar. Unter Berücksichtigung der Tatsache, daß das Spektrum eines Elements in erster Linie durch die Zahl der umlaufenden Elektronen bestimmt wird, und diese im neutralen Zustande des Atoms durch die Ordnungsnummer festgelegt sind, muß zum mindesten der Liniencharakter eines einfach ionisierten Elements demjenigen des unmittelbar vorangehenden neutralen Grundstoffes entsprechen (Abb. 95). Damit ist wieder das Verschiebungsgesetz von W. Kossel und A. Sommerfeld ausgesprochen, dem wir bereits bei dem einfachsten Fall von Helium und Wasserstoff (S. 148) begegnet sind. Bei den anderen Elementen legt der Satz auch für jede senkrechte Gruppe des Periodischen Systems bestimmte Eigenschaften der Spektra fest, wodurch die Aufstellung der Serienregeln nicht unwesentlich erleichtert wird.

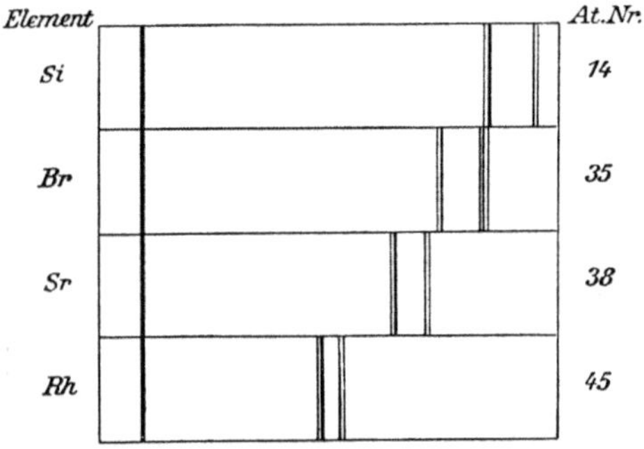

Abb. 94. Röntgen-Spektra (sog. K-Reihe) einiger Elemente (nach M. Born).

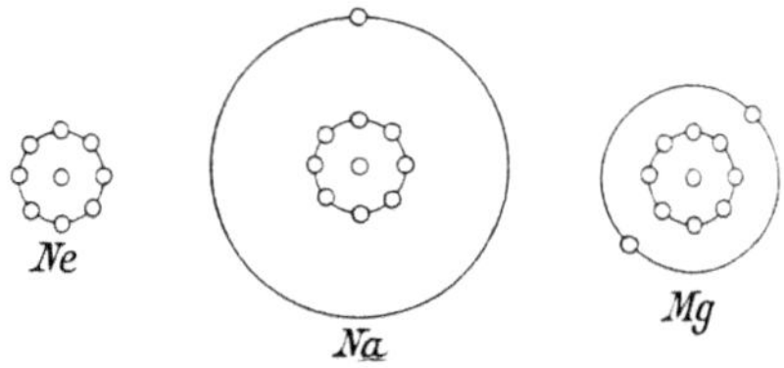

Abb. 95. Verwandtschaft im Aufbau der Atome von Neon, Natrium u. Magnesium.

In dem Bohrschen Modell denkt man sich das Atom so aufgebaut, daß um einen Kern, der Masse und positive Ladung in sich vereinigt, die Elektronen Bewegungen ausführen. Dieses dynamische, dem Sonnensystem ähnliche Anschauungsbild ist gewählt, weil bei statischen Verhältnissen die Deutung der Stabilität auf Schwierigkeiten stößt. Abweichend von den kosmischen Bedingungen der Planeten sind aber außer einer Umkehr der Dimensionen zwischen Zentralkörper und Begleiter (Abb. 5) in dem Modell auch die Bahnen nicht für alle Zeiten unveränderlich, sondern es stehen dem Elektron sehr mannigfache, in verschiedenen Ebenen und Entfernungen gelegene Ellipsen zur Verfügung. Die Abstände sind dabei nicht willkürlich, sondern ebenso wie die Geschwindigkeiten quantentheoretisch genau festgelegt. Der Übergang von einer inneren Bahn in eine äußere, und umgekehrt, erfolgt unter Energieverbrauch bzw. Energieabgabe. Im ersten Falle entsteht im Spektrum eine Absorptions-, im zweiten eine Emissionslinie. Der Energieverbrauch beim Verlassen einer inneren Bahn ist ohne weiteres klar. Es soll das Elektron aus dem Anziehungsbereich des Kerns entfernt werden, was nur dann möglich ist, wenn man ihm in irgendeiner Form Energie zuführt, also z. B. das Atom thermisch oder elektrisch anregt. Gibt das Atom die absorbierte Energie wieder ab, so hat die Strahlung eine bestimmte Schwingungszahl, die dem Energiebetrage genau proportional ist, der für die Änderung des Zustandes erforderlich war. Jeder Änderung entspricht eine Linie, der Gesamtheit der möglichen Änderungen eine Serie.

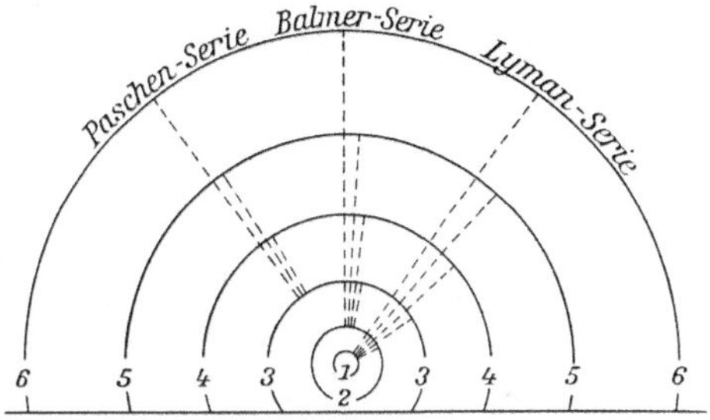

Abb. 96. Strahlungsschema des Wasserstoffs.

Betrachten wir den einfachsten Fall des Wasserstoffatoms und berücksichtigen dabei, daß die Energie der Elektronenbahnen nach außen hin wächst, so läßt sich auf Grund dieser Vorstellung für die mannigfachen Serien eine anschauliche Deutung geben. Fällt das Elektron aus der dritten Bahn in die zweite, so wird die $H\alpha$-Linie emittiert, im umgekehrten Falle absorbiert. Beim Übergang von der vierten Bahn in die zweite entsteht $H\beta$, von der fünften in die zweite $H\gamma$ usf., bis die ganze Balmer-Serie vorliegt. Die Rückfälle in die innerste erste Bahn aus 2, 3, 4, 5 usw. veranschaulicht die Lyman-Serie, den Übergang aus 4, 5, 6, 7 usw. in die dritte Bahn die Paschen-Serie (Abb. 96). Ein Blick auf die Zusammenstellung der entsprechenden Frequenzformeln (S. 147) zeigt, daß die hier gegebene und graphisch veranschaulichte Erklärung den Gleichungen einen tieferen Sinn gibt und ihre äußere Form rechtfertigt. Der Nenner des konstanten Terms gibt demnach die Quantenzahl der Endbahn, der Nenner des veränderlichen Terms die Quantenzahl der Anfangsbahn und aller folgenden, von denen die geschilderten Rückfälle möglich sind. Die Differenz der beiden Terme entspricht dem Energieunterschied des Elektrons in seiner Anfangs- bzw. Endbahn. So überraschend diese klare theoretische Deutung auch ist, so wird man sich doch nicht verhehlen dürfen, daß sie trotzdem rein hypothetisch ist. Die Einzelheiten der Lichtemission und -Absorption bleiben auch nach Annahme der verschiedenen stationären Zustände, die ein Atomsystem in dem Bohrschen Modell annehmen kann, dunkel und ungeklärt. Nur beim Wasserstoffatom liegen übrigens die Termverhältnisse übersichtlich zutage. Der Bau aller anderen Elemente ist so kompliziert, daß man schon beim neutralen Heliumatom (Kern und 2 Elektronen) auf eine ähnlich eindeutige Erklärung der Emissionen bzw. Absorptionen nach der Bohrschen Theorie verzichten muß (vgl. S. 23).

Die Bandenspektra. Manche Elemente, wie Jod, Stickstoff und Sauerstoff, sowie viele chemische Verbindungen, wie Kohlenoxyd u. a. geben merkwürdige Spektra, in denen die Linien entweder vom roten oder vom violetten Ende her immer enger aneinander rücken, so daß der Eindruck von Kannelierungen ent-

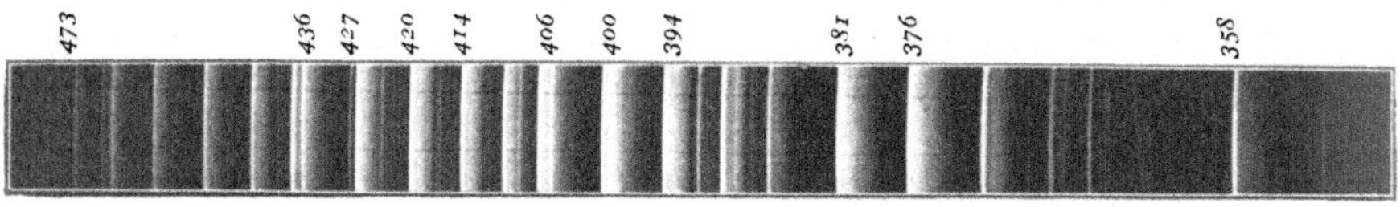

Abb. 97. Bandenspektrum des Stickstoffs.

steht (Abb. 97 u. ff.). Bei geringer Dispersion lassen sich die einzelnen Linien nicht mehr trennen und fließen dann in breite, meist einseitig verwaschene Streifen zusammen, die als Banden bezeichnet werden. Ihre scharf abgesetzten Anfangsstellen nennt man Kanten oder Köpfe. Bei genauerem Zusehen sind auf photographischen Aufnahmen innerhalb der Hauptbanden noch Partialbildungen mit selbständigen sekundären Kanten zu erkennen, wie ja überhaupt erst durch das spektrographische Verfahren ein genaueres Studium dieser sehr verwickelten Linienfolgen ermöglicht worden ist. Der typische Bau eines Bandenspektrums ist durch Abb. 97 an dem Beispiel des Stickstoffs veranschaulicht. Man erkennt in diesem Spektrum eine Reihe sehr heller Emissionen, an die sich unmittelbar zahllose schwächere und allmählich abklingende Liniengruppen anschließen, die in der bildlichen Wiedergabe einzeln nicht mehr erkennbar sind. In diesem Falle sind die Banden nach Rot zu scharf begrenzt, nach dem Violett dagegen wegen des Auseinanderlaufens der Linien verwaschen. Bei anderen Verbindungen erscheint das Bild gerade umgekehrt, als ob die Hohlkehlen von Violett her beleuchtet wären. Den klarsten Aufbau unter den Bandenspektren zeigt die Strahlung des gewöhnlichen Kohlebogens in atmosphärischer Luft.

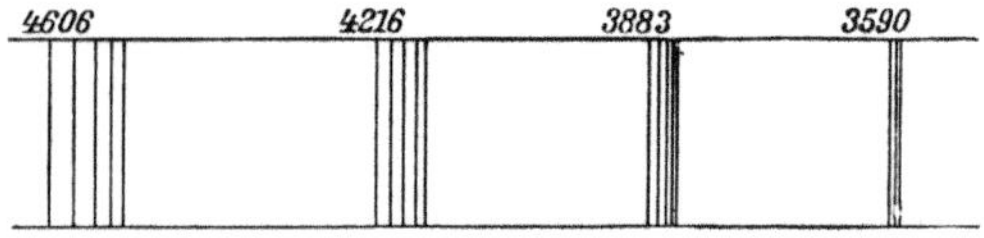

Abb. 98. Schema der Bandenköpfe des Zyanspektrums im photographischen Gebiet.

Bandenköpfe des Zyanspektrums im photogr. Gebiet.

Farbe	Wellenlänge der Bandenköpfe				
Indigo	λ 4606	λ 4578	λ 4553	λ 4532	λ 4515
Violett	4216	4197	4181	4166	4153
Tiefviolett	3883	3871	3862	3855	3850
Ultraviolett	3590	3586	3584		

Die Haupt- und Nebenbanden von vier Gruppen im brechbareren Teil dieses sog. Zyanspektrums sind nebenan ihrer Kantenlage nach zahlenmäßig aufgeführt. Wie merkwürdig ihre Struktur sonst ist, kann man aus Abb. 99 ersehen, die in entsprechender Vergrößerung ein Bild der Banden und der Linienfolge bei den Köpfen λ 3883, λ 3871, λ 3862 usw. zeigt. Man sieht deutlich, wie von der ersten, zweiten, dritten Kante Linien bzw. Liniengruppen ausgehen, die aber beim nächsten Partialkopf nicht verschwinden, sondern weiterlaufen, so daß die erste Serie die zweite, dritte usw., die zweite Serie die dritte, vierte usw. überlagert. Dadurch, sowie durch das zufällige Zusammentreffen von Linien werden in größerem Abstand von der Hauptkante die Zusammenhänge sehr verwickelt und unübersichtlich.

Es geht daraus hervor, daß die Auflösung selbst des zuletzt betrachteten klarsten Bandenspektrums große Schwierigkeiten bereitet, und es hat tatsächlich sehr lange gedauert, ehe man den Sinn der Linienanordnung auch nur annähernd erfaßt hat. Da einige besonders wichtige Sternklassen, wie z. B. die langperiodischen Veränderlichen, sehr ausgesprochene Bandenspektra besitzen, haben sich mit der Frage ursprünglich meist Astronomen beschäftigt, unter denen H. Deslandres, N. Thiele und K. Schwarzschild an erster Stelle zu nennen wären. In keinem Falle ist aber bei diesen Versuchslösungen ein etwa der Balmerschen Formel ähnliches Ergebnis erzielt worden. Die Gesetze, die z. B. Deslandres aufgestellt hat, können nur als empirische Näherungsgleichungen gelten. Am einfachsten erwies sich das Seriengesetz, nach dem die Linien der Einzelbanden angeordnet sind. Ihre Frequenzen lassen sich nämlich nach Deslandres durch die Formel

Abb. 99. Struktur der Zyanbandengruppe λ 3883. (Aufn. des Einstein-Observatoriums.)

$$\nu = \nu_0 + Am^2$$

darstellen, in der ν_0 die Wellenzahl des Kopfes, A eine Konstante und m wieder ganze, in Form einer arithmetischen Reihe wachsende Ziffern bedeutet. Wie man sieht, hat Deslandres dabei, dem direkten Anblick entsprechend, die Bandenköpfe als Ursprung der Serien angenommen. Daß sich hier die Teilemissionen aber vielleicht nur zufällig häufen, erkennt man daran, daß von den Kanten fast stets Doppellinien ausgehen, deren Abstand mit ihrer Entfernung von der Bandkante wächst. Schon N. Thiele hat auf Grund einer gleichfalls empirischen Serienformel gezeigt, daß die Bandenserien einen maximalen und minimalen λ-Wert aufweisen müssen. Die Linien nehmen also, vom Kopf an gerechnet, immer größere Abstände an, die dann aber sich wieder verringern, so daß eine zweite lichtschwache und umgekehrt angeordnete Bande entstehen muß. Derartige Umkehrpunkte oder sog. Schwänze sind bei genügend langen Aufnahmen von A. King und F. Jungbluth tatsächlich im Spektrum des

Kohlebogens gefunden worden und haben das Gesetz ergeben, daß die Länge der aufeinander folgenden Serien vom Kopf bis zum Schwanz gerechnet, genau eine arithmetische Reihe darstellt.

Sowohl DESLANDRES wie THIELE konnten durch ihre Formeln einige Eigentümlichkeiten der Banden erklären, ohne jedoch mehr als eine formale Übereinstimmung zu erreichen. Die strenge Lösung des Fragenkomplexes ist erst durch neuzeitliche physikalische Arbeiten eingeleitet worden.[1]) Im Jahre 1918 gelang T. HEURLINGER der Nachweis, daß jede echte Spektralbande aus einer Linienserie mit zwei ähnlichen Ästen besteht. Den gemeinsamen Ursprung bildet aber nicht, wie noch THIELE angenommen hat, der Kopf, sondern eine Linie mit der Intensität Null, die mit $m = 0$ bezeichnet werden kann. Von hier erstreckt sich der positive Zweig nach Rot, der negative nach Violett, und zwar rücken die einzelnen Emissionen immer enger aneinander, bis der Abstand den Wert Null erreicht. Damit kommt für den betreffenden Ast ein Umkehrpunkt zustande, der im Spektrum als Kopf einer Bande erscheint. Beim positiven Zweig entstehen scharfe Kanten nach Rot, beim negativen nach Violett. Die Köpfe sind demnach auf die Häufung der Emissionen bzw. Absorptionen an einer ziemlich willkürlichen Umkehrstelle zurückzuführen. Die Linien einer Bande folgen bestimmten Intensitätsgesetzen und zeigen in den meisten Fällen Feinstruktur; sie treten dann doppelt und dreifach auf unter Befolgung verschiedenartiger Regeln, wodurch die Entwirrung der Gesetze noch weiter erschwert wird. Am einfachsten ist noch die Kantenfolge der Banden darstellbar, für die die verbesserte Deslandressche Formel

$$\nu = \nu_0 + m\,(a - bm)$$

gilt, wobei a und b wieder zwei Konstanten bedeuten. Sie kommt für astrophysikalische Zwecke fast ausschließlich in Frage, da selbst bei den hellsten Sternen eine Auflösung der Kannelierungen in die Einzelkomponenten ausgeschlossen ist und in dem hellen Sonnenspektrum, abgesehen von den tellurischen Absorptionen, Bandenbildungen nur eine untergeordnete Bedeutung haben.

Die theoretische Deutung der Bandenspektra hat in letzter Zeit gleichfalls wesentliche Fortschritte gemacht. Nach den heutigen Anschauungen wird jede Art von Bandenstrahlung nicht von Atomen, sondern von Molekülen emittiert. Schon die Wasserstoffmolekel, also zweiatomiger Wasserstoff, gibt ein Viellinienspektrum (S. 142), das als bandenartig aufgefaßt werden kann. Da wir aber über den Bau eines Wasserstoffmoleküls noch keine eindeutige modellmäßige Vorstellung haben, so ist die Deutung der Linien und ihrer Gesetzmäßigkeit bei weitem nicht so klar wie bei dem entsprechenden Atom. Dagegen liegt eine theoretisch sehr befriedigende Lösung für die Haupt- und Partialbanden des Zyanspektrums vor. Man darf danach, wie bisher modellmäßig, annehmen,

[1]) A. KRATZER, Stand der Theorie der Bandenspektren. Ergebn. d. exakten Naturwiss. Berlin 1922.

daß beim Molekül neben den Schwingungen noch Rotationen den Aufbau des Spektrums bedingen. Die Banden können durch ein Hin- und Herschwingen der Kerne gegeneinander erklärt werden; die einzelnen Linien einer jeden Bande wären auf die verschiedene Drehgeschwindigkeit der Kerne um den gemeinsamen Schwerpunkt zurückzuführen. Bei der Emission bedeutet der positive Zweig ein Anwachsen, der negative eine Abnahme des Drehmoments. Im Falle der Absorption liegen die Verhältnisse gerade umgekehrt. Die Nullinie der Banden entspricht dem rotationslosen Zustand der Molekel. Die häufig vorkommenden Störungen in dem Serienschema werden auf Resonanzerscheinungen zurückgeführt, deren Vorhandensein bei dem Komplex von Rotationen und Schwingungen von Kern und Elektronen durchaus verständlich wäre.

Der Doppler-Effekt. Die häufigen Farbenunterschiede der Teilsterne in Doppelsystemen, auf die verschiedene Beobachter immer wieder hinwiesen, veranlaßten im Jahre 1843 den österreichischen Physiker C. Doppler zu einer merkwürdigen Abhandlung[1]), in der er den Nachweis zu führen versuchte, daß die Farben hier nicht durch physische Unterschiede in der Strahlung, sondern lediglich durch die abweichende Bewegung der Komponenten in der Blickrichtung verursacht seien. Bei einer vom Beobachter fortgerichteten Bewegung sollte die ursprünglich weiße Farbe in Rot, bei einer auf ihn zu gerichteten Ortsveränderung in Blau übergehen.

Wir wollen bei der Betrachtung des Dopplerschen Prinzips, das trotz der falschen Schlußfolgerung des Entdeckers in der Astrophysik allmählich eine ganz eminente Bedeutung gewonnen hat, die Schallphänomene zu Hilfe nehmen, da sich der hier in Frage kommende Effekt sehr leicht beobachten läßt, sobald man erst einmal auf ihn aufmerksam geworden ist. Wenn man im Eisenbahnzuge einen Bahnhof durchfährt, während gerade ein Läutewerk in Tätigkeit ist, bemerkt man im Moment des Vorbeifahrens, daß der Ton der Glocken in sehr mißklingender Weise plötzlich heruntergeht. Dieselbe Erfahrung kann man machen, wenn man neben dem Bahnkörper steht und eine Lokomotive pfeifend vorbeifährt. Die Erklärung dieser Erscheinung ist nicht schwierig. Denken wir uns 300 m von einer Tonquelle entfernt, die in der Sekunde genau 400 Schwingungen geben soll, so braucht der Ton zum Zurücklegen dieser Strecke fast genau 1 Sekunde. Bewegen wir uns nun mit einer beträchtlichen Geschwindigkeit, z. B. 30 m in der Sekunde auf die Tonquelle zu, so eilen wir den ankommenden Tonwellen entgegen, sie bewegen sich also relativ zu uns schneller als gegenüber ruhenden Körpern, und zwar in diesem Falle um $\frac{1}{10}$ der ursprünglichen Geschwindigkeit. Während der Bewegung treffen also $\frac{1}{10}$ mehr Schwingungen unser Ohr als während der Ruhe, d. h. nicht 400, sondern 440 in der Sekunde, und in diesem Verhältnis ist natürlich der Ton höher geworden. Sobald wir uns von der Tonquelle mit gleicher Geschwindigkeit entfernen, ist die Zahl der Schwingungen um $\frac{1}{10}$ vermindert, beträgt also nur noch 360 und

[1]) C. Doppler, Über das farbige Licht der Doppelsterne. Prag 1842.

in diesem Verhältnis sinkt der Ton tiefer. Es ist einleuchtend, daß selbst ein akustisch sehr ungeübtes Ohr einen Abfall von 440 auf 360 Schwingungen leicht erfaßt und auf die Erscheinung sofort aufmerksam wird.

Eine genauere Überlegung zeigt, daß es hierbei praktisch gleichgültig ist, ob wir uns selbst bewegen und die Tonquelle in Ruhe ist, oder ob umgekehrt sich die Tonquelle bewegt und wir selbst ruhen; es findet ganz allgemein eine Erhöhung des Tones statt, wenn die Entfernung zwischen Tonquelle und Beobachter kleiner wird, ein Heruntergehen, wenn die Entfernung wächst. Die Änderung des Tones hängt, wie vorhin gezeigt wurde, allein ab von dem Verhältnis der Bewegungs- und Schallgeschwindigkeit. Bezeichnet man mit V die Schallgeschwindigkeit, mit v die Geschwindigkeit der Bewegung von Schallquelle oder Beobachter, mit Δn und $\Delta\lambda$ die Änderung der Schwingungszahl n bzw. der Wellenlänge λ, so ist offenbar

$$\Delta n = \frac{n v}{V}$$

oder

$$\frac{v}{V} = \frac{\Delta n}{n} = -\frac{\Delta\lambda}{\lambda}$$

Überträgt man diese Verhältnisse auf das Licht, so ergeben sich die Analogien ganz von selbst. Sendet eine monochromatische Lichtquelle Strahlen von einer bestimmten Wellenlänge aus, und entfernt sie sich mit einer gewissen Geschwindigkeit von uns, so wird die Zahl der ankommenden Schwingungen kleiner, die betreffende Spektrallinie verschiebt sich also nach Rot zu. Nähert sich dagegen die Lichtquelle, so findet das Umgekehrte statt, die Spektrallinie verschiebt sich nach dem Violett. Genau dasselbe tritt ein, wenn die Lichtquelle ruht, und der Beobachter sich in Bewegung befindet. Stellt man sich also einen monochromatisch leuchtenden Weltkörper, z. B. einen Nebel aus Natriumdampf vor, so muß dieser tatsächlich bei einer Verkürzung des Abstandes rötlich, bei einer Vergrößerung grünlich erscheinen. In diesem besonderen Falle behält die Dopplersche Vorstellung recht, nur daß in Wirklichkeit die Geschwindigkeit zur Erreichung der betreffenden physiologischen Wirkungen viele tausend Kilometer in der Sekunde betragen müßte. Auf Sterne ist diese Schlußfolgerung natürlich nicht anwendbar. Diese senden Licht aus, das aus allen möglichen Strahlengattungen zusammengesetzt ist. Wenn sich in diesem Falle die Lichtquelle nähert, so ändert sich zwar jedes Farbenelement für sich durch Übergang nach dem Violett hin; zerlegt man aber das Licht durch das Spektroskop in die einzelnen Farben, so hat sich im Anblick des Spektrums nichts geändert, da das Rot sich aus dem Ultrarot ergänzt und das überschüssige Violett in das unsichtbare Ultraviolett übergeht. Es ist tatsächlich also, bis auf unmerkliche Intensitätsunterschiede, im Spektrum gar keine Veränderung vor sich gegangen. Die ursprüngliche Anwendung des Prinzips auf die Farben der Doppelsterne ist also verfehlt.

Das Verdienst, den Grundgedanken neu erfaßt und ihn für die Physik, insbesondere aber für die Astronomie nutzbar gemacht zu haben, gebührt dem französischen Physiker H. L. Fizeau, der darauf hinwies, daß bei der

Bewegung einer Lichtquelle in der Blickrichtung der Schwerpunkt der Betrachtung nicht auf die Farbe, sondern auf die Wellenlänge der Spektrallinien zu verlegen sei. Findet zwischen einem Gestirn und dem Beobachter eine Annäherung statt, so werden nach der FIZEAUschen Vorstellung seine sämtlichen Spektrallinien nach dem Violett hin verschoben; liegt eine Vergrößerung des Abstandes vor, so erfolgt die Verschiebung nach dem Rot zu. Die Berechnung der Geschwindigkeit aus der gemessenen Verschiebung entspricht genau der akustischen für das Verhältnis $v : V$ abgeleiteten Formel

$$v = -\frac{\Delta\lambda}{\lambda} V$$

wobei für V nur die Lichtgeschwindigkeit, also 300000 km pro Sekunde zu setzen ist. Hat man z. B. an der Linie (D), deren Wellenlänge 5893 AE beträgt, eine Verschiebung von 2.0 AE gemessen, so ergibt sich die dieser Verschiebung entsprechende radiale Geschwindigkeit aus dem Bruch

$$\frac{2 \cdot 300\,000}{5893} = 120 \text{ km pro Sekunde}$$

Hieraus ist ersichtlich, daß selbst bei ganz enormen Geschwindigkeiten die eintretenden Verschiebungen noch immer sehr gering bleiben, denn der eben angenommene recht große Betrag von 2 AE entspricht nur etwa einem Drittel des Abstandes der beiden bekannten Natriumlinien (D_1) und (D_2). Die in Abb. 100 wiedergegebene sehr auffällige Verschiebung um den ganzen Abstand von 5.9 AE würde auf Radialbewegungen von 300 km in der Sekunde hindeuten, wie sie bei Sternen selten, dagegen bei Sternhaufen und Spiralnebeln oft vorkommen, ja z. T. sogar noch merklich überschritten werden.

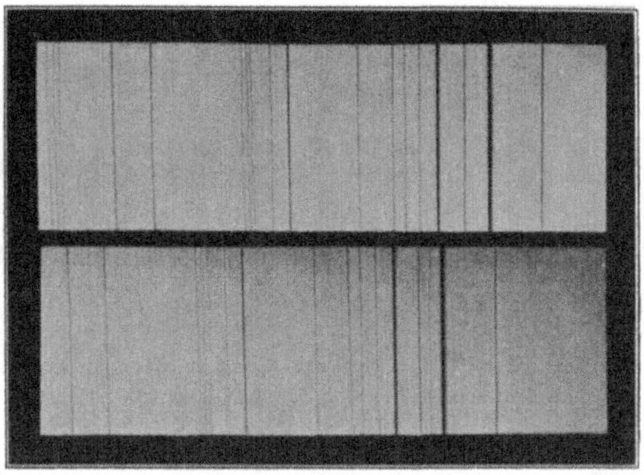

Abb. 100. Verschiebung der D-Linien des Natriums bei einer Radialgeschwindigkeit von 300 km.

Wir haben bisher den Doppler-Effekt nur von dem Standpunkte aus betrachtet, daß sich ein selbstleuchtender Körper mit Linienspektrum dem Beobachter nähert oder sich von ihm entfernt. Daß die Verhältnisse bei reflektiertem Licht durchaus anders liegen, zeigt eine kurze Überlegung. Denken wir uns z. B. die drei Körper Sonne, Erde, Planet in einer Linie gelegen und stellen uns vor, daß Erde und Planet gleichzeitig und gleichmäßig auf die Sonne zu eilen, so wird trotz der Unveränderlichkeit des Abstandes Planet-Erde in dem reflektierten Sonnenspektrum des ersteren ein Doppler-Effekt auftreten müssen, der seiner Bewegung auf die Sonne zu entspricht. Stünde nun die Erde bei dem angenommenen Vorgang plötzlich still, so käme zu der Planetenbewegung in der Sonnenrichtung noch die gleiche Bewegung in der Richtung auf die Erde hinzu,

d. h. es werden, wie schon C. Niven 1874 erkannt hat, bei dem reflektierten Licht der Planeten die Linienverschiebungen ihrem Betrage nach verdoppelt.[1]) Hieraus ergeben sich besonders günstige Bedingungen für die Bestimmung der Planetenrotationen, bei denen durch spektrale Übereinanderlagerung von zwei entgegengesetzten Äquatorrändern sogar die vierfache Bewegung in die Messungen eingeführt werden kann.

Was die Beobachtung der Linienverschiebungen in den Spektren anbetrifft, so erfolgen die betreffenden Messungen heute ausschließlich auf photographischem Wege, und zwar durch Anschluß an ein Vergleichspektrum mit zahlreichen gut bestimmten Linien. Am besten eignet sich hierzu das Eisenspektrum, das leicht zu erzeugen ist, und dessen überaus zahlreiche scharfe Emissionen ihrer Wellenlänge nach bereits so genau bestimmt sind, daß die Interpolation der

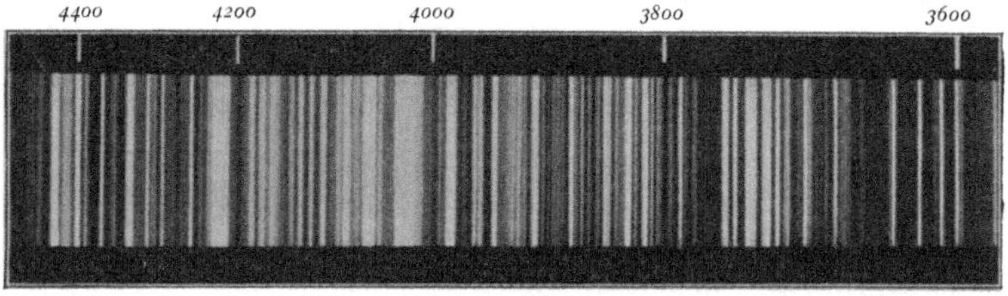

Abb. 101. Funkenspektrum des Eisens zwischen λ 4400 und 3600.

Sternlinien zwischen die terrestrischen Normalen fast mit absoluter Sicherheit erfolgen kann. Das ausführlichste Verzeichnis der Eisenemissionen im elektrischen Bogen haben C. E. St. John und H. D. Babcock geliefert. Es enthält 1026 Linien, die zur Vermeidung systematischer Fehler mit fünf Gittern und 4 Interferometern gemessen und von allen Einflüssen des sog. Poleffekts (S. 163) befreit worden sind. Andere Vergleichsspektra wie Titan, Kupfer, Wasserstoff, werden meist nur dann herangezogen, wenn das Eisen in dem zu messenden Gebiet zu wenig Anschlußlinien liefert.

Während bei den Schallwellen der experimentelle Nachweis des Doppler-Effektes bereits um 1875 erbracht werden konnte, versagten in bezug auf die Lichtwellen lange Zeit hindurch alle Laboratoriumsversuche. Erst im Jahre 1901 ist es A. Belopolski in Pulkowo gelungen, die Linienverschiebung bei radialer Bewegung der Lichtquelle dadurch nachzuweisen, daß er einen Sonnenstrahl an rasch rotierenden Spiegeln mehrfach reflektieren ließ und ihn dann spektral zerlegte. Sechs Jahre später wiederholten B. Galizin und J. Wilip die Versuche mit Quecksilberlicht unter Zuhilfenahme eines photographischen Verfahrens mit ebenso günstigem Erfolg. Den anschaulichsten Versuch liefert zweifellos die interferometrische Methode, die C. Fabry und H. Buisson im Jahre 1914 zuerst angewendet haben. Sie beleuchteten eine weiße drehbare Scheibe mit dem Licht der grünen bzw. violetten Quecksilberlinie, je nachdem ein visueller oder photo-

[1]) C. Niven, Displacements of the lines in the spectrum of a planet. MN 1874.

graphischer Nachweis erstrebt wurde. Ist die zum Beobachter stark geneigte Scheibe in Ruhe, so erkennt man in einem Interferometerfernrohr beim Einstellen eines Randpunktes das übliche Ringsystem, das unverändert bleibt, wenn man allmählich zum entgegengesetzten Rand übergeht. Sobald aber die Scheibe so gedreht wird, daß der eingestellte Punkt sich dem Beobachter nähert (—), so bemerkt man beim Herüberschwenken des Apparates nach dem sich entfernenden gegenüberliegenden Randpunkte (+) eine deutliche Schrumpfung der Interferenzringe, die bei Violettbeleuchtung photographiert und ausgemessen werden kann. In Abb. 102 ist das von den französischen Physikern erhaltene photographische Bild schematisch dargestellt; links und rechts je ein Ringsystem des ankommenden (—) und dazwischen die gleiche Abbildung des sich entfernenden Lichtstrahls (+). Eine weitere physikalische Nachprüfung des Doppler-Prinzips gestatten die korpuskularen Kanalstrahlen (S. 161), deren Geschwindigkeit sowohl theoretisch berechnet als auch aus den Linienverschiebungen im Spektrum abgeleitet werden kann. Es ist bemerkenswert, daß alle diese Versuche die bisherige Deutung des Doppler-Effektes auch quantitativ in jeder Hinsicht bestätigt haben, so daß damit die rein formale experimentelle Lücke, die dem Gesetz so lange anhaftete, vollkommen ausgefüllt ist.

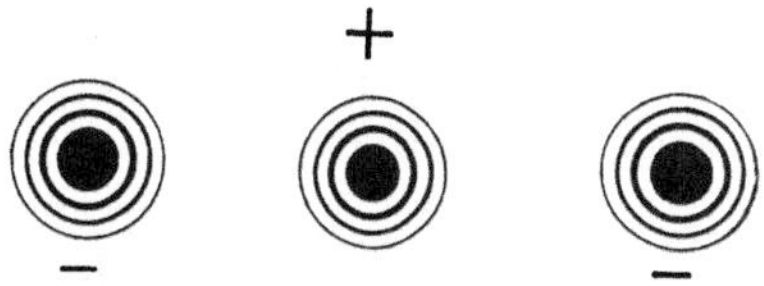

Abb. 102. Interferometrischer Nachweis des Doppler-Effektes an rotierenden Scheiben (nach C. Fabry).

Der ständigen astronomischen Anwendung des Prinzips auf kosmische Geschwindigkeiten steht in der Physik seine häufige Berücksichtigung bei molekularen Bewegungen gegenüber. Hat eine Strahlung ihren Ursprung in Schwingungen von Molekülen, Atomen usw., wie es die kinetische Gastheorie annimmt, so muß ihr ein thermischer Doppler-Effekt eigen sein, der an der Breite und äußeren Verwaschenheit ihrer Emissionen bzw. Absorptionen in die Erscheinung tritt. Aus der Linienbreite dürfen danach Schlüsse auf die Geschwindigkeit der Molekularbewegung und damit auf das Atomgewicht bzw. die Temperatur des strahlenden Gases gezogen werden, die zuweilen auch astronomisch von Wert sind.

Der Zeeman- und der Stark-Effekt. Einfluß des Druckes auf Spektrallinien. Im Jahre 1896 gelang dem holländischen Physiker P. Zeeman die wichtige Entdeckung, daß die Spektrallinien in ihrer Lage und in ihrem Aussehen sich sehr erheblich ändern, wenn in die Nähe der Lichtquelle ein starker Magnet gebracht wird.[1]) Er beobachtete z. B., daß die Linien einer in einem kräftigen magnetischen Felde, also z. B. zwischen den Polen eines Elektromagneten angebrachten Natriumflamme eine merkliche Verbreiterung erfuhren, die sich bei Anwendung entsprechend starker spektroskopischer oder spektrographischer Einrichtungen als eine Aufspaltung der Linien in mehrere Komponenten herausstellte. Durch

[1]) A. Sommerfeld und A. Back, Fünfundzwanzig Jahre Zeeman-Effekt. Naturw. 1921.

Bestimmung der Polarisationsverhältnisse der verbreiterten bzw. aufgespaltenen Linien konnte ZEEMAN den Nachweis erbringen, daß die Erscheinung genau die von der elektromagnetischen Lichttheorie vorausgesagten Regeln befolgte. Denn schon M. FARADAY hatte sich um 1862 theoretisch mit den spektralen Erscheinungen in magnetischen Feldern eingehend beschäftigt und alle Einzelheiten der dabei zu erwartenden Polarisationszustände genau studiert. Wenn die von ihm in dieser Richtung angestellten Versuche ergebnislos verliefen, so lag das weniger an den benutzten Feldstärken, als an der ungenügenden Dispersion der damaligen Prismensysteme.

Nimmt man als Ursache der monochromatischen Strahlung periodische Schwingungen von Elektronen an, so kann man sich diese in einem magnetischen Felde in solche eingeteilt denken, die den Kraftlinien parallel verlaufen und andere, die senkrecht dazu liegen. Während die ersten vom magnetischen Felde unbeeinflußt bleiben, werden die anderen, wie hier nicht näher auseinandergesetzt werden kann, je nach ihrer Umdrehungsrichtung verzögert oder beschleunigt. Der normale Zeeman-Effekt besteht demnach aus einer Linienteilung in drei Komponenten, deren mittelste die Schwingungen in der Richtung der Kraftlinien verkörpert und am Ort der unbeeinflußten Emission steht, während die Violettkomponente den durch die magnetischen Ströme beschleunigten, die Rotkomponente den in gleicher Weise verzögerten Schwingungen entspricht. Diese Änderungen der Schwingungsperiode machen sich zunächst in einer Verbreiterung und Verschiebung, bei sehr starken Kräften in einer Spaltung der Linien bemerkbar. Dabei ist der Abstand der Komponenten der Feldstärke des Magnetfeldes proportional.

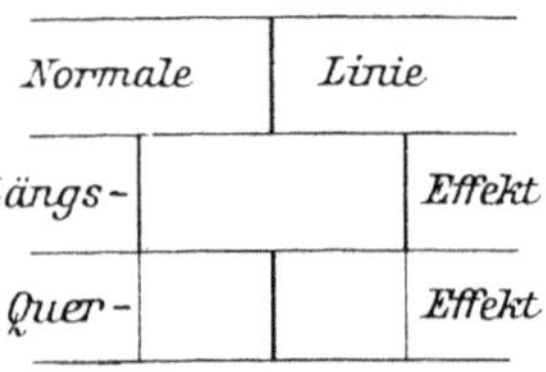

Abb. 103. Normale Aufspaltung einer Linie im gleichförmigen magnetischen Felde (schematisch).

Nicht alle Linien sind in gleicher Weise für die magnetische Aufspaltung empfindlich. Für photographische Aufnahmen der Erscheinung eignet sich besonders die scharfe blaugrüne Linie des Kadmiums, für visuelle Beobachtung die rote Eisenlinie λ 6174 und die Doppellinie (D_1) und (D_2) des Natriums. Die Beziehung zwischen Linienverschiebung und Wellenlänge hat zuerst T. PRESTON erkannt. Bezeichnet a eine Konstante, so erhält die Prestonsche Regel die Form

$$\Delta\lambda = a\lambda^2$$

woraus hervorgeht, daß die Verlagerungen der Linien durch ein magnetisches Feld dem Quadrat der Wellenlänge proportional, also im roten Teil des Spektrums am stärksten sind. Weitere einfache Beziehungen bestehen zwischen den Linien ein und derselben Serie und zwischen den Linien verwandter Elemente. Diese Gesetzmäßigkeiten haben der Physik bei Aufsuchung von neuen Serienkomponenten bereits gute Dienste geleistet. Für astrophysikalische Zwecke erweist sich die Betrachtung des normalen Zeeman-Triplets als völlig ausreichend, während in der Physik noch die zahlreichen Abweichungen von der

Regel, insbesondere die Aufspaltungen in vier, sechs und mehr Teilemissionen diskutiert werden müssen.

Ein wichtiges Erkennungsmerkmal für magnetisch getrennte Linien besteht darin, daß sie nur bei einer Beobachtung senkrecht zu der Richtung der Kraftlinien in dreifacher Form erscheinen. Fällt der Blick in die Richtung des Kraftlinienverlaufs, so verschwindet die Mittellinie und es bleiben nur die äußeren Komponenten sichtbar (Abb. 103). Der Grund für diesen Unterschied des Linienanblicks im sog. Quer- und Längs-Effekt ist darin zu suchen, daß mit der Aufspaltung der Linien eine Polarisationswirkung verknüpft ist, bei der Schwingungen, die der Richtung der Kraftlinien entsprechen, unsichtbar bleiben. Wird das monochromatische Licht in der Richtung der Kraftlinien des Magneten beobachtet, so erscheint von den zwei Komponenten die eine links, die andere rechts zirkular polarisiert. Wird dagegen die Strahlung senkrecht zu der Richtung aufgefangen, in der die magnetischen Kraftlinien verlaufen, so ist von den drei Komponenten die mittlere senkrecht zu den magnetischen Kraftlinien, die beiden äußeren parallel dazu linear polarisiert. Die Gesetzmäßigkeit gilt in dieser Form nur für Emissionen. Bei Absorptionen tritt der sog. inverse Zeeman-Effekt ein. Die Erscheinung selbst bleibt erhalten; bei der Zirkularpolarisation kehrt sich jedoch der Drehungssinn um, während bei der linearen Transversalwirkung die Polarisationsebene bei der mittleren Linie parallel, bei den äußeren senkrecht zu den Kraftlinien verläuft. Den photographischen Anblick der Linienaufspaltung in ungleichförmigen magnetischen Feldern, wie sie z. B. auf der Sonne häufig auftreten, veranschaulicht Abb. 104.

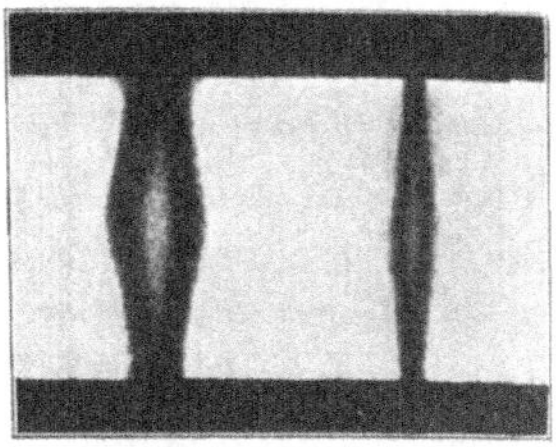

Abb. 104. Magnetische Aufspaltung von Linien in ungleichförmigen magnetischen Feldern.

Ein dem Zeeman-Effekt ähnliches Phänomen wird beobachtet, wenn die Lichtemission in starken elektrischen Feldern von der Größenordnung von mindestens 20000 Volt auf 1 cm stattfindet. Im Jahre 1913 konnte J. Stark bei Anwendung so hoher Feldstärken eine Aufspaltung der Wasserstoff- und Heliumlinien beobachten, wenn die Leuchtanregung von Gasionen, also positiv geladenen Teilchen ausging. Bringt man eine Geißlersche Röhre im Glimmstrom zum Leuchten, so gehen von der Kathode negative, von dem sog. Dunkelraum positive Strahlen aus. Wird nun die Kathode siebartig durchlöchert (Abb. 105), so treten die positiven Strahlen durch diese Öffnungen hinaus und erstrahlen dann in einem charakteristischen gelben Lichte. Diese von E. Goldstein 1886 zufällig entdeckten Kanalstrahlen stellen eine korpuskulare Lichtemission dar. Sie bestehen aus positiv geladenen Teilchen, deren Masse von der Größenordnung der Gasatome ist, in denen sie hervorgerufen werden. Die Aufspaltungen der Linien, die an ihnen in elektrischen Feldern hoher Stärke beobachtet werden, zählen bis zu 14 Komponenten,

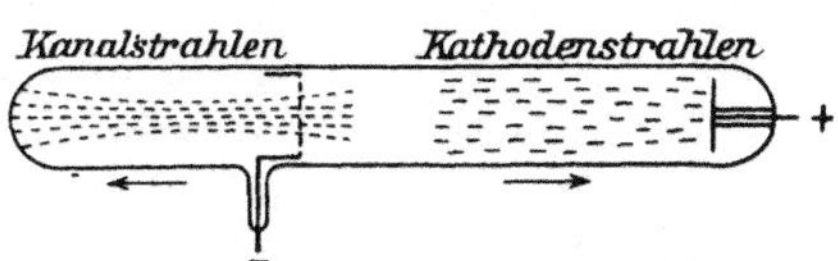

Abb. 105. Erzeugung von Kanalstrahlen in einer Kathodenröhre.

deren Trennung wesentlich leichter ist als beim Zeeman-Effekt. Die einzelnen Linien sind teils parallel, teils senkrecht zur Richtung des elektrischen Feldes polarisiert; Art und Sinn der Polarisation hängen wieder von der transversalen oder longitudinalen Blickrichtung ab, sind aber weit schwieriger zu erklären. Die Anschauungen der elastischen und elektromagnetischen Lichttheorie versagen hier vollkommen, nur das Rüstzeug der Quantentheorie vermag ein theoretisches Bild der Erscheinung zu geben, die übrigens bisher nur an Emissionslinien beobachtet worden ist. Banden und Absorptionslinien bleiben selbst in den stärksten elektrischen Feldern unbeeinflußt.

Während die Verbreiterung und Trennung der Linien im Sinne des Zeeman-Effektes für die Physik der Sonne von großer Bedeutung ist, konnte bisher kein sicherer Fall einer elektrischen Aufspaltung im Spektrum der Sterne beobachtet werden. Was sonst noch auf der Sonne, in den Atmosphären der Fixsterne und in den Gasnebeln an Linienverbreiterungen und -Spaltungen auftritt, steht sicher weder mit dem Zeeman-, noch mit dem Stark-Effekt in Verbindung, sondern ist auf andere unbekannte Ursachen im Bereiche der Strahlungsquellen zurückzuführen.

Beim Vergleich der Koinzidenz der von H. A. Rowland in den neunziger Jahren des vorigen Jahrhunderts gemessenen Sonnenlinien mit terrestrischen Metallemissionen stellten sich mit der Zeit merkliche Unterschiede heraus. Die Abweichungen konnten entweder in der Sonne oder im irdischen Vergleichslicht ihren Grund haben. Nach Ausschluß aller anderen Fehlerquellen blieb als letzte Ursache der Unstimmigkeiten nur noch die Annahme von Druckunterschieden zwischen den beiden Lichtquellen übrig. Da damit die Möglichkeit irgendeiner scharfen Bestimmung von Wellenlängen bei außerirdischen Körpern in Frage gestellt schien, gaben diese Anomalien die Veranlassung zu einer Reihe wichtiger Arbeiten über die Wirkung des Druckes auf die Linienlage, die von W. J. Humphreys und J. F. Mohler eingeleitet und später von A. King u. a. fortgeführt wurden. Bei den Versuchen wurde der elektrische Bogen in eiserne Zylinder mit durchsichtigen Fensteröffnungen eingeschlossen, der Druck im Innern mit Hilfe einer Luftpumpe allmählich erhöht und der Einfluß auf das Spektrum durch photographische Aufnahmen nachgeprüft.

Die zahlreichen mit großer Sorgfalt angestellten Beobachtungen haben ergeben, daß die Linien aller untersuchten Metalle mit zunehmendem Druck sich ein wenig nach Rot hin verschieben, und zwar so, daß die Wellenlängenänderung innerhalb weiter Grenzen dem Druck proportional verläuft. Der absolute Betrag der Änderung ist aber für die Linien der einzelnen Elemente, ja sogar für die Linien ein und desselben Grundstoffes verschieden. Der mittlere Wert der Verschiebung kann bei 30 Atmosphären Druck auf 0.1 *AE* veranschlagt werden, ist also verhältnismäßig gering. Manche Linien, wie z. B. diejenigen des Titans, werden unter Einwirkung einer höheren Gasdichte kräftiger, während umgekehrt andere schwächer erscheinen, ja, zum Teil sogar ganz verschwinden, wie das z. B. an Eisen bei etwa 40 Atm. Druck beobachtet wird.

Bemerkenswert ist, daß dabei die in jedem Kohlenbogen auftretenden Zyanbanden in keinerlei Weise verlagert werden. Eine Ausdehnung der Arbeiten auf die Ofenspektra hat die Kompliziertheit der Druckgesetze im großen und ganzen bestätigt und gleichzeitig den Beweis erbracht, daß die Absorptionen ganz gleichartig beeinflußt werden, wie die Emissionen.

Diese präzisen Arbeiten haben noch in einer anderen Hinsicht eine Bedeutung erlangt, insofern, als eine Diskussion der Widersprüche, die in den einzelnen Beobachtungsreihen scheinbar ohne jede Ursache auftraten, zu der Einsicht geführt hat, daß der elektrische Bogen in der üblichen, etwa zwischen Eisenpolen erzeugten Form für so genaue Messungen ungeeignet ist. Je nachdem seine Mitte, der positive oder der negative Pol verwendet werden, treten in der Lage und Breite der Spektrallinien erhebliche Unterschiede auf, die einen strengen Vergleich der Messungen einzelner Beobachter unmöglich machen. Es hat sich später gezeigt, daß bestimmte Bogenlampen in einem größeren Teil der Flamme von dem Poleffekt frei sind; vorsichtshalber wird aber gegenwärtig auch bei diesen geeichten Lichtquellen nur ein ganz bestimmter kleiner Teil des Lichtbogens für die spektrale Zerlegung der Strahlung benutzt.

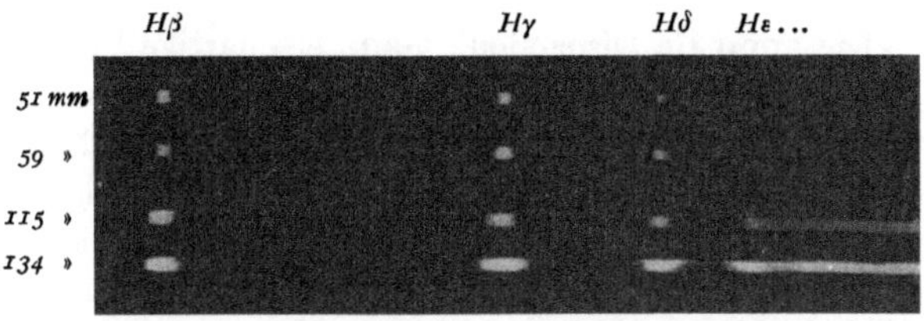

Abb. 106. Verbreiterung der Wasserstofflinien bei Druckzunahme (nach E. O. Hulburt).

Eine einwandfreie Begründung der Linienverschiebung durch Druckwirkung fehlt noch und bereitet jeder Lichttheorie Schwierigkeiten. G. F. Fitzgerald hat darauf hingewiesen, daß bei einem Körper, der die Quelle für elektromagnetische Strahlung bildet, die Schwingungen von dem elektrischen Leitungsvermögen des Mediums abhängen, in dem er eingebettet ist. Bei der Zunahme des Druckes eines Gases nimmt sein spezifisches Leitungsvermögen unter Verzögerung der Schwingungen zu, so daß damit die Verschiebung der Linien in der Richtung der langen Wellenlängen sich erklären ließe.

Neben den Verschiebungen kann der Druck auch Verbreiterungen von Linien veranlassen, eine Tatsache, die A. J. Ångström schon 1853 beobachtet hat. Eine Erklärung dafür hat zuerst Lord Rayleigh gegeben; dabei wird die Erscheinung als ein Doppler-Effekt aufgefaßt, derart, daß infolge der Druckwirkung die Temperatur und damit auch die Molekulargeschwindigkeit in der Blickrichtung erhöht wird. Die Theorie ist später durch A. A. Michelson auf Grund der an Wasserstoff und verschiedenen Metalldämpfen gewonnenen Erfahrungen erweitert worden und hat zu der Erkenntnis geführt, daß die Linienbreite in linearer Proportion mit dem Druck wachsen müßte. Wie außerordentlich stark manche Linien durch den Druck beeinflußt werden, zeigt Abb. 106 an den Wasserstofflinien $H\beta$ bis etwa $H\varkappa$. Die den einzelnen Spektren beigefügten Zahlen stellen den angewendeten Druck in mm Quecksilber (Atmosphärendruck = 760 mm) dar. Hier übertrifft, wie E. O. Hulburt gezeigt hat, der beobachtete Betrag der Verbreiterung den theoretisch berechneten Wert recht erheblich. Jedenfalls ist daraus ersichtlich, daß bei starkem Gasdruck die Linien einzelner Emissionsspektra so verbreitert werden können, daß ein kontinuierliches Spektrum entsteht.

Diese verwickelten und theoretisch nur unvollkommen erfaßbaren Vorgänge könnten manche astronomischen Aufgaben sehr unangenehm beeinflussen, wenn nicht alle Anzeichen dafür sprächen, daß der Druck in den Schichten, in denen die Strahlung aller selbstleuchtender Weltkörper zustande kommt, durchweg sehr gering ist, und daß seine Einwirkung auf die Spektra vorläufig ganz innerhalb der Beobachtungsfehler liegt.

Die anomale Dispersion. Ganz eigenartige Veränderungen und Verzerrungen des Spektrums, die mit keinem der bisher beschriebenen Effekte zusammenhängen, können auftreten, wenn das Licht schon vor dem Spektralapparat eine Dispersion erlitten hat. Bei festen oder flüssigen Stoffen, wie Glas, Schwefelkohlenstoff usw. ist der Brechungsindex für die einzelnen Wellenlängen verschieden, aber er nimmt stetig von Rot nach Violett hin zu. Anders liegen die Verhältnisse bei Gasen. Diese besitzen im allgemeinen nur ein sehr geringes Zerstreuungsvermögen, jedoch mit ausgesprochenen Unstetigkeitsstellen. Sobald man sich nämlich den Wellenlängen der Eigenstrahlung des Gases nähert, nimmt die Zerstreuung sehr plötzlich zu und erreicht dann in nächster Nähe der Absorptionslinien des betreffenden Gases sehr hohe, beim Natrium sogar ungewöhnlich hohe Werte. Diese sog. anomale Dispersion ist zum ersten Male von F. P. Le Roux 1861 an Joddampf beobachtet worden. Besondere Aufmerksamkeit hat ihr der Berliner Physiker A. Kundt gewidmet, auf den auch die heute gebräuchlichen Versuchsanordnungen nach der sog. Methode der gekreuzten Prismen zurückzuführen sind.

Wird eine kleine leuchtende Fläche, z. B. eine Kerzenflamme vermittels einer Linse auf den Spalt eines Spektroskops projiziert, so entsteht in der normalen Anordnung der Apparatur ein horizontales Farbenband, dessen Breite genau der Spaltlänge entspricht, also genau gleich dem Durchmesser des vom Spalt herausgeblendeten Flammenbildes ist. Setzt man nun vor das Spektroskop ein zweites, dessen Prismenkante senkrecht zum Spalte S steht, so tritt etwas ganz anderes ein. Durch das vorgesetzte Prisma P_1 werden die von der Lichtquelle kommenden Strahlen bereits vor dem Spalt, und zwar in der Längsrichtung desselben zerlegt, so daß z. B. oben rot, unten violett liegt, während die anderen Spektralfarben in kontinuierlicher Aufeinanderfolge den mittleren Teil einnehmen (Abb. 107). Wird dieses farbige Spaltbild noch einmal durch das senkrecht dazu stehende Prisma P_2 des Spektralapparates zerlegt, so können die einzelnen Farben nicht mehr in einem horizontalen Bande liegen. Es muß unbedingt jetzt gegenüber dem mittleren Teil Rot nach oben, Violett nach unten verlagert erscheinen, m. a. W. man erhält jetzt einen schrägen Streifen, wie dies in Abb. 107 unten zu sehen ist. Nur wenn das äußere und innere Prisma aus ein und demselben Material besteht, erscheint übrigens das Spektrum in der hier dargestellten geradlinigen Diagonalform angeordnet. Sind die Brechungsindizes verschieden, so treten Verbiegungen auf, die nach oben zu konkav oder konvex verlaufen können. Jedenfalls folgt aus der Versuchsanordnung, daß man an der Schrägstellung des Spektrums eine bereits vor dem Spalt stattgefundene Zerstreuung des Lichtes erkennen und sogar das Brechungsvermögen des Prismas, in dem die erste Dispersion stattgefunden hat, bestimmen kann.

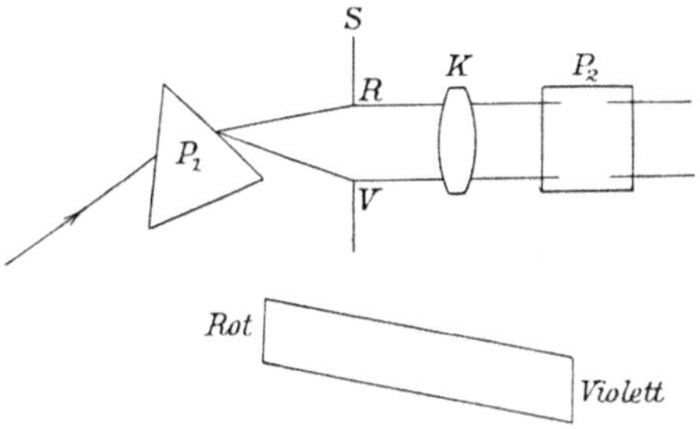

Abb. 107. Nachweis anomaler Dispersionserscheinungen nach der Methode der gekreuzten Prismen.

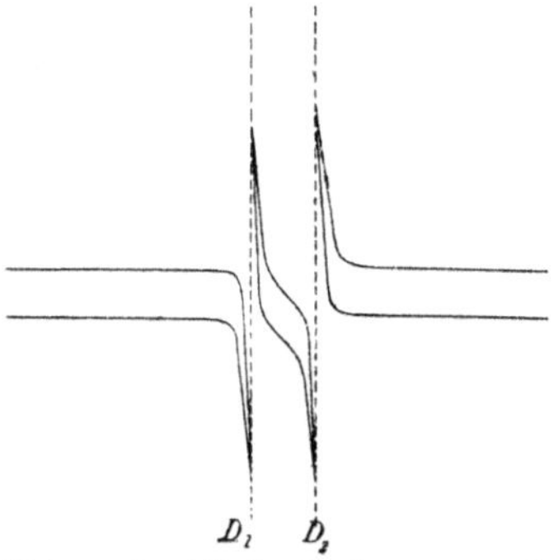

Abb 108. Verlauf der anomalen Dispersion in der Nähe der Natriumlinien D_1 und D_2.

Will man die Zerstreuung in Gasen nach dem eben geschilderten Verfahren beobachten, so braucht nur das bis jetzt benutzte Glasprisma vor dem Spalt durch ein Prisma aus dem betreffenden Gase ersetzt zu werden. Die Herstellung einigermaßen genauer Gasprismen bietet aber große Schwierigkeiten. Nur Natriumdampf, der sich für diese Versuche überhaupt ganz besonders eignet, läßt sich in ein genügend wirksames prismenartiges Gebilde ohne besondere Mühe formen. Wird ein Stückchen dieses Metalls auf einem rechteckig gebogenen Platinblech verbrannt, so entsteht eine keilförmige Flamme, deren mehr oder weniger breite Spitze als Kante eines horizontal orientierten Prismas aus Natriumdampf angesehen werden kann. Bringt man die Flamme vor den Spalt eines Spektroskops und läßt starke kontinuierliche Strahlung die Gasdämpfe durchdringen, so erhält man wegen der geringen Brechung des Gasprismas immer noch ein fast horizontales Spektrum, in dem die bekannten Natriumlinien als kräftige Absorptionen auftreten. In ihrer nächsten Nähe beobachtet man aber merkwürdige Verzerrungen, die in einer Ablenkung der benachbarten Spektralteile nach unten bzw. oben bestehen. Nähert man sich der (D_1)- und (D_2)-Linie vom roten Ende aus, so nimmt der Brechungsexponent des Natriums in ihrer unmittelbaren Nähe so stark zu, daß das Licht hier sehr plötzlich nach dem unteren violetten Ende des Spaltes zu abgebeugt erscheint. Erfolgt die Annäherung von Violett aus, so nimmt die Brechung in der Nachbarschaft der Linien in gleicher Weise ab, so daß man hier den entgegengesetzten Verlauf der Erscheinung, also eine Ablenkung nach oben beobachtet. Das Ergebnis der anomalen Dispersion des Natriumdampfes stellt sich dann in Form der Abb. 108 dar. Denkt man sich die Linien, wie es bei geringen Dispersionen vorkommt, merklich näher aneinander gerückt, so beobachtet man demnach zwei ungewöhnlich breite Absorptionen, zwischen denen eine verzerrte helle Trennungslinie liegt.

In dem hier dargestellten Fall ist die Erscheinung der anomalen Dispersion sofort als solche kenntlich und mit anderen spektralen Eigentümlichkeiten der Linien nicht zu verwechseln. Stellen wir uns aber einen Beobachter vor, der nur das eigentliche Spektralband überblickt, sei es, daß der obere und untere Rand abgedeckt ist, oder daß das abgelenkte Licht sehr diffus verläuft und überstrahlt wird. Er wird in diesem Falle ein kontinuierliches Spektrum beobachten, in dem die beiden (D)-Linien als breite Bänder ausgebildet sind. Demnach wird

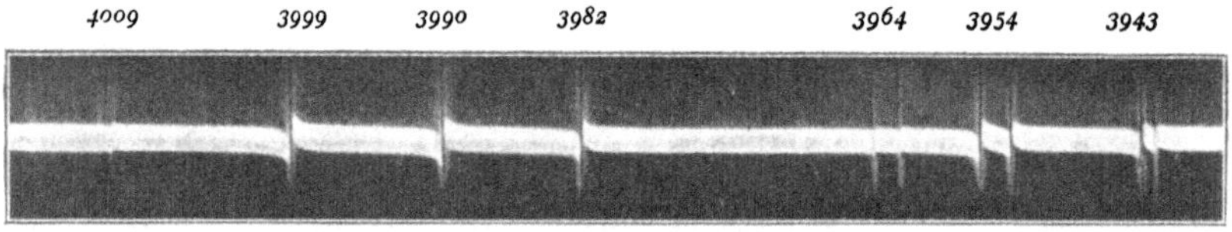

Abb. 109. Anomale Dispersion des Titans (nach A. King).

er wahrscheinlich annehmen, daß es sich um verbreiterte Absorptionslinien handelt, daß also der Natriumdampf unter starkem Druck steht oder in großer Dichte vorhanden ist. In Wirklichkeit ist aber hier das Licht gar nicht absorbiert, sondern nur nach oben bzw. unten anomal abgelenkt worden. Gelangen dagegen nur die überstehenden Randgebiete ins Gesichtsfeld, so ist nach dem direkten Anblick kaum eine andere Vermutung möglich, als daß nur die stark nach Rot bzw. Violett verschobenen Emissionskomponenten des leuchtenden Natriumdampfes vorliegen. Der Beobachter wird daraus auf eine starke Bewegung der gasförmigen Lichtquelle in der Blickrichtung schließen, während in Wirklichkeit alle leuchtenden bzw. absorbierenden Medien vollkommen ruhen und die beiden hellen Linien nur anomal abgelenkte Teile eines benachbarten kontinuierlichen Spektrums sind. Die Anomalien können demnach zu sehr bedenklichen Irrtümern Anlaß geben. Man könnte sich mit dem Gedanken abfinden, daß ihr Zustandekommen Ausnahmebedingungen erfordert, wie sie in der Natur nicht häufig vorkommen dürften. Vor allen Dingen erscheint es nicht recht glaubhaft, daß sich irgendwo auf einem Himmelskörper die erforderlichen prismatischen Gasmassen regelmäßig oder auch nur häufiger ausbilden sollten. Eine nähere Überlegung zeigt aber, daß die spektralen Bedingungen für das Zustandekommen der anomalen Dispersion in keiner Weise geändert werden, wenn man an Stelle des oben verwendeten Gasprismas eine gewöhnliche Flamme desselben Metalls setzt, in der nur die Dichte von unten nach oben einigermaßen stetig abnimmt. Das verändert die Sachlage aber sehr erheblich. Der holländische Physiker W. H. Julius in Utrecht hat denn auch in einer Reihe vortrefflicher Arbeiten auf die falschen Schlüsse hingewiesen, die besonders bei der Sonne aus spektralen Beobachtungen hervorgehen können, wenn die Beobachtungen nicht auch vom Standpunkte der anomalen Dispersion betrachtet werden. Warum es trotzdem höchst unwahrscheinlich ist, daß das physikalische Bild, das wir von der Sonne besitzen, durch anomale Dispersionsvorgänge irgendwie getrübt ist, wird später an geeigneter Stelle noch auseinanderzusetzen sein.

Die anomale Dispersion ist sowohl für die verschiedenen Elemente, wie für die Einzellinien ein und desselben Elements sehr verschieden. Theoretisch muß sie in der Nachbarschaft aller kräftigeren Absorptionen eines jeden Grundstoffes auftreten, experimentell leichter nachweisbar ist sie außer bei *Na* noch bei *Li*, *Ca*, *Mg*, *Ti* (Abb. 109) und einigen anderen Elementen. Die eigentümlichsten anomalen Dispersionsvorgänge lassen sich, wie C. Christiansen zum erstenmal festgestellt hat, an Lösungen mit Oberflächenfarben beobachten. Besonders bekannt sind in dieser Beziehung Fuchsin- und Zyaninlösungen, bei denen durch die anomale Dispersion, wie Abb. 110 zeigt, sogar die Aufeinanderfolge der Farben im Spektrum vollkommen gestört erscheint. Wir können diese Fälle hier übergehen, da sie für die Himmelskunde bis jetzt ohne jede Bedeutung geblieben sind.

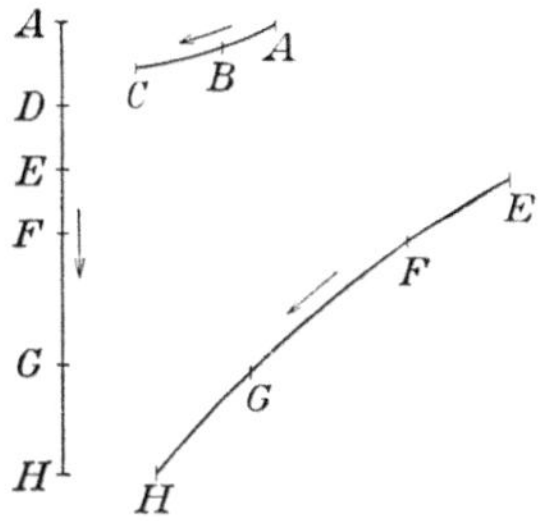

Abb. 110. Anomale Dispersion einer Zyaninlösung (schematisch).

6. Die Konstruktion der astronomischen Spektralapparate.

Bei der Behandlung der spektralanalytischen Theorien war es bei manchen Fragen notwendig, tiefer in die physikalischen Anschauungen der Neuzeit einzudringen, um eine breitere Grundlage für die mannigfachen Anwendungen der Lichtdispersion am Himmel zu gewinnen. Die Darstellung des praktischen Weges, den die spektralanalytische Forschung in der Astronomie gegangen ist, und dem wir uns nunmehr zuwenden wollen, muß viel enger gesteckt werden und sich von Anfang an auf Instrumente beschränken, die entweder sehr lichtstark sind und damit eine Untersuchung der Sterne zulassen, oder, dem anderen Extrem entsprechend, eine besonders starke Dispersion haben und auf unsere intensivste natürliche Strahlungsquelle, die Sonne, anwendbar sind.

Prismenkonstruktionen und ihre Fehler. Die Zerlegung des Lichtes nach Wellenlängen kann durch zwei Dispersionsmittel erreicht werden, durch Prismen und durch Beugungsgitter. Beim Prisma kommt die Dispersion dadurch zustande, daß von dem einfallenden Licht die violetten Strahlen stärker abgelenkt werden, als die roten. Der Richtungsunterschied Blau-Rot wird durch den Dispersionswinkel δ ausgedrückt, dessen Größe unter der Voraussetzung, daß das Licht im Miminum der Ablenkung durch das Prisma geht, allein vom Brechungsindex n des Glases und vom brechenden Winkel P des Prismas abhängt (S. 34). Bei Anwendung kräftiger Lichtquellen ist natürlich stets eine möglichst starke Dispersion erwünscht, die bei normalen Gläsern entweder durch Vergrößerung des Brechungskoeffizienten n oder des brechenden Winkels P erzielt werden kann. Die stärkste Dispersion, etwa dreimal soviel wie das gewöhnliche Kronglas, liefert das Silikatflint. Die schwersten Gläser dieser Art sind jedoch so stark gelb gefärbt, daß sie blaues und violettes Licht fast vollständig absorbieren, wodurch ihre Verwendung sich auf dünne Prismen beschränkt. Starke Dispersion ließe sich auch durch Kronglasprismen mit großem brechenden Winkel erzielen. Hier ist aber eine Grenze dadurch gegeben, daß dann die Strahlen immer schräger ein- und austreten, bis schließlich das Licht überhaupt nicht mehr in das Prisma fällt, sondern vollständig reflektiert wird.

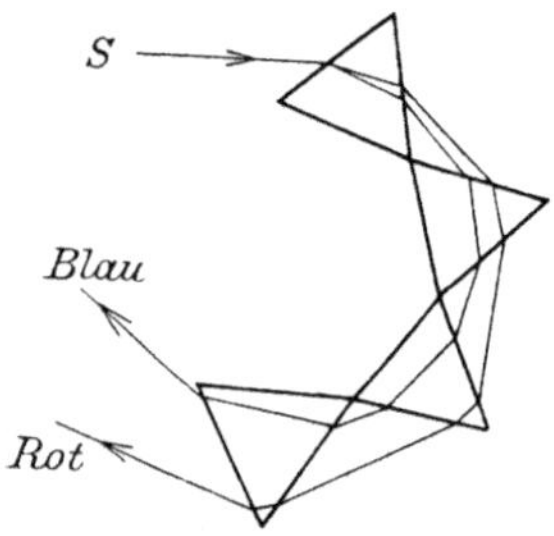

Abb. 111. Lichtzerstreuung durch mehrere Prismen.

Will man lange Spektren erzielen, so kann dies nur durch Verwendung mehrerer Prismen oder durch Kombination von Prismen verschiedener Glassorten erreicht werden. Im ersten Falle liefert jedes Prisma einen bestimmten Betrag der Dispersion zu der bereits vorhandenen hinzu, so daß z. B. vier gleiche aus demselben Material hergestellte Prismen eine viermal so starke Dispersion geben. Die Abb. 111 erläutert den Gang des Lichtes durch ein solches System, das so lange anwendbar bleibt, bis sich die Prismen zu einem Kreise zusammenschließen. Aber auch dann kann man die Dispersion noch auf das Doppelte anwachsen lassen, indem man an der letzten Fläche des äußersten Prismas das durch den unteren Teil des Systems zerstreute Licht total nach oben reflektiert und es dann durch die obere Hälfte der Prismen noch einmal zurückführt. Derartige komplizierte Systeme mit besonderen Vorrichtungen zur selbsttätigen Innehaltung des Minimums der Ablenkung waren früher bei starken Lichtquellen viel im Gebrauch; heute sind sie durch die weit vollkommeneren und bequemeren Gitter völlig verdrängt worden.

Die Vermehrung der Dispersion durch Verbindung mehrerer Prismen aus verschiedenen Gläsern beruht auf einem Kunstgriff. Die Erfahrung hat ergeben, daß man bei schweren Flintgläsern den brechenden Winkel kaum größer als 60^0 nehmen darf. Dieser Grenzwert kann aber auf das Doppelte gesteigert werden, wenn man auf die beiden Flächen Prismen aus sehr schwach brechendem und zerstreuendem Kronglase in umgekehrter Lage aufkittet, und zwar so, daß die brechenden Kanten der letzteren an der Basis des Flintglasprismas liegen.

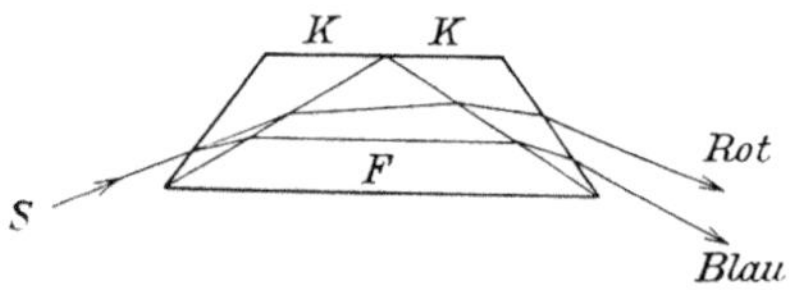

Abb. 112. Rutherfurdsches Prisma.

In Abb. 112 ist der Gang zweier Strahlen durch ein solches sog. Rutherfurdsches Prisma angegeben. Die Neigung des Lichtbündels gegen die äußeren Kronglasflächen ist hier nicht stärker als bei einem einfachen Prisma mit normalem Brechungswinkel, die Ablenkung also auch nicht größer, wohl aber ist die Dispersion wegen des starken brechenden Winkels des Flintglases viel stärker als beim einfachen Prisma, obwohl die entgegengesetzt aufgekitteten Kronglasstücke einen Teil der Dispersion aufheben.

Es bedeutet nur einen weiteren Schritt, wenn die brechenden Winkel sowohl des Flint- als auch des Kronglases noch größer genommen und so berechnet werden, daß schließlich der Lichtstrahl einer bestimmten Farbe, z. B. Grün, durch das zusammengesetzte Prisma gar nicht mehr abgelenkt wird, sondern in derselben Richtung austritt, aus der er gekommen ist. Man nennt diese zuerst von G. B. Amici angegebenen Systeme geradsichtige Prismen (Abb. 113). Der Gang der mittleren grünen Lichtstrahlen ist in der Figur angegeben, ein violetter würde nach unten, ein roter nach oben abgelenkt sein. Betrachtet man nur den Umriß des Prismas, so scheint demnach für die blauen Strahlen die Dispersion umgekehrt zu verlaufen, wie beim einfachen Prisma, aber nur scheinbar, da in Wirklichkeit das Flintglasprisma mit dem großen Dispersionskoeffizienten maßgebend ist. Den Gedanken der dreiteiligen geradsichtigen Prismen hat man auch

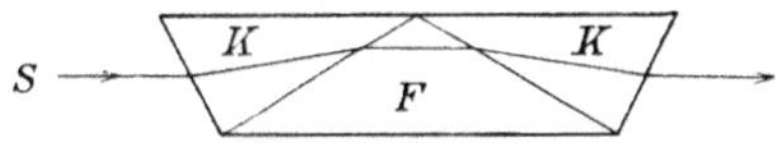

Abb 113. Geradsichtiges Prismensystem.

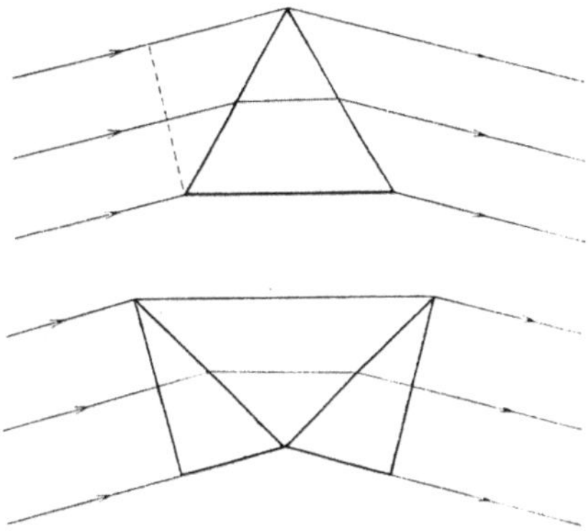
Abb. 114. Wirkung des einfachen und geteilten Prismas (nach C. A. Young).

auf fünfteilige Systeme ausgedehnt, die dann zwei Flintglaskörper enthalten. Sie geben natürlich eine merklich stärkere Dispersion als die dreiteiligen Systeme, sind aber dementsprechend auch lichtschwächer, da ein beträchtlicher Teil der einfallenden Strahlen durch Absorption und Reflexion verlorengeht. In letzterer Beziehung wäre ein zusammengesetztes Prisma zu erstreben, bei dem die vordere und hintere Fläche senkrecht zum einfallenden Strahlenbündel läge. Wird das Flintglas durch eine Flüssigkeit, z. B. Zimmtsäure ersetzt, so kommt nach W. Wernicke eine Prismenkonstruktion zustande, die dieser Bedingung entspricht und in der Physik bereits ständig angewendet wird. Das Wernickesche Prisma läßt ultraviolette Strahlen besser durch als Flintglas und ist gegen Temperaturänderungen wenig empfindlich. Überhaupt würden Prismen aus Flüssigkeiten weit mehr den astronomischen Anforderungen genügen, wenn ihre Herstellung und ihre Anwendung nicht gar so umständlich wäre. Für die großen Öffnungen neuzeitlicher Spiegel könnten Flüssigkeitsprismen natürlich nur in fester horizontaler Trogform verwendet werden.

Müssen die Prismen aus besonders teuren Glassorten oder gar aus einem Naturkristall hergestellt werden, so wird es nötig, auf die günstigste Ausnutzung des Lichtbündels bei sparsamstem Verbrauch an Material zu achten. Für Fälle, in denen man nicht im Raum beengt ist, hat schon C. A. YOUNG eine symmetrische Teilung der Prismen in der durch Abb. 114 veranschaulichten Anordnung vorgeschlagen. Es ist hier auf den ersten Blick ersichtlich, daß das merklich kleinere Doppelprisma mit dem vorteilhaften senkrechten Eintritt und Austritt der Strahlen dasselbe Bündel auffängt und daher dasselbe leistet, wie das größere darüber abgebildete 60°-Prisma, mit dem schrägen Ein- und Austritt. Doppelbrechende Kristallprismen müssen ohnehin aus zwei Stücken mit umgekehrten Polarisationseigenschaften hergestellt werden.

Besondere Anforderungen an Prismen stellt die Spektrometrie und die Spektralphotometrie. Hier kommt es fast stets darauf an, gleichzeitig zwei Spektren im Apparat abzubilden, die ohne Trennungslinie scharf aneinanderstoßen und dann der Lage der Linien oder ihren Helligkeitswerten nach miteinander verglichen werden können. Die bequemste, wenn auch vielleicht nicht vollkommenste Einrichtung besteht darin, daß man nach dem Vorgang von D. B. BRACE das gleichseitige Prisma halbiert, einen schmalen Streifen der Schnittfläche versilbert und die Teile wieder zusammenkittet. Der getrennte Gang der unzerlegten Lichtstrahlen und ihr gemeinsamer Austritt aus dem Prisma ist aus Abb. 115 zu ersehen. Beide Strahlen S_1 und S_2 legen im Prismenkörper genau den gleichen Weg zurück, erleiden somit genau die gleiche Brechung und die gleiche Zerstreuung. Zu beachten ist höchstens der durch die Reflexion hervorgerufene, bei Relativmessungen jedoch meist belanglose Lichtverlust und die ein wenig veränderte Qualität der Strahlung.

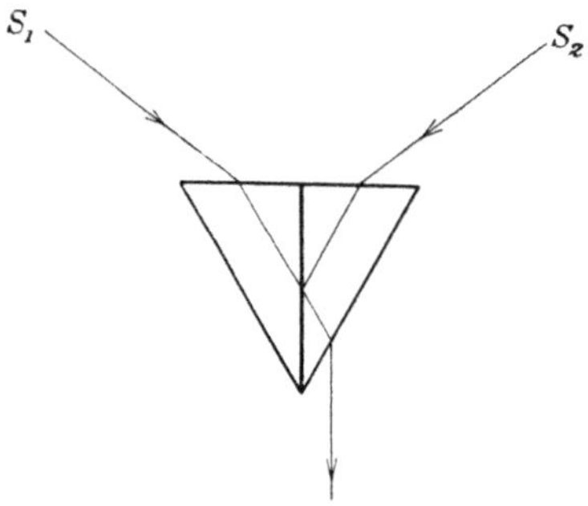

Abb. 115. Gang der Lichtstrahlen in einem Braceschen Prisma.

Was für Prismen oder Prismensysteme auch zur Anwendung gelangen, stets muß die Lichtquelle zur Herstellung eines reinen Spektrums punkt- oder linienförmig sein. Ein Strahlenbündel, das von einem einzigen Punkt oder von einem dünnen Spalt ausgeht, nennt man homozentrisch. Geht es durch Prismen hindurch, so ist es im allgemeinen dann nicht mehr homozentrisch, sondern astigmatisch geworden, d. h. die nachherige Vereinigung der Strahlen durch Linsen findet für solche Bündel, die in einer zur brechenden Kante des Prismas parallelen Ebene auffallen, in anderer Entfernung statt, als für diejenigen Strahlen, die in der dazu senkrechten Ebene eintreten (vgl. Abb. 61). Man erhält also nirgends von einem Punkte wieder einen Punkt, d. h. alle Bilder von ausgedehnten Objekten werden unscharf. Es gibt aber Spezialfälle, in denen ein homozentrisches Bündel auch nach dem Durchgang durch Prismen diese Eigenschaft bewahrt. Das tritt z. B. ein, wenn die Strahlen, die auf das Prisma fallen, unter sich parallel sind, oder wenn der Winkel, den sie miteinander bilden, klein ist und das Prisma im Minimum der Ablenkung steht. Aber auch für ein Bündel von etwas größerem

Öffnungswinkel bleibt die gestellte Bedingung noch einigermaßen erhalten, wenn das Prisma den Strahl nicht merklich ablenkt. Diesen Vorteil bieten näherungsweise die geradsichtigen Prismensysteme; bei ihrer Verwendung ist somit die Form des einfallenden Strahlenbündels in gewissen Grenzen gleichgültig. Alle anderen spektralen Vorrichtungen müssen so konstruiert sein, daß bereits auf die erste Fläche paralleles Licht fällt. Sowohl für besondere Meßzwecke wie für die scharfe Abbildung nicht völlig homozentrischer Bündel ist die Innehaltung des Minimums der Ablenkung erforderlich. Es gibt besondere vierseitige Prismenkonstruktionen, die bei der mikrometrischen Drehung stets diese Bedingung erfüllen.

Bei den üblichen Spektralapparaten wird in der Regel kein Lichtpunkt, sondern eine Lichtlinie, der Spalt, in die Wellenlängenfolge zerlegt. Setzen wir dabei eine Strahlung voraus, in der eine rote, grüne und violette Wellenlänge fehlen, so müßte man nach er-

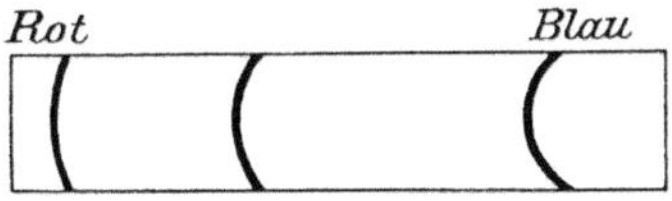

Abb. 116. Linienkrümmung im Prismenspektrum.

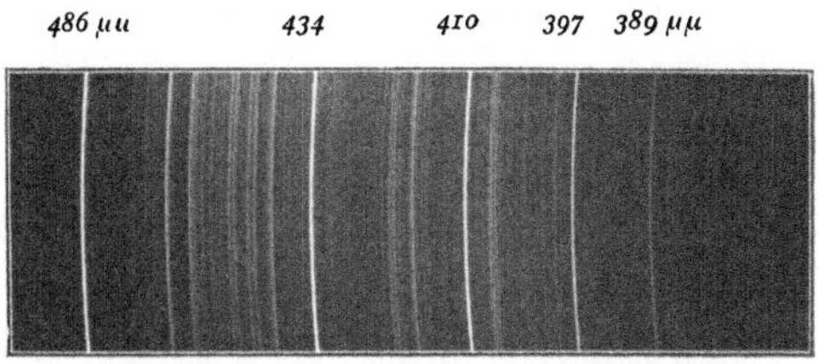

Abb. 117. Photographische Aufnahme eines Spektrums mit gekrümmten Linien (Wasserstoff).

folgter Dispersion ein rechteckiges Spektrum mit je einer geradlinigen Unterbrechung in Rot, Grün und Violett erhalten. Nun fällt aber nur der Lichtstrahl, der die Mitte des Spaltes verläßt und in der Achse der Kollimatorlinse liegt, genau senkrecht zur brechenden Kante des Prismas ein; alle anderen, insbesondere solche Strahlen, die von den Enden des Spaltes ausgehen, werden schräg auf das Prisma geleitet, haben hier einen längeren Weg zurückzulegen und erfahren deshalb eine stärkere Ablenkung. Die prismatischen Spektrallinien sind also nicht mehr gerade, sondern gekrümmt und zwar nach Violett hin konkav gebogen. Da außerdem die Vermehrung der Ablenkung für die violetten Strahlen stärker ist als für die roten, so sind obendrein die Linien im violetten Teil des Spektrums stärker gekrümmt als im roten. Ein prismatisches Spektrum zeigt daher eine Linienkrümmung, wie sie Abb. 116 und 117 veranschaulichen. Die Berechnung der tatsächlichen Verhältnisse ist nicht ganz einfach; die theoretische Aufgabe ist mehrfach, z. B. von L. Ditscheiner, W. H. Christie, H. C. Lord[1]) behandelt worden. Ohne weitere Vertiefung in die Frage ist es klar, daß die Linienkrümmung um so stärker auftreten muß, je länger der Spalt im Verhältnis zum Kollimatorobjektiv ist. Bei den meisten praktisch vorkommenden Aufgaben kann man ihn so kurz wählen, daß auch bei starken Ablenkungen die Linienkrümmung nicht störend hervortritt. Wird für irgendeine Aufgabe ein besonders langer Spalt benötigt, so kann durch eine entsprechende entgegengesetzte Krümmung desselben den Linien ein fast gerader Verlauf erteilt werden.

[1]) H. C. Lord, Curvature of the spectral lines. Ap. J. 1897, I.

Einfache Spektralapparate. Die Konstruktion der einfachsten Spektralapparate bietet nach den vorhergegangenen Bemerkungen keine Schwierigkeiten. Die schlichteste Form besteht nur aus Prisma und Spalt, wobei letzterer auch noch fehlen kann, wenn die zu untersuchende Lichtquelle selbst Linien- oder Punktform hat. Man braucht in diesem Falle nur den Spalt oder die ihn ersetzende Lichtlinie, also die Kapillare einer Geißlerschen Röhre, einen strichförmigen Lichtreflex usw. in die deutliche Sehweite zu bringen und dann ein Prisma vor das Auge zu halten, um den Spalt in das Spektrum ausgezogen zu erblicken. Man kann nach diesem Prinzip schon mit den allereinfachsten Mitteln Spektra beobachten, z. B. das Sonnenspektrum, indem man durch ein Prisma den Widerschein des Sonnenlichtes auf einem Glasstabe betrachtet.

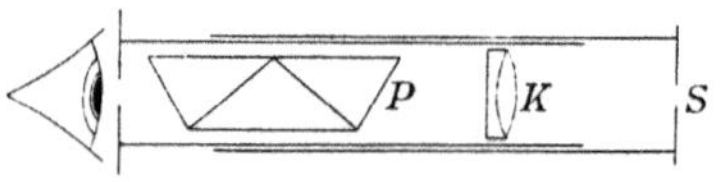

Abb. 118. Geradsichtiges Spektroskop.

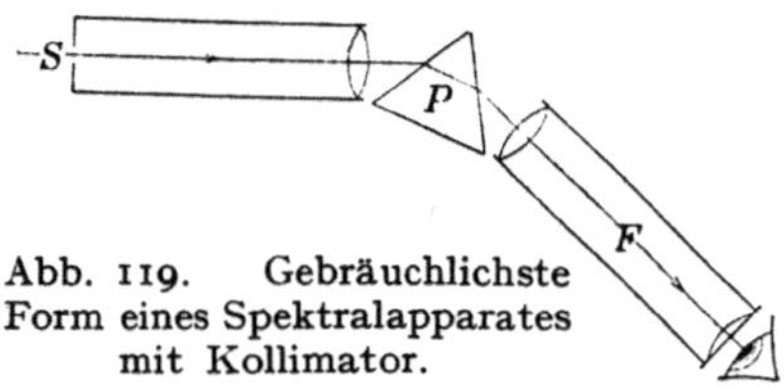

Abb. 119. Gebräuchlichste Form eines Spektralapparates mit Kollimator.

Die Vorteile, die die Beobachtung eines Gegenstandes durch eine Lupe bietet, sind beim Spektroskop einfach in der Weise zu erzielen, daß man den Spalt durch ein Okular mit dazwischen geschaltetem Prisma betrachtet, wobei der Spalt, der Lupenvergrößerung entsprechend, dem Auge näher gerückt werden muß. Da es sich in diesem Falle um ein konvergentes Lichtbündel handelt, so darf nur ein geradsichtiges Prisma benutzt werden. In dieser Form ist das Spektroskop in sehr bequemen Verhältnissen herstellbar und findet als Taschenspektroskop vielfach Anwendung (Abb. 118). Ebensogut, wie man den Spalt in der deutlichen Sehweite mit bloßem Auge oder innerhalb derselben mit der Lupe beobachten kann, läßt er sich auch aus großer Entfernung durch ein Fernrohr betrachten. Das ist praktisch nicht immer gut ausführbar, derselbe Erfolg läßt sich aber ohne jede Schwierigkeit durch das Kollimationsprinzip (S. 40) erreichen. Man bringt zwischen Spalt und Prisma eine Linse in solcher Entfernung an, daß sich der Spalt in ihrem Brennpunkte befindet; alsdann sind die aus der Linse austretenden, vom Spalt kommenden Strahlen untereinander parallel. Mit der Einführung des Spaltfernrohrs oder Kollimators erhalten wir die vollkommenste und allgemeinste Form der Spektroskope, wie sie bei den meisten Konstruktionen auftritt und schematisch in Abb. 119 dargestellt ist.

So einfach nun das Grundprinzip des Spektroskops ist, so schwierig und kompliziert gestaltet sich die praktische Ausführung eines solchen Instruments, wenn es nicht bloß die Spektra scharf und klar darstellen, sondern auch genaue Messungen gestatten soll. Die Herstellung eines guten Prismas mit ebenen Flächen ist viel schwieriger als das Schleifen einer guten Linse. Ist nämlich die Oberfläche der Prismen nicht eben, sondern in einer Richtung gekrümmt, so wird das homozentrische Lichtbündel nach dem Passieren des Prismas astigmatisch, was ja gerade vermieden werden soll. Sind gar die Flächen unregelmäßig gestaltet, so entstehen unscharfe Bilder. Natürlich geben Prismen mit guten Flächen nur dann gute Bilder, wenn die Glasmasse vollkommen homogen ist, was besonders bei großen Stücken von Spezialgläsern nicht gerade leicht zu erreichen ist. Je enger der Spalt ist, um so weniger Licht tritt in das Spektroskop ein, und es bleibt daher bei der Untersuchung schwächerer Lichtquellen oft nichts anderes übrig, als mit einem weiten Spalt zu beobachten und sich mit einer verminderten Reinheit des Spektrums abzufinden. Im allgemeinen muß daher bei jedem Spektroskop die Spaltweite innerhalb gewisser Grenzen mikrometrisch zu verändern sein, wie das etwa in Abb. 120 dargestellt ist. Die hier skizzierte Vorrichtung genügt aber nicht allen Anforderungen, da sie nur eine einseitige Verbreiterung der Linien bei der Spaltöffnung vorsieht. Bei den vollkommenen neuen mikrometrischen Einrichtungen dieser Art wird verlangt, daß die Mittellinie des Spaltes erhalten bleibt, was sich nur durch eine symmetrische Verschiebung beider Spaltbacken erzielen läßt (Abb. 121).

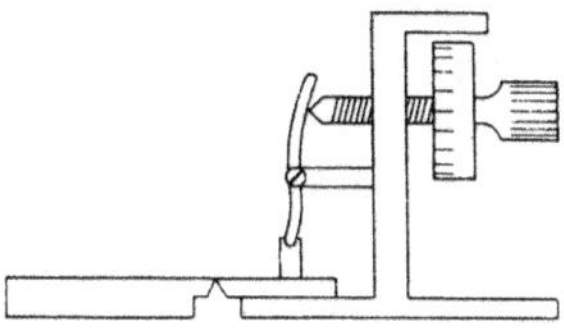

Abb. 120. Spalt mit einseitiger Mikrometerregulierung.

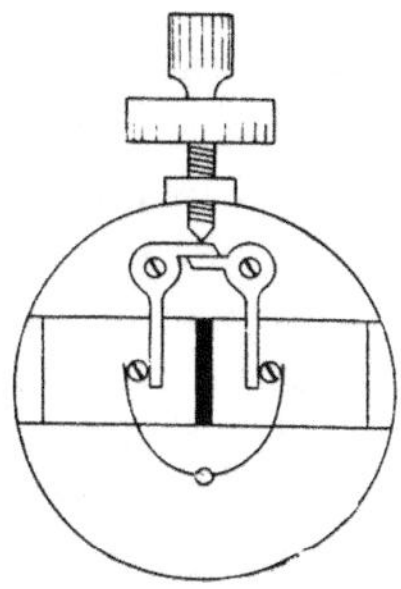

Abb. 121. Spalt mit symmetrischer Regulierung.

Den Kanten eines Spektroskopspaltes gibt man stets eine keilförmige Gestalt und stellt sie bei wertvollen Instrumenten aus möglichst hartem und gegen Luft oder Dämpfe widerstandsfähigem Material, am besten aus Platiniridium, her. Da die Reinheit des Spektrums, die für die Trennung der verschiedenen Linien so überaus wichtig ist, von der Breite der Spaltöffnung abhängt, so muß die Ausführung der Kanten so präzise sein, daß sie selbst bei etwa 0.01 mm Öffnung ihrer ganzen Länge nach einen gleichförmigen Lichtfaden freigeben. Sind die Kanten unvollkommen ausgeführt, sind also z. B. Gratbildungen vorhanden, so berühren bei enger Spaltstellung diese die gegenüberstehende Kante und unterbrechen die Spaltöffnung. Auf diese Weise entstehen dunkle Längslinien im Spektrum, die das Gesamtbild sehr stören und die Messung beeinträchtigen. Die gleiche Wirkung üben natürlich Verunreinigungen durch Staub usw. aus, weshalb auch bei einfacheren Instrumenten der Spalt außer Gebrauch stets durch eine Verschlußkapsel geschützt sein muß.

Wird der Spalt in der Brennebene der Kollimatorlinse angebracht, so verwandelt sich jeder der Lichtkegel, die von den einzelnen Punkten des Spaltes ausgehen, nach dem Passieren der Kollimatorlinse in ein paralleles Strahlenbündel. Durch das Prisma wird dieses nunmehr so zerlegt, daß die Strahlen gleicher Wellenlänge unter sich parallel bleiben und im Beobachtungsfernrohr zu einem Bilde vereinigt werden. Dabei muß das Objektiv des letzteren einen etwas größeren Durchmesser als das Prisma oder gar die Kollimatorlinse besitzen, wenn nicht durch entsprechende Wahl der Höhe des Spaltes im Verhältnis zum

Durchmesser der Objektive von vornherein ein ungehinderter Strahlengang verbürgt wird.

Ein großes Hindernis für viele spektroskopische Arbeiten bildet die Lichtschwäche mancher Spektra. Besonders bei Anwendung von Instrumenten mit mehreren Prismen fällt dem Anfänger oft schon im Laboratorium die geringe Helligkeit der Bilder unangenehm auf. In erster Linie liegt das an dem Lichtverlust durch Reflexion. Eine gut polierte Glasoberfläche wirft mindestens 4 bis 6% des senkrecht auffallenden Lichtes zurück, je nachdem Kron- oder Flintglas in Frage kommt (S. 33). Je schräger das Licht auf die Fläche fällt, um so stärker ist die Spiegelwirkung der Flächen. Man wird daher sicher nicht zu hoch greifen, wenn man annimmt, daß jede freie Glasfläche 6% Lichtverlust durch Reflexion gibt. In einem Spektroskop mit beispielsweise drei Prismen und ebensoviel Linsen im Kollimator und Fernrohr hat man es aber im ganzen mit zwölf Flächen zu tun, die dann lediglich durch Spiegelung einen Verlust von 51% bedingen. Nimmt man den Gesamtweg in der eingeschalteten Optik auch nur zu 10 cm an, so gehen hier weitere 18% noch durch Absorption verloren, so daß im ganzen nur noch wenig mehr als 40% verbleiben. Schon aus diesem Grunde werden Laboratoriums- wie Himmelsspektra fast nur noch auf photographischem Wege abgebildet und dann vermessen. Die Bauart der Instrumente wird dadurch nur insofern geändert, als an Stelle der Netzhaut die photographische Platte das Spektrum aufnimmt. Das Spektroskop wird auf diese Weise zu einem Spektrographen und erhält damit alle Vorteile, aber auch alle Nachteile einer photographischen Einrichtung. An die optischen Teile werden dabei, wenn gleichartige Leistungen gefordert werden, keine höheren Ansprüche gestellt, wie bei der visuellen Beobachtung, ja man kann sogar auf die Achromasie der Objektive für Kollimator und Kamera Verzicht leisten, wenn nur die Linsen für das erforderliche Feld sphärisch korrigiert sind, die Koma also behoben ist. Diese Forderung ist an den zwei Krümmungsflächen einer einzigen Linse nur in beschränktem Maße erfüllbar. Weit besser geeignet sind dazu die von J. Hartmann berechneten zweiteiligen Chromate, die nur auf gute Bildebnung hin konstruiert sind. Dazu ist u. a. notwendig, daß sie aus demselben Glase hergestellt sind wie die Prismen. Die bei chromatischer Optik auftretende Brennpunktsdifferenz der roten und blauen Strahlen ist natürlich sehr groß; da aber eine Abbildung der farbigen Spaltbilder nebeneinander in Frage kommt, ist eine scharfe Wiedergabe des ganzen Spektrums schon durch Schrägstellung der photographischen Platte zu erreichen (Abb. 122). Bei starker Krümmung des Bildfeldes, wie sie Linsen mit sehr kurzer Brennweite aufweisen, können als Ersatz für Glasplatten Filmstreifen angewendet werden. Wegen der Verziehungen, die diese leicht erleiden, sind solche Negative für besonders genaue Messungen jedoch nicht geeignet.

Die Aufnahmezeiten im Laboratorium sind nahe unbeschränkt, es müßte also möglich sein, das Spektrum auf photographischem Wege beliebig weit nach Ultraviolett bzw. Ultrarot hin zu erhalten. Das ist tatsächlich der Fall, wenn die nicht erwünschten benachbarten Spektralgebiete genügend abgedeckt sind und eine geeignete Optik benutzt wird. Selbst bei Verwendung der reinsten weißen Flintglassorten ist photographisch auch mit Farbenplatten kein wesentlich größeres Gebiet des Spektrums erreichbar als mit dem Auge. Für eine Erweiterung nach Ultrarot kommt als optisches Medium Steinsalz bzw. Sylvin, für Ultraviolett hauptsächlich Quarz in Frage. Letzeres hat allerdings die unangenehme Eigenschaft, daß es nur etwa den dritten Teil der Dispersion von Flintglas gibt und Doppelbilder erzeugt. Um diesen Nachteil zu vermeiden, werden die Quarzprismen entweder in der Youngschen Anordnung (Abb. 114 und 122) oder nach dem Vorschlage von M. A. Cornu aus zwei verkitteten Stücken hergestellt, die die Polarisationsebene im entgegengesetzten Sinne drehen. Soweit Laboratoriumsaufnahmen in Frage kommen, ist bei spektrographischen Arbeiten auch auf die starke Streuung der brechbareren Strahlen in der Bromsilbergelatine und die selektiven Lichtverluste durch die atmosphärischen Gase zu achten. Eine reine Luftschicht von 10 m Dicke absorbiert alles Licht unterhalb 212 $\mu\mu$ vollkommen und selbst ein Luftweg von 10 cm läßt nur Wellenlängen oberhalb 157 $\mu\mu$ durch. Geringe Beimengungen von Wasserdampf, Kohlensäure und Ozon tragen das ihrige dazu bei, um im Ultrarot und Ultraviolett ganze Spektralgebiete auszulöschen, so daß die meisten spektrographischen Arbeiten des Physikers im luftleeren Raum vorgenommen werden müssen.

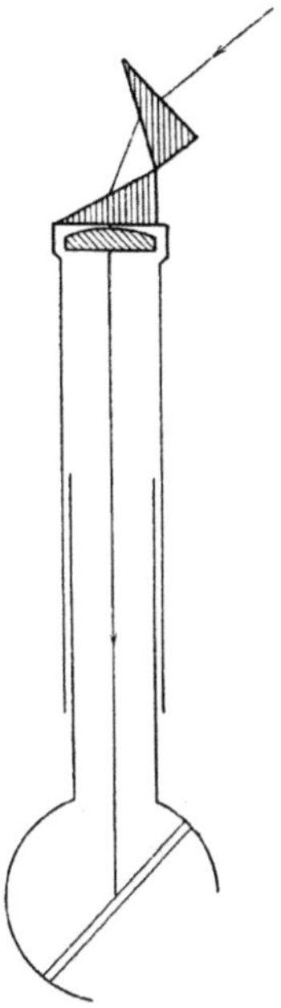
Abb. 122. Spektrograph mit Youngschem Doppelprisma (nach J. Hartmann).

Spektroskope für visuelle Beobachtungen. Sowohl bei der photographischen wie bei der visuellen Beobachtung der Spektren am Himmel können ganz verschiedene Konstruktionen zur Anwendung gelangen. Bei der einen erfolgt die Lichtzerlegung am Okular, bei der anderen am Objektiv des Fernrohrs. Besitzt das Gestirn keine merkliche Ausdehnung, so sind Spalt und Kollimator nicht notwendig, da der Stern selbst ein Element des unendlich fernen Spaltes darstellt. Bei flächenhaften Himmelskörpern, wie Sonne, Mond, Kometen, den großen Planeten und vielen Nebelflecken kann ein Spalt natürlich nicht entbehrt werden. Er wird auch bei den helleren Fixsternen angewendet, wenn es sich darum handelt, ein reines, für genauere Messungen geeignetes Spektralbild zu erhalten.

Für visuelle Zwecke am Fernrohr kommen heute fast ausschließlich Okularspektroskope in Frage, da sie im allgemeinen sehr lichtstark sind und recht saubere Spektren geben. Man benutzt dabei meist Prismensysteme mit gerader Durchsicht, weil bei dem vom Objektiv kommenden stark konvergenten Strahlenbündel nur diese Konstruktion keinen Astigmatismus erzeugt. Aus dem gleichen Grunde können die Brennpunktsbilder auch ohne weitere Vorkehrungen direkt durch einen geradsichtigen Prismensatz beobachtet werden. Die Ausmaße der Spektroskope lassen sich dabei sehr klein wählen, da die Breite des aus dem Okular austretenden Lichtbündels niemals größer zu sein braucht als die Pupillenöffnung des menschlichen Auges. Wird das Instrument rasch auswechselbar eingerichtet, so sind Schwierigkeiten in der Identifizierung der Sterne oder Verwechslungen ausgeschlossen. Die Orientierung innerhalb der Sternspektren erfolgt bei Okularspektroskopen am einfachsten durch eine Millimeter- oder Wellenlängenskala, die seitwärts in fester Lage angebracht ist und von der vorderen Prismenfläche ins Gesichtsfeld reflektiert wird (Abb. 123).

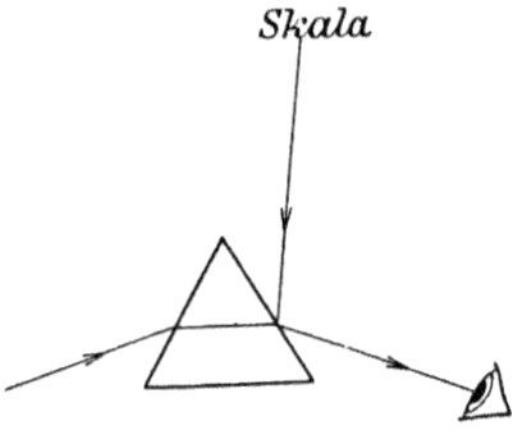

Abb. 123. Gleichzeitige Beobachtung von Spektrum und Orientierungsskala.

Der naheliegende Ausbau eines geradsichtigen Systems zu einem mit besseren Meßvorrichtungen ausgestatteten Präzisionsinstrument hat sich wegen der mangelhaften Orthoskopie der optischen Konstruktion als unmöglich erwiesen.

Bei punktförmigen Objekten, wie den Sternen, geben spaltlose Instrumente dünne, strichartige Spektren, und es ist nur in Ausnahmefällen möglich, in dem farbigen Lichtfaden irgendwelche Einzelheiten zu erkennen. Es muß daher in der Regel noch eine künstliche Verbreiterung der Lichtlinien durch eine sog. Zylinderlinse vorgenommen werden, die z. B. die Form der Abb. 124 hat und die man sich durch eine Parallelverschiebung des Querschnittes eines positiven Meniskus entstanden denken kann. Zum Verständnis ihrer Wirkung wird die Bemerkung genügen, daß sie als objektives Bild eines fernen Punktes einen Strich parallel zur Zylinderachse, die sog. Hauptbrennlinie liefert und als Okular verwendet, in bestimmten Lagen einen Punkt in eine Brennlinie, eine Linie in ein Band auszieht. Orientiert man eine Zylinderlinse so, daß beim Beschauen eines fadenförmigen Spektrums die Brennlinie senkrecht zu diesem steht, so erhält man ein mehr oder weniger breites Farbenband, in dessen Längsrichtung nichts geändert ist. Die dunklen oder hellen Stellen, die in dem fadenförmigen Sternspektrum als Lücken oder helle Knoten erscheinen, werden dann in gerade Linien ausgezogen und dadurch ein Bild erzeugt, das dem Anblick des Spektrums in einem Spaltapparat sehr nahe entspricht. Die Verbreiterung bedingt natürlich einen merklichen Lichtverlust, den nur Sterne vertragen, die mindestens fünf Größenklassen oberhalb der Grenzschwelle des benutzten Fernrohrs liegen. Bei monochromatischen oder fast monochromatischen Lichtquellen, wie wir ihnen bei den Gasnebeln oder in gewissen Entwicklungsstadien der sog. Neuen Sterne begegnen, kann man unter Verzichtleistung auf die Zylinderlinse die spektralen Beobachtungen fast bis zur sonstigen optischen Leistung des angewendeten Fernrohrs ausdehnen.

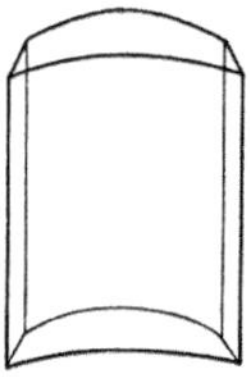
Abb. 124. Positive Zylinderlinse.

Bei der visuellen Prüfung und Betrachtung der Sterne an Okularspektroskopen — von einer Beobachtung kann bei den heutigen Anforderungen kaum noch die

Rede sein — tritt eine unangenehme Störung durch die Unruhe der Luft ein. Die ständige Änderung der Brechung in den atmosphärischen Schlieren bringt es mit sich, daß die verschiedenen Farben des Spektrums dauernde Helligkeitsänderungen erfahren, die sich durch ein ununterbrochenes Flattern des Farbenbandes bemerkbar machen und alle schwächeren Linien verwischen. Aber auch bei guter Luft bietet das Okularspektroskop dem Auge am Himmel weit weniger, als ein nur mäßiges Spektrogramm, da insbesondere die weißen und gelblichen Sterne im visuellen Gebiet außerordentlich arm an kräftigeren Linien sind.

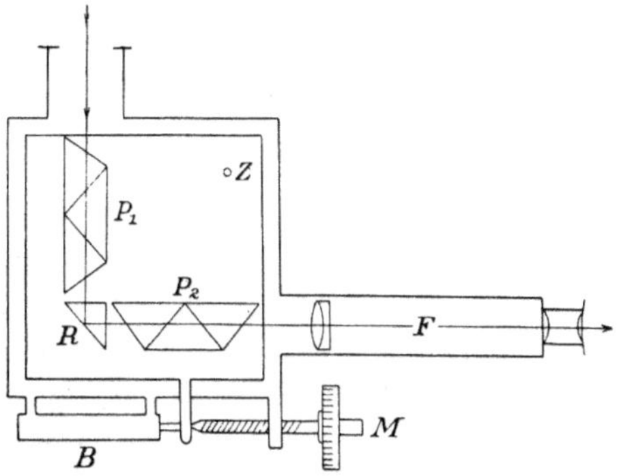

Abb. 125. Sonnenspektroskop mit zwei geradsichtigen Prismen.

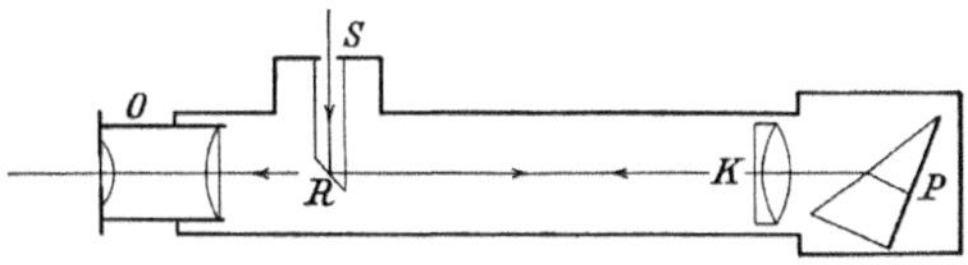

Abb. 126. Spektroskop mit Autokollimation (nach K. L. v. Littrow).

Bei der Beobachtung des Sonnenspektrums kann es sich entweder um allgemeine Untersuchungen handeln oder um solche, bei denen ganz bestimmte Stellen der Sonnenoberfläche auf ihr spektrales Verhalten hin zu prüfen sind. In dem ersten Falle braucht nur das Licht der Sonne mit Hilfe eines Heliostatenspiegels auf den Spalt eines Laboratoriumspektroskops geworfen zu werden, im zweiten ist noch ein Fernrohr notwendig, das in der Spaltebene ein Bild der Sonne erzeugt, aus dem dann Flecken-, Fackel-, Rand- und andere Gebiete beliebig herausgeblendet werden können. Angesichts der Intensität der Lichtquelle darf die instrumentelle Einrichtung auf eine sehr starke Dispersion eingestellt sein, also mehrere Prismensysteme oder ein Gitter enthalten; sie muß aber so gebaut sein, daß ein festes und doch das Fernrohr nicht ungebührlich belastendes Spektroskop herauskommt.

In Abb. 125 ist ein aus zwei geradsichtigen Prismen bestehendes Sonnenspektroskop schematisch dargestellt. Die vom regulierbaren Spalt kommenden Strahlen werden durch eine Kollimatorlinse parallel gemacht und dann durch das drei- bzw. fünffache geradsichtige Prisma P_1 geschickt. Nach totaler Reflexion an R wird in P_2 die Dispersion noch einmal vorgenommen, so daß das Auge im Beobachtungsfernrohr F ein stark zerstreutes Spektrum erblickt. Durch mikrometrische Drehung der Prismenplatte um den Zapfen Z können die einzelnen Farben und Linien mit der Mikrometerschraube M über einen festen Okularfaden geführt und an dem Betrag der Drehung ihrer Lage nach genähert bestimmt werden. Das Spektroskop ist hier also in rechtwinklig gebrochener Form ausgebildet, was die Beobachtungen bei hohem Sonnenstande wesentlich erleichtert.

Durch Anwendung von Spiegeln mit sehr stumpfen Einfallswinkeln bei *R* läßt sich das Beobachtungsfernrohr fast in die Richtung der einfallenden Sonnenstrahlen verlegen, was unter Umständen von Vorteil ist. Der gleiche Gesichtspunkt hat zu einer Spektroskopkonstruktion geführt, die K. L. v. LITTROW zuerst angegeben hat und die in Abb. 126 skizziert ist. Sie zeichnet sich dadurch aus, daß hier das Objektiv des Beobachtungsfernrohrs gleichzeitig als Kollimator dient. Die vom Spalt *S* kommenden, bei *R* rechtwinklig abgelenkten Strahlen werden durch das Objektiv *K* parallel gerichtet und nach Durchdringen des Prismas *P* von der versilberten Kathete in derselben Richtung zurückgeworfen, so daß sie das Spaltfernrohr auf dem Hin- und Rückwege passieren. Die Beobachtung des Spektrums kann mit Hilfe eines in der Spaltebene befindlichen Okulars unter Drehung des Prismas *P* erfolgen. Irgendwelche Raumschwierigkeiten können nicht auftreten, da man auch bei kurzen Spektroskopen dieser Bauart den ankommenden weißen Strahl durch rechtwinklige Prismen beliebig nach der Seite verschieben kann. Das bei den Littrowschen Spektroskopen befolgte Verfahren bezeichnet man als Autokollimation. Sie hat den einzigen Nachteil, daß infolge der Reflexe im Tubus leicht Schleier verursacht werden, die jedoch bei visuellen Beobachtungen ohne Belang sind.

Ein sehr einfaches und doch leistungsfähiges Gitterspektroskop für kleinere Fernrohre ist in Abb. 127 skizziert. Hier werden die von der Kollimatorlinse ankommenden Strahlen durch einen Gitterfilm *G* geleitet, der auf die eine Fläche eines kleinen Prismas übertragen ist. Die austretenden Lichtstrahlen nehmen auf diese Weise im Fernrohr *F* einen Weg, der bei Beobachtung des Spektrums II. Ordnung auf eine bequeme, fast geradsichtige, also der LITTROWschen gerade entgegenegsetzte Konstruktion führt.

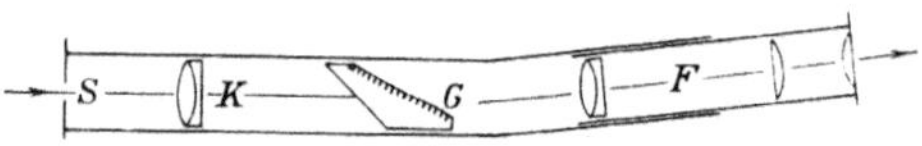

Abb. 127. Kleines Gitterspektroskop für Sonnenbeobachtungen.

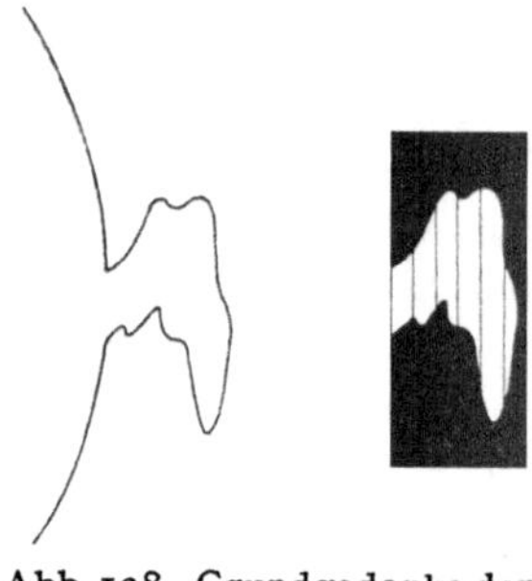
Abb. 128. Grundgedanke der Protuberanzbeobachtung im Spektroskop.

Mit den eben besprochenen Spektroskopen sollen nicht nur Linien auf der Sonne beobachtet, sondern auch unmittelbar Vorgänge in ihrer nächsten Umgebung verfolgt werden. Es handelt sich dabei durchweg um monochromatische Leuchterscheinungen, die normalerweise dem Auge durch das diffuse Himmelslicht verborgen bleiben, aber im Spektroskop durch das Auftreten von hellen Linien auf dem kontinuierlichen Grunde der erleuchteten Erdatmosphäre sich bemerkbar machen. Den Sitz derartiger Emissionsvorgänge bilden in erster Linie die sog. Chromosphäre und die Protuberanzen, von denen die letzteren sich oft zu sehr beträchtlichen Höhen über den Sonnenrand erheben. Der Vorgang der Beobachtung einer Protuberanz im Spektroskop wird durch Abb. 128

veranschaulicht. Auf dem Spalt eines Spektroskops wird eine Stelle des Sonnenrandes, an der sich eine Protuberanz befinden mag, scharf abgebildet. In dem kontinuierlichen Spektrum der erhellten Atmosphäre erscheinen dann die Emissionslinien des Wasserstoffs, aber nicht in der Länge des Spaltes, sondern in einer der örtlichen Begrenzung der Protuberanz entsprechenden Ausdehnung. Wird nun der Spalt rasch hin und her verschoben, so erblickt das Auge ein zusammenhängendes Bild der Erscheinung. Statt der mechanischen Verschiebung kann nach einem Vorschlage von W. Huggins und F. Zöllner der Spalt auch so weit geöffnet werden, bis die Spektrallinie den vollen Umriß der Protuberanz annimmt. Bei größeren Gebilden werden die Bilder durch die weite Spaltöffnung unrein; auch die Helligkeit des kontinuierlichen Grundes wird dabei derart vermehrt, daß schließlich ein vollständiges Auslöschen der Protuberanz eintreten kann. Eine Abhilfe der Mängel ist durch Verstärkung der Dispersion gegeben, weil dadurch die Helligkeit des kontinuierlichen Hintergrundes vermindert wird, während an der monochromatisch leuchtenden Wolke sich kaum etwas ändert. Die Protuberanzspektroskope müssen also durchweg starke Dispersion besitzen. Da außerdem möglichst große Gebiete der Sonnenumgebung abgesucht werden sollen, ist es zweckmäßig, dem Spalt eine Krümmung zu erteilen, die dem Sonnenumriß im Brennpunkte des benutzten Instruments angepaßt ist. Ferner muß das Spektroskop so eingerichtet sein, daß nach erfolgter mikro-

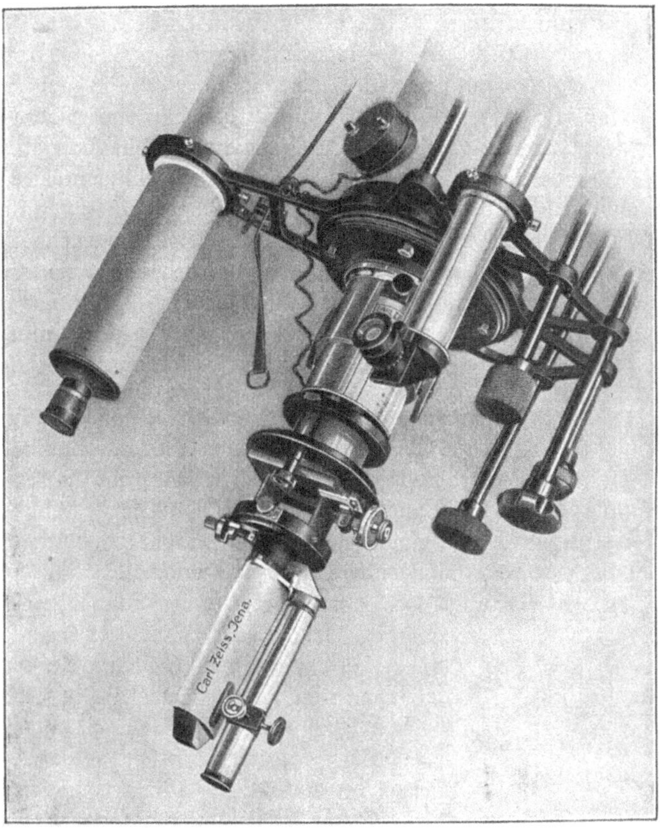

Abb. 129. Protuberanzspektroskop von C. Zeiss am Fernrohr.

metrischer Einstellung auf den jeweiligen Sonnendurchmesser der Spalt durch einfache Drehung des Prismenkörpers am Sonnenrande entlang geführt werden kann. Daß die Instrumente trotz alledem in der Bauart eine sehr gedrängte Form erhalten können, zeigt Abb. 129.

Unter der Bezeichnung Spektrohelioskop, die man schon einem ähnlichen von J. JANSSEN 50 Jahre früher konstruierten, aber noch recht unvollkommenen Instrument beilegen könnte[1]), ist von G. E. HALE noch eine Vorrichtung erdacht worden, die die monochromatischen Wasserstoffbildungen nicht nur neben, sondern auch auf der Sonne zu verfolgen gestattet. Sie ist dem später (S. 187) behandelten Spektroheliographen nachgebildet, nur mit dem Unterschiede, daß hier durch eine rasche Blinkvorrichtung das auf die rote Wasserstofflinie eingestellte Spaltpaar rasch hin und her bewegt wird. Angesichts der Entwicklung der Spektroheliographie haben direkte helioskopische Beobachtungen gegenwärtig nur dann wissenschaftliche Bedeutung, wenn sie im Zusammenhange mit den photographischen Aufnahmen ausgeführt werden, wenn also z. B. die Beobachtung rascher Änderungen im Bereiche der Fackeln, Flocken und anderer Gebilde in Frage kommt, zu deren Aufnahme im roten Teil des Spektrums zu lange Expositionszeiten erforderlich sind.

Das Objektivprisma. Die in neuerer Zeit wieder sehr zur Geltung gelangenden Objektivprismen stellen die älteste Form eines astronomischen Spektralapparates dar. Wird vor dem Objektiv eines Fernrohrs ein Prisma angebracht, das die volle oder eine bestimmte geblendete Öffnung deckt (Abb. 130), so entspricht das Instrument damit genau einem Spektralapparat, bei dem der Spalt, in diesem Falle der Stern, in unendlicher Entfernung liegt; die Strahlen fallen parallel auf, werden durch das Prisma gebrochen und dann durch das Fernrohrobjektiv vereinigt. Die Objektivprismen werden gegenwärtig besonders oft in Verbindung mit größeren Refraktoren benutzt, da bei der langen Brennweite derselben selbst bei geringer Dispersion ein Spektrum von großer Helligkeit und beträchtlicher linearer Ausdehnung entsteht. Es genügt dabei oft, wenn man dem Glase einen verhältnismäßig geringen brechenden Winkel gibt, doch werden für besondere Aufgaben, wie sie z. B. bei Sonnenfinsternissen vorkommen, auch Objektivprismen mit wesentlich größeren Winkeln, unter Umständen sogar Systeme von Doppelprismen, verwendet.

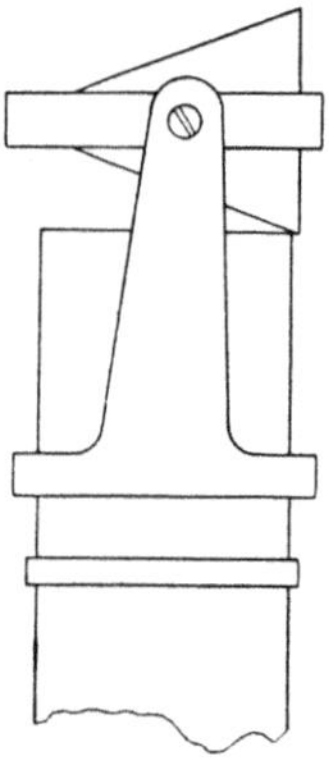
Abb. 130. Anbringung eines Prismas vor dem Objektiv.

Die Benutzung des Objektivprismas ist mit einem Nachteil verknüpft, der durch die Ablenkung der Strahlen vor dem Objektiv verursacht wird. Da das Fernrohr die Richtung der gebrochenen Strahlen einnehmen muß, weist es nicht auf das eingestellte Objekt, sondern nach einem etwas abseits liegenden Punkte des Himmels hin. Zur Verminderung dieser Unbequem-

[1]) G. MILLOCHAU und M. STEFANIK, On a new form of spectroheliograph. Ap. J. 1906, II.

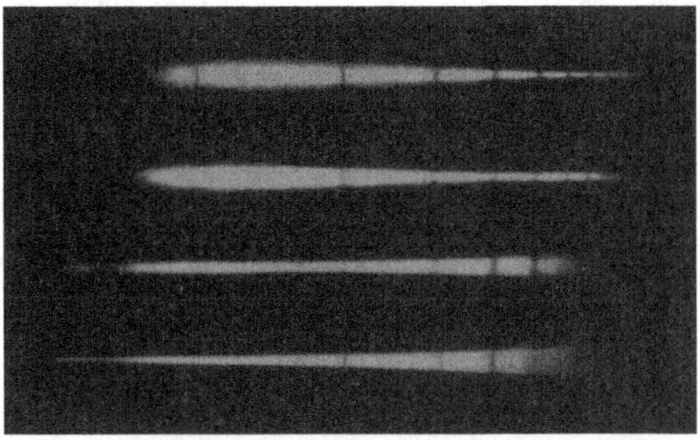

Abb. 131. Fadenförmige Spektren eines weißen Sternes, aufgenommen in verschiedenen Objektivabständen.

lichkeit ist es vorteilhaft, die brechende Kante des Prismas parallel zur täglichen Bewegung zu stellen, so daß die Ablenkung nur im Sinne der Deklination wirkt. Man bringt dann diesen Richtungsunterschied, der bei Verwendung von Flintglas ungefähr dem halben brechenden Winkel des Prismas entspricht, gleich bei der Einstellung am Deklinationskreise an.

Die Verwendung des Objektivprismas zu visuellen Beobachtungen hat ganz aufgehört, dagegen bietet es in Verbindung mit einem entsprechenden Chromaten (S. 174) oder einem photographisch korrigierten Objektiv für die spezielle Aufgabe einer spektrographischen Durchmusterung des Himmels eine fast unbegrenzte Anwendungsmöglichkeit. Beim photographischen Verfahren können gerade die durch Prismen stark zerstreuten linienreichen blauen, violetten und ultravioletten Teile des Spektrums abgebildet werden, die dem Auge völlig verschlossen sind, während die weniger brechbaren Gebiete durch Anwendung farbenempfindlicher Platten erreichbar werden. Hierzu kommt der Vorzug einer erhöhten Reichweite des Instruments bei Anwendung langer Expositionen und des weniger schädlichen Einflusses der Luftunruhe. Da es sich bei Anwendung des Objektivprismas nur um die Feststellung der allgemeinen Spektraltypen handelt, kann die Dispersion recht klein genommen werden, womit eine große Lichtstärke erreicht wird. Das weite Gesichtsfeld gewährt hierbei den Vorteil, daß gleichzeitig sehr viele, unter Umständen Hunderte von Sternspektren auf einer Platte aufgenommen werden können. Die nachträgliche Identifizierung bietet keine Schwierigkeit, da die Striche auf dem Negativ die vollständige Konstellation der betreffenden Himmelsgegend wiedergeben.

Ein neuzeitlicher photographischer Refraktor mit dem Brennweitenverhältnis 1 : 10 vermag in Verbindung mit einem lichtdurchlässigen Prisma in einer Minute bereits die Spektra der Sterne 6. bis 7. Größe abzubilden. Die normale praktische Grenzleistung wird bei Sternen 12^m erreicht, die man in etwa vier Stunden gut exponiert erhält. Das photographische Spektrum kann beliebig schmal sein, unter dem Meßmikroskop sind die dunklen und hellen Linien als Lücken bzw. Knoten mit voller Deutlichkeit erkennbar. Störend wirkt höchstens die ungleichmäßige Breite und Schärfe der Lichtfäden in den verschiedenen Farben (Abb. 31 u. 131). Will man aus diesem oder jenem Grunde verbreitete Spektra aufnehmen, so ist dies einfach dadurch zu erzielen, daß man entweder den Gang des Uhrwerks ein wenig verzögert bzw. beschleunigt, oder das Bild des Sterns im Leitrohr nicht genau auf die Mitte des Fadens hält, sondern im Stundenwinkel über eine gewisse Strecke hin laufen läßt, es dann wieder zurückholt usw. Bei der angenommenen Lage der brechenden Kante des Prismas im Parallelkreise der Sterne fallen die Spektren in die Richtung der zugehörigen Stundenkreise und entsprechen in ihrem Aussehen genau den Bildern, die man unter Anwendung von Zylinderlinsen an Okularspektroskopen erhält (Abb. 132). Beim elektrischen Antrieb ist die erforderliche Verlangsamung bzw. Beschleunigung rasch hergestellt; bei mechanischen Uhrwerken der älteren Art kann man für spektrographische Dauerarbeiten das Hin- und Herschwenken der Bilder nach dem Vorschlage von W. Huggins durch Einbau eines kleinen Exzenters in die Triebvorrichtung erzielen. In gleichartiger Weise, nämlich durch Verschiebung des Negativs, lassen sich auch nachträglich von fadenförmigen Bildern

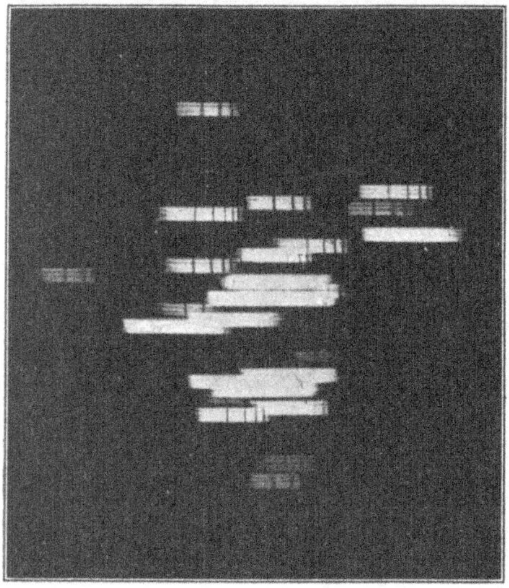

Abb. 132. Verbreitete mit Objektivprisma aufgenommene Spektra eines Sternhaufens.

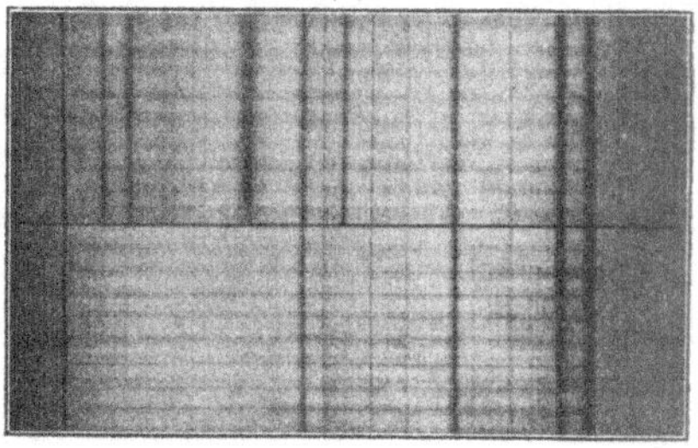

Abb. 133. Spektrum von α Can. min. mit und ohne Neodymfilter (nach R. W. Wood).

verbreitete Spektren im Laboratorium herstellen; bei Verwendung eines mangelhaften Uhrwerks für die Plattenbewegung erhalten aber die Aufnahmen dabei leicht eine streifige Struktur (Abb. 133).

Die Anbringung von Vergleichspektren ist beim Objektivprisma nicht gut möglich, und man hat es daher auf andere Weise versucht, hier wenigstens rohe Orientierungsmarken für die nachträglichen Messungen zu schaffen. Es geschieht dies durch Vorschalten von lichtdurchlässigen, nur einzelne eng begrenzte Spektralgebiete absorbierenden Filtern. R. W. Wood hat als besonders geeignet eine Lösung von Neodymchlorid vorgeschlagen, die in den Gang der Lichtstrahlen eingeschaltet, neben einer Anzahl breiter Absorptionen eine scharfe Linie bei λ 4272 erzeugt (Abb. 133). Eine weitere brauchbare Linie bei λ 5220 wird nur von orthochromatischen Platten erreicht, ist also für die üblichen Aufnahmen nicht geeignet. Die Anwendung des Neodymfilters ist bequem und gestattet wenigstens die Feststellung sehr großer Radialgeschwindigkeiten. Ein weiteres Verfahren, das zu dem gleichen Ziele führt, besteht in einer einfachen Drehung des Prismas um 180° in der Mitte der Aufnahme. Man erhält auf diese Weise Doppelspektra, deren Linienabstände den doppelten Radialeffekt enthalten und außerdem von dem Einfluß der Erd- und Sonnenbewegung im Raume frei sind. Trotz dieser Vorteile sind mit dem Objektivprisma bisher nur sehr wenige Radialgeschwindigkeiten bestimmt worden. Es liegt dies in erster Linie an der Schwierigkeit, wenn nicht Unmöglichkeit der Innehaltung einer bestimmten Instrumentaltemperatur während der Aufnahme. Durch thermische Einflüsse ändert sich aber nicht nur die Länge des Fernrohrs, sondern auch der Brechungsindex des Prismas. Bei steigender Temperatur werden die Spektra nach Violett, bei sinkender nach Rot verschoben. Nach Untersuchungen von G. Müller kommen dabei schon für 1° Temperaturunterschied Änderungen in Frage, die in der Nähe der violetten $H\gamma$-Linie einer Radialbewegung bis zu rund 25 km entsprechen können.

Die Sternspektrographen. Die photographische Summierung von Lichteindrücken im Laufe der Zeit ergibt bei Aufnahmen der Sternspektra einen derartigen Vorteil, daß man in vielen Fällen einen Teil desselben zugunsten einer erhöhten Bildschärfe und größerer Meßgenauigkeit opfern kann. Auf dieser Grundlage sind die Spaltspektrographen gebaut, bei denen das optische System aus Spalt, Kollimator, ein bis drei Prismen und der photographischen Platte besteht. Eine besondere Schwierigkeit entsteht aber dadurch, daß das Bild des zu untersuchenden Gestirns während einer längeren Zeit genau auf dem Spalt des Spektrographen gehalten werden muß. Es gibt hierzu verschiedene Methoden, für die die parallaktische Aufstellung des Fernrohrs und seine Nachführung durch ein gut reguliertes Triebwerk natürlich unerläßlich sind; wie beim Objektivprisma die brechende Kante, so muß in diesem Falle der Spalt parallel zur täglichen Bewegung gestellt werden, da alsdann kleine Schwankungen im Uhrwerk den Stern nicht aus dem Gesichtsfelde bringen. Bei photographischen Aufnahmen mit Hilfe eines neuzeitlichen Doppelrefraktors kann nach genauer Orientierung der beiden Instrumente der Stern wie bei einer gewöhnlichen Himmelsaufnahme im Fadenkreuz des Leitrohrs gehalten werden, und man hat dann die Gewißheit, daß sein Licht in der Zwischenzeit auch ständig von dem Spalt aufgenommen worden ist. Bei Fernrohren ohne Leitrohr läßt man das von der vorderen Prismenfläche oder von den schräg angebrachten polierten Spaltbacken reflektierte und für das Spektrum selbst ohnehin verlorene Licht in ein kleines Fernrohr fallen, in dessen Brennebene der Spalt scharf abgebildet wird. Befindet sich der Stern am richtigen Ort, so sieht man ihn auch scharf zwischen den erleuchteten Spalthälften und kann nunmehr alle Abweichungen mit Hilfe der Feinbewegungen in der üblichen Weise korrigieren. Wegen der geringen Lichtstärke der reflektierten Bilder läßt sich dieses Verfahren nur bei hellen Objekten anwenden, ist dann aber sehr bequem und zuverlässig.

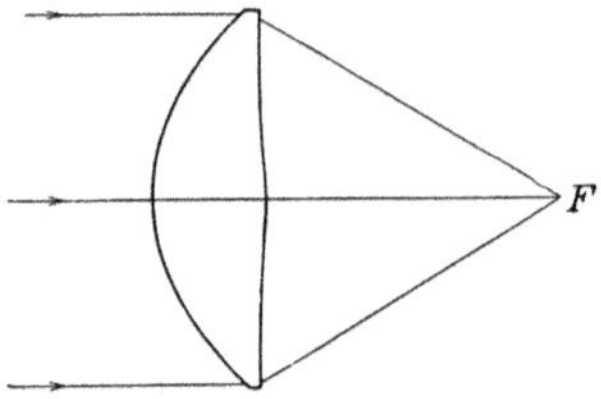

Abb. 134. Aberrationsfreie asphärische Linse großer Lichtstärke (nach O. H. Truman).

Fast alle Formen von Spektroskopen mit Ausnahme der unpräzisen geradsichtigen Typen lassen sich der photographischen Arbeit anpassen. Für neuzeitliche Sonnenbeobachtungen wird die Littrowsche Konstruktion mit Autokollimation (Abb. 126) gern verwendet, weil dabei ein Objektiv gespart wird und wegen des Rücklaufs der Strahlen dem ganzen Instrument eine sehr gedrungene Form gegeben werden kann. In dem gegenwärtigen Entwicklungszustand der Astrophysik, wobei die Hauptarbeit auf das große Feld der schwächeren Sterne und der Nebel gerichtet ist, bildet freilich die Lichtstärke eines Spektrographen das Hauptmoment, das beim Bau dieser Instrumente besonders sorgfältig berücksichtigt werden muß. Gelb gefärbte Gläser, mehrfache Linsensätze für die Objektive, schräger Strahleneinfall u. a. müssen streng vermieden werden, selbst wenn dies einmal auf Kosten der Bilddefinition geschehen sollte. Für Prismen und das Kollimatorobjektiv dürfte leichtes Barytflint vom identischen Brechungsindex am geeignesten sein. Als Kameraobjektive kommen in erster Linie gekittete Linsenpaare in Frage. Daß die Kollimator- und Kameraoptik keineswegs achromatisch zu sein braucht, ist schon einmal (S. 174) hervorgehoben worden. J. Hartmann, J. S. Plaskett und andere praktisch sehr erfahrene Astrophysiker haben gezeigt, daß man beim Innehalten bestimmter Bedingungen auch mit einfacher Optik sehr gute spektrographische Ergebnisse erzielen kann. Die in solchen Fällen erforderliche Schrägstellung der Platte hat natürlich bestimmte Grenzen, die nicht überschritten werden dürfen. Bei den Nebelflecken kann schon ein Lichtgewinn von einigen wenigen Prozenten so bedeutsam sein, daß die Konstruktion besonderer Spektrographen sich verlohnt. Die Kollimatorlinse kann dann durch sphärischen Schliff der ersten Prismenfläche ersetzt werden, das Kameraobjektiv durch einfache asphärische Linsen, die für ein kleines Feld in bezug auf monochromatische Aberration und Sinusbedingung korrigiert sind und bis zum Brennweitenverhältnis 1 : 1 hergestellt werden können. Den stark übertriebenen Umriß einer solchen Linse, deren Idee schon C. Huygens bekannt war, stellt Abb. 134 dar.

Die beste Ausführung der optischen Bestandteile eines Spektrographen gibt in der Anwendung doch unvollkommene Bilder, wenn während der oft stundenlangen Expositionen Änderungen irgendwelcher Art in der Apparatur auftreten. Sie bewirken eine allmähliche Verschiebung in der Lage des Spektrums auf der Platte und erzeugen verwaschene Linien, so daß die Reinheit und die Trennungsfähigkeit des Spektrums beeinträchtigt werden. Es können aber auch Verschiebungen des Sternspektrums gegen das meist nur während eines kurzen Moments exponierte Vergleichsspektrum auftreten, die systematische Veränderungen der abgeleiteten Wellenlängen verursachen und zu falschen Schlüssen führen können. Bei den modernen Spektrographen sind die Anforderungen an die Stabilität sehr hoch; es wird in dieser Beziehung verlangt, daß die schädlichen Verschiebungen in ihrer Endwirkung auf der Platte das Tausendstel des Millimeters keinesfalls übersteigen. Neben den rein mechanischen Veränderungen sind die durch Temperaturwechsel bedingten Verziehungen der einzelnen Spektrographenteile und Änderungen des Brechungskoeffizienten der Prismen zu beachten. Um Durchbiegungen zu vermeiden, müssen die Spektrographen sehr fest und starr gebaut sein. Die thermische Unveränderlichkeit läßt sich nur durch künstliche Heizung oder durch künstliche Abkühlung erreichen. Bei den in der letzten Zeit gebauten Spektrographen verwendet man elektrische Heizkästen nach Art der für biologische, botanische und andere Untersuchungen benutzten automatisch regulierten sog. Thermostaten. Ein dünnes gut verteiltes Drahtsystem mit großem spezifischem Widerstand wird durch einen elektrischen Strom auf eine bestimmte Temperatur gebracht. In den Stromkreis ist ein Thermometer nach Art der Abb. 135 eingeschaltet, wobei ein auf dem Quecksilber schwimmender Bügel mit einem anderen festen den Kontakt bildet. Steigt die Temperatur über einen bestimmten Grad hinaus, so wird der Schwimmer hochgehoben und die Zuleitung für kurze Zeit abgestellt, so daß nur ein ganz geringes Schwanken um einen vorher festgesetzten Wert stattfinden kann. Bei guten Thermostaten muß sich die Temperatur auch unter ungünstigen Bedingungen auf 0.1° innehalten lassen. Die noch hin und wieder gebräuchliche künstliche Abkühlung erfolgt mit den üblichen Verdunstungsmaschinen der Industrie unter Verwendung von wasserfreiem Ammoniak.

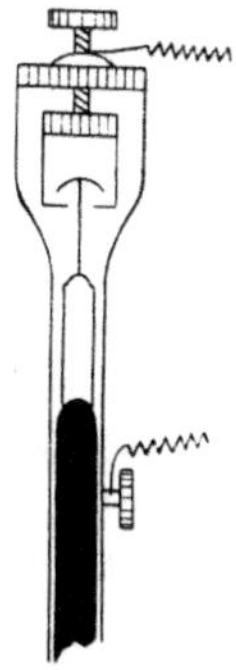

Abb. 135. Schematische Skizze einer thermostatischen Einrichtung.

Als Beispiel eines kräftig gebauten Sternspektrographen kann Abb. 136 dienen, die ein Instrument des Potsdamer Observatoriums darstellt. Der ganze Okularkopf des Refraktors wird abgenommen; seine Stelle nimmt ein starkes Gestell aus eisernen Platten ein, an dessen einem Ende die neigbare Kassette angebracht ist. Durch diese Bauart ist ein starres System hergestellt, das in sich keine merklichen Durchbiegungen mehr zeigt. Zum Halten der Sterne dient das kleine, oben im Bilde sichtbare Fernrohr, das das von der vorderen Prismenfläche reflektierte Sternlicht aufnimmt. Zur Erzeugung eines

Abb. 136. Einprismen-Spektrograph nach H. C. Vogel (Bamberg-Werk).

Vergleichsspektrums kann in etwa 40 cm Abstand vom Spalt im Fernrohrtubus eine Funkenstrecke eingeschaltet werden. Konstruktionen dieser Art werden wegen ihrer unbequemen Form heute fast nur noch bei kleinen Spektrographen verwendet. Bei größeren Instrumenten mit mehreren Prismen gibt man den Strahlen nach Möglichkeit eine Ablenkung von nahe 180°, so daß Kollimator und Kamera parallel zueinander verlaufen, und bringt den ganzen Apparat bei völligem Abschluß aller optischen Teile nach außen in einem Heizkasten unter.

Wohl die vollkommenste Montierung eines Spektrographen ist am 180 cm-Spiegel des Victoria-Observatoriums in Britisch Columbia verwendet (Abb. 137).

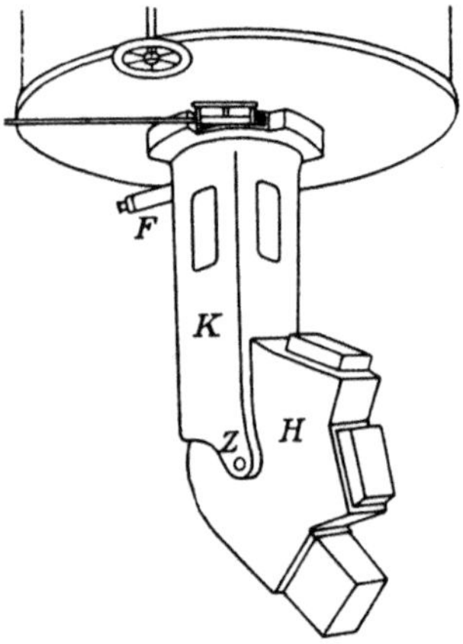

Abb. 137. Dreifacher Spektograph des Victoria-Observatoriums im Heizkasten.

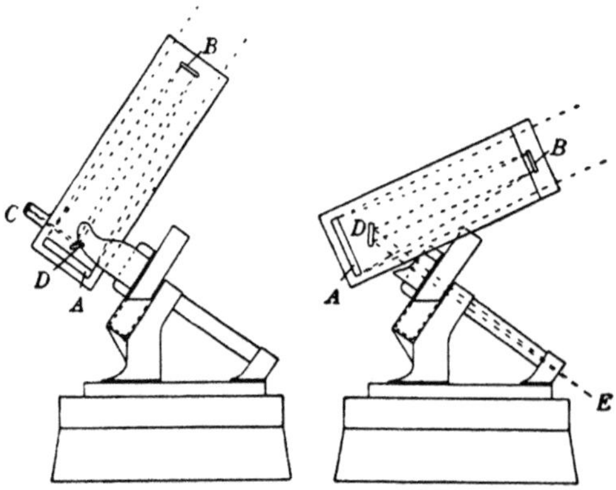

Abb. 138. Anwendungsformen des 152-cm Reflektors des Mt. Wilson-Observatoriums.

Spalt und Kollimatorteile sind hier fest am Okularende des Cassegrain-Reflektors angebracht und von einem soliden Metallbehälter *K* eingeschlossen. Die einzelnen Spektrographenkörper mit drei verschiedenen Dispersionen (1, 2 und 3 Prismen) sind in einem Stück gearbeitet, von einem Heizkasten *H* umgeben und so um einen Zapfen *Z* drehbar, daß sie je nach Bedarf rasch und sicher ausgewechselt werden können. Da ihre Drehachse durch den Schwerpunkt des Spektrographen geht, sind Durchbiegungen völlig ausgeschlossen. Mit dieser und einigen anderen ähnlichen Anordnungen hat man auch in der Sternspektroskopie den Refraktor, wenigstens für die Aufnahme der schwächsten Himmelsobjekte, verlassen und sich den Reflektoren zugewendet. Außer der einwandfreien chromatischen Vereinigung der Strahlen hat die weit größere Lichtstärke der Spiegel den Ausschlag gegeben. Denn es darf nicht außer Acht gelassen werden, daß in den Refraktoren nur ein verschwindend kleiner Bruchteil des einfallenden Lichtes zur Bilderzeugung benutzt wird. Erhält doch nach einer Berechnung von J. H. Moore die photographische Platte in einem großen, mit drei Prismen, einem zusammengesetzten Spalt- und einem ebensolchen Kameraobjektiv ausgestatteten Refraktor nur noch 2% des Lichtes, das in das freie Objektiv gelangt!

Für einzelne astrophysikalische Aufgaben, besonders solche an der Sonne, bleibt die Anbringung eines schweren Spektrographen an einem beweglichen Fernrohr doch nur ein Notbehelf, dem man nach Möglichkeit aus dem Wege geht. Die weitere Stufe der Vervollkommnung wäre in der Form gegeben, daß man das Fernrohr bzw. den Spiegel lediglich dazu benutzt, um das Licht eines Himmelskörpers in einen Raum zu reflektieren, in dem der Spektrograph eine feste, von keinen mechanischen oder thermischen Faktoren beeinflußte Aufstellung gefunden hat. Die letzte Einrichtung zeigt z. B. der 152 cm Ritchey-Spiegel des Mt. Wilson-Observatoriums (Abb. 138). Bei gewöhnlichen Spektralaufnahmen werden die Lichtstrahlen, die den Hauptspiegel konvergierend verlassen, durch einen kleinen hyperbolischen Fangspiegel *B* in der Tubusöffnung und durch einen Planspiegel *D* nach dem seitlichen Kollimatorrohr geleitet, passieren dann die drei Prismen *C*, um nach einer Ablenkung von 180° auf der Platte ein Spektrum zu entwerfen. Die Äquivalentbrennweite des Spiegelsystems beträgt in dieser Anordnung 24.4 m. Durch Verwendung entsprechender Konvex- bzw. Planspiegel in *B* und *D* ist aber auch die Möglichkeit geschaffen, die Lichtstrahlen durch die Polachse des Instruments in den Kellerraum zu leiten und hier in einem fest aufgestellten Spektrographen zu untersuchen, wobei eine Brennweite von 45.5 m erzielt wird. Diese Anordnung ist nach Aufstellung des 258 cm Hooker-Spiegels auf dem gleichen Institut in den Dimensionen noch wesentlich übertroffen worden.

Die Spektroheliographen. In einem vorangehenden Unterabschnitt dieses Kapitels ist das seit etwa 60 Jahren übliche Verfahren der Beobachtung von Sonnenprotuberanzen am Okular eines stark zerstreuenden Spektroskops geschildert worden. Die merkwürdigen Erscheinungen, die man außerhalb des Sonnenrandes nach und nach feststellte, ließen dabei schon recht frühzeitig den Gedanken aufkommen, ob es nicht möglich wäre, die Protuberanzen nach der gleichen Methode einzeln oder in ihrer Gesamtheit photographisch aufzunehmen. Das von J. Janssen 1869 konstruierte Spektrohelioskop mit zwei Spalten und einer verschiebbaren Kollimatorlinse (S. 180) hatte sich schon bei der visuellen Beobachtung nicht bewährt und kam daher für die neue Aufgabe nicht in Frage. Vier Jahre später gab C. Braun in Kalocsa die Idee zu einem ähnlichen Apparat bekannt, die auf der Herausblendung der photographisch besonders wirksamen und dabei doch noch gut sichtbaren blauen Wasserstofflinie $H\beta$ und ihrer Aufnahme über die ganze Sonne beruhte. Aber auch der Braunsche Gedanke, wie eine ähnliche selbständige Idee von O. Lohse haben zu keinem praktischen Erfolg geführt, in erster Stelle wohl deshalb, weil die $H\beta$-Linie für den vorliegenden Zweck zu diffus ist und selbst bei vollkommener Apparatur unscharfe Bilder liefert. Nun senden die Protuberanzen auch noch Strahlungen anderer Grundstoffe aus, insbesondere solche des ionisierten Kalziums, die in den zwei sehr breiten Absorptionslinien (H) und (K) im violetten Teil des Sonnenspektrums auftreten. Durch Herausblenden einer dieser kräftigen Linien und gleichmäßige Verschiebung von Sonnenbild und Kamera mußte es möglich sein, die Protuberanzen in ihrer Gesamtheit auch photographisch aufzunehmen. Die Verhältnisse liegen hier ausnahmsweise günstig; denn die gewählten Absorptionen sind so breit, daß ihre Trennung von dem benachbarten Spektrum keine Schwierigkeit bereitet, die in ihnen erhaltenen Bilder sehr scharf und gut begrenzt sind, und daß zur photographischen Aufnahme ein Teil des Spektrums benutzt wird, der in nächster Nähe der aktinisch wirksamsten Wellenlängen liegt (vgl. Abb. 89).

Nach längeren Versuchsreihen sind dann 1891 H. Deslandres in Meudon und in noch vollkommenerer Weise G. E. Hale am Kennwood-Observatorium in Amerika zu einer summarischen photographischen Abbildung nicht nur der Protuberanzen, sondern aller monochromatischen Erscheinungen neben und auf der Sonne gelangt, wodurch eine ganz neue sehr bedeutungsvolle Art der Sonnenphotographie geschaffen worden ist. Die automatisch wirkenden Apparate, die für diesen besonderen Zweck konstruiert worden sind, bezeichnet man als Spektroheliographen. Schon ehe ein solches Instrument konstruiert war, hatte Deslandres den Grundgedanken dadurch zur Anwendung gebracht, daß er den Spalt eines gewöhnlichen Spektrographen Schritt für Schritt über das Sonnenbild führte und das photographische Aussehen der Kalziumlinie in einer großen Zahl von parallelen Schnittbildern bestimmte. Abb. 139 zeigt eine solche Aufnahme von 21 nebeneinanderliegenden Photosphärenelementen, Abb. 140 das aus diesem Verfahren resultierende Gesamtbild des äquatorialen Gebietes der Sonnenoberfläche. Auf der verhältnismäßig dunklen Scheibe erkennt man deutlich die hellen, an die sog. Fackeln erinnernden Emissionsgebiete, mit denen wir uns später noch eingehend beschäftigen werden.

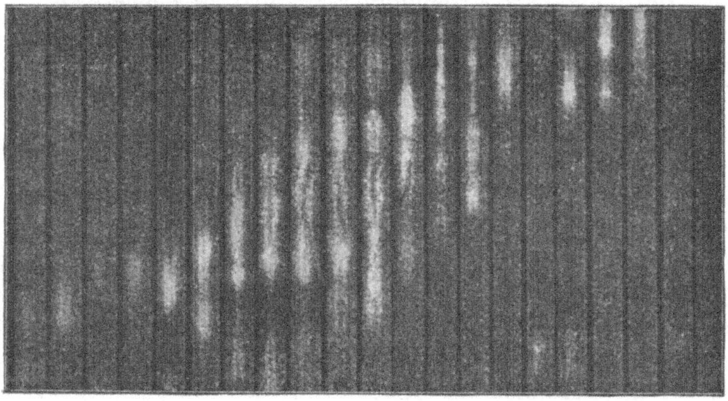

Abb. 139. Serienaufnahme der K-Linie des Sonnenspektrums über einem Teil der Photosphäre (nach H. Deslandres).

Es ist ohne weiteres klar, daß diese Aufnahmen, die dem Auge völlig unsichtbare Erscheinungen auf der Sonne zur bildlichen Darstellung brachten, die Konstruktion eines Apparates nahelegten, bei dem der Mechanismus völlig stetig arbeitete, bei dem also der Spalt des Spektrographen über die Sonne und die eingestellte Kalziumlinie gleichzeitig über die photographische Platte geführt wurden. Während DESLANDRES noch mit Versuchen in dieser Richtung beschäftigt war, gelang es unabhängig HALE mit einem gewöhnlichen Gitterspektrographen gleichmäßige, wenn auch noch stark verzerrte Spektroheliogramme herzustellen. In seiner endgültigen Form besteht der Halesche Spektroheliograph aus einem Spektralapparat, der an und für sich wenig von der gewöhnlichen Konstruktion abweicht. In der schematischen Darstellung seines Durchschnitts (Abb. 141) befindet sich bei S_1 der erste Spalt. Das eindringende Lichtbündel wird durch den Kollimator parallel gemacht und fällt

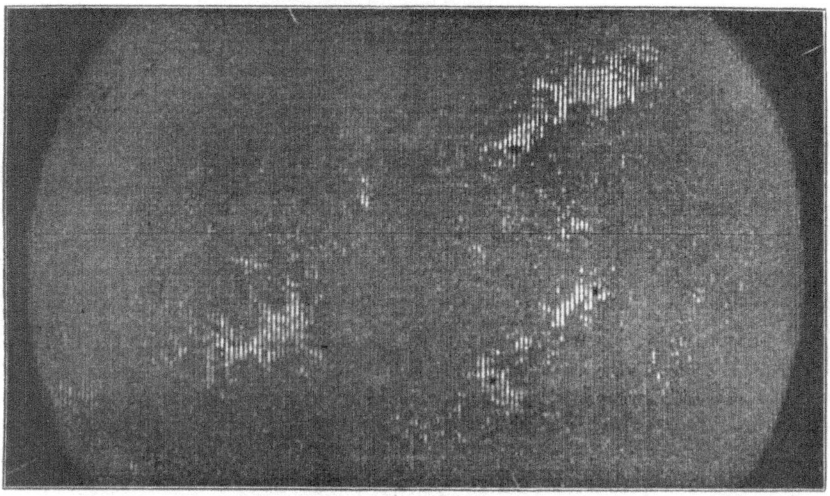

Abb. 140. Spektroheliogramm eines Teiles der Sonnenoberfläche (nach H. Deslandres).

alsdann nach zwei Reflexionen R_1 und R_2 auf das Gitter G. Von hier aus wird das reflektierte Spektrum durch das Objektiv des Kamerafernrohrs auf einen Metallschirm projiziert, der die fest mit dem Fernrohr verbundene Platte verdeckt und einen feinen Spalt S_2 von der gekrümmten Form der zu benutzenden Spektrallinie trägt. Dieser Schirm ist mikrometrisch verschiebbar und kann so gestellt werden, daß er genau mit einer Absorptionslinie, z. B. (K) koinzidiert. Dann ist alles Licht der Sonne bis auf die dunkelviolette Strahlung dieser Linie abgeschnitten. Diese ist damit vollkommen isoliert und kann nur noch allein auf die lichtempfindliche Schicht wirken. Durch den Refraktor wird nun der Sonnenrand auf den Spalt des Kollimators scharf projiziert und der ganze Apparat kontinuierlich durch ein Uhrwerk oder durch einen konstanten Zug sowohl an der Sonne wie an der photographischen Platte vorbeigeführt. Bei fester Fernrohrlage erfolgt die Bewegung heute durch Elektromotoren. Daneben hat sich ein ebenfalls von HALE konstruierter Wasserstrahlregulator bewährt, bei dem der Kolben des Mechanismus durch den konstanten

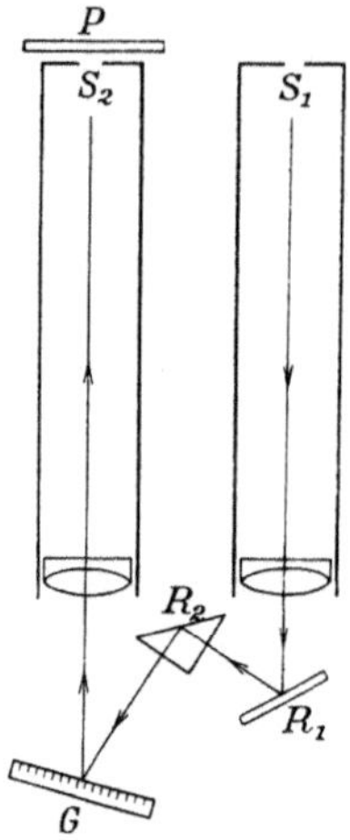

Abb. 141. Schema des Haleschen Spektroheliographen.

Druck einer zylindrischen Flüssigkeitssäule betätigt wird. Die treibende Kraft bildet dabei ein Gewicht, das das Wasser von dem einen Ende des Zylinders durch eine Hahnöffnung auf die andere Seite des Kolbens preßt. Bei sorgfältiger Ausführung und Justierung erhält man mit diesem Instrument sehr gleichmäßige monochromatische Sonnenbilder. Für die Protuberanzen, die sich weniger deutlich vom Himmelshintergrunde abheben, wie etwa die leuchtenden Kalziumwolken von der Photosphäre, muß die Geschwindigkeit des Regulators stark vermindert werden. Um Solarisations- und Reflexerscheinungen vorzubeugen, wird auf dem ersten Spalt das Sonnenbild durch einen entsprechend geschnittenen kreisförmigen Schirm abgedeckt. Geschah etwa die Protuberanzenaufnahme zuerst, so kann das freie Mittelfeld noch zu einem Spektroheliogramm der Photosphäre benutzt werden, so daß man auf diese Weise ein einheitliches, wenn auch nicht streng gleichzeitiges Bild aller monochromatischen Vorgänge auf und neben der Sonne erhält.

Wegen der Dimensionen und des Gewichtes der neueren Spektroheliographen werden diese an den üblichen Refraktoren kaum noch verwendet. Sowohl in Meudon wie auf dem Mt. Wilson, wo regelmäßige Aufnahmen der Sonne in monochromatischem Licht ausgeführt werden, sind hierzu längere Zeit hindurch horizontal montierte Fernrohre in Gebrauch gewesen, die auf dem Prinzip der festen Heliographen (S. 117) beruhten. Während aber für die gewöhnlichen sehr kurzen Sonnenaufnahmen ein einfacher planer Spiegel ausreicht, muß hier die bei Zeitaufnahmen sehr störende Drehung des Bildes mit wachsendem Stundenwinkel noch beseitigt und die tägliche Bewegung der Sphäre durch ein Uhrwerk kompensiert werden. Es geschieht dies nach einer Angabe von G. Lippmann durch einen sog. Zölostaten, d. h. durch einen Hauptspiegel mit Uhrwerk, dessen Ebene ständig die Polarrichtung einschließt, also nur eine Drehung um die Weltachse zuläßt, und durch einen kipp- und drehbaren Hilfsspiegel, der das Lichtbündel aufnimmt und in das Fernrohr reflektiert. Beide Spiegel müssen vollkommen plan und durch starke Metallfassungen möglichst gegen Temperaturveränderungen geschützt sein. In Abb. 142 ist der Gang der Lichtstrahlen für einen horizontalen Reflektor veranschaulicht. Z ist der Zölostatenspiegel, (R) der Hilfsspiegel, R der sphärische Spiegel, der in B ein Bild erzeugt. Bei dieser, von Finsternisexpeditionen her beliebten Anordnung erfolgt die Unterbringung der optischen Teile nebst Nebenapparaten in langen gedeckten Bahnen.

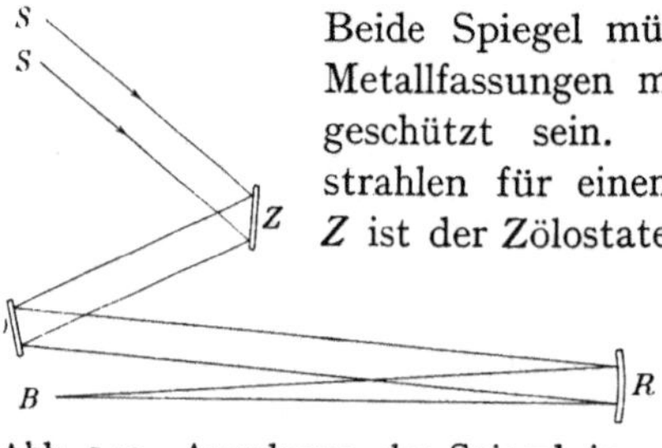

Abb. 142. Anordnung der Spiegel in einem horizontalen Reflektor.

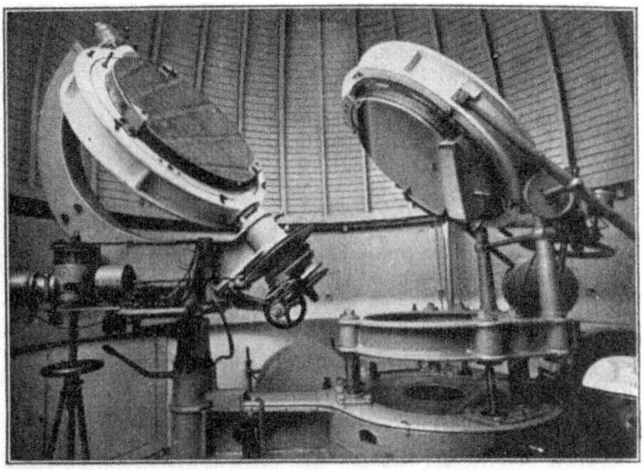

Abb. 143. Zölostatenspiegel des Einstein-Observatoriums.

Vor einigen Jahren ist HALE bei seinen Sonnenaufnahmen wieder zum Refraktorprinzip zurückgekehrt und zwar in der vertikalen Lage der optischen Achse. Bei diesen sog. Turmfernrohren sind die Spiegel (Abb. 143) in einer hochragenden Kuppel untergebracht; das von ihnen in senkrechter Richtung reflektierte Strahlenbündel passiert das Objektiv und wird in der horizontalen Brennebene zu einem Sonnenbild vereinigt, das hier in unveränderlicher Lage visuell, photographisch oder spektroheliographisch untersucht werden kann. Erschütterungen der 20 bzw. 50 m hohen Türme des Mt. Wilson sind dadurch vermieden, daß das Gerüst der eigentlichen Fernrohrmontierung mit einem freien Schutzmantel umschlossen ist, der alle Bewegungen der Luft auffängt. Bei dem Einstein-Turm des Potsdamer Observatoriums, der gleichfalls ein vertikales Fernrohr in der amerikanischen Anordnung der Spiegel und Linsen enthält (Abb. 144) ist die Erschütterungsgefahr durch eine Holzmontierung und massiven Umbau vermieden.

Die Ausmessung der Spektra. Die Endaufgabe einer jeden spektrographischen Aufnahme beruht in der Ableitung der Wellenlänge von Spektrallinien. Soweit es sich um Prismensysteme handelt, sind dabei nur relative Messungen möglich, d. h. Anschlüsse unbekannter Linien an solche, deren Wellenlänge in physikalischen Laboratorien nach einem absoluten Verfahren (S. 200) mit der erforderlichen Genauigkeit bestimmt worden ist. Man könnte meinen, daß bei der im allgemeinen geringen Dispersion der astronomischen Spektrographen in dieser Beziehung die Anforderungen der Himmelskunde nicht besonders hoch sein können, und doch ist es schon wiederholt vorgekommen, daß vereinzelte, im Laboratorium mangelhaft bestimmte Wellenlängen zu astronomischen Fehlschlüssen Anlaß gegeben haben. Für die genauesten Messungen an Sternspektren ist unbedingt eine Genauigkeit von $\pm$ 0.01 *AE* erforderlich. Nur einige wenige Elemente sind ihrer Linienlage nach mit dieser Schärfe bestimmt. Außerdem kommt es vor, daß in den Sternspektren zuweilen Elemente und deren Verbindungen auftreten, die nur für den Astronomen wichtig, für den Physiker dagegen nur von untergeordneter Bedeutung sind. Durch Begründung des mit dem Mt. Wilson-Observatorium verbundenen physikalischen, insbesondere spektrographischen Laboratoriums in Pasadena und des Einstein-Observatoriums

Abb. 144. Einstein-Turm des Potsdamer Observatoriums.

in Potsdam (Abb. 144) ist dieser Mißstand zum großen Teil aufgehoben, indem dort gerade diejenigen Elemente und Verbindungen unter den verschiedenartigsten spektralen Anregungsbedingungen untersucht werden, die für die laufenden astrophysikalischen Arbeiten besondere Wichtigkeit haben. Die sonstigen spektroskopischen Untersuchungen am Himmel können auf der großen Zahl von Wellenlängentafeln aufgebaut werden, die in Sammelwerken zur Verfügung stehen. Besonders bekannte Tabellen der Bogen- bzw. Funkenspektra haben F. Exner und E. Haschek, H. Kayser und C. Runge, E. Hasselberg, F. Paschen u. a. zusammengestellt. Abbildungen von typischen Spektren der Grundstoffe und ihrer Verbindungen findet man in den Atlanten von J. M. Eder und E. Valenta[1]), A. Hagenbach, H. Konen u. a.

Die visuellen Linienmessungen am Fernrohr, wie sie früher üblich waren, ließen sich durch eine mikrometrische Drehung des Beobachtungsfernrohrs erzielen. Auch Okularmikrometer mit besonderen Fadeneinrichtungen waren im Gebrauch. Die letzten Messungen dieser Art wurden noch vor etwa 30 Jahren in mühsamer Arbeit angestellt, sind aber seitdem durch das viel zuverlässigere photographische Verfahren vollständig verdrängt worden. Während man bei der visuellen Beobachtung über eine bestimmte Dispersion nicht gehen durfte, weil sonst die Lichtstärke sehr nachließ, kann bei langen photographischen Aufnahmen die Zerstreuung viel weiter getrieben werden, ganz abgesehen davon, daß sich dabei noch Gebiete auf der Platte abbilden, die auf die Netzhaut des Auges nicht mehr einwirken.

Da die Grundlagen der Vermessung photographischer Platten bereits ausführlicher behandelt worden sind (S. 123ff.), so genügen über die übliche Auswertung von Spektralnegativen einige wenige Bemerkungen. Die Anordnung der Messungen ist ohne weiteres klar. Statt des reellen Bildes im Brennpunkte des Beobachtungsfernrohrs wird das Negativ unter den Meßapparat gebracht und die Lage der Linien mikrometrisch bestimmt. Die einfachste Vorrichtung besteht bei kurzen Bildern aus einem gewöhnlichen Mikroskop, das mit einem Okularfadenmikrometer versehen ist. Bei längeren Spektren

---

[1]) J. M. Eder und E. Valenta, Atlas typischer Spektren. Wien 1911.

verwendet man am besten einen gewöhnlichen Längenkomparator, bei dem die auf einem Schlitten gelagerte Platte unter dem Mikroskop durch ein Mikrometergewinde in meßbarer Weise verschoben wird. Daß eine jede für Spektralmessungen benutzte Schraube besonders geprüft und auf fortschreitende wie periodische Fehler sorgfältig untersucht sein muß, ist selbstverständlich.

Wie bekannt, fallen alle Arten von Messungen bis zu einer gewissen unteren Grenze um so genauer aus, je kleiner die zu bestimmenden Abstände sind, weil dann auch alle Fehler, die durch Temperaturschwankungen, Durchbiegungen der Meßapparate usw. entstehen, nur mit kleinen Beträgen in die Ergebnisse eingehen. Diese Erfahrung läßt sich auch auf spektroskopische Messungen in dem

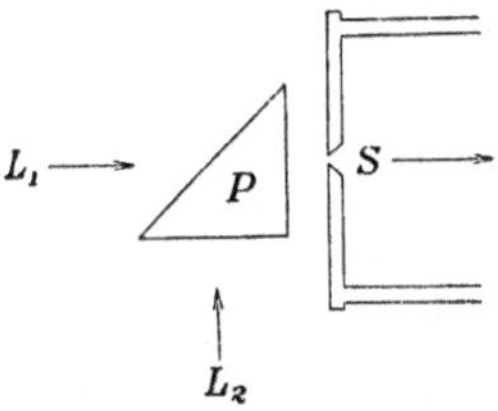

Abb. 145. Spektrographenspalt mit Vergleichsprisma.

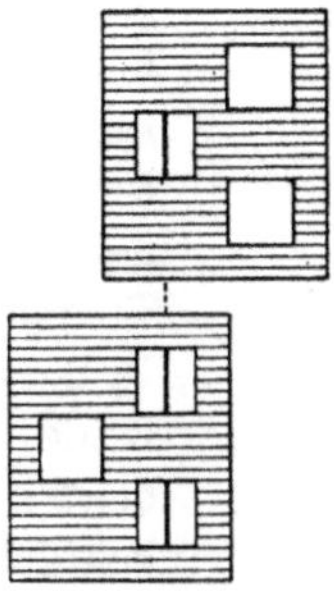
Abb. 146. Schiebeblende für Vergleichsspektren.

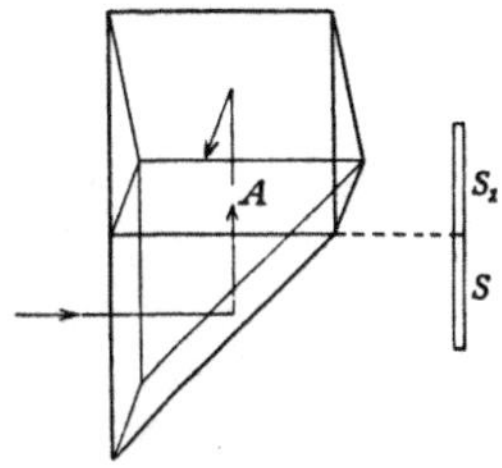

Abb. 147. Doppelprisma für Vergleichsspektren nach A. Crova.

Sinne anwenden, daß man unmittelbar neben dem zu untersuchenden Spektrum ein anderes abbildet, dessen Linien bekannt sind, und nur die Distanzen der unbekannten Linien von den bekannten des Vergleichsspektrums mißt. Wählt man dazu eine besonders linienreiche Strahlung, z. B. Eisen (Abb. 101), so hat man stets in unmittelbarer Nachbarschaft der unbekannten Linien eine bekannte. Bei visuellen Beobachtungen erzeugt man das Vergleichsspektrum neben dem unbekannten am einfachsten dadurch, daß man die Vergleichslichtquelle seitlich vom Spalt *S* anbringt, vor den oberen oder unteren Teil desselben aber ein kleines total reflektierendes Prisma *P* setzt, durch das das Vergleichslicht ins Spektroskop eingeführt wird (Abb. 145). Bei photographischen Aufnahmen wird der Spalt verhältnismäßig lang gewählt und durch Schiebeblenden in drei Teile geteilt. In Abb. 146 ist die Stellung einer solchen Blende bei Aufnahme des Hauptspektrums und der beiden Vergleichsspektra angedeutet. Da bei der vorgeschlagenen Anordnung (Vergleichsprisma und Blendenscheibe) zwischen den Spektren stets eine störende Trennungslinie entsteht, hat A. Crova vor beide Spalthälften S und S_1 je ein Prisma in der Anordnung der Abb. 147 gebracht. Das untere für die direkt betrachtete Lichtquelle bestimmte Prisma wirkt als planparallele Platte, während das obere das Vergleichslicht nach zweimaliger Reflexion nach dem Beobachter zu reflektiert. Werden die Prismen bei *A* verkittet, so verschwindet die Trennungslinie vollständg.

Recht häufig tritt an den Astronomen auch die Aufgabe heran, zwei oder mehrere zu verschiedenen Zeiten aufgenommene oder verschiedenen Sternen angehörende Spektra miteinander zu vergleichen. Das einfachste Verfahren beruht dann in der sinngemäßen Anwendung des schon bei der Photographie der Anschlußspektra befolgten Prinzips. Die beiden Negative N_1 und N_2 werden senkrecht zueinander aufgebaut und so orientiert, daß von dem Meßmikroskop aus N_1 direkt, N_2 dagegen durch Vermittlung eines total reflektierenden Prismas beobachtet werden kann. Die Beleuchtung der Platten läßt sich durch Einschaltung eines Widerstandes so regulieren, daß der geringe Reflexionsverlust im Prisma ausgeglichen wird und die beiden Spektra übereinander in gleichmäßiger Helligkeit erscheinen. Wird an Stelle des total reflektierenden Prismas ein diagonal durchschnittener auf der Hälfte der Trennungsfläche versilberter Würfel nach D. B. Brace gewählt (Abb. 115), so fällt wieder der lästige dunkle Strich zwischen den Spektren fort, wodurch die Genauigkeit der Vergleiche merklich erhöht wird. Nach dem geschilderten Prinzip ist auch der Spektrokomparator von J. Hartmann konstruiert (Abb. 148). Bei diesem Instrument werden die beiden zu vergleichenden Spektralaufnahmen durch ein sinnreich gebautes Mikroskop mit zwei Objektiven und mehreren Prismensystemen im Gesichtsfelde gleichzeitig betrachtet. Hier können sie ohne gegenseitige Störung mit Hilfe einer Mikrometerschraube randscharf über-, unter- und ineinander geschoben werden, bis die identischen Linien der Lage nach zusammenfallen.

Abb. 148. Spektrokomparator nach J. Hartmann.

Auf die störenden photographischen und physiologischen Fehler, die bereits auf S. 62, 81 u. 112 behandelt wurden und allen Aufnahmen eigen sind, ist bei der Vermessung von Spektren besonders zu achten. Im allgemeinen lassen sich ja Linien mikrometrisch weit sicherer einstellen als Punkte. Wenn trotzdem bei den Messungen recht erhebliche persönliche Abweichungen vorkommen, so liegt das hauptsächlich daran, daß auf dem Negativ die glasklaren Absorptionslinien des Sterns an die schwarzen Emissionslinien des Vergleichsspektrums anzuschließen sind. Dadurch entstehen Richtungsfehler, die am besten durch Wiederholung der Einstellungen in entgegengesetzter Lage der Platte beseitigt werden. Bei sehr eng stehenden Linien wird der Kostinski-Effekt zu Distanzfehlern Anlaß geben, während die Helligkeitsverteilung in breiten Emissionslinien durch den Eberhard-Effekt beeinträchtigt sein kann. Bei etwaiger besonderer

Schärfe der Absorptionen in den weniger brechbaren Gebieten wäre zu beachten, ob sie nicht dem größeren Auflösungsvermögen der gelben und roten Strahlen gegenüber den violetten zuzuschreiben ist.

Alle Messungen auf Spektrogrammen sind außerordentlich mühsam und anstrengend, und man hat daher nach Einrichtungen Umschau gehalten, die zur Erleichterung dieser Arbeit beitragen konnten. Nicht nur für diese, sondern auch für viele andere Beobachtungen auf detailreichen Negativen ist das schon von F. Exner und E. Haschek angewendete und neuerdings von F. Goos befürwortete Projektionsverfahren sehr zu empfehlen, bei dem das Negativ auf einen Schirm projiziert wird. Etwaige Meßvorrichtungen, also Fadenmikrometer, Glasskalen u. dgl. können dabei gleichfalls im Lichtbild beobachtet und angewendet werden. In beiden Fällen wird durch das normale Sehen mit beiden Augen und die weite Trennung der Linien die Arbeit wesentlich erleichtert und damit die Genauigkeit der Einstellungen erhöht. Die vollkommenste Art der Auswertung von Spektralaufnahmen bildet ihre Übertragung in photometrische Kurvenform, mit Hilfe der selbstregistrierenden Mikrophotometer nach P. P. Koch und F. Goos, auf die später (S. 238) noch näher eingegangen werden soll.

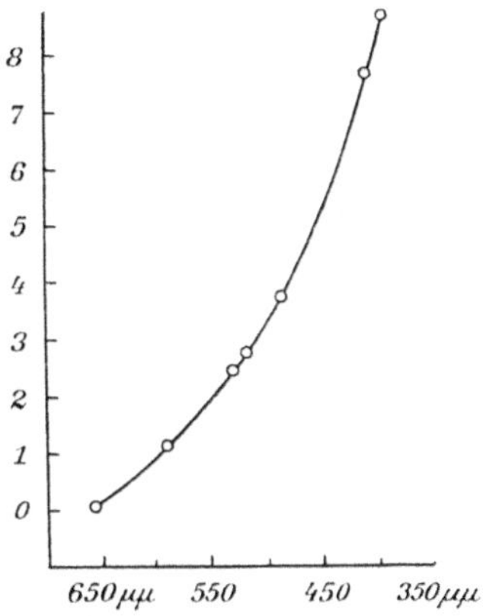

Abb. 149. Wellenlängenkurve eines Prismenspektrums.

Wie die Beobachtungen an Prismenspektroskopen und -Spektrographen auch angestellt sein mögen, stets ist es notwendig, die Linienabstände im Okular oder auf der photographischen Platte in die ganz anders verlaufende Wellenlängenskala umzurechnen. Sobald eine größere Anzahl von Linien bekannter Wellenlänge im Spektrum mitgemessen ist, lassen sich die Beziehungen graphisch oder rechnerisch feststellen. Ein sehr einfaches Beispiel einer graphischen Reduktion zeigt Abb. 149. Die Kurve beruht hier auf der groben Ausmessung eines 9 cm langen Sonnenspektrums mit einem Millimetermaßstabe nach Indentifizierung von 7 Linien bekannter Wellenlänge. Aus dem Diagramm kann zu jedem Abszissenwert, d. h. zu jeder Ablesung in mm die zugehörige Ordinate, d. h. die Wellenlänge, entnommen werden. Für wissenschaftliche Zwecke reicht eine so rohe graphische Ausgleichung natürlich nicht aus. Nun werden alle Erscheinungen der normalen und anomalen Dispersion durch das Ketteler-Helmholtzsche Gesetz dargestellt (S. 34). Abgesehen von seiner komplizierten Form ist es für astronomische Zwecke schon deshalb ungeeignet, weil die Bestimmung der erforderlichen Konstanten eine lange Reihe von Versuchen bedingt, die in keinem Verhältnis zu dem erstrebten Ziel stehen. Man verwendet daher zur Ableitung der Wellenlängen im prismatischen Spektrum empirische Dispersionsformeln. Es sind dies Interpolationsausdrücke, deren Konstanten für jedes Prisma bzw. für jedes

Spektroskop besonders abgeleitet werden müssen. Sehr einfach und doch in einem weiten Bereich gültig ist eine von J. Hartmann angegebene Formel[1]), welche die in Abb. 149 dargestellte Kurve als Hyperbelzweig auffaßt. Bezeichnet man die Skalendifferenz, d. h. den Abstand zweier Linien in einer willkürlichen Einheit mit $e - e_0$, mit λ_0 die Wellenlänge der Anschlußlinie, mit c eine Instrumentalkonstante, so ist in genügender Näherung

$$\lambda = \lambda_0 + \frac{c}{e - e_0}$$

Die Konstante c muß für jedes größere Instrument aus einer größeren Anzahl von Linien bekannter Wellenlänge nach der Methode der kleinsten Quadrate abgeleitet werden. Die Kurve ist ein geometrischer, die Formel ein analytischer Ausdruck der Tatsache, daß die Wellenlängen der Prismenspektra im Gegensatz zu den Gitterspektren (S. 198f.) nicht proportional den linearen Distanzen verlaufen, sondern so, daß die roten Teile wesentlich stärker zusammengedrängt sind als die violetten. Für besondere Zwecke lassen sich wohl Prismensysteme mit fast normaler, dem Gitter entsprechender Dispersion herstellen, ihrer allgemeinen Verwendung steht aber die Beschränkung auf bestimmte Stoffe, Brechungsindizes usw. im Wege.

Gitter- und Interferometerspektra. Die bisher besprochenen Spektralapparate dienen ohne Ausnahme der Aufgabe, die Wellenlängen unbekannter Linien durch Anschluß an einige bekannte Emissionen zu ermitteln. Es muß also einmal für mindestens eine Spektrallinie der absolute Betrag der Wellenlänge physikalisch abgeleitet sein. Die Verfahren, nach denen dies geschehen kann, beruhen auf den Gesetzen der Beugung bzw. der Interferenz der Lichtwellen, die wir bereits im einzelnen kennengelernt haben. Die praktische Anwendung der gefundenen Gesetzmäßigkeiten soll den Gegenstand der nächsten Zeilen bilden.

Das geeignetste Instrument zu Erzeugung von Beugungsspektren ist das Gitter. Da seine Dispersion um so größer wird, je enger die Spalte zusammenstehen, müssen die Striche nicht nur in mikroskopisch kleinen Abständen nebeneinander liegen, sondern auch so sauber und regelmäßig ausgeführt sein, daß die Intervalle tatsächlich als konstant angenommen werden dürfen. Die ersten Gitter hat J. Fraunhofer aus feinem Draht hergestellt. Dann ging man dazu über, sie durch Einreißen von engen parallelen Strichen auf einer ebenen Glasplatte auszuführen. Die durch den Diamant gezogenen Furchen lassen kein Licht mit geregeltem Strahlengange durch, so daß die freien Glasstellen den Spalten entsprechen. Bei den Beugungsspektren, die durch diese Gitter im durchfallenden Licht erzeugt werden, kommt insgesamt nur etwa $\frac{1}{3}$ der einfallenden Strahlung zur Wirkung, sie können daher nur zur Untersuchung sehr heller Lichtquellen wie Sonne, Laboratoriumslicht u. dgl. benutzt werden. Der Amerikaner L. M. Rutherfurd hatte indessen schon gefunden, daß die Spektra

[1]) J. Hartmann, Über eine einfache Interpolationsformel für das prismatische Spektrum. Publ. Astrophys. Obs. Potsdam Bd. 12, 1902.

sehr viel heller werden, wenn man als Träger der Striche an Stelle des durchsichtigen Glases reflektierende Metallflächen verwendet. In der Folgezeit haben die von H. A. ROWLAND mit besonderen Teilmaschinen hergestellten Gitter auf poliertem Spiegelmetall eine besondere Berühmtheit erlangt. Die engsten enthielten bis zu 17000 Linien auf 1 cm und gaben so lichtstarke Spektren bei vorzüglicher Schärfe der Linien, daß sie bei allen Aufgaben, die nur mit kräftiger Dispersion gelöst werden können, die Prismen vollständig verdrängt haben. Von der Größenordnung der Spalte dieser Metallgitter erhält man eine ungefähre Vorstellung, wenn man bedenkt, daß ihre Breite etwa der Wellenlänge der gelben (D)-Linie entspricht. Angesichts der Vervollkommnung der Schrauben und der Teilvorrichtungen sind die ROWLANDschen Leistungen in der Neuzeit in bezug auf die Gleichmäßigkeit der Gitterstriche noch übertroffen worden, doch geht man dabei meist über 5000 Linien auf 1 cm nicht hinaus. Die Herstellung von Glasgittern hat damit vollkommen aufgehört. Wo solche für dioptrische Versuche noch gebraucht werden, liegt ein guter Ersatz in durchsichtigen Gitterkopien vor. Sie werden in der Weise hergestellt, daß auf das mit feinstem Uhrenöl eingefettete Metalloriginal eine dünne Schicht gelöstes Zelluloid oder besser Kollodium gegossen, und das dünne Häutchen nach dem Trocknen und Abziehen auf eine plane Glasplatte übertragen wird. Die Befestigung erfolgt mit einer Lösung aus Glyzerin und Gelatine.

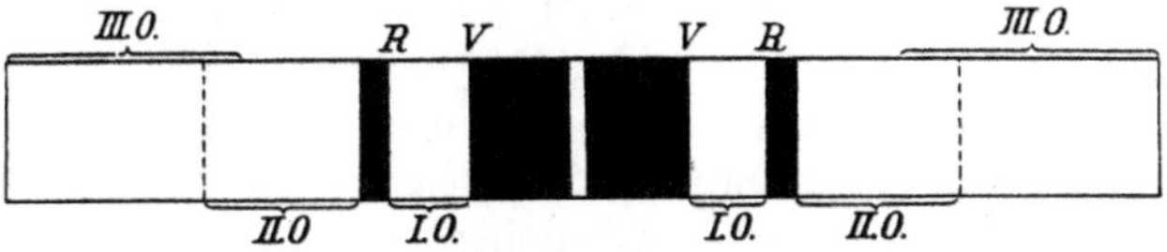

Abb. 150. Lage der Gitterspektra I., II. und III. Ordnung zum ungebeugten Mittelbild.

Bei einem idealen Gitter ergibt sich das photometrische Verhältnis zwischen dem einfallenden weißen Licht und dem ungebeugten Mittelbild aus theoretischen Betrachtungen über die Amplitude der Schwingungen und ihre quadratische Beziehung zur Intensität (S. 3), das Helligkeitsverhältnis der einzelnen Spektren zum Mittelbild aus der analytischen Summierung aller Schwingungsamplituden, die zur Entstehung des betreffenden Spektrums beitragen. Hieraus folgt, daß die Gesamthelligkeit der Gitterspektren annähernd proportional der dritten Potenz der Ordnungszahl abnimmt, also gleich 1, $\frac{1}{8}$, $\frac{1}{27}$, $\frac{1}{64}$ usw. gesetzt werden kann. Zu dieser sehr starken Lichtabnahme kommt noch hinzu, daß die Spektra höherer Ordnung durch die gegenseitige Überlagerung bald für die Betrachtung, und erst recht für jede Art von Messung unbrauchbar werden (Abb. 150).

Schon einzelne Rowlandsche Gitter zeigten die Merkwürdigkeit, daß die Spektra auf der einen Seite des Spaltbildes heller waren als auf der anderen, ja, daß das Spektrum einer höheren Ordnung zuweilen heller erschien als das einer niedrigeren. Die theoretische Untersuchung hat gelehrt, daß diese Anomalien nur von der Gestalt der Furchen, also von der Gestalt der Diamantspitze, abhängen. Durch besondere Berechnung der Stichelform ist es später gelungen, Gitter herzustellen, die auf Wunsch in der dritten oder vierten Ordnung der einen Seite die größte Helligkeit geben, hier evtl. nur ein bestimmtes Spektralgebiet besonders intensiv reflektieren usw. Ein weiterer wichtiger Fortschritt wurde dadurch erzielt, daß es gelang, die Gitter nicht bloß auf ebenen, sondern auch auf konkaven, schwach sphärisch gekrümmten Spiegelflächen herzustellen. Man erhält auf diese Weise reelle Spektralbilder ohne jegliche Zwischenschaltung von Linsen, die ja stets ultraviolettes Licht absorbieren und chromatische Fehler zeigen. Zur Konstruktion eines Gitterspektrographen genügt daher heute ein Spalt, das Konkavgitter und die photographische Platte. Durch Absorption und Reflexion findet fast kein Lichtverlust statt, und man kann daher die Spektra bis sehr weit ins Ultraviolett hinein aufnehmen. Mit der Gitterstruktur dieser Konkavflächen ist übrigens ein starker Astigmatismus der Bilder verbunden, der in diesem Falle zufällig sehr günstig wirkt. Ist z. B. die Lichtquelle punktförmig, so erscheint das entstehende Spektrum nicht fadenförmig sondern verbreitert. Ebenso verschwinden aus der gleichen Ursache die Staublinien vollständig, wodurch die Spektra ein schöneres Aussehen gewinnen. Als ein besonderes Meisterwerk muß das von H. A. ROWLAND mittels eines Konkavgitters vor 40 Jahren hergestellte photographische Sonnenspektrum bezeichnet werden, das bei einer Länge von 13 m zwischen λ 6953 und λ 2967 etwa 20000 Linien enthält.[1])

Bei dem großen Maßstab der Beugungsspektren müssen alle Mängel der Apparatur, insbesondere die Teilfehler der Gitter sorgfältig in Rechnung gezogen werden. Die Theorie dieser Fehler ist aber recht verwickelt und unübersichtlich. Die störendste Wirkung ungleichmäßiger Strichabstände besteht in der Erzeugung von Falschbildern oder sog. „Geistern“ in der Nähe von intensiven Emissionen, die vollkommen echten Linien gleichen; bei näherem Zusehen sind sie als Trugerscheinungen daran zu erkennen, daß sie in allen Spektralordnungen den gleichen Abstand haben.

Die Theorie der Beugung lehrt, daß die Ablenkung der Strahlen durch ein Gitter in sehr einfacher Beziehung zu der Wellenlänge und zu der Distanz der Gitterstriche steht. Bezeichnet man mit e die Gitterkonstante, d. h. die Distanz der einzelnen Spalte voneinander, gemessen in derselben Einheit wie die Wellenlänge λ, mit N die Ordnungszahl des Spektrums, mit α den Einfallswinkel und mit ϑ den Winkel zwischen dem einfallenden und dem gebeugten Strahl, so ist

$$N\lambda = e\,(\sin\alpha + \sin\vartheta)$$

Bei dem Konkavgitter fällt das Licht senkrecht ein; der Einfallswinkel α ist in diesem Falle $= 0^0$, so daß

$$N\lambda = e\sin\vartheta$$

wird. Die Gleichung ist identisch mit der Bedingungsformel für die Entstehung dunkler Interferenzstreifen bei einem Spalt (S. 60). Da N und e konstante

[1]) H. A. ROWLAND, Photographic map of the solar spectrum. New York 1886.

Größen sind, so ist demnach λ proportional $\sin\vartheta$, m. a. W. proportional dem linearen Maßstab des Spektrums. Dieses Gesetz ist zunächst deswegen wichtig, weil es die Reduktion der Messungen, mag es sich um Wellenlängen von Linien oder um Intensitäten bestimmter Strahlungsgebiete handeln, gegenüber dem Prismenspektrum wesentlich erleichtert und vereinfacht. Weiter enthält es aber auch einen Weg zur Ableitung von absoluten Wellenlängen aus den Größen e, N und ϑ. Da das Produkt $N\lambda$ für jeden Winkel ϑ konstant ist, so ist λ der I. Ordnung mit $\frac{1}{2}\lambda$ der II., mit $\frac{1}{3}\lambda$ der III. Ordnung identisch usw. Hieraus folgt ein besonders einfaches Koinzidenzverfahren für die Bestimmung der Lage unbekannter Linien. Ist nämlich in dem Spektrum einer bestimmten Ordnung eine Wellenlänge sicher bekannt, so kann man durch ihr Zusammenfallen mit anderen Linien benachbarter Ordnungen allmählich einen Grundstock von Anschlußwerten für das ganze Spektrum ableiten, und schließlich die dazwischenliegenden Messungen linear zwischen diese Normalwellenlängen hineininterpolieren.

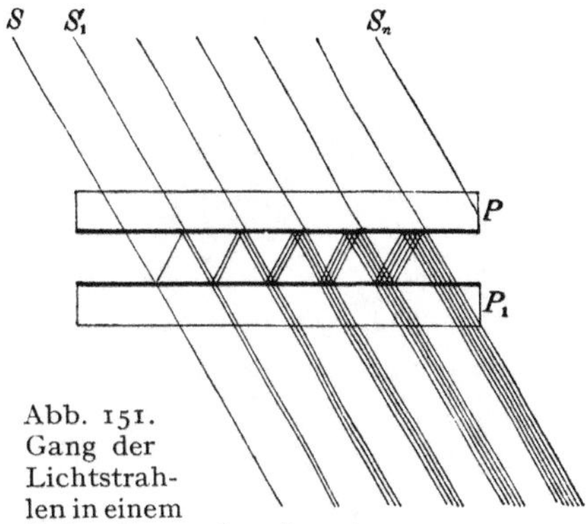

Abb. 151. Gang der Lichtstrahlen in einem Fabry-Perotschen Interferometer.

Alle Bestimmungen dieser Art werden heute auf den Wert einer international vereinbarten Wellenlänge bezogen, die dementsprechend besonders genau gemessen sein muß. Zu derartigen fundamentalen Beobachtungen eignen sich besonders Instrumente, die auf Interferenzerscheinungen in parallelen Luftschichten aufgebaut sind. Das beste und am häufigsten angewendete Verfahren ist von C. Fabry und A. Perot angegeben und zu einem im Prinzip sehr einfachen Interferometer ausgebaut worden. Zwei ebene, etwa durch Kathodenzerstäubung dünn versilberte, für Ultraviolettmessungen auch vernickelte Glas- oder Quarzflächen werden in einem gewissen sehr geringen Abstande streng parallel zueinander justiert (Abb. 151), so daß zwischen ihnen eine dünne Luftschicht verbleibt. Die Genauigkeit der Ergebnisse hängt wesentlich von der Schärfe der Parallelstellung der beiden Platten ab, wofür besonders empfindliche Einrichtungen vorgesehen sind. Bei einfacheren Instrumenten kann die Trennung durch drei gleichartige Drahtstückchen, Plättchen aus Nickelstahl u. a. erfolgen. Ein schräg zwischen die beiden Flächen einfallender monochromatischer Lichtstrahl S dringt teilweise durch die Versilberung in den Luftraum hinein, und wird nun abwechselnd von den Flächen reflektiert. Dabei interferiert er mit den ursprünglichen Strahlen S_1, S_2, ... S_n, so daß in einem senkrecht zu der Luftplatte stehenden Beobachtungsfernrohr kreisförmige Interferenzringe sichtbar werden. Handelt es sich um das monochromatische Licht einer Linie, so entstehen schmale, in der betreffenden Farbe leuchtende Kreise, die durch breite dunkle Zwischenräume getrennt sind (Abb. 152). Jeder Ring ist durch eine bestimmte Interferenzordnung gekennzeichnet, deren Folge nach außen hin sich durch die allmähliche Abnahme der Zwischenräume bemerkbar macht. Der Durchmesser der Interferenzringe einer bestimmten Ordnung ist abhängig von der Dicke der Luftschicht e und der Wellenlänge λ der betreffenden Emission. In diesem Falle ist die Interferenzordnung N nach

$$N = \frac{2e \sin \vartheta}{\lambda}$$

zu berechnen, wobei, wie ohne weiteres ersichtlich, der Zähler der rechten Seite die Wegdifferenz zwischen dem direkten und dem zweimal zwischen den Platten reflektierten Strahl darstellt. Aus der Formel geht hervor, daß auch das Interferometer die Möglichkeit bietet, die Wellenlängenbestimmung auf der Messung von linearen Distanzen aufzubauen. In Spektren mit nahe beieinanderliegenden Emissionen muß ein Spalt verwendet werden, bei dem dann nur radiale Ausschnitte aus dem Ringsystem sichtbar werden. Bei Verwendung von zwei homogenen Lichtstrahlen verschiedener Wellenlänge und bei Änderung des Plattenabstandes entstehen periodische Koinzidenzen zwischen den Interferenzringen der beiden Systeme. Aus der Abzählung der Ringe und aus ihrem Zusammentreffen bzw. aus ihren Durchmessern läßt sich dann die Wellenlänge der benutzten Strahlung sehr genau berechnen. Andere, in ihrer Wirkungsweise ähnliche Apparate sind von A. A. Michelson, O. Lummer, E. Gehrke u. a. konstruiert worden. Die Messungsschärfe der interferometrischen Methoden übertrifft alle anderen Verfahren so beträchtlich, daß die absolute Wellenlängenbestimmung durch Diffraktionsgitter heute fast vollständig aufgegeben ist. Daß die Interferometer sich daneben auch zur genauesten Untersuchung der Struktur von Spektrallinien und für ähnliche Aufgaben besonders eignen, mag nur nebenbei erwähnt sein.

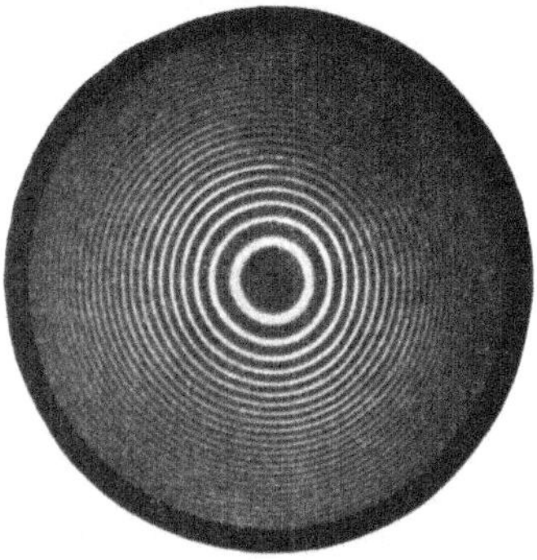

Abb. 152. Interferenzringe des grünen Quecksilberlichtes.

A. J. Ångström war der erste, der die Wellenlänge der Spektrallinien als Naturmaß erkannte und auf die Wichtigkeit ihrer genauen Bestimmung hinwies. Die von ihm und anderen mit Prismensystemen erhaltenen Werte hatten aber nur vorübergehende Bedeutung. Am längsten hat sich das den Sonnenlinien entlehnte Rowland-System gehalten, bei dem die Messungen sich auf die zu diesem Zweck besonders genau bestimmte Linie

$$(D_1) = \lambda\, 5896.156$$

gründeten. Die 13 Hauptlinien des Spektrums wurden nach dem Koinzidenzverfahren (S. 199) mit verschiedenen Gittern bestimmt und die übrigen an diese Normalen angeschlossen. Trotzdem z. T. sehr erhebliche Abstände mit der Schraube überbrückt werden mußten, ist das Rowland-System merkwürdig genau ausgefallen. Die absoluten Fehler betragen kaum 1 : 30000, die relativen nur 1 : 100000 der Wellenlänge. Ein stetiger Fehlerverlauf ist nicht vorhanden; die Linien im Gebiet Rot bis Grün sind im Mittel etwa um 0.23 *AE*, in Grün bis Violett um 0.16 *AE* zu groß gemessen, mit einzelnen stärkeren Abweichungen. Die Ansprüche an die Schärfe der Messungen sind seitdem erheblich gestiegen. Bei den neuen Normalen wird eine Genauigkeit von mindestens 1 : 1 Million, für den Fixpunkt des Systems etwa 1 : 10 Millionen verlangt. Soweit Arbeiten an der Sonne oder im Laboratorium in Frage kommen, darf höchstens ein Abschnitt von 50 *AE* zwischen den Anschlußlinien liegen. Die Grundlage des neuen sog. Internationalen Systems bildet die von A. A. Michelson, R. Benoit, A. Perot, C. Fabry u. a. durch direkte Vergleichung mit dem Normalmeter ermittelte Wellenlänge der überaus homogenen roten Kadmiumlinie

$$\lambda\, 6438.4696$$

die auf wenige Einheiten der letzten Stelle gesichert ist.[1])

IV. Die Photometrie.

7. Die photometrischen Theorien.

Die Photometrie hat die Aufgabe, das Verhältnis verschiedener Helligkeiten zahlenmäßig darzustellen. Dabei kann es sich um Punkt- oder um Flächenhelligkeiten handeln; weiterhin kann sich die Vergleichung auf weißes Licht beziehen oder auf mehr oder weniger eng begrenzte Gebiete des Spektrums. Die physikalische Photometrie ist kaum 150 Jahre alt, während die astronomische gleichzeitig mit dem ersten Ortskatalog der Fixsterne schon zur Zeit Hipparchs entstand; das Bedürfnis nach einer Unterscheidung der Sterne im Bereiche einer Konstellation führte ganz von selbst dazu, daß man sie in Helligkeitsstufen ordnete und nach einer Größenskala einschätzte. Fast zwei Jahrtausende hindurch blieben die Himmelsbeobachtungen auf dieser Stufe stehen. Ja, selbst dann, als J. H. Lambert um die Mitte des 18. Jahrhunderts die theoretische Photometrie in ihren allgemeinsten Zügen in geradezu mustergültiger Weise begründete, hat es noch lange Zeit gedauert, bis den Schätzungen am gestirnten Himmel Messungen folgten und der Sternphotometrie eine physikalische Grundlage gegeben wurde.[2])

Allgemeine Grundgesetze. Das menschliche Auge ist imstande, Unterschiede der Helligkeiten mit großer Schärfe aufzufassen, solange die Abweichungen innerhalb gewisser Grenzen liegen. Die obere Grenze ist durch beginnende Blendung gegeben, die auf der Netzhaut Nachbilder erzeugt und jede weitere Benutzung des Auges ausschließt. Sinkt umgekehrt das Licht unter einen

[1]) Kurze Zusammenstellung der Intern. Wellenlängen in F. Kohlrausch, Lehrbuch der raktischen Physik. Leipzig 1927.

p[2]) G. Müller, Photometrie der Gestirne. Leipzig 1897.

bestimmten kleinen Betrag, so vereitelt die physiologische Helligkeit des Augenhintergrundes das scharfe Sehen und Erkennen der Gegenstände. Wenn nichts anderes gesagt wird, soll für die folgenden Auseinandersetzungen die Annahme gelten, daß die Helligkeiten, die einer Messung unterzogen werden, von diesen beiden Grenzen, also von der Blendung und von der Reizschwelle der Netzhaut merklich entfernt liegen, daß es sich also um Lichteindrücke handelt, die das Auge bequem auffassen kann. Weiter soll vorausgesetzt werden, daß die Beobachtungen in direktem Sehen erfolgen, die Augenachse also stets senkrecht auf die leuchtende oder beleuchtete Fläche gerichtet ist.

Obgleich das Auge Helligkeitsunterschiede gut erkennen kann, entbehrt es doch jeder Meßeigenschaft, so daß das zahlenmäßige Abschätzen eines Helligkeitsverhältnisses stets mißlich ist. Man erkennt sofort, daß z. B. eine elektrische Bogenlampe sehr viel heller ist als eine Kerze, ob sie aber 100 oder 1000 mal intensiver leuchtet, entzieht sich unserer Beurteilung. Selbst wenn hier eine schärfere Schätzung möglich wäre, würde die selbsttätige Veränderung der Irisöffnung im Auge das Urteil verfälschen. Im Dunkeln und bei gut ausgeruhtem Auge besitzt die Pupille ihre größte Öffnung von etwa 8 mm. Gelangt nun Licht in das Auge, so wird durch die Reizung der Sehnerven reflektorisch der Irisdurchmesser verkleinert, und zwar um so mehr, je heller das eindringende Licht ist. Schon bei Lichtquellen von rund 1000 Kerzen Stärke geht die Iris auf einen Durchmesser von etwa 3 mm herunter, so daß dann nur noch rund der siebente Teil des Lichtes eindringt, wie bei einem Auge, das der Dunkelheit anpaßt ist. Da bei grellem Sonnenlicht die Öffnung bis auf 1 mm verkleinert werden kann, so wird der Kontrast in diesem Grenzfalle noch geringer und rein physiologisch um das 64fache vermindert. Daraus geht schon hervor, daß man größere Lichtunterschiede visuell überhaupt nicht messen darf, wenn nicht durch Wahl einer entsprechend kleinen Okularöffnung der Einfluß des wechselnden Pupillendurchmessers beseitigt wird.

In einem einzigen, ganz besonderen Falle kann das Auge einen Intensitätsunterschied sehr genau erkennen, nämlich dann, wenn die beiden zu vergleichenden Helligkeiten einander nahe gleich sind. Unter besonders günstigen Umständen ist dann die Gleichheit bis auf 1 % genau zu beurteilen, d. h. man kann dann noch eben erkennen, daß eine Fläche, deren Helligkeit 100 beträgt, etwas heller ist als eine andere mit der Helligkeit 99. Hier wird also tatsächlich das Auge zu einem Meßinstrument. Daraus folgt ein leitender Grundsatz der ganzen Photometrie, wonach die zur Messung von Helligkeitsverhältnissen dienenden Instrumente stets so eingerichtet sein müssen, daß in ihnen die verschiedene Helligkeit zweier Objekte durch eine physikalisch streng definierte Dämpfungsvorrichtung physiologisch gleich gemacht wird.

Die weiteren Bedingungen, unter denen die Gleichheit der Helligkeiten zuverlässig beurteilt werden kann, hat J. H. Lambert um 1760 aufgestellt. Sie beziehen sich auf die Gleichzeitigkeit der optischen Erscheinung, auf die Gleichheit der äußeren Bedingungen, die das Auge beeinflussen, und auf die Übereinstimmung der verglichenen leuchtenden Körper nach Größe, Form und Farbe. Zwischen der Betrachtung der beiden Objekte darf keine längere Zwischenzeit liegen, weil sonst keine Bürgschaft dafür geboten ist, daß das Auge in beiden Fällen die gleiche Empfindlichkeit zeigt, und weil unser Gedächtnis gerade für Helligkeitserinnerungen sehr trügerisch ist. Die beiden zu vergleichenden Objekte müssen also nach Möglichkeit mit einem Blick zu übersehen sein. Läßt sich das nicht streng erreichen, so muß jedenfalls der Abstand so klein sein, daß der Eindruck durch rasches Hin- und Hergehen des Auges sehr schnell erfaßt werden kann. Nicht immer wird es möglich sein, die Beobachtungen in einem völlig dunklen Raum vorzunehmen, oder so, daß das Gesichtsfeld nur die beiden zu vergleichenden Objekte auf dunklem, lichtlosem Grunde enthält. Bei photometrischen Messungen am Himmel hat z. B. das Feld, auf das sich die Sterne projizieren, stets eine merkliche Helligkeit. Auch ein mehr oder weniger erhellter Beobachtungsraum wird zuweilen nicht zu vermeiden sein. In allen diesen Fällen ist dann sorgfältig darauf zu achten, daß sowohl in bezug auf den Hintergrund als auch auf das Nebenlicht für alle Messungen absolute Gleichheit herrscht. Es ist also nicht statthaft, einen Stern, der dicht neben dem Monde steht, mit einem anderen weiter entfernten zu vergleichen oder etwa mitten in einer Beobachtungsreihe zwecks besserer Sicht schwacher Sterne die Beleuchtung des Arbeitsraums mehr als bei anderen helleren Objekten zu dämpfen. Daß der Sinn dieser Bestimmungen sich auch auf die Größe und die Form der verglichenen Lichtquellen bezieht, ist ohne weiteres klar. Es ist unmöglich, Helligkeitswerte richtig einzuschätzen, wenn es sich um eine kleine und um eine große Fläche handelt, oder wenn ein Kreis mit einem Dreieck, Viereck oder dgl. verglichen werden soll. Das erstrebenswerte Ziel einer jeden photometrischen Messung bleibt danach die Vergleichung zwischen zwei Objekten, die nach Hintergrund, Form und Größe vollständig miteinander übereinstimmen; es darf also nur Punkt mit Punkt, Linie mit Linie, Kreis mit gleich großem Kreis verglichen werden usw. Auch dann wird ein bequemes Messen nur erzielt, wenn dafür Sorge getragen wird, daß die zu vergleichenden Punkte, Linien und Flächen von derselben Färbung sind. Selbst wenn die Farbentöne sich nur wenig voneinander unterscheiden, wird die Beurteilung der Helligkeitsgleichheit sehr erschwert. Bei größeren Unterschieden wird sie fast unmöglich, und nur mit Hilfe besonderer Blinkvorrichtungen gelingt es einem geübten Auge, Farben, wie Rot und Blau, ihrem Helligkeitswert nach genähert einzuschätzen. Alle diese, die visuellen photometrischen Aufgaben sehr einschränkenden Bedingungen folgen aus den physiologischen Eigenschaften unseres Auges. Solange dieses aus der Photometrie nicht ausgeschaltet ist, müssen die aufgestellten Grundsätze für die Konstruktion der zu Lichtmessungen bestimmten Apparate streng maßgebend bleiben und wir werden daher noch oft auf die hier skizzierten Regeln zurückzugreifen haben.

In der Physiologie betrachtet man jede äußere Einwirkung auf die Sinnesorgane als einen Reiz, mit dem die Empfindung in einem gesetzmäßigen Zusammenhange steht, solange nicht bestimmte kleine und hohe Reizwerte überschritten werden. Durch zahlreiche Versuche ist festgestellt, daß bei allen sinnlichen Wahrnehmungen die Stärke der Empfindung keineswegs proportional mit der Stärke des Reizes, sondern viel langsamer wächst. Bezeichnet man die Empfindung E ganz allgemein als Funktion des Reizes R, so ist also die Funktion $E = f(R)$ mathematisch so beschaffen, daß E viel langsamer zunimmt als R. Der logarithmische Charakter dieser Funktion ist schon P. Bouguer, F. Arago und E. H. Weber bekannt gewesen. Auf die Astronomie hat sie erst G. T. Fechner 1858 angewendet. Hier hat das Gesetz allmählich eine so große Bedeutung gewonnen, daß man es heute allgemein nach Fechner zu benennen pflegt. Es besagt kurz, daß jede Empfindung proportional dem Logarithmus der Reizstärke wächst, oder mit anderen Worten: Wächst der Reiz in geometrischer Progression, so steigt die Empfindung in arithmetischer Folge. Beim Sehen ist die Stärke des Reizes durch die Intensität des ins Auge dringenden Lichtes gegeben. Bezeichnet man sie mit J, so lautet also das photometrische Reizempfindungsgesetz

$$E = c \log J$$

wo c eine konstante Zahl ist, die von den Versuchsbedingungen, z. B. von der Intensität und der Farbe des Lichtes abhängt. Demnach kommen im Auge nicht die Intensitäten zur Beurteilung, sondern ihre Logarithmen.

Fechner selbst hat schon darauf hingewiesen, daß das psychophysische Gesetz nur innerhalb bestimmter Grenzen gilt und bei sehr großen wie bei sehr kleinen Helligkeiten ungenau wird. Auf welche physiologischen Eigentümlichkeiten des Auges diese Abweichungen zurückzuführen sind, ist unbekannt. Wahrscheinlich liegt ein Einfluß des Eigenlichts der Netzhaut vor, das auch bei geschlossenem Auge niemals die Empfindung absoluter Dunkelheit aufkommen läßt. Die einfache logarithmische Gesetzmäßigkeit geht dadurch in dem Sinne verloren, daß sehr starke Helligkeiten zu schwach, sehr kleine zu groß geschätzt werden. Bei praktischen Arbeiten ist darauf wohl Rücksicht zu nehmen. Direkte Lichtvergleiche sollten jedenfalls nur bei bequemer Auffassung der Intensitäten angestellt werden und sich auf keine größeren Unterschiede als 1 : 30 oder 1 : 40 erstrecken, wenn es sich nicht ermöglichen läßt, alle Gleichheitsschätzungen bei nahe derselben physiologischen Helligkeit auszuführen.

Photometrische Einheiten. In der astronomischen Photometrie wird überwiegend von dem Begriff der Größenklasse Gebrauch gemacht. Diese Einheit steht mit dem Reizempfindungsgesetz in einer besonders einfachen Beziehung, die schon Fechner selbst klar erkannt und ausgesprochen hat. Bei näherer Betrachtung der alten Schätzungen der Helligkeiten am Himmel von Hipparch bis Argelander zeigt sich nämlich, daß die Einteilung der mit freiem Auge sichtbaren Sterne in sechs Größen unbewußt so erfolgt ist, daß die aufeinander folgenden Klassen nahe das Intensitätsverhältnis 2.5 besitzen, d. h. daß ein Stern zweiter Größe 2.5 mal schwächer ist als ein Stern erster Größe, ein Stern dritter Größe 6.25 mal schwächer usf. In der heutigen Himmelsphotometrie hält man sich streng an dieses Verhältnis und schließt die Skala bei irgendeiner Größenklasse an die Schätzungen an. Bezeichnet also Δm den Größenunterschied zweier Sterne, so wird allgemein ihr Helligkeitsverhältnis

$$\frac{J}{J_n} = 2.5^{\Delta m}$$

und umgekehrt
$$\Delta m = \frac{\log J - \log J_n}{0.398}$$

Beim Gebrauch der Beziehungen wird nach einem Vorschlage von N. Pogson der letzte Nenner auf 0.4 abgerundet, so daß die strengen Formeln zur Festsetzung einer physikalisch begründeten Skala für Sternhelligkeiten auf den Ausdrücken

$$\frac{J}{J_n} = 2.512^{\Delta m} \qquad \Delta m = \frac{\log J - \log J_n}{0.4}$$

beruhen. Der Größenunterschied ist damit definiert als die durch 0.4 dividierte Differenz der Helligkeitslogarithmen. Bei der Anwendung der Formeln ist zu beachten, daß die zunehmenden Ziffern der Größen abnehmenden Helligkeitswerten entsprechen, und daß zur Erweiterung der Skala nach den großen Intensitäten zu ein Übergang zur Größe Null und darüber hinaus zu negativen Ziffern erforderlich wird.

Neben diesen relativen Sternhelligkeiten, die nach den angegebenen Regeln bereits für eine große Zahl von Himmelsobjekten festgelegt sind, erfordern manche astrophysikalischen Aufgaben eine Bezugnahme auf photometrische Einheiten, die auf terrestrischen Lichtquellen beruhen. Dabei ist es notwendig, zwecks Ausschaltung jeder Willkür ein physikalisches Maß zu verwenden, also eine Lichtquelle, die sich auf Grund ihrer physikalischen Eigenschaften immer wieder genau herstellen läßt.[1]) Es ist klar, daß dazu nur selbstleuchtende Körper geeignet sind, und damit ergeben sich sogleich Schwierigkeiten. Sie liegen zunächst in der Färbung der verschiedenen Lichtquellen. Nach dem Wienschen Gesetz befindet sich ja bei geringeren Temperaturen das Maximum der Strahlung im roten Spektralgebiet und verschiebt sich mit wachsender Temperatur nach den kürzeren Wellen hin. Mit steigender Stromstärke wird z. B. eine Bogenlampe immer weißer und es ist dann kaum möglich, ihre Helligkeit in Einheiten einer gelben Kerze mit der erforderlichen Genauigkeit auszudrücken. Diese Farbenschwierigkeiten lassen sich, wenn man nicht zu der viel umständlicheren Spektralphotometrie seine Zuflucht nehmen will, nicht ganz überwinden. Dagegen muß natürlich an der größten Beständigkeit der Meßeinheit unbedingt festgehalten werden. In dieser Beziehung ist daran zu erinnern, daß die Grenze der photometrischen Genauigkeit etwa bei 1% liegt; mindestens innerhalb dieses Wertes muß also die Helligkeit der Normalflamme konstant bleiben.

---

[1]) F. Uppenborn und B. Monasch, Lehrbuch d. Photometrie. München u. Berlin 1912. E. Liebenthal, Praktische Photometrie. Braunschweig 1907.

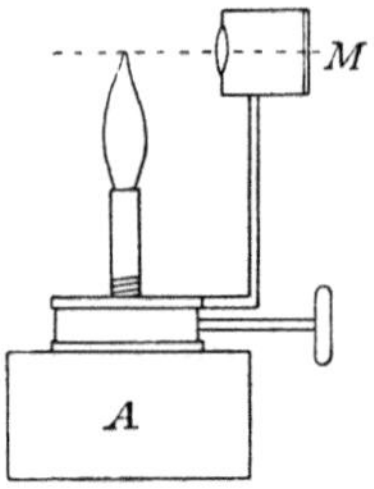

Abb. 153. Die Hefner-Altenecksche Normallampe.

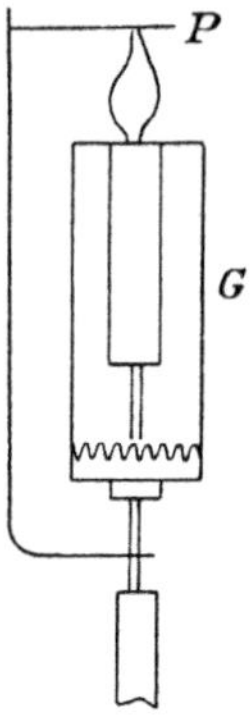

Abb. 154. Die einkerzige Harcourtsche Pentanlampe.

Von den verschiedenen Lichtnormalen, die im Laufe der Zeit eingeführt worden sind, hat sich besonders die leicht herstellbare Kerzeneinheit in allen Ländern eingebürgert. Bei vielen früheren Beobachtungen ist aber nicht angegeben, auf welche Art von Kerzen die Messungen bezogen sind. Bei wissenschaftlichen Ergebnissen darf man, soweit nichts anderes angegeben ist, meist annehmen, daß als Normalkerze der älteren Photometrie die englische Kerze aus Walrat gedient hat, die bei einer Flammenhöhe von 44.5 mm in der Stunde 7.77 g verbrauchte. Sind Abstände in Fußmaß angegeben, so sind sie nach dem Maßstabe 1 Fuß = 0.3048 m zu reduzieren. Die in Deutschland verwendete sog. Vereinskerze aus Paraffin und die französische Dezimalkerze (bougie dêcimale) waren wohl der Walratkerze angepaßt, aber in der Lichtwirkung mit ihr durchaus nicht identisch.

Die Kerzen sind wegen verschiedener Umstände, wie Verkohlen des Dochtes, Einfluß der Höhe des flüssigen Materials in der kraterartigen Grube am Flammenende usw. wenig zu sog. Normalen geeignet, und man hat sich schon frühzeitig nach einem zweckmäßigen Ersatz umgesehen. In Deutschland sind die Übelstände durch Einführung der von F. v. Hefner-Alteneck konstruierten Normallampe endgültig vermieden (Abb. 153). Hier gelangt Amylazetat, also ein flüssiges und chemisch genau definiertes Material zur Verwendung, und der Docht bewirkt nur die Zuführung des Brennstoffes, ohne selbst zu verkohlen. Die Flamme brennt aus einem Metallzylinder von 8 mm Durchmesser heraus; ihre Höhe kann durch Linsenprojektion auf eine geteilte Mattscheibe *M* stets kontrolliert und durch eine präzise Dochtverschiebung innegehalten werden. Bei diesen Verhältnissen entspricht die Hefner-Kerze, als Einheit der Lichtstärke mit *HK* bezeichnet, 0.9 englischen bzw. französischen Kerzen des alten

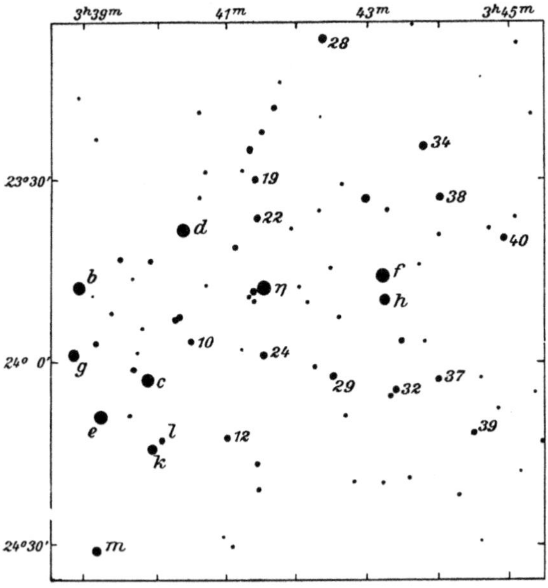

Abb. 155. Helle weiße Sterne in den Plejaden.

Typus und 0.83 ehemaligen Deutschen Vereinskerzen. Sie ist heute maßgebend für Deutschland, Österreich und die Schweiz. Frankreich, England und Amerika beziehen seit 1909 die photometrischen Angaben auf das Licht der Pentanlampe von V. HARCOURT, und zwar auf das ein- und zehnkerzige Modell. Die Standardkerze dieser Länder, auch Internationale Kerze genannt, entspricht jetzt 1.11 *HK*. Bei der einkerzigen Lampe (Abb. 154) wird ein Gasgemisch aus 26% Pentan und 74% Luft verwendet. Der Brenner liegt in der oberen Ebene eines Glaszylinders *G*. Dieser ruht auf einer Gallerie, durch deren Öffnungen Luft in die Höhe steigt, die Flamme umströmt und ein ruhiges Brennen derselben sichert. Der Hahn des Gasbehälters wird so weit geöffnet, bis die Flammenspitze den Platindraht *P* berührt.

Visuelle Fundamentalhelligkeiten weißer Sterne in den Plejaden.

Bez. nach Bessel	Ort 1900.0		Sp.	Gr.	N
η	3^h 41.5^m	+ 23.8°	B 5 p	2.914^m	7
f	43.2	+ 23.8	B 8	3.694	7
b	38.9	+ 23.8	B 5 p	3.736	7
c	39.9	+ 24.1	B 5	3.910	7
d	40.4	+ 23.6	B 5	4.210	7
e	3 39.3	+ 24.2	B 5	4.299	7
h	43.2	+ 23.8	B 8 p	5.077	7
28	42.4	+ 23.1	B 8	5.506	7
g	38.9	+ 24.0	B 5	5.517	7
m	39.2	+ 24.5	B 8	5.717	7
k	3 39.9	+ 24.2	B 8	5.833	6
34	43.8	+ 23.4	B 8	6.170	7
l	40.1	+ 24.2	B 9	6.487	6
32	43.4	+ 24.1	B 9	6.675	6
38	44.0	+ 23.5	B 9	6.804	7
12	3 41.0	+ 24.2	B 9	6.866	7
24	41.5	+ 24.0	B 9	6.893	7
20	42.5	+ 24.0	A 0	6.938	6
40	44.9	+ 23.7	A 0	6.970	7
19	41.4	+ 23.5	A 0	7.013	7
22	3 41.5	+ 23.6	B 9	7.257	7
10	40.5	+ 23.9	A 0	7.355	6
39	44.5	+ 24.2	A 2	7.462	5
37	44.0	+ 24.1	A 0	7.486	5

Bei allen Normalkerzen ist zu beachten, daß ihre Lichtstärke von der Luftzusammensetzung, insbesondere von dem Kohlensäuregehalt der Umgebung stark abhängig ist, was besonders bei ausgedehnten Laboratoriumsversuchen berücksichtigt werden muß. Die Hefner-Kerze erzeugt auf einer senkrechten Fläche in 1 m Abstand die Beleuchtung von 1 Lux, für die früher die Bezeichnung Meterkerze (*MK*) üblich war. Eine einfache Verknüpfung mit astronomischen Einheiten ist dadurch gegeben, daß ein Stern von der Größe Null eine Beleuchtung $2.1 \cdot 10^{-6}$ Lux gibt; daraus folgt, daß eine *HK* in 1 km Abstand nahe dem Glanz eines Stern 1. Größe entspricht, wenn man von der Luftextinktion und dem Purkinje-Effekt (S. 55) absieht. Unter derselben Voraussetzung gibt das Sonnenlicht im Zenit rund $1.5 \cdot 10^5$, der Vollmond 0.3 Lux.

Am Sternhimmel sind durch die zahlreichen Messungen der letzten Jahrzehnte einige Gegenden photometrisch so sicher festgelegt worden, daß abgesehen von Sonne und Mond ein Zurückgreifen auf terrestrische Einheiten für den Astronomen nicht mehr in Frage kommt. Ihrem Helligkeitswert nach besonders genau bestimmt sind die Sterne in der nächsten Umgebung des Nord- und Südpols und im Bereiche einzelner Eichfelder. Als solche kommt vor allem die Nachbarschaft von Veränderlichen und zerstreute Sternhaufen in Betracht. Unter den letzteren stehen als Prüffeld die Plejaden (Abb. 155) an erster Stelle, da ihre Hauptkomponenten rein weiß sind und sehr nahe den gleichen Spektraltypus (B bis A) haben. Die besten Messungen der helleren Plejadensterne sind in der Übersicht auf S. 207 zusammengefaßt, die 24 Helligkeiten zwischen 2.9^{m} und 7.5^{m} umfaßt. Wie die Anzahl N der herangezogenen Verzeichnisse andeutet, sind mindestens fünf Werte zu einem Mittel vereinigt worden. Der Nullpunkt ist auf das sog. Harvard-System bezogen.[1])

Aufgaben der theoretischen Photometrie. Wir haben bisher nur ganz allgemein von leuchtenden Körpern gesprochen, ohne über die Ursache ihrer Strahlung irgendeine Annahme zu machen. Für das Folgende ist nun genau zwischen selbstleuchtenden Objekten und beleuchteten, an sich dunklen Körpern zu unterscheiden. Bei der ersten Gruppe ist die Art des Leuchtens abhängig von dem chemischen und physikalischen Zustand, insbesondere von der Temperatur, während bei der zweiten die Oberflächenbeschaffenheit von besonderer Wichtigkeit ist. Die Stärke des von selbstleuchtenden Körpern ausgehenden und physikalisch von unseren Instrumenten erfaßbaren Lichtstroms soll, wie bisher, als Leuchtkraft oder Intensität bezeichnet werden, die auf einem dunklen Körper objektiv erzeugte Helligkeit dagegen als Beleuchtungsstärke oder Beleuchtung. Es muß darauf hingewiesen werden, daß die objektive Beleuchtung von so vielen Bedingungen abhängig ist, daß sie direkt nur an Ort und Stelle gemessen werden kann. Die Beleuchtung eines Elements der Erdoberfläche durch die Sonne ist also genau bestimmbar, diejenige des Mondes oder eines Planeten läßt sich dagegen nur unter mehr oder weniger wahrscheinlichen Voraussetzungen aus der scheinbaren Helligkeit ableiten. Diese ist im allgemeinen kleiner als die Beleuchtung, da sie nur dem Betrage des in der Richtung nach dem Auge hin reflektierten Lichtes entspricht.[2])

Ein ebenfalls sehr wichtiger und scharf zu beachtender Unterschied besteht zwischen der Gesamthelligkeit und der Flächenhelligkeit eines leuchtenden Objekts. Der Begriff der Flächenhelligkeit kann natürlich nur bei einem Körper in Frage kommen, der eine deutlich erkennbare Ausdehnung hat. Er entspricht dann der Intensität bzw. der Beleuchtungsstärke, die eine bestimmte Flächeneinheit des Körpers aussendet bzw. reflektiert. Der Unterschied in der Behandlung der Gesamt- und Flächenhelligkeiten beruht im Abstandsgesetz. Solange das Gesamtlicht in Frage kommt, werden alle Strahlungsverhältnisse von der quadratischen Entfernungsregel beherrscht, gleichgültig, ob es sich um

---

[1]) Für schwächere Sterne der Plejaden ist in erster Linie maßgebend: E. HERTZSPRUNG, Effective wavelengths of stars in the Plejades. Kopenhagen 1923.

[2]) G. MÜLLER, Photometrie der Gestirne. Leipzig 1897.

einen punktförmigen Fixstern oder um die flächenhafte Sonne handelt. Hieraus folgt aber, daß die Flächenhelligkeit diesem Gesetz nicht folgen kann. Würde uns z. B. die Sonne auf die Hälfte der jetzigen Entfernung näher gerückt, so würde ihre Gesamthelligkeit 4 mal so groß. Zugleich würde aber auch ihre Fläche auf das 4 fache anwachsen, an der durchschnittlichen Helligkeit eines Elements ihrer Scheibe bliebe somit alles ungeändert. Daraus ergibt sich der einfache Satz, daß die scheinbare Flächenhelligkeit von der Entfernung unabhängig ist. Das Gesetz gilt sowohl für selbstleuchtende, wie für erleuchtete Körper, muß also bei Sonne, Mond, Planeten und Nebelflecken stets im Auge behalten werden. Da bei zunehmendem Abstand schließlich jeder ausgedehnte leuchtende Körper für das Auge punktförmig wird, muß eine Grenze definiert sein, bei der der Begriff der Flächenhelligkeit verschwindet. Maßgebend hierfür ist die Struktur der Netzhaut im menschlichen Auge. Sobald die scheinbaren Durchmesser unter eine Bogenminute sinken, werden nur noch einzelne Zäpfchen bzw. Stäbchen der Netzhaut beeinflußt (S. 53f.); wir erblicken dann alle Gegenstände nur noch in Punktform, auf die lediglich der Begriff der Gesamthelligkeit anwendbar bleibt.

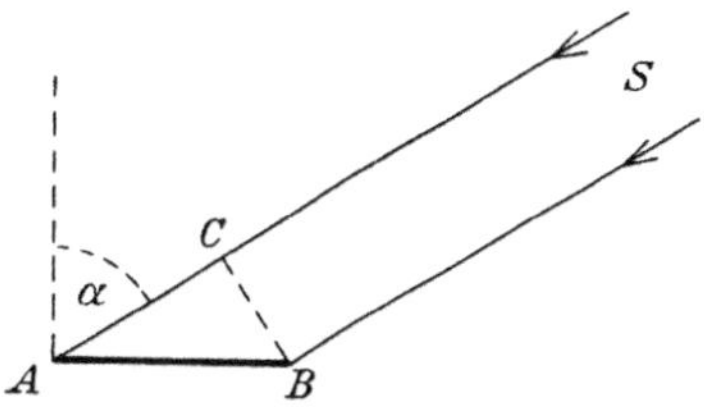

Abb. 156. Beleuchtung einer Fläche durch einen fernen Punkt.

Die Hauptaufgaben der Photometrie können als gelöst gelten, wenn es gelingt, drei Beziehungen theoretisch zu begründen und mit der Beobachtung in Einklang zu bringen: die objektive Beleuchtung einer Fläche durch einen leuchtenden Punkt, die objektive Beleuchtung einer Fläche durch eine beliebige andere, und die scheinbare Helligkeit einer Fläche in ihrer Abhängigkeit von der objektiven Beleuchtung. Lediglich die erste dieser Aufgaben ist streng zu lösen, während man im Falle der beiden anderen, insbesondere der dritten, sich mit Näherungsausdrücken begnügen muß, die nur dann praktischen Wert haben, wenn die ein- und austretenden Lichtstrahlen keine großen Neigungen gegen die bestrahlten Flächen aufweisen. Auch bei dieser Einschränkung bleiben im Falle der Planeten und Monde die Beziehungen noch sehr undurchsichtig und führen selbst durch umständliche mathematische Entwicklungen, denen hier nicht gefolgt werden kann, zu keinem befriedigenden Ziele.

Für die erste Aufgabe möge angenommen werden, daß es sich um eine bestrahlte Ebene handelt, die im Verhältnis zu ihrer Entfernung von dem leuchtenden Punkte sehr klein sein möge (Abb. 156). Die Beleuchtung ist dann von der Intensität J der Lichtquelle und vom Quadrat der Entfernung r abhängig und zwar dem ersten Wert direkt, dem zweiten umgekehrt proportional. Es ist aber nicht gleichgültig, welche Lage das Flächenstück AB zu der Richtung der Strahlen einnimmt. Würde man von B aus eine Ebene BC senkrecht zur Strahlenrichtung legen, so würde diese kleinere Fläche die gleiche Beleuchtung empfangen, wie AB. Ist α die Neigung der beiden Flächen gegeneinander, so ist

$$CB : AB = \cos\alpha$$

Ein Flächenelement von AB ist also im Verhältnis $\cos\alpha$ schwächer erleuchtet als ein solches von BC, man erhält somit für die Beleuchtung B einer kleinen ebenen Fläche durch einen fernen leuchtenden Punkt das Gesetz

$$B = \frac{J\cos\alpha}{r^2}$$

Wird die Fläche von mehreren leuchtenden Punkten bestrahlt, so addieren sich die Wirkungen in der Form

$$B = \frac{J_1\cos\alpha_1}{r_1^2} + \frac{J_2\cos\alpha_2}{r_2^2}$$

Der Winkel α ist hier wie bisher durch Strahlenrichtung und Flächennormale bestimmt, entspricht also in astronomischer Ausdrucksweise der Zenitdistanz der betrachteten Lichtquelle.

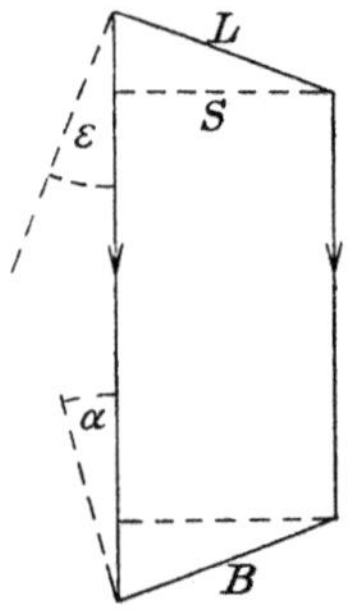

Abb. 157. Beleuchtung einer Fläche durch eine leuchtende andere.

Geht man von dem leuchtenden Punkt zu einer leuchtenden Fläche über, so könnte man sich die letztere zunächst als eine Summe von strahlenden Punkten vorstellen. Damit wäre die Aufgabe auf den ersten Fall zurückgeführt, da es sich alsdann nur um die Summation der von vielen gleichhellen und in gleicher Richtung und Entfernung befindlichen Punkten ausgehenden Beleuchtungen handeln würde. Da bei beliebiger Veränderung der Lage der leuchtenden Fläche die Zahl der Punkte nicht verändert wird, so wäre sogar die Ausgangsrichtung der Strahlung völlig gleichgültig. Der Mathematiker L. Euler, der sich viel mit theoretischer Photometrie beschäftigt hat, versuchte diese Annahme auch tatsächlich seinen Untersuchungen zugrunde zu legen; sie entspricht aber durchaus nicht den Beobachtungen und muß als unzutreffend zurückgewiesen werden.

Schon J. H. Lambert hat diesen Fehler erkannt[1]) und eine andere Betrachtung über die vorliegende Aufgabe angestellt, der wir hier folgen wollen. In der Abb. 157 sei L die leuchtende, B die beleuchtete kleine Fläche. Von B aus gesehen, erscheint L von der Größe der senkrecht zur Strahlenrichtung gedachten kleineren Fläche S. Das Verhältnis $S:L$ ist wieder durch den Cosinus eines Winkels ε gegeben, der als Ausstrahlungs- oder Emanationswinkel bezeichnet werden soll, und durch die Neigung von S gegen L definiert ist. Für die Fläche B kommt wieder der Einfallswinkel α in Frage, man kann also annehmen, daß im vorliegenden Falle

$$B = \frac{J\cos\alpha\cos\varepsilon}{r^2}$$

sein wird. Die Formel ist tatsächlich der Ausdruck des sog. Lambertschen Satzes der allgemeinen Photometrie. Seine Gültigkeit hat erst 100 Jahre später E. Lommel theoretisch abgeleitet, allerdings unter Beschränkung auf völlig undurchsichtige Körper bzw. unendlich dicke Gasschichten. Wie man sieht, ist auch das Lambertsche Gesetz leicht verständlich und seiner Form nach sehr

---

[1]) E. Anding, Lamberts Photometrie. Ostwalds Klassiker. Leipzig 1892.

einfach. Sein Ansatz geht jedoch zunächst von unendlich kleinen Flächen aus und der Übergang von den kleinen Ebenen auf beliebig große, womöglich gekrümmte Flächen bietet so viele mathematische Schwierigkeiten, daß ihre Überwindung erst für einige wenige ganz bestimmte Fälle geglückt ist.

Wenn schon die Berechnung der Beleuchtung eines Körpers durch einen anderen auf Hindernisse stößt, so ist leicht einzusehen, daß dies bei der dritten Fundamentalaufgabe der Photometrie, die sich mit der scheinbaren Helligkeit, also mit der nach irgendeiner Richtung reflektierten Lichtmenge beschäftigt, erst recht der Fall sein muß. Das geht soweit, daß selbst die Theorie der einfachsten Schattenwirkung geometrischer Körper, also die Grundlage, auf der die körperliche Auffassung aller irdischen Gegenstände beruht, noch ein ungelöstes Problem darstellt, obwohl hier die physikalischen Eigenschaften der Oberflächen bis ins kleinste berücksichtigt werden können. Bei den außerirdischen Weltkörpern sind wir bezüglich ihrer Beschaffenheit auf Annahmen angewiesen, denen zweifellos viele Fehler anhaften. Stellen wir uns z. B. vor, ein beleuchteter Planet sei absolut schwarz, so wird er die gesamte Strahlungsenergie absorbieren und in Wärme umsetzen. Selbst bei einer sehr intensiven Beleuchtung bleibt er also unsichtbar. Das gleiche würde aber auch eintreten, wenn er absolut durchsichtig wäre. Ein Planet mit spiegelnder Oberfläche würde dagegen alles Licht reflektieren und im Glanze der Ausgangslichtquelle erscheinen. Gewiß kommen derartige Grenzfälle im Planetensystem nicht vor. Es vermag aber niemand auzugeben, welche von den angenommenen Bedingungen in jedem Einzelfalle das Übergewicht besitzt. Selbst bei anscheinend so klaren Verhältnissen, wie sie die rauhe Mondoberfläche bietet, tritt zu der vorwiegend diffusen Reflexion zweifellos noch Spiegelung hinzu. Außerdem muß bei allen Stoffen angenommen werden, daß ein Teil der Strahlung nicht von der äußeren Oberfläche, sondern aus einer gewissen Tiefe kommt, bzw. beim Auffallen auf einen anderen Körper wie bei einem durchsichtigen Stoff ein wenig in die Oberfläche eindringt und dann erst reflektiert wird. In beiden Fällen tritt offenbar eine gewisse Absorption ein, die unbedingt berücksichtigt werden muß. Daß diese Vorstellung richtig ist, zeigt der Umstand, daß nur durch diese Annahmen über den Ursprung der Strahlung E. Lommel imstande gewesen ist, für das Lambertsche Gesetz einen theoretischen Beweis zu liefern. Obwohl man also über die Vorgänge, die bei den Beleuchtungserscheinungen mitwirken, durchaus im klaren ist, ist es bisher nicht geglückt, die verwickelten Beziehungen mathematisch so zu erfassen, daß ein streng gültiges, von einigen wenigen Konstanten abhängiges Gesetz für rauhe Körper, wie sie in der Natur beobachtet werden, zustande gekommen wäre. Trotz aller Mühe, die auf die theoretische Entwicklung und Begründung der Beleuchtungsgesetze verwendet worden ist, muß leider gesagt werden, daß die aufgestellten Beziehungen den tatsächlichen Verhältnissen auch nicht entfernt Rechnung tragen und bei ihrer Anwendung am Himmel nur allzu häufig vollständig versagen.

Emanationsgesetz und Albedo. Das Ergebnis der Lambertschen Untersuchungen darf man dahin zusammenfassen, daß unter Annahme einer vollkommen diffus ausstrahlenden Oberfläche die Beleuchtung derselben von dem Cosinus des Emanationswinkels ε, dem Kosinus des Einfallswinkels α, dem Quadrat der Entfernung r und von der Größe der strahlenden bzw. beleuchteten Fläche abhängt. Eine Erweiterung dieses sog. Emanationsgesetzes auf die bei jeder Beleuchtung mitwirkenden Spiegelungserscheinungen ist bis jetzt vollkommen mißglückt, dagegen haben E. Lommel und H. v. Seeliger es versucht, wenigstens die Absorptionskoeffizienten der leuchtenden und reflektierenden Flächen in Rechnung zu ziehen. Bezeichnet man sie mit k und k', ihr Verhältnis mit l, so ist das reflektierte Licht

$$R = k \frac{\cos\alpha \cos\varepsilon}{\cos\alpha + l \cos\varepsilon}$$

Wenn auch das Lommel-Seeligersche Emanationsgesetz auf wesentlich richtigeren physikalischen Voraussetzungen beruht, als das Lambertsche, so hat es sich bei der praktischen Anwendung doch ebensowenig bewährt, wie der einfachere ältere Ausdruck. Bei kleinen Einfalls- und Emanationswinkeln entspricht es den beobachteten Daten recht gut, bei größeren versagt es wieder vollkommen. Es ist z. B. nicht möglich, mit Hilfe der Formel die Helligkeit einer stärkeren Mond- oder Planetenphase auf die volle Beleuchtung zu reduzieren, dagegen gelingt das sehr wohl, wenn es sich um Unterschiede von einigen wenigen Graden in α und ε handelt. Dabei ist es vorläufig kaum möglich, eine Richtung zu bezeichnen, in der eine strengere Lösung der Aufgabe zu erwarten ist. Soweit astronomische Anwendungen in Frage kommen, dürfte der zweckmäßigste Weg in einem möglichst strengen Anschluß der Theorie an die Erfahrung zu suchen sein, also ein genaues Studium so extremer Fälle, wie sie uns etwa die Venus und der Erdmond in ihren Lichtverhältnissen bieten. Die Größen α und ε können dann für jede Phase als bekannt vorausgesetzt werden; k und l wären aus den Beobachtungen für jeden Körper so abzuleiten, daß die Gleichung für ein möglichst großes Intervall der α- und ε-Werte erfüllt wird. Eingehendere Versuche in dieser Richtung hat E. Schoenberg unternommen und dabei z. B. für den Mond festgestellt, daß hier das Lommel-Seeligersche Gesetz nur dann erfüllt wird, wenn man den Koeffizienten l nicht als konstant, sondern als mit der Phase veränderlich annimmt.[1])

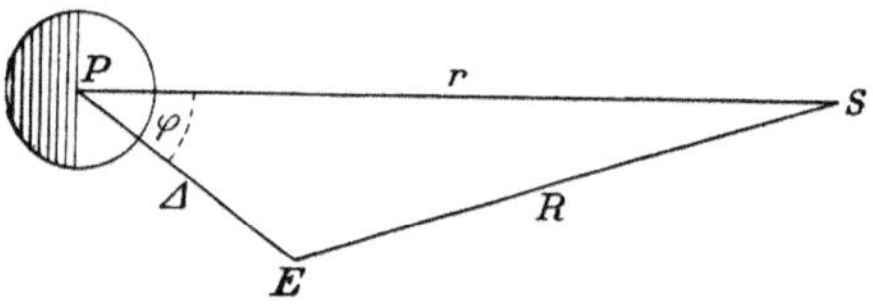

Abb. 158. Phasenwinkel einer erleuchteten Planetenkugel.

Bei der Anwendung des Emanationsgesetzes auf die Planeten und Monde werden die Berechnungen z. T. dadurch vereinfacht, daß bei den großen Entfernungen die Sonne mit genügender Annäherung als leuchtender Punkt und ihre

[1]) E. Schoenberg, Untersuchungen zur Theorie der Beleuchtung des Mondes. Helsingfors 1925.

Strahlen als parallel verlaufend angesehen werden können. In Abb. 158 sei S die Sonne, P der beleuchtete Planet, E der auf der Erde befindliche Beobachter. Die Entfernung des Planeten von der Sonne sei r und der Abstand der Erde von Sonne und Planet R bzw. Δ. Von E aus gesehen, erscheint ein Teil des Planeten erleuchtet, ein anderer dunkel. Denken wir uns einen Durchmesser des Planeten senkrecht zu Δ gezogen, so lehrt eine Betrachtung der Abbildung, daß der Winkel $SPE = \varphi$ genau so groß ist, wie der dem Beobachter zugekehrte nichtbeleuchtete Bogen der Kugel. Wäre z. B. der Winkel $\varphi = 60^0$, so würden von den 180^0 der ganzen uns zugekehrten Planetenscheibe 60^0 dunkel und 120^0 erleuchtet erscheinen. Man bezeichnet φ als den Phasenwinkel des Planeten. Setzt man

$$\sigma = \frac{R + \Delta + r}{2}$$

so wird

$$\operatorname{tg} \frac{\varphi}{2} = \sqrt{\frac{(\sigma - r)\,(\sigma - \Delta)}{\sigma\,(\sigma - R)}}$$

Volle Beleuchtung herrscht also beim Phasenwinkel $\varphi = 0^0$, während bei $\varphi = 180^0$ von dem betreffenden Himmelskörper nichts mehr sichtbar ist.

Albedowerte irdischer Gesteine bezogen auf Kreide.

Mineral	Farbe	Albedo
Kreide	reinweiß	1.00
Bimsstein	bläulichweiß	0.56
Steinsalz	weißgrau	0.44
Körn. Kalk	weißgrau	0.42
Granit	rötlichgrau	0.36
Gips	reingrau	0.34
Trachyt	gelblichgrau	0.30
Ton	gelblichgrau	0.24
Vesuvasche	bläulichgrau	0.19
Flußsand	gelbbraun	0.17
Syenit	rötlichgrau	0.13
Quarzporphyr	rotbraun	0.11
Trachytlava	reingrau	0.10
Diabas	grünschwarz	0.09
Obsidian	blauschwarz	0.09
Basalt	dunkelgrau	0.06
Ätnalava	dunkelgrau	0.05

Handelt es sich darum, die scheinbare Helligkeit des Planeten zu berechnen, so sind zwei Aufgaben zu lösen; sie beziehen sich auf die Bestimmung der Beleuchtung der verschiedenen Teile der Planetenoberfläche und auf die Ermittelung des nach der Erde hin reflektierten Betrages der Strahlung. Die Beleuchtung ist abhängig vom Quadrat der Entfernung des Planeten von der Sonne, der reflektierte Betrag vom Quadrat des Planetenabstandes von der Erde. In allen Beleuchtungsformeln kommen also r^2 und Δ^2 im Nenner vor. Von diesen Faktoren abgesehen, hängt die scheinbare Helligkeit eines Körpers noch von dem Reflexionskoeffizienten seiner Oberfläche ab, der durch das Verhältnis zwischen der einfallenden und der zurückgeworfenen Strahlung gegeben ist. Bei rauhen Flächen kommt wieder nur der Betrag der diffusen Reflexion bei senkrechtem Einfall in Frage, den LAMBERT unter der Bezeichnung Albedo eingeführt hat. Die Albedo irdischer Körper ist für die Physik von geringer Bedeutung; astronomisch ist sie wichtig, da sie einen Vergleich mit der Albedo der Himmelskörper und damit Schlüsse auf deren physische Beschaffenheit gestattet. Aus diesem Grunde haben u. a. J. WILSING und J. SCHEINER[1]) eine größere

[1]) J. WILSING und J. SCHEINER, Vergleichende spektralphotom. Beob. am Monde und an Gesteinen. Publ. d. Astroph. Obs. Potsdam. Bd. 20, 1909.

Anzahl von Gesteinen auf ihre diffuse Reflexion hin genauer untersucht. Die hier im Auszuge mitgeteilten Ergebnisse beziehen sich auf die weiße Kreide als Einheit. Da Kreide nur etwa 80 bis 90 % des auffallenden Lichtes diffus reflektiert, so sind die absoluten Werte entsprechend kleiner anzunehmen. Die Zahlen geben die Reflexionsfähigkeit der unverwitterten Mineralien bei senkrechtem Auffallen der Strahlen an. Will man sie mit den Rückstrahlungsverhältnissen eines anderen Weltkörpers vergleichen, so ist streng darauf zu achten, daß dann auch bei diesem die Albedo nach denselben Gesichtspunkten bestimmt wird, und zwar kommt dann nur die sog. geometrische Albedo in Frage. Man geht dabei von der voll beleuchteten Scheibe des Planeten aus und berechnet die scheinbare Reflexionsfähigkeit aus der Oppositionshelligkeit im Verhältnis zur Helligkeit der Sonne und zu den geometrischen Abständen. Hierfür hat H. N. Russell eine einfache Formel abgeleitet.[1]) Ist G die Helligkeit der Sonne, g diejenige des voll beleuchteten Planeten, beide in Größenklassen ausgedrückt, s der Planetenhalbmesser in Bogensekunden, alles auf den Abstand Sonne-Erde reduziert, so ist die geometrische Albedo

$$\log a = 0.4\,(G - g) - 2 \log (s \sin 1'')$$

oder für $G = -26.72$

$$\log a = -0.4\,(g + 0.15) - 2 \log s$$

Lediglich die nach dieser Formel berechneten geometrischen Albedowerte dürfen mit Zahlen, wie sie z. B. die obige Tabelle enthält, verglichen werden. Nun sind aber die Planeten und deren Trabanten sphärische Körper mit oder ohne Atmosphären. Will man hier die verschiedene Neigung der gekrümmten Oberfläche zur Richtung des Lichtstrahls berücksichtigen, also die sog. sphärische Albedo ableiten, so ist das eben definierte a noch mit einer konstanten Zahl zu multiplizieren, die entweder aus dem Emanationsgesetz oder besser empirisch aus der scheinbaren Helligkeit des Körpers in verschiedenen Phasen abzuleiten ist. Da nur ein kleiner Teil der Planeten von der Erde aus deutliche Änderungen der Lichtgestalt zeigt, so sind dem empirischen Verfahren recht enge Grenzen gesetzt. Bei den Körpern mit kleiner Phase ist es dann zweckmäßig, auf solche Planeten zurückzugreifen, bei denen ähnliche physische Bedingungen vorliegen. Um die damit verknüpfte Willkür und Unsicherheit zu vermeiden, hat H. N. Russell den Kunstgriff angewendet, daß er die Albedo nicht auf die volle Beleuchtung, sondern auf den Phasenwinkel 50° bezieht. Die Theorie zeigt nämlich, daß in diesem besonderen Falle die scheinbare Helligkeit von der physischen Beschaffenheit des betrachteten Körpers und von den Fehlern aller Emanationsgesetze fast unabhängig ist. Nach der Definition wird die sphärische Albedo dann

$$a' = 2.2\, m \frac{r^2 \Delta^2}{s^2}$$

Hierbei sind: m das Verhältnis der Planetenhelligkeit zur Helligkeit der Sonne beim Phasenwinkel 50°, r und Δ die Abstände von Sonne und Erde, s der lineare

[1]) H. N. Russell, On the albedo of the planets and their satellites. Ap. J. 1916, I.

Halbmesser. Der Ausdruck entspricht sehr nahe einer Albedodefinition, die schon viel früher G. P. BOND aufgestellt hatte.[1]) Wenn nichts anderes erwähnt ist, beziehen sich alle Albedoangaben dieses Buches auf die zuletzt behandelte sphärische Albedo. Sie ist ein wenig größer als die geometrische; während die sphärische Albedo theoretisch die Einheit erreichen kann, liegt der Grenzwert der geometrischen etwa bei $\frac{2}{3}$. In älteren photometrischen Werken wird häufig eine sphärische Albedo nach LAMBERT angegeben, die auf dessen Emanationsgesetz beruht und nichts anderes ist als der mit $\frac{3}{2}$ multiplizierte geometrische Wert.

Diese allgemeinen Bemerkungen über die Anwendbarkeit der Reflexionsgesetze auf Planeten und Monde lassen deutlich erkennen, wie groß die theoretischen und praktischen Lücken sind, die dem ganzen Problem noch anhaften.[2]) Die Photometrie der dunklen Körper im Sonnensystem gestattet also vorläufig nur sehr vorsichtige Schlüsse auf die physische Eigenart. Treten gar zu den Reflexions- noch Emissionserscheinungen hinzu, wie bei den Kometen, so werden die photometrischen Verhältnisse völlig unübersichtlich und unklar. Eine weitere Erschwerung der Aufgabe wird dadurch hervorgerufen, daß alle im reflektierten Lichte leuchtenden Glieder unseres Planetensystems nicht rein weiß, sondern gefärbt erscheinen. Nur ein Weltkörper, dessen Albedo und Atmosphäre nicht selektiv wirken, würde farblos, d. h. grau aussehen. Ungleichartige Reflexion der Strahlen verschiedener Wellenlänge, Absorption der Atmosphäre, Zerstreuung an Staubteilchen und Luftmolekülen, rufen stets Tönungen hervor, die durch die Wirkung unserer Atmosphäre noch verstärkt werden und neue, unberechenbare Faktoren in das Emanationsgesetz einführen.

Die optischen Wirkungen der Erdatmosphäre. Sämtliche astronomischen Beobachtungen werden durch die atmosphärische Hülle angestellt, die die Erde von allen Seiten umgibt. Die chemischen und physikalischen Eigenschaften dieses Luftozeans verändern nun die extraterrestrische von den Himmelskörpern zu uns gelangende Strahlung sehr erheblich. Nicht nur ihre Quantität wird vermindert, auch die Qualität und Richtung der durchgelassenen Strahlen erweist sich bei der Ankunft am Erdboden als merklich verändert und umgestaltet.[3])

Über die wahre Ausdehnung unserer Atmosphäre können nur Vermutungen ausgesprochen werden. Eine bestimmte Grenze ist wahrscheinlich überhaupt nicht vorhanden, sondern es ist anzunehmen, daß die Gase mit wachsenden Höhen immer dünner werden, bis sie schließlich ganz allmählich in den leeren

---

1) L. BELL, The physical interpretation of albedo. Ap. J. 1917, I.

2) E. Schoenberg, Über die Strahlung der Planeten. Ergebnisse der exakten Naturwissenschaften. Bd. 5, 1926.

3) A. WEGENER, Thermodynamik der Atmosphäre. Leipzig 1911 und: Ergebnisse der Dynamischen Meteorologie. Ergebnisse der exakten Naturwissensch., Bd. 5, 1926.

Raum übergehen. Infolge der Molekularbewegung diffundieren hier allmählich einzelne leichte Bestandteile, wie Wasserstoff und Helium, in den Weltraum, doch ist anzunehmen, daß dieser Verlust durch Ausdünstungen aus dem Erdinneren wieder ersetzt wird. Als Ursprung der Wasserstofferneuerung könnten submarine Vulkane, für Helium Erdgasquellen in Frage kommen. Eine absolut permanente Atmosphäre ist physikalisch undenkbar, ebensowenig wie es einen Weltkörper geben mag, dem sie völlig verlorengegangen ist. Die Gase, die am Grunde der trockenen Atmosphäre stets in konstanter Menge auftreten, sind Stickstoff mit 78 %, Sauerstoff mit 20 %, Argon mit nahe 1 % und die Kohlensäure mit etwa $\frac{1}{3}$ %. Dazu kommen noch Spuren von Edelgasen wie Wasserstoff, Helium u. a. Fast stets vorhanden ist noch Ozon, und vor allen Dingen Wasserdampf, der in warmer Luft in großer Menge auftreten kann, in kalter dagegen zuweilen kaum noch nachweisbar ist. Daneben durchsetzen noch suspendierte feste Stoffe, wie Staub, Ruß, durch vulkanische Eruptionen emporgeschleuderte feine Asche, Molekülgruppen, mikroskopisch kleine Lebewesen u. a. die Atmosphäre. Sie ändern zwar nicht die chemische Beschaffenheit des uns umgebenden durchsichtigen Mediums, beeinflussen aber ähnlich wie das Plankton des Meerwassers seine optischen Eigenschaften recht erheblich. Anknüpfend an die ozeanischen Verhältnisse wird tatsächlich nach einem Vorschlage von L. Weber die Gesamtheit der organischen und anorganischen Teilchen der Atmosphäre unter der Bezeichnung Luftplankton zusammengefaßt.

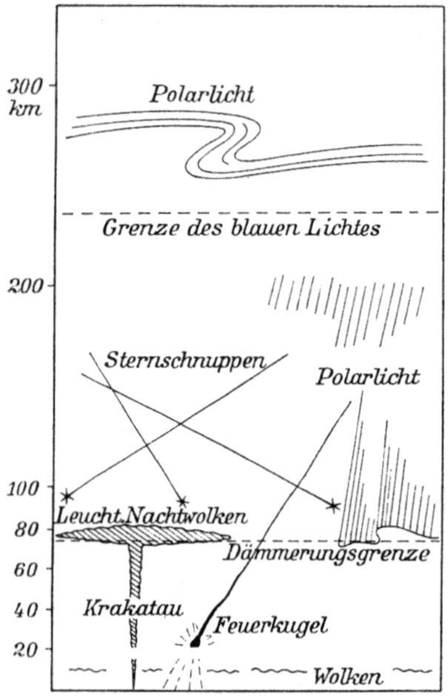

Abb. 159. Höhenlage der atmospharischen Erscheinungen (nach A. Wegener).

Nur die unteren Gebiete der Atmosphäre (Abb. 159) sind einer gründlicheren physikalischen Untersuchung zugänglich; alles, was oberhalb einer Bodenhöhe von etwa 30 km liegt, ist nur aus besonderen Lichterscheinungen der oberen Luftschichten in hochgerissenen meist vulkanischen Staubmassen, aus Nordlicht- und Sternschnuppenphänomenen bekannt. Die normalen Dämmerungserscheinungen reichen bis etwa 70 km, die sog. leuchtenden Nachtwolken bis 83 km und aus dem ersten Aufblitzen der Sternschnuppen kann auf eine Erhebung der Atmosphäre von etwa 130 km geschlossen werden. Ein wenig unterhalb dieser Grenze, bei 80 km, beginnen die Nordlichter aufzuleuchten. Sie erstrecken sich in einzelnen Ausnahmefällen bis zu 600 km in den Raum hinaus, so daß man wohl noch in 1000 bis 2000 km Höhe merkliche Spuren atmosphärischer Gase erwarten darf.

Nach einem von J. Dalton aufgestellten Gesetz beeinflussen sich in einem Gasgemisch, das keinen chemischen Verbindungen unterliegt, die Bestandteile in keiner Weise. Auf die irdische Lufthülle übertragen, bedeutet das so viel, daß die Stickstoff-, Sauerstoff-, Argonatmosphäre usw. die Lufthülle nach eigenen Gesetzen aufbauen. Die Dichteabnahme mit der Höhe hätte danach so zu erfolgen, daß mit zunehmendem Erdabstand die leichten Gase, wie Wasserstoff, Helium u. a. vorherrschen müßten. Es wird dies meist auch als selbstverständlich angenommen, doch ist zu beachten, daß ein Beweis für diesen gesetzmäßigen Aufbau der Atmosphäre noch nicht erbracht ist. Wahrscheinlich vollzieht sich die Schichtung unter mannigfachen Störungen der Stetigkeit, die offenbar durch die Strahlungsverhältnisse bedingt werden. Bekanntlich nimmt die Lufttemperatur mit dem Abstand von der Erdoberfläche zunächst um 6° auf 1 km Höhenzunahme ab, so daß im Falle eines konstanten Gradienten bei 50 km der absolute Nullpunkt erreicht sein müßte. Schon in 11 km Höhe begegnen wir aber bei — 60° C einer etwa 60 km mächtigen Schicht, deren Temperatur zunächst ein wenig zunimmt, dann aber wahrscheinlich konstant bleibt. Eine zweite Unstetigkeitsstelle ist durch Auftreten der leuchtenden Nachtwolken und das scharfe Einsetzen der Nordlichter bei 80 km Höhe angedeutet.

Wie die Zusammensetzung und das physikalische Verhalten der Atmosphäre hier auch sein mag, jedenfalls ist an der außerordentlichen Verdünnung der Gase in diesem Erdabstand nicht zu zweifeln. Für astronomisch-photometrische Zwecke genügt es, wenn nur die tieferen Schichten betrachtet werden. Es darf dann in ausreichender Näherung angenommen werden, daß die Dichte der Atmosphäre, vom Erdboden aus gerechnet, in geometrischer Progression abnimmt. Meist ist es sogar statthaft, von einer homogenen Atmosphäre auszugehen, die in gleichmäßiger Dichte die Erde umgibt, und deren Druck dem normalen Barometerstande von 760 mm entspricht. Da 1 cbm Luft an der Erdoberfläche 1.293 kg wiegt, und der Druck von 0.76 m Quecksilber auf 1 qm 0.76 · 13596 kg beträgt, so entspricht diesem Gewicht eine Luftsäule gleichmäßiger Dichte von der Höhe

$$h_0 = \frac{10\,333}{1.293} = 7990\,m$$

die ohne weiteres auf 8000 m abgerundet werden kann. Alle Veränderungen, die das Licht in der Atmosphäre erleidet, sollen fortan so berechnet werden, als würden sie durch eine homogene Gashülle von der angegebenen Dicke verursacht.

In der Atmosphäre erleiden die Lichtstrahlen zunächst eine allgemeine Abschwächung, die man als Extinktion bezeichnet. Sie entsteht nicht allein dadurch, daß ein Teil der Strahlen von den Gasen absorbiert wird, sondern auch durch die Wirkung der Streuung, die man früher sehr unterschätzt hat. Die allgemeine Absorption in den atmosphärischen Gasen äußert sich darin, daß die ganze Strahlung oder wenigstens große spektrale Gebiete derselben unter Überführung in andere Energieformen in gleichförmiger Weise geschwächt werden.

Durch die selektive Absorption werden dagegen bestimmte Wellenlängen sehr stark heruntergedrückt (Abb. 190) oder gar vollkommen ausgelöscht. Während die erste Art der Absorption im Spektroskop nur als allgemeine Lichtschwächung auftritt und schon auf Bergen von 1500 bis 2000 m Höhe sich kaum noch bemerkbar macht, verursacht die zweite mehr oder weniger kräftige Linien oder Banden, die hauptsächlich im roten, gelben und grünen Teil des Spektrums auftreten, und durch so hoch gelegene Gasschichten erzeugt werden, daß eine Erhebung über den Boden um 1000 bis 2000 m sie nur wenig zu schwächen vermag. Die stärkste Wirkung wird auf das Ultrarot ausgeübt, wo durch die Absorption der Luft Wellenlängengebiete ausgelöscht werden, die an Ausdehnung das ganze sichtbare Spektrum übertreffen. Von den brechbareren Strahlen bleiben Blau und Violett unbeeinflußt. Dagegen setzt im Ultraviolett wieder eine atmosphärische Absorption ein, die bei λ 2980 ziemlich plötzlich das Spektrum abschneidet, so daß jenseits dieser Wellenlänge von den Himmelskörpern einschließlich der Sonne keine Strahlung mehr zu uns gelangt. Wie weit diese Undurchlässigkeit der Atmosphäre ins Ultraviolett hineinreicht, ist nicht bekannt. Daß sie nicht alle Wellenlängen jenseits 0.3 μ umfaßt, zeigen die anfangs heftig umstrittenen, aber gegenwärtig allgemein anerkannten Ergebnisse der Versuche von W. Kolhörster, R. M. Millikan u. a., die eine sehr kurzwellige, jenseits der harten γ-Schwingungen (S. 6) liegende Höhenstrahlung nachgewiesen haben, die einen täglichen mit der Jahreszeit wechselnden Gang hat und offenbar aus dem Weltraum kommt.[1]) Die terrestrische Absorption der visuellen und thermischen Wellen wird hauptsächlich durch Wasserdampf verursacht. Im Ultrarot tritt als weitere kräftig absorbierende Substanz die Kohlensäure, im Ultraviolett besonders stark das Ozon auf. Man hat berechnet, daß eine nur 3 mm dicke Schicht dieses Gases ausreichen würde, um die tatsächlich beobachtete Abschirmung des ultravioletten Sonnenlichtes bei λ 2980 zu erklären. Dagegen absorbieren Sauerstoff und Stickstoff trotz ihrer überwiegenden Menge verhältnismäßig wenig.

Eine weitere Schwächung der Strahlung in der Atmosphäre findet dadurch statt, daß an den suspendierten Teilchen des Luftplanktons, in größeren Höhen auch an den Gasmolekülen, die Lichtstrahlen verschiedener Wellenlänge verschieden stark zerstreut werden. Die Intensität des senkrecht abgebeugten Lichtes ist dabei nach einer Theorie von J. W. Rayleigh umgekehrt proportional λ^4, so daß die blauen Strahlen viel stärker zerstreut werden, als die roten. Ein gleichmäßig trübes Medium erscheint daher in zerstreutem Lichte blau, womit eine Erklärung der normalen Himmelsfarbe und des etwas flauen Charakters aller in blauem und violettem Lichte erhaltenen photographischen Aufnahmen gegeben ist. Im Ultraviolett steigert sich dies soweit, daß hier das diffuse Himmelslicht in alle Schattenräume eindringt, und diese vollständig zum Verschwinden bringt. Als eine weitere Folge der Molekulardiffraktion ist die früher

---

[1]) W. Kolhorster, Die durchdringende Strahlung in der Atmosphare. Hamburg 1924.

der Absorption zugeschriebene Erscheinung anzusehen, daß am Grunde des Luftmeers die blauen und violetten Teile des Spektrums stärker geschwächt erscheinen, als die roten, worauf bei Untersuchungen, die sich auf die Energieverteilung in den Spektren der Himmelskörper beziehen, sehr wohl Rücksicht zu nehmen ist. Eine merkliche Dämpfung des Lichtes entsteht in der Atmosphäre auch durch diffuse Reflexion. Diese entsteht an Teilchen, die zwar noch überaus winzig sind, gegenüber der Wellenlänge des Lichtes jedoch nicht mehr als klein angesehen werden dürfen. Die diffuse Reflexion kann etwa umgekehrt proportional der zweiten Potenz der Wellenlänge angenommen werden. .Da die Atmosphäre nur in Ausnahmefällen dem Idealzustand entspricht, den die Theorie annimmt, so können die hier behandelten Gesetzmäßigkeiten nur als genähert gelten. Wo sie für die Reduktion von astronomischen Beobachtungen gebraucht werden, muß dies mit einiger Vorsicht und unter eingehender Berücksichtigung der gleichzeitigen meteorologischen Beobachtungsdaten erfolgen.

Weglänge der Strahlen in einer homogenen Atmosphäre.

Höhe	Weglange relativ	Weglange in km
90°	1.000	8.0
70	1.064	8.5
50	1.304	10.4
40	1.553	12.4
30	1.995	16.0
20	2.904	23.2
10	5.600	44.8
5	10.395	83.2

Von dem Energiestrom, den die Himmelskörper der Erde zusenden, geht ein großer Teil durch die geschilderten Ursachen verloren. Man kann nach Messungen in verschiedenen Höhen annehmen, daß von der Gesamtheit der Sonnenstrahlung nur 75% bis 1800 m und nur 50% bis zum Meeresniveau gelangen.[1]) Die genauere Berechnung dieser Ziffern bietet wegen des ungleichmäßigen Aufbaues der Atmosphäre beträchtliche Schwierigkeiten, die man nur dadurch umgehen kann, daß man sich, wie bereits geschehen, die inhomogenen Luftmassen durch eine gleichmäßige Schicht von 8 km Höhe ersetzt denkt. Die Weglängen der Strahlen verlaufen dann umgekehrt proportional dem Sinus der Sonnenhöhe. Wird noch die Wirkung der Refraktion und der Erdkrümmung berücksichtigt, so erhält man die nebenstehenden Beziehungen, aus denen deutlich hervorgeht, wie beträchtlich der Luftweg der Strahlen und damit die Absorption bei Annäherung eines Gestirns an den Horizont anwachsen. Die Ableitung der Extinktion für verschiedene Höhen kann nach diesen Weglängen theoretisch erfolgen, wozu P. Bouguer, J. H. Lambert und P. S. Laplace zuverlässige Wege gewiesen haben, und auf die wir im letzten Kapitel des physikalischen Teiles dieses Buches noch zurückkommen werden. Für die laufenden astronomischen Arbeiten sind so umständliche Reduktionen auf die extraterrestrische Strahlung nicht notwendig, da man hier mit wenigen Ausnahmen mit den relativen photometrischen Helligkeiten auskommt. Man bezieht dann alles auf die konstante Zenitextinktion mit Hilfe von örtlichen Tabellen, die empirisch in der Weise

---

[1]) C. Dorno, Physik der Sonnen- und Himmelsstrahlung. Braunschweig 1919.

erhalten werden, daß man die Helligkeit eines gut meßbaren Gestirns auf seiner täglichen Bahn vom Zenit bis zum Horizont photometrisch verfolgt und die Beziehungen zwischen Höhe und Lichtschwächung für die Beobachtungsstation ein für alle Male festlegt.

Da die Extinktion stark von den atmosphärischen Bedingungen abhängt, müssen dabei Beobachtungen in verschiedenen Nächten zusammengefaßt werden. Als Beispiel kann die von G. Müller für Potsdam und für den Gipfel des Säntis aufgestellte Extinktionstafel dienen, aus der nebenan ein kurzer Auszug mitgeteilt ist. Der Vorteil der größeren Erhebung über die photometrisch schädlichsten Schichten der Atmosphäre macht sich in den Zahlenwerten deutlich bemerkbar. Hinzugefügt ist noch die photographische Extinktion für Mt. Hamilton nach E. v. Oppolzer, die sich später noch als nützlich erweisen wird. In allen drei Reihen ist natürlich klarer, dunstfreier Himmel vorausgesetzt. Wegen der starken Änderungen, die bei den Extinktionsverbesserungen in der Nähe des Horizontes auftreten, ergibt sich für die Astrophotometrie, wie für die astronomischen Messungen überhaupt, die Hauptregel, daß diese nur in größeren Höhen über dem Horizont anzustellen sind. Liegt einmal die Notwendigkeit der Beobachtung in tieferen Lagen vor, so muß durch entsprechende Anordnung der Messungen die Möglichkeit einer selbständigen Ableitung der Extinktion für die betreffende Stelle des Himmels gegeben sein. Es bedarf ferner nach dem Vergleich der Vertikalreihen untereinander kaum einer besonderen Erwähnung, daß derartige Extinktionstafeln nur für Sterne mittlerer Färbung gelten. Doch kommt der Unterschied, wie die von G. Müller und H. Vanderlinden angestellten Messungen zeigen, bei den weißen, gelben und roten Sternen visuell nur wenig zur Geltung. Entgegen der Erwartung erschienen sogar bei den Messungen in Potsdam die gelben Sterne α Aurigae und α Tauri am Horizont stärker geschwächt als die weißen η Cygni, α Urs. mai. und δ Persei, was in physiologischen Einflüssen seinen Grund haben mag.

Extinktionstafel für visuelle und photographische Beobachtungen.

Höhe	Potsdam 100 m, vis.	Santis 2500 m, vis.	Mt. Hamilton 1300 m, phot.
90°	0.00^m	0.00^m	0.00^m
80	0.00	0.00	0.00
70	0.01	0.01	0 01
60	0.03	0.02	0.05
50	0.06	0.04	0.08
40	0.12	0.08	0.16
30	0.23	0.14	0.30
25	0 32	0.19	0.40
20	0.45	0.26	0.55
15	0.65	0.39	0.93
10	0.98	0.63	1.76
5	1.72	1.26	—
2	3.10	2.34	—

8. Die photometrischen Meßapparate.

Nach den im vorigen Abschnitt auseinandergesetzten Grundgedanken haben alle photometrischen Apparate die Bedingung zu erfüllen, daß durch meßbare Lichtabschwächung oder Lichtvermehrung zwischen den beiden zu vergleichenden Helligkeiten völlige Gleichheit des physiologischen Eindrucks herbeigeführt wird. Dies kann entweder auf direktem Wege geschehen, indem die beiden Lichtquellen, z. B. Mond und Fixstern, unmittelbar zur Vergleichung gelangen, oder indirekt, indem jede für sich mit einer dritten verglichen wird. Dabei muß stets die stärkere Strahlungsquelle soweit meßbar abgeschwächt werden, bis Gleichheit der Helligkeitsbeurteilung eintritt. Die Anzahl der Verfahren, die hier zum Ziele führen, ist ungewöhnlich groß[1]), so daß wir uns im folgenden auf diejenigen Methoden beschränken müssen, die für die Astrophysik eine gewisse Bedeutung erlangt haben und auch höheren Ansprüchen an die Genauigkeit Genüge leisten.

Methoden der meßbaren Lichtabstufung. Die Einrichtungen, die man für photometrische Messungen am Himmel im Laufe der Zeit verwendet hat, zeichnen sich bei aller Mannigfaltigkeit durch große Einfachheit aus. Da die Lichtstärke eines Fernrohrs bei ungeänderter Brennweite sowohl für Punkt- wie für Flächenhelligkeiten proportional dem Quadrat des Objektivdurchmessers gesetzt werden kann, liegt es besonders nahe, die Photometer so zu konstruieren,

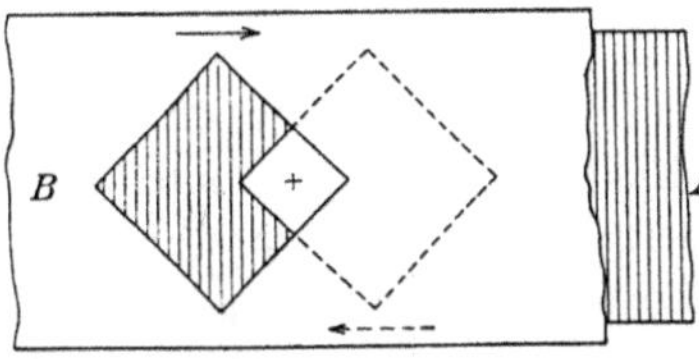

Abb. 160. Quadratische Schiebeblende des Köhlerschen Photometers.

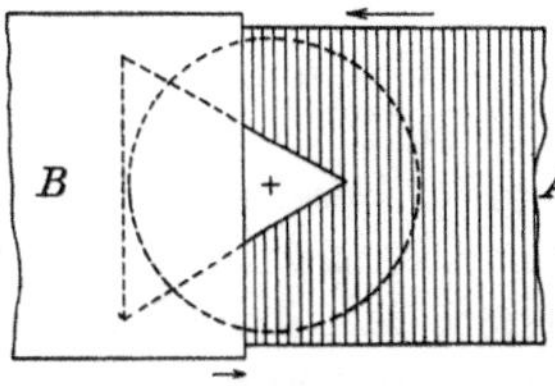

Abb. 161. Dreieckige Schiebeblende des Knobelschen Photometers.

daß die Helligkeit eines leuchtenden Objekts durch meßbare Verkleinerung des Objektivdurchmessers abgeschwächt wird. Man könnte dabei z. B. an die sehr bequemen, schon recht alten sog. Irisblenden denken (Abb. 162). In früheren Zeiten, als eine präzise, kontinuierliche Änderung des Objektivdurchmessers auf diesem Wege technisch noch nicht möglich war, hat man sich in anderer Weise beholfen. Bei der ältesten dieser Einrichtungen, dem Auslöschphotometer von J. G. Köhler, das bereits vor 1800 konstruiert wurde, findet man in einfachster Anordnung ein Quadrat veränderlicher Größe verwendet (Abb. 160). Zwei übereinander gleitende Platten A und B erhielten je eine quadratische Öffnung von genau denselben Ausmaßen und wurden dann mittels Zahn und Trieb in der Diagonalrichtung gegeneinander so verschoben, daß die freie Öff-

[1]) F. Uppenborn und B. Monasch, Lehrbuch d. Photometrie. München u. Berlin 1912.

nung ohne Änderung des Schwerpunktes und der geometrischen Form der Figur meßbar verkleinert werden konnte. Bei dem ähnlichen Astrometer von E. B. KNOBEL (Abb. 161) kommt ein gleichseitiges Dreieck zur Anwendung. Die eine Platte *A* erhält die volle durch die Dreiecksform gegebene Winkelöffnung, während die zweite *B* in Gestalt einer scharfen Schneide das Dreieck abschließt. Werden Winkelplatte und Schneide gegeneinander so verschoben, daß bei der mikrometrischen Bewegung die Platte *A* genau die doppelte Geschwindigkeit der Schneide *B* erhält, so wird wieder zentrische Abblendung unter Innehaltung des geometrischen Umrisses erhalten. Eine dritte, ebenfalls sehr einfache Blendenform hat A. HIRSCH vorgeschlagen. Sie besteht aus einem Schirm mit kreisförmiger Öffnung, der im Tubus längs der optischen Achse meßbar verschoben werden kann und desto mehr Licht abblendet, je weiter er vom Brennpunkt entfernt wird.

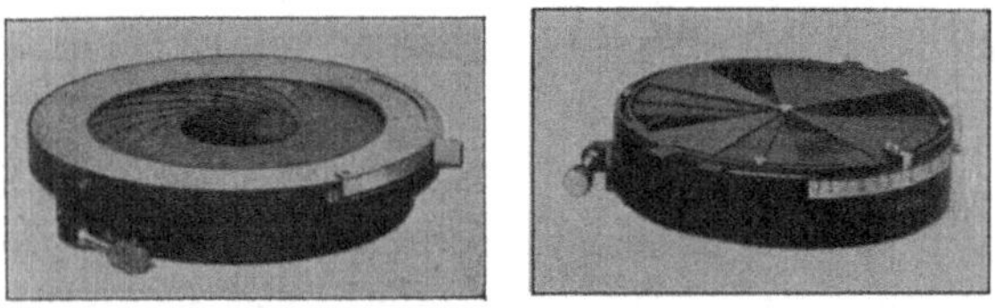

Abb. 162. Objektivblenden in Iris- und Sektorform (Bamberg-Werk).

Solange es sich um ausgedehntere Flächen und um geringe Helligkeitsunterschiede handelt, sind diese Vorrichtungen einschließlich der Irisblende für photometrische Zwecke zur Not noch heute anwendbar. Bei sehr kleinen Flächen oder gar bei Sternen wird das Prinzip aber völlig unbrauchbar. Bei punktförmigen Lichtquellen ist das Fokalbild bekanntlich eine Diffraktionsfigur (S. 90), deren Durchmesser sich umgekehrt proportional mit der Öffnung des Objektivs ändert. Bei jeder Verkleinerung des Objektivs werden die Sternscheibchen demnach größer. Eine weitere Fehlerursache, besonders bei Anwendung kreisförmiger Blenden, liegt darin begründet, daß die äußeren Zonen eines Objektivs in Reflexion und Absorption andere Verlustprozente zeigen, als die inneren. Physiologisch besonders störend ist aber der Umstand, daß bei Änderung der Objektivöffnung sich auch die Helligkeit des Hintergrundes, auf dem gemessen wird, ändert und unkontrollierbare Abweichungen von den angewendeten photometrischen Gesetzen bedingt. H. F. TALBOT hat versucht, diese Fehler durch Anwendung von festen oder besser rotierenden Sektoren zu vermeiden, d. h. durch Blenden, die von der Mitte des Objektivs aus bis zum Rande einen Sektor freilassen, dessen Winkel in meßbarer Weise verändert werden kann (Abb. 162). Diese Blenden werden dann in der Regel nicht vor dem Objektiv, sondern an einer beliebigen Stelle des Strahlenbündels angebracht und in rasche Rotation versetzt. Die Einrichtungen sind heute soweit vervollkommnet, daß die Änderung des Sektorwinkels während der Drehung stetig vorgenommen werden kann. Nach dem Prinzip von TALBOT ist die Lichtabschwächung durch das Verhältnis des Öffnungswinkels φ zu 360^0 gegeben. Durch einen Sektor von 60^0 Öffnung wird also das vom Objektiv kommende Lichtbündel einheitlich auf $\frac{1}{6}$, durch 180^0 Öffnung auf $\frac{1}{2}$ des ursprünglichen Betrages gebracht usw. Sektoröffnungen von 360^0, 144^0, 57.6^0, 23.0^0, 9.2^0, 3.7^0 entsprechen demnach einer Schwächung des Lichtes um 0, 1, 2, 3, 4, 5 Größenklassen. Die große Einfachheit und Zuverlässigkeit des Sektorenprinzips geht jedoch z. T. dadurch verloren, daß genaue Helligkeitsverhältnisse sich nur durch sehr präzise Messung der Öffnungswinkel bestimmen lassen. Eine scharfe Winkelmessung erfordert aber stets eine umständlichere Vorrichtung als die Ablesung eines linearen Maßes, so daß der Anwendungsbereich der Sektorblenden in der astronomischen Photometrie nicht groß ist.

Zur Messung der Beleuchtungsstärke von so hellen Körpern wie Sonne und Mond können oft Instrumente Verwendung finden, die sehr schlicht auf dem

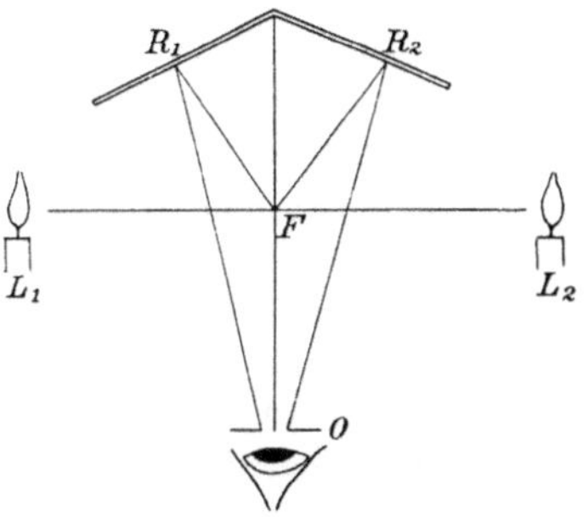

Abb. 163. Prinzip des Bunsenschen Fettfleckphotometers.

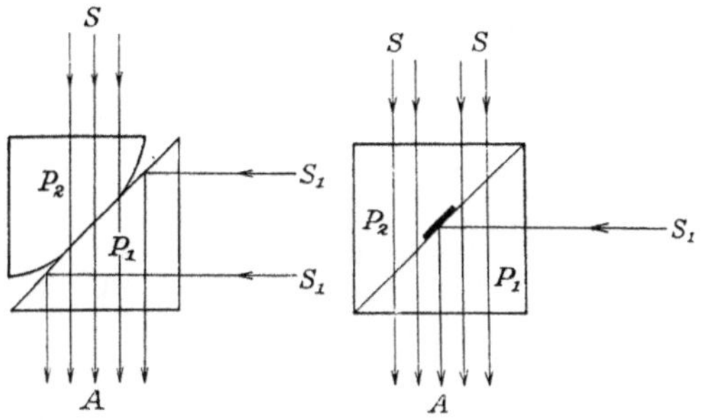

Abb. 164. Prismenwürfel nach O. Lummer und E. Brodhun.

Entfernungsprinzip des alten Fettfleckphotometers von R. Bunsen beruhen (Abb. 163), bei dem bekanntlich ein senkrecht aufgestellter weißer Schirm mit dem Ölfleck F in einem Winkelspiegel $R_1 R_2$ von der Blende O aus beobachtet wurde. Durch Änderung eines der Abstände L_1F oder L_2F längs einer Skala wurde der Fleck für das Auge zum Verschwinden gebracht und damit Gleichheit der Beleuchtung festgestellt. Heute würde man der Augenachse durch ein schwaches Okular eine bestimmte Richtung geben und die beiden von L_1 und L_2 kommenden Beleuchtungen in der Okularebene abbilden, wie das z. B. bei dem Photometerkopf von F. F. Martens geschieht.

Zweifellos die vollkommenste Verbesserung des Bunsenschen Gedankens stellt der Prismenwürfel nach O. Lummer und E. Brodhun dar, bei dem die ganze Vergleichseinrichtung endgültig in die Bildebene des Okulars verlegt ist. Durch die sinnreiche Konstruktion ist bei größter Meßschärfe eine fast universelle photometrische Einrichtung für jede Art von Flächenmessungen geschaffen. Der wesentliche Teil der Optik besteht hier aus zwei total reflektierenden Prismen P_1 und P_2, die zu einem Würfel vereinigt sind. Das Prisma P_2 besitzt aber statt der glatten Hypotenuse eine matte sphärische Fläche, in deren Mitte nur ein kleines, ebenes, kreisrundes Feld angeschliffen ist. Dieser ausgesparte Teil der Hypotenuse wird an die entsprechende Fläche von P_1 angekittet oder fest angepreßt, bis die Luft vollständig verdrängt ist, und das Licht hier ganz ungehindert hindurchgehen kann. Das Auge befindet sich in A und erhält von oben Licht nur durch die Berührungsfläche hindurch, von rechts dagegen nur diejenigen Strahlen, die an der umliegenden Fläche total reflektiert werden. Im Gesichtsfelde erblickt man also einen scharf begrenzten, gleichförmig hellen Fleck in einer ebenso gleichförmigen Umgebung. Wird durch irgendein Verfahren Lichtgleichheit hergestellt, so geht der Fleck allmählich in die umgebende Fläche über und verschwindet schließlich ohne Rand vollkommen. Beim Messen von sehr kleinen Objekten, wie sie in der Astronomie oft vorkommen, also Mondkratern, Nebelflecken usw., muß auch der Durchmesser der Kontaktfläche sehr klein sein. Da sich ein derartiger Anschliff etwas schwer herstellen läßt, und die Anordnung kein Bildfeld freigibt, ist es in diesem Falle zweckmäßiger, zwei gleiche Prismen von der Form P_1 zusammenzupressen, nachdem auf der Hypotenusenmitte von P_2 ein kleiner Fleck in der gewünschten Größe versilbert worden ist. Es geht dann umgekehrt alles Licht von oben durch den Würfel hindurch, während der Spiegelbelag die von rechts kommenden Strahlen nach A reflektiert (Abb. 164).

Bei besonderen Aufgaben der Astrophotometrie, wie sie z. B. die Vergleichung des Sonnen- und Mondlichtes mit Planeten und Fixsternen bietet, hat man früher häufig konvexe Spiegel verwendet, die den Vorteil bieten, daß in ihnen alle Himmelskörper punktförmig erscheinen. Als spiegelnde Fläche benutzt man zweckmäßigerweise Glas, das außen eine Versilberung trägt, bei kleineren Dimensionen auch mit Quecksilber gefüllte Thermometerkugeln. Die von einem fernen leuchtenden Objekt auf die spiegelnde Fläche fallenden Strahlen werden reflektiert und vereinigen sich in ihrer Rückverlängerung zu scharfen virtuellen Bildern (Abb. 22), die bei kleinen Kugeln sehr nahe an der versilberten Oberfläche liegen und gut zu messen sind. Die theoretische Untersuchung der Bildhelligkeit J führt in diesem Falle zu einfachen Beziehungen, und zwar wird J dann, ohne Rücksicht auf den Inzidenzwinkel, dem Quadrat des Kugelradius ϱ direkt und dem Quadrat der Abstände a und b der Kugel von Lichtquelle und Beobachter umgekehrt proportional, es ist also

$$J = k \frac{\varrho^2}{a^2 b^2}$$

wo k ein von den Versuchsbedingungen abhängiger konstanter Faktor ist. Die Formel setzt natürlich voraus, daß die spiegelnden Kugeln das gleiche Reflexionsvermögen besitzen, was sich verhältnismäßig leicht nachprüfen läßt.

Als ein wichtiges Hilfsmittel der Astrophotometrie, besonders bei ihrer Anwendung auf Punkthelligkeiten, hat sich die sog. Stufenschätzungsmethode erwiesen, die W. Argelander zuerst vorgeschlagen hat, obwohl sie eigentlich gegen einen photometrischen Grundsatz verstößt. Es ist im theoretischen Teil darauf hingewiesen worden, daß das Auge selbst nicht messen, sondern mit einiger Genauigkeit nur die Lichtgleichheit beurteilen kann. Hierbei tritt insofern eine Ausnahme ein, als das Auge bei geringen Abweichungen befähigt ist, die Lichtunterschiede nach einiger Übung in Stufenwerten derart auszudrücken, daß das

Ergebnis einer guten Messung nahekommt. Voraussetzung ist dabei, daß man nach Möglichkeit über zwei oder drei Stufen nicht hinausgeht und tatsächlich nur sehr kleine, eben wahrnehmbare Abweichungen in der Helligkeit abschätzt. Ebenso ist das Auge imstande, Intensitäten zwischen andere gegebene ziemlich sicher einzuschalten, sofern die Unterschiede nicht groß sind. Sind die erwähnten Bedingungen erfüllt, so führen sowohl die Stufen- wie die Interpolationsmethode zu sehr brauchbaren photometrischen Arbeitsverfahren, bei denen die ganze instrumentelle Einrichtung oft ausschließlich vom menschlichen Auge bestritten wird. Nähere Einzelheiten darüber sollen bei Besprechung der Beobachtung der Sterne mit veränderlichem Licht folgen, bei denen die Schätzungen und Interpolationen sich als besonders zweckmäßig erwiesen haben. Weitere Gelegenheit zur Anwendung der Argelanderschen Methode bieten alle in der Astrophysik vorkommenden photographischen Aufnahmen, wobei es gleichgültig ist, ob es sich um Vergleichung von Sternen, Nebelflecken oder Spektrallinien handelt.

Selbst bei den vortrefflichsten photometrischen Einrichtungen muß, wenn große Unterschiede der Helligkeit zu überbrücken sind, darauf geachtet werden, daß die Gültigkeit des Fechnerschen Gesetzes (S. 204) nicht überschritten wird. Dazu ist es meist notwendig, den Messungsbereich in einzelne Abschnitte zu zergliedern, in denen ausschließlich mit physiologisch bequemen Intensitäten gearbeitet wird. Da für die erforderliche stufenweise Abschwächung wegen der eintretenden Bildänderung Irisblenden nicht in Frage kommen, müssen andere Hilfsvorrichtungen verwendet werden. Besonders geeignet wären Gitterblenden aus Drahtnetzen, wenn die Bilder der helleren Sterne infolge der Beugungserscheinungen nicht die störende strahlige Form annehmen würden (vgl. Abb. 55). Am zweckmäßigsten sind noch Gitter aus Parallelstäben vor dem Objektiv. Sie geben (S. 197) neben dem Mittelbild eines Sterns die zugehörigen Spektra verschiedener Ordnungen. Entsprechen die Zwischenräume genau der Dicke der Stäbe, so verschwinden die Beugungsbilder gerader Ordnungszahl; außerdem läßt sich zeigen, daß in diesem Falle das Mittelbild um genau 1.5 Größenklassen schwächer erscheint als das direkt betrachtete. Wenn diese Dämpfung nicht ausreicht, oder Gitter nicht in Frage kommen, so muß die Helligkeit des wirksamen Lichtbündels durch neutrale Filter verringert werden. Die Hauptschwierigkeit beruht hier in der Herstellung eines Glases, das nicht zu dunkel ist und alle Farben gleich stark absorbiert, so daß die ursprüngliche Färbung der Lichtquelle ungeändert bleibt. Oft ist viele Jahre hindurch kein Glas neutraler Färbung zu beschaffen. Diese Tatsache, verbunden mit der Erfahrung, daß belichtete und mit Rodinal, Metol und anderen Hervorrufern behandelte Bromsilberplatten das Licht bis weit ins Ultraviolett hinein ganz gleichmäßig absorbieren, hat zur Herstellung von Graufiltern geführt, die aus entwickelter Gelatineschicht zwischen zwei Plangläsern bestehen und sich gut bewährt haben. Die störende Streuung ist durch Aufschmelzen der Schicht und die Verkittung völlig aufgehoben. Absorbierende Flüssigkeiten kommen fast nur für Laboratoriumsarbeiten in Frage. Ein gutes neutrales Filter dieser Art liefert die echte chinesische Tusche, wenn man ihr einige Tropfen einer 1 %igen Diaminblaulösung hinzufügt.

Das Polarisationsphotometer. Den bedeutendsten Einfluß auf die Entwicklung der exakten Astrophotometrie hat ohne Frage die Anwendung des Polarisationsprinzips gehabt, indem der Gedanke gleich zu Anfang zu einem sehr vollkommenen Instrument geführt hat, das noch heute ohne wesentliche Änderungen zur Messung von Stern- und anderen Helligkeiten verwendet wird. Das erste Polarisationsphotometer wurde von F. Zöllner um 1860 konstruiert. Trotz der anfänglichen Schwierigkeiten sind späterhin mit ihm die besten unserer Helligkeitskataloge von Sternen hergestellt worden. Auch gegenwärtig gebührt ihm der Vorrang, wenn es sich darum handelt, kleine Intensitätsunterschiede besonders genau und ohne selektive Einflüsse der Optik auf die Lichtzusammensetzung zu messen.

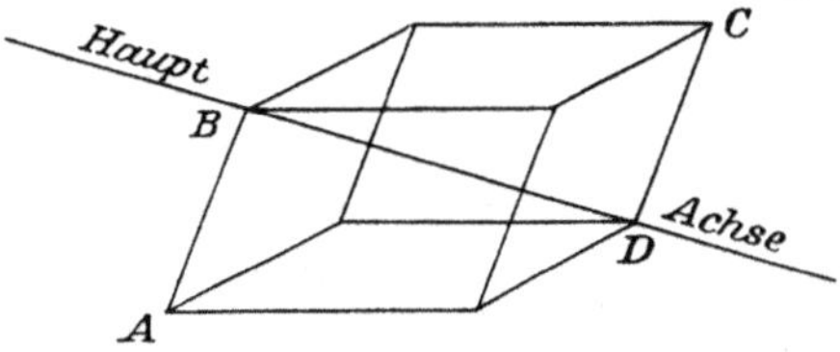

Abb. 165. Hauptachse eines Kalkspatkristalls.

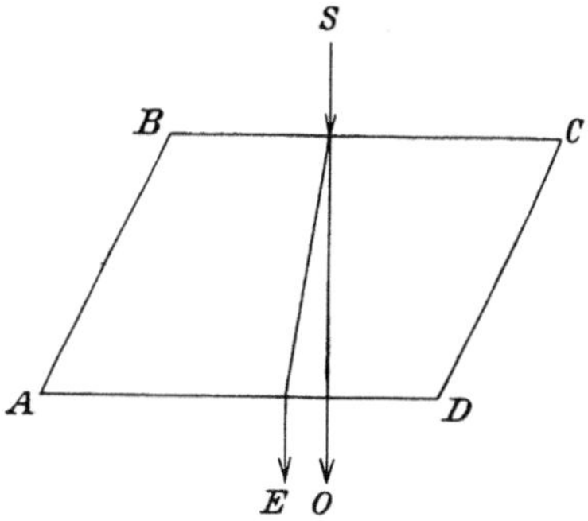

Abb. 166. Gang des ordentlichen und außerordentlichen Strahls in einem Kalkspatkristall.

Wie bereits (S. 57f.) kurz skizziert worden ist, besitzen die einachsigen Kristalle die Eigentümlichkeit, daß sie das Licht polarisieren. Durch zwei solche hintereinander angebrachten Kristalle, von denen der eine als Polarisator, der andere als Analysator wirkt, läßt sich demnach je nach der Drehung des Analysators jede beliebige Lichtschwächung erzielen. Am häufigsten wird dabei der Kalkspat verwendet, der in sehr reinen und klaren Stücken in der Natur vorkommt und bei der Polarisation nicht die geringste Färbung des Lichtes verursacht. Wenn man Kalkspat nach seinen natürlichen Spaltflächen zerlegt, so erhält man Rhomboeder (Abb. 165). Die optische Hauptachse des Kristalls geht dann durch zwei gegenüberliegende stumpfe Ecken der Figur. Die Ebene $ABCD$, die die Hauptachse enthält, oder eine andere, die ihr parallel verläuft, heißt ein Hauptschnitt des Kristalls; in Abb. 166 blickt der Beschauer auf einen Hauptschnitt. Fällt nun ein Strahl senkrecht zur oberen Begrenzungsfläche des Prismas, also etwa zwischen B und C ein, so geht der sog. ordentliche Strahl ohne Störung durch die Planparallelplatte hindurch und verläßt sie bei O, während der außerordentliche im Prisma um rund 6^{0} abgelenkt wird und bei E parallel zum ordentlichen Strahl aus dem Kalkspat austritt. Verwendet man natürliches Licht und läßt die Strahlen durch ein gleichartiges Prisma noch einmal durch-

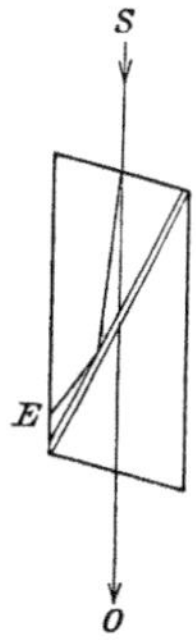

Abb. 167. Älteres Polarisationsprisma nach W. Nicol.

gehen, so erhält man vier Bilder, die paarweise gleich hell sind. Stehen die Hauptschnitte parallel zueinander, so ist die Helligkeit des einen Paares gleich Null, die des anderen ein Maximum; umgekehrt ist bei Senkrechtstellung der beiden Hauptschnitte das zweite Paar verschwunden und das erste im Maximum. Durch Drehung des zweiten Kristalls, des Analysators, hat man also ein Mittel, um das Licht zu photometrischen Zwecken vom Maximum der Helligkeit an bis zur völligen Auslöschung abzuschwächen.

Zur Vermeidung der vierfachen Bilder hat man nach Mitteln gesucht, um beim Polarisator wie beim Analysator je einen Strahl zu tilgen. Das geschieht durch eine geschickte Anwendung der totalen Reflexion, die zuerst W. Nicol vorgeschlagen hat, und nach dem die entsprechenden Kalkspatprismen als Nikols bezeichnet werden. In der Abb. 167 soll der Umriß den Hauptschnitt eines kleinen Kalkspatstücks bedeuten. Das Prisma wird senkrecht zum Hauptschnitt in der Diagonale durchgeschnitten und mit Kanadabalsam wieder zusammengekittet. Da die Brechkraft des Kanadabalsams für den ordentlichen Strahl kleiner ist als diejenige des Kalkspats, so wird für diesen beim Auftreffen auf die Balsamschicht der Grenzwinkel der totalen Reflexion erreicht, so daß der ordentliche Strahl seitlich gespiegelt und völlig aus der Blickrichtung gebracht werden kann. Der außerordentliche Strahl wird dagegen durch die Zwischenschicht in keiner Weise beeinflußt und geht daher ungehindert in der ursprünglichen Richtung weiter. Lästig bleibt nur noch die schräge Lage der natürlichen Grenzflächen der Nikols gegen die optische Achse. Sie verursacht eine seitliche Verschiebung der Bilder und hat außerdem den Nachteil, daß das durchgelassene Licht nicht genau in derselben Ebene polarisiert ist. Diese Mängel sind durch verschiedene Prismenkonstruktionen mit senkrechten Endflächen heute als beseitigt anzusehen. Für astrophysikalische Zwecke eignen sich die kurzen, von P. Glan konstruierten nicht gekitteten Nikols am besten, bei denen die Totalreflexion an der dazwischenliegenden Luftschicht stattfindet.[1])

Die Lichtabschwächung durch zwei Nikols erfolgt in der Weise, daß das eine, der Polarisator, festgelegt wird, während das zweite, der Analysator, um seine Achse meßbar gedreht werden kann. Die Ablesungen erfolgen an einer in vier Quadranten geteilten Trommel mit der üblichen Winkelteilung. Steht der Hauptschnitt des zweiten Prismas parallel zur Polarisationsebene, so wird bei der Konstruktion die Trommel auf Null gestellt. Es ist dann ein Maximum der Helligkeit erreicht. Beim Drehen des Analysators nimmt das durchgelassene Licht anfangs langsam, dann sehr rasch ab, bis bei 90^0 alles ausgelöscht erscheint. Die Beziehungen zwischen Intensität und Kreisablesung sind durch ein von E. L. Malus gefundenes Gesetz gegeben, nach dem die durchgelassene Lichtmenge dem Quadrat des Cosinus des Drehungswinkels α des Analysators

---

[1]) K. Feussner, Über die Prismen zur Polarisation des Lichtes. Z. f. I. 1884.

Umwandlung der Gradablesungen eines Polarisationsphotometers in Intensitäten und in Größenunterschiede.

α	$\cos^2\alpha$	Δm	α	$\cos^2\alpha$	Δm
0°	1.00	0.00m	50°	0.41	0.96m
10	0.97	0.03	60	0.25	1.51
20	0.88	0.14	70	0.12	2.33
30	0.75	0.31	80	0.03	3.80
40	0.59	0.58	90	0.00	∞

proportional ist. Hieraus folgt die nebenstehende kleine Tabelle zur Umwandlung der Ablesungen am Trommelkreis in Intensitäten bzw. in Größendifferenzen. Ist der Kreis in umgekehrter Richtung geteilt, so ist natürlich $J = \sin^2\alpha$ zu setzen. Der Nullpunktsfehler der Orientierung wird durch Benutzung von zwei benachbarten Quadranten, ein etwaiger Exzentrizitätsfehler der Trommelteilung durch Messung in zwei gegenüberliegenden Quadranten beseitigt. Obgleich theoretisch mit Hilfe der Polarisation beliebige Helligkeitsintervalle gemessen werden können, so ist aus dem Zahlenverlauf der Tabelle doch ersichtlich, daß bei starker Abschwächung schon die kleinste Drehung des Intensitätskreises so viel Lichtabnahme erzeugt, daß man alsdann gar nicht mehr so genau einstellen und ablesen kann, wie erforderlich ist. In diesem Falle, also etwa jenseits 70°, ist oft ein dritter Nikol zur Feineinstellung sehr vorteilhaft. Bezeichnet man nämlich mit β den Winkel zwischen den Hauptschnitten der Prismen II und III, so wird nach dem Malusschen Gesetz

$$J = \cos^2\alpha \cos^2\beta$$

Wird also die Meßtrommel des ersten Analysators bei 70° festgesetzt, so muß der zweite Analysator zwecks völliger Auslöschung des Lichtes statt um 20° um volle 90° gedreht werden, wodurch die Meßgenauigkeit natürlich wesentlich erhöht wird. Da man in der Himmelskunde größere Helligkeitsunterschiede stets stufenweise zu überbrücken pflegt und dabei wegen der beschränkten Gültigkeit des Fechnerschen Gesetzes kaum je über vier Größenklassen hinausgeht, so kommen Polarisationsapparate mit mehr als zwei Nikols hier kaum in Betracht.

Abb. 168 bringt den Durchschnitt des Polarisationsphotometers in der ihm von F. Zöllner ursprünglich gegebenen Form zur Anschauung, die aber seitdem kaum merklich verändert worden ist. Das durch das Fernrohrobjektiv erzeugte Bild des Sterns erscheint durch das Okular bei O in der deutlichen Sehweite. Vor dem Okular ist eine gegen die Fernrohrachse um 45° geneigte planparallele Glasplatte S angebracht, die das eingestellte Bild nicht stört, daneben aber noch einen künstlichen Stern aus der Richtung D ins Gesichtsfeld reflektiert. Die Lichtquelle für den künstlichen Stern befindet

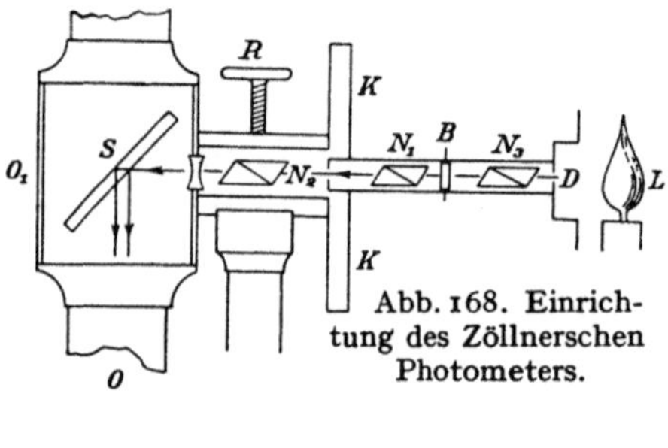

Abb. 168. Einrichtung des Zöllnerschen Photometers.

sich bei L. Von der Lampe wird nur die sehr feine Öffnung eines Diaphragmas D erleuchtet, die als künstlicher Stern dient. Dieser wurde bei der ursprünglichen ZÖLLNERschen Einrichtung von O aus durch die im Bilde sichtbare Negativlinse betrachtet. Heute pflegt man an ihrer Stelle ein Mikroskopobjektiv einzuschalten, das an den Flächen von S von dem Diaphragma zwei reelle Bilder erzeugt, die gleichzeitig mit den im Fernrohr eingestellten Sternen im Okular scharf und deutlich beobachtet werden können. N_1 ist der Analysator, N_2 der Polarisator. Die Ablesung erfolgt am Intensitätskreis K. Bei Verwendung von Nikolstücken mit schrägen Endflächen muß das letzte eine feste Lage zum Spiegel erhalten und zwar so, daß der Hauptschnitt senkrecht zur Planplatte verläuft. Daraus ergab sich bei den älteren Instrumenten die Notwendigkeit, den Polarisator zu drehen und den Analysator festzusetzen. Daß die ganze photometrische Einrichtung den Einstellungen des Beobachtungsfernrohres folgen muß, ist klar. ZÖLLNER hat sie noch (Abb. 168) in die hohle Achse des Fernrohrs verlegt; heute lassen sich alle Teile so klein herstellen, daß man das ganze Photometer unmittelbar am Okular anbauen kann.

Abb. 169. Polarisationsphotometer mit Doppelokular (nach H. Rosenberg).

Zwischen Lampe und Polarisator hatte ZÖLLNER in den Gang der Strahlen noch ein Nikol N_3 und eine Bergkristallplatte B eingeschaltet. Letztere erscheint in polarisiertem Lichte farbig, so daß es mit dieser Vorrichtung möglich ist, dem künstlichen Stern bestimmte, an einer Skala einstellbare Tönungen zu verleihen. Die Benutzung dieses Kolorimeters ist jedoch von keinem wesentlichen Vorteil, da es sich dabei um Interferenzfarben handelt, und gerade die Darstellung der weißen und gelben Töne, die unter den Sternen am häufigsten vorkommen, nicht möglich wird. Gegenwärtig pflegt man das Kolorimeter fortzulassen und die gelbe Färbung der Lampe durch verschieden starke spektralreine Blaugläser zu dämpfen. Um ferner das Photometer den Helligkeiten und dem Aussehen der Sterne möglichst anzupassen, bringt man bei D eine Rotationsblende mit Öffnungen verschiedener Weite an, die von Fall zu Fall je nach Luftdurchsichtigkeit und Bildgüte ausgewählt werden können. Bei der Beobachtung sehr heller Sterne an lichtstarken Instrumenten empfiehlt sich noch die Anwendung eines gebrochenen Okulars bei O_1 unter Verwendung der vom Glaspiegel S rechtwinklig reflektierten und um drei Größenklassen geschwächten Bilder (Abb. 169). In diesem Falle erblickt man umgekehrt wie in dem gewöhnlichen Okular das Bild des wirklichen Sterns reflektiert, also stark abgeschwächt und doppelt, das des künstlichen Sterns direkt, d. h. in voller Helligkeit und einfach. Weitere Vervollkommnungen beziehen sich auf die Verwendung von Nikolprismen mit senkrechten Endflächen, Beleuchtung des Intensitätskreises durch die Photometerlampe, Registriervorrichtungen u. a. Da bei den meisten gebräuchlichen Astrophotometern die Sterne nicht unmittelbar miteinander verglichen werden, sondern stets eine künstliche Lichtquelle als Zwischenstufe dient, so muß mit ganz besonderer Sorgfalt darauf geachtet werden, daß deren Helligkeit während der ganzen Messung konstant bleibt. Eine Normallampe, also etwa die Hefnerkerze, würde zweifellos am geeignetsten sein, in einem dem Zugwinde ausgesetzten Beobachtungsraum ist sie jedoch nicht brauchbar. Dagegen hat sich die von Zöllner benutzte Rundbrenner-Petroleumlampe gut bewährt; bei sorgfältiger Bedienung liefert sie unter Umständen mehrere Stunden lang eine gleichförmige Helligkeit, sofern durch eine Höhenmarke für konstante Flammenhöhe gesorgt wird. Seit einigen Jahren werden bei Sternphotometern nach Möglichkeit nur noch elektrische Metallfadenlampen verwendet. Die Bedingungen einer Normallichtquelle erfüllen sich zwar insofern nicht, als ihre Helligkeit auch bei einheitlicher Strombelastung, die ja jederzeit durch ein Ampèremeter kontrolliert werden kann, zuerst schnell, dann langsamer abnimmt und erst allmählich nahe konstant wird. Man kann also neue Lampen für den vorliegenden Zweck dadurch vorbereiten, daß man sie vorher einige Stunden lang mit etwa 5% Überspannung brennen läßt. Bei der Verwendung derart künstlich gealterter nicht gar zu kleiner Lampen wird man kaum noch Schwierigkeiten infolge von Helligkeitsschwankungen finden, wenn nur alle Klemmen, Kontakte usw. in Ordnung gehalten werden.

Die Keilphotometer. Das Absorptionsprinzip ist in seinen primitivsten Formen schon vor 200 Jahren photometrisch angewendet worden. So wurden Glas- und Hornplatten, in Öl getränkte Papierscheiben u. a. in solcher Zahl aufeinandergelegt, bis kein Licht mehr hindurchging. Aus der Zahl der absorbierenden Schichten ließ sich dann der Lichtverlust bzw. das Helligkeitsverhältnis roh berechnen. Der Gedanke, im Anschluß an diese Stufenverfahren einen absorbierenden Keil zu verwenden, wurde mehrfach verwirklicht, aber merkwürdigerweise wieder aufgegeben, vermutlich deshalb, weil Glas von einer alle Lichtstrahlen gleichmäßig absorbierenden Färbung nicht zu beschaffen war. Erst E. Kayser in Danzig und C. Pritchard in Oxford haben den Keil wieder in die Photometrie eingeführt und damit brauchbare Ergebnisse erzielt.

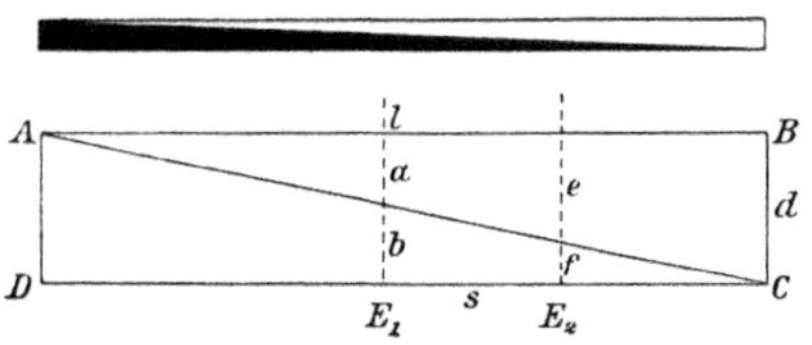

Abb. 170. Prinzip des Keilphotometers.

Der heute in der Astrophotometrie verwendete absorbierende Keil hat die in Abb. 170 oben angegebene Gestalt, wobei aber zu bemerken ist, daß er in Wirklichkeit meist noch flacher geschliffen wird. Er wird aus möglichst neutralem Rauchglase hergestellt und zwecks Vermeidung einer Prismenwirkung mit einem umgekehrt liegenden genau identischen durchsichtigen Keil von gleichem Brechungskoeffizienten zusammengekittet. Bringt man ihn in der Nähe der Brennebene eines Fernrohrs am Okular an, so wird von einem Stern um so mehr Licht absorbiert, je tiefer der Keil hineingeschoben wird. Bei genügend dunkler Färbung des Glases ist es schließlich möglich, das Sternbild ganz auszulöschen. Je nach der Helligkeit wird das in verschiedenen Keilstellungen geschehen, die zu dem vorliegenden Zweck an einer Millimeterteilung abgelesen werden können. Die Berechnung des Größenunterschiedes von zwei oder mehreren in verschiedenen Keillagen ausgelöschten Sternen gestaltet sich nun sehr einfach. Die Absorption ist eine Exponentialfunktion des Weges, den das Licht in dem absorbierenden Medium zu durchlaufen hat. Nach Abb. 170 mögen zwei Sterne S_1 und S_2 ausgelöscht sein, wenn sie den Keil so passieren, daß ihr Lichtweg gleich b bzw. gleich f ist. Dabei ist also S_1 heller als S_2 angenommen und die Intensitäten J_1 und J_2 verhalten sich zueinander, wenn k den Absorptionskoeffizienten bezeichnet

$$\frac{J_1}{J_2} = \frac{k^b}{k^f} = k^{b-f}$$

d. h.
$$\log J_1 - \log J_2 = (b - f) \log k$$

Der Abstand $E_1E_2 = s$, d. h. also diejenige Strecke, um die der Keil verschoben worden ist, läßt sich unmittelbar durch seine Länge l und die Dicke d ausdrücken; es ist nämlich

$$\frac{b-f}{s} = \frac{d}{l}$$

also
$$\log J_1 - \log J_2 = \frac{s\,d}{l} \log k$$

Dividiert man links und rechts durch 0.4, so gibt die Gleichung nach der früher gegebenen Definition (S. 205) unmittelbar den Helligkeitsunterschied in Sterngrößen. Ferner bleiben in der Gleichung die Größen d, l und $\log k$ für den betreffenden Keil unveränderlich, können also durch eine einzige Konstante K ersetzt werden. Man hat alsdann

$$\Delta m = K s$$

d. h. der Größenunterschied der ausgelöschten Sterne ist gleich der linearen Keilverschiebung s multipliziert mit einer Keilkonstanten K. Die Ableitung der letzteren kann auf verschiedenen empirischen Wegen erfolgen, z. B. dadurch, daß man künstliche Sterne von bekannter Helligkeit an einem Polarisationsphotometer erzeugt und sie in einem dunklen Raum mit dem Keilphotometer auslöscht. Viel zweckmäßiger ist es, wirkliche Sterne mit gut gesichertem Helligkeitsunterschied, wie sie in der Nordpolfolge, in der Plejadensequenz (S. 207) und an vielen anderen Stellen des Himmels vorliegen, zu beobachten und hieraus den Absorptionsverlauf des Keils abzuleiten.

Ein im Material und Schliff gleichmäßiger Auslöschkeil hat gegenüber der Polarisationseinrichtung den großen Vorzug, daß gleiche Verschiebungen stets auch gleichen Helligkeitsänderungen entsprechen. Auch können nach dem Auslöschverfahren fast beliebige Helligkeitsabschnitte gemessen werden. Beträgt die Konstante 0.2^m, d. h. löscht jede Verschiebung um 1 mm 0.2 Größenklassen

Abb. 171. Auslöschphotometer mit Registriereinrichtung (O. Toepfer).

aus, so lassen sich mit einem Keil von 6 cm nutzbarer Länge theoretisch bereits zwölf Größenklassen überbrücken. Das darf hier ohne Bedenken geschehen, weil die Auslöschung bei genau derselben physiologischen Helligkeit erfolgt. Da die Messungen bei vollkommener Dunkelheit erfolgen müssen, ist es unbedingt notwendig, die Keilstellung jedesmal automatisch zu registrieren. Eine entsprechende, auch äußerlich sehr gefällige Vorrichtung hat nach dem Vorgang von E. v. Gothard O. Toepfer konstruiert (Abb. 171). Auf der oberen Kante des den Keil tragenden Rahmens ist eine erhabene Teilung mit Ziffern angebracht, die sich beim Herabdrücken des Hebels auf einem Telegraphenstreifen einprägt. Gleichzeitig wird die Rolle durch einen Schnepper automatisch ein wenig gedreht und damit der Papierstreifen von der Vorratsrolle um ein kleines Stück vorgeschoben, so daß die Prägungen fortlaufend und ohne Überdeckung erfolgen. Das Instrument kann nach Vorschrauben eines Ramsdenschen Okulars in der Brennebene eines jeden Fernrohrs untergebracht werden und läßt an Bequemlichkeit der Handhabung nichts zu wünschen übrig. Dagegen kann es in bezug auf Genauigkeit mit dem älteren Polarisationsphotometer auch nicht entfernt wetteifern, denn der Vorteil, daß die Auslöschung konstant beim Schwellenwert der Netzhautempfindlichkeit stattfindet, wird dadurch ins Gegenteil verwandelt, daß das Auge bei Auffassung der schwachen Lichteindrücke dauernd vom Zäpfchen- zum Stäbchensehen übergeht, dabei sehr leicht ermüdet und bald völlig versagt.

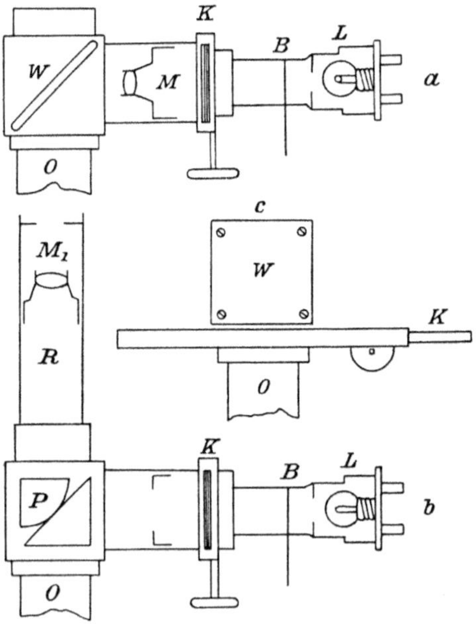

Abb. 172. Konstruktionsskizze des Universalphotometers nach K. Graff.

Damit wäre der Graukeil als Meßwerkzeug aus der praktischen Sternphotometrie verbannt, wenn man nicht sein sehr bequemes Prinzip in einer anderen Weise zur Anwendung gebracht hätte. Die vorteilhafteste grundsätzliche Änderung ist dadurch gegeben, daß man ähnlich wie beim Polarisationsphotometer den Keil

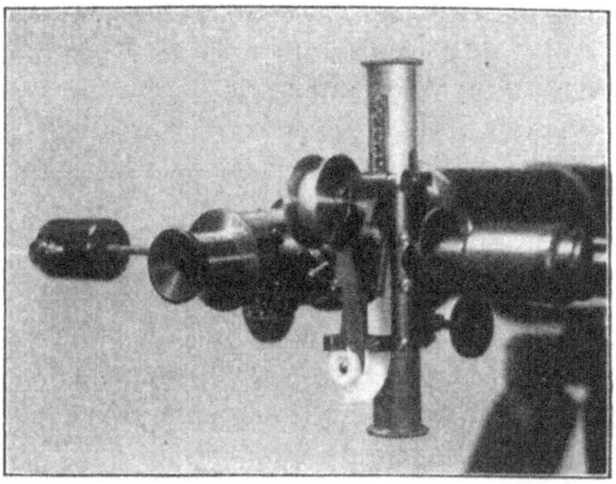

Abb. 173. Kleines Vergleichs-Keilphotometer mit Registriervorrichtung am Fernrohr.

lediglich zur Dämpfung des künstlichen Lichtes verwendet. Die in Abb. 168 gegebene Konstruktion bleibt bestehen, nur wird an Stelle der Nikols der Meßkeil, am besten mit der ganzen in Abb. 171 gegebenen Vorrichtung, in den Strahlengang der künstlichen Lichtquelle eingeschaltet. Derartige Photometer sind von verschiedenen Astronomen konstruiert und für mehr oder weniger ausführliche Messreihen verwendet worden. Diese in der Anordnung der Einzelteile nicht sehr abweichenden Instrumente haben sich so gut bewährt, daß sie gegenwärtig häufiger benutzt werden als die Polarisationsphotometer. Eine besonders ausgiebige Erschöpfung der Verwendungsmöglichkeiten des Keils veranschaulicht die in Abb. 172 skizzierte Konstruktion. In *a* ist der Querschnitt des Photometers bei Anwendung auf Punkthelligkeiten dargestellt und nach dem Vorangegangenen ohne weiteres verständlich. *L* ist eine kleine Metallfadenlampe, *K* der Keil, *M* ein Mikroskopobjektiv. Die doppelte Reflexion der Lichtstrahlen an der Planplatte im Würfel *W* erfolgt wie beim Polarisationsphotometer. Setzt man (Abb. 172 *b*) an Stelle der Glasplatte ein Lummer-Brodhunsches Prisma *P* ein und entfernt die Linse *M*, so erhält man ein Flächenphotometer, mit dem man Teile von Sonne, Mond, Planeten und Nebelflecken messen kann. Wird das Ansatzrohr mit dem schwachen Mikroskopobjektiv M_1 vorgeschraubt, so eignet sich das Instrument nach Einbau in einen kurzen leeren Tubus zur Messung der Milchstraße, des Zodiakallichtes, von Nordlichterscheinungen usw. Durch Vorschalten von Milchglasscheiben an Stelle von M_1 erhält man schließlich ein normales Beleuchtungsphotometer für Laboratoriumszwecke. Die Benutzung als Auslöschphotometer in der Bildebene des Okulars ist gleichfalls vorgesehen und durch Abb. 172 *c* veranschaulicht. Abb. 173 stellt ein ähnlich gebautes kleines Instrument in der Eigenschaft als Sternphotometer mit auswechselbarer Registriervorrichtung an einem kleinen Sucherfernrohr dar.

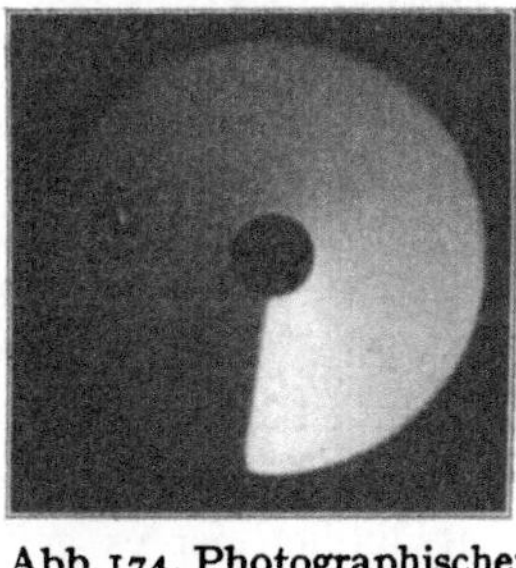

Abb. 174. Photographischer Kreiskeil nach E. Goldberg.

An alle Photometerkeile werden ziemlich hohe optische Anforderungen gestellt, die sich nur zum Teil technisch erfüllen lassen. Zunächst muß das Rohglas in der Färbung so neutral sein wie möglich. Es wurde schon erwähnt, daß in dieser Beziehung die Schmelzen sehr verschieden ausfallen, so daß oft kein einwandfreies Material erhältlich ist. Als Ersatz können dann photographische Schichten, also Gelatinekeile Verwendung finden (vgl. S. 225), die neuerdings von E. GOLDBERG auch in der bequemen Kreisform hergestellt worden sind (Abb. 174). Wie beim Auslöschphotometer muß wieder jeder Keil sorgfältig untersucht sein, darf aber im vorliegenden Fall keineswegs zur Überbrückung so großer Helligkeitsunterschiede verwendet werden wie dort. Die Absorption am Anfang und Ende eines normalen Keils entspricht stets so großen Helligkeitsunterschieden, daß in diesem Bereich die Gültigkeitsgrenzen des Fechnerschen Gesetzes merklich überschritten werden. Von einer Keilkonstante kann dann keine Rede mehr sein. Man darf daher bei den Keilphotometern mit Vergleichstern nur Unterschiede von höchstens vier Größenklassen direkt messen, größere Intervalle nur dann, wenn eine physiologische Keilkurve vorliegt, d. h. wenn der Beobachter sein Instrument an einer sicheren Sequenz, etwa an weißen Plejadensternen, deren Helligkeiten und Farben von der 3. bis zur 15. Größe festliegen (S. 207f.), geeicht hat. An großen Fernrohren sind auch dann besonders starke Helligkeiten noch durch Gitter oder Filter zu dämpfen. Mit dem Keil in der Brennebene und ungeändertem Vergleichstern wäre die beste Anordnung für ein Photometer getroffen, weil dann alle Messungen bei der gleichen physiologischen Helligkeit erfolgen würden. Dabei müßte man aber auf schwache Sterne, also auf die Ausnutzung der Lichtstärke eines großen Objektivs verzichten, wozu man sich nur selten entschließen wird.

Die Genauigkeit der mit Keilen erzielten photometrischen Ergebnisse steht den Resultaten mit Polarisationseinrichtungen durchaus nicht nach. Die künftighin zu erstrebenden Verbesserungen werden auch kaum am Photometer selbst als vielmehr an der Arbeitsweise vorzunehmen sein. Dazu gehört in allererster Linie eine bequeme, möglichst unveränderliche Stellung des Beobachters zum Okular, wie sie sich bei großen Instrumenten nur bei gebrochenen Konstruktionen oder bei horizontaler, fester Lage des Fernrohrs erzielen läßt. Von diesem praktisch sehr wichtigen Gesichtspunkt aus hat C. E. PICKERING für die Katalogarbeiten der Harvard-Sternwarte seine Meridianphotometer gebaut. Das größte bestand aus einem 30 cm-Fernrohr, das nach dem Westpunkte des Horizontes gerichtet war, und in dem durch Vermittelung eines Heliostatenspiegels mit Uhrwerk meridiannahe Sterne im Stundenwinkel bis zu $\pm 5^0$ beobachtet werden konnten. Für die Messung schwacher Objekte ist es von Wichtigkeit, wenn der Beobachter, wie im vorliegenden Falle, vollkommen im Dunkeln arbeiten kann, und alle Grobeinstellungen des Fernrohrs, Notizen, Kreis- und Uhrablesungen von einem Gehilfen erledigt werden.

Die Selenphotometer und die lichtelektrische Photometrie. Die zahlreichen physiologischen Fehlerquellen, die den visuellen Photometern anhaften, ließen die Physiker schon recht zeitig nach Einrichtungen Ausschau halten, die möglichst selbsttätig den empfangenen Helligkeitseindruck registrieren sollten. Tatsächlich ist es gelungen, derartige Apparate zu konstruieren. Wenn wir zunächst von den äußerst empfindlichen thermoelektrischen und radiometrischen Vorrichtungen absehen, ist dies durch Anwendung von zwei völlig abweichenden physikalischen Prinzipien geglückt.

Im Jahre 1873 hatte man in England und Amerika erkannt, daß die sog. metallische Form des Selens, eines mit Schwefel verwandten Elements, im Lichte die Elektrizität weit besser leitet, als im Dunkeln. Es lag nahe, diese wichtige Eigenschaft für rein mechanische, also von physiologischen Fehlern des Auges freie Helligkeitsmessungen zu verwerten. Die Aufgabe ist dann auch von verschiedenen Physikern, insbesondere auch von W. Siemens mit großem Eifer in Angriff genommen worden, doch scheiterten alle Versuche dieser Art zunächst an der Unempfindlichkeit der Apparatur, insbesondere für Strahlen kurzer Wellenlänge, ferner an den oft spontanen Änderungen und Ermüdungserscheinungen der Selenzellen, die jede Präzision bei den Messungen ausschlossen. Im Jahre 1895 gelang es zwar G. Minchin, an einem Reflektor die ersten meßbaren Einflüsse heller Sterne auf eine Selenzelle zu erhalten, doch boten diese Beobachtungen gegenüber den üblichen photometrischen Verfahren damals noch keine Vorteile. Dagegen konnte E. Ruhmer um 1902 bereits brauchbare Selenphotometer für stärkere Lichtquellen herstellen. Während diese Instrumente in der Himmelskunde zunächst nur die Registrierung von Sonnen- und Mondfinsternissen gestatteten, ging J. Stebbins in Amerika an seinen vervollkommneten Apparaten dazu über, auch Helligkeitsunterschiede von Sternen nach diesem Prinzip zu messen. Der Grundgedanke der Methode ist sehr einfach. Man läßt in geeigneten Zeitintervallen das Brennpunktsbild eines Sterns auf die in einen Stromkreis eingeschaltete Zelle wirken und mißt dann den Widerstand der letzteren mit dem Galvanometer. Je geringer der Widerstand, um so größer ist die Helligkeit des einwirkenden Sterns, und zwar sind die Intensitäten den Leitungswiderständen proportional. Bezeichnet man die letzteren mit w_1 und w_2, die entsprechenden Sterngrößen mit m_1 und m_2, so ist, wenn a einen Proportionalitätsfaktor bedeutet

$$m_1 - m_2 = a\,(\log w_2 - \log w_1)$$

Bei der praktischen Anwendung der Selenzellen auf den Himmel stellten sich beträchtliche Schwierigkeiten heraus, die hauptsächlich in dem überaus starken Temperaturkoeffizienten der Apparatur ihren Grund hatten. Erst nach Einschluß des ganzen Photometers in eine Hülle von konstanter, möglichst unter 0^0 liegender Temperatur, Einschaltung eines Dauerstromes und Einführung kurzer von längeren Erholungspausen unterbrochener Expositionen gelangte Stebbins zum Ziele. Die ersten Arbeiten betrafen einige helle Sterne mit veränderlichem Licht, wie Algol, δ Cephei, Beteigeuze u. a. Sie zeigten eine derartige Überlegenheit des neuen Verfahrens gegenüber den photometrischen Messungen am Okular, daß damit trotz der vorläufigen Umständlichkeit des Arbeitsverfahrens den Selenphotometern ein Dauerplatz in der Astrophysik gesichert erschien. Man hat noch mehrfach versucht, an Stelle des Selens andere Stoffe bzw. deren Kombinationen für gleichartige photometrische Messungen zu verwenden, doch ist der Erfolg bisher nicht besser gewesen als bei Verwendung des natürlichen Minerals.

Während der STEBBINSschen Versuche wurde in Europa noch eine andere physikalische Erscheinung auf ihre Brauchbarkeit für automatische Lichtregistrierung hin genauer untersucht, die die Selenapparate heute fast verdrängt hat. Fällt violettes oder ultraviolettes Licht auf eine Zinkplatte, so wird ein mit ihr verbundenes Elektrometer positiv aufgeladen. Der Mechanismus des Vorgangs ist theoretisch noch unklar. Die Versuche haben aber gezeigt, daß ganz allgemein beim Auftreffen eines Lichtstroms kurzer Wellenlänge auf Metalle bei der Absorption der Strahlung von der Oberfläche Elektronen abgespalten werden, deren Zahl der auftreffenden Energie proportional ist. Das vorher elektrisch neutrale Metall nimmt dabei eine bestimmte Ladung an, deren Betrag man, wie erwähnt, mit einem Elektrometer messen kann. Nur die Alkalimetalle, wie Natrium, Kalium usw. zeigen den lichtelektrischen Effekt auch bei Bestrahlung mit sichtbarem Licht und auch dann erst mit der erforderlichen Deutlichkeit, wenn sie als äußerst dünne reine Schichten auftreten. Da sich saubere Oberflächen nur im Vakuum herstellen und erhalten lassen, werden die betreffenden Elemente in luftleeren, innen versilberten Röhren in Form einer dünnen Haut niedergeschlagen. Auf diese Weise war es J. ELSTER und H. GEITEL im Jahre 1911 zuerst geglückt, den Photozellen eine fürs Laboratorium geeignete dauerhafte Gestalt zu geben. In der heute gebräuchlichen Anordnung werden die Röhren als Kugeln geblasen, in denen ein Drahtring aus Platin die Anode, eine Schicht von Kalium, Natrium oder Zäsium die Kathode bilden. Die Zellen wirken besonders empfindlich, wenn man einen elektrischen Strom von solcher Spannung hindurchschickt, daß die Röhre beinahe zum Leuchten gebracht wird. Schützt man noch die Zelle gegen äußeres Licht und etwaige elektrostatische Einflüsse, so ist nach Verbindung mit einem empfindlichen Elektrometer das lichtelektrische Photometer im Grundprinzip skizziert.

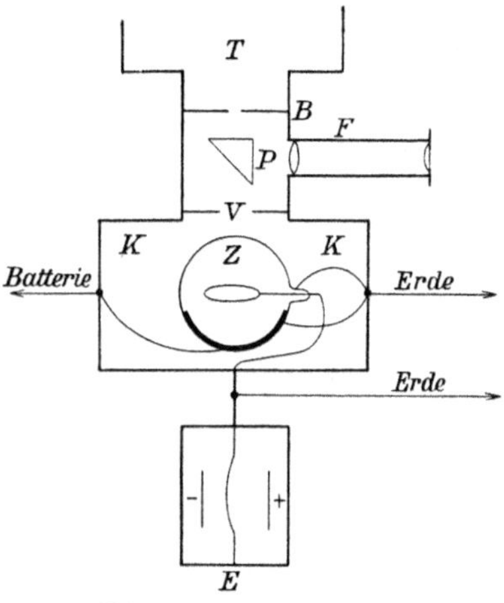

Abb. 175. Schema des lichtelektrischen Photometers der Babelsberger Sternwarte.

Für astrophysikalische Zwecke sind die photoelektrischen Zellen nach einem Vorschlage von H. KREUSLER zuerst durch P. GUTHNICK in Babelsberg verwertet worden. Nach Überwindung vieler Schwierigkeiten hat das Instrument schließlich die Form erhalten, wie sie durch Abb. 175 schematisch veranschaulicht wird. Die Fläche des benutzten Alkalimetalls ist mit dem Anodenbügel in eine mit Argon gefüllte dünne Glaskugel Z eingeschlossen und das Ganze in einem lichtdichten Kasten K untergebracht. Die Kaliumkathode ist mit dem $-$ Pol einer Akkumulatorenbatterie, deren $+$ Pol geerdet ist, verbunden, während die Platinanode beliebig geerdet werden kann. Auf diese Weise geht durch die Zelle ein Strom, der sich nahe an das Entladungspotential der Röhre bringen läßt.

Bei Beginn der Arbeit wird die Erdung der Anode aufgehoben, die Zelle belichtet und der Photostrom durch Handregistrierung der Zeiten gemessen, in denen bestimmte Skalenstriche vom Faden eines empfindlichen Elektrometers überschritten werden. Die Intensität ist dem Photostrom direkt und dieser den Aufladezeiten umgekehrt proportional, so daß die Berechnung der gemessenen Helligkeiten recht einfach ist. Bei Beginn einer neuen Messung wird die Erdung der Anode wieder hergestellt, vor der Belichtung aufgehoben usw.

Der photoelektrische Apparat wird bei T am Fernrohr so befestigt, daß das Elektrometer in seiner kardanischen Gabel stets senkrecht am Okularende herabhängt. Die in der Brennebene des Fernrohrs befindliche Irisblende B gestattet es, benachbarte Sterne oder den Himmelshintergrund abzudecken, und das senkrecht zur optischen Achse verschiebbare total reflektierende Prisma P dient dazu, um mit dem Beobachtungsfernrohr den zu messenden Stern vorher in die freie Öffnung der Irisblende einzustellen. Mit dieser nicht besonders umständlichen Apparatur ist es gelungen, die Genauigkeit der astronomischen Helligkeitsbestimmungen, die bei den visuellen Verfahren etwa 5 % beträgt, auf ungefähr 0.5 %, also auf das Zehnfache zu steigern. Da es ferner allein auf die einfallende Gesamtenergie ankommt, ist es gleichgültig, ob man im Brennpunkt des Fernrohrs oder außerhalb desselben registriert, und es ist ohne weiteres möglich, punktförmige Lichtquellen mit flächenhaften zu vergleichen. Mit einem Fernrohr von 30 cm Objektivdurchmesser kann man gegenwärtig Sterne bis zur 7. Größe lichtelektrisch messen; es steht aber zu hoffen, daß es gelingt, die Grenze nach unten allmählich noch merklich zu verschieben.

Die Photozellen haben sehr verschiedene spektrale Empfindlichkeitskurven, so daß sie sich auch gut zur Bestimmung der Sternfarben eignen. In der Richtung von Rot nach Violett verschiebt sich die Maximalempfindlichkeit der Alkalimetalle so, das *Cs, Rb, K, Na, Li* mit den wirksamsten Wellenlängen 539, 473, 440, 419 und 405 $\mu\mu$ einander folgen. Die Reihe liegt in der ersten Gruppe des Periodischen Systems (S. 27) und entspricht abnehmenden Atomgewichten. Gleichzeitig werden die Empfindlichkeitskurven flacher. Ein Nachteil fast aller photoelektrischer Zellen beruht darin, daß ihre allgemeinen und spektralen Empfindlichkeitskurven bei längerer Belichtung z. T. erheblichen Änderungen unterliegen, die sich schwer in Rechnung ziehen lassen. Bei diesen sog. Ermüdungserscheinungen handelt es sich nicht immer nur um ein Nachlassen der Empfindlichkeit. E. F. Seiler erhielt z. B. bei einer Kaliumzelle nach 525 Stunden Belichtung eine Zunahme der Empfindlichkeit um 70 %, während bei einem Belag von Kaliumhydrür selbst nach einer Bestrahlung von 1000 Stunden der Photostrom sich noch als unverändert erwies.

In diesem Zusammenhange sollen auch die lichtelektrischen Laboratoriumsapparate Erwähnung finden, obwohl sie streng genommen nur der photographischen Photometrie besondere Dienste leisten. Ihr Hauptzweck besteht darin, den Schwärzungsverlauf eines photographischen Bildes, z. B. eines Spektrums, kurvenmäßig aufzuzeichnen. Das erste selbstregistrierende Photometer dieser

Art ist von P. P. Koch 1914 konstruiert worden. Das Licht einer Nernst-Lampe N (Abb. 176) wird auf der auszumessenden Platte P durch eine Beleuchtungslinse konzentriert und mit Hilfe eines Mikroskopobjektivs M in die Bildebene geworfen, aus der ein Spalt S herausgeblendet wird. Dieses enge Lichtbündel fällt auf die Kaliumzelle Z, die einerseits mit einer Batterie B, andererseits mit einem Seitenelektrometer E verbunden ist. Die Photozelle wird, wie üblich, durch den Strom in der Nähe des Entladungspotentials gehalten und der lichtelektrische Effekt an der Stellung des aufgeladenen Fadens registriert. Es geschieht dies aber nicht, wie beim Sternphotometer, durch Koinzidenzbeobachtungen an einer Skala, sondern die Galvanometerausschläge werden auf eine photographische Platte übertragen, die von demselben Uhrwerk be-

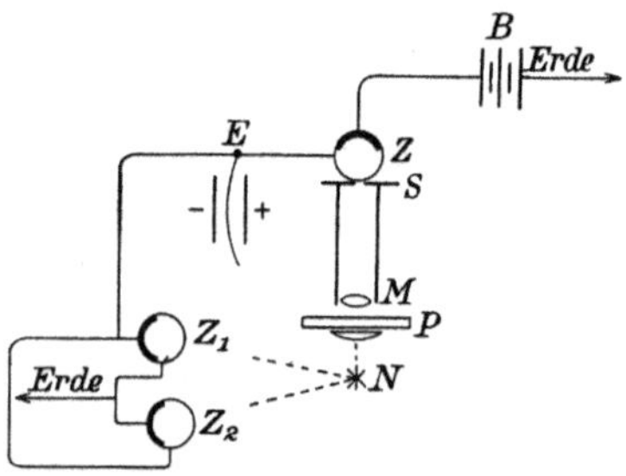

Abb. 176. Schema des Kochschen lichtelektrischen Mikrophotometers.

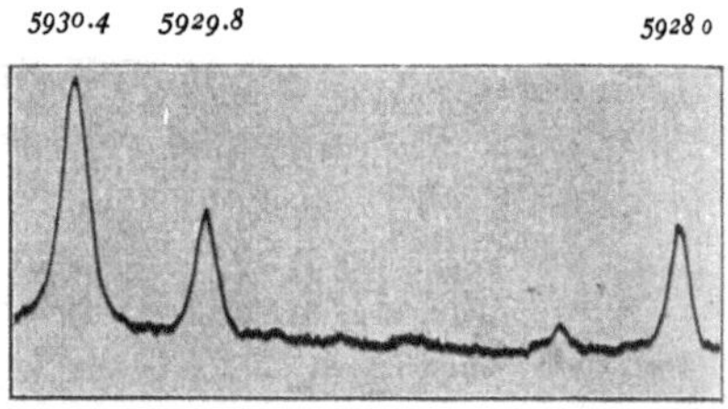

Abb. 177. Mikrophotogramm eines Teiles des Sonnenspektrums.

wegt wird, das auch das Negativ unter dem Mikroskop verschiebt. Bei gleichbleibender Durchlässigkeit wird eine Lichtlinie parallel zur Längsseite der Registrierplatte aufgezeichnet, bei wechselnder Schwärzung eine auf- und absteigende Kurve, in der auch ganz geringe Unterschiede der Plattendichte deutlich hervortreten. In dem Beispiel der Abb. 177 umfaßt die ganze Kurvenlänge in λ noch nicht 3 *AE*. Die in Abb. 176 sichtbaren in den Stromkreis eingeschalteten und von der Lampe gleichfalls beleuchteten Zellen Z_1 und Z_2 dienen zur Ausgleichung aller in der Zuleitung auftretenden Spannungs- und Intensitätsschwankungen. Bei einer von F. Goos ausgeführten Neukonstruktion sind die Bewegungen für Negativ und Registrierplatte derart eng gekoppelt, daß die kostspielige lange Mikrometerschraube für die Negativbewegung fortfallen kann und trotzdem völlig längentreue Kurvenphotogramme erhalten werden. Das neue Mikrophotometer gestattet demnach Präzisionsuntersuchungen, die sich sowohl auf die Schwärzungen wie auf den linearen Maßstab beziehen.

Die Spektralphotometer. Wie schon der Name andeutet, sind die Spektralphotometer solche zu Lichtmessungen dienenden Instrumente, bei denen nicht die Gesamthelligkeit eines leuchtenden oder beleuchteten Objekts gemessen wird, sondern die Helligkeit der einzelnen Gebiete seines Spektrums. Die Aufgaben, die dabei zu lösen sind, müssen zunächst sorgfältig umrissen werden.

Hat die Strahlungsquelle die Eigenschaften des Schwarzen Körpers, so sind die Energien der einzelnen Spektralbezirke auf Grund der Kirchhoffschen Funktion bekannt, sobald die Temperatur der Strahlungsquelle gegeben ist. Umgekehrt läßt sich diese berechnen, wenn durch photometrische Messungen im Spektrum die Strahlungsenergie für bestimmte Wellenlängen bestimmt worden ist. Daraus ergibt sich die Möglichkeit einer Temperaturbestimmung der Sterne, und hauptsächlich von diesem Gesichtspunkte aus ist auch das Verfahren in der Himmelskunde angewendet und ausgebaut worden. Entspricht das Licht nicht der Schwarzen Strahlung, so treten Abweichungen von der Planckschen Gleichung auf, die aber bei selbstleuchtenden Himmelskörpern, wie den Fixsternen und der Sonne, nicht so groß sind, daß sie die Ergebnisse merklich in Frage stellten. Die Hauptschwierigkeit des Verfahrens liegt bei visueller Arbeit darin, daß der menschliche Sehapparat nur auf ein sehr enges spektroskopisches Intervall anspricht und obendrein für Vergleichungen von Farbenintensitäten so ungeeignet wie möglich ist. Wohl existiert für das Auge in dem Spektralbezirk zwischen 800 und 400 $\mu\mu$ eine Empfindlichkeitskurve, deren Verlauf aber zum großen Teil physiologisch begründet ist und von der wahren Energiekurve der Lichtquelle sehr abweichen kann. Bei einer spektralen Strahlungskurve ist die Lage des Maximums nur von der Temperatur abhängig, beim Auge dagegen auch noch von der absoluten Helligkeit des Eindrucks (S. 55). Die Trennung der physiologischen von den rein physikalischen Erscheinungen im Spektrum ist stets sehr umständlich und macht eine direkte visuelle Photometrie verschiedener Spektralfarben fast unmöglich. Wenn auch damit das Auge für irgendwelche physikalischen Farbenuntersuchungen ausscheidet, so ist doch seine spektrale Empfindlichkeitskurve bei der Beurteilung von Erscheinungen aller Art, die irgendwie mit Lichtzerlegung zusammenhängen, von solcher Wichtigkeit, daß die Mitteilung einiger Zahlenwerte von Interesse ist. Wird das Maximum für mittlere Helligkeit auf 550 $\mu\mu$ verlegt, so erhält man nach G. E. Gibson als Durchschnitt verschiedener Bestimmungen die

Mittlere spektrale Empfindlichkeit des menschlichen Auges.

λ	E	Farbe
720 $\mu\mu$	0.001	Tiefrot
680	0.017	Hochrot
640	0.175	Orange
620	0.381	Orange
600	0.631	Vollgelb
580	0.870	Hellgelb
560	0.995	Grünlichgelb
540	0.954	Grün
520	0.710	Bläulichgrün
500	0.323	Blau
480	0.139	Zyanblau
460	0.060	Indigoblau
440	0.023	Blauviolett
420	0.004	Violett

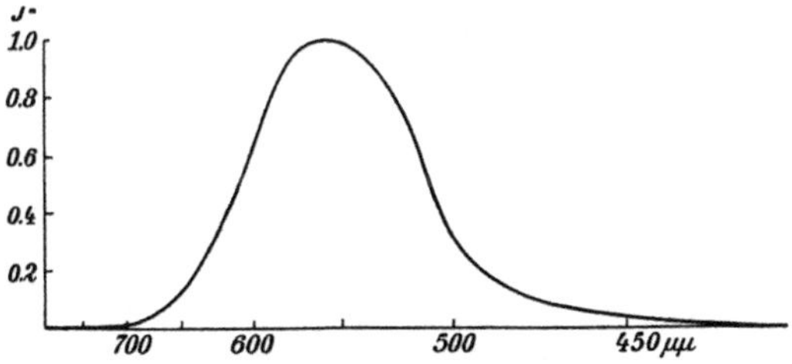

Abb. 178. Mittlere physiologische Farbenkurve des menschlichen Auges.

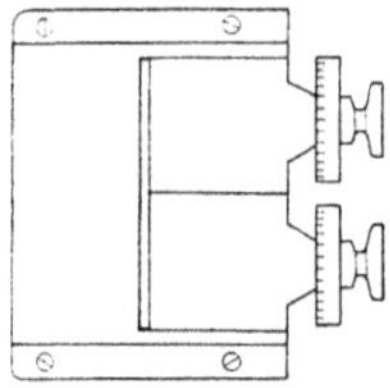

Abb. 179. Doppelspalt des Vierordtschen Spektralphotometers.

auf S. 239 stehende Tabelle der relativen visuellen Empfindlichkeitskoeffizienten.[1]) Die stärkere Zusammendrängung der Strahlen größerer Wellenlänge im prismatischen Spektrum ist dabei berücksichtigt. Bei sehr hellen Lichtquellen kann sich das Maximum der Kurve (Abb. 178) bis $570\,\mu\mu$, bei schwachen bis etwa $510\,\mu\mu$ verschieben. Aus allen diesen Betrachtungen geht hervor, daß die ganze visuelle Spektralphotometrie einzig und allein auf der Vergleichung genau gleich gefärbter Spektralgebiete aufgebaut werden darf. Es werden also bei den in Frage kommenden Apparaten Stellen identischer Wellenlänge möglichst ohne Trennungslinie, etwa nach dem Prinzip der Abb. 147, über- oder nebeneinander zu bringen und dann gleichzumachen sein, wobei sicher keine größeren Schwierigkeiten in der Auffassung zu erwarten sind, als bei weißem Licht.

An allen älteren Spektralphotometern wurde eine Teilung des Spaltes in zwei Hälften vorgenommen und die eine Lichtquelle direkt, die andere durch ein total reflektierendes Prisma vor dem Spalt beobachtet. Bei einem früher viel verwendeten Instrument von C. Vierordt besteht die ganze Abweichung gegen ein gewöhnliches Spektroskop lediglich in den zwei anstoßenden, durch Mikrometerschrauben regulierbaren Spalten (Abb. 179). Man erhält dadurch zwei parallel übereinanderliegende, aber mangelhaft aneinander grenzende Spektra, deren Helligkeit durch verschiedene Öffnung der Spalte in meßbarer Weise verändert werden kann, bis ein im Okular herausgeblendeter Spektralstreifen oben und unten die gleiche Helligkeit zeigt. Die wahren Intensitäten verhalten sich dann nahe umgekehrt wie die Spaltweiten. Da bei größeren Öffnungen die Farben unrein werden und bei engen Büscheln Beugungserscheinungen auftreten, so lassen sich mit der einfachen Vorrichtung nur geringe spektrale Unterschiede einigermaßen sicher messen.

Auch das von P. Glan konstruierte Spektralphotometer (Abb. 180) benutzt zwei Spalthälften, die wieder zusammenhängen und nur durch einen Steg getrennt sind. Durch die Doppelbrechung in einem Bergkristall B erhält man von den Lichtquellen L_1 und L_2 nach Passieren des Kollimators K im ganzen vier Bilder, deren Licht polarisiert ist und durch ein drehbares Nikolprisma N, das als Analysator dient, beliebig gedämpft werden kann. Die Dispersion in die vier Spektra erfolgt am besten durch ein geradsichtiges Prismensystem. Die Breite des Spaltsteges ist so gewählt, daß die mittleren zwei Spektra der beiden Lichtquellen im Gesichtsfelde eng aneinander stoßen; die beiden äußeren können durch Schieber in der Bildebene des Okulars abgeblendet werden. Da der Winkel der

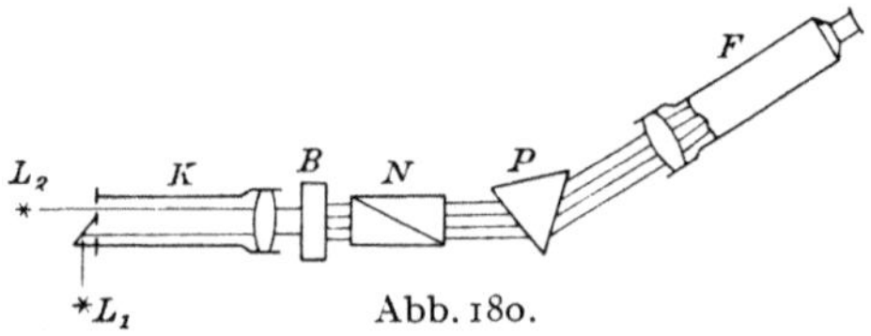

Abb. 180. Spektralphotometer nach P. Glan.

[1]) M. C. Fabry, Leçons de photométrie. Paris 1924.

Doppelbrechung von der Wellenlänge abhängt, so berühren sich die beiden übrigbleibenden Spektra nicht auf ihrer ganzen Länge, sondern überdecken sich z. B. im Rot und stehen im Violett auseinander, wenn sie im Grün scharf aneinanderstoßen. Dieser Nachteil kann durch Benutzung eines keilförmigen Spaltsteges, also durch entsprechende Breitenänderung der beiden Spektren beseitigt werden. Ein Vorzug des Photometers, das u. a. von H. C. Vogel für die ersten spektralphotometrischen Arbeiten am Himmel verwendet wurde, beruht darin, daß sehr große Helligkeitsunterschiede gemessen werden können; der wichtigste Nachteil liegt in dem starken Lichtverlust durch Erzeugung mehrerer Bilder und Verwendung so zahlreicher reflektierender Flächen. Gegenwärtig würde man für ähnliche Zwecke die verbesserte Konstruktion von F. F. Martens benutzen, bei der

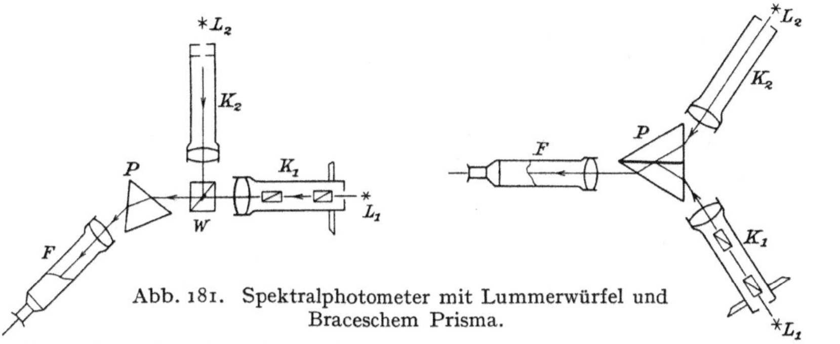

Abb. 181. Spektralphotometer mit Lummerwürfel und Braceschem Prisma.

durch eine besondere Anordnung der optischen Teile die Reflexionsverluste merklich herabgedrückt sind und der Strahlengang so eingerichtet ist, daß das vertikal schwingende Licht des einen Spaltes mit dem horizontal schwingenden des anderen in zwei scharf und ohne Trennungslinie angrenzenden Feldern verglichen werden kann. Das analysierende Nikol hat Martens in den Okularstutzen verlegt, so daß damit auch die Einstellungen und Ablesungen wesentlich vereinfacht sind.

Die Ausdehnung der Spektralphotometrie auf schwächere Sterne erfordert eine merkliche Vereinfachung der Apparatur, bei der vor allem jeder nicht unbedingt notwendige Lichtverlust vermieden werden muß. Nach dem Prinzip der gewöhnlichen Astrophotometrie wird man daher heute die Nikolprismen vor den unzerlegten künstlichen Stern setzen und erst dann das polarisierte Licht in das Beobachtungsrohr führen. Die rechtwinklige Ablenkung erfolgt durch ein total reflektierendes Prisma vor der einen Hälfte des Spaltes, während in die obere der Stern direkt eingestellt werden kann. In dieser Form hat zuerst A. Crova 1883 ein auch für astronomische Arbeiten zweckmäßiges Instrument hergestellt. Bei den letzten spektralphotometrischen Arbeiten des Potsdamer Observatoriums ist diese Anordnung ausschließlich zur Verwendung gekommen.

In der Laboratoriumsspektroskopie ist man in den letzten Jahren durchweg zu einer bereits von M. Gouy 1879 vorgeschlagenen Form des Spektralphotometers zurückgekehrt, bei der zwei getrennte Spalte und Kollimatoren verwendet wurden und deren heutiges Schema in Abb. 181 wiedergegeben ist. Das von den beiden Lichtquellen L_1 und L_2 kommende Bündel wird durch die beiden Kollimatoren entweder auf eine halbversilberte Glasplatte, ein Bracesches Prisma (S. 170) oder auf einen Lummer-Würfel geworfen und in je ein Spektrum zerlegt. Die Beobachtung erfolgt mit dem Fernrohr F, in dessen Gesichtsfeld zwei spektrale Streifen von L_1 und dazwischen ohne Trennungslinie und ohne Wellenlängenverschiebung ein Streifen von L_1 erscheinen. In der Abbildung ist angenommen, daß L_1 heller ist als L_2, die Polarisationseinrichtung in Form von zwei Nikols N_1 und N_2 ist demnach in das Kollimatorrohr K_1 verlegt. Beide Anordnungen der Abb. 181 haben ihre Vorteile. Bei der einfacheren und dabei symmetrischen Form von Brace könnte man höchstens Zweifel hegen, ob durch die Nikols und durch Reflexion an der Silberfläche keine Veränderung der Lichtqualität eintritt. Nach früheren Angaben kann das zwischen Rot und Blau innerhalb gewisser Grenzen verbürgt werden. Um die selektive Absorption der Nikolprismen zu untersuchen, genügt es, die Strahlung ein und derselben Lichtquelle mittels totalreflektierender Prismen sowohl durch K_1 als auch durch K_2 zu senden und spektralphotometrisch zu vergleichen.

Einen gewissen Ersatz für die prismatische Zerlegung des Lichtes bieten Farbfilter aus Gelatine, die sich gegenwärtig fast in jeder nur erdenklichen Mannigfaltigkeit, wenn auch selten lichtecht herstellen lassen.[1]) Wird das Spektrum etwa in drei Bezirke eingeteilt, die dann Rot, Grün und Blauviolett umfassen, so kann bei Beschränkung auf diese Farben jedes gewöhnliche Photometer in ein vereinfachtes Spektralinstrument verwandelt werden. Bei dem Dreifarbenphotometer von C. Nordmann sind z. B. die eng aneinanderschließenden Gebiete so eingeteilt, daß die Wellenlängen $590\,\mu\mu$ bzw. $490\,\mu\mu$ die Grenzen des mittleren Filters bilden, während die beiden äußeren durch die physiologischen Schwellenwerte in Rot und Violett gegeben sind.

Die umfangreichsten und dabei genauesten spektralphotometrischen Arbeiten ermöglicht heute die Photographie, so daß visuelle Beobachtungen am Himmel wie im Laboratorium nur noch für einzelne Sonderaufgaben zu empfehlen sind. Werden die Negativbilder, die mit einem Objektivprisma, einem Spektrographen u. dgl. hergestellt sein können, mit dem selbstregistrierenden Mikrophotometer von P. P. Koch ausgemessen, so erhält man auf diesem Wege in kürzester Zeit präzise, in beiden Koordinaten maßhaltige Helligkeitskurven der Strahlung, deren Ableitung sonst eine Arbeit von Wochen oder Monaten erfordern würde.

Die photographische Photometrie. Eine sehr wichtige photographische Methode der Helligkeitsmessung beruht auf der Erfahrung, daß die Arbeit, die ein Lichtstrom auf der empfindlichen Schicht leistet, mit der Dichte bzw. mit der Durchsichtigkeit des Silberniederschlages an der beeinflußten Stelle der Platte in einem gesetzmäßigen Zusammenhange steht. Die Schwärzung der Schicht

[1]) A. v. Hübl, Die Lichtfilter. 2. Aufl. Halle 1921. — Eine deutsche Lichtfilterfabrik („Lifa") befindet sich in Augsburg.

kann danach als ein Maß für die Strahlungsenergie aufgefaßt werden, die sie hervorgerufen hat. Auch hier kann es sich nie um irgendwelche absoluten Werte handeln, sondern stets nur um relative Vergleiche zwischen zwei oder mehreren Lichtquellen. Die Messungen selbst können nach sämtlichen gebräuchlichen Grundsätzen der Photometrie erfolgen, denn in dieser Hinsicht besteht kein wesentlicher Unterschied zwischen der visuellen und photographischen Photometrie. In den Ergebnissen werden sich aber visuelle und photographische Messungen nicht decken, da sich die Beobachtungen in beiden Fällen auf ganz verschiedene Spektralgebiete beziehen. Gerade diese abweichende selektive Empfindlichkeit von Auge und Platte verleiht der photographischen Photometrie ihren eigenen Wert, indem aus der Vergleichung visueller und photographischer Helligkeiten ähnliche, wenn auch weniger vollkommene Schlüsse gezogen werden können, wie aus spektralphotometrischen Beobachtungen. Durch Anwendung von Farbfiltern und besonders sensibilisierten Platten ist es natürlich möglich, auch auf photographischem Wege Helligkeiten zu erzielen, die den visuellen sehr genau entsprechen und als photovisuelle Werte bezeichnet werden.

Die Grundlage der eben skizzierten photographischen Photometrie bildet das Schwärzungsgesetz, d. h. das physikalische Verhältnis zwischen der Dichte des Silberniederschlages einerseits und der Intensität der Lichtquelle und der Expositionszeit andererseits. Die allgemeinen Beziehungen sind hier außerordentlich verwickelt. In einem früheren Kapitel (S. 74ff.) ist aber gezeigt worden, daß die Gesetzmäßigkeiten wenigstens für normale Schwärzungen durch eine einfache Exponentialfunktion darstellbar werden. Hierzu ist die Messung der Korndichte des Negativs an der Bildstelle notwendig, es muß also eine photographisch-photometrische Vergleichung von Flächenhelligkeiten erfolgen. Bei den Sternen ist es besonders vorteilhaft, das kreisförmige Brennpunktsbild von unhomogener Schwärzung durch ein größeres Scheibchen von gleichmäßiger Dichte zu ersetzen. Das kann in verschiedener Weise geschehen, am einfachsten durch Aufnahmen innerhalb oder außerhalb der Brennebene, wobei sich bei guten Objektiven jeder Stern als gleichmäßig geschwärzte Scheibe abbildet. Man muß dabei allerdings mit einem sehr bedeutenden Lichtverlust rechnen, was für Untersuchungen an hellen Sternen ohne Belang ist, bei den schwächeren aber unbequem lange Expositionen erfordert. Vorteilhafter in dieser Beziehung, aber umständlicher war das von K. Schwarzschild angewendete Schraffierverfahren, bei dem die Aufnahme in der Brennebene erfolgte, durch eine geeignete Bewegung der Kassette aber dafür gesorgt wurde, daß das Bild eines jeden Sterns allmählich ein kleines Feldviereck überdeckte und schwärzte.

Wesentlich älter als das eben behandelte Verfahren der Schwärzungsmessung ist die photometrische Einordnung der Sterne nach den Durchmessern, die sie auf dem Negativ zeigen. Seit der ersten Anwendung der Photographie auf den gestirnten Himmel ist bekannt, daß die Sterne auf den Aufnahmen mehr oder weniger ausgedehnte Scheibchen zeigen, deren Größe sowohl mit der Helligkeit als auch mit der Dauer der Exposition zunimmt. Man kann daher auf den photographischen Platten die Helligkeitsunterschiede der Sterne mit derselben Leichtigkeit erkennen wie etwa auf einer Sternkarte oder bei direkter Betrachtung des Himmels. Damit ist für die Photometrie, wie schon G. P. Bond 1857 erkannt hat, eine neue Methode gewonnen, die sich von der oben behandelten insofern vollkommen unterscheidet, als hier die Intensitätsskala auf ein lineares Maß übertragen wird, das an jedem beliebigen Meß- oder Schätzmikroskop bestimmt werden kann. Aber auch bei der Durchmessermethode hat es sich sehr bald gezeigt, daß die Verbreiterung der Sternscheibchen keinem einfachen linearen Gesetz folgt. Sie hängt nicht nur von der Helligkeit des Sterns und der Dauer der Belichtung ab, sondern auch vom Objektivtypus, von der Brennweite und der verwendeten Plattensorte. Daher ist eine bestimmte Durchmessergleichung nicht ohne weiteres auf andere Intrumente übertragbar. Solange es unmöglich ist, die Beziehungen theoretisch zu erfassen, läßt sich demnach die Abhängigkeit zwischen Durchmesser und Helligkeit nur durch empirische Formeln darstellen. Die häufigste Anwendung haben die Ausdrücke von C. V. Charlier und W. H. Christie

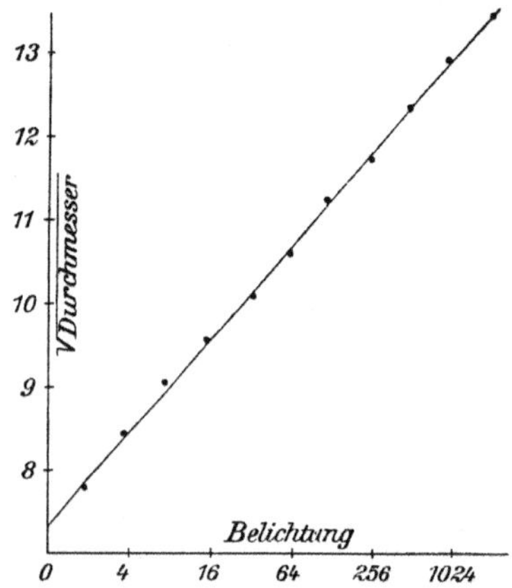

Abb. 182. Funktionelle Beziehung zwischen Durchmesser und Belichtungszeit (nach F. E. Ross).

$$m = a + b \log d \quad \text{(Charlier)}$$

bzw.

$$m = a + b\sqrt{d} \quad \text{(Christie)}$$

gefunden, wo m die Sterngröße, a und b zwei von Instrument, Platte, Expositionszeit und Entwicklung abhängige, aus weißen Sternen bekannter Helligkeit abgeleitete Konstanten und d den gemessenen Scheibchendurchmesser bezeichnen. Auf sehr große Helligkeitsintervalle ist erfahrungsgemäß nur die zweite sog. Greenwicher Formel anwendbar. Sie gibt die Beziehungen zwischen m und $\sqrt{d}$ in Form einer geraden Linie wieder (Abb. 182) und versagt erst, wenn die Scheibchendurchmesser kleiner als 0.05 mm werden. Es ist dann aber nach F. E. Ross möglich, ihren Gültigkeitsbereich durch Einführung einer dritten Konstanten unter dem Wurzelzeichen noch merklich zu erweitern. Bei geringen Helligkeitsunterschieden wird man oft schon mit dem linearen Ausdruck

$$m = a + bd \quad \text{(Scheiner)}$$

auskommen.

Die Greenwicher Formel besagt bei näherer Betrachtung nichts anderes, als daß die Quadratwurzel des Sterndurchmessers den Logarithmen der Intensität bzw. der Expositionszeit proportional verläuft. Eine Nachprüfung dieses astronomisch gewonnenen Gesetzes im Laboratorium durch C. Mees hat vollständige Übereinstimmung im Expositionsintervall zwischen 1 und 500 ergeben.

Bei größeren Katalogarbeiten, bei denen sich Durchmesserbestimmungen unmittelbar an die Örter anschließen, wird das Verfahren noch allgemein angewendet und ist dann auch zweckmäßig. Bei wenigen Helligkeitsbestimmungen lohnt dagegen nicht die Bestimmung der Konstanten *a* und *b*, die die Messung einer Reihe von Sternen bekannter Größe erfordern. Hier ist die Übertragung von kurzen Gitterspektren (S. 225) oder von bekannten Eichfeldern, wie der Plejaden, der Polsequenz u. a. auf die Platte mehr zu empfehlen. In diesem Falle wird bei einiger Übung die schlichte Einschätzung der unbekannten Größen zwischen die bekannten, also die Anwendung des sog. Argelanderschen Stufenverfahrens (S. 224) kaum weniger sichere Daten ergeben als die Scheibchenmessung unter dem Mikroskop.

Bei genauen photographisch-photometrischen Arbeiten ist stets die reine Schwärzungsmessung vorzuziehen, weil dabei die auftretende Energie nach der Zahl und Dichte der reduzierten Bromsilberkörner bewertet wird. Daß auf diesem Wege trotz der auf S. 80 geäußerten Bedenken sehr zuverlässige Ergebnisse erhalten werden können, haben die Arbeiten von K. Schwarzschild, J. Parkhurst, E. Hertzsprung u. a. einwandfrei erwiesen. Zur Erzielung der hohen Genauigkeit hat das von J. Hartmann konstruierte Mikrophotometer sehr wesentlich beigetragen. Wie schon der Name sagt, dient der Apparat, ähnlich wie das merklich jüngere Kochsche Instrument (Abb. 176), zur photometrischen Messung sehr kleiner Flächen.

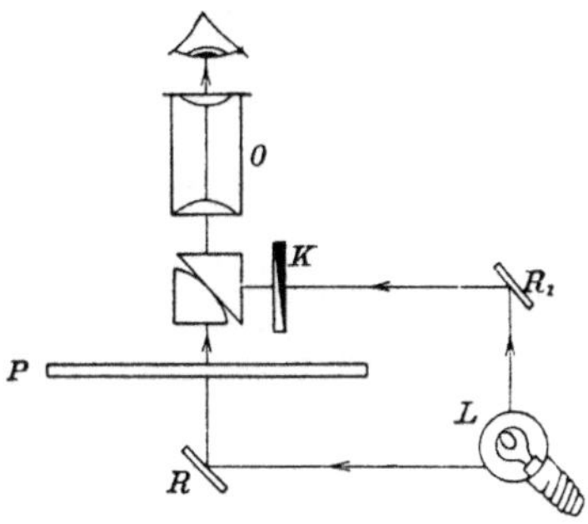

Abb. 183. Prinzip des Hartmannschen Mikrophotometers.

Es besteht im Prinzip (Abb. 183) aus einer Lupe oder besser einem Mikroskop *O*, das die gleichzeitige Beobachtung einer stetig verlaufenden Schwärzungsskala bei *K* und des extrafokal aufgenommenen Sterns auf der Platte *P* gestattet. Die Beleuchtung erfolgt von der Lampe *L* aus durch die mattweißen Reflektoren *R* und R_1. Blickt man in das Okular *O*, so wird der Lummer-Brodhunsche Würfel von dem eingestellten Feld des Absorptionskeils bei *K* ausgefüllt, bis auf die winzige Kontaktfläche der einen Prismenhypotenuse, durch die ein Bild des eingestellten extrafokalen Sternscheibchens auf der Platte *P* sichtbar wird. Durch meßbare Verschiebung des photographischen Keils mittels eines Triebes wird Helligkeitsgleichheit hergestellt, d. h. der Fleck zum Verschwinden gebracht. Abb. 184 zeigt eine neuzeitliche Ausführung des Instruments. Das oberhalb des eigentlichen Beobachtungsmikroskops sichtbare Hilfsokular dient lediglich zur Einstellung auf den zu messenden Stern und zur Kontrolle der Plattenlage während der Beobachtung. Da das Plattenkorn bei den Messungen störend einwirkt, haben C. Fabry und H. Buisson den Strahlengang des Photometers insofern etwas verändert[1]), als sie die scharfe

[1]) C. Fabry, Leçons de photométrie. Paris 1924.

Abbildung von Platten- und Keilbild von der Netzhaut in die Pupille verlegten. Man beurteilt dann im Gesichtsfelde des Photometers nicht aneinanderstoßende Teile von Keil und Meßplatte, sondern die Beleuchtung der letzten Abbildungslinse, die je zu einer Hälfte von den zu vergleichenden Schwärzungsfeldern beeinflußt wird. Auch bei Untersuchung sehr kleiner Negativteile erscheint dann das Bild, besonders bei Anwendung monochromatischer Beleuchtung, in gleichmäßiger, kornloser Struktur. Erschwert werden bei dieser Einrichtung die Messungen dadurch, daß das Auge stets genau in der Achse des optischen Systems liegen muß, das linsenfreie Okular somit nur eine sehr enge Blendenöffnung haben darf.

Abb. 184. Hartmannsches Mikrophotometer (Bamberg-Werk).

Auch die visuelle Mikrophotometrie wird von Tag zu Tag immer mehr durch photo- und thermoelektrische Registrierverfahren ersetzt und verdrängt. Während das Kochsche Photometer sich z. B. für die Vermessung von astronomischen Spektralaufnahmen vortrefflich eignet, ist es auf gewöhnliche Sternbilder nicht anwendbar, so daß man hier lange Zeit hindurch ausschließlich auf das Hartmannsche Instrument angewiesen war. Diese Lücke hat H. T. Stetson durch sein thermoelektrisches, neuerdings von J. Schilt in Groningen wesentlich vervollkommnetes Mikrophotometer ausgefüllt. Das Prinzip des Instruments beruht darauf, daß das Negativbild eines fokal oder extrafokal aufgenommenen Sterns in einen hellen Lichtkegel von unveränderlichem Durchmesser gebracht wird. Dieses durch das Bromsilberkorn des Sternbildchens mehr oder weniger geschwächte Lichtbündel wird auf einer Thermosäule konzentriert und der durchgelassene Teil der Strahlung durch den Thermostrom ausgedrückt. Die Sternhelligkeiten werden demnach an den Ausschlägen eines Galvanometers gemessen. Diese sind der durchgelassenen Energie direkt, den Sternhelligkeiten dagegen umgekehrt proportional, solange das Photometer tatsächlich die Zahl der reduzierten Silberkörner registriert. Bei Einstellung sehr heller Sterne, also stark gedeckter Bilder, geht die Proportionalität zwischen Sternintensität und Thermostrom natürlich verloren; die dann gültigen Beziehungen müssen empirisch bestimmt oder die nicht normalen Abbildungen von den Messungen ausgeschlossen werden.

Mit der photographischen Photometrie stehen die Grenzleistungen der astronomischen Optik in enger Beziehung. Es handelt sich dabei im besonderen um die Frage, welche Größenklassen bei gegebenen Öffnungen und Expositionszeiten noch eben zur Abbildung gelangen. Die Angelegenheit ist deshalb wichtig, weil schon die Helligkeitsbestimmung von Sternen der 14. oder 15. Größe an den größten visuellen Instrumenten recht unsicher wird, und mindestens von dieser Grenze an das Arbeitsfeld ausschließlich der Photographie überlassen werden muß. Die alte Annahme, daß mit der Expositionszeit ein proportionaler Gewinn an Lichtstärke erhalten wird, entspricht nach den Erfahrungen mit dem Schwärzungsgesetz nicht den Tatsachen. Während bei Gültigkeit des Reziprozitätsgesetzes (S. 77) jede Vervielfachung der Expositionszeit um das 2.5 fache einen Vorsprung von einer Größenklasse liefern müßte, erhält man in Wirklichkeit höchstens einen Gewinn von 0.9^m. Um also eine volle Größenklasse mehr zu erhalten, muß unter Voraussetzung desselben Instruments und der gleichen Plattenemulsion nicht 2.5, sondern im Mittel 2.8 mal so lange exponiert werden. In der nebenstehenden Übersicht ist der in Frage kommende Gewinn für den Himmelskartenrefraktor 1:10 von 33 cm Öffnung zusammengestellt. Den Ausgang bildet dabei die Annahme, daß das Instrument unter normalen Verhältnissen in 24 Sekunden weiße Sterne bis 9.5^m abbildet. Die Tafel darf übrigens nicht beliebig linear ausgedehnt werden; schon die beiden letzten Reihen sind ganz unsicher, da bei ihnen die Voraussetzung gemacht ist, daß von den schwachen Sternen der Schwellenwert der Platte ebenso rasch überwunden wird, wie von den hellen, was bekanntlich durchaus nicht zutrifft. Der auch durch Laboratoriumsversuche bestätigte Expositionsfaktor 2.8 gilt demnach nur für die helleren Sterne; bei den schwächeren muß er durch eine merklich höhere Zahl ersetzt werden, bis schließlich auch die längsten Belichtungen keinen Eindruck mehr ergeben.

Exposition und Größengewinn beim Himmelskartenrefraktor.

Expos.-Zeit	Grenzgröße
0^h 0.4^m	9.5^m
0 1.1	10.5
0 3.1	11.5
0 8.8	12.5
0 24.6	13.5
1 8.8	14.5
3 12.8	15.5
8 59.7	16.5

Wesentlich vorteilhafter als bei den Refraktoren gestalten sich die Expositionsverhältnisse bei den Spiegelteleskopen, wo nicht nur größere Öffnungen zu erzielen sind, sondern auch ein Lichtverlust durch Absorption, unvollkommene Achromatisierung usw. nicht zu befürchten ist. Bei den größten Spiegeln der Gegenwart mit ihren bis zu 2½ m gehenden Durchmessern kann man die Belichtungszeiten gegenüber dem Refraktor außerordentlich abkürzen. Die beiden großen Reflektoren des Mt. Wilson-Observatoriums (1.5 m bzw. 2.6 m Öffnung) liefern bei guten Luftverhältnissen schon in zwei Minuten Sterne bis 16.9^m bzw. bis 17.8^m, so daß ein solches Instrument bereits in dieser kurzen Zeit ebensoviel Sterne abbildet, wie ein photographischer Normalrefraktor in zehn Stunden. Ebenso günstig sind die Ergebnisse bei Spektralaufnahmen, indem der größere Spiegel auf Mt. Wilson am spaltlosen Spektrographen mit einem Prisma schon in 5 Minuten Spektra von Sternen 12. Größe und in 15 Minuten solche 13. Größe gut durchbelichtet wiedergibt.

9. Die Strahlungsmessung.

Die bisher behandelte Photometrie umfaßt, streng genommen, nur die Messung eines sehr kurzen Gebietes der von einem Weltkörper ausgestrahlten Energie. Die visuellen Messungen erstrecken sich günstigsten Falles auf das spektrale Band zwischen 800 $\mu\mu$ bis 400 $\mu\mu$, die photographischen sind normalerweise durch die Wellenlängen 500 $\mu\mu$ bis 300 $\mu\mu$ begrenzt. Schon die auf diese beiden z. T. in einander übergreifenden Gebiete bezogenenen Energiewerte eines selbstleuchtenden Himmelskörpers, der visuelle und der photochemische, laufen nur bedingt einander parallel, und es sind sehr wohl Strahlungsquellen denkbar, bei denen recht beträchtliche Energieschwankungen das visuelle Gebiet gar nicht beeinflussen, sondern sich ausschließlich im Ultraviolett oder Ultrarot abspielen, oder umgekehrt solche, die dem Auge eine überaus auffällige Änderung vortäuschen und für die gesamte Energiekurve doch nur eine verhältnismäßig untergeordnete Bedeutung haben. Nur eine Registrierung der ganzen Energieverteilung wäre imstande, ein vollständiges Bild der Erscheinungen zu geben, sie ist daher auf allen Gebieten der wissenschaftlichen Photometrie nach Möglichkeit zu erstreben. Tatsächlich ist es in den letzten Jahren gelungen, Instrumente herzustellen, die diesen Zweck in weitem Maße erfüllen und sich vermutlich noch zu sehr wichtigen Hilfsmitteln der astrophysikalischen Forschung entwickeln werden. Sie beruhen ihrem Wesen nach darauf, daß die auffallende Strahlung in irgendeine andere leichter und sicherer meßbare Energieform umgewandelt wird. Der Anwendungsbereich dieser Instrumente erstreckt sich im Laboratorium von den elektrischen Wellen über das Ultrarot, das visuelle Spektrum und das Ultraviolett hinaus bis zum Beginn der Röntgenstrahlung. Da durchweg thermische Effekte beobachtet werden, besitzen die Ergebnisse auch noch den Vorteil, daß sie sich jederzeit leicht auf absolutes mechanisches Maß beziehen lassen. Bei den Messungen selbst kann es sich entweder um den Betrag der Gesamtenergie handeln oder um die Beteiligung der Strahlung an einzelnen engen Bezirken in der großen Mannigfaltigkeit der Wellen, die den Raum durchdringen und durch die Erdatmosphäre auf die Erde gelangen.

Die Pyrheliometer und Aktinometer. Nur bei unserem nächsten Fixstern, der Sonne, macht sich die Wärmestrahlung so auffällig bemerkbar, daß wir sie unmittelbar physiologisch empfinden und mit verhältnismäßig einfachen Mitteln messen können. Die Apparate, die diesen Zweck mit größerer oder geringerer Vollkommenheit erfüllen, bezeichnet man als Pyrheliometer bzw. in den einfacheren Formen als Aktinometer. Daß ein gewöhnliches Quecksilberthermometer für derartige Messungen ungeeignet ist, dürfte ohne weiteres klar sein. Wenn ein Thermometer längere Zeit im Schatten gehangen hat, so zeigt es annähernd die Temperatur der durch Sonnen- und Erdstrahlung erwärmten Luft an. Setzt man es plötzlich der direkten Bestrahlung aus, so beginnt der Quecksilberfaden zu steigen, um nach einiger Zeit in einer bestimmten Stellung zu verbleiben.

Mit der abgelesenen Temperatur läßt sich aber physikalisch wenig anfangen, da die spiegelnde Thermometerkugel einen großen Teil der Sonnenenergie nicht aufnimmt, sondern an die Umgebung weitergibt. Tatsächlich hört das Steigen des Quecksilbers in dem Augenblick auf, in dem die Energiezufuhr der Energieabgabe gleich geworden ist, die durch Strahlung, Leitung und Konvektion an die umgebende Luft erfolgt. Eine wesentlich günstigere Aufnahme der Gesamtenergie erhält man, wenn die Thermometerkugel matt geschwärzt, also etwa mit Ruß überzogen wird. Der größte Teil der Strahlung wird dann absorbiert, was sich an dem merklich höheren Steigen der Quecksilbersäule bemerkbar macht. An Tagen mit starker Einstrahlung lassen sich dabei gegen das blanke Thermometer Unterschiede bis zu 30° beobachten. Das Schwarzkugelthermometer im Vakuum könnte, wenn ihm nicht noch zahlreiche Fehlerquellen anhafteten, tatsächlich als einfachste Form eines Aktinometers gelten. Da die thermischen Energiemengen nicht nach Celsius-Graden gemessen werden, wäre dabei nur noch der Übergang auf eine physikalisch definierte Energieeinheit notwendig, wie wir sie z.B. in der Gramm-Kalorie kennengelernt haben. Nach der Definition (S. 8) ist die Gramm-Kalorie der Energiebetrag, der in Wärme umgesetzt, die Temperatur eines Kubikzentimeters Wasser von 14.5 auf 15.5 °C erhöht. Nun ist bekanntlich die spezifische Wärme, d. h. diejenige Wärmemenge, die nötig ist, um die Gewichtseinheit um 1° zu erhöhen, bei den verschiedenen Stoffen verschieden. Aus dem entsprechenden Wert für das Quecksilber und der Fläche, die die schwarze Kugel der Bestrahlung bietet, kann man aber berechnen, welche Temperaturerhöhung stattgefunden hätte, wenn statt der berußten Quecksilberkugel ein ebensolcher Wasserwürfel der Bestrahlung ausgesetzt worden wäre. Nach Bestimmung des Wasserwertes des Thermometers im Laboratorium ist dieses nunmehr zu einem Aktinometer geworden; zu ganz rohen Messungen der Sonnenenergie ist es in dieser Form schon geeignet.

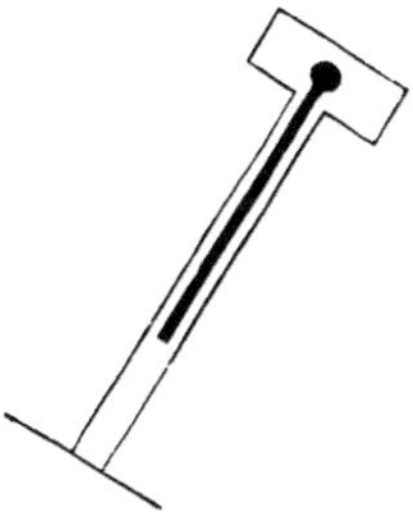

Abb. 185. Pouilletsches Aktinometer.

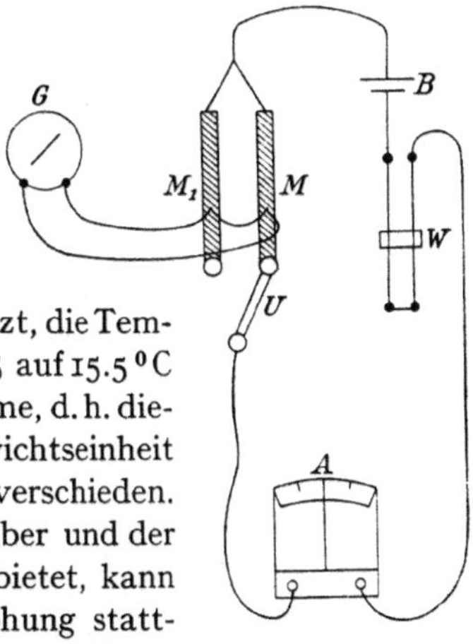

Abb. 186. Schaltungsschema des Ångströmschen Pyrheliometers.

Das erste Aktinometer, das diesen Namen verdient, ist 1838 von C. S. Pouillet konstruiert worden. Ein flaches, um seine Achse drehbares, zylindrisches Gefäß aus dünnem Silberblech, das mit etwa 100 g Wasser gefüllt werden konnte (Abb. 185), wurde auf der vorderen Seite berußt und die Fläche bei den Messungen genau senkrecht zur Richtung der Sonnenstrahlung gestellt. Die Erwärmung des Wassers wurde an einem vollständig eingeschlossenen Quecksilberthermometer bestimmt. Eine wesentlich andere Konstruktion hat J. Violle benutzt.

Er ließ die Strahlung unmittelbar auf eine berußte Thermometerkugel wirken, die sich im Zentrum einer größeren, doppelwandigen Hohlkugel befand, wobei durch Umspülung mit fließendem Wasser für eine konstante Temperatur der Wandungen gesorgt wurde. Die Bestrahlung erfolgte durch eine kleine Öffnung, so daß VIOLLE unbewußt sein Aktinometer bereits als Schwarzen Körper ausgebildet hat.

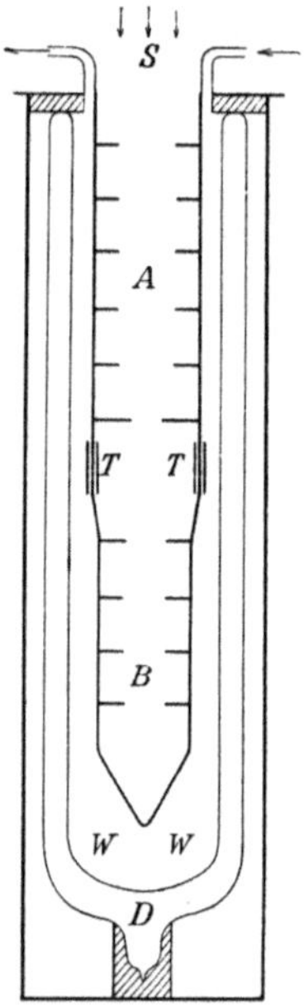

Abb. 187. Wasserstrom-Pyrheliometer nach C. G. Abbot.

Lange Zeit als absolutes Instrument verwendet, aber auch nicht ganz frei von Fehlerquellen ist das von K. ÅNGSTRÖM um 1900 konstruierte elektrische Kompensations-Pyrheliometer, dessen Schaltschema Abb. 186 wiedergibt. Zwei sorgfältig isolierte, sehr dünne und schmale, berußte Streifen M und M_1 aus Manganin bilden die Lötstellen je eines Thermoelements. Beide sind gegeneinander geschaltet und heben sich auf, wenn die Temperaturen der Streifen genau gleich sind. Ist aber die eine Lötstelle wärmer, so überwiegt deren Thermostrom und das Galvanometer schlägt nach der betreffenden Seite aus. Da der Widerstand eines elektrischen Leiters und damit die Stromstärke im allgemeinen mit der Temperatur veränderlich sind, mußte für die Streifen ein Metall verwendet werden, das bezüglich seines elektrischen Widerstandes von Temperatureinflüssen frei ist. Von den anderen Teilen der Abb. 186 bedeutet B eine Batterie, deren Strom durch einen Schiebewiderstand W reguliert und an dem Ampèremeter A abgelesen werden kann. Der Umschalter U gestattet es, den Strom bald durch den einen, bald durch den anderen Manganinstreifen zu senden. Bei den eigentlichen Messungen wird z. B. M der Bestrahlung durch die Sonne ausgesetzt, während M_1 beschattet bleibt. Die Temperatur steigt dann so lange, bis zwischen der Bestrahlung und der Ableitung der Wärme Gleichgewicht herrscht, was man an der starken Ablenkung und dem schließlichen Stillstand der Galvanometernadel beobachten kann. Schaltet man nun die Batterie B ein und schickt durch M_1 einen genau meßbaren elektrischen Strom hindurch, bis die Nadel wiedereinspielt, so kann man hieraus die Energiemenge berechnen, die dem Streifen M_1 und damit auch M zugeführt wurde. Durch eine Umkehr der Versuchsanordnung zwischen M und M_1 können Ungleichmäßigkeiten der Apparatur usw. kompensiert werden. Der Hauptvorzug des ÅNGSTRÖMschen Apparates beruht darauf, daß alle von außen wirkenden Einflüsse beide Streifen in gleichem Maße treffen; die einzige Fehlerquelle liegt wahrscheinlich darin begründet, daß die Erwärmung der Streifen durch die Sonne mehr oberflächlicher Natur ist, während die elektrische Heizung sich auf das ganze Material der Manganinlamellen erstreckt. Die Angaben dieses Pyrheliometers fallen dadurch stets etwas zu klein aus und müssen durch Anschluß an ein vollkommeneres Instrument nach empirischen Tabellen korrigiert werden.

Das beste neuzeitliche Instrument für absolute Messungen stellt das Wasserstrom-Pyrheliometer dar, in der Form, die ihm C. G. ABBOT unter Anlehnung an die VIOLLEsche Konstruktion gegeben hat. Das Instrument (Abb. 187) besteht aus einem innen konisch verlaufenden, geschwärztem Tubus *A* und *B*, in den die Sonnenstrahlung durch eine Reihe hintereinander angeordneter Diaphragmen eindringt, so daß im Inneren keine Konvektionsströmungen zustande kommen können. Da der ganze Apparat in ein Dewarsches Vakuumgefäß *D* eingeschlossen ist, so sind auch äußere thermische Einflüsse, die die Messungen beeinträchtigen könnten, so gut wie völlig ausgeschaltet. Die durch die Diaphragmen in den konischen Hohlraum einfallende und von ihm absorbierte Strahlung wird zur Temperaturerhöhung eines Wasserstroms verwendet, der in dem Raum *W* das Rohr in spiralförmigen Windungen ständig umfließt. Die Messungen selbst erfolgen thermoelektrisch mit Hilfe eines besonderen Thermometerpaares *T*, dessen Angaben an der Temperaturerhöhung von zwei Manganindrähten durch einen Strom bestimmter Stärke ständig unter Kontrolle gehalten werden. Auf diese Weise ist es möglich, dauernd zu prüfen, ob die dem Heizstrom entsprechende Energiemenge vom Thermoelement richtig angezeigt wird oder nicht.

Für relative Messungen, also z. B. für eine Feststellung des Verlaufs der Strahlungskurve vom Auf- bis zum Untergang der Sonne, ihrer Abhängigkeit von der Höhenlage des Beobachtungsortes über dem Meeresspiegel u. a. (S. 259) wäre das schwer transportable Wasserstrom-Pyrheliometer viel zu empfindlich und zu kompliziert. In diesen Fällen verwendet man wesentlich einfachere Instrumente, unter denen das Silberkreis-Aktinometer von C. G. ABBOT und das von W. A. MICHELSON in Moskau konstruierte bimetallische Aktinometer an erster Stelle zu nennen wären. Das Silberkreis-Aktinometer besteht aus einem wieder mit verschiedenen Diaphragmen ausgestatteten, sorgfältig geschwärzten Kupferrohr, auf dessen Grund sich eine ebenfalls geschwärzte Scheibe aus Silberblech befindet. Der Silberkreis trägt eine radiale Bohrung zur Aufnahme eines besonders empfindlichen Thermometers, das zur Sicherung gegen Bruch an der Rohrwand umgebogen und dieser entlang geführt ist. Eine Holzumhüllung schützt die empfindlichsten Teile gegen Temperaturänderungen. Das Instrument erhält ein äquatoriales Achsensystem, so daß es bequem auf die Sonne eingestellt und ihr nachgeführt werden kann. Einfacher in der Konstruktion ist das bimetallische Aktinometer von W. A. MICHELSON (Abb. 188). Es beruht nicht wie das vorige auf einem kalorimetrischen Prinzip, sondern auf der Messung der durch die Bestrahlung hervorgerufenen Verbiegung eines geschwärzten Platin-Kupferstreifens. Dieser wird in einem kräftigen, nach außen abgedichteten Metallzylinder *K* zwischen zwei Justierschrauben *R* und R_1 untergebracht und zwar so, daß das eine Ende festgelötet ist, das andere dagegen freie Bewegungen ausführen kann. Letztere werden im Gesichtsfelde eines Mikroskops *M* mit einem Okularmikro-

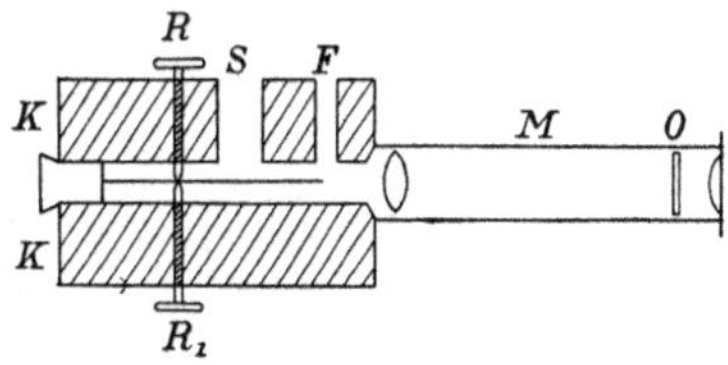

Abb. 188. Skizze des Aktinometers nach W. A. Michelson.

meter O gemessen, das durch entsprechende Wahl der Glasskala so eingerichtet werden kann, daß ein Teilstrich 0.01 oder 0.02 g-cal entspricht. Die Öffnung S dient zur Aufnahme der Strahlung, das Fenster F zur Erleuchtung des Gesichtsfeldes. Das bequeme und trotz seines ungewöhnlich einfachen Prinzips sehr genaue Instrument hat sich bei erschütterungsfreier Aufstellung gut bewährt und findet auf meteorologischen und klimatologischen Stationen umfangreiche Verwendung. Durch eine Vereinigung der Leitgedanken, die dem Ångströmschen und Michelsonschen Aktinometer zugrunde liegen, hat C. Dorno in den letzten Jahren noch einen Pyrheliographen konstruiert, der die Sonnenstrahlung thermoelektrisch aufnimmt und ihre Kurve automatisch registriert.

Alle in diesem Abschnitt besprochenen Pyrheliometer und Aktinometer werden bei direkter senkrechter Bestrahlung durch die Sonne verwendet und sollen schließlich die Ableitung der extraterrestrischen Insolation ermöglichen. Zur Bestimmung der hierzu erforderlichen veränderlichen Reduktionsfaktoren ist auch die Kenntnis der Gesamtstrahlung des ganzen sichtbaren Taghimmels oder einzelner Teile desselben erforderlich. Zu diesem Zweck ist von C. G. Abbot ein besonderes thermoelektrisches Aktinometer unter der Bezeichnung Pyranometer gebaut worden, das sich für Tag- und Nachtmessungen gleich gut eignet und auf den amerikanischen Stationen ständig angewendet wird. Wir können die genauere Konstruktion des Instruments hier übergehen, da es zur Ableitung von Strahlungsdaten verwendet wird, die in erster Linie meteorologisches Interesse haben.

Das Spektrobolometer. Um Energiemessungen in bestimmten, engbegrenzten Spektralgebieten auszuführen, muß man diese in irgendeiner Weise isolieren können. Das beste Verfahren zur Untersuchung bestimmter Wellenlängengebiete ist durch die spektroskopische Zerlegung der Strahlung gegeben. Nur ist für den vorliegenden Zweck die Verwendung von Linsen und Prismen aus Glas gänzlich ausgeschlossen, da dieses sowohl im Ultrarot wie im Ultraviolett sehr stark absorbiert und jenseits der visuellen Grenzen bald ganz undurchlässig wird. Die Optik eines für Energiemessungen bestimmten Spektralapparates muß daher mindestens aus Quarz oder Flußspat hergestellt sein. Am wenigsten absorbierend wirkt Steinsalz, das die Strahlung zwischen 20 μ und 180 $\mu\mu$ gut durchläßt, doch ist es sehr schwierig, aus diesem weichen und stark hygroskopischen Material gute Flächen herzustellen und vor allem auch zu erhalten. Soweit es sich um kräftige Lichtquellen handelt, wird man heute von Prismen am besten ganz absehen und Reflexionsgitter verwenden.

Während die direkte Gesamtstrahlung der Sonne so stark ist, daß ihre Messung keine Schwierigkeiten bietet, wird nach Zerlegung des schmalen Spaltbildes in das lange Spektralband jedes Farbenelement durchschnittlich im Verhältnis der Spaltbreite zur Länge des ganzen sehr langen Spektrums abgeschwächt. Zur Erkennung der Wärmewirkung und erst recht zu ihrer Messung reichen dann die üblichen kalorimetrischen Verfahren nicht mehr aus; jedenfalls kommt die

Verwendung von Thermometern oder Aktinometern irgendwelcher Art nicht mehr in Frage. Nun ist es schon frühzeitig geglückt, für den vorliegenden Zweck ein geeignetes Instrument im sog. Bolometer ausfindig zu machen, das, im Vakuum untergebracht, noch Änderungen von $1 \cdot 10^{-8}$ Grad sicher zu messen gestattet. Das von S. P. LANGLEY um 1880 erfundene Bolometer (Abb. 189) besteht aus einem mikroskopisch dünnen Metallstreifen P, dessen Oberfläche berußt ist und zur Aufnahme der Strahlung dient. Bei den empfindlichsten Instrumenten ist man hier bis zu Blättchen von 0.3 μ Dicke heruntergegangen. Zur Kompensation der Außentemperatur liegt dem Streifen ein anderer gleicher P_1 gegenüber und bildet mit ihm und zwei festen Widerständen S und S_1 eine Meßbrücke. Bei den Streifen des Ångströmschen Pyrheliometers wurde, wie erinnerlich, Manganin verwendet, bei dem die Änderungen des elektrischen Widerstandes sehr gering sind. Umgekehrt benutzt man beim Bolometer Metalle, deren Widerstand sich stark mit der Temperatur ändert, z. B. Platin, da man gerade diese Widerstandsänderung zur Temperaturmessung verwenden will. Wird durch den Apparat ein schwacher elektrischer Strom geschickt, so läßt sich mit Hilfe des veränderlichen Widerstandes W die Galvanometernadel bei G zum Einspielen auf den Nullpunkt bringen. Nun nimmt mit steigender Temperatur der Widerstand zu und damit der Nadelausschlag ab. Setzt man also den Bolometerstreifen nacheinander an die verschiedenen Stellen des Spektrums, so kann aus der wechselnden Stellung der Galvanometernadel die durch die örtliche Strahlungsenergie bestimmte Temperatur des Streifens sehr genau gemessen werden. Passiert eine dunkle Spektrallinie den Streifen, so ist dies sofort an dem ruckweisen Ausschlag der Nadel nach der „kalten“ Seite hin zu erkennen. Bei Verwendung eines Spiegelgalvanometers lassen sich die Ausschläge durch Übertragung auf eine drehbare Walze photographisch registrieren. Aus der kombinierten Bewegung von Lichtpunkt und Walze ergibt sich die dem Auge größtenteils verborgene Strahlungskurve, mit allen durch die kalten Absorptionen hervorgerufenen Unterbrechungen.[1])

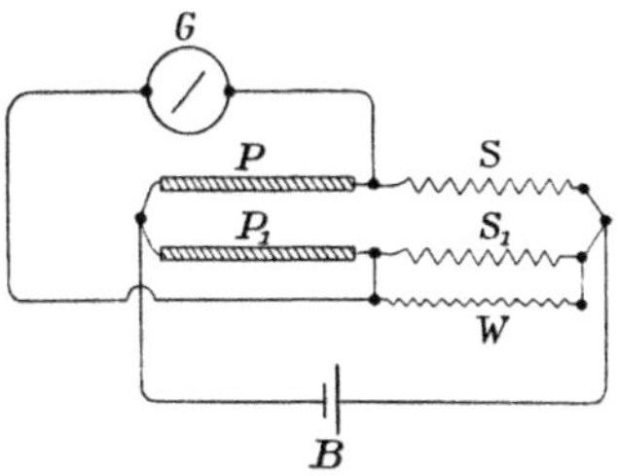

Abb. 189. Schaltungsschema des Bolometers nach S. P. Langley.

Die praktische Anwendung und Leistungsfähigkeit des Bolometers wird am besten durch eine stark verkleinerte, schematische Wiedergabe des Spektrums der Sonnenstrahlung zwischen den Wellenlängen 2 μ und 0.8 μ veranschaulicht. (Abb. 190). Die Minima der Kurve deuten die Lage der Absorptionslinien an. Die stärksten Einsenkungen, die stellenweise bis zur Intensität Null heruntergehen, kommen durch die Absorption der Kohlensäure und des Wasserdampfes zustande. Sie liegen in Gestalt von breiten, mächtigen Bändern bei den Wellenlängen 2.6 μ, 1.8 μ, 1.4 μ, 1.1 μ und 0.9 μ. In der Originalaufnahme LANGLEYS, die mit einem

[1]) R. DIETZIUS, Die Hilfsmittel zur Messung der Sonnenstrahlung. Naturw. 1923.

Steinsalzprisma ausgeführt wurde, beträgt die Ausdehnung des visuellen Gebietes nur $\frac{1}{14}$ der Gesamtlänge des bis 4 μ reichenden Bolometerspektrums.

Die bolometrische Nachweisbarkeit der Strahlung durch Umsetzung in Wärme hat vorläufig praktische Grenzen. Die untere liegt weit im Ultrarot bei der Wellenlänge 100 μ (0.1 mm), die obere bei 0.15 μ, mitten im sog. Schumann-Gebiet des ultravioletten Spektrums. Eine Lücke nach den elektrischen Schwingungen zu ist aber nicht vorhanden, da besonders empfindliche Detektoren, wie sie zuerst E. F. Nichols angegeben hat, bereits auf Wellen von 25 μ Länge ansprechen.

Für neuzeitliche Anforderungen hat C. G. Abbot ein Spektrobolometer konstruiert, das besonders für die Untersuchung der Energiestrahlung im visuellen und ultravioletten Gebiet eingerichtet und zum Transport auf die Bergobservatorien möglichst schlicht gebaut ist. In einem offenen, äquatorial montierten Tubus von 5 m Länge befindet sich der Spalt und der mit Quarzoptik versehene Kollimator. Die Dispersion erfolgt durch ein gleichfalls aus Quarz bestehendes Prisma, während als Bolometer ein Platinband von 0.08 mm Breite und 12 mm Länge mit einem Widerstand von 4 Ohm dient. Auf präzise Ausführung der Brücken S, S_1 und W (Abb. 189) ist besondere Sorgfalt verwendet. Die Instrumente sind gegenwärtig soweit vervollkommnet, daß die Energiekurve der Sonnenstrahlung von Ultrarot bis Ultraviolett in 11 Minuten photographisch aufgenommen werden kann. Zu einer vollständigen Reihe gehören mehrere zu verschiedenen Tageszeiten aufgezeichnete Kurven in Verbindung mit den gleichzeitig an einem geeigneten Pyrheliometer gemessenen Beträgen der Gesamtstrahlung der Sonne, die für die Eichung der Registrierung erforderlich sind.

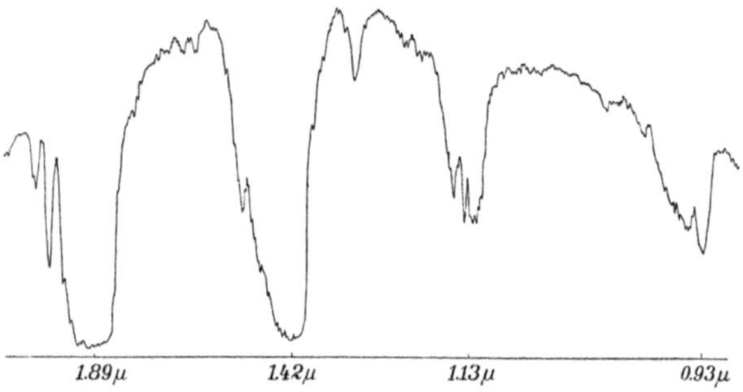

Abb. 190. Bolometrische Energiekurve der Sonnenstrahlung (nach C. G. Abbot).

Obwohl die wahre Lage und Ausdehnung der Unterbrechungen des Sonnenspektrums im Ultrarot erst durch die Langleyschen Aufnahmen sicher festgestellt wurde, waren diese Absorptionen den älteren Physikern nicht unbekannt. In besonders einfacher und sinnreicher Weise hat sie J. Herschel dadurch zur Sichtbarkeit gebracht, daß er Fließpapier mit Alkohol tränkte und das ultrarote Sonnenspektrum darauf projizierte. Die kalten Absorptionsgebiete machten sich dabei durch langsameres Auftrocknen sofort bemerkbar. Eine Abbildung des ultravioletten Spektrums in lavendelgrauer Tönung erhielt 1842 E. Becquerel bei seinen gut geglückten Versuchen, das Sonnenspektrum auf Chlorsilberschichten in natürlichen Farben photographisch wiederzugeben.[1]) Zehn Jahre später fand

[1]) B. Donath, Die Grundlagen der Farbenphotographie. Braunschweig 1906.

dann G. G. STOKES, daß man durch Anwendung fluoreszierender Schirme das Ultraviolett dem Auge auch unmittelbar sichtbar machen könne.

Bei der außerordentlichen Empfindlichkeit der im Vakuum untergebrachten Bolometer konnte ABBOT in der letzten Zeit den Versuch unternehmen, damit auch Energiekurven von Sternen zu messen. Die Beobachtungen wurden 1922 am Hooker-Spiegel des Mt. Wilson-Observatoriums ausgeführt und ergaben für neun Objekte erster Größe den vollständigen Energieverlauf zwischen 2.2 μ und 0.5 μ. Von der Empfindlichkeit der Apparatur erhält man eine ungefähre Vorstellung, wenn man erfährt, daß bei 11 Ohm Galvanometerwiderstand noch Unterschiede von $5 \cdot 10^{-12}$ Amp. abgelesen wurden.

Die Radiometer und Thermoelemente. Bis auf den heutigen Tag kann das Bolometer als das empfindlichste Instrument zur Messung schwacher Strahlung gelten, wenn auch seine Anwendung auf die Sterne nicht gerade einfach ist. Die Streifenform des Empfängers ist unbequem, und die Anwendung der Meßbrücke macht stets eine Hilfsbatterie erforderlich. Diese Nachteile haben zur Vervollkommnung von zwei älteren, früher wenig beachteten physikalischen Prinzipien geführt, die zu dem gleichen Ziel führen und auf der Wirkung der Radiometer und Thermoelemente beruhen.

Abb. 191. Crookessche Lichtmühle.

Die Radiometer haben sich aus der Crookesschen Lichtmühle (Abb. 191) entwickelt, bei der in einem durch Glas abgeschlossenen luftverdünnten Raum ein leicht bewegliches Kreuz aus einseitig geschwärzten Glimmerblättchen in rasche Drehung versetzt wird, wenn Lichtstrahlen, besonders solche großer Wellenlänge, auffallen. Der Radiometereffekt ist von W. CROOKES irrtümlich dem Strahlungsdruck zugeschrieben worden. In Wirklichkeit entsteht die Bewegung der Mühle wohl durch eine Verstärkung der molekularen Stöße infolge der Erwärmung der berußten Flächen (S. 18). Zu einem präzisen Meßinstrument hat das Radiometer E. F. NICHOLS durch Anwendung des Torsionsprinzips ausgebaut. Die zwei winzigen Mühlenflügel wurden von ihm an einem frei hängenden Quarzfaden in einem Kupferzylinder angebracht. Bei der Belichtung wird die Mühle dabei nicht in Rotation versetzt, sondern erfährt nur eine Verdrehung, die nach Art der Spiegelgalvanometer durch Reflexion eines Lichtstrahls in stark vergrößertem Maßstabe beobachtet und gemessen werden kann. Die Reduktion der Beobachtungen ist einfach, da der Torsionseffekt der einfallenden Strahlung proportional ist. Das ganze scharf justierbare Instrument ist in luftverdünntem Raume untergebracht; der Eintritt der Lichtstrahlen erfolgt durch ein Fluoritfenster, um einen möglichst großen Spektralbereich zu erfassen. Obwohl das

Instrument in dieser Form kaum mit den neuzeitlichen Thermoelementen wetteifern kann, gebührt ihm neben dem Selenphotometer (S. 235) das Verdienst, von einigen hellen Sternen und Planeten, wie Wega, Arktur, Jupiter und Saturn die Strahlung zuerst registriert zu haben. Diese ersten radiometrischen Beobachtungen der Sternstrahlung durch Nichols erfolgten an der Yerkes-Sternwarte in den Jahren 1898 bis 1900 unter Verwendung eines Spiegels 1 : 4 von 61 cm Öffnung.

Die Thermoelemente sind uns bereits bei den Pyrheliometern und Aktinometern, bei der Konstruktion des Schwarzen Körpers und an anderen Stellen begegnet, wo eine zuverlässige Temperaturbestimmung in sehr weiten Grenzen erforderlich schien. Vor etwa 100 Jahren stellte T. J. Seebeck fest, daß bei der Erwärmung einer Lötstelle zweier verschiedener Metalle ein elektrischer Strom entsteht, der eine Galvanometernadel zum Ausschlag bringt. Die Wirkung ist von der Wahl der Metalle und von der Temperaturdifferenz abhängig; in günstigen Fällen und für nicht gar zu große Wärmeintervalle ist die elektromotorische Kraft dem Temperaturzuwachs nahe proportional und zeigt keine selektive Auswahl der absorbierten Strahlung. Als Material für Thermoelemente bzw. ihre Kombinationen zu sog. Thermosäulen werden besonders häufig Wismut und Antimon, Eisen und Konstantan ($60\%\,Cu, 40\%\,Ni$), bei sehr hohen Temperaturen Platin und Platinrhodium verwendet. Unter den älteren Versuchen zur Erhöhung der Empfindlichkeit der Apparatur ist besonders die Einrichtung von C. V. Boys zu erwähnen, der bei seinem sog. Radiomikrometer das rahmenförmig gebogene Thermoelement zwischen den Polen eines Magneten aufhing. Bei Erwärmung einer Lötstelle entsteht ein elektrischer Strom, der in dem Magnetfelde eine Drehung des Thermoelements hervorruft, die wieder mit Spiegel und Skala abgelesen werden kann. Astronomischen Anforderungen genügte auch diese Einrichtung nicht, bis dann P. Lebedeff im Jahre 1894 fand, daß die Thermoelemente im Vakuum außerordentlich an Empfindlichkeit gewinnen. Der Einfluß der Luftleere ist bei den verschiedenen Metallkombinationen verschieden. Es ist notwendig, daß der Druck in den Zellen merklich unter 1 mm liegt, und das Vakuum möglichst unverändert erhalten bleibt. Dies läßt sich durch Einschmelzen von metallischem Kalzium in die Röhren erreichen, das fast alle Gase sofort absorbiert. Ein weiterer Empfindlichkeitszuwachs und die für rasch aufeinanderfolgende Messungen wichtige Einstellung in den Ruhezustand wird dadurch erreicht, daß man die Thermoelemente ähnlich wie die Bolometerstreifen so klein wie möglich herstellt. Man ist hier allmählich soweit gegangen, daß die in der Einzelzelle untergebrachten, nach einem besonderen Spritzverfahren gewonnenen und zu einem Ring zu-

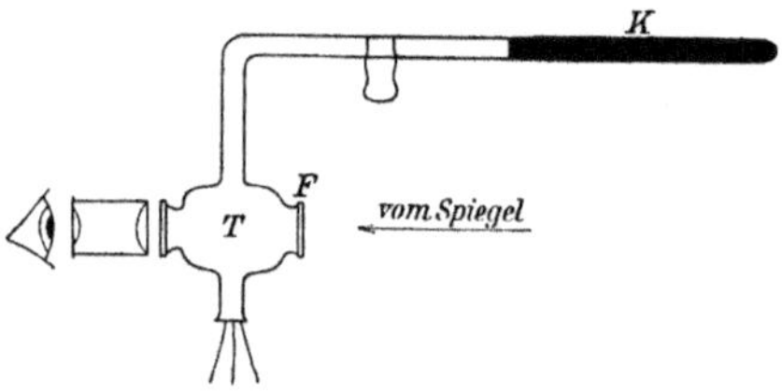

Abb. 192. Einschaltung eines Thermoelements vor dem Okular eines Reflektors.

sammengeschmolzenen Metallteile nur noch etwa $\frac{1}{30}$ bis $\frac{1}{40}$ Milligramm wiegen. Aus Abb. 192 ist die Art der Einschaltung des Thermoelements in dem Gang der Lichtstrahlen ohne weiteres zu erkennen. Das Brennpunktsbild entsteht an der Stelle des Thermoelements T, dessen Kapsel mit der Kalziumröhre K in Verbindung steht und nach dem Spiegel zu durch das Fluoritfenster F abgeschlossen ist.

Die heutige Vervollkommnung der Thermoelemente ist in erster Linie A. H. Pfund in Pittsburgh zu verdanken. Auf dieser Grundlage hat W. W. Coblentz das ganze Strahlungsproblem in seiner Anwendung auf die Sterne neu aufgegriffen und 1914 die ersten praktischen Versuche am 92 cm Crossley-Reflektor der Lick-Sternwarte angestellt. Seine thermoelektrischen Zellen bestanden aus Wismut und Platin bzw. aus Wismut und einer Wismut-Zinnlegierung. Der Thermoeffekt wurde an einem empfindlichen Thomson-Galvanometer gemessen und ist schließlich derart gesteigert worden, daß damit das alte Problem der Bestimmung der Strahlungsenergie so kalter Körper wie der Planeten oder so entfernter wie der Fixsterne mit einer sehr einfachen Apparatur in Angriff genommen werden konnte. Die quantitativen Messungen der Allgemeinstrahlung reichen gegenwärtig bei roten Sternen bis zur 9. Größe, wobei ähnlich wie beim Bolometer die Galvanometerausschläge photographisch registriert werden. Als Ersatz für die spektrale Energiemessung werden größere Gebiete ausfiltriert und für sich ausgewertet, ein Verfahren, das zu sehr wertvollen Ergebnissen geführt hat. In der obenstehenden Übersicht ist eine Reihe farbloser durchsichtiger Stoffe einschließlich der Erdatmosphäre mit ihren optischen Eigentümlichkeiten aufgeführt. Sie ergänzen sich gegenseitig so gut, daß man mit ihnen bei Sternen vier Gebiete, und zwar 1.3 μ bis 0.3 μ, 5.5 μ bis 1.3 μ, 11 μ bis 8 μ und 14 μ bis 11 μ isolieren kann. Ist das Thermoelement durch ein Flußspatfenster abgeschlossen, so kommen als weitere Filter nur so alltägliche Stoffe wie Glas und Wasser in Frage.[1])

Spektrale Durchlässigkeit farbloser optischer Medien.

Stoff	Schichtdicke	Durchlässigkeit
Steinsalz	4 mm	21 μ bis 0.3 μ
Flußspat	4 mm	11 » 0.3
Glas	$\frac{1}{6}$ mm	8 » 0.3
Wasser	10 mm	1.3 » 0.3
Erdatmosphäre	8 km	2.5 » 0.3
Erdatmosphäre	8 km	5.5 » 3
Erdatmosphäre	8 km	14 » 8

Als Arbeitsinstrumente für die Beobachtung der Fixsternstrahlung sind Linsen- und Spiegelfernrohre gleich gut geeignet, da die Energiekurven dieser Körper nur wenig über das visuelle Gebiet hinausreichen. Für Planeten kommen aber nur Spiegel in Frage, da Glas schon einen Teil der äußersten ultraroten Strahlung absorbiert. Für Überschlagsmessungen ist als Filter besonders Wasser geeignet, das in einer Schicht von 1 cm Dicke das Ultrarot fast ganz und das Ultraviolett von

[1]) D. H. Menzel, Watercell transmissions and planetary temperatures. Ap. J. 1923, II. — E. Pettit und B. Nicholson, Measurements of the radiation from the planet Mars. Pop. Astr. 1924.

300 $\mu\mu$ an abschirmt. Wird also durch eine entsprechende mit Wasser gefüllte Glasküvette beobachtet, so hat man die Gewißheit, daß lediglich eine Strahlung zur Wirksamkeit gelangt, die nur um 0.5 μ über das visuelle Gebiet des Spektrums hinausgeht, also jedenfalls das äußerste Ultrarot nicht enthält. Somit läßt sich durch Messungen mit und ohne Wasserzelle das Verhältnis der visuellen zur Gesamtstrahlung oder der sog. Wärmeindex des gemessenen Körpers bestimmen.

Auf diesem Wege hat man gefunden, daß vom Standpunkt der Gesamtstrahlung aus betrachtet, die hellen weißen Sterne gegenüber den schwächeren roten merklich zurückstehen. Bei den weißen absorbiert das Wasserfilter 35%, bei den gelben 60% und bei den roten etwa 75% der einfallenden Energie, verrät damit also, daß bei den betreffenden Sternklassen 65%, 40% bzw. nur 25% der Gesamtstrahlung vom Auge erfaßt werden (Abb. 193). Noch auffallender werden die Unterschiede bei Planeten, wenn etwa die zwischen den ultraroten Banden 14 μ und 8 μ durchgelassene Strahlung bestimmt wird. Wenn in diesem Bezirk Mond und Merkur 74%, Jupiter und Saturn dagegen nur 6% der Gesamtenergie liefern, so ist daraus ohne weiteres ersichtlich, daß die betreffenden Planetenpaare unter sich sehr ähnlich sind, gegen einander aber große physische Gegensätze aufweisen müssen. Neben dem Licht der Gesamtoberfläche kann man an großen Reflektoren auch einzelne besonders charakteristische Punkte der Planeten auf die Lötstellen der Thermoelemente wirken lassen und damit Temperaturen am Pol und am Äquator, an der Lichtgrenze und in den senkrecht beschienenen Gebieten direkt messen. Stets handelt es sich um eine Trennung zwischen langwelliger dunkler und kurzwelliger sichtbarer Strahlung. Die kurzwellige Strahlung ist reflektiertes Sonnenlicht und ohne Interesse, die langwellige dagegen stellt ein Maß für die durch Absorption, Streuung, atmosphärische Rückstrahlung usw. dem Planeten verbliebene bzw. von ihm selbst ausgesandte Wärmenergie dar und bleibt für die physischen Verhältnisse mehr oder weniger maßgebend.

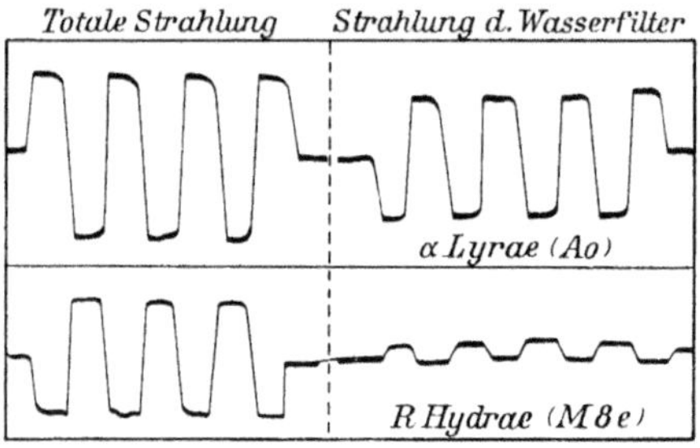

Abb. 193. Registrierte Strahlungswerte eines weißen und eines roten Sterns (nach S. B. Nicholson und E. Pettit).

Die Anwendung der Thermoelemente befindet sich trotz der erreichten Empfindlichkeit erst in den Anfängen und ist zweifellos noch einer Vervollkommnung fähig, zumal bei dem jetzigen Beobachtungsverfahren nach S. B. Nicholson und E. Pettit erst ein winziger Bruchteil, nämlich $4.5 \cdot 10^{-7}$ der thermischen Energie in elektromotorische Kraft umgesetzt wird. Es ist kaum anzunehmen, daß in dem Wettstreit zwischen Thermoelementen und Radiometern die letzteren wieder die Oberhand gewinnen. Obwohl zwischen beiden grundsätzliche physikalische Abweichungen bestehen, pflegt man gegenwärtig in der allgemeinen Bezeichnung der in ihnen verkörperten Verfahren keinen Unterschied zu machen.

Unter radiometrischen Messungen sind also alle empfindlichen Strahlungsbeobachtungen zu verstehen, ohne Rücksicht darauf, ob sie mit Bolometern, Radiometern oder Thermoelementen angestellt werden.

Ableitung der extraterrestrischen Strahlung. Die wichtigste Zahl, deren Ermittelung bei Anwendung der aktinometrischen und radiometrischen Verfahren auf selbstleuchtende Körper schließlich erstrebt wird, ist die Solar- bzw. Sternkonstante. Man kann sie als die Zahl von Gramm-Kalorien definieren, die in 1 Minute einer Fläche von 1 qcm bei senkrechtem Strahleneinfall zugeführt würden, wenn die Erde keine Atmosphäre hätte. Bei der Sonne beträgt die betreffende Konstante 1.95 oder sehr nahe 2 g-cal, für die Sterne läßt sie sich vorläufig nur abschätzen. Beim Polarstern müßte z. B. nach den ABBOTschen Ergebnissen der Energiestrom etwa eine Million Jahre wirken, um den gleichen Effekt hervorzurufen, bei Zusammenfassung aller Sterne 100 bis 200 Jahre. Der Umstand, daß heute derartige Schätzungen überhaupt möglich sind, zeigt, wie empfindlich die radiometrischen Apparate allmählich geworden sind. Bei der Einfachheit und Sicherheit der Messungen müßten uns die betreffenden Instrumente schon heute jede Schwankung im Licht bzw. in der Temperatur der hellen Sterne sofort anzeigen, wenn nicht die wechselnden Einflüsse der Atmosphäre die Originalstrahlung oft bis zur Unkenntlichkeit herabsetzen und verfälschen würden. Bleiben wir bei der Solarkonstante, so beträgt ihr beobachteter Maximalwert in Washington (Höhe 0 m) nur 1.45 g-cal und geht selbst auf hohen Bergen, wie dem Mt. Wilson (1730 m) oder dem Mt. Whitney (4420 m) nicht über 1.62 bzw. 1.75 g-cal hinaus. Dabei sind noch vollkommen klare, trockene Tage mit reiner, durchsichtiger Luft vorausgesetzt.[1])

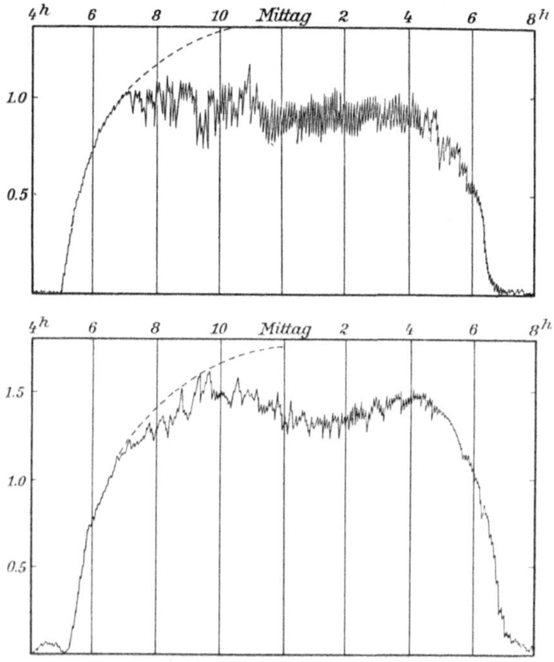

Abb. 194. Beispiel der täglichen Strahlungskurve der Sonne in Montpellier und auf dem Mt. Ventoux (A. Crova).

Die Hauptschwierigkeit bei der Berücksichtigung der terrestrischen Einflüsse auf die gemessenen Werte liegt darin, daß die Struktur und physische Beschaffen-

[1]) C. DORNO, Physik der Sonnen- und Himmelsstrahlung. Braunschweig 1919.

heit der Atmosphäre für die vorliegende Aufgabe zu wenig sicher bekannt sind. Mißt man die Strahlungsenergie der Sonne an einem klaren Tage vom Morgen bis zum Abend, so erhält man wohl eine im allgemeinen bis Mittag ansteigende, von da abfallende Kurve, die aber nicht sehr regelmäßig verläuft. In Abb. 194 sind zwei an einem vollkommen klaren Augusttage in 40 bzw. 2000 m Höhe gleichzeitig aktinometrisch aufgenommene Strahlungskurven dargestellt. Aufstieg und Abfall auf den benachbarten Stationen sind verhältnismäßig glatt, aber in den zehn Hauptstunden des Tages bleiben die Werte bei einem bestimmten Strahlungswert stehen, ja sie zeigen sogar, infolge irgendwelcher Vorgänge in den höheren Luftschichten, Mittags eine Depression. In beiden Fällen ist also die durch eine glatte punktierte Kurve angedeutete Extrapolation auf den Mittagswert sehr ungenau und unzuverlässig. Man kann sich die Arbeit erleichtern, indem man als Argument nicht die Zeit benutzt, sondern die aus den Sonnenhöhen berechnete Weglänge der Strahlen in der Atmosphäre. Wird dabei der Zenitweg als Einheit gesetzt, so ist in unserem Beispiel für 40 m Erhebung über dem Meeresspiegel der Aufstieg bis zum Strahlungswert 1.02 bei der Höhe 25° und der Weglänge 2.4 zu verfolgen (Abb. 195). Das bis zum Zenitweg 1 noch fehlende Stück ist jetzt nicht mehr sehr groß und kann nach dem vorangehenden Verlauf der Kurve leicht ergänzt werden. Es führt mit einer Unsicherheit von wenigen Hundertsteln auf 1.32 g-cal.

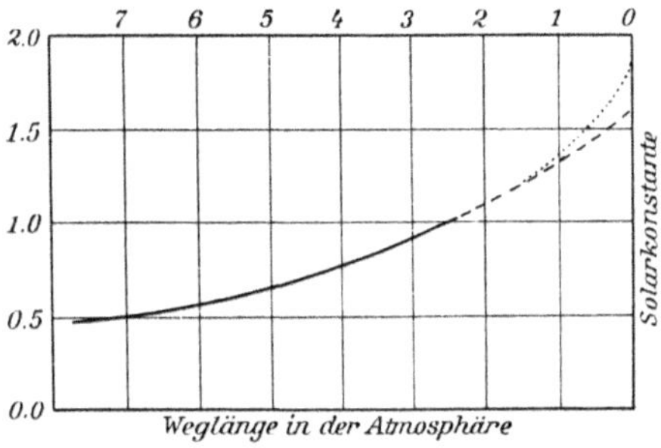

Abb. 195. Extrapolation der Solarkonstante auf die Weglänge Null in der Atmosphäre.

Die Kenntnis des Strahlungsbetrages in der Zenitstellung hat nur für meteorologische oder klimatologische Zwecke Wichtigkeit. Für den Astronomen ist sie nur dann von Bedeutung, wenn es sich um Relativmessungen der auf S. 251 erwähnten Art handelt. Den Wert der tatsächlichen Sonnenstrahlung würden wir erst erhalten, wenn die Kurve noch bis zur Weglänge Null verlängert werden könnte, wie dies in Abb. 195 durch die gestrichelte Linie auch tatsächlich angedeutet ist. Eine so weitgehende Extrapolation ist aber durchaus unstatthaft. Das erzielte Ergebnis bleibt willkürlich und besitzt kaum einen wissenschaftlichen Wert. Im vorliegenden Falle folgt die Kurve z. B. in Wirklichkeit nicht der gestrichelten sondern der punktierten Linie. Ihr Verlauf läßt sich nicht erraten, sondern muß auf Grund irgendeiner Theorie rechnerisch bestimmt werden. Ergeben die Absorptions- und Reflexionsverhältnisse der Atmosphäre eine bis zur Weglänge 1 mit den Beobachtungen übereinstimmende, auf plausiblen Annahmen beruhende Kurve, so ist es statthaft, das Gesetz auch noch weiter bis zur Weglänge Null anzuwenden. Auf solchen Schritt für Schritt durch die Beobachtungen kontrollierten Untersuchungen beruhen ja überhaupt unsere ganzen Kenntnisse über die Refraktion, Zerstreuung und Absorption der Atmosphäre.

Aus den bereits früher diskutierten Extinktionstabellen (S. 220) geht nur die relative Lichtabsorption gegenüber der Zenitlage hervor. Wie groß die absolute Extinktion im Zenit selbst ist, läßt sich aus solchen Tafeln nicht unmittelbar entnehmen, wohl aber aus den vorliegenden relativen Werten für die verschiedenen Höhen berechnen, wenn man wieder von einer homogenen Atmosphäre ausgeht. Bereits P. Bouguer und J. H. Lambert haben sich mit dieser Frage beschäftigt und unter der Annahme, daß gleiche Schichten stets auch den gleichen Bruchteil der auffallenden Strahlung auslöschen, die einfache Extinktionsformel

$$J = J_0 k^s$$

abgeleitet. Es ist dies der gleiche Exponentialausdruck, der uns bereits bei der Absorption des Keilphotometers (S. 231) begegnet ist. J_0 ist die auftreffende extraterrestrische Strahlung, J der beobachtete Rest, s die Weglänge in der Atmosphäre und k eine Konstante, die aus einer größeren Zahl von Beobachtungen abgeleitet werden muß. Ihre Bedeutung ist leicht zu übersehen. Setzt man nämlich die Höhe der homogenen Atmosphäre gleich 1, so wird

$$k = \frac{J}{J_0}$$

und damit k gleich der Prozentzahl der im Zenit durchgelassenen Energie. Man bezeichnet die Konstante k als den Durchlässigkeits- oder Transmissionskoeffizienten der Atmosphäre. Er beträgt für die visuelle Strahlung etwa 0.8, d. h. vom Licht eines im Zenit stehenden Gestirns gehen infolge der Extinktion 20% oder 0.24 Größenklassen verloren. Damit wird es möglich, die relative, auf S. 220 gegebene Tabelle auf die extraterrestrischen Verhältnisse zu beziehen. Für normal klaren Himmel, trockene Luft und das Meeresniveau wären in diesem Falle an alle Werte der Tafel -0.24^m anzubringen. Bei genaueren Berechnungen muß die über dem Beobachtungsort lagernde Luftmasse und ihre Durchlässigkeit aus meteorologischen Daten abgeleitet werden. Dafür hat A. Bemporad Tafeln gegeben, die für Höhen bis zu 5000 m reichen und für Druck und Temperatur berichtigt werden können. Die Gültigkeit dieser Tabellen, des Extinktionsgesetzes usw. wird durch die Tatsache nicht beeinträchtigt, daß schon bei einer Erhebung von etlichen Hundert Metern über den Erdboden die Lichtdämpfung in der Atmosphäre wahrscheinlich weniger einer Absorption als der Zerstreuung zuzuschreiben ist.

Es ist bereits mehrfach erwähnt worden, daß die Extinktion für die kleineren Wellenlängen stärker sein muß als für die größeren. Wenn der Unterschied bei dem schwachen Glanz der Sterne nicht besonders hervortritt (S. 220), so liegt das an physiologischen Einflüssen. Benutzt man für die Untersuchung das spektral zerlegte Sonnenlicht, so kommt der stärkere Einfluß der Extinktion auf die violetten Strahlen sehr deutlich zum Ausdruck, wie das die Tabelle auf S. 262 veranschaulicht. Sie enthält Mittelzahlen aus Beobachtungen, die in Potsdam, Upsala, Washington und Orotava erhalten worden sind. Die Einzelwerte streuen dabei sehr stark, obwohl alle vier Stationen unterhalb 100 m Höhe

Spektraler Transmissionskoeffizient der Atmosphäre.

λ	Farbe	k
720 μμ	Tiefrot	0.87
686	Rot	0.86
653	Rotorange	0.84
624	Gelborange	0.82
600	Vollgelb	0.81
574	Hellgelb	0.79
503	Grünblau	0.76
475	Zyanblau	0.74
452	Indigo	0.71
431	Blauviolett	0.67

liegen. Nicht nur die allgemeine, sondern auch die selektive Absorption zeigt demnach von Ort zu Ort bedeutende, sich mit der Zeit offenbar nicht ausgleichende Unterschiede. Aus dem Verlauf der mittleren Ziffern der Tabelle ist jedenfalls ersichtlich, daß die Extinktion für Violett mehr als doppelt so stark ist wie für Rot, was bei photographischen Himmelsaufnahmen beachtet werden muß. Bei gewöhnlichen Emulsionen, deren Empfindlichkeit noch erheblich unter die Grenze der hier gegebenen Übersicht reicht (Abb. 43 und 48), kann die Extinktion in guter Näherung gleich dem doppelten Betrage der visuellen Werte angenommen werden. Das entspricht durchaus den Ergebnissen, die E. v. Oppolzer für die photographische Extinktion der Sterne auf dem Mt. Hamilton erhalten hat (S. 220).

Die hier berücksichtigten Reduktionsfaktoren genügen, um im Laufe der Zeit einen brauchbaren mittleren Wert einer außerirdischen Strahlungskonstante abzuleiten, sie reichen dagegen nicht aus, wenn etwaige kurzfristige, besonders nichtperiodische Änderungen derselben festgestellt werden sollen. In tieferen Lagen müßten hierzu bei jeder Messung sämtliche optische Elemente der örtlichen Atmosphäre bis in recht erhebliche Höhen hinein vorliegen, was nur zufällig einmal zu erreichen sein wird. Genähert lassen sich die jeweiligen Extinktionsbedingungen an der Sichtweite am Horizont und an der Intensität der blauen Himmelsfarbe abschätzen. Dabei können die in der Meteorologie gebräuchlichen Sichtmesser von Nutzen sein, obwohl ihre Genauigkeit noch viel zu wünschen übrig läßt. Am besten hat sich zur Bestimmung der allgemeinen Himmelsstrahlung bisher das Pyranometer (S. 252) bewährt. Aber auch bei Verwendung dieses Instruments und Beachtung aller nur möglichen Vorsichtsmaßregeln dürfen astronomisch maßgebende Strahlungsmessungen nur von Bergen aus angestellt werden, die mindestens eine Erhebung von 2000 m besitzen. Eine sehr gründliche Untersuchung der Luftverhältnisse auf diesen Stationen nach Staub- und Feuchtigkeitsgehalt, Streuung und Absorption hat erfreulicherweise ergeben, daß man die qualitative und quantitative Veränderung der Strahlung in diesen hohen Schichten meteorologisch so genau überblicken kann, daß die Ergebnisse heute kaum noch zu Zweifeln und Bedenken Anlaß geben.

Tafel III.

Krater Kopernikus und Umgebung

(Aufnahme am 100-zölligen Reflektor des Mt. Wilson-Observatoriums)

Zweiter Teil

Die Weltkörper des Sonnensystems

V. Die Sonne.

10. Die Erscheinungen der Sonnenoberfläche.

Als Zentralpunkt ihrer Bewegung und als Wärme- und Lichtspender bildet die Sonne für die Erde schon rein äußerlich den wichtigsten Himmelskörper. Von wissenschaftlichem Standpunkte aus betrachtet, stellt sie den uns zunächst stehenden Fixstern dar und müßte daher, streng genommen, erst in einem späteren Abschnitt dieses Buches eine Behandlung finden. Ihrer Stellung in unserem engeren Weltsystem entsprechend gebührt ihr aber doch eine besondere Aufmerksamkeit. Denn alles, was wir in unserer näheren Umgebung an den Planeten und Kometen, auf und über der Erde beobachten, ist das Werk dieses unseres Zentralsterns. Eine weitere Berechtigung für eine Sonderbehandlung ist dadurch gegeben, daß die Sonne wahrscheinlich als ein Stern in mittlerem Entwicklungsstadium anzusehen ist. Die an ihr gewonnenen Kenntnisse und Erfahrungen können daher später als eine gute Grundlage für die Erforschung der Fixsterne dienen, ja, viele Vorgänge, die wir an diesen beobachten, wären ohne Zurückgreifen auf verwandte Erscheinungen an der Sonne vollkommen unerklärlich und rätselhaft. Wenn wir also in den nächsten Abschnitten versuchen, über die physikalische Beschaffenheit unseres Zentralsterns so weit wie möglich Klarheit zu gewinnen, so wird damit auch gleichzeitig das Verständnis für die Physik der Fixsternwelt gefördert. Angesichts der beträchtlichen Zahl der für die Sonne bereits vorliegenden Beobachtungstatsachen und der zu ihrer Deutung aufgestellten Hypothesen läßt sich eine gute Übersicht nur dann wahren, wenn wir beides, Erfahrung und Theorien, möglichst getrennt behandeln.

Größe und Helligkeit der Sonne. Bei der Betrachtung mit schwach bewaffnetem, durch dunkle Gläser geschütztem Auge erscheint die Sonne als scharf begrenzte kreisrunde Scheibe. Die Ausmessung älterer photographischer Platten hat zwischen dem äquatorialen und dem polaren Sonnendurchmesser kleine Unterschiede ergeben, und zwar sollte die Sonne je nach der Zahl der Flecke bald am Pol, bald am Äquator etwas abgeplattet sein. Die auf Grund direkter, weit genauerer Beobachtungen vorgenommenen Bestimmungen des Sonnendurchmessers haben jedoch derartige Unterschiede nicht erkennen lassen, so daß die Gestalt der Sonne sehr nahe mit dem Kugelumriß übereinstimmen muß. Nach F. Hayn ist jedenfalls eine Abplattung, die 1/20000 des Durchmessers überschritte, sicher nicht vorhanden.

Der Winkeldurchmesser der Sonne beträgt etwas über $\frac{1}{2}^{0}$; der genaueste bisher abgeleitete Wert bei mittlerer Entfernung der Erde ist 31′ 59″.[1]) Da der mittlere Abstand entsprechend einer Parallaxe von 8.80″ rund 149500000 km beträgt, so stellt sich der wahre Durchmesser der Sonne auf 1391000 km. Die Sonne ist demnach ihrem Rauminhalt nach 1300000 mal so groß wie die Erde. Die für alle astrophysikalischen Betrachtungen sehr wichtige Masse unseres Zentralsterns ergibt sich aus der Bewegung jedes einzelnen Himmelskörpers im Bereiche des Planetensystems. Nach dem dritten Keplerschen Gesetz ist der Massenfaktor eines Anziehungszentrums im Sonnensystem durch das Verhältnis

$$\frac{a^3}{P^2}$$

definiert, wenn a die halbe große Achse der Bahn und P die Umlaufszeit eines Planeten oder Trabanten bedeuten. Da auf diese Weise jeder Planet einen Massenwert für die Sonne ergibt, so ist die Zahl gut gesichert. Sie beträgt in Erdeinheiten 333400, woraus unter Hinzuziehung des Rauminhalts die Dichte 0.26 folgt. Die mittlere Dichte der Sonne entspricht demnach ungefähr der Dichte des Wassers. Der für alle Betrachtungen über den inneren physischen Aufbau der Sonne wichtige absolute Wert der Masse (S. 20) beträgt $1.94 \cdot 10^{33}$ g. Die Gravitationswirkung an der Sonnenoberfläche ist nach diesen Zahlenwerten 28 mal so groß wie an der Oberfläche der Erde. Diese Zahl muß man sich stets vergegenwärtigen, wenn man die Vorgänge auf der Sonne rein mechanisch zu deuten versucht. In gleicher Weise ist es natürlich auch notwendig, die linearen Dimensionen aller Einzelheiten, die wir im Fernrohr auf der Sonne beobachten, zu berücksichtigen. Nimmt man die kleinste mit optischen Mitteln noch deutlich erkennbare Winkelgröße auch nur zu 1″ an, so hat diese im Abstande von 150 Millionen km einen Durchmesser von rund 700 km, was etwa der Entfernung zwischen Berlin und Königsberg oder zwischen Hamburg und München gleichkommt. Daraus folgt, daß alle augenfälligeren Erscheinungen der Sonne, die man bekanntlich schon mit recht mäßiger Optik verfolgen kann, sich über Gebiete erstrecken, die häufig das Vielfache der ganzen Erdoberfläche umfassen.

Die Bestimmung des genauen Wertes der Sonnenhelligkeit mag zunächst als unwichtig erscheinen, und doch ist sie von der größten wissenschaftlichen Bedeutung, da mit ihr zahlreiche astrophysikalische Fragen zusammenhängen, wie die Stellung unserer Sonne in der Fixsternwelt, die Albedo der Planeten u. a. m. Nun ist die Helligkeit der Sonne so stark, daß es ohne die schwersten Schädigungen des Auges nicht möglich ist, sie direkt zu beobachten. Der Vergleich mit irdischen Lichtquellen kann daher erst nach starker Abschwächung des Sonnenlichtes erfolgen, was nach verschiedenen Grundsätzen vorgenommen werden kann. Die ersten Schätzungen dieser Art sind schon von P. Bouguer 1725 angestellt worden, der durch eine winzige Konkavlinse das Sonnenlicht auf

[1]) Alle Sonnenkonstanten nach dem „Handbook for 1925“ der Brit. Astr. Ass.

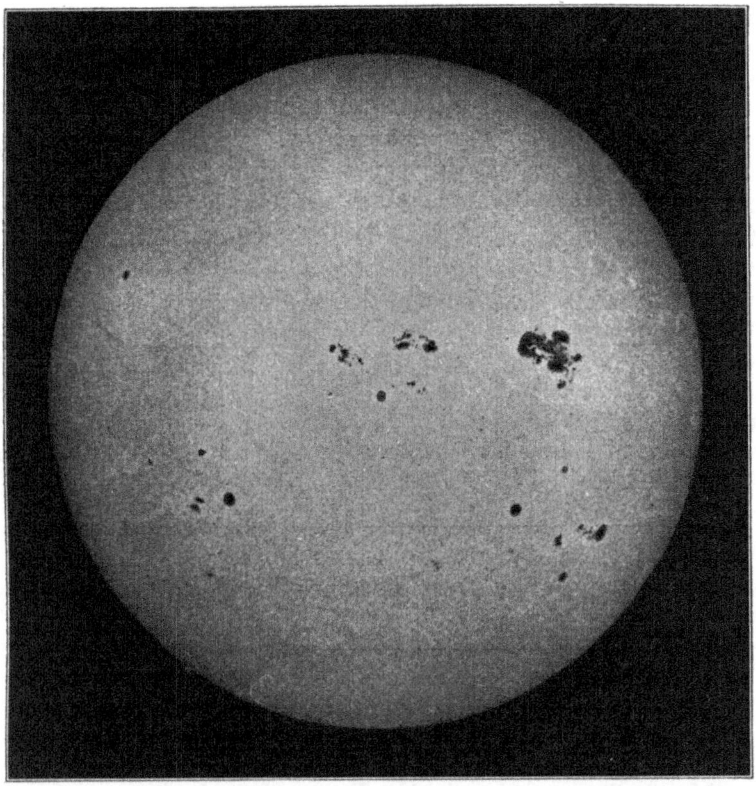

Abb. 196. Die Sonne mit Flecken und Fackeln 1917 Aug. 12 (Mt. Wilson-Aufnahme).

einem Schirm auffing, es hier auf einen Kreis von etwa 25 cm ausbreitete und die Beleuchtung mit derjenigen einer Kerze verglich. Aus neueren Beobachtungsreihen von C. DORNO u. a. darf man die Zenithelligkeit der Sonne im Hochgebirge zu 154000 Lux annehmen; die Ziffer ist bis auf wenige Prozent gesichert. Die Vergleichung der Energiekurve der Hefnerkerze und der vom Einfluß der Atmosphäre befreiten Kurve der Sonnenstrahlung führt nach E. HERTZSPRUNG auf rund 150000 Lux, also auf einen Wert von derselben Größenordnung. Etwas schwieriger gestaltet sich die Bestimmung der Flächenhelligkeit der Sonne in einem irdischen Maß. Nach älteren Angaben sollte sie 146000 mal größer sein als diejenige des Drummondschen Kalklichtes. Weit zuverlässiger sind auch hier die Ziffern von C. DORNO, die in der reinen Luft von Davos erhalten wurden und für das Verhältnis der Flächenhelligkeit der zenitnahen, extraterrestrischen Sonne zur Helligkeit einer absolut weißen, matten, von der Hefnerkerze in 1 m Abstand senkrecht beschienenen Fläche die Zahl $7.66 \cdot 10^9$ geliefert haben.[1])

[1]) C. DORNO, Physik der Sonnen- und Himmelsstrahlung. Braunschweig 1919.

Von besonderem Interesse für den Astrophysiker sind die Ergebnisse, die bei der Vergleichung des Lichtes der Sonne mit anderen Gestirnen erhalten worden sind. So beträgt das Helligkeitsverhältnis Sonne : Vollmond nach H. N. RUSSELL 465500, der Größenunterschied somit 14.17^m, was mit der älteren Ableitung von G. P. BOND und F. ZÖLLNER gut übereinstimmt. F. ZÖLLNER, W. CERASKI, C. E. PICKERING, C. FABRY u. a. haben mit Erfolg auch Vergleichungen zwischen der Sonne und helleren Fixsternen wie Sirius, Capella, Prokyon ausgeführt, die von großer Bedeutung sind, wenn die Sonne als Stern betrachtet wird, oder umgekehrt Sternhelligkeiten auf die Sonne bezogen werden. Reduziert man die besten auf diese Weise erhaltenen Werte auf das Harvard-System, so erhält man als recht sicheren Mittelwert für die visuelle Sonnenhelligkeit in Sterngrößen — 26.72^m. Von den zum Vergleich benutzten Fixsternen ist die Capella, die genau das gleiche Spektrum wie die Sonne hat, besonders bemerkenswert. Da ihre Helligkeit sehr nahe gleich 0.25^m ist, so wird der Größenunterschied α Aurigae — Sonne $= 26.97^m$, somit das scheinbare Helligkeitsverhältnis

$$\frac{\text{Sonne}}{\alpha\ \text{Aurigae}} = 6.14 \cdot 10^{10}$$

Die Parallaxe von α Aurigae beträgt nahe 0.10″, der Abstand a ist also

$$a = \frac{206\,265}{0.10} = 2.06 \cdot 10^6 \text{ astr. Einh.}$$

In dieser Entfernung würde

$$\frac{\text{Sonne}}{\alpha\ \text{Aurigae}} = \frac{614}{206^2} = \frac{1}{69}$$

sein, mithin die Sonne in der gleichen Distanz 69 mal oder um 4.60 Größen schwächer, d. h. in der Größe 4.85^m erscheinen. Die „absolute Helligkeit" der Sonne als Fixstern, bezogen auf die Parallaxe 0.1″, beträgt demnach 4.85^m.

Nach dem spektroskopischen Befund kommt, wie hier vorausgeschickt sein mag, die Temperatur von α Aurigae derjenigen unserer Sonne sehr nahe, so daß für beide Sterne die gleiche Flächenhelligkeit angenommen werden kann. Aus dem eben angestellten Vergleich folgt dann ohne weiteres, daß α Aurigae sehr viel größer sein muß als unsere Sonne. Die Helligkeiten verhalten sich nun wie die Oberflächen, bzw. wie die Quadrate der Durchmesser. Für das Verhältnis der letzteren ergibt sich aus den Helligkeitswerten 1 : 8.3, der Durchmesser von α Aurigae wäre demnach 8.3 mal so groß wie derjenige der Sonne. Es ist zu beachten, daß α Aurigae kein einfacher, sondern ein enger sog. spektroskopischer Doppelstern ist, die Gesamthelligkeit also von zwei Körpern herrührt; immerhin bleibt auch dann der Unterschied gegen die Sonne recht beträchtlich. Wir werden später Weltkörpern anderer Spektralklassen begegnen, die noch wesentlich größer sind als die eben zum Vergleich herangezogene Capella, Fixsterne, die an die Stelle der Sonne versetzt, weit ins Planetensystem hinein bis zur

Venus-, Erd-, ja sogar bis über die Marsbahn hinaus reichen würden. In einer gegenwärtig ganz allgemein üblichen, von E. HERTZSPRUNG vorgeschlagenen Benennungsweise werden diese gewaltigen Weltkörper gegenüber den kleineren Sternen, wie sie unsere Sonne veranschaulicht, als Riesen bezeichnet. Das Zentralgestirn unseres Planetensystems erweist sich also bei diesem Vergleich als ein typischer, in gelbem Lichte strahlender Zwergstern. Da die mittlere absolute Helligkeit der Fixsterne nach J. C. KAPTEYN gleich 7.7^m gesetzt werden kann, so ist die Sonne immerhin heller als der Durchschnitt der Sterne.

Unsere Vorstellungen über die Wärmestrahlung der Sonne gründen sich auf die sog. Solarkonstante, d. h. auf den experimentell sehr genau bestimmbaren Energiebetrag, der in 1 Minute einer Fläche von 1 qcm zugestrahlt wird und 1.95 g-cal beträgt. Den zahlreichen Problemen, die sich an diese Zahl knüpfen, soll später noch ein wichtiges Kapitel dieses Buches gewidmet werden. Hier mögen zur Vervollständigung des Gesamtbildes einige allgemeine Folgerungen vorweggenommen werden.[1]) Diejenige Form der Wärmewirkung, die unserer Vorstellung am zugänglichsten ist, dürfte der Schmelzvorgang sein. Würde man die gesamte Sonnenstrahlung an Ort und Stelle auf einen Eisblock konzentrieren, so wäre sie imstande, in 1 Sekunde davon mehr als 1 Million Kubikkilometer aus dem festen in den flüssigen Zustand überzuführen. Wenn wir die Sonne im Abstande der Erde mit einer Hohlkugel aus Eis umgeben würden, so wäre die Strahlung ausreichend, um davon jährlich eine 140 m dicke Schicht herunterzuschmelzen. Bestünde gar die Erdkugel aus Eis oder wäre sie einheitlich mit Inlandeis überzogen, so müßten bei einer Rotation und Achsenlage, die nacheinander alle Teile ihrer Oberfläche gleichlange den Sonnenstrahlen senkrecht zukehrte, bei Abwesenheit der Atmosphäre jährlich 70 m von der Eisdecke verschwinden. Schon eine flüchtige Überlegung auf Grund dieser Zahlen zeigt, daß bei der Wärmestrahlung der Sonne es sich nicht um die Wirkung eines Verbrennungsvorgangs handeln kann. Wollte man dies trotzdem annehmen, so wären jährlich nicht weniger als 60 Anthrazitkugeln von der Größe der Erde notwendig, um den Haushalt der Sonnenenergie zu decken.

Die Photosphäre. Bei Betrachtung der Sonne im Fernrohr oder auf photographischen Aufnahmen (Abb. 196) bemerkt man, daß ihre Oberfläche keineswegs eine gleichmäßige Helligkeit besitzt, sondern gekörnt erscheint. Auf dieser granulierten Schicht zeigen sich häufig größere oder kleinere dunkle Gebilde, die Sonnenflecke; am Rande (Abb. 204) fallen daneben auch besonders helle, meist aderförmig verzweigte Stellen auf, die als Fackeln bezeichnet werden.

Die äußere Begrenzung der Sonnenkugel, die als Quelle der uns zugehenden Strahlung zu betrachten ist, bezeichnet man als Photosphäre. Der Glanz dieser Hülle ist wesentlich durch die hellen Körner der Granulation bedingt, die sich in ziemlich scharfem Gegensatz von einem etwas dunkleren Untergrund ab-

---

[1]) C. G. ABBOT, The sun. New York 1912.

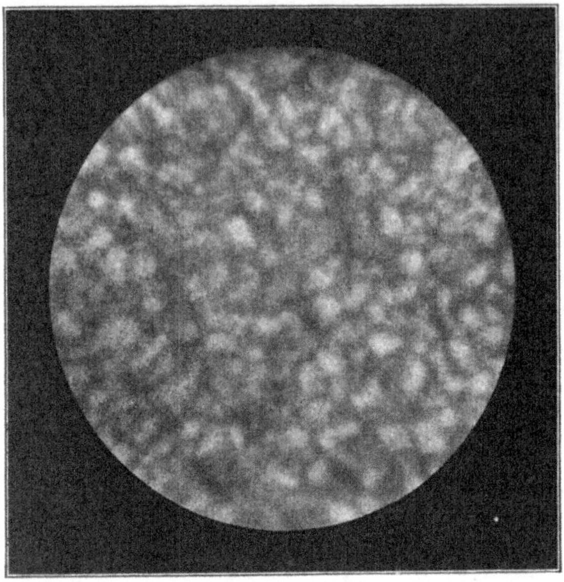

Abb. 197. Mikrophotogramm der Sonnengranulation (Aufn. von B. Schmidt).

heben und am besten im mittleren Teil der Sonnenscheibe zu erkennen sind. Die leuchtenden, flockenartigen Elemente der Granulation (Abb. 197) sind in die dunklere Materie mosaikartig eingebettet; sie haben bei einem Durchmesser von $\frac{1}{3}''$ bis $1''$ rundliche Gestalt, doch kommen in der nächsten Nähe der Flecke auch längliche Formen von sog. Reis- oder Weidenblätterstruktur vor, die offenbar durch Zusammenfließen von Einzelkörnern entstehen. Die Veränderungen der Granulation könnten uns über etwaige Strömungen in der Photosphäre Auskunft geben. Durch direkte Beobachtung am Okular ist jedoch in dieser Hinsicht nichts zu erreichen, da bei der stets vorhandenen Luftunruhe die kleinen, gleichartigen Körner vom Auge gar nicht festgehalten werden können. Viel besser sind hierzu photographische Aufnahmen geeignet, doch gelingen auch diese in der erforderlichen Zahl und Schärfe nur außerordentlich selten, so daß wir über die Veränderungen in der Feinstruktur der Photosphäre noch kein zusammenhängendes Bild besitzen. Aus einigen von A. Hanski in Pulkowa, S. Chevalier in Zô-Sè u. a. erhaltenen und genauer untersuchten Aufnahmen folgt jedoch, daß die Granulationskörner nach Lage, Helligkeit und Gestalt sehr raschen und starken Veränderungen unterliegen. Während nach $\frac{1}{2}$ bis 1 Minute die Gruppierung noch gut wiederzuerkennen ist, genügen meist 7 bis 10 Minuten Zwischenzeit, um jede Orientierung in dem Chaos von dunklen und hellen Gebilden vollkommen zu beseitigen. Die Geschwindigkeit der Bewegung liegt nach Chevalier zwischen 0 und 30 km pro Sekunde; die Bevorzugung irgendeiner Driftrichtung durch die Einzelkörner oder Gruppen von solchen ist nicht nachweisbar.

Neben der Granulation zeigt die Photosphäre noch eine sehr deutliche Helligkeitsabnahme von der Mitte nach dem Rande (Abb. 196). Der Lichtabfall erfolgt zunächst sehr langsam, nimmt aber auf dem letzten Viertel oder Fünftel des Radius unter Hervortreten einer bräunlichen Färbung in auffallender Weise zu. Die photometrischen Beobachtungen dieser Randverdunkelung sind recht zahlreich, doch können nur wenige von ihnen Anspruch auf genügende Genauigkeit erheben. Die zuverlässigsten Messungen sind von C. G. Abbot mit dem Spektrobolometer (S. 252) erhalten worden. Ein langbrennweitiges horizontales Fernrohr entwirft hier ein großes Sonnenbild auf die Spaltebene eines Spektralapparates. Durch Einstellung des Bolometerstreifens auf eine beliebige Wellenlänge und Anhalten des Uhrwerkes kann die Strahlung der vorüberziehenden Sonne vom äußersten Rande bis zur Mitte und von da an bis zum folgenden Rande automatisch registriert und auf die Strahlung der Erdatmosphäre am Sonnenrande als Nullpunkt bezogen werden (Abb. 198). Die Ergebnisse Abbots und seiner Mitarbeiter sind in der nachstehenden Tafel mitgeteilt. Hinzugefügt ist eine

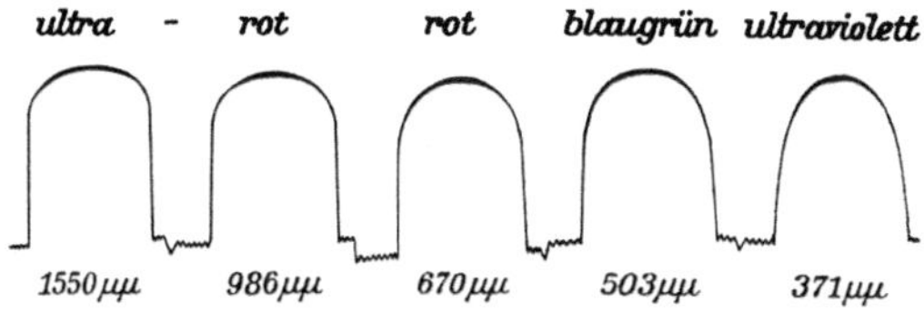

Abb. 198. Spektrobologramm der Photosphäre in verschiedenen Wellenlängen (nach C. G. Abbot).

Radialer Helligkeitsabfall der Photosphäre in verschiedenen Wellenlängen.

Abstd. v. d. Mitte	Farbe und Wellenlänge in $\mu\mu$												
	Ultrarot			Hochrot	Rot	Tiefgelb	Grün	Zyanblau	Indigo		Blauviolett	Tiefviolett	Ultraviolett
(sin γ)	2097	1225	866	699	670	604	534	501	481	456	433	386	323
0.00	1000	1000	1000	1000	1000	1000	1000	1000	1000	1000	1000	1000	1000
0.20	996	995	992	990	991	989	987	985	987	986	978	980	960
0.40	986	976	969	963	961	957	950	945	944	942	927	926	897
0.55	971	953	939	926	924	913	902	894	891	885	866	856	835
0.65	956	932	911	890	887	872	856	845	840	831	806	792	775
0.75	936	901	871	841	838	816	792	777	771	756	729	710	690
0.825	915	865	830	792	786	761	728	711	701	681	647	633	600
0.875	892	834	792	748	740	710	672	650	638	616	583	554	530
0.92	866	794	744	691	680	648	605	583	566	538	510	483	452
0.95	838	756	699	637	629	594	548	517	499	471	450	418	382

Messungsreihe von K. Schwarzschild und W. Villiger, die mit einem versilberten Objektiv aus UV-Glas ausgeführt wurde und für die sehr kurze Wellenlänge λ 3230 gilt.[1]) Wie man aus dem Verlauf der Zahlenwerte und der Kurven der Abb. 198 erkennt, ist die Randverdunkelung für die einzelnen spektralen Farben sehr verschieden. Schwarzschild hat die Beziehungen auf Grund der Hypothese berechnet, daß im Bereich der Photosphäre die Wärme sich von Schicht zu Schicht ausschließlich durch Strahlung ausbreitet. Dabei ist er zu einer einfachen Formel gelangt, die die Helligkeit J eines Flächenelements der Sonne als Funktion der Mittelpunktshelligkeit J_0 und des helio-

[1]) Nach Ann. Astroph. Obs. of the Smithson. Instit. Bd. III. Washington 1913.

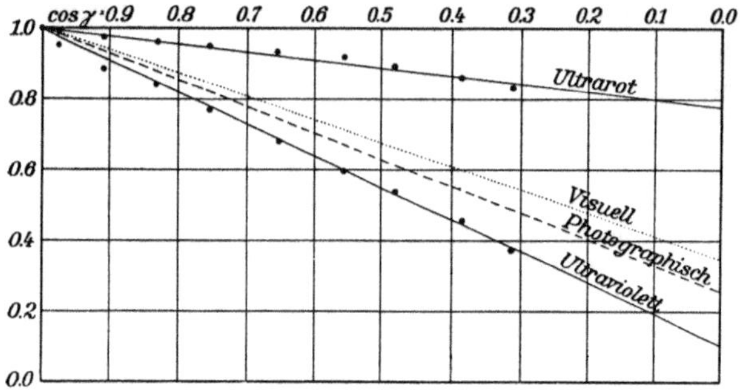

Abb. 199. Graphische Darstellung der Randverdunkelung der Sonnenscheibe (nach H. Shapley).

zentrischen Winkelabstandes γ von der Mitte der Scheibe angibt. Sie lautet, wenn c den Betrag der Absorption für $\gamma = 90^{0}$ bedeutet

$$J = J_0 (1 - c + c \cos\gamma)$$

Das Gesetz kann als eine gute Näherung gelten. In der vorliegenden Form hat die Gleichung den Vorzug, daß das Verhältnis $J : J_0$ in seiner Abhängigkeit von $\cos\gamma$ sehr nahe durch gerade Linien darstellbar wird (Abb. 199). Die Konstante c der Randverdunkelung läßt sich nicht unmittelbar beobachten, da man bei einem Himmelskörper vom scheinbaren Halbmesser s nicht volle 90^{0}, sondern nur einen Bogen $90^{0} - s$ überblicken kann. Nach der ABBOTschen Tabelle kann für visuelle Beobachtungen $c = \frac{2}{3}$ gesetzt werden, bei photographischen Aufnahmen $= \frac{3}{4}$; für die Grenzen der Zahlentafel liegt c zwischen 0.78 und 0.10. Nach R. EMDEN[1]) erfordert das von SCHWARZSCHILD vorausgesetzte Strahlungsgleichgewicht der Photosphäre in der Endformel noch eine geringfügige Änderung. Der von ihm unter der gleichen Annahme für die visuelle Randverdunkelung abgeleitete Ausdruck

$$J = \frac{2}{5} J_0 (1 + \frac{3}{2} \cos\gamma)$$

stellt tatsächlich den direkt, also ohne spektroskopische Zerlegung beobachteten Helligkeitsabfall der Sonnenscheibe mit aller wünschenswerten Schärfe dar.

Von C. G. ABBOT ist wiederholt darauf hingewiesen worden, daß die bezüglich der Randverdunkelung der Sonne bisher bestimmten Ziffern nicht als absolute Konstanten anzusehen sind. Die Beobachtungen von 1907 und 1913 deuten nämlich darauf hin, daß die Kontraste zwischen Sonnenmitte und Rand mit der Zahl der Sonnenflecke wachsen, besonders für die kurzen Wellen. Die ganzen Messungsreihen sind aber noch viel zu jungen Datums, als daß man in ihnen den periodischen Gang dieser Zusammenhänge schon klar erkennen und sicher verbürgen könnte.

Noch ein wichtiges Ergebnis läßt sich aus den Bolometerkurven der Lichtverteilung auf der Sonnenscheibe ableiten. Werden diese auf das Normalspektrum bezogen und von den Einflüssen der atmosphärischen Absorption befreit, so können für jede Stelle des Sonnenhalbmessers die Wellenlängen der Maximalstrahlung angegeben werden. Auf Grund des Wienschen Verschiebungsgesetzes (S. 137) ist es dann möglich, die effektive Temperatur der Photosphäre nicht nur

[1]) R. EMDEN, Strahlungsgleichgewicht und Helligkeitsverteilung der Sonnenphotosphäre. Seeliger-Festschrift. Berlin 1924.

im allgemeinen, sondern für verschiedene Mittelpunktsabstände abzuleiten, wie das in der nebenstehenden Tabelle geschehen ist. Das hier zum Ausdruck kommende Temperaturgefälle entspricht der durch die Struktur der Granulation gegebenen Vorstellung, daß in der Mitte der Sonnenscheibe die Strahlung aus tieferen, also heißeren Schichten kommt, als am Rande. Eine Untersuchung darüber, ob die Gesetzmäßigkeit des Strahlungsabfalls für streng konzentrische Zonen der Photosphäre gilt, ist noch nicht ausgeführt worden. Gewisse theoretische Überlegungen hydrodynamischen Charakters, auf die wir noch später (S. 368 f.) zurückkommen werden, lassen sehr wohl Abweichungen zwischen der Pol- und Äquatorrichtung erwarten.[1])

Effektive Temperatur in verschiedenen Mittelpunktsabständen der Sonnenscheibe.

Abstand v. d. Mitte	λ_{max}	T
0.00	458 $\mu\mu$	6300°
0.20	463	6300
0.40	467	6200
0.55	471	6200
0.65	474	6100
0.75	478	6100
0.85	485	6000
0.95	505	5700

Für die Lichtabnahme der Photosphäre nach dem Rande zu sind verschiedene Erklärungen möglich. Entweder hat die Photosphäre die physikalische Eigenschaft, daß bei schrägem Austreten die Intensität der Strahlen von vornherein gedämpft ist oder es findet Absorption bzw. Zerstreuung der Strahlung oberhalb der strahlenden Schicht statt. Die erste Erklärung ist an sich wenig wahrscheinlich; dagegen würde auf den ersten Blick eine absorbierende Atmosphäre die Erscheinung genügend deuten, wenn man sich vergegenwärtigt, daß die von den randnahen Stellen kommenden Strahlen einen viel größeren Weg durch die Sonnenatmosphäre zurückzulegen haben als die mittleren. Bei einer gründlicheren Nachprüfung der Angelegenheit stellt sich freilich heraus, daß auch diese Vorstellung den theoretischen Überlegungen nicht ganz standzuhalten vermag. A. Schuster, K. Schwarzschild und A. Defant haben jedenfalls gezeigt, daß kein einfaches Absorptionsgesetz die auf der Sonne beobachteten Verhältnisse zu erklären vermag. Nach Schusters Vorgang nimmt man daher heute als Grund für die Helligkeitsabstufung der Sonnenscheibe in erster Linie die Molekulardiffraktion an. Eine Absorption ist aber gleichfalls zweifellos vorhanden, wenn auch unsere Untersuchungsverfahren vorläufig noch nicht gestatten, beide Wirkungen ihrem Betrage nach voneinander zu trennen. Im Falle reiner Absorption müßten die Fraunhoferschen Linien am Rande der Photosphäre verschwinden, bei reiner Streuung dagegen wäre die Abhängigkeit der Randverdunkelung von der Wellenlänge unmöglich.

Die Flecke und Fackeln. In der Granulation finden sich häufig Stellen, an denen in dem normalen Mosaik einige Körner fehlen, und der Untergrund als kleine dunkle Fläche hervortritt. Ein solches Fleckchen wird als Pore

[1]) R. Emden, Thermodynamik der Himmelskörper. Enz. d. math. Wiss. Leipzig 1926.

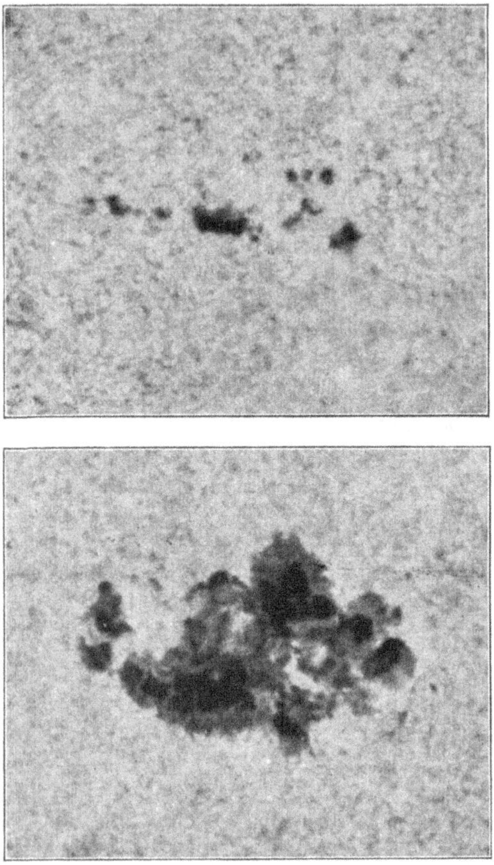

Abb. 200. Ungewöhnlich rasche Entwicklung einer Fleckengruppe in 24 Stunden 1917 Aug. 18 u. 19 (Mt. Wilson-Aufnahme).

bezeichnet und ist bereits nichts anderes als ein kleiner Sonnenfleck. Die Art und Weise der Entwicklung eines normalen Fleckgebildes aus einer Pore kann langsam oder außerordentlich rasch, zuweilen in wenigen Stunden, erfolgen (Abb. 200). Auch die Veränderungen des Umrisses gehen häufig ungemein schnell vonstatten, so daß es zeichnerisch überhaupt schwierig ist, die Gestalt eines Flecks für einen bestimmten Moment festzuhalten. Hier hat das photographische Verfahren ganz besondere Wichtigkeit erlangt, und eine Reihe z. T. sehr günstig gelegener Sternwarten (Greenwich, Kap-Sternwarte, Kodaikánal, Zô-Sè, Dehra-Dûn u. a.) hat Sonnenaufnahmen in ihr tägliches Arbeitsprogramm aufgenommen. Lücken, wie sie früher jeder gründlicheren Untersuchung der photosphärischen Vorgänge im Wege standen, sind auf diese Weise nicht mehr zu befürchten. Durch fortlaufende Veröffentlichung und Bearbeitung der Ergebnisse seitens der Greenwicher Sternwarte ist gegenwärtig Gelegenheit gegeben, jede Fleckerscheinung nach Lage, Gestalt und Ausdehnung aufs genaueste zu verfolgen.

Die Lebensdauer der Flecke erweist sich auf Grund der Beobachtungen als sehr verschieden. Zuweilen ist sie nur auf wenige Tage beschränkt, häufig hält sie auch monatelang an. Die längste Beobachtungszeit ein und desselben Flecks, die bisher festgestellt wurde, umfaßt $1\frac{1}{2}$ Jahre. Denselben starken Abweichungen begegnet man auch beim Studium der Größe und der Gestalt der Flecke. Bei sehr großen Gebilden, die 2′ im Durchmesser erreichen können, handelt es sich fast stets um zusammenhängende Fleckfelder. Sie können dann gelegentlich auch mit unbewaffnetem Auge erkannt werden; schon alte chinesische Chroniken berichten über derartige Fälle.

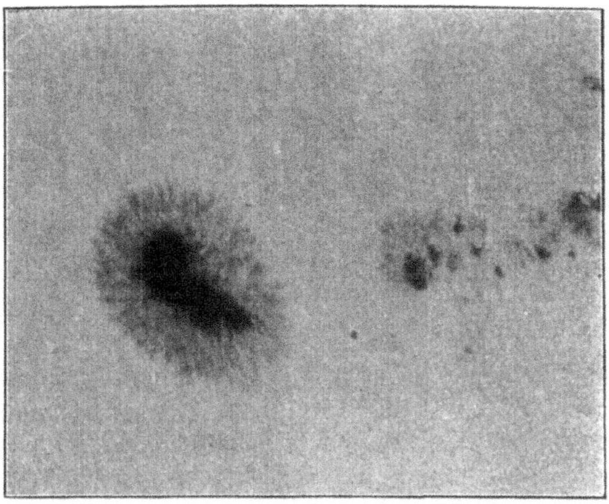

Abb. 201. Typische Form eines Sonnenflecks (Aufn. von B. Schmidt).

Bei einem ausgebildeten Sonnenfleck sind zwei Gebiete zu unterscheiden, der eigentliche dunkle Kern, der bei sehr großen Gebilden zuweilen noch mannigfach abschattiert erscheint, und der ihn umgebende etwas hellere Hof oder die Penumbra. Nach A. Secchis treffender Beschreibung besteht die letztere aus Fasern oder Strömen photosphärischer Materie, die über die dunkle Masse des Kernes hereinzubrechen streben (Abb. 201). In der nächsten Umgebung des Fleckes weicht die Granulation von der Regel oft durch ihre Form und Dichtigkeit ab. Die Körner liegen hier enger zusammen und der dunklere Untergrund ist kaum noch erkennbar. Der Übergang von dieser besonders hellen Photosphäre zur Penumbra erfolgt dann ganz plötzlich. Der Untergrund wird dunkel, die Körner nehmen eine längliche, ja fadenförmige Gestalt an und gruppieren sich zu konzentrischen oder schwach spiralförmig gewundenen Garben und Bündeln an, die wieder in etwas helleren Zungen endigen. Während man die normale Photosphäre mit einem von oben betrachteten Ährenfeld vergleichen kann, gewinnt man bei der Penumbra den Eindruck, als ob hier durch zentrale Strömungen oder durch Wirbel die kurzen Halme konzentrisch umgelegt wären. Die Kerne der typischen, großen Sonnenflecke erscheinen dem Auge auch im projizierten Bilde vollkommen dunkel, doch ist ihr Licht, wie schon G. Galilei bemerkt hat, zweifellos noch sehr beträchtlich, was man am besten dann erkennt, wenn bei einer Finsternis der Mond oder bei einem Planetendurchgang Venus bzw. Merkur vor der Sonnenscheibe herziehen und ein Vergleich mit diesen völlig lichtlosen Flächen möglich wird. Die früher angestellten Schätzungen der Kerngegen die Photosphärenhelligkeit haben nur wenig Wert. Daß das Auge geneigt ist, dabei stark zu übertreiben, zeigen die Messungen des Verhältnisses der Gesamtstrahlung von Kern und Photosphäre, wobei nur Werte 1 : 7 bis 1 : 10 herauskommen.

Jedem aufmerksamen Beobachter der Sonne wird es schon nach kurzer Zeit nicht entgehen, daß die Sonnenflecke das Bestreben zur Gruppenbildung oder mindestens zur Erzeugung von Doppelformen zeigen. Die dabei auftretenden Regeln sind besonders von A. L. Cortie genauer verfolgt und beschrieben worden. Er unterscheidet im Ganzen fünf Haupttypen der Fleckgebilde (Abb. 202), und zwar

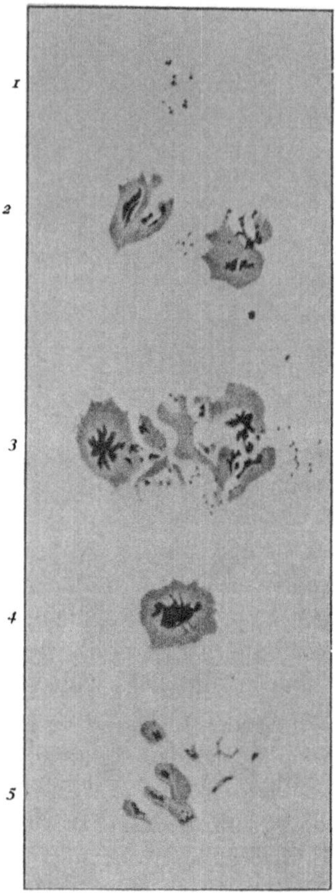

Abb. 202. Typen der Sonnenflecke (nach A. L. Cortie).

1. einfache kleine Flecke oder Gruppen von solchen,
2. Doppelflecke,
3. Ketten getrennter Flecke,
4. große Einzelflecke mit regelmäßiger Penumbra,
5. unregelmäßige Gruppen ausgebildeter Flecke.

Die Einordnung hat durch die Arbeiten des Yerkes- und Mt. Wilson-Observatoriums eine Bestätigung und manche Ergänzung erfahren. Vor allen Dingen ist aus der Zusammenstellung der Typen ersichtlich, daß Einzelflecke auf der Sonne nicht die Regel bilden; meist sind Doppel- und mehrfache Flecke zu beobachten, die einige Grad Abstand und etwas abweichende heliographische Breite besitzen. Bei der Entwicklung entsteht der vorangehende (westliche) Fleck in der Regel zuerst; das Erscheinen des folgenden pflegt dann selten auszubleiben, macht sich auch schon im voraus durch das Auftreten von Fackeln bemerkbar. Nach seiner Ausbildung pflegt der Leitfleck fünf bis zehn Tage lang in Länge ein wenig vorzueilen, so daß der Abstand gegen das folgende Gebilde allmählich um einige Grad anwächst. Offenbar ist dieser Vorgang so zu erklären, daß die Leitflecke in höheren Schichten mit größerer Rotationsbewegung entstehen und dann allmählich absinken. Bei der Auflösung verschwindet der später erschienene Fleck wieder zuerst, so daß also das vorangehende Gebilde eine längere Lebensdauer hat als das folgende.

Die Überzeugung, daß die typischen Sonnenflecke Vertiefungen in der Photosphäre seien, haben schon der württembergische Pfarrer M. L. Schülen und der schottische Astronom A. Wilson um das Jahr 1770 ausgesprochen. Die Ansicht gründete sich auf direkten Beobachtungen der perspektivischen Verkürzung und gegenseitigen Verschiebung von Kern und Hof am Sonnenrande, die auf flache Trichter- oder Tellerform der Flecke schließen ließ (Abb. 204). Bei runden, regelmäßigen Einzelflecken wird das Wilson-Phänomen oft unmittelbar beobachtet, bei vielen anderen läßt es sich durch Messung der Breite der beiden Penumbraränder nachweisen. Sehr häufig fehlen aber die perspektivischen Verkürzungen ganz oder treten gar in umgekehrtem Sinne auf. Hier könnte die Ursache in anomalen Refraktionserscheinungen liegen, deren Annahme in den Flecktrichtern jedenfalls nicht unwahrscheinlich ist; im allgemeinen wird man aber auf einer so unsicheren und bald in dem einen, bald in dem anderen Sinne auftretenden Erscheinung keine Theorie der Fleckengestaltung gründen dürfen. Auch die beim Erscheinen und Verschwinden der Flecke am Rande der Sonne photographisch beobachteten Einbuchtungen (Abb. 203) haben keine Beweiskraft; sie werden durch direkte Beobachtungen nicht bestätigt und rühren offenbar daher, daß an der Stelle des Flecks die Platte unterexponiert wurde.

Die Fleckenbildung findet durchaus nicht an allen Stellen der Sonnenscheibe statt; sie ist vielmehr auf zwei eng begrenzte Zonen beschränkt und zwar auf die Gegenden von 0° bis 30° nördlicher und südlicher heliographischer Breite mit einem deutlichen Minimum am Sonnenäquator. Flecke außerhalb dieser Zonen sind sehr seltene Erscheinungen und in Breiten über 60° dürfte überhaupt wohl noch kein ausgebildeter Fleck beobachtet worden sein; dagegen ist das Auftreten rasch vergänglicher Poren hin und wieder auch in höheren Breiten bemerkt worden. Neben dieser gesetzmäßigen Verteilung ist die tägliche Bewegung der Flecke vom östlichen Sonnenrande nach dem westlichen von besonderem Interesse. Sie ist, wie man bald nach der Erfindung des Fernrohrs erkannte, eine Folge der Sonnenrotation, die in bezug auf die Erde in etwa 27 Tagen vor sich geht. Wird hiervon der Winkelbetrag der gleichgerichteten Erdbewegung in dieser Zeit abgezogen, so erhält man als siderische Dauer der Umdrehung ungefähr $25\frac{1}{3}$ Tage. Die Rotation erfolgt dabei um eine Achse, die gegen die Normale auf der Erdbahn um 7° 15′ geneigt ist. Infolge der Lage des Knotens des Sonnenäquators auf der Ekliptik bei 74° 22′ (1900.0) ist Anfang Juni bis Anfang Dezember der Nordpol, in der übrigen Zeit des Jahres der Südpol der Sonne der Erde zugeneigt. Nur in den Übergangszeiten beschreiben demnach die Flecke auf der Sonnenscheibe gerade Linien, im allgemeinen sind ihre scheinbaren Bahnen nach Norden bzw. Süden zu gekrümmt (Abb. 205). Da beim Studium der Fleckenbewegungen und der Beziehungen der Sonnenvorgänge zu irdischen Erscheinungen die jeweilige Lage des heliographischen Längen- und Breitennetzes zur Blickrichtung von Wichtigkeit ist, werden die wichtigsten Daten zur Reduktion der Sonnenbeobachtungen in den größeren Jahrbüchern in Ephemeridenform vorausberechnet.[1])

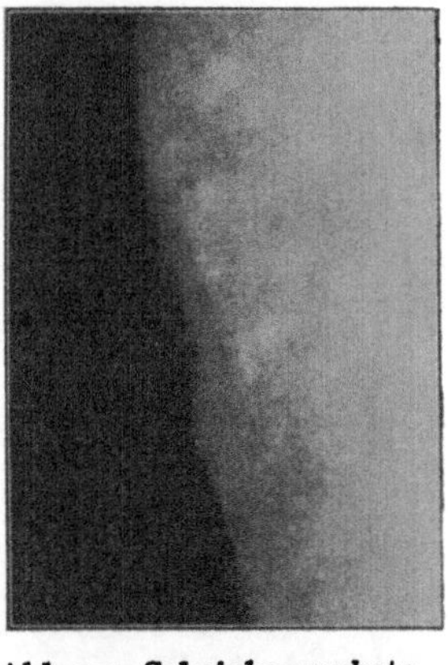

Abb. 203. Scheinbarer photographischer Defekt des Sonnenrandes beim Verschwinden eines großen Flecks.

Daß die Umdrehungszeit der Flecke je nach ihrem Äquatorabstand verschieden ist, war schon C. Scheiner bald nach der Erfindung des Fernrohrs aufgefallen, aber erst die fortlaufenden neueren Beobachtungen von R. Carrington und G. Spoerer haben um 1865 den Charakter der Gesetzmäßigkeit deutlich enthüllt. Die Rotationsgeschwindigkeit der

[1]) Z. B. Nautical Almanac und American Ephemeris.

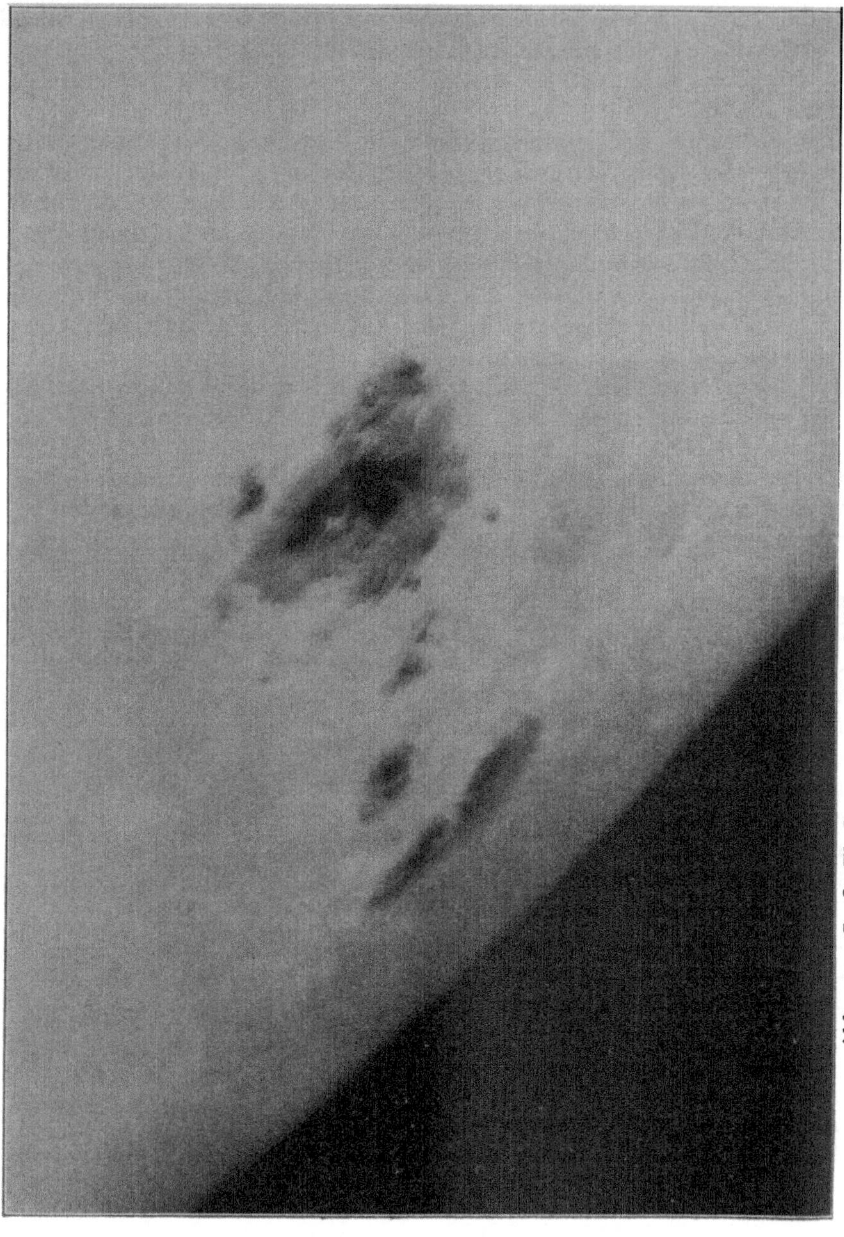

Abb. 204. Große Fleckengruppe vom 16. Okt. 1926 (Aufn. von H. Strebel-München).

Flecke nimmt danach mit wachsender nördlicher oder südlicher Breite ab. Das strenge physikalische Gesetz, nach dem die Verzögerung der Umdrehung vor sich geht, ist nicht bekannt; man hat sich daher bisher damit begnügen müssen, empirische Formeln abzuleiten, die die Beobachtungen möglichst gut darstellen. Fast alle bekannten Sonnenforscher haben auf Grund der Ausgleichung eines bestimmten Beobachtungsmaterials derartige Formeln aufgestellt. In der Regel beruhen die Ausdrücke auf einer von H. A. Faye früher vermuteten gesetzmäßigen Beziehung zwischen der kugelförmigen Sonnenoberfläche und einem Kern von der Gestalt eines Rotationsellipsoides (Abb. 269). Die Darstellung hat sich erhalten, obwohl die theoretische Begründung der Formel längst aufgegeben ist. Die Koeffizienten dieser empirischen Rotationsformeln sind nur in beschränktem Maße als Konstanten aufzufassen. Das umfangreiche Greenwicher Material ergibt z. B. für die Zeit zwischen 1886 und 1909, wenn man es in zwei nahe gleiche Perioden zu 11 bis 12 Jahren trennt, nach M. Subbotin

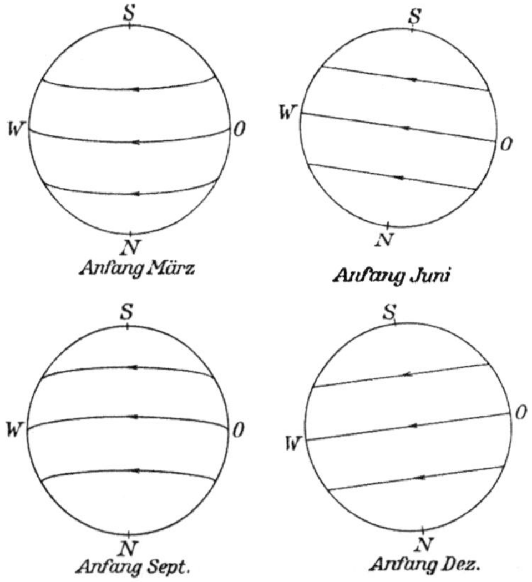

Abb. 205. Wechsel der Lage der Sonnenachse zur Ekliptik und zur Blickrichtung im Laufe eines Jahres.

$$\xi = 14.604^0 - 2.516^0 \sin^2 b \qquad (1886\text{—}1897)$$

$$\xi = 14.518^0 - 1.940^0 \sin^2 b \qquad (1897\text{—}1909)$$

wenn ξ den täglichen heliozentrischen Rotationswinkel und b die heliographische Breite bedeuten. Die Übereinstimmung der Formeln ist angesichts des Umfangs und der Qualität des Materials überraschend schlecht, ein Zeichen, daß das wahre Rotationsgesetz der Sonne durch Strömungen in der Photosphäre und andere Einflüsse derartig verschleiert wird, daß auch bei Berücksichtigung so großer Zeitspannen noch kein nennenswerter Ausgleich stattfindet. Die störende Eigenbewegung der Flecke scheint dabei im allgemeinen in der Richtung der Längen stattzufinden; die bei der Wiederkehr dauerhafter Gruppen beobachteten Breitenänderungen sind durchweg nur gering.

Über die Beziehungen der Fleckenbildung zu gewissen Stellungen der Erde und der Planeten sind verschiedentlich Ansichten geäußert worden, die einer Richtigstellung bedürfen. So ist z. B. bezüglich der Flecke, Protuberanzen und anderer Erscheinungen die Behauptung aufgestellt worden, daß die Erde eine Ausbildung derselben irgendwie hindere, so daß die meisten Flecke auf der Rückseite der Sonne entstünden und auf der Vorderseite verschwänden. Nach einer sehr gründlichen Untersuchung von O. A. ÅKESSON trifft diese Regel bei Berücksichtigung größerer Zeitintervalle keineswegs zu, so daß von irgendeiner Gesetzmäßigkeit nicht die Rede sein kann. Dagegen machen sich bei kürzeren Beobachtungsreihen in der Verteilung der Flecke und anderer Gebilde zeitweise gewisse beständigere Aktivitätszentren der Sonne bemerkbar, die zuweilen reell sein mögen, oft aber lediglich in der Art der Abzählung ihre Begründung finden. Die Zusammenhänge der Sonnenphänomene mit der Stellung der Erde und der anderen Planeten sind, falls sie überhaupt bestehen, jedenfalls sehr geringfügig.

Von den Flecken äußerlich völlig verschieden, aber ihnen trotzdem wesensverwandt sind die Fackeln, die wir bereits als besonders helle Stellen der Photosphäre kennengelernt haben. Sie haben meist ader- oder raupenartige Gestalt (Abb. 204) und treten vorzugsweise in den Fleckenzonen auf, ohne aber auf diese Gegenden beschränkt zu sein. Die Flecke sind stets von ihnen umgeben; sehr häufig sind sie ein Anzeichen beginnender oder eben vergangener Fleckbildung. Genauere Untersuchungen über Form und Ausbreitung werden erheblich dadurch behindert, daß die visuelle und photographische Sichtbarkeit der Fackeln sich auf die Randgebiete der Sonne beschränkt. Durch das auf S. 187 ff. skizzierte und später noch in allen Einzelheiten zu schildernde spektroheliographische Verfahren ist man aber heute in der Lage, die Fackeln oder wenigstens Gebilde, die ihnen nach Form und Lage gleichartig sind, über die ganze sichtbare Sonnenoberfläche hinweg im Lichte einer bestimmten Wellenlänge zu photographieren. Die großen Fackelgruppen, die unmittelbar die Flecke umgeben, nehmen selbstverständlich an den scheinbaren und wahren Bewegungen der letzteren teil. Aber auch die isolierten Fackeln folgen einem ganz entsprechenden Gesetz, wie die Untersuchungen von W. STRATONOFF, S. CHEVALIER, P. KEMPF u. a. gezeigt haben. Die zuverlässigste Formel ist in Greenwich aus Beobachtungen zwischen 1888 und 1923 abgeleitet worden und lautet

$$\xi = 14.54^0 - 2.81^0 \sin^2 b \qquad (b = 0^0 \text{ bis } 35^0)$$

$$\xi = 14.49^0 - 1.78^0 \sin^2 b - 3.16^0 \sin^4 b \qquad (b = 0^0 \text{ » } 45^0)$$

Vergleicht man den ersten Ausdruck mit den vorhin (S. 279) mitgeteilten Fleckformeln, so fällt die Gleichartigkeit des Umdrehungsgesetzes sofort in die Augen. Im Gegensatz zu den Flecken macht sich dagegen bei den Fackeln eine Breitendrift bemerkbar, die die Gebilde nach Ablauf einer Rotation um etwa $1\frac{1}{2}^0$ vom Äquator fortführt. Den besten Einblick in die Gesetzmäßigkeit der Sonnenumdrehung liefern heute die in verschiedenen Wellenlängen erhältlichen Spektroheliogramme und die Linienverschiebungen im Spektrum. Sie sollen später (S. 332 ff.) im Zusammenhange behandelt werden.

Periodischer Verlauf der Fleckenerscheinung. Die Zahl der Sonnenflecke wechselt ebenso stark wie ihre Größe. Es gibt Jahre, in denen wochenlang auch nicht der kleinste Fleck auf der Photosphäre zu erkennen ist, während zu anderen Zeiten die Sonne niemals fleckenfrei erscheint. Der dänische Astronom P. Horrebow hat bereits um 1775 geahnt, daß dieser Wechsel ein periodisches Verhalten zeigt, doch ist es erst S. H. Schwabe in Dessau 1843 gelungen, die Gesetzmäßigkeit der Erscheinung sicherzustellen.

Zur Ableitung der Sonnenfleckenperiode können verschiedene Wege beschritten werden. Am richtigsten würde es wohl sein, täglich die Größe der von den Flecken eingenommenen Fläche zu messen und als Maximum der Erscheinung die Zeit des größten, als Minimum die Zeit des kleinsten von den Flecken eingenommenen Gebietes zu betrachten. Dieses Verfahren wird etwa seit 1875 in Greenwich tatsächlich angewendet. In den früheren Zeiten, die zur Ableitung der Periode mit herangezogen werden müssen, haben sich die Beobachter meist nur auf kurze Angaben über die Zahl der Flecke und ihre Lage auf der Sonnenscheibe beschränkt. Derartige Ziffern sind nur für ganz rohe statistische Übersichten verwendbar, da ein großer Fleck von einer intensiveren Tätigkeit innerhalb der Photosphäre zeugt, als ein kleiner. Diesen Schwierigkeiten hat der Züricher Astronom R. Wolf, der sich auf dem Gebiete der Sonnenforschung durch seine unermüdlichen statistischen Arbeiten ein großes Verdienst erworben hat, durch Einführung der sog. Relativzahlen zu begegnen versucht. Er zählte täglich sowohl die Anzahl der Fleckengruppen als auch die in ihnen enthaltenen einzelnen Kernflecke. Da die Entstehung eines neuen Fleckengebietes eine stärkere Zunahme der Tätigkeit innerhalb der Photosphäre andeutet, als eine Neubildung in einer schon vorhandenen Gruppe, so legte er der Gruppenzahl das zehnfache Gewicht bei. Bezeichnet man demnach die Zahl der vorhandenen Gruppen mit g, die der einzelnen Flecke mit f, so gilt als Maß für die Fleckenhäufigkeit die Ziffer r, wo

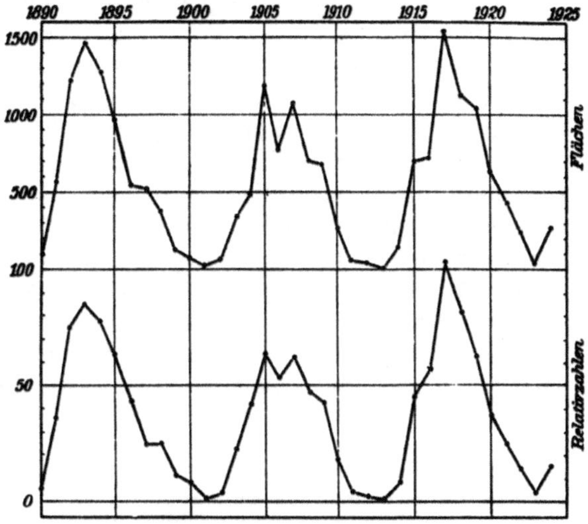

Abb. 206. Fleckentätigkeit der Sonne zwischen 1890 und 1925. Flächen und Relativzahlen.

$$r = 10\,g + f$$

gesetzt wird. Die so erhaltene Relativzahl ist als einheitliches Maß nur für einen bestimmten Beobachter an einem bestimmten Fernrohr zu betrachten. Um also die Zählungen verschiedener Mitarbeiter zu einem gleichartigen Material zu vereinigen, müssen die Relativzahlen bei ihrer rechnerischen Verwertung noch mit bestimmten Koeffizienten multipliziert und mit verschiedenen Gewichten belegt werden. Trotz der Willkür, die diesen Reduktionen anhaftet, hat das Wolfsche Verfahren sich als außerordentlich nützlich erwiesen, ja, es ist nach Abb. 206 kaum anzunehmen, daß eine strengere, nach dem Grundsatz der Flächenbestimmung durchgeführte Berechnung im Periodenverlauf der vergangenen Jahrzehnte wesentlich andere Ergebnisse zutage gefördert hätte.

Da große Sonnenfleckengruppen auch ohne Fernrohr leicht zu erkennen sind, gehen Nachrichten hierüber bis in die Zeit vor Christi Geburt zurück. H. Fritz hat danach Maxima der Sonnentätigkeit bis zum Jahre 301 n. Chr. nachzuweisen versucht, doch sind die Daten erst von 1057 an einigermaßen zuverlässig.[1]) Wolf und sein Nachfolger A. Wolfer haben ihren Untersuchungen über die Periode der Fleckentätigkeit lediglich die teleskopischen Beobachtungen, d. h. die Zeit vom Anfang des 17. Jahrhunderts an zugrunde gelegt und aus ihnen die hier folgenden Jahreszahlen der Maxima und Minima abgeleitet, denen noch das letzte Minimum, 1923.6, hinzuzufügen wäre. Der wahrscheinlichste Mittelwert der Periode umfaßt nach den Beobachtungen bis 1901 11.124 Jahre. Stellt man in ähnlicher Weise die Zeiten zusammen, die im Mittel von einem Minimum bis zum folgenden Maximum verstreichen, so erhält man 5.16 Jahre, während vom Maximum bis zum folgenden Minimum 5.96 Jahre vergehen. Die Zunahme der Fleckenzahl nach einem Minimum erfolgt also merklich rascher, als die Abnahme nach einem Maximum. Die hier mitgeteilten Ziffern für Periode, Auf- und Abstieg usw. sind, wie ausdrücklich erwähnt werden muß, ausgeglichene Durch-

Minima und Maxima der Sonnenflecke seit 1610.

Minima	Periode i. Jahren	Maxima	Periode i. Jahren	Minima	Periode i. Jahren	Maxima	Periode i. Jahren
1610.8	8.2	1615.5	10.5	1766.5	9.0	1769.7	8.7
1619.0	15.0	1626.0	13.5	1775.5	9.2	1778.4	9.7
1634.0	11.0	1639.5	9.5	1784.7	13.6	1788.1	17.1
1645.0	10.0	1649.0	11.0	1798.3	12.3	1805.2	11.2
1655.0	11.0	1660.0	15.0	1810.6	12.7	1816.4	13.5
1666.0	13.5	1675.0	10.0	1823.3	10.6	1829.9	7.3
1679.5	10.0	1685.0	8.0	1833.9	9.6	1837.2	10.9
1689.5	8.5	1693.0	12.5	1843.5	12.5	1848.1	12.0
1698.0	14.0	1705.5	12.7	1856.0	11.2	1860.1	10.5
1712.0	11.5	1718.2	9.3	1867.2	11.7	1870.6	13.3
1723.5	10.5	1727.5	11.2	1878.9	10.7	1883.9	10.2
1734.0	11.0	1738.7	11.6	1889.6	12.1	1894.1	12.3
1745.0	10.2	1750.3	11.2	1901.7	11.7	1906.4	11.2
1755.2	11.3	1761.5	8.2	1913.4		1917.6	

[1]) Statistische Angaben über Sonnenflecke (Flächen, Breitenlage usw. bzw. Relativzahlen) werden fortlaufend in den „Monthly Notices" (London) und in den „Astronomischen Mitteilungen" (Zürich) veröffentlicht.

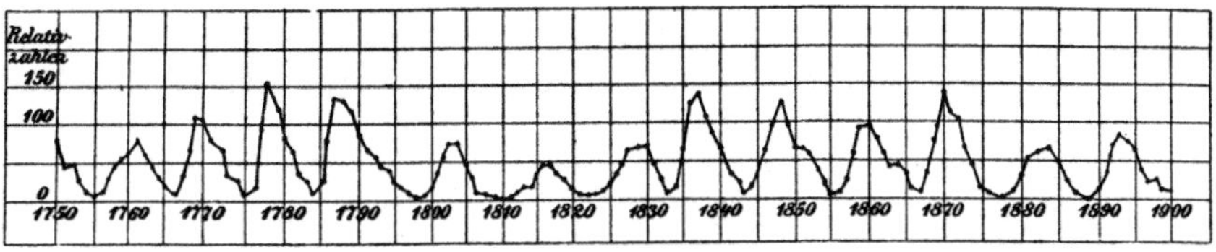

Abb. 207. Verlauf der jährlichen Relativzahlen zwischen 1750 und 1900 (nach A. Wolfer).

schnittswerte, bei denen überdies die Epochen der letzten 2½ Jahrzehnte noch nicht berücksichtigt sind. Bei der Verwertung der Zahlen zur Ableitung irgendwelcher Korrelationen mit irdischen oder planetarischen Erscheinungen ist daher Vorsicht zu beobachten. Wie wenig man sich auf die Mittelwerte allein verlassen kann, zeigt die starke Streuung der Einzelperioden, deren Länge zwischen 7.3 und 17.1 Jahren schwankt. Von einer besonderen Regelmäßigkeit der Erscheinung kann somit keine Rede sein.

Abb. 207 zeigt die Kurve der Fleckenhäufigkeit nach den jährlichen mittleren Relativzahlen vom Jahre 1750 bis 1900. Die 11 jährige Periode tritt hier auf das deutlichste hervor, auch der stärkere Anstieg zum Maximum und der langsamere Abfall sind gut zu erkennen. Während in den Zeiten geringster Sonnentätigkeit die Relativzahlen nahe bei Null liegen, weichen sie in den Zeiten stärkster Fleckentfaltung sehr merklich voneinander ab. Auffallend sind die hohen Werte von 1769 bis 1787, ebenso von 1837 bis 1870, gegenüber den dazwischenliegenden und sich zeitlich anschließenden niedrigen Maxima. Man hat daher angenommen, daß neben dem 11 jährigen Wechsel noch weitere Perioden wirksam seien und den Versuch gemacht, mit Hilfe der sog. Periodogrammanalyse ihre Dauer zu bestimmen. Derartige Arbeiten liegen von R. Wolf, A. Schuster, H. Kimura u. a. vor. Letzterer nimmt nicht weniger als 29 Perioden an, die sich aber nach H. H. Turner durchweg als Unterperioden einer einzigen von 156 Jahren einordnen lassen. Alle diese Ergebnisse stellen lediglich Resultate einer mehr oder weniger umfassenden rechnerischen Ausgleichung dar. In Wirklichkeit reicht der bis jetzt zur Verfügung stehende Beobachtungszeitraum von kaum 300 Jahren nicht aus, um aus den Fleckerscheinungen eine andere als die 11 jährige Hauptperiode mit Sicherheit zu verbürgen. Die täglichen Relativzahlen zeigen starke Schwankungen, deren Hauptursache in der Rotation der Sonne und dem dadurch veranlaßten

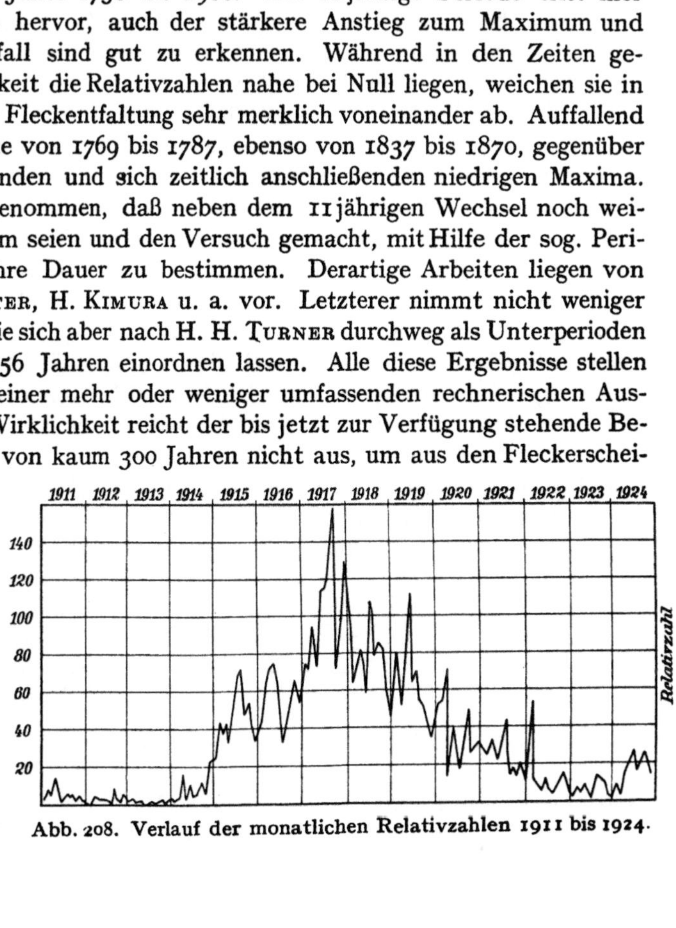

Abb. 208. Verlauf der monatlichen Relativzahlen 1911 bis 1924.

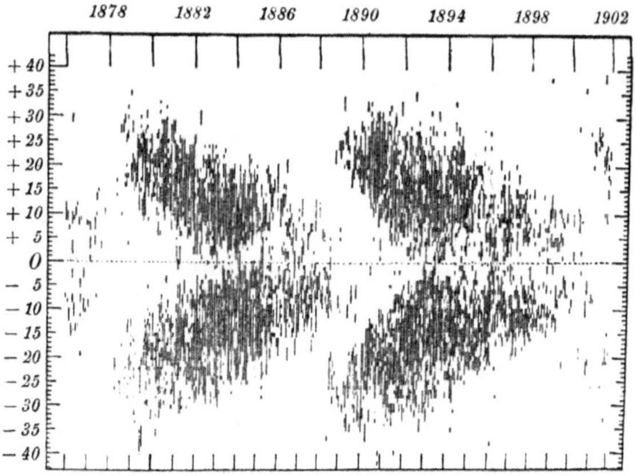

Abb. 209. Graphische Darstellung der Fleckenlage auf der Sonnenscheibe zwischen 1877 und 1902 (nach E. W. Maunder).

plötzlichen Auftauchen bzw. Verschwinden von Flecken oder ganzen Fleckengruppen an den Rändern liegt. Aber auch in den monatlichen Relativzahlen, bei denen diese zufälligen Umstände zum größeren Teil bereits beseitigt sind, lassen sich noch sehr starke Schwankungen erkennen, wie Abb. 208 zeigt, die die Kurve der Fleckenhäufigkeit für die Zeit von 1911 bis 1924 darstellt.

Wenn auch die Flecke auf bestimmte Zonen der Sonnenoberfläche beschränkt sind, so ist ihre Verteilung innerhalb derselben nicht konstant, sondern es läßt sich eine deutliche Abhängigkeit ihrer Breitenlage von der Zeit innerhalb der 11 jährigen Periode erkennen. Setzt nach dem Überschreiten des Minimums allmählich wieder eine stärkere Tätigkeit der Sonne ein, so erscheinen die ersten Flecke in höheren Breiten; im Verlaufe des weiteren Ganges der Periode rücken sie dann immer mehr in die Gegend des Sonnenäquators vor. Diese Verhältnisse hat E. W. Maunder durch eine sehr übersichtliche graphische Darstellung auf Grund des seit 1877 in Greenwich gesammelten statistischen Materials zu veranschaulichen gesucht (Abb. 209). In ein Koordinatennetz mit der Zeit als Abszisse und der heliographischen Breite als Ordinate wurden die Sonnenflecke lediglich nach ihrem Ort (also ohne Rücksicht auf ihre Größe) durch gleichmäßige senkrechte Striche eingetragen, deren Länge der Breitenausdehnung der Flecke entsprach. Aus dem Diagramm geht nicht nur der allmähliche Anstieg der Fleckentätigkeit in niedrigere Breiten, sondern auch die überaus scharfe Trennung der zu den beiden Perioden gehörenden Flecke hervor. In einer etwas schlichteren Form, aber bis 1920 reichend, ist die periodische Wanderung der Flecke auf der Sonne für die letzten Jahre in den Kurven der Abb. 210 dargestellt.

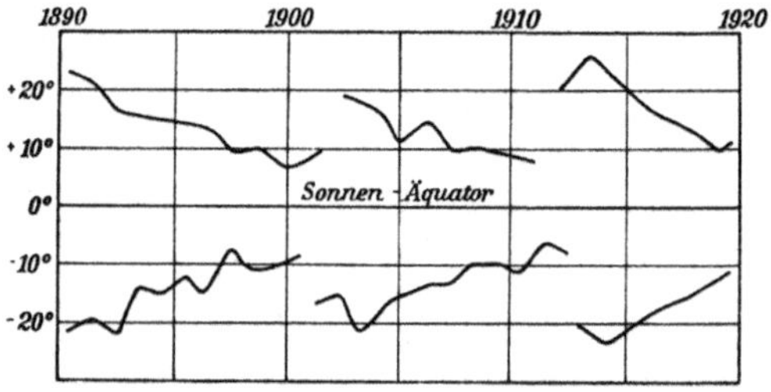

Abb. 210. Periodische Breitenänderung der Sonnenflecke zwischen 1890 und 1920.

Bei den engen Beziehungen der Flecke zu den Fackeln ist es einleuchtend, daß diese sich nach Zahl und Ausdehnung an dem 11 jährigen periodischen Wechsel beteiligen, doch sind alle Regeln hier weit schwächer ausgesprochen. Auch Anklänge an die Breitenwanderung sind vorhanden. Während um die Zeit des Maximums der Sonnentätigkeit die Fackeln innerhalb der heliographischen Breiten von $\pm 45^0$ auftreten, ist ihr Erscheinen im Minimum auf die Zone zwischen $+20^0$ und -20^0 beschränkt.

Das Sonnenspektrum. Das in einem kleinen Spektroskop sichtbare Sonnenspektrum erstreckt sich ungefähr von der Wellenlänge 800 $\mu\mu$ (Rot) bis 400 $\mu\mu$ (Violett), umfaßt also eine Oktave. Durch Abdecken des hellsten Teils lassen sich die Grenzen merklich erweitern. Genau lassen sie sich aber auch dann nicht angeben, da die Augen der einzelnen Beobachter verschieden sind und in ihrer Farbenempfindlichkeit auch durch die absolute Helligkeit, besonders im Violett, merklich beeinflußt werden. Nach H. v. Helmholtz und J. L. Soret kann

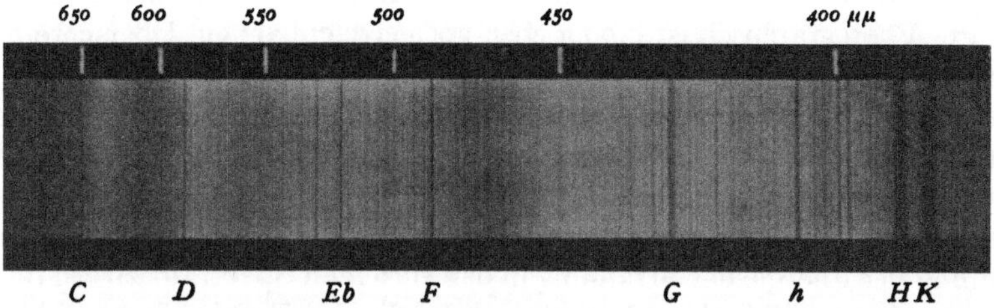

Abb. 211. Aufnahme des ganzen Sonnenspektrums auf Isokolplatte (nach W. Gummelt).

die Aufnahmefähigkeit des Auges bei stärkstem farbigem Licht als zwischen 810 $\mu\mu$ und 330 $\mu\mu$ liegend angenommen werden. Für die Erforschung des Sonnenspektrums sind die visuellen Grenzen heute gleichgültig, da photographische Platten, Bolometer und Thermoelemente eine Untersuchung der ganzen von der Atmosphäre durchgelassenen Strahlung der Sonne ohne Schwierigkeit ermöglichen. Besonders erstrebenswert ist stets eine photographische Aufnahme, da sie neben der Anschaulichkeit den Vorteil hoher Meßgenauigkeit bietet. Am einfachsten ist dies für den ultravioletten Teil zu erreichen, da die gewöhnlichen photographischen Platten auf Strahlen kurzer Wellenlänge genügend stark ansprechen. Eine Schwächung der Wirkung entsteht hier nur durch die Absorption und Streuung der Bromsilberemulsion und durch die Molekulardiffraktion in der Atmosphäre, die entsprechend dem Rayleighschen Gesetz (S. 218) immer stärker wird, je mehr sich die Wellenlängen den Dimensionen der bestrahlten Gasmoleküle nähern. Bei λ 2980 setzt dann eine starke selektive Absorption, die dem Ozon zugeschrieben wird, dem Sonnenspektrum plötzlich ein endgültiges Ziel, das wegen der Lage des absorbierenden Gases in höheren atmosphärischen Schichten sich in keinerlei Weise hinausschieben läßt. Die Grenze ist mit der Zeit veränderlich, bleibt aber sonst, von ganz geringfügigen Unterschieden abgesehen, erhalten, gleichgültig, ob die Beobachtungen in 100 oder 6000 m Höhe angestellt werden.

Die Untersuchung des ultraroten Spektrums der Sonne ist physikalisch insofern besonders wichtig, als alle Linienverschiebungen, mögen sie auf Druck, auf Doppler-, Zeeman- oder Einstein-Effekt zurückzuführen sein, in den langen Wellenlängen ihren maximalen Wert erreichen. Noch vor nicht gar zu langer Zeit war die Untersuchung des Sonnenspektrums jenseits der (C)-Linie nur mit Hilfe des Bolometers möglich. Nach Entdeckung verschiedener Rotsensibilisatoren, vor allem des sehr kräftig wirkenden Dizyanins, kann sie heute gleichfalls auf photographischem Wege erfolgen. Da es sich dabei um Aufnahmen von vielen Stunden handelt, müssen besondere Vorkehrungen getroffen werden, um das diffuse Licht der benachbarten Spektralgebiete abzuhalten, so daß gute Photographien des ultraroten Sonnenspektrums nicht gerade einfach ausführbar sind. Wie im ultravioletten Gebiet, gibt es auch im Ultrarot eine Grenze, die wieder durch die Atmosphäre bedingt ist, und zwar ist es der Wasserdampf, der hier zwischen 0.9 und 1.9 μ einige breite Bänder bildet und die Strahlung abfängt. Photographisch ist 0.99 μ eben noch erreichbar; ein Überschreiten der dahinter liegenden Absorptionen ist auf diesem Wege vorläufig nicht möglich und auch von keiner besonderen Bedeutung, da die Radiometer und Thermoelemente bereits das ganze Intervall zwischen den elektrischen Wellen und dem sichtbaren Licht überbrückt haben (S. 6).

Bei der Auswertung des Sonnenspektrums kann es sich entweder um die Bestimmung der Energie der Strahlung in den einzelnen Spektralbezirken oder um die Erforschung der dunklen Linien handeln, die das Farbenband von Ultrarot bis Ultraviolett durchqueren und vor allem in dem kurzwelligen Gebiet sehr reichlich auftreten. Eine genauere Zahl für die mehr oder weniger scharfen dunklen Linien läßt sich nicht angeben, da bei wachsender Dispersion und bei Verengung des Spaltes immer feinere Absorptionen auftreten. Als Entdecker der Linien kann W. H. Wollaston gelten, der 1802 sieben dunkle Unterbrechungen im Sonnenspektrum erkannte. J. Fraunhofer fügte 1814 den Wollastonschen Linien 567 neue hinzu, von denen er die kräftigsten, vom Rot beginnend, mit den großen Buchstaben des Alphabets (A bis K) bezeichnete (Abb. 211). Die weiteren Versuche der zeichnerischen Wiedergabe des Sonnenspektrums, wie sie von G. Kirchhoff, H. C. Vogel, G. Müller u. a. unternommen wurden, können hier übergangen werden, da sie schon um die Mitte der achtziger Jahre des vergangenen Jahrhunderts durch eine sehr vollkommene photographische Darstellung überholt worden sind, die von H. A. Rowland in Baltimore ausgeführt wurde.[1]) Wie bereits an anderer Stelle erwähnt wurde (S. 198),

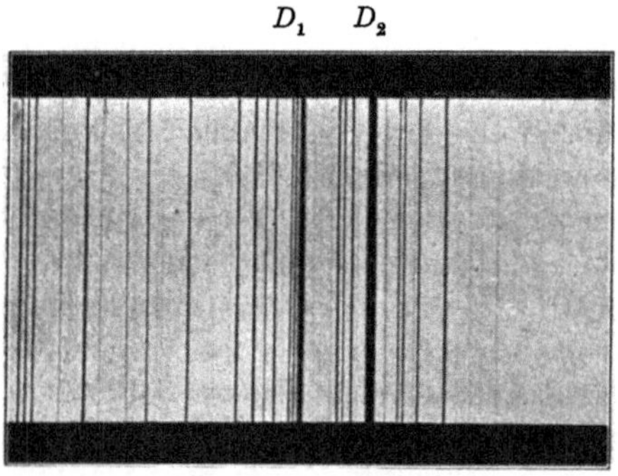

Abb. 212. Gegend der Natriumlinien (D_1) und D_2 im Rowlandschen Sonnenspektrum.

1) H. A. Rowland, Photographic map of the solar spectrum. New York 1886.

ist das Rowlandsche Sonnenspektrum, von dem Abb. 212 und 213 stark verkleinerte Abschnitte zeigen, mit Hilfe von Konkavgittern erhalten worden. Es umfaßt das Gebiet zwischen λ 7330 bis zur Durchlässigkeitsgrenze der Atmosphäre im Ultraviolett, also λ 2980. Die Gesamtlänge beträgt 13 m, die Zahl der Linien nahe 20000. Mehrere Tausend derselben sind von Rowland und seinen Mitarbeitern nach der Koinzidenzmethode (S. 199) mit großer Sorgfalt ausgemessen worden. Das 1897 fertiggestellte Verzeichnis[1]) gab die Wellenlängen mit einer solchen Genauigkeit, daß die Zahlen als Grundlage für alle spektroskopischen Messungen der nächsten beiden Jahrzehnte gedient haben. In der neueren Zeit sind die Rowlandschen Wellenlängen im Sonnenspektrum durch genauere, auf dem sog. Internationalen System beruhende Werte ersetzt (S. 295) und erweitert worden, im Ultrarot (λ 9000 bis 6500 bzw. 9900 bis 8900) durch W. F. Meggers sowie G. J. Burns und F. S. Brackett, im Ultraviolett (λ 2900 bis 2150) durch H. Buisson und C. Fabry, so daß heute ein Bild des ganzen von der Erdatmosphäre durchgelassenen Sonnenspektrums vorliegt und für den astronomischen Bedarf jedenfalls für längere Zeit ausreicht. Eine auch den höchsten physikalischen Ansprüchen genügende interferometrische Ausmessung des Sonnen- und Eisenspektrums zwischen λ 7200 und 3800 hat die Allegheny-Sternwarte in Pennsylvanien gemeinsam mit dem amerikanischen Bureau of Standards begonnen. Es muß bei dieser Gelegenheit erwähnt werden, daß die Sonne sich im Gegensatz zu früheren Anschauungen als eine sehr ungeeignete Strahlungsquelle für irgendwelche Fundamentalmessungen erwiesen hat. Zunächst tragen Rotation und veränderliche Entfernung von der Erde einen Doppler-Effekt in die Linien hinein. Noch schwerer zu erfassen sind die Änderungen, die Druck, Temperatur, Streuung und örtliche Bewegungsvorgänge auf der Sonne in der Lage der Absorptionen verursachen.

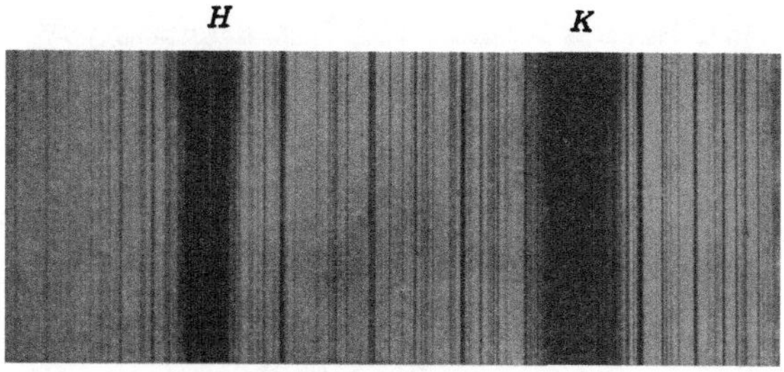

Abb. 213. Gegend der Kalziumlinien (H) und (K) im Rowlandschen Sonnenspektrum.

Einige wenige Beobachtungen mit einem kleineren Spektroskop genügen bereits, um mit Deutlichkeit zu erkennen, daß für die Sonnenlinien zwei verschiedene Ursprungsquellen vorhanden sein müssen. Während die Mehrzahl, von Grün bis Violett überhaupt alle Linien, stets von konstanter Stärke und Dunkelheit ist, zeigt sich bei vielen Absorptionen im Rot, Orange und Gelb ein sehr starker Wechsel des Aussehens, der von der Höhe der Sonne über dem Horizont und von meteorologischen Bedingungen in auffälliger Weise abhängt. Bei tiefem Sonnenstande und feuchter Luft erscheinen einzelne Linien

[1]) H. A. Rowland, Preliminary tables of solar spectrum wavelengths. Ap. J. 1895 bis 1897.

Abb. 214. Sonnenspektrum in der Nähe der (D)-Linien bei hohem und tiefem Sonnenstande (nach G. Higgs).

und Banden in auffälliger Stärke, während sie bei hohem Sonnenstande und trockner Luft nur mit größter Mühe zu erkennen sind (Abb. 214). Die dunklen Linien des Sonnenspektrums haben also nicht sämtlich in der Absorption der Sonnenumgebung ihren Grund, sondern ein Teil entsteht erst durch die Wirkung unserer Erdatmosphäre. Die Stärke dieser atmosphärischen Linien hängt von der Länge des Weges ab, den die Sonnenstrahlen in der irdischen Lufthülle zu durchlaufen haben. Da in erster Linie wieder der Wasserdampfgehalt wirksam ist, so wurde vor mehreren Jahrzehnten wiederholt die Benutzung des Spektroskops zu Zwecken der Wettervorhersage in Vorschlag gebracht; irgendeine nennenswerte Bedeutung hat das Instrument in der Meteorologie jedoch nicht erlangt.

Eine möglichst genaue Kenntnis der atmosphärischen Absorptionen und ihre scharfe Unterscheidung von den Sonnenlinien ist natürlich von großer Wichtigkeit. Es gibt mehrere Verfahren, die zur Trennung der tellurischen Linien von den solaren führen. Das gebräuchlichste rührt von M. A. Cornu her und beruht auf dem Dopplerschen Prinzip (S. 155 ff.). Die Sonne rotiert von Osten nach Westen um ihre Achse; die östlichen Randteile der Photosphäre nähern sich also dem Beobachter, die westlichen entfernen sich von ihm mit der gleichen Geschwindigkeit. Am Ostrande findet somit eine Verlagerung der Spektrallinien nach Violett, am Westrande nach Rot statt. An dieser Verschiebung nehmen aber nur die Linien solaren Ursprungs teil. Entsprechend der sehr geringen äquatorialen Rotationsgeschwindigkeit von 2 km in der Sekunde sind die Lageänderungen unbedeutend und nur bei sehr starker Dispersion erkennbar. Auffällig treten sie nur dann hervor, wenn an dem einen Rande eine atmosphärische Linie sich mit einer solaren zufällig deckt und der Doppler-Effekt am entgegengesetzten Rande die beiden Komponenten getrennt nebeneinander erscheinen läßt (Abb. 215). Cornu hat bei seinen Beobachtungen durch eine besondere optische Vorrichtung die Bilder des Ost- und Westrandes der Sonne unmittelbar in Berührung und dann erst auf den Spalt des

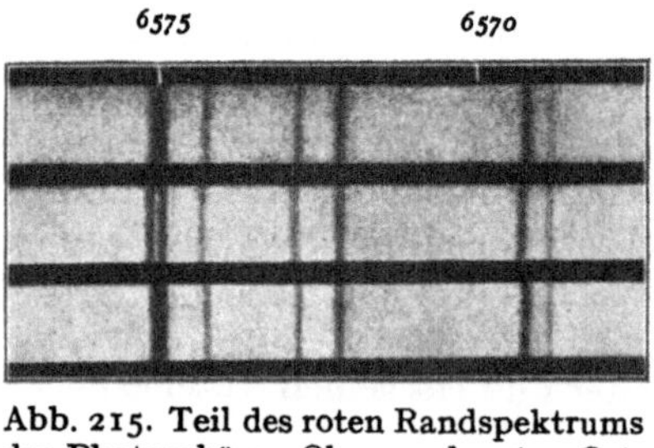

Abb. 215. Teil des roten Randspektrums der Photosphäre. Oben und unten Ost, in der Mitte West (nach W. F. Meggers).

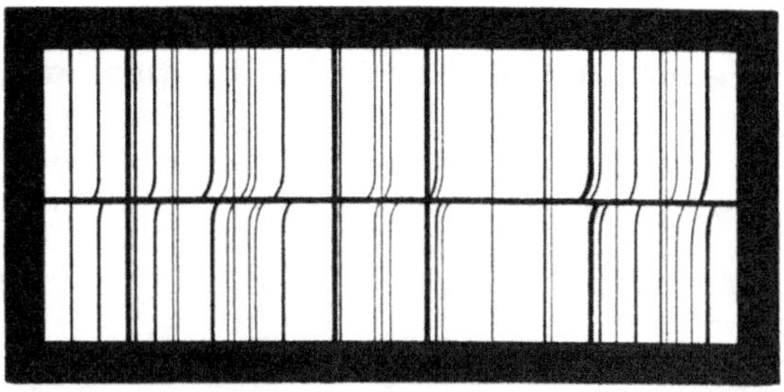

Abb. 216. Solare und terrestrische Linien im Sonnenspektrum. Oben West-, unten Ostrand der Photosphäre.

Spektroskops gebracht. Man erkennt bei dieser Anordnung deutlich, wie an der Berührungsstelle der beiden Spektren die echten Sonnenlinien nach entgegengesetzten Richtungen umbiegen, während die terrestrischen Absorptionen völlig gerade hindurchgehen (Abb. 216). Das CORNUsche Verzeichnis der atmosphärischen Linien ist übrigens bei einer etwas geänderten Versuchsanordnung erhalten worden, und zwar wurde durch die oszillierende Bewegung einer vor dem Spektroskopspalt befindlichen Linse in schnellem Wechsel der Ost- bzw. der Westrand der Sonne auf den Spalt projiziert; die eigentlichen Sonnenlinien werden durch diese Blinkvorrichtung schnell hin- und hergeschoben und unterscheiden sich hierdurch in ihrem Aussehen auf den ersten Blick von den in Ruhe befindlichen atmosphärischen Absorptionen. Die nachgewiesene Konstanz der Wellenlänge der letzteren ist auch meteorologisch wichtig, denn sie liefert den Beweis, daß in den die Erde umgebenden Luftschichten auch in größeren Höhen keine radialen Strömungen hoher Geschwindigkeit stattfinden, eine Feststellung, die gegenüber den lokalen bis zu 40 m in der Sekunde gehenden horizontalen Luftbewegungen in 30 und mehr Kilometer Erdabstand (Krakatauwind) bemerkenswert ist.

Die von CORNU eingeleitete Durchmusterung des Sonnenspektrums nach atmosphärischen Linien ist inzwischen photographisch wiederholt und durch W. F. MEGGERS auch auf das ultrarote Gebiet des Sonnenspektrums ausgedehnt worden. Die Identifizierung der Absorptionen läßt keinen Zweifel darüber, daß die Mehrzahl der terrestrischen Linien dem Wasserdampf zugeschrieben werden muß. Bei den auffallenden roten Banden (A) und (B), deren gesetzmäßige Linienanordnung durch Abb. 217 veranschaulicht ist, ferner bei der ganz gleichartig aufgebauten Bande bei λ 6278 ist dies jedoch nicht der Fall. Sie gehören dem Sauerstoff an, doch blieb es einige Zeit unentschieden, ob der Sauerstoff unserer Atmosphäre oder derjenige der Sonnenumgebung die Absorption hervorruft. Durch die Beobachtungen J. JANSSENS auf dem Mt. Blanc ist aber festgestellt worden, daß die betreffenden Banden in dieser großen Höhe merklich schwächer erscheinen, als in der Ebene, so daß die Absorptionen größtenteils in der Erdatmo-

Abb. 217. Gegend der atmosphärischen (B)-Bande im Sonnenspektrum.

sphäre zustande kommen müssen. Die späteren Beobachtungen haben das Ergebnis bestätigt. Nach C. E. St. John weist nur ein Linientriplet der (A)-Bande den Doppler-Effekt auf, ist also solaren Ursprungs. Vom Grün bis ins äußerste Ultraviolett sind atmosphärische Linien im Sonnenspektrum nicht nachweisbar, dagegen beherrschen sie das ultrarote Spektrum vollständig. Zwischen

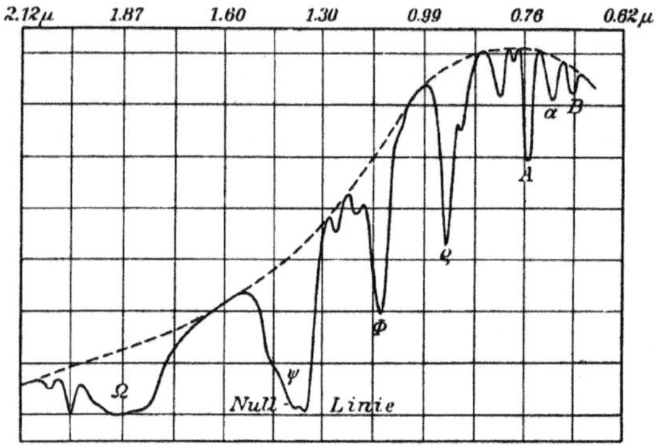

Abb. 218. Energiekurve des ultraroten Sonnenspektrums (nach C. G. Abbot und F. E. Fowle).

Atmosphärische Absorption im ultraroten Sonnenspektrum.

Bande	λ	Gasart
—	2.05 μ	Kohlensäure?
—	2.01	» ?
Ω	1.89	Wasserdampf
Ψ	1.42	»
Φ	1.13	»
ϱ	0.93	»
—	0.81	»
A	0.76	Sauerstoff

600 μμ und 900 μμ sind etwa 60 %, jenseits von 900 μμ fast 90 % aller Linien irdischen Ursprungs. Geht man zu noch längeren Wellen über, so stößt man gar auf atmosphärische Absorptionsgebiete, deren Ausdehnung größer ist, als die Länge des ganzen sichtbaren Spektrums. Neben Wasserdampf scheint an dieser Abschirmung, von der Abb. 218 und die nebenstehende Tafel ein Bild geben, besonders Kohlensäure beteiligt zu sein.

Da einige der Fraunhoferschen Linien zwischen Rot und Violett in der Astrophysik immer wieder genannt und zur Charakteristik bestimmter Stellen im Spektrum verwendet werden, mögen ihre Wellenlängen und Intensitäten nach Rowland hier mitgeteilt werden. Die Reduktionen auf das Internationale System betragen in dem Gebiet der Tabelle — 0.2 bis — 0.1 *AE* (S. 201), sind also für die hier erstrebte Genauigkeit ohne Belang. In den Gruppen (A), (a), (B) und (b_3) ist jeweils die Wellenlänge und der Ursprung der stärksten

Verzeichnis von Fraunhoferschen Linien zwischen Rot und Violett im Rowland-System.

Linie	λ	Int.	Element
A	7594.1	—	Sauerstoff, tellurisch
a	7184.6	3	Wasserdampf, tellurisch
B	6867.5	6	Sauerstoff, tellurisch
C	6563.0	40	Wasserstoff, *Hα*
D_1	5896.2	20	Natrium
D_2	5890.2	30	»
E_1	5270.5	3,4	Eisen, Kalzium
E_2	5269.7	8	»
b_1	5183.8	30	Magnesium
b_2	5172.9	20	»
b_3	5169.2	4	Eisen
b_4	5167.5	15,5	Magnesium, Eisen
F	4861.5	30	Wasserstoff, *Hβ*
G	4308.1	3,6	Eisen, Kalzium
g	4226.9	20	Kalzium
h	4102.0	40	Wasserstoff, *Hδ*
H	3968.6	700	Kalzium, ionisiert
K	3933.8	1000	» »

Linie angegeben; bei sehr naheliegenden kräftigen Absorptionen sind die Intensitäten getrennt angeführt.

Deutung der Absorptionslinien. Ein besonderes Interesse bildete von jeher die Frage, welchen chemischen Elementen die Sonnenlinien ihren Ursprung verdanken. Eine große Zahl derselben wurde bereits unmittelbar nach der wissenschaftlichen Begründung der Spektralanalyse in irdischen Gasen und Dämpfen wiedererkannt. Dazu gehören hauptsächlich diejenigen Elemente, die sowohl im Laboratorium wie auf der Sonne auffallend kräftige oder sehr zahlreiche Linien liefern, vor allem Natrium mit dem charakteristischen Linienpaar (D_1, D_2) im Gelb, Wasserstoff mit den kräftigen Linien (C) und (F), Kalzium mit (g), (H) und (K), Magnesium mit der ebenfalls sehr charakteristischen Liniengruppe (b) im Grün usw. In manchen Fällen, wenn es sich um schwache Linien handelte, blieb der Nachweis eines Elements in der Photosphäre recht unsicher, da das Sonnenspektrum so dicht gedrängte Linien enthält, daß beinahe für jede eine zufällige Koinzidenz aufzufinden ist. Die Hauptschwierigkeit der Untersuchung liegt aber zweifellos darin enthalten, daß Lage, Form und relative Intensität der Spektrallinien nichts Unveränderliches darstellen, sondern von den auf die Strahlung wirksamen Anregungsbedingungen abhängig sind. Auf diese Weise können von ein und demselben Element sehr verschiedene Spektra erhalten werden (S. 139 ff.). Da nun die Druck-, Temperatur- und Ionisationsverhältnisse auf der Sonne von den Versuchsbedingungen im Laboratorium ohne Zweifel merklich abweichen, so wäre es durchaus denkbar, daß einzelne Elemente dort ein völlig anderes spektrales Verhalten zeigen als auf der Erde. Die zum Vergleich unbedingt notwendige Untersuchung der Elementenspektra unter ähnlichen Verhältnissen, wie sie auf der Sonne herrschen, ist aber mit großen Schwierigkeiten verknüpft. Die Erzeugung der notwendigen hohen Temperaturen bietet gegenwärtig keine Schwierigkeiten mehr, dagegen ist es oft ganz unmöglich, die betreffenden Grundstoffe in einem solchen Grade von chemischer Reinheit herzustellen, daß im Spektrum nur die Linien dieses einen Elements erscheinen. Danach ist es klar, daß der Nachweis eines irdischen Grundstoffes auf der Sonne unter Umständen sehr bedeutende Schwierigkeiten bieten kann, und man darf sich nicht wundern, wenn bei manchen Elementen in dieser Beziehung eine Entscheidung bisher noch nicht geglückt ist.

Auch der umgekehrte Fall kann eintreten. So hatte man schon lange bei Sonnenfinsternissen im Emissionsspektrum des äußersten Sonnenrandes bzw. der Korona zwei charakteristische helle Linien, eine gelbe und eine grüne, beobachtet, die keinem irdischen Gase entsprachen und die hypothetischen Elemente nach ihrem solaren Ursprung als Helium und Koronium bezeichnet. Das Helium ist später auch als irdisches Element im Cleveït, in Gasquellen, ja sogar in unserer Atmosphäre gefunden worden, das etwas fragwürdige Koronium (vgl. S. 330) dagegen noch nicht.

Ein zuverlässiges Verzeichnis der auf der Sonne nachweisbaren bzw. fehlen-

Spektroskopisch gesicherte Sonnenelemente.

Element	Zeichen	Atom-Nr.	Atomgewicht
Eisen	*Fe*	26	56
Nickel	*Ni*	28	59
Titan	*Ti*	22	48
Mangan	*Mn*	25	55
Chrom	*Cr*	24	52
Kobalt	*Co*	27	59
Kohlenstoff	*C*	6	12
Vanadium	*V*	23	51
Zirkon	*Zr*	40	91
Zer	*Ce*	58	140
Kalzium	*Ca*	20	40
Neodym	*Nd*	60	144
Skandium	*Sc*	21	45
Lanthan	*La*	57	139
Yttrium	*Y*	39	89
Niobium	*Nb*	41	94
Molybden	*Mo*	42	96
Palladium	*Pd*	46	107
Magnesium	*Mg*	12	24
Natrium	*Na*	11	23
Silizium	*Si*	14	28
Wasserstoff	*H*	1	1
Strontium	*Sr*	38	88
Barium	*Ba*	56	137
Aluminium	*Al*	13	27
Kadmium	*Cd*	48	112
Rhodium	*Rh*	45	103
Erbium	*Er*	68	168
Zink	*Zn*	30	65
Kupfer	*Cu*	29	64
Silber	*Ag*	47	108
Blei	*Pb*	82	207
Kalium	*K*	19	39
Rubidium	*Rb*	37	85
Helium	*He*	2	4
Gallium	*Ga*	31	70
Sauerstoff	*O*	8	16
Lithium	*Li*	3	7
Zäsium	*Cs*	55	133

den Elemente hat, wie erwähnt, bereits H. A. ROWLAND gegeben. Das durch neuere Forschungen nur wenig geänderte Ergebnis ist hier unter Ausschluß aller irgendwie zweifelhaften Fälle in einer Tafel zusammengestellt, und zwar so, daß die Reihenfolge der gesicherten Grundstoffe der Anzahl der Linien entspricht, deren Übereinstimmung mit dem irdischen Vergleichsspektrum nachgewiesen werden konnte. Hierdurch ist natürlich keineswegs der Grad der Feststellungssicherheit gegeben, wie man leicht am Natrium erkennen kann, das von G. G. STOKES 1852 als erstes Sonnenelement festgestellt wurde, sich aber hier erst an 20. Stelle befindet. Die Frage, ob das Spektrum der normalen Photosphäre auch Absorptionen von chemischen Verbindungen enthält, ist heute in bejahendem Sinne entschieden. Bei λ 5591 und 3884 treten Zyanbanden auf, und inmitten der (G)-Gruppe ist der Kopf λ 4314 einer Kohlenmonoxydbande nachweisbar. Daß von den schwächeren Linien noch viele nicht identifiziert sind, ist nicht weiter verwunderlich. Unter den kräftigeren Absorptionen gibt es aber nur sehr wenige, z. B. die Nachbarlinien λ 4304.1 und λ 4301.3, beide mit den Intensitäten 4, deren Ursprung noch dunkel ist.

Die Aussicht auf eine nachträgliche spektroskopische Entdeckung der in der nebenstehenden Tabelle noch fehlenden Elemente ist nicht groß. Vor einigen Jahren erschienen die Lücken noch sehr befremdlich; gegenwärtig weiß man, daß das Fehlen von Linien im Spektrum einer Lichtquelle nicht mehr als ein Beweis für das Nichtvorhandensein der betreffenden Grundstoffe gelten kann. Eine physikalische Begründung für die Möglichkeit bzw. Unmöglichkeit des spektroskopischen Nachweises ergibt sich aus den SAHAschen

Schlußfolgerungen über den Ionisationszustand der Elemente in seiner Abhängigkeit von Druck und Temperatur (S. 143). Prüft man von diesem Standpunkte aus die Spektra der auf der Sonne fehlenden Grundstoffe, so erkennt man, daß die Mehrzahl der bisher nicht nachgewiesenen Elemente unter den Druck- und Temperaturverhältnissen, die im Bereiche der Photosphäre plausibel erscheinen, kein der Beobachtung zugängliches Licht aussendet. Außerdem ist noch zu beachten, daß die Strahlung der Funkenlinien verschiedener Elemente, wie *Ca*, *Sr*, *Ba* in Anwesenheit von Dämpfen mit kleinerem Ionisationspotential gehindert wird. Ändert sich an einer Stelle der Sonnenoberfläche der Druck oder die Temperatur, so können sehr wohl die Linien eines bisher nicht nachweisbaren Elements sichtbar werden. Das gilt z. B. für die auf der Sonne lange vermißten Grundstoffe Rubidium, Lithium und vielleicht auch Zäsium. Die Voraussage und nachträgliche Auffindung der zugehörigen Absorptionslinien im Spektrum der kühleren Photosphärenschichten, also innerhalb der Flecke, bedeutet zweifellos einen großen Erfolg der Sahaschen Theorie in ihrer Anwendung auf kosmische Probleme. So klar wie im Laboratorium liegen die Gesetzmäßigkeiten auf einem Fixstern natürlich nicht. Natrium und Barium zeigen z. B. trotz gleicher Ionisationsspannung auf der Sonne sehr verschiedene Linienstärke, während Rubidium und Lithium dort gleichstark ionisiert erscheinen, obwohl Lithium ein merklich höheres Ionisationspotential erfordert, als Rubidium. Wahrscheinlich wird man im Laufe der Zeit noch weitere Abweichungen dieser Art vorfinden, die im Bereiche einer so intensiven und noch so wenig erforschten Strahlungsquelle nicht verwunderlich erscheinen. Sie ändern nichts an der Überzeugung, daß die Materie, aus der Sonne und Erde aufgebaut sind, einheitlich und nur der Quantität und der Form nach verschieden ist.

Vergleicht man das Sonnenspektrum mit der Strahlung der Fixsterne, so stellt sich heraus, daß es eine bestimmte Klasse, die der gelben Sterne, typisch veranschaulicht. Nach einer später zu besprechenden Einordnung gehört es zu den Vertretern der Klasse G, zu der von bekannteren Fixsternen z. B. α Aurigae (vgl. S. 268) und der Hauptstern von α Centauri gehören. Die G-Sterne sind photographisch merklich schwächer als visuell, bei der Benutzung der Sonnenhelligkeit für photographische Untersuchungen ist daher an Stelle der visuellen Helligkeit (-26.72^m) nach O. Birck und A. King der Wert -25.93^m zu setzen. Der sog. Farbenindex der Sonne beträgt demnach $+0.79^m$.

Das Spektrum der Flecke und Fackeln. Wenn man einen Teil der Photosphäre, der einen Sonnenfleck enthält, im Fernrohr auf den Spalt des Spektroskops projiziert, so erscheint der Fleck als dunkler Längsstreifen im Spektrum. Man hat lange geglaubt, daß die geringere Helligkeit nur auf einer allgemeinen Abschwächung beruhe; bei Anwendung sehr starker Dispersionen hat es sich aber gezeigt, daß die Lichtabnahme zu einem erheblichen Teil durch das Auftreten von zahlreichen Linien und Liniengruppen verursacht wird, die in der Photosphäre nicht vorkommen. Die neuen Absorptionen sind im roten und grünen Gebiet des Spektrums besonders zahlreich und werden um so spärlicher, je mehr man sich dem violetten Ende nähert; jenseits λ 3906 gleicht das Spektrum der Flecke bereits vollkommen demjenigen der Photosphäre. Neben dem Auftreten vieler neuer Linien macht sich noch eine Veränderung an verschiedenen bekannten Absorptionen bemerkbar. Sie treten z. T. in großer Breite auf, so daß der Eindruck von Banden entsteht (Abb. 219). Die bekannten (D)-Linien des Natriums sind z. B. oft nicht zu trennen, sondern verschwimmen in einen einzigen breiten Streifen. Von den anderen Metallen, deren Absorptionen in

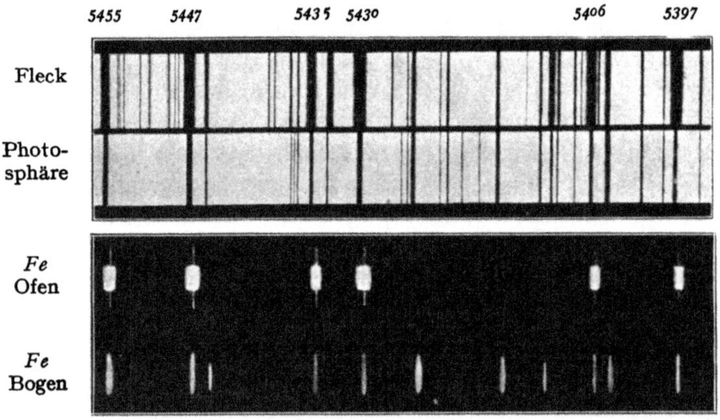

Abb. 219. Fleck- und Photosphärenspektrum zwischen λ 5455 und 5395 verglichen mit dem Ofen- und Bogenspektrum von Eisen.

den Fleckenspektren besonders verbreitert erscheinen, sind Kalzium, Vanadium, Titan, Chrom und Skandium hervorzuheben. Merkwürdig ist auch, daß das im Photosphärenspektrum fehlende Helium in Fleckengruppen in Gestalt der Linie (D_3) zuweilen deutlich hervortritt. Eine genauere Untersuchung der breiten spektralen Absorptionsgebiete der Flecke hat gezeigt, daß es sich um echte Bandenbildungen handelt, wie sie besonders von chemischen Verbindungen emittiert werden. Die meisten lassen sich auf Titanoxyd sowie auf Magnesium- und Kalziumhydrid zurückführen. Die Sonnenflecke zeigen also Eigentümlichkeiten, die, wie wir später sehen werden, von Sternen höherer zu solchen niedrigerer Temperatur überleiten. Zu der gleichen Schlußfolgerung führen die Erfahrungen am elektrischen Ofen und am Lichtbogen im Laboratorium; auch hier ist das Auftreten bestimmter Fleckenlinien in der verbreiterten Form sofort zu beobachten, wenn man von höheren zu niedrigeren Stromstärken übergeht, m. a. W. die Temperatur herabsetzt. Wie außerordentlich klar diese Analogien hervortreten, zeigt Abb. 219, in der das obere Spektrumpaar an der Sonne, das untere am Eisen im Laboratorium erhalten ist.

Neben Linienverstärkungen treten in den Fleckspektren auch Abschwächungen auf, die allerdings auf eine geringere Anzahl von Linien beschränkt sind. Es handelt sich dabei besonders um bestimmte Absorptionen von Wasserstoff, Silizium, Nickel und Eisen. Die im Photosphärenspektrum nahe gleich kräftigen Wasserstofflinien *Hα* bis *Hδ* erscheinen z. B. in den Flecken durchweg geschwächt, so daß eine deutliche Stufenfolge der Intensität, von *Hα* an gerechnet, entsteht; *Hδ* gehört bereits zu den allerschwächsten Linien des Fleckenspektrums. Zuweilen treten die Wasserstofflinien auch in Emissionsform auf. Das letztere findet z. B. an denjenigen Stellen statt, wo sich sog. Lichtbrücken über einen Fleck hinziehen, doch hat man die Erscheinung auch schon auf völlig dunklen Kernen beobachtet, an denen bei direkter Beobachtung nichts besonderes zu erkennen war. Von den Absorptionen des Kalziums sind die sehr kräftigen Linien (H) und (K) im Violett stets einfach umgekehrt. Auch bei einzelnen Linien des Natriums, Eisens und Magnesiums ist die Erscheinung schon beobachtet worden; bei älteren Mitteilungen dieser Art liegt jedoch oft der Verdacht nahe, daß eine magnetische Linienaufspaltung (S. 298) als Umkehr aufgefaßt worden ist. Das Auftreten dieser Aufhellungen in den Absorptionslinien bietet nichts Rätselhaftes. Es kann dadurch erklärt werden, daß sich oberhalb der Flecke zeitweilig glühende Massen der betreffenden Elemente befinden, deren Temperatur höher ist, als die Temperatur derjenigen Schicht, die innerhalb des Flecks die Absorption im kontinuierlichen Spektrum erzeugt.

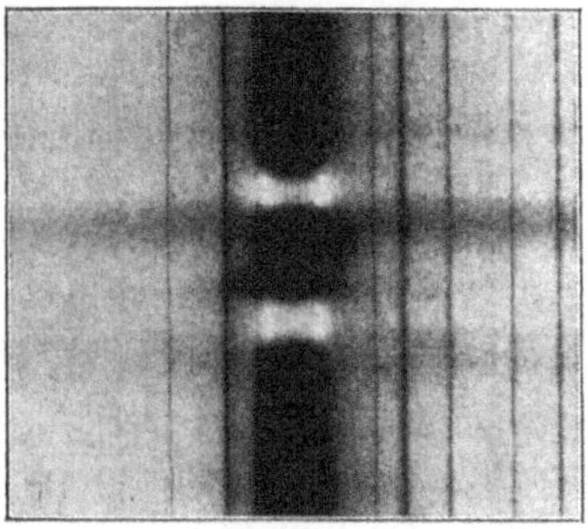

Abb. 220. Aufhellung der *Hα*-Linie am Rande eines Sonnenflecks.

Angesichts der Wichtigkeit, die das Spektrum der Sonnenflecke für die Astrophysik hat, ist vom Mt. Wilson-Observatorium unter F. Ellermans Leitung eine photographische Darstellung desselben herausgegeben worden. Sie umfaßt das Gebiet zwischen λ 6600 und λ 3900 und hat eine Länge von 27 m. Zum Vergleich ist das normale Spektrum der Photosphäre mit abgebildet. Der Maßstab ist so gewählt, daß 1 *AE* durch 1 cm dargestellt wird, die Photographie somit ohne weiteres auch für einfachere Messungen Verwendung finden kann.

Das Spektrum der Sonnenfackeln unterscheidet sich im sichtbaren Teil vom gewöhnlichen Photosphärenspektrum nur durch die größere Helligkeit des kontinuierlichen Untergrundes. Die photographischen Aufnahmen lassen dagegen auch Unterschiede im Aussehen der Linien erkennen, und zwar sind die Bogenlinien unverändert, die Funkenlinien dagegen verstärkt. Diese Abweichungen, in Verbindung mit dem etwas nach Violett zu verschobenen Energiemaximum der kontinuierlichen Strahlung, haben wieder Analogien im Spektrum einzelner Fixsterne und zwar solcher der sog. F-Klasse, so daß die Folge: Flecke, Photosphäre, Fackeln spektroskopisch durch die Sterntypen K, G, F veranschaulicht wird. Es ist noch zu bemerken, daß eine Umkehr der Wasserstofflinien in den Fackelgebieten nur selten stattfindet. Dagegen werden die

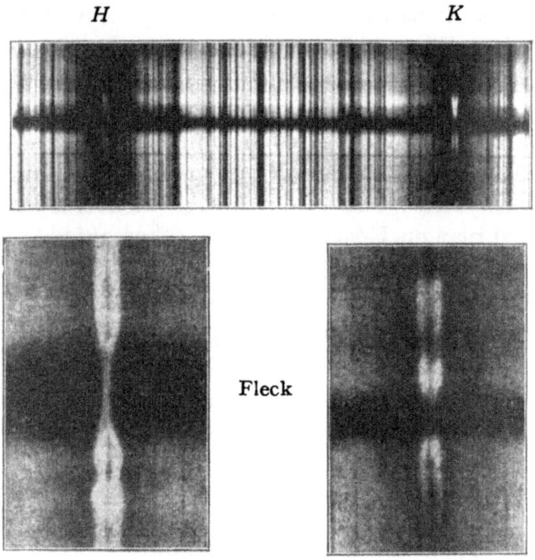

Abb. 221. Doppelte Umkehr der (H)- und (K)-Linie in der Nähe eines Flecks.

Kalziumlinien (H) und (K) fast stets umgekehrt und zwar doppelt umgekehrt beobachtet. Auf der stark verbreiterten Absorptionslinie erscheint die Emission hell in zwei Komponenten, zwischen denen sich die doppelt umgekehrte feine Absorptionslinie befindet (Abb. 221.) Die Untersuchungen von G. E. HALE und H. DESLANDRES haben gezeigt, daß die Umkehr der Kalziumlinien oft auch an Stellen der Sonnenoberfläche vorliegt, an denen sich bei direkter visueller oder photographischer Beobachtung nichts besonderes auffinden läßt. Die übrigen Linien des Kalziums, z. B. (G) und (g), zeigen die Umkehr nicht. Man hat dieses Verhalten damit zu erklären versucht, daß nach den Erfahrungen im Laboratorium (H) und (K) die Linien der größten spektralen Empfindlichkeit des Kalziums sind, doch liegt der Grund zweifellos tiefer. Die Linien (G) und (g) gehören nämlich einer neutralen, die (H)- und (K)-Gruppe dagegen einer ionisierten Linienserie des Kalziums an. Beide Strahlungen treten unabhängig auf und gehören verschiedenen Schichten der Photosphäre mit abweichenden physikalischen Eigenschaften an.

Von besonderem Interesse wären gesetzmäßige Verschiebungen von Linien im Fleckenspektrum, die im Sinne des Doppler-Prinzips gedeutet, Aufschluß über die Bewegungsvorgänge an den betreffenden Stellen der Photosphäre geben könnten. Der erste, der in diesem Sinne aufzufassende Erscheinungen in den Flecken genauer untersuchte, war J. EVERSHED. Merkwürdigerweise fand er merkliche Linienverschiebungen fast nur in der Penumbra randnaher Flecke, woraus auf eine tangentiale Ausbreitung der im Fleckentrichter befindlichen Gase über das Photosphärenniveau geschlossen werden konnte. Die darüber liegenden höheren Schichten der Chromosphäre nehmen an diesen Bewegungen in entgegengesetzter Richtung teil, zeigen also umgekehrt das Bestreben, aus der Umgebung in den Fleckraum zu gelangen. C. E. ST. JOHN hat diese Beobachtungen, die in großen Zügen bereits eine Art Meteorologie der Sonne oberhalb der Flecke begründen, mit den Mitteln der Mt. Wilson-Sternwarte sorgfältig nachgeprüft und sie bestätigt gefunden. Ein graphisches Modell der Bewegungsvorgänge ist durch Abb. 222 im Aufriß veranschaulicht.[1]) Die Aus- und Einströmungen sind durch Pfeile angedeutet, deren verschiedene Länge die Geschwindigkeit der Bewegung kennzeichnet; die Höhe der Figur entspricht rund 15000 km. Das am Grunde der Photosphäre aus dem Fleck herausströmende Material enthält gegen 30 Elemente, unter denen das Eisen besonders hervortritt, das einströmende der oberen Schichten von 5000 km Höhe an beschränkt sich auf *Ca, Na, Ti, H,* wozu noch gelegentliche Beimengungen von *Fe, Al, Sr* und *Mg* hinzukommen. Eine Schicht von etwa 4000 km Höhe zeigt vollkommene Ruhe. Damit ist ein anschauliches Bild der physischen Verhältnisse in und über einem Sonnenfleck gegeben. Es muß aber erwähnt werden, daß die Vorgänge durchaus nicht so leicht zu deuten sind, wie es auf den ersten Blick aussieht. Vor allen Dingen ist ein auf Grund der irdischen meteorologischen Erscheinungen naheliegender quantitativer Ersatz der ausströmenden Gase durch die einströmenden unter den geschilderten Verhältnissen nicht gut denkbar, wie ja überhaupt die Erfahrungen der irdischen Meteorologie nur mit der größten Vorsicht auf die Sonne angewendet werden dürfen. Die Zirkulation in der Erdatmosphäre verdankt ihren Ursprung den aufsteigenden Luftströmen der heißen Zone, die in der Richtung nach den Polen zu abfließen und mit den tieferen, zurücklaufenden Polarströmungen zusammentreffen. Eine wesentliche Komplikation entsteht dabei durch den Einfluß des wechselnden Sonnenstandes zu den verschiedenen Tages- und Jahreszeiten, da ja die Wärmequelle, welche die aufsteigenden Ströme im wesentlichen bedingt, außerhalb der Atmosphäre liegt. Auf der Sonne liegen die entsprechenden Verhältnisse einfacher, da das Energiezentrum hier im Inneren des Weltkörpers seinen Sitz hat, und Störungen von außen kaum in Frage kommen. Auch sonst herrschen im Aufbau der Gashüllen von Sonne und Erde derartige Unterschiede, daß es zweifellos verfehlt wäre, die bei unserer Atmosphäre geltenden Gesetze und Gesichtspunkte ohne weiteres auf einen selbstleuchtenden Weltkörper anzuwenden. Nur in der Fleckerscheinung selbst liegt offenkundig eine Analogie vor, wenn man annimmt, daß die Kerne durch aufsteigende Strömungen von photosphärischen Gasen entstehen, die sich ausdehnen und dabei schließlich so stark abkühlen, daß ihre ursprüngliche Emission in Absorption übergeht.

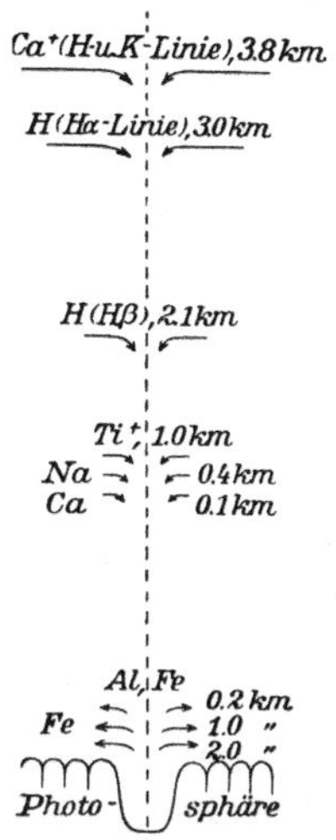

Abb. 222. Schema der Ein- und Ausströmungen oberhalb eines Sonnenflecks.

Die magnetischen Erscheinungen in der Photosphäre. Im Jahre 1892 fand C. A. Young, daß einzelne Eisenlinien in den Fleckenspektren doppelt auftreten. Die Angelegenheit wurde späterhin von verschiedenen Astronomen,

[1]) C. E. St. John und H. D. Babcock, Pressure and circulation in the reversing layer of the suns atmosphere. Ap. J. 1924 II.

insbesondere durch S. A. Mitchell, sorgfältig weiter verfolgt und auch noch bei anderen Linien beobachtet, jedoch ursprünglich für eine normale Umkehr nach Art der Abb. 221 gehalten. Genauere um 1908 angestellte Untersuchungen von G. E. Hale ließen jedoch bald erkennen, daß die Ursache der Aufspaltung hier eine ganz andere sein müsse. Es stellte sich nämlich heraus, daß bei genügender Dispersion die Linien der betreffenden Elemente (*Fe*, *Va*, *Cr*, *Ti* u. a.) innerhalb der Flecke teils doppelt, teils dreifach erschienen, und zwar doppelt in der Mitte der Sonnenscheibe, dreifach an ihrem Rande. Die Aufspaltungen glichen derart den in Abb. 104 dargestellten Fällen, daß es naheliegend war, auch hier eine magnetische Erscheinung im Sinne des Zeeman-Effektes zu vermuten. Nimmt man an, daß innerhalb der Sonnenflecke Wirbel von Gasen und Dämpfen auftreten, die elektrisch geladen sind, so ist eine Erklärung der Tatsache und der Form der Aufspaltung ohne weiteres gegeben.[1]) Durch die Wirbel von freien Ionen oder Elektronen entsteht in dem Flecktrichter wie in einer stromdurchflossenen Spule ein magnetisches Feld. Die Kraftlinien kann man sich dabei als nahe radial von der Sonnenoberfläche aus verlaufend vorstellen. Im mittleren Teil der Sonne liegen sie somit mehr oder weniger parallel zur Blickrichtung, am Rande senkrecht dazu und dementsprechend erfolgt die Teilung der Linien in Dublets bzw. Triplets. Eine Entscheidung darüber, ob ein Zeeman-Effekt vorliegt oder nicht, läßt sich nur durch Untersuchung des Polarisationszustandes der Linien treffen. Liegt eine magnetische Aufspaltung vor, so müssen bei Trennung in zwei Linien beide entgegengesetzt zirkular polarisiert sein, bei drei Linien die mittlere senkrecht zur Ebene der äußeren (S. 161). Da auf direktem Wege nur geradlinige Polarisation untersucht werden kann, ist es notwendig, die zirkularen Schwingungen erst in die linearen Komponenten zu zerlegen. Die Beobachtungen können dann in der Weise erfolgen, daß man vor den Spalt des Spektroskops, auf dem das Sonnenbild entworfen wird, ein drehbares Nikol als Analysator setzt und davor ein Fresnelsches Prisma oder noch besser eine Viertelwellenlängenplatte (S. 59) anbringt. Das Fresnelsche Prisma sowohl wie die Viertelwellenlängenplatte verwandeln das zirkular polarisierte Licht in geradlinig schwingendes, das dann durch Drehung des Nikols in der üblichen Weise untersucht werden könnte. Um bei der erforderlichen Spaltlänge die Drehung des zusammengesetzten Nikols zu vermeiden und den Nachweis der magnetischen Aufspaltung schon in einem einzigen Bilde zu erhalten, werden mehrere schmale Glimmerstreifen von $\frac{1}{4}\lambda$ für die zirkulare und von $\frac{1}{2}\lambda$ für die lineare Polarisation zwischen zwei Deckgläsern so angebracht, daß die Richtung ihrer optischen Achse abwechselnd 0 und 90^0 beträgt. Die Glimmerplatte wird dann vor dem Nikol so orientiert, daß die Blättchen den Spalt unter 45^0 kreuzen. Bei dieser Anordnung läßt das Nikol streifenweise immer nur eine Schwingungsebene durch. Das Spektrum weist dann eine parallele Teilung

[1]) R. Emden, Zeeman-Effekt und Sonnenforschung. Naturw. 1921.

in der Längsrichtung auf, wobei in den Streifen abwechselnd die rote oder die violette Komponente eines Zeeman-Dublets ausgelöscht oder wenigstens sehr stark geschwächt wird. Denn es ist zu beachten, daß die Blickrichtung nur in Ausnahmefällen genau in die Richtung der Kraftlinien fällt; im allgemeinen wird man also mit mehr oder weniger elliptisch polarisiertem Licht und dadurch mit merklichen Abweichungen von den Idealbedingungen rechnen müssen.

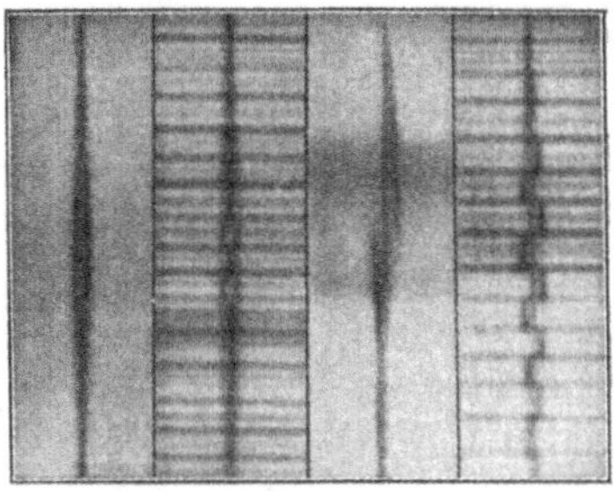

Abb. 223. Magnetische Linienaufspaltung in Sonnenflecken am Rande und in der Mitte der Photosphäre (nach G. E. Hale).

Den Vorgang selbst veranschaulicht die photographische Aufnahme in Abb. 223, bei der der Spalt einen Fleck am Sonnenrande und ein Fleckpaar im mittleren Teil der Photosphäre kreuzte. Die vier Bilder veranschaulichen den direkten Anblick der gespaltenen Eisenlinie λ 6173 und ihre Untersuchung durch Nikol und ein $\frac{1}{2}$ λ- bzw. $\frac{1}{4}$ λ-Plattenpaar. Die aufeinanderfolgenden horizontalen Streifen stellen das Aussehen der Linie an den verschiedenen Stellen des Flecks dar. Bei der Polarisation am Sonnenrande erhalten die Linien auf diese Weise Ösen-, in der Mitte der Photosphäre Hakenform. Eine entsprechende, an den Natriumlinien im Laboratorium erhaltene Photographie zeigt Abb. 224. Sehr beachtenswert ist das erste direkte Bild des zweiten Paares in Abb. 223. Da die beiden eingestellten Nachbarflecke entgegengesetzte Polarität hatten, ist die Linie in dem einen Falle nach Violett, in dem anderen nach Rot zu aufgespalten.

Die Beobachtungen der magnetischen Erscheinungen auf der Sonne sind seit 1908 auf dem Mt. Wilson unter Hales Leitung mit der größten Ausdauer angestellt worden. Sie haben keinen Zweifel darüber gelassen, daß hier tatsächlich ein allen Laboratoriumsgesetzen, z. B. der Prestonschen Regel (S. 160) folgender, normaler Zeeman-Effekt vorliegt. Damit war über die Natur der Sonnenflecke eine wichtige Entscheidung im Sinne einer älteren Anschauung von H. A. Faye getroffen. Wir haben sie auf heftige Wirbel von elektrisch geladenen Teilchen der Photosphäre zurückzuführen, die in der Umgebung je nach dem Drehungssinn der Bewegung starke magnetische Felder verschiedener Polarität erzeugen.

Abb. 224. Aufspaltung der gelben Natriumabsorptionen im magnetischen Feld. Oben senkrecht, unten parallel zu den Kraftlinien.

Die Frage, ob die elektrischen Wirbel vielleicht erst als Folgeerscheinungen von irgendwelchen thermodynamischen Vorgängen in der Photosphäre entstehen, wird durch diese Feststellungen zunächst nicht berührt.

Zur Bestimmung der Stärke der Fleckenfelder wurde die Aufspaltung einzelner Linien, insbesondere solcher von *Fe*, *Cr*, *Ti* ihrem Betrage nach mit Laboratoriumsergebnissen verglichen. Da wir über die Höhe der Linienabsorptionen, m. a. W. über die Schichtung der Gase über der Photosphäre eine ungefähre Vorstellung besitzen (S. 315), lassen sich dabei Werte der Feldstärke für verschiedene relative Erhebungen ableiten. Die tieferen Schichten ergaben dabei sehr hohe Werte im Betrage bis zu 4500 Gauss bei sehr rascher Abnahme mit der Höhe. Aus 30 Linien verschiedener Schichten wurden bei 250 und 420 km Höhe nur noch Feldstärken von 55 bzw. 10 Gauss erhalten. Ein merkliches Herübergreifen dieser Kraftfelder in den Raum oder gar bis zur Erde erscheint danach so gut wie ausgeschlossen.

Die Untersuchung der Polarität bei Fleckengruppen hat ergeben, daß diese zu 60 % aller Fälle bipolar sind. Die Trennung nach dem Drehungssinn erfolgt dann meist in der Mitte der Gruppe. Der Rest von 40 % entfällt auf unipolare oder komplexe Bildungen. Änderungen des Drehungssinnes bei ein und demselben Fleck kommen nicht vor. Es wurde bereits erwähnt (S. 275), daß die Sonnenflecke überaus oft als Zwillingsbildungen auftreten. Der magnetische Wirbel im vorangehenden Fleck hat dann fast stets die entgegengesetzte Richtung wie der Wirbel im folgenden. Dieses Verhalten hat Hale auf den Gedanken gebracht, ob es nicht möglich wäre, durch Untersuchung der Umgebung von einzelnen unipolaren Flecken den künftigen Entstehungsherd des Nachbarflecks oder bei einer Gruppenauflösung die letzten Spuren eines solchen über die Sichtbarkeitsperiode hinaus vorwärts bzw. zurück zu verfolgen. Der Versuch, derartige unsichtbare Flecke auf der Sonne festzustellen, ist tatsächlich restlos gelungen. Wenn er auch praktisch von keiner besonders großen Bedeutung ist, so zeigt er doch, mit welcher Folgerichtigkeit Hale die einmal gestellte Aufgabe bis in ihre letzten Konsequenzen hinein klar verfolgt und durchgeführt hat.

Nicht nur für die äußere Erscheinung der Flecke, sondern auch für die Statistik ihrer Periode ist die Verfolgung der magnetischen Polaritäten von Wichtigkeit. Vom ersten Auftreten der Flecke in hohen Breiten beim Beginn eines Zyklus bis zu ihrem Verschwinden in der Nähe des Äquators vergehen etwa 11 bis 12 Jahre (Abb. 209). Gegen Ende der Periode treten in der Regel in größeren heliographischen Breiten bereits Flecke des neuen Zyklus auf, und es ist dann für alle Untersuchungen und Deutungsversuche wichtig, wenn man die Restflecke der alten Periode von den Vorläufern der neuen scharf zu trennen vermag. In den beiden letzten Minimumepochen 1913 und 1923 hat es sich nun herausgestellt, daß in der vorwiegenden Mehrzahl der Fälle neben der heliographischen Breite auch der Polarisationssinn der Flecke bei Zweifeln über die Zugehörigkeit einer Gruppe zum vorangehenden oder zum folgenden Zyklus von maßgebender Bedeutung ist. Folgt nämlich auf der Nordhalbkugel einem rechtsdrehenden

Wirbel ein linksdrehender, so ist auf der Südhalbkugel mit größter Wahrscheinlichkeit der entgegengesetzte Sinn der Polarität zu erwarten, d. h. es wird hier einem linksdrehenden Wirbel ein rechtsdrehender folgen. Dieser innerhalb eines 11jährigen Zyklus unveränderliche Zustand erfährt beim Einsetzen der neuen Periode, also nach 11 Jahren eine Umkehr. Die Neubildungen nehmen dann auf der Nordhalbkugel die bisherigen Eigenschaften der südlichen Flecke an und umgekehrt. Die physikalischen Zustände auf der Sonne, die zu dem Zeeman-Effekt der Flecke Veranlassung geben, haben danach, wenn sich die Gesetzmäßigkeit auch in Zukunft bestätigt, eine doppelt so lange Periode wie die normale Sonnentätigkeit, eine Tatsache, die künftig bei allen Untersuchungen über die Sonnenperiode mit berücksichtigt werden muß. In Abb. 225 sind die bisher beobachteten Polaritäten der Fleckenpaare graphisch dargestellt. Sie beruhen auf Messungen an mehreren Tausend Gruppen zwischen 1908 und 1925, von denen nur $2\frac{1}{2}$ % Ausnahmebedingungen zeigten. Die schematischen Fleckdarstellungen der Abb. 225 entsprechen dem Anblick im nicht umkehrenden Fernrohr, so daß der rechte Fleck als der vorangehende zu betrachten ist.

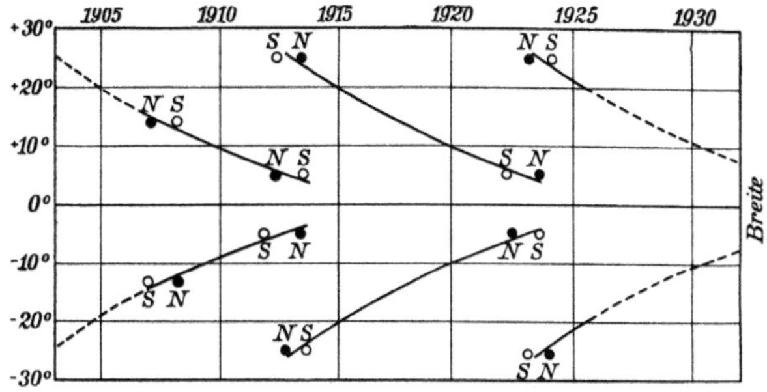

Abb. 225. Polaritätswechsel der Fleckenpaare auf der Nord- und Südhalbkugel der Sonne 1908 bis 1925 (nach G. E. Hale).

Schon um 1891 äußerten A. Schuster, Lord Kelvin u. a. die Ansicht, daß jeder rotierende Körper magnetische Eigenschaften zeigen müsse. Schuster und E. Bauer haben daraufhin aus theoretischen Erwägungen heraus die vertikale Intensität des Magnetismus an den Sonnenpolen zu etwa 300 Gauss berechnet. Da ein so großer Betrag die photosphärischen Linien auch außerhalb der Flecke merklich beeinflussen müßte, hat Hale nach einer gründlichen theoretischen Behandlung der Aufgabe durch F. H. Seares auch den Nachweis eines magnetischen Feldes für den Sonnenkörper als solchen zu erbringen versucht. Um Störungen durch die Fleckfelder zu vermeiden, sind für derartige Untersuchungen nur die Minima der Sonnentätigkeit verwendbar. Die Aufgabe läuft darauf hinaus, gesetzmäßige Beziehungen zwischen der magnetischen Aufspaltung bzw. Polarisation tiefliegender Absorptionslinien und der helio-

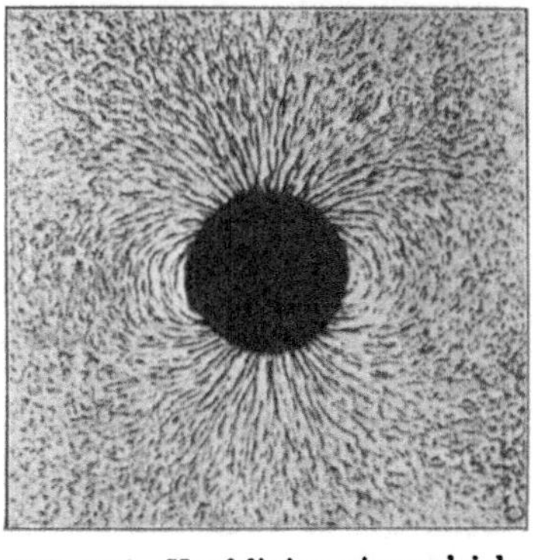

Abb. 226. Kraftlinien einer gleichmäßig magnetisierten Kugel.

graphischen Lage des eingestellten Photosphärenpunktes festzustellen. Auch diese schwierige Aufgabe ist auf dem Mt. Wilson zu einem glücklichen Ende geführt worden, obwohl die stärksten Verschiebungen der benutzten 26 Linien von fünf Elementen nur etwa $\pm$ 0.002 *AE*, d. h. in dem angewendeten Plattenmaßstab des Spektrums III. Ordnung kaum $\pm$ 0.004 mm betrugen. Die Sonne übt danach tatsächlich nach außen eine Wirkung aus wie ein rotierender Magnet geringer Feldstärke. Der maximale Betrag an den magnetischen Polen kann zu 50 Gauss, also gleich dem 80fachen Wert des Höchstbetrages im Erdfeld (0.66 Gauss) angenommen werden. Mit der Höhe fällt die Feldstärke, ähnlich wie in den Flecken, außerordentlich stark ab. In 450 km Erhebung über der Photosphäre erlischt sie bereits fast vollständig.

Wenn die Sonne, ähnlich wie die Erde, ein rotierender Magnet ist, so knüpft sich an eine solche Feststellung sogleich die Frage nach der Lage der entsprechenden Pole. Nach den Mt. Wilson-Ergebnissen sind die magnetischen Pole der Sonne gegen die heliographischen um je 6^0 verlagert und umkreisen diese in einer Periode von 31.4 Tagen, wobei der Sinn der Polarität, also Nord bzw. Süd den irdischen Verhältnissen entspricht. So hat die magnetische Linienaufspaltung der Sonnenphysik eine Reihe von schönen Erfolgen gebracht. Die seinerzeit von P. Zeeman selbst ausgesprochene Hoffnung, daß seine Entdeckung früher oder später auch der Astronomie Nutzen bringen würde, hat sich damit in sehr kurzer Zeit erfüllt. Bei dieser Gelegenheit mag erwähnt werden, daß ein Stark-Effekt (S. 161) in den Flecken bisher nicht beobachtet worden ist. Da die Funkenlinien im Bereiche der Kerne merklich geschwächt erscheinen (S. 294 f.), darf angenommen werden, daß die elektrischen Feldstärken in den Flecken nur gering sind. Im übrigen Teil der Photosphäre verhindern offenbar die vielen freien Elektronen die Bildung größerer elektrostatischer Felder.

Die Untersuchungen der magnetischen Erscheinungen auf der Sonne sind auf dem Mt. Wilson z. T. mit dem alten, z. T. mit dem neuen Turmteleskop an Sonnenbildern von 17 bzw. 43 cm Durchmesser ausgeführt worden. Bei dem 50 m Teleskop ist das Spektroskop in der Littrowschen Form (vgl. Abb. 126) angeordnet, d. h. Kollimator- und Kameraobjektiv sind in einem einzigen Linsensystem vereinigt. Der Spalt liegt etwa 1 m über dem Erdboden. Die durch das Kollimatorobjektiv parallel gemachten Strahlen fallen auf ein Michelsonsches Gitter, das in einem Schacht mit konstanter Temperatur untergebracht ist; unter geringer Neigung werden sie durch das gleiche Objektiv wieder zurückgeworfen, so daß die Abbildung des Spektrums unmittelbar neben dem Spalt erfolgt. Auf diese Weise ist der Beobachter jederzeit darüber orientiert, welche Gegend der Photosphäre gerade spektral zerlegt wird. Da die magnetische Trennung der Linien mit dem Quadrat der Wellenlänge wächst (S. 160), ist für die Untersuchung des Polarisationszustandes der rote Teil des Spektrums besonders gut verwendbar. Am besten eignet sich für die Beobachtungen die Eisenlinie λ 6173.6, die eine scharfe, klare Aufspaltung

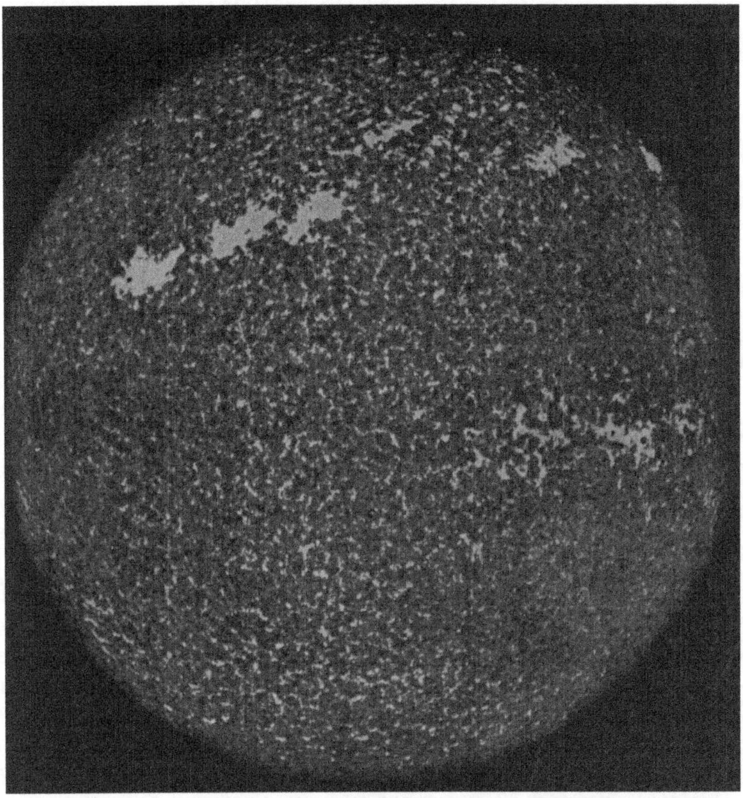

Abb. 227. Monochromatisches Kalziumbild der Sonne im Lichte der (K)-Linie.

zeigt, für photographische Aufnahmen allerdings bereits ungünstig weit im Rot liegt. Der größte Teil der auf dem Mt. Wilson in den letzten Jahren erhaltenen Messungen der Fleckenpolarität beruht daher auf visuellen Beobachtungen, die bei den Einrichtungen des Turmteleskops verhältnismäßig rasch erledigt werden können, zumal für die rasche Orientierung der Sonnenscheibe in das jeweilige heliographische Netz besondere Einrichtungen getroffen sind.

Spektroheliographische Untersuchungen. Das gelegentliche oder ständige Vorkommen von Emissionserscheinungen an verschiedenen Stellen der Sonne hat schon eine Reihe älterer Beobachter auf den Gedanken gebracht, einen Apparat zu ersinnen, der es gestattet, die betreffenden Vorgänge im Lichte einzelner Spektrallinien zu beobachten bzw. zu photographieren. Die Idee ist dann um 1890 nahe gleichzeitig von H. Deslandres und G. E. Hale verwirklicht und zu einer vollkommen neuartigen Beobachtungsweise der Sonne ausgestaltet worden, die schon im ersten Teil des Buches an der Hand des Spektrohelio-

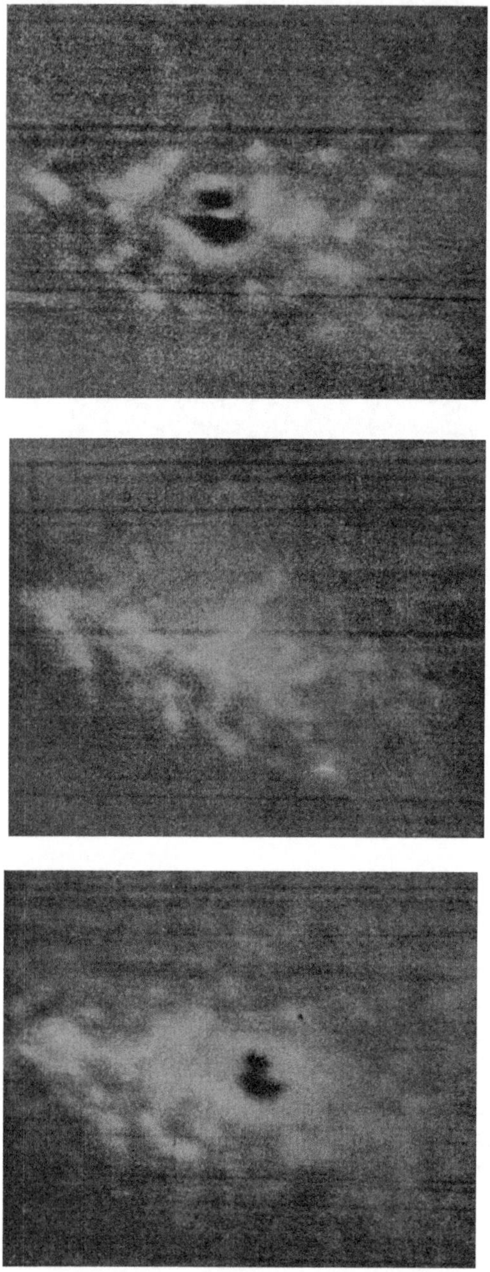

Abb. 228. Veränderung eines Kalziumflockenfeldes im Verlauf von 3 Stunden (nach G. E. Hale).

graphen (S. 187) skizziert worden ist. Wir haben gesehen, daß es nach Erfindung dieses Instrumentes möglich ist, eine ganz bestimmte spektrale Strahlung der Sonne auf der photographischen Platte zur Wirkung zu bringen. Wird im Spektroheliographen z. B. die Kalziumlinie (K) im äußersten Violett eingestellt und mit dieser Wellenlänge die ganze Sonnenscheibe photographisch durchmustert, so ist das Ergebnis eine getreue Nachbildung aller derjenigen Stellen der Sonnenscheibe, die die Kalziumlinie hell zeigen. Man erhält auf diese Weise ein Bild der Sonne, auf dem man tatsächlich nur den leuchtenden Kalziumdampf in der Sonnenatmosphäre sieht. Es ist klar, daß man nach dieser Methode auch andere monochromatische Darstellungen der Sonne erhalten kann, sofern die betreffenden Linien so breit sind, daß sie sich durch einen Spalt herausblenden lassen. Da die im Sonnenspektrum vorhandenen Absorptionen nur im Gegensatz zum kontinuierlichen Hintergrunde dem Auge dunkel erscheinen, in Wirklichkeit aber noch eine beträchtliche Intensität besitzen, so ist es nicht unbedingt notwendig, daß die Linien auch eine deutliche Selbstumkehr zeigen.

Die ersten, noch stark verzerrten Spektroheliogramme hat G. E. Hale am Refraktor des Kenwood-Observatoriums ausgeführt. Die späteren Aufnahmen sind dann an einem großen Rumford-Spektrographen unter Verwendung des großen Yerkes-Refraktors von 102 cm Öffnung hergestellt worden. Das Brennpunktsbild der Sonne hat hier bereits einen Durchmesser von 18 cm und dementsprechend mußten auch die Dimensionen der Prismen und Objektive gewählt sein. Neuerdings verwendet man für die Spektroheliographen ausschließlich Diffraktionsgitter; der Bewegungsmechanismus ist durch Quecksilberführungen und andere Vorkehrungen derart vervollkommnet worden, daß selbst bei langen Aufnahmen gleichmäßige Spektroheliogramme erhalten werden.

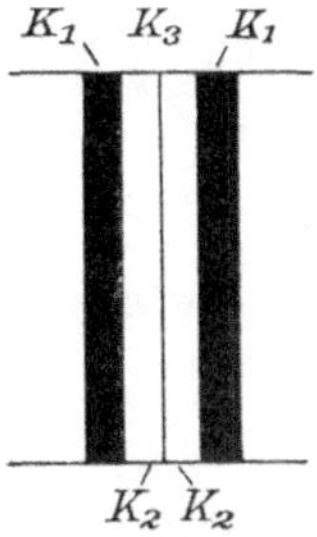

Abb. 229. Struktur der (K)-Linie des Kalziums über Fackelgebieten (schematisch).

Abb. 227 zeigt ein im Lichte der (K)-Linie aufgenommenes Bild der Sonne. Die ganze Photosphäre erscheint hier von fackelähnlichen Bildungen bedeckt, wie sie sonst visuell oder photographisch nur am Sonnenrande zu erkennen sind. Merkwürdigerweise treten dabei auch die Fleckengebiete einschließlich der Penumbra hell hervor und nur die dunklen Kerne machen sich als schwarze Punkte bemerkbar. Die Kalziumflocken sind in ihren Grundformen im allgemeinen recht beständig, doch kommen hin und wieder in den Einzelheiten auch außerordentlich schnelle und heftige Veränderungen vor. Ein auffälliges Beispiel dieser Art hat ein Sonnenfleck am 15. Juli 1892 geboten, von dem hier drei spektroheliographische Aufnahmen nach Hale nebeneinander gestellt sind (Abb. 228). Wie man sieht, ist in dem mittleren Spektroheliogramm der Fleck durch die Kalziummassen völlig verdeckt.

Gleich nach den ersten spektroheliographischen Aufnahmen erhob sich die Frage, ob die Kalziumwolken mit den Fackeln identisch seien oder nicht. Im allgemeinen befinden sich die Kalziumwolken gerade dort, wo auch Fackeln direkt nachweisbar sind, hier und da ist auch zweifellos eine Übereinstimmung in der Form vorhanden. Deslandres hält die absolute Identität trotzdem nicht für sicher; Hale hat sich dieser Ansicht angeschlossen und für die leuchtenden Flecke und Adern den heute gebräuchlichen Namen Flocken eingeführt. Nach der gegenwärtigen Anschauung sind die Kalziumflocken wahrscheinlich identisch mit den Spitzen einzelner Granulationskörner und den oberen Teilen der Fackeln, die sich bereits bis zur sog. Chromosphäre erheben. Diese Schlußfolgerung ergibt sich ohne weiteres aus der eigenartigen Struktur der (H)- und (K)-Linie in den Fackel- und Flockengebieten der Photosphäre (Abb. 229). Nach der Deutung der Linienumkehr im Sonnenspektrum

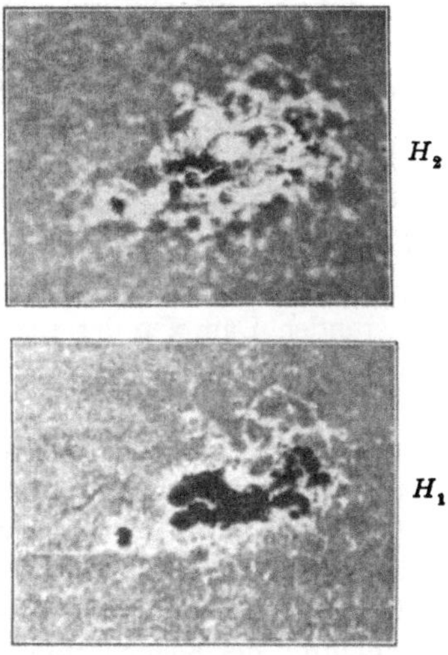

Abb. 230. Höhere und tiefere Kalziumschicht in der Nähe einer Fleckengruppe (G. E. Hale).

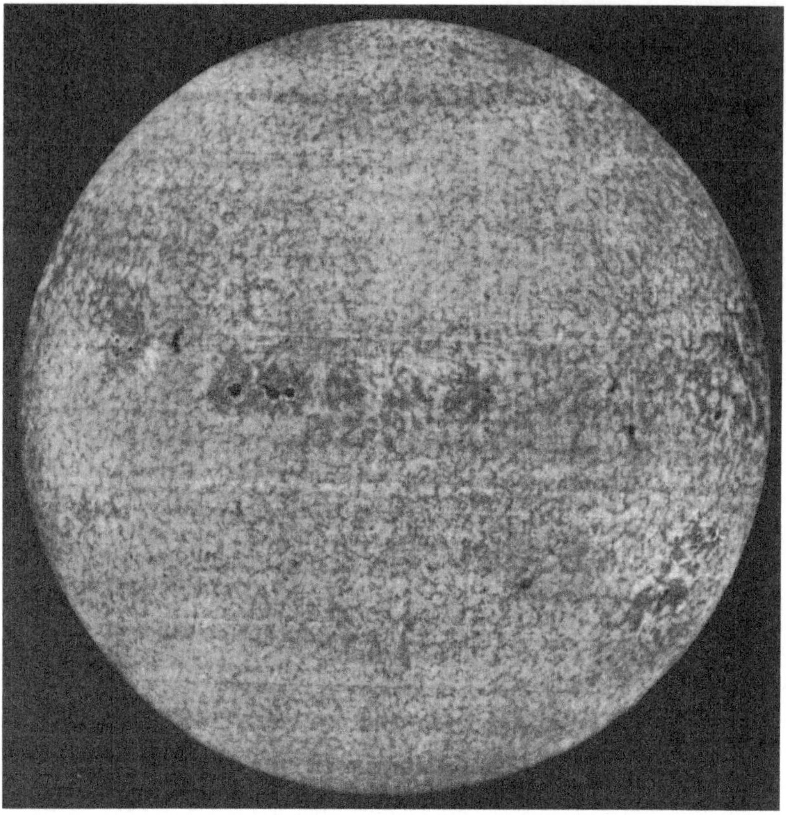

Abb. 231. Wasserstoffbild der Sonne im Lichte der $H\delta$-Linie.

folgt, daß alle Komponenten, also die äußeren Absorptionslinien, die inneren Emissionen und die feine dunkle Linie in der Mitte verschiedenen Höhen angehören müssen. Die dunklen Bänder (H_1) und (K_1) entsprechen den absorbierenden Dämpfen der sog. umkehrenden Schicht, die helle Doppellinie (H_2) und (K_2) der Chromosphäre, während die schmalen Zentralabsorptionen (H_3) und (K_3) ihren Ursprung in noch entfernteren, schon in das Gebiet der Protuberanzen reichenden Höhenlagen haben dürften. Bestätigt wird diese Vorstellung noch dadurch, daß die Linie (K_3) durch den Doppler-Effekt eine Abwärts-, die Emission (K_2) eine Aufwärtsbewegung der Gase von 1 bis 2 km in der Sekunde verrät. Je nachdem der zweite Spalt des Spektroheliographen auf (K_1), (K_2) oder (K_3) eingestellt wird, kann man also Bilder verschiedener Schichten der Sonnenatmosphäre erhalten, die unter Umständen ein sehr abweichendes Aussehen haben (Abb. 230).

Spektroheliogramme können heute in einzelnen Linien von *Ca, H, Fe,*

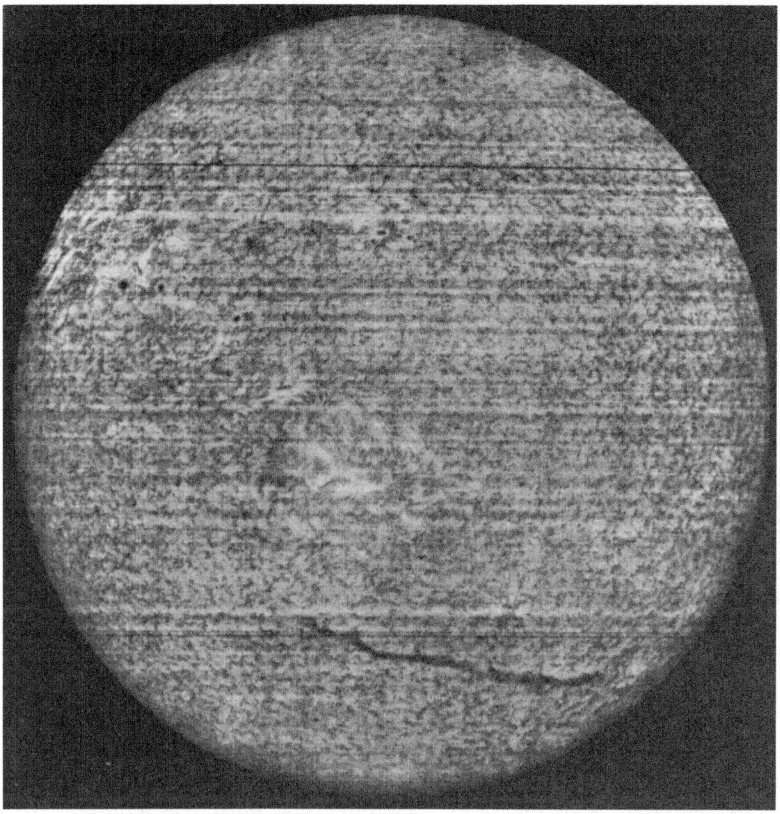

Abb. 232. Wasserstoffbild der Sonne im Lichte der $H\alpha$-Linie.

Na und *Mg* hergestellt werden, doch sind die Unterschiede in der Anordnung der einzelnen Grundstoffe oberhalb der Photosphäre meist nicht groß genug, um fortlaufende Aufnahmen in den betreffenden Linien zu rechtfertigen. Die *Fe*-Bilder in der einzigen brauchbaren Absorption bei λ 4046 sind z. B. mit den tieferen *Ca*-Aufnahmen fast identisch. Besondere Erwähnung erfordern dagegen die Photogramme, die sowohl Hale wie Deslandres im Lichte der (K_3)-Linie, sowie in der Wellenlänge der Serienglieder $H\alpha$, $H\gamma$ und $H\delta$ des Wasserstoffs erhalten haben (Abb. 231 und 232). Die Flocken erscheinen darauf viel weniger stark ausgeprägt als auf den gleichzeitigen (K_2)-Aufnahmen, auch kommen in größeren Fleckabständen ausgedehntere helle Felder kaum vor. Dafür weist die Sonnenoberfläche auf den (K_3)- und $H\alpha$-Bildern dunkle Gebilde auf, die riß- oder raupenartig sich über weite Gebiete hinziehen und nach Deslandres als Filamente bezeichnet werden (Abb. 232). Die dunklen Adern zeigen dabei zuweilen das Bestreben einer Orientierung. In der Mitte der Sonnenscheibe

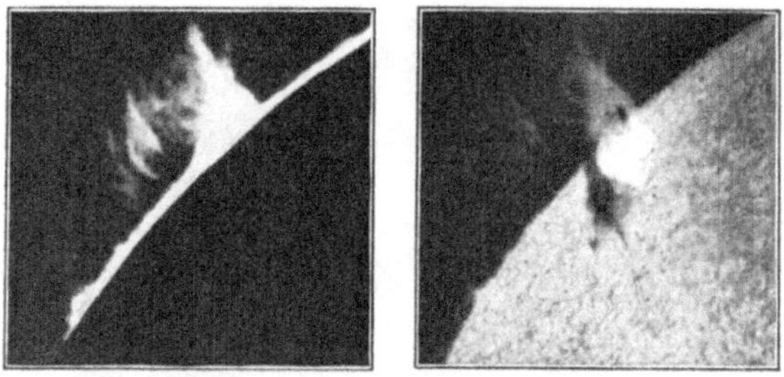

Abb. 233. Protuberanz und $H\alpha$-Spektroheliogramm der benachbarten Photosphäre (nach G. E. Hale)

verlaufen sie oft nahe senkrecht, in höheren Breiten parallel zum heliographischen Äquator. Es ist ziemlich sicher, daß die Filamente nichts anderes sind, als höher gelegene Teile der später zu besprechenden Chromosphäre, also Gebilde, die uns am Sonnenrande in Gestalt von Protuberanzen entgegentreten. Man wird zu dieser Überzeugung ohne weiteres geführt, wenn man neben den (H_3)- und $H\alpha$-Heliogrammen auch solche Aufnahmen betrachtet, die sich gleichzeitig über den Sonnenrand, also in das Gebiet der Chromosphäre und der Protuberanzen erstrecken. Wie die Abb. 233 zeigt, gehen die Umrisse der Filamente hier so genau in das Bild der benachbarten Protuberanz über, daß die Beziehungen nicht zweifelhaft sein können.

Die Wasserstoff-Spektroheliogramme in den verschiedenen Linien sind noch insofern besonders wertvoll, als sie wieder ein Studium der Raumverhältnisse der Chromosphäre über den photosphärischen Schichten gestatten. Es wird sich später (S. 315) herausstellen, daß jede folgende Linie der Balmer-Serie des Wasserstoffs, von Rot aus gezählt, in einer tieferen Schicht der Chromosphäre emittiert bzw. absorbiert wird als die vorangehende. Durch nahe gleichzeitige spektroheliographische Aufnahmen im Lichte der $H\alpha$-, $H\beta$-, $H\gamma$-Linie usw. lassen sich also ähnliche Höhenschichtenbilder der Wasserstoffgase auf der Sonne erhalten, wie beim Kalzium unter Benutzung der einzelnen Komponenten der (H)- bzw. (K)-Linie. Die räumliche Vorstellung läßt dabei nichts zu wünschen übrig, besonders dann, wenn zeitlich getrennte Aufnahmegruppen zu Stereoskopbildern vereinigt werden. So könnten fortlaufende Wasserstoffphotogramme als Idealbilder der Sonnenvorgänge außerhalb der Fleck- und Fackelerscheinungen gelten, wenn ihre Herstellung nicht so schwierig wäre. Selbst mit den Mitteln des Mt. Wilson-Observatoriums erfordert eine Aufnahme der Sonne in der $H\alpha$-Linie etwa 20 Minuten, und ist in dieser Zeit auch nur dann möglich, wenn außer der eigentlichen Absorption noch eine Spur vom vorangehenden und folgenden Teil des kontinuierlichen Spektrums herausgeblendet wird.

In der Nähe der Flecke sind, wie bereits auf S. 295 erwähnt, die Wasserstoffmassen stets hell, über ihnen sogar häufig so intensiv, daß Penumbra und Kern vollständig verschwinden. Wo dies nicht der Fall ist, erscheint die Form beachtenswert, in der die $H\alpha$-Flocken in der nächsten Nähe der Flecke häufig auftreten (Abb. 234). Wir haben gesehen, daß diese mit Wirbeln elektrisch geladener Teilchen eng zusammenhängen. Man wird sich ferner erinnern, daß die Untersuchung der Linienaufspaltung in Doppelflecken meist

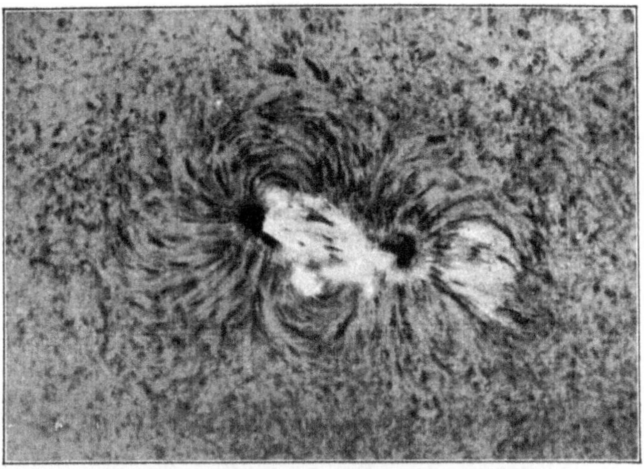

Abb. 234. Wasserstoffwirbel entgegengesetzter Richtung im Bereiche eines Fleckenpaares (nach G. E. Hale).

Bipolarität ergibt, so daß in zwei benachbarten Wirbeln fast stets ein entgegengesetzter Drehungssinn angenommen werden muß. Diese Gesetzmäßigkeit tritt auf den Wasserstoffaufnahmen der Sonne auch bildlich hervor, so daß damit für die HALEsche Theorie ein sehr anschaulicher Beweis geliefert ist. Man hat längere Zeit geglaubt, daß die Wasserstoff-Spektroheliogramme noch einen Schluß in betreff der Polarität der Wirbelladung zulassen würden. Aus der Analyse des Zeeman-Effektes läßt sich ja feststellen, ob die magnetischen Kraftlinien der Fleckwirbel der Erde ihren positiven oder negativen Pol zukehren. Könnte aus der Anordnung der Wasserstoffflocken auch der Drehungssinn der elektrischen Teilchen unmittelbar entnommen werden, so wäre es damit möglich, über das Vorzeichen der Ladung eine Entscheidung zu treffen, also anzugeben, ob es sich bei den Wirbeln um Elektronen oder um positiv geladene Ionen handelt. Diese Erwartung hat sich nicht erfüllt. Abgesehen von der verschiedenen vertikalen Lage — die magnetischen Erscheinungen gehören tiefen, die *Hα*-Spektrogramme hohen Gebieten der Sonnenatmosphäre an — bestehen zwischen den Wasserstoffwirbeln in der Nähe der Flecke und der Polarität der letzteren keine Beziehungen. Endgültig entschieden wird die Frage dadurch, daß die *H*-Wirbel den auffallenden Gang der magnetischen Polarität der Flecke mit der Doppelperiode der Sonnentätigkeit (Abb. 225) nicht teilen.

Nach Untersuchungen von C. STÖRMER lassen sich die Wasserstoffwirbel auf der Sonne durch logarithmische Spiralen darstellen. Dieser Form und dem Drehungssinn nach entsprechen sie in etwa 80% der vorkommenden Fälle den Gesetzen, die auch für die Luftteilchen der Wirbelstürme oder Zyklonen in der Erdatmosphäre auf der Nord- bzw. Südhalbkugel maßgebend sind (Abb. 235). Aus diesem Grunde ist man gegenwärtig geneigt, die Wasserstoffwirbel auf der

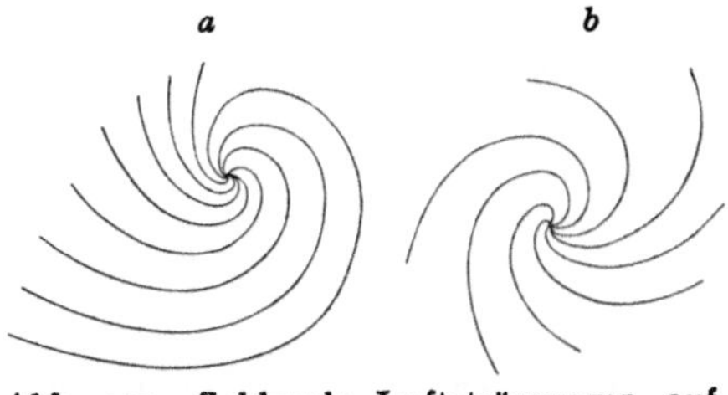

Abb. 235. Zyklonale Luftströmungen auf der Erde, *a* nördlich, *b* südlich vom Äquator (nach J. Hann).

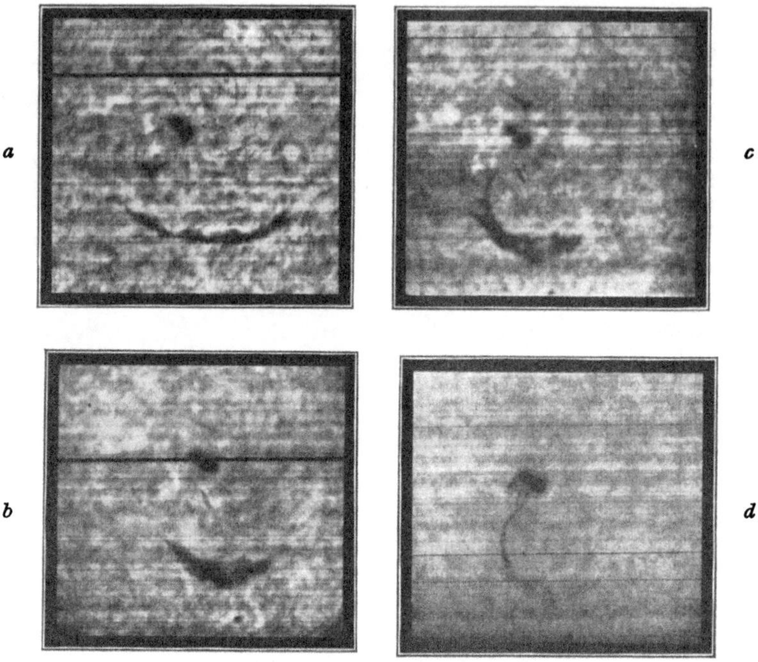

Abb. 236. Hineinströmen eines Wasserstoffilaments in einen Flecktrichter. 1908 Juni 2 und 3 (Mt. Wilson-Aufnahme).

Sonne rein hydrodynamisch zu erklären, also auf die Bewegung von Gasmassen zurückzuführen, die in der Meridianrichtung den Flecken zuströmen und durch die Sonnenrotation abgelenkt werden. Völlige Klarheit herrscht über die Dynamik dieser Vorgänge noch nicht; daß es sich aber um Erscheinungen handelt, die mit den irdischen Tromben, Tornados usw. große Ähnlichkeit haben, zeigt eine Beobachtung von Hale, der in einem bestimmten Falle ein dunkles Filament, also eine Protuberanzwolke, am Rande eines Wirbels mehrmals photographieren konnte, bis das Gebilde plötzlich in den Flecktrichter hineingezogen wurde und hier innerhalb einer Stunde verschwand (Abb. 236). Eine gute visuelle Beobachtungsmöglichkeit für diese Vorgänge bietet das von Hale konstruierte Spektrohelioskop (S. 180), indem es die fortlaufende Verfolgung der Wasserstoffflocken auf der Sonnenscheibe in größter Klarheit und Deutlichkeit gestattet.[1]

Totale Sonnenfinsternisse. Die umkehrende Schicht. Der oberhalb der Granulationskörner und der Fackeln gelegene Teil der Sonnenatmosphäre, wie wir kurz, aber wieder ohne Voraussetzung irgendwelcher Analogien mit irdischen

1) G. E. Hale, Some new possibilities in solar research. Nature Bd. 118, 1926.

Verhältnissen die Gashülle der Sonne nennen wollen, erstreckt sich außerordentlich weit in den Raum hinein, ist aber für gewöhnlich unsichtbar, weil sein Licht so schwach ist, daß es von der am Sonnenrande äußerst stark erleuchteten Erdatmosphäre vollkommen überblendet wird. Könnte man sich über die irdische Lufthülle genügend hoch erheben, so würde die Verdeckung der Sonnenscheibe durch einen passenden kreisrunden Schirm genügen, um die Erscheinungen außerhalb der Photosphäre in ihrer ganzen Ausdehnung sichtbar zu machen. Ein gleichartiger Vorgang tritt bei totalen Finsternissen ein, wenn die Sonnenscheibe durch den Mond abgedeckt wird; damit hört die Beleuchtung der Atmosphäre in einem weiten Umkreis auf, und die Materie der Sonnenumgebung erscheint in allen ihren Einzelheiten. Leider dauert die Totalität im günstigsten Falle nur acht Minuten, so daß die Beobachtungen stets in größter Eile angestellt oder auf sehr eng begrenzte Aufgaben beschränkt werden müssen. Bei den langen Zwischenzeiten, die die einzelnen Finsternisse voneinander trennen, bleiben selbst beim besten Gelingen die Ergebnisse unbefriedigend, da sie jeden Zusammenhang mit den vorangehenden und folgenden Erscheinungen vermissen lassen. Die letzten und nächsten totalen Verfinsterungen der Sonne sind nach Zeit, Dauer und Örtlichkeit in der nebenstehenden Übersicht verzeichnet.[1])

Totale Sonnenfinsternisse bis 1940.

Datum	Totalität	Sichtbarkeitsgebiet
1926 Jan. 14	4.2 Min.	Ostafrika, Sumatra, Philippinen
1927 Juni 29	0.7 »	England, Schottland, Skandinavien
1929 Mai 9	5.1 »	Sumatra, Malakka, Philippinen
1930 Okt. 21	1.9 »	Stiller Ozean, Patagonien
1932 Aug. 31	1.5 »	Kanada
1934 Febr. 14	2.7 »	Borneo, Zelebes
1936 Juni 19	2.5 ».	Griechenland, Zentralasien, Japan
1937 Juni 8	7.1 »	Stiller Ozean, Peru
1940 Okt. 1	5.7 »	Kolumbia, Brasilien, Südafrika

Die Vorgänge bei einer totalen Sonnenfinsternis sind so oft beschrieben worden, daß hier einige kurze Mitteilungen genügen werden. Im Augenblick des zweiten Kontaktes, d. h. unmittelbar nachdem der fortschreitende Mond den einen Photosphärenrand in eine Perlschnur aufgelöst und bedeckt hat (Abb. 237), tauchen für einen kurzen Moment, der etwa 1 bis 2 Sekunden dauert, in dem sog. Flash- oder Blitzspektrum die Fraunhoferschen Linien hell, d. h. in Emissionsform auf. Man hat daher die sehr schmale Gashülle, der sie entstammen, als umkehrende Schicht bezeichnet. Mit dem Verschwinden des letzten Lichtblitzes erscheint die Mondscheibe von einem purpurfarbenen 10 bis 15″ breiten leuchtenden Ring, der Chromosphäre umgeben, der nach außen eine zackenoder zungenförmige Begrenzung hat (Abb. 239) und hier und da in wolkenartige Gebilde von gleicher Farbe, die sog. Protuberanzen (S. 318 ff.), übergeht. An die Chromosphäre schließt sich ein heller silberweißer Saum an, der schnell an

[1]) S. A. MITCHELL, Eclipses of the sun. New York 1924.

Süd

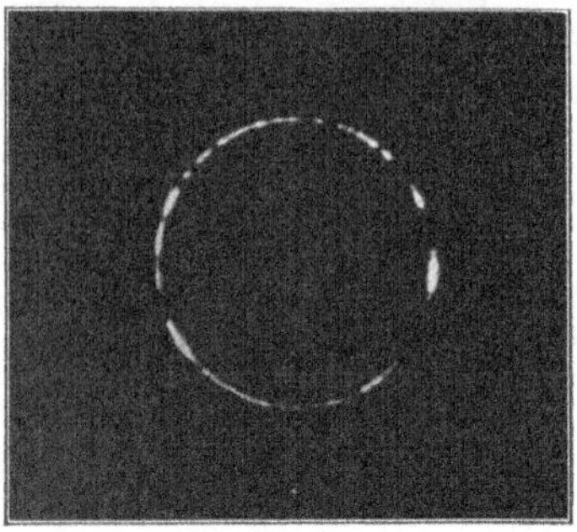

Nord

Abb. 237. Perlenschnur bei der ringförmigen Sonnenfinsternis 1912 April 17.

Intensität abnimmt und zuweilen bis zum Mehrfachen des Sonnendurchmessers verfolgt werden kann. Diesen für den Beschauer wirkungsvollsten Teil der Sonnenatmosphäre hat man Korona genannt. Im Aufbau der äußeren Sonnengase folgen also Photosphäre, umkehrende Schicht, Chromosphäre und Korona aufeinander.

Unsere Kenntnisse über die blitzartig aufleuchtende und ebenso verschwindende umkehrende Schicht (daher der Name Flash) sind fast ausschließlich der Anwendung der Prismenkamera zu verdanken. Es sei daran erinnert (S. 180), daß man darunter Fernrohre versteht, die durch ein vorgeschaltetes Prisma bzw. ein Prismensystem, an deren Stelle natürlich auch ein Glasgitter treten kann, in einen spaltlosen Spektrographen umgewandelt sind. Die Aufnahmen werden dann unmittelbar vor der Verdeckung bzw. unmittelbar nach der Freigabe der Sonne durch den Mond angefertigt, so daß nur eine äußerst schmale, leuchtende Sichel zur Wirkung gelangt. Dieser dünne, gekrümmte Lichtfaden dient als unendlich entfernter Spalt und ergibt dann ein Sonnenspektrum besonderer Art; der kontinuierliche Hintergrund tritt vollständig zurück, und die sonst dunklen Fraunhoferschen Linien leuchten hell auf. Ist die erste Flashaufnahme ein wenig zu früh, die letzte ein wenig zu spät erfolgt, so gelangt noch ein kleines Segment der Photosphäre zur Wirkung; die Mitte der sichelförmigen Linien wird dann von einem normalen Sonnenspektrum mit dunklen Absorptionen durchquert, was insofern von Vorteil ist, als man in diesem Falle ohne jede Messung sofort feststellen kann, welche Linien in beiden Spektren identisch sind. In Abb. 238 ist die Erscheinung der völligen Linienumkehr 1 bis 2 Sekunden nach Schluß der Totalität auf das deutlichste zu erkennen. Hier ist bereits ein kleines Stück der Sonnenscheibe aufgetaucht und hat den mittleren kontinuierlichen Streifen verursacht. Das Flashspektrum ist, zum Teil in sehr vollkommener Form, bei jeder Totalität photographiert worden, und die Zahl der beobachteten Linienumkehrungen beträgt mehr als Tausend. Die besten Aufnahmen sind wohl von S. A. Mitchell 1905 und von H. C. Wilson 1918 erhalten worden. Das rote und ultrarote Spektrum des Sonnenrandes wurde von H. D. Curtis 1925 zuerst photographiert. Es ergab im Bereiche von λ 8800 bis λ 6300 im ganzen 60 Emissionen, dabei besonders auffällig die *Ca*-Linien und das *O*-Triplet bei λ 7773.

Die Frage, ob die Wellenlängen der Emissionen im Flash- und Chromosphärenspektrum mit denjenigen der Absorptionslinien der Photosphäre übereinstimmen, kann gegenwärtig in bejahendem Sinne beantwortet werden. Jedenfalls betragen die Unterschiede nicht mehr als 0.002 *AE*. Die Intensitäten

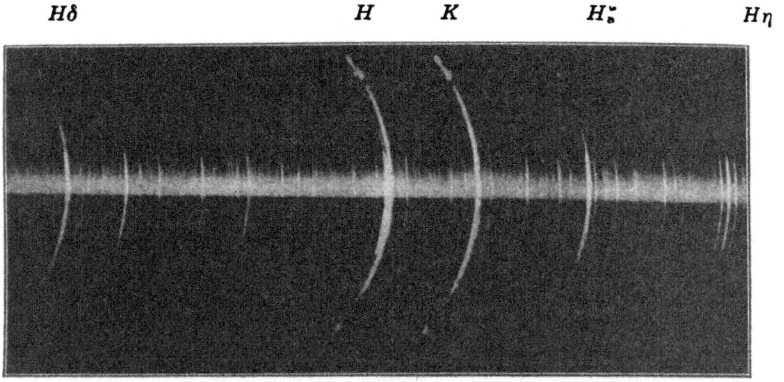

Abb. 238. Flashspektrum bei der totalen Finsternis 1905 Aug. 30.

zeigen dagegen sehr merkliche Abweichungen, die sich vorläufig weder in einfache Regeln fassen, noch physikalisch deuten lassen. Auf einzelnen Aufnahmen erscheinen die Flashlinien doppelt, doch ist die Erscheinung wahrscheinlich nicht reell, sondern auf mangelhafte Fokussierung der Kamera zurückzuführen. Im übrigen muß betont werden, daß die Umkehr der Linien aus der Absorptions- in die Emissionsform nur einen physiologischen durch das Verschwinden des kontinuierlichen Spektrums bedingten Vorgang darstellt. In Wirklichkeit sind sicherlich die dunklen Linien der mittleren Photosphärengebiete weitaus heller als die Emissionen des Flash.

Eine Besonderheit zeigt das Flashspektrum bei λ 4647, also an der Grenze der Wasserstoffserie. Hier setzt ein kontinuierliches Spektrum von unbestimmter Ausdehnung ein, das zuerst J. Evershed auf Aufnahmen der Januarfinsternis von 1898 beobachtet hat. In Absorptionsform ist es schon von W. Huggins im Lichte der weißen Sterne bemerkt und später von J. Hartmann genauer untersucht worden. Zweifellos handelt es sich um ein Spektrum des Wasserstoffs; die kontinuierliche Serienfortsetzung ist auch im Laboratorium nachweisbar und hier auch noch bei anderen Elementen, z. B. bei Natrium und Helium, festgestellt worden. Diese kontinuierlichen Spektra am Schluß der Serien sind noch nicht einwandfrei aufgeklärt. Nach der Bohrschen Vorstellung verdanken sie ihre Entstehung Rotationen von freien, keinen Quantenregeln unterliegenden Elektronen, die von Atomkernen aufgenommen wurden und sich mit diesen zu neutralen Atomen verbunden haben.

Bei Wahl genügend hoher Beobachtungsstationen und besonders ruhiger Luft ist das Emissionsspektrum des Sonnenrandes auch bei vollem Tageslicht gesehen bzw. photographiert worden. C. A. Young, W. S. Adams und G. E. Hale haben derartige Aufnahmen, bei denen natürlich eine Spaltvorrichtung nicht zu entbehren ist, hergestellt und in den Photogrammen, abgesehen von einer merklich höheren Zahl der Linienumkehrungen, Übereinstimmung mit den Finsternisergebnissen erhalten. Die größere Linienzahl erklärt sich durch die angewendete stärkere Dispersion, eine bessere Abstimmung der Expositionszeit, sowie dadurch, daß die Tagesbeobachtungen tieferen Lagen der Umkehrschicht angehören. Bei künftigen Finsternissen würde es sich empfehlen, das Flashspektrum gleichfalls mit einer Spaltkamera und, wenn möglich, mit einer Reihenbildvorrichtung aufzunehmen. Das ist um so eher möglich, als an den scharfen Hörnerspitzen der partiell verfinsterten Sonne die Linienumkehr viele Minuten vor und nach der Totalität beobachtet werden kann.

Für die Frage nach der Natur der Lichtvorgänge sind die totalen Sonnenfinsternisse insofern von Wichtigkeit, als sie es gestatten, die Frage anzugreifen, ob der Lichtstrahl beim Vorübergang an Körpern großer Masse eine Ablenkung erleidet oder nicht. Schon J. Soldner hat 1804 auf diese Möglichkeit hingewiesen, die dadurch nachgeprüft werden kann, daß in unmittelbarer Nähe des verdunkelten Sonnenrandes Sterne beobachtet bzw. photographiert und bezüglich ihrer relativen Lage mit den unbeeinflußten Örtern verglichen werden. Durch die allgemeine Relativitätstheorie ist diese Frage wieder in den Vordergrund des Interesses gerückt. Diese führt notwendig zu dem Schluß, daß Strahlungsenergie auch Masse hat, die dann naturgemäß auch der Schwerewirkung unterliegt. Der Lichtstrahl muß demnach eine Ablenkung erfahren, die eine Funktion der Sonnenmasse, der Gravitationskonstante, der Lichtgeschwindigkeit und des Randabstandes ist. Dadurch tritt eine Art Refraktion ein, die die Sternabstände vom Sonnenmittelpunkt vergrößert. Die Ablenkung am Sonnenrande muß 0.87″ betragen, wenn das Newtonsche und 1.75″, wenn das Einsteinsche Attraktionsgesetz als gültig angenommen wird. Wegen der Geringfügigkeit der Verschiebung und verschiedener schwer kontrollierbarer, mit den Tagesaufnahmen zusammenhängender Fehlerquellen ist kaum anzunehmen, daß die Frage durch das Ergebnis einer Finsternis geklärt wird. Für die relativistische Annahme spricht aber die Tatsache, daß die von R. Trümpler und L. Campbell mit größter Sorgfalt reduzierten Finsternisaufnahmen von 1922 für die Relativabweichung den extrapolierten Wert 1.72″ ergaben.

Höhe der Flash- und Chromosphärenschichten. Bei der Betrachtung der Abb. 238 ist zu beachten, daß nur die kurzen, scharfen Linien dem Flash bzw. der umkehrenden Schicht angehören. Die langen breiten und meist auch sehr hellen Bögen rühren bereits der Hauptsache nach von den Gasen der Chromosphäre her, so daß auf den Abbildungen eine strenge Trennung des Flash- und Chromosphärenspektrums nicht möglich ist. Entscheidend könnte nur die Schichtendicke der einzelnen Grundstoffe sein. Tatsächlich bietet sich zu ihrer Ableitung ein Weg, und zwar durch Messung der Länge der abgebildeten Bögen. Je größer nämlich die Gradzahl ist, die die Bögen umspannen, desto höher muß auch die betreffende emittierende Schicht angenommen werden. Das Verfahren ist im Grunde sehr einfach; die einzige Schwierigkeit besteht darin, daß eine lichtschwache Emission nicht so weit verfolgt werden kann, wie eine helle. Die Messungen an verschiedenen Linien desselben Elements führen also oft zu recht abweichenden Höhenwerten. Einen einigermaßen brauchbaren Vergleich erhält man, wenn nur diejenigen Randabstände benutzt werden, die als Maximum für die Linien eines jeden Elements gefunden werden. Ordnet man dann die Grundstoffe nach der Höhe, so erhält man nach S. A. MITCHELL die nebenstehende Übersicht über die Lage von 20 Elementen.[1]) Eine zwangsläufige Abhängigkeit der Erhebung vom Atomgewicht macht sich in der Übersicht kaum bemerkbar, wie das Vorkommen von Strontium (At.-Gew. 88) in der Chromosphäre und von Kohlenstoff (At.-Gew. 12) in der tieferen umkehrenden Schicht beweist. Noch verwickelter werden scheinbar die Beziehungen, wenn man die Höhen nach den einzelnen Linien eines Elements ordnet. Für Wasserstoff ergeben z. B. die von MITCHELL aufgenommenen ersten 35 Balmerlinien die nebenan verzeichneten Grenzhöhen, die zwischen 400 und 8500 km liegen, wobei allerdings auch der normale Intensitätsabfall der Linien mit abnehmender Wellenlänge merklich in die Erscheinung treten mag. Die Tafel ist so zu verstehen, daß die Emission der Linien $H32$ bis $H35$ nur in den tiefsten Lagen der Chromosphäre erfolgt, während die im sichtbaren Spektrum gelegenen Ausgangsfrequenzen der Serie in der ganzen etwa 10000 km hohen Wasserstoffhülle angeregt werden. Damit wird auch die Bedeutung der vorangehenden Tafel auf ihr richtiges

Größte Erhebung der Emissionen in der Umkehrenden Schicht und in der Chromosphäre.

Schicht	Element	Zeichen	Atomgewicht	Größte Höhe
Chromosphäre	Kalzium	*Ca*	40	14000 km
	Wasserstoff	*H*	1	10000
	Helium	*He*	4	8000
	Magnesium	*Mg*	24	7000
	Strontium	*Sr*	88	6000
	Titan	*Ti*	48	6000
	Skandium	*Sc*	44	6000
	Eisen	*Fe*	56	6000
Umkehrende Schicht	Aluminium	*Al*	27	2000
	Barium	*Ba*	137	1200
	Lanthan	*La*	139	1000
	Kohlenstoff	*C*	12	1000
	Yttrium	*Y*	89	1000
	Cerium	*Ce*	140	500
	Erbium	*Er*	168	500
	Europium	*Eu*	152	500
	Gadolinium	*Gd*	157	500
	Neodym	*Nd*	144	500
	Prutenium	*Pr*	141	500
	Samarium	*Sa*	150	500

Grenzhöhen für die Emission der Wasserstofflinien in der Chromosphäre.

Balmer-Linie	Grenzhöhe
$H\alpha$	10000 km
$H\varepsilon$, $H\zeta$	8500
$H\beta$—$H\delta$	8000
$H\eta$	7000
$H\vartheta$—$H\nu$	6000
$H\xi$	4000
Ho	3000
$H\pi$	2500
$H\varrho$—$H\tau$	2000
Hv—$H26$	1500
$H27$—$H28$	750
$H29$—$H30$	500
$H32$—$H35$	400

[1]) S. A. MITCHELL, Wavelenghts of the chromosphere at the 1905 eclipse. Ap. J. 1913 II. — Eclipses of the sun. New York 1924.

Abb. 239. Spektroheliogramm der normalen Chromosphäre (Mt. Wilson-Aufnahme).

physikalisches Maß zurückgeführt. Tatsächlich geben die S. 315 mitgeteilten Ziffern über die wirkliche Höhe der leuchtenden Gase keine eindeutige Auskunft, sondern sagen lediglich aus, daß in dem betreffenden Sonnenabstand günstige Anregungsbedingungen für die beobachteten Spektrallinien vorliegen. Das Kalzium täuscht z. B. eine größere Erhebung vor als der Wasserstoff, weil zur Emission der Linien (H) und (K) weit geringere Energien notwendig sind, als zur Anregung der Balmerserie. In größerer Entfernung von der Photosphäre ist der Nachweis leicht ionisierbarer Elemente überhaupt nicht zu erwarten, da die Linienserien dann erst weit im Ultraviolett beginnen und unter Umständen von der Erdatmosphäre nicht mehr durchgelassen werden. Bei freier Sicht ins Ultraviolett würde sicherlich die Zahl der Flashlinien mit wachsendem Abstand von der Sonne zu- und nicht abnehmen. Daß diese Überlegungen durchaus den Tatsachen entsprechen, erkennt man sofort, wenn man die Höhenlage der ionisierten und neutralen in der Chromosphäre vorkommenden Atome nebeneinanderstellt, wie das hier an dem Beispiel von *Ca*, *Sr*, *Sc* und *Ba* geschehen ist.

Größte Höhenlage ionisierter und neutraler Atome in der Chromosphäre.

Element	Wellenlängen	Höhe	Druck in Atm.
Ca^+	3969, 3933	14000 km	$1 \cdot 10^{-13}$
Ca	4227	5000	$1 \cdot 10^{-5}$
Sr^+	4215, 4077	6000	$1 \cdot 10^{-6}$
Sr	4607	350	$1 \cdot 10^{-1}$
Sc^+	4247	6000	$1 \cdot 10^{-6}$
Sc	4325	500	$1 \cdot 10^{-2}$
Ba^+	4554	1200	$1 \cdot 10^{-2}$
Ba	5535	400	$1 \cdot 10^{-1}$

In die letzte Reihe der Tafel sind noch die Druckwerte in Atmosphäreneinheiten aufgenommen worden, wie sie C. E. St. John und H. D. Babcock für die betreffenden Höhen abgeleitet haben. Wenn es sich dabei vorläufig auch nur um Näherungswerte handelt, so ist doch die Grundlage dieser Schätzungen bereits gut gesichert. Sie stützt sich vor allem auf die beobachtete Breite und Schärfe der herangezogenen Linien. So nehmen verschiedene Emissionen von *Cr*, *Ba* und *Ca*, die im Flashspektrum scharf und kräftig erscheinen, diese Eigenschaft im Laboratorium erst bei einem Druck von 0.1 Atmosphären an. Bei bestimmten Linien des *Sr*, *Sc*, *Ca* und anderer Elemente ist experimentell die Übereinstimmung mit dem Flash erst durch äußerste Dichteverminderung zu

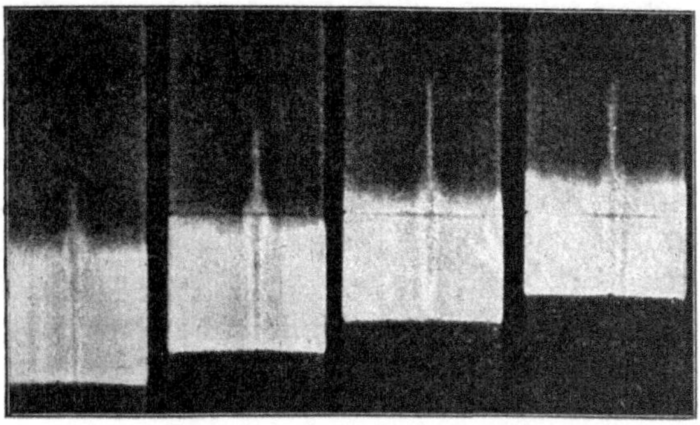

Abb. 240. Anblick der (K)-Linie am Sonnenrande bei radialer Spaltstellung (nach H. Deslandres).

erzielen, so daß auf diese Weise recht zuverlässige Daten über die Druckverhältnisse oberhalb der Photosphäre gewonnen werden. Zur Kontrolle lassen sich noch theoretische Druckwerte aus der beobachteten Grenze der Balmer-Serie, aus dem Strahlungsgleichgewicht der umkehrenden Schicht usw. ableiten, die bisher zu keinen Widersprüchen geführt haben. Der unmittelbare Druckeffekt auf die Spektrallinien (S. 162) kann nicht herangezogen werden. Er ist in den Sternatmosphären so geringfügig, daß er kaum irgendwo die Grenze der Beobachtungsfehler überschreitet.

Die besonderen Apparate und Verfahren, die die Beobachtung der Chromosphäre und der Protuberanzen trotz der starken Strahlung der Atmosphäre an jedem klaren Tage ermöglichen, sind bereits an einer anderen Stelle (S. 178) erläutert worden. Die Hauptbedingung ist stets eine genügend starke Dispersion. Bei radial gestelltem Spalt erscheinen dann die Emissionen der Sonnenumgebung als helle Fortsetzungen der dunklen Fraunhoferschen Linien der Photosphäre. Das Aussehen der Linien des Kalziums und des Wasserstoffs ist dabei sehr charakteristisch. Die Linien sitzen nämlich am Sonnenrande breit auf und enden nach außen in einer feinen Spitze (Abb. 240). Die Erklärung hierfür ist einfach. Einmal sind die Gase in den tieferen Schichten dichter und heißer als in den oberen; dann aber ist die Wegstrecke, die der tangential vom Sonnenrande ausgehende Lichtstrahl in der Chromosphäre zu durchlaufen hat, um so länger, je tiefer der Ausgangspunkt liegt. Ein besonderes Verhalten wird zuweilen bei der Heliumlinie (D_3) (λ 5876) der ersten Nebenserie beobachtet, die am Sonnenrande mit einer feinen Spitze beginnt, dann breiter wird, um nach außen wieder in einer Spitze zu enden. J. Scheiner hat die Ansicht vertreten, daß der Photosphärenabstand des Knotens die Höhe der größten Dichtigkeit des Heliums anzeigt; wahrscheinlich sind aber in der betreffenden Schicht nur die Anregungsbedingungen für die Strahlung der (D_3)-Linie besonders günstig. Gegen eine bevorzugte Schichtung in größeren Höhen spricht schon die Tatsache, daß die Erscheinung nicht immer auftritt, und das Helium schon im Flashspektrum mit hoher Prozentzahl vertreten ist. Bei ihrer Auffälligkeit in der Chromosphäre ist es merkwürdig, daß der (D_3)-Linie keine dunkle Absorptionslinie in der Photo-

Abb. 241. Hakenförmige Protuberanz innerhalb der Kalziumlinien (H) und (K) des Sonnenspektrums.

sphäre entspricht. Wenn man nicht annehmen will, daß die Menge des Heliums auf der Sonne nicht ausreicht, um eine Absorption hervorzurufen, so ist eine befriedigende Erklärung für dieses Verhalten noch nicht gefunden. Die etwaige Annahme, daß das Helium in der betreffenden Wellenlänge im Widerspruch mit dem Kirchhoffschen Gesetz keine Absorption ausübe, wird durch die Tatsache widerlegt, daß die (D_3)-Linie nicht nur in den sog. B- und in den Neuen Sternen in dunkler Form auftritt, sondern auch auf der Sonne in nächster Nähe der Flecke häufig in Absorption beobachtet werden kann. Sie ist dann aber nur in Ausnahmefällen scharf; meist erscheint sie gebrochen und unregelmäßig, zuweilen auch mit einer feinen Emission in der Mitte. Über die Absorption der anderen *He*-Linien liegen keine Unklarheiten vor. Unter den Fixsternen ist eine besondere Spektralklasse, der eben erwähnte B-Typus (Plejaden, Orion-, Skorpiongruppe u. a.) durch das kräftige Auftreten vieler dunkler Heliumlinien direkt charakterisiert.

Die Protuberanzen. Obwohl die Protuberanzen nur wesensverwandte Teile der Chromosphäre sind, so bieten sie doch in allen ihren Erscheinungsformen so viel Interesse, daß ihnen einige besondere Betrachtungen gewidmet werden müssen. Die Möglichkeit ihrer Beobachtung außerhalb der Sonnenfinsternisse ist im Jahre 1868 gleichzeitig von J. Janssen und von J. N. Lockyer gefunden worden. Janssen fiel es während der Totalität dieses Jahres, die er in Indien beobachtete, auf, daß die Emissionslinien der Chromosphäre selbst bei Anwendung starker Dispersionen noch eine sehr bedeutende Helligkeit zeigten. Schon der Tag nach der Finsternis bewies ihm, daß diese Helligkeit groß genug war, um die Linien, insbesondere die $H\alpha$-Emission, an der unbedeckten Sonne erkennen zu können. Sollten aber die Protuberanzen nicht nur an ihren Linien, sondern auch in ihrer wahren Form studiert werden, so war fortan nichts anderes notwendig, als den Spalt nach Einstellung auf den Sonnenrand rasch hin und her zu verschieben oder nach einem späteren Vorschlage von W. Huggins und F. Zöllner einfach so weit zu öffnen, daß nicht mehr der Spalt, sondern das Bild der Protuberanz als Lichtquelle diente (S. 178). Die Nachricht von der wichtigen Entdeckung Janssens war in Europa noch nicht eingetroffen, als bereits auch J. N. Lockyer in England ein genügend stark zerstreuendes, besonders für diesen Zweck gebautes Spektroskop erhalten hatte, das ihm unabhängig von Janssen die Protuberanzlinien am Tageshimmel in vollem Sonnenumkreis zeigte.

Bei der Beobachtung der Protuberanzen ist es praktisch, den Spalt nicht senkrecht zum Sonnenrande, sondern tangential zu orientieren, weil sonst das grelle Licht der Photosphäre leicht alle Einzelheiten überstrahlt. Theoretisch ist die Wahrnehmung der chromosphärischen Schichten in jeder Emissionslinie, die hierzu hell genug erscheint, möglich, doch kommen in Wirklichkeit nur ganz wenige Stellen des Spektrums für diesen Zweck in Frage. Bei visueller Beobachtung ist von jeher die rote Linie $H\alpha$ des Wasserstof.s bevorzugt worden,

Abb. 242. Große eruptive Sonnenprotuberanz 1895 März 24 (Aufn. von G. E. Hale).

weil sie sehr hell und gut begrenzt erscheint und daher die schärfsten Bilder der Protuberanzen liefert, wenn der Spalt nicht mehr als notwendig geöffnet wird. Denn die Bilder werden natürlich um so verwaschener und lichtschwächer, je breiter das Lichtbündel ist, das spektral zerlegt wird. Aus diesem Grunde ist neuerdings Hale in dem Spektrohelioskop (S. 180) wieder auf den schmalen Blinkspalt zurückgekommen, wobei noch der Vorteil gewonnen wird, daß damit die Wasserstoffwolken nicht nur außerhalb, sondern auch auf der Photosphäre beobachtet werden können.

Die blauen und violetten Linien $H\beta$, $H\gamma$ usw. des Wasserstoffs kommen der $H\alpha$-Emission an Schärfe nicht gleich, so daß man sie trotz ihrer aktinischen Wirksamkeit nur selten zu photographischen Aufnahmen der Protuberanzen verwendet. Als besonders günstige Stellen des Spektrums haben sich die aufgehellten Absorptionen (H) und (K) des Kalziums erwiesen. Bei den erforderlichen ziemlich langen Expositionszeiten muß zur Vermeidung von Nebenlicht, von Höfen und Solarisationserscheinungen die Photosphäre durch eine Kreis-

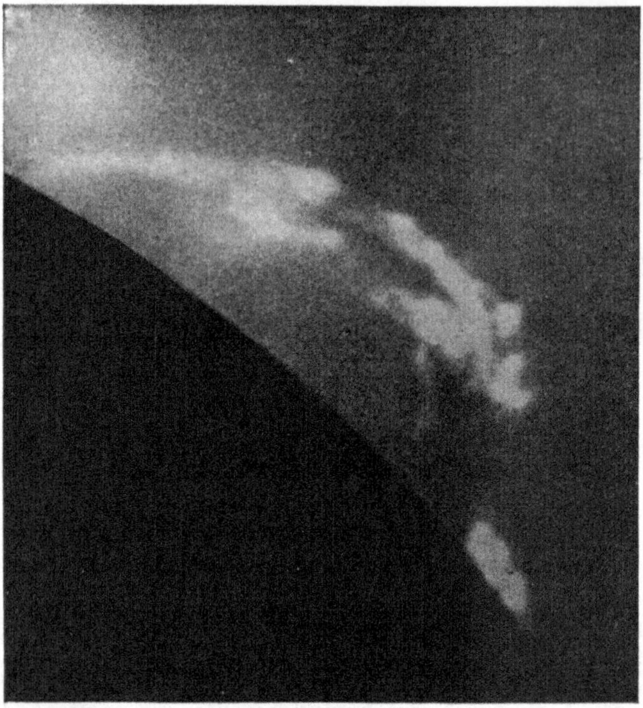

Abb. 243. Eruptive Protuberanz bei der Totalität 1893 April 16.

blende abgedeckt werden. Eine gewöhnliche ältere spektrographische Aufnahme einer Protuberanz innerhalb der (H)- und (K)-Linien bei stark geöffnetem Spalt gibt Abb. 241 wieder während Abb. 244 und 245 die weit vollkommeneren neuzeitlichen Photographien veranschaulichen.

Die Protuberanzen sind außerordentlich veränderliche Gebilde; man kann ihr Entstehen und Vergehen häufig innerhalb weniger Stunden verfolgen. Sie treten in den verschiedensten Formen auf, von einfachen schwebenden Wolken bis zu explosionsartigen Erscheinungen. Am einfachsten ist es, sie in zwei Klassen zu trennen, die sich durch ihr Spektrum und damit auch durch ihren Ursprung oder wenigstens durch die Intensität ihres Ursprungs unterscheiden. Die erste Gruppe bilden die wolkenartigen sog. ruhenden Protuberanzen, die nur Erhebungen der Chromosphäre darstellen, und die, wie jene, nur aus Wasserstoff, Helium und Kalzium (vgl. die Zahlentabelle S. 315) bestehen. In die zweite Klasse wären die sog. eruptiven Protuberanzen einzureihen. Sie unterscheiden sich von den anderen dadurch, daß sie niemals besonders große Höhen erreichen; ihre Farbe bei Finsternissen ist oft weiß, weil sie neben Linien aller

Abb. 244. Springbrunnenartige Protuberanz über einem Sonnenfleck. 1919 Sept. 22 (Aufn. von E. Pettit).

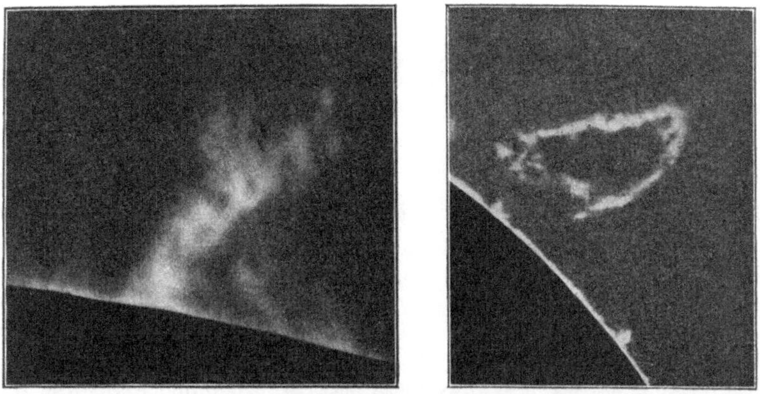

Abb. 245. Torsions- und Wirbelformen unter den Protuberanzen (Yerkes-Observatorium).

Spektralfarben auch kontinuierliche Strahlung enthalten, während die Wolkenprotuberanzen purpurrot erscheinen, wegen der überwiegenden Intensität der roten (C)- und der blauen (F)-Linie. Mit der gegebenen Einteilung ist die Zahl der Formen bei den Protuberanzen nicht erschöpft. Besonders merkwürdig sind die hin und wieder beobachteten und photographierten Torsionsbildungen (Abb. 245), die lebhaft an die Tromben und andere Wirbelerscheinungen in der i dischen Atmosphäre erinnern.

Über den periodischen Verlauf der Protuberanzerscheinungen besitzen wir in dem ausführlichen, seit 1886 durch visuelle und photographische Beobachtungen gesammelten Material ein recht vollständiges Bild. Danach liegt zur Zeit des Fleckenminimums am Sonnenäquator ein tiefes, flaches Minimum der Protuberanzen, die sich in dieser Ze t um die heliographische Breite von $\pm 40^0$ gruppieren. Mit zunehmender Fleckenzahl gehen von hier aus zwei Häufigkeitsäste aus. Während der eine das Gebiet der größten Fleckentätigkeit zwischen 20 und 40^0 ausfüllt, schreitet der andere rasch gegen die Pole vor, die kurz nach dem Fleckenmaximum erreicht werden. Hier reißt der Ast sehr rasch ab, um etwa bei $\pm 50^0$ von neuem aufzutauchen. Es entsteht auf diese Weise das merkwürdige Kurvenbild der Abb. 246, das die entsprechenden Darstellungen für die Flecke (Abb. 209 u. 210) ergänzt und den Eindruck bestärkt, daß die Rotation der Sonne alle diese Erscheinungen sehr wesentlich beeinflußt. Die Symmetrie der Vor-

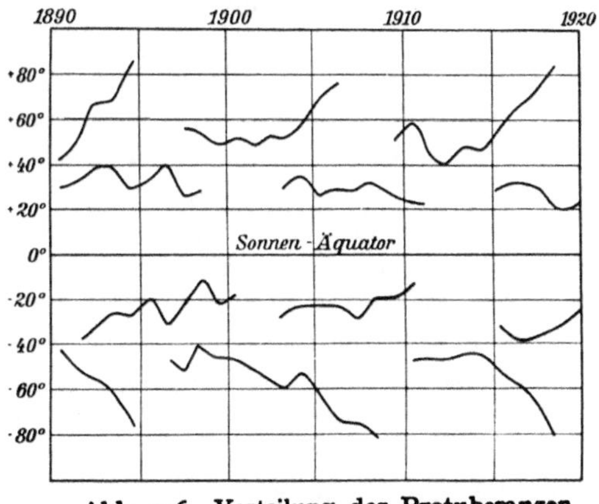

Abb. 246. Verteilung der Protuberanzen auf der Sonne 1890 bis 1920.

S

W  O

Abb. 247. Ungewöhnlich große Protuberanz während der Totalität 1919 Mai 29 (Aufn. von A. S. Eddington).

gänge gegenüber dem Sonnenäquator ist tatsächlich in beiden Fällen außerordentlich groß; wie man sieht, erstreckt sie sich oft sogar auf Einzelheiten des Verlaufs. Zu einem abschließenden Überblick über das ganze Protuberanzphänomen während einer 11 jährigen Periode gehören noch statistische Angaben über die Höhe, Ausdehnung und Form der Protuberanzen, wie man sie in Sammelwerken über die Sonnentätigkeit antrifft, und auf die hier verwiesen werden muß.

Die Helligkeit der meisten Protuberanzen ist merklich geringer als etwa der Glanz der Chromosphäre. Der Lichtabfall nach außen ist recht beträchtlich, wodurch erklärlich wird, daß die Protuberanzen bei Sonnenfinsternissen stets höher erscheinen als bei gleichzeitiger spektroskopischer Beobachtung bei Tageslicht. Die durchschnittlichen Höhen liegen zwischen 30″ und 40″, entsprechend einer Erhebung von 22000 bis 29000 km, doch sind bei Sonnenfinsternissen und Tagesmessungen bereits Protuberanzen in ganz enormen Randabständen festgestellt worden, die 500000 km und mehr erreichten (Abb. 247). Die größte Höhe, die bisher beobachtet worden ist, betrug 831000 km oder fast 19′; das Gebilde ist 1920 Okt. 8 auf der Yerkes-Sternwarte in 57 Spektroheliogrammen festgehalten worden. Eine nur wenig niedrigere Protuberanz von 18.2′ Höhe hat schon J. Evershed 1916 Mai 26 photographiert. In beiden Fällen handelte es sich um Eruptionen, die die erwähnten riesigen Sonnenabstände nur noch in Form losgerissener Wolken erreichten. Mit der Chromosphäre zusammenhängende Protuberanzen findet man selten in Höhen, die 200000 km übersteigen.

Über die Kräfte, die bei der Bildung so ausgedehnter Leuchterscheinungen wirksam sind, herrscht noch völlige Ungewissheit. Man hat früher die Protuberanzen als explosionsartig emporgeschleuderte Massen aufgefaßt und aus ihrer Neigung gegen die Horizontale und der Sonnenanziehung ihre Anfangsgeschwindigkeit Steighöhe usw. berechnet. Die Verfolgung der Protuberanzenentwicklung auf photographischen Reihenbildern hat jedoch die rein mechanische Theorie nur ausnahmsweise einmal bestätigt. In den weitaus meisten Fällen zeigen die Gebilde keine vom Massenzentrum abhängigen Verzögerungen oder Beschleunigungen, sondern bewegen sich innerhalb bestimmter Zeitabschnitte gleichförmig. Änderungen der Geschwindigkeit sind häufig, entstehen dann aber impulsartig, anscheinend unter dem Einfluß von Kräften, die periodisch unter dauernd steigender Wucht auf die leuchtenden Gaswolken für kurze Zeit einwirken. Bei graphischer Darstellung erhält man also keine glatten Kurven, sondern gebrochene Linienzüge. In Abb. 248 ist die Bewegung eines Protuberanzknotens von 1919 Mai 29 nach E. PETTIT mit vier Änderungen dargestellt. Die in diesem Falle beobachteten Geschwindigkeiten waren nicht ungewöhnlich hoch. Sehr häufig steigen sie aber bis zu 200 km in der Sekunde an, ja man hat schon zuweilen Protuberanzwolken mit Geschwindigkeiten von 300 bis 500 km und darüber beobachtet. Derartige Ziffern lassen erwarten, daß die Bewegungen, wenn sie in der Blickrichtung verlaufen, auch zu Linienverschiebungen Veranlassung geben. In der Tat ist der Doppler-Effekt im Protuberanzspektrum häufig zu beobachten und ergibt dann Geschwindigkeiten, die den am Rande direkt gemessenen Bewegungen der Größenordnung nach durchaus entsprechen. F. ELLERMAN hat z. B. eine Protuberanz photographiert und gemessen, die sich in 24 Minuten auf 250000 km erhob, wobei sich die mittlere Geschwindigkeit aus den mikrometrischen Messungen zu 180 km, aus dem Doppler-Effekt zu 190 km pro Sekunde ergab. Der Maximalwert der Radialgeschwindigkeiten der Protuberanzen liegt, ähnlich wie im Falle der unmittelbar beobachtbaren Querbewegung, etwa bei 400 km in der Sekunde.

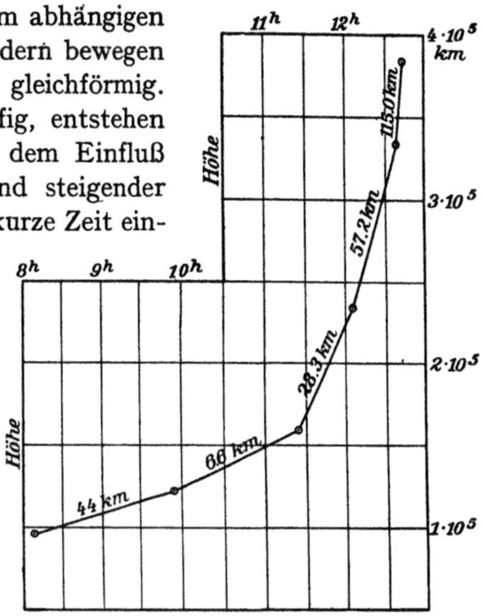

Abb. 248. Graphische Darstellung der Bewegung eines Protuberanzknotens 1919 Mai 29 (nach E. Pettit).

Die hohen Geschwindigkeiten der Protuberanzen haben schon wiederholt zu Zweifeln Anlaß gegeben, ob hier tatsächlich materielle Bewegungsvorgänge vorliegen. Da bereits bei einer Anfangsgeschwindigkeit von 610 km in der Sekunde die Anziehungskraft der Sonne überwunden wird, und die ausgestoßene Materie dann in den Weltraum hinausfliegt, sind diese Bedenken durchaus berechtigt. Man könnte, wie es z. B. A. BRESTER[1]) getan hat, eine ruhende, weit ausgedehnte Chromosphäre annehmen, in der nur die Leuchtbedingungen starken und unstetigen Änderungen unterworfen sind, doch hat die Idee bei Astronomen, die die Protuberanzerscheinungen und ihren Verlauf aus eigener Anschauung genauer kennen, keinen rechten Anklang gefunden. Den physikalischen Ansichten der Gegenwart nähert sich am meisten die von H. N. RUSSELL,

[1]) A. BRESTER, Le Soleil. La Haye 1924.

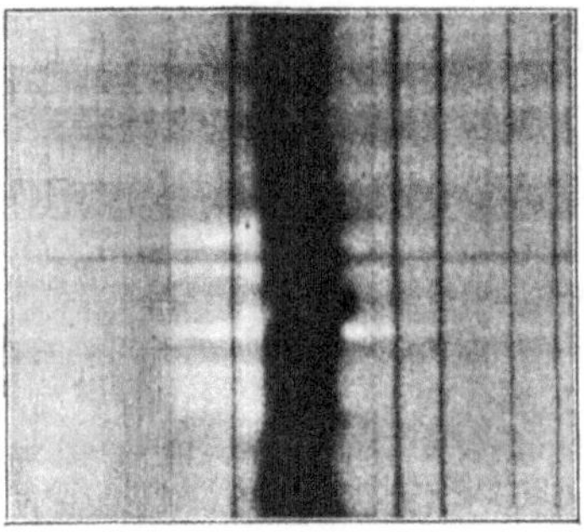

Abb. 249. Wasserstoffentladungen in der Nähe der $H\alpha$-Linie (Aufn. von F. Ellerman).

E. Pettit u. a. geäußerte Meinung, daß die chromosphärischen Gase durch Strahlungsdruck emporgehoben und im Gleichgewicht gehalten werden, daß aber außerdem von bestimmten Stellen der Sonne aus Elektronenstöße ausgehen, die das Aufleuchten der Gase und deren unstetige Bewegungen erzeugen. Trifft diese Annahme zu, so müßten die Geschwindigkeiten für Kalzium wesentlicher geringer als für Wasserstoff sein. Ob dies tatsächlich der Fall ist, läßt sich aus dem vorliegenden Material nicht ohne weiteres entscheiden.

Sehr merkwürdige, mit den Eruptionen der Protuberanzen offenbar zusammenhängende Erscheinungen sind im September 1915 auf dem Mt. Wilson zum erstenmal beobachtet worden. In der nächsten Nachbarschaft der durch radiale Strömungen verzerrten H-Linien wurden von F. Ellerman plötzliche, in der Längsrichtung des Spektrums verlaufende Aufhellungen wahrgenommen, die nur wenige Minuten dauern, aber in kurzen Abständen aufeinander zu folgen pflegen. Diese explosionsartigen Erscheinungen, von denen Abb. 249 eine Vorstellung gibt, hat man recht treffend als Wasserstoffbomben bezeichnet. Da sie im Gegensatz zu den normalen Umkehrungen (Abb. 220) die Absorptionslinien nicht beeinflussen, müssen sie in tieferen Lagen ihren Ursprung haben und sich vollständig unterhalb der umkehrenden Schicht abspielen.

Die Korona. Als äußerste Umhüllung der Sonne erscheint bei totalen Finsternissen die Korona, eine weit ausgedehnte silbergraue oder weißliche Materie von merkwürdiger Struktur, deren Intensität am Sonnenrande zunächst recht groß ist, so daß dem Auge fast eine Ringgestalt vorgetäuscht wird. Nach außen hin fällt das Licht stark ab und geht schließlich in Streifen-, Büschel- und Strahlenform über. Das Studium der Korona ist bei den Finsternissen der letzten Jahrzehnte sehr eifrig betrieben worden, ohne daß die physikalischen Eigenschaften und das Wesen der Erscheinung mit der wünschenswerten Klarheit entschieden wären. Da es sich um kein Flächen-, sondern um ein Raumgebilde handelt, ist die Entwirrung der zahllosen Strähnen und Strahlen, die sich häufig bis zu einer Ausdehnung von mehreren Sonnendurchmessern verfolgen lassen, nicht möglich, so daß der wissenschaftlichen Verwertung von Koronaphotographien enge Grenzen gesetzt sind. Da die Abhängigkeit von den wenigen Minuten der Totalität und die Seltenheit der Beobachtungsgelegenheiten jede systematische Arbeit verhindern, hat es nicht an Versuchen gefehlt, die Korona auch außerhalb der Finsternisse der Wahrnehmung zugänglich zu machen, etwa in ähnlicher Weise, wie dies bei den Protuberanzen mit so gutem Erfolge geschehen ist. Hier sind aber die Schwierigkeiten weit größer, weil die Helligkeit der spezifischen

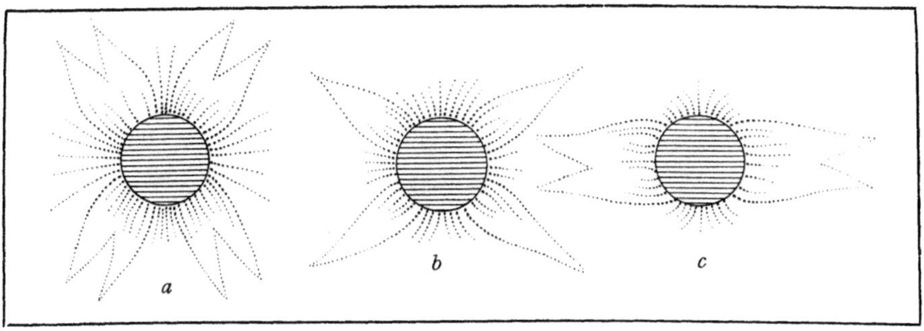

Abb. 250. Typische Form der Sonnenkorona. *a* im Fleckenmaximum, *c* im Minimum, *b* Übergangsform (nach E. W. Maunder).

Koronalinien für die entscheidenden Versuche nicht ausreicht. Verschiedene Sonnenphysiker, wie W. Huggins, G. E. Hale, A. Hanski u. a. haben daher andere Wege eingeschlagen. Aber weder die Verwendung spezieller Platten und Lichtfilter, noch Aufnahmen im ultraroten und ultravioletten Spektralgebiet oder die Benutzung der spektroheliographischen und bolometrischen Methoden hat dabei zu einem Erfolg geführt, obwohl die Beobachtungen auf hohen Bergen und unter den günstigsten atmosphärischen Verhältnissen stattfanden.

Der allgemeine Anblick der äußeren Korona bei den Finsternissen wechselt stark im Zusammenhange mit der 11jährigen Periode. Von den drei typischen Formen gibt Abb. 250 eine schematische Darstellung. Sie sind, in Übereinstimmung mit den Vorgängen, die wir bereits an den Flecken, Fackeln und Protuberanzen beobachtet haben, durch ein offenkundiges Hin- und Herwandern von leuchtenden Garben und Büscheln gekennzeichnet, die im Maximum der Fleckentätigkeit in größeren Äquatorabständen liegen, dann aber in tiefere Breiten herabsinken und sich im Minimum schließlich am Sonnenäquator zu einem schwalbenschwanzartigen Gebilde vereinigen. Die photographischen Aufnahmen können, wie die Abb. 251 und 252 zeigen, im einzelnen von diesen typischen Formen abweichen. Bei der Totalität vom 28. Mai 1900 fallen neben den Äquatorschweifen besonders die kurzen,

Abb. 251. Minimumtypus der Korona. 1900 Mai 28 (Aufn. von E. B. Frost).

Abb. 252. Maximumtypus der Korona. Zeichnung nach photogr. Aufn. 1905 Aug. 30.

fächerförmig angeordneten Strahlen in der Nähe der beiden Pole auf, von denen fünf Jahre später während eines Fleckenmaximums keine Spur mehr zu sehen ist. Der symmetrische Aufbau der Korona ist hier (Abb. 252) vollkommen verschwunden. Das Gebilde wird vom Äquator bis zu den Polen von geraden und gebogenen Büscheln, Bändern und Strahlen durchsetzt, die kaum noch Gesetzmäßigkeiten verraten, dagegen an verschiedenen Stellen mit Flecken und Protuberanzfeldern in Beziehung zu stehen scheinen (Abb. 254). Im Übergang von einem Maximum zum Minimum befand sich die Sonne während der Totalität am 8. August 1896, die hier (Abb. 253) nach einer russischen Aufnahme wiedergegeben ist, letzthin auch bei der Finsternis vom 24. Januar 1925.

Die im Minimum der Flecktätigkeit an den Sonnenpolen auftretenden Fächerformen der Korona erinnern derartig an magnetische Kraftlinien (Abb. 226), daß es nahe liegt, sie mit dem allgemeinen Magnetfelde der Sonne

Abb. 253. Übergangsform der Korona 1896 Aug. 8 (Aufn. von S. Kostinski).

in Verbindung zu bringen. Eine genauere Berechnung auf Grund der Tatsachen, die die HALEschen Arbeiten zutage gefördert haben (S. 301), läßt jedoch erkennen, daß eine den Sonnenverhältnissen entsprechende gleichförmig magnetisierte Kugel keine so starke Krümmung der Kraftlinien hervorrufen würde, wie sie tatsächlich an den Koronastrahlen beobachtet wird. Weiterhin ist die Tatsache zu beachten, daß die Polarbüschel sich im großen und ganzen um die Rotationspole gruppieren, also keine Beziehungen zu der magnetischen Achse der Sonne zeigen.

Mit der Ausdehnung wechselt höchstwahrscheinlich auch die Helligkeit der Korona, obwohl darüber vor kurzem noch übertriebene Vorstellungen herrschten. Alle älteren Messungen haben die Wirkung der auch während der Totalität noch merklich erleuchteten Erdatmosphäre nicht genügend in Rücksicht gezogen und daher meist viel zu hohe Intensitäten ergeben. Die bei den letzten günstigen Finsternissen 1918 Juni 8, 1922 Sept. 20 und 1925 Jan. 24 erhaltenen Werte sind von dem erwähnten Fehler kaum noch beeinflußt; sie ergeben im Mittel für die Gesamthelligkeit rund 0.5 der Vollmondhelligkeit. Auch über die Verteilung der Intensität innerhalb der Korona sind nach und nach zahlreiche

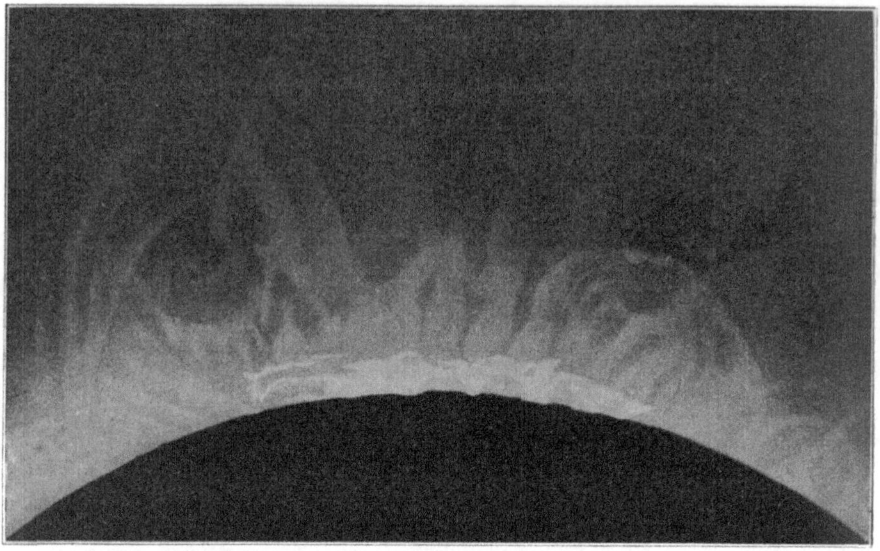

Abb. 254. Struktur der Korona über einer großen Protuberanz 1905 Aug. 30 (Zeichnung nach photographischen Aufnahmen).

Beobachtungen erhalten worden. Nach W. Harkness und Ö. Bergstrand sollte die Abnahme mit dem Quadrat, nach H. H. Turner mit der 6. Potenz des Abstandes vom Sonnenrande erfolgen. Als gegenwärtig beste Formel für den Lichtabfall gilt diejenige von L. Becker und zwar

$$J = \frac{c}{(140 + h)^4}$$

wo h den Abstand vom Rande der Photosphäre in Tausendsteln des Sonnendurchmessers und c eine Konstante bedeutet. Möglicherweise ist das Gesetz der Lichtausbreitung der Korona ebenso zeitlichen Veränderungen unterworfen, wie der äußere Anblick und die Gesamtintensität der Erscheinung. Nach Angaben der Mt. Wilson-Beobachter haben z. B. die letzten Finsternisse im photographischen Gebiet nicht die Beckersche, sondern die Turnersche Regel bestätigt, während die Filteraufnahmen im Ultrarot sogar einen Strahlungsabfall mit der 7. Potenz des Mittelpunktabstandes verraten. Hieraus geht jedenfalls hervor, daß die innere Korona an rotem Licht reicher ist als die äußere.

Aus den zahlreichen Widersprüchen in der Lösung einer scheinbar so einfachen Aufgabe, wie sie die Messung der Helligkeitsverteilung in der Korona bietet, ist ersichtlich, daß hier ähnlich, wie bei Bestimmung des Gesamtlichts, noch irgendwelche unkontrollierbaren atmosphärischen Einflüsse störend eingreifen. Da zu dem Licht der Korona die atmosphärische Strahlung der Sonnenumgebung stets hinzutritt, so besteht die Aufgabe in der Trennung von zwei Erscheinungen, die beide mit wachsendem Abstand von der Sonne an

Intensität abnehmen, jedoch nach verschiedenen Gesetzen, von denen das atmosphärische sich fortwährend ändert und daher nur schätzungsweise in Rechnung gezogen werden kann. Der Gradient des diffusen Himmelslichtes ist bei völlig klarem und bei auch nur schwach dunstigem Wetter ganz verschieden, bei scheinbar gleichartiger Sicht im Gebirge anders als in der Ebene; hinzu kommt noch, daß die stärksten Änderungen gerade in der Nähe des Sonnenrandes stattfinden. Eine empirische, möglichst radiometrische Bestimmung dieser Verhältnisse vor und nach der Totalität unter Anschluß an fortlaufende meteorologische Arbeiten der gleichen Art ist in Zukunft unbedingt notwendig. Die Berechnung der Helligkeit der kosmischen Erscheinung aus der Summe Atmosphäre + Korona ist dann sehr einfach; sie kann nach denselben Formeln oder Tafeln erfolgen, nach denen z. B. das Gesamtlicht eines Doppelsterns aus dem Glanz der Einzelkomponenten berechnet wird, und die im dritten Teil dieses Buches noch abgeleitet werden sollen.

Da das von glühenden Körpern ausgestrahlte Licht nur wenig oder gar nicht, das reflektierte dagegen stets mehr oder weniger polarisiert ist, so können entsprechende Beobachtungen an der Korona einen Anhalt dafür liefern, ob diese eine selbständige Lichterscheinung ist, oder nur im Widerschein der Photosphäre leuchtet. Das einfachste Verfahren, um die allgemeine Polarisation auf photographischem Wege nachzuweisen, besteht darin, daß man hinter das Objektiv einer gewöhnlichen photographischen Kamera ein doppelt brechendes Prisma einschaltet, so daß zwei Bilder der Korona entstehen, die senkrecht zueinander polarisiert sind. In dem einen fehlt in der Verbindungslinie der beiden Bilder alles Licht, das parallel zu dieser Richtung polarisiert ist, in dem anderen das senkrecht hierzu polarisierte. Derartige Untersuchungen, auch solche visueller Art haben unzweifelhaft dargetan, daß fast ein Drittel des gesamten Koronalichtes als polarisiert angesehen werden muß. Der gefundene Prozentsatz ist jedoch nicht überall gleich. Am Rande der verfinsterten Sonne, also dicht oberhalb der Chromosphäre, ist die Polarisation kaum merklich; sie wächst dann rasch, erreicht bei 5′ Abstand etwa 37 % und beginnt bei 9′ wieder langsam abzunehmen. Irgendwelche wichtigen Schlüsse lassen sich daraus nicht ziehen, da auch hier wieder kein ebener Querschnitt, sondern ein Raumgebilde mit zahlreichen Überlagerungen untersucht wird, die um so mehr das Ergebnis verfälschen, je mehr man sich dem Sonnenrande nähert. In Verbindung mit der Tatsache, daß das Koronalicht im roten Teil stärker abnimmt als im blauen (S. 328), läßt sich nur soviel aussagen, daß der reflektierte Teil der Strahlung kaum von festen oder flüssigen Teilchen herrühren kann.

Das Spektrum der Korona. Das Spektrum der Korona setzt sich aus mindestens zwei Teilen zusammen. Die äußeren Gebiete ergeben eine kontinuierliche Strahlung mit dunklen Linien, die vom reflektierten Sonnenlicht herrührt und durch die Polarisationsbeobachtungen, die Lage des Energiemaximums u. a. eindeutig gekennzeichnet ist. Mit größerer Annäherung an den Sonnenrand verschwinden aus unbekannten Gründen die Fraunhoferschen Linien vollständig. Man hat früher an ein selbständiges kontinuierliches Leuchten von staubartigen Partikeln in der inneren Korona gedacht, doch ist die Annahme, wie wir soeben sahen, aus photometrischen Gründen unwahrscheinlich.

Nähert man sich der Sonne auf etwa 6', so erkennt man inmitten des kontinuierlichen Grundes eine Anzahl heller Linien, von denen die im Grün gelegene Emission am längsten bekannt ist. Sie wurde von C. A. Young 1869 entdeckt und hat nach neueren Bestimmungen die Wellenlänge λ 5303.0. In der nebenstehenden Übersicht sind nach W. W. Campbell und J. H. Moore alle wichtigeren Linien aufgezählt, die auf Koronaspektrogrammen bis 1918 beobachtet worden sind.[1]) Das hypothetische Gas, dem sie z. T. angehören mögen, hat man Koronium genannt, doch ist es so gut wie sicher, daß es sich hier gar nicht um ein neues Element, sondern um die noch ungeklärte Strahlung eines bekannten Grundstoffes handelt. Jedenfalls ist es bisher, ähnlich wie beim Nebulium der sog. Gasnebel, nicht geglückt, auch nur eine einzige Koronalinie im Laboratorium zu erzeugen. Der periodische Wechsel der Gestalt und der Helligkeit der Korona bringt auch Schwankungen in der Sichtbarkeit der spezifischen Koronalinien mit sich, so daß die Intensitäten derselben nur als Durchschnittswerte angegeben werden können. Die von früheren Finsternissen her bekannte Linie λ 4359 ist auf Aufnahmen von 1908 bis 1918 unsichtbar; λ 3987 erscheint im Jahre 1908 kräftig, vorher und nachher aber schwach, und die neuerdings so deutliche Emission λ 3601 ist vor 1908 überhaupt nicht nachweisbar. Selbst die Hauptlinie im Grün, λ 5303, ist nicht immer gleich hell; 1918 war sie besonders schwach (S. 331), auf Aufnahmen von 1914 fehlt sie sogar ganz. Weitere Eigentümlichkeiten des Spektrums weisen auf eine deutliche Schichtung der Emissionen hin. So nimmt die Intensität von λ 4231 nach außen hin nur wenig ab; λ 5303 ist schon in 8' Sonnenabstand im Maximum beobachtet worden, während sie zu anderen Zeiten mit λ 3601 und λ 3388 ungefähr dem allgemeinen Helligkeitsabfall der Korona folgte usw. Man hat diese Schwankungen mit der Periode der eruptiven Protuberanzen in Verbindung gebracht, doch ist die Beziehung noch keineswegs geklärt, weil die spektrographischen Aufnahmen möglicherweise in verschiedenen Positionswinkeln abweichende Ergebnisse liefern. V. M. Slipher hat 1918 Juni 8 zum Zwecke einer Untersuchung der speziellen

Koronalinien der Finsternisse von 1893—1918.

λ	Intensität	
6374	kräftig	
5303	sehr stark	
4586	ziemlich	schwach
4567	»	»
4359	»	»
4231	ziemlich	kräftig
4086	»	»
3987	»	»
3801	ziemlich	schwach
3648	»	»
3643	»	»
3641	»	»
3601	ziemlich	kräftig
3455	kräftig	
3388	sehr stark	
3328	ziemlich	kräftig

[1]) W. W. Campbell und J. H. Moore, The spectra of the solar corona. Lick Bull. Nr. 318, Bd. 10, 1918.

Verteilung der Emissionen monochromatische Bilder der Korona mit dem Objektivprisma aufgenommen. Der grüne Ring λ 5303 ist auf den Photogrammen in der Nähe der Pole besonders lichtschwach. An verschiedenen anderen Stellen sind örtliche Knoten und Kondensationen sichtbar, die mit verwandten Erscheinungen der Sonne, insbesondere mit den Protuberanzen, anscheinend in keinem Zusammenhange stehen.

Außer den in der Tabelle erwähnten charakteristischen Emissionen zeigt das Koronaspektrum auch die Linien von *H*, *He*, *Ca* und *Mg* hell, so daß in dieser Hinsicht ein spezifischer Unterschied zwischen Chromosphären- und Koronaspektrum kaum gemacht werden kann. Er wird noch geringer, wenn man bedenkt, daß die Chromosphäre an vielen Stellen auch ein merkliches kontinuierliches Spektrum besitzt. Dieses tritt aber neben den überaus hellen Linien zurück, während in der Korona die beiden Spektra an Lichtstärke nicht sehr verschieden sind und sich daher durch gegenseitige Überlagerung stören und verwischen.

Daß die tieferen Schichten der Sonnenumgebung, also Chromosphäre und Protuberanzen, an der Rotation des Hauptkörpers teilnehmen, ist aus den früheren Darlegungen ohne weiteres zu entnehmen. Das entsprechende Verhalten der Korona könnte aus einem etwaigen Doppler-Effekt der Spektrallinien abgeleitet werden. Durch die große Unregelmäßigkeit und Durchsichtigkeit der Materie sowie durch die damit in Verbindung stehenden Überlagerungen in verschiedenen Sonnenabständen werden aber die Linienverschiebungen so stark beeinträchtigt, daß sichere und eindeutige Ergebnisse nicht zu erwarten sind. H. Deslandres hat bei der Sonnenfinsternis vom 16. April 1893 zuerst derartige Messungen bei einem Abstande von 3′ bis 10′ vom Sonnenrande an Kalziumlinien angestellt und als Geschwindigkeitsdifferenz dieser Stellen zwischen Ost- und Westrand den Betrag von 6.8 km gefunden. Spätere Messungen von W. W. Campbell, A. Belopolski und J. Bosler haben den Doppler-Effekt in der Korona bestätigt. Ob daraus ein sicherer Schluß auf die Rotation gezogen werden darf, muß erst die Zukunft zeigen. Die gleichartigen Versuche der Lick-Expedition bei Gelegenheit der Finsternis vom 21. Sept. 1922 haben nach J. H. Moore in 20′ Randabstand sowohl östlich wie westlich eine deutliche Rotverschiebung der Koronalinien von 26 bis 27 km pro Sekunde ergeben, die durch eine Umdrehungsbewegung natürlich nicht zustande kommen kann. Bei der Finsternis vom 10. Sept. 1923 ist noch der Versuch gemacht worden, aus etwaigen Unregelmäßigkeiten der grünen Ringe im Interferometer die Rotation der Korona abzuleiten. Das Verfahren läuft auf dieselbe experimentelle Anordnung hinaus, die C. Fabry und H. Buisson zum Nachweis des Doppler-Effektes im Laboratorium (S. 159) und zur Feststellung der Bewegungen im Orionnebel getroffen haben. Ein praktisches Ergebnis haben die Beobachtungen bei der Sonnenkorona jedoch bisher nicht zu verzeichnen.

Die vielen physikalischen Merkwürdigkeiten, die sich an die Erscheinung der Korona knüpfen, werden durch ihre kaum vorstellbare geringe Masse vervollständigt. Tatsächlich kann die Dichte ihrer Materie das stärkste im irdischen Laboratorium herstellbare Vakuum nur wenig übertreffen. Diese Überzeugung gründet sich in erster Linie auf der Tatsache, daß die vier in sehr ähnlichen Bahnen wandelnden Kometen 1843 I, 1880 I, 1882 II und 1887 I bei ihrer zwischen 0.0055 und 0.0097 astronomischen Einheiten liegenden Sonnennähe tief in die Koronamaterie eingedrungen sind, ohne eine nachweisbare Störung der Bahn oder ihres Aussehens zu erfahren, obwohl dabei Geschwindigkeiten bis zu fast 600 km in der Sekunde erreicht wurden.

Das Rotationsgesetz der Sonne. Die auffälligen Erscheinungen der Flecke und Fackeln haben, wie wir sahen, die Ableitung der Sonnenrotation für verschiedene heliographische Breiten ermöglicht, aber gleichzeitig dargetan, daß ein strenges Gesetz dabei entweder nicht befolgt wird, oder daß die einzelnen gleichartigen Gebilde so verschiedenen Höhenlagen angehören, daß etwa vorhandene klare Beziehungen stark verwischt werden. In den letzten Unterabschnitten dieses Kapitels haben wir nun Mittel und Wege kennengelernt, die eine Einordnung der verschiedenen Sonnenphänomene ihrer Höhenlage nach ermöglichen. Abgesehen von Betrachtungen über Druck, Dichte und magnetische Feldstärke haben sich dabei die spektroheliographischen Verfahren als besonders wertvoll erwiesen, da sie photographische Aufnahmen im Lichte bestimmter an engbegrenzte Höhen geknüpfter Strahlungen und damit einen klaren Einblick in den räumlichen Aufbau der Gasschichten oberhalb der Photosphäre ermöglicht haben. Es liegt nun nahe, diese monochromatischen Aufnahmen ebenso zur Ableitung eines Rotationsgesetzes der Sonne zu verwenden, wie das bei den direkten Photographien der Photosphäre mit ihren Fleck- und Fackelerscheinungen geschehen ist (S. 279f.). Wegen der Schwierigkeit und Langwierigkeit, die der Herstellung der Spektroheliogramme in einzelnen Wellenlängen noch anhaftet, ist das Material für eine solche Untersuchung zwar noch nicht besonders reichhaltig, aber es hat gegenüber den direkten Aufnahmen den Vorzug, daß die ausgedehnten Flockengebiete der Sonne eine etwas längere Lebensdauer haben als die Flecke und Fackeln und damit die Gesetzmäßigkeit der Rotation besser verbürgen als diese. Die besten Ergebnisse sind in der nachstehenden Übersicht vereinigt worden, die den mittleren täglichen Winkel ξ der siderischen Sonnenrotation in seiner Abhängigkeit von der heliographischen Breite wiedergibt.[1]) Mit Ausnahme der vorletzten Spalte handelt es sich um ausgeglichene, nach besonderen empirischen Formeln berechnete Zahlenwerte. Da die Tafel in erster Linie Emissionsvorgänge berücksichtigt, ist als Vergleichsformel für die letzte Spalte das Rotationsgesetz der Fackeln in der strengeren Greenwicher Form (S. 280) herangezogen worden.

Die gute Übereinstimmung, die die Rotationsbewegung der Flecke, Fackeln und Kalziumflocken in den einzelnen heliographischen Breiten zeigt, ist bemerkens-

[1]) Sternwarte Greenwich, The rotation period of the sun usw. M.N. 1924.

Täglicher Rotationswinkel verschiedener Sonnenschichten.

b	Flecke (Maunder)	Fackeln (Zô-Sè)	Umk. Schicht (Adams u. Lasby)	*Ca*-Flocken (Fox)	*Hδ*-Flocken (Hale)	Formel (Greenw.)
0°	14.43°	14.47°	14.54°	14.56°	—	14.49°
5	14.41	14.46	14.51	14.54	14.35°	14.48
10	14.37	14.41	14.43	14.47	14.5	14.43
15	14.29	14.32	14.31	14.36	14.55	14.36
20	14.18	14.21	14.13	14.21	14.6	14.24
25	14.05	14.07	13.91	14.03	14.7	14.07
30	13.90	13.91	13.67	13.81	14.8	13.85
35	13.73	—	13.39	13.58	14.75	13.56
40	—	—	13.10	13.33	14.5	13.22
45	—	—	12.79	13.07	—	12.81

wert. Wenn nur Breiten bis $\pm 12\frac{1}{2}{}^0$ berücksichtigt werden, kann für alle diese Gebilde einheitlich $\xi = 14.4^0$ und damit eine siderische Umdrehungszeit der Sonne von 25.0^d angenommen werden. Um so auffallender erscheinen demgegenüber die Ziffern, die in der Spalte für die Wasserstofflocken auftreten und ein entgegengesetzt orientiertes Umdrehungsgesetz andeuten. Wie aus den Zahlenwerten ersichtlich ist, wächst die Geschwindigkeit hier scheinbar nach den Polen zu, anstatt abzunehmen. Der Unterschied der einzelnen ξ-Werte in den verschiedenen Breiten ist aber so gering, daß die Annahme einer konstanten Geschwindigkeit in diesen Höhen viel wahrscheinlicher ist. Auch die einer sehr hohen Schicht angehörende (K_3)-Linie und die Protuberanzen geben konstante Rotationswinkel, und zwar 15.5 bzw. 16.8°.

Eine weitere Nachprüfung des Rotationsgesetzes der Sonne gestattet der an den Rändern auftretende Doppler-Effekt, den bereits M. A. Cornu zur Trennung der solaren Linien von den tellurischen (S. 288) benutzt hat. Da, wie wir sahen, die radiale Geschwindigkeit infolge der langsamen Achsendrehung selbst am Sonnenäquator nur 2 km in der Sekunde beträgt, und sich nach den Polen zuerst recht wenig ändert, kann man leicht übersehen, daß die betreffenden Messungen und Untersuchungen nur bei Anwendung hoher Dispersionen und bei Benutzung sorgfältigst bestimmter Anschlußlinien einen Erfolg versprechen.

Den ersten ernsthaften Versuch einer spektroskopischen Messung der Sonnenrotation außerhalb des Äquators hat C. A. Young im Jahre 1876 unternommen und zwar mußte er bei diesen Beobachtungen auf Gitterspektra VI. und VII. Ordnung zurückgreifen, um eine deutliche Verschiebung der (D)-Linien zu erreichen; auch dann konnten die Messungen nur bis zu den heliographischen Breiten von 15° fortgesetzt werden. Etwa 13 Jahre später hat H. Crew die gleichartigen Untersuchungen bis 70° Breite ausgedehnt, ohne an den Linien etwas anderes als konstante Rotation nachweisen zu können. Bahnbrechend für die künftigen Arbeiten ist dann eine besonders sorgfältige Arbeit von N. C. Dunér in Upsala geworden, der um die Jahrhundertwende an der Linienverschiebung

Täglicher Rotationswinkel der Sonne aus dem Doppler-Effekt der Randlinien.

b	ξ	Diff.
0°	14.50°	
5	14.43	7
10	14.36	7
15	14.24	12
20	14.10	14
25	13.90	20
30	13.66	24
35	13.42	24
40	13.17	25
45	12.89	28
50	12.60	29
55	12.33	27
60	12,03	30
65	11.72	31
70	11.43	29
75	11.22	21
80	11.15	7

nicht nur die veränderliche Sonnenumdrehung feststellen, sondern auch ihren Betrag zum ersten Male mit hoher Genauigkeit messen konnte. In wesentlich größerem Maßstabe ist die gleiche Untersuchung von der Internationalen Sonnenvereinigung (Solar Union) mit neuzeitlichen physikalischen Mitteln in Angriff genommen worden. Die Arbeit war an verschiedene Sternwarten so verteilt, daß jede die Messungen der Randgeschwindigkeiten in einem bestimmten Spektralgebiet ausführte. Einen Mittelwert der 1901 bis 1913 aus den Linienverschiebungen erhaltenen Umdrehungselemente findet man in der nebenstehenden Tafel, der eine Zusammenstellung von J. Halm[1]) zugrunde liegt. Sie reicht bis zu Breiten von 80°, da ja die Anwendbarkeit der Doppler-Methode auf die Sichtbarkeitszone von Flecken, Fackeln und Flocken nicht beschränkt ist. Die Sekundengeschwindigkeit der Schicht, in der die Sonnenlinien ihren Ursprung haben, beträgt danach am Äquator 2.0 km, bei $b = 80°$ dagegen nur noch 0.27 km. Die Zusammenstellung enthält die direkt beobachteten Werte von ξ. Auch für das Rotationsgesetz der umkehrenden Schicht können danach ausgleichende Formeln nach dem $\sin^2$-Gesetz der Breite abgeleitet werden; die in der vierten Kolumne der Tabelle auf S. 333 mitgeteilten Zahlen sind z. B. nach einem derartigen Ausdruck berechnet.

Aus den bisherigen Ergebnissen läßt sich schließen, daß der Doppler-Effekt für alle Sonnenlinien im Mittel wohl eine gemeinsame Rotation ergibt, im einzelnen jedoch beträchtliche Unstimmigkeiten aufweist. Nach C. E. St. John kann die mittlere spektrographisch abgeleitete Geschwindigkeit der Sonnenrotation am Äquator zeitlich um Beträge schwanken, die bis zu 8% gehen. Die einfachste und mit den Beobachtungen an Wasserstoff und Kalzium (vgl. S. 305) in Einklang stehende Erklärung für diese sehr erheblichen Abweichungen wäre die, daß die betr. Absorptionen in verschiedener Tiefe der umkehrenden Schicht entstehen; für die Unterschiede der beobachteten Radialeffekte bei den gleichen Linien könnten örtliche Bewegungen der Materie in bevorzugten Richtungen in Betracht kommen. Als einzige allgemeine Gesetzmäßigkeit nach Abzug der normalen Umdrehungsbewegung verbleibt die Tatsache, daß die Mehrzahl der Linien am Rande der Sonnenscheibe eine geringfügige Rotverschiebung zeigt. Gerade die kräftigsten Absorptionen, wie die Hauptlinien des *H*, *Ca*, *Na* und *Mg* nehmen aber an dieser Verlagerung nicht teil. Eine Erklärung für diesen spektralen Randeffekt läßt sich vorläufig nicht geben. Man hat an eine Lichtstreuung durch freie Elektronen gedacht, doch

[1]) J. Halm, On the rotation of the sun's reversing layer. M.N. 1922.

würde vermutlich in diesem Falle eine Verbreiterung und keine Verschiebung der Linien eintreten. Keinesfalls ist es statthaft, diese rein lokale und auf bestimmte Grundstoffe beschränkte Rotverschiebung irgendwie mit der Lageänderung **aller** Spektrallinien in Verbindung zu bringen, die nach dem sog. Äquivalenzprinzip der allgemeinen Relativitätstheorie bei strahlenden Körpern großer Masse auftreten muß. Da nach diesem Prinzip jede Art von Energie auch Schwere hat, so können die Rotationen innerhalb der Atome, die die Lichtemission veranlassen, von dem Gravitationsfeld der Umgebung nicht unabhängig sein. Gegenüber der irdischen Vergleichslichtquelle müssen also auf Sonne und Sternen die betreffenden Schwingungen verzögert erscheinen, also eine Rotverschiebung sämtlicher Linien zeigen. Der von der Theorie geforderte Betrag dieser Wellenlängenänderung ist außerordentlich geringfügig. Er beträgt nach A. Einstein in erster Näherung

$$\Delta \lambda = 2 \lambda \cdot 10^{-6}$$

also für die Gegend der Natriumlinien nur 0.012 *AE*. Die Möglichkeit, innerhalb der ständigen Umwälzungen der Photosphäre diese Verschiebung in einwandfreier Form nachzuweisen, ist mehrfach bestritten worden, doch sind die mit den vervollkommneten Meß- und Arbeitsmethoden der Gegenwart angestellten Versuche durchaus nicht entmutigend ausgefallen. Bei den bereits erwähnten, an Sonne und Eisen vorgenommenen Interferometermessungen des Allegheny-Observatoriums (S. 287) haben sich bisher alle Wellenlängen der Sonne ein wenig größer ergeben als diejenigen des Eisenbogens im Vakuum, so daß hier möglicherweise der von der Relativitätstheorie geforderte Effekt gefunden ist.

11. Einflüsse der Sonne auf Erde und Planeten.

Die vorangegangenen Abschnitte haben im großen und ganzen nur eine Beschreibung der Erscheinungen gebracht, die sich auf der Sonne abspielen, und die wir mit unseren gegenwärtigen Hilfsmitteln wahrzunehmen imstande sind. Aus der Fülle der gewonnenen Tatsachen erwächst nun ohne weiteres die Aufgabe, Zusammenhänge zwischen den Einzelbeobachtungen herauszugreifen, wesensgleiche Dinge zu vereinigen und darauf eine Theorie unseres nächsten Fixsterns aufzubauen. Da alles Leben auf der Erde letzten Endes von den sichtbaren und unsichtbaren Fäden gelenkt und geleitet wird, die zur Sonne hinüberführen, liegt es nahe, dabei an erster Stelle die Strahlungsvorgänge ins Auge zu fassen, und ihre Bedeutung für den Haushalt der Erde und der anderen Planeten zu untersuchen.

Die effektive Sonnentemperatur. Irgendwelche Schlüsse über die Temperatur der Sonne können nur auf der Natur der uns zugehenden Strahlung begründet werden. Da diese von der äußeren Schale des Sonnenballes, der Photosphäre, ausgeht, so kann die aus der Strahlung abgeleitete Temperatur sich nur auf die äußeren Schichten beziehen; irgendeinen Aufschluß über die Temperatur des Inneren darf man also auf diesem Wege nicht erwarten. Aber auch bei dieser Einschränkung bleibt noch eine beträchtliche Unbestimmtheit des Ergebnisses bestehen, da die verschiedenen Aufbaustoffe der Sonne in ihrem Emissionsvermögen merkliche Abweichungen zeigen. Solange man also nicht weiß, welchen Elementen die kontinuierliche Strahlung der Photosphäre ihren Ursprung verdankt, kann eine präzise Temperaturdefinition überhaupt nicht gegeben werden. Es bleibt dann nichts anderes übrig, als die Kirchhoffsche Funktion, d. h. das Strahlungsgesetz für den Schwarzen Körper als gültig anzunehmen und damit die ganze Aufgabe auf die Ableitung der sog. effektiven Temperatur zu beschränken, die die Sonne haben würde, wenn sie ein Schwarzer Körper von den jetzigen Dimensionen und dem gegenwärtigen Strahlungseffekt wäre. Dementsprechend soll im folgenden unter Sonnentemperatur stets diese auf den Gesetzen der Hohlraumstrahlung aufgebaute effektive Temperatur in absolutem, von — 273^0 an gezähltem Maße verstanden werden.

Die Kirchhoffsche Funktion bzw. die Plancksche Strahlungsgleichung läßt sich, wie wir gesehen haben (S. 136 ff.), in mehrere Gesetze zerlegen, nach denen die Temperaturbestimmung vor sich gehen kann. Wird die Gesamtstrahlung ΣJ gemessen, so hängt diese mit der Temperatur T durch das einfache Stefansche Gesetz

$$\Sigma J = \sigma T^4$$

zusammen, nach dem die Strahlung also der vierten Potenz der Temperatur proportional ist. Es kann ferner eine Strahlungsart von einer beliebigen Wellenlänge auf irgendeine Weise isoliert und ihrer Intensität nach gemessen werden; die Berechnung der Temperatur hat alsdann nach dem allgemeinen Planckschen Gesetz

$$J = \frac{C}{\lambda^5 \left(e^{\frac{c}{\lambda T}} - 1\right)}$$

zu erfolgen. Wählt man hierbei diejenige Wellenlänge, für die die Intensität ein Maximum wird, so ist diese

$$J_{max} = k T^5$$

entspricht also der fünften Potenz der Temperatur. Schließlich kann man sich damit begnügen, überhaupt nicht die Intensitäten der Strahlung absolut zu messen, sondern nur die Wellenlänge größter Energie zu ermitteln und aus dieser dann die Temperatur nach dem Wienschen Verschiebungsgesetz

$$T = \frac{2900}{\lambda_{max}}$$

zu bestimmen.

Von diesen vier Verfahren ist das erste am einfachsten, weil die Gesamtstrahlung ohne vorhergegangene spektrale Zerlegung mit einem Pyrheliometer oder Aktinometer direkt gemessen und in den kalorimetrischen Wert umgewandelt werden kann. Daß dabei trotzdem wegen der schwer kontrollierbaren Einflüsse unserer Atmosphäre sehr große Schwierigkeiten zu überwinden sind, ist bereits im ersten Teil dieses Buches (S. 259 f.) geschildert worden. Den Endzweck der pyrheliometrischen und aktinometrischen Messungen bildet stets die Ableitung der Solarkonstante, d. h. der in Grammkalorien ausgedrückten Energie, die die Sonne in mittlerem Erdabstand auf die Fläche von 1 qcm in 1 Minute senkrecht einstrahlt. Die bis 1902 erhaltenen Werte dieser wichtigen Naturkonstante wichen je nach dem benutzten Instrument und je nach der Berechnung der atmosphärischen Einwirkung zwischen den Grenzen 1.7 und 3.4 voneinander ab. Erst in den Jahren 1902 bis 1913 gelang es C. G. ABBOT und seinen Mitarbeitern von der Smithsonian Institution in Washington, durch Parallelbeobachtungen auf mehreren hochgelegenen Stationen, insbesondere auf dem Mt. Whitney, die bestehenden Zweifel und Widersprüche zu beseitigen. Die mit den neuen Präzisions-Pyrheliometern in Höhen bis zu 4400 m gewonnenen Ergebnisse stimmen, wie man aus Paralleldaten ersieht, innerhalb von 2 bis 3 % überein, also so gut, wie dies bei einer so schwierigen Aufgabe überhaupt nur zu erwarten ist. Inzwischen haben Beobachtungen auf einigen weiteren Hochwarten in Arizona, in Chile, Argentinien und Algerien zur Sicherung der Solarkonstante derart beigetragen, daß die Zahl heute bis auf wenige Einheiten der dritten Dezimale als gesichert gelten kann. Der Mittelwert für 1918 bis 1924 (Abb. 256) kann zu 1.938 g-cal angenommen werden. Für die noch folgenden Berechnungen und Schlußfolgerungen wollen wir ihn einheitlich auf 1.95 g-cal abrunden. Die Ziffer entspricht einer Energieausstrahlung pro Gramm Sonnenmaterie und Sekunde von $4.7 \cdot 10^{-8}$ g-cal oder 1.96 Erg. Von dieser extraterrestrischen Strahlung gehen erhebliche Teile in der Erdatmosphäre verloren. Im Meeresniveau werden an klaren Tagen statt 1.95 g-cal günstigstenfalls 1.15 bis 1.45 g-cal gemessen (Abb. 194) und selbst auf dem Hochplateau des Mt. Whitney (4420 m) steigt die Strahlung selten über den Wert 1.75 g-cal hinaus.

Aus der Solarkonstante erhält man die Temperatur der Photosphäre, indem man zunächst den Wert 1.95 g-cal vom Erdbahnradius R auf den Halbmesser ϱ der Sonne überträgt. Die Strahlungen verhalten sich offenbar umgekehrt wie die durch die beiden Radien R und ϱ bestimmten Kugelflächen. Die Gesamtstrahlung eines Quadratzentimeters der Sonnenphotosphäre ist somit nach dem Stefanschen Gesetz mit der Temperatur durch die Gleichung

$$1.95 \frac{R^2}{\varrho^2} = \frac{82}{10^{12}} T^4$$

verbunden, d. h. man erhält nach Einsetzen von abgerundeten Zahlenwerten ($R = 150000000$ km, $\varrho = 700000$ km)

$$T = 5900^0$$

Die Bestimmung der Temperatur aus der spektrobolometrischen Strahlungskurve ist nicht so einfach. Das Maximum, bezogen auf das allgemeine

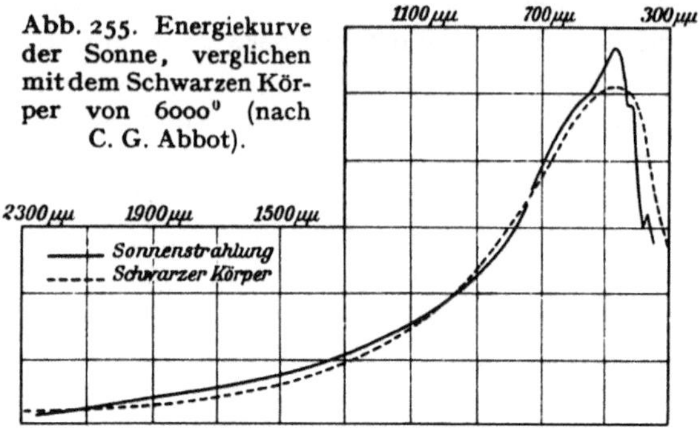

Abb. 255. Energiekurve der Sonne, verglichen mit dem Schwarzen Körper von 6000° (nach C. G. Abbot).

Sonnenspektrum, liegt nach C. G. Abbot bei λ 4680, führt also nach dem Verschiebungsgesetz auf $T = 6200^0$, was als leidliche Übereinstimmung mit dem eben abgeleiteten Wert gelten mag. Zeichnet man jedoch die beobachtete auf Grund der Temperatur von rund 6000^0 berechnete Strahlungskurve der Sonne auf (Abb. 255), so erkennt man auf den ersten Blick an verschiedenen Stellen beträchtliche Abweichungen. Da die Sonne eine Temperaturschichtung und selektive Randverdunkelung aufweist, die Strahlen verschiedener Farbe demnach sowohl verschiedenen Tiefen als auch verschiedenen Teilen der Photosphäre entstammen, das Gebiet der kürzeren Wellenlängen außerdem durch Zerstreuung und starke Linienhäufung beeinträchtigt wird, so muß ein Überschuß der Strahlung im Ultrarot und ein entsprechender Fehlbetrag im Ultraviolett auftreten, der tatsächliche Unterschied im kurzwelligen Gebiet ist aber doch reichlich groß. Noch auffallender ist die nicht ohne weiteres zu erklärende starke Erhebung der Kurve bei dem Maximalwert λ 4680, die sich zweifellos einer Hohlraumtemperatur von etwa 6500^0 merklich besser anschließt, als derjenigen von 6000^0. Diese Abweichungen wären bedenklich, wenn nicht die Gewißheit vorläge, daß sie zum großen Teil noch den angewendeten Methoden und Meßverfahren anhaften. Tatsächlich stimmen die neueren von H. H. Plaskett sowie von C. H. Fabry und H. Bouisson vorgenommenen spektrophotometrischen Aufnahmen der Energiekurve der Sonne zwischen λ 6700 und 4000 bzw. zwischen λ 3940 und 2932 mit der Strahlung des Schwarzen Körpers weit besser überein, als es C. G. Abbot gefunden hat.

Abgesehen von den kaum noch nennenswerten in der Natur der schwierigen Aufgabe liegenden Unstimmigkeiten darf als wahrscheinlichste Temperatur der nach außen wirksamen strahlenden Schichten der Sonne der Wert $T = 6000^0$ angesetzt werden. Befinden sich diese im Strahlungsgewicht nach der S. 271 gegebenen Definition, so muß die abgeleitete Ziffer für die ganze Photosphäre als maßgebend angenommen werden. Daß die Zahl dem wirklichen Wert bereits sehr nahe kommt, ist ziemlich sicher. Auch der Temperaturgradient der nächsten Sonnenumgebung ist bestimmbar (Abb. 275). Aus Linieneigentümlichkeiten der Photosphäre und der Flecke im Vergleich mit dem Bogenspektrum darf z. B. gefolgert werden, daß die Temperatur der umkehrenden Schicht nicht weit von 4000^0, diejenige im oberen Teil der Flecktrichter nahe bei 2000^0 bis 2500^0 liegt, und für die innere Korona folgen radiometrisch Werte von rund 3000^0. Eine Extrapolation nach tieferen Schichten, also nach dem Inneren der Sonne zu, ist nicht möglich, weil uns alles unbekannt bleibt, was sich unterhalb der Photosphäre abspielt. Das Kirchhoffsche Gesetz läßt uns hier vollkommen im Stich, und die Randverdunkelung der Sonnenscheibe ist noch nicht soweit geklärt, daß sich daraus sichere Schlüsse auf die thermischen Verhältnisse der tiefer liegenden Schichten ziehen ließen. So ist man hier bei weiterem Vordringen nach A. S. EDDINGTONS Ausspruch fast ausschließlich auf die „analytische Bohrmaschine" angewiesen, d. h. auf Überlegungen, die durch unsere Kenntnisse über Masse, Dichte, Druck an der Oberfläche u. a. sowie durch einige Erfahrungen an den Fixsternen gestützt werden. Bei dem ungeheuren Druck im Inneren des Sonnenkörpers, der sich nach H. N. RUSSELL auf etwa 15 Millionen Tonnen pro Quadratzentimeter veranschlagen läßt, darf angenommen werden, daß die Gase, die einer derartigen Pressung standhalten, außerordentlich heiß sind. Daher hat man schon in geringer Tiefe unter der Photosphäre mit sehr erheblichen, in der Nähe der Kerngebiete der Sonne mit ganz gewaltigen Temperaturgradienten zu rechnen. In Schichten, deren Lage etwa dem Kern der Flecke entspricht, nehmen die Sonnenphysiker bereits etwa 20000° an; im Zentrum der Sonnenkugel darf danach die Temperatur auf einige 30 bis 40 Millionen Grad veranschlagt werden.

Die aus den Strahlungsgesetzen abgeleitete, nach außen wirksame Temperatur der Sonne liegt weit unter den noch vor einigen Jahrzehnten dafür angenommenen Werten. J. HERSCHEL schätzte sie auf 4 Millionen Grad, und H. KAYSER gab noch 1883 die Zahl 150000° als untere Grenze an. Der gegenwärtig maßgebende Wert erscheint unerwartet klein, zumal er seit mehreren Jahren vollkommen im Bereiche irdischer Laboratoriumsversuche liegt. Zuerst hat die Sonnentemperatur O. LUMMER bei der Verflüssigung von Kohlenstoff in Bogenlampen unter hohem Druck erreicht; gegenwärtig können bei Verwendung von Explosionsfunken (S. 140) ohne Schwierigkeit Augenblickstemperaturen bis zu etwa 20000° erzielt werden. Trotz des relativ geringen Temperaturwertes darf die Wirkung der Sonnenenergie nach außen nicht unterschätzt werden. Man überzeugt sich davon leicht, wenn die Arbeitsleistung, die diesem Energiestrom entspricht, in irgendein anschaulicheres Maß umgerechnet wird, wie dies bereits an einer anderen Stelle (S. 269) geschehen ist.

Kurzperiodische Schwankungen der Solarkonstante. Einfluß auf die Witterung. Angesichts der hohen Genauigkeit, mit der man gegenwärtig die Solarkonstante zu bestimmen vermag, liegt es nahe, sie auch auf ihre Konstanz hin zu prüfen. Eine säkulare Änderung ist in der kurzen Beobachtungszeit von noch nicht zwei Jahrzehnten nicht zu erwarten, dagegen könnten periodische mit dem Gang der Fleckenerscheinung parallel laufende Abweichungen vom Mittelwert durchaus im Bereiche der Meßgenauigkeit liegen.

Wenn man von der 27 tägigen Zeit der synodischen Achsenumdrehung der Sonne absieht, könnte als kürzeste Periode nur die elfjährige in Frage kommen. Die Photosphäre sendet an der Stelle eines Sonnenflecks eine geringere

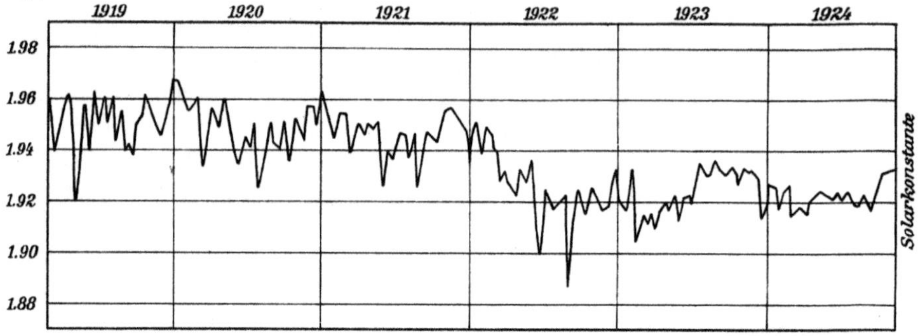

Abb. 256. Schwankungen der Solarkonstante zwischen 1919 und 1924 (nach C. G. Abbot).

lichte Strahlung aus, als anderwärts. Auch die Wärmeausstrahlung in einem Sonnenfleck ist geringer als in der benachbarten Photosphäre, und es erscheint daher auf den ersten Blick am wahrscheinlichsten, daß bei Vorhandensein von Flecken die Sonnenstrahlung geringer sein müßte als bei Fleckenfreiheit. Nun pflegt aber die Umgebung eines Flecks oder einer Fleckengruppe viel dichter mit Fackeln besetzt zu sein als andere Stellen der Photosphäre, und die von diesen Gebilden ausgehende, zweifellos stärkere Strahlung kann möglicherweise den von den Flecken kommenden Defekt ersetzen oder sogar übersteigen. Diese Auffassung wird durch die Beobachtungen tatsächlich bestätigt, insofern, als nach den Abbotschen Messungen die Sonne zur Zeit des letzten Maximums etwa 3 bis 4% mehr Energie ausgestrahlt hat, als während des folgenden Minimums (Abb. 256). Der Überschuß entfällt freilich in erster Linie auf das ultraviolette Licht, macht sich also visuell nicht besonders bemerkbar. Daß auch unabhängig von der 11jährigen Periode die Solarkonstante durch die Zahl der Flecke beeinflußt wird, zeigt die Kurve der Abb. 257, zu deren Konstruktion über 2000 Beobachtungen zu 25 Normalpunkten vereinigt worden sind. Wie man sieht, sind die Beziehungen hier nicht sehr deutlich ausgesprochen. Der Verlauf entspricht ungefähr der von K. Ångström aufgestellten empirischen Regel, wonach die Solarkonstante der Quadratwurzel aus der Fleckenzahl proportional verläuft.

Neben diesen periodischen, in ihrem Zusammenhange mit den Flecken verständlichen Schwankungen zeigt die Sonnenstrahlung noch merkwürdige rasche und unregelmäßige Änderungen. Diese erreichen zuweilen Beträge bis zu 7% und werden von den amerikanischen Beobachtern als solar angesehen, da sie auf Hochwarten, die Tausende von Kilometern auseinander liegen, gleichzeitig beobachtet worden sind. Wenn auch eine Zunahme der Solarkonstante um den genannten Prozentwert (von 1.95 auf 2.1 g-cal) nur eine Erhöhung der Photosphärentemperatur von 5900° auf 6000° bedeuten würde, so erscheint doch eine prozentual so beträchtliche, von den Flecken und anderen Äußerungen der Sonnentätigkeit gänzlich unabhängige Schwankung zunächst nicht recht verständlich. Bei der erheblichen Höhe unserer Atmosphäre dürften geringfügige, meteorologisch nicht erfaßbare Trübungen derselben, die sich über einen größeren Teil der Erdoberfläche erstrecken, zunächst viel wahrscheinlicher sein als Änderungen der Sonnenstrahlung. Bei der Sorgfalt, mit der auf den amerikanischen Stationen Feuchtigkeitsgehalt, Streuung und Absorption der Luft für verschiedene Wellenlängen fortlaufend bestimmt und in Rechnung gezogen werden, ist die Ursache der Schwankungen jedenfalls nicht in Schichten der Atmosphäre zu suchen, die unterhalb 4000 m liegen. Eine Nachprüfung der Angelegenheit auf einem ganz anderen Wege wäre zweifellos sehr wichtig. Zu diesem Zwecke sind besonders sorgfältige licht- oder thermoelektrische Parallelmessungen von großen und kleinen Planeten mit wenig wechselnden Oberflächenformen, wie z. B. Venus und Saturn, oder Ceres, Pallas, Juno und Vesta vorgeschlagen worden, wobei die Wirkung der Erdatmosphäre durch Anschluß der Helligkeiten an benachbarte Fixsterne vollkommen ausgeschaltet werden kann.

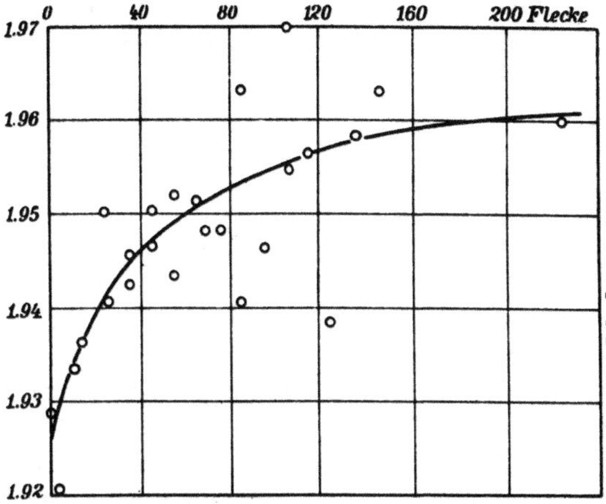

Abb. 257. Beziehungen der Solarkonstante zur Fleckenzahl (nach C. G. Abbot).

Es liegt außerordentlich nahe, die sichergestellten periodischen Änderungen der Solarkonstante mit meteorologischen Vorgängen zu verknüpfen und dabei nach gesetzmäßigen Beziehungen zu suchen. Nimmt man zunächst nur die 11 jährige Periode als gegeben an, so kann sich ihr Einfluß auf die Erde unmittelbar durch eine Temperaturwelle oder mittelbar durch Änderung des Drucks, der Zusammensetzung und der Durchsichtigkeit der Atmosphäre äußern. Die Aufgabe scheint sehr einfach zu liegen, da sie im Grunde nur die Gegenüberstellung der Temperatur-, Luftdruck-, Niederschlags- und anderer meteorologischen Kurven mit der Kurve der Fleckenhäufigkeit erfordert. Wird aber eine solche mühevolle Arbeit für eine bestimmte Gegend einmal ausgeführt, so erkennt man sogleich, daß die meteorologischen Elemente weit verwickelteren Gesetzen folgen,

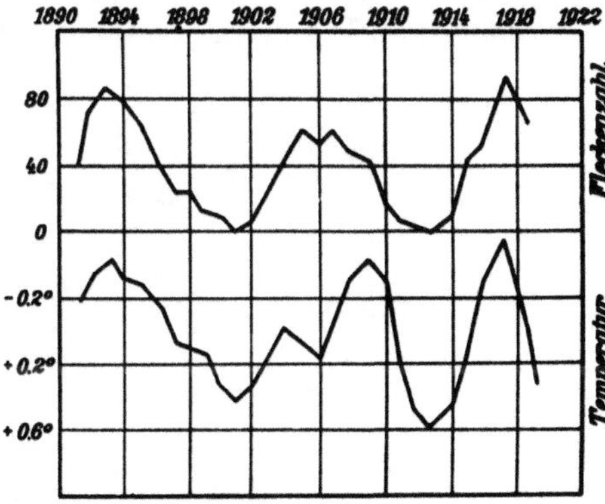

Abb. 258. Einfluß der Fleckenzahl auf die Temperatur in Samoa 1890 bis 1922 (nach G. Angenheister).

als etwa die Relativzahlen der Sonnenflecke. Nur an sehr wenigen Orten der Erde wird man so eindeutigen Beziehungen begegnen, wie sie aus den beiden Kurven der Abb. 258 ohne weiteres hervorgehen. Im allgemeinen wird die Korrelation zwischen den gegenübergestellten Daten nicht auf den ersten Blick bemerkbar sein. Angesichts der vielen Unregelmäßigkeiten, die die meteorologischen Daten aufweisen, müssen sie erst ausgeglichen, die entsprechenden Kurven also geglättet werden. Stets ist dabei einer gewissen Willkür Spielraum gelassen, und es kann sehr wohl vorkommen, daß bei der jedenfalls nur sehr schwach ausgeprägten Neigung des Wetters zur Bildung von Perioden selbst bei Bearbeitung des gleichen Materials zwei Rechner zu fast entgegengesetzten Ergebnissen gelangen. Man kann wohl behaupten, daß die bisherigen überaus umfangreichen Arbeiten und Untersuchungen trotz ihrer Gründlichkeit zu keinem sehr klaren Resultat geführt haben. Daß mehrjährige Perioden in den meteorologischen Elementen sehr großer Zeiträume nachweisbar sind, unterliegt heute keinem Zweifel. Als einigermaßen gesichert gelten eine 7, eine 3 bis $3\frac{1}{2}$jährige und vielleicht auch $2\frac{1}{3}$jährige Luftdruckschwankung, eine 11jährige Temperaturperiode und eine etwa 35jährige Klimaschwankung. Die 11jährige Temperaturperiode ist am längsten bekannt. Sie ist das Ergebnis einer Untersuchung, die W. Köppen für 1820 bis 1870 und J. Mielke für 1871 bis 1910 angestellt haben. Dabei wurden für beide Zeitabschnitte die fleckenreichen Jahre um etwa $\frac{1}{4}^0$ kühler, die fleckenarmen um $\frac{1}{4}^0$ wärmer gefunden als der Durchschnitt. Der Sonneneinfluß ist hier zweifellos gesichert; für den allgemeinen Charakter der Witterung, ihre Voraussage usw. bleibt das Ergebnis aber trotzdem völlig belanglos, schon aus dem Grunde, weil die kosmische und meteorologische Periode durchaus nicht in zeitlichem Einklang verlaufen. Die örtlichen Phasenverschiebungen gehen nach den Untersuchungen des Meteorologen F. Baur soweit, daß entgegen dem Ergebnis der Köppen-Mielkeschen Arbeiten in Europa und wahrscheinlich noch mehr in den angrenzenden Polargegenden das Maximum der Temperatur mit dem Maximum der Flecke nahe zusammenfällt, und daß erst in südlicheren Gegenden die Temperaturen den stärkeren Einfluß des Minimums verraten. Die für Europa und die angrenzenden Gebiete gültigen, auf Jahresmitteln der Temperatur beruhenden Beziehungen sind in dem Kärtchen der

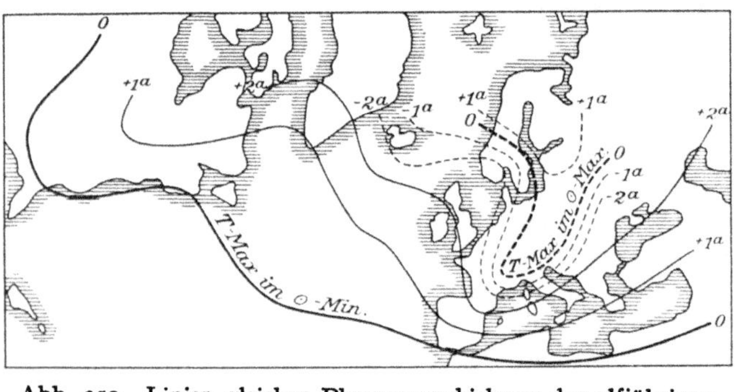

Abb. 259. Linien gleicher Phasenverschiebung der elfjährigen Temperaturperiode (nach F. Baur).

Abb. 259 veranschaulicht. Im einzelnen läßt sich aus ihnen nicht viel entnehmen, zumal der Verlauf der Isochronen ganz anders ausfällt, wenn die Temperaturmittel nach Jahreszeiten gebildet werden. In Deutschland liegt z. B. nach BAUR das Maximum der Sonnentemperatur $4\frac{1}{3}$ Jahre vor dem Fleckenmaximum, das Maximum der Wintertemperatur $\frac{2}{3}$ Jahre nach demselben.

Gegenüber diesen wenig eindeutigen Beziehungen zwischen Witterung und Sonnenperiode lassen sich beim Durchgang großer Flecke durch die Erdrichtung mittels sehr empfindlicher Messungen der Luftdurchsichtigkeit unmittelbare Einflüsse auf die Himmelsklarheit nachweisen. Sie bestehen in dem Sinne, daß kurze Zeit nach dem Durchgang einer größeren Gruppe durch den Mittelmeridian der Sonnenscheibe leichte atmosphärische Trübungen entstehen. Der Zusammenhang läßt sich ohne Schwierigkeit erklären. Bilden die Flecke oder deren Umgebung Zentren intensiver, besonders kurzwelliger Strahlung, so muß diese beim Auftreffen auf die Erdatmosphäre die Ionisation der Luftmoleküle verstärken. Da aber die Ionen die Bildung von Kondensationskernen für Staub, Wasserdampf usw. fördern, so ist die unmittelbare Folge der erhöhten Bestrahlung eine Herabsetzung der Himmelsklarheit.

Noch weniger als bei meteorologischen Vorgängen besteht eine Korrelation zwischen der 11 jährigen Fleckenperiode und geophysikalischen Erscheinungen, insbesondere vulkanischen Ausbrüchen. Um nur die letzten großen Katastrophen zu erwähnen, fallen die Ausbrüche des Vesuvs von 1872 und des Mt. Pelée von 1902 gerade zwischen ein Maximum und Minimum der Sonnentätigkeit. Die Krakatauexplosion von 1883 trifft ungefähr mit einem Fleckenmaximum, der große Katmaiausbruch von 1912 mit einem Minimum zusammen. Derselben Regellosigkeit begegnet man bei Betrachtung eines größeren und älteren Materials für die in Frage kommenden Erscheinungen. Trotz dieser negativen Ergebnisse wird die Nachforschung nach dem Einfluß der solaren Erscheinungen auf terrestrische, insbesondere meteorologische Vorgänge kaum verstummen. Es hat dies seinen tieferen Grund darin, daß das Nichtvorhandensein klarerer Zusammenhänge nicht nur rein empfindungsgemäß, sondern auch physikalisch vom Gesichtspunkte der Beziehungen zwischen Strahlung und Temperatur aus überraschend erscheint. Auf diese Dinge hat zuerst der belgische Geologe E. DUBOIS bei Gelegenheit von Betrachtungen über das Eiszeitproblem aufmerksam gemacht. Bekanntlich ist zur Vergletscherung eines Landes das Auftreten besonders tiefer Wintertemperaturen nicht unbedingt notwendig. Abgesehen von Einflüssen der geographischen Lage und einer erhöhten Menge der Niederschläge ist hierzu nur erforderlich, daß die mittlere Temperatur während langer Zeiträume bei 0^0 liegt. Nun beträgt gegenwärtig die mittlere Temperatur Europas etwa $+ 10^0$; nähme sie also um rund 10^0 ab, so würde ohne Zweifel eine neue Eiszeit für diesen Weltteil eintreten. Die erforderliche Temperaturabnahme entspräche einer Verminderung der Sonnenstrahlung um $\frac{1}{8}$ ihres Betrages. Nach dem Stefanschen Gesetz wäre aber dieser Strahlungsabfall mit einer Temperaturänderung von nur 3% verknüpft. Bei dem wahrscheinlichsten

Wert der effektiven Sonnentemperatur von 6000° wären das etwa 200°. Das ist überraschend wenig, ja in Anbetracht der starken Veränderungen, denen die Photosphäre ständig unterworfen ist, muß man sich umgekehrt eigentlich über die ungewöhnliche Beständigkeit der thermischen Verhältnisse auf der Erde wundern. Bei einer späteren Gelegenheit wird noch darauf hinzuweisen sein, daß diese merkwürdige Konstanz nicht nur für die Gegenwart der Erde gilt, sondern aller Wahrscheinlichkeit nach bis in die früheste Vorzeit unseres Planeten, also vermutlich über Hunderte von Jahrmillionen zurückreicht.

Elektromagnetische Fernwirkungen auf die Erde. Während die Beziehungen zwischen der 11jährigen Fleckenperiode und den meteorologischen Vorgängen auf der Erde noch durch zahlreiche unkontrollierbare Nebeneinflüsse verwischt werden und daher nur undeutlich zur Geltung kommen, hat sich in anderer Hinsicht ein Zusammenhang der Sonnenperioden mit irdischen Erscheinungen in so auffälliger Weise gezeigt, daß ein näheres Eingehen auf diese Beziehungen notwendig ist. Es handelt sich um die Schwankungen der erdmagnetischen Elemente und die Häufigkeit der Polarlichter.

Der Erdkörper kann bekanntlich als ein rotierender Magnet aufgefaßt werden. Die magnetischen Pole fallen aber aus unbekannten Ursachen nicht mit den Umdrehungspolen zusammen; der nördliche liegt in 97° westl. Länge und 70° nördl. Breite, der südliche in 148° östl. Länge und 74° südl. Breite. Ein einfacher Magnet, der völlig frei beweglich ist, stellt sich auf jedem Punkt der Erde nach diesen Polen in eine ganz bestimmte, örtlich verschiedene Richtung ein, und die magnetische Kraft, die ihn in diese Richtung zwingt, hat eine bestimmte Stärke. Als erdmagnetische Elemente werden dabei drei Stücke angenommen. Zunächst die beiden Winkel, die die Magnetnadel mit der astronomischen Meridianrichtung und mit der Horizontalen bildet und die als Deklination und Inklination bezeichnet werden; an dritter Stelle kommt die Totalintensität in Frage, oder die Kraft, mit der der Erdmagnetismus auf die Nadel wirkt. Aus praktischen Gründen werden anstatt der Totalintensität in der Regel ihre in horizontaler und vertikaler Richtung wirkenden Komponenten angegeben, und man spricht dann von der Horizontalintensität und Vertikalintensität. Diese Größen werden heute in einer von K. F. Gauss eingeführten und nach ihm benannten magnetischen Einheit ausgedrückt; sie entspricht der Kraft, die in 1 Sekunde der Masse von 1 Milligramm die Beschleunigung von 1 mm erteilt.

Die Schwankungen, denen diese Werte zeitlich unterworfen sind, sind sehr verwickelt. Zunächst läßt sich eine langsam verlaufende und für sehr lange Zeiträume konstante Veränderung, die säkulare Variation, feststellen; dieselbe beträgt z. B. gegenwärtig für das Potsdamer magnetische Observatorium — 9.0′ in Deklination und + 1.8′ in Inklination pro Jahr. Außer diesen säkularen Änderungen sind solche von periodischem Charakter vorhanden; sehr deutlich ist die kürzeste dieser Perioden, die tägliche ausgesprochen, die unmittelbar mit der Drehung der Erde um ihre Achse zusammenhängt, ferner die jährliche, die zu dem Sonnenstande in Beziehungen steht. Von besonderem Interesse ist noch eine 11jährige Periode, die den Änderungen der Sonnentätigkeit parallel verläuft, in dem Sinne, daß die erdmagnetischen Elemente mit der Häufigkeit der Sonnenflecke zu- und abnehmen, so daß die Maxima und Minima bei beiden Erscheinungen gleichzeitig auftreten. Die Übereinstimmung ist so groß, daß in den magnetischen Elementen sogar die Unregelmäßigkeiten der Fleckenperiode

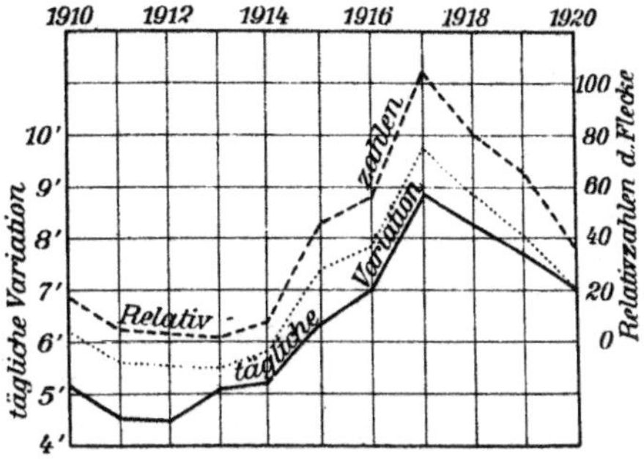

Abb. 260. Relativzahlen der Flecke und tägliche Variation der Magnetnadel 1910 bis 1920 (nach A. Wolfer).

wiedererscheinen. Es wird dies auf das deutlichste durch die entsprechenden Kurven gezeigt, von denen in Abb. 260 die gerissene die jährlichen Relativzahlen der Sonnenflecke gibt, die voll ausgezeichnete dagegen die mittlere Amplitude der täglichen Variation in Bogenminuten für den Zeitraum von 1910 bis 1920 darstellt. Der Verlauf ist so gleichförmig, daß R. Wolf eine einfache lineare Formel angeben konnte, nach der man aus den Relativzahlen die mittleren Amplituden der Variationen berechnen kann. Bezeichnet man die letzteren mit a, die Relativzahlen mit r und mit A und B zwei Konstanten, die für jedes magnetische Element und für jeden Ort aus den Beobachtungen zu berechnen sind, so kann

$$a = A + Br$$

gesetzt werden. In Abb. 260 ist zwischen die beiden beobachteten Kurven der nach dieser Formel berechnete Verlauf der täglichen Variation punktiert eingetragen.

Auch die Rotationszeit der Sonne spiegelt sich im magnetischen Zustande der Erde wieder, und zwar in den scheinbar ganz unregelmäßigen, meist plötzlich beginnenden und rasch verlaufenden Schwankungen, die man wegen ihrer Abweichung vom normalen Verlauf als Störungen der magnetischen Elemente oder als magnetische Gewitter zu bezeichnen pflegt. Sie treten auf allen Stationen der Erde nahe gleichzeitig auf und zeigen überall einen ähnlichen Verlauf. Erkennbar sind sie nicht nur an den starken Schwankungen der Meßnadel, sondern auch an Störungen der Schiffskompasse, des telegraphischen und telephonischen Verkehrs usw. Elektrische Ströme verschiedener Stärke und Richtung durchsetzen bei solchen Gelegenheiten plötzlich den Erdkörper und machen oft für viele Stunden die Benutzung der Leitungen unmöglich. Nach den seit 1858 in Kew regelmäßig angestellten Beobachtungen ist für diese Erscheinungen im Mittel eine Periode von 27^d maßgebend, die demnach mit der Rotation des Sonnenäquators übereinstimmen würde. Damit steht die Feststellung von L. Rodés in Einklang, daß die Zahl der magnetischen Gewitter sich um die beiden Zeiten im Jahre häuft, in denen die Ebene des Sonnenäquators die Erde passiert. Im einzelnen kommen aber starke Abweichungen von diesen Regeln vor. So hat A. Schmidt gezeigt, daß in zwölf zwischen 1892 und 1921 beobachteten, besonders starken magnetischen Gewittern eine Periode von 29.97^d deutlich ausgesprochen ist. Sehr oft lassen sich Beziehungen der Störungen zu dem Durchgang großer Flecke durch den Zentralmeridian der Sonne feststellen, ebenso häufig ist dies aber nicht der Fall. So manche große mit unbewaffnetem Auge sichtbare Gruppe passiert ohne jeden Einfluß die Erdrichtung, während andere viel kleinere sehr starke Wirkungen auslösen. Im Jahre 1913 trat z. B. die 27tägige Rotationsperiode in den Störungen sehr deutlich hervor, obwohl in dieser Zeit gerade ein Fleckenminimum eintrat. Umgekehrt waren Juni und Juli 1919 magnetisch sehr ruhig, trotz ungewöhnlich lebhafter Fleckentätigkeit mit monatlichen Relativzahlen von 108 und 64.

Die heutigen Ansichten über das Wesen des Erdmagnetismus sind in erster Linie durch A. Schuster um 1889 begründet worden. Man denkt sich dabei das magnetische Feld der Erde durch elektrische Ströme erzeugt, die an bzw. über der Erdoberfläche annähernd von Osten nach Westen fließen. Zur quantitativen Darstellung der Beobachtungen genügt die Annahme verhältnismäßig schwacher Energien. Die unregelmäßige Verteilung des Erdmagnetismus auf der Erde läßt sich so erklären, daß die vom Grundwasser durchzogenen Landmassen bei weitem bessere Leiter vorstellen, als das Meer. Die Ost-Weströme werden auf diese Weise abgelenkt und in meridionaler Richtung ausgebreitet. Die Ursache der täglichen und jährlichen Variation des Erdmagnetismus ist hauptsächlich in elektrischen Strömen zu suchen, die weit oberhalb des Bodens in Höhen auftreten, die nicht unter 80 km Höhe liegen dürften. In diesen Lagen ist die Luft bereits stark verdünnt, jedoch in normalem Zustande ebensowenig leitend, wie in tieferen Schichten. Gegenüber den letzteren erhalten aber diese Höhen noch einen großen Teil der ultravioletten Sonnenstrahlung, die auf ihrem weiteren Wege bis auf spärliche Reste absorbiert wird. Durch Bestrahlung mit ultraviolettem Licht werden die hochgelegenen Luftmoleküle stark ionisiert und damit befähigt, Elektrizität weiter zu leiten. Woher die erwähnten elektrischen Ströme ihren Ursprung nehmen, ob sie überhaupt eine einheitliche Ursache haben usw., ist unbekannt. Aus ihren Beziehungen zu der Fleckentätigkeit geht jedoch hervor, daß wir ihren Ausgang in der Sonne selbst zu suchen haben. Damit findet auch der Stromverlauf seine Erklärung; werden die hauptsächlichsten Änderungen durch die wechselnde Bestrahlung der rotierenden Erde bedingt, so muß dabei die Ost-Westrichtung vorherrschen.

Welcher Art die Einwirkung der Sonne ist, besonders wie der Zusammenhang der magnetischen Gewitter mit der Rotation der Sonne zustande kommt, entzieht sich unserer Kenntnis. Bei der geringen elektrostatischen Ladung der Sonne und ihrem schroffen Abfall nach außen (S. 300 und 302) ist ein direkter Einfluß wohl ausgeschlossen; selbst wenn die Sonne ein Stahlmagnet wäre, würde sie nicht entfernt die tatsächlich vorhandenen Einwirkungen ausüben können. A. SCHUSTER nahm daher an, daß die Energie, die zu den magnetischen Stürmen verbraucht wird, überhaupt nicht aus dem Weltraum herkommt, sondern terrestrischen Ursprung hat und durch die Sonne nur relaisartig ausgelöst wird. Als Energiequelle betrachtete er dabei die lebendige Kraft, die durch die Rotation der Erde gegeben ist. Diese Anschauung wird noch heute von vielen Geophysikern geteilt, obwohl ihre tiefere Begründung vorläufig noch Schwierigkeiten bereitet.

Die Polarlichter. Mit den magnetischen Stürmen stehen die sog. Nord- oder Polarlichter in enger Beziehung, jene merkwürdigen, bei uns nur gelegentlich, in höheren Breiten fast täglich auftretenden atmosphärischen Leuchterscheinungen, denen man erst seit wenigen Jahrzehnten die nötige wissenschaftliche Aufmerksamkeit widmet. Stark in die gemäßigten Zonen herübergreifende helle Polarlichterscheinungen sind stets mit magnetischen Stürmen verbunden, woraus ohne weiteres folgt, daß sie auch mit der Sonnenfleckenperiode irgendwie zusammenhängen müssen. In Wirklichkeit ist die Korrelation, auf die bereits J. J. MAIRAN um 1750 aufmerksam wurde, überaus auffallend. Vergleicht man z. B. die jährlichen Summen der Polarlichter mit den Relativzahlen der Flecke, so ergeben sie sogar schärfer ausgeprägte Maxima und Minima als diese.

In betreff des Zusammenhanges der einzelnen hervorragenden Fleckerscheinungen mit den Polarlichtern ist etwa dasselbe zu sagen, wie bei den magnetischen Stürmen. Es finden zuweilen, wie bei den hellen auch in Mitteleuropa beobachteten Nordlichtern vom 22. und 23. März 1920 und vom 13. und 14. Mai 1921 auffallende Koinzidenzen statt, aber nicht in absolut eindeutiger Weise, wie überhaupt möglicherweise die großen Fackel- und nicht die Fleckengebiete den eigentlichen Herd der Polarlichter bilden. Genauere Untersuchungen darüber liegen noch nicht vor, sind auch nicht eher ausführbar, als bis eine ständige Überwachung und Registrierung der Polarlichtphänomene in den höheren Breiten organisiert ist.

Die Polarlichter, insbesondere die nördlichen, treten in sehr verschiedenen, zuweilen rasch wechselnden Formen auf.[1]) In mittleren Breiten sind sie oft nur an einer allgemeinen Aufhellung des nächtlichen Firmaments oder der nördlichen Gegenden des Himmels erkennbar. Auffälliger als dieser sog. Polardunst ist der Nordlichtbogen (Abb. 261), ein nach oben diffuser, nach unten scharf begrenzter Lichtschein von kreisförmiger Begrenzung, der in der Richtung des magnetischen Nordens ein vollkommen dunkles Kreissegment überspannt. Bei schwachen oder ausklingenden Erscheinungen ist der Bogen in Ruhe, bei stärkeren Nordlichtern sendet er dagegen dauernd oder mit Unterbrechungen

[1]) L. VEGARD, Das Nordlicht. Handbuch der Radiologie. Leipzig 1925. — C. STÖRMER, Aus den Tiefen des Weltenraums bis ins Innere der Atome. Leipzig 1925.

Abb. 261. Nordlichtbogen 1918 März 8 (Aufn. von C. Störmer).

nach außen Strahlen aus, die zuweilen in lebhafter, meist gelbgrüner, purpurroter, zuweilen auch rötlich-violetter Färbung auftreten. In höheren Breiten, wo sich der ganze Vorgang in größeren Höhenwinkeln, z. T. im Zenit oder gar jenseits desselben abspielt, werden die Lichterscheinungen noch in Form von mehrfach gefalteten und sehr beweglichen farbigen Draperien (Abb. 262) und in Gestalt der sog. Nordlichtkrone beobachtet. Letztere entsteht, ähnlich wie beim „Wasserziehen" der Sonne dann, wenn der Beobachter sich innerhalb eines Bündels von Nordlichtstrahlen befindet. Die in Wirklichkeit parallelen Gebilde scheinen sich dann in einem Konvergenzpunkt zu vereinigen und veranlassen die Entstehung eines überaus eindrucksvollen, farbigen Strahlenkranzes (Abb. 263).

Abgesehen von den Beziehungen zu den Flecken auf der Sonne, zeigen die Polarlichter auch sonst noch gesetzmäßige Eigentümlichkeiten. Bald nach Sonnenuntergang, jedenfalls aber in der ersten Nachthälfte werden sie am häufigsten beobachtet. Auch eine jährliche Periode ist vorhanden, deren Maxima schon Mairan richtig erkannt hat. Sie fallen in unseren Gegenden auf den April und Oktober, rücken aber in den nordpolaren Gegenden allmählich zu einem einzigen Maximum um das Wintersolstiz zusammen. Die Häufigkeitslinien der Nordlichter, die sog. Isochasmen, bilden nahe kreisförmige, parallele Kurven, die sich um einen bei 69.4° westl. Greenwich und in 78.3° nördl. Breite gelegenen Polpunkt anordnen, der demnach mit dem magnetischen Nordpol nicht zusammenfällt. Die Linie der maximalen Häufigkeit berührt das nordasiatische Küstenland und das nördliche Norwegen, zieht südlich von Island und Grönland vorüber und kehrt durch Nordkanada zu ihrem Ursprung zurück.

Eine erschöpfende Untersuchung der Nordlichter nach Form, Ausdehnung, Höhe, Ursprung usw. hat besonders der norwegische Geophysiker C. Störmer in Christiania unternommen, wobei die Beobachtungen auf photographischem Wege ausgeführt wurden. Um die rasch veränderlichen Formen der Lichterscheinung festhalten zu können, mußten nicht nur sehr lichtstarke Objektive

Abb. 262. Nordlichtdraperie 1910 März 1 (Aufn. von C. Störmer).

vom Kinematographentypus verwendet, sondern auch Drehbildvorkehrungen mit automatischer Zeitregistrierung ersonnen und konstruiert werden. Das Ergebnis der Arbeiten hat aber die aufgewendete Mühe reichlich belohnt. Helle Nordlichter erscheinen schon in Expositionen von 1 bis 2 Sekunden gut gedeckt; die schwächeren treten bei 5 bis 20 Sekunden deutlich hervor, dann aber bereits mit so zahlreichen Sternen des Hintergrundes, daß eine genaue Orientierung und bei gleichzeitigen Aufnahmen von zwei Stationen aus auch eine sichere Parallaxenmessung möglich wird. Man erkennt aus den gewonnenen Abständen, die mit Grundlinien von 27 bis 258 km Länge erzielt sind, daß Polarlichter unter 85 km Höhe nur selten auftreten. Ihre stärkste Entfaltung erreichen sie in Höhenlagen von etwa 95 bis 120 km. Die Strahlen, Draperien, Kronen usw. spielen sich in noch entfernteren atmosphärischen Schichten ab; die obere Grenze der matten violetten Flächenentladungen dürfte nach Störmer erst bei 1000 km und darüber liegen.

Die Deutung der Nordlichtphänomene versuchte schon im Jahre 1716 E. Halley, der sie für leuchtenden magnetischen Dunst hielt. Nach J. Dalton (1793) sollten sie sich in eisenhaltigen Staubwolken abspielen, die vielleicht aus vulkanischen Ausbrüchen stammten, später hat man auch an meteorisches Eisen gedacht, bis allmählich die Überzeugung an Boden gewann, daß es sich

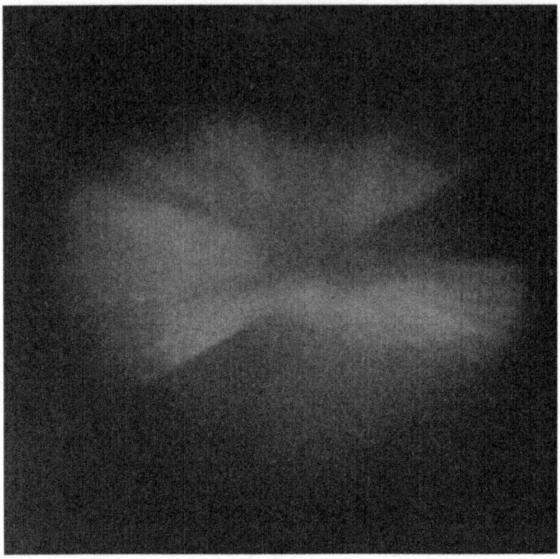

Abb. 263. Nordlichtkrone 1920 März 23 (Aufn. von C. Störmer).

um elektrische Vorgänge in luftverdünnten Räumen handelt. Tatsächlich erinnern die Polarlichter derartig an elektrische Entladungen in evakuierten Röhren, daß man bei den obendrein noch bestehenden Beziehungen zu den erdmagnetischen Störungen wohl berechtigt ist, die vorhin skizzierte Schustersche elektrodynamische Theorie auch auf die vorliegende Naturerscheinung anzuwenden. Bereits im Jahre 1872 hatte der italienische Astronom G. B. Donati eine elektrische Strahlung der Sonne angenommen. Späterhin haben E. Goldstein, A. Paulsen und K. Birkeland auf die Kathodenstrahlen als eigentliche Ursache der Polarlichter hingewiesen, wobei Paulsen den Ursprung der Strahlung noch in die oberen Schichten der Atmosphäre verlegte. Die ganze Frage ist dann in großzügiger Weise von Birkeland und Störmer aufgegriffen und praktisch wie theoretisch mustergültig durchgearbeitet worden. Es darf daher heute als gesichert angenommen werden, daß die Polarlichter durch eine von der Sonne ausgehende korpuskulare Strahlung hervorgerufen werden, die wahrscheinlich mit den Kathodenstrahlen identisch, mindestens aber mit ihnen eng verwandt ist. Aus Laboratoriumsversuchen ist ja bekannt, daß Kathodenstrahlen verdünnte Luft zum Leuchten bringen und durch einen Magneten angezogen werden. Ein analoger Vorgang spielt sich auch bei den Nordlichtern ab. Die von der Sonne ausgesandten Strahlen erreichen die Nachbarschaft der Erde und werden hier durch die magnetischen Kraftlinien von ihrer geraden Richtung abgelenkt; sie gelangen schließlich auf die Nachtseite

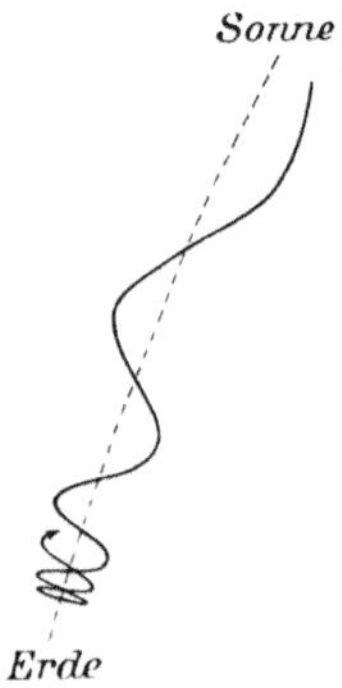

Abb. 264. Spiralförmige Bahn der auf die Erde einfallenden korpuskularen Strahlen (n. C. Störmer).

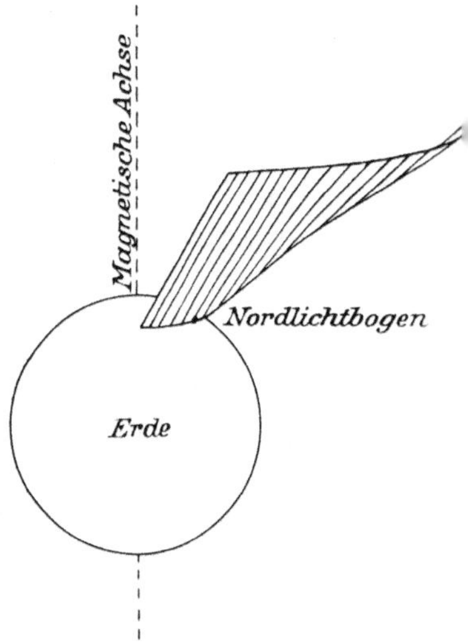

Abb. 265. Einfallsfläche der korpuskularen Strahlen und Entstehung eines Nordlichtbogens.

in spiralförmigen Bahnen, deren eigenartiger Verlauf durch Abb. 264 skizziert ist, und die man sich nach der Theorie als auf einem Kegelmantel liegend zu denken hat, dessen Spitze in der magnetischen Achse der Erde liegt. Die Zonen der größten Polarlichthäufigkeit, ja selbst einzelne Formen der Erscheinung werden durch die Hypothese, für die C. Störmer eine mathematische Grundlage geschaffen hat, einwandfrei erklärt und gedeutet.

Eine ganze Reihe von wichtigen Fragen astronomischer wie geophysikalischer Natur steht mit dem Spektrum des Nordlichts in Beziehung, dessen helle Emissionslinien schon vor Jahren den ersten Spektroskopikern, wie F. Zöllner, H. C. Vogel u. a. aufgefallen waren. Sichere Messungen liegen erst aus neuester Zeit vor. Nach den Untersuchungen von L. Vegard im Winter 1921 bis 1923 besteht das nach wochenlanger Exposition schließlich erhaltene Spektrum aus 39 Linien, die bis auf vier mit Stickstoffemissionen identisch sind. Zu den unbekannten, z. T. sehr schwachen Linien (λ 5577, 4182, 3433, 3208) gehört als erste die hellgrüne Hauptlinie des Polarlichts, die mit geeigneten Instrumenten, etwa mit Fabry-Perot-Platten (S. 199), in höheren Breiten stets, bei uns in etwa $\frac{2}{3}$ aller Nächte spektrographisch nachweisbar bleibt, sofern der Himmel nicht bewölkt ist. An die merkwürdige Linie, die nach H. D. Babcock die genaue Wellenlänge λ 5577.4 hat, knüpfen sich zahllose Versuche und eine umfassende Literatur. Man hat sie dem Wasserstoff, dem Krypton oder gar einem hypothetischen Element der oberen Atmosphäre zugeschrieben. Neuerdings scheint die ältere Ansicht von A. Paulsen, A. J. Ångström u. a., daß es sich um ein Fluoreszenzspektrum eines der atmosphärischen Gase handelt, eine Bestätigung zu finden. So ist z. B. von L. Vegard in Verfolg einer Hypothese, daß die atmosphärischen Schichten zwischen 100 und 600 km Höhe aus Molekülaggregaten, etwa gefrorenem Stickstoffstaub bestehen, im Leidener Kältelaboratorium auch das Fluoreszenzspektrum von festem Stickstoff untersucht worden. Es zeigt bei oberflächlicher Betrachtung die bisher vermißten Emissionen derart deutlich, daß das bisherige Rätsel der Nordlichtstrahlung damit im wesentlichen als gelöst gelten könnte, wenn die Wellenlängen und Intensitäten der Linien am Himmel und im Laboratorium sich als absolut gleich erwiesen. Dies ist jedoch nicht der Fall; die helle grüne Strahlung des gefrorenen Stickstoffs zeigt nicht nur eine andere Wellenlänge, sondern ist obendrein noch ein deutliches Triplet. Vermutlich darf man den Ergebnissen von J. C. Mc. Lennan in Toronto eine größere Bedeutung beilegen, der gemeinsam mit G. M. Shrum fand, daß man durch starke Anregung einer Mischung von Luft und Helium in einer Vakuumröhre ein dem Nordlicht sehr ähnliches Spektrum erhält. Wird dabei reines Helium und reiner Sauerstoff verwendet, wobei sich die Partialdrucke der beiden Gase etwa wie 1 : 20 verhalten müssen, so leuchtet auch die charakteristische grüne Linie auf, nach der man bisher im Laboratorium vergeblich gesucht hat, und zwar genau am Orte der von H. D. Babcock bestimmten Wellenlänge. Da sie auch in einer Mischung von Sauerstoff und Neon auftritt, ist sie vermutlich dem Sauerstoff zuzuschreiben. Es handelt sich um eine Funkenlinie, die hoher

Anregungsenergien bedarf. Die noch nachzuprüfenden Versuche geben für den Leuchtvorgang und seinen Verlauf vorläufig noch keine sichere Erklärung. Man vermutet, daß die *He*-Atome der oberen atmosphärischen Schichten durch Absorption der ultravioletten oder einer korpuskularen Strahlung in einen sog. metastabilen Zustand geraten, den sie erst nachts durch Kollisionen mit *N*- und *O*-Molekülen wieder verlieren, wobei das bekannte Bandenspektrum des Stickstoffs und die grüne Linie des Sauerstoffs emittiert wird.

Für die Physik unseres Zentralgestirns sind alle diese Ergebnisse, trotz ihrer vorläufigen Lückenhaftigkeit von der größten Bedeutung. Sie führen zu der Erkenntnis, daß die Sonne neben der uns zur Empfindung kommenden lichten und thermischen Strahlung noch ständig gewaltige Mengen von materiellen, elektrisch geladenen Teilchen in den Weltraum hinaussendet, über deren Verbleib wir vorläufig nichts auszusagen vermögen.

Wirkung der Sonnenstrahlung auf die Planeten. Wegen des großen Unterschiedes in der Entfernung sind die Strahlungsmengen, die die einzelnen Planeten von der Sonne erhalten, außerordentlich verschieden. Da die Solarkonstante, d.h. die der Erde zugeführte Energie, bekannt ist, und die Strahlung mit dem Quadrate der Entfernung abnimmt, so ist es leicht, diesen Wert auf jeden gegebenen Abstand umzurechnen. Welchen Temperatureffekt aber diese aus dem Weltraum kommenden Strahlungsmengen auf den einzelnen Planeten letzten Endes hervorrufen, läßt sich nicht einmal in groben Zügen abschätzen, da ja die Wirkung auch von der Eigenwärme der Planeten, der Beschaffenheit ihrer Oberflächen und noch mehr von der Zusammensetzung ihrer Atmosphären abhängt.[1]) Für die Erde beträgt die Einstrahlung pro Quadratzentimeter und Zeitminute annähernd zwei Grammkalorien. Wir ständen aber vor einer unlösbaren Aufgabe, wenn wir etwa versuchen wollten, aus diesem Wert ohne Hinzuziehung weiterer Daten auch nur die durchschnittliche Jahres- oder Monatstemperatur irgendeiner Erdgegend zu berechnen.

Von der Strahlung der Sonne wird nur ein Teil von der Erdatmosphäre durchgelassen. Er umfaßt das Gebiet zwischen 990 $\mu\mu$ und 290 $\mu\mu$, erstreckt sich also nicht besonders weit über die Grenzen des visuellen Spektrums. Diese Strahlung findet beim Eintritt in die Lufthülle der Erde freie Bahn und gelangt, durch Absorption, Reflexion und Streuung um gut 20% geschwächt, auf den Erdboden. Hier, ja z. T. schon innerhalb der Atmosphäre, wird diese kurzwellige Strahlung in ultrarote oberhalb 1000 $\mu\mu$ umgewandelt und ihr damit ohne weiteres der Rückweg durch die Atmosphäre versperrt. Es ist dies genau derselbe Vorgang, der uns in verstärktem Maße von den Treibhäusern der botanischen Gärten her geläufig ist, bei denen das Sonnenlicht die Glaswandungen ungehindert durchdringt, nach der Umwandlung in Wärme aber von diesen zurück-

[1]) M. Milankowitsch, Théorie mathématique des phénomènes thermiques, produits par la radiation solaire. Paris 1920.

gehalten wird. Einen ähnlichen durchsichtigen Wärmemantel, der der ganzen Erde zugute kommt, stellt auch unsere Atmosphäre dar. Wie stark diese Hülle wirksam ist, ersieht man am besten aus einer Tabelle, die C. DORNO über die Beziehungen zwischen der extraterrestrischen Sonnenstrahlung und der Gegenstrahlung der Atmosphäre für verschiedene Breiten und Jahreszeiten aufgestellt hat. Die betreffenden Werte sind hier in der anschaulicheren Form von Verhältniszahlen wiedergegeben, wobei die Quotienten sich überall auf eine Zeiteinheit von 24 Stunden beziehen.[1]) Es ist also wohl zu beachten, daß in dieser Zeit die Erde dauernd Wärme ausstrahlt, während die Einstrahlung durch die Sonne sich nur auf einen größeren oder kleineren Bruchteil dieser Zeit beschränkt. Trotzdem sind die Ziffern unerwartet klein, besonders im Winter, wo sie schon in der geographischen Breite von 30° erheblich unter der Einheit liegen. Selbst im Jahresmittel hält die atmosphärische Strahlung der Sonnenstrahlung das Gleichgewicht in Gegenden, in denen man es noch gar nicht vermuten sollte. Bei 50° Breite liegen gar die Verhältnisse bereits so, daß wir hier nach DORNO ohne die atmosphärische Hülle eine um 33° tiefere Wintertemperatur hätten, als sie tatsächlich beobachtet wird.

Verhältnis der Sonnenstrahlung zur Strahlung der Atmosphäre.

Geogr. Breite	Sommer	Winter	Jahresmittel
0°	1.26	1.17	1.20
15	1.24	0.96	1.16
20	1.27	0.90	1.13
30	1.33	0.77	1.14
40	1.42	0.60	1.11
50	1.54	0.39	1.08
60	1.61	0.13	0.98

Bei keinem Planeten außer der Erde ist die Gegenstrahlung der Atmosphäre einer Messung oder Berechnung zugänglich. Was man heute bestenfalls praktisch zu ermitteln vermag, ist der ungefähre Prozentsatz von Energie, der von den uns benachbarten dunklen Weltkörpern in den Raum zurückgestrahlt wird. Die zur Verfügung stehenden Zahlenwerte beruhen entweder auf Albedobestimmungen oder auf einer radiometrischen Analyse der reflektierten Gesamtstrahlung. Bleiben wir zunächst bei den Albedoziffern. so kann auf diese wieder das Stefan-Boltzmannsche Gesetz (S. 137) angewendet und damit eine theoretische Temperatur abgeleitet werden, die aber von der wahren sehr erheblich abweichen kann. Wohl ist bekannt, wieviel Prozent von dem auffallenden Licht die Planeten reflektieren, aber niemand vermag zu sagen, ob die betreffenden meist nur aus visuellen Beobachtungen abgeleiteten Albedowerte für die gesamte Strahlung gelten oder nicht. Ebensowenig weiß man, ob die Planeten sich wie absolut schwarze Körper verhalten. Höchstwahrscheinlich treffen hier alle Voraussetzungen nur in grober Näherung zu. Immerhin sind die Ergebnisse einer auf dieser Grundlage ausgeführten Überschlagsrechnung nicht ganz willkürlich, da in der Reihe der Planeten auch die Erde auftritt und wenigstens einen genäherten Anschluß der Ziffern an bekannte Verhältnisse gestattet.

---

[1]) C. DORNO, Physik der Sonnen- und Himmelsstrahlung. Braunschweig 1919.

Nach den vorangegangenen Bemerkungen und einer kurzen Erläuterung werden die hier folgenden Zahlen ohne weiteres verständlich sein. C. G. ABBOT,

Effektive Wirkung der Sonnenstrahlung auf die Planeten.

Planet	Mittl. Sonnen-abstand	Solar-kon-stante	Albedo	Ver-bleibende Strahlung	Mittl. abs. eff. Temp.	Mittlere eff. Temp.	Beob-achtete Temp.
Merkur	0.387	13.02	0.07	12.11	438°	+ 165° C	+ 400° C
Venus	0.723	3.73	0.59	1.53	261	— 12	+ 60
Erde	1.000	1.95	0.45	1.07	239	— 34	+ 15
Mars	1.524	0.84	0.15	0.71	216	— 57	— 15
Jupiter	5.203	0.072	0.56:	0.032	99	— 174	— 130
Saturn	9.539	0.021	0.63:	0.008	70	— 203	— 150
Uranus	19.191	0.005	0.63:	0.002	49	— 224	— 170
Neptun	30.071	0.002	0.73:	0.0005	36	— 237	—
Erdmond	1.000	1.95	0.07	1.81	273	+ 0	+ 120

F. W. VERY, N. BARABASCHEFF u. a. haben aus Messungen des Erdlichts im Monde die Albedo der Erde als Weltkörper zu bestimmen versucht und dafür nahe übereinstimmend den Mittelwert 0.45 erhalten. In dem Ausgleich zwischen Einstrahlung und Ausstrahlung verbleiben also der Erde von den eingestrahlten 1.95 g-cal nur 55 %, oder 1.07 g-cal. Es handelt sich nun darum, diesen Betrag in die üblichen effektiven Temperaturziffern umzurechnen.[1]) Die Einstrahlung der Sonne kann dabei so aufgefaßt werden, als ob sie einem Querschnitt der Erde, also der Fläche eines Großkreises, zugute käme; die Ausstrahlung erfolgt dagegen von der ganzen Erdoberfläche. Letztere ist bekanntlich viermal so groß, wie die Fläche eines Kreises von gleichem Halbmesser; die verbleibenden 1.07 g-cal verteilen sich daher auf eine viermal so große Fläche, und der Ansatz des Stefanschen Gesetzes wird daher (vgl. S. 337)

$$\frac{82}{10^{12}} T^4 = \frac{1}{4} \cdot 1.07$$

$$T = 239^0 = -34^0\ \mathrm{C}$$

d. h. die Erde strahlt die aus dem Weltraum kommende Wärme wieder aus wie ein Schwarzer Körper von — 34° C. Die tatsächlich beobachtete mittlere Temperatur der Erde kann zu + 15° angenommen werden, d. h. die Eigenwärme des Planeten und die Gegenstrahlung der Atmosphäre erhöhen die berechnete Ziffer um volle 49°. Danach kann überschlagen werden, welche Anforderungen man an die Eigenwärme und die Atmosphären der anderen Planeten zu stellen hat, wenn man überall eine für irdische Organismen erträgliche mittlere Temperatur annehmen will.

[1]) J. v. HANN, Lehrbuch der Meteorologie. Leipzig 1915.

Sieht man von Merkur ab, so tritt in der vorletzten Reihe der Tafel eine deutliche Zweiteilung der Ziffern hervor, derart, daß Venus, Erde und Mars einerseits und Jupiter, Saturn, Uranus und Neptun andererseits klimatisch vergleichbare Verhältnisse bieten. Bei der zweiten Gruppe entspricht diese Vorstellung durchaus dem Eindruck, den das Auge am Fernrohr von den betreffenden Weltkörpern gewinnt, so daß in den abgeleiteten Ziffern trotz der unsicheren Grundlagen, auf denen die Berechnung beruht, doch ein Sinn stecken mag. Diese Auffassung erhält durch die thermoelektrisch gemessenen Temperaturen der Planeten eine Bestätigung; tatsächlich erweisen sich die Differenzen der beiden letzten Vertikalreihen unserer Tafel von der Erde bis Uranus der Größenordnung nach als konstant, ohne Rücksicht auf den Sonnenabstand und die physische Beschaffenheit der betreffenden Weltkörper. Offenbar wird der einheitliche Zuwachs (im Mittel 48°) durch die halbdurchlässigen Atmosphären, die diese Planeten gemeinsam haben, hervorgerufen. Bei Venus mit ihrer geschlossenen Wolkendecke ist die beobachtete Temperatur merklich und bei dem völlig kahlen Erdmond wesentlich höher als die berechnete. Noch größere Unterschiede findet man bei Merkur, der sonst in den physischen Eigentümlichkeiten (S. 386ff.) ein genaues Abbild des Erdtrabanten zu sein scheint.

12. Die Sonnentheorien.

Die Ansichten und Gedankengänge, die im Laufe der Zeit über die physische Beschaffenheit der Sonne geäußert worden sind, entsprechen den jeweiligen physikalischen Kenntnissen und Anschauungen über die Eigenschaften der strahlenden Materie. Sie geben daher in ihrer Entwicklung ein anschauliches Bild des Weges, den unsere Erkenntnis auf diesem Gebiet genommen hat, von rein naturphilosophischen Betrachtungen bis zu exakt wissenschaftlichen Untersuchungen und hierauf aufgebauten Theorien. Der plötzliche Aufschwung der allgemeinen physikalischen Erkenntnis, der um die Mitte des vorigen Jahrhunderts durch das Gesetz von der Erhaltung der Energie, durch die mechanische Wärmetheorie und durch die Begründung der Spektralanalyse hervorgerufen worden ist, spiegelt sich auch in den damals entstandenen verschiedenen Anschauungen über die Zustände auf der Sonne wieder. Die Gegenwart mit ihren Umwälzungen und Umwertungen der physikalischen Grundbegriffe macht in dieser Beziehung sicher keine Ausnahme, und es wird noch eine geraume Zeit vergehen, bis ein fester fundiertes Bild der Sonnenphysik geschaffen ist, das einige Generationen überdauert. Aus dieser Erkenntnis heraus sind in den folgenden Abschnitten neben den neuen Theorien die Ansichten einiger älterer Sonnenforscher nicht völlig übergangen worden, sofern sie nur keine groben Verstöße gegen fundamentale physikalische Grundsätze enthalten.[1]

[1] Ausführlich in J. Scheiner, Populäre Astrophysik. Leipzig 1912.

Ältere Ansichten. KIRCHHOFF und ZÖLLNER. Daß die ältesten, gleich nach Erfindung des Fernrohrs geäußerten Anschauungen über die Sonne sich in erster Linie auf der augenfälligen Erscheinung der Flecke aufbauten, erscheint selbstverständlich. Durch die vorangehenden Aufzeichnungen so fleißiger Beobachter, wie D. FABRICIUS, C. SCHEINER u. a. vorbereitet, kommt um die Wende des 17. Jahrhunderts die Anschauung von G. D. CASSINI zur Geltung, daß die Sonne ein Lichtozean sei, der einen festen, dunklen Kern umgibt. Gewaltsame Bewegungen oder Strömungen, die in dieser Lichthülle vor sich gehen, lassen uns von Zeit zu Zeit die Oberfläche oder die Berggipfel des eigentlichen Sonnenkörpers als die schwarzen Kerne der Sonnenflecke erblicken. Durch die Arbeiten von A. WILSON, E. BODE, W. HERSCHEL, F. ARAGO u. a. entwickelte sich hieraus eine alle bis dahin bekannten Erscheinungen der Sonnenoberfläche erklärende Theorie, deren Grundzüge z. B. noch in A. v. HUMBOLDTS Kosmos ausführlich dargestellt sind. Hiernach ist der Sonnenkörper selbst kalt und dunkel, aber in einer größeren Entfernung von einer leuchtenden Lichthülle umgeben. Durch von unten nach oben gerichtete Strömungen entstehen in dieser Lichthülle trichterförmige Öffnungen, die von der Erde aus gesehen, den Anblick von Flecken mit Kern und Penumbra darbieten (Abb. 266).

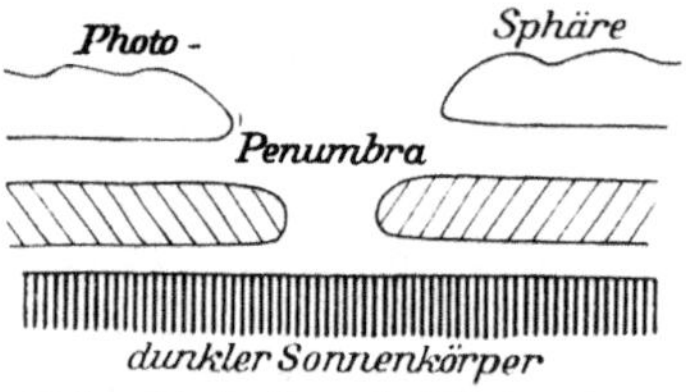

Abb. 266. Aufbau der Photosphäre nach der Auffassung vor 100 Jahren.

Die Begründung der Spektralanalyse beseitigte endgültig die Vorstellung von dem dunklen, planetenartig kalten Sonnenkörper. Es konnten fortan nur noch Ansichten zur Geltung gelangen, die sich auf den Boden der spektralanalytischen Erkenntnisse stellten, und die gleichzeitig auch dem inzwischen begründeten Gesetz von der Erhaltung der Energie Rechnung trugen. Dabei war es selbstverständlich, daß G. KIRCHHOFF selbst, der die Ursache der dunklen Linien im Sonnenspektrum zuerst klar erkannte, seine Entdeckung auch zur Deutung der physischen Beschaffenheit der Sonne verwendete. Schon 1861 hatte er auf die physikalische Unmöglichkeit eines kalten, von einer glühenden Atmosphäre umgebenen Sonnenkerns hingewiesen. Später hat er seine spektralanalytischen Erfahrungen zu einer vollständigen Sonnentheorie entwickelt, die als erste wissenschaftlich begründete Hypothese über den Aufbau eines Fixsterns gelten kann.

Das kontinuierliche Spektrum der Sonne weist nach KIRCHHOFF auf einen festen oder flüssigen selbstleuchtenden Körper hin, die dunklen Linien auf eine kühlere Gasschicht, die den Kern allseitig umgibt. Die Grundstoffe, die hier vertreten sind, lassen sich an der Zahl, Stärke und Lage der Absorptionslinien eindeutig feststellen. In dieser Gasschicht, die man als eine Atmosphäre der Sonne auffassen kann, finden ähnliche Vorgänge wie in der irdischen statt. Örtliche Temperaturerniedrigung veranlaßt die Bildung von Wolken, die aber physikalisch wie chemisch von den Kondensationen der Erdatmosphäre verschieden sein werden. Mit den irdischen Wolken gemeinsam haben sie die Eigenschaft, daß sie an der Stelle ihres Auftretens die Strahlung abhalten; die über ihnen befindlichen Teile der Atmosphäre werden daher abgekühlt und zwar wird die Temperaturerniedrigung bei den unmittelbar angrenzenden atmosphärischen Schichten stärker sein, als bei den höheren. Eine Folge davon wird sein, daß die Wolke in radialer Richtung anwächst. Ihre Temperatur sinkt unter die Glühhitze, sie wird undurchsichtig und stellt damit den Kern eines Sonnenflecks dar. Die Bildung einer höheren zweiten Wolke ist durch die erste vorbereitet. Da an ihrer Entstehung leichtere Gase beteiligt sind, bleibt diese sekundäre Kondensation durchscheinend und verursacht, wenn sie eine hinreichende Ausdehnung gewonnen hat, den Halbschatten der Flecke. Ein Ruhezustand ist in einem dermaßen aufgebauten Gebilde natürlich nicht möglich. In dem Bereiche des Flecks treten ausgleichende Strömungen ein, die dann eine Erklärung für die Struktur der Penumbra ergeben. Es erscheint durchaus möglich, daß diese Ausgleichsbewegung der kalten und heißen Massen, die sich Kirchhoff überaus stürmisch vorstellt, auch die Umgebung des Flecks beeinflußt. Dem Abströmen kalter Materie in den Flecktrichter nach unten kann in der näheren oder weiteren Fleckumgebung ein Emporstreben besonders heißer Stoffe nach oben entsprechen, womit die Fackeln erklärt wären. Die Flecke können auch die Bildung von Fackeln dadurch begünstigen, daß sie die Ausstrahlung der darunter liegenden Teile des Sonnenkörpers ablenken und auf diese Weise bewirken, daß die fortwährend aus dem Innern zuströmende Wärme an einer benachbarten Stelle eine besonders starke Temperaturerhöhung hervorbringt.

Wenngleich Kirchhoff schon die Ansicht von der gasförmigen Konstitution der äußeren Sonnenschichten, die jetzt allgemein angenommen ist, ausgesprochen hat, so hat er sich doch von der viele Jahrhunderte alten Anschauung von der Existenz eines feurigflüssigen Balls von dem ungefähren Durchmesser der sichtbaren Sonnenscheibe nicht frei machen können. Will man einen feurigflüssigen Kern überhaupt als existierend annehmen, so muß schon wegen der geringen mittleren Dichte der Sonne sein Durchmesser sehr klein sein. In diesem Punkt ist die Kirchhoffsche Auffassung als verfehlt zu betrachten; im übrigen bedeutet sie gegenüber den früheren Ansichten einen wesentlichen physikalischen Fortschritt.

Die Zöllnersche Sonnentheorie beruht vollständig auf dem Boden der Kirchhoffschen, so daß sie nur als ein Ausbau derselben zu betrachten ist. Infolgedessen genügt es, hier das anzuführen, was F. Zöllner selbst als den Kernpunkt seiner Anschauungen zusammengefaßt hat. Auch er sieht die Sonne als einen glühend flüssigen Körper an, der von einer Atmosphäre hoher Temperatur umgeben ist. In dieser schwebt eine fortdauernd sich erneuernde Decke von leuchtenden, kumulusartigen Wolkengebilden, die die Granulation erzeugt. An solchen Stellen, wo die Wolkendecke sich vermindert oder auflöst, entstehen durch die kräftigere Ausstrahlung auf der glühend flüssigen Oberfläche schlackenartige Abkühlungsprodukte. Sie liegen tiefer als das allgemeine Niveau der leuchtenden Wolkendecke und bilden die Kerne der Sonnenflecke. In der Nachbarschaft der abgekühlten Stellen entstehen absteigende Luftströme, die um die Küsten der Schlackeninseln eine Zirkulation einleiten, der die Penumbra ihren Ursprung verdankt. Die innerhalb dieses Zirkulationsgebiets gebildeten wolkenartigen Abkühlungsprodukte müssen infolge ihrer niedrigeren Temperatur weniger leuchtend als die übrige Wolkendecke der Sonnenoberfläche sein und durch ihre abstürzenden Bewegungen über dem Fleck trichterartig vertieft erscheinen. Alle Betrachtungen ZÖLLNERS sind auf die Fleckenbildung eingestellt. Mit Fackeln und Protuberanzen beschäftigte er sich nur beiläufig. Letztere faßt er, wie alle Vorgänger, als Wasserstofferuptionen auf, die im Inneren der Sonne ihren Herd haben und durch die flüssige Oberfläche hindurch nach außen gelangen.

Auch mit dem eigenartigen Gesetz der Sonnenrotation hat sich ZÖLLNER genauer befaßt. Die Tatsache, daß die Sonne nicht wie ein fester Körper rotiert, sondern daß ihre Winkelgeschwindigkeit vom Äquator nach den Polen zu immer mehr abnimmt, sucht er als das Ergebnis einer mechanischen Reaktionswirkung der photosphärischen Strömungen auf die flüssige Sonnenoberfläche zu erklären. Die umfangreichen mathematischen Entwicklungen, die ZÖLLNER an diese Frage geknüpft hat, sind auf einen gasförmigen Sonnenball nicht anwendbar und können daher hier übergangen werden.

SECCHIs Sonnentheorie. Unter den Sonnenbeobachtern des 19. Jahrhunderts ragen zwei Namen besonders hervor, C. A. YOUNG und A. SECCHI. Wenn an dieser Stelle den Ansichten des letzteren ein besonderer Raum zugewiesen wird, so ist dies darin begründet, daß kaum ein anderer Forscher des vergangenen Jahrhunderts die innige Verwandtschaft der Sonne mit den Fixsternen so zeitig erkannt und sich auch mit diesen so eingehend befaßt hat, wie gerade SECCHI. In manchen Einzelheiten hat der italienische Astronom seine Ansichten im Laufe der Zeit geändert, so daß ein einheitliches Bild derselben kaum zu geben ist; wir wollen hier den Darlegungen folgen, wie er sie um das Jahr 1877 ausgesprochen hat.

SECCHI hat sich als einer der ersten Astronomen von der Annahme einer feurigflüssigen Sonnenoberfläche freigemacht. Die physikalischen Untersuchungen über die kritische Temperatur, die damals angestellt wurden, führten ohne weiteres zu der Überzeugung, daß bei der gewaltigen Hitze, die man auf der Sonne annehmen mußte, auch der stärkste Druck nicht ausreicht, um die Gase dort zu verflüssigen. Man hatte danach die Sonne als einen Gasball mit nach außen abnehmender Dichte anzusehen und die Photosphäre nur als eine besondere Schicht desselben. Obwohl alle bekannten und unbekannten Substanzen sich auf der Sonne im dampfförmigen Zustande befinden, ergeben sie doch ein kontinuierliches Spektrum, entweder infolge des Druckes oder der hohen Temperatur. Die Photosphäre wird von SECCHI noch mit einem Flammenmeer verglichen, dessen Spitzen in der Granulation zum Vorschein kommen.

Die Grenze der leuchtenden Gaskugel ist bestimmt durch Expansions- und Gravitationskräfte, sowie durch die mit der Ausstrahlung einhergehende Kontraktion.

Über der Photosphäre liegt nach SECCHI eine Atmosphäre von recht verwickelter Beschaffenheit. Auf ihrem Grunde befinden sich schwere metallische Dämpfe. Sie besitzen eine Temperatur, die gegenüber der Photosphäre nicht länger die Ausstrahlung von Licht mit kontinuierlichem Spektrum zuläßt; sie gibt die Emissionslinien, die zu Beginn und am Ende totaler Finsternisse am äußersten Sonnenrande wahrgenommen werden. Gemäß dem von G. KIRCHHOFF aufgestellten Gesetz absorbieren jene Dämpfe diejenigen Wellenlängen im Spektrum der Photosphäre, die sie selbst bei derselben Temperatur emittieren würden. Alle Dämpfe der betrachteten Schicht sind mit enormen Wasserstoffmassen gemischt. Dieses leichte Element ist in solcher Menge vorhanden, daß es sich beträchtlich über die schweren Gase erhebt und damit die selbständige Schicht der Chromosphäre bildet. Diese zeigt nach außen die Gestalt von kleinen Flammen, die aus dünnen, schmalen Fasern zusammengesetzt sind und den Granulationszungen der Photosphäre zu entsprechen scheinen. Dabei ist der Wasserstoff stets mit Helium und mit einer zweiten noch dünneren Substanz gemischt, die die grüne Linie der Korona bei 530 $\mu\mu$ erzeugt und zu weit größerer Höhe als der Wassserstoff ansteigt. Demnach erscheinen die Stoffe, die die Sonnenumhüllung zusammensetzen, im großen und ganzen nach ihrer Dichte angeordnet zu sein, jedoch ohne bestimmte Trennung, indem die Diffusion der Gase eine beständige Mischung der Materie hervorbringt. Die eigentliche Atmosphäre der Sonne wird nur bei totalen Finsternissen in Gestalt der Korona sichtbar. Ihre absolute Höhe mag in den hellsten Teilen bis zu einer Höhe gleich dem Sonnendurchmesser reichen; es steht aber außer Zweifel, daß sie sich an verschiedenen Stellen noch weiter in den Raum erstreckt und hier möglicherweise mit dem Zodiakallicht zusammenhängt. Die Schichten dieser Atmosphäre sind nicht in Form von Kugelschalen angeordnet, sondern zeigen einen unregelmäßigen Verlauf, indem sie sich in mittleren Sonnenbreiten höher erheben als am Äquator oder gar an den Polen.

Der Sonnenkörper ist niemals im Zustande absoluter Ruhe. Besonders im Innern sind Bewegungen von Materie von großer Intensität anzunehmen. Die Dämpfe, vor allem Wasserstoff, werden dann in Form von Protuberanzen zu Höhen emporgeschleudert, die sich im Spektroskop bis zu $\frac{1}{4}$ des Sonnendurchmessers verfolgen lassen. Die ruhenden wolkenartigen Protuberanzen gleichen dabei Flüssigkeiten, die aus dichteren Schichten in dünnere diffundieren. Die Eruptionen bringen oft Säulen metallischer Dämpfe von größerer Dichte an die Oberfläche der Photosphäre. Diese kühlen hier rasch ab und absorbieren, wenn sie in die Blickrichtung gelangen, einen beträchtlichen Teil der Strahlung; sie erscheinen uns dann in dunkler Fleckform. Da die Metalldämpfe schwerer sind als ihre Umgebung, so sinken sie bald tiefer in die Photosphäre hinein und bringen in ihr eine Art Höhlung hervor. Die umgebende Materie versucht, in den entstandenen Trichter einzudringen, erfährt oberhalb des Flecks gleichfalls eine Abkühlung und bildet so den grauen Hof der Penumbra. Ist die Eruption plötzlich oder von sehr kurzer Dauer, so wird die zurückfallende Dampfmasse bald wieder glühend und der Fleck verschwindet schnell; setzen sich die inneren Krisen des Sonnenkörpers aber eine längere Zeit fort, so bleibt der Vorgang an derselben Stelle mehrere Rotationen hindurch erhalten und als ein beständigeres Fleckgebilde sichtbar. Bei jedem Fleck ist der Zustand der sehr stürmischen Bildung, der Ruhe und der Auflösung zu unterscheiden. Die nur aus Wasserstoff bestehenden Eruptionen bringen die Fackeln hervor. Der größere Glanz derselben hat zwei Ursachen: die erste liegt darin begründet, daß die leichten Gasmassen über die absorbierenden Dampfschichten gelangen; die andere mag darin beruhen, daß der Wasserstoff beim Hervorbrechen die absorbierende Schicht verdrängt und den Blick auf die Photosphäre freigibt. Die periodischen Breitenbewegungen der Fleck-, Fackel- und Protuberanzherde deuten auf innere Zirkulation hin, deren Ursache sich nicht angeben läßt und wahrscheinlich mit der einstigen Entstehung und Bildung der Sonne irgendwie zusammenhängt.

Über das Innere der Sonne läßt sich nichts aussagen. Nach allen beobachteten Vorgängen muß schon die Temperatur der Oberfläche trotz des fortwährenden Wärmeverlustes, den sie erleidet, sehr groß sein; folglich kann keine feste Schicht dort existieren, ausgenommen vielleicht in Tiefen, in denen der durch die Schwere entstehende Druck die von der Wärme hervorgerufene molekulare Ausdehnung erreicht oder übertrifft. Das, was wir auf der Sonne direkt beobachten, kann sich jedenfalls nur in gasförmigem oder höchstens einmal in flüssigem Zustand der Materie abspielen.

Die Konstanz der Wärmestrahlung der Sonne hat mehrere Ursachen. Sie ist zunächst begründet durch die enorme Masse des Körpers, der sich wegen der sehr hohen Temperatur nur sehr langsam abkühlen kann; dann durch die Zusammenziehung, die die dem Wärmeverlust folgende Kondensation begleitet; endlich durch die Ausstrahlung der Zersetzungswärme, die aus chemischen, in der Masse stattfindenden Prozessen entsteht. Alle diese Energiequellen haben ihre Grundursache in der Geschichte der Sonne, vor allem in ihrer Bildung durch Kontraktion eines bis zu den Grenzen des Planetensystems reichenden Urnebels.

Aus dieser eigenen hier stark gekürzten Darstellung Secchis sind die Fehler und Vorzüge seiner Anschauungen ohne weiteres zu erkennen. In bezug auf mathematisch-physikalischen Gedankengang bilden seine Darlegungen einen Rückschritt gegen Zöllner; aber außer der bereits erwähnten endgültigen Abkehr von der Idee des feurig-flüssigen Oberflächenzustandes der Sonne liegt ein weiteres großes Verdienst der Theorie in dem ausdrücklichen Hinweis darauf, daß die Flecke, obgleich sie die augenfälligste Erscheinung auf der Sonne bilden, doch durchaus nicht als Hauptsache zu betrachten sind, eine Anschauung, die auch heute alle Arbeiten und Gedankengänge auf dem Gebiete der Sonnenphysik beherrscht.

Die Theorien von SCHMIDT und JULIUS. Der grundlegende Unterschied zwischen den älteren und neueren Auffassungen der Vorgänge auf der Sonne beruht hauptsächlich darauf, daß man nach verschiedenen Eigentümlichkeiten der Spektrallinien u. a. allmählich zu der Erkenntnis gekommen ist, daß sich die äußeren Schichten der Photosphäre und erst recht die Chromosphäre und Korona in einem außerordentlich stark verdünnten Zustande der Materie befinden müssen, der selbst in seinen untersten Lagen die Dichte unserer Atmosphäre nicht erreicht. Bei einer physikalischen Deutung der Erscheinungen ist es also notwendig, sich vollkommen von dem Eindruck, den die Dimension der Sonnenphänomene auf den Beobachter ausübt, frei zu machen und zum Vergleich physikalische Versuche heranzuziehen, die in stark verdünnten Gasen auftreten. Bei dem Bestreben, diese wichtige Erkenntnis bis zu den äußersten Konsequenzen durchzuführen, ist man im vorliegenden Falle eine Zeitlang soweit gegangen, daß von einzelnen Physikern die Erscheinungen auf der Sonne überhaupt nicht mehr als reell betrachtet wurden, sondern als optische, durch den Strahlengang in verschieden geschichteter Materie hervorgerufene Täuschungen.[1])

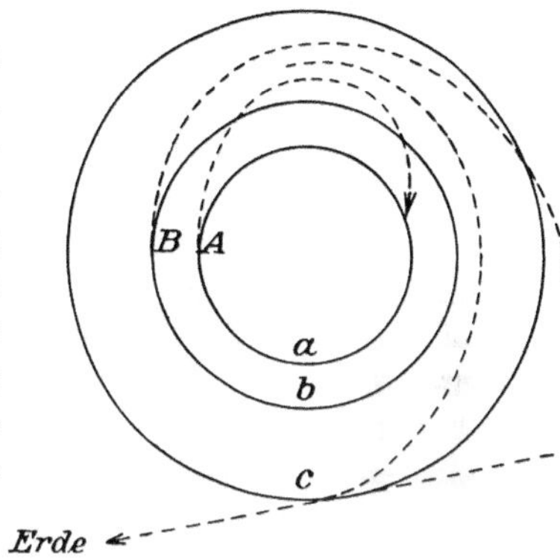

Abb. 267. Strahlenbrechung in einer sehr dichten Atmosphäre.

Den Ausgangspumkt dieser umwälzenden, aber inzwischen wieder aufgegebenen Ansichten bildet die von A. SCHMIDT aufgestellte Theorie, nach der die Sonne ein glühender Gasball mit radial abnehmender Dichte ist, ohne irgendeine physikalisch unterscheidbare Schicht. Die Begrenzung der Photosphäre existiert in Wirklichkeit nicht, sondern kommt nur durch die allgemeine Eigenschaft der Strahlenbrechung in einem solchen Gasball scheinbar zustande. Der Gedanke selbst war nicht neu. Schon im Jahre 1860 hat sich E. KUMMER mit ihm beschäftigt und eine mathematische Entwicklung des Problems gegeben.

Zum Verständnis der Schmidtschen Hypothese sei (Abb. 267) ein Gasball vorausgesetzt, dessen Dichtigkeit von innen nach außen stetig abnimmt. Wir wollen in demselben drei durch die Kreise *a*, *b* und *c* bezeichnete Schichten annehmen, von denen *c* die äußere Grenze der Atmosphäre bedeuten soll. Der von der Schicht *a* schräg ausgehende Lichtstrahl erfährt eine so starke Krümmung, daß er nicht aus der Atmosphäre austreten kann, d. h. Licht, welches von dem Punkte *A* in der angegebenen Richtung austritt, kann überhaupt nicht von außen wahrgenommen werden. Das unter dem gleichen Winkel bei *B* ausgehende Licht verläßt dagegen, nachdem es etwa den halben Umfang der Gaskugel durch-

[1]) Näheres in E. PRINGSHEIM, Vorlesungen über die Physik der Sonne. Leipzig 1910, und J. BOSLER, Les théories modernes du soleil. Paris 1910.

laufen hat, fast tangential die Kugel und gelangt nach außen. Zwischen den beiden Schichten *a* und *b* befindet sich nun eine andere, von der aus das Licht genau tangential heraustreten kann; diese Schicht muß also optisch als eine scharfe Grenze erscheinen. Bei symmetrischer Lage der atmosphärischen Schichtungen entsteht daraus für den Beschauer eine scharf begrenzte kreisrunde Scheibe, genau wie dies bei der Sonne der Fall ist. Man kann den Strahlengang in der von Kummer und Schmidt vorausgesetzten Gaskugel recht klar veranschaulichen, wenn man sich einmal die Dimensionen der Erde unter Beibehaltung der jetzigen Dichte der Atmosphäre merklich vergrößert denkt. Schon beim Siebenfachen des jetzigen Erdradius kämen Bedingungen zustande, die einen horizontalen Strahl vollkommen um die Erde herum führen und ihn aus dem Erdbereich nicht mehr austreten lassen würden. Bei vollkommener Glätte der Erdkugel und absoluter Durchsichtigkeit des umgebenden Mediums würde in diesem Falle ein horizontal schauender Beobachter seine eigene Rückseite erblicken.

Gegen die an und für sich sehr einleuchtende Schmidtsche Auffassung muß der Einwand erhoben werden, daß sie physikalische Verhältnisse auf der Sonne voraussetzt, die mit den Beobachtungen in keiner Weise übereinstimmen. Daß es zunächst schwer fällt, sich an den Gedanken zu gewöhnen, daß die verwickelten Vorgänge der Sonne sich nicht dort abspielen, wo man sie tatsächlich erblickt, sondern auf ihrer Rückseite oder gar an Stellen, von denen aus der Lichtstrahl schon einmal um die Photosphäre herumgelaufen ist, mag noch angehen. Weit wichtiger ist aber der Einwand, daß alle direkten wie spektroskopischen Beobachtungen zu dem Schluß führen, daß die Sonnenatmosphäre keineswegs den geforderten Ruhezustand der Schmidtschen Gaskugel aufweist. Durch die zweifellos nachgewiesenen Bewegungen der Granulation, durch die Wirbel und Konvektionsströme der Flecke würden ohne Frage Refraktionsanomalien in die Erscheinung treten, die sich als Unregelmäßigkeiten des Sonnenrandes, Unstetigkeiten in der Fleckenbewegung usw. bemerkbar machen müßten. Der Doppler-Effekt am Sonnenrande (S. 334) wäre natürlich eine Unmöglichkeit. An der Ursprungsquelle des Lichtes soll ferner die Dichtigkeit der Gase so stark sein, daß diese ein kontinuierliches Spektrum geben, und doch wird angenommen, daß der Lichtstrahl in dieser Materie Hunderttausende von Kilometern zurücklegt, ohne absorbiert zu werden. R. Emden hat diese Fragen auch theoretisch unter plausiblen Annahmen für den Gleichgewichtszustand einer Gaskugel nachgeprüft und dabei den Nachweis geliefert, daß die Schmidtsche Theorie ganz unmögliche physikalische Bedingungen auf der Sonne voraussetzt.

Die Dispersionstheorie von W. H. Julius schließt sich unmittelbar der Schmidtschen Erklärung der Sonnenatmosphäre an. Ihre Grundlage bildet die anomale Dispersion der Gase, über die auf S. 164 ff. das Erforderliche gesagt ist. Es ist dort darauf hingewiesen worden, daß beim Durchgang des Lichtes durch prismatisch angeordnete oder ihrer Dichte nach geschichtete Gasmassen im

Spektroskop sehr merkwürdige Verzerrungen des kontiunierlichen Farbenbandes an den Stellen entstehen, wo die Wellenlänge sich der Eigenschwingung der betreffenden Gase nähert. Auf diese Weise kann sowohl eine Verbreiterung der Absorptionslinien, als auch das Auftreten von Emissionslinien vorgetäuscht werden. Die umkehrende Schicht, die Chromosphäre und die Protuberanzen geben nun ein Emissionsspektrum, und es ist tatsächlich möglich, sie unter der Annahme zu erklären, daß die beobachtete Strahlung nicht das Eigenlicht der Gase darstellt, sondern zum größten Teil aus dem weißen Sonnenlicht stammt und nur durch anomale Dispersion so gebrochen ist, daß wir sie außerhalb des scheinbaren Sonnenrandes sehen.

In Abb. 268 sei *SS* wieder die Schmidtsche Grenzsphäre. Im allgemeinen wird ein Lichtstrahl, der bei *A* nahe tangential aus ihr austritt, infolge der normalen Strahlenbrechung auf dem schwach gekrümmten Wege nach rechts zum Beobachter gelangen. Ruht nun über *A* eine glühende Gasmasse, z. B. Natriumdampf von ungleicher Dichte, so wird dasjenige Licht, dessen Wellenlänge den Spektrallinien des Gases nahe liegt, z. B. das den (D)-Linien benachbart ist, infolge der anomalen Dispersion eine stärkere Ablenkung erfahren als der Rest.

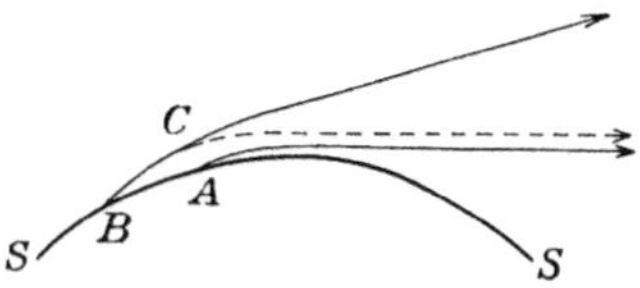

Abb. 268. Entstehung der scharfen Sonnenbegrenzung nach W. H. Julius.

Es werden also Strahlen von diesen Wellenlängen, die in *B* die kritische Sphäre verlassen haben, und die normalerweise nach rechts oben wandern, von *C* aus längs der punktierten Linie verlaufen, dem Beobachter also sichtbar werden. Dieser wird demnach über dem scheinbar durch die kritische Sphäre *SS* begrenzten Sonnenball ein Gebiet sehen, das ein Emissionsspektrum zeigt. Das Flash- bzw. Chromosphärenspektrum ist im allgemeinen desto einfacher, also ärmer an Linien, je weiter es vom Sonnenrande entfernt ist. Bei der üblichen Auffassung, daß es sich ausschließlich um Emissionsspektra leuchtender Gase handelt, muß man daher annehmen, daß die verschiedenen Substanzen in der Chromosphäre entweder ohne Rücksicht auf ihr Atomgewicht schichtenweise übereinander liegen, oder daß die Anregungsbedingungen für die Emissionen von Schicht zu Schicht stark wechseln. Bei der JULIUSschen Auffassung ergibt sich die Tatsache, daß die verschiedenen Linien des Chromosphärenspektrums in verschiedener Entfernung vom Sonnenrande sichtbar werden, als eine Folge der verschieden starken anomalen Dispersion der einzelnen miteinander gemischten Gase.

Die häufig in der Nähe der Flecke und an Protuberanzen beobachteten starken Verzerrungen und Verschiebungen von Linien, die als Doppler-Effekt gedeutet, zu überaus hohen Geschwindigkeiten führen (S. 323), lassen sich nach der Theorie besonders einfach erklären. Sie können ungezwungen als ein Teil des abgebeugten Lichts aufgefaßt werden, das im Spektrum der Sonnenflecke an den Stellen der scheinbar verbreiterten Absorptionslinien fehlt. Damit kämen die im Spektroskop festgestellten Bewegungen in Fortfall; ebenso könnten nach der Theorie auch die direkt beobachteten enormen Aufstiegsgeschwindigkeiten der

Protuberanzen nur als scheinbare an unreellen Gebilden beobachtete Vorgänge angesehen werden.

Ohne Frage ist die JULIUSsche Idee als ein geistvoller Versuch zur Deutung der Sonnenvorgänge aufzufassen, da sie die Anschauungen vereinfacht und trotzdem imstande ist, gerade einige recht verwickelte Erscheinungen der Sonne zwanglos zu erklären. Leider widerspricht sie in ihren schematischen Annahmen so vielen alltäglichen Beobachtungen, daß es heute kaum irgendwo noch einen Sonnenphysiker gibt, der ihr beipflichtete. Die Hypothese scheitert schon an der Tatsache, daß die Emissionen des Flashspektrums genau die gleichen Wellenlängen haben, wie die dunklen Linien der Photosphäre. Die Frage, warum der Doppler-Effekt für die Bewegungen der chromosphärischen Wolken Werte von gleicher Größenordnung gibt wie die direkten Beobachtungen, bleibt unbeantwortet. In einem besonders auffälligen Widerspruch steht die Theorie mit einer der einfachsten und bekanntesten Tatsachen: Die Protuberanzen erscheinen in den Linien des Kalziums, Heliums und Wasserstoffs in fast genau derselben Form und Größe. Es müßten also entweder die Linien dieser drei Elemente genau die gleiche anomale Dispersion besitzen, oder die drei Elemente müßten stets in einem solchen Dichteverhältnis vorkommen, daß gleichstarke Wirkungen entstehen; die letzte Annahme ist höchst unwahrscheinlich, die erste steht mit Laboratoriumsversuchen in Widerspruch. Denn man hat bei Helium bisher überhaupt noch keine, bei Wasserstoff erst nach Überwindung vieler Schwierigkeiten und auch dann nur bei der $H\alpha$-Linie anomale Dispersion beobachten können, während den entsprechenden Erscheinungen des Natriums, das im Laboratorium die anomale Dispersion besonders auffällig zeigt, keine nennenswerte Bedeutung am Sonnenrande zukommt.

Diesen Einwürfen gegenüber hat JULIUS seine Theorie immer wieder neu ausgebaut und durch Versuche in einem besonders zu diesem Zweck gegründeten Sonnenlaboratorium in Utrecht zu stützen versucht. Die Widerlegung dieser Ergebnisse, die sich besonders ST. JOHN am Mt. Wilson-Observatorium angelegen sein ließ, hat zu einer ganzen Reihe wichtiger Arbeiten Anlaß gegeben, die aber den Urheber der Dispersionstheorie bis zu seinem Tode von der Realität der Sonnenvorgänge nicht überzeugt haben. Insbesondere hat JULIUS darauf hingewiesen, daß die Verhältnisse auf der Sonne mit den Versuchsbedingungen im Laboratorium sehr wenig gemeinsam hätten. Das ist zweifellos richtig, es darf aber nicht vergessen werden, daß eine wissenschaftliche Erforschung der Himmelskörper nur auf einer Übertragung terrestrischer Versuche und Erfahrungstatsachen auf die außerirdische Welt beruht. Die willkürliche Einschränkung und Erweiterung der Naturgesetze würde hier wie anderswo sehr bald auf unübersehbare Abwege führen. Außerdem hat seit der Entdeckung der Beziehungen, die zwischen dem Ionisationszustand der Atome und ihrer Strahlung herrschen, die Erklärung der monochromatischen Vorgänge auf der Sonne eine derartige Vereinfachung erfahren, daß die Juliussche Theorie auch unter den Physikern wohl den letzten Rest der Anhänger verloren hat. Es wäre ungerecht, sie in Bausch und Bogen aburteilen zu wollen. Zweifellos liegen einigen Anschauungen, die Julius im Laufe seiner Untersuchungen ausgesprochen hat, insbesondere seinen Ansichten über die Entstehung der dunklen Fraunhoferschen Linien usw. sehr beachtenswerte Gedanken zugrunde, auf die die Astrophysik sicher noch einmal zurückgreifen wird.

Erklärung der Fleckenperioden und des Rotationsgesetzes. Man hat in früheren Jahrzehnten die Ursache der Periodizität der Sonnentätigkeit durch äußere Einwirkungen auf die Sonne zu erklären versucht, z. B. durch die Wiederkehr bestimmter Konstellationen von Planeten. W. Sellmeier nahm z. B. an, daß ein Sonnenfleckenmaximum in der 11jährigen Periode dann entsteht, wenn die Planeten Venus, Erde und Jupiter mit der Sonne annähernd eine gerade Linie bilden. Hiernach hat N. Ekholm alle Konjunktionen und Oppositionen der Planeten, die auf derartige geradlinige Stellungen im Raum führen, bis zu den ältesten chinesischen Aufzeichnungen über Sonnenflecke verglichen. Eine ungefähre Übereinstimmung der Zwischenzeiten mit der mittleren Fleckenperiode ist in dem Ergebnis zweifellos vorhanden, zwingende Gründe für die Anerkennung der Gesetzmäßigkeit liegen aber trotzdem nicht vor, da die Abweichungen zwischen den Sonnen- und Planetenepochen im einzelnen viel zu groß sind und in die abgeleiteten Perioden stets die Umlaufszeit des Jupiter mit 11.86 Jahren eingeht. Viel gründlichere, auf völlig einwandfreiem Material beruhende Untersuchungen der Angelegenheit, die von A. Schuster und von F. J. Stratton unternommen worden sind, haben zu keiner Bestätigung der Ekholmschen Schlüsse geführt. Es braucht nicht besonders erwähnt zu werden, daß die etwaige Übereinstimmung der Sonnenfleckenperioden mit Planetenkonstellationen kaum eine Erklärung in Gravitationswirkungen finden würde. Während die allgemeine Massenanziehung mit dem Quadrat des Abstandes abnimmt, sinken die fluterzeugenden Kräfte sehr nahe mit der dritten Potenz der Entfernung. Bei den großen Abständen der Planeten von der Sonne und den relativ geringen Massen sind demnach die von ihnen hervorgerufenen Gezeiten sicher außerordentlich geringfügig und höchstens nach Millimetern zu bemessen.

Verschiedene Hypothesen über den Ursprung der Fleckenperioden greifen auf Meteoriten zurück, obwohl diese bisher noch in keinem Falle irgendein astronomisches Problem endgültig geklärt haben. T. J. See hat angenommen, daß in bestimmten heliozentrischen Stellungen der Planeten Jupiter und Saturn große Schwärme von Meteoren in die Sonne hineingejagt werden und dort die Bildung gezeitenartiger Wellen veranlassen. Maßgebend ist die siderische Umlaufszeit des Jupiter von 11.862 Jahren und die Periode seiner Konjunktionen und Oppositionen mit Saturn von 9.929 Jahren. Da die Aktivitätssphären der beiden Planeten sich verhalten wie die Quadrate der Massen, so wird die Periode des einwirkenden Hauptkörpers auf 11.17 Jahre gekürzt. Das Ergebnis stimmt ungefähr mit dem Sonnenzyklus überein, erscheint aber ebensowenig beweiskräftig wie das Resultat der Ekholmschen Arbeit.

Eine ähnliche, aber noch merkwürdigere Theorie der Fleckenperioden hat H. H. TURNER verfochten. Auch er erklärt die Sonnenflecke durch Einsturz von Meteoren, die einem Schwarme von 11¼ Jahren Umlaufszeit angehören sollen. Durch den Einfluß von Saturn hat sich die Wolke angeblich im Jahre 271 n. Chr. von den Leoniden losgelöst und bei späteren Zusammenkünften mit diesen neue Nahrung erhalten. Abgesehen von der Unwahrscheinlichkeit spricht gegen alle diese Theorien die beträchtliche Unregelmäßigkeit der Sonnenfleckenperiode (S. 282), die ohne weitere willkürliche Hypothesen mit Bahnbewegungen unvereinbar ist, ferner die Tatsache, daß ein so regelmäßiger, offenbar recht bedeutender Massenzuwachs der Sonne sich allmählich an den Planetenbewegungen bemerkbar machen müßte. Wir werden später, bei Gelegenheit von Betrachtungen über die Erhaltung der Sonnenenergie, auf diese Frage noch zurückkommen.

Die Annahme von so unwahrscheinlichen äußeren Einflüssen auf die Fleckentätigkeit der Sonne läßt bereits erkennen, daß die Erklärung der Erscheinung durch plausible innere Kräfte noch sehr unbefriedigend ausgefallen sein muß. Wenn man von der im nächsten Abschnitt behandelten Emdenschen Theorie absieht, ist das auch tatsächlich der Fall. Selbst J. WILSING, der auf die Lösung der Frage viel Scharfsinn verwendet hat, ist zu keinem klaren Ergebnis gelangt. Er hat schließlich die Ursache der Periodizität der Sonnenerscheinungen in zyklischen Massenverschiebungen innerhalb des rotierenden Gasballes zu erkennen geglaubt. Derartige Verschiebungen bewirken, sofern sie nicht vollkommen symmetrisch zur momentanen Umdrehungsachse stattfinden, daß diese nicht mehr genau mit der kleinen Achse eines Rotationsellipsoids zusammenfällt. Die bewegliche Masse strebt dann danach, diese Störung aufzuheben und den ursprünglichen Gleichgewichtszustand wieder herzustellen. Die innere Reibung setzt jedoch diesem Bestreben einen Widerstand entgegen, der die Ausgleichung verzögert und das Anwachsen der Gleichgewichtsstörung bis zu einem bestimmten Betrage ermöglicht. Bei der Sonne könnte eine langsame Massenverschiebung durch ihre allmähliche Zusammenziehung und Verdichtung stattfinden. Diese würde eine zunehmende Abweichung der Rotationsachse von der Symmetrieachse verursachen, die so lange anhält, bis die innere Reibung den ausgleichenden Kräften nicht mehr Widerstand zu leisten vermag. So wäre eine periodische Veränderung im Zustande des Sonneninneren denkbar, die nach außen durch die Zu- und Abnahme der Fleckenzahl, durch Schwankungen der Solarkonstante usw. hervortreten könnte. Auf Grund der WILSINGschen Annahme kann nur dargetan werden, daß zu gewissen Zeiten und an bevorzugten Stellen der Sonnenoberfläche eine mehr oder weniger starke Neigung zur Bildung von Störungen vorhanden ist. Wie der einzelne Fleck, die Fackel oder die Protuberanz entsteht, läßt sich natürlich durch den Gedankengang nicht erklären.

Nicht minder schwierig gestaltet sich die Deutung des Rotationsgesetzes der Sonne. Die erste, damals sehr einleuchtende, heute ganz aufgegebene Erklärung hat H. Faye 1873 gegeben.[1]) Er setzt noch das Vorhandensein eines festen oder flüssigen, stark abgeplatteten Sonnenkerns voraus, der von Gasschichten umgeben wird, die nach außen hin allmählich Kugelform annehmen (Abb. 269). Die Tiefe dieser Schichten sollte demnach an den Sonnenpolen am größten, am Äquator am geringsten sein. Nimmt man an, daß ein Punkt der Photosphäre die Winkelbewegung des inneren festen Rotationsellipsoids in der gleichen heliozentrischen Breite teilt, so entsteht aus der gleichförmigen Rotation des Kerns eine ungleichförmige der Photosphäre und zwar muß die Verzögerung dem Sinusquadrat der Breite proportional sein. Weder die Beobachtungstatsachen noch irgendeine plausible theoretische Erwägung lassen die Fayeschen Annahmen heute als begründet erscheinen. Die Ansicht fand trotzdem früher viel Beachtung, da sie in sehr einfacher Weise die ungefähr mit dem Sinusquadrat der Breite fortschreitende Geschwindigkeitsabnahme der Sonnenrotation darstellte.

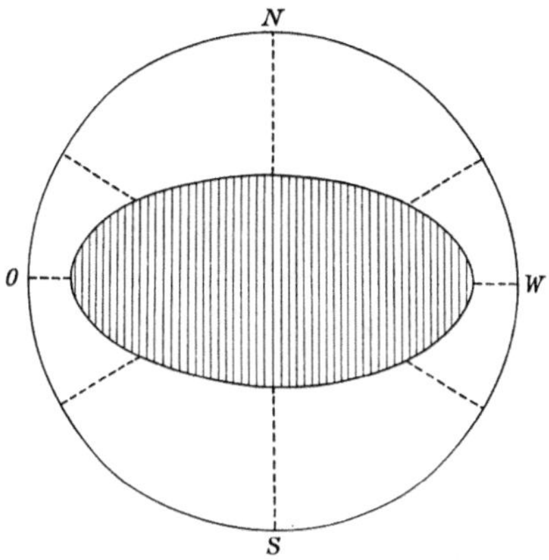

Abb. 269. Erklärung der veränderlichen Sonnenrotation durch H. Faye.

Einige Jahrzehnte später hat E. J. Wilczynski auf Grund von hydrodynamischen Untersuchungen nachgewiesen, daß die Oberfläche einer gasförmigen Masse den Rotationsgesetzen eines starren Körpers überhaupt nicht gehorchen kann. Die Winkelgeschwindigkeit eines rotierenden Teilchens ist bei einer Gaskugel abhängig von seinem Abstande von der Achse. Die geometrischen Örter gleicher Umdrehungsgeschwindigkeit liegen dann auf Zylinderflächen, die die Rotationsachse umschließen. Da die verschiedenen Zylinder die kugelförmige Begrenzung der Sonne in verschiedenen heliographischen Breiten schneiden, so folgt hieraus für alle Breiten ein verschiedenes Rotationsgesetz. Die einzelnen Werte der Umdrehungsgeschwindigkeit sind aber nicht ableitbar, da dazu die Kenntnis der Druck- und Temperaturgradienten unterhalb der Photosphäre, sowie gewisse Voraussetzungen über die innere Reibung erforderlich sind. Ist diese Auffassung zutreffend, so wäre es vielleicht einmal möglich, umgekehrt aus dem Rotationsgesetz der Sonne Schlüsse auf eine dieser drei Unbekannten zu ziehen.

Die Behandlung weiterer Vermutungen über den Ursprung der merkwürdigen Achsenumdrehung der Sonne kann hier unterbleiben, da dadurch weder neue Gesichtspunkte noch geeignete Arbeitshypothesen geschaffen werden. Wie so oft in der Himmelskunde, müssen wir auch hier die Tatsachen zunächst als solche hinnehmen, ohne sie irgendwie begründen oder erklären zu können. Vermutlich hat J. Wilsing recht, wenn er ähnlich, wie es schon A. Secchi getan hat, darauf

---

1) T. Moreux, Le problème solaire. Paris 1900.

hinweist, daß es sich bei dem merkwürdigen Gesetz um ein des inneren Zusammenhanges längst entblößtes Überbleibsel aus einer früheren Entwicklungsperiode der Sonne handelt.

Die Sonnentheorie von EMDEN. Die an der Sonne bisher angestellten Beobachtungen sind nur mit der Vorstellung vereinbar, daß dieser Weltkörper, vom innersten Kerngebiet vielleicht abgesehen, einen Gasball darstellt. Alle theoretischen Betrachtungen über seinen Aufbau müssen daher auf Erfahrungen an Gaskugeln zurückgreifen. In besonders klarer und erschöpfender Form hat der Münchener Physiker R. EMDEN diese Angelegenheit mathematisch behandelt und die theoretischen Ergebnisse auf meteorologische, geophysikalische und astronomische Probleme angewendet.[1] Trotz bestimmter, durchaus nicht immer selbstverständlicher Voraussetzungen, die dabei gemacht werden müssen, behalten die Überlegungen hier an so vielen Stellen die Fühlung mit den Beobachtungstatsachen, daß diese Theorie zur Zeit wohl als der beste Versuch zur Erklärung der wichtigsten Sonnenphänomene gelten kann. Ihr Grundgedanke beruht in der Anschauung, daß die Fleckenbildung von dem Rotationsgesetz nicht zu trennen ist, daß also beide Erscheinungen auf einem tieferen inneren Zusammenhang beruhen.

Von einem isolierten, thermodynamisch aufgebauten Gasball muß angenommen werden, daß sich die äußeren Schichten durch Ausstrahlung abkühlen, und die erkaltete Materie fortlaufend durch heißere ersetzt wird, wenn keine Helligkeitsabnahme sich bemerkbar macht. Man gelangt auf diese Weise zu der Vorstellung von Konvektionsströmen, die von und nach dem Sonneninneren in radialer Richtung auf- und niedersteigen. Bei einer nicht rotierenden Sonne würde der Vorgang vermutlich mit der größten Regelmäßigkeit sich abspielen, und wir würden auf der Photosphäre weder Flecke noch Fackeln beobachten. Anders liegen die Dinge, wenn der Gasball eine Achsenumdrehung besitzt. Hier können streng radiale Konvektionsströme nicht mehr auftreten, denn die in der Photosphäre erkaltenden Massen nehmen ihr Rotationsmoment mit in die Tiefe, während die aufsteigenden heißeren Dämpfe mit dem ihrigen in die Photosphäre emporsteigen. Da ein unmittelbarer Ausgleich kaum denkbar ist, so müssen sich unter der Sonnenoberfläche Schichtungen herausbilden, die sich durch ihre Winkelgeschwindigkeit und ihre Temperatur wesentlich voneinander unterscheiden. Auf diese Weise erscheint die Sonne von Diskontinuitätsflächen durchsetzt, d. h. von Gebieten, in denen sich Geschwindigkeit, Dichte und Temperatur sprungweise ändern. Die Grenzfläche zwischen zwei derart verschiedenen sich berührenden Flüssigkeits- bzw. Gasschichten ist nur so lange in stabilem Gleichgewicht, als die Schichten sich in Ruhe befinden. Gleiten sie aneinander vorbei, so herrscht labiles Gleichgewicht und jede kleinste Störung

---

[1]) R. EMDEN, Gaskugeln. Leipzig 1907 und Thermodynamik der Himmelskörper. Leipzig 1926.

genügt, um die Flächen dauernd in eine auf- und absteigende Bewegung zu versetzen (Abb. 270). Bei größeren Geschwindigkeiten bleibt es nicht bei einer Wellenbildung, sondern es treten Stauungen auf, die überhängende Wogenköpfe erzeugen, bis schließlich ein Zusammensturz erfolgt und zu einer heftigen Vermischung der Schichten führt. Der Vorgang spielt sich z. B. dauernd in unserer Atmosphäre ab. Hier strömen die warme äquatoriale Luft und die kalte polare ohne unmittelbare Vermischung aneinander vorbei. An der diskontinuierlichen Grenzschicht entstehen in den beiden aneinander vorbeistreichenden Luftmassen, der warmen und der kalten, sehr bald die erwähnten Wellen, die infolge des Reibungswiderstandes nach und nach eine immer steilere Front erhalten und sich schließlich wie Brandungswogen überschlagen (Abb. 270 *c*). Erst in den horizontalen Luftwirbeln, die sich dabei ausbilden, mischen sich die Schichten und stellen allmählich wieder kontinuierliche Übergänge her.

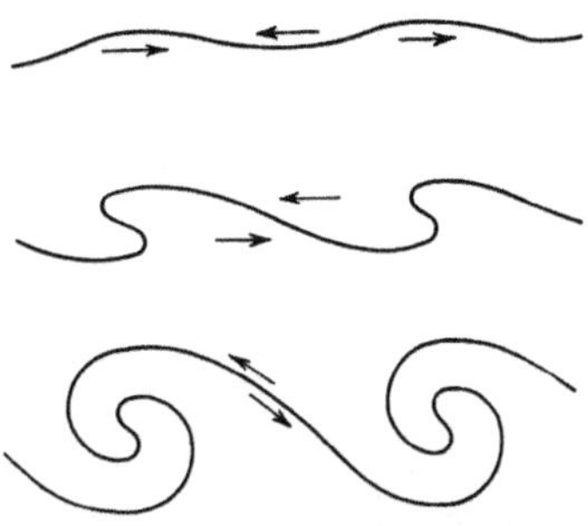

Abb. 270. Entstehung von Wellen und Wirbeln an instabilen Trennungsflächen (nach L. Prandtl).

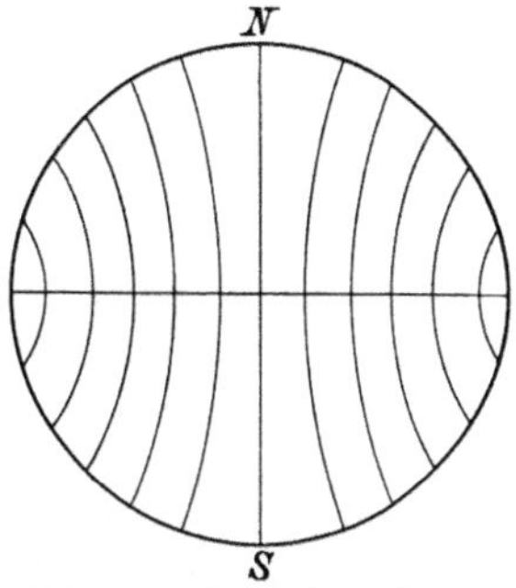

Abb. 271. Lage der Diskontinuitätsflächen zur Sonnenachse (nach R. Emden).

Überträgt man die Verhältnisse auf die rotierende Sonne, so läßt sich ähnlich wie in der Theorie von WILCZYNSKI (S. 367) zeigen, daß die Diskontinuitätsflächen bei Verschiedenheit des Rotationsmomentes in Kreiszylinderflächen übergehen, die parallel und zentrisch zur Sonnenachse verlaufen. Durch die Verschiedenheit der Temperatur erfahren die Flächen aber noch eine symmetrische Einbuchtung nach dem Mittelpunkte der Gaskugel zu, so daß ein Querschnitt von der Form der Abb. 271 entsteht. Für die Vorgänge auf der Sonne ist es dabei wichtig, daß die Flächen die Photosphäre wieder in bestimmten parallel angeordneten Zonen schneiden und am Äquator am tiefsten unter die Oberfläche eindringen.

Sicher entspricht die Voraussetzung derart regelmäßiger Schichtungen innerhalb der Sonne nicht der Wirklichkeit. Für die Erklärung der Flecken und Fackeln genügt es aber, wenn man annimmt, daß wenigstens Teile derartiger Diskontinuitätsflächen sich ausbilden. Ist dies aber der Fall, so muß sich auch die geschilderte Wellen- und Wirbelform entwickeln, die die Massen durcheinander bringt und dadurch einen stetigen Übergang von Bewegung und Temperatur hervorruft. Der Gedankengang führt dann sogleich zu einer wichtigen Folgerung. Bei dem kleinen Rotationsmoment der Polgegenden ist die Wirbelbildung hier unwahrscheinlich; am Äquator, wo die Wirbel am häufigsten sind, treten sie dagegen wegen der tiefen Lage der Diskontinuitätsflächen nicht besonders hervor.

Nur in mittleren Breiten kommen sie der Photosphäre so nahe, daß sie diese in irgendeiner Form in Mitleidenschaft ziehen können. Über die Art und Weise, wie das geschieht, lassen sich nur Vermutungen aussprechen. Auf alle Fälle wird dann der normale Konvektionsvorgang gestört. Heißere Gase und Dämpfe werden emporgeworfen und erzeugen die Fackeln. In den meisten Fällen werden diese das einzige äußere Anzeichen des turbulenten Zustandes im Innern sein. Dringt jedoch der Wirbel bis zur Sonnenoberfläche, so kann er hier die Photosphäre kraterartig aufreißen. Die rasch emporsteigenden Gase kühlen sich infolge ihrer Ausdehnung ab und üben eine Absorptionswirkung aus, die innerhalb der Photosphäre den Eindruck eines Flecks erzeugt. Da stets mehrere Wellen aus dem Inneren einander folgen, so werden dadurch auch die Doppelformen, Gruppen und Reihen in den Fleckenbildungen erklärt.

Zur Deutung der Perioden ist nur die Annahme erforderlich, daß die Sonne regelmäßig pulsiert, d. h. zeitweise mehr, zeitweise weniger Energie ausstrahlt; in den Ruhezeiten kühlen sich die äußeren Massen stärker ab, sinken daher leichter ein. Die Diskontinuitätsflächen liegen dann am Äquator noch tiefer als gewöhnlich, d. h. nur in höheren Breiten können Flecke entstehen. Mit Zunahme der Lebhaftigkeit der Konvektionsströme rücken die Flächen immer weiter von der Rotationsachse fort. Damit werden nicht nur die Fleckenzonen dem Äquator nähergebracht, sondern es wird auch die Wahrscheinlichkeit der Wirbelbildung erhöht, alles Folgerungen, die mit den Beobachtungen in gutem Einklang stehen. Daß die Sonne im Zustande höchster Energieabgabe die meisten Flecke und Fackeln aufweisen muß (vgl. Abb. 257), erscheint nach dem ganzen Aufbau der Hypothese als selbstverständlich.

Die Unvereinbarkeit einer konstanten Wärmeabgabe mit dem bei der Sonne beobachteten Umdrehungsgesetz haben bereits ältere Physiker und Astronomen, wie H. d'Arrest, C. H. Buijs-Ballot u. a. erkannt. Kühlen sich irgendwo Teile der Oberfläche eines strahlenden Körpers ab und ziehen sie sich dabei zusammen, so ist das stets mit einer Beschleunigung der Rotation verbunden. Die Wahrscheinlichkeit einer solchen Änderung nimmt bei der Sonne vom Äquator nach den Polen zu ab, weil in den ruhenden Gebieten höherer Breiten der Ausgleich durch die Konvektionsströme weit störungsloser vor sich geht, als in geringen heliographischen Äquatorabständen. Ist diese Vorstellung richtig, so wäre es denkbar, daß die Polgebiete der Sonne heißer wären, also eine größere Flächenhelligkeit besäßen, als die Gegenden am Äquator. Dies würde sich dann darin äußern, daß der Abfall der photosphärischen Helligkeit in der Polrichtung etwas anders wäre als senkrecht dazu, ein Gedanke, auf den schon bei einer früheren Gelegenheit hingewiesen worden ist (S. 273).

Die Emdenschen Überlegungen ergaben die erste theoretische Grundlage zu einer Physik des Sterninneren. Erweitert wurden sie 1906 durch K. Schwarzschild, der darauf hinwies, daß der thermisch unveränderliche Zustand von Sonne und Sternen sich am besten durch Strahlungsgleichgewicht erklären läßt, d. h. durch die Annahme, daß jedes Teilchen der Materie genau ebensoviel

Energie ausstrahlt, als es von seiner Umgebung erhält (S. 271). Die umfangreichsten Untersuchungen über diese Fragen hat in neuester Zeit A. S. EDDINGTON, gestützt auf die Erfahrungen der Atomphysik und die Kenntnisse über Masse und Dichte der Fixsterne, geliefert, indem er nachgewiesen hat, daß eine Zustandsgleichung für das innere Gleichgewicht einer strahlenden Gaskugel nur dann aufstellbar ist, wenn man außer den bisherigen Voraussetzungen noch die Wirkung von besonderen Expansionskräften, also etwa Strahlungsdruck annimmt, die dem Schweredruck entgegenwirken. Die Frage ist schon im ersten Teil dieses Buches angeschnitten worden (S. 20). Es erscheint zweckmäßig, ihre Weiterbehandlung erst dann vorzunehmen, wenn über verschiedene Einzelheiten, die in Ergänzung der Sonnenphysik das Studium der Fixsterne geliefert hat, vollständige Klarheit gewonnen ist.

Die Koronatheorien. Bei der Deutung der eigenartigen Phänomene, die die Sonne bietet, hat von jeher ganz besondere Schwierigkeiten die Korona bereitet. Ihre merkwürdige Struktur, die gewaltige Ausdehnung des Gebildes, das seltsame Verhalten in bezug auf Spektrum und Polarisation werfen gleich eine ganze Reihe von Problemen auf. Da die Gelegenheiten zu ihrer Beobachtung sehr selten eintreten und dann von so kurzer Dauer sind, daß in dieser Zeit keine Veränderungen der Umrisse sich bemerkbar machen, so ist Deutungen ein sehr weiter Spielraum gelassen. Tatsächlich gibt es kaum eine der Korona irgendwie äußerlich ähnliche physikalische Erscheinung, die man im Laufe der Zeit mit ihr nicht in Verbindung gebracht hätte.

Nach unseren gegenwärtigen Kenntnissen besteht die Korona größtenteils aus materiellen Teilchen, die das Sonnenlicht ohne qualitative Veränderung reflektieren. In den inneren Gebieten sind auch Gase nachweisbar, die unbekannte helle Linien emittieren. Bei der sonstigen Gleichartigkeit der auf der Sonne und auf der Erde vereinigten Materie braucht dabei durchaus nicht an irgendwelche fremdartigen Grundstoffe gedacht zu werden. Unbekannt sind vermutlich nur die physikalischen Bedingungen, unter denen hier einige wahrscheinlich alltägliche Elemente zu dieser besonderen Strahlung veranlaßt werden. Welcher Art diese Bedingungen sind, ist unbekannt, doch ist die ungeheuer geringe Dichte der Koronamaterie dabei sicher von ausschlaggebender Bedeutung. Nach den Berechnungen von L. E. JEWELL dürfte bereits die ganze Stoffmenge, die die meisten Sonnenlinien in der umkehrenden Schicht erzeugt, bei einer Dicke von 1 cm keine größere Dichtigkeit besitzen, als die Metalldämpfe im elektrischen Bogen, wenn sie nur als Verunreinigungen vorkommen. Ebenso entspricht nach H. N. RUSSELL die Chromosphäre einschließlich der von ihr emporstrebenden oft so riesenhaften Protuberanzen nur einer Luftschicht von etwa 3 m Dicke. Trotzdem handelt es sich in beiden Fällen gegenüber der Korona noch um verhältnismäßig dichte Stoffe. Um einen ähnlichen Vergleich auch für die Korona heranzuziehen, sei erwähnt, daß S. NEWCOMB die äußerste Sonnenatmosphäre mit einem leeren Raum verglichen hat, der auf einen Kubikkilometer ein winziges materielles Teilchen von Staubkorngröße enthält. Würde sich also in den Naturwissenschaften das Maß von Mühe und Scharfsinn, das man einer Erscheinung zuwendet, nach ihrer materiellen Grundlage richten, so käme die Sonnenkorona sicherlich an letzter Stelle in Frage.

J. M. Schaeberle hat die Büschel und Strahlen der Korona als Ströme nichtselbstleuchtender Materie aufgefaßt, die durch irgendwelche im Gebiete der Fleckenzonen besonders stark wirksamen Kräfte zu ungewöhnlichen Höhen emporgeschleudert werden. Übersteigt dabei die Anfangsgeschwindigkeit 600 km in der Sekunde, und ist der Betrag der Reibung zu vernachlässigen, so entschwindet die Koronamaterie in den Raum und geht damit der Sonne verloren. Bei geringerer Geschwindigkeit kommen langgestreckte Ellipsen zustande, die von der Photosphäre ausgehen und an dieser enden. Wenn dabei die Materie in Sonnenabstände mit höherer Winkelgeschwindigkeit gelangt, bleibt sie gegenüber der Umgebung in der Rotation zurück. Dann entstehen bei schrägem Aufstieg die für die Koronastrahlen so charakteristischen Kurven doppelter Krümmung, die auf den meisten Finsternisphotographien deutlich zu erkennen sind (Abb. 272). Aus der Strahlenform läßt sich die Geschwindigkeit der Teilchen zu jeder gegebenen Zeit, die Bahn im gekrümmten Strahl und die Resultante aller Kräfte, die auf ein ausgestoßenes Partikelchen wirken, berechnen. Wenn die Bahnen der emporgeworfenen Teilchen Ellipsen sind, so müssen ihre stofflichen Bestandteile schließlich wieder zur Sonne zurückfallen. Dadurch könnten die periodischen Veränderungen der Korona erklärt werden, wozu allerdings noch die weitere Annahme notwendig wäre, daß die durchschnittliche Periode der Ejektionsbahnen mit dem Fleckenzyklus übereinstimmt. J. A. Miller in Swarthmoore hat die Koronabildungen auf den Finsternisaufnahmen zwischen 1893 und 1908 nach der Methode von Schaeberle bearbeitet, aber keine geschlossenen Bahnen gefunden. Eine mechanische Theorie ist also auf die Strahlen und Büschel wohl anwendbar, führt dann aber zu der Erkenntnis, daß die ausgestoßenen Teilchen zum Sonnenkörper nicht wieder zurückkehren.

Gegenüber Schaeberle vertritt C. Störmer die Anschauung, daß die Korona als eine besonders intensive Nordlichterscheinung anzusehen sei. Die vielen merkwürdigen und komplizierten Büschel und Strahlen würden dann Bahnen von Kathodenstrahlen entsprechen, die die Sonne nach allen Richtungen hin aussendet. Berechnet man die Lage einiger Strahlen, wie sie eine gleichförmig magnetisierte Kugel senkrecht emittiert, so erhält man in der Tat ein Bild, das stark an die Struktur der Korona erinnert. Die Theorie setzt also voraus, daß die Sonne von einem magnetischen Feld bestimmter Stärke umgeben ist. Macht man die weitere Annahme, daß Masse, Ladung und Geschwindigkeit der korpuskularen Teilchen die gleichen sind wie bei den Polarlichtern, so läßt sich für die Oberfläche der Sonne die erforderliche Intensität der magnetischen Kraft in der dynamischen Achsenrichtung und in der entsprechenden Äquatorebene berechnen. Sie beträgt $1.2 \cdot 10^{-7}$ bzw. $0.6 \cdot 10^{-7}$ Gauss. Zahlen von gleicher Größen-

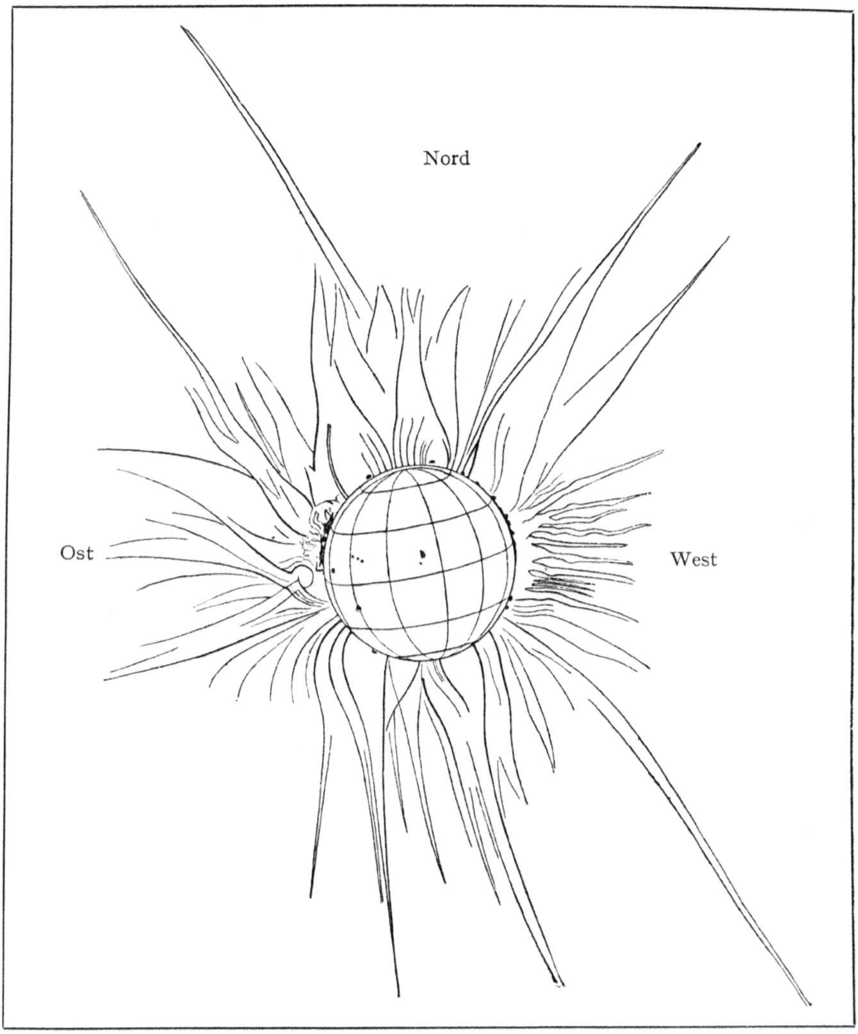

Abb. 272. Umrißzeichnung der Korona 1905 Aug. 30.

ordnung leitete auf einem anderen Wege bereits H. DESLANDRES ab. Trotz der Übereinstimmung der theoretischen Ergebnisse wird man aber den erheblichen quantitativen Widerspruch gegenüber den aus dem Zeeman-Effekt folgenden Werten der magnetischen Ladung der Sonne (S. 302) nicht übersehen dürfen, ganz abgesehen davon, daß die Koronabildungen zu der magnetischen Achsenlage keine Beziehungen aufweisen. Die zweifellos sehr beachtenswerte Störmersche Hypothese leidet vorläufig noch daran, daß die Natur der zur Erklärung herangezogenen Polarlichter selbst noch nicht genügend geklärt ist. Handelt es sich bei diesem Phänomen etwa um eine Fluoreszenzerscheinung atmosphärischer Gase, so darf ein Versuch von R. W. Wood nicht übersehen werden, der experimentell gezeigt hat, daß bei kräftiger Bestrahlung von kühlen Metalldämpfen, wie Natrium, Kalium und Jod Fluoreszenzerscheinungen entstehen, die ein kontinuierliches Spektrum ohne Linien ergeben und etwa den gleichen Prozentsatz von Polarisation aufweisen, wie ihn die Korona zeigt.

Auf gänzlich anderer Grundlage beruht eine Hypothese, die von H. Ebert aufgestellt und durch einen interessanten Versuch begründet worden ist. Bekanntlich sendet ein Körper, in dem periodisch elektrische Schwingungen stattfinden, Ätherwellen aus. Wird eine Messingkugel, die sich in einem großen, mit sehr verdünnten Gasen angefüllten Glaszylinder befindet, durch einen Draht mit einem solchen elektrischen Oszillator verbunden, so daß sie selbst als Ausgangsstelle elektrischer Wellen anzusehen ist, so werden in der Umgebung Lichtströme sichtbar, die besonders stark an etwaigen unregelmäßig gekrümmten Teilen der Kugel auftreten. Bei etwas höherer Gasdichte schießen Strahlen bis zum mehrfachen Durchmesser der Kugel radial und schräg empor, so daß im perspektivischen Anblick ein recht getreues Abbild der Korona entsteht. In atmosphärischer Luft sind die Strahlen blaßrot gefärbt, im Wasserstoff zeigen sie dagegen eine matte Silberfarbe bei kontinuierlichem Spektrum. Überträgt man diese Erscheinungen auf die Sonnenumgebung, so müßte angenommen werden, daß die analogen Schwingungen dort durch Störungen des elektrischen Gleichgewichts entstehen. Die Korona würde dann als die sichtbare Reaktion der in der Nähe befindlichen äußerst fein verteilten Materie auf die elektrischen Wellen aufzufassen sein, die von verschiedenen Stellen der Photosphäre ausgehen. Die Anschaulichkeit des Versuchs darf nicht darüber hinwegtäuschen, daß er eine elektrostatische Ladung der Sonne voraussetzt, deren Existenz die Beobachtungen nicht bestätigen.

Schon bei älteren Finsternissen ist von einigen Beobachtern auf die Ähnlichkeit hingewiesen worden, die die Strahlen der Korona mit Kometenschweifen haben. Da hier die Anwendung der Gesetze des Strahlungsdrucks zur Klärung der Erscheinung sehr erheblich beigetragen hat, sind von S. Arrhenius u. a. auch zur Deutung der Korona Repulsivkräfte gleicher Art herangezogen worden, ja, N. Donitsch glaubte sogar, die Koronabildungen ohne weiteres dem II. Typus der Kometenschweife nach T. Bredichin zurechnen zu dürfen. Von allen Theorien, die nur den äußeren Anblick der Korona zum Gegenstande ihrer Untersuchungen haben, erscheint die Annahme des Strahlungsdrucks am einfachsten und natürlichsten. Denn die Existenz von Repulsivkräften ist sowohl für Staubteilchen wie für Gasmoleküle und Atome nachgewiesen und bei den Kometen, vielleicht auch bei den Protuberanzen in ihrer Wirkung beobachtet. Leider versagen bei der Korona alle quantitativen Berechnungen, so daß für die Theorie, ebenso wie bei den anderen Hypothesen, nur Wahrscheinlichkeitsgründe vorgebracht werden können.

Die Erhaltung der Sonnenenergie. Eine nicht nur für die Astronomie, sondern auch für die Geologie und Paläontologie sehr wichtige Angelegenheit wird durch die Frage angeschnitten, ob man die gegenwärtige Temperatur der Sonne für sehr lange Zeiträume als konstant annehmen darf, oder ob dieselbe einer mehr oder weniger stetigen Abnahme unterworfen ist. In dieser Beziehung drängt sich zunächst die Gewißheit auf, daß nach den Gesetzen der Wärmetheorie die Strahlungsenergie der Sonne, falls sie nicht von außen oder innen her ersetzt wird, durch Ausstrahlung ständig abnehmen muß, und daß damit auch eine fortschreitende Abkühlung zu erwarten ist. Setzt man voraus, daß die Intensität der Strahlung von der Gravitation unabhängig ist, daß also die Ätherwellen in den leeren Raum genau in der gleichen Länge und Amplitude hinausgesandt werden, wie in der Richtung nach materiellen Körpern hin, so ist der Energieverlust, den die Sonne im Laufe der Zeit erleidet, tatsächlich ganz enorm. Die ABBOTschen Untersuchungen haben mit großer Zuverlässigkeit dargetan, daß die Sonne auf jeden Quadratzentimeter in der mittleren Entfernung der Erde, also in 149500000 km Abstand, 1.95 g-cal in der Minute ausstrahlt. Der Gesamtverlust ist mithin in der Minute gleich 1.95 g-cal multipliziert mit der Anzahl der Quadratzentimeter einer Kugeloberfläche, deren Radius gleich der astronomischen Einheit ist. Für das Jahr erhält man hierfür den gewaltigen Strahlungsbetrag von $2.9 \cdot 10^{33}$ g-cal.

Ein erkaltender Körper von bestimmter Masse gibt die Energie an die Umgebung nach Maßgabe seiner sog. spezifischen Wärme ab. Wäre also die spezifische Wärme der Sonne bekannt, so würde man aus der entsprechenden Ziffer ihre jährliche Temperaturabnahme ableiten können. Man wird wohl keinen großen Fehler begehen, wenn man mit J. SCHEINER[1]) die spezifische Wärme der Sonne gleich derjenigen des Wassers, also $= 1$ annimmt, da die betreffende Konstante bei Wasserstoff, der jedenfalls einen wesentlichen Bestandteil der Sonnenmaterie ausmacht, 3.4 beträgt, bei den meisten anderen Metalldämpfen dagegen beträchtlich kleiner als 1 ist. Setzt man für die Sonne eine Wasserkugel von gleicher Masse, wobei die Dichte zu 1.4 angenommen ist, so enthält diese Kugel $1.9 \cdot 10^{33}$ g Wasser; die jährliche Temperaturabnahme wird dann gleich dem Gesamtverlust $2.9 \cdot 10^{33}$ dividiert durch $1.9 \cdot 10^{33}$, also gleich 1.5^0 sein, gültig für die ermittelte effektive Temperatur der Photosphäre von rund 6000. Da die Strahlung mindestens mit der vierten Potenz der Temperatur steigt bzw. fällt, bedarf es gar keiner besonderen Erwähnung, daß ein so enormer jährlicher Abfall schon im Laufe eines Menschenalters auf das deutlichste in die Erscheinung treten müßte. Selbst wenn man die jährliche Temperaturabnahme 10, 100, ja 1000 mal geringer annimmt, kommt man immer noch in unlösbaren Widerspruch mit geologischen Daten und den Ergebnissen, die uns die Klimatologie der vergangenen Erdzeitalter liefert.

Die zahlenmäßige Festlegung der einzelnen Abschnitte der Erdgeschichte

---

[1]) J. SCHEINER, Strahlung und Temperatur der Sonne. Leipzig 1899.

mit geologischen Mitteln ist bekanntlich überaus unsicher, da sie stets auf einer Extrapolation, und zwar in der Regel auf der Schlußfolgerung beruht, daß die jetzige Geschwindigkeit der Schichtenbildung im großen und ganzen auch auf frühere Zeiten anwendbar bleibt. Aber selbst wenn man den Vorgang der Abtragung der Erdkruste durch die Einflüsse der Witterung in der Vergangenheit als noch so rasch annimmt, kommt man doch zu der Überzeugung, daß zur Bildung der irdischen Sedimentfolge sehr große Zeiträume erforderlich waren. Man darf also wohl den Geologen Glauben schenken, wenn sie versichern, daß nach allen Ergebnissen der Erdgeschichte die ersten Spuren des Lebens auf allermindestens 50 Millionen Jahre zurückzudatieren sind. Wir werden demnach nicht sehr fehlgreifen, wenn wir die ganze Geschichte der Erde von ihrem Erlöschen nach dem Fixsternzustand bis zur Bildung einer starren, für Lebewesen geeigneten Kruste auf das Drei- bis Vierfache jener Zeit, also auf rund 200 Millionen Jahre veranschlagen. In allen neueren geologischen Werken wird man für die in Frage kommenden Zeiträume weit höhere Ziffern angegeben finden, die sich meist auf die Zerfallszeit der radioaktiven Substanzen stützen. Der amerikanische Geologe J. Barrell hat z. B. nach dem Uran-Blei-Verfahren allein das Alter des Tertiärs auf 55 bis 65 Millionen, das Alter des Kambriums auf 550 bis 700 Millionen Jahre geschätzt. Wir wollen von diesen hohen, aber nicht unwahrscheinlichen Ziffern hier vorläufig ganz absehen und uns nur mit den vorhin genannten gerade noch diskutierbaren Mindestwerten abfinden.

Die Frage, wie sich in Urzeiten die Bildung der irdischen Lithosphäre abgespielt hat, wird wohl stets nur mehr oder weniger einleuchtenden theoretischen Überlegungen zugänglich sein. Betrachtet man lediglich die Folge der Sedimente, in unserer angenommenen Zeitskala also die letzten 50 Millionen Jahre, so gelangt man selbst bei Zulassung einer sehr weitgehenden Anpassung der einzelnen Lebensformen an Temperatur- und Klimaveränderungen zu der Überzeugung, daß die Erdoberfläche als Ganzes vom Beginn des organischen Lebens an, also vom Kambrium bis zur Gegenwart, weder Zeiten sengender Glut noch solche eisiger Kälte erlebt hat. Wohlgemerkt, die Erde in ihrer Gesamtheit. An einzelnen Stellen ihrer Oberfläche sind ja sehr merkwürdige, noch wenig geklärte klimatische Umwälzungen und Veränderungen vor sich gegangen, die einmal, z. B. im Karbon und Tertiär, selbst den jetzigen Polgebieten ein ungewöhnlich mildes Klima verliehen, aber schon in den nächstfolgenden Abschnitten der Erdgeschichte, also im Perm und Diluvium große Gebiete unseres Planeten mit einer kilometerhohen Inlandeisdecke überzogen. Ein einheitlicher tropischer Urwald oder eine allgemeine Eiswüste ist die Erde indessen nie gewesen. Der Geophysiker A. Wegener hat für Deutschland die klimatischen Verhältnisse der Vorzeit auf Grund der fossilen Funde darzustellen versucht[1]) und dafür ein Diagramm gegeben, das hier (Abb. 273) in etwas veränderter Form (als Ordinaten sind statt der geographischen Breite die Jahrestemperaturen

[1]) A. Wegener, Kontinente und Ozeane. Braunschweig 1922.

eingetragen) wiedergegeben ist. Die mittleren Temperaturen überschreiten, wie man sieht, nirgends die heute auf der Erde vorkommenden Grenzen; eine entsprechende Statistik in anderen Ländern würde zweifellos zu dem gleichen Ergebnis führen. Damit drängt sich aber vom geologischen Standpunkte die Überzeugung auf, daß die beste Lösung immer noch dann gewonnen wird, wenn man annimmt, daß in dieser langen Zeit von mindestens 50 Millionen Jahren die Sonne im Durchschnitt ihre Strahlung überhaupt nicht merklich geändert hat. Kleine periodische Schwankungen wären zulässig; alles andere muß durch Verlagerung der Kontinente und Ozeane, durch den Wechsel der Schiefe der Ekliptik, der Exzentrizität der Erdbahn und der Richtung ihrer Apsidenlinie, durch Polschwankungen und vielleicht noch durch geringe Änderungen in der Zusammensetzung unserer Atmosphäre erklärt werden, also durch Ursachen, die allein die Erde betreffen.[1])

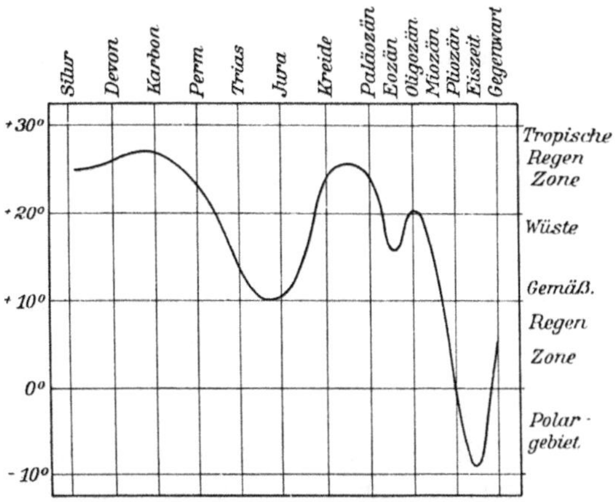

Abb. 273. Klimawechsel von Mitteldeutschland vom Silur bis zur Gegenwart (nach A. Wegener).

Aus diesen Betrachtungen folgt, daß mindestens während der letzten 50 Millionen Jahre der Sonnenball seine Eigenschaft als Wärmequelle unverändert beibehalten hat. Es müssen demnach Kräfte wirksam gewesen sein, die die Ausstrahlung der Sonnentemperatur mehr oder weniger ausgeglichen haben. Man kann sich diese Ausgleichung auf zweierlei Art vorstellen. Entweder wird auf irgendeine Weise der Sonne Energie von außen zugeführt, oder es sind innere Energiequellen in Tätigkeit, die den Temperaturabfall verhindern.

Bei der Energiezufuhr von außen könnte man an die Aufnahme von meteorischen Massen denken. Robert Mayer, der Entdecker des allgemeinen Gesetzes von der Erhaltung der Energie, ging als erster auf diese Ursache näher ein. Es ist sehr wohl denkbar, daß im Laufe eines Jahres wesentlich mehr Meteore auf die Sonne fallen, als die kleine Erde mit ihrer geringen Oberfläche und Anziehungskraft aufzunehmen vermag. Gelangt nun ein Körper mit der Anfangsgeschwindigkeit Null in den Anziehungsbereich der Sonne, so wird er beim Auftreffen auf die Photosphäre eine Geschwindigkeit von 600 km in der Sekunde erlangen (vgl. S. 434). Beim Aufsturz wird die kinetische Energie in Wärme umgewandelt, und man kann weiterhin berechnen, welche Massen von meteorischer Materie notwendig wären, um den jährlichen Wärmeverlust von $2.9 \cdot 10^{33}$ g-cal

[1]) W. Köppen und A. Wegener, Die Klimate der geologischen Vorzeit. Berlin 1924.

zu decken. Es ist hierzu nichts weiter notwendig, als die mechanische Energie in ihr thermisches Äquivalent umzuwandeln. Geschieht das auf Grund der auf S. 8 skizzierten Beziehungen, so findet man, da 1 g Masse, das in die Sonne hineinstürzt, $4.5 \cdot 10^7$ g-cal erzeugt, daß jährlich rund $\frac{1}{100}$ der Erdmasse an meteorischen Körpern der Sonne zugeführt werden müßte, um für ihre Ausstrahlung ein Äquivalent zu schaffen. Dies würde aber nach J. Boslers Hinweis die Jahreslänge in den letzten 2000 Jahren um 42 Tage verkürzt haben, was nach allen Beobachtungen von Finsternissen, Planetenumläufen usw., die uns das Altertum überliefert hat, gänzlich ausgeschlossen ist. Damit scheidet die Meteoritenfrage ohne weiteres aus unseren Betrachtungen aus.

Bei Berücksichtigung von inneren Kräften werden die Schwierigkeiten durchaus nicht geringer. Sie sind darin begründet, daß gegenwärtig eine sehr große Zahl von Energiequellen bekannt ist, die mit größerer oder geringerer Berechtigung für die Dauerstrahlung verantwortlich gemacht werden können. Ihre Wirksamkeit ist aber nicht näher nachzuprüfen, da die Photosphäre alles aus der Tiefe kommende Licht abschirmt und damit seine Untersuchung verhindert. Man könnte aus diesem Grunde jede hier geleistete Gedankenarbeit als reine Spekulation kurzerhand abtun, wenn nicht die Erfahrungen an Fixsternen gewisse Gesetzmäßigkeiten in den Massen, den Durchmessern, der Eigenstrahlung und in anderen physikalischen Eigenschaften dieser Körper enthüllt hätten, aus denen hervorgeht, daß hier doch recht aussichtsreiche theoretische Wege beschritten werden können.

Theorien von H. v. HELMHOLTZ, A. RITTER und J. H. LANE. Zerfallsenergie radioaktiver Elemente. Der erste, der sich von einem kosmogonischen Standpunkte aus mit der Frage nach der Erhaltung der Sonnenenergie beschäftigte, war H. v. Helmholtz. Um die Zeit, als er seine Gedanken in den „Populären Vorlesungen" bekannt gab, glaubte man in den Spiralnebeln des Himmels gerade ein anschauliches Beispiel für den ehemaligen Urzustand des Sonnensystems im Sinne der Theorien von I. Kant und P. S. Laplace gefunden zu haben. Hatte sich das Sonnensystem durch Kontraktion eines Gasnebels gebildet, so mußte, wie Helmholtz richtig erkannte, die Anwendung des Gesetzes von der Gleichwertigkeit von Wärme und Arbeit eine Lösung der Schwierigkeiten bieten. Nach Helmholtz steckte also bereits in den mechanischen Kräften des Urnebels eine so reiche Quelle von Energie, daß diese, in Wärme umgewandelt, mindestens für mehrere Jahrmillionen, also nach den damaligen Kenntnissen für die ganze Dauer der Erdentwicklung vom Fixstern bis zum Planeten vollkommen ausreichen mußte.

Wenn auch die Voraussetzungen der Helmholtzschen Entwicklungen gegenwärtig nicht mehr in vollem Umfange aufrecht erhalten werden können, so verdienen die Ergebnisse seiner Kontraktionstheorie doch noch Beachtung. Unter Zugrundelegung des Laplaceschen Gedankenganges muß der ganze Energievorrat des Sonnensystems nebst dem inzwischen durch Ausstrahlung verlorengegangenen Betrage in einem sehr ausgedehnten, mit dünner Materie erfüllten Raum in nahe gleichförmiger Verteilung vorhanden gewesen sein, und zwar bei einer äußeren Temperatur, die nur wenig oberhalb des absoluten Nullpunkts gelegen haben mag. Durch Kontraktion hat sich hieraus der gegenwärtige Zustand entwickelt, d. h. der bei weitem größte Teil der Materie hat sich zu einem Körper sehr hoher Temperatur, aber von relativ sehr kleinem Durchmesser konzentriert. War nun die Dichtigkeit der nebelartig verteilten Materie verschwindend klein gegen die jetzige Dichte der Sonne, so kann man berechnen, wieviel Arbeit bei der Kontraktion geleistet worden ist. Zieht man hiervon die Arbeit ab, die noch gegenwärtig in Form mechanischer Kräfte im Planetensystem wirksam ist, so läßt sich aus dem Restbetrag berechnen, wieviel von der ursprünglichen Energie in Wärme umgewandelt worden ist. Unter der bereits gemachten plausiblen Annahme, daß die in Kontraktion befindliche Masse die Wärmekapazität des Wassers gehabt hat (S. 375), ergibt sich auf diese Weise eine Temperaturzunahme von rund 27000°. Dieses Ergebnis ist unabhängig von der Zeit, die zur Verdichtung gebraucht worden ist. Verteilt man sie so, daß die jetzige Strahlung erzielt wird, so stellt sich heraus, daß die Kontraktionstheorie die Erhaltung der Sonnenenergie für eine Zeit gewährleistet, die nach den heutigen Kenntnissen über die Sonnenmasse, die Solarkonstante usw. auf höchstens 50 Millionen Jahre zu veranschlagen ist. Dieser Wert, der wohlgemerkt die ganze Entwicklung unseres Sonnensystems umspannen soll, ist mit den gegenwärtigen Anschauungen über die Dauer geologischer Perioden absolut unvereinbar und muß daher abgelehnt werden.

Bereits HELMHOLTZ hat auf die Schwierigkeiten hingewiesen, die dadurch entstehen, daß die starke Wärmeabgabe bei der Kontraktion der Verdichtung hinderlich im Wege stehen muß. Die strengeren Folgerungen wurden jedoch erst von H. LANE in Neuyork und kurz darauf von A. RITTER in Aachen gezogen. Wie alle älteren Theoretiker, ist auch LANE von der Laplaceschen Kontraktionshypothese ausgegangen. Er hat aber frühzeitig erkannt, daß die Theorie zu ganz verschiedenen Ergebnissen führt, je nachdem man die Entwicklung eines flüssigen oder gasförmigen Körper betrachtet. Auf die Sonne erscheint nur der letzte Fall anwendbar. Zieht sich eine Gaskugel auf die Hälfte ihres ursprünglichen Durchmessers zusammen, so wird die zentrale Anziehung auf jeden Teil ihrer Masse auf das 4fache vermehrt, die Oberfläche dagegen auf $\frac{1}{4}$ vermindert. Der Gasdruck auf ein Oberflächenelement wird daher 16mal vermehrt, während die Dichte der Gaskugel nur auf 2^3, d. h. auf das 8fache gestiegen ist. Waren nun im Anfangszustande die elastischen und die anziehenden Kräfte im Gleichgewicht, so muß nunmehr die Stärke der Expansion, d. h. die Temperatur der Gasmasse verdoppelt werden, damit bei dem um die Hälfte verringerten Durchmesser noch Gleichgewicht besteht. Ganz allgemein ergibt sich hieraus das auf den ersten Blick paradoxe Gesetz, daß die Temperatur einer in Zusammenziehung befindlichen adiabatischen Gaskugel im Verhältnis der linearen Zusammenziehung steigt. Bei einer Abnahme des Durchmessers auf

$\frac{1}{3}$, $\frac{1}{4}$, $\frac{1}{5}$ usw. wächst also die Temperatur um das 3,- 4-, 5 fache des ursprünglichen Betrages. Jedenfalls ist die Kontraktion des Laplaceschen Nebelballes nicht nur zur Erhaltung der ursprünglichen Temperatur ausreichend gewesen, sondern sie hat trotz dauernder Wärmeabgabe nach außen sogar eine bedeutende Erhöhung derselben im Gefolge gehabt. Bei dieser Gelegenheit ist vielleicht der Hinweis nicht überflüssig, daß die physikalischen Verhältnisse nur dann der Berechnung zugänglich werden, wenn als Anfangsform der schrumpfenden Gasmasse die Kugel angenommen wird und nicht der unklare, physikalisch nicht angreifbare chaotische Zustand der Materie, wie er G. L. BUFFON und I. KANT vorgeschwebt hat.

Das lange Zeit hindurch fast in Vergessenheit geratene Lane-Rittersche Gesetz hat in neueren theoretischen Untersuchungen über die Entwicklung der Fixsterne wieder eine hohe Bedeutung erlangt. Die ausführlichste und präziseste Entwicklung des Kontraktionsgedankens für eine allen möglichen Druckverhältnissen angepaßte Gaskugel ist R. EMDEN zu verdanken.

Verhältnismäßig kurz kann die Frage nach dem eventuellen Ersatz der Sonnenstrahlung durch die Zerfallenergie radioaktiver Stoffe behandelt werden. Bekanntlich ist das Periodische System der Elemente seit etwa 30 Jahren durch Grundstoffe bereichert worden, die bei ihrem Zerfall fast unbegrenzte Mengen von Wärme abzugeben vermögen. Unter diesen radioaktiven Elementen sind Radium, Thorium und Uran am bekanntesten. Sie zerfallen unter stetiger Energieabgabe in andere Grundstoffe, bis ein stabiles Element erreicht ist. Der Vorgang läßt sich in keiner Weise verzögern oder beschleunigen, sondern vollzieht sich stetig wie ein universelles Naturgesetz. Die Annahme radioaktiver Vorgänge auf der Sonne würde somit unsere Frage verhältnismäßig rasch und befriedigend beantworten. In der Übersicht der auf der Sonne nachgewiesenen Elemente (S. 292) fehlen zwar Radium, Thorium und Uran. Das besagt aber nicht viel, da Atomgewichte über 140 in Sternatmosphären sehr selten vorkommen. Es könnte auch sein, daß die Strahlung dieser schweren Elemente in der Photosphäre zufällig keine günstigen Anregungsbedingungen vorfindet. Man dürfte auch auf das Helium hinweisen, das in seiner doppelt ionisierten Form (He^{++}) direkt ein Zerfallprodukt radioaktiver Elemente bildet (α-Teilchen) und auf der Sonne neben freien Elektronen (β-Teilchen) zweifellos überall reichlich vorkommt. Aber eine quantitative Betrachtung zeigt sofort, daß die Zerfallenergie radioaktiver Elemente zur Erklärung der Konstanz der Sonnenstrahlung überhaupt nicht in Betracht kommt. Denn entweder sind die Stoffe, wie z. B. Radium, in sehr geringen Mengen ausreichend, um die Wärmeabgabe der Sonne zu decken; sie zerfallen dann aber so rasch, daß man schon nach wenigen Tausend Jahren mit dem Versiegen der Energiequelle rechnen müßte. Oder sie haben, wie Uran und Thorium, eine für die Geschichte der Sonne und der Erde ausreichende Lebensdauer; dann ist aber die Wärmeabgabe so gering, daß selbst bei Annahme eines ausschließlich aus Uran oder Thorium bestehenden Sonnenkörpers die erforderlichen physikalischen Bedingungen nicht zu erfüllen wären.

Eine Möglichkeit für die Deutung der unveränderlichen Strahlung der Sonne wäre dann gegeben, wenn die Energieabgabe mit einem Massenverlust verbunden ist, eine Vorstellung, die schon R. MAYER vorgeschwebt hat, obwohl ihr erst die neuere theoretische Physik einen tieferen Sinn gegeben hat. In der Tat entspricht die Vorstellung, daß Energie auch Masse besitzt, derart den relativistischen Anschauungen, daß der Gedanke an die Ausstrahlung von Materie von Weltkörper zu Weltkörper, wie sie sich schon früher S. ARRHENIUS vorgestellt hat, einer gründlicheren Betrachtung durchaus würdig erscheint. Es wird auf diese Angelegenheit, die durch gewisse statistische Massengesetze der Fixsterne gestützt wird, später noch näher einzugehen sein. Da nach der Relativitätstheorie die Masse dem Energiebetrage dividiert durch das Quadrat der Lichtgeschwindigkeit äquivalent ist, so würde eine sehr geringe Ausstrahlung von Materie den enormen Wärmetransport, der tagaus, tagein von der Sonne aus in das Weltall erfolgt, decken und alle bisherigen Widersprüche mit Geologie und Paläontologie beseitigen. Die jetzige Sonnenstrahlung beträgt $3.8 \cdot 10^{33}$ Erg pro Sekunde, die nach der relativistischen Anschauung einem Massenverlust von $4.22 \cdot 10^{12}$ g, d. h. von $1.33 \cdot 10^{20}$ g jährlich gleichkommen. Da das äußerste Alter des Sonnensystems zur Zeit auf 10^{10} Jahre geschätzt wird, so hätte die Sonne in dieser ungeheuer langen Zeit erst rund $\frac{1}{1500}$ der jetzigen Masse ausgestrahlt, was etwa zwei Dritteln der im Planeten Jupiter enthaltenen Materie entspricht.

Rückblick und Schlußbetrachtungen. Es ist in den vorangehenden Zeilen der Versuch gemacht worden, ein Bild von dem jetzigen Stande unserer experimentellen und theoretischen Kenntnisse über die Sonne zu entwerfen. Verschiedene der mitgeteilten Tatsachen stehen noch ohne inneren Zusammenhang da, und selbst für einen Astrophysiker, der seine ganze Arbeitskraft diesem einen Gebiet widmet, dürfte es schwer sein, eine Ansicht über die Sonnenvorgänge zu vertreten, der alle anderen Astronomen und Physiker sich restlos anschließen könnten. Aber man ist doch heute so weit vorgeschritten, daß wenigstens eine Anzahl älterer, phantasievoller Vorstellungen der Geschichte zugerechnet werden darf. Dementsprechend kann die folgende kurze Schlußdarstellung der Sonnennatur trotz mancher subjektiven Ansicht so gefaßt werden, daß sie sich wenigstens ohne große Widersprüche in die physikalischen Grundanschauungen der Gegenwart einfügt.

Die Sonne ist als ein Gasball hoher Temperatur zu betrachten, der sich vermutlich aus einem wesentlich größeren niedrigerer Temperatur im Laufe von mehreren Milliarden von Jahren durch Kontraktion entwickelt hat. Eine Vorstellung über die Physik des Inneren ist ohne theoretische Überlegungen und ohne Hinzuziehung der Erfahrungen an Fixsternen unmöglich. Die hohe Temperatur sowie der mit ihr verknüpfte starke Strahlungsdruck sind bestrebt, die Materie auszudehnen, während umgekehrt die Schwerkraft eine besonders hohe Dichtigkeit in den Kerngebieten herbeizuführen versucht. Ob dies soweit geht, daß die Gase schließlich flüssig werden, läßt sich nicht übersehen. Zweifellos

Abb. 274. Schematischer Querschnitt durch die äußeren Sonnenschichten.

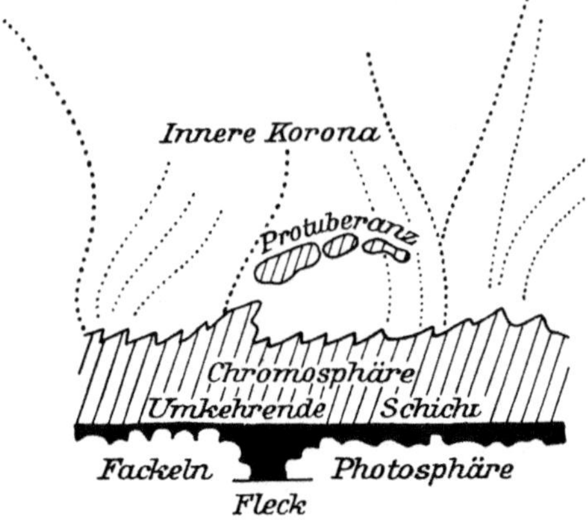

steigt die Temperatur schließlich auf Hunderttausende oder gar Millionen von Graden, so daß unter diesen Bedingungen die allgemeinen Eigenschaften der Elemente im Sonneninnern gar nicht mit denjenigen vergleichbar sind, die wir an ihnen im Laboratorium beobachten. Nach unseren jetzigen physikalischen Erfahrungen dürfte der Kern der Sonne aus Trümmern der Elemente bestehen, also aus Atomen, aus Ionen, Elektronen und weiteren Zerfallprodukten aufgebaut sein. Temperatur, Druck und Dichte müssen nach außen hin sehr erheblich abnehmen, schon aus dem Grunde, weil die äußeren Schichten ihre Wärme durch Ausstrahlung in den leeren Raum sehr rasch verlieren. Theoretische, auf den beobachteten Erscheinungen der Photosphäre begründete Überlegungen, im Verein mit den an Fixsternen gewonnenen Erfahrungen, lassen vermuten, daß der Sonnenkörper sich im Strahlungsgleichgewicht befindet, d. h. daß jede Schicht die aus der Tiefe empfangene Energie nach außen ohne Verlust weitergibt. Der augenblickliche Ersatz der ausgestrahlten Energie wird durch Konvektionsströme aus dem Inneren geleistet, während die säkulare Unveränderlichkeit der Sonne auf Kontraktion, Massenverlust oder auf andere noch unbekannte Energiequellen zurückzuführen ist. Jedenfalls zeigen die gegenwärtigen wie die vergangenen Klimaverhältnisse der Erde, daß die Sonne, von geringfügigen Schwankungen abgesehen, seit dem Präkambrium in der Zeiteinheit ungefähr die gleiche Wärmemenge ausgestrahlt hat, wie in unseren Tagen. Dieser Schluß ist nicht streng zwingend, aber plausibler als die Annahme, die die relative Beständigkeit eines mittleren Erdklimas in Veränderungen der Erdatmosphäre und deren Rückstrahlung sucht.

Die strengen Gesetze, nach denen der Sonnenball rotiert, sind unbekannt, doch ist wohl anzunehmen, daß die Umdrehung aller Schichten um ein und dieselbe Achse erfolgt. Die verschiedene Rotation der einzelnen Oberflächenzonen ist hydrodynamisch erklärbar. Dagegen ist die beobachtete Gesetzmäßigkeit der Verlangsamung der Winkelbewegung mit der Breite theoretisch vorläufig nicht erfaßbar.

Unsere Kenntnisse über die Zusammensetzung der Sonne entstammen in erster Linie der umkehrenden Schicht, die durch Absorption und Streuung die Fraunhoferschen Linien erzeugt und bei totalen Finsternissen die Emissionserscheinung des Flash hervorruft. Aus den im Flash und in der anschließenden Chromosphäre spektroskopisch beobachteten Gasschichtungen lassen sich keine eindeutigen Schlußfolgerungen über die Zusammensetzung der Sonne ziehen.

Das Auftreten der betreffenden Spektrallinien beweist nur, daß an den untersuchten Stellen die Druck- und Ionisationsverhältnisse der Strahlungsanregung günstig sind. Das Fehlen von Linien entspricht keinem negativen Befund, wie ihr deutliches Hervortreten keine Schlüsse auf besondere Mächtigkeit der beobachteten Elemente zuläßt.

Die Auffassung, daß die Photosphäre eine von Kondensationsprodukten gebildete, wolkenartige Schicht darstellt, ist mit den heutigen Anschauungen über das Sonneninnere schwer vereinbar, doch kann vorläufig nichts besseres an ihre Stelle gesetzt werden. Bei anderen Vorstellungen bereitet die Erklärung der scharfen Sonnenbegrenzung große Schwierigkeiten, wenn man nicht mit K. Schwarzschild und R. Emden annehmen will, daß auf einer Strecke von einigen Hundert Kilometern Druck und Dichte sich so rasch ändern, daß bei der großen Entfernung von der Erde ein scharfer Rand vorgetäuscht wird. In der Photosphäre beginnen und enden alle Strömungen, die die abgekühlte Materie nach innen, die warme von innen nach außen fortführen. Die senkrecht aufsteigenden Ströme bilden die hellen Körner der Granulation, die dementsprechend auch eine höhere Temperatur haben als die Umgebung.

Die Flecke sind Wirbel in der photosphärischen Materie, die zuweilen in die Chromosphäre emporreichen und diese in Mitleidenschaft ziehen. Sie haben Ähnlichkeit mit analogen Erscheinungen der Erdatmosphäre und sind wie die Tromben, die Tornados usw. thermodynamisch zu deuten. Nur ein geringer Teil der Wirbelerscheinung ist für das Auge sichtbar. Wenn die Gase emporsteigen und sich rasch ausbreiten, beobachten wir infolge der eintretenden Abkühlung und Absorption einen dunklen Fleck. Werden chromosphärische Gase in den darunter befindlichen photosphärischen Strudel mit hineingerissen, so tritt der Wirbel auf den Spektroheliogrammen auch in seiner wahren Form hervor. Die sichtbaren und unsichtbaren Fleckerscheinungen sind in tieferen Lagen der Photosphäre von Wirbeln elektrisch geladener Materie begleitet, deren Drehungssinn in einer Periode von etwa 22 Jahren wechselt. Diese elektrischen Wirbel haben mit der Richtung der zyklonenartigen Bewegung der höher liegenden Wasserstoffmassen nichts gemeinsam.

Innere Diskontinuitäten, die die Sonnenoberfläche fast erreichen, machen sich durch Fackelgebiete bemerkbar. In vielen Fällen ist dann der Sinn der emporsteigenden elektrischen Wirbelbewegung an der Polarität des magnetischen Feldes auch ohne besondere Fleckentwicklung feststellbar. Das gleiche ist noch nachweisbar, wenn ein Fleckwirbel unter Zurücklassung von Fackeln wieder in der Photosphäre verschwindet. Flecken und Fackeln sind somit verwandte, vermutlich auf gleichen Ursachen beruhende Erscheinungen. Sie hängen, wie schon aus ihrer Anordnung folgt, mit der Rotation der Sonne eng zusammen; eine nicht rotierende Sonne würde vermutlich weder Flecke noch Fackeln, sondern nur eine gleichmäßige Granulation zeigen.

Die Chromosphäre mit der darunter befindlichen nur wenige Hundert Kilometer mächtigen umkehrenden Schicht ist wahrscheinlich das einzige Gebilde,

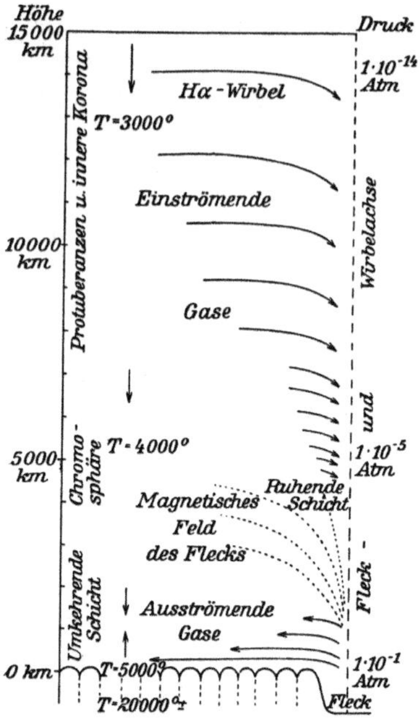

Abb. 275. Schema der physikalischen Bedingungen in der nächsten Sonnenumgebung (nach St. John u. a.).

das den Namen einer Sonnenatmosphäre verdient. Während in den tieferen Lagen, in denen das Flashspektrum und die eruptiven Protuberanzen ihren Ursprung nehmen, alle möglichen Metalldämpfe nachweisbar sind, setzt sich die eigentliche Chromosphäre hauptsächlich aus Wasserstoff, Helium und Kalzium zusammen. Die Protuberanzen, insbesondere ihre ruhenden, wolkenartigen Formen sind qualitativ mit der Chromosphäre identisch. Die an ihnen beobachteten Ruhezustände und Bewegungsvorgänge sind z. T. auf Strahlungsdruck, z. T. auf elektrische Impulse, vermutlich Elektronenstöße, zurückzuführen. Die Heranziehung der anomalen Dispersion zur Deutung der Protuberanzen und der anderen Emissionserscheinungen der Sonne erweist sich als nicht ausreichend und gegenwärtig auch als überflüssig.

Oberhalb der Chromosphäre erstreckt sich weit in den Raum die Korona. Weder ihre periodisch wechselnde Gestalt noch ihre Helligkeit und Zusammensetzung lassen sich nach thermodynamischen Regeln erklären, sie kann also jedenfalls nicht als eine Atmosphäre der Sonne im üblichen Sinne gelten. Ihre polaren Strahlen erinnern lebhaft an magnetische Kraftlinien, deren Lage, Form und Krümmung aber vorläufig weder mit der magnetischen Achse noch mit der Ladung der Sonne in Beziehung zu bringen ist. Der Leuchterscheinung nach kann die Korona kaum aus festen oder flüssigen Teilchen bestehen. Es handelt sich vermutlich der Hauptsache nach um Gase oder Atomreste, die in den äußeren Gebieten das Sonnenlicht einfach reflektieren, in den inneren dagegen in einer noch unbekannten Resonanzstrahlung leuchten. Die außerordentlich dünne Materie der Korona stammt vermutlich aus der Sonne und wird von hier aus durch Strahlungsdruck ständig erneuert, ohne zum Ursprungskörper wieder zurückzukehren.

Der Grund des periodischen Wechsels der Sonnentätigkeit ist sicher nicht in äußeren, sondern in inneren Vorgängen begründet, für deren Ursachen alle Anhaltspunkte fehlen. Wahrscheinlich sind nicht nur die Fleckbildungen selbst, sondern auch ihre Perioden an die rotierende Sonne geknüpft.

Die effektive absolute Temperatur der Photosphäre ist zu etwa 6000° anzunehmen. Die Zahl ist nach dem Stefanschen Gesetz aus der Strahlung abgeleitet, die nach spektralem Verlauf, nach Lage und Intensität des Maximums usw. in guter Näherung dem Schwarzen Körper entspricht. Es muß also angenommen werden, daß bei so hohen Dichte- und Temperaturgradienten, wie man sie in der Photosphäre anzunehmen berechtigt ist, schon in geringer Tiefe Hohlraumstrahlung zustande kommt.

Die Veränderlichkeit der sog. Solarkonstante darf als gesichert gelten. Ihr Wert ist im Maximum der Sonnentätigkeit am größten, im Minimum am kleinsten, weist auch sonst einen Gang mit der Fleckenzahl auf, der sich besonders deutlich in der ultravioletten Strahlung ausprägt. Einflüsse dieses Wechsels auf die irdischen meteorologischen Vorgänge sind wohl nachweisbar, aber von anderen Wirkungen überlagert und mit so erheblichen lokalen Phasenverschiebungen behaftet, daß die Beziehungen für die Aufgaben der Wetterkunde vorläufig noch fast ohne Wert sind.

Neben Wärme-, Licht- und aktinischen Wellen sendet die Sonne auch korpuskulare Strahlung vom Charakter der Kathodenstrahlen in den Weltraum hinaus. Im Kraftfeld der Erde angelangt, werden diese von ihrer geraden Richtung abgelenkt und erzeugen dann in den oberen Schichten der Atmosphäre die Erscheinungen der Polarlichter, bei stärkeren Einwirkungen die sich über die ganze Erde verbreitenden magnetischen Störungen.

VI. Die Planeten, Kometen und Meteore.

13. Die Planeten und ihre Trabanten.

Die physische Beschaffenheit der Planeten und Monde, also der Schwesterwelten der Erde, hat von jeher in besonderem Maße die Aufmerksamkeit der Allgemeinheit auf sich gelenkt, und man darf wohl behaupten, daß kein astronomisches Problem so oft und von so vielen Seiten behandelt worden ist, wie das vorliegende.[1]) Den geeignetsten Ausgangspunkt für die Betrachtungen würde zweifellos die Kosmogonie der Weltkörper, die die Sonne umkreisen und sie auf ihrer Bahn durch den Raum begleiten, bilden, doch ist uns darüber vorläufig erst außerordentlich wenig bekannt. Nach der schon mehrfach erwähnten Laplaceschen Anschauung war die Sonne ursprünglich weit über die Grenzen unseres Sonnensystems ausgedehnt und ist allmählich im Laufe unfaßbar großer Zeiträume zu ihrer jetzigen Größe zusammengeschrumpft. Bei dieser Zusammenziehung sind die Planeten abgetrennt worden, und ihre gegenwärtigen Entfernungen entsprechen annähernd den Durchmessern, die die Sonnenkugel zur Zeit der Abtrennung gehabt hat. Hält man an der Theorie, trotz sehr bedenklicher Mängel, die ihr anhaften, fest, so dürfen hieraus zwei Schlüsse gezogen werden. Die äußeren Planeten sind absolut genommen die ältesten, haben also die längste Entwicklungszeit hinter sich. Ferner sind sie aus Elementen zusammengesetzt, die sich in den äußeren Teilen des Sonnenballs befanden, die

[1]) O. Lohse, Planetographie. Leipzig 1894. — C. André, Les planètes et leur origine. Paris 1909. — B. Peter, Die Planeten. Leipzig 1921.

also wahrscheinlich spezifisch leichter waren, als die Materie, aus der die jüngeren und der Sonne näheren Weltkörper entstanden sind. Zweifellos hängt aber die Lebensgeschichte eines Planeten nicht allein von der Zeit ab, sondern auch von seiner Masse. Je geringer diese ist, desto kürzer, je größer, desto länger ist ohne Frage die Dauer der Entwicklung vom sternartigen bis zum planetarischen Zustand gewesen. Daher braucht die relative Entwicklung der die Sonne umkreisenden Körper keineswegs von den inneren nach den äußeren fortzuschreiten, sondern kann in der Aufeinanderfolge auch Rückschläge oder Gruppenbildung aufweisen, für die jedoch in der angenommenen kosmogonischen Theorie keine Anhaltspunkte zu finden sind.

Wenn dieser Gedankengang versagt, muß der Versuch gemacht werden, auf andere Weise die astrophysikalischen Aufgaben anzugreifen, die sich an die Planeten knüpfen. Hierzu stehen zwei Wege offen, der theoretische, indem man die von der Erde bekannten Gesetze der Sonnenstrahlung auf die verschiedenen Abstände der Planeten anwendet, und der praktische, indem man von dem direkten Eindruck am Fernrohr, von photometrischen und spektroskopischen Beobachtungen ausgeht und so einen Einblick in den Entwicklungszustand der Planeten zu erhalten versucht. Der erste Weg ist bereits beschritten worden, als wir die Wirkung der Sonnenstrahlung auf die einzelnen Planeten zu ergründen versuchten (S. 354). Den zweiten, direkten wollen wir nunmehr einschlagen, ohne uns zu verhehlen, daß die Schwierigkeiten, die hier schon wegen der großen gegenseitigen Entfernungen der Planeten überwunden werden müssen, kaum geringer zu veranschlagen sind, als bei den theoretischen Betrachtungen. So bleibt schließlich, von unserem Erdmonde abgesehen, das Endergebnis recht dürftig. Für jeden, der sich auch nur flüchtig in den Gegenstand vertieft hat, werden insbesondere alle Fragen, die etwa mit der Bewohnbarkeit der Planeten zusammenhängen, ohne weiteres aus dem Bereiche wissenschaftlicher Untersuchungen auszuschließen sein.

Merkur. Merkur ist der sonnennächste und gleichzeitig auch der kleinste aller Planeten. Seine mittlere Entfernung von der Sonne beträgt 58000000 km, doch ändert sich dieser Abstand wegen der großen Bahnexzentrizität von 0.206 sehr stark.[1]) Der Durchmesser beträgt 4800 km, die Dichte 0.68 der Erddichte, während die Masse in derselben Einheit nur 0.04 beträgt. Die siderische Umlaufszeit umfaßt 88 Tage. Wegen seines geringen scheinbaren Abstandes von der Sonne, der im Mittel 23^0 beträgt, ist Merkur von der Erde aus selbst im günstigsten Falle nur kurze Zeit in der Dämmerung zu beobachten. Am Fernrohr ist man völlig auf Tagesbeobachtungen angewiesen, die stets schwierig sind und bisher sehr wenig ergeben haben. Sie werden hauptsächlich behindert durch die Luftunruhe in der Nähe der Sonne und durch den geringen scheinbaren

[1]) Alle Planeten- und Trabantenkonstanten nach dem „Handbook for 1925" der Brit. Astr. Ass.

Durchmesser des Planeten, der in der vollen Phase nur wenig über 4″ hinausgeht. Es sind auf der mehr oder weniger erleuchteten Scheibe hin und wieder Flecke gesehen worden, jedoch in solcher Verwaschenheit, daß es noch nicht gelungen ist, etwa ein Kartenbild zu entwerfen. G. SCHIAPARELLI hat 1889 aus der Verfolgung bestimmter Einzelheiten auf die Gleichheit der Umdrehungs- und Umlaufszeit des Planeten geschlossen, d. h. auf einen Zustand, der beim Erdmond bisher als das Endergebnis von Flutwirkungen der Erde auf ihren Trabanten angenommen wurde. Abgesehen von der mangelnden Beweiskraft der Theorie der Gezeitenbremsung, sind die fluterzeugenden Kräfte der Sonne auf Merkur bedeutend geringer, als diejenigen der Erde auf dem Monde. Noch schwerer als diese Überlegungen fallen ins Gewicht die radiometrischen Messungen, die letzthin von P. H. MENZEL, E. PETTIT und S. B. NICHOLSON an den Planeten, darunter auch an Merkur, angestellt worden sind. Die aus der Energieverteilung im ultraroten Spektrum erhaltenen, bis 420° C reichenden Temperaturen sinken selbst beim Phasenwinkel 120° nicht unter rund 230° herab. Dies widerspricht entschieden der Auffassung, als hätte der Planet eine ständig erleuchtete und erwärmte und eine dauernd in Finsternis getauchte und daher kalte Halbkugel von unveränderlicher Begrenzung. Soweit sich übersehen läßt, sind die radiometrischen Daten vorläufig nur mit einer kurzen Rotation von Stunden oder wenigen Tagen vereinbar.

Es erscheint durchaus verständlich, daß man nach Begründung der Spektralanalyse sich der Hoffnung hingegeben hat, nunmehr wichtige Entscheidungen über die Zusammensetzung der Planetenatmosphären treffen zu können. Da das von der Erde aus spektroskopisch untersuchte reflektierte Sonnenlicht die Lufthülle des Planeten zweimal passiert hat, so waren sehr merkliche Absorptionswirkungen zu erwarten. Diese Hoffnungen sind nur zum Teil in Erfüllung gegangen. Denn entweder dringen die Lichtstrahlen in die Planetenatmosphären nicht tief genug hinein, oder diese sind so dünn und so ähnlich zusammengesetzt, wie die irdische Lufthülle, daß die Erkennung und Trennung der Wirkungen außerordentlichen Schwierigkeiten begegnet. Das Merkurspektrum hat schon H. C. VOGEL bald nach 1870 visuell nachgeprüft und in neuerer Zeit hat es P. LOWELL photographisch untersucht. Sicher entspricht es in seinem brechbaren Teil vollständig dem Sonnenspektrum. Im roten Teil treten vielleicht die Wasserdampflinien etwas stärker auf als im Spektrum von Fixsternen, die sich in gleicher Höhe befinden, aber diese Feststellung ist so unsicher und ungewiß, daß aus ihr jedenfalls kein spektroskopischer Nachweis der Merkuratmosphäre hergeleitet werden darf.

Größere Zuverlässigkeit bieten die photometrischen Ergebnisse, die sich allerdings nicht auf einzelne Oberflächenteile, sondern nur auf Gesamtlicht und Phasenwinkel beziehen. Die scheinbare Helligkeit des Merkur ist beträchtlichen Schwankungen unterworfen, die durch die stark wechselnde Entfernung von der Erde, durch die große Exzentrizität der Bahn und durch die Phasenbildung bedingt werden. Nach den Beobachtungen von G. MÜLLER kann seine Helligkeit von 1.1^m bis -1.2^m, d. h. von der Größe Aldebarans bis zu der des Sirius schwanken. Eine genauere Betrachtung der Sichtbedingungen zeigt dabei, daß die maximale Helligkeit stets bei sehr geringem Sonnenabstand erreicht wird, am Abendhimmel beim ersten Auftauchen des Planeten, am Morgenhimmel bei seinem letzten Verschwinden im Tageslicht. In Gegenden mit kurzer Dämmerung bildet Merkur trotzdem eine auffallende Erscheinung. Photometrisch ist die Helligkeit im allgemeinen nur zwischen den Phasenwinkeln 50° und 120° zu beobachten. Werte außerhalb dieser Grenzen sind nur bei totalen Sonnenfinsternissen erreichbar; so konnte z. B. am 28. Mai 1900 Merkur bei einem Phasenwinkel von nur 7° photometrisch an die Venus angeschlossen werden, wobei sich der hohe Helligkeitswert -2.7^m ergab. Aus den vorliegenden Beobachtungen folgt nach der Bellschen Definition (S. 214 f.) die sphärische Albedo zu 0.07. Es ist dies ein unerwartet geringer Wert, der im Planetensystem nur noch in der Reflexion des Erdmondes seinesgleichen findet.

Wenn man die beobachtete Helligkeit des Merkur in Sterngrößen auf seine mittlere Entfernung von der Sonne $r_0 = 0.3871$ und auf die mittlere Entfernung $\Delta_0 = 1$ von der Erde reduziert, so läßt sich nach Müller der Einfluß der Phase genügend genau durch die folgende lineare Formel darstellen, in der h die Helligkeit in Größenklassen und φ den Phasenwinkel bezeichnet

$$h = -0.90 + 0.0368\,(\varphi - 50^0)$$

Fügt man dem Ausdruck die Abstandsverbesserung

$$+ 2.5 \log \frac{r^2 \Delta^2}{0.3871}$$

hinzu, so kann nach der Formel die Helligkeit des Planeten in Sterngrößen für jeden Wert von r und Δ berechnet werden.[1]) Wenn man die beobachteten bzw. nach der empirischen Formel bestimmten Größen mit den nach der Theorie von J. H. Lambert und H. v. Seeliger berechneten Phasenhelligkeiten zusammenstellt, so erhält man die nebenstehende Übersicht, in die noch die beobachteten und auf die gleiche Helligkeit reduzierten entsprechenden Zahlen für den Erdmond (S. 445) aufgenommen sind. Wie man sieht, stimmt keiner der theoretisch erhaltenen Werte mit dem beobachteten überein; es geht daraus hervor, daß auf dem Merkur die Oberflächenverhält-

Berechnete und beobachtete Phasenhelligkeiten des Merkur.

φ	Gr. (beob.)	Theorie Lambert	Theorie Seeliger	Mond (beob.)
50°	-0.90^m	-0.90^m	-0.90^m	-0.90^m
60	−0.61	−0.73	−0.76	−0.64
70	−0.29	−0.54	−0.60	−0.36
80	+0.04	−0.30	−0.42	−0.04
90	+0.40	−0.03	−0.22	+0.30
100	+0.77	+0.29	+0.01	+0.70
110	+1.17	+0.68	+0.29	+1.12
120	+1.59	+1.13	+0.61	+1.64

[1]) G. Müller, Photometrie der Gestirne. Leipzig 1897. Die Hauptkonstanten der Formeln S. 388 bis 419 sind, Merkur ausgenommen, auf das Harvard-System bezogen.

nisse nicht entfernt den Voraussetzungen der Emanationsgesetze entsprechen. Dagegen ist ein sehr guter, fast innerhalb der Beobachtungsfehler liegender Einklang mit den beobachteten Helligkeitswerten des Erdmondes vorhanden. Hieraus läßt sich der Schluß ziehen, daß zwischen der Oberflächenbeschaffenheit der beiden Himmelskörper eine beträchtliche Ähnlichkeit bestehen muß. Insbesondere ergibt sich auch für Merkur die Unwahrscheinlichkeit einer dichteren Atmosphäre. Das entspricht durchaus den negativen spektroskopischen Ergebnissen und dem geringen, mit dem Erdmonde übereinstimmenden Wert der sphärischen Albedo. Auch der Prozentsatz des polarisierten Lichtes in den einzelnen Phasen deutet auf Ähnlichkeit mit unserem Trabanten hin. Die Farbe des Merkur wird von den Beobachtern als gelb angegeben, etwas tiefer als die Tönung der Venus. Der Farbenindex dürfte jedenfalls von $+ 1.0^m$ nur wenig abweichen. Beim Erdmond beträgt der Farbenindex $+ 1.2^m$, so daß auch die Qualität des reflektierten Lichtes bei beiden Weltkörpern nahezu identisch ist. Weitere Schlüsse sind nicht statthaft, denn trotz aller äußeren Ähnlichkeit ist schon der Unterschied der Sonnenstrahlung auf beiden Weltkörpern so groß, daß bei ihnen kaum eine vollkommen identische Entwicklung der Oberflächen vorausgesetzt werden darf.

Nach dem Ergebnis der bisherigen physischen Beobachtungen an Merkur ist dort eine feste aus dunklem Gestein bestehende Oberfläche anzunehmen, über der höchstens eine sehr dünne Atmosphäre lagert, ohne Kondensationen, wie Nebel oder Wolken. Bis zur Feststellung der Rotation wird das Bild des Planeten lückenhaft bleiben, doch ist zu hoffen, daß diese Frage bei Vervollkommnung der radiometrischen Verfahren durch Temperaturmessung einzelner Punkte der Merkurscheibe in absehbarer Zeit gelöst werden kann.

Die Venus. Der als Morgen- und Abendstern jedermann bekannte Planet Venus kommt von allen großen Planeten der Erde am nächsten. Der Durchmesser von 12200 km, die Masse 0.83, sowie die Dichte von 0.94 entsprechen fast ganz den irdischen Verhältnissen. Eine Abplattung ist wahrscheinlich nicht vorhanden. Die mittlere Entfernung von der Sonne beträgt 108000000 km, der Umlauf wird in 225 Tagen vollzogen. Der Abstand von der Erde wechselt in sehr weiten Grenzen, indem er bei der unteren Konjunktion auf 41000000 km heruntergehen, bei der oberen auf 257000000 km anwachsen kann. Der scheinbare Durchmesser ändert sich also um mehr als das 6fache des kleinsten Betrages. Man sollte daher sehr starke Schwankungen der scheinbaren Helligkeit des Planeten erwarten; das ist aber nicht der Fall, weil seine Phase bei der Annäherung an die obere Konjunktion immer kleiner, beim Heranrücken der unteren Konjunktion dagegen immer größer wird. Beides hebt sich annähernd auf, so daß der Glanz des Planeten nur um etwa eine Größenklasse schwankt. Die größte Helligkeit tritt bei einem Phasenwinkel $\varphi = 125^0$ ein, also etwa 30 Tage vor und nach der unteren Konjunktion und beträgt alsdann -4.3^m; die kleinste beobachtete Helligkeit liegt ungefähr bei $\varphi = 35^0$

und ist alsdann noch immer -3.5^m. Angesichts dieses Glanzes ist die Venus für scharfe Augen fast stets ohne besondere Hilfsmittel sichtbar, wenn nur der Himmel vollkommen klar und der Beobachter über die Stellung des Planeten genügend sicher orientiert ist. Die Farbe der Venus ist ein reines Gelb. Der Farbenindex ist mit demjenigen der Sonne fast identisch und beträgt $+0.8^m$.

Die umfangreichsten Helligkeitsmessungen der Venus hat G. MÜLLER in Potsdam angestellt. Sie erstrecken sich auf Abend- und Morgenbeobachtungen zwischen 1877 und 1890 und auf Tagesbeobachtungen in den Jahren 1900 bis 1909. Die gemessenen Werte, auf denen die Angaben S. 389 beruhen, umfassen Phasenwinkel zwischen 2.7^0 und 168.4^0. Die nur von den letzteren abhängigen Helligkeitsänderungen erhält man, genau wie beim Merkur, wenn die beobachteten Größen auf die mittlere Entfernung $r_0 = 0.7233$ von der Sonne und $\varDelta_0 = 1$ von der Erde reduziert werden. Der Gang mit dem Phasenwinkel ist dann durch die empirische Formel

$$h = -4.77 + 0.0132\,\varphi + 0.00000042\,\varphi^3$$

darstellbar, wobei h wieder in Größenklassen angenommen ist. Die Helligkeiten stimmen aber, besonders bei den größeren Phasenwinkeln φ, auch hier keineswegs mit irgendeiner Theorie überein, wenn die Abweichungen auch nicht so stark sind wie bei Merkur.

Bereits wenige Jahrzehnte nach der Erfindung des Fernrohrs hat man Flecke auf der Venus zu erkennen geglaubt, und eine ganze Reihe von Beobachtern war in der Folgezeit bemüht, auf Grund der Wiederkehr bestimmter Umrisse die Rotationszeit des Planeten abzuleiten. J. CASSINI vermutete sehr vorsichtig eine Umdrehungszeit von etwa 23 bis 24 Stunden, und man findet bis ins 19. Jahrhundert hinein eine mehrfache Bestätigung dieser Zeitdauer. Trotz des Widerspruches von S. BIANCHINI, der mit seinem langen Fernrohr eine 24tägige Umdrehung festgestellt haben wollte, setzte sich auf Grund von angeblichen Bestätigungen allmählich die Ansicht fest, daß die Venus in $23^h\,21^m$ bis $23^h\,22^m$ eine Achsenumdrehung ausführe. Die Überzeugung blieb auch dann bestehen, nachdem derart erfahrene Beobachter wie W. HERSCHEL und J. H. MÄDLER sich vergeblich um eine Bestätigung des Zahlenwertes bemüht hatten. Um das Jahr 1880 war dann G. SCHIAPARELLI auf Grund sehr zahlreicher und sorgfältiger Beobachtungen zu dem Ergebnis gelangt, daß die Rotationsdauer der Venus mit der Umlaufszeit zusammenfalle, also 225 Tage betrage. Auch diese Feststellung hat man zunächst für sehr sicher gehalten, bis man schließlich zweifelhaft geworden ist, ob überhaupt visuelle Beobachtungen am Fernrohr hier zu einem Ziele führen können. Besonders lehrreich wirkten in dieser Beziehung die Versuche von W. VILLIGER, der an weißen, seitlich beleuchteten Kugeln Schatteneffekte nachwies, die von verschiedenen Beobachtern ganz gleichartig aufgefaßt werden und doch nur physiologisch zu erklären sind. Da die betreffenden Schattierungen sehr lebhaft an die üblichen Wahrnehmungen auf der Venusoberfläche (Abb. 276) erinnern, sind damit fast alle bisherigen Beobachtungen von Umrissen auf dem Planeten in Frage gestellt und jedenfalls für die Lösung der Frage nach der Achsenumdrehung unbrauchbar. In neuerer Zeit hat W. H. WRIGHT mit Hilfe der Filterphotographie (vgl. S. 396 und 401) auf der Venus Flecke nachzuweisen versucht. Die Violettaufnahmen zeigen zweifellos Einzelheiten; ob diese aber zur Rotationsbestimmung geeignet sind, muß erst abgewartet werden.

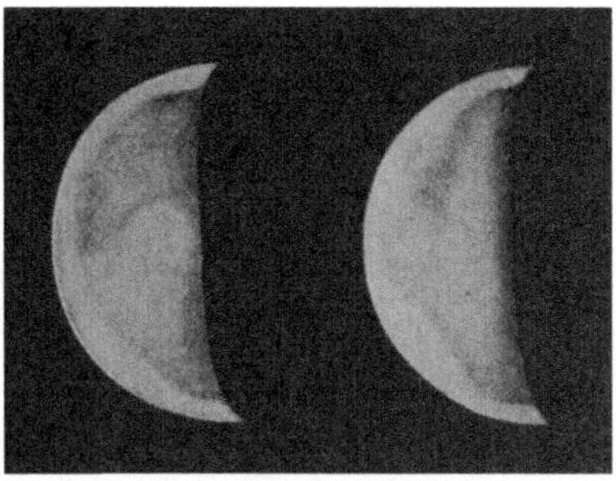

Abb. 276. Die Venus in Viertelphase, 1911 Juli 12 und 13.

Eine Klärung der Angelegenheit auf spektographischem Wege bereitet gleichfalls große Schwierigkeiten. Befindet sich Venus nahe der oberen Konjunktion, so sind beide Ränder sichtbar. Dann nähert sich durch die Rotation der eine Rand der Erde und der Sonne, während sich der andere gleichzeitig von beiden entfernt. Da es sich um reflektiertes Licht handelt, erhält man somit aus den Linienverschiebungen das Vierfache der wirklichen linearen Rotationsgeschwindigkeit (S. 158), so daß unter Annahme der kurzen Rotationsdauer von 23^h bis 24^h ein Geschwindigkeitsunterschied von nahe 2 km in die Erscheinung treten würde. Die Messungen des Doppler-Effektes, die A. BELOPOLSKI 1903, 1908 und 1911 auf Spektralaufnahmen der Venus erhalten hat, ergaben für den Geschwindigkeitsunterschied zwischen Ost- und Westrand einen merklich kleineren Wert, der auf eine Umdrehungszeit von $34\frac{1}{2}$ Stunden führt. Dagegen sind P. LOWELL und die Beobachter auf dem Mt. Wilson auf demselben Wege zu einem durchaus negativen Ergebnis gelangt, so daß die ganze Rotationsfrage der Venus als noch unaufgeklärt zu betrachten ist; Perioden von weniger als 15 bis 20 Tagen kommen allerdings heute kaum noch in Frage. Eine Entscheidung hierüber sowie über die Achsenlage darf einmal von radiometrischen Messungen erwartet werden. Hat z. B. die Rotationsachse der Venus eine merkliche Neigung zur Bahn, so müssen die Beleuchtungspole des Planeten in der Regel eine verschiedene Temperatur ergeben. Das scheint tatsächlich der Fall zu sein, indem im Sommer 1924 nach W. W. COBLENTZ und C. O. LAMPLAND der südliche Beleuchtungspol der Venus eine größere thermische Strahlung zeigte als der Nordpol. Auch hier müssen erst größere Reihen von Messungen abgewartet werden, ehe weitere Schlüsse und Folgerungen statthaft sind.

An die Rotation von Venus und Merkur knüpfen sich so viele Fragen, daß noch eine theoretische Möglichkeit bezüglich der Achsenlage kurz erwähnt sein mag. C. V. CHARLIER hat nämlich gezeigt, daß ein Planet nicht nur rotieren, sondern auch um die Sonne langsam rollen kann. Die Rotationsachse fällt dann in die Bahnebene und stimmt der Lage nach stets mit dem Radiusvektor überein. Umdrehungszeiten lassen sich aus dieser Achsenorientierung jedoch ebensowenig theoretisch ableiten, wie sonst.

J. Scheiner und H. C. Vogel haben im roten Teil des Venusspektrums eine Verstärkung der bekannten tellurischen Banden vermutet, so daß lange Zeit hindurch die Existenz einer dampfhaltigen Atmosphäre auf dem Planeten als nachgewiesen galt. Die gleichartigen, mit den Mitteln des Mt. Wilson-Observatoriums ausgeführten spektrographischen Untersuchungen durch C. E. St. John und B. Nicholson haben die visuellen Beobachtungen nicht bestätigt. Weder neue Linien, noch Sauerstoff oder Wasserdampf konnten im Venuslicht nachgewiesen werden, obwohl die erhaltenen Spektrogramme in jeder Hinsicht einwandfrei ausgefallen sind. Trotz dieses negativen Ergebnisses ist ein Zweifel an dem Vorhandensein einer ausgedehnten und wahrscheinlich auch dichten Atmosphäre auf Grund der direkten Beobachtungen nicht möglich. So erscheint die Lichtgrenze bei mittlerer Phase etwas unscharf und wesentlich matter als der erleuchtete Rand. Kurz vor Beginn und nach Schluß der Venusdurchgänge durch die Sonnenscheibe sowie bei unteren Konjunktionen, die nahe in die Knotenlinie fallen, ist die Atmosphäre des Planeten in Gestalt eines hellen Ringes sichtbar; in den normalen unteren Konjunktionen macht sie sich dadurch bemerkbar, daß die Hörnerspitzen weit über die Beleuchtungspole hinausragen usw. (Abb. 277). Die Beobachtungen gehen hier derart in die Einzelheiten, daß H. N. Russell daraus sehr sicher die Horizontalrefraktion der Venusatmosphäre ableiten konnte. Sie ergab sich zu rund 70′, also doppelt so groß wie auf der Erde. Die Luftschichten, in denen die Strahlenbrechung vor sich geht, sind vermutlich stark getrübt, sonst müßte der vor und nach den Durchgängen und bei sonnennahen unteren Konjunktionen beobachtete Ring ein deutliches, dem gebrochenen Sonnenbild entsprechendes Lichtmaximum zeigen. Eine Vereinigung der spektrographischen Beobachtungen mit dem Anblick im Fernrohr ist nur unter der Annahme denkbar, daß die eigentliche Oberfläche des Planeten durch eine die ganze Kugel umgebende, außerordentlich hohe Wolkenhülle verdeckt ist. Aber selbst wenn dafür eine Bodenerhebung von etwa 20 km angenommen wird, ist der weitere Schluß notwendig, daß die darüber liegenden Schichten noch nicht 2% des irdischen, in dieser Höhe nachweisbaren Sauerstoffes und kaum eine Spur von Wasserdampf enthalten. Dieses Ergebnis ist merkwürdig, da nach den Messungen von B. Lyot das Verhältnis des polarisierten Lichtes der Venus zum natürlichen in den verschiedenen Phasenwinkeln einen typischen Gang ergibt, wie er im Laboratorium an einer aus kleinen Tropfen zusammengesetzten Dampfwolke

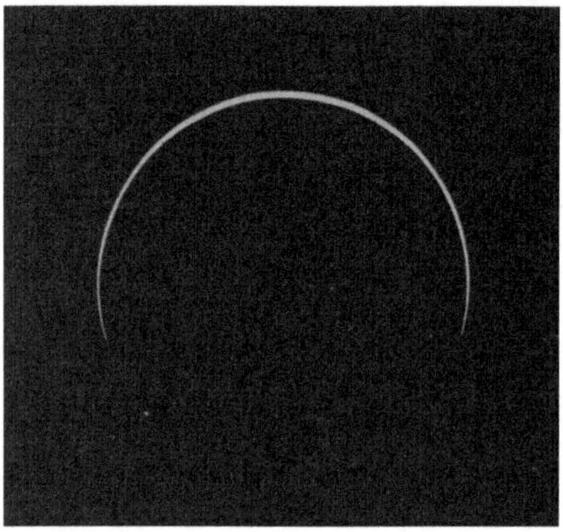

Abb. 277. Venus in unterer Konjunktion. April 1921.

beobachtet wird. Mit der Annahme einer das Licht stark reflektierenden Wolkenhülle gut vereinbar sind dagegen die photometrischen Beobachtungen, die für Venus die recht hohe Albedo 0.59 ergeben haben. Es ist das ein Wert, der demjenigen hellerleuchteter irdischer Haufenwolken nur wenig nachsteht.

Noch eine besondere, offenbar rein physiologische Erscheinung hat der Planet Venus manchen Beobachtern in der Nähe der unteren Konjunktion geboten. Wenn die erhellte Sichel sehr schmal geworden ist, hat man bei Tagesbeobachtungen hin und wieder auch den dunklen Teil der Venusoberfläche zu sehen geglaubt, in ähnlicher Weise, wie dies bei unserem Monde kurz vor und nach Neumond der Fall ist. Während es sich aber hier um die Beleuchtung der dunklen Mondoberfläche durch die nahe vollerleuchtete Erde handelt, ist die gleiche Erklärung für die Venus nicht möglich. Aus der Erdalbedo (S. 354) folgt, daß von der Venus aus gesehen, Erde und Mond im günstigsten Falle die Helligkeiten -6.5^m bzw. -2.0^m haben. Das Gesamtlicht dieses Doppelsternes entspricht etwa dem Licht der Mondsichel drei Tage nach Neumond, ist also sicher nicht intensiv genug, um im Widerschein an der Wolkendecke der Venus wahrnehmbar zu sein, noch dazu bei Tageslicht.

Mars. Kosmische Verhältnisse. Der erste obere Planet außerhalb der Erdbahn, Mars, umkreist die Sonne in einer mittleren Entfernung von 228000000 km oder dem $1\frac{1}{2}$fachen des Erdabstandes von der Sonne. Sein Durchmesser umfaßt 6800 km, entspricht also nur ungefähr der Hälfte des entsprechenden Erdwertes. Eine Abplattung von $\frac{1}{200}$ ist in den Messungen angedeutet, aber nicht sicher erwiesen. Die Masse beträgt in Erdeinheiten 0.11, die Dichte 0.71. Die täglichen Veränderungen im Anblick der Oberfläche und die Bewegung der Trabanten gestatten bei Mars eine Bestimmung der Lage der Rotationsachse. Ihr Nordende ist nach einem Punkte des Himmels gerichtet, der nach O. Lohse für 1900.0 bei $\alpha = 318.1^0$ und $\delta = +54.0^0$ liegt, aber noch nicht so sicher abgeleitet ist, wie das wünschenswert wäre. Hieraus, sowie aus der Bahnneigung von 1.85^0 folgt eine Schiefe der Marsekliptik von 24.6^0, also nur 1^0 mehr, als der entsprechende Winkel bei der Erde beträgt. Eine große Ähnlichkeit zwischen den beiden Planeten besteht auch bezüglich der Rotation, die bei Mars in $24^h\,37^m\,22.6^s$ erfolgt, so daß in einem irdischen Tage ein Umdrehungswinkel von 350^0 zurückgelegt wird. Der siderische Umlauf von 687 Tagen entspricht 670 Rotationen des Planeten, das Marsjahr somit 669 Marstagen.

Sobald Rotation und Achsenlage eines Weltkörpers vorliegen, wird die Konstruktion eines Kartennetzes, d. h. eine Orientierung nach Längen und Breiten möglich. Ist daneben noch die jeweilige geozentrische Stellung des Planeten und der Sonne am Himmel bekannt, so läßt sich aus den Daten nach einfachen trigonometrischen Ausdrücken alles berechnen, was für die Lage des Kugelnetzes zur Erde und zur Sonne für einen gegebenen Zeitmoment von Bedeutung ist, in erster Linie die Lage der Achse zur Erd- und Sonnenrichtung, der Eintritt der Jahreszeiten usw. Wegen der großen Entfernung kann dabei das System der Längen und Breiten als genau orthographisch, d. h. als durch strenge Parallelprojektion entstanden angesehen werden.

Bei dem starken Wechsel der Entfernung des Mars von der Erde — sie bewegt sich zwischen 57 und 400 Millionen km —, verändert sich der scheinbare Durchmesser seiner Scheibe sehr bedeutend. In besonders günstigen Oppositionen (z. B. 1924) erreicht er 25″, während er in den ungünstigen Konjunktionen auf 4″ sinkt. Obwohl bei einem äußeren Planeten die Abweichung von der Kreisform niemals stark werden kann — bei Mars erreicht der Phasenwinkel höchstens 50^0 — ist daher die Gesamthelligkeit des Planeten ungewöhnlich starken, periodischen Schwankungen ausgesetzt, die $4\frac{1}{2}$ Größenklassen erreichen. In günstigster Lage, die sich fast genau nach 37 Oppositionen und 4 Tagen wiederholt, erlangt er die Helligkeit -2.9^m, so daß er dann nächst Venus das hellste Gestirn am Himmel wird; in der Konjunktion sinkt dagegen seine Helligkeit auf $+1.5^m$, etwa α Leonis entsprechend, herab. Da es sich in diesen beiden Grenzfällen um volle Beleuchtung handelt, so spielt der Phasenkoeffizient dabei keine Rolle. Er beeinflußt nur die zwischenliegenden Helligkeiten, und zwar nach G. Müller und E. King in dem Maße, daß die allein durch die Phase bei dem mittleren Abstand $r_0 = 0.5237$ und $\Delta_0 = 1$ hervorgerufenen Schwankungen des Lichtes durch die Gleichung

$$h = -1.85 + 0.0149\,\varphi$$

dargestellt werden. Die Umrechnung auf die jeweilige Entfernung des Planeten ist genau so wie bei Merkur und Venus durch das $r^2\Delta^2$-Gesetz gegeben. Es muß aber erwähnt werden, daß die Reduktionen auf volle Beleuchtung auch bei Mars keiner Theorie entsprechen; dagegen zeigt der Phasenverlauf eine beträchtliche Ähnlichkeit mit der gleichartigen Kurve der Venus. Das ist insofern merkwürdig, als die sphärische Albedo des Planeten nur 0.15 beträgt und photometrisch auf einen Körper hindeutet, der mehr dem Erdmonde als der Venus gleichen sollte. Bei Schätzungen der Helligkeit auf photographischen Aufnahmen ist natürlich auf den Farbenindex zu achten, der bei der roten Farbe des Mars recht bedeutend ist. Er beträgt 1.3^m, d. h. fast ebensoviel wie bei Aldebaran, so daß um die Zeit der Erdferne unser Nachbarplanet auf Himmelsaufnahmen nicht heller erscheint, als ein Stern dritter Größe.

Brauchbare Schätzungen und Messungen der Oppositionshelligkeit gehen bis auf L. Seidel und das Jahr 1845 zurück. Von späteren Beobachtern wären J. Schmidt, E. C. Pickering und besonders wieder G. Müller zu nennen. Die Zusammenstellung der Werte weist von einer Erscheinung zur anderen auch nach Anbringung der Phasen- und Abstandsverbesserung recht beträchtliche Abweichungen auf, die bis zu 0.5^m gehen, aber durchaus nicht auffallend sind, da die Achse des Planeten von Opposition zu Opposition eine andere Kippung gegen die Erdrichtung aufweist, und auf der sichtbaren Scheibe bald die grauen, bald die ockerfarbenen Gebiete überwiegen. Durch photometrische, ins-

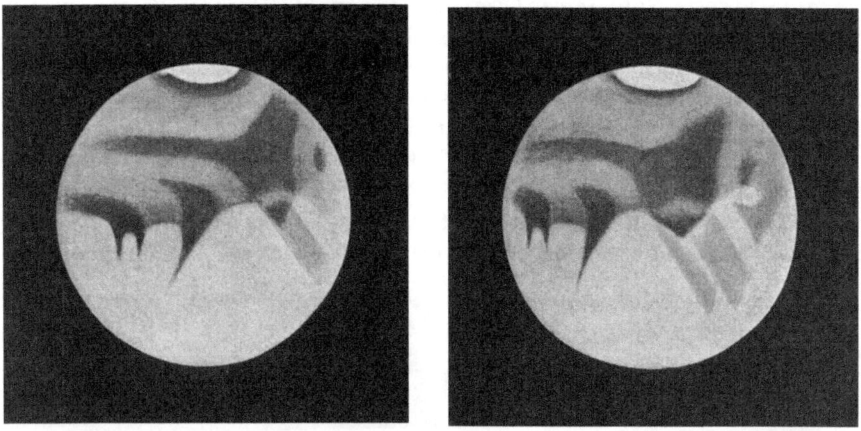

Abb. 278. Mars in mittlerer Achsenstellung im Jahre 1892 (nach J. E. Keeler).

besondere photoelektrische Messungen ist die geringere oder stärkere Anhäufung der grauen Flecke selbst von Stunde zu Stunde nachweisbar, ja, es ist möglich geworden, auf diesem Wege sogar die Dauer der Planetenrotation recht sicher zu bestimmen. Bei den häufig auftretenden merklichen Farbenunterschieden einzelner Teile der Oberfläche würde man zweifellos auch auf kolorimetrischem Wege zum gleichen Ziele gelangen.

Die Intensität der Sonnenstrahlung beträgt auf Mars weniger als die Hälfte derjenigen auf der Erde, verteilt sich außerdem wegen der starken Bahnexzentrität ganz anders auf die beiden Halbkugeln wie bei unserem Planeten. Der Sonnenabstand im Perihel beträgt bei Mars 1.38, im Aphel 1.67 astronomische Einheiten. Die Energien, die dem Planeten in diesen beiden Bahnpunkten zugestrahlt werden, verhalten sich demnach wie die Quadrate dieser Ziffern, d. h. wie 3 : 2. Nun liegt die Sonnennähe gegenwärtig nur 35 Marstage von dem nördlichen Wintersolstitium des Planeten entfernt, so daß der Winter der Nordhalbkugel und der Sommer der Südhalbkugel sehr nahe in die Sonnennähe fallen. Die jahreszeitlichen Gegensätze müssen demnach auf der Südhalbkugel weit stärker ausgesprochen sein als auf der nördlichen. Tatsächlich zeigen die beiden Marshemisphären ein völlig abweichendes Aussehen, indem bestimmte Gebilde im wesentlichen auf die Nord-, andere auf die Südhalbkugel beschränkt sind. Die Möglichkeit irgendwelcher Beziehungen zwischen dieser Verteilung und bestimmten klimatischen Elementen ist nicht ohne weiteres von der Hand zu weisen. Jedenfalls würde beispielsweise eine phänologische Karte der Erde bei so verschiedenen Einstrahlungsverhältnissen, wie sie den beiden Marshemisphären zukommen, ein vollkommen anderes Bild ergeben, als wir es jetzt zu sehen gewohnt sind.

Aus der örtlichen Beständigkeit der wichtigsten Marsumrisse folgt, daß der Blick hier im Gegensatz zur Venus bis zum eigentlichen Planeten oder wenigstens bis in die nächste Nähe seiner Oberfläche vordringt. Daneben liefern die Unbestimmtheit aller Fleckenbegrenzungen, besonders am Rande, die Abschattierung der Lichtgrenze, die zeitlichen Schleierbildungen und andere Eigentümlichkeiten den Beweis für das Vorhandensein einer mehr oder weniger getrübten Atmosphäre. Die spektroskopische Bestätigung des Befundes ist hier aber ebensowenig wie bei der Venus geglückt. Jedenfalls konnte W. W. Campbell am großen Refraktor der Lick-Sternwarte visuell keine Verstärkung der atmosphärischen Linien im Marsspektrum feststellen, so daß angenommen werden muß, daß, ähnlich wie bei der Venus, die Dichte der vom Lichtstrahl auf dem

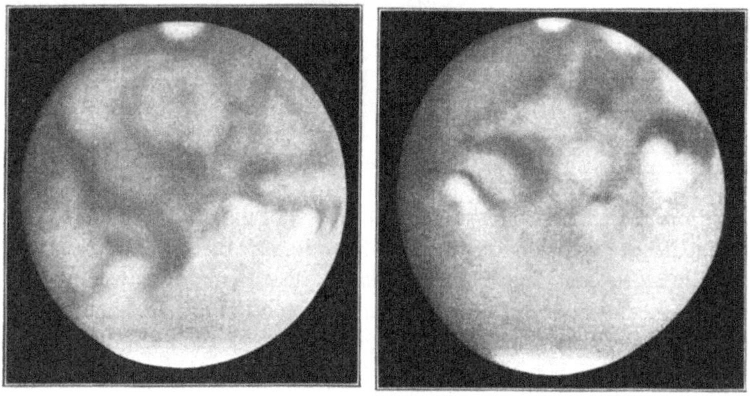

Abb. 279. Mars 1926 Sept. 30 und Okt. 18 (nach E. M. Antoniadi).

Hin- und Herwege passierten Atmosphäre nicht groß genug ist, um das Sonnenspektrum zu verändern. Im Jahre 1924 haben W. S. Adams und C. E. St. John die Frage auf spektrographischem Wege noch einmal nachgeprüft und nur eine sehr geringe Verstärkung der fraglichen Absorptionen vorgefunden. Ihr Urteil läßt sich dahin zusammenfassen, daß die Marsatmosphäre von dem Betrage des Wasserdampfes und Sauerstoffs, der sich über dem 1750 m hohen Mt. Wilson im Februar befindet, nur 6% bzw. 16% enthält. In dem brechbareren Teil ergeben die Spektralaufnahmen eine völlige Linienübereinstimmung mit dem Sonnenspektrum, so daß die gelbrote Färbung des Planeten nicht, wie W. Huggins vermutete, auf besondere Absorptionen in Blau und Violett, sondern auf Intensitätsunterschiede des kontinuierlichen Grundes gegenüber dem Sonnenspektrum zurückzuführen ist. Die Ursache der Marsfarbe hat man daraufhin auf verschiedenen Wegen zu ergründen versucht. Da die spektralphotometrische Untersuchung recht umständlich ist, hat W. H. Wright auf dem Mt. Wilson photographische Aufnahmen des Planeten mit dunkelroten, gelben und violetten Filtern angefertigt. Die in den betreffenden Spektralgebieten 1924 erhaltenen Bilder zeigen eine fast vollständige Undurchlässigkeit der Marsatmosphäre für violette und eine besonders hohe Transparenz für rote Strahlen. Danach wird die Färbung des Planeten heute weniger einer Eigentümlichkeit der

Oberfläche, als der selektiven Absorption und Diffraktion in der Marsatmosphäre zugeschrieben, doch ist die Angelegenheit sicher noch nicht eindeutig geklärt. Die Rot- und Violettaufnahmen ergeben Unterschiede im Planetendurchmesser, die einen Schluß auf die Dicke der wirksamen Dunstschicht ziehen lassen. Sie beträgt, wenn die Deutung zutrifft, gegen 200 km, würde also recht auffällig den Verhältnissen entsprechen, die im Bereiche unserer Atmosphäre herrschen würden, wenn man die Masse und den Durchmesser der Erde auf die entsprechenden Marskonstanten reduziert.

Die beiden 1879 von A. Hall entdeckten Trabanten des Mars, Phobos und Deimos, können wegen ihrer Kleinheit kaum als Gegenstand astrophysikalischer Untersuchungen angesehen werden. Selbst in günstigen Oppositionen sind sie für die großen europäischen Refraktoren schwierige Objekte. Die einzigen visuell-photometrischen Beobachtungen dürften diejenigen E. C. Pickerings sein, der ihre Helligkeit mit dem sternförmig verkleinerten Marsbild verglich. Als Unterschied erhielt er für Phobos und für Deimos je 14.5 Größenklassen. Das Gesamtlicht des Mars ist also über 600000mal heller. Nimmt man den Glanz des Mars in der mittleren Opposition zu — 1.8^m an, so ergibt sich für die beiden Trabanten nicht besonders sicher die Größe 12.7^m. Hieraus läßt sich unter der Annahme, daß die Albedo der beiden Monde gleich derjenigen des Mars ist, ihr Durchmesser zu je 8.5 km berechnen. Die photographische Helligkeit schätzt S. Kostinski bei Phobos auf 11.6^m, bei Deimos auf 12.3^m.

Die Marsoberfläche. Dem Studium der Marsoberfläche ist von jeher große Aufmerksamkeit gewidmet worden.[1]) Schon bald nach der Erfindung des Fernrohrs hatte man auf ihm helle und dunkle Flecke erkannt, u. a. auch die weißen Polarkappen, deren mit den Jahreszeiten wechselnde Ausdehnung von vornherein den Gedanken nahelegte, daß auf der Oberfläche und in der Atmosphäre des Mars sich Vorgänge abspielen, die nahe Beziehungen zu den entsprechenden jahreszeitlichen Ereignissen auf der Erde aufweisen. Es läßt sich nicht leugnen, daß diese zuerst von Maraldi 1672 ausgesprochene und später von W. Herschel betonte Ähnlichkeit in weiterer Verbindung mit der Möglichkeit einer Bewohnbarkeit durch intelligente Wesen die Beobachtungen stark beeinflußt hat, besonders in den letzten Jahrzehnten, in denen viele unkritische Laien an unzureichenden Instrumenten sich an den physischen Beobachtungen beteiligt haben. Genauere Zeichnungen, Durchgangsschätzungen usw. haben schon sehr zeitig eine Unveränderlichkeit bestimmter Umrisse ergeben, die dazu geführt hat, daß man von dem Planeten Karten entworfen und ähnlich wie beim Monde die hellen Flecke als Länder, die dunklen als Meere bezeichnet hat, ohne damit zunächst irgendwelche Beziehungen zur Erdoberfläche ausdrücken zu wollen. Die Länder erscheinen in einer Farbe, die für gewöhnlich als gesättigtes

---

[1]) F. Terby, Aréographie. Brüssel 1874. — C. Flammarion, La planète Mars. 2 Bände. Paris 1892 und 1909. — P. Lowell, Mars. New York 1908.

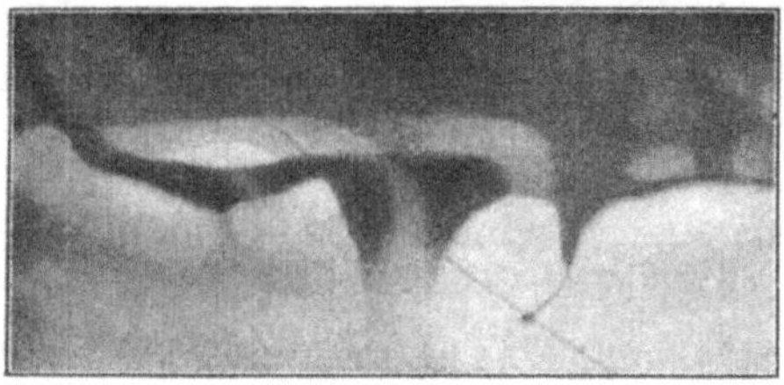

Abb. 280. Einzelheiten in der Nähe der Meridianbai 1926 Nov. 22.

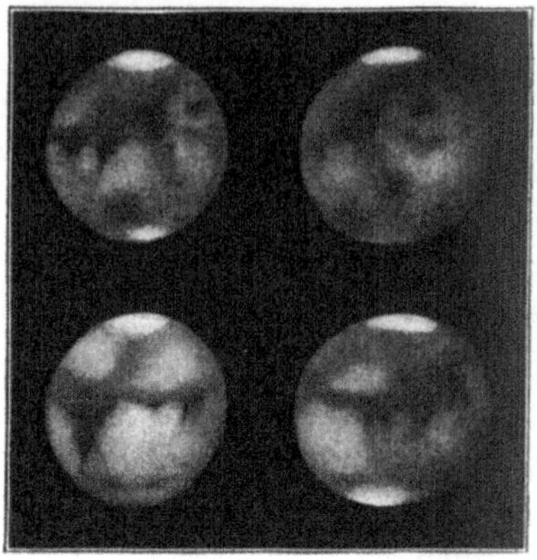

Abb. 281. Vergrößerte und bearbeitete Marsphotographien des Lowell-Observatoriums aus dem Jahre 1924.

Rot- oder Ockergelb bezeichnet werden kann, jedoch zeitweilig und je nach der Lage auf der Planetenscheibe zwischen allen Stufen von Ziegelrot bis zu reinem Weiß wechselt. Neben den Farben tritt auch der Grad ihrer Reinheit besonders deutlich hervor. Verschwommene Umrisse sind meist mit matten Farben verknüpft, schärfere mit einem gewissen Glanz in der Tönung ausgestattet. Die Grundfarbe der dunklen Flecke ist eine Art Blaugrau, in allen möglichen Abstufungen von einem neutralen, fast tintigem Schwarz bis zu einer Farbe, die sich wenig von Aschgrau unterscheidet. Gelegentliche kräftigere Schattierungen innerhalb der gelben Gebiete nehmen diese Färbung nicht an, sondern erscheinen mehr bräunlich, zuweilen in einer Tönung, die man recht treffend mit stark abgenutztem Leder verglichen hat. Im allgemeinen erwecken die grauen Gebiete den Eindruck größerer Dunkelheit als die gelben; es kommt jedoch häufig vor, daß man in dem allgemeinen Wechsel der Farben und des Glanzes, dem sehr ausgedehnte Teile des Planeten unterworfen sind, kaum entscheiden kann, welche Gebiete eigentlich die helleren sind; es sind dann eben nur Farbenunterschiede vorhanden, die jedes Auge anders auffaßt. Bei häufiger oder ständiger Beobachtung tritt glücklicherweise in der zeichnerischen Wiedergabe eine gewisse Gewohnheit der Auffassung ein, die dann für längere Zeit ungeändert bleibt. Um wieviel sorgfältiger und reichhaltiger die neuesten Darstellungen der Planetenoberfläche gegenüber den älteren Skizzen im Laufe der Zeit geworden sind, zeigt ein Vergleich der Abb. 278 mit 279 und 280.

Die Aufhellungen, die an verschiedenen Stellen in der Zone der grauen Flächen auftreten und fast stets eine matte, unreine Gelbfärbung besitzen, sind trotz ihrer Unauffälligkeit für den Mars sehr charakteristisch. Diese Brücken erstrecken sich nämlich fast ohne Ausnahme in der Richtung Nordwest-Südost der Marskarte (Abb. 286) und erzeugen durch ihre geschwungene Form die füllhornartigen Buchten der Äquatorgegend des Planeten. Beim Anblick dieser Brücken erhält man fast den Eindruck, als ob die Inselgebiete der Südhalbkugel gegen die großen, die Nordhalbkugel ausfüllenden Einheitsflächen im Sinne der Rotation um etwa 30° vorgedreht wären.

Vergleiche ein und derselben Marsgegend zu verschiedenen Zeiten werden dadurch erschwert, daß die Neigung der Planetenachse zur Erde sich fortwährend ändert und sich erst nach 15 Jahren wiederholt, wodurch sehr wesentliche Auffassungsunterschiede auftreten. Es unterliegt heute kaum einem Zweifel, daß wenigstens ein Teil der früher beobachteten angeblichen Veränderungen auf diesen Umstand zurückzuführen ist. Da während der günstigsten Oppositionen der Südpol, in den ungünstigsten der Nordpol des Mars der Erde stark (bis auf 25°) zugekehrt ist, sind nicht einmal die üblichen zeichnerischen Darstellungen der beiden Halbkugeln als gleichwertig anzusehen.

Neben diesen scheinbaren Umrißänderungen, die durch die wechselnde Lage der Marsoberfläche zum Beobachter hervorgerufen werden, macht sich auch ein wirklicher, zum Teil sehr bedeutender Wechsel der Fleckgestaltung auf dem Planeten bemerkbar, der sich in größeren oder kleineren, wahrscheinlich aber nicht besonders regelmäßigen Perioden wiederholt. Als wichtigste und sicherste Periode tritt dabei zweifellos das Marsjahr auf, so daß man hier ohne besondere Willkür an fortlaufende jahreszeitliche Änderungen in der Marsatmosphäre denken darf. Die Jahreszeiten des Mars verlaufen ähnlich, wie auf der Erde, da der Hauptfaktor, die Schiefe der Ekliptik, bei beiden Planeten nahezu gleich groß ist. Die Dauer der einzelnen Perioden ist natürlich auf Mars länger, zeigt auch wegen der starken Exzentrizität seiner Bahn weit größere Unregelmäßigkeiten. Ein häufiges Kennzeichen der kälteren Jahreszeit sind ausgedehnte, offenbar der Marsatmosphäre angehörende Trübungen, die sehr große Flächen auf dem Planeten bis zur Unkenntlichkeit verändern können und vermutlich auf Nebel- oder Dunstbildung zurückzuführen sind. Auch bei höherem Sonnenstande treten sie zuweilen auf und stören dann den klaren Einblick in die Marsumrisse für einige Tage oder Wochen recht erheblich, wie dies im April und Mai 1920 an der sog. Großen Syrte, im Juli 1922 in der Gegend des Sinus Aurorae beobachtet werden konnte. Helle, in größeren Höhen schwebende Wolken geben an der Lichtgrenze hin und wieder Veranlassung zu Ausbuchtungen, ähnlich wie die Gipfel und Schatten der Mondberge sie an der Lichtgrenze unseres Trabanten regelmäßig erzeugen.

Als eine besondere Merkwürdigkeit der Marsoberfläche können die weißen Polkappen gelten, die schon um 1620 von den ersten Fernrohrbeobachtern erkannt worden sind und gegenwärtig bei jeder Marsnähe in ihren Veränderungen schon in sehr mäßigen Fernrohren genau verfolgt werden können. Je nach der Jahreszeit reicht ihre Ausdehnung vom kleinsten, selbst in großen Instrumenten nicht mehr wahrnehmbaren Durchmesser bis zu mehr als 40° Polabstand. Die Auflösung dieser meist glänzend weißen Gebiete mit steigender Sonne vollzieht sich selten stetig und gleichmäßig. Die Abnahme schreitet bald sehr rasch fort, bald macht sich ein Stillstand, ja sogar eine Rückbildung bemerkbar, bis schließlich die Kappe in mehrere Einzelgebilde von rundlicher Form und verschiedenem Glanz zerfällt (Abb. 283). Merkwürdig ist dabei das regelmäßige Auftreten solcher Restflecke an bestimmten Stellen der südlichen Polgegend. Die dunkle,

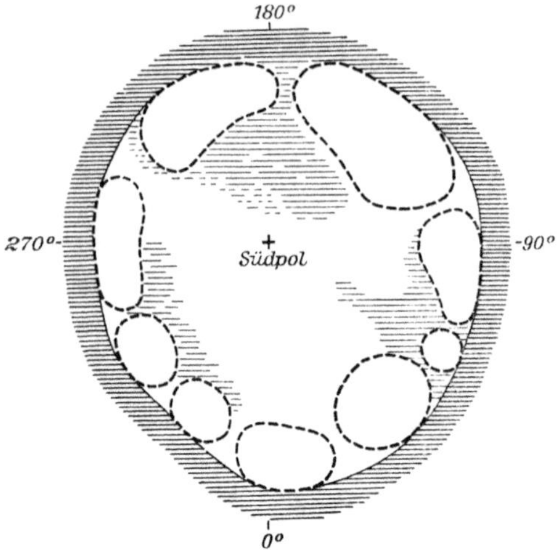

Abb. 282. Grundriß der südlichen Polkappe des Mars drei Monate vor der Sonnenwende 1924.

meist bräunliche Umrahmung der abschmelzenden Kappen ist sicher reell; ihre tiefe Tönung dürfte sie allerdings einer physiologischen Kontrastwirkung gegenüber dem weißen Nachbarfleck verdanken. Von Wichtigkeit ist noch der Umstand, daß der Mittelpunkt der hellen Polgebiete nur bei dem nördlichen mit dem Rotationspol zusammenfällt. Beim südlichen macht sich eine Abweichung von 4 bis 6° in einer ganz bestimmten, stets wiederkehrenden Orientierung bemerkbar (Abb. 282).

Eine vielen subjektiven Täuschungen unterliegende Erscheinung auf dem Mars bilden die sog. Kanäle, z. T. überaus schwache graue oder bräunliche Streifen, die besonders die sonst einförmige Nordhalbkugel durchqueren und sie scheinbar in geometrisch begrenzte Flächen zergliedern. Sie sind schon auf älteren Darstellungen des Mars nachweisbar, haben aber erst seit 1877, als G. SCHIAPARELLI für sie die heute übliche Bezeichnung und geradlinige Darstellung einführte, die allgemeine Aufmerksamkeit erregt und dann ohne jeden Grund die abenteuerlichsten Vermutungen veranlaßt. Dabei ist die Benennung sicher ganz ähnlich wie bei den „Ländern" und „Meeren" rein formal erfolgt, ohne dass SCHIAPARELLI dabei auch nur entfernt an künstliche Gebilde gedacht hat. Das konnte um so weniger geschehen, als bereits der Entdecker erkannte, daß die Kanäle im Gegensatz zu der weitverbreiteten Ansicht in Laienkreisen keine unveränderlichen Bildungen sind, sondern ihr Aussehen, ihre Lage und Ausdehnung schon während einer einzelnen Marsrotation bis zur völligen Unkenntlichkeit ändern können. Da außerdem diese geometrischen Einzelheiten jedem Auge anders erscheinen und an großen Instrumenten weniger gut zu erkennen sind als an kleinen, ist schon frühzeitig ihre Realität in Zweifel gezogen worden. Eine gute Kontrolle hat man von photographischen Aufnahmen erhofft und auf dieses Ziel besonders auf dem Lowell-Observatorium in Arizona viel Mühe und Zeit verwendet. Tatsächlich sind dann an verschiedenen Sternwarten der Neuen Welt von 1907 an ganz hervorragende Photogramme des Planeten hergestellt worden. Je nach

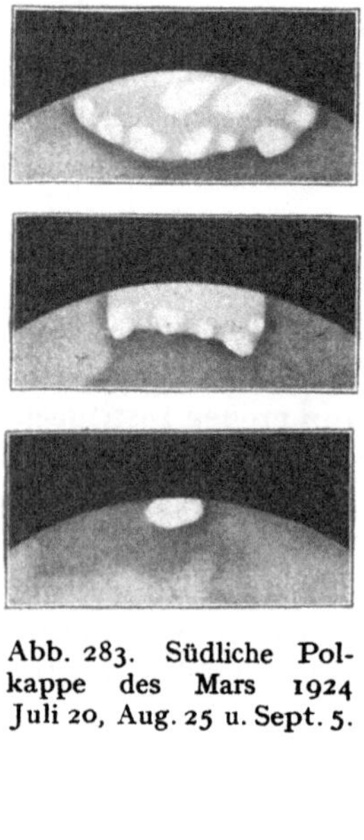

Abb. 283. Südliche Polkappe des Mars 1924 Juli 20, Aug. 25 u. Sept. 5.

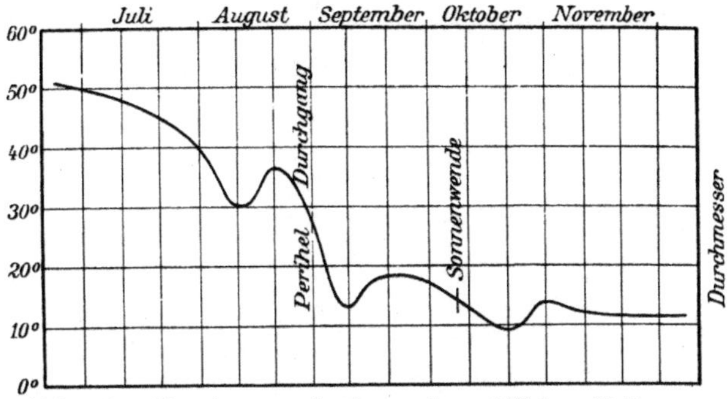

Abb. 284. Durchmesserabnahme der südlichen Polkappe des Mars, Juli bis November 1924.

Wahl der Farbfilter werden bei diesen Gelegenheiten stark verschiedene, bei sehr extremen Wellenlängen sogar völlig abweichende Umrisse auf der Planetenscheibe erhalten (Abb. 285). Bei Anwendung von Rotfiltern treten die auch dem Auge sichtbaren Gegensätze so kräftig hervor, daß auch feinere Einzelheiten zum Vorschein kommen. F. E. Ross hat nach Laboratoriumsversuchen gefunden, daß in günstigen Marsoppositionen das feinste Plattenkorn in einem Fernrohr von etwa 80 m Äquivalentbrennweite noch Objekte von 10 km Durchmesser wiederzugeben vermag, ja bei starken Kontrasten könnten unter günstigen Umständen sogar noch Einzelheiten von $2\frac{1}{2}$ km Durchmesser zur Abbildung gelangen. Wenn auch das bisherige photographische Material dem Rossschen Idealbild noch lange nicht entspricht, so verraten doch die Bilder schon jetzt, daß die Marsoberfläche zwar viele Einzelheiten, aber nirgends die ihr aufgezwungene geometrische Struktur aufweist, ja daß selbst der Erdmond mit seinen runden Kratern, geraden Lichtstreifen usw. unvergleichlich mehr geometrische Formen bietet, als unser äußerer Nachbarplanet.

Deutung der Marsgebilde. Bei den Versuchen, die auf der Marsoberfläche beobachteten Erscheinungen zu erklären, dürfen vor allem die allgemeinen Bedingungen, die dort maßgebend sind, nicht außer Acht gelassen werden, also in erster Linie das vermutlich höhere Alter des Planeten und das beträchtlich geringere Maß der Sonnenstrahlung, das ihm zuteil wird.

Was zunächst die Natur der hellen und der dunklen Oberflächenteile angeht, so hat man entsprechend der Bennenung die rötlichen Stellen von jeher ziemlich allgemein für Kontinente, die grauen für Meere gehalten. Es wurde dabei die Frage aufgeworfen, ob von außen gesehen ein irdisches Meer heller oder dunkler als das feste Land erscheint. Nach Messungen von Flugzeugen aus reflektieren dichte Kumulusschichten 78%, dünne Wolken 35% bis 40%, wüstes Land 10 bis 20%, Meere und Seen 5 bis 10%, Wälder nur etwa 3% der einfallenden Strahlung. Dementsprechend hätte man auch auf dem Mars für Wasserflächen eine etwas dunklere Tönung zu erwarten als für Länder, andererseits aber müßte auf dem Wasser zuweilen ein Sonnenreflex zu sehen sein, bei der geringen Albedo des Mars somit ein besonders heller Punkt. Derartige Erscheinungen sind aber bisher noch nicht beobachtet worden. Eine weitere Schwierigkeit liegt darin, daß das genauere Studium der Einzelheiten nur in den grauen Gebieten

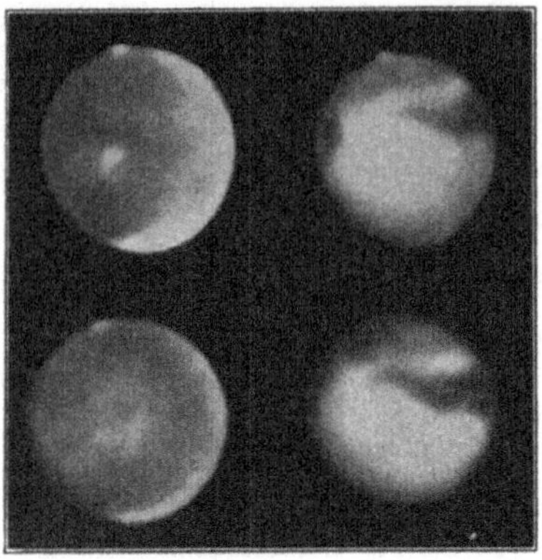

Abb. 285. Filteraufnahmen des Mars. Oben ultraviolett und gelb, unten blau und ultrarot (nach W. H. Wright).

reichlichere Struktur erkennen läßt, während innerhalb der gelben und roten Flächen, die z.T. Europa an Ausdehnung wesentlich übertreffen, völlige Eintönigkeit herrscht. Ozeane mit sehr vielen, und Länder mit kaum merklichen Einzelheiten kommen aber auf der Erde höchstens ausnahmsweise vor. Die hin und wieder auftretenden sehr bedeutenden Umrißänderungen der Kontinente sind der bisher vertretenen Deutung gleichfalls nicht günstig, so daß die übliche Trennung der Marsgebiete nach Festländern und Meeren durchaus noch nicht spruchreif ist. Da anscheinend unter den besten atmosphärischen Verhältnissen und bei Anwendung starker Vergrößerungen nur die grauen Gebiete schärfere Umrisse und gut definierte Einzelheiten wie Flecke, Streifen usw. zeigen, während auf den ockerfarbigen Flächen fast alles um so verwaschener erscheint, je bessere optische Hilfsmittel angewendet werden, so ließe sich, besonders nach dem Ergebnis der Farbfilteraufnahmen und der radiometrischen Messungen, sehr wohl der Standpunkt vertreten, daß das Auge überhaupt nur in den Maregebieten bis zur Planetenoberfläche vordringt, im Bereiche der Kontinente aber durch einen rötlichen Schleier daran gehindert wird. Ob es sich dabei um sehr beständige Wolken, um Dunst oder Nebel handelt, ist vorläufig nicht zu entscheiden. Die beständigeren Schattierungen in der atmosphärischen Decke könnten aber durch die Eigentümlichkeit des darunterliegenden Bodens ebenso veranlaßt sein, wie die gelegentlich beobachteten Abbilder der Flußläufe in den Wolken der Erde.

Wiederholt ist schon die Möglichkeit einer allgemeinen Marseiszeit erörtert worden, womit eine völlig abweichende Erklärung der Oberflächeneinzelheiten gegeben wäre. Danach wären die Länder als eine einheitliche, durch eine gelbe Atmosphäre gesehene Inlandeismasse zu erklären, während dazwischen in den dunklen Gebieten das Land zum Vorschein käme. Der Mangel jeden Reflexes ließe sich durch eine rauhe und scharfkantige, etwa den irdischen Karrenformen entsprechende Oberfläche erklären. Da Eis weniger rasch verdunstet als Wasser, so wäre damit die Tatsache der geringen Wolkenbildung gut erklärt. Der Wasserdampfgehalt der Atmosphäre könnte gerade so gering sein, daß eine Übersättigung oder Unterkühlung selten stattfindet, die Atmosphäre also in der Regel klar bleibt. Diese Gründe wären einleuchtend, wenn ihnen nicht die große Veränderlichkeit der Marsumrisse, sowie die weißen Polflecke gegenüberständen. Völlig unhaltbar wird die Hypothese durch die radiometrischen Messungen, die seit 1922 an den großen Spiegeln des Mt. Wilson- und des Lowell-Observatoriums auf Anregung von W. W. Coblentz u. a. ausgeführt worden sind. Als wichtigstes Ergebnis der sehr günstigen Opposition von 1924 kann die Feststellung gelten, daß die Temperaturen der Marsoberfläche durchaus nicht so niedrig liegen, wie man das nach dem großen Sonnenabstand des Planeten vermuten könnte. Da mit den winzigen Lötstellen des Thermoelements einzelne Teile der Oberfläche abgetastet werden konnten, sind sogar nähere Angaben über Einzelheiten der Temperaturverteilung möglich. Der südliche Polfleck zeigte danach während seines Abschmelzens im Jahre 1924 einen Aufstieg von — 100° bis auf — 15° C. Die Morgenlichtgrenze wies — 85° C, der Mittag bei nahe senkrechter Bestrahlung etwa + 15° C, die Abendlichtgrenze Werte um 0° C auf. Die wahren Temperaturen dürften nach COBLENTZ etwa 10° höher liegen. Die angegebene, verhältnismäßig hohe Mittagstemperatur gilt aber nur für die grauen Gebiete der Planetenoberfläche. In den gelben Flecken wurden stets um 15 bis 20° tiefere Werte erhalten. Bezüglich weiterer Schlüsse wird man noch Zurückhaltung üben; da aber die beobachteten Zahlen Minimaltemperaturen darstellen, so wäre es durchaus denkbar, daß das Klima der Marstropen etwa sonnigen Frühlingstagen unserer Gegenden entspricht. Die Unterschiede zwischen Tag und Nacht, Morgen und Abend sind zwar auf Mars sehr groß, kommen aber in ähnlichem Wechsel auch in bewohnten Gegenden der Erde vor. Nach den meteorologischen Aufzeichnungen in Werhojansk beträgt z. B. dort das Januarmittel der Temperatur — 52° C, das Julimittel dagegen + 15.6° C mit Höchstwerten, die fast + 30° C erreichen. Ähnliche Bedingungen mögen auch auf dem Mars vorherrschen. Eine ständige Eisdecke erscheint ausgeschlossen. Bei Vorhandensein einer solchen müßten bei dem starken Temperaturgefälle der Tageskurve ständige Schmelz- und Regelationswirkungen eintreten. Wenigstens einzelne Teile des Planeten würden demnach beim Erscheinen und beim Verschwinden am Terminator ein merklich verändertes Aussehen zeigen, eine Folgerung, die die Beobachtungen nicht bestätigen.

Die hellen Polkappen des Mars hat man bisher allgemein als Schnee aufgefaßt, der während der Polarnacht gefallen ist, und später, im Polarsommer, wieder abschmilzt. Gewisse Schwierigkeiten, die in dieser Erklärung liegen, sind indessen nicht zu übersehen. In erster Linie ist es nicht leicht, die manchmal recht rasche Schrumpfung der weißen Flecke zu deuten, die z. B. 1924 einem Rückzug bis zu 100 km täglich entsprach. Ist die Wärmekapazität des Mars tatsächlich geringer als diejenige der Erde, so wird während der langen Polarnacht entsprechend den thermoelektrischen Meßergebnissen eine starke Abkühlung eintreten, die dann selbst bei geringem Wasserdampfgehalt der Atmosphäre Verdichtungen in Form von Nebel oder Wolken bewirken wird. Danach ist es wesentlich eine Kondensationsschicht, der die Erscheinung der Polkappen zuzuschreiben ist. Ein Niederschlag der Feuchtigkeit an der kalten Oberfläche in Form von Rauhreif ist natürlich nicht ausgeschlossen. Eine Bestätigung dieser Auffassung könnte man darin erblicken, daß die Violettaufnahmen der höchsten atmosphärischen Schichten des Mars die Polkappe in besonders großen, die Rotaufnahmen der tiefsten, vielleicht schon zum Teil der eigentlichen Oberfläche angehörenden Gebiete sie in besonders kleiner Ausdehnung und in mangelhafter Begrenzung zeigen.

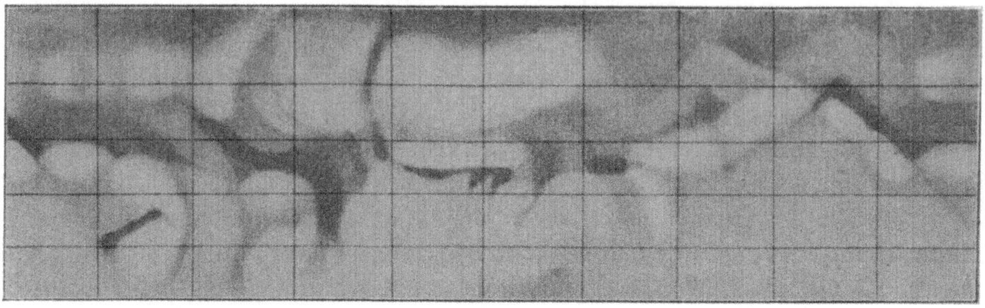

Abb. 286. Marskarte 1924 nach photographischen Autnahmen.

Die Erklärung der sog. Kanäle bot, als man sie noch in der scharfen, geradlinigen Darstellung von G. Schiaparelli, P. Lowell u. a. für reelle Gebilde hielt, die größten Schwierigkeiten, denn neben der streng geometrischen Form waren noch ihre oft sehr regelmäßigen Kreuzungen, vorübergehenden Verdoppelungen und mit der Rotationsphase und Jahreszeit einhergehende Ortsänderungen zu deuten. Heute kann die ganze Frage nach sorgfältigen Beobachtungen unbeeinflußter Beobachter an großen Fernrohren in dem Sinne als gelöst gelten, daß die gröberen Bildungen in ungefährer Streifenform, wie Nilosyrtis, Protonilus, Cerberus, Eunostus und viele andere, wohl etwas veränderliche, aber zweifellos vorhandene Oberflächenformen darstellen. Sie erscheinen aber einem unbeeinflußten Beobachter heute genau so, wie sie um die Mitte des vorigen Jahrhunderts von J. H. Mädler, F. Terby, F. Kaiser, N. E. Green usw. gezeichnet worden sind. Die strichartigen, schmalen Kanäle, mit ihren zeitweiligen Verdoppelungen sehen manche Augen dort, wo in Wirklichkeit Gebilde verschiedener Färbung oder verschiedenen Glanzes ineinander rasch übergehen. Diese physiologischen Grenzlinien werden um so undeutlicher und verlieren um so mehr ihren geometrischen Charakter, je bessere instrumentelle Hilfsmittel man zu ihrer Erforschung verwendet. Mit den Vorgängen, die dabei die Urteilskraft des Auges beeinflussen, hat sich besonders A. Kühl in München beschäftigt, und es ist ihm auch gelungen, auf Grund einer schon von E. Mach um 1865 entwickelten Kontrasttheorie räumlich verteilter Lichtreize solche unreellen „Kanäle" auf Flächen mit vielen Unregelmäßigkeiten, z. B. auf bedrucktem Zeitungspapier sehr deutlich zur Anschauung zu bringen.

Alle in diesem Abschnitt berührten Feststellungen reichen zu einer Deutung des wahren Wesens der Marsoberfläche nicht aus. Wenn der Boden des Planeten auch offenbar beständigere Umrißformen aufweist, so sind doch Wasser und Land auf ihm nicht streng zu unterscheiden. Ebenso fehlen sichere Anzeichen einer Vegetation. Dagegen können Nebel, Dunst und wolkenartige Gebilde als nachgewiesen gelten, wahrscheinlich auch noch weitere Kondensationen in Form von Rauhreif oder gar Schnee. Es leuchtet ein, daß mit einem so geringen Vorrat an positiven Kenntnissen die Frage nach dem jetzigen Entwicklungszustand des Planeten wissenschaftlich nicht diskutiert werden kann. Da aber in dieser

Angelegenheit stets irgendein positives Urteil vom Astronomen verlangt wird, so mag darauf hingewiesen sein, daß als Endergebnis eine gewisse unverkennbare Ähnlichkeit mit der Erde bestehen bleibt, nicht nur hinsichtlich der festen Oberflächenformen, der Rotation und Achsenlage, sondern auch in einer ganzen Reihe von meteorologischen, vielleicht auch klimatischen Zuständen, die letzten Endes die Existenzfähigkeit von Organismen auf unserer Erde bedingen.

Die Kleinen Planeten. Auf die Lücke in der Planetenfolge zwischen Mars und Jupiter wurde schon J. Kepler aufmerksam. Später haben besonders J. Bode und F. v. Zach auf diesen unwahrscheinlichen Hiatus hingewiesen und eine systematische Absuchung der Tierkreisgegend nach dem fehlenden Körper angeregt. Noch während der hierfür getroffenen Vorbereitungen fand G. Piazzi am ersten Tage des 19. Jahrhunderts zufällig den Planeten Ceres, der nach der vorläufigen Bahnbestimmung auch gut in die Lücke von 2.8 Erdabständen hineinpaßte. Die rasch aufeinanderfolgenden Entdeckungen von Pallas, Juno und Vesta zeigten, daß an der Stelle des vermißten Planeten deren mehrere vorhanden waren. Die begründete Aussicht auf weitere Entdeckungen hat dann zu einer fortlaufenden Durchmusterung der ekliptikalen Zone des Himmels geführt und die Zahl der bekannten Körper des Ringes derart vermehrt, daß 1924 das erste Tausend bereits gesichert vorlag. Von dem allmählichen Anwachsen der Ziffern erhält man eine Vorstellung, wenn man bedenkt, daß noch im Jahre 1890, d. h. neun Jahrzehnte nach der Entdeckung des ersten Asteroiden, erst etwa 320 Kleine Planeten bekannt waren. Die starke Zunahme der neueren Entdeckungen trotz der Abnahme der Helligkeit ist der Photographie zu verdanken, die M. Wolf 1891 in dieses Gebiet der Himmelskunde eingeführt hat. Auf diese Weise ist das umständliche Aufsuchen außerordentlich vereinfacht und abgekürzt worden. In den letzten Jahren macht sich, trotz unverminderter Arbeitsfreudigkeit verschiedener Sternwarten, ein Nachlassen der Entdeckungen bemerkbar, so daß die Mehrzahl der Kleinen Planeten bis zu einer mittleren Oppositionshelligkeit von 13^m bis 14^m als bekannt und der Bahn nach als gesichert gelten kann. Dabei hat sich herausgestellt, daß dieser Schwarm von planetarischen Körpern sich zwar zwischen Mars und Jupiter besonders häuft, aber durchaus nicht auf diesen Raum beschränkt bleibt. Eros und Ganymed, Albert und Alinda gelangen im Perihel in den Bereich innerhalb der Marsbahn, während Hidalgo im Aphel einen Abstand erreicht, der dem Radiusvektor des Saturn entspricht.[1])

Bei den photographischen Aufnahmen Kleiner Planeten wird eine bestimmte Stelle des Himmels, meist eine Oppositionsgegend der Ekliptik, längere Zeit, z. B. ein bis zwei Stunden, belichtet. Die Fixsterne erscheinen dann auf der Platte als runde kleine Scheibchen, während ein etwa vorhandener Planet sich während der Exposition bewegt hat und auf der Platte als Strich erscheint, der

---

[1]) G. Stracke, Die Kleinen Planeten. Ergebn. der exakten Naturwiss. Bd. 4, 1925.

Abb. 287. Photographische Aufnahme der Spur eines Kleinen Planeten.

unter den übrigen Sternen stark auffällt (Abb. 287). Nun ist bei ruhenden Gestirnen die photographische Lichtstärke eines Fernrohrs nicht begrenzt, da sie mit der Expositionszeit ständig, wenn auch schließlich nur sehr langsam zunimmt. Bei bewegten Objekten ist das nicht mehr der Fall. Nach Ablauf einer gewissen Zeit wirkt nämlich eine Verlängerung der Exposition nicht mehr im Sinne der Lichtstärke; diese Grenze ist erreicht, wenn der Bildpunkt auf der Platte infolge seiner Bewegung den eigenen Durchmesser durchlaufen hat. Die absolute Lichtstärke eines Fernrohrs für Planetenbeobachtungen ist also nicht nur abhängig von Öffnung und Brennweite des Objektivs, sondern auch von der Größe der Eigenbewegung des Himmelskörpers, nach dem man fahndet. Nun kann angenommen werden, daß die geozentrische Bewegung der Kleinen Planeten in der Opposition im Mittel 0.5″ in der Zeitminute beträgt. Für den photographischen Normalrefraktor von 33 cm Öffnung und 3.4 m Brennweite ist der Durchmesser des kleinsten Scheibchens zu 3″ anzunehmen. Ein Planet durchläuft diesen Durchmesser in 6 Minuten, eine längere Exposition wirkt daher nicht mehr auf die Lichtstärke. In diesen 6 Minuten erscheinen aber etwa die Sterne der 12. Größe (S. 247), d. h. mit einem derartigen Instrument können unter guten Umständen Planeten bis zur 12. Größe aufgenommen werden. Verwendet man dagegen ein Objektiv von 10 cm Öffnung und kurzer Brennweite, bei dem der kleinste Bilddurchmesser etwa 30″ beträgt, so wird diese Strecke von einem Planeten erst in einer Stunde durchlaufen, in welcher Zeit die Linse Sterne bis zur 13. Größe aufnimmt. Gewiß ist der Maßstab nunmehr kleiner, der Planetenstrich demnach kürzer geworden, dafür ist jetzt aber der Durchmesser des Gesichtsfeldes wesentlich größer, so daß damit die Aussicht auf eine Planetenentdeckung wesentlich steigt.

Um die photographische Aufnahme sehr schwacher Kleiner Planeten zu ermöglichen, hat J. H. Metcalf eine schon früher des öfteren vorgeschlagene

Umkehrung des bisherigen Verfahrens angewendet. Wie bereits auf S. 406 erwähnt, läßt sich die rückläufige Bewegung der Kleinen Planeten in der Opposition auf etwa 30″ pro Stunde veranschlagen. Exponiert man nun auf eine Stelle der Ekliptik, die der Sonne gerade gegenüberliegt, und erteilt dem Uhrwerk eine Beschleunigung von 30″ = 2 Zeitsekunden in der Stunde, so werden auf den Platten die Sterne nunmehr als kurze Striche erscheinen, die Planeten sich dagegen mehr oder weniger punktförmig abbilden, um so deutlicher, je länger exponiert worden ist. Die zahlreichen, sehr schwachen Planeten der letzten Jahre sind tatsächlich zum Teil auf diese sinnreiche Weise entdeckt worden. Auch die erste Wiederauffindung des Halleyschen Kometen im Jahre 1909 durch M. Wolf ist auf demselben Wege erfolgt.

Die Kleinen Planeten sind mit wenigen Ausnahmen so winzige Weltkörper, daß an ihnen auch bei starker Vergrößerung eine Scheibe nicht wahrnehmbar ist und jedes Oberflächenstudium daher gänzlich ausgeschlossen bleibt. Ihre Lichtstärke ist meist nicht genügend, um genaue spektroskopische Beobachtungen zuzulassen, so daß die physische Untersuchung dieser Himmelskörper sich fast allein auf die photometrischen Daten beschränkt. Die wichtigsten auf diesem Wege bestimmbaren Konstanten sind Phasenkoeffizient und Albedo. Der Phasenkoeffizient der großen Planeten liegt zwischen 0.013 (Venus) und 0.037 (Merkur), wenn man den etwas unsicheren Saturnwert von 0.043 nicht berücksichtigt. Auch die Kleinen Planeten haben sehr abweichende Werte geliefert, und zwar schwanken diese zwischen 0.016 und 0.053, so daß beim Maximum des Phasenwinkels, das etwa 30° beträgt, im ersten Falle eine Lichtabnahme um 0.5^m, im zweiten um 1.6^m eintritt. Die Mehrzahl der systematischen photometrischen Beobachtungen an Kleinen Planeten stammt von G. Müller und H. M. Parkhurst. Danach sind in der nebenstehenden Tafel die Phasenkoeffizienten in Größenklassen für die hellsten Kleinen Planeten gegeben, wobei auch die mittleren Oppositionshelligkeiten angeführt worden sind. Aus den Zahlen kann man den Durchmesser eines Planeten berechnen, sobald seine Albedo bekannt ist. Letzteres ist zwar nicht der Fall, wahrscheinlich sind aber diese kleinen Welten völlig abgekühlte Körper

Phasenkoeffizienten, Oppositionsgrößen und photometrische Durchmesser kleiner Planeten.

Planet	Änderung für 1° Phase	Oppos.-Größe	Berechneter Durchm.
(1) Ceres	0.043^m	7.1^m	857 km
(2) Pallas	0.038	7.8	662
(3) Juno	0.030	9.0	329
(4) Vesta	0.022	6.0	930
(6) Hebe	0.023	9.0	253
(7) Iris	0.018	8.7	273
(8) Flora	0.028	8.8	210
(9) Metis	0.041	8.7	281
(14) Irene	0.034	9.6	227
(15) Eunomia	0.028	8.9	343
(16) Psyche	0.048	9.6	322
(18) Melpomene	0.033	9.0	224
(20) Massalia	0.038	9.1	239
(29) Amphitrite	0.029	8.8	315

von der Beschaffenheit des Mondes, des Merkur oder des Mars. Die bei der Durchmesserberechnung der Tabelle benutzte Albedo 0.19 wird daher der Größenordnung nach wahrscheinlich nicht allzu fehlerhaft sein. Die neueren Berechnungen des Astronomischen Recheninstituts, wie sie J. Bauschinger und G. Stracke ausgeführt haben, beziehen sich auf den Albedowert 0.24, der sicher etwas zu hoch angenommen ist, so daß die auf ihm beruhenden Dimensionen, also vor allem die Volumina und die Massen durchweg als Minimalwerte anzusehen sind. Wie hoch der Fehler zu veranschlagen ist, läßt sich nicht recht beurteilen, da nur bei den drei hellsten Planeten der Gruppe auch direkte mikrometrische Bestimmungen der Dimensionen vorliegen, die aber auch nicht sehr sicher sind. So fand E. E. Barnard für Ceres 780 km, für Pallas 490 km und für Vesta 390 km. Die ersten beiden Ergebnisse stimmen befriedigend mit den Zahlen der Tabelle überein, während bei Vesta der direkt gemessene Wert noch nicht halb so groß ist, wie der photometrisch erhaltene. Nun hat Vesta gegenüber den beiden anderen Planeten einen wesentlich kleineren Phasenkoeffizienten, es ist also denkbar, daß auch ihre Albedo und somit auch ihre Oberflächenbeschaffenheit eine ganz andere ist als bei Ceres und Pallas.

Anstatt, wie oben, aus den Phasenkoeffizienten mit Hilfe eines hypothetischen Albedowertes die Durchmesser abzuleiten, kann man auch versuchen, für bekannte Verhältnisse im Planetensystem die Beziehungen zwischen Albedo und Phasenwinkel zu bestimmen und dann aus letzterem die Albedo abzuleiten. Dieser Weg ist von L. Bell eingeschlagen worden und hat schließlich bei 14 Planeten zu einem Ergebnis geführt. Die betreffenden Zahlenwerte sind natürlich recht unsicher und können hier übergangen werden, da sie keinen neuen Beitrag zur physischen Beschaffenheit der Weltkörper zwischen Mars und Jupiter liefern.

Wie man sieht, sind selbst bei den helleren Kleinen Planeten alle photometrischen Daten noch lückenhaft und mit vielen Unsicherheiten behaftet. Von den Hunderten der schwächeren Körper liegen nur geschätzte, meist sehr unzuverlässige Helligkeitsangaben der Anschlußbeobachter vor, so daß selbst bei langen Reihen an die Ableitung von brauchbaren Phasenkoeffizienten nicht gedacht werden kann. Dagegen gestatten die vorliegenden Helligkeitswerte bereits eine Abschätzung des Durchmessers des Urkörpers, dem nach der alten Vorstellung von H. W. Olbers die kosmische Kleinwelt zwischen Mars und Jupiter möglicherweise ihren Ursprung verdankt. Nach G. Strackes Berechnung, die sich auf die hypothetischen mit der Albedo 0.24 gerechneten Durchmesserwerte der nebenstehenden Tafel stützt, erhält man eine Kugel von rund 670 km Radius. Nimmt man dafür den Dichtewert der Erde 5.5 an, so gelangt man zu einer Masse von $\frac{1}{864}$ der

Photometrische Halbmesser der Kleinen Planeten.

Halbmesser	Anzahl
0 bis 20 km	263
21 » 40	414
41 » 60	202
61 » 80	81
81 » 100	32
101 » 120	18
> 120 km	14

Erdmasse. Die strenge dynamische Bestimmung der Gesamtmasse des Planetoidenringes ist ohne bestimmte Voraussetzungen nicht möglich. Unter naheliegenden Annahmen führt die Rechnung auf einen 70 bis 140mal höheren Wert, so daß hier eine recht erheblicher Widerspruch vorliegt.

Während die langsamen und stetigen Helligkeitsänderungen der Kleinen Planeten fast ausnahmslos auf Abstands- und Phasenwirkungen zurückzuführen sind, wurden Anfang 1901 bei dem Planeten Eros, dessen Bahn bekanntlich zum Teil innerhalb der Marsbahn liegt, durch E. v. OPPOLZER starke periodische Lichtschwankungen entdeckt. Die Periode umfaßte $5^h\ 16^m$; es stellte sich aber bald heraus, daß man es mit einer Doppelschwingung von $2^h\ 25^m$ und $2^h\ 51^m$ Dauer zu tun hatte. Die Schwankung selbst betrug im Februar 1901 annähernd 2 Größenklassen, nahm jedoch vom nächsten Monat an merklich ab. Mitte März umfaßte der Lichtwechsel nur noch 1^m, Mitte April 0.4^m und nach dem 1. Mai war er völlig abgeklungen. Nach den der Opposition vorangehenden photographischen Aufnahmen läßt sich nur soviel aussagen, daß die Änderungen im November und Dezember 1900 nur 0.5^m betrugen, von Anfang Januar 1901 an aber stark anwuchsen. Sorgfältige Beobachtungen in späteren Erdnähen haben nur gelegentlich, z. B. 1903 und 1919, einen Nachweis der Erosveränderlichkeit in der Doppelperiode von $5^h\ 16.3^m$ erbracht. Der Umfang des Lichtwechsels vom Februar 1901 ist aber auch da nicht wieder erreicht worden. Zu den besonderen Merkwürdigkeiten des Eros ist auch die Unbeständigkeit seines Phasenkoeffizienten zu rechnen, der im Winter 1900/1901 0.037, 1921 dagegen nur 0.013 betrug.

Nachdem einmal mit Sicherheit eine Helligkeitsschwankung periodischen Charakters unter den Kleinen Planeten festgestellt war, hat man in den letzten Jahren bei vielen anderen gleichfalls solche zu finden geglaubt. Eine sehr umfassende von der Harvard-Sternwarte unternommene Untersuchung hat nur bei den untenstehenden sechs Planeten Amplituden und Perioden ergeben. Zeitweise veränderlich sind zweifellos noch viele andere dieser kleinen Körper; bei dem geringen Helligkeitswechsel und den raschen Änderungen der Beobachtungsbedingungen ist es aber sehr schwierig, darüber zuverlässige Daten zu erhalten.

Es ist vorhin bereits die Frage nach der Herkunft der Kleinen Planeten und die Möglichkeit der Geltung der alten OLBERSschen Ansicht gestreift worden, wonach es sich um Trümmer eines ehemaligen größeren Körpers handeln soll. Tatsächlich ist in der Zwischenzeit keine andere, bessere Hypothese aufgestellt worden. Weder das Eindringen der Kleinen Planeten aus einem Nachbarsystem im Sternraum, noch die Auflösung eines ehemaligen den Jupiter umgebenden Ringes ist, wie K. HIRAYAMA erst kürzlich wieder gezeigt hat, mit

Kleine Planeten mit Lichtwechsel > 0.3^m.

Planet	Periode	Amplitude
15 Eunomia	0.1267^d	$0.5^m \pm$
39 Laetitia	0.092	0.5 ±
44 Nysa	0.132	0.4 ±
129 Antigone	0.10	0.4
345 Tercidina	0.37	0.4
433 Eros	0.2196	bis 2.0

den jetzigen Bahnverhältnissen, der Familiengruppierung und anderen Eigentümlichkeiten der Kleinen Planeten so gut vereinbar, wie die Trümmertheorie, so unwahrscheinlich diese auch auf den ersten Blick erscheinen mag.

Jupiter. Der Planet Jupiter, nächst Venus das glänzendste Gestirn am Himmel, ist der größte Körper im Sonnensystem, denn sein Äquatordurchmesser umfaßt nicht weniger als 143000 km. Die Masse ist 318, die Dichte 0.24mal so groß wie bei der Erde. Die Beleuchtung durch die Sonne ist in dem mehr als fünffachen Abstande 27mal kleiner. Immerhin beträgt die Helligkeit des Planeten in mittlerer Opposition -2.3^m; in der Nähe der Konjunktionen fällt sie bis auf -1.6^m, so daß die Lichtänderungen kaum eine Größe umfassen. Nach den Erfahrungen bei den vorangehenden Planeten ist ein Phasenkoeffizient von mehr als 0.04^m nicht zu erwarten; in Wirklichkeit ist er aber merklich kleiner. Während alle älteren Beobachtungen keine Abhängigkeit der Helligkeit vom Phasenwinkel, der 12^0 nicht überschreitet, feststellen konnten, gelang es P. Guthnick, einen Einfluß von 0.0148^m für 1^0 Phase nachzuweisen. Die Albedo kommt mit 0.56 derjenigen der Venus (0.59) sehr nahe, doch ist das Licht des Jupiter etwas weißer; der Farbenindex beträgt hier 0.7^m.

Die mittlere Oppositionshelligkeit ist vielleicht nicht ganz beständig. Zieht man nur die einheitlichen Müllerschen Beobachtungen in Betracht, so zeigt sich, daß Jupiter in der Zeit von 1878 bis 1884, also von einem Minimum bis zu einem Maximum der Sonnenflecke, an Glanz zugenommen und von da an bis zum nächsten Minimum wieder abgenommen hat. Es ist hier also ein paralleler Gang der Erscheinungen zwischen Sonne und Jupiter angedeutet. Die Amplitude der Helligkeitsschwankung beträgt jedoch nur 0.2 Größenklassen. Ferner wäre wieder daran zu erinnern (S. 365), daß die Umlaufszeit des Jupiter (11.86 Jahre) so nahe mit der mittleren Periode der Sonnenflecke (11.16 Jahre) übereinstimmt, daß dadurch die Eindeutigkeit der Korrelation bedenklich erschüttert wird. Ist die periodische Änderung des Glanzes überhaupt reell, so könnte recht wohl auch an andere, etwa durch die Exzentrizität der Jupiterbahn verursachte Einflüsse gedacht werden.

Während die Atmosphären der inneren Planeten keine Möglichkeit einer erfolgversprechenden spektroskopischen Untersuchung bieten, zeigen Jupiter und mit ihm alle äußeren Planeten gegenüber dem reinen Sonnenspektrum erhebliche Unterschiede. Zunächst erscheinen die Wasserdampfbänder bedeutend verstärkt, so daß im Gegensatz zu Merkur, Venus und Mars kein Zweifel an der Existenz von Wasser in der Jupiteratmosphäre bestehen kann. Dazu kommt ein kräftiges, breites Band im roten Gebiet zwischen den Linien (C) und (D), dessen Mitte etwa bei der Wellenlänge 619 $\mu\mu$ liegt (Abb. 300). Es ist bis jetzt kein Gas auf der Erde gefunden worden, das eine entsprechende Absorption lieferte. Spektrographische Aufnahmen des Jupiter, die in das rote Gebiet reichen, sind von G. Millochau, V. M. Slipher u. a. hergestellt worden. Sie ergänzen sehr wesentlich die direkten Beobachtungen, indem sie nicht nur die visuell bemerkte

Abb. 288. Jupiter im Jahre 1916 (Aufn. von B. Schmidt).

Verstärkung der tellurischen Wasserdampfabsorptionen und das Band λ 6192 bestätigen, sondern auch noch 4 andere unbekannte kräftige Linien bei λ 6070, 6000, 5783 und 5150 zeigen. Weitere Absorptionen scheinen im Violett und Ultraviolett vorhanden zu sein. Die auf der Jupiterscheibe auftretenden braunen, zuweilen kupferfarbig überflogenen Bänder beeinflussen die Linien in keiner Weise, sondern ergeben nur Veränderungen im kontinuierlichen Spektrum. Dieses erscheint allgemein, besonders aber im violetten Gebiet, stark geschwächt, genau so, wie wir es an der Erdatmosphäre beobachten. Danach ist anzunehmen, daß die Lichtstrahlen hier einen längeren Weg zurückzulegen haben als an den Stellen der hellen Zonen, die dunkleren Gebilde somit tiefer liegende Schichten der Jupiteratmosphäre sind.

Schon bei recht flüchtiger Fernrohrbeobachtung fällt dem Auge neben der sehr erheblichen Abplattung von $\frac{1}{15}$ die starke Randverdunkelung der Jupiterscheibe auf. Sie ist für Grün am geringsten, für Violett am stärksten (Abb. 291), so daß es bei gewöhnlichen photographischen Aufnahmen Schwierigkeiten bereitet, den Rand ohne Überexposition der Mitte scharf zu erhalten. Die Abschattierung ist auf der Phasenseite der Planetenkugel merklich kräftiger ausgeprägt, als am erleuchteten Rand, was auf starke Dämmerungserscheinungen in der Atmosphäre schließen läßt. Sehr auffällig kommt die Randverdunkelung der Jupiterscheibe während des Vorüberganges der vier großen Trabanten zum Ausdruck. Diese erscheinen in solchen Fällen beim Ein- und Austritt hell auf dunklem Grunde; in der Mitte der Scheibe verschwinden dagegen die beiden inneren Satelliten ganz in der Umgebung oder heben sich in schwach grauer Tönung ab, während der dritte und besonders der vierte Mond dann dunkle Scheiben auf hellem Grunde zeigen. Aus diesen alltäglichen Erscheinungen läßt sich schließen, daß die Albedo der Scheibenmitte ein wenig größer ist als die Albedo von Trabant I

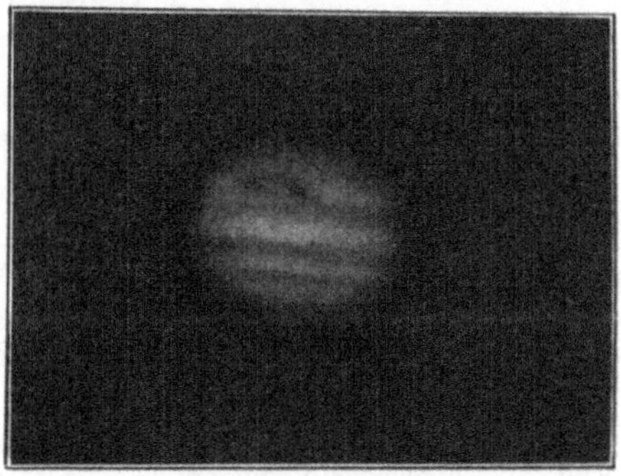

Abb. 289. Jupiter mit dem Roten Fleck (ältere Aufn. d. Vatikanischen Sternwarte).

Abb. 290. Roter Fleck auf Jupiter im Jahre 1922.

oder II, die Albedo des äußersten Randes dagegen etwas geringer als bei Trabant IV. Setzt man die Albedo der Monde als bekannt voraus, so folgt daraus zwischen Mitte und Rand ein Helligkeitsverhältnis 1 : 0.15. Gegenüber der Sonne (S. 271) ist also hier der Betrag der Randverdunklung für das visuelle Gebiet fast ebensogroß, wie er dort für das Ultraviolett gefunden wurde. Diese gut gesicherten Schätzungen stehen mit einigen visuellen Messungen von B. Fessenkoff und E. Schoenberg durchaus in Einklang. Die besten Ergebnisse sind von photographischen Filterbildern und ihrer mikrophotometrischen Auswertung nach Art der Abb. 291 zu erwarten.

Eine für den Anblick des Jupiter im Fernrohr sehr charakteristische Erscheinung bilden die schon erwähnten hellen und dunklen Streifen, für die sich die Bezeichnung Zonen bzw. Bänder eingebürgert hat. In kleineren Instrumenten zeigen sie scharfe und gleichmäßige Umrisse; bei Anwendung stärkerer Vergrößerungen weisen sie eine sehr reichhaltige Struktur auf, mit dunklen und hellen Flecken, sowie wolkenartigen Gebilden von Zirrus-, Kumulus- und Stratusform, bei ständiger, oft sehr rascher Veränderlichkeit in den Umrissen und in der Lage (Abb. 290). In den dunklen Polgebieten, hauptsächlich in den südlichen, erscheinen zuweilen blendend weiße, kreisrunde Fleckchen, die wohl als hochschwebende kumulusartige Wolken zu deuten sind. Die ausführliche Beschreibung weiterer Einzelheiten der Jupiteroberfläche würde ermüdend wirken. Das beste Anschauungsmaterial bieten die vielen zum Teil vortrefflichen Zeichnungen, die sich in der Literatur vorfinden. Auch gute Photographien sind schon in größerer Anzahl angefertigt worden. Als Beispiel einer solchen aus älterer Zeit mag Abb. 289 dienen. Aus neueren Oppositionen liegen

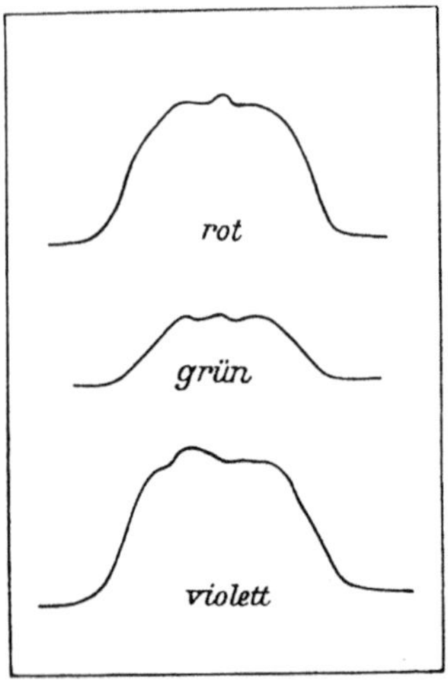

Abb. 291. Flächenhelligkeit der Jupiteroberfläche längs der kleinen Achse (nach H. Shapley).

besondere Leistungen von E. E. BARNARD, V. M. SLIPHER, B. SCHMIDT (Abb. 288) u. a. vor. Einzelne Aufnahmen zeigen bereits annähernd den Reichtum an Umrissen, wie ihn gute an großen Instrumenten erhaltene Zeichnungen aufweisen, übertreffen aber die letzteren in der absoluten Zuverlässigkeit der Orientierung. Abweichend von Mars, der für kontrastreiche Bilder Anwendung von Rotfiltern erfordert, geben bei Jupiter die im violetten Licht erhaltenen Aufnahmen die kräftigsten Gegensätze in Licht und Schatten.

Rotationsverhältnisse. Roter Fleck. Die Umdrehung des Jupiterellipsoids erfolgt um eine Achse, die nach einem Punkte des Himmels in $\alpha = 267.8^0$, $\delta = +\ 64.6^0$ (1900.0), also sehr nahe nach dem Pol der Ekliptik gerichtet ist. Hieraus ergibt sich eine Neigung gegen die Erdbahn von nur 2^0, so daß man die Einzelheiten der Planetenkugel fast stets unverändert in der gleichen Projektion erblickt. Bei der überaus schnellen Umdrehung von kaum 10^h Dauer läßt sich die Rotationszeit sehr einfach durch Schätzung der Zeiten ermitteln, in denen ein Fleck die Mittellinie der Scheibe passiert. Es haben sich dabei je nach der jovigraphischen Breite beträchtliche Unterschiede ergeben, aus denen sich als sicher ergibt, daß ähnlich wie auf der Sonne die Rotationsdauer nach den Polen hin zunimmt. S. WILLIAMS, W. F. DENNING, H. E. LAU und viele andere Beobachter haben sich um die Beobachtung und Darstellung der nicht ganz stetig verlaufenden Umdrehung bemüht. WILLIAMS unterschied im ganzen 8 getrennte Zonen mit Rotationen zwischen $9^h\ 48^m$ und $9^h\ 55.9^m$; doch reicht diese Gruppierung zweifellos nicht aus, auch ergeben, genau wie bei den Sonnenflecken, verschiedene Beobachtungsperioden etwas verschiedene Werte. In Abb. 292 ist eine ganze Anzahl von Rotationsbestimmungen aus systematischen Beobachtungsreihen zusammengefaßt und graphisch dargestellt. Die rascheste Umdrehung ($9^h\ 49^m$) zeigt somit die Äquatorzone, die langsamste das Gebiet der dunklen Bänder um $\pm\ 20^0$ jovigraphischer Breite. Die geringe in der Figur angedeutete Abnahme nach den Polen scheint reell zu sein. Bei Vorausberechnungen der Lage bestimmter Flecken wird in der Regel nur mit zwei Zeiten gerechnet, die täglichen Rotationswinkeln von 878.25^0 (System I) und 870.27^0 (System II) entsprechen. Die Differenz von 8^0 bewirkt, daß die Äquatorzone den Hauptteil der Jupiteroberfläche in 45 irdischen Tagen überholt.

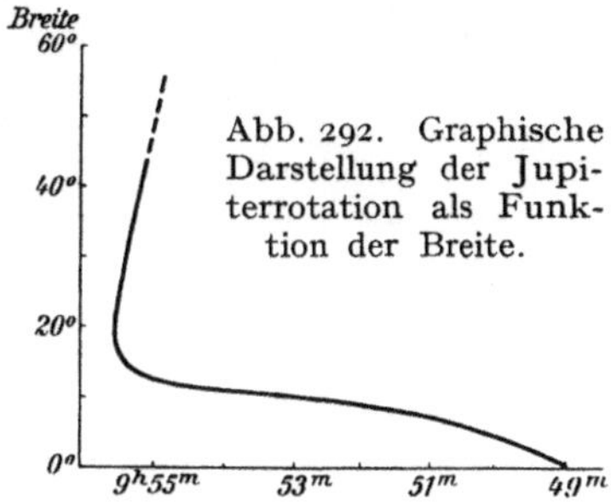

Abb. 292. Graphische Darstellung der Jupiterrotation als Funktion der Breite.

Die Unterschiede der Rotationswerte, insbesondere die Unstetigkeiten, sind vermutlich darauf zurückzuführen, daß in jedem Band und in jeder Zone verschieden hohe Schichten der Jupiteratmosphäre beobachtet werden. Zuweilen treten schon in ein und derselben Breite sehr erhebliche Abweichungen auf, die kaum anders als durch Übereinanderlagerung verschiedener Strömungen zu erklären sind. So wurde im Frühjahr 1920 in Bergedorf die Teilung eines Flecks in — 22° Breite beobachtet, der ursprünglich eine Rotation von $9^h\ 58.1^m$ zeigte, diese nach der Verdoppelung jedoch nur in der einen Komponente beibehielt, Die zweite vollendete eine Umdrehung in $9^h\ 53.5^m$, während die weiße Wolke, auf die sich die Flecken projizierten, in $9^h\ 55.1^m$, also in der normalen Zeit einen Umlauf vollendete. Besonders auffallend ist das Nebeneinanderbestehen solcher verschiedenen Rotationsgeschwindigkeiten in der Zone des sog. Roten Fleckes, mit dem wir uns alsbald näher beschäftigen werden.

Erwähnenswert sind an dieser Stelle noch die Versuche von A. Belopolski, H. Deslandres und V. M. Slipher, um die Rotationszeit des Jupiteräquators auf spektrographischem Wege zu bestimmen. Die Verhältnisse liegen hier besonders günstig. Nimmt man nämlich als Rotationsdauer eines Äquatorpunktes $9^h\ 50^m$ an, so ist eine Höchstgeschwindigkeit von 12.2 km pro Sekunde zu erwarten. Da es sich um reflektiertes Licht handelt, kommt im Doppler-Effekt der doppelte Wert (S. 157), also zwischen Ost- und Westrand ein Unterschied von 49 km zur Geltung. Nun werden die Linien des Spektrums durch die Rotation am Westrande nach Rot, am Ostrande nach Violett verschoben, müssen also bei einer Lage des Spektrographenspaltes parallel zur Äquatorrichtung schräg verlaufen (Abb. 293). Die Auswertung der Neigung hat eine äquatoriale Radialbewegung von $11\frac{1}{2}$ bis 12 km, also etwas weniger ergeben, als die Berechnung erfordert. Das ist durchaus verständlich, da bei dem starken Lichtabfall der Scheibe nach den Rändern zu die Enden des Spaltes nicht genau der Begrenzung des Planeten entsprechen.

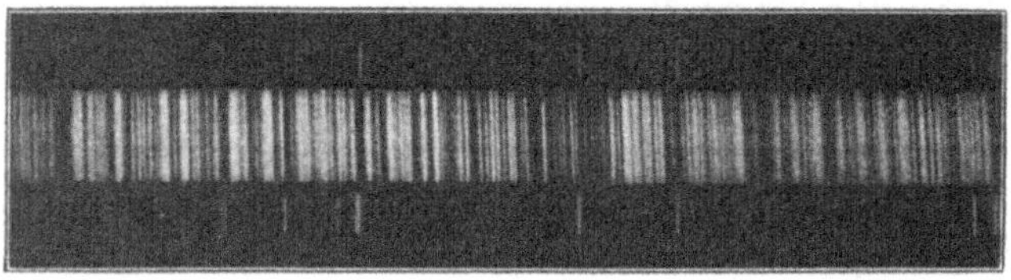

Abb. 293. Doppler-Effekt im Spektrum des Jupiteräquators.

Das merkwürdigste und beständigste Objekt, das bisher auf der Jupiteroberfläche beobachtet wurde, ist der große, in der ersten Hälfte des Jahres 1878 bemerkte Rote Fleck der südlichen Halbkugel. Seine Auffälligkeit hat im Laufe der Jahre beträchtlich abgenommen, und gegenwärtig tritt er nur noch als eine ausgedehnte ovale Wolke innerhalb einer hellen Zone hervor. In dieser Gestalt läßt er sich auf älteren Zeichnungen mindestens bis zum Jahre 1831, nach W. F. Denning vielleicht sogar bis 1664 zurückverfolgen. Für die Prüfung der Rotation des Jupiter bot dieses beständige Gebilde eine besonders gute Gelegenheit. Aber auch hier hat die Umdrehungszeit keinen festen Wert behalten. In der Zeit von 1831 bis 1878 kommen nur geringe Abweichungen vom Mittel vor, dann setzt eine Verzögerung ein, die am Schluß der auffälligeren Sichtbarkeit, um 1899, wieder einer Beschleunigung Platz macht. Sie entspricht seit 1910 einer jährlichen Abnahme der jovigraphischen Länge des Flecks um rund 50°. Die Mittelwerte der einzelnen Perioden sind nach

W. F. DENNING nebenan im Zusammenhange mitgeteilt. Wie aus der Tabelle ersichtlich, hat der Rote Fleck in der bisherigen Beobachtungsperiode den Planeten bereits mehrfach, u. zw. ohne wesentliche Änderung seiner jovigraphischen Breite umkreist. Es kann sich danach kaum um ein Gebilde auf einer festen Kruste handeln.[1])

Umdrehungszeit des Roten Flecks.

Zeitabschnitt	Rotation
1831 bis 1840	$9^h\ 55^m\ 34.3^s$
1841 » 1850	35.3
1851 » 1860	36.7
1861 » 1870	34.8
1871 » 1878	34.0
1879 » 1882	35.7
1883 » 1886	39.2
1887 » 1890	40.3
1891 » 1894	40.8
1895 » 1898	41.4
1899 » 1909	40.4
1910 » 1919	36.0

Neben den horizontalen Strömungen machen sich auf Jupiter auch vertikale Bewegungen bemerkbar. Solche liegen z. B. im Roten Fleck vor und sind an den ausbiegenden Bewegungen und Strömungen der umliegenden hellen und dunklen Wolken, insbesondere des sog. Schleiers erkennbar. Man versteht darunter eine langgestreckte graue in der Zone des Roten Flecks gelegene Wolke, die wegen ihrer größeren Rotationsgeschwindigkeit etwa alle 2 Jahre dem Fleck begegnet, sich vor ihm aufstaut und dann unter Umgehung seiner Umrisse nördlich und südlich an ihm vorbeiströmt. Die Rotationsgeschwindigkeit des Roten Fleckes pflegt bei solchen Gelegenheiten einen merklichen Impuls zu erhalten, was nur dann zu erklären ist, wenn man sich den Fleck als ein räumliches Gebilde mit beträchtlicher Tiefenausdehnung, etwa in Form einer Säule vorstellt.

Nach dem Anblick im Fernrohr, nach den Veränderungen der Streifen, sowie nach den photometrischen und spektralanalytischen Ergebnissen liegt die einzig mögliche Deutung der Jupitererscheinungen in der Annahme einer wenigstens zeitweise sehr unruhigen Atmosphäre mit mächtiger Wolkenentwicklung. Die hellen Zonen sind dabei als höhere, die dunklen Bänder als tiefere Gebiete aufzufassen. Der Unterschied im Helligkeitsgrad erscheint dann als Folge der mit der Tiefe wachsenden Absorption. Ob die zuweilen sichtbaren tief dunkelbraunen Flecke als vollständige Wolkenlücken anzusehen sind, durch die die eigentliche Oberfläche des Planeten hervortritt, muß noch dahingestellt bleiben.

Schon frühzeitig hat man auf eine Ähnlichkeit der Jupiterwolken mit den entsprechenden Bildungen unserer Erdatmosphäre in der Nähe des Äquators hingewiesen, wo die Passate und Antipassate in einer dem Äquator parallelen Richtung strömen. Ähnlich wie Jupiter zeigt auch die Erde am Äquator und an den Polen die stärkste Bewölkung, bei 20 bis 30° Nord- und Südbreite dagegen Minima, die sich mit den Jahreszeiten ein wenig verschieben. Ihr Anblick von außen würde also in gewisser Hinsicht an die Oberfläche des Jupiter erinnern. Dabei ist aber nicht zu vergessen, daß die Intensität der Sonnenstrahlung, von deren Wechsel die irdischen meteorologischen Erscheinungen ab-

[1]) H. H. KRITZINGER, Über die Bewegung des Roten Fleckes auf dem Planeten Jupiter. Ohne Jahresangabe. — B. FESSENKOFF, Die physische Beschaffenheit des Jupiter (russ.). Charkow 1917.

hängen, auf Jupiter bereits 29mal geringer ist, so daß man ihr wohl kaum einen derart beherrschenden Einfluß auf seine Atmosphäre zuschreiben darf. Man wird also an innere Ursachen denken müssen, wobei die Annahme einer ziemlich hohen Eigentemperatur besonders nahe liegt. Als mittlere effektive Temperatur der reflektierenden Schichten haben wir theoretisch — 174° C abgeleitet (S. 354); die radiometrischen Messungen ergeben für die Mittagsstrahlung in der Nähe des Äquators — 130° C, wonach jedenfalls keine besonders hohe Eigenwärme vorzuliegen scheint. Da aber zweifellos die Rückstrahlung bereits in sehr großen Höhen über der Jupiteroberfläche stattfindet, und über die Durchlässigkeit der Atmosphäre nichts bekannt ist, läßt sich die Frage nicht entscheidend beantworten. Ebensowenig wie mit der Erde, wenigstens in ihrem jetzigen Entwicklungszustand, hat Jupiter auch etwa physische Ähnlichkeit mit der Sonne. Daß er kein Eigenlicht mehr aussendet, folgt aus der völligen Lichtlosigkeit von Phase und Schatten, wie sich bei Gelegenheit von Verfinsterungen und Bedeckungen der Monde an großen Instrumenten ganz einwandfrei feststellen läßt.

Die Jupitertrabanten. Durch die Beobachtung der vier großen Monde des Jupiter, die Galilei bereits in seinem ersten primitiven Fernrohr neben dem Planeten entdeckte, ist manche astronomische und physikalische Aufgabe angeregt und gefördert worden. Man braucht dabei nur an die erste Bestimmung der Lichtgeschwindigkeit durch Olaf Römer im Jahre 1676 zu denken. Zu diesen vier alten Trabanten sind seit 1892 fünf neue hinzugekommen, die schon wegen ihrer geringen Größe eine vollkommene Sonderstellung unter den Monden der Planeten einnehmen. Der Bahnlage nach zeigt nur der innerste, fünfte Trabant die den großen Monden eigene Bewegung im Jupiteräquator; der sechste und siebente haben 30°, der achte und neunte rund 150° Neigung. Sicherlich hängen diese und andere Unterschiede mit der einstigen Entstehung der Monde irgendwie zusammen, doch sind die Beziehungen vorläufig noch dunkel und ungeklärt.

Die Durchmesser der vier großen Jupitertrabanten sind wiederholt bestimmt worden, sowohl direkt mit Fadenmikrometern, als auch indirekt aus der Zeitdauer des Eintritts und Austritts in den Schatten oder hinter die Begrenzung des Planeten. Besonders bemerkenswert ist die Tatsache, daß die heute zur Ableitung von Fixsterndurchmessern mit Erfolg benutzte Interferenzmethode von A. A. Michelson zuerst auf die Jupitermonde angewendet wurde und 1890 die ersten positiven Ergebnisse geliefert hat. Die besten nach den drei Verfahren ermittelten Durchmesserwerte sind in den folgenden Mitteln vereinigt:

$$\mathrm{I} = 1.04'' \quad \mathrm{II} = 0.89'' \quad \mathrm{III} = 1.46'' \quad \mathrm{IV} = 1.34''$$

Da im mittleren Jupiterabstand 1″ rund 3770 km entspricht, so lassen sich damit die Winkeldurchmesser sogleich in lineare Maße umrechnen. Man erkennt dabei, daß die Trabanten von der Größenordnung des Erdmondes sind; der zweite gleicht ihm fast genau an Rauminhalt, während die anderen durchweg etwas größer sind. Ähnlich steht es um die Massen, die in Einheiten der Erdmasse $\frac{1}{60}$, $\frac{1}{100}$, $\frac{1}{33}$ und $\frac{1}{60}$, dagegen beim Erdmond $\frac{1}{80}$ betragen; die Dichten sind durchweg kleiner als bei unserem Trabanten, und zwar 0.42, 0.55, 0.38 und 0.22 der Erddichte.

Die astrophysikalischen Untersuchungen an den Monden beschränken sich auf photometrische Fragen, denn bei direkter Beobachtung am Fernrohr liefern selbst die vier großen Trabanten kaum eine Ausbeute. Die winzigen Scheibchen von wenig mehr als 1″ im Durchmesser zeigen auch an den mächtigsten Instrumenten und bei besten Luftverhältnissen kaum die Andeutung einer Fleckenbildung. Alle Beobachtungen dieser Art sind, ebenso wie die hin und wieder gemeldete Wahrnehmung starker Abplattung, von unrunden oder gar eckigen, polygonalen Umrissen, mit großer Vorsicht aufzunehmen. Aber auch die üblichen photometrischen Messungen lassen viel zu wünschen übrig, da die Nähe des Planeten und die damit verbundene ungleichmäßige Erhellung des Hintergrundes unkontrollierbare Fehler mit sich bringen. Schon W. Herschel hat beobachtet, daß die Monde kein konstantes Licht haben, sondern einem periodischen Lichtwechsel unterliegen. Als Erklärung für dieses Verhalten nahm er das Vorhandensein dunkler Flecke auf den Trabanten an, deren Rotationszeit, wie bei unserem Monde, gleich der Umlaufszeit sein sollte. Das spätere Material ist nicht frei von Widersprüchen. Im Jahre 1870 fand R. Engelmann unter Benutzung eines Zöllner-Photometers das Herschelsche Ergebnis bestätigt, dagegen liegt aus den Jahren 1877 und 1878 eine große Messungsreihe von erfahrenen Beobachtern der Harvard-Sternwarte vor, die bei keinem der Monde einen irgendwie hervortretenden Helligkeitswechsel verrät. Es könnte hiernach den Anschein haben, als wenn die früher gefundenen Änderungen durch systematische, mit dem Trabantenumlauf zusammenhängende Beobachtungsfehler verursacht wären und mit der fortschreitenden Verbesserung der Meßinstrumente immer mehr zum Verschwinden gelangten. In den neueren photometrischen Messungen tritt indessen der Lichtwechsel wieder deutlich zutage. Am zuverlässigsten sind die photoelektrischen Messungen von J. Stebbins, die nach der Bearbeitung von P. Guthnick für I 0.23^m, für II 0.31^m, für III 0.16^m und für IV 0.12^m Gesamtamplitude ergeben. Die Periode entspricht bei allen Monden genau der Umlaufszeit. Die Maxima fallen bei I, II und III auf die östliche, bei IV auf die westliche Elongation.

Wird die mittlere Helligkeit des dritten, hellsten Trabanten im Harvard-System zu 5.10^m angesetzt, so ergeben die Messungsreihen der Harvard-Sternwarte (1871), von P. Guthnick (1904—1906) und K. Graff (1919) als mittlere Sterngröße für die Jupitermonde

$$\mathrm{I} = 5.52^m \qquad \mathrm{II} = 5.65^m \qquad \mathrm{III} = 5.10^m \qquad \mathrm{IV} = 6.25^m$$

Das Gesamtlicht der äußeren Trabanten III und IV ist 4.77^m. Findet ihre geozentrische Konjunktion in einer Elongation von III, d. h. im günstigsten

Falle in etwa 6′ Abstand vom Jupiter statt, so ist es für ein scharfes Auge sicher möglich, den vereinten Lichtpunkt auch ohne Fernrohr zu erkennen.

Unter Zugrundelegung der mittleren Helligkeitswerte von P. GUTHNICK und der Durchmesserbestimmungen von E. E. BARNARD hat H. N. RUSSELL die folgenden genäherten Albedowerte für die vier Trabanten bestimmt:

$$\text{I} = 0.69 \qquad \text{II} = 0.76 \qquad \text{III} = 0.45 \qquad \text{IV} = 0.16$$

Diesen Angaben entsprechend gestalten sich auch die bereits auf S. 411 erwähnten Erscheinungen beim Vorübergang der Monde vor der Jupiteroberfläche. Der Trabant IV zeigt dabei gegenüber dem Grund der Planetenmitte eine so lichtlose Scheibe, daß er auch in großen Fernrohren völlig einem vorüberziehenden Satellitenschatten gleicht. Nach den mitgeteilten Zahlen entspricht die Albedo des Trabanten IV etwa dem Mars, die des dritten nahe dem Jupiter, während bei I und II selbst das Reflexionsvermögen von Uranus bzw. Neptun übertroffen wird. Wenn man bedenkt, daß auf diesen Monden schwerlich eine Wolkenhülle vorhanden ist, so fehlt für die hohen Ziffern vorläufig eine Erklärung. Spektroskopisch ist über die Monde sehr wenig bekannt, so daß auf diesem Wege eine Klärung der Angelegenheit nicht möglich, nach den Erfahrungen bei Venus und Mars auch nicht sehr wahrscheinlich ist. Aus der Färbung lassen sich gleichfalls keine Oberflächeneigentümlichkeiten ableiten. Die Tönung sinkt in der Reihenfolge I, II, III, IV von sattem Gelb bis zu einer gelblichgrauen Schattierung herab, die den besonders dunklen vierten Trabanten auszeichnet und ihm auch in der Färbung eine Sonderstellung verleiht.

Gegenüber der Aussichtslosigkeit jeder direkten Erforschung der Trabantenoberflächen wäre es nicht ausgeschlossen, stärkere Fleckbildungen auf photometrischem Wege nachzuweisen, und zwar dann, wenn die Monde in den Jupiterschatten eintreten oder ihn verlassen. Unregelmäßigkeiten der Oberflächen müßten sich dann durch Ungleichmäßigkeit der Lichtkurven bzw. durch ihre Abweichung von der berechneten theoretischen Form bemerkbar machen. Es hat sich gezeigt, daß visuelle Messungen hierzu nicht ausreichen; die Ein- und Austritte der drei inneren Trabanten erfolgen so rasch, daß in Zukunft nur photographische Reihenaufnahmen mit Zeitregistrierung unter Verwendung großer Instrumente einen Erfolg versprechen dürften.

Das Saturnsystem. Der durch sein Ringsystem besonders bemerkenswerte Planet Saturn steht an Größe dem Jupiter nur wenig nach. Sein Durchmesser beträgt 121000 km. Die Masse entspricht aber nur dem 95fachen der Erdmasse, so daß die Dichte außerordentlich gering ist. Sie beträgt in Erdeinheiten 0.12 und erreicht damit den niedrigsten Wert im Planetensystem. Am Himmel erscheint Saturn stets heller als Sterne erster Größe. Sein Glanz ist nicht nur durch die Entfernung von Sonne und Erde bedingt, sondern auch durch die Lage der Ebene des Ringes, dessen Licht zur Gesamthelligkeit erheblich beiträgt. Eine Berechnung der jeweiligen Sichtbarkeitsbedingungen ist

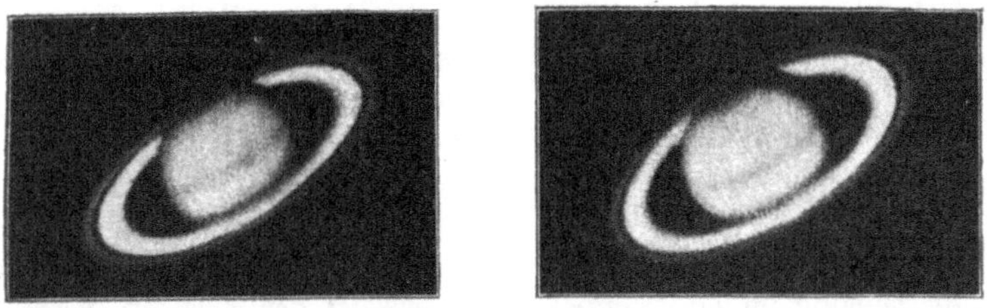

Abb. 294. Saturn im Jahre 1912 und 1915 (Aufn. des Lowell-Observatoriums).

nach Feststellung der Polrichtung von Saturnäquator und Ringebene möglich, die nach einem gemeinsamen Punkte des Himmels bei $\alpha = 36.6^0$ und $\delta = +83.1^0$ (1900.0) hinweisen. Hieraus folgt als stärkste Neigung der Ringebene gegen die Blickrichtung von der Erde aus ein Winkel von 28^0, der während des $29^1/_2$ jährigen Saturnumlaufes zweimal besonders günstige Beobachtungsverhältnisse für das Ringsystem herbeiführt. Ebenso passiert die Erde während der Umlaufsperiode zweimal genau die Ebene des Ringes, wobei dieser wegen seiner sehr geringen Dicke für kurze Zeit selbst in großen Instrumenten fast unsichtbar wird. Die letzten Durchgänge dieser Art fanden 1907 und 1921 statt.

Nach den Potsdamer und anderen Beobachtungen beträgt der Zuwachs der Saturnhelligkeit durch die Ringe im Maximum ungefähr $1\frac{1}{2}$ Größenklassen; die mittlere Oppositionshelligkeit ohne Ring kann recht sicher zu 0.80^m angenommen werden. Der Phasenwinkel erreicht höchstens 6^0, so daß ein merklicher Einfluß desselben auf die Helligkeit des Saturn nicht zu erwarten ist. Während dementsprechend C. Wirtz aus seinen im Jahre 1920 angestellten Beobachtungen vergeblich eine Abhängigkeit von der Beleuchtungsrichtung abzuleiten versucht hat, macht sich nach G. Müller und E. King der Einfluß der Sonnenstellung in größeren Beobachtungsreihen doch durch einen Koeffizienten von 0.044^m bzw. 0.042^m pro 1^0 Phase bemerkbar. Bezeichnet man den Phasenwinkel mit φ und mit ε die jeweilige Ringneigung, d. h. die Erhebung der Erde über die Ebene des Saturnäquators, so ergibt sich die Gesamthelligkeit in Sterngrößen aus den Formeln

$$h = 0.80 - 2.596 \sin \varepsilon + 1.253 \sin^2 \varepsilon + 0.044\, \varphi \qquad \text{(Müller)}$$

$$h = 0.80 - 1.626 \sin \varepsilon + 0.042\, \varphi \qquad \text{(King)}$$

Beide Ausdrücke setzen mittlere Entfernungen von Erde und Sonne, also $\Delta_0 = 8.5388$ und $r_0 = 9.5388$ voraus. Als Albedo des Saturn folgt aus den Helligkeitsmessungen der hohe Wert 0.63, der die Albedo der Venus noch ein wenig übertrifft. Die Farbe des Planeten ist stark gelb; der Farbenindex beträgt $+1.1^m$.

Die spektroskopischen und spektrographischen Beobachtungen von H. C. Vogel, J. E. Keeler, P. Lowell u. a. führen zu dem übereinstimmenden Resultat, daß das Saturnspektrum dem Jupiterspektrum außerordentlich ähnelt

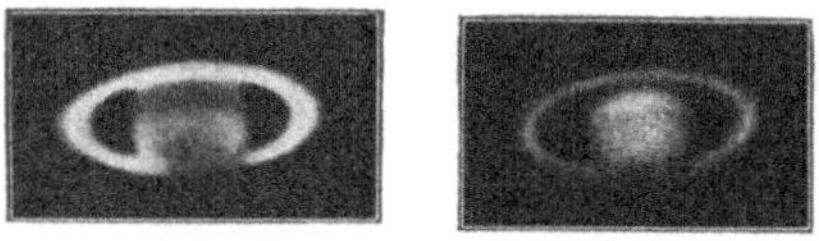

Abb. 295. Filteraufnahmen des Saturn im ultravioletten und ultraroten Licht (nach W. H. Wright).

(Abb. 300), besonders in bezug auf die Verstärkung der terrestrischen Absorptionen und das Auftreten des starken Bandes in Rot bei der Wellenlänge λ 6192. Die allgemeine Absorption ist besonders stark in Blau und Violett, wodurch die rötliche Farbe der Planetenkugel ihre Deutung findet. Merkwürdigerweise ist der Ring, in dessen Spektrum keine Bänder auftreten, der also offenbar keine Atmosphäre hat, nicht merklich weißer getönt.

Über die Oberfläche Saturns läßt sich kaum mehr aussagen, als daß sie durch die Streifenformen dem Jupiter ähnelt, ohne jedoch die scharfe Zeichnung des letzteren auch nur entfernt zu erreichen. Die Äquatorgegend ist stets hell; daran schließen sich auf beiden Halbkugeln sehr matte, abwechselnd dunkle und helle Gebiete an, die den Planeten in vollem Umfang gleichmäßig überziehen und nur geringen Veränderungen unterworfen sind. R. W. Wood hat 1914 den Versuch unternommen, die Natur dieser Streifen, ähnlich wie beim Monde, auf dem Wege der monochromatischen Aufnahmen näher zu ergründen. Auf den violetten und ultravioletten Photogrammen erscheint dabei die visuell so helle Äquatorzone des Saturn auffallend dunkel, was Wood darauf zurückführt, daß der innere sog. Kreppring, als breite, die violetten Strahlen stark dämpfende Staubwolke sich bis zum Planetenkörper ausdehnt. Da auf den betreffenden Aufnahmen auch die südliche Polkappe — hier in Übereinstimmung mit dem visuellen Eindruck am Fernrohr — außerordentlich dunkel auftritt, wird man die Ursache wohl eher der Atmosphäre des Planeten zuschreiben und annehmen, daß diese in den einzelnen verschieden hoch gelegenen Zonen stark abweichende selektive Absorption aufweist (Abb. 295). Die Randverdunklung ist bei Saturn mindestens ebenso stark wie bei Jupiter; selbst der hellerleuchtete, von der Phase nicht beeinflußte Rand der Kugel projiziert sich stets in fast schwarzer Strichform auf das Ringsystem.

Die Rotation kann entsprechend der starken Abplattung von $\frac{1}{10}$ nur kurz sein. Sie läßt sich wegen der Verwaschenheit aller Umrisse nur in Ausnahmefällen beobachten, die durch das Auftreten großer heller Flecke gekennzeichnet sind. Die letzten Gelegenheiten der Umdrehungsbestimmung mit Hilfe dieser rasch vergänglichen Gebilde boten sich in den Jahren 1876 und 1903. Sie ergaben $10^h\,14.4^m$ bzw. $10^h\,38^m$, also stark abweichende Werte. Ob der Unterschied in einer Eigenbewegung eines der Flecke beruht, oder in einem besonderen von der Breitenlage abhängigen Rotationsgesetz seine Ursache hat, läßt sich nicht entscheiden. Die spektrographischen Randaufnahmen geben einen Doppler-Effekt, der auf eine Achsenumdrehung in $10^h\,14.6^m$ schließen läßt, also mit dem von A. Hall 1876 abgeleiteten Wert gut übereinstimmt.

Die radiometrischen Messungen des Saturn befinden sich noch im Anfangsstadium. Nach W. W. Coblentz liegt die aus der Wasserzellen-Transmission

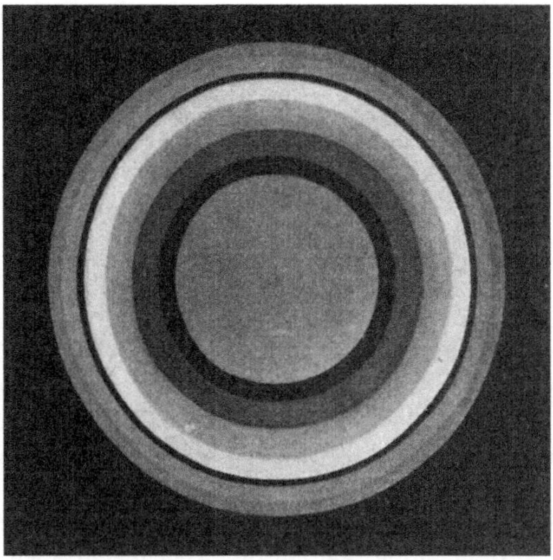

Abb. 296. Grundriß des Saturnsystems.

berechnete mittlere Temperatur der reflektierenden Schichten bei etwa — 150°, also 20° niedriger als bei Jupiter. Sehr sicher sind diese tiefen Werte nicht, da schon etwa — 170° C einer Strahlung entsprechen, deren Hauptbetrag jenseits 15 μ liegt, also Wellenlängen umfaßt, die von der Erdatmosphäre nicht mehr durchgelassen werden. Aus der abgeleiteten Temperatur folgt immerhin, daß Saturn keine hohe Eigenwärme mehr besitzt.

Die Saturnringe sind nicht von gleichförmiger Intensität (Abb. 296); jedenfalls ist der mittlere am hellsten und etwa von der gleichen Albedo wie die Äquatorgebiete der Saturnkugel; auf photographischen Aufnahmen erscheint er sogar noch heller. Bei der noch zu besprechenden Zusammensetzung des Ringes läßt sich dies nur schwer deuten; man müßte schon zu der weiteren unwahrscheinlichen Annahme greifen, daß die betreffenden Ringteile eine stark glänzende Oberfläche besitzen. Die Helligkeit des mittleren Ringes nimmt nach der Planetenkugel zu stark ab, bis sie ziemlich plötzlich in den matten, durchscheinenden Kreppring übergeht. Auch der äußere, jenseits der sog. Cassini-Trennung gelegene Ring ist durchscheinend, wie photographische Aufnahmen des Planeten zuerst gezeigt haben. Die Licht- und Farbenabstufungen im Ringsystem sind noch nicht völlig geklärt. Die von R. W. Wood und W. H. Wright angewendete Filteranalyse läßt nur soviel erkennen, daß beim Übergang zu kürzeren Wellenlängen die Ringkontraste merklich abnehmen (Abb. 295).

Die Dimensionen des Ringsystems sind auch für den Astrophysiker von Wichtigkeit. Die nebenstehende Tafel gibt die Daten nach den Messungen von T. J. See wieder, wobei die Zahlen auf mittleren Abstand ($\Delta_0 = 9.5388$) bezogen und für Irradiation verbessert worden sind. Danach ist der Grundriß des Saturnsystems in Abb. 296 gezeichnet.

Dimensionen des Saturnsystems.

Teil des Saturnsystems	Durchmesser	Bogenwert
Äußerer Ring (A)	Außendurchmesser	39.97″
» » »	Innendurchmesser	34.60
Innerer Ring (B)	Außendurchmesser	33.67
» » »	Innendurchmesser	25.93
Kreppring (C)	Innendurchmesser	20.43
Saturn	Äquatordurchmesser	17.24
»	Polardurchmesser	15.49

Physische Beschaffenheit der Ringe. Die Saturntrabanten. Von den ersten Beobachtern des Saturn, die den Ring bereits als solchen erkannten, ist das Gebilde wohl durchweg als dünnes, starres System aufgefaßt worden. Trotz einiger schon recht früh ausgesprochener Bedenken hielt selbst P. S. LAPLACE noch an einem freischwebenden festen Doppelring fest. Um die dynamischen Schwierigkeiten der Annahme, die ihm nicht verborgen blieben, zu beseitigen, wurden Abweichungen der Ringe von der Kreisform angenommen, die aber spätere Beobachtungen nicht bestätigt haben. Durch die theoretischen Untersuchungen, die C. MAXWELL, G. A. HIRN, E. A. ROCHE u. a. im 19. Jahrhundert angestellt haben, ist mit Sicherheit nachgewiesen, daß ein starrer, einen Planeten umgebender Ring in keiner Form stabil sein kann. Selbst wenn der Zustand für einen gegebenen Moment erzielt wäre, so würde die geringste äußere Kraft genügen, um ein solches Gebilde zum Zusammenbruch zu bringen. Die einzige wahrscheinliche Lösung des Problems liegt in der schon von G. D. CASSINI geäußerten Annahme, daß der Saturnring aus einer großen Zahl von kleinen Körpern besteht, die als winzige Monde oder Meteoriten unabhängig voneinander ihre Bahnen um den Hauptkörper beschreiben. Eine wesentliche Stütze erhält diese Annahme durch den Umstand, daß der innere und äußere Teil der Ringe durchscheinend ist, ferner durch die geringe Masse des ganzen Gebildes, die nach H. STRUVE noch nicht $\frac{1}{100\,000}$ der Saturnmasse, also kaum $\frac{1}{10}$ der Masse des Erdmondes ausmacht. Inwieweit die Lage der Haupttrennungslinie des Ringsystems als Beweis für die Hypothese herangezogen werden kann, steht dynamisch noch nicht fest. Hat sich die Lücke aber durch Störungen irgendwelcher Art entwickelt, so sind in der Nachbarschaft nur sehr geringe Bahnexzentrizitäten möglich. Tatsächlich ist von erfahrenen Beobachtern an den Ringen bisher noch keine Abweichung von der idealen Kreisform beobachtet worden.

Auch photometrisch kann die Gültigkeit der Annahme eines meteorischen Ringes nachgeprüft werden. Besteht er aus Einzelteilen, so muß die reflektierte Helligkeit von der Beleuchtung der einzelnen Körper, ihrer gegenseitigen Beschattung usw. abhängen, die Gesamthelligkeit des Ringes somit veränderlich sein. Die schwierige und umständliche Ableitung dieser Beziehungen verdanken wir H. SEELIGER; die Aufgabe führt schließlich zu einer sehr einfachen Beziehung, die von dem zugrunde gelegten Beleuchtungsgesetz unabhängig ist und durch die auf S. 419 erwähnten empirischen Formeln vollkommen dargestellt wird. Die Theorie der Beleuchtung staubförmiger Massen verlangt einen charakteristischen, sehr steilen Abfall der Kurve zwischen 0 und 1° Phasenwinkel. Auch diese Eigentümlichkeit kommt in den Beobachtungen deutlich zum Vorschein.

Besondere interessante spektrographische Beobachtungen am Saturn haben es ermöglicht, die Rotationsgeschwindigkeit der verschiedenen Teile des Ringes und der Kugel zu bestimmen. Wird der Spektrographenspalt, wie das schon bei Jupiter (S. 414) geschehen ist, in eine Richtung parallel zum Äquator, also gleichzeitig auch in die große Achse des Ringsystems gebracht, so müssen die

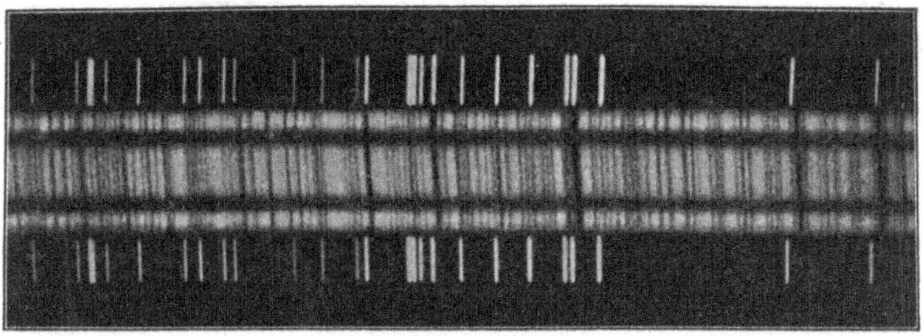

Abb. 297. Geneigte und gebrochene Linien (450 bis 435 $\mu\mu$) im Spektrum des Saturnsystems.

Linienknickungen und -verzerrungen ein deutliches Bild der relativen Bewegung von Ring und Kugel in der Richtung auf den Beobachter zu oder von ihm fort ergeben. Ist der Ring ein starres Gebilde, so weisen seine Außenteile die höhere lineare Geschwindigkeit auf; die Linienneigung im Ringgebiet muß dann dem Sinne nach derjenigen bei der Planetenkugel entsprechen, d. h. die Verschiebungen müssen an den äußeren Ringteilen am auffälligsten auftreten. Beschreiben aber die einzelnen Teile des Ringes unabhängige Bahnen, so werden nach dem dritten Keplerschen Gesetz die linearen Geschwindigkeiten und dementsprechend die Linienverschiebungen an den inneren Kanten am stärksten sein. Die wahren Geschwindigkeiten zweier Ringstellen mit den Radien r_1 und r_2 sind dabei durch die einfachen Beziehungen

$$\frac{v_1}{v_2} = \frac{r_1}{r_2} \qquad \text{bei festem Ring}$$

$$\frac{v_1}{v_2} = \sqrt{\frac{r_2}{r_1}} \qquad \text{bei meteorischem Ring}$$

miteinander verbunden. Wünscht man auf Grund der zweiten Annahme die absolute Sekundengeschwindigkeit v eines Saturnsatelliten oder einer Ringstelle im Abstande r zu erhalten, so ist nur zu berücksichtigen, daß nach dem dritten Keplerschen Gesetz die Umlaufszeit P mit r durch

$$P^2 = cr^3$$

verbunden ist, wobei c eine von der Masse des Systems abhängige Konstante bedeutet. Damit ergibt sich die Geschwindigkeit

$$v = \frac{2\pi r}{P} = \frac{2\pi}{\sqrt{cr}}$$

und nach Einsetzen der Werte für π und c

$$v = \frac{6200}{\sqrt{r}} \text{ Kilometer i. d. Sekunde}$$

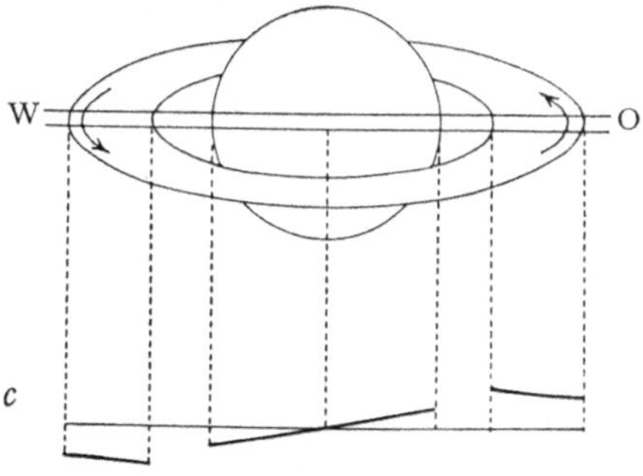

Abb. 298. Entstehung des Doppler-Effektes im Spektrum des Saturnsystems.

Zu dem letzten Ergebnis führen in der Tat

Beobachtete und berechnete Umdrehungsgeschwindigkeit der Saturnringe.

Teil des Saturnsystems	Radius in km	Bewegung in 1^s Beobachtet	Bewegung in 1^s Berechnet
Saturnäquator	60 000 km	9.8 km	(10.3) km
Ring B, innerer Rand	89 000	20.4	20.8
» A, äußerer »	138 000	15.8	16.7

die spektrographischen Aufnahmen, womit neben der photometrischen Lösung der sicherste Beweis für die Zusammensetzung der Saturnringe aus Einzelteilen geliefert ist. Die nebenstehende Tabelle veranschaulicht das Mittel der von J. E. Keeler, H. Deslandres und A. Belopolski beobachteten und die von der Rechnung geforderten Zahlenwerte. Die Übereinstimmung läßt nichts zu wünschen übrig. Nimmt man die theoretischen Werte als gegeben an, so würde aus ihnen hervorgehen, daß der innere Rand des hellen Ringsystems in 7.5^h und der äußere in 14.4^h einen vollständigen Umlauf um Saturn vollenden. Ein Satellit im Planetenäquator würde in der Sekunde 25.3 km zurücklegen, also in 4.1^h seine Bahn vollenden, somit der Achsendrehung des Saturn sehr erheblich vorauslaufen.

Ein dritter Nachweis der meteorischen Konstitution des Ringsystems kann in den Erscheinungen der Kantenstellung erblickt werden. Ist die Ebene des Saturnäquators genau nach der Erde zu gerichtet, so ist die feine Linie der Ringprojektion selbst in den größten Fernrohren einige Tage hindurch gar nicht

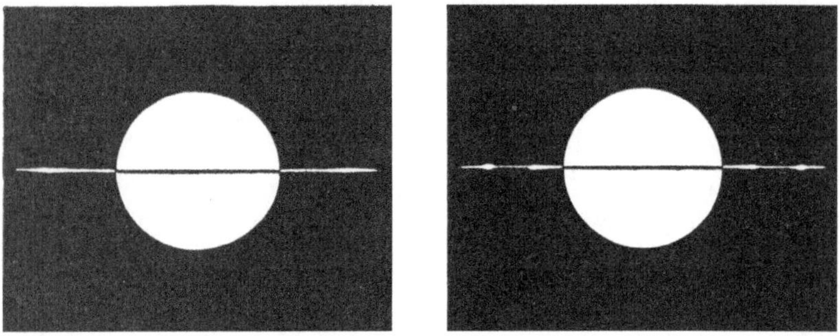

Abb. 299. Kantenstellung des Saturnringes 1921 April 10 und 11 (schematisch). Links: Erde und Sonne auf derselben Seite, rechts: auf verschiedenen Seiten der Ringebene.

oder nur mit größter Mühe zu erkennen. Sobald sich aber die Erde über die beleuchtete oder unbeleuchtete Ringebene auch nur um wenige Bogenminuten erhoben hat, wird der feine Lichtfaden wieder deutlich sichtbar. Der Anblick der beleuchteten und unbeleuchteten Seite ist dabei verschieden (Abb. 299), und zwar weist die letztere beiderseits zwei Knötchen auf, die fast bei jedem Ringdurchgang durch die Erde gemessen worden sind. Nach den Abstandsbestimmungen von E. C. Slipher und K. Graff im Winter 1920/21 fallen die Knoten genau mit der Cassinischen Teilung bzw. mit dem Außengebiet des

Kreppringes zusammen. Die Sichtbarkeit der Nachtseite des Ringes beweist, daß er in seiner vollen Ausdehnung durchscheinend ist; die Lage der Knoten zeigt offenbar die Stellen an, wo die Bestandteile am lockersten angeordnet sind.

Über die Größe der Teilchen, die das Ringsystem zusammensetzen, läßt sich nach den photometrischen Beobachtungen keine bündige Auskunft geben. Da die Dicke des Ringes auf 15 bis 20 km geschätzt wird, wäre es möglich, an eine Schicht von Trabanten mit Durchmessern von dieser Größenordnung zu denken, doch passen weder die Albedowerte, noch die Transparenz des innersten und äußersten Ringes zu dieser Vorstellung. Wahrscheinlich liegt eine meteorische Struktur vor, da sehr feiner Staub dem Strahlungsdruck der Sonne kaum standhalten würde.

Saturn wird von acht größeren Monden begleitet, zu denen in der Neuzeit noch zwei winzige Weltkörper hinzugekommen sind, die hier übergangen werden können, da sie kaum die 16. oder 14. Größe haben. Aber auch bei den anderen Trabanten beschränken sich unsere astrophysikalischen Kenntnisse lediglich auf die Helligkeit. Da die Saturnmonde von jeher im Verdacht der Veränderlichkeit standen, sind sie wiederholt in längeren Reihen gemessen worden. Ihre mittlere Größe nach E. Pickering, P. Guthnick und K. Graff ist in der nebenstehenden Übersicht enthalten. Die Einzelbeobachtungen bestätigen die schon von G. D. Cassini und später von W. Herschel vertretene Ansicht, daß der äußerste Trabant Japetus einem starken regelmäßigen Lichtwechsel unterworfen ist. Der Umfang dieses Lichtwechsels beträgt 1.8 Größenklassen, und zwar tritt das Maximum nahe bei der größten westlichen, das Minimum bei der größten östlichen Elongation des Trabanten ein. Wegen des Zusammenhanges des Lichtwechsels mit der Umlaufszeit ist anzunehmen, daß die Rotationsdauer des Japetus mit seinem Umlauf zusammenfällt, ferner, daß seine Oberfläche entweder Stellen verschiedener Helligkeit enthält, oder daß er stark von der Kugelgestalt abweicht. Von den übrigen Saturnmonden sind noch Dione, möglicherweise auch Titan und Rhea ein wenig veränderlich.

Mittlere Oppositionshelligkeit der Saturntrabanten.

Nr.	Trabant	Gr.
1	Mimas	11.91^m
2	Enceladus	11.58
3	Thetys	10.33
4	Dione	10.48
5	Rhea	9.78
6	Titan	8.26
7	Hyperion	12.80:
8	Japetus	10.84 ±

Wenn man von Titan absieht, der ein Scheibchen von 0.6″ Durchmesser zeigt, sind direkte Messungen an den Saturntrabanten kaum möglich. Rechnet man aber ihre abgeleiteten Sterngrößen in Intensitäten um und setzt diese gleich den beleuchteten Flächen, so kann man die relativen Durchmesser der Monde berechnen. Die dabei vorausgesetzte Annahme einer einheitlichen Albedo trifft freilich kaum zu. So erinnert Titan in Albedo, Glanz und gelber Färbung lebhaft an die Jupitersatelliten I und II, während Japetus mehr dem besonders dunklen vierten Jupitermond gleicht. Ein anderer Weg der Durchmesserbestimmung führt über die Massen der Monde, von denen auf Grund der Arbeiten von

Massen und Durchmesser der Saturntrabanten (Monddichte = 1).

Nr.	Trabant	Masse (♄ = 1)	Durchmesser
1	Mimas	1 : 16300000	270 km
2	Enceladus	1 : 4000000	435
3	Tethys	1 : 922000	710
4	Dione	1 : 536000	850
5	Rhea	1 : 250000	1100
6	Titan	1 : 4700	4100

H. Struve zum Teil recht genaue Werte vorliegen. Wird die Dichte einheitlich gleich der Dichte des Erdmondes gesetzt, so erhält man nach P. H. Hepburn die nebenstehende Übersicht. Da die direkten Mikrometermessungen für den Titandurchmesser 4200 km ergeben, könnten die Tabellenwerte als besonders zuverlässig gelten. Ein Vergleich der Durchmesser aus den Helligkeiten mit denjenigen aus den Massen zeigt jedoch starke Widersprüche, die einen deutlichen Gang mit den relativen Trabantenabständen haben. Sie können behoben werden, wenn man die Dichte nicht konstant ansetzt, sondern sie von 0.7 der Saturndichte bei Mimas bis zur Dichte des Erdmondes bei Titan anwachsen läßt. Durch Annahme einer höheren Masse für Titan (etwa 1 : 4000), wie sie in den neueren Bestimmungen angedeutet ist, wird an dem Gang nichts geändert. Inwieweit er den Tatsachen entspricht und etwa mit dem meteorischen Aufbau bzw. der einstigen Entstehung des Ringsystems zusammenhängt, entzieht sich vorläufig unserer Kenntnis.

Uranus und Neptun. Überblick über das Planetensystem. Die seit 1782 bzw. 1846 bekannten Planeten Uranus und Neptun bieten wegen ihrer großen Entfernung astrophysikalisch nur geringes Interesse.

Uranus ist für ein gutes Auge noch eben ohne Fernrohr zu erkennen, denn seine Größe schwankt zwischen 5.5^m und 6.3^m. Aus den mikrometrischen Messungen folgt ein Durchmesser von 50000 km und aus der Bewegung der Trabanten eine Masse von 15 Erdeinheiten. Die Dichte ist demnach 0.25, also fast genau ebenso groß wie die mittlere Dichte der Sonne. Die bisher beobachteten Jahresmittel der Oppositionshelligkeiten des Uranus zeigen ziemlich starke Abweichungen, wobei die Helligkeit von 1878 bis Anfang der achtziger Jahre zu wachsen und von da bis 1888 wieder abzunehmen schien. Bei Jupiter ist, wie wir sahen, dieselbe Erscheinung noch deutlicher ausgesprochen und auch bei Mars und Saturn angedeutet. Man könnte wieder die gemeinsame Ursache in Schwankungen der Sonnenstrahlung suchen, doch ist zu beachten, daß die gleichzeitigen Messungen des Neptun keinen solchen Gang zeigen. Alle sonstigen regelmäßigen Änderungen der Helligkeit erfolgen bei den beiden äußersten Planeten streng nach dem $r^2\Delta^2$-Gesetz. Der Phasenwinkel erreicht bei Uranus höchstens 3^0, würde also selbst bei Vorhandensein eines starken Koeffizienten in den Beobachtungen nicht mehr zur Geltung kommen.

Die Albedo des Uranus, 0.63, nähert sich sehr derjenigen des Jupiter; die Farbe ist trotz eines Farbenindex von $+0.7^m$ ein bläuliches Grau. Die ultrarote Strahlung ist recht beträchtlich; die bisherigen Versuchsmessungen führen jedenfalls

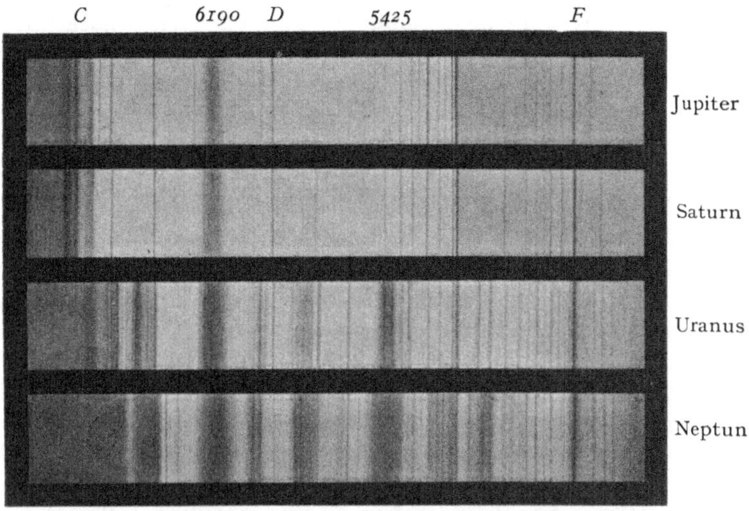

Abb. 300. Spektra der äußeren Planeten (nach P. Lowell).

auf ähnliche Temperaturwerte, wie sie bei Jupiter und Saturn gefunden worden sind. Wegen der Lichtschwäche des Spektrums ist dieses kaum anders als photographisch zu beobachten (Abb. 300); besonders auffallend ist darin die Verstärkung der Wasserstofflinien, sowie das Auftreten von zwei Banden bei 619 und 542.5 $\mu\mu$, von denen die erste mit dem entsprechenden Absorptionsgebiet im Jupiter- und Saturnspektrum identisch ist. Diese kräftigen dunklen Bänder im weniger brechbaren Gebiet sind zweifellos als Ursache der bläulichen Färbung des Uranus anzusehen. Die Helligkeitsverteilung in seinem Spektrum entspricht sonst durchaus der Kurve der Sonnenstrahlung.

Trotz des geringen Durchmessers von kaum 4″ ist es P. Lowell und E. C. Slipher 1912 gelungen, eine Abplattung des Uranus im Verhältnis 1 : 11.5 und eine Rotation in $10\frac{3}{4}^{h}$ zu bestimmen, nachdem H. Deslandres den rückläufigen Sinn der letzteren ermittelt hatte. Die Beobachtungen sind in beiden Fällen spektrographisch ausgeführt worden. Das Ergebnis wird nach L. Campbell durch den periodischen Lichtwechsel des Planeten bestätigt, ferner durch eine theoretische Arbeit von Ö. Bergstrand, der bereits 1904 aus der Bahn des Trabanten Ariel auf eine Abplattung von 1 : 15 und eine Rotationszeit von ungefähr 11 Stunden schließen konnte. In großen Fernrohren sind auf Uranus auch schon Schattierungen in Streifenform beobachtet worden, deren Lage der aus den Trabantenbahnen bekannten und durch die Radialbewegungen bestätigten Neigung der Uranusachse zur Bahn entsprochen hat.

Der letzte Planet Neptun ist seinem Vorgänger außerordentlich ähnlich. Der Durchmesser beträgt 53000 km, die Masse 17, die Dichte 0.24. In mittlerer Opposition besitzt er die Helligkeit eines Sterns 7.5^{m}, die durch die wechselnde Entfernung von der Erde so wenig geändert wird, daß die größte Lichtänderung nur 0.2^m beträgt; von einem Einfluß des kaum 2^0 erreichenden Phasenwinkels kann keine Rede mehr sein. Die Albedo ist wieder sehr hoch und übertrifft mit 0.73 die Reflexionsfähigkeit des Saturn und des Uranus noch erheblich. Die große Lichtschwäche hat die spektroskopische Untersuchung sehr erschwert, es sind jedoch auch hier breite Absorptionsbänder im Spektrum vorhanden, deren Lage mit denjenigen im Uranusspektrum auffallend übereinstimmt (Abb. 300). Die größere Breite und Stärke der Absorptionen ist in erster Linie durch die Lichtschwäche des Spektrums bedingt. Aus photometrischen Beobachtungen haben E. Öpik und R. Livländer auf zwei Umdrehungszeiten des Neptun von $7^h\,42^m$ und $7^h\,50^m$ geschlossen. Die beiden Perioden sollen ähnlich wie bei Jupiter verschiedenen Rotationszonen angehören. Da aber die Amplituden der Lichtschwankungen nur je 0.1 bzw. 0.2 Größenklassen betragen, ist das Ergebnis noch unsicher.

Die Trabanten des Uranus und Neptun bieten als einzige astrophysikalische Eigenschaft ihre scheinbare Helligkeit. Sie kann bei Ariel und Umbriel $= 15^m$, bei Titania $= 14.5^m$, bei Oberon $= 14.7^m$ angesetzt werden. Der Neptuntrabant ist visuell etwa 13.6^m, photographisch sogar noch etwas heller. Aus der merklichen Intensität darf der Schluß gezogen werden, daß er dem Erdmond und den vier großen Jupitersatelliten an Dimensionen nicht nachsteht.

Mit diesen Ausführungen können unsere gegenwärtigen Kenntnisse über die physischen Eigentümlichkeiten des Planetensystems als abgeschlossen gelten. Überblickt man die Ergebnisse noch einmal, so fällt ihre Geringfügigkeit sofort in die Augen. Betrachten wir zunächst den kleinsten Körper, Merkur, dessen Entwicklungszustand wegen seiner geringen Dimensionen am weitesten vorgeschritten sein mag, so zeigt sich, daß er die gleichen photometrischen, spektroskopischen und radiometrischen Eigenschaften wie der Mond besitzt, woraus wohl der Schluß auf ähnliche physische Verhältnisse gezogen werden darf. Das wäre in erster Linie Mangel einer Atmosphäre, eine starre und rauhe, nur etwa 7% des auffallenden Lichtes reflektierende Oberfläche und starke Temperaturgradienten beim Übergang von der Tag- zur Nachtseite. Die Ähnlichkeit erstreckt sich sicher nicht auf die Dichte und auch nicht auf die Gleichheit von Rotation und Revolution. Der nächstkleinste Weltkörper im Sonnensystem, Mars, könnte hinsichtlich seiner Entwicklung etwa zwischen Merkur und Erde liegen. Eine Atmosphäre ist zweifellos vorhanden, aber vermutlich merklich durchsichtiger als die Lufthülle der Erde. Da auch die Wärmekapazität der Marskugel geringer sein wird als bei der merklich größeren Erde, so ist mit einer starken nächtlichen Ausstrahlung zu rechnen. Trotz eines durch diese Verhältnisse bedingten kühleren und rauheren Durchschnittsklimas steht Mars bezüglich seines Entwicklungszustandes der Erde am nächsten, da er feste Oberflächenformen, Wolken, Dunst und Nebel besitzt und Veränderungen im Aussehen seiner rötlichen, grauen und weißen Flecke zeigt, die mit dem Wechsel der Jahreszeiten in enger Beziehung stehen. Die Venus, mit gleicher Masse und Dichte wie die Erde, mag mit dieser ebenfalls Ähnlichkeit haben. Da sie kosmogonisch als ein jüngerer Planet angesehen werden kann, würde sie uns vielleicht den Einblick in eine frühere erdgeschichtliche Periode gestatten, wenn nicht eine sehr dichte und wohl auch ungewöhnlich hohe Wolkendecke dem irdischen Beobachter jegliche Aussicht auf die Oberfläche versperrte.

Bei den vier äußeren Planeten Jupiter, Saturn, Uranus und Neptun finden wir Eigentümlichkeiten, die von den irdischen und von denjenigen der anderen Planeten sehr erheblich abweichen. Schon die Massen sind gegenüber der inneren Gruppe so groß, daß das mutmaßlich weit höhere absolute Alter — letzteres wieder im Sinne der Laplaceschen Hypothese aufgefaßt — vielleicht nicht genügt hat, um die Entwicklung ihrer Oberflächen soweit zu fördern, daß man sie mit der Gegenwart oder einer nicht gar zu fernen Vergangenheit unseres Planeten irgendwie vergleichen könnte. Die vier genannten, einander offenbar sehr ähnlichen Weltkörper sind mit mächtigen Atmosphären umgeben, deren Wolkenschichten die sehr hohen Albedowerte bedingen. Der Aufbau und die Zusammensetzung dieser Atmosphären scheinen nicht sehr verschieden zu sein. Sie enthalten in einem mit der Entfernung von der Sonne zunehmenden Maße Wasserstoff, daneben aber auch andere Gase oder chemische Verbindungen von starkem selektiven Absorptionsvermögen, die auf der Erde noch nicht festgestellt werden konnten. Sicher ist die Eigenwärme dieser Riesen unter den Planeten noch bedeutend. Wenn auch die thermoelektrischen Messungen darüber nichts aussagen, so geht die Überzeugung doch aus den direkten Beobachtungen hervor, die auf atmosphärische Passatströmungen und im besonderen Falle des Jupiter auf dauernde Umwälzungen im Wolkenmeer schließen lassen, die unmöglich nur auf unmittelbare Wirkungen der Sonnenstrahlung zurückzuführen sind.

14. Der Erdmond.

Der Mond der Erde beansprucht schon deswegen besondere Beachtung, weil er von allen Himmelskörpern uns am nächsten steht, so nahe, daß schon der 10fache Erdumfang den Abstand zwischen Hauptkörper und Trabant überbrückt. Da außerdem die Oberfläche des Mondes völlig frei und durch keine ihm eigene Atmosphäre getrübt vor uns liegt und bei guten Luftverhältnissen dem Auge am Fernrohr bis auf weniger als 1000 km nahe gebracht werden kann, so ist es nicht verwunderlich, wenn seit Erfindung des Fernrohres der Selenographie viel Aufmerksamkeit gewidmet worden ist. Durch die kartographischen Arbeiten des 19. Jahrhunderts wurde verhältnismäßig früh eine wissenschaftliche Mondkunde begründet, der die neuere Zeit trotz Anwendung der Photographie nichts Gleichwertiges zur Seite zu stellen vermag. Die Zahl der von Astronomen wie von Laien angefertigten guten Aufnahmen ist wohl außerordentlich groß, doch kann nicht behauptet werden, daß dieses Material für die physische Mondkunde ausgiebig genug verwendet worden wäre. Der Umfang einer jeden systematischen selenographischen Arbeit und die begründete Auffassung, daß die Oberfläche unseres Trabanten tot, d. h. keiner deutlichen Veränderung mehr fähig sei, hat offenbar manche nützliche Arbeit verhindert.

Allgemeine kosmische Verhältnisse. Bei einem Abstande von $60\frac{1}{4}$ Erdradien oder 384400 km beträgt der Durchmesser des Mondes 3480 km, d. h. etwas mehr als $\frac{1}{4}$ des Erddurchmessers; seine mittlere Dichtigkeit in Erdeinheiten ist 0.60, die Masse 0.012. Dementsprechend beträgt die Schwere an seiner Oberfläche nur $\frac{1}{6}$ derjenigen an der Erdoberfläche. Die siderische Umlaufszeit um die Erde beträgt 27.32 Tage, und genau so groß ist auch seine Rotationszeit. Daher wendet der Mond der Erde stets sehr nahe dieselbe Kugelhälfte zu. Diese Merkwürdigkeit hat G. H. Darwin dem Einfluß von Gezeitenkräften zugeschrieben. Bei der abweichenden Stärke der Mondanziehung auf die Vorder- und Rückseite der Erde treten horizontale Kräftekomponenten auf, die zwar die starre Erde nicht merklich deformieren, dafür aber in den Ozeanen die Ebbe- und Flutströmungen erzeugen. Eine entsprechende, wegen der viel größeren Masse auch wesentlich stärkere Flutwirkung übt auch die Erde auf den Mond aus. Als sein Inneres noch flüssig und die feste Rinde noch verhältnismäßig dünn war, mußten demnach ähnliche Gezeitenströmungen im Magma auftreten. Diese erzeugen aber eine Reibung, die der lebendigen Kraft der Umdrehung entgegenwirkt und dadurch die Rotationsdauer verlangsamt. Es wäre denkbar, daß die ursprüngliche Mondrotation im Laufe der Zeit auf diese Weise abgebremst worden wäre, doch ist nach den Untersuchungen von W. Schweydar der Zähigkeitskoeffizient der Magmamassen in einem erstarrenden Weltkörper für die Entstehung so erheblicher Gezeitenwirkungen viel zu groß. In dem Endstadium der Gezeitenwirkung müßte der Mond auch als ein deutliches Ellipsoid erstarrt sein, dessen große Achse nach der Erde zu gerichtet wäre. Schon P. A. Hansen nahm an, daß eine starke Verlängerung des Mondkörpers nach der Erde zu tatsächlich bestehe, und die Vermutung schien durch die ersten stereoskopischen Mondaufnahmen von L. M. Rutherfurd sehr auffällig bestätigt zu werden. In den betreffenden Bildern erschien nämlich der Mond fast eiförmig und mit der Spitze dem Beobachter zugekehrt. Diese Erscheinung beruht aber lediglich auf einem stark übertriebenen stereoskopischen Effekt, den man bei irdischen Gegenständen künstlich erzielen kann, wenn die beiden Negative in einem Abstande aufgenommen werden, der größer ist als die Augenweite. Neuere sorgfältige Messungen an Mondphotographien haben ergeben, daß die Verlängerung nur $\frac{1}{1000}$ des Mondhalbmessers, also etwa 2 km beträgt, sich also der direkten Wahrnehmung vollständig entzieht und auch für den Mond selbst in physischer Beziehung ohne Bedeutung ist. Eine Abplattung der Mondkugel ist nicht nachzuweisen und auch kaum zu erwarten, wenn zur Zeit der Erstarrung die Umdrehungsgeschwindigkeit bereits sehr gering war.

Während die Rotationszeit des Mondes genau gleichförmig ist, trifft das bei der Umlaufszeit wegen der Elliptizität der Bahn nicht genau zu. Für den irdischen Beobachter macht sich daher ein merkwürdiger periodischer Wechsel im

Abb. 301. Vollmondaufnahme.

Anblick der Randlandschaften der Mondkugel bemerkbar, die sog. optische Libration, die im Maximum in selenozentrischer Länge $\pm 8^0$, in Breite $\pm 7^0$, in der Gesamtwirkung also 10.5^0 betragen kann. Dazu kommt noch eine parallaktische Wirkung, die darauf zurückzuführen ist, daß die Beobachtungen nicht vom Mittelpunkte, sondern stets von der Oberfläche der Erde aus angestellt werden. Diese parallaktische Libration kann bis zu 1^0 anwachsen, so daß wir also im Maximum nach jeder Seite hin etwa 11^0 der rückwärtigen Mondhalbkugel übersehen können, die äußersten Teile allerdings in so schräger Projektion, daß der Gewinn nicht bedeutend ist.

Daß der Mond keine Atmosphäre besitzt, deren Dichtigkeit auch nur annähernd mit der unserer Erde zu vergleichen wäre, lehrt bereits die einfache Betrachtung. Alle Gebilde seiner Oberfläche erscheinen stets klar und scharf mit tief dunklen, fast schwarzen Schatten. Von einer Lichtabnahme nach dem Rande zu oder von Dämmerungserscheinungen ist keine Spur zu bemerken, und niemals ist mit Sicherheit eine auch nur vorübergehende Trübung irgendeiner Mondgegend wahrgenommen worden. Den besten Beweis gegen das Vorhandensein einer merklichen Atmosphäre liefert die Beobachtung von Sternbedeckungen durch den Mond. Die Sterne verschwinden und erscheinen dabei in vollem Licht ganz plötzlich und unvermittelt, und eine scheinbare Ortsveränderung oder Lichtschwächung, wie sie durch die Refraktions- oder Absorptionswirkung einer Atmosphäre am Rande auftreten müßte, hat sich trotz schärfster Messungen nicht feststellen lassen. Auch die spektroskopischen Beobachtungen haben ein negatives Ergebnis geliefert. Es läßt sich aus ihnen nichts weiter entnehmen, als daß der Mond in bezug auf die Absorptionslinien ein genaues Abbild des Sonnenspektrums liefert. Es darf demnach als erwiesen gelten, daß eine Atmosphäre, deren Dichte auch nur $\frac{1}{2000}$ der unsrigen beträgt, auf dem Monde nicht vorhanden ist. Daraus folgt weiter, daß dort auch Wasser fehlen muß und selbst in der Form von Eis nicht existieren kann, weil bei dem Mangel des Luftdrucks trotz der niedrigen Temperatur eine sehr heftige Verdunstung eintreten würde. Abgesehen von diesen Bedenken schließen, wie wir noch sehen werden, Albedo und Polarisationswinkel die Existenz von Eis auf unserem Trabanten aus.

Wegen seiner geringen Masse ist die Abkühlung des Mondes offenbar sehr viel rascher und früher erfolgt als bei der Erde. Somit ist unser Trabant, obgleich wahrscheinlich späteren Ursprungs, auf einer relativ viel weiteren Entwicklungsstufe angelangt als die Erde. Es läge nun nahe, aus dem jetzigen Zustande des Mondes einige allgemeine Schlüsse auf das künftige Schicksal der Erde zu ziehen. Angesichts der sehr individuellen Entwicklung der einzelnen Planeten ist aber bei derartigen Folgerungen große Vorsicht am Platze. Vom allgemeinen kosmischen Gesichtspunkte aus darf bei einem Vergleich des Mondes mit der Erde kaum etwas anderes als die Frage nach dem Verbleib der Atmosphäre aufgeworfen werden. Sie ist in der hier behandelten Form von G. J. Stoney 1870 diskutiert worden, der zuerst auf die Schwierigkeiten hinwies, die sich aus der kinetischen Gastheorie für die Existenz von Atmosphären bei sehr kleinen Weltkörpern ergeben.

Solange ein Gas oberhalb des absoluten Nullpunktes liegt, führen bekanntlich seine Moleküle Bewegungen aus, wobei die mittlere Geschwindigkeit v allein von der absoluten Temperatur T und dem spezifischen Gewicht des Gases abhängt. Eine einfache von R. Clausius abgeleitete Gleichung hat uns sogar bereits ermöglicht, die mittleren Geschwindigkeiten der Moleküle für einige Gasarten bei 0^0 C zu berechnen. Nimmt man nun für die Erde eine mittlere Temperatur von $+ 15^0$ C an, so erhält man für $T = 288^0$ nach der Formel S. 12 d. h. aus

$$v = 29.35\sqrt{\frac{T}{D}}$$

als mittlere molekulare Geschwindigkeiten von Wasserstoff, Helium, Wasserdampf und Luft, d. h. für $^1/_D = 14.4, 7.2, 1.6$ und 1 die Werte 1.9, 1.3, 0.6 und

Abb. 302. Randschollen des Mare Serenitatis und des Mare Imbrium.

0.5 km pro Sekunde. Diese Weglängen gelten für den Druck von einer Atmosphäre, wie er an der Erdoberfläche maßgebend ist. Nun ist in den höheren Luftschichten der Druck wesentlich geringer. Die betreffenden Geschwindigkeiten sind dort also trotz der tieferen Temperatur merklich größer, so daß es sehr wohl denkbar wäre, daß unter diesen Verhältnissen gewisse Gase aus dem Anziehungsbereich der Erde allmählich in den Weltraum diffundieren. Ob dies möglich ist oder nicht, hängt von der Anziehungskraft des betreffenden Weltkörpers ab. Ist ϱ der Abstand vom Planetenmittelpunkt, g die Schwerkraft an der Oberfläche, so folgt aus den Gesetzen der Mechanik für die Geschwindigkeit v_0, die erforderlich ist, um eine Loslösung von dem betreffenden Planeten zu ermöglichen

$$v_0 = \sqrt{2 g \varrho}$$

Setzt man für die Erde $g = 9.81$ m, $\varrho = 6.37 \cdot 10^6$ m, so erhält man $v = 11.2$ km. Am Äquator liegt der Grenzwert infolge der Wirkung der Zentrifugalkraft noch etwas tiefer. Um also ein Verlassen des irdischen Anziehungsbereichs zu ermöglichen, müßten die erforderlichen Geschwindigkeiten bei Wasserstoff 6mal, bei Helium etwa 9mal und bei Luft 22mal so groß sein, als die mittlere für den Druck von einer Atmosphäre. Zweifellos sind in größeren Höhen derartige Überschreitungen der mittleren molekularen Geschwindigkeiten möglich, können also tatsächlich zu einer allmählichen Diffusion bestimmter atmosphärischer Gase führen. Völlig zwingend ist die Folgerung nicht, sie gibt aber wenigstens einen Grund an, weshalb die sonst im Weltall überall und in Menge vorhandenen leichten Gase, Wasserstoff und Helium, in unserer Atmosphäre nur spurenweise vorkommen. Beim Monde liegen wegen der geringen Masse die Bedingungen für das Bestehen einer Atmosphäre sehr viel ungünstiger. Hier bedarf es nur einer Geschwindigkeit von 2.4 km, um das Entweichen eines Gases zu veranlassen. Für den Verlust von Sauerstoff und Stickstoff ist daher auf dem Monde dieselbe Wahrscheinlichkeit vorhanden, wie bei uns für Wasserstoff, mithin ist es durchaus verständlich, daß der Mond eine Atmosphäre nicht besitzt. Haben sich in irgend einer Zeit Gase der genannten Art aus dem Mondinnern entwickelt, so sind sie wahrscheinlich in kürzester Zeit in den Raum diffundiert.

An dieser Stelle mag auch gleich die Frage des Mondeinflusses auf irdische Erscheinungen kurz behandelt sein, obgleich sie keine streng astrophysikalische Angelegenheit betrifft. Die Möglichkeit des Bestehens derartiger Einwirkungen wird für gewöhnlich aus dem Vorhandensein der Gezeiten abgeleitet, aus denen hervorgeht, daß zwar nicht durch die Anziehung selbst, aber durch Unterschiede derselben an den einzelnen Punkten der Erdoberfläche fluterzeugende Kräfte ausgelöst werden, die in den freien Ozeanen ganz gewaltige Wassermassen in eine rhythmische Bewegung versetzen können. Da das mechanische Problem der Ebbe und Flut mathematisch durchaus klargestellt ist, liegt es nahe, es auch auf die Atmosphäre der Erde zu übertragen. Nach den vorliegenden meteorologischen Beobachtungen übt der Mond auch tatsächlich auf unsere Lufthülle eine Gezeitenwirkung aus, die unteren Schichten werden dadurch aber so wenig in Mitleidenschaft gezogen, daß der Einfluß nur in der Nähe des Äquators und auch dann nur durch die genauesten barometrischen Messungen nachzuweisen ist. Aber auch die vom Monde ausgehende Wärmestrahlung, sowohl die reflektierte Sonnenstrahlung als auch die Eigenwärme sind so gering, daß sie sich genauer nur mit empfindlichen Thermoelementen feststellen lassen. Danach kann von einem wetterbestimmenden Einfluß des Mondes jedenfalls keine Rede sein. Vielleicht findet eine sehr geringe Einwirkung auf den Erdmagnetismus und auf die Zahl der Gewitter statt, in einem besonderen Falle scheinen auch Beziehungen zu einer zoologischen Erscheinung vorzuliegen; alle anderen Vermutungen haben der wissenschaftlichen Kritik nicht standgehalten und können daher hier ohne weiteres übergangen werden.

Die Bergformen der Mondoberfläche. Schon bei der Betrachtung des Mondes mit unbewaffnetem Auge fällt auf seiner Oberfläche eine Reihe von Einzelheiten auf. Neben besonders hellen Stellen treten zahlreiche ausgedehnte, miteinander in Verbindung stehende dunkle Gebiete auf, die man von altersher als „Meere" bezeichnet hat. Daß diese Benennung rein willkürlich ist, beweist schon ein flüchtiger Blick durchs Fernrohr. Bei dem Mangel an Luft und Wasser auf dem Monde ist eine Scheidung nach Meeren und Festländern ausgeschlossen, hat auch vermutlich in früheren selenologischen Perioden nie bestanden, wie ja überhaupt die Gebilde unseres viel kleineren Trabanten zum großen Teil von ganz anderen Gesichtspunkten aus betrachtet und beurteilt werden müssen, als diejenigen der Erde.[1])

Nach der Erfindung des Fernrohrs hat die kartenmäßige Darstellung der sichtbaren Mondhalbkugel eine ganze Reihe von geschickten Beobachtern und Zeichnern beschäftigt, so daß schließlich auf diesem Gebiete ein hoher Grad von Vollkommenheit erreicht worden ist. Es mag nur an die noch heute zur Orientierung sehr brauchbaren Arbeiten von J. H. Mädler, W. G. Lohrmann und J. Schmidt erinnert werden. Seit der Anwendung der Photographie auf den Mond hat sich die zeichnerische Darstellung am Okular meist auf Spezialkarten beschränkt. Die mit den großen Instrumenten des Yerkes-Oberservatoriums, der Pariser und der Mt. Wilson-Sternwarte erhaltenen Aufnahmen geben aber auch die feineren Gebilde in so vortrefflicher Schärfe wieder, daß selbst derartige visuelle Sonderuntersuchungen nur noch auf besonders günstig gelegenen Sternwarten einen Erfolg versprechen. Die sehr reichhaltig gebotene Möglichkeit einer Plattenvermessung ist bisher fast zur Ableitung von Kraterörtern ausgenutzt worden. Diese mühevolle und für alle selenographischen Untersuchungen sehr nützliche Arbeit ist in guter gegenseitiger Ergänzung von S. A. Saunder und von J. Franz geleistet worden. Obwohl auf diese Weise mehrere Tausend Krater nach Länge und Breite scharf festgelegt worden sind, reichen die Örter für Sonderkarten nicht aus; eine genügende Erweiterung des Materials ist nach Bearbeitung der zahlreichen Messungen von R. König in Wien zu erwarten.

Die Erhebung der Mondgebirge läßt sich am Rande direkt (Abb. 305), sonst aber nur trigonometrisch aus der Länge der Schatten unter Hinzuziehung der jeweiligen Sonnenhöhe ermitteln; die Höhen beziehen sich dann auf die nächste Umgebung und nicht auf ein einheitliches Niveau, wie auf der Erde. Wenn schon

[1]) S. Günther, Vergleichende Erd- und Mondkunde. Braunschweig 1911. — J. Wilsing, Zur Entwicklungsgeschichte des Mondes. Potsdam 1921.

Abb. 303. Kraterlandschaft des Mondes zwischen Theophilus und Cuvier.

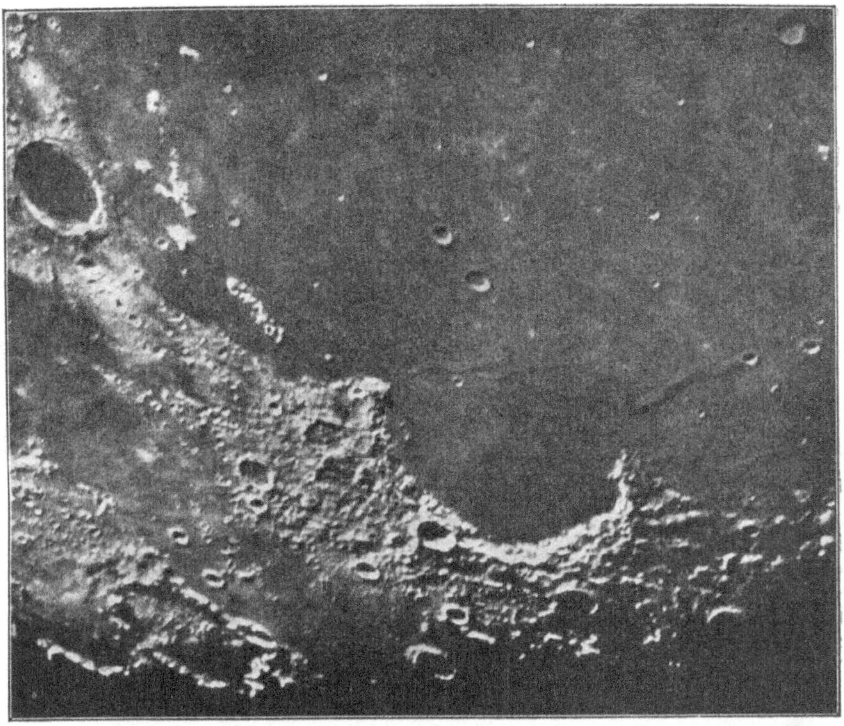

Abb. 304. Ringgebirge Plato und die Kraterruine des Sinus Iridum.

die bereits ziemlich hoch liegenden Gebirgsgegenden noch Höhen bis zu 8000 m aufweisen, so steht damit fest, daß die absoluten Erhebungen auf dem Monde jedenfalls nicht kleiner sind als auf der Erde. Da die Schwerkraft dort 6mal kleiner ist, die hebenden Kräfte also geringeren Widerstand gefunden haben, so ist das Ergebnis durchaus nicht auffallend. Es unterliegt keinem Zweifel, daß genauere Betrachtungen darüber erst nach sicherer Festlegung eines mittleren Niveaus möglich sein werden. Den ersten Versuch dieser Art hat J. Franz in seiner Schichtenkarte (Abb. 306) geliefert, doch bedürfen die recht rohen Höhenkoten, auf denen sie beruht, noch einer sorgfältigen Kontrolle. Es ist zu hoffen, daß die in der terrestrischen Photogrammetrie verwendeten stereoautographischen Instrumente, die fast automatisch aus Raumaufnahmen einer fernen Gebirgsgegend die Schichtenlinien derselben mit größter Genauigkeit kartographisch richtig darzustellen gestatten, auch einmal beim Monde sich als nützlich erweisen werden. Ein völlig klares Bild der allgemeinen orographischen Verhältnisse des Mondes liegt vorläufig nur für die Randgebiete vor, wo sich ein mittleres Niveau in der Weise schaffen läßt, daß man für das Profil die Summe der Erhöhungen gleich derjenigen der Senkungen setzt. Eine auch für astro-

Abb. 305. Randberge des Mondes bei einer Sonnenfinsternis (Aufn. v. M. Beyer).

nomische Aufgaben, wie Mondörter, Sternbedeckungen usw. sehr wertvolle Untersuchung dieser Art, die alle Librationsphasen umfaßt, hat F. Hayn ausgeführt.

Betrachtet man die gröberen Bodenformen des Mondes, so besteht sehr wenig Ähnlichkeit zwischen seiner Topographie und derjenigen der Erde. Große Bergzüge, wie sie auf der Erdoberfläche durch die Alpen oder das Felsengebirge

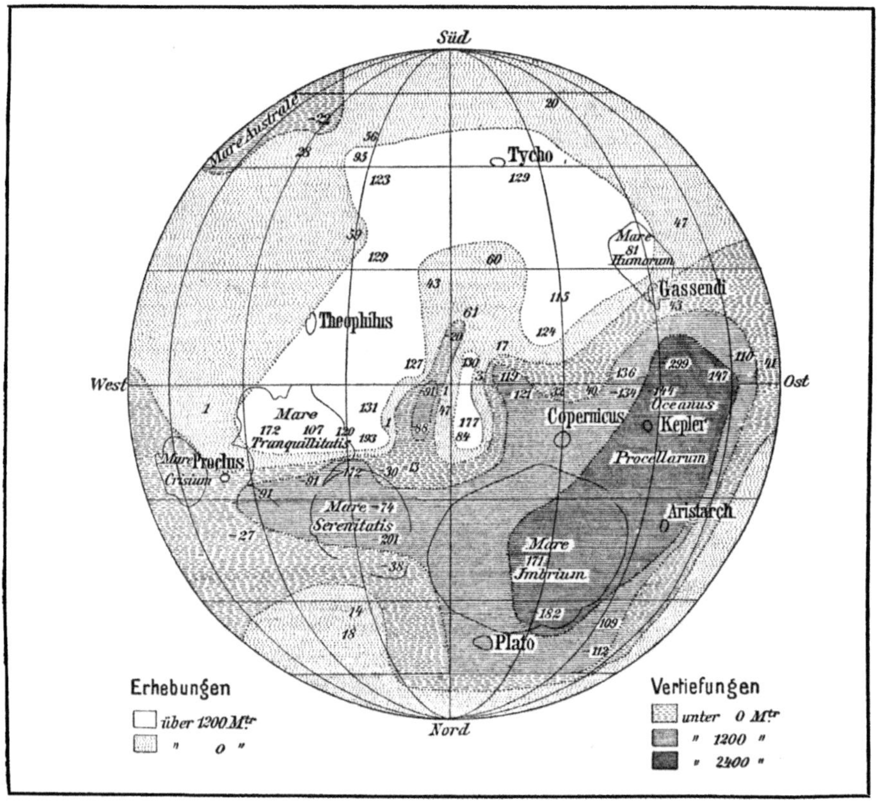

Abb. 306. Schichtenkarte des Mondes nach J. Franz (stark schematisch).

gegeben sind, und die den typischen Charakter unserer großen Kettengebirge darstellen, kommen auf dem Monde nicht vor. Dafür treten hier und da Gebirgsflächen mit wilder Längs- und Querentwicklung auf. Diese Gebiete sind dann von einer großen Zahl neben- und übereinanderliegender Berge von deutlicher Trümmerform bedeckt. Die bekanntesten dieser horstartigen Bergflächen umgeben im Süden und Westen das große Mare Imbrium und sind auf den Karten als Alpen, Karpathen, Apenninen und Kaukasus bezeichnet (Abb. 302).

Die auffallendsten Gebirgsformen des Mondes, die riesigen Wallebenen und Krater, haben abgesehen von ihrer runden Gestalt mit unseren irdischen Vulkanen nur wenig Ähnlichkeit, sie sind vor allen Dingen sehr viel größer als diese. Die bedeutendsten unter ihnen besitzen einen Durchmesser bis zu 250 km und entsprechen an Größe etwa Böhmen oder Siebenbürgen. Der den Krater umschließende oft mehrfache Wall erhebt sich in langsamer Steigung von der Umgebung; der Böschungswinkel beträgt durchschnittlich nur 3 bis 8°. Nach innen fällt er dagegen mit 25 bis 50° Neigung ab, doch kommen nicht selten noch steilere Innenwände vor. Der meist ebene Kraterboden liegt im Gegensatz zu den gleichartigen irdischen Bildungen stets tiefer als die Umgebung. Selbst bei einer Tiefe von mehreren Tausend Metern kommen dabei wegen der großen Durchmesser wenig ausgeprägte Profile heraus, die man höchstens als flache Tellerformen ansprechen darf. Wenn große Krater infolge der Libration gerade an den scheinbaren Mondrand gelangen, treten ihre Aufrisse deutlich in die Erscheinung (Abb. 305). Angesichts dieser flachen Profile kann man sich sehr wohl der Ansicht von A. WEGENER anschließen, daß die großen Krater des Mondes, als Ganzes betrachtet, überhaupt gar nicht als Berge aufzufassen sind, denn der aufgeworfene Wall reicht gerade hin, um die Versenkung des Bodens auszugleichen. Das Verhältnis Tiefe zum Durchmesser wird, wie H. EBERT an dem nebenstehenden Täfelchen gezeigt hat[1]), immer größer, je kleineren Kratern man sich zuwendet. Bei Durchmessern von etwa 28 km geschieht der Übergang fast sprungweise, so daß die Annahme naheliegt, daß bei der Bildung der großen Krater etwas andere Prozesse vorlagen als bei der Entstehung der kleinen. Ausnahmen von der bemerkenswerten Ebertschen Regel sind selten. Dazu gehört unter anderen der Krater Wargentin, der fast bis zum Rande mit Materie ausgefüllt ist, so daß seine Innenebene fast einen Tafelberg bildet. Bei den kleinen Kratern oder Kratergruben, die einen Durchmesser von 500 bis 2000 m haben mögen, fehlt oft der Wall. Diese sog. Mulden (Abb. 318) werden nur an der Lichtgrenze, also bei sehr schräger Beleuchtung sichtbar. Die größeren Krater weisen gewöhnlich einen Zentralberg auf, der dann niedriger als der Wall zu sein pflegt; bei sehr ausgedehnten

Verhältnis der Tiefe zum Durchmesser der Mondringwälle.

Durchmesser	Tiefe : Durchm.
< 28 km	1 : 10
28 bis 90 km	1 : 20
90 » 120 »	1 : 30
> 120 km	1 : 40

[1]) H. EBERT, Über die Ringgebirge des Mondes. München 1890.

Wallebenen, wie Kopernikus und Gassendi, haben sich im Inneren sogar ganze Zentralgebirge mit mehreren Gipfeln gebildet.

Die Zahl der kleineren Mondkrater und Gruben ist außerordentlich groß. Zuweilen, wie in der Gegend des Bullialdus oder des Stadius (Abb. 308), liegen sie reihenweise so dicht zusammen, daß sie eine ununterbrochene,

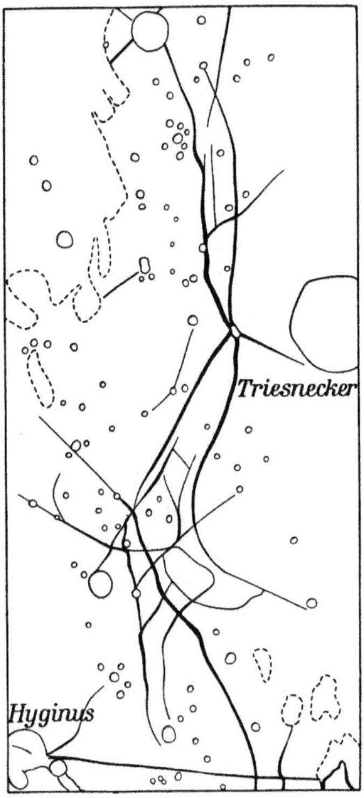

Abb. 307. Rillenfeld des Triesnecker.

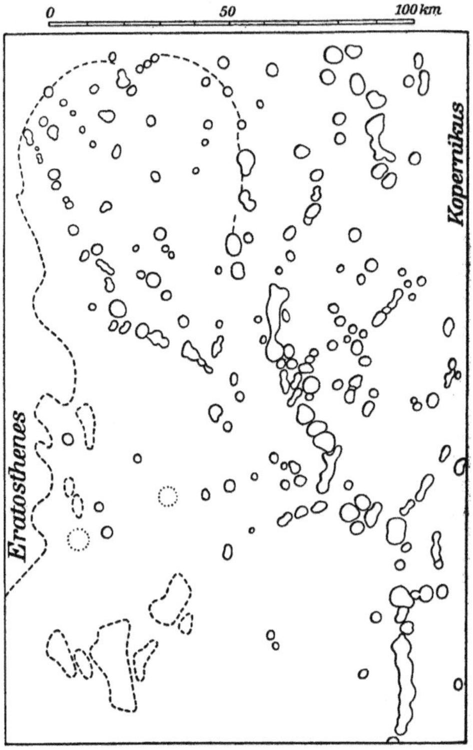

Abb. 308. Kraterfeld des Stadius.

lange Perlschnur bilden, an andern Stellen ist der ganze Mondboden von ihnen dicht übersät. So lassen sich an der Lichtgrenze im Bereiche des Plato etwa 40, im Ptolemäus mehr als 100 winzige Krater von kaum 300 m Durchmesser und darunter zählen. Fast ohne Ausnahme zeigen diese kleinen Gebilde Formen, die von dem Aufbau der großen Wallebenen und Krater sehr wesentlich abweichen und mit ihren aufstrebenden Kegeln, Spratzwänden (Abb. 317), Pfannen- und Beulenformen (Abb. 318) usw. lebhaft an irdische vulkanische Bildungen erinnern.

Sehr häufig gruppieren sich kleine Krater auch auf dem Wall der größeren, sowohl auf dem Kamm, als auch auf den Böschungen. Hierbei durchbrechen die kleinen Krater stets den Wall der größeren. In den gebirgigen Gegenden des

Mondes haben sich demnach die großen Krater zuerst, die kleineren später gebildet, ja man darf hier sogar die Größe eines Kraters als ein Maß für sein relatives Alter ansehen. Vom Standpunkte der Mondentwicklung bietet die Erklärung dieser Tatsache keine Schwierigkeiten. Es braucht nur angenommen zu werden, daß die kraterbildenden Kräfte in früherer Zeit eine lebhaftere Tätigkeit entwickelten als in späterer, oder daß das Material des Mondinnern anfangs leichtflüssiger und zur Bildung großer Krater geeigneter war als später.

Sehr auffällige, für die Geschichte der Mondvergangenheit wichtige Gebilde am Rande der Maregebiete sind noch die Kraterruinen. Sie treten als halbkreisförmige Einbuchtungen auf und lassen erkennen, daß es sich um Reste von Wallebenen handelt, bei denen der vom angrenzenden Kontinent gestützte Teil erhalten, das innerhalb des Mare gelegene Stück dagegen verschwunden ist. Diese Bildungen kommen in allen möglichen Größen vor. Die bedeutendste unter ihnen ist der Sinus Iridum, am Nordostrande des Mare Imbrium, mit mehr als 300 km Durchmesser. Der ursprüngliche, später geborstene und zum Teil versunkene Krater hat hier also ganz ungewöhnliche Ausmaße gehabt. Spuren seiner ehemaligen Umwallung sind als abgetriebene Schollen im benachbarten Teil des Mare Imbrium leicht aufzufinden (Abb. 304).

Andere Gebilde des Mondes. Temperaturwechsel und Veränderungen. Die großen dunklen Tiefebenen des Mondes, die als Meere bezeichnet werden, erinnern hier und da an die größten Wallebenen. Sie zeigen wie diese nur geringe Höhengliederung, weisen zahllose, kleine Krater auf und sind von Gebirgen begrenzt, doch ist ihre Gestalt so unregelmäßig, daß vielleicht mit einziger Ausnahme des Mare Crisium von einer Ähnlichkeit nach Entstehung und Bildung keine Rede sein kann. Ihre Helligkeit (vgl. S. 446) ist sehr wenig verschieden. Abweichungen in der Färbung sind wohl hier und da vorhanden, doch kommen sie visuell nur in geringem Maße zur Geltung. In der Nähe der Lichtgrenze, wo schon kleine Niveauunterschiede deutlich zum Vorschein gelangen, kann man bemerken, daß die Meere nicht völlig eben sind, sondern vielfach flache Wellen, stellenweise auch terrassenartige Absätze und moränenähnliche Stauwälle mit parallelem Verlauf aufweisen.

Eine Merkwürdigkeit des Mondes, besonders der vollerleuchteten Scheibe, bilden Systeme von hellen Strahlen, die von bestimmten Kratern ausgehen und sich von hier aus geradlinig oder in netzartig verschlungenen Linien und Adern ausbreiten, ohne Rücksicht auf Berge oder Täler. Ihre Länge erstreckt sich über ganze Quadranten der Mondoberfläche, bei Tycho vielleicht bis 1800 km. Sie liegen fast in der Höhe des umgebenden Mondbodens; ihr geringer Schattenwurf bei tiefem Sonnenstande ist erst am 2.5 m-Reflektor des Mt. Wilson-Observatoriums von F. G. Pease erkannt worden. Da sie nur bei steilerem Strahleneinfall sich stärker von der Umgebung abheben, kommt ihnen hauptsächlich die Eigentümlichkeit zu, daß sie bei kleinen Einfallswinkeln das Sonnenlicht stärker reflektieren als der übrige Mondboden. Bei manchen Systemen beginnen die Strahlen unmittelbar am Wall, in anderen Fällen, z. B. bei Tycho, erst in einiger Entfernung, so daß letzterer von einem dunklen Ringe umgeben erscheint (Abb. 301). Wenn die Strahlen auch meistens in größten Kreisen liegen, so haben sie vielfach auch gekrümmte Formen. Dabei sind sie bald scharf begrenzt, bald verwaschen; ihre Helligkeit nimmt zwar durchschnittlich mit zunehmendem Abstand von dem erzeugenden Krater ab, doch kommen auch hiervon manche Abweichungen vor. Die Zahl der Strahlen ist bei den verschiedenen Systemen verschieden. Bei Tycho und Kopernikus lassen sich einige Dutzend erkennen. In den Randgebieten des Mondes hat man schon Strahlen gefunden, die von Kratern der Rückseite des Mondes ausgehen und nach ihrer Konvergenz den unsichtbaren Ursprung nach selenographischer Länge und Breite bestimmen lassen.

Typisch für die Mondoberfläche sind auch die sog. Rillen; es sind dies merkwürdige lange, scharf begrenzte enge Risse, Spalten oder Schluchten, die entsprechend ihrer meist sehr geringen Breite nur dicht an der Lichtgrenze gut zu beobachten sind und dann zuverlässige Prüfungsobjekte für das benutzte Fernrohr bilden. Sie verlaufen meist geradlinig oder in Zickzackformen, doch sind auch flußartig gewundene oder netzartig verschlungene Rillensysteme bekannt. Die Breite dieser Spalten beträgt in der Regel nur wenige Hundert Meter, dagegen ist die Länge oft sehr bedeutend; bei der leicht sichtbaren Ariadäusrille beträgt sie z. B. über 300 km. Eine Eigentümlichkeit der zweifellos nach Tausenden zählenden Rillen beruht darin, daß sie oft von kleinen Kratern oder Gruben ausgehen, bzw. solche verbinden. Liegen mehrere runde Vertiefungen im Bereich ihres Verlaufes, so entstehen sog. Kraterrillen, von denen dann zahlreiche Übergänge zu den perlschnurartigen Kraterreihen führen, die wir am Stadius (Abb. 308) kennengelernt haben. Bei größerer Breite gehen die Rillen in cañonartige Täler über, von denen das merkwürdigste und bekannteste die Mondalpen in ihrer vollen Breite ohne Rücksicht auf die benachbarten Erhöhungen und Vertiefungen bei vollkommen ebenem Boden durchzieht (Abb. 302). An anderen Stellen, z. B. in der Gegend des Hipparch und Albategnius, findet man ähnliche, aber weit flachere Furchen, die fast den Eindruck erwecken, als hätten hier mehrere parallel dahineilende Geschosse die Mondoberfläche leicht gestreift.

Die Frage, ob zur Zeit noch Veränderungen auf der Mondoberfläche wahrzunehmen sind, ist von besonderem Interesse und früher der Gegenstand lebhafter Erörterungen gewesen. Verwitterungen, wie sie auf der Erde durch das Eindringen, zum Teil auch durch das spätere Gefrieren von Wasser in Gesteinen vorkommen, sind jetzt auf dem Monde wegen des Fehlens einer Atmosphäre ausgeschlossen. Sie wirken auch nur sehr langsam, so daß innerhalb der 80 Jahre, die seit der ersten ausführlichen Darstellung der Mondoberfläche verflossen sind, von der Erde aus sichtbare Wirkungen kaum zu erwarten wären. Dagegen ist eine andere zerstörende Ursache auf dem Monde in beträchtlich höherem Maße als auf der Erde wirksam: der starke Temperaturunterschied zwischen der 14tägigen durch keine schützende Atmosphäre gemilderten Tagesbestrahlung und der gleich langen ungehinderten Ausstrahlung während der Nacht. Theoretische Temperaturen für die Mondoberfläche sind wiederholt abgeleitet worden, doch darf nicht außer acht gelassen werden, daß die rechnerisch erzielten Daten von den wirklichen sehr erheblich abweichen können. Es ist schon in dem einleitenden Kapitel des ersten Teiles dieses Buches darauf hingewiesen worden, daß es im Weltall eine Temperatur überhaupt nicht gibt. Sobald ein Körper an irgendeine Stelle des Raumes gebracht wird, nimmt er unter dem Einfluß der auftreffenden Sonnen- und Sternbestrahlung eine Gleichgewichtstemperatur an, die man dann als seine Eigentemperatur bezeichnen kann. Dabei spielen Albedo, größere oder geringere Rauheit der Oberfläche, die Wellenlänge des auftreffenden Lichtes u. a. eine derart bestimmende Rolle, daß die auf entsprechenden Annahmen über diese Daten beruhenden Rechnungen kein besonderes Maß von Vertrauen beanspruchen können. Die besten theoretischen Werte dürften diejenigen von M. Milankowitsch[1]) sein, der für die Mittagstemperatur des Mondes etwa + 100° C abgeleitet hat. Als Minimum während der langen ungehinderten nächtlichen Ausstrahlung erhielt er — 54° C. Trotz der unsicheren Grundlagen stimmen diese Zahlenwerte mit den bolometrischen und thermoelektrischen Messungen recht gut überein. Mit dem Bolometer hat zuerst F. W. Very um 1898 die Mondtemperatur abzuleiten versucht. Da aber um diese Zeit die gesetzmäßigen Beziehungen zwischen Strahlung und Temperatur noch nicht vorlagen, und auch die Absorption der Atmosphäre im Ultrarot noch nicht genau genug bekannt war, liegt die von Very bestimmte Kurve der Mondtemperatur größtenteils zu hoch. Zuverlässiger sind die neueren durch W. W. Coblentz und seine Mitarbeiter mit Thermoelementen erhaltenen Werte, die bei senkrechter Bestrahlung auf Höchsttemperaturen von + 120° C führen. Die Nachtziffern liegen jedenfalls erheblich unter — 70° C.

Nach diesen Zahlen darf man in der Nähe des Mondäquators mit Temperaturunterschieden von mindestens 200° zwischen Tag und Nacht rechnen, die auf unserer Erde unter Mitwirkung der Atmosphäre in sehr kurzer Zeit die Gesteine völlig zermürben würden. In welchem Maße dies im leeren Raum der Mondumgebung geschieht, läßt sich nicht übersehen. Nur soviel steht fest, daß unter dem Einfluß der Sonnenstrahlen die Ost- und Westwälle der Krater der Vermorschung stärker unterliegen müßten als die Nord- und Südwände. Als weitere Ursache von Oberflächenänderungen wären etwaige vulkanische Ausbrüche zu betrachten. Diese erzeugen noch heute auf der Erde durch Lavaströme und Aschenregen merkliche äußere Veränderungen, die vom Monde aus deutlich zu erkennen wären. Die stärkeren Eruptionen würden mit ihren Dampf- und Rauchbildungen natürlich auffallende Erscheinungen bieten. Da bisher nichts dergleichen auf dem Monde beobachtet wurde, darf man annehmen, daß vul-

[1]) M. Milankowitsch, Théorie mathématique des phénomènes thermiques produits par la radiation solaire. Paris 1920.

kanische Kräfte dort nicht mehr tätig sind und zu etwaigen Veränderungen nicht mehr beitragen. Eine letzte Möglichkeit hierzu wäre noch in der periodischen Entwicklung einer spärlichen Pflanzendecke zu erblicken. Tatsächlich ist der Mondboden auch von diesem Gesichtspunkte aus gründlich untersucht worden, jedoch ohne irgendwelchen Erfolg. Obwohl zahlreiche Beobachter, von W. Herschel bis W. H. Pickering sich für zeitliche Abweichungen im Anblick verschiedener Krater und sonstiger Bodenformen eingesetzt haben, sind die angeblichen Änderungen in keinem einzigen Falle bestätigt worden. Die regelmäßig wiederkehrenden rein optischen Veränderungen, die durch den Wechsel von Licht und Schatten, in der Gegend des Mondrandes auch durch die Libration entstehen, sind nämlich so bedeutend, daß sie selbst geübte Beobachter täuschen können. Bei der heutigen Vollkommenheit der Photographie fehlt jeder Mitteilung über physische Veränderungen auf dem Monde die Beweiskraft, wenn sie nicht durch Aufnahmen belegt werden kann, und das ist bisher noch in keinem einzigen Falle geschehen.

Helligkeit und Albedo der Mondformationen. Die Untersuchung der Helligkeit und des Reflexionsvermögens der Mondoberfläche ist früher stark vernachlässigt worden und beschränkte sich im allgemeinen auf die Feststellung des Vollmondlichtes und einiger Phasenhelligkeiten. J. Herschel, C. P. Bond, W. H. Pickering u. a. haben dieser Aufgabe Zeit und Mühe geopfert mit dem Ergebnis, daß heute nach H. N. Russells Bearbeitung der besten Messungen für die Helligkeit des Vollmondes der Wert -12.55^m angenommen werden kann. Hieraus ergeben sich als visuelle Helligkeitsverhältnisse bzw. Unterschiede in Größenklassen:

$$\frac{\text{Sonne}}{\text{Vollmond}} = 466\,000 \qquad \text{Sonne} - \text{Vollmond} = -14.17^m$$

$$\frac{\text{Vollmond}}{\text{Capella}} = 132\,000 \qquad \text{Vollmond} - \text{Capella} = -12.80^m$$

Aus der Vollmondhelligkeit folgt eine visuelle Albedo von 0.07, also ein ungewöhnlich kleiner Wert. Trotzdem ist die Beleuchtung, die in dieser Phase auf die Erde ausgeübt wird, so beträchtlich, daß man dabei gewöhnliche Druckschrift bequem lesen kann. Die neueren Vergleiche mit der Normallampe führen zu dem Ergebnis, daß die Beleuchtung durch den im Zenit stehenden Vollmond außerhalb der Atmosphäre der Beleuchtung durch 1 *HK* in der Entfernung von 1.78 m gleicht, also 0.32 Lux entspricht. Die Qualität des vom Monde reflektierten Sonnenlichtes weicht von der Ursprungsstrahlung etwas ab, und zwar erscheint der Mond dem Auge entgegen der landläufigen Ansicht gelber als die Sonne. Der photographische Farbenindex entspricht 1.2 Größenklassen, so daß das Mondlicht in seinem Charakter Sternen vom Spektraltypus des Arkturus ähnelt. Nach diesem visuellen Befund darf man natürlich nicht etwa das Energiespektrum des Mondes mit irgendeiner Sternstrahlung vergleichen. Werden nach dem radiometrischen Verfahren (S. 257) die drei Haupt-

Verteilung der Strahlung bei Sternen und Planeten der gleichen Färbung.

Gestirn	14 μ—8 μ	5.5 μ—1.3 μ	1.3 μ—0.3 μ
Sonne (gelber Zwergstern)	0 %	27.2 %	72.8 %
Capella (gelber Riesenstern)	0	35.2	64.8
Mond	74.1	17.3	8.6
Merkur	73.6	19.0	7.4

gebiete des Energiespektrums herausgeblendet, so erhält man die vorstehenden Prozentziffern, die besonders anschaulich den Unterschied zwischen der Zusammensetzung der Strahlung selbstleuchtender Körper und dem scheinbar ganz gleichartigen reflektierten Licht atmosphäreloser, erkalteter Planeten vor Augen führen.

Die Abhängigkeit der Mondhelligkeit von der Phase liegt zusammenhängend erst seit einigen Jahren vor, insbesondere durch die Arbeiten von A. King, J. Stebbins, F. C. Brown u. a. Die Untersuchungen sind visuell, photographisch und lichtelektrisch ausgeführt worden und umfassen Phasenwinkel zwischen 0° und 150°. Sie zeigen für die Zeit vor und nach dem Vollmond einen etwas abweichenden Verlauf (Abb. 309), wie das bei der unregelmäßigen Verteilung der dunklen Flecke nicht weiter überraschend erscheint. Nach den Zahlen der nebenstehenden Übersicht, die leicht in Intensitäten umgewandelt werden können, ist das erste Viertel 8.7, das letzte 10mal schwächer als der Vollmond.[1])

Helligkeit der Mondphasen.

Phasenwinkel	Phase zunehmend	Phase abnehmend
0°	-12.55^m	-12.55^m
10	−12.33	−12.33
20	−12.11	−12.07
30	−11.88	−11.81
40	−11.65	−11.52
50	−11.42	−11.24
60	−11.18	−10.97
70	−10.90	−10.69
80	−10.57	−10.38
90	−10.20	−10.05
100	− 9.77	− 9.69
110	− 9.33	− 9.28
120	− 8.78	− 8.81
130	− 8.16	− 8.25
140	− 7.41	− 7.57
150	− 6.46	− 6.66
180	0.00	0.00

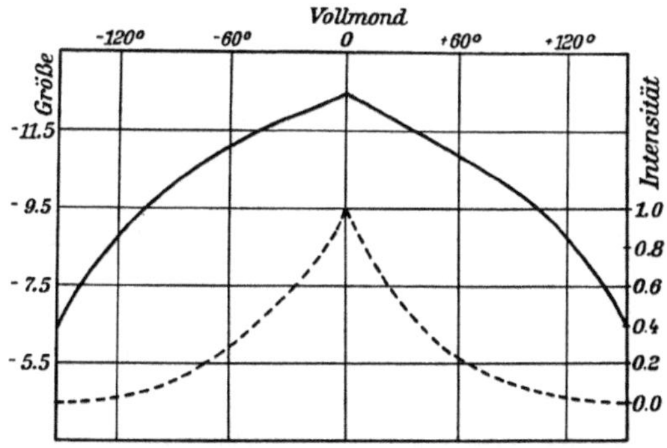

Abb. 309. Helligkeitsverlauf der Mondphasen (nach W. Wislicenus).

E. C. Pickering hat als erster die Reflexion einzelner Punkte im Vollmond mit dem Gesamtlicht desselben verglichen und auf diese Weise ein stark differenziertes Helligkeitsverzeichnis erhalten, in dem zwischen dem

[1]) H. N. Russell, The stellar magnitudes of the sun, moon and planets. Ap. J. 1916 I.

Visuelle und photographische Helligkeit einiger Mondformationen.

Mondgegend	h_v	h_p
Aristarch, Zentralberg	-0.70^m	-0.65^m
Tycho, Inneres	-0.66	-0.56
Gegend nördl. Lexell	-0.62	-0.52
Maurolycus	-0.42	-0.26
Kopernikus, Zentrum	-0.37	-0.32
Langrenus, Inneres	-0.31	-0.19
Ebene am Fuß von Kepler	-0.16	0.00
Ptolemaeus, Zentrum	-0.08	0.00
Timocharis	-0.01	0.00
Plinius	$+0.05$	0.00
Plato, Inneres	$+0.40$	$+0.27$
Grimaldi, nördl. Teil	$+0.41$	$+0.27$
Mare Nectaris	$+0.10$	$+0.22$
» Foecunditatis, östl. Langrenus	$+0.17$	$+0.18$
» Nubium (2 Stellen)	$+0.19$	$+0.24$
» Serenitatis	$+0.22$	$+0.34$
» Imbrium (2 Stellen)	$+0.28$	$+0.32$
» Crisium	$+0.31$	$+0.32$
» Foecunditatis	$+0.38$	$+0.38$
Oceanus Procellarum (4 Stellen)	$+0.40$	$+0.37$
Mare Tranquillitatis (2 Stellen)	$+0.40$	$+0.34$
» Humorum	$+0.41$	$+0.38$
Sinus Aestuum	$+0.49$	$+0.44$
Oc. Procellarum, dunkelste Stelle	$+0.66$	$+0.49$

hellsten Punkt, Aristarch, und dem dunkelsten, Boscovich, etwa $5\frac{1}{2}$ Größenklassen liegen sollten. Ohne Zweifel entsprechen diese um 1880 erhaltenen Zahlen, weil nicht genau bei Vollmond erhalten und nicht auf volle Beleuchtung reduziert, nicht den wirklichen Helligkeiten, so daß die damals vermuteten abnormen Albedounterschiede der Mondoberfläche tatsächlich nicht bestehen. In der nebenstehenden Übersicht ist ein Auszug aus neueren Beobachtungen der Tübinger Sternwarte mitgeteilt, und zwar visuelle Messungen (h_v) von H. Rosenberg und photographische (h_p) von P. Götz. Die Größenangaben beziehen sich auf Unterschiede gegen die mittlere Helligkeit der Mondoberfläche; die helleren Gebiete sind also durch Minus-, die dunkleren durch Pluszeichen gekennzeichnet.

Wie man sieht, stimmen die visuellen und photographischen Werte gut überein, im Einklang mit der Beobachtungstatsache, daß starke Färbungen auf dem Monde nicht vorkommen.

Die gemessenen und auf den Vollmond reduzierten Flächenhelligkeiten stehen zueinander im gleichen Verhältnis wie ihre Albedos. Wird für den Nullpunkt der Tafel die visuelle Mondalbedo = 0.073 gesetzt, so folgt für den hellsten Punkt, das Innere von Aristarch, die visuelle Albedo 0.14, für den dunkelsten, einen Fleck im Oceanus Procellarum, 0.036. Zum Vergleich mit der diffusen Reflexion irdischer Stoffe ist es bei der Kleinheit dieser Zahlenwerte kaum erforderlich, sie auf die geometrische Albedo (S. 214) zu beziehen. Überblickt man die auf S. 213 gegebenen Werte für unsere Gesteine, so erkennt man sofort, daß von den auf der Erde häufiger auftretenden und von J. Wilsing und J. Scheiner spektralphotometrisch untersuchten Mineralien die meisten wegen ihres hohen Reflexionsvermögens überhaupt nicht in Frage kommen. Übrig bleiben nur vulkanische Asche, Lava, Flußsand und Lehm. Die Annahme, daß die dunkleren Meere aus Lava und die helleren Bergabhänge aus Bimsstein oder vulkanischer Asche bestehen, würde den Beobachtungen am besten entsprechen.

Es ist bemerkenswert, daß diese Ergebnisse auch den bisher angestellten Polarisationsbeobachtungen genügen. Derartige Messungen sind schon von A. Secchi versucht worden; systematisch durchgeführt hat sie bisher nur J. J. Landerer in Paris, der um 1890 mit einem von M. A. Cornu angegebenen Polarimeter das diffuse Licht der großen grauen Mondflächen bei verschiedenen Phasen maß. Das Maximum der Polarisation wurde gefunden, wenn der einfallende Strahl mit der Mareebene einen Winkel von 33.28° (± 0.1°) bildete. Zum Vergleich sind nebenan die Polarisationswinkel für einige Gesteine aufgeführt. Wie die Tafelwerte zeigen, entsprechen glasige vulkanische Massen, wie Vitrophyr und Obsidian den Beobachtungen am besten. Das schon aus anderen Gründen (S. 432) unmögliche Eis fällt auch hier vollkommen aus dem Bereiche der Vergleichsgesteine heraus.

Polarisationswinkel des Mondes und einiger Gesteine.

Gestein	Winkel der Polarisation
Basalt	31.72°
Trachyt	32.27
Andesit	32.83
Mond	33.28
Vitrophyr	33.30
Obsidian	33.77
Eis	37.33

Es ist früher wiederholt behauptet worden, daß die Mondmare bei wachsendem Sonnenstande im großen und ganzen an Helligkeit nicht zu-, sondern abnehmen, und noch heute wird das gleiche von einigen dunklen Flecken der Mondfläche, z. B. vom Boden des Plato angenommen. Nach den photometrischen Messungen von N. Barabascheff entspricht aber diese Auffassung keineswegs den Tatsachen. Die dunklen Flächen des Mondbodens zeigen während des Phasenwechsels eine gesetzmäßige Zunahme der Helligkeit, bis sie im Vollmond die größte und nahe die gleiche Intensität erreichen. Das Maximum tritt also für den Beobachter auf der Erde nicht ein, wenn die Sonnenhöhe über dem Mare 90° erreicht, sondern dann, wenn der Einfallswinkel der Sonnenstrahlen gleich dem Emanationswinkel nach der Erde zu wird.

A. Miethe und B. Seegert in Charlottenburg haben noch ein sinnreiches Verfahren benutzt, um die wenig auffälligen photographischen Unterschiede der Mondoberfläche deutlich zu Anschauung zu bringen. Schon früher hatte R. W. Wood den Mond in gewöhnlichen und in ultraviolettem Lichte photographiert und dabei gefunden, daß sich östlich vom Aristarch ein Fleck befindet, der auffallend wenig ultraviolettes Licht reflektiert. Miethe hat nun Filteraufnahmen des Mondes in zwei Gebieten des Spektrums angefertigt und zwar in Orange und in Ultraviolett. Beide Positive sind dann übereinander gedruckt worden, die Ultraviolettaufnahme mit Orangerot, die Orangeaufnahme mit einem grünlichen Ton. Im Mittel entsteht dadurch ein gelbes Bild. Aber an manchen Stellen sind deutlich rötliche bzw. grünliche Flecke sichtbar, die anzeigen, daß an den betreffenden Stellen die gelbrote bzw. die ultraviolette Reflexion vorherrscht. Merkwürdigerweise treten die Verschiedenheiten nur in den Meeren auf, nicht in den gebirgigen Gegenden. Stark ultraviolett reflektierend erscheint z. B. das Mare Tranquillitatis, der Oceanus Procellarum, Teile vom Mare Crisium und Mare Foecunditatis, sowie ein schmaler Saum im Mare Serenitatis, ferner drei Flecke in der Nähe des Sinus Aestuum. Absorbiert werden die gleichen Strahlen durch das Mare Humorum, das Gebiet des Mare Imbrium südlich von Plato, die Mitte des Mare Serenitatis, das Mare Frigoris und durch den erwähnten Fleck bei Aristarch.

Es unterliegt keinem Zweifel, daß man auf dem angedeuteten Wege einmal zu wichtigen Ergebnissen gelangen wird. Die Eigenschaften des Aristarchfleckes zeigen z. B. unter den irdischen Mineralien Zinkoxyd und Schwefel. Ferner weisen nach Untersuchungen von W. W. Coblentz und C. Schäfer verschiedene Mineralien im ultraroten Teil des reflektierten Lichtes charakteristische Absorptionsbänder auf, deren Feststellung auf dem Monde unsere Vorstellungen über die Bestandteile seiner Oberfläche sehr fördern würde. Ohne wesentliche Hilfe von seiten der Mineralogen und Geologen ist hier allerdings kaum ganze Arbeit zu leisten. Es liegt in der Natur der Sache, daß das Interesse für den toten Nachbarkörper der Erde unter den Vertretern dieser Wissenszweige nicht besonders groß ist. Außer einer Arbeit von N. S. Shaler und der noch heute sehr lesenswerten kleinen Abhandlung von E. Suess[1]) liegen von Geologen bisher nur gelegentliche Äußerungen über den Erdtrabanten und seine Oberflächenformen vor.

Entstehung der Ringgebirge. Die wichtige Frage nach den Entstehungsursachen der Oberflächengebilde des Mondes ist ein Problem der dynamischen Geologie und schwerer zu beantworten, als bei den Bildungen der Erdoberfläche, denen wir mit ganz anderen Hilfsmitteln beikommen können, wie den Mondformationen, wo nur äußere Form und gewisse Eigenschaften des reflektierten Lichtes der Untersuchung offenstehen.

Die Erdkruste hat aller Wahrscheinlichkeit nach im Laufe der Erstarrung eine Schalenform angenommen. Die äußere Decke besteht aus leichten Silikaten, der Erdkern aus Nickeleisen. Dazwischen ruht eine vermutlich aus Magnesiumsilikaten bestehende Zwischenschicht, die, in halbstarrer Form eingebettet, zwischen dem spezifischen Gewicht des Erdkerns (8) und demjenigen der äußeren Schale (2 bis 3) eine vermittelnde Stellung einnimmt. Die Verwitterung der Decke ist soweit vorgeschritten, daß die Hauptprodukte der Erstarrung, die Eruptivgesteine, nur noch stellenweise deutlicher hervortreten, und nur wenige Formen den ursprünglich völlig plutonischen Charakter der Erdoberfläche verraten. Aus dem bloßen Studium der äußeren Schale eines Planeten lassen sich somit keine weitgehenden Schlüsse über die Kräfte ziehen, die sie geschaffen haben. Obwohl sich auf der Mondoberfläche seit ihrer Erstarrung zweifellos viel weniger geändert hat als auf der Erde, wird man nach diesen Erfahrungen

[1]) E. Suess, Einige Bemerkungen über den Mond. Wien 1895. — N. S. Shaler, A comparison of the features of the earth and the moon. Washington 1903.

in der Meinungsäußerung über die Vorgeschichte unseres Trabanten doch einige Zurückhaltung üben.

Wie die Dinge auch liegen mögen, so beherrscht die Ringform der Gebirge die Mondlandschaft derartig, daß es nicht verwunderlich erscheint, wenn alle selenologischen Theorien die Entstehung der Krater zum Hauptausgangspunkt wählen. Hierbei liegt die Vergleichung mit irdischen Ringbildungen besonders nahe, und man nahm daher früher ohne Rücksicht auf den sehr ungleichen Maßstab ohne weiteres an, daß die Mondkrater erloschene Vulkane seien. Das Unrichtige dieses Schlusses liegt klar auf der Hand. Bei den meisten irdischen Vulkanen ist die Erhöhung, also der Bergkegel, eine sekundäre Erscheinung. Er ist durch eine Aufschüttung der Eruptionsprodukte um den Ausbruchsherd entstanden und besteht als solcher aus Stein- und Aschenmaterial, Lava u. dgl. (Abb. 310). Im Gegensatz zum Monde wird dadurch ein steiler Aufstieg der äußeren Wände hervorgerufen. Während bei den tätigen Vulkanen die eigentliche Krateröffnung oft bis unter das äußere Niveau der umgebenden Landschaft reicht, ist bei den erloschenen irdischen Feuerbergen der ehemalige Krater vollständig verstopft und nur an einer Einsenkung des Gipfels erkennbar. Außerdem hat der Begrenzungswall dann höchstens einige wenige Kilometer Umfang, während bei den größeren Mondringgebirgen schon der Durchmesser nach Hunderten von Kilometern zu bemessen ist. So muß die scheinbar so naheliegende Vulkantheorie, wenigstens für die ausgedehnten Wallebenen des Mondes fallengelassen werden. Eine größere Ähnlichkeit im Aufbau bieten schon die Einsturzkrater der irdischen Schildvulkane, deren wichtigste Vertreter sich auf Hawai vorfinden. Sie sind auf Eruptionen dünnflüssiger Lava aus dem Erdinnern zurückzuführen, die nach dem Erstarren um die Ausbruchsöffnung eine runde Beule mit sehr geringem, selten 10° übersteigendem Böschungswinkel bildet. Beim Rückzug der Lava entstehen oberhalb des Ausflußkanals Hohlräume, die nach dem Einsturz der Decke Kraterformen annehmen, die manche Beziehungen zu den Mondgebirgen haben; eine allgemeine Erklärungsmöglichkeit bieten die Schildformen aber ebensowenig wie die ihnen verwandten Schlammvulkane.

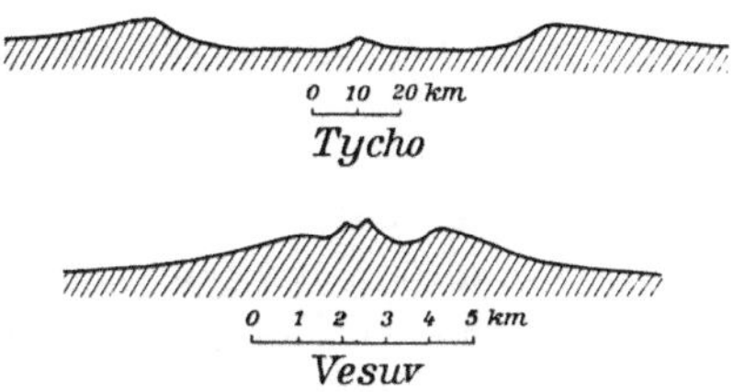

Abb. 310. Aufriß des Mondkraters Tycho verglichen mit dem Vesuvprofil.

Zweifellos werden durch die wenigen noch tätigen vulkanischen Herde unseres Planeten die Bildungsmöglichkeiten für ringartige Bergformen nicht erschöpft. Man braucht ferner sich nur daran zu erinnern, wie der Krakatauausbruch von 1883 oder die Mt. Pelée-Katastrophe von 1902 die geologischen Anschauungen auf dem Gebiete des Vulkanismus erweitert und umgestaltet haben. Es wäre also durchaus denkbar, daß irgendein bestimmtes Naturereignis, irgendeine terrestrische Neubildung oder dgl. später einen besseren Ausgangspunkt für selenologische Untersuchungen bietet, als unsere gegenwärtigen geologischen Kenntnisse.

In Ermangelung klarer irdischer Analogien ist eine große Zahl von Hypothesen über den Ursprung der Mondkrater lediglich auf Grund von Laboratoriumsexperimenten aufgestellt worden. Sie gehen von zwei entgegengesetzten Grundanschauungen aus, von denen die eine innere (endogene), die andere äußere (exogene) Kräfte heranzieht. Dabei ist nicht immer beachtet worden, daß die Äußerungen von molekularen Kräften, die die Formengebung im Laboratorium so oft bestimmen, nicht willkürlich ins große übertragen werden dürfen, da dann die Massenkräfte derart anwachsen, daß die Materie ausschließlich ihrer Wirkung unterliegt. Von diesem Gesichtspunkte aus scheidet unter den endogenen Einwirkungen auf die Bildung von Mondkratern ohne weiteres die alte wohl auf A. SECCHI zurückgehende Hypothese aus, wonach die Ringgebirge Reste von riesigen, im zähflüssigen Magma entstandenen Blasen sein sollten. Mit Recht hat A. WEGENER darauf hingewiesen, daß diese Verallgemeinerung auf dem gleichen Trugschluß beruht, als wenn jemand, an die Beobachtung der Fortbewegung der Wasserläufer anknüpfend, das Schwimmen eines Ozeandampfers durch die Gesetze der Oberflächenspannung erklären wollte.

Eine besondere Beachtung haben seinerzeit die von H. EBERT ausgeführten Nachbildungen der Mondkrater gefunden. Sie verdienen schon deswegen Erwähnung, weil sie die bisher einfachste und natürlichste Deutung der Ringgebirge geben. EBERT hat, von der Erscheinung der Schild- und Schlammvulkane ausgehend, getreue Ebenbilder der typischen Mondkrater in der Weise erhalten, daß er durch die feine Öffnung einer flachen Metallschale, die nur in ihren mittleren Teilen durch darunter geleitete Wasserdämpfe erhitzt wurde, eine angemessene Menge sog. Woodscher Metallegierung (*Cd* 12.5 %, *Bi* 50 %, *Sn* 12.5 %, *Pb* 25 %), die einen Schmelzpunkt von 68° hat, durchgepreßt hat; diese erstarrte am Rande zuerst, so daß in der Mitte eine Lache flüssigen Metalls übrigblieb. Wurde die Oberfläche derselben in wallende Bewegung versetzt, so brandete dabei das flüssige Metall fortwährend gegen die bereits festgewordenen Teile, floß zum Teil über, erstarrte und warf so allmählich ringsherum einen Wall auf, den es, hier abschmelzend, dort erstarrendes Metall anhäufend, in jedem Falle zu einem Ring ausgestaltete. Der innere Steilhang des Walles erhielt im Durchschnitt einen Böschungswinkel von 35°, dagegen nahm die äußere Abdachung, auf der das übergetretene Metall herabfloß, die flache Neigung von rund 5° an. Die Bildung eines zentralen Kegels oder eines ebensolchen Kraters entsprach den letzten Äußerungen der treibenden Kraft. Die so erhaltenen künstlichen Bildungen weisen fast in allen Stücken, insbesondere in den Böschungen, Höhen und Tiefen, Eigenschaften auf, wie sie für die Mondgebirge charakteristisch sind (Abb. 311). Der Schluß auf analoge Vorgänge bei der Entstehung der Mondkrater liegt also sehr nahe und bietet nichts Gezwungenes. Zur Zeit, als die feste Mondrinde noch sehr dünn war, wird diese häufig durch Eruptionen, Aufschmelzungen und dgl. stellenweise durchbrochen worden sein. Die notwendige wallende Bewegung der feurigflüssigen Massen kann von emporsteigenden Gasen und Dämpfen verursacht worden sein. Je dünner die Rinde war, um so

Abb. 311. Künstlicher Mondkrater nach H. Ebert.

mehr Wahrscheinlichkeit war für das Entstehen größerer Öffnungen vorhanden, d. h. nach der Ebertschen Hypothese müssen die großen Krater älter sein als die kleinen, eine Folgerung, die mit den Beobachtungen im Einklang steht. In selenologischem Sinne wichtig erscheint besonders die Feststellung, daß verhältnismäßig geringeWirkungen (Magma- und Dampfstöße durch kleine Öffnungen) sehr große Krater erzeugen können. Irgendwelche Bedenken gegen die Übertragung des Experimentes auf die Dimensionen der Mondkrater dürften, im Gegensatz zu verschiedenen anderen ähnlichen Versuchen, im vorliegenden Falle nicht bestehen.

Unter den exogenen Hypothesen für die Entstehung der Mondoberfläche kommt nur die Theorie ernsthaft in Frage, nach der die Mondgebirge durch Aufsturz von Meteoriten entstanden sein sollen. Allgemein verbreitet wurde sie durch das 1873 erschienene Mondwerk von R. A. Proctor, der sich zu ihren Gunsten aussprach und das Ereignis selbst in eine Zeit zurückverlegte, in der der Boden unseres Planeten noch heiß und plastisch war. Als Verteidiger der Aufsturzhypothese ist in neuerer Zeit A. Wegener aufgetreten, nachdem es ihm gelungen war, fast alle charakteristischen Eigentümlichkeit der Mondkrater durch Absturz von lockerem Zement auf eine aus gleichem Material bestehende dünne Grundfläche zu erzeugen.[1]) Die zahlenmäßige Nachprüfung der Durchmesser, der Tiefen und Böschungen der Krater, der Höhen der Zentralberge usw. ergab eine noch bessere Übereinstimmung, als sie H. Ebert bei seinen Versuchen geglückt war. Das auffallende Pulver würde einer Meteoritenwolke entsprechen, die lose Zementunterlage dem Gestein der Mondoberfläche.

Trotz dieser und anderer Gründe, die auf den ersten Blick sehr zugunsten der Aufsturzhypothese sprechen, dürfen verschiedene Bedenken nicht unterdrückt werden. Wenn der Mond von einer solchen Unzahl von Meteoren getroffen worden ist, so hätte dies bei der Erde mit ihrer viel größeren Masse in erhöhtem Maße der Fall sein müssen. Dafür, daß das Ereignis in einem der letzten oder der früheren geologischen Zeitalter stattgefunden hätte, sind aber nicht die geringsten Anzeichen vorhanden. Der riesige Meteorsturz müßte schon zu einer Zeit erfolgt sein, als die Erde noch nicht erstarrt war. Unter dieser Voraus-

---

1) A. Wegener, Die Entstehung der Mondkrater. Braunschweig 1921.

setzung, die ja im Grunde genommen auf die mögliche Entstehung der Planeten und Monde aus Meteoren zurückgreift, ist die Hypothese durchaus diskutabel, bleibt aber trotzdem nach allem, was wir heute über die Zahl und Größe der Meteorschwärme wissen, höchst unwahrscheinlich. Außerdem ist der einzige Meteorkrater der Erde, ein Explosionstrichter unweit des Cañon Diablo in Arizona (S. 480), auf den von den Anhängern der Theorie immer wieder hingewiesen wird, geologisch noch nicht derartig geklärt, daß man auf ihm die Entstehungsgeschichte der Oberfläche eines ganzen Weltkörpers aufbauen dürfte.

Selenologische Deutung der Ebenen, Strahlensysteme und Rillen. Die dunklen, als Meere bezeichneten Flecke des Mondes kann man wohl als große Aufschmelzungsgebiete auffassen, die nach Entstehung einer festen Oberfläche sich durch irgendwelche inneren oder äußeren Einflüsse gebildet haben. Für diese Auffassung sprechen die in den weiten Ebenen erstarrten letzten Magmawellen, die Schollenverschiebungen, die Aufstauung der zertrümmerten Kraterreste zu zerklüfteten Randgebirgen und schließlich die Kraterruinen, bei denen stets die innerhalb der Meere gelegenen Wallstücke zerstört worden sind. Auf der Erde sind derartige Arealeruptionen aus geschichtlicher Zeit nicht bekannt; in früheren geologischen Perioden sind sie zweifellos wiederholt vorgekommen, ohne indessen einen so großen Umfang anzunehmen, wie beim Monde. Ein bekanntes, pliozänes Ausbruchsfeld von 120 km Länge und 30 bis 50 km Breite stellt der Boden des Yellowstone-Parks in Nordamerika dar, dessen schematisches Profil in Abb. 312 dargestellt ist. Ähnlich hat man sich auch den Mondboden am Rande der großen Mareebenen vorzustellen; selbst dort, wo größere, scheinbar unversehrte Landzungen in die Gebiete der Magmameere herüberreichen, handelt es sich, wie die Neigung zur Rillenbildung zeigt, wahrscheinlich um dünnen von unten magmatisch stark angegriffenen Boden. Für die geschilderte Entstehung der Mareebenen, daneben auch für ihre Unberührtheit seit undenklichen Zeiten spricht noch die Tatsache, daß sie stellenweise mit kleinen Kratern und Mulden übersät sind, die keine Spur einer Verwitterung, Abtragung oder dergleichen zeigen. Die ältere Auffassung, die in den Mareebenen ehemaligen Meeresboden erblicken wollte, bedarf danach kaum noch einer besonderen Widerlegung.

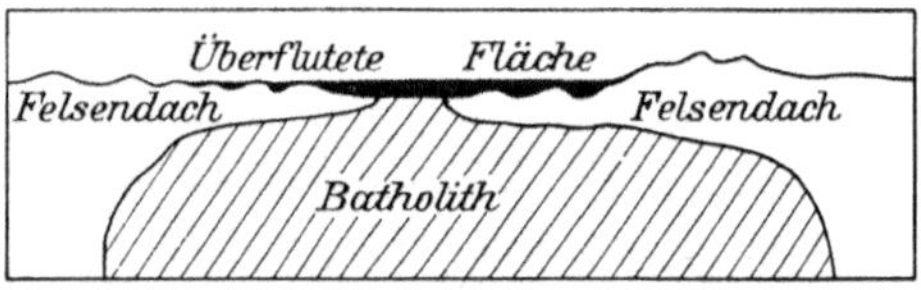

Abb. 312. Mutmaßlicher Aufbau der Mondrinde (Abb. nach F. Suess).

Geht man von den Maregebieten zu den hellen Strahlen und Streifen über, die fast keinen Niveauunterschied, dagegen völlig veränderte optische Eigenschaften verraten (Abb. 313), so halten alle älteren Anschauungen darüber heute der Kritik nicht mehr stand. Nach J. Nasmyth und J. Carpenter sollte das Streifennetz durch Bersten und erneutes Zusammenschmelzen der Mondrinde entstanden sein, wobei eine durch inneren Druck gesprengte Glaskugel als experimentelles Beispiel angeführt wurde. Zweifellos ist eine äußerliche Ähnlichkeit in diesem Falle vorhanden, aber sie setzt Kräfte und deren Wirkungen voraus, denen wir sonst nirgends bei erstarrenden Körpern begegnen. M. LOEWY und P. PUISEUX gingen daher wieder von der Vulkantheorie aus und nahmen an, daß die Strahlen durch Eruptionen von heller Asche aus den Ursprungskratern verursacht worden seien, zu einer Zeit, als noch eine merkliche Mondatmosphäre und in ihr Strömungen vorhanden waren.[1]) Jeder Strahl würde dann eine Eruption bei bestimmter Windrichtung anzeigen. Diese Hypothese entspricht nur wenig den Eigentümlichkeiten der Strahlenbildung. Sie läßt es ganz unerklärt, weshalb in einzelnen Fällen, z. B. bei Tycho, die Strahlen durchweg erst in einem sehr merklichem Abstande vom Krater beginnen, ihre Breite und Intensität über Hunderte von Kilometern beibehalten u. a. m. Selbst wenn die vulkanische Theorie der großen Krater noch irgendwie einen Halt hätte, würde man demnach dieser Anschauung nicht beipflichten können.

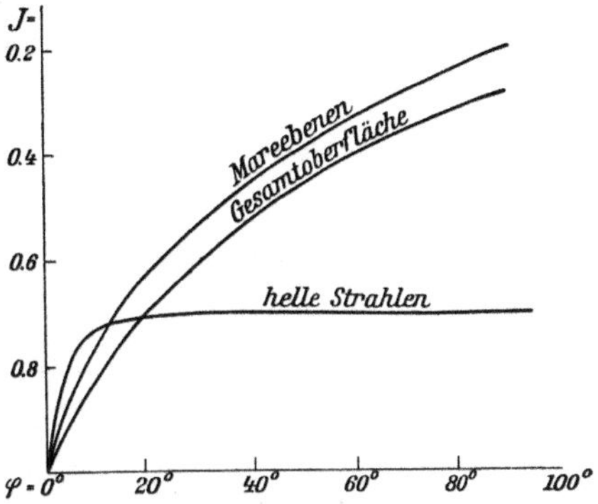

Abb. 313. Helligkeitsverlauf der Mondformationen mit zunehmendem Phasenwinkel (nach E. Schoenberg).

Einige Geologen, z. B. E. SUESS, haben eine Ansicht über die hellen Bänder geäußert, die sich den oben skizzierten Gedanken von NASMYTH und CARPENTER nähert. Danach wären die hellen Streifen auf Solfatareneinwirkung in feinen radialen Klüften der äußeren Mondkruste zurückzuführen. Gegenstücke auf der Erde sind zahlreich vorhanden. Hier gelangen diese Spalten allerdings nie bis zur Wallhöhe, erreichen auch nur in Ausnahmefällen, z. B. beim Cleveland-Gang in Schottland die Länge von etwa 300 km, doch ist der Einwand zweifellos nicht sehr schwerwiegend. Das Ausbleichen des Gesteins kann auf wasserfreie Ausdünstungen zurückgeführt werden. Die Beobachtungen in der Kopernikusgegend des Mondes, wo einzelne Streifen unmittelbar auf Kraterrillen führen, bestätigen wenigstens in Einzelfällen den Zusammenhang zwischen den hellen Adern und benachbarten Spaltensystemen, geben also der Ansicht eine gewisse Stütze.

Eine Erklärung dafür, daß die hellen Streifen nur bei hohen Sonnenstande das Licht stärker reflektieren als ihre Umgebung (Abb. 313), wird von keiner der erwähnten Theorien gegeben. Zwei Möglichkeiten liegen da vor. Entweder wird die Albedo der Streifen durch die steigende Sonne so verändert, daß die beobachtete Wirkung entsteht, oder die Struktur der Oberfläche ist an den betreffenden Stellen von der Beschaffenheit des übrigen Mondbodens völlig verschieden. Die erste Annahme ist sehr unwahrscheinlich, dagegen würde die Vorstellung, daß aus

[1]) P. PUISEUX, La terre et la lune. Paris 1908.

den von E. Suess angenommenen radialen Spalten dünnflüssige, stark gashaltige Lava bis zur Oberfläche vorgedrungen und in stark poröser, bimssteinartiger Struktur erstarrt ist, kaum einem Einwand begegnen, wenn das Experiment die Hypothese stützte. Versuche dieser Art sind z. B. von J. Wilsing angestellt worden. Photometrisch untersucht wurden Gipsplatten mit Vertiefungen von 2 und 5 mm Durchmesser und ein Drahtgitter. Die mit der Reflexion an einem glatten Schirm verglichenen Ergebnisse zeigen deutlich, daß die Schwankungen der relativen Helligkeit einer dunkleren glatten Ebene und einer mit Poren versehenen helleren Fläche wegen der Schattenwirkung tatsächlich so verlaufen, daß der Albedounterschied erst bei kleinen Inzidenzwinkeln der Strahlen bemerkbar wird. Zu genau dem gleichen Ergebnis sind auf Grund von theoretischen und praktischen Erwägungen auch N. Barabascheff und E. Schoenberg gelangt, so daß damit das Hauptrătsel der hellen radialen Mondstreifen als gelöst gelten kann. Eine ähnlich poröse Struktur werden auch einzelne Krater, Flecke und andere Gebilde haben, die mit den Streifen die Eigentümlichkeit eines besonderen hohen Glanzes im Vollmonde teilen (Abb. 301). Es muß aber wieder daran erinnert werden, daß alle diese Helligkeitsunterschiede nur relativ aufzufassen sind. Selbst Aristarch, der innerhalb der dunklen Materie des Oceanus Procellarum wie ein heller Stern leuchtet, reflektiert nur etwa $\frac{1}{7}$ des auffallenden Sonnenlichtes, so daß von einer Spiegelung desselben an besonders glatten Flächen keine Rede sein kann.

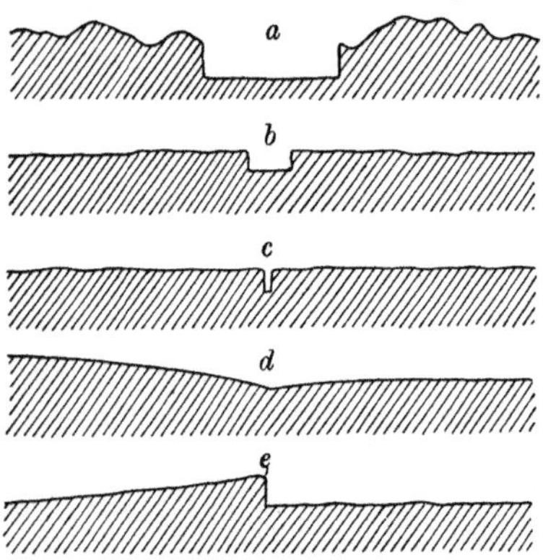

Abb. 314. Verwerfungen auf der Mondoberflache. *a.* Quertal in den Alpen. *b.* Rille des Herodot. *c.* Normale Rillenform. *d.* Südwestrand des Mare Serenitatis. *e.* Lange Wand bei Thebit.

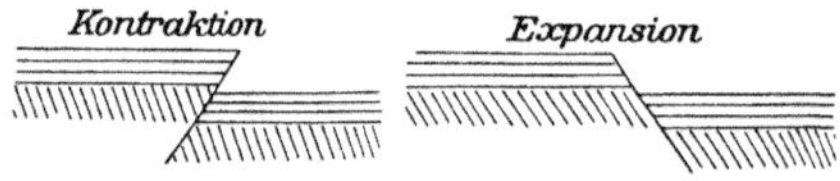

Abb. 315. Form der Verwerfungen bei Kontraktion und Expansion.

Die Deutung der Rillen ist verhältnismäßig einfach. Bei genauerer Nachprüfung ihrer Lage fällt es auf, daß sie am Rande der großen Ebenen besonders häufig vorkommen und dann oft der Begrenzung der Meere parallel verlaufen. Sie sind demnach als Bruchspalten der Rinde zu erklären, die bei der Erkaltung des Mondes an den Kontinentalrändern der großen Magmagebiete durch Einsinken der verhältnismäßig dünnen Maredecken entstanden sind. Geophysikalisch sind sie insofern von Bedeutung, als sie der Schrumpfungstheorie entschieden widersprechen. Die meisten Rillen stellen klaffende Spalten dar; dort wo vertikale Verwerfungen vorkommen, wie in den langen Steilwänden bei Cauchy und bei Thebit, zeigen die Hänge die typische Form der Expansion und nicht der Kontraktion. Die beiden Arten von Verwerfungen sind durch Abb. 315 veranschaulicht und bedürfen keiner besonderen Erläuterung. In irgendeinem Stadium ihrer Entwicklung hat demnach die Mondkruste sich im Zustande einer Zugspannung befunden, die die mit der Erkaltung und Volumenänderung des Weltkörpers verknüpfte Druckspannung merklich übertroffen hat. Hierzu braucht nur angenommen zu werden, daß nach der Erstarrung der äußeren Schale der Mond eine Weile einen Gaskern gehabt hat, der dichter war als die äußeren Teile (Abb. 316). Beim Festwerden infolge von Wärmeausstrahlung sind Expansionen eingetreten, die an den schwächsten Stellen den Mondboden aufgerissen bzw. beim Hinzutreten vulkanischer Kräfte die Bildung von Reihen eng zusammenstehender Krater hervorgerufen haben. Im übrigen ist die Mechanik aller Verwerfungen auf dem Monde entsprechend der zweifellos viel rascheren Erkaltung wesentlich einfacher gewesen als auf der Erde. Es liegen fast ausschließlich Parallelverschiebungen des Bodens vor, sog. Torsionserscheinungen sind kaum irgendwo angedeutet. Rillen von geschwungener Mäanderform, deren auffälligstes Beispiel die Gegend des Kraters Marius zeigt, sind offenbar durch die Anordnung und Begrenzung der hier unter die sichtbare Oberfläche versunkenen Gebirgshorste bestimmt.

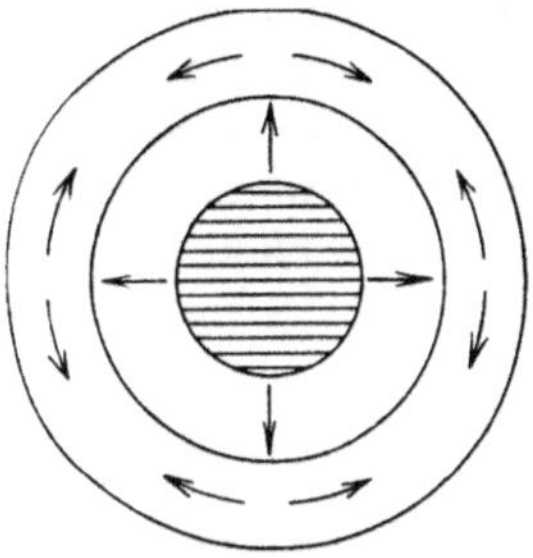

Abb. 316. Zugspannung in den äußeren Schichten eines erkaltenden Weltkörpers.

Abb. 317. Die Spratzform als Typus verschiedener kleiner Mondkrater.

Von den glatten Rissen oder Spalten führen viele Übergänge zu den Kraterrillen, die, wie wir sahen, zuweilen einige Dutzend Krater zu einer langen Perlenfurche vereinigen. Oft handelt es sich dabei um winzige Gruben oder Mulden, zuweilen zeigen aber die so angeordneten Krater, wie dies z. B. bei Stadius der Fall ist, erhöhte Ränder von ausgesprochener Spratzform (Abb. 317). Diese Rillenformen erinnern noch am meisten an irdische Gebilde rein vulkanischen Ursprungs, ja, einzelne Kraterreihen Islands oder Neuseelands weichen nach F. Suess weder morphologisch noch den Größenverhältnissen nach irgendwie von den entsprechenden Mondformen ab.

Das bereits erwähnte Alpenquertal, das äußerlich einer sehr breiten Rille gleicht, ist zweifellos nicht als Verwerfung im eigentlichen Sinne anzusprechen, da es sich allem Anschein nach (Abb. 302) auf dem flüssigen Magma bei Gelegenheit der Entstehung des angrenzenden Mare Frigoris und des Palus Nebularum gebildet hat. Bei den in Frage kommenden Aufschmelzungen ist die schwimmende Alpenscholle des Mondes einfach geborsten. Das Quertal bildet demnach nur die Trennungsfurche zwischen zwei zusammengehörigen Schollenbruchstücken, die, in das zähflüssige Magma eingebettet, für alle Zeiten nebeneinander liegengeblieben sind.

Die vorangehenden Betrachtungen über die Rillen zeigen, in wie mannigfacher Weise scheinbar ganz gleichartige Gebilde selenologisch gedeutet werden können. In entsprechender Weise könnten auch viele der sich zum Teil stark befehdenden Kratertheorien miteinander versöhnt werden, wenn man sich vergegenwärtigt, daß kein zwingender Grund besteht, für die in so wechselnder Form und Größe auftretenden Ringberge des Mondes eine einheitliche Ursache anzunehmen. Die großen Rundbildungen mögen im Sinne der Ebertschen Hypothese entstanden sein. Die mit kleinen Kratern besetzten dunklen und weißen Flecke der Mondoberfläche dürfen sehr wohl mit echten vulkanischen Gebieten der Erde verglichen werden, während die langen Perlschnurreihen mehr an ehemalige Schlamm- und Sintergebilde von kraterähnlicher Form erinnern. Fügen wir noch die auf der Erde seltenen Aufwölbungsformen und die kreisrunden Pfannen (Abb. 318) hinzu, so kommt man zu dem Schluß, daß die komplizierte Morphologie der Mondoberfläche kaum von einem einheitlichen, schematischen Standpunkte aus beurteilt werden darf.

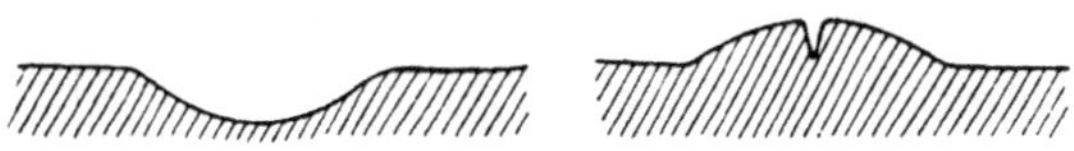

Abb. 318. Profil der pfannen- und beulenförmigen Mondkrater.

15. Die Kometen, Meteore und das Zodiakallicht.

Wohl kein Naturschauspiel, weder die funkensprühenden Feuerkugeln, noch die geometrischen Formen der Haloerscheinungen an Sonne und Mond oder die farbenprächtigen Nordlichter haben in vergangenen Zeiten auf die Menschen einen solchen Eindruck gemacht, wie die zuweilen so auffällige und doch so vergängliche Erscheinung eines Kometen. Während aus dem Altertum, ja selbst aus dem Mittelalter nur wenige Beobachtungen von Planeten und Fixsternen vorliegen, sind bis zum Jahre 1500 über 400 Kometen ihrer Erscheinung nach gesichert.[1]) Nach der Bestimmung der ersten Parallaxe durch J. Hevelius und dem von G. S. Dörffel und I. Newton geführten Nachweis, daß sich die Kometen in Kegelschnitten um die Sonne bewegen, schwanden allmählich Furcht und Aberglauben, besonders als es gelang, aus drei geozentrischen Örtern die Bahnelemente eines Kometen abzuleiten und seine Bewegung am Himmel im voraus genau zu berechnen. Gegenüber diesen Erfolgen blieb das ganze äußere Kometenphänomen als solches bis in unsere Tage dunkel und rätselhaft. Nach und nach wurden dann einzelne physikalische Anhaltspunkte für seine Erklärung gewonnen, ohne daß die Erscheinung auch heute in den wesentlichen Eigenschaften als gedeutet gelten könnte.

Allgemeine Gestalt und Helligkeit der Kometen. Ein sonnenferner Komet stellt fast stets ein sehr unscheinbares Himmelsobjekt dar; er bildet dann eine

---

[1]) J. G. Galle, Kometenbahnen. Leipzig 1894. — G. F. Chambers, The story of the comets. Oxford 1909.

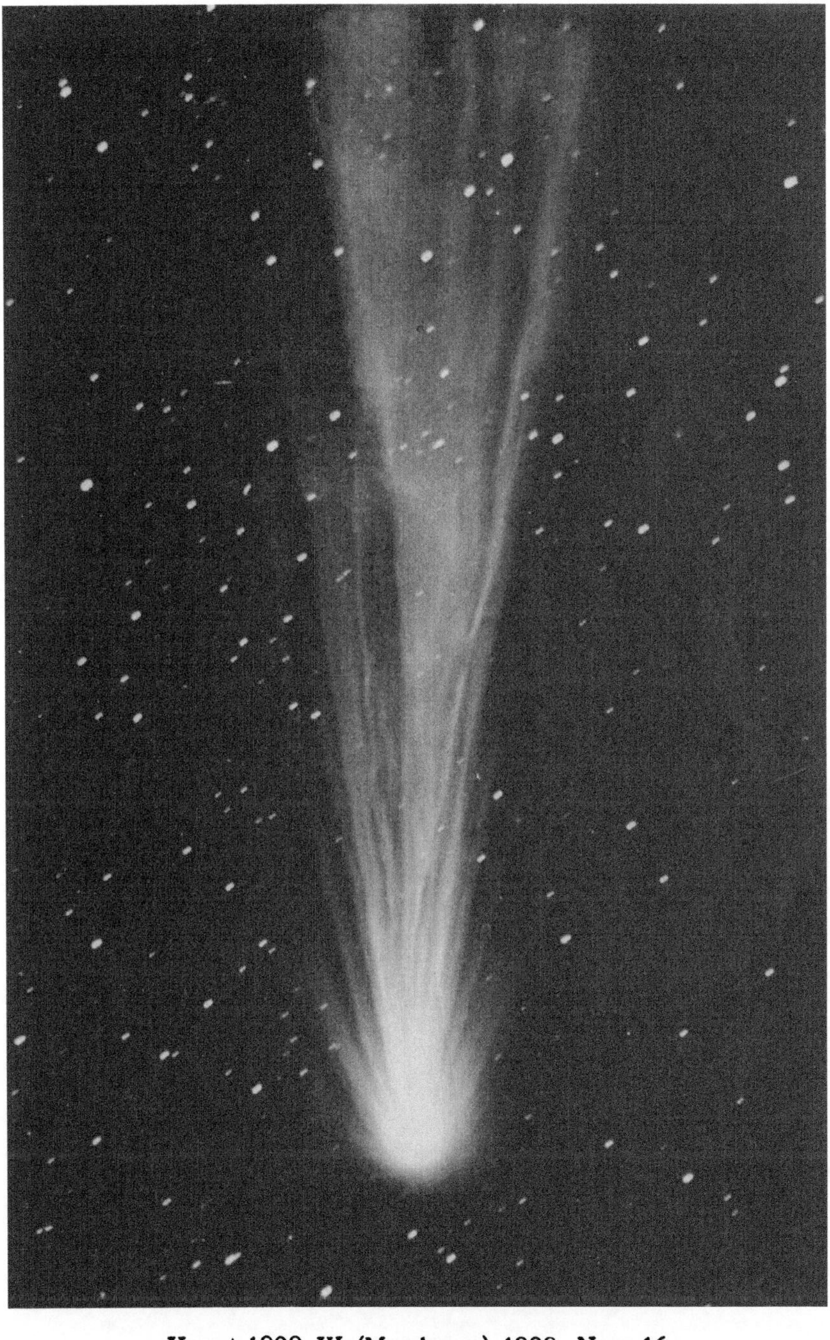

Komet 1908 III (Morehouse) 1908 Nov. 16.
(Aufnahme von M. Wolf, Heidelberg)

runde, nach der Mitte zu verdichtete, meist kernlose Masse, die sich nur durch ihre Bewegung von einem der zahlreichen Kugelnebel am Himmel unterscheidet. Erst mit der stärkeren Annäherung an die Sonne beginnt bei großen Kometen das Charakteristische der Erscheinung. Es bildet sich zunächst ein Kern, der zuweilen scheibenförmig, zuweilen fixsternartig scharf ist; von hier aus entwickeln sich dann helle Strömungen in einer bevorzugten Richtung, die den Kopf und den von der Sonne fortgerichteten Schweif bilden. Die Länge dieser im Radiusvektor des Kometen erfolgenden Ausströmungen ist zuweilen sehr bedeutend und erreicht bei glänzenden Erscheinungen die Größenordnung der astronomischen Einheit, während der Kopfdurchmesser dann an die Dimensionen von Uranus oder gar Jupiter heranreicht. Wie in der Helligkeit, so herrscht auch in der Form der Schweife eine große Mannigfaltigkeit. Sie können völlig gerade, gekrümmt oder wellenförmig, faden- oder fächerartig, ohne jede Struktur oder von zahllosen leuchtenden Fäden und Strähnen durchsetzt sein.

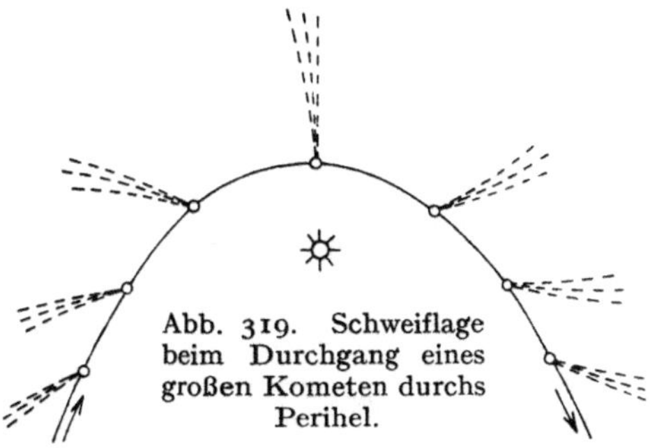

Abb. 319. Schweiflage beim Durchgang eines großen Kometen durchs Perihel.

Schon eine flüchtige Beobachtung genügt, um zu erkennen, daß der Schweif eines Kometen in jedem Augenblick eine Neubildung darstellt, ähnlich der von einem Schornstein ausgehenden Rauchwolke. Es folgt hieraus, daß die Schweifmaterie dem Kometen unwiederbringlich verlorengeht. Wenn ihr Zustand auch sicherlich äußerst verdünnt ist — es ist bisher nicht gelungen, bei der Bedeckung eines Fixsternes durch einen Kometen auch nur eine Spur von Refraktion oder Absorption nachzuweisen — so sind die Schweife doch häufig so lang, daß die Masse der ausgestoßenen Materie im Verhältnis zum ganzen Kometen immerhin merklich sein muß. Als Ausgang des Schweifes ist stets der Kern zu betrachten, aus dem bei gehöriger Annäherung an die Sonne Ausströmungen erfolgen. Diese steigen eine kurze Strecke in der Sonnenrichtung empor, biegen dann um, umfließen den Kern in einem gewissen Abstand und bilden schließlich den von der Sonne weggerichteten, in der Bahnebene liegenden Schweif (Abb. 319). Auf photographischen Aufnahmen heller Kometen zeigt dieser oft einen fast unübersehbaren Reichtum an Einzelheiten. Durch Anwendung kurzer Belichtungen für den Kopf und längerer für den Schweif läßt sich dann oft ein sehr klarer Einblick in den Ursprung und die Art der Ausströmungen gewinnen. Bei glänzenden Erscheinungen treten stets auch ausgesprochene Färbungen auf. Gleichmäßig gekrümmte, strukturlose Kometen mit großen, planetenartigen Kernen sind meist deutlich gelb, Kometen mit wellenförmigen, detailreichen Schweifen oft intensiv blau gefärbt. Besonders auffallend kam der Unterschied 1911 zur Geltung, als zwei helle Kometen dieser

Abb. 320. Komet 1910 I, 1910 Jan. 27 (Aufn. des Lowell-Observatoriums).

beiden Arten, 1911 V (Brooks) und 1911 IV (Beljawski) gleichzeitig am Abendhimmel standen.

Die am Kopfe eines Kometen beobachteten Veränderungen müssen sich auch in seiner Helligkeit äußern, so daß klare photometrische Gesetzmäßigkeiten von vornherein nicht zu erwarten sind. Wird ein Komet mit bloßem Auge oder bei sehr schwacher Vergrößerung beobachtet, so erscheint häufig der ganze Kopf wie ein verwaschener Stern, so daß nur das Gesamtlicht gemessen oder geschätzt werden kann. In einem größeren Fernrohr zeigt vielleicht derselbe Komet einen sternartigen Kern, dessen Helligkeit mit der eines Fixsternes verglichen wird, während die ihn umgebende Hülle unberücksichtigt bleibt. So ist es möglich, daß ein Komet mit bloßem Auge gut sichtbar, also heller als 5. Größe ist, während gleichzeitig ein Beobachter am Fernrohr seine Helligkeit vielleicht nur als 8^m bezeichnet.

Wenn bei einem neuen Kometen die Bahnbestimmung erfolgt ist, so daß sich für jeden Moment die Entfernungen r und Δ von Sonne und Erde bestimmen lassen, kann unter Benutzung der geschätzten Anfangshelligkeit die Gesamthelligkeit wie die Flächenhelligkeit für die Erscheinung im voraus berechnet werden. Die Flächenhelligkeit ist nur von dem Sonnenabstande, d. h. von r^2 abhängig, das Gesamtlicht auch von der Entfernung, d. h. von $r^2\Delta^2$. In den Ephemeriden pflegt man nur die Totalhelligkeit vorauszuberechnen, wobei in der Regel die Größe des Entdeckungsdatums als Ausgang angenommen wird. Will man umgekehrt die während der ganzen Sichtbarkeit eines Kometen erhaltenen Gesamthelligkeiten unter sich vergleichen, so bezieht man sie am besten auf $r = 1$ und $\Delta = 1$, indem man an die beobachteten Größen die Verbesserung (S, 205)

$$\Delta m = -\frac{\log r^2\Delta^2}{0.4} = -5 \log r \log \Delta$$

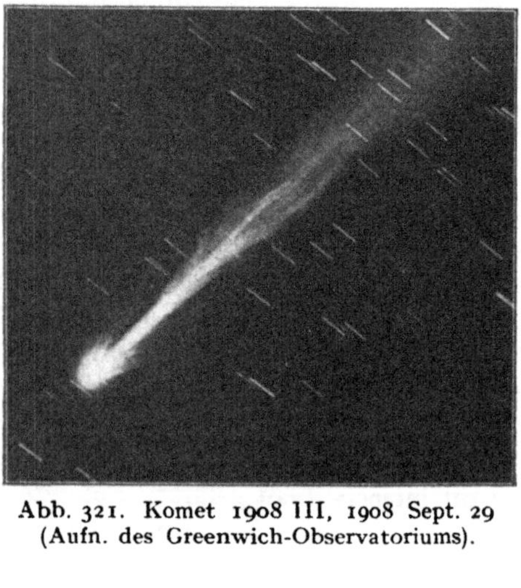

Abb. 321. Komet 1908 III, 1908 Sept. 29 (Aufn. des Greenwich-Observatoriums).

anbringt. Dafür, wie sich die Beobachtungen und ihr Vergleich mit der Rechnung in Wirklichkeit gestalten, hat J. SCHMIDT ein lehrreiches Beispiel an dem Kometen 1874 III (Coggia) gegeben.[1]) Aus der Beobachtungsreihe sind nebenan einige nahe äquidistante Daten herausgegriffen und die am Fernrohr, am Sucher und mit unbewaffnetem Auge geschätzten Größen mit dem $r^2\Delta^2$- und dem r^2-Gesetz verglichen. Als Ausgangshelligkeit für die Rechnung ist die im Fernrohr beobachtete Größe 10.0^m vom 1. Juni anzusehen. Wie man sieht, stimmen die bei starker Vergrößerung am Fernrohr angestellten Beobachtungen, also die Schätzungen der Kernhelligkeit, auch absolut gut mit dem $r^2\Delta^2$-Gesetz überein. Das gleiche findet man, abgesehen von einer konstanten Instrumentaldifferenz, für die mit dem Sucher und mit dem unbewaffneten Auge beobachteten Größen, so daß in allen drei Helligkeitsreihen die Gleichartigkeit der Auffassung verbürgt ist. Der völlig abweichende Gang des reinen r^2-Gesetzes schließt die letzte Reihe von allen Beobachtungen aus, mit anderen Worten, die Flächenhelligkeit hat nirgends als Maßstab für die Schätzungen gedient. Die Übereinstimmung mit dem $r^2\Delta^2$-Gesetz beweist, daß der Komet in der betrachteten Periode nur in reflektiertem Sonnenlicht geleuchtet hat. Das ist nicht immer der Fall. Sehr häufig macht sich in der Nähe des Perihels ein Überschuß an Helligkeit bemerkbar, der aber selten einen stetigen Verlauf zeigt. In der Regel handelt es sich um plötzliche Impulse, die so weit gehen können, daß ein lichtschwacher Komet rasch und ohne jede Beziehung zum Sonnen- oder Erdabstand zu einer auffälligen Erscheinung anwächst. Die letzten, merkwürdigsten Fälle dieser Art bilden wohl die Kometen 1888 I (Saverthal) und 1892 III (Holmes). Der letzte wurde z. B. trotz seiner auffälligen Stellung am Himmel erst entdeckt, als er, offenbar ganz plötzlich, die 6. Größe erreicht hatte; während seiner bis 1893 reichenden Sichtbarkeit hat er dann noch mehrere derartige Lichtausbrüche gezeigt. Aus neuester Zeit liegt der umgekehrte Fall beim Kometen 1925 I (Ensor) vor, der bei seinem Emporsteigen in nördliche Deklinationen in der Größe 4^m bis 5^m erwartet, aber schließlich nur noch als ein ganz unscheinbares Gebilde 12^m aufgefunden wurde.

Beobachtete und berechnete Helligkeiten des Kometen 1874 III (Coggia).

1874	Helligkeit Fernrohr	Helligkeit Sucher	Helligkeit Auge	Rechnung mit $\frac{1}{r^2\Delta^2}$	Rechnung mit $\frac{1}{r^2}$
Juni 11	10.0^m	8.0^m	5.2^m	9.3^m	9.7^m
» 17	9.0	7.5	4.6	8.9	9.5
» 22	8.5	7.2	4.2	8.5	9.4
» 27	9.0	7.0	4.0	8.1	9.3
Juli 2	7.5	6.7	3.2	7.7	9.2
» 8	7.0	6.0	2.5	7.1	9.1
» 13	6.5	4.7	1.5	6.6	9.2

Sehr merkwürdig sind auch die Teilungen, die an einzelnen Kometen beobachtet worden sind. Eine gewisse Berühmtheit hat in dieser Beziehung der periodische Komet 1846 II (Biela) erlangt, der Ende Dezember 1845 sich in zwei durch

[1]) J. SCHMIDT, Beob. über den großen Kometen im Jahr 1874. Astr. Nachr. Bd. 87 (1875).

einen schwachen Nebel verbundene Köpfe mit gesonderten Schweifen trennte. Das Helligkeitsverhältnis zwischen dem Haupt- und Nebenkörper wechselte dabei recht erheblich, eine Erscheinung, die sich bei der nächsten und gleichzeitig letzten Wiederkehr im Jahre 1852 und später bei dem Kometen 1889 V wiederholt hat. Da der Komet Biela seit 1852 verschwunden ist, könnte man an eine allmähliche Auflösung aller Kometen im Laufe der Zeit denken, doch wird die Vermutung im allgemeinen nicht bestätigt. Für den am längsten bekannten Kometen Halley hat z. B. J. Holetschek nach den historischen Notizen Helligkeiten abgeleitet, die nach der Formel S. 458 auf $r = 1$ und $\Delta = 1$ umgerechnet, für die Zeit bis 11 v. Chr. die reduzierte Größe 3.3^m ohne jeden Gang ergaben.

Hellere Kometen des 20. Jahrhunderts.

Komet	Entdecker	q	H
1901 I	Viscara	0.34	4^m
1907 IV	Daniel	0.51	4
1908 III	Morehouse	0.94	4
1910 I	—	0.13	1.5
1910 II	Halley	0.59	3.5
1911 IV	Beljawski	0.30	5
1911 V	Brooks	0.20	5

Die bisher im 20. Jahrhundert erschienenen Kometen hatten nur geringe Helligkeit. Wie die nebenstehende Übersicht zeigt, ist nur in dem Falle von 1910 I in der Entfernung Eins von Sonne und Erde die reduzierte Größe $H = 1.5$ bei einer Periheldistanz $q = \frac{1}{8}$ der astronomischen Einheit erreicht worden. Die entsprechende Helligkeit der berühmten Kometen 1811 I und 1882 II lag nur um eine halbe Größenklasse höher. Dagegen ist der Glanz einzelner historischer Kometen sehr bedeutend gewesen. Bei den Erscheinungen 1577 und 1744 haben z. B. die Köpfe die reduzierte Helligkeit -1^m gehabt, waren also 10 mal heller als der sog. Johannesburger Komet von 1910. Die Sichtbarkeit am Tage bietet bei großen Kometen keine besondere Merkwürdigkeit. Sie ist zuletzt 1882 und 1910 beobachtet worden. Der Septemberkomet 1882 II konnte sogar bis zu seinen Eintritt vor die Sonnenscheibe beobachtet werden, muß also in seinem Perihel die maximale Helligkeit der Venus erheblich überschritten haben. In Anbetracht dieser Lichtstärke ist es sehr merkwürdig, daß derart auffällige Körper bei ihren Vorübergängen vor der Sonnenscheibe sich als vollkommen durchsichtig erwiesen haben. Sowohl der Komet 1882 II als auch 1910 II (Halley) verschwanden auch im Fernrohr vollkommen, als sie sich in der Verbindungslinie Sonne—Erde befanden. Der geringe Sonnenabstand, den einzelne Kometen im Perihel erreichen, hat oft zur Folge, daß sie selbst bei beträchtlicher Helligkeit unsichtbar bleiben, wenn die Achse ihrer langgestreckten Bahn zufällig nach dem Gegenpunkt der Erde gerichtet ist, also jenseits der Sonne liegt. Die Kometenentdeckungen bei Anlaß der totalen Sonnenfinsternisse vom 17. Mai 1882 und vom 16. April 1893, sowie einige andere z. T. ungeklärte Beobachtungen von Schweifen am Nachthimmel (Abb. 322) oder von hellen, vergänglichen Sternen in nächster Sonnennähe haben die Aufmerksamkeit der Astronomen auf diese Fragen gerichtet, und J. Holetschek hat ihnen einige besondere Untersuchungen gewidmet. Danach ist es als sicher anzunehmen,

Abb. 322. Schweif des Kometen Halley in der Morgendämmerung 1910 Mai 17 (nach E. E. Barnard).

daß uns im Laufe der Zeit durch die angedeuteten ungünstigen Bahnverhältnisse zahlreiche Tageskometen mit kurzen Periheldistanzen verloren gehen.

Die Erscheinungen der Kometen sind von jeher in zahlreichen Einzeldarstellungen geschildert worden. Berühmte ältere Kometographien sind die chinesische Chronik des MA-TUAN-LIN, die Werke von J. HEVELIUS, S. LUBIENIECKI, A. G. PINGRÉ u. a. Eine wissenschaftlich sehr wertvolle, neuzeitlich bearbeitete Kometenchronik historischer Zeiten, die in erster Linie die astrophysikalischen Gesichtspunkte berücksichtigt, ist wieder J. HOLETSCHEK zu verdanken.[1])

Die Frage nach dem Ursprung der Kometen ist zunächst rein kosmogonischer Art, hat aber auch für den praktischen Astrophysiker Interesse. Während man früher noch der Ansicht war, daß die abgeleiteten hyperbolischen Bahnen vereinzelter Kometen für ihre Herkunft aus interstellaren Räumen bürgen, darf heute nach den Untersuchungen von G. FAYET, L. FABRY, E. STRÖMGREN u. a. die Frage als in negativem Sinne entschieden gelten. Wahrscheinlich sind alle bisher berechneten Bahnen ursprünglich elliptisch gewesen, so daß man die Kometen durchweg als echte Glieder des Sonnensystems aufzufassen hat. Die Frage, ob sie diesem von Anfang an angehört haben, ist bei dem gegenwärtigen Stand der kosmogonischen Probleme nicht zu beantworten.

Das Kometenspektrum. Das Spektrum aller sonnenfernen Kometen ist kontinuierlich und bietet als Abbild der Sonnenstrahlung kein besonderes Interesse. Im Jahre 1864 konnte G. B. DONATI an dem Tempelschen Kometen (1864 II) zum ersten Male auch Emissionserscheinungen beobachten, und zwar drei helle, einseitig nach Violett zu verwaschene Banden in Gelb, Grün und Blau, die sich von einem kontinuierlichen Hintergrunde deutlich abhoben. Vier Jahre später

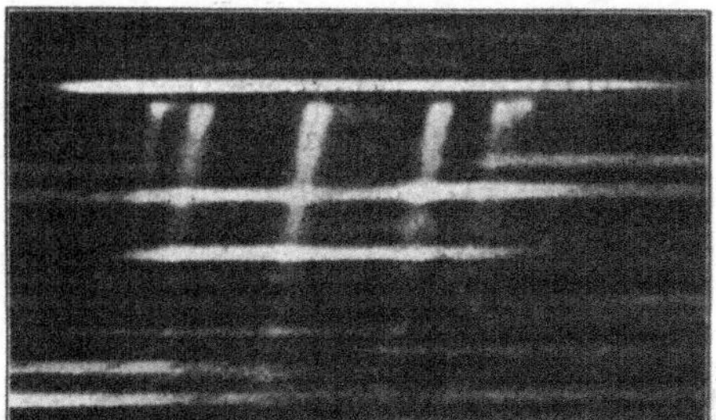

Abb. 323. Spektrum des Kometen 1908 III (Morehouse) 1908 Okt. 18 (nach F. Baldet).

[1]) J. HOLETSCHEK, Untersuchungen über die Größe und Helligkeit der Kometen und ihrer Schweife. Wien 1896 bis 1917.

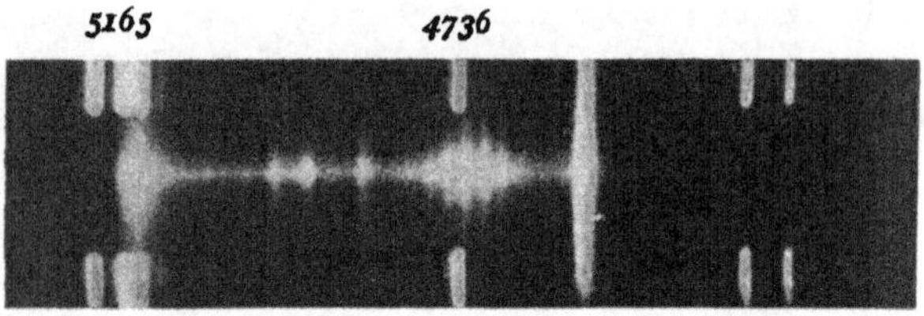

Abb. 324. Spektrum des Kometen 1911 V (Brooks) mit Zinkvergleichsspektrum (nach M. Wolf).

erkannte W. HUGGINS, daß diese Emissionen nach Lage und Intensität mit dem Spektrum des Kohlenwasserstoffes sehr nahe übereinstimmten. Wie bei allen Banden handelt es sich auch beim Kometenspektrum um Liniengruppen von der Art der Abb. 88 und 99. Genauere Messungen der Bandenköpfe liegen erst seit 1874 vor. Sie haben gezeigt, daß die Übereinstimmung der Wellenlängen noch besser wird, wenn man eine Identität mit dem sog. Swan-Spektrum annimmt, das von der blauen Flamme eines Bunsenbrenners geliefert wird. In der nebenstehenden Übersicht sind die Wellenlängen der Bandenköpfe der beiden Lichtquellen nach dem Stande der astrophysikalischen Kenntnisse um 1890 zusammengestellt.

Swan- und Kometenspektrum.

Farbe	Swan-Sp. λ	Kometensp. λ
Orange	6188	—
Gelbgrün	5635	5630
Blaugrün	5165	5166
Indigo	4738	4719
Violett	4312	—

Wenn auch die Swan-Banden gut mit dem Kometenspektrum stimmten, so traten doch einige Verschiedenheiten in der Lage des Helligkeitsmaximums auf, die bereits H. C. VOGEL nach seinen spektroskopischen Erfahrungen an Meteoriten (S. 479) durch Beimengung von Kohlenoxydgas zum Kohlenwasserstoff zu erklären versuchte. Das Kohlenoxydgas liefert ein dem Kohlenwasserstoff ähnliches, ebenfalls aus Banden bestehendes Spektrum. Die Wellenlängen der stärkeren Liniengruppe liegen so, daß die Banden λ 5608 und 5198 nahe mit den gelben und grünen Kohlenwasserstoffbanden und ein schwächeres Band bei λ 4698 nahe mit dem blauen zusammenfallen, so daß in dem Spektrum der Mischung der beiden Gase eine teilweise Übereinanderlagerung in dem bei den Kometen beobachteten Sinne stattfindet. Die Fragen blieben in ihrem Zusammenhange ungeklärt, bis zu Beginn des neuen Jahrhunderts die photographische Platte das Auge am Spektroskop ersetzte und auch eine wesentlich objektivere Prüfung der Kometenspektra gestattete. Schon bei dem ersten helleren Kometen unserer Zeit, 1907 II (Daniel), gelang es H. DESLANDRES mit einem Objektivprisma monochromatische Aufnahmen des Kopfes und des Schweifes zu erhalten. Das Spektrum des letzteren

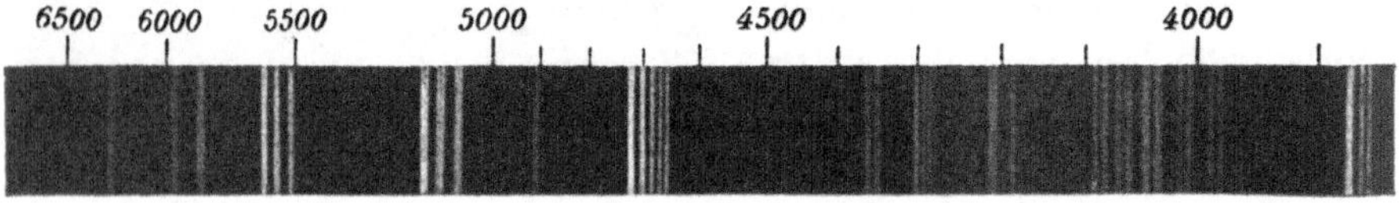

Abb. 325. Linienfolge im Spaltspektrum des Kometen 1911 V (Brooks).

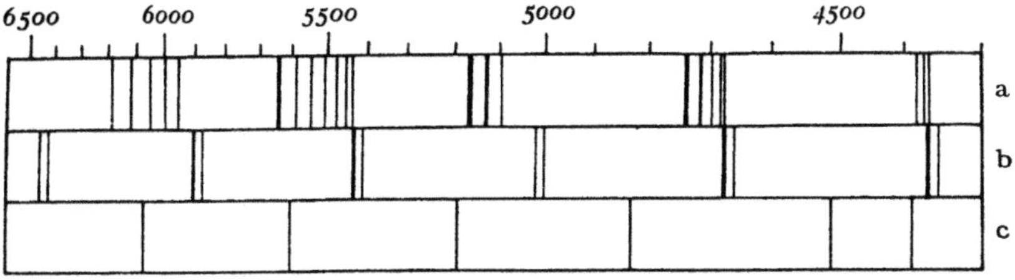

Abb. 326. Swan-Spektrum (a) und CO-Spektrum bei niederem (b) und höherem Druck (c).

zeigte insofern eine Überraschung, als es drei neue, im Kopfe kaum nachweisbare Linien oder Banden bei λ 4010, 4265 und 4560 zeigte, die dann nebst den meisten anderen Emissionen von H. Chrétien als doppelt erkannt wurden (vgl. Abb. 323). Bei späteren Kometen ist das typische Schweifspektrum noch durch eine weitere Doppellinie und eine Stickstofflinie vervollständigt, jedenfalls aber als vom Spektrum des Kopfes merklich abweichend festgestellt worden.

Diese merkwürdige Beobachtung wurde durch A. Fowler aufgeklärt, der beim Zurückgreifen auf einige ältere Laboratoriumsversuche eine Aufnahme des Kohlenmonoxydspektrums fand, das in einer Kathodenröhre bei äußerst niedrigem Druck erhalten war und, wie die nebenstehende Übersicht zeigt, in der Lage der Bandenköpfe direkt eine Kopie des Schweifspektrums darstellt. Der Inhalt der Röhre enthielt Kohlenmonoxyd mit einer geringen Beimischung von Stickstoff, woraus hervorgeht, daß Kopf- und Schweifspektrum den gleichen, nur unter verschiedenen Druckverhältnissen leuchtenden Gasen angehören. Absolute Identität der Strahlung besteht hier ebensowenig wie bei der Gegenüberstellung mit dem Swan-Spektrum (S. 462).

Identische Bandenköpfe im Spektrum der Kometenschweife und irdischer Gase.

Kometenschweife	Laborat.	Gas
λ 4715	λ 4714	CO
4690	4689	»
4570	4570	»
4548	4546	»
4276	4276	»
4255	4253	»
4022	4021	»
4003	4001	»
3914	3915	N
3799	3738	CO
3783	3781	»
3690	3708	»
	3693	»
3580	3602	»
	3587	»

In den letzten Jahren hat F. Baldet in Meudon den Vergleich der Kometenspektren mit terrestrischen Strahlungen wieder aufgenommen.[1]) Dabei hat sich die Notwendigkeit einer weiteren Trennung der Emissionen herausgestellt, so daß an den Kometen neben dem Koma- und Schweifspektrum noch ein charakteristisches Kernspektrum auftritt, das für alle untersuchten Kometen typisch ist und dessen Hauptlinien in der Übersicht auf S. 464 verzeichnet sind. Wir haben somit an den Kometen ein Linienspektrum der Kerne von dem Swan- und Zyanspektrum der Koma und den Kohlenomonxyd-Doppelbanden der Schweife zu unterscheiden. Die Deutung dieser Abweichungen ist nicht

[1]) F. Baldet, Recherches sur la constitution des comètes etc. Paris 1926.

Hauptlinien der Kometenkerne.

λ	Int.	λ	Int.
6300	5	4074	9
4928	3	4068	7
4840	3	4052	10
4335	3	4043	9
4329	3	4040	
4314	9	4033	3
4304	6	4020	8
4301		4014	
4292	3	4002	4
4109	3	3993	4
4100	3	3988	3

eher möglich, als bis man über den Ursprung der irdischen Vergleichsspektren völlige Klarheit gewonnen hat. Für das neue Kernspektrum fehlen z. B. noch alle terrestrischen Anhaltspunkte. Bei 20 von 115 verglichenen Linien fand BALDET innerhalb 3 *AE* Übereinstimmung mit Emissionen der kosmischen Gasnebel, doch ist es sehr fraglich, ob man darauf irgendwelche Schlüsse aufbauen darf.

Der kontinuierliche Spektralgrund bei helleren Kometen wird ausschließlich vom Kernlicht geliefert. Inwieweit es sich dabei aber um reflektierte Sonnen- bzw. Eigenstrahlung handelt, ist nicht immer leicht zu entscheiden. Bei den hellen Kometen 1881 II und 1882 I erhielt W. HUGGINS Spektralaufnahmen, die einige Fraunhofersche Linien enthalten und auf reflektiertes Licht hindeuten. Gegen diese Auffassung spricht das Fehlen einer Phasenbildung am Kern und die Tatsache, daß die in größeren Abständen zweifellos vorhandene Polarisation in der Nähe des Perihels verschwindet. In dieser Kompliziertheit von Polarisation und Spektrum erinnert das Licht der Kometen an die Korona, mit der auch sonst allerhand Berührungspunkte vorhanden sind.

Während in den meisten Fällen das Kometenspektrum entsprechend der obigen Beschreibung nur wenige Grundstoffe verrät, treten bei besonders starker Annäherung an die Sonne noch die Emissionslinien anderer Elemente auf. Zum ersten Male wurde dies beim Kometen 1882 I beobachtet. Man erkannte hier Ende Mai auf verschiedenen Sternwarten im Spektrum die gelbe Natriumlinie, die so intensiv leuchtete, daß in ihrem Licht bei genügend weit geöffnetem Spalt der Kopf in seinem vollen Umriß erkannt werden konnte, ähnlich wie eine Sonnenprotuberanz im Lichte einer Wasserstofflinie. Es ist nun sehr bemerkenswert, daß bei diesem Kometen, der der Sonne bis auf 9 Millionen Kilometer nahegekommen ist, die Kohlebanden immer schwächer wurden, je heller die Natriumlinie auftrat. Dieselbe Änderung war bei dem großen Septemberkometen desselben Jahres, sowie bei den Kometen 1910 I, 1910 II (Halley) und 1911 V (Beljawski) zu beobachten. Diese Tatsachen befinden sich in völliger Übereinstimmung mit den entsprechenden Versuchen im Laboratorium (S. 142). Bringt man in eine Geißlersche Röhre Kohlenoxyd und eine kleine Menge metallischen Natriums, so verschwindet beim Erhitzen des Natriums das Kohlenoxydspektrum gänzlich. Damit sind auch die bei Kometen vorkommenden gelben und blauen Färbungen auf das besondere Hervortreten der Natriumlinie bzw. der blauen und grünen Kohlenoxydbande zurückgeführt. Unmittelbar nach dem Perihel des großen Septemberkometen 1882 II wurden von R. COPELAND und J. G. LOHSE in seinem Spektrum außer der Natriumlinie noch fünf andere Emissionen in Gelb und Grün beobachtet, die offenbar dem Eisen angehörten. Da die Strahlung der Sonne in dem geringen Abstande, den der Komet damals einnahm, zweifellos ausreicht, um Metalle zum Verdampfen zu bringen, so ist das Auftreten der *Fe*-Linien nicht weiter auffallend. Daß Emissionen der leichter zu verflüchtigenden Metalle, wie Kalzium und Magnesium nicht beobachtet wurden, ist zwar merkwürdig, braucht aber nach den Erfahrungen über die Schichtung im Flashspektrum der Sonne (S. 315) nicht als Beweis für die Abwesenheit der betreffenden Grundstoffe angesehen zu werden.

Die Kometentheorien. BESSEL und BREDICHIN. Obwohl die Kometen den Gesetzen der Massenanziehung streng gehorchen, sind sie praktisch als massenlos anzusehen. Sogar bei sehr nahen Begegnungen mit Planeten oder deren Satelliten ist noch nie die geringste Störung ihrer Bahnelemente beobachtet worden, während bekanntlich die Kometenbahnen selbst bei solchen Gelegenheiten schon vollkommen umgestaltet worden sind. Da demnach jede meßbare Attraktionswirkung fehlt, kann aus solchen Begegnungen nur ein Höchstwert der Kometenmasse abgeleitet werden. Eine weitere Möglichkeit ergibt sich bei Teilungen und bei den damit verbundenen Änderungen in der Bewegung der Kometenkomponenten. Ein Beispiel der ersten Art bot der Durchgang des Kometen 1770 I (Lexell) durch das System der Jupitermonde, aus dem P. S. LAPLACE einen maximalen Massenwert $5 \cdot 10^{-3}$ der Erde ableitete. Die Spaltungen der Kometen Biela (1846 II), Taylor (1915 III) u. a. haben zu noch kleineren Werten von der Größenordnung 10^{-10} und darunter geführt. Angesichts der Dimensionen einzelner Kometen ergeben diese Zahlen, besonders für die Schweife Dichtewerte, wie sie nur noch in der Sonnenkorona und bei einzelnen kosmischen Nebeln vorkommen mögen.

Die Grundlage der gegenwärtig maßgebenden mechanischen Kometentheorien ist bei J. KEPLER zu suchen, der die Anschauung vertrat, daß die Abkehr der Schweife von der Sonne in Druckkräften zu suchen ist, die ihrer Strahlung eigentümlich sind. Diese Ansicht ist besonders auch von C. LONGOMONTANUS eifrig vertreten worden. Ein wissenschaftliches Fundament erhielt sie durch H. W. OLBERS und F. W. BESSEL, die die Schweiferscheinungen ohne

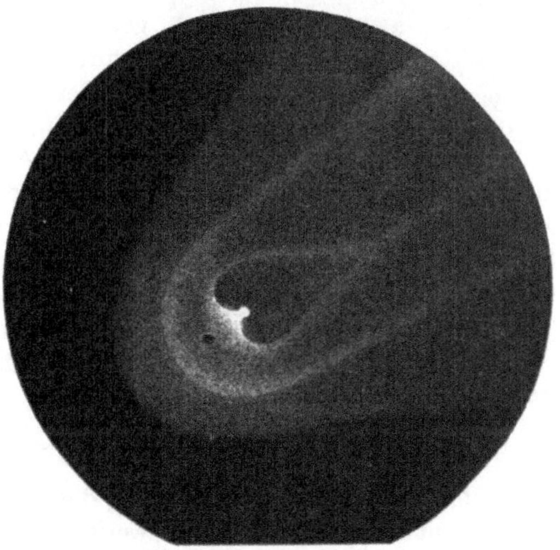

Abb. 327. Kopfstruktur des Halleyschen Kometen 1910 Mai 26.

Abb. 328. Schweif des Kometen 1910 I, 1910 Jan. 28 (Aufnahme des Lowell-Observatoriums).

bestimmte Voraussetzungen über das Wesen der Repulsivkraft bereits recht gut darstellen konnten. Den Ausgang der Überlegungen bildeten unmittelbar die Beobachtungstatsachen. Die Materie des Kometen ist, wie jeder andere Stoff, der Schwerkraft unterworfen, so daß ihr Massenmittelpunkt jedenfalls einen Kegelschnitt um die Sonne beschreibt. Unter dem Einfluß der Sonnenstrahlung steigen aus dem Kern Gase auf, die dann aber offenkundig einer Kraftwirkung ausgesetzt sind, die von der Sonne weggerichtet ist. Die ausgestoßene Materie unterliegt dem vereinigten Einfluß von Attraktion und Repulsivkraft und bildet den Schweif, der entsprechend den Gesetzen seiner Entstehung auf der der Sonne abgekehrten Seite des Kopfes in der Bahnebene zu suchen ist. Für diese und alle folgenden Überlegungen muß natürlich die beobachtete, von der wahren stark abweichende Schweifform in den wahren, in der Bahnebene des Kometen liegenden Umriß übergeführt werden (Abb. 328 und 329).

Der Grundgedanke der von Bessel gegebenen Kometentheorie beruht in der Erkenntnis, daß Anziehung wie Abstoßung von der Beziehung $M : r^2$ abhängen, wenn M die Masse und r den Abstand von der Sonne bedeuten. Anziehung wie Abstoßung nehmen mit dem Quadrat der Entfernung ab, so daß das Verhältnis zwischen den beiden wirksamen Kräften stets konstant bleibt, an welcher Stelle der Bahn sich der Komet auch befinden mag. Für die Berechnung ist also nur notwendig, M zwischen den Werten 1 und $-\infty$ zu variieren. Der Wert $M = 1$ entspricht der reinen Attraktion, $M = 0$ einem Gleichgewichtszustand zwischen Anziehung und Abstoßung, während alle negativen Beträge reine Abstoßung bedeuten. In jedem Falle ist die Repulsivkraft K durch

$$K = 1 - M$$

darstellbar. Unter der Voraussetzung, daß der Schweif genau in der Bahnebene liegt, hat nun Bessel aus der Schweifkurve die Anfangsbedingungen der Ausströmungen und den Betrag der Repulsivkraft der Sonne auf die betreffenden Kopfteilchen abgeleitet. Selbst gewisse Bewegungen der Ausströmungen konnten in der Theorie bereits eine Erklärung finden. Jedes heftige Emporsteigen von Materie aus dem Kern muß nämlich auf diesen einen Rückstoß ausüben. Findet der Ausbruch nicht genau symmetrisch, d. h. nicht in der Verbindungslinie zwischen Kern- und Sonnenmittelpunkt statt, so entsteht durch den Reaktionsdruck eine kleine seitliche Komponente, die eine drehende Bewegung des Kerns bzw. eine Verschiebung seiner leicht beweglichen Oberflächenelemente bewirkt; dadurch wird dieser Teil der senkrechten Bestrahlung entzogen, die Ausströmungsgeschwindigkeit wird geringer und damit auch wieder der Reaktionsdruck, so daß die Teilchen bestrebt sind, in die ursprüngliche Gleichgewichtslage zurückzukehren. Infolge ihrer Trägheit gehen sie über diese hinaus; durch Wiederholung des Vorganges entsteht dann eine pendelnde Bewegung, wie sie Bessel selbst besonders eindrucksvoll am Halleyschen Kometen im Jahre 1835 beobachten konnte, und die sich späterhin noch oft, z. B. bei den Kernen der Kometen 1861 II und 1911 V wiederholt hat. Sie macht sich fast stets auch an der Form der Schweife bemerkbar, die dann eigenartige γ-förmige Umrisse annehmen. Die Frage nach der Natur der abstoßenden Kraft wird in dieser ersten Theorie noch vollkommen offen gelassen. Olbers wie Bessel wiesen zwar auf die Möglichkeit einer elektrischen Abstoßung hin, doch wurde diese Annahme nur deswegen gemacht, weil auf diese Weise in die Berechnungen der Druckkräfte das einfache Coulombsche Gesetz eingeführt werden konnte. Eine weit umfassendere elektrische Theorie der Kometenschweife hat dann später F. Zöllner geliefert.

Abb. 329. Wahre Gestalt des Kometen 1910 I, 1910 Jan. 27 (nach P. Lowell).

Die Besselschen Arbeiten fanden um 1880 eine Fortsetzung in den Untersuchungen des russischen Astronomen T. Bredichin, der die mechanische Schweiftheorie bis zu den äußersten Folgerungen ausgebaut und das ganze Problem einer genauen numerischen Berechnung zugänglich gemacht hat. Bredichin denkt sich den Schweif aus einer Kurvenschar zusammengesetzt, deren einzelne Komponenten er als Syndynamen bezeichnet. Nach der mechanischen Auffassung von der Entstehung des Schweifes haben alle Teilchen, die in einer Syndyname liegen, den Kern unter den gleichen physikalischen Bedingungen verlassen und bewegen sich unter dem Einfluß der gleichen Repulsivkraft. Hier wird also ähnlich, wie bei der merklich später aber unabhängig davon aufgestellten Koronatheorie von J. M. Schaeberle (S. 372), die Form des Schweifes als charakteristisches Merkmal für die auf seine Teilchen wirksamen Kräfte herangezogen. Als Ziel bleibt die Berechnung der letzteren und, wenn möglich, der Beziehungen zwischen der Form der Syndynamen und der materiellen Zusammensetzung der Schweifteile, die sich in ihnen bewegen. Die Auswertung von 50 verschiedenen Schweifformen führte nun Bredichin zu dem Ergebnis, daß diese trotz aller scheinbaren Kompliziertheit sich in drei Gruppen einordnen lassen, wobei jeder Typus allein durch die Stärke der Repulsivkraft $1 - M$ gekennzeichnet ist, und zwar

$$\text{Typus I durch } 1 - M = 18$$
$$\text{» II » } 1 - M = 2.2 \text{ bis } 0.5$$
$$\text{» III » } 1 - M = 0.3 \text{ bis } > 0.0$$

Außer diesen Haupttypen kommen auch noch anomale Bildungen vor, vor allem solche, die der Anziehung so einseitig unterliegen, daß die Ausströmungen nicht umkehren, sondern ihren Weg in der Richtung der Attraktion fortsetzen. Auf diese Weise entstehen die seltenen, der Sonne zugewendeten Schweife.[1])

Wie man aus der Zusammenstellung erkennt, nimmt die Repulsivkraft mit fortschreitendem Typus außerordentlich stark ab. Bei I beherrscht sie noch vollständig die Schweifbildung, so daß die Anziehung hier keine nennenswerte Rolle spielt. Die vom Kern ausgestoßenen Teilchen werden daher mit großer Geschwindigkeit über den Kopf hinaus getrieben und bilden dünne, gerade Schweife, die sehr nahe in der Verlängerung Sonne—Komet liegen. Bei Typus II vollzieht sich eine Umkehr der maßgebenden Kräfte. Sind beide einander genau gleich, so wird ein abgestoßenes Teilchen gänzlich unabhängig von der Sonne sein, also eine geradlinige Bewegung annehmen, deren Richtung und Stärke allein von der Richtung und Kraft der Ausströmung und von der im Moment der Abstoßung vorhandenen Bahngeschwindigkeit abhängt. Da im allgemeinen genaue Übereinstimmung nicht vorhanden, die Repulsivkraft also nicht $= 1.0$ sein wird, so beschreiben beim II. Typus die Teilchen keine geraden Linien, sondern gekrümmte Bahnen. Die Schweife des II. Typus sind daher von der Richtung des Radiusvektor bogenförmig abgelenkt, breit und häufig sehr hell, aber meist kürzer als die Schweife des Typus I. Der Komet Donati 1858 VI und der Johannesburger Komet 1910 I (Abb. 328) bilden bemerkenswerte Beispiele dieser Klasse. Beim Typus III ist schließlich die Abstoßung gegenüber der Anziehung so gering, daß letztere nur geschwächt wird. Die dann entstehenden Schweife sind schwach und kurz und vom Radiusvektor nach der Seite hin abgelenkt, von der der Komet kommt. Sie werden nur bei großen Kometen in Verbindung mit Schweifen der anderen Typen beobachtet. Durch die Theorie sind die den verschiedenen Repulsivkräften entsprechenden Schweifteilchen auch bezüglich ihrer Ausströmungsgeschwindigkeit bereits charakterisiert. Beim Typus I beträgt diese im Durchschnitt 6.5 km, beim Typus II 1.5 km und bei III nur 0.3 bis 0.6 km in der Sekunde.

In Übereinstimmung mit Bessel und Zöllner hat Bredichin angenommen, daß die Repulsivkraft elektrischer Natur sei und umgekehrt proportional dem Molekulargewicht wirke. Die Schweife des I. Typus sollten danach aus Wasser-

---

[1]) R. Jaegermann, Bredichins mechanische Untersuchungen über Kometenformen, Petersburg 1903. — S. Pokrowski, Theorie der Kometengestaltungen. Himmel und Erde 1906.

stoff bestehen, diejenigen des II. Typus aus Kohlenstoffverbindungen, vielleicht auch aus leichten Metallen wie etwa Natrium, die des III. Typus aus schweren Gasen und aus Dämpfen der Schwermetalle. Der anomale, der Repulsivkraft nicht unterliegende Schweif würde überhaupt nicht aus Gasen bestehen, sondern aus kleinen festen oder flüssigen Partikeln. Für die Richtigkeit dieser Anschauungen könnten verschiedene Beobachtungen sprechen. Die Schweife des II. Typus sind die kräftigsten und hellsten; wie durch das Spektroskop unzweideutig nachgewiesen ist, bestehen sie tatsächlich aus Kohlenstoffverbindungen. Daß noch niemals in einem Kometen das Wasserstoffspektrum beobachtet worden ist, braucht nicht unbedingt in Widerspruch mit dem BREDICHINschen Resultat zu stehen, da die Schweife des I. Typus immer sehr schwach sind. Nachdem bei sonnennahen Kometen das Vorhandensein von Natrium- und Eisendampf nachgewiesen worden ist, stößt auch die Deutung der Schweife vom III. Typus auf keine Schwierigkeiten. Alle diese Tatsachen haben der Theorie BREDICHINS zu einem großen Ansehen verholfen. Erst durch die Untersuchung der hellen Kometen des neuen Jahrhunderts haben die Anschauungen des russischen Astronomen eine empfindliche Einbuße an Beweiskraft erlitten.

Einwendungen gegen die Theorie von BREDICHIN. Neuere Ansichten über die Repulsivkraft. Es unterliegt keinem Zweifel, daß die Bredichinsche Theorie die älteren visuellen Beobachtungen, auf denen sie beruht, fast restlos befriedigt. Die Hoffnung, daß es fortan gelingen würde, für jeden Punkt der Bahn eines Kometen die drei möglichen Schweiftypen und damit ihre Zusammensetzung anzugeben, hat sich jedoch nicht erfüllt. Ein vortreffliches Kontrollmaterial für die Gültigkeit der Hypothese hat die Photographie geliefert, die weit besser, als es visuelle Messungen und Schätzungen zu tun gestatten, eine fortlaufende Nachprüfung der Schweifformen ermöglicht. Während einige russische Astronomen, wie S. POKROWSKI und A. ORLOFF, den BREDICHINschen Gedankengang auf Grund der neuen Erfahrungen auch in seinen Einzelheiten noch entschieden verteidigen, hat A. KOPFF an den Schweifen der Kometen 1892 I (Swift), 1907 IV (Daniel) und 1908 III (Morehouse) unzweideutig Bewegungen festgestellt, die der Bredichinschen Theorie nicht entsprechen. Zunächst ist festzustellen, daß bei großen Repulsivkräften ihre Änderung nur sehr wenig auf die Form der Syndynamen einwirkt. In diesen Fällen wird die allgemeine Gestalt des Kometen von der Ausströmungsrichtung der Materie mehr beeinflußt, als von der Größe der abstoßenden Kraft. Zur Ableitung der letzteren ist es dann günstiger, die Bewegung der zuweilen deutlich erkennbaren, vom Kern ausgestoßenen und vom eigentlichen Schweif abgerissenen Wolken von Materie zu berechnen als die Gestalt der Syndynamen. Die Verfolgung dieser Schweifwolken auf photographischen Aufnahmen führt aber zu weit größeren Beträgen von $1 - M$ als vorhin angenommen wurde. Sie liegen nach KOPFF meist zwischen 20 und 90, können aber noch viel höhere Werte erreichen. Bei dem Kometen

1893 II mußte bereits BREDICHIN eine Repulsivkraft von 36 annehmen. Als Ergebnis der KOPFFschen Untersuchungen darf ein Schweiftypus mit sehr bedeutender Repulsivkraft, im Mittel etwa 50, als gesichert gelten; II und III kommen gleichfalls vor, sind aber kaum getrennt zu behandeln. Die auf den Photographien so häufig auftretenden geradlinigen Schweifstrahlen stellen überhaupt keine Syndynamen dar und unterliegen nicht der mechanischen Theorie, wenn man nicht auf Repulsivkräfte zurückgreifen will, die Werte von 1000 bis 2500 erreichen. Es ist zu hoffen, daß diesen Bewegungen bei künftigen Kometen mehr Aufmerksamkeit geschenkt wird. Die photographischen Aufnahmen der Erscheinungen 1893 II (Rordame), 1908 III (Morehouse), 1910 II (Halley) und 1911 IV (Brooks) haben bewiesen, daß genügend helle ausgestoßene Schweifteile sich oft tagelang so sicher verfolgen lassen, daß eine Bahnbestimmung recht wohl möglich wird. Da hier zu dem Impuls des Ausbruchs noch der Einfluß von Repulsivkräften hinzutritt, die dauernd wirken, so ist das Ergebnis stets eine Beschleunigung. Infolgedessen haben die Bahnen der abgestoßenen Kometenteile die Form von Hyperbeln, die ihre konvexe Seite der Sonne zuwenden. Daß der Geschwindigkeitszuwachs zuweilen recht beträchtlich ist, hat H. D. CURTIS an einer Schweifwolke des Halleyschen Kometen im Jahre 1910 gezeigt, deren Sekundengeschwindigkeit in wenigen Tagen von 5 km bis auf 91 km anwuchs.

Die Frage, was man sich unter einer Repulsivkraft vorzustellen hat, die die merkwürdige Eigenschaft besitzt, daß sie in derselben Entfernung auf Stoffpartikelchen verschiedener Zusammensetzung verschieden stark einwirkt, ist nicht eindeutig zu beantworten. Da das Coulombsche Gesetz der elektrischen Abstoßung sich nur dem Vorzeichen nach von dem Newtonschen Attraktionsgesetz unterscheidet, hat man früher der Einfachheit halber angenommen, daß die Abstoßung auf eine elektrostatische Ladung der Sonne zurückzuführen sei. Die Theorie BREDICHINS ist noch vollkommen auf diesem Gedanken aufgebaut. Unter der Voraussetzung, daß der Kern eines Kometen Gase von bestimmtem Molekulargewicht aussendet, bedarf es, wie wir sahen (S. 468), nur noch der Annahme, daß die Repulsivkraft auf einer elektrischen Abstoßung von seiten der Sonne beruht, um die Möglichkeit der Entstehung der drei Schweiftypen klarzulegen.

Wenn wir nun auch nach den HALEschen Arbeiten über die Sonne und den STÖRMERschen über die Polarlichter unzweideutige Beweise einer elektrischen Ladung auf unserem Zentralgestirn besitzen, so erscheint doch diese Energiequelle bei weitem nicht ausreichend, um die für die Schweiftypen notwendigen Repulsionen zu liefern. Erst etwa die 100fache Ladung würde einen deutlichen Zusammenhang schaffen. Für die an den Schweifwolken beobachteten Geschwindigkeiten würde sie selbst dann noch nicht ausreichen, wenn man die Kometenmoleküle als elektrisch geladen annimmt. S. ARRHENIUS hat zuerst die Frage aufgeworfen, ob sich nicht an Stelle der elektrischen Abstoßung eine andere Kraft setzen läßt, die günstigere quantitative Betrachtungen zuläßt.

Die gesuchte Energiequelle fand er im Strahlungsdruck, dessen physikalische Eigentümlichkeiten bereits im ersten Teil dieses Buches behandelt worden sind (S. 17). Wie wir sahen, ist der Gedanke bereits J. Kepler nicht fremd gewesen. Daß er in den nächsten Jahrhunderten nicht weiter verfolgt wurde, lag daran, daß es erst den Mitteln der neuzeitlichen Physik gelungen ist, den experimentellen Nachweis für die Richtigkeit der theoretischen Voraussetzungen über den Strahlungsdruck zu liefern. Bei den entsprechenden Versuchen (S. 18) haben dann E. Nichols und G. F. Hull auch die Kometenschweife durch Einwirkung einer starken Lichtquelle auf Staubteilchen direkt künstlich nachzubilden versucht. Eine sanduhrförmige Röhre R (Abb. 330) wurde mit den ausgeglühten Körnchen von Bovistsporen und etwas Schmirgelpulver gefüllt und dann luftleer gepumpt. Unter gewöhnlichen Verhältnissen fällt in einer solchen Röhre die Mischung in einem feinen Strahl senkrecht herunter. Wird aber auf die untere Öffnung der kurzen Kapillare ein starker, etwa von einer Bogenlampe K ausgehender Lichtstrom durch eine Linse L konzentriert, so verfolgt nur der Schmirgelstaub den geradlinigen Weg weiter, während die feinen Kohleteilchen in einer leichten Krümmung seitlich abgelenkt werden. Da der Strahlungsdruck sowohl auf feste Partikelchen, wie auf Moleküle, Atome und Elektronen einwirken kann, so steht seiner Anwendung auf die Kometen nichts im Wege. Eine vollständig lückenlose Erklärung der Schweife ist aber mit seiner Hilfe heute noch nicht möglich. So ist z. B. unter Annahme der elektrischen Abstoßung der starke Sprung der Repulsivkraft zwischen dem I. und II. Typus begreiflich, ja sogar erforderlich, während man unter Voraussetzung des Strahlungsdrucks in der Größe der von beiden Kometenklassen mitgeführten Körper eine Unstetigkeit anzunehmen hat, die nicht gerade wahrscheinlich ist.

Abb. 330.

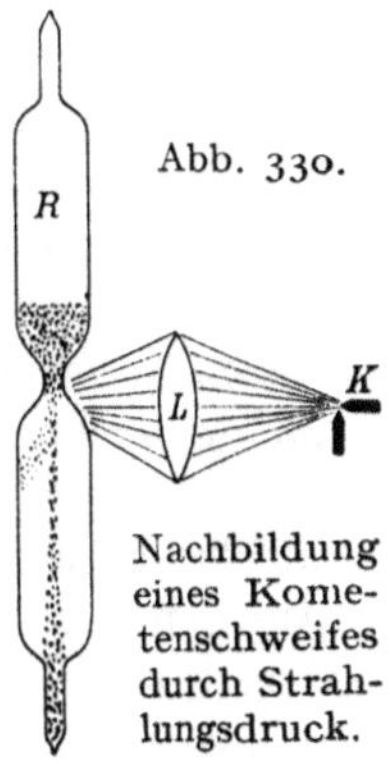

Nachbildung eines Kometenschweifes durch Strahlungsdruck.

Neuerdings hat H. Benioff eine Theorie der Kometenschweife aufgestellt, die neben den Repulsivkräften auch noch Wirkungen der Ionisation und einer damit verknüpften elektrischen Abstoßung annimmt. Ein Teil der Kometenmoleküle wird durch die ultraviolette Sonnenstrahlung ionisiert. Die freien Elektronen fliegen, vom Lichtdruck fortgerissen, davon, so daß der Kern allmählich eine positive Ladung annimmt. Bei seinem lockeren Aufbau hat dies zur Folge, daß die positiv geladenen Teilchen nach allen Richtungen hin abgestoßen werden, so daß um den Kern ein elektrisches Feld mit rasch abfallenden Gradienten entsteht. Im Inneren überwiegen die elektrischen Kräfte, außen der Strahlungsdruck. Naheliegende Annahmen über das gegenseitige Verhältnis beider führen auf Kraftlinien, deren Bild dem üblichen Umriß großer Kometen sehr gut entspricht.

Wie die Lösung dieser zweifellos recht verwickelten Vorgänge auch einmal lauten mag, jedenfalls ist durch das Studium der Kometenformen und der Schweifbewegungen der beste Beweis für die Gültigkeit einer mechanischen

Kometentheorie geliefert, wonach die Kopf- und Schweifgebilde als reelle, materielle Objekte aufgefaßt werden. Hierdurch dürften alle diejenigen Hypothesen von vornherein als erledigt gelten, nach denen die Kometenphänomene als rein elektrische oder optische Vorgänge aufzufassen sind, bei denen also alle Änderungen mit Lichtgeschwindigkeit, mindestens aber mit der Geschwindigkeit korpuskularer Strahlungen erfolgen. Das muß besonders betont werden, weil bei jedem neuen hellen Kometen derartige rein optische Erklärungsversuche immer wieder auftauchen. Nur die zarten, geradlinigen Schweife sind vorläufig mechanisch nicht erklärbar und dürfen daher auch ferner noch unter dem Gesichtspunkte optischer Erscheinungen betrachtet werden.

Die Sternschnuppen. Mit den Kometen hängt noch eine andere Himmelserscheinung zusammen, die man an jedem klaren Abend des Jahres mehr oder weniger oft beobachten kann, der Fall von Sternschnuppen.[1]) In der Regel tauchen die leuchtenden Bahnen sporadisch auf, d. h. es lassen sich im Laufe einer Nacht nur wenige, kreuz und quer dahineilende Sternschnuppen zählen. An gewissen Tagen des Jahres treten indessen größere Schwärme auf. Diese zeigen dann einen einheitlichen, alljährlich wiederkehrenden Ausstrahlungspunkt und verraten dadurch, daß sie von Körpern herrühren, die sich in gemeinsamen parallelen Bahnen durch den Raum bewegen.

Auf den Zusammenhang der Sternschnuppen mit Kometen ist man zuerst im 19. Jahrhundert aufmerksam geworden. Passiert die Erde zufällig einmal die nächste Nachbarschaft eines Kometen, so äußert sich das ebenfalls in einem besonders starken, ja zuweilen sogar überaus eindrucksvollen Sternschnuppenfall. Es kann also kein Zweifel darüber bestehen, daß in den Kometen kleine Körperchen enthalten sind, die bei ihrer Bahnbewegung hin und wieder die obersten sehr verdünnten Schichten unserer Atmosphäre mit großer Geschwindigkeit passieren, durch die Umsetzung der mechanischen Energie in Wärme ins Glühen geraten und schließlich verbrennen oder zerstäuben. Bei besonders denkwürdigen Erscheinungen, wie z. B. 1866, sind die Flugbahnen einander so rasch gefolgt, daß die hinterlassenen Schweife und Reste ein dauerndes Leuchten der Radiantengegend während der betreffenden Nächte verursachten.

Die Beziehungen zwischen den alljährlich regelmäßig wiederkehrenden Meteorschwärmen und einigen periodischen, der Erde von Zeit zu Zeit nahekommenden Kometen ergaben sich zunächst aus dem Vergleich der räumlichen Bewegungen. Aus mehrjährigen Beobachtungen von R. A. Coulvier-Gravier konnte z. B. G. Schiaparelli 1867 die mittlere Geschwindigkeit der Sternschnuppen gleich 1.447 der Erdgeschwindigkeit ableiten. Die Zahl entspricht aber sehr nahe dem Wert von $\sqrt{2}$, d. h. der Geschwindigkeit, die ein in einer Parabel um die Sonne eilender Komet im Erdabstand zeigt. Diese Feststellung gab dann Anlaß zur Berechnung der Bahn einiger bekannter Meteorschwärme

[1]) C. P. Olivier, Meteors. Baltimore 1925.

mit dem überraschenden Erfolg, daß dabei offenkundige Identitäten mit bekannten Kometen hervortraten. So zeigte der Auguststrom der Perseiden die gleichen Elemente wie der Komet 1862 III, während der Novemberschwarm der Leoniden sich der Bahn nach als identisch mit dem Kometen 1866 I erwies. Inzwischen sind für eine ganze Reihe gesicherter Schwärme Beziehungen zu Kometen festgestellt worden, die aber nur zu einem sehr geringen Teil als ein zwingender Beweis der Zusammengehörigkeit anzusehen sind. Nach C. Hoffmeister sind zwischen Meteoren und Kometen nur die nebenstehenden Identitäten, die sechs Erscheinungspaare umfassen, als sicher nachgewiesen zu betrachten.[1]) Wegen der vielen Störungen, die die Meteorwolken ebenso wie die Kometen erleiden, sind Sternschnuppenerscheinungen stets zeitlich begrenzt. Viele gehören der Vergangenheit an, andere werden im Laufe der Zeit jährlich wiederkehrende Fälle verursachen. Von der längsten Dauer ist bisher wohl der Schwarm der Leonidenwolke gewesen; die Nachrichten darüber gehen mindestens um 1000 Jahre zurück.

Mit Kometen zusammenhängende Meteorschwärme.

Schwarm	Tätigkeits-max.	Ursprungs-komet	Umlaufszeit in Jahren
Lyriden	April 20	1861 I	415
Aquariden	Mai 6	Halley	76
Drakoniden	Juni 16	Pons-Winnecke	5.9
Perseiden	Aug. 10	1862 III	123
Leoniden	Nov. 13	1866 I	33.3
Andromeden	27	Biela	6.6

Die Mechanik des Überganges eines Kometen in einen Sternschnuppenschwarm ist noch durchaus unklar. Schiaparelli hat zwar dargetan, daß ein Kometenbruchstück, also etwa eine kugelförmige Ansammlung von kleinen Körpern, die sich in elliptischer Bahn der Sonne nähert, unter dem gegenseitigen Einfluß von innerer und äußerer Anziehung in ein längliches Gebilde gezogen wird, das sich bei wiederholter Annäherung an das Attraktionszentrum schließlich über den größten Teil der Bahn erstrecken kann; der angenommene Auflösungsvorgang führt aber nur auf einen dünnen Strom von Meteoren, während in Wirklichkeit die Erde oft mehrere Tage braucht, um eine Sternschnuppenwolke zu durchqueren. T. Bredichin, auf dessen Kometentheorie wir vorhin ausführlich eingegangen sind, hat daher eine andere Erklärung für das Entstehen der Meteorströme aus Kometen gegeben, indem er von den anomalen, der Sonne zugekehrten Schweifen ausging. Diese bestehen aus Teilchen, die mit den Gasausströmungen aus dem Kern in der Richtung auf die Sonne zu ausgestoßen werden, aber dann nicht umkehren, weil auf sie, wegen ihrer beträcht-

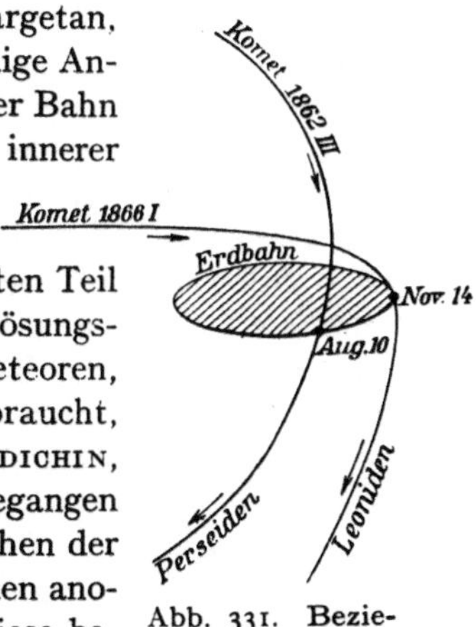

Abb. 331. Beziehung d. Perseiden- und Leonidenbahn zu den Kometen 1862 III u. 1866 I.

[1]) C. Hoffmeister, Beziehungen zwischen Kometen und Sternschnuppen. Leipzig 1923.

lichen Größe, die Repulsivkraft nicht merklich einwirkt. Die Bahn dieser Teilchen entsteht dann allein durch Kombination der parabolischen Bewegung des Kometen mit dem auf die Sonne zu gerichteten Stoß, den sie vom Kern erhalten haben. Da nicht alle Partikel dieselbe Anfangsgeschwindigkeit und auch nicht dieselbe Ausströmungsrichtung besitzen, so sind die einzelnen Bahnen der ausgestoßenen Teilchen nicht identisch, sondern merklich verschieden, so daß im ganzen ein ziemlich breiter Staubring um die Sonne erzeugt wird. Wenn die Auflösung des Kometen erst kurze Zeit zurückliegt, so können besonders dichte Stellen der Meteorschwärme so glänzende Erscheinungen hervorrufen, wie diejenigen von 1799, 1833, 1866 oder 1872.

Aus diesen Arbeiten geht hervor, daß die Beziehung zwischen Kometen und Meteoren heute jedenfalls noch nicht als gesichert gelten kann. In dem Verzeichnis der alljährlich wiederkehrenden Ausstrahlungspunkte der Sternschnuppen, das W. F. Denning zusammengestellt hat und das 278 Nummern enthält, ist nach Hoffmeister zweifellos ein beträchtlicher Teil der Radianten auf zufällige Kreuzung von sporadischen Bahnen zurückzuführen. Aber es bleiben auch so noch genügend zahlreiche gesicherte periodische Schwärme übrig, denen gegenüber auf die Seltenheit größerer, die Erdbahn schneidender oder berührender Kometen hingewiesen werden darf. Es läßt sich also vorläufig nicht allgemein behaupten, daß das Schicksal aller Kometen zu einer Auflösung in Meteoritenwolken führt, wie das nach der Entdeckung der ersten Zusammenhänge im Jahre 1867 glaubhaft schien.

Über die wahre Dichtigkeit selbst so berühmter Sternschnuppenschwärme wie der ehemaligen Leoniden darf keine falsche Vorstellung aufkommen. Ist die Anzahl der Bahnen, die beim Passieren eines Meteorstromes oder eines Kometenschweifes in einer gegebenen Zeit sichtbar werden, bekannt, so läßt sich die räumliche Verteilung der Partikel leicht berechnen. Als Beispiel wollen wir annehmen, daß das Auge eine Himmelsfläche überschaut, die einem Sehwinkel von 150° entspricht, und daß die Sternschnuppen in 100 km Höhe aufleuchten. Die vom Beobachter überblickte Fläche hat dann einen Halbmesser von 373 km und einen Inhalt von 438000 Quadratkilometern. Nun beträgt die durchschnittliche Geschwindigkeit der nahe kreisförmigen Erdbewegung 30 km in der Sekunde, während sie sich bei den langgestreckten elliptischen, fast parabolischen Bahnen der Sternschnuppen auf $30 \cdot \sqrt{2}$ km oder rund 42 km beläuft (S. 472). Die relative Geschwindigkeit zwischen Erde und Sternschnuppe kann also zwischen 12 und 72 km liegen. Befindet sich die überschaute Himmelsfläche senkrecht zur relativen Bewegungsrichtung, so überstreicht das Sehfeld in jeder Sekunde einen Raum von 5 bzw. 32 Millionen Kubikkilometern. Fällt nun, wie das bei reichen Meteorschauern beobachtet worden ist, durchschnittlich in jeder Sekunde eine Sternschnuppe, so enthält der Schwarm an der Begegnungsstelle mit der Erde nur ein Partikelchen auf diese unvorstellbar großen Räume. Selbst wenn wir annehmen, daß irgendwann für einen Beobachter 100 Sternschnuppen in einer Sekunde gefallen seien, so kommt auch dann noch immer im günstigsten Falle erst 1 Teilchen auf 50000 Kubikkilometer; die Dichtigkeit bleibt also stets außerordentlich gering.

Die Zahl der teleskopischen Sternschnuppen, die die Erde einfängt, kann nur auf Grund von mehr oder weniger unsicheren Schätzungen bestimmt werden. H. A. NEWTON hat die tägliche Ziffer zu rund 150 Millionen, F. J. SEE sogar zu 1200 Millionen angegeben, doch dürften die Zahlen merklich zu hoch angesetzt sein. Zählt man nur die wirklich im Gesichtsfelde größerer Instrumente beobachteten Erscheinungen, die nur sehr selten schwächer als 11. Größe sind, so gelangt man zu einer täglichen Gesamtziffer von höchstens 35 Millionen. Wie groß die Masse einer einzelnen Sternschnuppe durchschnittlich ist, läßt sich nicht sagen, da diese nie unversehrt auf die Erde herabfallen, sondern in der Atmosphäre vollständig verdampfen; man darf jedoch annehmen, daß sie nur Bruchteile eines Grammes wiegen. Auch ihre chemische Beschaffenheit ist nicht bekannt, da die spärlichen spektroskopischen Zufallsbeobachtungen, die von E. C. PICKERING, S. BLAŽKO u. a. an Sternschnuppen erhalten worden sind, darüber keinen bestimmten Aufschluß geben. Das Spektrum ist jedenfalls im wesentlichen kontinuierlich, dabei aber von einzelnen hellen Linien durchzogen, von denen auf den drei oder vier Aufnahmen mit Objektivprismen einige Stickstofflinien identifiziert worden sind. Von A. WEGENER wird wohl mit Recht angenommen, daß es im wesentlichen die atmosphärischen Gase sind, die diese Emissionslinien erzeugen, so daß die Untersuchung der Sternschnuppenspektren weniger astronomisches als geophysikalisches bzw. meteorologisches Interesse hat. Der Farbenwechsel der hellen Sternschnuppen hängt wahrscheinlich mit der Zusammensetzung der äußeren Atmosphäre zusammen (Abb. 159). Das Aufleuchten erfolgt in weißer oder gelber Farbe; dann nimmt das Licht eine intensiv blaugrüne und zuletzt, etwa unterhalb einer Höhenlage von 93 bis 75 km eine leuchtend rote Färbung an.

Es besteht vielfach die Ansicht, daß die Sternschnuppen sich von den großen Feuerkugeln oder Meteoren, die als sog. Meteoriten ganz oder bruchstückweise zur Erde herabfallen, nur in quantitativer, nicht aber in qualitativer Weise unterscheiden; es wären dann also in den Sternschnuppen dieselben Elemente und Verbindungen zu erwarten, die durch die direkte chemische Untersuchung in den Meteoriten festgestellt sind. Dabei muß aber darauf aufmerksam gemacht werden, daß bei größeren Sternschnuppenfällen oder bei Begegnungen mit Kometen Meteoritenfälle nicht beobachtet worden sind, was zunächst die Identität von Meteoren und Sternschnuppen nicht zu bestätigen scheint. Der Widerspruch ist aber vielleicht nur scheinbar, da bei der Bildung des Meteorringes oder des Kometenschweifes durch die S. 473 erwähnten Ausströmungen nur die kleinsten Teilchen mitgerissen werden, und alle größeren Körper im Kern verbleiben. Ein schwerwiegender mechanischer Unterschied besteht aber doch zwischen den Meteoren und den Sternschnuppen bezüglich der Bahnen. Die Meteore gelangen mit seltenen Ausnahmen in ausgesprochen hyperbolischen, also offenen Bahnen in unsere Atmosphäre, die regelmäßig auftretenden Sternschnuppen dagegen in mehr oder weniger langgestreckten Ellipsen. Bei sporadischen Erscheinungen hat allerdings C. Hoffmeister bereits so oft hyperbolische Geschwindigkeiten festgestellt, daß die früher angenommene scharfe Trennung der Sternschnuppen von den Feuerkugeln in Wirklichkeit vielleicht gar nicht besteht.

Die physische Beschaffenheit der Meteorite. Bei allen Fragen, die die physische Beschaffenheit außerirdischer Körper betreffen, kommt eine besondere Wichtigkeit den Meteoriten zu, also denjenigen Gesteinsstücken, die, vom Schwerefeld der Erde eingefangen, in der Atmosphäre nicht verdampfen, sondern in mehr oder weniger zertrümmerter Gestalt die Erdoberfläche erreichen.[1]) Die Menge der Materie, die der Erde durch die Meteoriten zugeführt wird, ist durchaus nicht so gering, wie man es allgemein annimmt. Nach A. Brezina läßt sie sich auf etwa 500 Tonnen im Jahre veranschlagen. Das meiste davon fällt in Form von feinstem Staub zu Boden, hin und wieder handelt es sich aber doch um bedeutendere Stücke bis zu einigen Tonnen Gewicht. Die Wichtigkeit der meist zufälligen großen Funde beruht darin, daß die Meteoriten die einzigen Weltkörper sind, die auch im Laboratorium genauer untersucht werden können. Ihrer zuweilen recht großen Masse und Geschwindigkeit entsprechend verursachen sie besonders glänzende, selbst am Tageshimmel auffallende Feuerkugelerscheinungen (Abb. 332). Der schon bei den Sternschnuppen erwähnte Farbenwechsel pflegt besonders deutlich aufzutreten; nach dem Erlöschen im Hemmungspunkt ist meist eine Detonation bemerkbar, die bald mit einem einfachen Knall, bald mit einer Gewehrsalve verglichen worden ist. Man spricht dann oft von einer Explosion des Meteoriten, zumal wenn auch die entsprechenden Funde sich auf eine größere Zahl von Stücken erstrecken. Infolge der Spannung zwischen der heißen Oberfläche und dem kalten Inneren mag wohl hin und wieder ein Bersten des Meteors eintreten, sehr häufig besteht dieses aber von vornherein aus einem ganzen Schwarm von Einzelstücken, die dann, oft unter einer Verschwenkung der ursprünglichen Bahn, als Steinregen niederfallen. Das Entladungsgeräusch ist wahrscheinlich auf eine Fortpflanzung der Stirnwellen zurückzuführen, die sich vor dem Meteoriten oder der Meteoritengruppe bilden und sich im Hemmungspunkt von ihnen loslösen. Nach den Schmelzerscheinungen zu urteilen, muß die Temperatur der Meteoritenoberfläche im Augenblick der Feuerkugelerscheinung sehr bedeutend sein; sie wird auf etwa 10000 Grad veranschlagt.

Genauere Untersuchungen über die chemischen und mineralogischen Eigenschaften der Meteorite gehören in das Gebiet der Gesteinskunde, die Ergebnisse haben aber auch für die kosmische Physik eine hohe Bedeutung. Zunächst werden die Funde in Eisen- und Steinmeteorite eingeteilt, wozu neuerdings noch die merkwürdigen Glas- oder Schmelzmeteorite (Tektite) hinzugekommen sind. Die erste Klasse besteht aus reinem Nickeleisen, die zweite aus Silikaten, die dritte

[1]) E. Cohen, Meteoritenkunde. Stuttgart 1894 bis 1907. — O. C. Farrington, Meteorites. Chicago 1915.

aus einer obsidianartigen, dem gewöhnlichen Flaschenglas ähnlichen, grünlichen oder bräunlichen Masse. Übergänge kommen nur zwischen Eisen- und Steinmeteoriten in ziemlich bestimmt abgegrenzter prozentualer Verteilung der Elemente vor und werden dann je nach dem größeren oder kleineren Eisengehalt Pallasite bzw. Mesosiderite genannt.

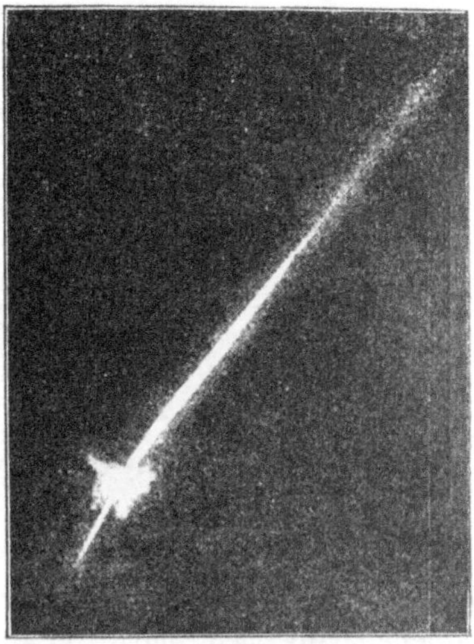

Abb. 332. Photographische Aufnahme einer Feuerkugel.

In den tuffartigen Steinmeteoriten am stärksten vertreten sind die Grundstoffe Sauerstoff, Eisen, Silizium und Magnesium. Schwefel, Kalzium und Nickel treten stark zurück. Chrom, Kobalt, Titan, Kohlenstoff u. a. sind nur in sehr geringen Gewichtsprozenten nachweisbar. Chemisch wie physikalisch bemerkenswert ist die Tatsache, daß Elemente mit ungerader Kernladungszahl in Meteoriten jeder Art sehr selten sind und nur etwa $2\frac{1}{2}$% des gesamten Materials ausmachen. Ebenso fehlen wasserhaltige Mineralien, Flüssigkeitseinschüsse und dergleichen ganz. Das meteorische Vorkommen von reinem Kohlenstoff in Gestalt von Glanzkohle, Graphit und kleineren Diamanten ist merkwürdig. Im Gegensatz zu den hin und wieder auftauchenden Nachrichten muß dagegen betont werden, daß sedimentartige Gesteine oder Reste von irgendwelchen organischen Bestandteilen in den Meteoriten bisher noch nicht festestellt worden sind. Die Zahl der typischen Meteoritenmineralien schwindet immer mehr, je gründlicher die Aufbaustoffe der Erde studiert werden. Am meisten charakteristisch ist noch der Schreibersit, ein tellurisch nicht bekanntes Phosphornickeleisen, das in Form von spröden, stark magnetischen, weißlichen Kristallen oder Körnern auftritt und kaum in einem Meteoriten fehlt. Der bei den Analysen oft genannte, angelblich typische Troilit ist, wie jetzt feststeht, mit dem Magnetkies (Schwefeleisen) chemisch wie mineralogisch fast identisch.

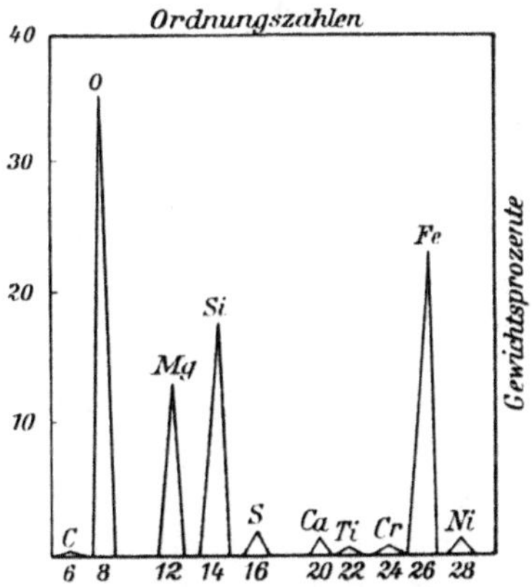

Abb. 333. Vorkommen verschiedener Elemente in Steinmeteoriten (nach W. Harkins).

Bei der Bedeutung, die das Eisen im kosmischen Aufbau spielt — man braucht nur an den wahrscheinlich aus Nickeleisen bestehenden Erdkern zu denken — ist sein sehr häufiges Vorkommen in den Meteoriten nicht besonders auffällig. Die gleichförmige gediegene Form

Abb. 334. Eisenmeteorit (Gewicht 392 kg) von Gibeon in Südafrika.

ist selten, in der Regel besteht das Gefüge aus gesetzmäßig aufgebauten Lamellen, die sich durch ihren verschiedenen Gehalt an Nickel, Chrom, Magnesium, Kobalt, Phosphor usw. unterscheiden und daher von der Verwitterung sehr verschieden angegriffen werden. Ätzt man somit die polierte Schnittfläche eines Eisenmeteoriten mit Salpetersäure an, so tritt, wie A. B. Widmannstätten in Wien zuerst gefunden hat, infolge der verschiedenen Löslichkeit sehr deutlich die Lamellenstruktur hervor, ja, man kann dann die Schnittfläche mit den entstandenen Ätzfiguren sogar unmittelbar als Druckstock benutzen (Abb. 335). Durch Anwendung sehr langsamer oder sehr rascher Abkühlungsprozesse ist neuerdings die Nachbildung von meteorähnlichem Eisen im Laboratorium geglückt, es können also auch die Ätzfiguren nicht mehr als ein so untrügliches Zeichen für den kosmischen Ursprung eines Fundstückes gelten, wie man es früher geglaubt hat. Vor nicht langer Zeit wurde überhaupt alles auf der Erde angetroffene gediegene Eisen für nicht tellurisch angesehen. In dieser Beziehung haben zwei Funde eine gewisse Berühmtheit erlangt: der von A. E. Nordenskjöld 1870 auf der Insel Disko bei Grönland entdeckte sog. Eiserne Berg und ein großer Block von Nickeleisen, der 1885 auf der Südinsel von Neuseeland geborgen wurde. Die genauere geologische Untersuchung hat gezeigt, daß beide Stücke nichts mit Meteoriten zu tun haben. Der inzwischen abgetragene Eiserne Berg bestand aus tellurischem, in einer Basaltdecke emporgehobenem oder auch chemisch ausgeschiedenem Eisen (*Fe* 92.9 %, *Ni* 2.7 %), während der Neuseelandfund (*Ni* 67.6, *Fe* 31 %) eine magmatische Ausscheidung aus Olivin- und Serpentingestein bildet.

Bei den kleinen Tektiten hat längere Zeit Ungewißheit geherrscht, ob sie als Meteorite, Obsidiantropfen oder Reste einer prähistorischen Glasindustrie anzusehen sind, bis ihnen durch die Autorität von E. Suess ein Platz unter den Meteoriten angewiesen werden konnte. Nach den drei Hauptfundstätten werden die Tektite in Moldavite, Australite und Billitonite eingeteilt. Sie bestehen durch-

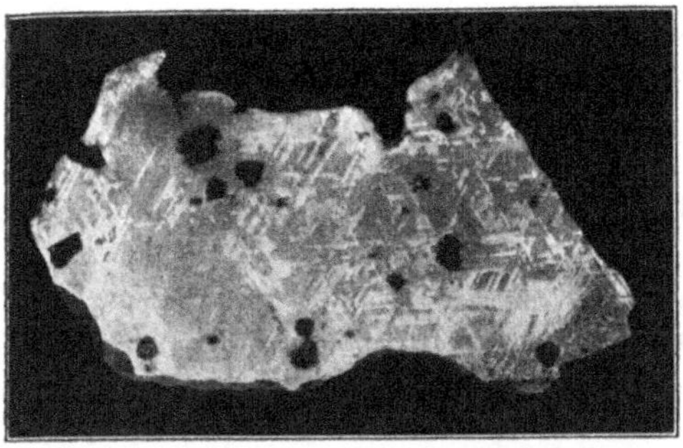

Abb. 335. Angeätzte Schnittfläche eines Eisenmeteoriten vom Cañon Diablo (nach G. P. Merrill).

Abb. 336. Tektit (Glasmeteorit) aus Südamerika.

weg aus schwer schmelzbarem, von kleinen Bläschen durchsetzten echtem Glase von sehr geringem Brechungsindex. Ihre eigenartige Tropfenform mit den allen Meteoriten gemeinsamen Vertiefungen läßt sich nach F. Suess leicht nachbilden, wenn man einen heißen Dampfstrahl gegen ein Stück Kolophonium oder Siegellack bläst. Offenbar gehören die in den drei Gebieten, Böhmen, Südausstralien und Billiton in der Nähe von Java gefundenen Tektite je einem geschlossenen Fall an. Die Tektite liegen in diluvialen bzw. jungtertiären Schichten, stellen somit die einzigen fossilen Meteorite dar, die bisher gefunden worden sind.

Für den Zusammenhang mit Kometen sind die Gaseinschlüsse der Meteorite von besonderer Wichtigkeit. Bei den Eisenmeteoriten herrschen Wasserstoff und Kohlenmonoxyd vor, bei den Steinmeteoriten Kohlensäure und Wasserstoff. Spektroskopisch sind Meteorite u. a. von H. C. Vogel untersucht worden, in der Weise, daß in einem seitlichen Ansatz einer Geißlerschen Röhre Meteorstückchen erhitzt wurden. Mit einem kleinen Induktor erhielt Vogel ein Kohlenmonoxydspektrum mit ganz schwachen Kohlenwasserstoffbanden, bei Anwendung kräftiger, durch Leidener Flaschen verstärkter Funken ein durch Kohlenoxyd modifiziertes Kohlenwasserstoffspektrum, das beträchtliche Ähnlichkeit mit dem Spektrum der Kometen zeigte.

Über die Herkunft der Meteorite wissen wir vorläufig noch so gut wie gar nichts. Sie sind qualitativ den irdischen Stoffen gleich, quantitativ aber von ihnen verschieden. Als irdisches Gestein betrachtet, würden wenigstens die Meteorsteine und die Tektite zu den vulkanischen Massen gerechnet werden. In früheren Zeiten hat man daher an Auswurfsprodukte von Mondvulkanen gedacht, in neueren an die Trümmer eines geborstenen Planeten. Dabei sollten, im Anschluß an die Vorstellungen über den Bau der Erdkugel, die Steinstücke der äußeren silikatischen Erstarrungsrinde, die Eisenstücke dem Kern entstammen. Die erste Vermutung ist nach allem, was wir über den Mond und den Charakter seiner Ringgebirge wissen, sehr unwahrscheinlich, aber auch die zweite Erklärung stößt auf Schwierigkeiten. Zunächst zeigt der mineralogische Befund, daß sich die Bildung der Meteorite bei Abwesenheit von Wasser vollzogen hat, die Kristallisation somit sehr rasch erfolgt ist. Zu der gleichen

Schlußfolgerung führt die Beobachtung der Pallasite, die rundliche, hauptsächlich aus Olivin bestehende, nestartig auftretende Knollen enthalten. Nach V. M. GOLDSCHMIDT sind sie in der Weise entstanden, daß flüssige Silikattropfen in einem Metallschmelzflusse suspendiert waren und hier erstarrten. In starken Schwerefeldern wäre eine längere Suspension undenkbar gewesen. Es hätte dabei sehr bald eine Trennung der beiden Mineralien stattgefunden, die nur durch sehr rasche Erstarrung verhindert sein kann. Diese Beobachtungen sprechen entschieden gegen die Trümmerhypothese, und deuten an, daß die Lamellenstruktur des meteorischen Eisens sich durch eine sehr rasche Abkühlung, wie sie im Laboratorium z. B. durch Abschrecken des glühend flüssigen Metalls in Eiswasser erzielt werden kann, gebildet hat.

Die größten Meteore, deren Fall beobachtet wurde, wiegen nicht mehr als einige Hundert Kilogramm, es sind jedoch schon Blöcke von weit höherem Gewicht aufgefunden worden, die zweifellos kosmischen Ursprungs sind. Die größte Masse dürfte der Meteorit haben, der bei Bacubirito in Mexico entdeckt worden ist und ein Gewicht von rund 27000 kg hat. Daß der Sturz eines so gewaltigen Körpers unter Umständen auch erhebliche Veränderungen der Erdoberfläche hervorrufen kann, lehrt der berühmt gewordene sog. Waschbärenkrater unweit des Cañon Diablo in Arizona (S. 452). Hier hat nach Ansicht der Geologen vor einigen Jahrtausenden der Einschlag eines gewaltigen Meteoriten die Entstehung eines großen Explosionstrichters verursacht, der einem Mondkrater sehr ähnlich sieht.[1] Die größte Tiefe des Loches, von dem Abb. 337 zwei geologische Profile gibt, beträgt 250 m, der Umfang 3.8 km, die Wallhöhe über der Umgebung 40 bis 50 m. Bei der Entdeckung des Kraters im Jahre 1886 war der Umkreis auf einer Fläche von einigen Quadratkilometern mit Bruchstücken eines großen Meteoriten übersät. Die Hoffnung auf den Fund einer größeren Masse im Innern des Kraters hat sich nicht erfüllt. Die sehr ausgedehnten Bohrungen innerhalb der Umwallung haben zu keinem positiven Ergebnis geführt; ob eine im Jahre 1924 unterhalb des Südwalles gefundene, stark oxydierte Eisenmasse als kosmisch oder tellurisch anzusehen ist, kann erst die gründliche Untersuchung lehren. Jedenfalls hat das Meteor den Krater an Dimensionen bei weitem nicht erreicht. Unter Berücksichtigung des Luftwiderstandes und des geologischen Aufbaues der durchschlagenen Schichten, sowie unter Annahme einer Endgeschwindigkeit von etwa 30 km hat man auf einen Block von 45 m Durchmesser geschlossen, dessen Gewicht dann immerhin 360000 Tonnen betragen haben mag. Demgegenüber wiegen die sicher geborgenen Reste kaum 2000 kg, so daß die Angelegenheit noch nicht in allen Einzelheiten geklärt ist.

Abb. 337. Profile des sog. Meteorkraters am Cañon Diablo.

[1]) G. P. MERRILL, The meteorcrater of Canyon Diablo. Washington 1908.

Das Zodiakallicht. Unter der treffenden Bezeichnung einer falschen Dämmerung finden wir bei den Völkern des Morgenlandes und Mittelamerikas schon recht frühzeitig eine Erscheinung geschildert, deren Wesen bis zum heutigen Tage noch nicht vollständig geklärt ist. Es handelt sich um einen matten Lichtschein, der der Sonne in der Ekliptik vorausgeht und ihr ebenso folgt, aber nur dann gut zu beobachten ist, wenn die Ekliptik des Abends im Westen oder des Morgens im Osten steil gegen den Horizont aufsteigt. In Europa gehen die ältesten Berichte auf das fünfte Jahrhundert zurück. Später gab G. Wendelin eine gute Schilderung der Erscheinung, und aus Bemerkungen von T. Brahe und J. Kepler geht hervor, daß sie auch diesen Astronomen nicht unbekannt war. Die Astronomen hat zuerst G. D. Cassini auf das Tierkreislicht besonders aufmerksam gemacht, aber auch dann vergingen noch etwa 200 Jahre, bis ihr einige Beobachter, wie E. Heis, J. Schmidt u. a. eine längere Arbeitszeit widmeten.

Abb. 338. Westliches Zodiakallicht 1927 März 21 (Aufn. von F. Buser-Arosa).

Das Zodiakal- oder Tierkreislicht ist in unseren Gegenden des Morgens im Oktober und November, des Abends im Januar und Februar am besten sichtbar. Es erscheint dann vor bzw. nach Anbruch der Dämmerung als ein in der Sonnenbahn liegender, schräger Kegel, dessen Helligkeit in der Achse am stärksten ist und von da bis zu den verwaschenen Rändern allmählich abnimmt. Die halbe große Achse der Lichterscheinung beträgt etwa 50°, die kleine rund 15°, wobei vorausgesetzt ist, daß der Mittelpunkt mit dem Ort der Sonne zusammenfällt. Ob die Achse des Tierkreislichtes genau in der Ekliptik liegt, steht noch nicht fest, jedenfalls ist die Neigung, auf deren Vorhandensein schon W. Argelander hingewiesen hat, nur gering. M. Wolf, B. Fessenkoff u. a. haben aus photometrischen Messungen gefunden, daß die Orientierung des Zodiakallichtes nahe der Lage des Sonnenäquators entspricht, während von anderen Beobachtern höchstens ganz geringfügige Abweichungen der beiden Lichtkegel von der Tierkreislinie festgestellt worden sind. Ein Zusammenfallen der Achse mit der Lage des Sonnenäquators ist übrigens bereits von G. D. Cassini behauptet worden. Wegen der Wichtigkeit dieser Beziehung hat J. C. Houzeau seinerzeit die ihm zugänglichen Beobachtungen daraufhin numerisch auszuwerten versucht, jedoch ohne Erfolg. Eine Korrelation zum Sonnenäquator wurde nicht gefunden. Während die Frage nach der Achsenorientierung noch unentschieden ist, sind sich die Beobachter darin einig, daß die Schärfe der Begrenzung des Lichtkonus nördlich und südlich der Ekliptik verschieden ist. H. Eylert fand um 1874 die Regel, daß auf nördlichen Stationen der südliche, auf südlichen der nördliche Rand die schärfere Begrenzung zeigt. Eine merkliche Parallaxe ist beim Tierkreislicht nicht feststellbar. Gleichzeitige Lagebestimmungen, die in Nord- und Südafrika vorgenommen wurden, ergaben keine Änderung der Orientierung, dagegen zeigte die gleichzeitige Beurteilung der Helligkeit sehr beträchtliche Unterschiede.

Im Jahre 1855 erkannte T. Brorsen in der Ekliptik eine der Sonne genau gegenüberliegende hellere Stelle des Himmels, die zu Anfang des 19. Jahrhunderts auch schon A. v. Humboldt auf seiner südamerikanischen Reise wahrgenommen hatte. Wegen ihrer Stellung zur Sonne wurde sie Gegenschein genannt und mit dem Zodiakallicht in Zusammenhang gebracht. Es handelt sich um eine sehr matte, elliptisch geformte Fläche von etwa 20° Längs- und 15° Querdurchmesser. Seine längliche Form verdankt der Gegenschein wahrscheinlich dem Umstande, daß er ziemlich zentrisch von der sog. Brücke durchquert wird, einem schmalen Lichtstreifen, der an der Spitze des eigentlichen Zodiakalkegels seinen Ursprung nimmt und die ganze Ekliptik einschließt. Damit stellt sich die volle Zodiakallichterscheinung, wie sie von der Erde aus gesehen wird, als ein leuchtender Ring dar, der den Himmel im Tierkreis umspannt und sich am Ort der Sonne zu einer langgestreckten besonders hellen Ellipse, an ihrem Gegenpunkt zu einem länglichen Fleck ausbreitet.

Die visuellen Beobachtungen des Zodiakallichtes erfordern ein geübtes Auge und vollkommen dunkle Umgebung. Wo sich dies nicht in jeder Hinsicht erreichen läßt, wäre die Heissche Anordnung zu empfehlen, der seine Schätzungen der Umrisse und der Helligkeit des Zodiakallichtes durch ein weites, geschwärztes Rohr vornahm. Bei photographischen Aufnahmen ist einige Erfahrung über das Bildfeld der einzig und allein in Frage kommenden kurzbrennweitigen Objektive notwendig. Viele der bisher veröffentlichten, mit solchen Linsen erhaltenen Bilder geben nämlich nicht das Zodiakallicht, sondern das abschattierte durch größere Helligkeit ausgezeichnete Feld des Objektivs wieder, das man natürlich an jeder Stelle des Himmels auf der Platte erhält.

Die Angaben über die Helligkeit des Zodiakallichtes wechseln, wie erwähnt, selbst bei gleichzeitigen, nur örtlich verschiedenen Beobachtungen sehr, und es ist nicht ausgeschlossen, daß die bemerkten Schwankungen eine reelle Grundlage haben. Fast stets ist die Intensität der zentralen Gebiete des Kegels merklich größer, als diejenige der Milchstraße in ihren hellsten Teilen, z. B. im Schwan und Schützen. Photometrische Messungen mit Flächenphotometern lassen darauf schließen, daß der Helligkeitsüberschuß zuweilen nicht weniger als 1 bis 2 Größenklassen beträgt. Bei genaueren photometrischen Beobachtungen muß die allgemeine nächtliche Aufhellung des Himmelshintergrundes bestimmt und berücksichtigt werden. Sie ist nicht nur von Zenitdistanz und Azimut, sondern auch von der galaktischen Breite der beobachteten Gegend abhängig. Der erste, atmosphärische Einfluß muß gemessen oder schätzungsweise bestimmt werden, dagegen

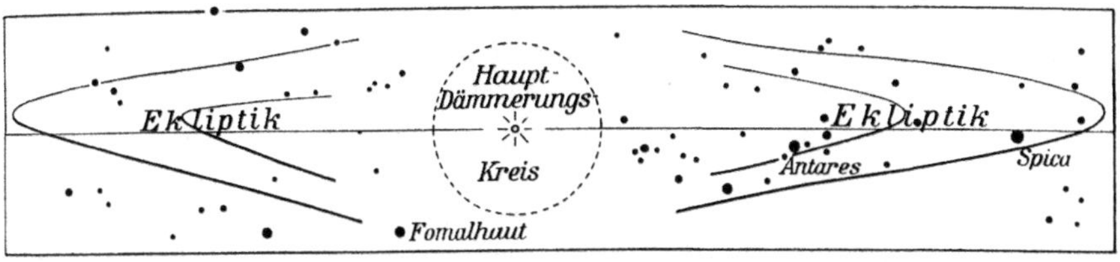

Abb. 339. Abend- und Morgenflügel des Zodiakallichtes im Hochgebirge 1927 Jan. 28/29.

ist die Einwirkung der Milchstraße aus der Sterndichte berechenbar. Es ist ohne weiteres klar, daß die Gradienten der gemessenen Zodiakallichtfelder durch die Zusatzhelligkeiten stets verringert werden. Ist nämlich in dem Helligkeitsverhältnis $H:h$ der Zähler größer als der Nenner, so wird beim Hinzutreten einer Zusatzhelligkeit Δh

$$\frac{H+\Delta h}{h+\Delta h} < \frac{H}{h}$$

Die Farbe des Tierkreislichtes ist sehr verschieden geschätzt worden. Nach den zuverlässigsten Angaben gleicht sie einem gelblichen Silbergrau. Das entspricht auch den spektroskopischen Beobachtungen, insofern, als diese lediglich zu dem Ergebnis geführt haben, daß das Licht der Erscheinung kontinuierlich ist. Spektrographische, von E. A. Fath auf dem Mt. Wilson in mehreren Nächten des Jahres 1909 erhaltene, im ganzen mehr als zwölfstündige Aufnahmen haben das Resultat bestätigt und auch einige dunkle Fraunhofersche Linien (G, H, K) geliefert. Demnach kann das Zodiakallicht als von festen Teilchen reflektiertes Sonnenlicht angesehen werden. Dafür sprechen auch die Beobachtungen von W. H. Wright, der ziemlich sichere Anzeichen einer Polarisation gefunden hat. Das Licht erwies sich als partiell in einer Ebene polarisiert, die durch die Sonne geht. Der Betrag des polarisierten Lichtes betrug etwa 15 bis 20%. Für die Erklärung des Tierkreislichtes sehr wichtig ist der angebliche Einfluß des Mondes auf die Erscheinung. Während E. Heis den Hauptkegel drei Tage vor und nach Neumond noch gerade erkennen konnte, fand ein englischer Geistlicher, G. Jones, auf einer Seereise im Jahre 1853, daß das erste und letzte Mondviertel das Zodiakallicht nicht nur nicht auslöschte, sondern sogar verstärkte, eine Behauptung, die auch neuerdings wieder geäußert worden ist und einer ernsten Nachprüfung bedarf.

Die Zahl der Vermutungen über das Wesen des Zodiakallichtes ist recht groß. Die Hypothesen unterscheiden sich streng nach zwei Richtungen hin, insofern, als die erste die Erscheinung als eine rein atmosphärische auffaßt, die zweite dagegen sie als zur Sonnenumgebung gehörig betrachtet. Für die irdische Natur des Zodiakallichtes hat sich der schweizerische Meteorologe F. Schmid besonders energisch eingesetzt. Er leugnet auf Grund eigener Beobachtungen das von J. Schmidt, E. Heis und anderen Astronomen festgestellte gesetzmäßige Fortschreiten des Lichtkegels mit der Sonne und betrachtet die ganze Erscheinung vom Standpunkte eines irdischen Dämmerungsphänomens, das durch die Reflexion des Sonnen- und des Mondlichtes an der merklich abgeplatteten Erdatmosphäre hervorgerufen wird. Eine stärkere Erhebung der Erdatmosphäre am geographischen Äquator ist an und für sich wahrscheinlich; nach den neueren Forschungen über die Polarlichterscheinungen wäre auch eine höhere Ausdehnung im magnetischen Äquator denkbar. Eine Bevorzugung der Ebene der Erdbahn ist aber weder in Beobachtungen, noch in theoretischen Überlegungen angedeutet. Daher hat die SCHMIDsche Hypothese unter den Astronomen bisher nur wenig Anklang gefunden, zumal sie die wichtige Tatsache, daß Zodiakallicht und Gegenschein keine Parallaxe haben, unberücksichtigt läßt. Zu einer strengen Widerlegung sind neue, durch keine vorgefaßte Meinung beeinflußte Beobachtungsreihen einer günstigen Höhenwarte notwendig, die sich soweit wie möglich auf die Morgen- und Abendstunden erstrecken und alle normalen Dämmerungsphänomene in ihrem täglichen, monatlichen und jahreszeitlichem Wechsel mit umfassen müßten. Es ist nämlich durchaus nicht ausgeschlossen, daß das Zodiakallicht in der hellen Dämmerung von einem atmosphärischen Gebilde ähnlicher Orientierung überlagert wird, und daß sich die SCHMIDschen Beobachtungen hauptsächlich auf diesen Teil der Erscheinung beziehen. Da bei einer derartigen Nachprüfung nur Zahlen ein entscheidendes Urteil herbeiführen können, wären photographische, photometrische und polarimetrische Messungen dabei nicht zu entbehren.

Die einfachste und wahrscheinlichste der bis jetzt aufgetauchten Anschauungen über das Zodiakallicht nimmt an, daß dieses durch eine die Sonne umgebende Linse aus kosmischem Staube bzw. aus meteorischen Partikeln hervorgerufen wird. Nach B. FESSENKOFF entspricht den photometrischen Daten am besten ein Rotationsellipsoid mit der Abplattung von $\frac{1}{10}$. Innerhalb dieses körperlichen Umrisses wird der Raum von der Materie so dünn ausgefüllt, daß die Planeten und Kometen in ihr keinen merklichen Widerstand finden. Der Doppelkegel um die Sonne und die zarte Lichtbrücke werden hierdurch einfach erklärt; weniger gut gelingt das für den Gegenschein, doch ist bei Anwendung des Lommel-Seeligerschen Beleuchtungsgesetzes auch die Deutung für einen schwachen Reflex am Gegenpunkt der Sonne gegeben. Die Hypothese ist von H. v. SEELIGER 1906 besonders gründlich mathematisch behandelt worden. Danach ist der Dichtegradient der Staubteilchen dadurch bestimmt, daß er in $\frac{1}{4}$ des Erdabstandes von der Sonne $2.52 \cdot 10^{-11}$, im 1.2fachen dieser Entfernung $2.6 \cdot 10^{-15}$, der Sonnendichte beträgt. Unter der plausiblen Annahme, daß die Gesamtmasse der Teilchen $3 \cdot 10^{-7}$ Sonnenmassen beträgt, konnte SEELIGER mit seiner Theorie gleichzeitig auch die kleinen Abweichungen in Perihellänge, Bahnneigung und Knotenlage, wie sie bei den inneren Planeten, am deutlichsten am Merkurperihel, beobachtet werden, erklären. Es ist bekannt, daß die allgemeine Relativitätstheorie schon im ungestörten Zweikörperproblem die am Merkur festgestellte Bewegung der Apsidenlinie fordert, so daß das letzte Argument heute nicht mehr als vollgültig angesehen werden kann.

Tafel V.

Spindelnebel NGC 891 Andromedae
(7-stündige Aufnahme am 60-zölligen Reflektor des Mt. Wilson-Observatoriums)

Dritter Teil

Die Fixsterne, Nebel und Sternhaufen

VII. Die Fixsterne.

16. Photometrische und spektroskopische Einteilung der Fixsterne.

Die Welt der außerhalb unseres Sonnensystems liegenden Himmelskörper stellt für die Astronomie eine fast unerschöpfliche Forschungsquelle dar, gleichgültig, ob es sich um dynamische oder astrophysikalische Untersuchungen handelt. Wenn auch die Arbeitsmethoden auf diesem Gebiet die gleichen sind, wie wir sie bereits bei der Sonne und bei den Planeten angewandt haben, so besteht doch ein sehr wesentlicher Unterschied darin, daß die Zahl der gleichartigen Himmelskörper unter den Fixsternen ungeheuer groß ist. Da wir sicherlich einen Stern kaum als ein für alle Zeiten fertiges, unveränderliches Gebilde ansehen dürfen, so wäre es wohl denkbar, hier so viele Übergänge anzutreffen, daß damit der große Nachteil der Astrophysik gegenüber den anderen empirischen Wissenschaften, der in dem Fehlen einer willkürlichen Versuchsmöglichkeit besteht, zum Teil ausgeglichen werden könnte. Daher erhalten die im Sonnensystem höchstens auf die kleinen Planeten und die Kometen anwendbaren statistischen Gesetze bei den Fixsternen eine besondere Bedeutung. Von diesem Gesichtspunkte aus darf sich die Behandlung des Gebietes nicht in Einzelheiten verlieren, sondern muß allgemeiner gehalten werden. Wie bei den beschreibenden Naturwissenschaften treten Klasse und Art in den Vordergrund; der einzelne Stern muß zurückstehen, wenn er nicht durch besondere, selten vertretene physikalische Eigenschaften die Aufmerksamkeit auf sich lenkt.

Während bei der Sonne, bei den Planeten und Kometen neben Helligkeit und Spektrum ihr Aussehen im Fernrohr, ihre wahren Dimensionen, die Masse und Dichte zur Kennzeichnung der physischen Eigentümlichkeiten herangezogen werden können, bleiben, von Einzelfällen abgesehen, auf dem Gebiete der Stellarphysik zunächst nur scheinbare Helligkeit und Spektralcharakter als Kennzeichen der physischen Eigenart übrig. Das ist außerordentlich wenig, da auf den ersten Blick irgendwelche Zusammenhänge zwischen diesen und anderen Eigenschaften der Sterne kaum zu vermuten sind. Trotz der geringen Aussichten, die sie anfangs boten, haben indessen gerade die photometrischen und spektroskopischen Untersuchungen sehr bald eine ganz unerwartete Bedeutung erlangt, ja sogar den wichtigsten Anstoß zur heutigen Entwicklung der Astrophysik gegeben. Obgleich insbesondere die Helligkeit eines Sterns ohne Kenntnis der

Parallaxe zunächst nur ein äußerliches von der Entfernung abhängiges Merkmal ist, haben sich durch enges Zusammenarbeiten mit der Astrometrie für einzelne Fixsterne auch absolute Helligkeiten ableiten lassen, die wichtige Beziehungen zum Spektrum bzw. zur Farbe der Sterne enthüllt haben. Auf diesen Gesetzmäßigkeiten, die Parallaxe und Eigenbewegung, absolute Helligkeit und Spektrum miteinander verknüpfen, ist das ganze Gebäude der neueren Stellarastronomie aufgebaut. Während in den beiden vorhergehenden Teilen dieses Buches noch die Astrophysik von dem Interessengebiet der Astrodynamik und Astrometrie getrennt werden konnte, wird dies in den folgenden Kapiteln nicht mehr möglich sein. Man darf sich nicht wundern, wenn fortan zur Charakteristik der Sterne nicht nur auf Helligkeit und Spektrum, auf Masse und Dichte, sondern auch auf die Stellung am Himmel, auf Radialgeschwindigkeiten, Eigenbewegungen und Parallaxen zurückgegriffen wird, um ein möglichst klares Bild von dem Wesen der Sterne und ihrer Stellung in den uns umgebenden Räumen des Weltalls zu gewinnen.

Die Größenschätzungen. Die Einteilung der Helligkeit der Fixsterne nach Größen ist auf die unbekannten Astronomen zurückzuführen, die das Material für den ersten Fixsternkatalog des Almagest geliefert haben, der von PTOLEMÄUS um das Jahr 138 n. Chr. zusammengestellt worden ist. Die Beobachtungen liegen zum Teil viel weiter zurück und werden, allerdings ohne tiefere historische Begründung, auf HIPPARCH (150 v. Chr.) oder gar auf EUDOXUS (366 v. Chr.) zurückgeführt. Die hellsten Sterne wurden bereits damals als erster Größe, die schwächsten als sechster Größe bezeichnet; die übrigen hat man dazwischen eingeschaltet, mit dem offenkundigen Bemühen, den Helligkeitsunterschied in den fünf Zwischenstufen möglichst gleich anzusetzen. Mit Recht kann man der Verwunderung Ausdruck geben, daß von der Zeit des PTOLEMÄUS bis zur Mitte des vorigen Jahrhunderts kein besonderer Fortschritt in der Helligkeitsbestimmung der Fixsterne zu verzeichnen ist. Der Katalog des persischen Astronomen AL-SUFI (903—986) enthält zwar etwas mehr Sterne als der Almagest, auch sind die Einzelschätzungen etwas genauer; im übrigen ist aber die alte willkürliche Skala unverändert beibehalten. Selbst die mehr als 600 bzw. 800 Jahre später ausgeführten Schätzungen von TYCHO BRAHE und W. HERSCHEL stellen nur einen geringen Fortschritt unserer photometrischen Kenntnisse am Himmel dar, obwohl K. LUNDMARK gezeigt hat, daß wenigstens für die Mittelwerte der alten Kataloge sich sehr wohl gesetzmäßige Beziehungen zwischen den geschätzten und den in der Neuzeit gemessenen Sterngrößen auf-

Photometrische Werte alter Sternverzeichnisse.

Kataloggröße	Ptolem.	Al-Sufi	Tycho I	Tycho II
1^m	0.52^m	0.59^m	0.39^m	0.82^m
4	4.35	4.26	4.21	4.25
6	5.29	5.25	5.22	5.29
Mittl. Fehler	±0.3	±0.24	±0.3	±0.3

stellen lassen. Die vorstehende kleine Übersicht gibt die bei allen drei Beobachtern nahe konstante Übertragung der Katalogschätzungen in photometrische Größen wieder.

Erst um die Mitte des 19. Jahrhunderts macht sich ein Wandel in der Beurteilung photometrischer Arbeiten bemerkbar. Im Jahre 1843 vollendete W. Argelander seine Uranometria Nova, die sehr sorgfältig geschätzte Größen von 3254 in Mitteleuropa frei sichtbaren Sternen enthält. Unter Beibehaltung der sechs Größenklassen sind Unterabteilungen eingeführt, die etwa $\frac{1}{3}$ dieser Einheit darstellen sollen, dies jedoch in Wirklichkeit nicht immer erreichen. Das gleiche gilt auch für den 1872 erschienenen Atlas Coelestis Novus von E. Heis, der innerhalb derselben Grenzen, also zwischen dem Nordpol und etwa 30° südlicher Deklination, noch etwas schwächere Sterne, im ganzen 5421, umfaßt. Als Fortsetzung dieser Arbeiten darf die auf B. A. Goulds Anregung in Cordoba entstandene, in großem Maßstabe gezeichnete Uranometria Argentina mit ihren 9000 meist der südlichen Halbkugel angehörenden Objekten gelten.

Die Größenschätzungen der Sterne unterhalb 6^m sind nur mit Hilfe von Fernrohren zu erhalten; sie sind bei Gelegenheit von Positionsbestimmungen an Meridiankreisen und Refraktoren ausgeführt worden, wobei man sich bemüht hat, das bei den helleren Sternen benutzte Größenintervall empfindungsgemäß weiter fortzusetzen. Von einer physikalisch begründeten Erweiterung der Skala kann dabei natürlich keine Rede sein, immerhin läßt sich der hohe Wert solcher Beobachtungen, sofern sie nur systematisch und in großer Zahl erfolgen, nicht leugnen. Eine der am meisten bewunderten, nicht genug zu würdigenden Leistungen auf diesem Gebiete ist die sog. Bonner Durchmusterung, deren Plan von W. Argelander gefaßt und von E. Schönfeld und A. Krüger ausgeführt worden ist. Der erste Teil, die nördliche Durchmusterung, reicht vom Nordpol bis 2° südlicher Deklination und enthält nahe 315000 Sterne bis zur nominellen Größe 9.5^m. Die südliche Durchmusterung, von Schönfeld allein ausgeführt, umfaßt den Himmel von — 1° bis — 23° und enthält nahe 134000 Sterne, die bis zur geschätzten 10. Größe reichen. In den beiden Durchmusterungen sind die Helligkeitswerte in Zehnteln einer Größenklasse angegeben. Aber wenn auch jeder Stern mindestens zweimal beobachtet worden ist, so sind die Endziffern doch keineswegs als sicher zu betrachten; ja, man darf sich nicht wundern, wenn hin und wieder Fehler bis zu einer Größenklasse und darüber vorkommen. Trotzdem bleiben die Kataloge und Karten der beiden Bonner Durchmusterungen (*BD*) und ihre nicht ganz gleichwertige Fortsetzung bis zum Südpol, die Cordoba-Durchmusterung (*CoD*), das wichtigste Ausgangsmaterial für alle Positions- und Helligkeitsbeobachtungen sowie für alle statistischen Untersuchungen am Fixsternhimmel.

Seit dem um 1890 einsetzenden Aufschwung der Astrophotographie sind Durchmusterungen auch auf photographischem Wege ausgeführt worden, bei denen neben den Positionsbestimmungen zugleich Größenschätzungen angestellt worden sind. Ein besonderer Vorteil ist bei der Plattenausmessung dadurch gegeben, daß man im Gesichtsfelde des Meßmikroskopes künstliche, etwa durch direkte Aufnahme eines hellen Sterns bei verschiedenen, logarithmisch folgenden Belichtungszeiten gewonnene Bilder anbringen kann, die nach Schwärzung oder Durchmesser bestimmten Sterngrößen entsprechen und während der ganzen Dauer der Beobachtungen zur Unterstützung des Gedächtnisses zur Verfügung stehen. Die erste derartige Katalogarbeit ist die von D. Gill ausgeführte Cape Photographic Durchmusterung, die den südlichen Himmel von — 18° bis zum Pol, im ganzen 455 000 Sterne, umfaßt. Die Aufnahmen sind, wie der Name besagt, auf der Kap-Sternwarte erhalten worden, während die Auswertung der Platten unter J. C. Kapteyns Leitung in Groningen erfolgt ist. Eine noch umfassendere kartographische Arbeit ist zwischen 1903 und 1910 auf Anregung eines Liebhaberastronomen, J. Franklin-Adams, entstanden. Es handelt sich um die Aufnahme des ganzen Sternhimmels auf übereinandergreifenden Platten von 45 : 45 cm im Maßstabe der Bonner Durchmusterung, aber nicht nur bis zur 10., sondern bis zur 14. oder 15. Größe. Der von der Greenwicher Sternwarte herausgegebene Atlas beruht auf 206 Aufnahmen, die mit einem Cooke-Objektiv (Abb. 70) von 25 cm Öffnung und 1.1 m Brennweite in Transvaal und in England bei einheitlicher Exposition von $2^h\,20^m$ erhalten worden sind. Auch die vor 40 Jahren in Angriff genommene internationale Photographische Himmelskarte (S. 88) wäre hier zu erwähnen, bei der die Aufnahmen sowie ihre Ausmessung und Reduktion zonenweise auf 18 Sternwarten verteilt sind. Da sie planmäßig neben den Örtern auch die photographischen Helligkeiten von mehr als zwei Millionen Sternen liefern soll, kommt ihr auch eine astrophysikalische Bedeutung zu.

Die hauptsächlichste Verwendung finden die vorhin erwähnten abgeschlossenen Durchmusterungen in Atlantenform am Fernrohr[1]) und als Kataloge bei der Prüfung photographischer Aufnahmen, ferner bei statistischen Arbeiten, insbesondere bei der Untersuchung der räumlichen Verteilung der Fixsterne. Zu diesem Zweck muß das Material auch in bezug auf die Größenangaben gleichartig gemacht, d. h. von systematischen Fehlern befreit werden. Dies bietet im allgemeinen keine Schwierigkeiten. Sind nämlich in zwei Durchmusterungen genügend viele gemeinsame Sterne vorhanden, so lassen sich aus den Unterschieden Gruppenmittel bilden, wobei die konstant oder systematisch wirkenden Fehlerursachen zutage treten und die Reduktion auf eine einheitliche Größenfolge gestatten. Ist diese Untersuchung erledigt, so muß weiter die wichtige Frage nachgeprüft werden, inwieweit die angewendete arithmetische Größenskala die Bedingung erfüllt, daß ihr wirklich geometrisch fortschreitende Intensitäten entsprechen (S. 205).

Die nach und nach durch E. C. Pickering und seine Mitarbeiter am Harvard-Observatorium ausgeführte photometrische Kontrolle der Durchmusterungen hat gezeigt, daß die gestellte Bedingung einer einheitlichen Größenskala bei

[1]) Bis zur photometrischen Größe 9.3^m vollzählig ist der vom Nordpol bis — 23 reichende Atlas von M. Beyer und K. Graff, Hamburg 1925 und 1927.

diesen Sternverzeichnissen ebensowenig erfüllt ist wie bei den älteren Katalogen (S. 488). Fast ohne Ausnahme haben die Beobachter die schwachen Objekte zu hell geschätzt, so daß die Durchmusterungen schwächere Sterne umfassen, als ursprünglich im Arbeitsplan vorgesehen war. Besonders wichtig sind die PICKERINGschen Untersuchungen über die Bonner Durchmusterung, die ja als Grundlage für alle Größenschätzungen der letzten Jahrzehnte gedient hat und zum Teil noch dient. Aus diesem Grunde ist nebenan eine Umrechnungstafel gegeben, die die Beziehungen zwischen den Bonner Schätzungen und der photometrischen Helligkeitsskala, nach der die Größen in der Intensitätsfolge 2.5, 2.5^2, 2.5^3 usw. fortschreiten sollen, veranschaulicht. Bis zur *BD*-Größe 9.5^m sind vier Kataloge zu einem Mittelwert vereinigt, während darüber hinaus nur der eine Band der südlichen *BD* zwischen — 23^0 und — 2^0 zur Verfügung stand. Wie ersichtlich, entsprechen den drei geschätzten Größenintervallen zwischen 7^m und 10^m fast genau vier photometrisch definierte Größenklassen. Ähnliche, den Beobachter der Nordhalbkugel weniger interessierende Umwandlungstafeln sind auch für die Südkataloge aufgestellt worden, so daß man gegenwärtig stets in der Lage ist, eine jede Durchmusterung von den systematischen Fehlern zu befreien.

Reduktion der *BD*-Größen auf die photometrische Harvard-Skala.

BD	Harv.	*BD*	Harv.	*BD*	Harv.
7.1^m	7.1^m	8.1^m	8.2^m	9.1^m	9.5^m
7.2	7.2	8.2	8.3	9.2	9.7
7.3	7.3	8.3	8.4	9.3	9.9
7.4	7.4	8.4	8.5	9.4	10.2
7.5	7.5	8.5	8.6	9.5	10.5
7.6	7.6	8.6	8.8	9.6	10.6
7.7	7.7	8.7	8.9	9.7	10.7
7.8	7.8	8.8	9.0	9.8	10.9
7.9	7.9	8.9	9.1	9.9	11.0
8.0	8.0	9.0	9.3	10.0	11.1

Eine gewisse Schwierigkeit tritt auf, wenn die photographischen Größen mit den visuellen verglichen oder aufeinander bezogen werden sollen. Da die visuelle Maximalintensität im Spektrum bei 550 $\mu\mu$, die photographische etwa bei 430 $\mu\mu$ liegt, so fallen die Plattenhelligkeiten gegenüber den Okularbeobachtungen merklich abweichend aus, und es ist daher notwendig, an irgendeiner Stelle die beiden Skalen genau aneinander anzuschließen, wie das z. B. auch am Anfang der eben mitgeteilten Reduktionstabelle für die *BD* geschehen ist. Diese Forderung ist bei den visuellen und photographischen Größen streng nur dann zu erfüllen, wenn man sich auf Sterne ein und derselben Farbe einigt. Auf Grund einer internationalen Vereinbarung ist gegenwärtig der Anschluß derartig festgelegt, daß für die weißen Sterne vom Spektraltypus A (wie Sirius, Wega u. a.), zwischen den Größen 5.5^m und 6.5^m der Harvard-Skala genaue Übereinstimmung herrschen soll. Die gelben und roten Sterne der gleichen visuellen Helligkeit (z. B. Arkturus, Beteigeuze) erscheinen dann auf den photographischen Aufnahmen merklich schwächer, die bläulichweißen (z. B. Spica und Regulus) dagegen ein wenig heller. Diese Unterschiede zwischen den visuellen und photographischen Helligkeiten, die man als Farbenindex bezeichnet

(S. 509), wurden anfangs von den Benutzern der Himmelsaufnahmen als sehr lästig empfunden. Heute verdanken wir ihnen außerordentlich wichtige astrophysikalische Aufschlüsse, über die noch später Näheres mitzuteilen sein wird.

Photometrische Kataloge. Sternverteilungsziffern. Das erste Verzeichnis von Sternen, das nur zum Zweck von Helligkeitsangaben auf Grund photometrischer Messungen angefertigt wurde, ist eine Liste von 208 helleren Objekten, die L. Seidel in den Jahren 1853 bis 1860 beobachtet hat. Etwas später folgt ein Katalog von F. Zöllner, der mit Hilfe des nach ihm benannten Polarisationsphotometers erhalten ist und rund 200 Sterne umfaßt, sowie das Verzeichnis von C. S. Peirce, das sich auf 495 Sterne zwischen $+ 40^0$ bis $+ 50^0$ Deklination erstreckt. Als letzte und umfangreichste dieser Erstlingsarbeiten der Himmelsphotometrie wären die beiden Helligkeitskataloge von J. T. Wolff mit zusammen 1100 Sternen, sowie die 1885 erschienene Uranometria Nova Oxoniensis von C. Pritchard mit 2784 Sternen zu nennen.

Alle diese Verzeichnisse sind mit starken systematischen Fehlern behaftet und entsprechen nicht mehr neueren Anforderungen an derartige Arbeiten. Die Zeit der kritischen photometrischen Beobachtungen beginnt erst gegen Ende des 19. Jahrhunderts mit den groß angelegten Katalogen der Harvard-Sternwarte und des Potsdamer Observatoriums. Der erste von E. C. Pickering herausgegebene Katalog (Harvard Photometry) enthält die Größen von 4260 Sternen zwischen dem Nordpol und $- 30^0$ Deklination. Ihm folgten die wesentlich genauere Photometric Durchmusterung, enthaltend alle Sterne nördlich von $- 40^0$ bis zur Größe 7.5^m herab, die Durchmusterungszonen, die die schwächsten *BD*-Sterne in schmalen Streifen von je 5^0 Abstand geben, ein Katalog schwacher meist in der Nähe von Veränderlichen liegender Objekte bis 14^m herunter, und die revidierte Ausgabe der Harvard Photometry. Die Beobachtungen zu allen diesen wertvollen Verzeichnissen, die eine Unsumme von Arbeit enthalten, erfolgten an Polarisations- und Keilphotometern mit Vergleichstern. Bei der geringen Zahl von Wiederholungen genügen nicht alle photometrischen Harvard-Werte den höchsten Anforderungen. Sie bleiben trotzdem in ihrer Gesamtheit eine kaum genügend zu würdigende Leistung, vor allem deshalb, weil das Haupterfordernis, die Innehaltung einer konstanten Helligkeitsstufe von der 1. bis zur 14. Größenklasse, in den Resultaten durchweg sehr nahe erfüllt ist.

Während gegenüber diesen Leistungen alle älteren Arbeiten ähnlicher Art in den Hintergrund treten, hat ein anderes Helligkeitsverzeichnis, obwohl es die Wiederholung eines Teiles der Harvard Durchmusterung darstellt, eine wichtige selbständige Bedeutung erlangt. Es ist dies die Potsdamer Photometrische Durchmusterung von G. Müller und P. Kempf, die alle *BD*-Sterne der nördlichen Halbkugel bis zur Größe 7.5^m enthält und 14200 Nummern umfaßt. Die Genauigkeit der mit einem Polarisationsphotometer erhaltenen Beobachtungen ist sehr groß; der wahrscheinliche Fehler einer im Katalog angegebenen Größe dürfte nicht mehr als $\pm 0.04^m$ betragen. Den Hauptwert dieser fundamentalen Durchmusterung macht die nahe vollständige Vermeidung von systematischen Fehlern aus. Eine Fortsetzung des Kataloges bis — 15° Deklination ist von der ehemaligen Sternwarte O-Gyalla in Ungarn geplant und bis — 10° fertiggestellt worden.

Neben diesen visuellen Arbeiten ist in den letzten Jahren auch die photographische Photometrie eifrigst gefördert worden. Im Jahre 1907 erschien die Göttinger Aktinometrie von K. Schwarzschild, 1912 die Yerkes Actinometry von J. Parkhurst. Beide enthalten photographische, die letzte Arbeit auch sog. photovisuelle Helligkeiten (S. 509) der Sterne bis zur 7.5 Größe, Göttingen in der Zone zwischen 0° und + 20°, Yerkes im Nordpolgebiet von + 75° an aufwärts. Für die Zwischenzone sowie für die südlichen Gegenden ist die Lücke auf der Harvard-Sternwarte ausgefüllt worden.[1]) Nicht zu vergessen ist an dieser Stelle der Greenwicher Teilkatalog der Photographischen Himmelskarte, der nicht nur bezüglich der Örter, sondern auch in photometrischer Hinsicht mustergültig reduziert vorliegt und alle Sterne der *BD* zwischen 64° und dem Nordpol enthält.

Wie man sieht, ist nach dem völligen Stillstand in der Bestimmung der Sternhelligkeiten, der bis zur Mitte des vorigen Jahrhunderts gewährt hat, ein sehr rascher Aufschwung der Photometrie des Himmels eingetreten. Dabei muß erwähnt werden, daß außer den hier aufgeführten großen Verzeichnissen noch zahlreiche spezielle Helligkeitskataloge einzelner Teile des Himmels vorliegen, deren Genauigkeit zum Teil sogar noch höher ist, als bei den erwähnten großen Unternehmen, abgesehen davon, daß die Messungen hier wesentlich tiefer, oft bis zur 14. und 15. Größe hinabreichen. Besonders auffällige Sterngruppen, wie die Plejaden, die Praesepe, die Comagegend und zahlreiche engere Sternhaufen sind auf diese Weise von verschiedenen Astronomen visuell und photographisch sorgfältigst photometriert worden (vgl. S. 207).

Da die schwächsten in den größten Fernrohren noch visuell meßbaren Sterne etwa die 15. Größe haben, so ist eine weitere Fortsetzung dieser Arbeiten nur auf photographischem Wege möglich. Um nun jederzeit eine photographische Sternaufnahme an bekannte Helligkeiten anschließen zu können, ist auf der Harvard- und auf der Mt. Wilson-Sternwarte am Nord- und Südpol des Himmels visuell bzw. photographisch je eine Folge von Sternen bis zur 21. Größe photometrisch bestimmt worden. Wird eine dieser Polsequenzen auf der Arbeitsplatte mit aufgenommen, so kann ohne besondere Untersuchungen und Voraussetzungen über Skalennullpunkt, Durchmessergesetz usw. jeder neu aufgenommene Stern seiner Helligkeit nach zwischen die Sequenzsterne hinein interpoliert werden. So unbequem auch die Handhabung eines jeden parallaktischen Instrumentes am Pol ist, so einfach gestaltet sich bei dem Verfahren die Reduktion, die lediglich die Berücksichtigung der Extinktionsdifferenz für Pol und Arbeitsgegend

[1]) Visuelle bzw. photographische Helligkeiten der Sterne bis 5.0^m sind enthalten in: „A catalogue of 1520 bright stars“ und „Standard photographic magnitudes of bright stars“, Harv. Ann. Bd. 48, IV und Bd. 71, I.

erfordert. Etwas weniger genau, aber für viele Fälle ausreichend, sind die photographischen Sternfolgen in den 80 Eichfeldern (Selected Areas) von J. C. KAPTEYN, die seit einiger Zeit ebenfalls fertig reduziert vorliegen.

Auch bei Benutzung der besten photometrischen Kataloge ist zu beachten, daß die Nullpunkte der einzelnen Skalen nicht genau übereinstimmen. So weicht die Harvard-Skala, die heute wohl am meisten angewendet wird, von der Potsdamer je nach Helligkeit und Spektrum bis zu 0.37^m in der Weise ab, daß die Potsdamer Werte, besonders bei den weißen Sternen, gegen Harvard im Durchschnitt zu schwach ausgefallen sind. Eine gleichartige Abweichung liegt zwischen Harvard und Mt. Wilson vor. Soweit nicht anders bemerkt, beziehen sich alle Angaben dieses Buches auf das Harvard-System. Die Frage, ob es überall gelungen ist, die Konstanz des Größenfaktors 2.512 (S. 205) bis zu den schwächsten Sternen zu wahren, wird schon durch die Abhängigkeit der Differenz der einzelnen Systeme von der scheinbaren Helligkeit der Sterne in negativem Sinne beantwortet. Da der visuelle und photographisch fortgesetzte Meßbereich gegenwärtig etwa 23 Größen umfaßt, so bringt z. B. der an und für sich geringe Unterschied von 0.05^m pro Größenklasse doch schließlich einen Fehler von über einer Größe hervor. Nun unterliegt es keinem Zweifel, daß bei den schwachen Sternen die von F. H. SEARES bearbeitete Mt. Wilson-Folge ein von systematischen Fehlern fast freies System festlegt, immerhin darf man bei sehr großen Helligkeitsunterschieden die Genauigkeit nicht überschätzen und muß damit rechnen, daß an der Grenze, bei 20^m oder 21^m, der Fehler der allgemein angegebenen Helligkeiten sich zuweilen doch auf mehrere Zehntel einer Größenklasse belaufen kann. Da noch vor wenigen Jahrzehnten bei den mit dem freien Auge sichtbaren Sternen Abweichungen von weit höherer Größenordnung nichts Ungewöhnliches waren, wird die Unsicherheit zunächst nicht besonders auffallend erscheinen. Wenn man aber bedenkt, daß dem Größenunterschied von 20^m ein Helligkeitsverhältnis 1 : 100000000, demjenigen von 21^m bereits ein solches von 1 : 250000000 entspricht, so ist leicht einzusehen, wie vorsichtig man bei Verwendung der photometrischen Grenzzahlen zu weiteren Schlüssen sein muß.

Eines der wichtigsten Ergebnisse, das die photometrischen Kataloge und die auf Grund ihrer Daten ausgeführten Eichungen und Zählungen geliefert haben, sind die Gradiententabellen, d. h. Sternverteilungstafeln, die für jede Sterngröße die Zahl der Individuen nach zwei Argumenten, der sinkenden Helligkeit und dem Abstand von der Mittellinie der Milchstraße, dem sog. galaktischen Äquator, angeben. Derartige Tabellen haben z. B. S. CHAPMAN und P. J. MELOTTE, sowie P. J. VAN RHIJN berechnet. Da die Verteilungsziffern für die Erkennung der physisch verbundenen Sterne in zerstreuten Haufen und für viele andere astrophysikalische Arbeiten eine große Bedeutung erlangt haben, ist ein Auszug hier mitgeteilt. Er ist der VAN RHIJNschen Tabelle entlehnt[1])

[1]) P. J. VAN RHIJN, Astr. Nachr. Bd. 213 (1921).

Logarithmen der Sternzahl pro Quadratgrad in verschiedenen galaktischen Breiten.

Sterne bis	log N pro Quadratgrad für die galaktische Breite									
	0°	10°	20°	30°	40°	50°	60°	70°	80°	90°
0m	6.02	6.02	6.02	5.96	5.88	5.77	5.68	5.60	5.54	5.46
1	6.56	6.56	6.54	6.48	6.41	6.32	6.23	6.17	6.12	6.06
2	7.10	7.09	7.06	7.00	6.93	6.86	6.79	6.74	6.70	6.65
3	7.64	7.62	7.58	7.51	7.45	7.39	7.34	7.30	7.27	7.23
4	8.18	8.15	8.09	8.02	7.97	7.92	7.88	7.85	7.83	7.80
5	8.71	8.67	8.60	8.52	8.47	8.43	8.40	8.39	8.37	8.35
6	9.24	9.19	9.10	9.02	8.97	8.94	8.91	8.90	8.90	8.88
7	9.76	9.70	9.59	9.50	9.45	9.42	9.41	9.40	9.39	9.39
8	0.27	0.20	0.08	9.98	9.92	9.90	9.88	9.87	9.86	9.86
9	0.77	0.69	0.54	0.44	0.38	0.34	0.32	0.31	0.30	0.30
10	1.25	1.16	1.00	0.88	0.80	0.76	0.74	0.72	0.70	0.70
11	1.71	1.61	1.43	1.29	1.20	1.15	1.12	1.09	1.07	1.07
12	2.14	2.03	1.82	1.67	1.57	1.51	1.46	1.42	1.39	1.38
13	2.54	2.42	2.20	2.02	1.91	1.83	1.76	1.71	1.67	1.66
14	2.92	2.78	2.54	2.35	2.21	2.12	2.04	1.97	1.92	1.91
15	3.27	3.12	2.86	2.66	2.50	2.39	2.28	2.20	2.14	2.12
16	3.61	3.45	3.17	2.94	2.76	2.63	2.51	2.41	2.34	2.32

und enthält den Logarithmus N der visuellen Sternzahl pro Quadratgrad zwischen der 0. und 16. Größe, tabuliert nach galaktischen Breiten. Die Zahlen sind so zu verstehen, daß bis $\log N = 0$, d. h. bis zur 8. bzw. 9. Größe, hinter dem N-Wert — 10 zu ergänzen ist. Die Verwendung der Logarithmen an Stelle der natürlichen Zahlenwerte erklärt sich aus der Form der Verteilungsfunktion, der die Zahlen folgen, und die für die helleren Sterne in der logarithmischen Darstellung nahe linear verläuft (Abb. 340). Ob die Krümmung der Kurven jenseits der 12. Größe tatsächlich streng so verläuft, wie es die Figur andeutet, läßt sich angesichts des ungenügenden statistischen Materials über schwache Sterne noch nicht mit Bestimmtheit behaupten.

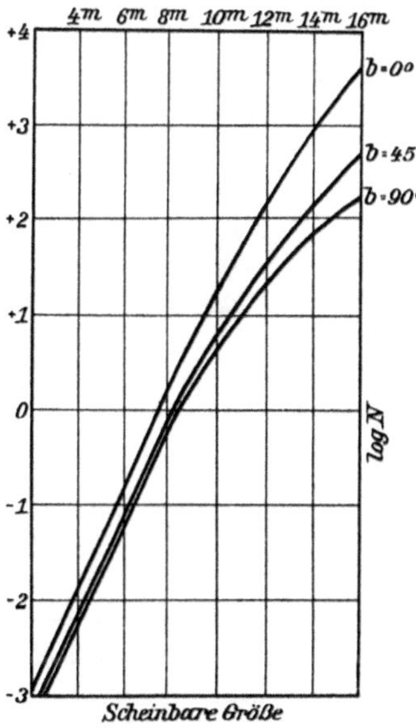

Abb. 340. Gang der Sternverteilungsziffern in den galaktischen Breiten 0°, 45° und 90° (nach van Rhijn).

Durch Zusammenfassen aller Sterne bis zu einer bestimmten Helligkeit ohne Rücksicht auf ihre galaktische Lage läßt sich mit dem gleichen Argument noch eine besondere Skala aufstellen, die dann allgemein die mittlere Sternzahl

Logarithmus der Gesamtzahl aller Sterne.

Sterne bis	log N	
1^m	1.065	
		530
2	1.595	
		528
3	2.123	
		525
4	2.648	
		517
5	3.165	
		508
6	3.673	
		499
7	4.172	
		487
8	4.659	
		471
9	5.130	
		452
10	5.582	
		426
11	6.008	
		398
12	6.406	
		370
13	6.776	
		344
14	7.120	
		325
15	7.445	
		311
16	7.756	

pro Quadratgrad angibt. Multipliziert man sie mit $4\varrho^2\pi$, der Zahl der Quadratgrade der ganzen Kugeloberfläche, wobei ϱ in Winkelmaß = 57.2968^0 zu setzen ist, so erhält man die Gesamtzahl der Sterne bis zu einer bestimmten Größenklasse. Die betreffenden Ziffern sind nebenan wieder in Form von Logarithmen und deren Differenzen angegeben. Aus dem Gang von log N scheint die sehr wichtige Tatsache hervorzugehen, daß die helleren und daher uns vermutlich näher stehenden Sterne im Raume merklich dichter verteilt sind als die entfernteren und scheinbar schwächeren, m. a. W. daß die Sternzahl mit dem Abstande von der Sonne abnimmt. Eine Abschätzung der Sterne unterhalb der Tabellengrenze, also unter der 16. Größe, ist noch mit Schwierigkeiten verknüpft, aber doch auf Grund der Kapteynschen Eichfelder möglich. Nach Angaben von F. H. Seares darf die Gesamtzahl der photographisch nachweisbaren Sterne bis zur 21. Größe auf 890 Millionen ($8.9 \cdot 10^8$) veranschlagt werden. Da nach derselben Quelle unser ganzes System $4.74 \cdot 10^{10}$ Einzelglieder umfaßt, so können gegenwärtig rund 2% aller Sterne bequem abgebildet und wenigstens photometrisch untersucht werden. Nach van Rhijn würden 1440 Sterne erster Größe das Gesamtlicht der nächtlichen Himmelssphäre ergeben. Ebenso läßt sich berechnen, daß bei Vereinigung des Gesamtlichtes aller Sterne ein Himmelskörper von der Helligkeit — 7^m herauskäme, dessen Glanz dann noch nicht dem 600. Teil des Vollmondlichtes entsprechen würde.

Die Sternspektra. Schon eine oberflächliche Betrachtung des gestirnten Himmels führt zu der Erkenntnis, daß die Fixsterne sich nicht nur durch ihre verschiedene Helligkeit, sondern auch durch ihre Farbe unterscheiden. Die Mehrzahl unter ihnen strahlt in rein weißem Licht; bei vielen ist die Farbe gelb und bei einer geringeren Zahl erscheint sie rötlich oder rein rot. Diese Abweichungen haben ihre Ursache im Spektrum, d. h. in der verschiedenen Zusammensetzung der Strahlung. Da die spektralen Unterschiede wichtige Schlüsse auf die physische Beschaffenheit der Sterne zulassen, so bildet eine klare, womöglich physikalisch begründete Klassifikation der Sternspektra eine der wichtigsten Aufgaben der Astrophysik. Nach den ersten noch unvollkommenen Versuchen J. Fraunhofers haben auch mehrere Astronomen, die sich eingehender mit der Spektroskopie des Himmels beschäftigt haben, derartige Klassifikationen aufgestellt. Eine definitive internationale Einigung in dieser Hinsicht ist erst in letzter Zeit erzielt worden.

Die systematische Ordnung der Sternspektra hat vor allem den Zweck, durch die kurze Angabe der Klasse unmittelbar die ganze Reihe ihrer Kennzeichen ins Gedächtnis zu rufen. Es ist klar, daß dies um so leichter erreicht wird, je einfacher die Einteilung ist, und je mehr Individuen die einzelne Abteilung umfaßt. Da die Eigentümlichkeiten des kontinuierlichen Spektrums nach der Intensität der Farben sich nur schwer beurteilen lassen, so bleibt als einziger Anhaltspunkt für die Orientierung nur die Lage, Zahl und Stärke der dunklen und — in seltenen Ausnahmefällen — der hellen Linien übrig.

Bereits J. FRAUNHOFER erkannte, daß einige gelbe Sterne genaue Kopien des Sonnenspektrums lieferten, während in den weißen Sternen höchstens zwei bis drei Linien zu erkennen waren. Dagegen wiesen die roten Sterne in allen Teilen ihrer Strahlung einen Reichtum an Absorptionen auf, wie er auch bei

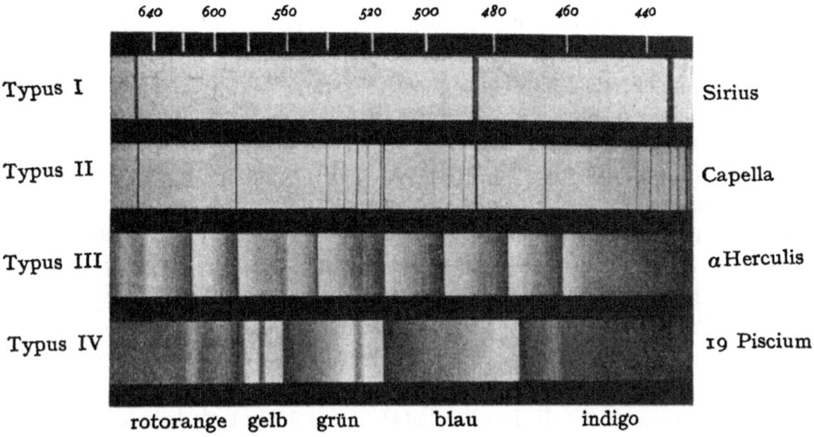

Abb. 341. Visuelle Sternspektra nach der Secchischen Einordnung.

sehr tiefstehender Sonne nie zu beobachten war. Damit war dargetan, daß die Reihenfolge der Sternfarben: Weiß, Gelb, Rot auch einer Zunahme der Absorptionslinien entspricht, doch wagte erst A. SECCHI darauf eine schlichte Gruppierung der Sternspektra vorzunehmen, die noch heute zur raschen Charakterisierung verwendet wird und das folgende Bild bietet (Abb. 341):

Typus I. Die weißen Sterne, in denen nur die Wasserstofflinien sehr kräftig auftreten. Die anderen Linien fehlen oder sind sehr schwach (Sirius, Wega).

Typus II. Die gelben Sterne, die wie die Sonne ein Spektrum mit zahlreichen feinen Linien besitzen (Arkturus, Capella).

Typus III. Die rotgelben und roten Sterne, die Spektra mit dunklen Banden liefern, die nach der blauen Seite scharf begrenzt, nach der roten verwaschen sind (α Orionis, α Herculis).

Typus IV. Schwache meist dunkelrote Sterne, deren Spektra breite dunkle Banden enthalten, die nach der roten Seite scharf begrenzt, nach der blauen verwaschen sind (19 Piscium).

Wird dazu nach einem Vorschlage von E. C. PICKERING noch ein

Typus V. Sterne aller Farben, in denen helle Linien auftreten,

eingeführt, so lassen sich alle normalen Fixsterne in dieses System eingliedern.

Die heute nicht mehr benutzte Klassifikation von H. C. VOGEL aus dem Jahre 1874[1]) (I a, b, c — II a, b — III a, b) stellt äußerlich eine Umgruppierung und Erweiterung der Secchischen Typen dar. Sie ging von der jetzt merklich erschütterten Erkenntnis aus, daß die verschiedenen Spektra eindeutige Entwicklungensphasen der betreffenden Weltkörper darstellen, daß also in dem Nebeneinander der verschiedenen Typen die nicht beobachtbare Entwicklungsfolge der Sterne zur Sichtbarkeit gelangt. Der Gang dieser Entwicklung war, den damaligen Anschauungen entsprechend, so gedacht, daß diese einzig und allein unter dem Einfluß der Abkühlung vor sich gehen sollte. Dementsprechend führten die Klassen von den heißeren zu kühleren Sternen über, so daß die Typenanordnung gleichzeitig als Temperaturskala gelten durfte.

Die Vervollkommnung der Photographie hat nun nicht bloß eine weit größere Zahl von Sternen in den Kreis der Untersuchungen einbezogen, sondern auch eine wesentlich genauere Beurteilung der Spektra nach ihrem Liniencharakter ermöglicht. Es erscheint daher selbstverständlich, daß die bisherige Einteilung daraufhin sehr durchgreifende Änderungen erfahren hat. Die zweite amerikanische Klassifikation ist allein auf photographischen Spektralaufnahmen begründet und hat ihre erste Anwendung auf den älteren Draper-Katalog gefunden, ein Verzeichnis von Sternspektren, das 1890 erschienen ist. E. C. PICKERING nahm dabei 16 Klassen an, die mit den Buchstaben des Alphabets bezeichnet und mit den älteren Typen I bis V wie folgt verbunden wurden:

Typus I: A bis D   Typus III: M
Typus II: E bis L   Typus IV: N
Typus V: O bis Q.

Dieser wesentlich engeren Einteilung liegen wieder die Secchischen Typen zugrunde; im übrigen ist sie aber rein formal und in erster Linie der vorliegenden Aufgabe und dem verwendeten Instrument angepaßt. Wir würden sie kaum erwähnen, wenn nicht aus ihr allmählich die gegenwärtig gebräuchliche Bezeichnungsweise hervorgegangen wäre. Von den späteren Einteilungen der Sternspektra, die vom Harvard- Observatorium veröffentlicht wurden, sind noch die sorgfältige, aber umständliche Klassifikation von A. C. MAURY (22 Gruppen) und diejenige von A. J. CANNON zu erwähnen. Die letzte erwies sich aus Gründen, die nach und nach zur Sprache kommen sollen, als so glücklich gewählt, daß sie in der Astrophysik bald allgemeine Annahme gefunden hat.

Die CANNONsche Gruppierung[2]) geht auf die 16teilige Pickeringsche Skala (A bis Q) zurück, greift aber aus ihr lediglich die typischen Vertreter heraus,

[1]) Vgl. J. SCHEINER, Spektralanalyse der Gestirne. Leipzig 1890.

[2]) A. J. CANNON, Spectra of bright southern stars, Harv. Ann. Bd. 28, II (1901).

so daß nur die Buchstaben A, B, F, G, K, M, für seltene Spektra N, O, P (neuerdings auch noch R, S und Q) übrigbleiben. Ferner hat sich herausgestellt, daß durch eine geringfügige Umstellung der ersten dieser Buchstaben eine einfachere Beziehung der Typen zu der photographischen Wirksamkeit, der Temperatur und anderen Eigenschaften der Sterne erzielt wird. Nimmt man diese Umordnung vor, so erhält man die folgende heute allgemein anerkannte und gebräuchliche Reihenfolge der normalen Spektren:

B. Weiße Sterne. Die dunklen Heliumlinien treten als charakteristisches Merkmal hervor. Die Wasserstofflinien erscheinen bereits deutlich (Sterne im Orion, in den Plejaden, im Perseus usw.).

A. Weiße Sterne. Im Spektrum herrscht die Wasserstoffserie in Gestalt von sehr kräftigen verwaschenen Bändern oder Linien vor. Die Heliumlinien fehlen, die Sonnenlinien, insbesondere (H) und (K), sind noch sehr schwach (Sirius, Wega).

F. Gelbliche Sterne. Die Wasserstofflinien treten zurück, dafür werden Metallabsorptionen, insbesondere die Kalziumlinien (H) und (K) als auffälligstes Kennzeichen der Klasse sichtbar (δ Aquilae, α Argus).

G. Gelbe Sterne.. Zu den bisherigen treten noch zahlreiche andere Metalllinien hinzu. Die Fraunhoferschen Linien (G), (H), (K) werden besonders auffallend (Sonne, Capella).

K. Tiefgelbe Sterne. Die Linien (G), (H) und (K) erscheinen noch kräftiger als beim vorhergehenden Typus. Wasserstofflinien wieder schwach, das violette Ende des Spektrums auffallend lichtarm (Arkturus, β Geminorum).

M. Gelbrote Sterne. Die charakteristischen Eigenschaften der Klasse K treten noch auffallender auf, daneben erscheinen die Absorptionsbanden des Titanoxyds besonders kräftig (Beteigeuze, Antares).

Für die Secchische Klasse **IV** tiefroter Sterne treten die seltenen Typen N, R und S ein, für die Sterne mit Emissionslinien O, für die sog. planetarischen Nebel P, für die Neuen Sterne Q. Die Einordnung von Übergängen erfolgt durch Zahlen, die Einfügung von Unterabteilungen durch Buchstaben, und zwar durch Bezeichnungen wie BoA, A5F, Oe5B. Da ein Mißverständnis ausgeschlossen ist, wird statt dessen heute der Kürze halber allgemein Bo, A5, Oe5 usw. geschrieben. Sieht man von den Sonderklassen (Oa bis Oe5, N, R, S, Me, P, Q) vorläufig ab, so läßt sich die Gruppierung an den nebenstehenden helleren bei uns sichtbaren Sternen veranschaulichen.

Typische Sterne der Draper-Klassen *B* bis *M*.

Klasse	Sterne
Bo	ε Orionis, δ Orionis
B5	η Tauri, q Tauri
Ao	α Can. mai., α Lyrae
A5	α Aquilae, α Ophiuchi
Fo	δ Aquilae, γ Bootis
F5	α Can. min., α Persei
Go	Sonne, α Aurigae
G5	β Bootis, γ Delphini
Ko	α Bootis, α Ursae mai.
K5	α Tauri, β Ursae min.
Ma	α Orionis, α Ceti
Mb	α Herculis, β Pegasi

Einzelheiten der Harvard-Klassifikation. Zwecks Vermeidung umständlicher Beschreibungen wird in der Astrophysik so oft auf die Abkürzungen der Draper-Klassifikation zurückgegriffen, daß es erforderlich erscheint, noch eine ausführlichere Charakteristik der typischen Sternspektra unter Einschluß der wichtigeren Sonderfälle zu geben. Für die Bezeichnungsweise sei daran erinnert, daß unter der ζ Puppis-Serie die dem He^+ angehörende Linienfolge, unter der Wasserstoffserie stets die Balmer-Sequenz $H\alpha$, $H\beta$, $H\gamma$ usw. zu verstehen ist (vgl. Abb. 93).

P. Gas- bzw. planetarische Nebel. Schwaches oder fehlendes kontinuierliches Spektrum. Sehr helle Emissionslinien bei 5007, 4959, 3727 (Nebulium). $H\beta$ und $H\delta$ der Wasserstoffserie besonders auffallend, die Heliumemission 3869 meist deutlich. Näheres über Unterklassen S. 653.

O. Sog. Wolf-Rayet-Sterne. Oa. $H\gamma$, $H\delta$ und 4633 als helle Bänder auf kontinuierlichem Grunde. ζ Puppis-Serie in Emissionsform angedeutet. — Ob. Die hellen Bänder wesentlich breiter, ζ Puppis-Serie sicher vorhanden. Neue Emissionen bei 4688 und 4059. — Oc. Alle Emissionen merklich schmäler. Die hellen Bänder bei 4688 und 4633 noch am kräftigsten. ζ Puppis-Serie wie bei Ob. — Od. Erstes Auftreten von dunklen

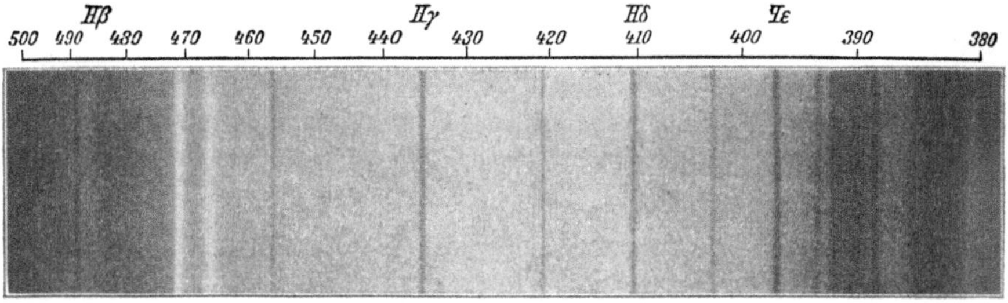

Abb. 342. Spektrum Od: ζ Puppis.

Linien. Wasserstoffserie und Linie (K) von Ca^+ scharf, ζ Puppis-Serie auffallend stark hervortretend. Linien des neutralen Heliums in Absorptionsform vorhanden, aber noch schwach. Einzige kräftige Emissionen bei 4688 (doppelt) und 4633. — Oe. Fast alle Absorptionslinien der B-Sterne bereits vorhanden. Die einzigen Emissionen bei 4688 und 4633 schwächer, aber immer noch hell. Beginn der normalen Spektra. — Oe 5. Normales Absorptionsspektrum. 4633 verschwunden, bei 4688 Umkehr in Absorptionslinie gesichert. Wasserstoff- und Heliumlinien scharf, desgleichen die Kalziumlinie (K). Übergang zu B.

B. Heliumsterne. Bo. Deutliches Hervortreten der Linien des He gegenüber der H- und der ζ Puppis-Serie. Drei Linien 4649, 4116 und 4089 besonders auffallend. Linie (K) schwach. — B1. ζ Puppis-Serie verschwunden, Linien des He deutlicher hervor-

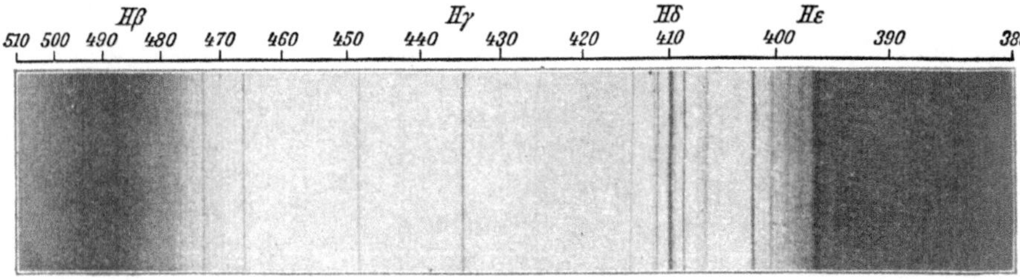

Abb. 343. Spektrum Bo: ε Orionis.

tretend. — B2. Stärkste Entwicklung der Heliumlinien und Zurücktreten der anderen. 4649 und 4089 schwach, 4116 unsichtbar. — B3. Ein Teil der *He*-Linien verschwunden. Der Rest mit den kräftiger werdenden Wasserstofflinien und 4481 (Mg^+), 4131, 4128 und (K) — die Linie (H) bleibt von *Hε* überdeckt — beherrscht trotzdem noch das Spektrum, da die meisten anderen Linien merklich schwächer oder unsichtbar geworden sind. — B5. Weiteres Verschwinden bzw. Zurücktreten der *He*-Linien zugunsten der *H*-Serie und der bei B3 genannten Linien. — B8. Nur noch 12 *He*-Linien feststellbar. *H*-Serie wird dunkel und breit. Erstes Auftreten einzelner Sonnenlinien. — B9. Die Wasserstoffbänder außerordentlich stark. Von den *He*-Linien sind als letzte nur noch 4472 und 4026 übriggeblieben.

A. Wasserstoffsterne. A0. Höchste Entwicklung der Wasserstoffbänder. Von Heliumlinien hier und da noch Spuren vorhanden. Die *Mg*-Linie 4481 und die Ca^+-Linie (K) deutlich, alle anderen Sonnenlinien noch schwach. — A2. Nahe identisch mit A0, von dieser

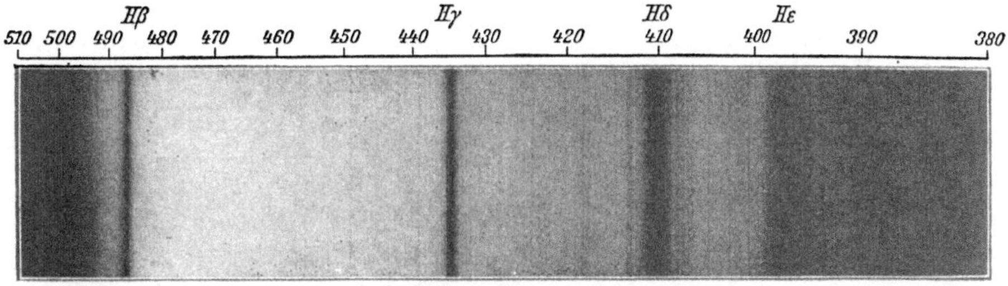

Abb. 344. Spektrum A0: α Canis maioris.

Klasse nur durch die größere Intensität von 4481 und der Kalziumlinie (K) unterschieden. Erstes Auftreten der Linie 4227 des neutralen Kalziums. — A3. Leichter Abfall der Wasserstoffbänder. Weitere Zunahme der Intensität der Sonnenlinien, besonders 4234, 4227 und (K). Loslösen der Linie (H) von *Hε*. — A5. Starker Abfall der *H*-Linien, deren Intensität nur noch der vorangehenden Klasse B8 oder B5 entspricht. Die Stärke von 4481 wird bereits von vielen anderen Linien erreicht. (H) und (K) nahe gleich dunkel. Die meisten Linien unscharf.

F. Frühe Sonnensterne. F0. Wasserstofflinien nur noch wie bei B3, sonst gleicht das Spektrum A5. Auftreten der ersten Linien in der (G)-Gruppe. — F2. Wie F0. (G)-Gruppe deutlicher. — F5. Wasserstofflinien noch mehr abgefallen, aber immer noch

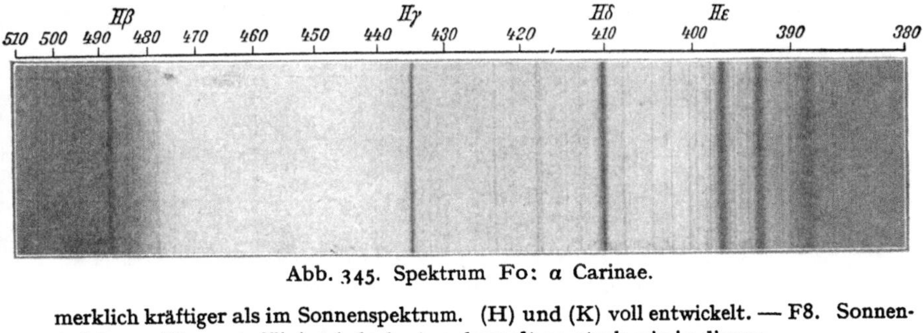

Abb. 345. Spektrum F0: α Carinae.

merklich kräftiger als im Sonnenspektrum. (H) und (K) voll entwickelt. — F8. Sonnenspektrum, Wasserstofflinien jedoch etwa doppelt so stark wie in diesem.

G. Sonnensterne. G0. Typisches Sonnenspektrum. *H*-Linien unauffällig. (G), (H), (K) vorherrschend. — G5. *H*-Linien noch schwächer, bei normalen Expositionen bricht das Spektrum hinter 3500 rasch ab.

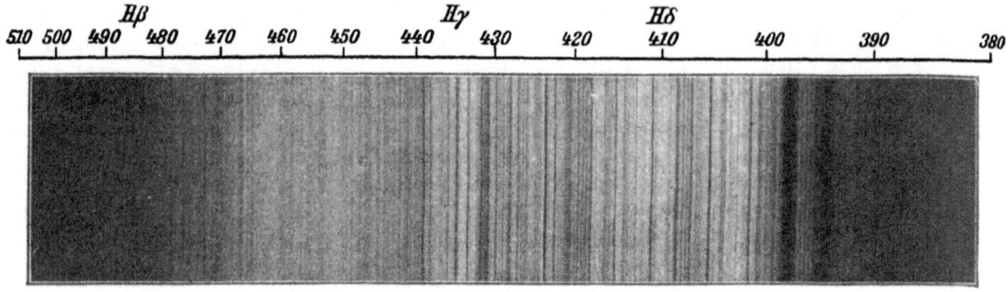

Abb. 346. Spektrum Go: *α* Aurigae.

K. Späte Sonnensterne. Ko. Verstärktes Auftreten der Sonnenlinien. *H*-Serie äußerst schwach. Hohe Entwicklung der Kalziumlinien (H) und (K). Violetter Teil des Spektrums jenseits (G) schwach. — K2. Wie Ko, aber alle Metallinien verstärkt. — K5. 4227, (H) und (K) besonders breit und auffallend. Die (G)-Gruppe beginnt sich wieder

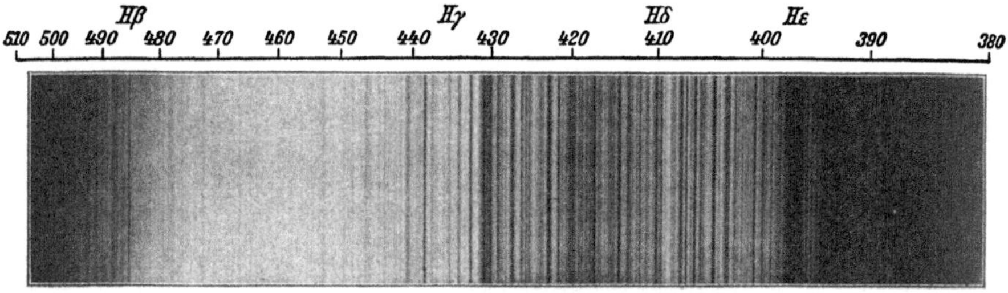

Abb. 347. Spektrum Ko: *α* Bootis.

in Einzellinien aufzulösen. Die ersten Absorptionsbanden des Titanoxyds in der Kantenstellung 5168, 4954, 4762 treten auf. Es ist zu beachten, daß K2 bereits einen mittleren Typus zwischen K und M darstellt, K5 dementsprechend der Klasse M bereits näher liegt, als man der Bezeichnung nach annehmen sollte.

M. Titanoxydsterne. Ma. 4227, (H) und (K) sehr kräftig. Die Absorptionsbanden des Titanoxyds deutlich entwickelt, mit scharfen Kanten nach Violett zu. Die aktinische Wirkung kaum bis zur (K)-Linie zu verfolgen. — Mb. Höchste Entwicklung von 4227.

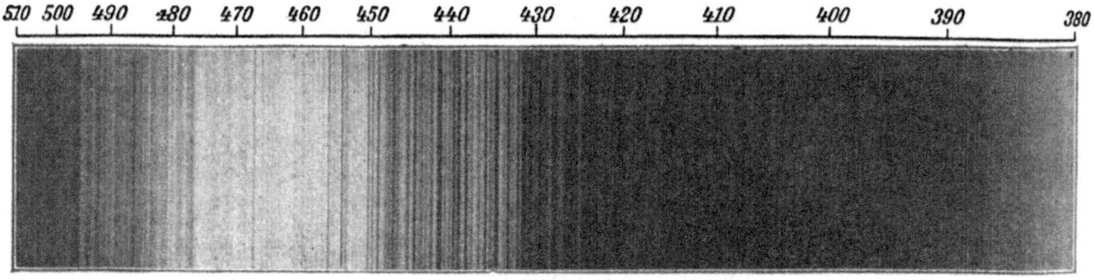

Abb. 348. Spektrum Ma: *α* Orionis.

(G)-Gruppe aufgelöst. Neues Band bei 5445. Bandenköpfe schärfer ausgesprochen. Das Gebiet 4586 bis 4556 wirkt wie ein glänzendes Emissionsband. *H*-Linien noch eben erkennbar. — Mc. Verstärkte Merkmale von Mb. Höchste Entwicklung der Titanoxydbanden. Schluß der normalen Spektra. In einer letzthin häufiger angewendeten dezimalen Einteilung entsprechen den Unterklassen Ma, Mb, Mc etwa Mo, M3 und M8. — Md. Keine Fortsetzung der Reihe Ma, Mb, Mc, sondern Kennzeichen aller Sterne K5 bis Mc, sofern in ihrem Spektrum zeitweise auch helle Linien von Wasserstoff und anderen Gasen auftreten, die aber nicht gleichzeitig sichtbar zu sein brauchen. Unterabteilungen: Md1 bis Md11. Die meisten Sterne dieser Gruppe sind in langen Perioden veränderlich. An Stelle von Md wird heute meist richtiger der engere K- bzw. M-Charakter des Sterns angegeben und das Auftreten von Emissionslinien durch ein angehängtes e (s. unten) hervorgehoben. Unterabteilungen: M1e, M2e usw.

N. Tiefrote, meist veränderliche, langperiodische oder unregelmäßige Sterne von geringer Amplitude. Die Absorptionsbanden haben abweichend von der M-Klasse scharfe Kanten nach Rot zu. Das Spektrum ähnelt sehr demjenigen von Kohlenwasserstoff und Zyan. Blauer und violetter Teil des Spektrums fehlt gänzlich. Je nach der Entwicklung der Absorptionen werden die Spektren hier in drei Gruppen: N1, N2 und N3 eingeteilt.

R. Verwandtschaft mit G oder K, da die kurzen Wellenlängen wieder besser hervortreten. Die stärksten Banden liegen zwischen 4750 und 4640 sowie bei 4227. Das erste kommt auch in den N-Spektren vor. Etwaige Übergänge nach den normalen Klassen wären durch K5R zu bezeichnen.

S. Einige wenige Sterne mit Lichtwechsel wie *R* Andromedae, *R* Cygni u. a. Verwandtschaft mit K oder M. Absorptionsbanden des Zirkonoxyds bei 6470, ferner bei 4650 und 4470. Komplizierte Absorptionen und Emissionen zwischen 4700 und 4500.

Q. Neue Sterne. Im Aufstieg und im größten Licht entsprechen sie den Spektralklassen B—F, im Abstieg A—B, B—O, B—P, P, O, so daß alle Typen zwischen P und F durchlaufen werden. Näheres über Unterklassen S. 602 u. 603.

Zur Kennzeichnung besonderer Eigentümlichkeiten wird von Abkürzungen in Form von kleinen Buchstaben ausgiebig Gebrauch gemacht und zwar bedeuten:

c. Sterne mit ungewöhnlich scharfen Wasserstoff- und anderen sog. Überfunkenlinien (Milchstraßensterne der Klassen A bis G, Veränderliche vom Typus δ Cephei).

s. (sharp.) Sterne mit auffallend scharfem Liniencharakter.

n. (nebulous.) Sterne mit auffallend verwaschenem Liniencharakter.

e. (emission.) Spektra mit Emissionslinien, hauptsächlich des Wasserstoffs, z. B. Be, Me. Die letzte helle Linie der *H*-Serie kann durch den entsprechenden griechischen Buchstaben angegeben werden. In Verbindung mit Spektren, in denen Emissionen regelmäßig auftreten, z. B. O, P und Q darf die Charakteristik e nicht verwendet werden. (Vgl. jedoch die Bedeutung von Oe, S. 500.)

er. (emission reversed.) Spektra mit Linienumkehr innerhalb der Emissionslinien.

k. Sterne, die mit dem sog. K-Effekt behaftet sind, d. h. mit Linien, die keinen Doppler-Effekt aufweisen, in denen also gewisse Linien, meist (D), (H) und (K) stationär sind.

v. (variable.) Spektrum veränderlich. Meist im Zusammenhang mit Be. Bei Sternen mit Lichtwechsel nicht gebräuchlich.

p. (peculiar.) Spektrum mit seltenen Besonderheiten; etwaiger Novacharakter wird besonders durch pq hervorgehoben.

g. (giant.) Sterne von A abwärts mit dem Liniencharakter der Giganten.

d. (dwarf.) Sterne von Fo abwärts (A sehr selten) mit dem Liniencharakter der Zwerge.

w. (Wolf.) Gelegentliche Bezeichnung für besonders typische Wolf-Rayet-Sterne.

In der Kurzschrift, für die eben ein übersichtlicher Schlüssel gegeben wurde, lassen sich heute selbst sehr verwickelte Verhältnisse in Sternspektren durch wenige Buchstaben ausdrücken. Daneben erleichtern graphische Darstellungen des Auftretens der einzelnen Elemente und ihrer Verbindungen (vgl. Abb. 349) sehr den Überblick. Ein tieferes Eindringen in die Einzelheiten ist natürlich nur durch ein praktisches Studium eigener oder der in der Literatur zahlreich vorhandenen photographischen Aufnahmen von Sternspektren möglich.

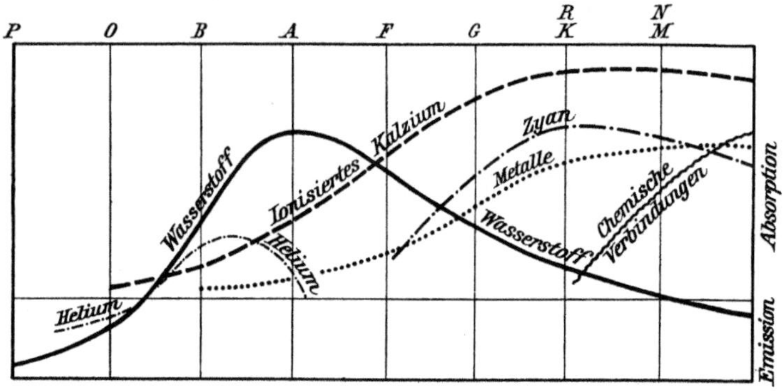

Abb. 349. Charakteristische Absorptions- und Emissionslinien in der Spektralreihe P bis M (nach C. Rufus).

Die Verwirrung, die zwei Jahrzehnte hindurch in der Bezeichnung der Fixsternspektra herrschte, ist jedenfalls durch die beschriebene, während der Arbeiten für den zweiten Draper-Katalog entstandene Klassifikation beseitigt. Um die Übertragung der einzelnen älteren Spektraltypen in die neue Einordnung zu ermöglichen, sind in der folgenden Tabelle noch die Beziehungen zu Secchi, Pickering und Vogel übersichtlich zusammengestellt. Bemerkt muß noch werden, daß die auf Mt. Wilson gebräuchliche Spektralordnung ein wenig von dem Harvard-System abweicht. Der Unterschied ist aber außerordentlich gering.

Umwandlung der Draper-Klassen in die Secchi-, Pickering- und Vogel-Typen.

Draper-Klasse	O	B	A	F	G	K	M	N, R
Secchi	—	I	I	I—II	II	II—III	III	IV
Pickering I	V	I	I	I—II	II	II—III	III	IV
Vogel	IIb	Ib	Ia	Ia—IIa	IIa	IIa—IIIa	IIIa	IIIb

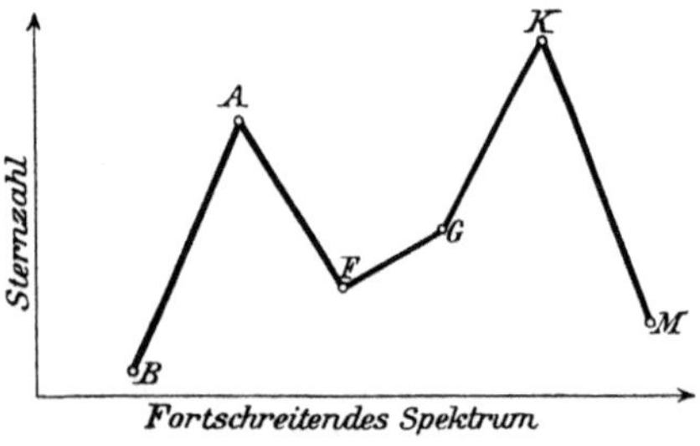

Abb. 350. Verteilung der Draper-Sterne auf die normalen Spektraltypen B bis M (nach H. Shapley).

Eine für statistische Arbeiten sehr wichtige Frage betrifft die Verteilung der einzelnen Spektraltypen auf die uns umgebenden Sterne. Ein genaueres Bild hat in dieser Beziehung erst die Harvard-Durchmusterung oder der neue

Henry Draper-Katalog[1]) (*HD*) geliefert, der aber auch erst etwa ein Milliontel aller Sterne enthält und insofern ungleichmäßig ist, als er viel mehr südliche als nördliche Objekte enthält. Faßt man seine Ergebnisse in einer kleinen Tafel zusammen (vgl. auch Abb. 350), so erhält man für die normalen Spektralklassen Bo bis Mo, die rund 99% aller Sterne umfassen, die nachstehende statistische Übersicht, die in mancher Beziehung lehrreich ist. Die Klassen A

Verteilung der Sterne der *HD* auf die normalen Spektralklassen.

Sp.	Grenzen	$> 6.25^m$	6.26^m—7.25^m	7.26^m—8.25^m	8.26^m—9.25^m	$< 9.26^m$
B	Bo—B5	11%	5%	2%	1%	1%
A	B8—A3	31	31	26	27	33
F	A5—F2	10	12	11	10	8
G	F5—Go	10	13	16	21	25
K	G5—K2	30	32	37	34	29
M	K5—Mc	8	7	8	7	4

und K schließen, wie man sieht, durch alle Helligkeiten hindurch etwa je ein Drittel aller Sterne ein. Mit wesentlich geringeren, aber anscheinend gleichfalls wenig veränderlichen Ziffern sind die Spektra F und M am Aufbau des uns umgebenden Universums beteiligt, so daß nur die Typen B und G einen Gang mit der Helligkeit aufweisen, B in abnehmendem, G in wachsendem Sinne. Man wird nicht übersehen, daß das Ergebnis über die wahre räumliche Verteilung der Sterne erst dann etwas auszusagen vermag, wenn die Abstände und absoluten Helligkeiten mitberücksichtigt werden. Wie wichtig diese Faktoren sind, beweist eine Schätzung von H. Shapley, der als Grenze der *HD* für die absolut sehr hellen B-Sterne etwa 3000, für die absolut schwachen G-Sterne dagegen nur rund 230 Lichtjahre gefunden hat.

Die Farben der Sterne. Wenn man von einigen besonderen Fällen absieht, bilden gegenwärtig Sterne der 10. Größe im allgemeinen eine Grenze für katalogmäßige spektrographische Untersuchungen am Himmel, ohne daß man etwa auch entfernt so weit wäre, bis zu dieser Größe alle Spektra im einzelnen angeben zu können. Die *HD* reicht im Durchschnitt bis zur 8. Größe und enthält fast 225000 Objekte; das weite, für unsere kosmogonischen Ansichten besonders wichtige Gebiet der schwachen Sterne läßt sie aber völlig unberührt. Der gewaltige Hooker-Spiegel des Mt. Wilson-Observatoriums von 2.6 m Öffnung hat, wie vorauszusehen war, bei Spektralaufnahmen gegenüber dem älteren Ritchey-Spiegel von 1.5 m Durchmesser nur einen Gewinn von wenig mehr als einer Größenklasse gebracht. Wenn er auch, wie wir sahen (S. 247), in einer Viertelstunde Spektra von Sternen der 13. Größe erfaßt, so unterliegt es doch keinem Zweifel, daß selbst von einer größeren Zahl solcher Rieseninstrumente in

[1]) A. J. Cannon und E. C. Pickering, The Henry Draper Catalogue. 9 Bände. Cambridge, Mass. 1924.

absehbarer Zeit eine allgemeine Erweiterung unserer Kenntnisse bezüglich der Spektra der schwachen Sterne nicht zu erwarten wäre. In allen diesen Fällen hilft uns die Farbe der Gestirne weiter, und zwar unmittelbar als physiologischer Effekt am Fernrohrokular oder, weit vollkommener, in Form des photographischen Farbenindex oder der effektiven Wellenlängen.

Schon die frühesten Sternverzeichnisse erwähnen besonders auffällig gefärbte Objekte am Himmel. Nach der Entdeckung der Doppelsterne, der Veränderlichen und anderer interessanter Himmelskörper mit deutlich hervortretender Färbung ist dem Gegenstande besondere Aufmerksamkeit gewidmet worden, ohne daß in der Bezeichnungsweise der Farben eine Einheitlichkeit erzielt worden wäre. Manche alten, durch starke Übertreibungen verunstalteten Schätzungen lassen sich wohl noch der jetzigen Ausdrucksweise anpassen, lohnen indessen kaum die aufgewendete Mühe, wenn sie nicht, wie in dem Falle des von B. Sestini zwischen 1844 und 1846 beobachteten Kataloges systematisch angestellt worden sind.

Einen wesentlichen Fortschritt bedeutet die Einführung einer Ziffernskala in die Farbenschätzungen durch J. Schmidt. Dieser nahm eine 10 teilige Stufenfolge an, in der die bei Fixsternen vorkommenden Farben von Weiß bis Rot enthalten waren. In dieser Form ist die Skala jedoch bald in Vergessenheit geraten, bis ein astronomischer Liebhaber, H. Osthoff in Köln, sie für seine Beobachtungen in die heute wohl allgemein angenommene Form von 9 Stufen brachte, deren Definition aus der nebenstehenden Übersicht entnommen werden kann. Die Osthoffsche Folge der Farben ist offenbar wieder eine Abkühlungsskala. Sie beginnt mit der höchsten Temperatur, um allmählich zu den tiefsten Werten herabzusteigen. Die Zahl der Stufen ist nicht groß, so daß noch Bruchteile derselben geschätzt werden können. Für alle Sterne der Spektralklassen *O* bis *R* reicht sie vollkommen aus und nur die sog. Neuen Sterne sind zeitweilig in der Reihe nicht unterzubringen. Diese haben in einem bestimmten Stadium eine ausgesprochen blaue Farbe, die derjenigen der planetarischen Nebel entspricht und die man als -1^c bzw. -2^c bezeichnen kann. Im Zustande intensiver $H\alpha$-Emission und bei großer Intensität der blauen Spektralgebiete nehmen sie dagegen eine merkwürdige Tönung an, die jedem Beobachter der letzten hellen Novae geläufig geworden ist, und die nicht anders als mit

Farbenskala für Sterne nach Schmidt-Osthoff.

Stufen	Abkürz.	Farbe
0^c	W	Weiß
1	GW	Gelblichweiß (Weiß überwiegt)
2	WG	Weißgelb (Weiß u. Gelb zu gleichen Teilen)
3	HG	Hellgelb oder Blaßgelb
4	G	Reingelb
5	DG	Dunkelgelb, ein gesättigtes, tiefes Gelb
6	RG	Rötlichgelb (Gelb überwiegt)
7	O	Orange (Gelb und Rot zu gleichen Teilen)
8	GR	Gelblichrot (Rot überwiegt)
9	R	Rot (Spuren von Gelb)

Purpur oder Lila, in der obigen Skala also etwa durch 10^c oder 11^c, zu charakterisieren ist.

Fast sämtliche neuen Farbenkataloge, um deren Herausgabe sich besonders die Vatikanische Sternwarte verdient gemacht hat, sind an die praktische 9teilige Skala angeschlossen. Dies gilt in erster Linie für die 1900 bzw. 1916 erschienenen Originalarbeiten OSTHOFFS, die mehr als 2500 meist nördliche Objekte umfassen, für den Katalog farbiger Sterne zwischen dem Nordpol und 23^0 südlicher Deklination von F. KRÜGER, sowie zahlreiche kleinere Schätzungsreihen. Wider alles Erwarten stimmen die Beobachtungen geschulter Augen hier gut überein; ein Wechsel des Instruments (Feldglas, Sucher, Fernrohr) bedingt in der Regel nur eine Parallelverschiebung der Skala.

In der folgenden Zusammenstellung sind die Größen, Spektra und Farben der hellsten in unseren Gegenden gut sichtbaren Sterne nach dem Mittel verschiedener Beobachter mitgeteilt.[1]) Die Liste umfaßt alle Farben zwischen 1^c und 7^c und bezieht sich auf den Eindruck in kleineren Instrumenten von 3½ bis 5 Zoll Öffnung. Von weiteren bekannten Sternen kommt der Tönung 0^c der bläuliche

Farben der helleren Sterne.

Stern	Gr.	Sp.	Farbe	Stern	Gr.	Sp.	Farbe
α Androm.	2.2^m	A o p	1.7^c	ε Can. mai.	1.6^m	B 1	2.7^c
α Cassiop.	var.	K o	5.0	δ » »	2.0	F 8 p	5.2
β Ceti	2.2	K o	5.8	α Gemin.	2.0	A o	2.8
γ Cassiop.	2.2	K o p	2.1	α Can. min.	0.5	F 5	2.7
α Urs. min.	2.1	F 8	3.8	β Gemin.	1.2	K o	4.4
γ Androm.	2.2	K o p	5:	α Hydrae	2.2	K 2	6.1
α Arietis	2.2	K 2	5.4	α Leonis	1.3	B 8	1.5
o Ceti	var.	M d	7.0	α Urs. mai.	2.0	K o	5.0
α Persei	1.9	F 5	3.4	β Leonis	2.2	A 2	2.5
α Tauri	1.1	K 5	6.3	ε Urs. mai.	1.7	A o p	1.9
α Aurigae	0.2	G o	3.3	α Virginis	1.2	B 2	1.6
β Orionis	0.3	B 8 p	1.2	η Urs. mai.	1.9	B 3	1.3
γ »	1.7	B 2	1.7	α Bootis	0.2	K o	4.7
β Tauri	1.8	B 8	1.6	β Urs. min.	2.2	K 5	6.1
ε Orionis	1.8	B o	1.6	α Scorpii	1.2	M a	7.2
ζ »	2.1	B o	1.6	α Ophiuchi	2.1	A 5	2.5
κ »	2.2	B o	2.5	α Lyrae	0.1	A o	1.3
α »	var.	M a	6.5	σ Sagittarii	2.1	B 3	2:
β Aurigae	2.1	A o p	1.9	α Aquilae	0.9	A 5	2.4
β Can. mai.	2.0	B 1	2.1	α Cygni	1.3	A 2 p	2.1
γ Gemin.	1.9	A o	1.9	α Pisc. austr.	1.3	A 3	2.1
α Can. mai.	−1.6	A o	0.7	β Pegasi	var.	M b	6.8

[1]) F. KRÜGER, Indexkatalog zu den Sternfarbenverzeichnissen von HAGEN, KRÜGER und OSTHOFF. Wien 1917.

Begleiter von β Cygni sehr nahe (B9), während der „Granatstern" μ Cephei (Ma), bereits als etwa 8^c zu bezeichnen wäre.

Da wir durch die *HD* von fast allen Sternen bis zur 8. Größe die Spektra kennen, könnten die genannten Farbenkataloge als überflüssig gelten. Trotz ihrer späten Veröffentlichung haben sie sich jedoch im Gegenteil als sehr nützlich erwiesen, insofern, als sie eine gesetzmäßige Beziehung zwischen den Farben und den Spektren der Fixsterne enthüllt haben, die man früher nicht erwartet hat. Selbstverständlich bleibt die Skala für jeden Beobachter und jedes Instrument durchaus individuell, es dauert auch einige Zeit, bis eine beständigere Auffassung eintritt, dann ist aber tatsächlich die Möglichkeit geboten, die geschätzten Farben mit den Spektralklassen in Beziehung zu bringen und umgekehrt. In Abb. 351 ist eine solche individuelle Kurve dargestellt. Bei Benutzung derartiger graphischer Darstellungen zur Umwandlung von Farbe in Spektrum wird in einzelnen Fällen wohl ein Fehlgriff möglich, ja sogar wahrscheinlich sein, da weder die O- noch die R-Sterne durch die visuelle Färbung genügend charakterisiert sind und auch die weißen B-Sterne sich am Okular kaum von den A-Sternen trennen lassen. Für statistische Untersuchungen, bei denen es lediglich darauf ankommt, für ganze Gruppen von Sternen den Spektralcharakter zu bestimmen, läßt sich jedoch der Wert dieser Methode nicht leugnen. Nach H. SHAPLEYS Vorgang ist es zweckmäßig, derartige nicht direkt gewonnene Spektralschätzungen schwacher Sterne stets als solche zu kennzeichnen, indem man sie durch kleine Buchstaben ausdrückt, also statt der Spektralklassen A, B, F usw. die Farbenklassen a, b, f usw. einführt. Trotz der Beziehungen, die sich beim Vergleich der Farben mit den Spektralklassen der Sterne ergeben haben, darf nicht vergessen werden, daß die Korrelation z. T. nur recht lose und äußerlich ist. Während beim Spektrum die Zahl und Lage der Absorptionslinien die Klasse bestimmt, ist die Farbentönung durch das Verhältnis der Helligkeiten des kontinuierlichen Grundes im Bereiche der verschiedenen Wellenlängen gegeben, also in beiden Fällen durch Eigenschaften, die zunächst nichts miteinander gemeinsam haben.

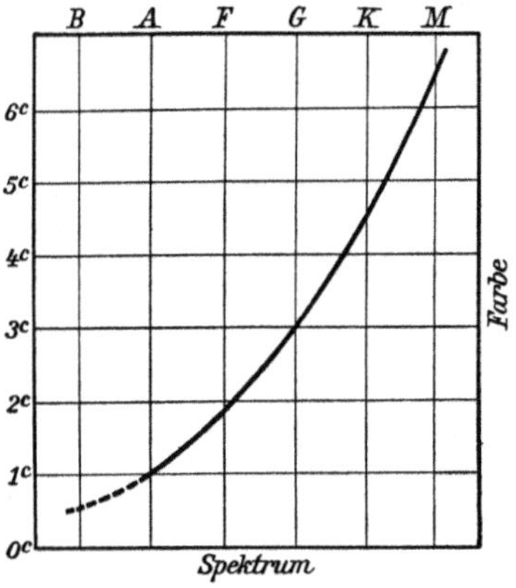

Abb. 351. Beziehung zwischen Farbe und Spektrum für einen größeren Refraktor.

Zweifellos würden die visuellen Farben der Sterne eine wesentlich genauere Diskussion zulassen, wenn es erst gelänge, die physiologisch beeinflußten Schätzungen durch objektive Messungen zu ersetzen. Bereits F. ZÖLLNER hat an seinem Polarisationsphotometer eine entsprechende Vorrichtung angebracht, auf deren Mängel jedoch schon auf S. 229 hingewiesen wurde. Weit besser für den

Zweck geeignet ist zweifellos das neue Rotkeilkolorimeter nach J. Wilsing, über das bei Gelegenheit der Behandlung der Sterntemperaturen noch nähere Angaben folgen sollen (S. 573 f.).

Der Farbenindex. Merklich genauer und eindeutiger als der physiologische mit dem Spektrum nur lose zusammenhängende Farbeneindruck auf der Netzhaut des Auges gibt der Überschuß der visuellen Helligkeit eines Sterns gegenüber dem photographischen Bild ein Kriterium für den Spektralcharakter an. Ist für eine bestimmte Größe und ein bestimmtes Spektrum die Übereinstimmung von visueller und photographischer Helligkeit etwa in der Form vereinbart, wie dies auf S. 491 geschehen ist, so treten bei allen anderen Spektralklassen sehr merkliche Unterschiede zwischen Auge und Platte in den Sterngrößen auf, die man als Farbenindex bezeichnet. Dieser ist für die weißen Sterne nahe Null und wächst mit der Vertiefung der Sternfarben nach Rot zu. Werden nun die Farbenindizes, d. h. die Differenzen photographische minus visuelle Größe nach Spektraltypen geordnet, so bemerkt man bei den einzelnen Beobachtern merkliche Unstimmigkeiten, die bei den K- und M-Sternen bis zu mehreren Zehnteln einer Größenklasse anwachsen können. Die Abweichungen liegen nicht, wie man zunächst vermuten könnte, in den verschiedenen Empfindlichkeitskurven der benutzten photographischen Platten, als vielmehr in der etwas schwierigen Klassifikation der linienreichen Spektra von G5 abwärts. Da die visuelle Photometrie mit der photographischen nicht Schritt gehalten hat, und die Bestimmung von Farbenindizes ursprünglich nicht anders zu erreichen war als durch eine Vergleichung von photographischen Helligkeiten mit Okularbeobachtungen, hat man letztere gleichfalls durch ein photographisches Verfahren zu ersetzen versucht. J. A. Parkhurst und F. C. Jordan waren wohl die ersten, die durch Anwendung von Gelbfiltern und farbenempfindlichen Platten derartige photo-visuelle Größen bestimmten und die Brauchbarkeit des Verfahrens nachwiesen. Heute ist die Filterphotographie in der Astrophotometrie nicht nur allgemein anerkannt, sondern nahe daran, die visuelle Photometrie völlig zu verdrängen. Welche spektrale Lage im einzelnen die photographische, die photovisuelle und die visuelle Empfindlichkeitskurve zueinander haben können, lehrt Abb. 352, die der Yerkes Actinometry

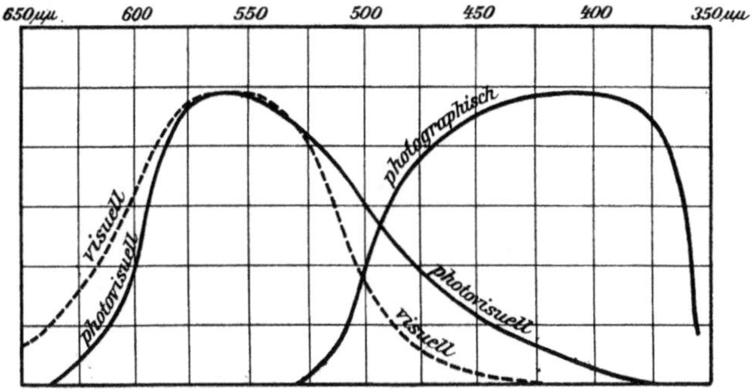

Abb. 352. Visuelle, photovisuelle und photographische Empfindlichkeitskurve, gültig für die Yerkes Actinometry (nach J. A. Parkhurst).

Beziehungen zwischen Spektrum und Farbenindex.

Sp.	King visuell	King photovis.	Mt. Wilson photovis.	Mittel ausgegl.
B 0	-0.29^m	-0.23^m	-0.32^m	-0.27^m
B 1	-0.28	-0.17	-0.29	-0.25
B 2	-0.34	-0.26	-0.26	-0.23
B 3	-0.25	-0.20	-0.23	-0.21
B 5	-0.17	-0.10	-0.17	-0.16
B 8	-0.12	-0.08	-0.07	-0.07
A 0	0.00	-0.02	0.00	0.00
A 2	$+0.12$	$+0.13$	$+0.07$	$+0.07$
A 3	$+0.20$	$+0.18$	$+0.11$	$+0.11$
A 5	$+0.20$	$+0.21$	$+0.19$	$+0.18$
F 0	$+0.33$	$+0.25$	$+0.38$	$+0.37$
F 5	$+0.45$	$+0.59$	$+0.62$	$+0.61$
F 8	$+0.56$	$+0.80$	$+0.77$	$+0.77$
G 0	$+0.70$	$+0.88$	$+0.86$	$+0.86$
G 5	$+0.98$	$+1.16$	$+1.15$	$+1.14$
K 0	$+1.12$	$+1.28$	$+1.48$	$+1.46$
K 2	$+1.50$	$+1.61$	$+1.63$	$+1.61$
K 5	$+1.62$	$+1.73$	$+1.84$	$+1.79$
M	$+1.66$	$+1.87$	$+1.88$	$+1.88$
N	$+2.10$:			

entnommen ist (vgl. auch Abb. 43). Daß die visuelle (in gerissener Form gezeichnete) Kurve nur für ganz bestimmte Intensitäten gilt und ihr Maximum bei abnehmendem Licht infolge des sog. Purkinje-Effektes sehr merklich nach Violett zu verschiebt, ist bereits an einer früheren Stelle (S. 240) betont worden.

In der nebenstehenden Übersicht sind nach einer Zusammenstellung von F. H. Seares[1]) Farbenindizes angegeben, wie sie von E. S. King an der Harvard-Sternwarte und von den Astronomen des Mt. Wilson-Observatoriums abgeleitet worden sind. Zwei der beobachteten Reihen sowie die ausgeglichenen Mittelwerte beziehen sich auf photovisuell erhaltene Helligkeiten. Nur bei Sternen gleicher subjektiver Helligkeit kann der visuelle Farbenindex mit dem photovisuellen durch alle Spektralklassen hindurch übereinstimmen. Je schwächere Sterne beobachtet werden, desto kleiner fällt er gegenüber dem photovisuellen Index aus, so daß sich streng genommen nur der letztere zu genaueren Untersuchungen über die Sternfarben eignet.

Die Frage, ob die photographischen Aufnahmen von dem Purkinje-Effekt völlig frei sind, d. h. den gleichen photovisuellen Farbenindex ergeben, gleichgültig, ob die Sterne auf der Platte in kräftiger oder geringer Schwärzung auftreten, darf nach den früheren Angaben (S. 82) bezweifelt werden. Es ist aber nach den Untersuchungen, die bisher in dieser Richtung angestellt wurden, anzunehmen, daß der Farbeneinfluß sich innerhalb der gebräuchlichen Expositionen für Sterne verschiedener Helligkeit zwischen den Spektraltypen A und K nur unerheblich ändert. Die Feststellung ist wichtig, da auf verschiedenen Gebieten der Stellarastronomie der photovisuelle Weg, also die Photographie mit Farbenplatten und Filtern, allein zum Ziele führt. So ist beispielsweise fast alles, was wir gegenwärtig über die spektrale Verteilung der Sterne in den sog. kugelförmigen Haufen wissen, auf diese Weise erhalten worden. Selbstverständ-

1) F. H. Seares, Some relations between magnitude scales etc. Ap. J. 1925 I.

lich kommen für Filteraufnahmen schwächerer Sterne nur Fokalbilder in Frage, da bei extrafokaler Plattenlage hinter einem Gelbglase zum Ausexponieren der Sternscheibchen an den üblichen Refraktoren Aufnahmezeiten von mehreren Stunden notwendig sind, um nur die helleren Objekte leidlich geschwärzt zu erhalten. Eine weitere Schwierigkeit bei dem Verfahren liegt in der Eichung der Platten, die am besten mit der photographischen bzw. photovisuellen Polsequenz (S. 493) durchgeführt wird.

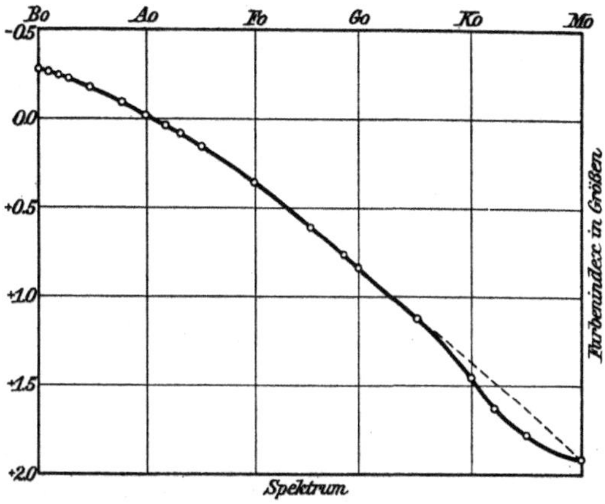

Abb. 353. Gang des Farbenindex mit dem Spektrum (nach F. H. Seares).

Der Gang der Indexwerte mit der Spektralklasse ist bemerkenswert. Trägt man die Zahlen graphisch auf (Abb. 353), so erkennt man, daß die eingezeichneten Punkte in einer schwach gekrümmten Kurve liegen. Für eine allgemeine Orientierung kann man ihren Verlauf als linear annehmen und die Farbenindizes äquidistant so ansetzen, daß mit dem Fortschreiten um eine volle Spektralklasse photographisch ein Lichtverlust von je 0.4^m eintritt. Die Feststellung dieser einfachen Beziehung hat der ursprünglich rein formalen Cannonschen Buchstabenfolge der Sternspektren einen tieferen Sinn verliehen und zur Verdrängung der älteren Spektralsysteme erheblich beigetragen. Es wäre noch hervorzuheben, daß auch beim photographischen Verfahren ein eindeutiges Verhältnis zwischen Farbe und Spektrum nur innerhalb der normalen Typenfolge A bis K oder höchstens bis M gesichert ist. Die Sterne mit hellen Linien (O) geben nur z. T. die Berechtigung zu einer Extrapolation der Kurve nach der negativen Richtung hin und die N- sowie R-Spektra sind noch weniger durch einen bestimmten Index charakterisiert. Bei einzelnen sehr roten Sternen dieser Klassen, wie z. B. bei den Veränderlichen *U* Cygni (R8) und *S* Cephei (Nc) sind Farbenindizes bis zu 6^m festgestellt worden.

Im allgemeinen erfordert jede Farbenindexbestimmung die Ausmessung einer größeren Reihe von Sternen auf dem normalen und dem Filternegativ. Nun hat F. H. Seares eine sehr einfache Methode angegeben, die es ermöglicht, auch von Einzelobjekten rasch den Farbenindex zu erhalten. Auf einer farbenempfindlichen Platte werden an einem Spiegel oder an einem visuellen Refraktor die Sterne einer Himmelsgegend in geometrisch fortschreitenden Expositionszeiten, also beispielsweise 2^s, 6^s, 18^s, 54^s usw. in einer Reihe ohne Filter aufgenommen und dicht daneben einige entsprechend längere Aufnahmen mit Gelbfilter ausgeführt. Auf dem entwickelten Negativ erhält man dann für jeden Stern Doppelreihen von Bildern. Denken wir uns einen blauen und einen roten Stern auf der

Platte, so wird für den ersten die Violett-, für den zweiten die Gelbaufnahme die kräftigeren Bilder ergeben. Es ist dann leicht, ein bestimmtes Bild der Gelbskala in die Violettskala einzuschätzen. Man erhält auf diese Weise Verhältniszahlen zwischen je zwei Expositionszeiten, die die gleiche photographische Schwärzung mit und ohne Filter hervorrufen und je nach dem Spektraltypus der Sterne sehr verschieden ausfallen. Ist der Zusammenhang zwischen diesen Daten und dem Farbenindex einmal an bekannten Sternen festgestellt, die Platte also geeicht, so können bei genau gleicher Plattenemulsion und bei Gleichheit der anderen Aufnahmebedingungen die Beziehungen ohne weiteres auf Objekte von unbekanntem Farbenindex übertragen werden. Das Verfahren, dessen Wirkung sich durch Verwendung von zwei extremen Filterfarben, also etwa Rot und Violett, noch steigern ließe, eignet sich besonders gut zu Durchmusterungsarbeiten. Sein großer Vorteil besteht darin, daß es von den Abbildungsfehlern des Objektivs bzw. Spiegels in weitem Maße unabhängig ist. Die Komaformen der letzteren lassen sich z. B. ebenso gut einschätzen wie die runden Achsenbilder; eine eventuelle Helligkeitsgleichung zwischen Rand und Mitte der Platte kann aus den dann reichlich abgebildeten Sternen von bekanntem Spektraltypus abgeleitet werden.

Einige andere Verfahren, wie die von E. S. King vorgeschlagene schwache Versilberung der einen und ein Gelbüberzug der anderen Objektivhälfte können hier übergangen werden, da sie nur auf Bilder außerhalb des Fokus anwendbar sind und umständliche mikrophotometrische Messungen erfordern.

Effektive Wellenlängen. Eine dritte Methode der Bestimmung von Farbenäquivalenten, auf die man ursprünglich große Hoffnungen gesetzt hat, verwendet die vom Spektralcharakter abhängige Lage des Energiemaximums in der Wellenlängenskala eines Sterns. Mit zunehmender Rotfärbung, d. h. mit dem Fortschreiten der Spektralreihe verschiebt sich das Maximum der Strahlung in der Richtung der zunehmenden Wellenlängen. Da dies durchaus gesetzmäßig geschieht, so ist es klar, daß man durch entsprechende spektralphotometrische Messungen die Beziehungen eindeutig feststellen kann. Nun ist bei schwachen Sternen ein derartiges Meßverfahren, besonders bei visueller Anwendung, völlig ausgeschlossen. Bringt man aber nach E. Hertzsprungs Vorschlag vor das Objektiv eines Refraktors oder vor die Öffnung eines Spiegelteleskops ein grobes Gitter aus geschwärzten Metallstäben an, so erhält man im Brennpunkte nach bekannten Diffraktionsgesetzen neben dem normalen Bild eines jeden Sterns quer zu den Gitterstrichen

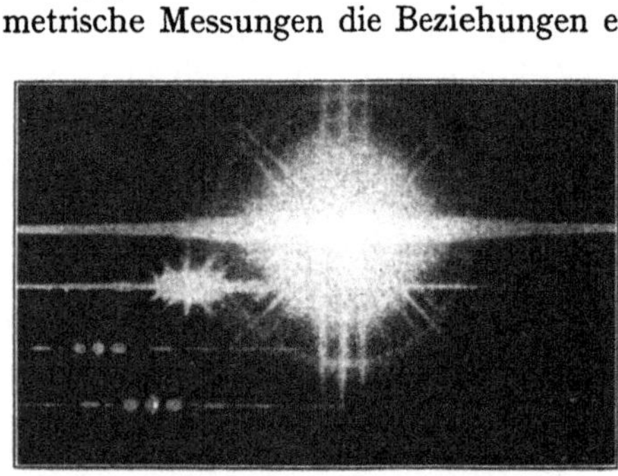

Abb. 354. Gitterbild von η Tauri nebst Nachbarsternen (nach E. Hertzsprung).

Beugungsspektra (Abb. 354). Die Bilder I. Ordnung fallen dabei wegen der großen Gitterkonstante (Zwischenraum + Drahtdicke) noch durchaus sternähnlich aus. Das Energiemaximum kommt aber doch bereits derart zur Geltung, daß die Punkte stärkster Schwärzung je nach dem Farbencharakter des Sterns dem Zentralbild näher oder ferner liegen. Abb. 355 veranschaulicht in übertriebener Form die Verhältnisse bei einem blauen, gelben und weißen Idealstern im Laboratorium. Es ist jedenfalls einleuchtend, daß man sowohl direkt wie photographisch durch sorgfältige Messung der Abstände RR' bzw. BB' (Abb. 356) das gesuchte Farbenäquivalent, d. h. die sog. effektive Wellenlänge des Sterns ermitteln kann. Der Winkelabstand ϑ des Helligkeitsmaximums eines Spektrums N ter Ordnung vom ungebeugten Mittelbild ist im einfachsten Falle, d. h. bei achsialer Abbildung (vgl. S. 60)

Abb. 355. Gitterbild eines weißen, gelben und blauen Sterns (Laboratoriumsaufnahme).

$$\sin\vartheta = \frac{N\lambda_{\text{eff}}}{e}$$

wenn e die vorhin definierte Gitterkonstante bedeutet. Ist also a der lineare Bildabstand der Spektra I. Ordnung, (RR' bzw. BB' in Abb. 356), f die Brennweite des Fernrohrs, so ist für $N = 1$

$$\lambda_{\text{eff}} = \frac{e}{2f}a$$

d. h. die effektive Wellenlänge ist gleich der gemessenen Entfernung a multipliziert mit einer Instrumentalkonstante. Bei schrägem Strahleneinfall sind die Formeln weniger einfach, können aber durch Anwendung von Korrektionstabellen auf ein Mindestmaß von Rechenarbeit zurückgeführt werden. E. Hertzsprung, Ö. Bergstrand und B. Lindblad haben das Verfahren nach Möglichkeit zu vervollkommnen und seine Brauchbarkeit durch Arbeiten größeren Umfanges nachzuweisen versucht. Von B. Lindblad und K. Lundmark ist die Methode auch auf einige Sternhaufen und Spiralnebel ausgedehnt worden. Die Spektralklassen A, F, G, K sind durch Maxima bei 415, 420, 428 und 433 $\mu\mu$ gekennzeichnet. Einer Größe im Farbenindex entsprechen demnach etwa 12 $\mu\mu$.

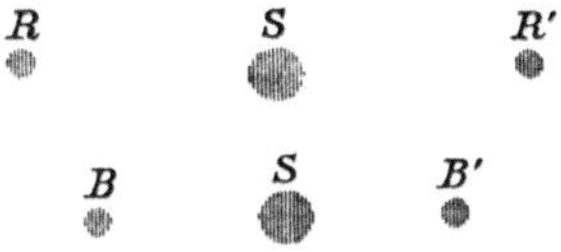

Abb. 356. Ideale Gitterbilder eines roten und eines blauen Sterns.

Die Hauptschwierigkeit bei Ableitung effektiver Wellenlängen liegt darin, daß mit der ab- bzw. zunehmenden Helligkeit der Sterne eine sehr beträchtliche Verlagerung der Gitterbilder eintritt, die dadurch erklärlich wird, daß bei Sternen größerer Helligkeit nicht nur das Energiemaximum, sondern auch die benachbarten Gebiete des Spektrums erheblich zur Entstehung des photographischen Bildes beitragen. Die betreffenden Einflüsse sind kaum anders als empirisch zu ermitteln, also z. B. durch Aufnahme eines oder mehrerer heller Sterne bei verschiedenen Expositionszeiten. Aber selbst dann, wenn man die effektiven Wellenlängen auf eine ganz bestimmte Lichtstärke bezieht, treten infolge des Luftspektrums, der verschiedenen Achromasie der photographischen Fernrohre, der persönlichen Auffassungsfehler usw. Unstimmigkeiten zwischen den einzelnen Beobachtern auf, so daß die Ergebnisse nicht ganz den gehegten Erwartungen entsprechen.

Noch für einen anderen wichtigen Zweck werden Gitterblenden in der Astrophysik verwendet, und zwar für Aufgaben der Photometrie (S. 225). Werden die Gitter so hergestellt, daß die Zwischenräume e gleich der Drahtdicke ausfallen, so ist das Helligkeitsverhältnis eines ungeblendeten Sterns zu seinem ungebeugten Zentralbild

$$\frac{J}{J_0} = \frac{e^2}{(2e)^2} = \frac{1}{4}$$

und die Helligkeit eines Beugungsbildes Nter Ordnung gegenüber dem Zentralbild[1])

$$\frac{J_N}{J_0} = \left(\frac{2}{N\pi}\right)^2 \sin^2\left(\frac{180 N}{2}\right)$$

Aus den Formeln geht zunächst hervor, daß in dem angenommenen Falle (Drahtdicke = Spaltweite) für gerade Ordnungszahlen ($N = 2, 4, 6$ usw.) der Sinus durch Null hindurchgeht, die Gitterspektra gerader Ordnung somit verschwinden, während die Helligkeiten der Bilder ungerader Ordnungen gegenüber dem Zentralbild (Sinus = 1) durch

$$\frac{J_N}{J_0} = \left(\frac{2}{N\pi}\right)^2 \qquad N = 1, 3, 5 \text{ usw.}$$

darstellbar werden. Die Intensitäten bzw. Größen zeigen dann den folgenden Gang:

	Bild ohne Gitter	Gitter, Zentralbild	Gitter, Sp. I. O.	Gitter, Sp. III. O.
Intensität	1.000	0.250	0.101	0.011
Größe	0.00^m	1.50^m	2.49^m	4.90^m

Damit ist eine strenge Lichtskala festgelegt. Sind also auf einer Aufnahme die Gitterbilder bekannter Sterne mit photographiert, so beschränken sich die Helligkeitsmessungen auf eine Interpolation der schwächeren Sterne zwischen die Gitterbilder der helleren.

Blickt man nach dieser kurzen Abschweifung auf das eben behandelte Gebiet der Himmelsphotometrie zurück, so erkennt man, daß die Bestimmung der Sternfarben bzw. deren Äquivalente stark in den Vordergrund des astrophysikalischen Interesses gerückt ist. Tatsächlich sind neben der Helligkeit die

---

[1]) E. HERTZSPRUNG, Astr. Nachr. Bd. 189 (1911) und Bd. 190 (1912).

Farbenindizes der schwächeren Sterne die einzige physikalische Charakteristik, die wir von ihnen erlangen und auf der wir weitere Schlüsse aufbauen können. Es ist ohne weiteres klar, daß es für unsere Ansichten vom Bau und von der Entwicklung des Sternsystems nicht gleichgültig ist, ob die Verteilung seiner Einzelglieder nach Farbe und Spektrum in den äußersten Tiefen die gleiche ist wie in der Sonnenumgebung oder nicht. Da auch noch andere sehr wichtige Fragen, wie diejenige nach der Absorption und Dispersion des Lichtes im Weltraum mit den Sternfarben innig zusammenhängen, erscheint das Interesse, das man gegenwärtig in der Astrophysik dem Gegenstande entgegenbringt, durchaus gerechtfertigt.

Neben dem Farbenindex der Sterne findet man in der neueren Literatur zuweilen auch ihren Wärmeindex erwähnt. Den Begriff haben S. B. Nicholson und E. Pettit in die Astrophysik eingeführt, nachdem es gelungen war, mit Thermoelementen die von der Atmosphäre durchgelassene Gesamtenergie einiger Fixsterne zahlenmäßig zu bestimmen. Entsprechend der Definition des Farbenindex ist unter dem Wärmeindex die Differenz: radiometrische minus visuelle Größe zu verstehen. Der Nullpunkt des Farbenindex wird auf die Spektralklasse Ao bezogen (S. 491). Sie kann auch beim Wärmeindex als Ausgang verwendet werden, da bei weißen Sternen die visuelle und die Energiestrahlung sich erfahrungsgemäß decken. Die radiometrische Größe wird dementsprechend als die Helligkeit eines Ao-Sterns definiert, der die gleiche Gesamtstrahlung hat, wie das untersuchte Objekt. Der Wärmeindex der weißen Sterne ist stets nahe gleich Null, während er bei einigen roten Veränderlichen bis zu acht Größenklassen ansteigt.

17. Beziehungen zwischen den Spektren, der Bewegung und der Entfernung der Sterne.

Als um die Mitte des vorigen Jahrhunderts die Spektralanalyse begründet und allmählich auch auf die Himmelskörper angewendet wurde, erschien die Aussicht, nunmehr die physischen Eigentümlichkeiten der fernsten Fixsterne untersuchen zu können, als so überwältigend, daß dieser eine Erfolg allein genügt hätte, um in der Spektralanalyse eine der glänzendsten wissenschaftlichen Entdeckungen der neueren Zeit zu erblicken. Heute, nach wenig mehr als 50 Jahren, hat sich das ursprüngliche Ziel ein wenig verschoben, insofern, als die Untersuchung des prismatisch zerlegten Sternlichtes gegenwärtig mindestens in gleich umfangreichem Maße zum Studium von Bewegungsvorgängen und zu Entfernungsschätzungen verwendet wird, wie zum Zwecke einer rein physischen Untersuchung der betreffenden Himmelskörper.

Die Ableitung von Abständen aus Eigentümlichkeiten der Spektra ist eine Errungenschaft der letzten Jahre, während die Idee einer Deutung der Linienverschiebungen im Sinne von Bewegungsvorgängen fast ebenso alt ist wie die Spektralanalyse überhaupt. Es liegt daher nahe, die Bewegungsvorgänge hier auch an erster Stelle zu behandeln.

Die Bewegungen im Visionsradius. Der älteste brauchbare Hinweis auf die Bedeutung der Dopplerschen Idee für die Erkennung von Bewegungen der Himmelskörper in der Richtung der Verbindungslinie von Gestirn zur Erde rührt, wie wir sahen, von H. L. Fizeau her (S. 156ff.). Ist V die Lichtgeschwindigkeit, λ die Wellenlänge, $\Delta\lambda$ die beobachtete Verschiebung einer Linie gegenüber der terrestrischen Lichtquelle, so ist nach dem Früheren die Radialgeschwindigkeit v gegeben durch

$$v = \frac{\Delta\lambda}{\lambda} V$$

wobei ein positives v eine Zunahme, ein negatives eine Abnahme des Abstandes bedeutet. Fizeau selbst hat die Schwierigkeiten nicht übersehen, die dadurch entstehen, daß im Verhältnis zur Lichtgeschwindigkeit die im Weltall vorkommenden Bewegungen nur sehr gering sind, sprach aber gleichzeitig die Hoffnung aus, daß es wohl späterhin einmal doch gelingen würde, die Verschiebungen festzustellen. Es hat allerdings lange Jahre gedauert, bis diese Hoffnung in Erfüllung gegangen ist, und die fortschreitende Verbesserung der Instrumente und Methoden schließlich nicht bloß zu einem Nachweis, sondern auch zu einer sicheren Messung der Geschwindigkeiten geführt hat. Daß ein Erfolg auf diesem Gebiete zuerst an der Sonne erreicht wurde (S. 288), ist selbstverständlich, weil hier die große Helligkeit die Benutzung starker Dispersionen gestattete.

Die ersten, im Jahre 1867 unternommenen Versuche der Anwendung des Doppler-Fizeauschen Prinzips auf die Fixsterne rühren von W. Huggins her und beziehen sich auf etwas mehr als ein Dutzend hellerer Sterne.[1]) Sie blieben, ebenso wie die Versuche von H. C. Vogel in Bothkamp, auf diese geringe Zahl beschränkt, bis vom Jahre 1875 an die Bestimmung der Radialgeschwindigkeiten in das ständige Programm der Greenwicher Sternwarte aufgenommen wurde. Bis 1888 sind dort von E. W. Maunder und G. M. Seabroke sehr zahlreiche direkte Messungen an etwa 100 hellen Sternen ausgeführt worden, aus denen trotz aller Schwierigkeiten doch die Möglichkeit einer Bestimmung der Radialbewegungen, wenigstens dem Sinne nach, zweifellos hervorging.

Ein sehr wesentlicher Fortschritt beginnt mit dem Jahre 1887, als von E. C. Pickering, H. C. Vogel und J. Scheiner nahe gleichzeitig der Versuch unternommen wurde, die Linienverschiebungen in den Sternspektren photographisch zur Sichtbarkeit zu bringen und einer Ausmessung zu unterziehen. Der Fortschritt kommt schon darin zum Ausdruck, daß der wahrscheinliche Fehler einer photographischen Beobachtung sich ungefähr 10 mal kleiner ergab als der einer visuellen, wenn mit genügender Sorgfalt auf alle Fehlerquellen, insbesondere auf die sehr schädlichen Temperatureinflüsse geachtet wurde. Die von den genannten Astronomen mit so gutem Erfolge angewendete spektrographische Methode wurde bald von anderen mit besseren

---

[1]) J. Scheiner, Spektralanalyse der Gestirne. Leipzig 1890. — W. W. Campbell, Stellar motions. New Haven 1913.

Hilfsmitteln ausgestatteten Sternwarten aufgenommen und wesentlich vervollkommnet. In dieser Beziehung haben besonders die amerikanischen Astronomen mitgewirkt und mit Hilfe der großen, auch optisch unübertroffenen Refraktoren der Lick- und der Yerkes-Sternwarte und der Riesenspiegel des Mt. Wilson-Observatoriums die Radialgeschwindigkeiten von vielen Hunderten von Sternen mit einer Genauigkeit bestimmt, die man noch vor zwei Jahrzehnten für ausgeschlossen hielt. Die Unsicherheit dürfte heute bei Sternen, in deren Spektrum einigermaßen scharfe Linien auftreten, 0.5 bis 1 km selten übersteigen. Neben kleineren Katalogen verschiedener Sternwarten ist ein sehr vollständiges Verzeichnis von Radialgeschwindigkeiten, das über 4000 Sterne und Nebel enthält, 1928 von J. Voûte[1]), ein anderes mit rund 1000 Sternen des Mt. Wilson-Programms 1923 von W. S. Adams und A. H. Joy veröffentlicht worden. Die an derselben Sternwarte besonders mühsam abgeleiteten Radialbewegungen von 113 langperiodischen Veränderlichen sind in dieser umfangreichen Liste noch nicht einmal enthalten.

Radialgeschwindigkeit der hellsten Sterne.

Stern	Gr.	Sp.	Radial-Geschw.
α Can. mai.	— 1.6^m	A0	— 8 km
α Argus	— 0.9	F0	+ 20
α Centauri	0.1	G0	— 22
α Lyrae	0.1	A0	— 14
α Aurigae	0.2	G0	+ 30
α Bootis	0.2	K0	— 5
β Orionis	0.3	B8p	+ 23
α Can. min.	0.5	F5	— 4
α Eridani	0.6	B5	?
α Orionis	var.	Ma	+ 21
β Centauri	0.9	B1	+ 12:
α Aquilae	0.9	A5	— 33:
α Crucis	1.0	B1	+ 19:
α Virginis	1.1	K5	+ 2
α Tauri	1.2	K0	+ 54
β Gemin.	1.2	B2	+ 2:

Um die Größenordnung der Geschwindigkeiten zu veranschaulichen, sind in der nebenstehenden Tabelle für die hellsten Sterne des Himmels die Bewegungen in der Blickrichtung zusammengestellt. Daß bei einigen sehr hellen Sternen der Tafel noch Ungewißheit herrscht, liegt daran, daß in den betreffenden Fällen nur diffuse Linien auftreten, die nicht mit der erforderlichen Genauigkeit unter dem Mikroskop eingestellt werden können. Die Größenordnung der Geschwindigkeiten v_r in der Blickrichtung entspricht im Durchschnitt den Quergeschwindigkeiten, wie sie sich aus den astrometrisch abgeleiteten jährlichen Eigenbewegungen μ in Bogensekunden in Verbindung mit der Parallaxe p ergeben. Da die Eigenbewegung in der Regel auf ein Jahr und p auf den Erdabstand als Einheit bezogen wird, ist zum Vergleich zwischen μ und v_r eine Reduktion auf die Zeitsekunde bzw. das Kilometer notwendig. Die Bewegung v_s senkrecht zur Blickrichtung ist dann, da 1 Jahr $= 31.56 \cdot 10^6$ Sekunden und der Erdabstand von der Sonne $149.5 \cdot 10^6$ km beträgt,

$$v_s = 4.74 \frac{\mu}{p}$$

[1]) J. Voûte, Second catalogue of radial velocities. Lembang Ann. Bd. III (1928).

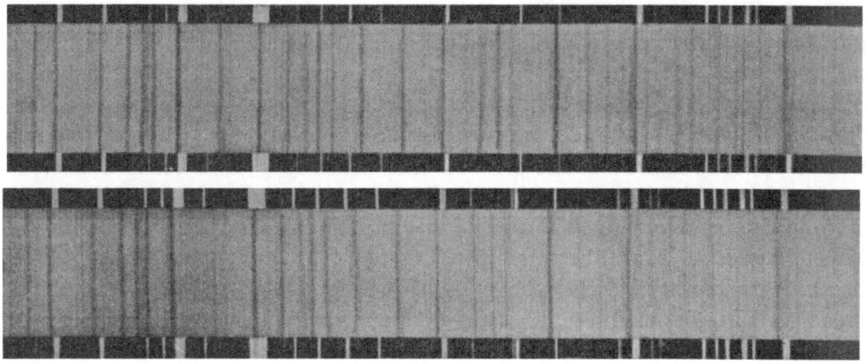

Abb. 357. Doppler-Effekt im Spektrum von μ Orionis.

In allen Beobachtungen von Radialgeschwindigkeiten tritt natürlich eine Komponente der Erdbewegung hier als positive, dort als negative Konstante auf. Befindet sich ein Stern in der Ekliptik, so wird es eine Jahreszeit geben, in der unsere Erde sich mit ihrer vollen Geschwindigkeit von 30 km auf ihn zu bewegt; genau ein halbes Jahr später entfernt sie sich von ihm mit der gleichen Geschwindigkeit. Die Linienlage eines in der Ekliptik stehenden Sterns muß demnach sog. parallaktische Geschwindigkeitsänderungen von $\pm$ 30 km zeigen, also Abweichungen, die in der Regel viel größer sind, als die mittleren Geschwindigkeiten der Sterne selbst. Befindet sich der beobachtete Stern nicht in der Ekliptik, so ist der Einfluß der Erdbewegung kleiner. Wenn es auf etwa 1 km nicht ankommt, kann die Reduktion auf die Sonne nach dem einfachen Ausdruck

$$\Delta v = 29.8 \cos\beta \sin(\odot - \lambda)$$

erfolgen, wobei λ und β die ekliptikalen Koordinaten des Sterns und $\odot$ die Sonnenlänge bedeuten. Der Kilometerwert $29.8 \cos\beta$ bedeutet für jeden Stern eine Konstante und kann ein für alle Male tabuliert werden. Genauere Radialmessungen erfordern noch weitere Korrektionen, insbesondere für die Achsendrehung der Erde und ihre ungleichförmige Bewegung in der elliptischen Bahn; die Berechnung kann aber auch hier durch Tafeln, wie sie z. B. von F. SCHLESINGER entworfen worden sind, merklich abgekürzt werden.

Beispiel einer Verbesserung der Radialgeschwindigkeiten wegen Erdbewegung.

Datum	Beob. Geschw.	Beweg. d. Erde	Wahre Sterngeschw.
1888 Okt. 22	+ 4 km	− 21 km	+ 25 km
Nov. 9	+ 11	− 14	+ 25
Dez. 1	+ 19	− 5	+ 24
1889 Jan. 2	+ 33	+ 11	+ 22
Febr. 5	+ 53	+ 23	+ 20
März 6	+ 55	+ 27	+ 28

Zur Veranschaulichung einer starken Radialbewegung sind in Abb. 357 Spektren von μ Orionis zu zwei verschiedenen Zeiten wiedergegeben. Die darüber und darunter befindlichen festen Emissionslinien gehören dem Eisenbogen an. Man erkennt ohne weiteres, daß in beiden Spektren die Absorptionslinien nach dem linken (roten) Ende zu verschoben sind. Die Geschwindigkeit beträgt oben + 38 km, unten + 72 km. Als Beispiel dafür, wie die an sich gar nicht stimmenden Beobachtungen desselben Sterns zu verschiedenen Zeiten im Einklange miteinander stehen, sobald die Reduktion auf die Sonne angebracht wird, mögen noch die vorstehend verzeichneten Beobachtungen von α Ursae mai. nach Potsdamer Messungen vom Winter 1888—89 dienen.

Stern- und Sonnenbewegung aus Radialgeschwindigkeiten. Die auf die Sonne reduzierten Radialgeschwindigkeiten dürfen noch nicht als die wahren Ortsänderungen der betreffenden Sterne angesehen werden, da auch unsere Sonne ein bewegter Fixstern ist, der nach einer bestimmten Richtung hin sich bewegt. In allen gemessenen Werten ist also nicht nur die Erd-, sondern auch die Sonnenbewegung im Raume implicite enthalten. Eine bekannte und schon von W. Herschel in Angriff genommene Aufgabe der Astronomie besteht darin, aus den sog. Eigenbewegungen der Fixsterne die Richtung oder den Apex der Sonnenbewegung sowie ihre Geschwindigkeit zu ermitteln. Es liegt in der Natur des Problems, daß aus den Eigenbewegungen der Ort des Apex mit größerer Sicherheit zu bestimmen ist, als die Geschwindigkeit des Sonnensystems. Hier bieten die Bewegungen im Visionsradius eine wichtige Ergänzung insofern, als sie gerade die Geschwindigkeit der Sonne besonders zuverlässig ergeben.

Erst um die Wende des Jahrhunderts waren genügend zahlreiche Radialbewegungen bekannt, so daß man an die rechnerische Behandlung der Aufgabe denken konnte. Nach den ersten in dieser Richtung angestellten Versuchen von P. Kempf und W. W. Campbell, die sich nur auf die wenig zahlreichen und fast ausschließlich dem Nordhimmel angehörenden Ergebnisse jener Zeit stützen konnten, ist von der Lick-Sternwarte und ihrem Zweiginstitut, dem Mills-Observatorium in Chile, ein sehr umfangreiches Material an Radialgeschwindigkeiten gesammelt und von W. W. Campbell und J. H. Moore bearbeitet worden. Die 1925 veröffentlichte Untersuchung stützt sich auf 2034 Sterne, die möglichst gleichmäßig über den Himmel verteilt sind. Als Geschwindigkeit des Sonnensystems gegenüber Sternen $> 5.5^m$ ergaben sich dabei 19.6 km und als Koordinaten des Apex $\alpha = 271.5^0$, $\delta = +28.6^0$ (1900.0). R. E. Wilson in Albany hat die ganze Apexfrage auch vom Standpunkte der Eigenbewegungen aus neu behandelt. Die früher vorhandenen Unstimmigkeiten können heute als beseitigt gelten. Sowohl die von systematischen Fehlern befreiten Eigenbewegungen des großen Boss'schen Positionskataloges wie die Radialgeschwindigkeiten führen nach Wilson jetzt auf einen einheitlichen Zielpunkt der Sonne, der für die helleren Sterne in $\alpha = 271^0$ und $\delta = +27^0$ angenommen werden kann.

Auf Grund der nunmehr nach Richtung und Geschwindigkeit bekannten Sonnenbewegung läßt sich jede Radialgeschwindigkeit auch auf die ruhende

Absolute Radialgeschwindigkeiten verschiedener Spektraltypen.

Sp.	Campbell	Gyllenbg.	Boss
B	6.5 km	7.0 km	6.3 km
A	11.1	11.8	10.2
F	14.4	14.5	16.2
G	15.0	15.8	18.6
K	16.8	15.9	15.1
M	17.1	17.2	17.1
P	29.0	—	—

Sonne beziehen, d. h. die absolute Bewegung in der Blickrichtung von der parallaktischen trennen. Auch diese Rechnung ist von W. W. Campbell ausgeführt worden und hat ein sehr wichtiges Ergebnis gezeitigt. Ordnet man nämlich die Sterne nach den Spektraltypen, so erhält man als mittlere absolute Radialgeschwindigkeiten ohne merklichen Gang mit der Helligkeit die nebenan tabulierten Werte. In einer besonderen Reihe sind zum Vergleich auch die von W. Gyllenberg gefundenen Daten, sowie die von L. Boss aus den Eigenbewegungen abgeleiteten Zahlen angeführt. Hieraus geht die bedeutungsvolle Tatsache hervor, daß die Spektralklassen F bis M in bezug auf ihre Raumbewegung sehr nahe verwandt sind, während die A-Sterne eine geringe, die B-Sterne eine sehr wesentliche Abweichung in dieser Hinsicht bekunden. Werden die seltenen O-Sterne und die Me-Veränderlichen gleichfalls in den Kreis der Betrachtungen gezogen, so ergeben sich für sie gleich hohe absolute Geschwindigkeiten wie für die planetarischen Nebel, nämlich 25 bzw. 31 km. Die Feststellung der Tatsache, daß die effektiv heißesten Sterne der B-Klasse gar nicht mit der Bewegung der Nebelgruppe P harmonieren (vgl. S. 659), hat mit zur Erschütterung der alten Annahmen über die Evolution der Gestirne vom Nebel zum weißen Sternstadium beigetragen.

Bei allen Berechnungen des Zieles und der Geschwindigkeit des Sonnensystems im Raume wird vorausgesetzt, daß die absoluten Bewegungen der Sterne in bezug auf die Sonne regellos verlaufen, d. h. so, daß sie sich bei Mitnahme einer genügenden Zahl von Raumgeschwindigkeiten im Mittel aufheben. Trennt man nun die Sterne nach Spektralklassen und untersucht sie auf diese Eigenschaft hin, so stellen sich systematische Abweichungen heraus, auf die J. C. Kapteyn und W. W. Campbell um 1911 hingewiesen haben, und die dann W. Gyllenberg aus einem größeren Beobachtungsmaterial in der Weise abgeleitet hat, daß er die Radialkomponente der Sonnenbewegung an alle Sternbewegungen angebracht hat. An Stelle der Bewegung Null kommen dabei für die einzelnen Spektralklassen Restglieder *K* heraus, die in der nebenstehenden Tabelle verzeichnet sind. Die Bezeichnung *K* ist hier nicht der gleichnamigen Spektralklasse, sondern einem Bahnelement der sog. spektroskopischen Doppelsterne entlehnt (S. 525). Die Ziffern sind so zu verstehen, daß unter der Voraussetzung, daß die Radialgeschwindigkeiten für alle Spektralklassen ohne systematische Fehler abgeleitet sind, die B-, K- und M-Sterne im Raum auseinanderstreben, d. h. an allen Stellen des Himmels sich

K-Effekt der Sterne B bis M.

Sp.	*K*-Effekt
B	+ 4.3 km
A	+ 0.1
F	+ 0.2
G	− 0.8
K	+ 3.6
M	+ 5.3

vom Sonnensystem entfernen. Diese Deutung ist zweifellos sehr unwahrscheinlich, und man wird nach anderen Gründen suchen müssen, die den Widerspruch veranlassen. Da für die Radialbewegungen bei jedem Spektraltypus verschiedene Linien zum Vergleich verwendet werden müssen, ist es nicht unwahrscheinlich, daß der K-Effekt, der im Mittel einer Wellenlängenänderung von nur 0.06 AE entspricht, der Hauptsache nach auf systematische Instrumental- und Messungsfehler zurückzuführen ist. Nur bei den helleren B-Sternen dürfte er reell sein; bei der schwächeren Gruppe (S. 557 f.) ist er überhaupt nicht nachweisbar und bei den K- und M-Sternen ist die Abweichung vermutlich auf den schwierigen und daher systematisch verfälschten Anschluß der spektralen Banden an die scharfen Emissionen des Vergleichspektrums zu schieben. Eine neuere Untersuchung von fast 4000 Radialgeschwindigkeiten durch R. E. Wilson bestätigt diese Vermutung vollkommen, indem sie nur bei den Sternen B0—B5 einen K-Effekt von +3.5 km übrig läßt. Eine Abhängigkeit vom Spektraltypus tritt auch in der Sonnenbewegung auf, wenn man sie aus den B-, A-, F-Sternen usw. ableitet. Sie kann für A, F, G zu 19.4 km, für B, K und M zu 21.6 km angenommen werden. Aus den ihr Licht periodisch wechselnden Sternen der sog. Miraklasse (Me) folgt sogar der ungewöhnlich hohe Wert von 53 km (S. 619), der natürlich nicht mehr durch instrumentelle und physiologische Einflüsse erklärt werden darf.

Es wurde oben (S. 518) erwähnt, daß die Radialgeschwindigkeiten durch die Erdbewegung beeinflußt werden und von der entsprechenden Komponente stets befreit werden müssen. Dabei wird also die Geschwindigkeit der Erde in ihrer Bahn vorausgesetzt, d. h. so, wie sie sich aus den bekannten Elementen der Erdbahn und aus der mittleren Entfernung Sonne-Erde ergibt. Es ist klar, daß die Aufgabe auch eine Umkehrung zuläßt, d. h. daß man aus den beobachteten unkorrigierten Radialgeschwindigkeiten auch die Erdbewegung und damit auch die Sonnenparallaxe bestimmen kann. Einen ersten geglückten Versuch in dieser Richtung hat F. Küstner 1905 unternommen. Die Arbeit gründete sich auf 18 Spektrogramme des Arkturus, die über ein halbes Jahr verteilt waren. Sie führten auf eine mittlere Geschwindigkeit der Erde von 29.617 km und auf eine Sonnenparallaxe von 8.844″. Aus der guten Übereinstimmung mit den heute allgemein angenommenen Werten (29.766 km bzw. 8.80″) durfte man schließen, daß unter Verwendung eines umfangreicheren spektrographischen Materials die Sonnenparallaxe astrophysikalisch ebenso scharf zu bestimmen sein müßte, wie auf astronomischem Wege. Eine Wiederholung der Arbeit an der Kap-Sternwarte hat diese Hoffnung vollauf bestätigt. Die 1908 bzw. 1927 abgeschlossenen Beobachtungsreihen ergaben eine Sonnenparallaxe von 8.799″ (J. Halm) bzw. 8.803″ (Sp. Jones) mit mittleren Fehlern von ± 0.007″ und ± 0.004″.

Die bei den Fixsternen beobachteten Geschwindigkeiten im Visionsradius erreichen zuweilen sehr hohe Werte, wenn sich diese auch in keiner Weise mit den Zahlen vergleichen lassen, die man etwa bei den kugelförmigen Sternhaufen

Besonders hohe Radialgeschwindigkeiten von Sternen > 5.3^m.

Stern	Gr.	Sp.	Geschw.
ε Androm.	4.5^m	G 5	— 83 km
μ Cassiop.	5.3	G 5	— 97
82 ε Eridani	4.3	G 5	+ 88
φ^2 Orionis	4.4	K o	+ 99
δ Leporis	3.9	K o	+ 99
β Columbae	3.2	K o	+ 89
Boss 1511 Col.	5.2	G 5	+181
ϑ Can. mai.	4.2	K 2	+ 98
20 Monoc.	5.0	K o	+ 79
σ Puppis	3.3	K 5	+ 87
11 Librae	5.0	K o	+ 84
ω Pavonis	5.1	K o	+181
9 Aquilae	5.0	K o	— 92
31 Aquilae	5.2	G 7	— 98
6 Vulpeculae	4.6	M 1	— 85
279 Sagittarii	5.3	K 5	—131
η Cephei	3.6	K o	— 87
1 Pegasi	4.2	K o	— 76

oder gar bei den Spiralnebeln gefunden hat. Dort bilden Geschwindigkeiten von mehreren Hunderten von Kilometern die Regel, während bei den Fixsternen Bewegungen über 80 km seltene Ausnahmen sind. Immerhin sind in den neueren Verzeichnissen einige Radialgeschwindigkeiten enthalten, die 300 km übersteigen, und selbst unter den helleren Sternen bis zur 5. Größe kommen recht beträchtliche Bewegungen in der Blickrichtung vor. Obwohl derartige Zusammenstellungen rasch veralten, sind in der hier eingeschalteten Übersicht die 18 uns am raschesten zustrebenden bzw. von uns forteilenden helleren Sterne bis 5.3^m mit ihren Geschwindigkeiten relativ zur Sonne zusammengestellt. Wie man sieht, enthält die Tafel nur gelbe und rötlichgelbe Sterne der Klassen G bis K 5, was insofern von Interesse ist, als das in dem Täfelchen (S. 520) nicht genügend hervortretende Maximum der Geschwindigkeiten hier recht sicher der Spektralklasse Ko zufällt. Bemerkenswert ist noch die sehr starke Radialbewegung einiger R-Sterne. So hat *BD* + 23° 123 (8.5^m) eine Bewegung von — 234 km, *BD* + 20° 5071 (8.7^m) gar von — 383 km in der Sekunde.

Die spektroskopischen Doppelsterne. Die spektroskopische Methode der Messung der Linienverschiebung hat gleich in ihren Anfängen zu einer astronomisch wie astrophysikalisch sehr wichtigen Entdeckung geführt, die auf anderem Wege kaum möglich gewesen wäre. Gemeint ist die Feststellung, daß bei gewissen Sternen der Betrag der Linienverschiebung einen periodischen Wechsel zeigt, demnach eine gesetzmäßig veränderliche Geschwindigkeit dieser Sterne andeutet, die nur durch Umlaufsbewegungen erklärbar ist. Die betreffenden Sterne erweisen sich damit als Doppelsysteme, jedoch mit so geringen scheinbaren Distanzen, daß die Trennung selbst in den mächtigsten Fernrohren nicht

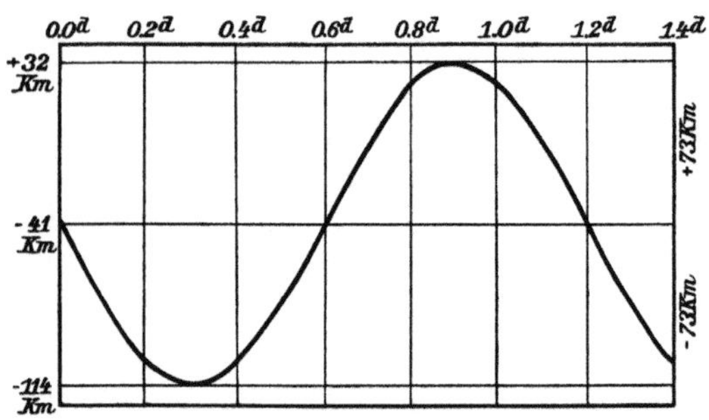

Abb. 358. Spektroskopische Geschwindigkeitskurve von RZ Cassiopeiae (nach F. C. Jordan).

Die helleren spektroskopischen Doppelsterne bis 3^m.

Stern	Gr.	Sp.	Periode	Stern	Gr.	Sp.	Periode
α Androm.	2.2	A o p	96.67^d	α^2 Can. ven.	2.9	A o p	5.50^d
β Cassiop.	2.4	F 5	27	ζ^1 Urs. mai.	2.4	A 2 p	20.54
γ Pegasi	2.9	B 2	—	α Virg.	1.2	B 2	4.01
α Phoen.	2.4	K o	3848.8	η Urs. mai.	1.9	B 3	—
α Urs. min.	2.1	F 8	3.97	η Bootis	2.8	G o	495 ±
β Arietis	2.7	A 5	107.0	β Centauri	0.9	B 1	—
β Persei	var.	B 8	2.87	η Centauri	2.6	B 3 p	—
ε »	3.0	B 1	—	α Lupi	2.9	B 2	—
γ Tauri	2.9	K o	—	α Librae	2.9	A 3	—
α Aurigae	0.2	G o	104.02	β Lupi	2.8	B 2 p	—
β Orionis	0.3	B 8 p	21.90	β Librae	2.7	B 8	80
γ »	1.7	B 2	—	α Cor. bor.	2.3	A o	17.36
δ »	2.5	B o	5.73	π Scorpii	3.0	B 2	1.57
ι »	2.9	Oe 5	29.14	δ »	2.5	B o	—
ε »	1.8	B o	100 ±	β »	2.9	B 1	6.83
ζ Tauri	3.0	B 3 p	138	α »	1.2	M a p	2120 ±
ζ Orionis	2.0	B o	19	β Herc.	2.8	K o	410.58
α »	0.9	M a	2200 ±	ζ »	3.0	G o	—
β Aurigae	2.1	A o p	3.96	υ Scorpii	2.8	B 3	—
β Can. mai.	2.0	B 1	0.26	α Arae	3.0	B 3 p	—
γ Gemin.	1.9	A o	2175	λ Scorpii	1.7	B 2	—
τ Puppis	2.8	K o	—	α Ophiuchi	2.1	A 5	2 ±
α^1 Gemin.	2.8	A o	2.93	κ Scorpii	2.5	B 2	—
α^2 »	2.0	A o	9.22	ζ Aquilae	3.0	A o	—
ι Argus	2.9	F 5	—	α Pavonis	2.1	B 3	11.75
κ Velorum	2.6	B 3	116.65	α Cygni	1.3	A 2 p	—
ϑ Carinae	3.0	B o	—	ε »	2.6	K o	—
α Urs. mai.	2.0	K o	—	δ Capric.	3.0	A 5	1.02
γ Corvi	2.8	B 8	—	α Tucanae	2.9	K 2	—
β Crucis	1.5	B 1	—	β Pegasi	2.6	M b	52 ±
ε Urs. mai.	1.7	A o p	1520	α »	2.6	A o	—

möglich erscheint. Die vier ersten Entdeckungen dieser sog. spektroskopischen Doppelsterne wurden fast gleichzeitig, aber unabhängig in Europa und in Amerika gemacht. In Potsdam fanden im Winter 1888—1889 H. C. Vogel und J. Scheiner, daß der Stern Algol im Perseus einer unmittelbar mit seinem Lichtwechsel zusammenhängenden periodischen Geschwindigkeitsänderung unterliegt, und das gleiche stellte sich bald darauf auch bei Spica heraus. Auf dem Harvard-Observatorium erkannte E. C. Pickering einen ganz entsprechenden Wechsel der Bewegungsrichtung bei β Aurigae und ζ Ursae mai. Durch Verfeinerung der Methoden sind dann sehr bald weitere spektroskopische Doppelsysteme mit z. T. recht geringer Bahngeschwindigkeit an den Linienverschiebungen erkannt und untersucht worden.

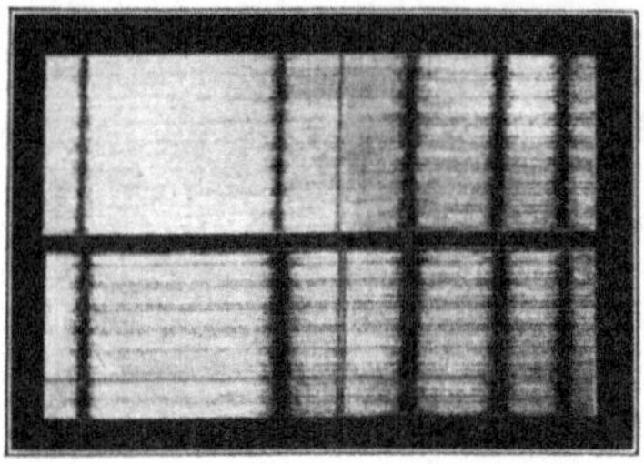

Abb. 359. Linienverdoppelung im Spektrum von β Aurigae.

Die spektroskopischen Paare ζ Ursae mai. und β Aurigae können als typische Vertreter dieser Himmelskörper gelten. Sie bestehen aus Komponenten gleicher Helligkeit und gleichen Spektralcharakters, so daß die periodischen Linienverdoppelungen hier sehr deutlich und klar hervortreten (Abb. 359). Die breiten, bzw. doppelten Linien entsprechen dann den Elongationen mit positiver bzw. negativer radialer Bewegungskomponente, die scharfen dagegen der Konjunktionsstellung der beiden Sterne mit einer Bewegung senkrecht zur Blickrichtung. Nur in einigen wenigen Fällen tritt das Spektrum des Begleiters so deutlich hervor, daß zusammengesetzte Liniensysteme zu erkennen sind. Bei einem Helligkeitsunterschied, der wenig mehr als eine Größenklasse betragen mag, verschwindet das schwächere Spektrum bereits vollständig. Aber schon bei geringeren Abweichungen können die Verhältnisse unübersichtlich werden, wenn die beiden Sterne verschiedenen Spektraltypen angehören. Dabei scheint der Unterschied der Helligkeit gesetzmäßig mit dem Unterschied der Spektren zu wachsen oder umgekehrt. Eigentümliche, an visuelle Doppelsterne mit stark abweichenden Helligkeiten und Spektren erinnernde Systeme sind z. B. ζ Aurigae (Sp. K und B) und δ Sagittae (Sp. M und A).

Bisher sind rund 1100 Sterne des Himmels als spektroskopische Doppelsysteme erkannt worden, doch liegt eine Bahnbestimmung erst für wenig mehr als etwa 250 Paare vor.[1]) Bei der großen Bedeutung, die dieses Gebiet der Astrophysik hat, ist auf S. 523 ein Verzeichnis der hellsten spektroskopischen Doppelsterne nach Sternbild, Größe, Spektrum und Umlaufszeit, soweit diese Daten bekannt sind, mitgeteilt. Als Grundlage diente dabei der dritte von J. H. Moore bearbeitete Katalog der Lick-Sternwarte.[2]) Ausgelassen sind einige visuelle Doppelsysteme mit längerer Periode, wie α Centauri und Sirius, sowie die noch unsicheren Systeme ϑ Can. mai. und β Ursae mai. In der Tafel fällt die starke Häufung spektroskopischer Doppelsterne in manchen Sternbildern, wie Orion, Skorpion usw. besonders auf. Die Umlaufszeiten einzelner spektroskopischer Doppelsterne umfassen zweifellos viele Jahre oder Jahrzehnte. Daneben kommen auch, nach Erfahrungen bei den Veränderlichen Sternen durchaus nicht überraschend, sehr kurze Perioden vor. Sie betragen z. B. bei β Cephei und dem „Reiterlein“ g Ursae mai. nur $4\frac{1}{2}$ bzw. $3\frac{1}{4}$ Stunden. Irgendwelche Beziehungen so kurzer Umlaufszeiten zu den Spektren scheinen nicht vorhanden zu sein.

Die Bestimmung der Elemente einer spektroskopischen Bahn stellt eine besonders interessante Aufgabe der theoretischen Astronomie dar. Das Problem

---

[1]) A. Beer, Zur Charakterisierung der spektroskopischen Doppelsterne. Berlin 1927.
[2]) J. H. Moore, Third catalogue of spectroscopic binary stars. Lick-Bull. 355 (1924).

kann auf zweifache Weise gelöst werden; geometrisch, indem man von den Geschwindigkeitskurven ausgeht und aus ihren Eigentümlichkeiten, insbesondere aus den Maxima und Minima die Bahnelemente ableitet, analytisch, indem man die beobachteten Radialbewegungen in trigonometrischen Reihen entwickelt und diese dann mit den analytischen Ausdrücken für die Bahngeschwindigkeit vergleicht, wie sie sich dynamisch als Funktion der Elemente ergeben. Der erste Weg ist z. B. von R. Lehmann-Filhés, der letzte insbesondere von J. Wilsing und H. N. Russell eingeschlagen worden. Wie bei den visuellen Doppelsternen liegen auch sehr anschauliche graphische Bahnbestimmungsmethoden für die spektroskopischen Paare vor. Es leuchtet ohne weiteres ein, daß ein Doppelsternsystem, an dem wir nur die Bewegung der einen Komponente, dagegen nie die Stellung der beiden Körper zueinander beobachten können, nicht alle Elemente der Bahn ergeben kann. Die Lage der Knotenlinie ist überhaupt nicht ableitbar, von der halben großen Achse a und der Neigung i, die hier stets sehr groß ist, läßt sich nur die lineare Beziehung $a \sin i$ bestimmen, d. h. die Projektion von a auf die Blickrichtung. Es bleiben somit an berechenbaren Stücken nur die Umlaufsperiode P, die Durchgangszeit T durch das Periastron, die Exzentrizität e und der Abstand ω des Periastrons vom aufsteigenden Knoten übrig. Als weitere Bestimmungsstücke eines spektroskopischen Systems treten noch die Gesamtamplitude $2\,K$ der radialen Bahngeschwindigkeiten und die Schwerpunktsbewegung γ in der Blickrichtung auf. Am meisten störend wirkt die Unmöglichkeit der Ableitung strenger linearer Dimensionen; die Beziehung $a \sin i$ geht nämlich auch in die Volumina und, was bedenklicher ist, auch in die Massen M ein, so daß bei spektroskopischen Doppelsternen stets nur der Minimalwert $M \sin^3 i$ ableitbar ist.

Es steht nichts im Wege, die spektroskopische Methode auch auf rasch bewegte visuelle Systeme anzuwenden. Die astrophysikalischen und astrometrischen Beobachtungen führen dann zu sehr vollständigen Elementen mit eindeutiger Lage der Knotenlinie und zu absoluten Maßeinheiten in Kilometern. Die wichtige Frage nach Änderungen bestimmter Bahnelemente könnte in diesen Fällen am sichersten entschieden werden; leider sind die wenigen Doppelsterne, bei denen dynamische Einwirkungen dritter Körper vorliegen, entweder nur visuell oder nur spektroskopisch zu beobachten. Unter den letzteren wäre an erster Stelle der Veränderliche Y Sagittarii mit einer Periode von 5.8 Tagen zu nennen, bei dem die Exzentrizität und damit die Radialgeschwindigkeit sich zeitlich sehr erheblich verändern (Abb. 360).

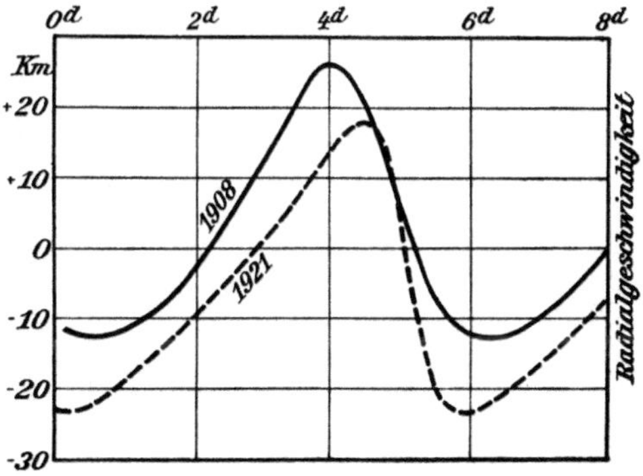

Abb. 360. Änderung der Geschwindigkeitskurve bei Y Sagittarii (nach J. C. Duncan).

Wenn auch bei den meisten spektroskopischen Doppelsternen die Bahnen noch gänzlich unbekannt sind, so ist doch die Entdeckung so zahlreicher enger Sternsysteme sehr merkwürdig. Die Gesamtzahl der Sterne bis 3.0^m beträgt nach der Tabelle S. 496 rund 133. Davon ist fast die Hälfte als doppelt oder dreifach anzusehen. Ebenso hat sich von den auf der Lick-Sternwarte untersuchten schwächeren Sternen der siebente Teil als spektroskopische Doppelsterne mit kurzer Periode ergeben, für die Sterne der Spektralklasse B wächst dieser Prozentsatz sogar auf ein Drittel. Dabei sind bisher nur solche Systeme entdeckt, deren Perioden relativ kurz sind, und bei denen die Veränderung der Geschwindigkeit beträchtlich ist. Die kleinste noch erkannte, aber bereits sehr unsichere Geschwindigkeitsänderung, diejenige von α Scorpii, beträgt 4 km; würde sie statt dessen etwa nur 1 km betragen, so würde die Entdeckung kaum möglich gewesen sein. Das führt im Verein mit den visuellen Erfahrungen zu dem Schluß, daß die Zahl der engen Doppelsterne sehr groß sein muß, ja, es wäre eine spätere Feststellung nicht ausgeschlossen, daß Sterne ohne helle oder dunkle Begleiter, also etwa wie unsere Sonne, sich in geringerer Zahl im Raum vorfinden als doppelte oder mehrfache Systeme.

Das Algolsystem. In den Sonderfällen spektroskopischer Doppelsterne, bei denen die Bahnneigung nahe 90^0 ist, die Komponenten sich also während eines Umlaufs zweimal gegenseitig bedecken, lassen sich außer den üblichen Bahnelementen noch wichtige physikalische Bestimmungsstücke für die Sterne ableiten, die in erster Linie ihre Größe, Masse und Dichte betreffen. Es wird dies dadurch ermöglicht, daß der zentrale oder nahe zentrale gegenseitige Vorübergang regelmäßige periodische Lichtänderungen hervorruft.

Einer der ältesten bekannten Veränderlichen dieser Art ist Algol im Perseus. Die Periode des Lichtwechsels beträgt $2^d\ 20^h\ 49^m$ und zeigt nur sehr geringe Änderungen. Der eigentliche Lichtwechsel umfaßt $9^h\ 45^m$, innerhalb welcher Zeit die Helligkeit von der Größe 2.2^m bis 3.4^m sinkt und wieder zum vollen Licht ansteigt (Abb. 361). Wegen der großen Regelmäßigkeit der Erscheinung hatte man schon lange vermutet, daß die Lichtabnahme auf die Verfinsterung durch einen nahen, dunklen Begleiter zurückzuführen sei, der in der angegebenen Periode von nahe drei Tagen den Hauptstern umkreist. Die systematisch zu den Zeiten der Quadraturen des Begleiters in Potsdam aufgenommenen Spektrogramme bestätigten 1889 die Voraussetzung in so eindeutiger Weise, daß ein Zweifel an der Doppelstern-

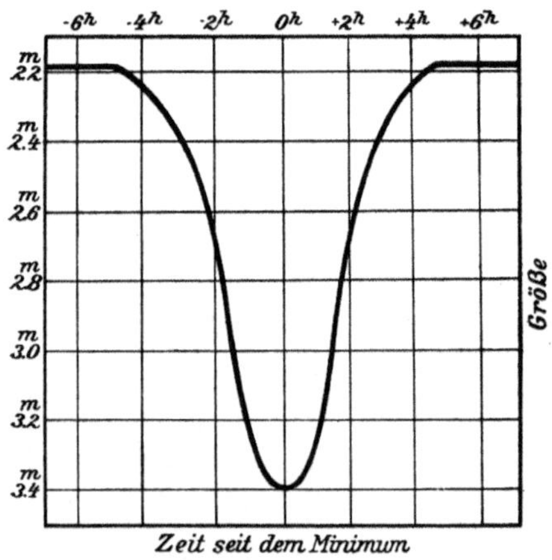

Abb. 361. Ältere Kurve des Algol.

natur Algols nicht mehr möglich war. Ist diese Feststellung einmal erfolgt, so ergibt sich unter Annahme einer Kreisbahn eine ganze Anzahl von Elementen des Doppelsternsystems in verhältnismäßig einfacher Weise.[1])

Die Lichtkurve des Algol wurde von E. C. Pickering und H. C. Vogel ursprünglich als Ausdruck einer zentralen ringförmigen Verfinsterung durch einen lichtlosen Begleiter aufgefaßt, und wir wollen zunächst noch bei dieser inzwischen als unrichtig erkannten Vorstellung verweilen. Wird die größte und kleinste Helligkeit der Kurve in Intensitäten umgewandelt, so verhalten sich diese wie die leuchtenden Flächen im Maximum und Minimum, womit man das Verhältnis der Radien $\varrho_1 : \varrho$ der beiden Weltkörper erhält. Hieraus und aus der Zeitdauer der Finsternis ergibt sich dann der Bruchteil der Bahn, der während der Ab- und Zunahme des Lichtes vor unseren Augen zurückgelegt wird. Auch Anhaltspunkte für eine etwaige Abweichung der Bahnneigung von 90⁰ lassen sich gewinnen. Durch die relativen Dimensionen der beiden Sterne und den soeben erwähnten Bahnbogen wird aber, wie man sich an einer einfachen Figur (Abb. 362) klarmachen kann, der Abstand der beiden Körper in Einheiten von ϱ eindeutig bestimmt.

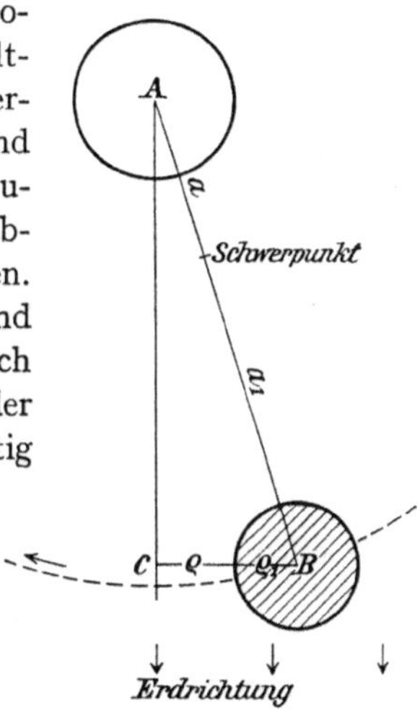

Abb. 362. Grundriß der Bahn eines Bedeckungsveränderlichen beim ersten Kontakt.

Soweit, d. h. bis zu einer geometrisch richtigen zeichnerischen Darstellung des Bahngrundrisses, gelangt man auch ohne Kenntnis der Radialbewegung. Die große Bedeutung der letzteren für die Bahnbestimmung beruht nun darauf, daß sie die bisher rein relativen Dimensionen des Systems in absolute umzuwandeln gestattet. Die in den Quadraturen erhaltenen Spektrogramme geben die Geschwindigkeit des Hauptsterns in Kilometern, d. h. in linearem Maß. Verbessert man sie wegen Neigung, so erhält man die wahre Bahngeschwindigkeit des hellen Sterns pro Sekunde, und, da die Umlaufszeit bekannt ist, auch den linearen Umfang der von dem hellen Stern beschriebenen Bahn in beliebigem Maße.

Es ist nun wohl zu beachten, daß die auf diese Weise abgeleitete absolute Bahn nicht die Distanz der beiden Sterne zum Radius hat, sondern den Abstand a der hellen Komponente vom Schwerpunkt. Für den dunklen Begleiter ist der Schwerpunktsabstand, solange keine Doppellinien im Spektrum auftreten, unbekannt, und nur auf Grund der Annahme bestimmbar, daß man für beide Weltkörper die gleiche Dichte annimmt. Das Massenverhältnis wird dann gleich dem Raumverhältnis, und die Abstände a und a_1 vom Schwerpunkt verhalten sich umgekehrt wie die Volumina. Der Rauminhalt ist nach Ableitung der relativen Halbmesser ϱ und ϱ_1 der beiden Sterne bekannt, es ist also

[1]) Ausführliches Beispiel in R. Henseling, Astronom. Handbuch, Stuttgart 1924.

$$\frac{a_1}{a} = \left(\frac{\varrho}{\varrho_1}\right)^3$$

Die Größe a ist bereits in km, der Abstand der beiden Körper $a + a_1$ in Einheiten von ϱ gegeben, so daß nunmehr a_1, $a + a_1$, ϱ und ϱ_1 in Kilometern ausgedrückt werden können.

Nach diesem von PICKERING zuerst vorgeschlagenen Verfahren hat der Lichtwechsel Algols 1892 zur Ableitung der folgenden Sterndimensionen und Bahnelemente geführt:

Hypothese: Verfinsterung ringförmig, Begleiter dunkel	
Radius des Hauptsterns	850 000 km
» » Begleiters	665 000 »
Abstand der Mittelpunkte	5 180 000 »
Bahngeschwindigkeit des Hauptsterns . .	42 »
» » Begleiters . . .	89 »
Massenverhältnis	2:1
Masse des Hauptsterns	$^1/_9$ ☉
» » Begleiters	$^2/_9$ ☉

In der heute nicht mehr gültigen Übersicht — die neueren Bahnbestimmungen gehen von einem lichtschwächeren aber größeren Sterne aus, der eine partielle Bedeckung des leuchtenden kleineren verursacht (Abb. 412) — ist nicht nur das Massenverhältnis der beiden Körper abgeleitet, sondern es sind auch die Einzelmassen selbst in Einheiten der Sonnenmasse mitgeteilt. Daß eine Berechnung dieser Werte möglich ist, zeigt die folgende Überlegung.

Alle Umlaufsbewegungen im Weltraum erfolgen ohne merkliche Abweichung nach dem Gesetz der Massenanziehung. Die historisch älteste und anschaulichste Form der durch die Gravitation bedingten Gesetzmäßigkeiten ist in den drei sog. Keplerschen Gesetzen der Bahnbewegung ausgedrückt, von denen das dritte das für uns wichtigste ist. Ist a_0 der mittlere Abstand Sonne — Planet, M_0 die Sonnenmasse, P_0 die Umlaufszeit der Planeten, k die Gravitationskonstante, so gilt nach dem dritten Keplerschen Gesetz für jedes Glied des Sonnensystems die Beziehung

$$a_0^3 = \frac{k^2 M_0 P_0^2}{4\pi^2}$$

Genau dieselbe Beziehung besteht in jedem Doppelsternsystem, mit dem Unterschied, daß dabei die Masse des Begleiters nicht vernachlässigt werden darf. Hier ist

$$a^3 = \frac{k^2 (M + M_1) P^2}{4\pi^2}$$

woraus

$$\frac{M + M_1}{M_0} = \left(\frac{a}{a_0}\right)^3 \cdot \left(\frac{P_0}{P}\right)^2$$

Man braucht demnach nur a und P auf irdische Einheiten (z. B. auf Kilometer und Tagesbruchteile) zu beziehen, um aus dem Ausdruck

$$M + M_1 = \frac{a^3}{P^2}$$

die Gesamtmasse in Einheiten der Sonnenmasse M zu erhalten. Bei Annahme der gleichen Dichte ist dann, wie wir gesehen haben, die Feststellung der Schwerpunktslage und damit die Trennung der beiden Massen möglich.

Es ist zweckmäßig, an dieser Stelle auch noch auf einige andere, sich aus den Bahnelementen und den Dimensionen eines Verfinsterungssystems ergebende Zahlenwerte hinzuweisen. Bei bekannten Massen und Radien läßt sich aus dem Quotienten Masse : Volumen sogleich die Dichte des Gesamtsystems in Einheiten der Sonnendichte bestimmen. Diese Verhältniszahl wird bei Algol 0.1 oder, auf die Dichte von Wasser bezogen, 0.4. Der Wert erscheint überaus klein, wir werden jedoch später sehen, daß die Lichtkurven von einigen anderen Verfinsterungsveränderlichen auf noch weit geringere Dichtewerte führen.

An einem abgeschlossenen Bilde der Größe und Raumlage unseres Doppelsterns fehlt nur noch der Abstand von der Sonne oder die Parallaxe des Systems. Nun zeigt die Erfahrung, daß die meisten Sterne vom Algoltypus so weit von uns entfernt sind, daß die üblichen trigonometrischen Methoden der Parallaxenbestimmung hier in der Regel vollkommen versagen. Es muß also ein Umweg eingeschlagen werden. Einen solchen bietet das Stefan-Boltzmannsche Gesetz (S. 137) in Verbindung mit den von J. Wilsing, H. Rosenberg u. a. ausgeführten Temperaturbestimmungen der Sterne verschiedener Spektralklassen. Der Stefanschen Regel entsprechend wächst die Leuchtkraft eines Flächenelements eines Sterns unter Voraussetzung von Hohlraumstrahlung proportional der vierten Potenz der absoluten Temperatur. Nach den genannten Arbeiten ist nun die letztere für jede Spektralklasse innerhalb enger Grenzen sofort angebbar. Geht man mit der Spektralklasse in eine solche Temperaturtafel ein (S. 571), bildet dann das Verhältnis $T : T_0$ der Sterntemperatur zur Sonnentemperatur und erhebt den Quotienten in die 4. Potenz, so ist damit das Helligkeitsverhältnis $h : h_0$ der Flächeneinheit von Stern und Sonne gegeben. Da sich strahlende Oberflächen verhalten wie die Quadrate der Radien, und letztere bei Stern und Sonne bekannt sind, so ergibt eine Multiplikation der oben erhaltenen Flächenhelligkeit des Sterns mit dem Quadrat des Halbmesserverhältnisses die absolute Leuchtkraft l in Einheiten der Sonnenhelligkeit. Es ist also

$$\frac{h}{h_0} = \left(\frac{T}{T_0}\right)^4$$

$$l = \left(\frac{T}{T_0}\right)^4 \left(\frac{\varrho}{\varrho_0}\right)^2$$

Nimmt man z. B. als Temperatur der Sterne vom Spektraltypus des Algol $T = 13000$ an, d. h. 7000 mehr als bei der Sonne, so wird demnach unter Hinzuziehung des auf S. 528 abgeleiteten Halbmessers die Leuchtkraft des Algol

$$l = \left(\frac{13000}{6000}\right)^4 \left(\frac{850000}{700000}\right)^2 = 32\,\odot$$

Der Faktor 32 entspricht 3.8 Größenklassen. Um so viel übertrifft das Licht des Algol unsere Sonne. Da diese im Abstande der gebräuchlichen Parallaxeneinheit $p = 0.1''$ einem Stern 4.8^m entspricht (S. 268), so ist demnach die absolute Helligkeit des Algol $+ 1.0^m$. Damit ist die Aufgabe erledigt, denn es braucht nur noch bestimmt zu werden, welche Entfernung anzunehmen ist, um die berechnete absolute Helligkeit 1.0^m in die beobachtete scheinbare 2.2^m umzuwandeln. Die einfache Beziehung ist auf S. 541 abgeleitet. Auf Algol angewendet, ergibt sich auf diesem Wege die Parallaxe $p = 0.058''$, d. h. ein Abstand von 56 Lichtjahren. Diese Entfernungsbestimmung ist nicht sehr zuverlässig. Nimmt man die Parallaxe in besserer Übereinstimmung mit den trigonometrisch erhaltenen Werten halb so groß an, so würde dies nur eine um 1200^0 erhöhte Algoltemperatur voraussetzen, also einem Unterschied entsprechen, der in der Spektralklasse der B-Sterne noch vollkommen im Bereiche der Beobachtungsfehler liegt.

Prüfung durch direkte Verfahren und durch die Interferenzmethode. Die Besonderheit der eben behandelten Aufgabe liegt darin, daß hier in elementarer Weise die Dimensionen und Bahnkonstanten eines nicht trennbaren Doppelsterns fast mit genau der gleichen Schärfe und Folgerichtigkeit berechnet werden, wie bei einem rasch bewegten sichtbaren System mit bekannter Parallaxe. Diese „Astronomie des Unsichtbaren", wie sie einige Zeit hindurch in volkstümlichen Schriften mit Vorliebe genannt wurde, hat bei ihrer Begründung vor 40 Jahren den bis dahin bestehenden Abstand zwischen der älteren astronomischen Forschung, die nur die dynamischen Erscheinungen in den Kreis ihrer Untersuchungen zog, und der Astrophysik wieder überbrückt, und heute ist eine Trennung der Arbeitsgebiete kaum noch möglich. Ein Zweifel an den Ergebnissen war ausgeschlossen, da zur Nachprüfung sichtbare Objekte in genügender Anzahl am Himmel stehen. Beispiele dieser Art bieten schon die hellsten uns relativ sehr nahe stehenden Doppelsterne *α* Centauri und Sirius, deren Bahnkonstanten und Parallaxen seit Jahrzehnten zuverlässig vorliegen.

Auf dem Mills-Observatorium bei Santiago wurde 1904 von W. H. Wright die radiale Geschwindigkeit der beiden Komponenten von *α* Centauri bestimmt. Für die hellere ergab sich eine Bewegung von — 24.5 km, für die schwächere — 19.1 km. Da der scheinbare Durchmesser der Bahn und die Umlaufsperiode dieses Doppelsterns bekannt sind, so läßt sich unter Berücksichtigung der Bahnneigung aus den Radialgeschwindigkeiten der lineare Abstand der beiden Körper und damit auch die Parallaxe des Sterns berechnen. Sie wurde zu $0.76''$ gefunden, in genauer Übereinstimmung mit dem besten aus vieljährigen Heliometermessungen abgeleiteten Wert.

Neben *α* Centauri hat unter den Doppelsternen der Sirius nach der theoretischen Entdeckung seines Begleiters durch F. W. Bessel besonderes Interesse gewonnen. Im Jahre 1862 wurde der Begleiter von A. G. Clark tatsächlich als ein Stern 8.5^m aufgefunden. Er ist also nicht so schwach, wie man früher dachte, nur wird er durch den um 10 Größenklassen helleren Sirius überstrahlt. Die Bahn, die Parallaxe und das Massenverhältnis sind so genau bekannt, daß für jeden Augenblick die Bewegung des Hauptsterns in der Blickrichtung berechnet werden kann. Auf der Lick- und Yerkes-Sternwarte sind zur Kontrolle einige Jahre hindurch die Geschwindigkeiten auch spektrographisch beobachtet worden. Zieht man von den Ergebnissen die Schwerpunktsgeschwindigkeit des Systems im Betrage von — 7.4 km ab, so erhält man die nebenstehenden gut stimmenden Werte. An der Anwendbarkeit des Doppler-Prinzips auf die vorliegenden Bahnprobleme ist demnach nicht der geringste Zweifel möglich. Erst bei den in der letzten Zeit beobachteten ungewöhnlich starken Linienverschiebungen der Spiralnebel (S. 689 ff.) könnten Bedenken auftauchen, ob diese ausschließlich dem Doppler-Effekt zuzuschreiben sind oder nicht.

Radialgeschwindigkeit des Sirius.

Jahr	Radialgeschwindigkeit beobachtet	Radialgeschwindigkeit berechnet
1897.0	— 3.2 km	— 3.1 km
1898.1	— 5.9	— 3.9
1898.7	— 3.6	— 4.4
1899.9	— 4.8	— 5.0
1901.9	— 4.8	— 5.9
1902.1	— 6.9	— 5.9
1903.1	— 6.9	— 6.3
1904.0	— 5.4	— 6.8
1905.1	— 7.4	— 6.9

Zu Beginn dieses Abschnittes war die Ansicht geäußert worden, daß die Entdeckung und Verfolgung so enger Doppelsterne wie der spektroskopischen Paare kaum auf einem anderen als dem hier skizzierten Wege möglich gewesen wäre. Diese Anschauung muß gegenwärtig insofern berichtigt werden, als es nach vielen vergeblichen Versuchen gelungen ist, für die Beobachtung sehr enger, visuell nicht mehr trennbarer Doppelsterne auch die Interferenzmethode nutzbar zu machen. Der Gedanke der astronomischen Verwendung des Interferometers stammt von H. L. Fizeau, der zum ersten Male zwei von derselben Lichtquelle stammende Spaltbilder zur Interferenz brachte. Die theoretische Begründung und Ausarbeitung der neuzeitlichen Verfahren ist A. A. Michelson zu verdanken, der sie im Laboratorium als brauchbar erprobte und dann ihre Anwendung auf die Himmelskunde mehrfach anregte.[1])

Wie bekannt, entstehen von punktförmigen Objekten, wie den Fixsternen, im Fernrohr Beugungsbilder, d. h. leuchtende, winzige Scheibchen, die von hellen und dunklen Interferenzringen umgeben sind. Durch die Dimensionen des Objektivs, durch die Brennweite desselben und durch die Wellenlänge des einfallenden Lichtes sind, wie G. B. Airy zuerst gezeigt hat, die Durchmesser der Sternscheibchen sowie die hellen und dunklen Ringe nach Lage und Helligkeit streng definiert (S. 90). Wird vor dem Objektiv ein enger Spalt angebracht, so erhält man von einem fernen Lichtpunkt in der Brennebene an Stelle des Scheibchens ein senkrecht zum Spalt verlaufendes Lichtband, dem links und rechts die Minima und Maxima der Beugungsstreifen parallel vorgelagert sind. Befinden sich vor

[1]) A. A. Michelson, Lichtwellen und ihre Anwendungen. Leipzig 1911.

der Objektivöffnung zwei parallele Spalte, deren Breite gegenüber dem Abstand vernachlässigt werden kann, so vereinigen sich die Lichtstrahlen, die die beiden Spalte passieren, derart, daß in dem mittelsten hellen Band ein neues sehr enges Streifensystem entsteht. Die beiden zur Veranschaulichung der Erscheinung hier gegebenen Abb. 363 und 364 sind schematisch aufzufassen. In Wirklichkeit konzentriert sich die Erscheinung wesentlich auf die Mittelstreifen bei sehr

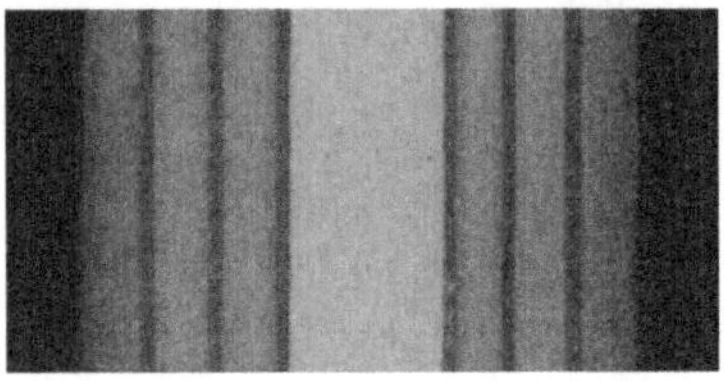

Abb. 363. Ideales Interferenzbild einer Spaltblende.

Abb. 364. Ideales Interferenzbild von zwei Spaltblenden.

kräftigem Lichtabfall nach den Seiten zu, so daß das interferometrische Bild eines Fixsterns das Aussehen der Abb. 365 hat. Die Streifen in dem etwas verzerrten Lichtscheibchen erscheinen dem Auge am Okular als dunkle Unterbrechungen auf einem flackernden Hintergrund.

Läßt man das Interferometer, d. h. die Spaltplatte langsam rotieren, so dreht sich das Streifenbild im Gesichtsfelde des Okulars mit. Solange es sich um einen mathematischen Lichtpunkt, also um einen einfachen Fixstern handelt, wird dabei das Aussehen der Streifen nicht geändert. Anders bei einem Doppelstern. Hier werden in einer ganz bestimmten Stellung der Spalte, und zwar dann, wenn ihre Verbindungslinie mit dem Positionswinkel der beiden Teilsterne übereinstimmt, die engen Streifen der Abb. 365 dadurch gestört, daß die Maxima und Minima der Interferenzen sich zum Teil oder ganz überdecken. Bei einem Doppelstern mit nahe gleichhellen Komponenten zeigt somit das Interferometer in bestimmten Positionswinkeln eine besonders günstige, in anderen eine besonders ungünstige Trennung der Streifen. Im letzten Falle kann durch eine Änderung des Spaltabstandes versucht werden, die Streifen völlig zum Verschwinden zu bringen. Ist dies geschehen, so gestattet die Beugungstheorie die Aufstellung einer Beziehung zwischen der Spaltentfernung und der Winkeldistanz der Komponenten.

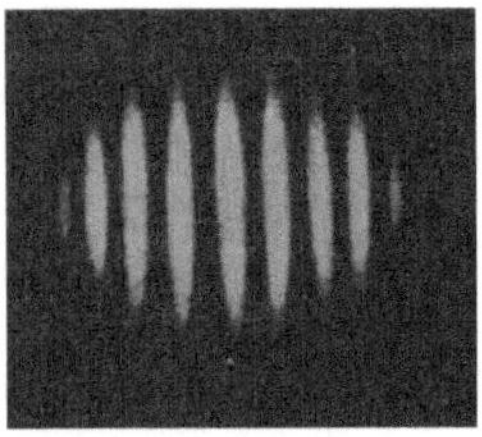

Abb. 365. Anblick eines Sterns im Michelson-Interferometer.

Das Prinzip kann man auf Grund der Wellentheorie des Lichtes und der bereits behandelten Beugungsphänomene (S. 59 ff.) in wenigen Worten erläutern. So lange die von beiden Sternen ankommenden Wellen sich um weniger als $\frac{1}{2}\lambda$ unterscheiden, bleiben die Streifen ungestört. Ist der genannte Unterschied erreicht, so fallen die dunklen Streifen des einen Sterns mit den hellen des anderen zusammen, und das Bild wird je nach der gegenseitigen Helligkeit der Komponenten getilgt oder geschwächt. Ist für einen Spaltabstand e, der hier der früheren Gitterkonstante entspricht, ein Verschwinden der Streifen beobachtet, so läßt sich zeigen, daß die Winkeldistanz δ der beiden Sterne gleich ist der halben vom Objektiv aus gesehenen Streifenbreite für den gegebenen Spaltabstand, d. h.

$$\delta = \frac{\lambda}{2e}$$

wenn λ die wirksamste Wellenlänge bezeichnet, die bei weißen, gelben und roten Sternen allmählich von 530 $\mu\mu$ bis etwa 580 $\mu\mu$ heraufrückt. Da ein Objektiv vom Durchmesser des Spaltabstandes e eine Trennkraft

$$\delta = 1.22 \frac{\lambda}{e}$$

hat (S. 90), so kann man bei Anwendung des Interferometers hoffen, mit einem gewöhnlichen Refraktor die meßbaren Distanzen gleichheller Sterne auf etwa die Hälfte der theoretisch am Okular erreichbaren Werte herabzudrücken. Von sehr vollkommenen Objektiven wird heute die theoretische, auf den AIRYschen Annahmen beruhende Trennungsgrenze für Doppelsterne zwar merklich übertroffen, immerhin bleibt beim Interferometer ein erheblicher Gewinn bestehen.

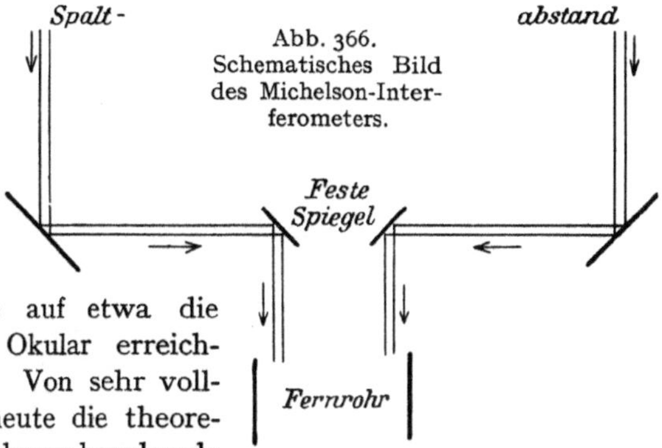

Abb. 366. Schematisches Bild des Michelson-Interferometers.

Für die Beobachtung der Interferenzerscheinungen ist gute Luft erforderlich, da Okularvergrößerungen von 2000 bis 10000 angewendet werden müssen. Je weiter die Spalte auseinander gerückt sind, desto engere Doppelsterne können untersucht werden, schließlich versagen auch die stärksten Okulare, wenn nicht schon vorher die Spalte die Objektivränder erreichen. Die letzte Schwierigkeit kann, wie beim Scherenfernrohr, durch Verwendung von weit über die Objektivöffnung ausladenden periskopischen Spiegeln (Abb. 366) beseitigt werden, immerhin bleiben die Untersuchungen überaus mühsam und schwierig. Bei Komponenten sehr geringen Abstandes oder merklich abweichender Helligkeit versagt das Verfahren schließlich ganz. Geringe Größenunterschiede stören wenig; der Betrag der Abweichung kann aus der relativen Streifensichtbarkeit abgeschätzt werden.

Trotz der Beharrlichkeit, mit der MICHELSON an der Idee festhielt, und trotz der Aussichten, die sie astronomisch bot, hat es recht lange gedauert, bis die Versuche zu positiven Ergebnissen geführt haben. Das erste brauchbare Resultat ist 1919—1920 mit dem großen Hooker-Spiegel des Mt. Wilson-Observatoriums von J. A. ANDERSON erzielt worden, und zwar an dem hellsten spektroskopischen Doppelstern des Himmels, Capella. Bereits bei den ersten Potsdamer Spektralaufnahmen war bemerkt worden, daß manche Spektra von α Aurigae sehr unscharf ausfielen. W. W. CAMPBELL und H. F. NEWALL erkannten bald, daß das Scharf- bzw. Unscharfwerden der Linien periodisch erfolgt, daß also α Aurigae ein spektroskopischer Doppelstern ist. Die Verbreiterung der Linien erfolgt symmetrisch zu ihrer mittleren Lage, die beiden Körper müssen also bei nahe gleicher Helligkeit auch nahe gleiche Geschwindigkeit, demnach auch nahe gleiche Masse besitzen. Als Umlaufszeit wurden 104 Tage gefunden. Die maximale Winkeldistanz konnte bei der bekannten Parallaxe des Sterns auf etwa 0.05″ geschätzt werden, sie durfte also für die amerikanischen Instrumente, die bereits auf direktem Wege eine Trennung von Sternen bis zu 0.1″ gestatten, zweifellos einen Erfolg versprechen. Tatsächlich ist es dann auch ANDERSON auf dem vorgezeichneten Wege mit einem Interferometer von 6 m Spaltabstand nicht nur gelungen, Capella als Doppelstern zu erkennen, sondern auch die Elemente der Bahn aus den mit dem Instrument beobachteten Positionswinkeln und Distanzen der Komponenten auf das genaueste zu bestimmen (Abb. 367). Die verbesserte Umlaufsperiode beträgt danach 104.006^d und der Winkelabstand der Komponenten 0.05249″, was bei einer Parallaxe $p = 0.06''$ einer gegenseitigen Entfernung der beiden Sterne von 131000000 km gleichkommt. Die beiden fernen Sonnen bilden demnach ein etwas engeres Paar als das System Sonne — Erde. Ihre Massen betragen aber das 4.6 bzw. das 3.6fache der Sonnenmasse, wodurch sich die Kürze der Umlaufsperiode, ein reichliches Vierteljahr, ohne weiteres erklärt.

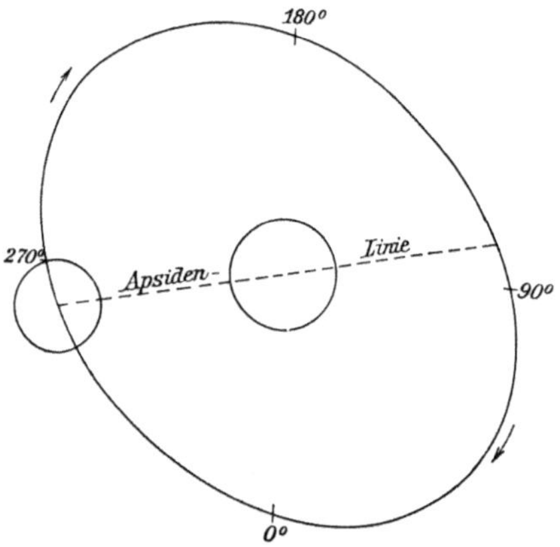

Abb. 367. Scheinbare Bahn der Capella (nach J. A. Anderson).

Ähnlich wie beim Doppler-Effekt (S. 531) ist auch hier eine gute Kontrolle des Verfahrens durch Beobachtung von engen visuellen Doppelsternen mit bekannter Bahn gegeben. Die Prüfung ist z. B. an dem engen Paar ζ Urs. mai. vorgenommen worden und hat, wie nicht anders zu erwarten war, die Deutung der Interferenzen und die Reduktionsmethode in jeder Hinsicht gerechtfertigt. Dagegen ist die Hoffnung, nunmehr eine größere Reihe von spektroskopischen Doppelsternen interferometrisch trennen zu können, nicht in Erfüllung gegangen. Ein sicherer Nachweis der jeweiligen Stellung der Komponenten gelang bei dem maximalen Spiegelabstand von 6 m außer bei α Aurigae nur noch bei χ Urs. mai. Sonst zeigten von 85 untersuchten Sternsystemen lediglich sechs Paare zweifelhafte Anzeichen des Verschwindens der Interferenzstreifen, so daß eine Erweiterung unserer Kenntnisse über die engsten Doppelsterne erst von wesentlich größeren instrumentellen Einrichtungen (S. 551) zu erwarten ist.

Physikalische Eigenschaften der visuellen Doppelsterne. Noch vor wenigen Jahren bildeten die visuellen Doppelsterne ein Arbeitsgebiet, an dem ausschließlich die ältere dynamische Richtung der Astronomie Anteil nahm. Die Beobachtung der gegenseitigen Stellung der Paare erfolgte, wie bei allen astrometrischen Arbeiten, an Faden- oder Doppelbildmikrometern, und die Ergebnisse wurden ausschließlich zu Bahnbestimmungen verwendet.[1]) Nach Ableitung der Form und Größe der Bahn, sowie ihrer Lage im Raum galt die Aufgabe im allgemeinen als erledigt.

Die große Zahl der auf spektrographischem Wege gefundenen Doppelsterne hat inzwischen die Aufmerksamkeit der Astrophysiker auch auf die älteren und neueren im Fernrohr trennbaren Systeme gelenkt. Tatsächlich ist bei näherer Betrachtung der Sachlage eine Förderung der Kenntnisse über die unsichtbaren Systeme, also die spektroskopischen Doppelsterne, die Bedeckungsveränderlichen usw. ohne ständiges Zurückgreifen auf die im Fernrohr sichtbaren direkt verfolgbaren Bahnen unmöglich. Die Helligkeiten, die Farben und vor allem die Spektra lassen sich hier nicht nur in einem Gesamteindruck, sondern fast stets nebeneinander getrennt beobachten, womit weit bessere Anhaltspunkte für eine eventuelle Entwicklungsgeschichte der Komponenten geschaffen werden als durch ein noch so gründliches Studium der gestörten Linien in den Spektren. Schließlich haben die visuellen Doppelsterne die erste Möglichkeit einer Massen- und Dichtebestimmung außerhalb des Sonnensystems geboten, also gleich die Lösung von zwei sehr wichtigen astrophysikalischen Fragen in greifbare Nähe gerückt. Wegen der Bedeutung, die Masse und Dichte im Aufbau und in der Entwicklung eines Fixsterns haben, müssen diese Eigenschaften trotz des wenig sicheren Fundamentes, auf dem sie zur Zeit noch beruhen, in besonderen Abschnitten behandelt werden. Hier sind vorerst einige allgemeine Fragen zu erörtern, die sich an die photometrischen und spektroskopischen Daten der visuellen Doppelsterne knüpfen.

Es bedarf lediglich einer Erinnerung, daß nur ein Teil der Doppelsterne physisch verbundene Körper darstellt. Wenn die Umlaufsbewegung unmerklich ist, d. h. die Trennung von rein zufällig in gleicher Blickrichtung stehenden sog. optischen Paaren nicht möglich ist, müssen die physischen Systeme nach einem Wahrscheinlichkeitsgesetz definiert und katalogisiert werden. So hat R. G. Aitken vorgeschlagen, zwei Sterne dann als physisch verbunden zu betrachten, wenn die folgenden Beziehungen zwischen scheinbarer Helligkeit und Abstand bestehen:

Größe	Abstand	Größe	Abstand
$> 2^m$	$< 40''$	6^m bis 9^m	$< 5''$
2^m bis 4^m	< 20	9^m „ 11^m	< 3
4^m „ 6^m	< 10	$< 11^m$	< 1

[1]) R. G. Aitken, The binary stars. New York 1918.

Die Definition ist nicht vollkommen, da sie die Helligkeit des Begleiters im Verhältnis zum Hauptstern außer acht läßt. Bei Unterschieden von weniger als 2^m dürften noch etwas größere Distanzen für den physischen Zusammenhang sprechen. Die sicherste Entscheidung liefert auch hier nicht der Augenschein, sondern die Untersuchung der Radialgeschwindigkeit der Komponenten, die aber, besonders bei den engeren Systemen, nicht gerade leicht ist.

Die Helligkeiten der Doppelsterne bis 7.5^m finden sich in den bekannten photometrischen Katalogen, wobei in allen engeren Systemen nur das Gesamtlicht gemessen worden ist. Die Bestimmung der Helligkeit der Komponenten ist stets durch die Nachbarschaft des zweiten Sternes erschwert und nur an größeren Instrumenten möglich. Eine erste Beobachtungsreihe dieser Art ist 1877 bis 1879, eine zweite, die ungefähr 700 Doppelsterne umfaßt, 30 Jahre später am Harvard-Observatorium ausgeführt worden.

Die häufig, z. B. für Schätzungen mit bloßem Auge erforderliche Umrechnung der Einzelgrößen in die Gesamthelligkeit muß auf dem Wege über die Intensitäten erfolgen. Es sei $\Delta m'$ der Größenunterschied der beiden Sterne und der Hauptstern entspreche an Intensität N Begleitern. Dann ist nach der Größendefinition

$$\log N = 0.4\,\Delta m'$$

und

$$\frac{\text{Gesamtlicht}}{\text{Licht des Hauptsterns}} = \frac{1+N}{N}$$

somit der Größenzuwachs durch den Begleiter

$$\Delta m = 2.5 \log \frac{1+N}{N}$$

Die Berechnung des Ausdrucks, der auch zur Summierung von Flächenhelligkeiten (S. 483) verwendet werden kann, wird durch Benutzung von Tafeln erspart, wie sie an verschiedenen Stellen veröffentlicht worden sind, und aus denen nebenan ein Auszug

Vereinigtes Licht von Doppelsternen.

Größen-untersch.	Zuwachs	Größen-untersch.	Zuwachs	Größen-untersch.	Zuwachs
0.0^m	-0.75^m	2.0^m	-0.16^m	4.0^m	-0.03^m
0.1	−0.70	2.1	−0.15	4.1	−0.02
0.2	−0.66	2.2	−0.13	4.2	−0.02
0.3	−0.61	2.3	−0.12	4.3	−0.02
0.4	−0.57	2.4	−0.11	4.4	−0.02
0.5	−0.53	2.5	−0.10	4.5	−0.02
0.6	−0.49	2.6	−0.10	4.6	−0.02
0.7	−0.46	2.7	−0.09	4.7	−0.01
0.8	−0.42	2.8	−0.08	4.8	−0.01
0.9	−0.39	2.9	−0.07	4.9	−0.01
1.0	−0.36	3.0	−0.07	5.0	−0.01
1.1	−0.34	3.1	−0.06	5.1	−0.01
1.2	−0.31	3.2	−0.06	5.2	−0.01
1.3	−0.29	3.3	−0.05	5.3	−0.01
1.4	−0.26	3.4	−0.05	5.4	−0.01
1.5	−0.24	3.5	−0.04	5.5	−0.01
1.6	−0.22	3.6	−0.04	5.6	−0.01
1.7	−0.21	3.7	−0.04	5.7	−0.01
1.8	−0.19	3.8	−0.03	5.8	−0.00
1.9	−0.17	3.9	−0.03	5.9	−0.00
2.0	−0.16	4.0	−0.03	6.0	−0.00

abgedruckt ist. Die Tabelle ist wichtig, da sie z. B. auch das Gesamtlicht aller Sterne bis zu einer Grenzgröße oder die Helligkeit eines Sternhaufens aus den Einzelkomponenten zu berechnen gestattet u. a. m. Sie fördert auch die Anschauung über den Begriff einer Größenklasse. Ein Stern steigert das Licht eines anderen von gleicher Größe ($\Delta m' = 0$) um 100% oder 0.75^m, 1% Helligkeitszuwachs entspricht somit nicht ganz 0.01^m. Wie sehr die Vorstellung der Größenklasse bei bedeutenden Intensitäten versagt, ersieht man am besten beim Betrachten der Sonnenhelligkeit. Diese entspricht in Sterngrößen der Zahl -26.72^m (S. 268). Stünde in ihrer nächsten Nähe ein gleichheller Begleiter, so würde das Gesamtlicht -26^m betragen, der Unterschied gegen die vorliegende Helligkeit wäre also zahlenmäßig nicht bedeutend.

Die an den Doppelsternen beobachteten ungewöhnlichen Farben, die nach übertriebenen älteren Schilderungen an Rubine, Granate, Smaragde, Saphire und andere Edelsteine erinnern sollten, sind zweifellos der Hauptsache nach einer physiologischen Komplementärwirkung zuzuschreiben, wie dies bereits F. Zöllner durch Laboratoriumsversuche als sehr wahrscheinlich nachgewiesen hat. Gelegenheit zur Nachprüfung dieser Deutung liefert jede Konjunktion des gelbroten Mars mit den weißen Sternen Regulus oder Spica, wobei für manche Augen farbenprächtige rotblaue Sternpaare entstehen. Für die physiologische Erklärung spricht auch die Tatsache, daß bei Anwendung größerer Instrumente und stärkerer Vergrößerungen, also bei Zunahme des Winkelabstandes, selbst bei scheinbar stark farbigen Doppelsternen die Tönungen die normalen Stufen von Weiß bis Gelbrot nicht überschreiten. Den sichersten Beweis liefert die spektrale Untersuchung des Lichtes der Doppelsterne, wie sie neuerdings F. C. Leonard am 91 cm-Refraktor der Lick-Sternwarte ausgeführt hat. Die 1922 vollendete Arbeit[1]) erstreckt sich auf etwa 85 Systeme bekannter Parallaxe und umfaßt mit den älteren Messungen der Harvard- und Mt. Wilson-Observatorien alle helleren Doppelsterne mit farbigen Komponenten. In der auf S. 538 gegebenen Auswahl ist neben dem Spektrum noch die objektive Farbe hinzugefügt, wie sie dem betreffenden Spektraltypus in der Regel entspricht. Wie die Zusammenstellung zeigt, kommen bei einzelnen Doppelsternen wohl sehr große spektrale Unterschiede vor, eine Abweichung von den normalen Typen ist jedoch nicht vorhanden. Unter Mitberücksichtigung der älteren Katalogergebnisse läßt sich mit Sicherheit behaupten, daß rund 95% der visuellen Doppelsternkomponenten den Spektralklassen B9 bis K5 angehören, also nur Tönungen zwischen Weiß und Rotgelb aufweisen.

Viel wichtiger als die Entscheidung der Farbenfrage ist eine physische Gesetzmäßigkeit, die die Leonardsche Arbeit aufdeckt. Da die Abstände der von ihm untersuchten Doppelsterne vom Sonnensystem bekannt sind, so lassen sich die scheinbaren Größen in absolute, etwa mit dem Sonnenlicht vergleich-

---

[1]) F. C. Leonard, An investigation of the spectra of visual double stars. Lick Bull. 343 (1923).

Helligkeit, Spektrum und objektive Farbe einiger Doppelsternsysteme.

Doppelstern	Dist.	Scheinb. Größe		Spektrum		Farbe	
η Cassiop.	7″	3.7^m	7.4^m	F 8	K 5	2.5^c	6.5^c
γ Androm.	10	2.3	5.1	K o	B 9	5	0.5
w Eridani	7	5.0	6.3	G 5	A 2	3.5	1
o^2 » *AB*	83	4.5	9.1	K o	B 9	5	0.5
o^2 » *BC*	4	9.1	10.8	B 9	M d p	0.5	7
γ Leporis	95	3.8	6.4	F 6	K 5	2.5	6.5
ι Cancri	30	4.2	6.6	G 5	A 5	3.5	1
24 Comae	20	5.2	6.7	K o	A 3	5	1
ε Bootis	3	2.7	5.1	G 8	A 1	4.5	0.5
ξ Scorpii	7	4.8	7.2	F 2	G 5	2	4
α »	3	1.2	7.0	M a	B 3	7.5	0
α Herc.	5	3.5	5.5	M b	F 8	8	2.5
δ »	14	3.2	8.1	A 3	G o	1	3
μ »	33	3.5	9.3	G 5	M b	3.5	8
95 »	6	5.1	5.2	A o	G o	0.5	3
β Cygni	35	3.2	5.4	G 5	B 9 p	4	0.5
17 »	26	5.0	8.1	F 6	K 4	2.5	6.5
γ Delph.	11	4.5	5.5	K o	F 8	5	2.5
δ Ceph.	42	4.1	6.6	G o	B 8	3	0

bare Helligkeiten umwandeln, und damit entscheiden, ob es sich um Sterne hoher oder geringer Eigenhelligkeit handelt. Die Berechnung zeigt zunächst, daß unter den Doppelsternen der Lick-Liste die hohen absoluten Helligkeiten überwiegen. In diesen Fällen entspricht in der Regel einem roten Hauptstern ein weißer Begleiter. Der spektrale Unterschied wird aber mit abnehmender absoluter Helligkeit geringer und kehrt sich schließlich ins Gegenteil um, d. h. bei Sternen geringer absoluter Helligkeit wird schließlich der Begleiter röter als der Hauptstern. Das in Abb. 368 veranschaulichte Gesetz, dessen besondere Bedeutung erst an der Hand des Russell-Diagramms (S. 369) deutlicher hervortreten wird, gilt etwa für zwei Drittel der beobachteten Fälle. Sind beide Sterne gleichhell, so sind auch ihre Spektra gleich oder doch nur wenig verschieden. Paare, wie Σ 2245 (7.3^m und 7.3^m, G5 und B9) oder γ Circini (5.2^m und 5.3^m, G und B5) sind seltene Ausnahmen.

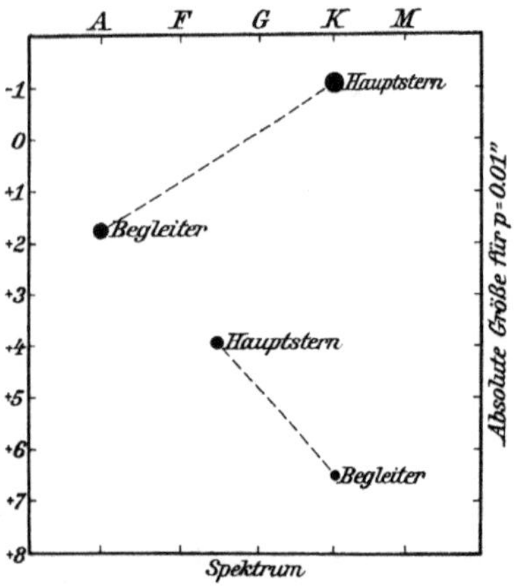

Abb. 368. Absolute Leuchtkraft und Spektrum bei Doppelsternkomponenten (nach F. C. Leonard).

Über die Herkunft und die Entstehung der Doppelsterne wissen wir vorläufig so gut wie nichts. J. H. Jeans nimmt an, daß mindestens zwei Klassen unter ihnen zu unterscheiden seien: die engen Systeme, die sich durch Trennung eines Muttergestirns gebildet haben und die weiteren, für die eine Bildung aus zwei Nebelkernen in Frage kommt. In die erste Gruppe wären die spektroskopischen, in die zweite die meisten visuellen Paare einzuordnen, obwohl hier scharfe Grenzen sich kaum ziehen lassen. Die ältere Idee, daß die betreffenden

Weltkörper sich gegenseitig eingefangen haben, ist nach den heutigen Kenntnissen über die räumliche Verteilung der Sterne nicht mehr haltbar. Kollisionen oder nahe Begegnungen im Sternraum sind höchst unwahrscheinlich (S. 607), und selbst wenn man sich mit ihnen abfinden würde, blieben immer noch die in der Leonardschen Regel ausgesprochenen physikalischen Gesetzmäßigkeiten zwischen den Komponenten gänzlich unverständlich.

Beziehungen zwischen der Leuchtkraft der Sterne und dem Spektrum. In den letzten beiden Jahrzehnten ist es allmählich gelungen, nicht nur Beziehungen der Spektra zu Bewegungserscheinungen (S. 516ff.), sondern auch zu ihren Abständen aufzudecken. Letzteres ist natürlich auf direktem Wege unmöglich, da der Weltäther nach allem, was wir bisher über ihn durch Beobachtungen festgestellt haben, als absolut durchsichtig angesehen werden muß. Ein indirekter Weg der Entfernungsbestimmung ist aber dadurch möglich geworden, daß man aus dem Studium der Spektren bestimmte Eigentümlichkeiten derselben kennengelernt hat, die sich mit der absoluten Leuchtkraft der Sterne in Verbindung bringen lassen. Durch Vergleich der etwa in Einheiten der Sonnenhelligkeit ausgedrückten Helligkeiten mit dem Licht, das die Erde tatsächlich erreicht, läßt sich dann nach dem r^2-Gesetz der Abstand berechnen, der uns von den betreffenden Weltkörpern trennt. Da zur Sicherung der Grundlagen des Verfahrens die bis vor wenigen Jahren bekannten trigonometrischen Parallaxen noch nicht ausreichten, hat das neue Problem auch auf die entsprechenden astrometrischen Arbeiten sehr förderlich eingewirkt. Der gegenseitigen Prüfung, Kritik und Ergänzung der Ergebnisse hat die Himmelskunde bereits eine größere Reihe von wichtigen, unseren kosmischen Gesichtskreis wesentlich erweiternden Tatsachen zu verdanken. Bevor wir auf die in Frage kommenden Beziehungen näher eingehen, müssen jedoch einige wichtige, allerdings nicht strenge Gesetzmäßigkeiten behandelt werden, die bereits die älteren Parallaxen in Verbindung mit der scheinbaren Größe und dem Spektrum der Sterne ergeben haben.

Ist die Entfernung eines Sterns bekannt, so bedarf es nur einer Verabredung, auf welchen Einheitswert der Parallaxe die Helligkeiten bezogen werden sollen, um sofort vergleichbare absolute Größen zu erhalten. Von den verschiedenen Vorschlägen, die teils auf volle Einheiten der Parallaxensekunden (z. B. die Sternweite oder das Parsek, $p = 1''$) oder auf den abgerundeten Wert einer bestimmten Fixsternentfernung (z. B. das Siriometer, $p = 0.2''$) zurückgreifen, hat sich schließlich die von J. C. Kapteyn angewendete Parallaxeneinheit $p = 0.1''$ eingebürgert. Sie entspricht einem Abstand von 32.6 Lichtjahren und hat den Vorzug, daß beim Umrechnen der Sternhelligkeiten auf diese Entfernung absolute Größen hervorgehen, die im allgemeinen zwischen -2^m und $+10^m$ liegen. Dies entspricht den mit bloßem Auge oder mit sehr bescheidenen optischen Hilfsmitteln sichtbaren scheinbaren Helligkeiten der Sterne, so daß die üblichen Begriffe hell und schwach auch bei Beurteilung der absoluten Größen erhalten bleiben.

Parallaxe, Lichtjahre und Reduktion auf absolute Größe.

p	LJ	$m_0 - m$	p	LJ	$m_0 - m$	p	LJ	$m_0 - m$
0.01″	325.9^{a}	-5.000^{m}	0.31″	10.5^{a}	$+2.457^{m}$	0.61″	5.3^{a}	$+3.926^{m}$
0.02	163.0	−3.495	0.32	10.2	+2.526	0.62	5.3	+3.962
0.03	108.6	−2.614	0.33	9.9	+2.592	0.63	5.2	+3.997
0.04	81.5	−1.990	0.34	9.6	+2.657	0.64	5.1	+4.031
0.05	65.2	−1.505	0.35	9.3	+2.720	0.65	5.0	+4.065
0.06	54.3	−1.109	0.36	9.1	+2.782	0.66	4.9	+4.098
0.07	46.6	−0.774	0.37	8.8	+2.841	0.67	4.9	+4.130
0.08	40.7	−0.484	0.38	8.6	+2.899	0.68	4.8	+4.163
0.09	36.2	−0.229	0.39	8.4	+2.955	0.69	4.7	+4.194
0.10	32.6	0.000	0.40	8.1	+3.010	0.70	4.7	+4.226
0.11	29.6	+0.207	0.41	7.9	+3.064	0.71	4.6	+4.256
0.12	27.2	+0.396	0.42	7.8	+3.116	0.72	4.5	+4.287
0.13	25.1	+0.570	0.43	7.6	+3.167	0.73	4.5	+4.317
0.14	23.3	+0.731	0.44	7.4	+3.217	0.74	4.4	+4.346
0.15	21.7	+0.880	0.45	7.2	+3.266	0.75	4.3	+4.375
0.16	20.4	+1.021	0.46	7.1	+3.314	0.76	4.3	+4.404
0.17	19.2	+1.152	0.47	6.9	+3.360	0.77	4.2	+4.432
0.18	18.1	+1.276	0.48	6.8	+3.406	0.78	4.2	+4.460
0.19	17.2	+1.394	0.49	6.7	+3.451	0.79	4.1	+4.488
0.20	16.3	+1.505	0.50	6.5	+3.495	0.80	4.1	+4.515
0.21	15.5	+1.611	0.51	6.4	+3.538	0.81	4.0	+4.542
0.22	14.8	+1.712	0.52	6.3	+3.580	0.82	4.0	+4.569
0.23	14.2	+1.809	0.53	6.1	+3.621	0.83	3.9	+4.595
0.24	13.6	+1.901	0.54	6.0	+3.662	0.84	3.9	+4.621
0.25	13.0	+1.990	0.55	5.9	+3.702	0.85	3.8	+4.647
0.26	12.5	+2.075	0.56	5.8	+3.741	0.86	3.8	+4.672
0.27	12.1	+2.157	0.57	5.7	+3.779	0.87	3.7	+4.698
0.28	11.6	+2.236	0.58	5.6	+3.817	0.88	3.7	+4.722
0.29	11.2	+2.312	0.59	5.5	+3.854	0.89	3.7	+4.747
0.30	10.9	+2.386	0.60	5.4	+3.891	0.90	3.6	+4.771

Die Beziehung zwischen der Parallaxe p eines Sterns und seiner scheinbaren bzw. absoluten Größe m und m_0 ist recht einfach. Bezeichnet man mit J und J_0 die Intensitäten, die m und m_0 entsprechen, so ist nach der Größendefinition (S. 205)

$$\frac{J}{J_0} = 2.512^{(m_0 - m)}$$

oder nach Einsetzen der Parallaxen p und p_0, die J und J_0 entsprechen, und nach Berücksichtigung des quadratischen Gesetzes der Lichtabnahme

$$\frac{p^2}{p_0^2} = 2.512^{(m_0 - m)}$$

Setzt man entsprechend der obigen Verabredung $p_0 = 0.1''$ und logarithmiert, so erhält man

$$2 \log p + 2 = 0.4\,(m_0 - m)$$

oder

$$m_0 = m + 5 + 5 \log p$$

bzw.

$$\log p = \frac{m_0 - m}{5} - 1$$

Die beiden letzten leicht zu merkenden Formeln werden in der Astrophysik dauernd gebraucht, und wir werden später noch häufig auf die in ihnen ausgedrückten Beziehungen zurückgreifen müssen; da der angenommene Normalabstand der 2062648fachen Entfernung der Sonne von der Erde entspricht, so würde die scheinbare Helligkeit der Sonne (-26.72^m) bis zur Entfernung, die der Parallaxe $p = 0.1''$ entspricht, um

$$\frac{2 \log 2062648}{0.4} = 31.57 \text{ Größenklassen}$$

abnehmen. Die absolute Helligkeit der Sonne ist demnach $+4.85^m$ (S. 268). Zur Erleichterung der Umwandlung von scheinbaren Größen in absolute ist die nebenstehende Tafel gerechnet worden, die bis zu 100 Parseks reicht, somit für alle näheren Fixsterne genügt.

Die Nebeneinanderstellung der Sterne nach absoluten Lichteinheiten konnte erst die Andeutung von irgendwelchen Regeln versprechen, als eine genügende Anzahl von sicheren Parallaxen vorlag. Vorher konnte man diese Gesetzmäßigkeiten höchstens ahnen. So ergaben einige sehr helle Sterne der Spektralklasse B, wie Rigel, Regulus, Spica und einige bekannte Objekte der Klasse M, wie Beteigeuze, Antares und γ Crucis außerordentlich geringe Parallaxen, d. h. sehr große Entfernungen. Selbst wenn ihre Parallaxe im Mittel zu $0.01''$, also wohl sicher noch zu groß angenommen wurde, fand man für diese Sterne absolute Helligkeiten, die, auf unsere soeben definierte Entfernungseinheit von 33 Lichtjahren bezogen, etwa -4^m entsprachen und auf wahre Gigantensonnen hindeuteten. Anderseits kannte man einige Sterne, die wie der bekannte Schnelläufer Groombridge 1830 oder die Doppelsterne 61 Cygni oder Krüger 60 mit ihren absoluten Helligkeiten zwischen 6^m und 13^m noch schwächer als die Sonne waren und jenen Riesen als wahre Zwergwelten gegenüberstanden. Die sehr treffende Bezeichnung Riesen und Zwerge wird heute in der Astrophysik allgemein gebraucht; sie ist von E. Hertzsprung 1905 eingeführt worden und bildet seitdem eine jedem Astronomen geläufige Ausdrucksweise.

Welche Spektralklassen an der Bildung von solchen Groß- und Kleinwelten im Raum besonders beteiligt sind, war längere Zeit eine offene Frage. Als H. N. Russell 1912 an die Ordnung der Sterne nach Helligkeiten, Spektralklassen und Entfernungen ging, standen ihm nur ungefähr 140 direkt gemessene und etwa ebenso viele aus den parallelen Bewegungen der damals bekannten

Sternströme (vgl. S. 711) abgeleitete sichere Parallaxen zur Verfügung.[1]) So gering dieses Material auch gegenüber der großen Zahl der Fixsterne erscheinen mag, so läßt es doch deutlich erkennen, daß bei der großen Mehrzahl der gemessenen Objekte eine sehr auffallende Korrelation zwischen dem Spektrum und der absoluten Helligkeit besteht. Die damals gefundenen Beziehungen sind in den beiden nachstehenden Übersichtstafeln enthalten. Die linke beruht auf zerstreuten

Spektrum und absolute Helligkeit aus trig. Parallaxen.

Sp.	Sternzahl	Abs. Gr.
A 0	6	$+1.4^m$
A 4	7	$+2.5$
F 1	5	$+4.2$
F 5	9	$+4.3$
F 8	8	$+5.1$
G 0	29	$+5.7$
G 5	19	$+5.7$
K 0	28	$+7.1$
K 4	19	$+9.2$
M *a*	10	$+9.9$

Spektrum und absolute Helligkeit aus Sternströmen.

Sp.	Sternzahl	Abs. Gr.
B 2	21	-1.2^m
B 8	8	$+0.3$
A 0	13	$+0.5$
A 4	26	$+1.7$
F 0	15	$+2.4$
F 5	12	$+3.7$
G 0	18	$+5.0$
G 5	9	$+5.1$
K 0	9	$+6.4$
K 4	7	$+7.0$

Sternen mit trigonometrisch bestimmten Entfernungen, die rechte ist auf der Parallaxe von vier Sternströmen aufgebaut. Trägt man das Ergebnis graphisch auf (Abb. 369), getrennt nach den beiden Tabellen, so erhält man recht glatte, fast lineare Beziehungen, die für beide Gruppen nicht genau identisch sind, aber doch einander sehr ähnlich verlaufen; denn es darf nicht vergessen werden, daß die eingetragenen Punkte Durchschnittswerte sind, und daß im einzelnen die Helligkeiten um diese Mittel merklich streuen. Die beiden gerissenen parallelen Linien, die die beobachteten Kurvenpunkte reichlich einschließen, geben etwa die Grenzen dieser Streuung an.

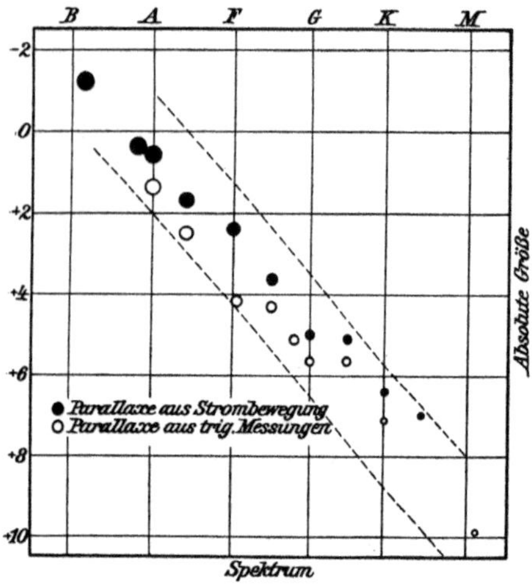

Abb. 369. Beziehungen zwischen der absoluten Helligkeit und dem Spektrum der Sterne (nach H. N. Russell).

Die von HERTZSPRUNG und RUSSELL entdeckte Gesetzmäßigkeit ist von außerordentlicher Wichtigkeit. Sie zeigt, daß die Leuchtkräfte der Sterne nicht regellos verteilt, sondern einfache Funktionen der Spektraltypen sind, daß es also

[1]) H. N. RUSSELL, Pop. Astr. Bd. 22 (1914).

möglich ist, für jeden beliebigen Stern mit bekanntem Spektrum seine absolute Helligkeit innerhalb enger Grenzen abzuschätzen. Beziffert man die Spektraltypen derart, daß Bo = 0, Ao = 1, Fo = 2, Go = 3 und Ko = 4 bedeuten, setzt also an Stelle des Spektrums die entsprechende Farbe in der 9 teiligen Skala ein, so ist innerhalb eines wahrscheinlichen Fehlers von etwa $\pm 2.5^m$ die absolute Durchschnittshelligkeit eines Sterns B bis K durch die Gleichung

$$m_0 = 1.0^{\mathrm{m}} + 2.0^{\mathrm{m}} \cdot Sp$$

gegeben. Die M-Sterne fügen sich mit Ma = 5 nicht ganz dem linearen Gesetz, würden aber bei Annahme eines größeren Abstandes zwischen K und M, wie er sich auch in der Färbung ausspricht (etwa Ma = 6) gleichfalls in die Regel einzuordnen sein. Ist die wahrscheinliche absolute Helligkeit m_0 aus dem Spektrum bestimmt, so braucht man nur auf die S. 540 abgeleitete Parallaxengleichung zurückzugreifen, um unter Hinzuziehung der scheinbaren photometrischen Helligkeit m die Parallaxe des Sterns und durch Division in 3.26 seinen Abstand in Lichtjahren zu erhalten.

Stellung der Giganten und Zwerge. Das Russell-Diagramm. Die bisher behandelte Gesetzmäßigkeit der Leuchtkräfte im Fixsternsystem hat sich nicht als völlig eindeutig erwiesen. Zunächst hat sich gezeigt, daß bei wesentlich größerem Material die Grenzstreuung merklich breiter ausfällt, als sie die noch nicht 300 Objekte der Russellschen Listen ergaben. Daß die Regel aber auch sehr starke Abweichungen zeigen kann, lehren die bereits erwähnten roten Riesen mit sehr kleinen Parallaxen unter

Spektrum und absolute Leuchtkraft der hellsten Sterne.

Stern	Sp.	Scheinb. Gr.	Parallaxe	Absol. Gr.
α Argus	F o	− 0.9^{m}	0.01:″	− 5.9:^{m}
β Orionis	B 8 p	0.3	0.01:	− 4.7:
α Virginis	B 2	1.2	0.01:	− 3.8:
α Cygni	A 2	1.3	0.01:	− 3.7:
β Crucis	B 1	1.5	0.01:	− 3.5:
γ Crucis	M b	1.6	0.01:	− 3.4:
ε Can. mai.	B 1	1.6	0.01:	− 3.4:
α Orionis	M a	0.9	0.02	− 2.6
ε Urs. mai.	A o	1.7	0.04	− 2.0
o Ceti	M e	1.7	0.02	− 1.8
α Crucis	B 1	1.0	0.03	− 1.6
α Scorpii	M a p	1.2	0.03	− 1.4
β Centauri	B 1	0.9	0.04	− 1.1
α Eridani	B 5	0.6	0.05	− 0.9
α Aurigae	G o	0.2	0.07	− 0.6
α Bootis	K o	0.2	0.08	− 0.2
α Tauri	K 5	1.1	0.06	0.0
α Leonis	B 8	1.3	0.06	+ 0.2
α Lyrae	A o	0.1	0.12	+ 0.5
α Gemin.	A o	1.6	0.08	+ 1.1
β Gemin.	K o	1.2	0.10	+ 1.2
α Can. mai.	A o	− 1.6	0.37	+ 1.3
α Pisc. austr.	A 3	1.3	0.14	+ 2.0
α Aquilae	A 5	0.9	0.20	+ 2.4
α Can. min.	F 5	0.5	0.31	+ 2.9
α Centauri	G o p	0.1	0.76	+ 4.5
Sonne	G o	− 26.7	—	+ 4.8

den helleren Sternen, die nicht nur am Anfang der Spektralreihe vorkommen, sondern, wie die Fälle von Beteigeuze und Antares lehren, sich bis zur M-Klasse erstrecken und hier die Gesetzmäßigkeit des Russell-Diagramms merklich stören. Um dies besser zu überblicken, sind in der Tabelle auf S. 543 für die 27 hellsten Sterne des Himmels, die alle Spektraltypen von B bis M umfassen, die absoluten Größen abgeleitet worden.[1]) Betrachtet man die Zahlen, denen die neuesten Parallaxen zugrunde liegen, genauer, so gelangt man nach dieser allerdings sehr einseitigen Auswahl zu der Überzeugung, daß unter den scheinbar hellsten Sternen nur ein sehr geringer Teil dem Gesetz der Abb. 369 folgt, d. h. mit fortschreitendem Spektrum immer schwächer wird. Eine andere nicht unbeträchtliche Gruppe richtet sich nicht nach der Regel, sondern nimmt durch die ganzen Spektralklassen hindurch so wenig an Helligkeit ab, daß man hier bei der geringen Zahl der untersuchten Sterne vorläufig nur von einer Streuung der absoluten Größe zwischen -3^m und $+1^m$ sprechen kann (Abb. 370). Zu der absteigenden Zwergreihe des Russell-Diagramms kommt also noch ein nahe horizontaler Zweig der Giganten hinzu. Oberhalb der gerissenen Linie bei -3^m liegt die Gruppe der sog. Übergiganten, die Sterne sehr kleiner, meist noch überaus unsicher bestimmter Parallaxe enthält und getrennt behandelt werden muß. Die von Russell gefundene Gesetzmäßigkeit, die durch Abb. 370 völlig aufgehoben erscheint, tritt sofort

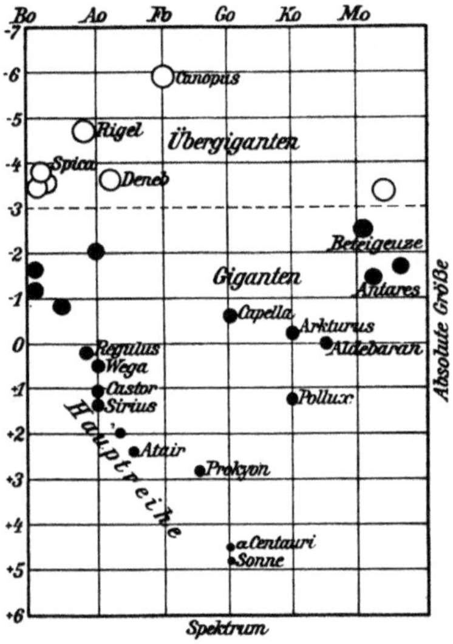

Abb. 370. Das Russell-Diagramm für die scheinbar hellsten Sterne.

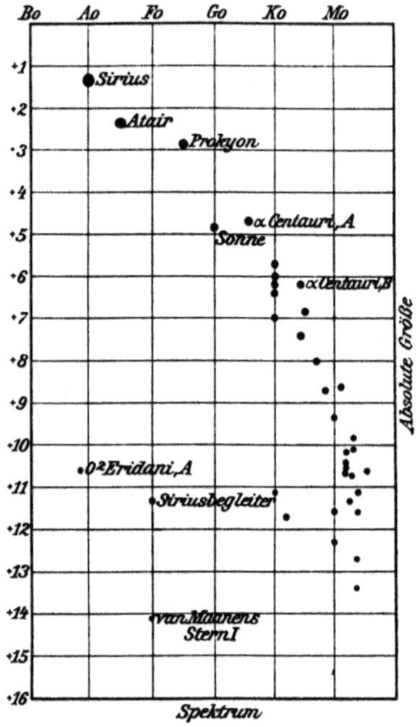

Abb. 371. Das Russell-Diagramm für die nächsten Sterne.

[1]) Parallaxen nach F. Schlesinger, General Catalogue of parallaxes. New Haven 1924.

Spektrum und absolute Leuchtkraft der nächsten Sterne (Grenze 16 LJ).

Stern	Sp.	Scheinb. Gr.	Parallaxe	Absol. Gr.
α Can. mai., A	A0	-1.6^m	0.37″	$+1.3^m$
α Aquilae	A5	0.9	0.20	+ 2.4
α Can. min., A	F5	0.5	0.31	+ 2.9
α Centauri, A	G6	0.5	0.76	+ 4.7
70 Ophiuchi, A	K0	4.3	0.19	+ 5.7
o^2 Eridani, A	K0	4.5	0.20	+ 6.0
τ Ceti	K0	3.6	0.32	+ 6.1
α Centauri, B	K4	1.7	0.76	+ 6.1
ε Eridani	K0	3.8	0.31	+ 6.3
ε Indi	K5	4.7	0.28	+ 6.9
Boss 4378	K0	5.6	0.19	+ 7.0
70 Ophiuchi, B	K4	6.0	0.19	+ 7.4
61 Cygni, A	K7	5.6	0.30	+ 8.0
Schles. (24) 1664	M1p	6.6	0.25	+ 8.6
61 Cygni, B	K8	6.3	0.30	+ 8.7
Lac. 9352	M0	7.1	0.29	+ 9.4
Gould 32416	M3	8.2	0.22	+ 9.9
Lal. 25372	M3	8.5	0.21	+ 10.1
Lal. 21258	M2	8.6	0.21	+ 10.2
Groombr. 34, A	M2	8.2	0.28	+ 10.4
BD + 66° 717	M2	9.1	0.20	+ 10.6
Lal. 21185	M2	7.6	0.39	+ 10.6
BD + 20° 2465	M5e	9.0	0.21	+ 10.6
o^2 Eridani, B	B9	9.1	0.20	+ 10.6
BD + 68° 946	M3	9.1	0.21	+ 10.7
BD + 51° 658	K0	9.2	0.24	+ 11.1
BD + 59° 1915, A	M4	8.8	0.29	+ 11.1
Kr 60, A	M3	9.2	0.26	+ 11.3
α Can. mai., B	F	8.4	0.38	+ 11.3
Kr 60, B	M	9.5	0.26	+ 11.6
BD + 59° 1915, B	M4	9.3	0.29	+ 11.6
Kapteyns Stern	K2	9.2	0.32	+ 11.7
o^2 Eridani, C	Me	10.8	0.20	+ 12.3
Groombr. 34, B	M4	10.5	0.28	+ 12.7
Barnards Pfeilstern	M4	9.7	0.54	+ 13.4
van Maanens Stern I	F0	12	0.26	+ 14.1
Schles. (24) 849	—	12	0.34	+ 14.7
Proxima Centauri	M	11	0.77	+ 15.4
α Can. min., B	—	13	0.32	+ 15.5
van Maanens Stern II	M	13.5	0.40	+ 16.5

wieder deutlich hervor, wenn die Sterne bekannter Parallaxe nach einem anderen Gesichtspunkt geordnet werden. Um dies zu zeigen, soll eine zweite Übersicht (S. 545) die Beziehung der Leuchtkräfte zu den Spektren bei den uns zunächst stehenden Sternen veranschaulichen. Wie man ohne weiteres erkennt (Abb. 371), ist in dem angenommenen Abstand, der bis zu 16 *LJ* reicht, kein einziger typischer Riese enthalten, so daß hier bei einer graphischen Darstellung umgekehrt wie bei den hellsten Sternen nur der absteigende Ast in der Abbildung hervortritt.

Trotz der unverkennbaren Verwirrung, die die beiden Zweige in die Eindeutigkeit der funktionellen Abhängigkeit zwischen Leuchtkraft und Spektrum hineintragen, werden doch die Beziehungen nicht derartig getrübt, daß man etwa aus den übrigbleibenden Gesetzmäßigkeiten nichts mehr entnehmen könnte. An der Gabelung der beiden Zweige, also etwa von *F* bis *G*, wird es in den meisten Fällen nicht ganz einfach sein, die Normalreihe von den Giganten zu trennen, je größer aber der Abstand der beiden Zweige wird, desto leichter fällt eine Entscheidung. Zwischen *K* und *M* sind Mittelglieder sehr selten, d. h. die gelbroten und roten Sterne am Himmel sind entweder Zwerge oder Giganten, so daß die beiden Äste bei der merklichen Divergenz schließlich um volle neun Größenklassen auseinander klaffen. An Stelle der Eindeutigkeit der ursprünglichen Regel tritt also eine Zweideutigkeit ein, d. h. für jeden Stern der Klassen *F*5 bis *M* sind zwei Annahmen über die absolute Helligkeit möglich, von denen die eine sehr nahe den wirklichen Verhältnissen entsprechen muß. Der gegenwärtige Zustand des statistischen Gesetzes ist hier in Abb. 372 und in einer kleinen Tafel veranschaulicht, die 1922 von H. D. Curtis aus 2375 Sternen mit

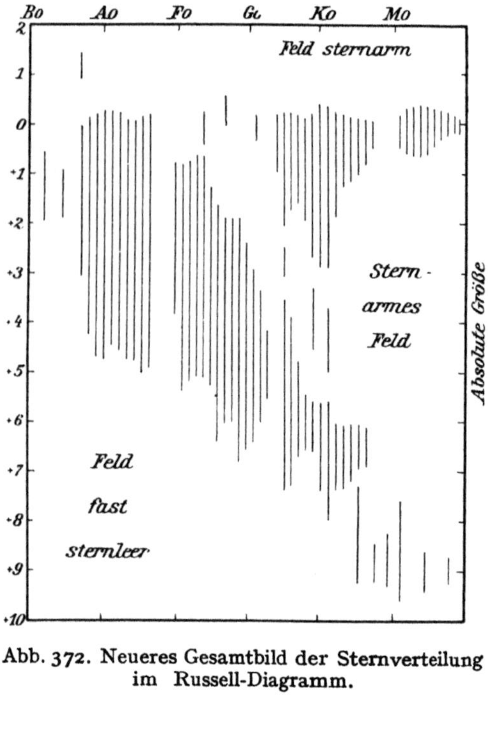

Abb. 372. Neueres Gesamtbild der Sternverteilung im Russell-Diagramm.

Verteilung der Sterne im Russell-Diagramm nach H. D. Curtis.

Sp.	Normale Reihe (Zwerge)	Giganten
B5	+ 1.0m	—
Ao	+ 1.2	—
Fo	+ 2.2	—
Go	+ 4.2	—
G5	+ 5.2	+ 1.0m
Ko	+ 6.0	+ 1.0
Ma	—	+ 0.4
Mb	+ 9.7	—

mehr oder weniger gesicherter Entfernung abgeleitet worden ist. Die Zahlen stellen unsere jetzigen Kenntnisse über das Helligkeitsgesetz der Giganten und Zwerge in dem uns umgebenden näheren Himmelsraum dar und bilden die Grundlage für alle Theorien über den Entwicklungsgang der Fixsterne, denen wir später noch begegnen werden. Der Hauptmangel des Russell-Diagramms beruht heute noch darin, daß im Verhältnis zu den Riesen zu wenig Zwerge zu seinem Aufbau herangezogen werden können. Unterhalb der absoluten Helligkeit 11^m sind erst kaum 100 Sterne bekannt, so daß das Gesamtbild noch lange nicht in allen Einzelheiten geklärt ist. Wenn auch die Tatsache als gesichert erscheint, daß ein horizontales und ein schräg abwärts verlaufendes Band für die große Mehrzahl der Sterne die Beziehungen zwischen Leuchtkraft und Spektrum einschließt, gilt die Regel doch nicht allgemein. Nach und nach mehren sich die Fälle, in denen ohne jeden Zweifel starke Abweichungen von diesem Verlauf auftreten. Schon einige der auf S. 543 verzeichneten absoluten Helligkeiten unserer glänzendsten Sterne deuten auf solche Abweichungen hin. Dabei sind die betreffenden hohen negativen Werte höchstwahrscheinlich noch als Minimalziffern aufzufassen. Die Sterne Canopus, Rigel, Spica u. a. haben also wahrscheinlich noch merklich höhere absolute Helligkeiten. In vier Fällen unserer Tafel handelt es sich um Objekte der Spektralklasse B, also um Sterne, die am Gipfelpunkt des Russell-Diagramms liegen. Der fünfte, α Argus, erinnert trotz normalen F-Spektrums an die sog. Pseudo-Cepheiden, eine Gruppe von Milchstraßensternen, die von dem Spektraltypus A bis G reicht, durch sehr scharfe Linien ausgezeichnet ist und eine ganze Anzahl derartiger Übergiganten aufweist. Es wirkt nicht überraschend, daß in gleicher Weise auch einige ungewöhnlich schwache Sterne den Zwergast nach unten hin überschreiten. Man kennt bisher etwa ein halbes Dutzend dieser sog. weißen Zwerge, die in den merkwürdigsten Fällen als Doppelsternkomponenten auftreten. Der Siriusbegleiter (A-F) hat die absolute Helligkeit 11.3^m, die schwächeren Teilsterne von o^2 Eridani (A) und o Ceti (B) 11.1^m bzw. 6^m, der wahrscheinlich oberhalb der K-Klasse gelegene Prokyonbegleiter 15.5^m usf.

Durchmesser der Fixsterne. Wenn es auch heute in zahlreichen Fällen nicht schwierig ist, die beiden Zweige des Russell-Diagramms auseinander zu halten und die Sterne der Wahrscheinlichkeit nach in der Riesen- bzw. Zwergreihe unterzubringen, so lag doch das Bestreben nahe, in den Spektren der Giganten und Zwerge nach eindeutigen Unterschieden zu suchen, die die Einordnung sicherer gestalteten.

Wie schon an anderer Stelle auseinandergesetzt, sind die Massen der Sterne wesentlich gleichartiger verteilt, als die Helligkeiten. Mit einiger Annäherung an die Wirklichkeit kann man wohl noch heute behaupten, daß die in jedem einzelnen Stern enthaltene Quantität der Materie oder nach der neueren Anschauung der Energiegehalt bei allen selbstleuchtenden Körpern im Raum ungefähr die gleiche Größenordnung hat. Es kommen zwei-, drei-, ja zehnfache

Werte einer mittleren Masse wiederholt vor, größere Überschreitungen sind indessen, offenbar aus den S. 20 erwähnten Gründen, nur selten. Für die roten Zwerge und die roten Giganten sind somit nicht sehr verschiedene Massen anzunehmen. Daneben zeigt jede Vertikalreihe des Russell-Diagramms auch das gleiche Spektrum, demnach auch die gleiche Temperatur und die gleiche Oberflächenhelligkeit an. Dementsprechend sind die großen Unterschiede in der Helligkeit, die hier beobachtet werden, nur möglich, wenn die Giganten F bis M nicht nur absolut sehr helle, sondern auch sehr große, die Zwerge nicht nur lichtschwache, sondern tatsächlich auch sehr kleine Weltkörper sind.

Diese allgemeinen Feststellungen gestatten nach der theoretischen und experimentellen Sicherung der Strahlungsgesetze und Ableitung der effektiven Sterntemperaturen Folgerungen, die unmittelbar zu einer Berechnung der wahren Sterndurchmesser führen. Sind l und l_0 die wahre Leuchtkraft oder die absolute Intensität von Stern und Sonne, die die Radien ϱ und ϱ_0 haben mögen, so ist bei bekannter Parallaxe der Quotient $l : l_0$ ohne weiteres aus der absoluten Helligkeit von Stern und Sonne ($+ 4.85^m$) nach dem logarithmischen Gesetz (S. 541) berechenbar. Das Verhältnis der Flächenhelligkeit $h : h_0$ erhält man dann durch Multiplikation des Ausdrucks mit dem umgekehrten Verhältnis der Flächen, d. h. mit dem Quotienten von ϱ_0^2 durch ϱ^2. Nun ist aber nach dem Stefan-Boltzmannschen Gesetz die Helligkeit eines Flächenelements proportional der 4. Potenz der Temperatur, d. h. es ist, bezogen auf die Sonnentemperatur T_0,

$$\frac{h}{h_0} = \frac{l}{l_0} \cdot \left(\frac{\varrho_0}{\varrho}\right)^2 = \left(\frac{T}{T_0}\right)^4$$

Ist demnach durch Parallaxen- und Helligkeitsmessungen $l : l_0$ und aus den Spektren $T : T_0$ bestimmt, so läßt sich der Sternradius ϱ aus

$$\varrho = \varrho_0 \left(\frac{T_0}{T}\right)^2 \sqrt{\frac{l}{l_0}}$$

ohne weiteres berechnen. Es ist dies nichts weiter, als eine Umkehrung der bereits beim Algolsystem (S. 529) gelösten Aufgabe.

Auf diesem oder einem ähnlichen dem Strahlungsgesetz entnommenen Wege sind von verschiedenen Seiten sog. effektive Durchmesser der helleren Sterne theoretisch abgeleitet worden. Die zuverlässigste, auf den besten Parallaxen- und Temperaturwerten beruhende Zusammenstellung dieser Art ist 1920 von J. Wilsing für etwa 100 meist der Gigantenklasse angehörende Objekte gegeben und zu der nachstehenden und nach Spektraltypen geordneten Tabelle vereinigt worden.[1]) Hinzugefügt ist die Umrechnung der in Sonneneinheiten ausgedrückten Durchmesser auf den Abstand Sonne — Erde, um einen Vergleich mit dem Halbmesser der Merkurbahn (0.387) zu ermöglichen. Wie man sieht, bleiben die effektiven Sternradien von B bis G nahe konstant, wenn nicht zwi-

[1]) J. Wilsing, Messungen der Farben, Helligkeiten und Durchmesser der Sterne. Publ. d. Astroph. Obs. Potsdam. Bd. 24 (1920).

schen A und F ein schwaches Minimum vorliegt. Vom Spektrum K an wachsen die Dimensionen dann recht erheblich und erreichen bei den späteren Typen K5 bis Mb ungewöhnlich hohe Beträge, so daß bei der Zuverlässigkeit der theoretischen Grundlagen kein Zweifel darüber obwaltet, daß die roten Giganten der Größe nach unter allen Sternen an der Spitze stehen. Für einige der bekanntesten roten Sterne des Himmels, wie α Herculis, α Orionis, γ Andromedae u. a., erhielt J. WILSING Dimensionen, deren Größenordnung dem Abstand der Erde von der Sonne nahekommt oder diesen Wert sogar übertrifft. Trotz der zweifellos großen Entfernung der hellsten roten Giganten kann demnach auch ihr scheinbarer Durchmesser im Winkelmaß nicht so unvorstellbar klein sein, wie das

Effektive Durchmesser der Riesen Mb bis B.

Spektrum	Sternzahl	Durchmesser ⊙ = 1	Durchmesser Astron. Einh.
Mb	9	61.0	0.282
Ma	10	50.6	0.234
M bis K5	12	32.1	0.149
K5 » K	21	16.7	0.077
G	14	8.9	0.041
F	12	5.0	0.023
F bis A	8	2.1	0.010
A » B	4	5.9	0.027
B	12	8.6	0.040

Scheinbare theoretische (effektive) Sterndurchmesser.

Stern	Sp.	δ
α Orionis	Ma	0.051″
α Scorpii	Ma	0.028
β Crucis	B1	0.026
α Tauri	K5	0.024
β Gruis	Mb	0.020
α Bootis	K0	0.019
α Can. mai.	A0	0.007
α Carinae	F0	0.009
α^1 Centauri	G0	0.008
α Lyrae	A0	0.003
β Orionis	B8p	0.002
β Centauri	B1	0.0014

bisher angenommen wurde. H. N. RUSSELL, A. S. EDDINGTON u. a. haben wiederholt auf diese Tatsache hingewiesen und aus den Parallaxen und den effektiven linearen Dimensionen die scheinbaren Durchmesser dieser Sterne berechnet. Für die zwölf hellsten K- bzw. M-Sterne des Himmels sind nach RUSSELL die betreffenden Winkel in einer der obenstehenden Tabellen verzeichnet.[1])

Die Größenordnung der theoretischen Sterndurchmesser schließt zwar jede Aussicht auf eine direkte Messung im Fernrohr von vornherein aus, doch sind die Zahlenwerte nicht so klein, daß es nicht möglich wäre, sie auf einem Umwege doch einmal zu erhalten. Einen solchen Umweg bietet die Interferenzmethode, die sich bereits bei der Bahnbestimmung enger Doppelsterne als sehr nützlich erwiesen hat. Die dort erwähnten, durch den beweglichen Doppelspalt erzeugten Interferenzstreifen (Abb. 365) zeigen nämlich in ihrem Helligkeitsverlauf eine merkliche Abhängigkeit von der Form der Lichtquelle. Ist der Stern absolut punktförmig, so bleiben die Streifen gleichscharf ohne Rücksicht auf die Spaltstellung. Bei einer Lichtquelle von merklichem

[1]) H. N. RUSSELL, On the probable diameters of the stars. Pop. Astr. 1921.

Durchmesser werden sie dagegen mit abnehmendem Spaltabstand e schärfer, mit zunehmendem schwächer, bis sie schließlich ganz verschwinden. Durch Messung von e für diesen Moment läßt sich der Winkeldurchmesser der beobachteten fernen Lichtquelle in ähnlicher Weise bestimmen, wie in dem ausführlicher erörterten Falle (S. 533) der Abstand der Doppelsternkomponenten.[1]) Die Ableitung der Beziehungen ist wieder mit einfachen mathemathischen Hilfsmitteln nicht möglich, sie läuft aber darauf hinaus, daß die Interferenzstreifen als von zwei Hälften des Sterns erzeugt betrachtet werden, deren Lichtschwerpunkte dann 0.41 Einheiten des Durchmessers auseinanderliegen. Der nach dem früheren Verfahren (S. 533) erhaltene Wert δ ist demnach im vorliegenden Falle noch mit 1 : 0.41 zu multiplizieren, um den Durchmesser zu erhalten, m. a. W. es wird

$$\delta = 1.22 \frac{\lambda}{e}$$

Die Überlegungen und ihr Ergebnis entsprechen hier durchaus den schon mehrfach verwendeten Beziehungen, die bereits G. B. Airy 1834 für die Diffraktionsbildchen der Sterne im Brennpunkt von Linsen aufgestellt hat (S. 90).

Die erste Durchmesserbestimmung eines Fixsternes fällt zeitlich und örtlich mit der Anwendung des Interferometers auf Doppelsterne zusammen. Fast gleichzeitig mit der Trennung des Capella-Systems und der Nachprüfung seiner Bahn glückte A. A. Michelson und F. G. Pease auch die Messung der ersten Sterndurchmesser. Trotz der provisorischen durch die Öffnung des Hooker-Spiegels gegebenen Versuchsbedingungen konnte bei den drei roten Giganten Beteigeuze, Antares und Arkturus, später auch bei Aldebaran und dem Veränderlichen Mira Ceti das Verschwinden der Interferenzstreifen am Okular deutlich beobachtet werden. Wie ein Vergleich der untenstehenden Übersicht mit den vorausgesagten effektiven Werten der vorangehenden Tabelle (S. 549) zeigt, ist der Einklang zwischen Theorie und Messung fast vollkommen. Die linearen Durchmesser in Einheiten des Erdabstandes von der Sonne (150000000 km) ergeben sich durch Division des scheinbaren Durchmessers δ in die Parallaxe p. Angesichts der Kleinheit von p sind die erhaltenen Durchmesser noch etwas unsicher. Trotzdem kann mit einiger Sicherheit behauptet werden, daß α Orionis und o Ceti über die Erdbahn hinaus reichen würden, wenn man sie an die Stelle der Sonne versetzte (Abb. 373).

Interferometrisch bestimmte Sterndurchmesser.

Stern	Sp.	λ	δ	p	Durchmesser
α Orionis	Ma	575	0.045″	0.017″	2.65 astr. Einh.
α Scorpii	Ma	575	0.040	0.026	1.54 » »
α Tauri	K5	570	0.021	0.057	0.37 » »
α Bootis	Ko	560	0.024	0.080	0.30 » »
o Ceti	Md	580	0.056	0.017	3.30 » »

Weitere zuverlässige theoretische Sterndurchmesser werden zweifellos die Wärmeindizes ergeben, während neue praktische

[1]) E. v. d. Pahlen, Die modernen Methoden zur Bestimmung von Sterndurchmessern. Naturw. 1921.

Ergebnisse von der Fertigstellung eines besonderen großen Interferometers zu erwarten sind, das auf dem Mt. Wilson errichtet wird und in Verbindung mit einem 100 cm-Spiegel einen größten wirksamen Spaltabstand von 17 m erhalten soll. Seine Benutzung muß bei diesen Dimensionen auf Stundenwinkel von etwa $\pm\ 1\frac{1}{2}^{\mathrm{h}}$ beschränkt werden, um stärkere Rohrneigungen zu vermeiden. Auch dieses Instrument wird sicher nur eine vorübergehende Bedeutung haben, da es voraussichtlich für höchstens 30 Sterne bis zur 4. Größe ausreicht. Für die bisher gemessenen Objekte wird es insofern wertvoll sein, als es vielleicht eine Entscheidung darüber zulassen wird, ob die in den Messungen zwischen 1921 und 1926 angedeutete Abnahme des Durchmessers von Beteigeuze um 0.02″, also um etwa 150000000 km reell oder auf noch unbekannte Fehlerquellen der ganzen Versuchsanordnung zurückzuführen ist.

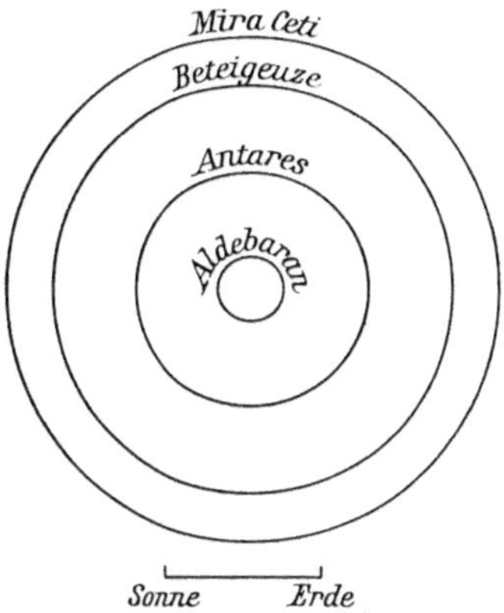

Abb. 373. Durchmesser einiger roter Giganten.

Durch das Michelsonsche Verfahren darf ein anderer Vorschlag, der von dem russischen Astronomen S. Pokrowski gemacht worden ist, und ebenfalls auf die Bestimmung der Sterndurchmesser hinzielt, als aufgegeben gelten. Er wurde 1912 zuerst veröffentlicht und beruht auf der Überlegung, daß zwischen zwei Strahlen, die von der Oberfäche einer fernen Lichtquelle ausgehen und von einem sehr großen Objektiv aufgefangen werden, eine Phasendifferenz bestehen muß, deren Betrag von dem Durchmesser des Sterns und von dem Abstand der ankommenden Strahlen abhängt. Bei Vereinigung der letzteren sind Polarisationserscheinungen zu erwarten, deren Beziehungen zu den Sterndurchmessern Pokrowski theoretisch eingehend entwickelt hat. Das Instrumentarium für diese Beobachtungen ist trotz einer gewissen äußeren Ähnlichkeit merklich komplizierter als dasjenige Michelsons. Es würde in der vorgeschlagenen Form die Helligkeit der zu untersuchenden Sterne um mehr als zwei Größenklassen herabsetzen, ganz abgesehen davon, daß die erforderlichen Abstände der Strahlen praktisch schwer zu erreichen sind. Ein 1926 auf dem Mt. Wilson von J. A. Anderson unternommener Versuch, den Pokrowskischen Vorschlag zu verwirklichen, ist jedenfalls negativ ausgefallen.

Der Bestimmung der Fixsterndurchmesser kommt praktisch wie theoretisch eine große Bedeutung zu. Aus den vorläufigen Arbeiten sind zwar noch keine sehr weitgehenden Schlüsse zu ziehen, doch wird man nicht übersehen, daß die in den fünf Fällen (S. 550) erzielten Ergebnisse auffallend genau die auf Grund der Strahlungsgesetze für die Sterne im voraus berechneten Winkelwerte bestätigen. Die für die einzelnen Spektraltypen und somit auch für die Sonne abgeleiteten effektiven Temperaturen müssen demnach sehr nahe identisch mit den wahren Oberflächentemperaturen dieser Gestirne sein, mit anderen Worten, die spektrale Strahlung der Sterne entspricht innerhalb enger Grenzen der Strahlung des Schwarzen Körpers. Auf die Wahrscheinlichkeit eines solchen Ergebnisses ist bereits bei der Sonne (S. 335 ff.) hingewiesen worden. Die durch die Interferenzmethode gewonnene weitere Stütze der Anschauung festigt erheblich das Vertrauen zu der Strahlungstheorie und ihrer Anwendung auf die Körper des Weltraums.

Spektroskopische Parallaxen. Vergleicht man den Riesen Beteigeuze etwa mit dem 1918 entdeckten schwachen Begleiter von α Centauri (S. 345), der die Dimensionen von Uranus oder Neptun haben mag, so erscheint bei Annahme der gleichen Größenordnung für die Massen die Identität der Spektra zweier so verschieden großer und zweifellos auch verschieden dichter Weltkörper sehr merkwürdig. Trotz der oberflächlichen Gleichheit der Strahlung konnte es daher keinem Zweifel unterliegen, daß die verschiedene physische Beschaffenheit derartiger Sterne sich auch in irgendwelchen Abweichungen des Spektrums äußern müßte. Bei dem Einfluß der Dichte auf den Ionisationszustand der Elemente sind in erster Linie Abweichungen in den Linieneigentümlichkeiten zu erwarten. Die Untersuchung dieser Angelegenheit ist von E. Hertzsprung, A. Kohlschütter, W. S. Adams u. a. nach den verschiedensten Gesichtspunkten aufgenommen worden, bis es gelang, nicht nur die Zwerge und Giganten verschiedener Klassen nach spektralen Eigentümlichkeiten zu trennen, sondern danach auch innerhalb der beiden Gruppen die absoluten Helligkeiten der untersuchten Sterne mit ausreichender Schärfe zu bestimmen.

Die ersten von Adams unternommenen Arbeiten galten der Hauptsache nach einer Untersuchung der Helligkeitsverteilung in den betreffenden Spektren. Es ergab sich dabei, daß die Energiekurven der Strahlung bei den Zwergen und Giganten Abweichungen zeigen, derart, daß bei den Zwergen der violette Teil des Spektrums sich etwas weiter verfolgen läßt, als bei den Riesen der gleichen Klasse, doch war der Unterschied nicht groß genug, um als besonders charakteristisches Kennzeichen für die Trennung gelten zu können. Einen weit besseren Erfolg lieferten die Absorptionslinien. Obwohl die Spektra der Zwerg- und Gigantengruppen Linie für Linie übereinstimmen, ist das Aussehen einiger Absorptionen in den beiden Zweigen doch deutlich verschieden. Ein sehr auffälliger Unterschied, auf den zuerst A. Kohlschütter aufmerksam wurde, besteht z. B. darin, daß gewisse Linien bei den Riesen- und Zwergsternen regelmäßig in verschiedener Intensität auftreten. An erster Stelle betrifft diese Feststellung bestimmte Absorptionen des Kalziums (*Ca*) und ionisierten Strontiums (Sr^+). Später sind noch Linien von Ti^+ und Y^+ hinzugekommen; auch sehr bekannte Linien wie das (D)-Paar oder $H\delta$ und $H\gamma$ können zur Feststellung der Zugehörigkeit zum Riesen- oder Zwergtypus herangezogen werden. Bei der Auswahl der Kennlinien kommt neben der Deutlichkeit natürlich noch eine gewisse Unabhängigkeit von dem engeren Spektraltypus in Frage, wenn die Beziehungen zur absoluten Helligkeit eindeutig ausfallen sollen.

Die auf Grund der Linienschärfe erzielten Ergebnisse sind nicht für alle Spektralklassen gleich zuverlässig. Am besten lassen sich die Giganten von den Zwergen zwischen A8 und K3 sowie bei M trennen, doch gibt es auch für die Typen B9 bis A8, K3 bis K9 bestimmte Kennzeichen für die Sonderung der beiden Zweige. Bei der B-Klasse kommen im allgemeinen größere Unterschiede der Leuchtkraft nicht vor. Die vorhandenen Abweichungen werden vorläufig nach der allgemeinen Schärfe der Linien oder nach der Stärke einzelner *He*-Absorptionen roh abgeschätzt. Sie werden sich vielleicht einmal genauer mit Hilfe der Si^+ Linien (λ 6373 und 6347) feststellen lassen, die ein deutliches Maximum bei B8 zeigen. Da zwischen A und F die Wasserstofflinien das Spektrum der Sterne beherrschen, oft überhaupt allein sichtbar sind, haben W. S. Adams und A. H. Joy in diesem Bereich den Charakter der Balmer-Serie für die vorliegende Aufgabe herangezogen. Aus Sternen bekannter Entfernung wurde dabei das empirische Gesetz abgeleitet, daß die Schärfe der *H*-Linien mit der absoluten Helligkeit wächst. Die Genauigkeit der Einschätzung braucht auch hier nicht besonders groß zu sein, da in dem Spektralbereich A bis F die Leuchtkraft der Sterne nur wenig differentiiert erscheint und sich fast ausschließlich auf absolute Größen zwischen 0^m und $+ 2.6^m$ verteilt. Die genannten Verfahren sind übrigens nur auf die normalen Sterne anwendbar. Bei den sog. Übergiganten (Abb. 370), bei den Cepheiden und weißen Zwergen verliert die Beziehung ihre Geltung. Auch die seltenen O-Sterne eignen sich nicht für die vorliegende Aufgabe, wir werden aber sehen, daß hier auf Grund anderer Beobachtungen ebenfalls eine Trennung in Riesen und Zwerge nicht ausgeschlossen erscheint. Am Ende der spektralen Folge bereiten die späteren K-Sterne noch einige Schwierigkeiten, da hier fast ausschließlich der Charakter von Banden abgeschätzt werden muß. Am besten werden hierzu wieder die sehr typischen Zyanbanden bei λ 4215 und 3885 verwendet, deren deutliches Auftreten von hoher absoluter Helligkeit zeugt.

Charakteristische Linien im Spektrum der Riesen und Zwerge.

Giganten			Zwerge		
Sp.	kräftig	schwach	Sp.	kräftig	schwach
F—M	Balmerserie	λ 4454 (*Ca*)	F—M	λ 4535 (*Ti*)	alle Funkenlinien
	Funkenlinien	λ 4435 (*Ca*)		λ 4454 (*Ca*)	
		λ 4607 (*Sr*)		λ 4435 (*Ca*)	
F	λ 4290 (Ti^+)			λ 4227 (*Ca*)	
	λ 4215 (Sr^+)				
	λ 4077 (Sr^+)		F		λ 4290 (Ti^+)
					λ 4215 (Sr^+)
G—M	λ 4215 (Sr^+)				λ 4077 (Sr^+)
	λ 4077 (Sr^+)				
			M	λ 4607 (*Sr*)	H-Serie

In der vorstehenden Übersicht ist das Aussehen der wichtigsten charakteristischen Linien bei den Giganten und Zwergen der Spektralklassen F bis M mitgeteilt. Die Tabelle zeigt auf den ersten Blick, daß in den Giganten die ionisierten, in den Zwergen die neutralen Gasatome überwiegen.[1]) Da immer genau gleiche Spektra, also Sterne genau gleicher Temperatur verglichen werden, so kann der Unterschied nur durch die verschiedenen Druck- und Dichteverhältnisse in den Atmosphären bedingt sein. Je größer der Druck, desto schwerer lassen sich die Atome ionisieren; daß dieser in den Photosphären der kleinen Zwerge merklich höher sein muß als bei den millionenfach größeren Giganten, ist ohne weiteres klar.

Die Möglichkeit einer zuverlässigen Trennung der Giganten und Zwerge auf Grund ihrer Spektrallinien hat einen neuen Maßstab für die Ausmessung des uns umgebenden näheren und ferneren Weltraums geliefert. Das Verfahren ist beobachtungstechnisch wie rechnerisch sehr einfach. Wird z. B. bei den Sternen der mittleren Spektralklassen die Stärke der Absorptionen λ 4454 (*Ca*) und λ 4215 (Sr^+) oder λ 4607 (*Sr*) und λ 4077 (Sr^+) zwischen einige andere unveränderliche Linien etwa nach dem Argelanderschen Verfahren (S. 610) eingeschätzt, so erhält man aus den empirischen Eichungen an hellen Sternen mit bekannter Parallaxe eine fast lineare Beziehung zwischen absoluter Helligkeit und Linienstärke. Die Streuung der Einzelwerte ist dabei so gering, daß man auf diese Weise die absoluten Helligkeiten auf etwa $\pm$ 0.4^m abschätzen kann.

Ein erster Katalog von 500 spektroskopischen Parallaxen für die mittleren Sterntypen wurde von W. S. ADAMS und seinen Mitarbeitern im Jahre 1917, ein zweiter, enthaltend 1646 Sterne, im Jahre 1921 herausgegeben. Unabhängig davon haben R. K. YOUNG und W. E. HARPER am Dominion-Observatorium in Victoria 1105 spektroskopische Parallaxen abgeleitet, und weitere gleichartige Arbeiten werden zweifellos in nächster Zeit folgen. Auch die Sterne der A- und B-Klasse sind dabei nicht vernachlässigt und zu spektroskopischen Parallaxenkatalogen zusammengetragen worden, die insgesamt auch schon gegen 1000 Nummern zählen. Die Ordnung der absoluten Helligkeiten dieser Sterne haben W. S. ADAMS und A. H. JOY nach der Schärfe der Linien vorgenommen (vgl. S. 553), während D. L. EDWARDS vom Lockyer-Observatorium in England sie nach der Intensität von drei Heliumabsorptionen gegenüber der von $H\gamma$ und $H\delta$ bestimmte. Die Übereinstimmung mit den besten trigonometrischen Werten des Allegheny-, Mc. Cormick-, Yerkes-, Mt. Wilson-Observatoriums u. a. ist soweit erzielt, daß man für Spektren F5 bis K2 beide Verfahren vielleicht schon als nahe gleichwertig ansehen kann, soweit natürlich Mittelwerte in Frage kommen. Nach den Schätzungen von ADAMS sichert heute eine gute spektroskopische Parallaxe die Entfernung bis auf 20%, gibt also, wenn systematische Fehler nicht vorliegen, eine Genauigkeit, die für viele statistische Aufgaben

[1]) Näheres über die Ionisation der Elemente auf Sternen in C. H. PAYNE, Stellar atmospheres. Cambridge (Mass.) 1925.

ausreicht. Am wenigsten zuverlässig fallen die Entfernungen für die Giganten K3 bis K9 aus, bei denen unbedingt noch eine Verbesserung der Methoden anzustreben ist.

Die hier mitgeteilte Liste einiger gemeinsamer Sterne aus dem Mt. Wilson- und Victoria-Katalog soll einen Vergleich der spektroskopischen Ergebnisse mit den trigonometrischen Werten ermöglichen. Wenn man bedenkt, wie überaus schwierig sich die direkten Messungen der Parallaxen gestalten, und wie sie durch die Tatsache eingeschränkt werden, daß Werte um den Betrag $p = 0.01''$, der etwa 100 Parseks oder wenig mehr als 300 Lichtjahren entspricht, auch für die vollkommensten Einrichtungen heute die äußerste Grenze bilden, wird man die Wichtigkeit der spektroskopischen Methode für die Fortsetzung und Ausdehnung unseres kosmischen Maßstabes genügend würdigen. Auf dem neuen Wege können selbst die fernsten Tiefen des Weltalls überbrückt werden, wenn die Lichtquelle nur stark genug ist, um ein ausexponiertes Spektrum auf der Platte zu ergeben.

Vergleich der spektroskopischen und trigonometrischen Parallaxen einiger heller Sterne.

Stern	Spektroskopische Parallaxe				Trigon.
	Mt. Wilson		Victoria		Parall.
β Cassiop.	F 2	0.069″	F 2	0.072″	0.071″
α »	G 8	0.020	G 7	0.031	0.016
β Androm.	M a	0.042	M o	0.034	0.045
α Urs. min.	F 9	0.010	F 7	0.013	0.012
γ^1 Androm.	K 2	0.033	K o	0.030	0.007
α Arietis	K 2	0.050	K 2	0.063	0.033
α Ceti	M a	0.026	M 1	0.024	0.011
α Persei	F 5	0.023	F 4	0.031	0.012
α Tauri	K 4	0.096	K 8	0.076	0.057
ι Aurigae	K 3	0.026	K 4	0.021	0.018
α »	G 1	0.076	G 1	0.120	0.075
α Leporis	F 4 p	0.021	F 4	0.013	0.014
α Can. min.	F 3	0.347	F 5	0.316	0.312
β Gemin.	G 9	0.126	G 9	0.174	0.101
α Hydrae	K 5	0.038	K 5	0.032	0.006
γ^1 Leonis	G 8	0.044	G 6	0.042	0.004
α Urs. mai.	G 8	0.048	G 4	0.074	0.037
α Bootis	K o	0.158	K o	0.100	0.080
ε »	G 8	0.019	G 5	0.041	0.016
β Urs. min.	K 4	0.046	K 4	0.033	0.011
α Serpentis	K 2	0.025	K 3	0.064	0.046
η Draconis	G 6	0.036	G 5	0.059	0.042
α Scorpii	M a	0.017	M 2	0.012	0.026
β Herculis	G 5	0.017	G 4	0.041	0.030
β Ophiuchi	K 2	0.035	K 2	0.058	0.024
γ Draconis	K 5	0.044	K 5	0.038	0.017
γ Aquilae	K 3	0.032	K 3	0.022	0.018
ε Cygni	G 7	0.044	G 7	0.058	0.041
ε Pegasi	K o	0.028	K 2	0.015	0.002
β »	M b	0.020	M 3	0.014	0.016

Bei aller Würdigung des Verfahrens darf natürlich nicht vergessen werden, daß es auf rein empirischen Interpolationen beruht, auf deren Begründung noch viel Sorgfalt verwendet werden muß. Da die spektroskopischen Parallaxen sehr bald die trigonometrischen der Zahl nach weit überflügelt haben, kann die Sicherung der Beziehungen erst allmählich erfolgen. Zu einer allgemeinen Gleichwertung der spektroskopischen und trigonometrischen Einzelergebnisse, wie sie von einzelnen Astronomen bereits geübt wird, fehlt noch die Berechtigung. Fortschritte in der Erkenntnis sind hier besonders von den gegenwärtig sehr geförderten Parallaxenmessungen der amerikanischen Sternwarten zu erhoffen. Durch die alljährlich von F. SCHLESINGER herausgegebenen übersichtlichen Verzeichnisse wird auch der Astrophysiker in dieser Beziehung dauernd auf dem Laufenden gehalten.

Vermutlich wird neben der Linienuntersuchung auch eine genauere Farbenindexbestimmung einmal eine Trennung der Sterne nach Zwergen und Giganten gestatten und recht wertvolle Kontrollen ergeben. Schon jetzt steht fest, daß die Giganten G bis M ein wenig tiefer gefärbt sind als die Zwerge, während die absolut helleren B- und A-Sterne weißer sind als die schwächeren Individuen der gleichen Spektralklassen. Im letzten Falle handelt es sich um Strahlungen, die besonders in dem Gebiet λ 3907 bis λ 3895 abweichend hervortreten. Wird dieser Teil des Spektrums ausfiltriert, so können neben der Linienstärke auch die Expositionszeiten, die gleiche Schwärzungen erzeugen, dazu dienen, um die Stellung des Sterns im absoluten Größensystem zu bestimmen. Weitere Unterscheidungsmerkmale ergeben die effektiven Wellenlängen, die Beziehungen zwischen absoluter Helligkeit und Raumgeschwindigkeit u. a. m.

18. Die physische Beschaffenheit der Sterne.

Die physikalische Deutung der Sternspektren würde fast unüberwindliche Schwierigkeiten bereiten, wenn nicht bei allen Betrachtungen auf die Vorgänge, die sich auf der Sonne abspielen, zurückgegriffen werden könnte. Die Stütze, die hier der spektrale Befund an der direkten Betrachtung im Fernrohr, an den Aufnahmen der Sonnenumgebung, an den monochromatischen Bildern usw. findet, kann vielfach auch bei den Fixsternen zu einer befriedigenden Erklärung der beobachteten photometrischen oder spektralen Eigentümlichkeiten führen. Da jedoch der Sonnentypus (G) nur etwa 17% der helleren Sternindividuen oberhalb der Größe 9.5 umfaßt (S. 505), so ist es nicht weiter verwunderlich, daß bei ganzen Klassen von Sternen diese Erfahrungen nicht ausreichen und man gezwungen ist, nach Erklärungen zu suchen, die auf der Sonne nicht die geringste Analogie finden.

Die hauptsächlichsten Bestimmungsstücke für die Qualität der Strahlung eines Sternes, den wir uns wie die Sonne als Gasball vorzustellen haben, sind nach geläufigen physikalischen Erfahrungen: der Druck, die Temperatur, die Dichte und die Masse. Von diesen Bestimmungsstücken werden daher in erster Linie die nächsten Abschnitte handeln.

Die Heliumsterne. Ruhende Kalziumlinien. Bereits H. C. VOGEL hatte eine besondere Abteilung den Sternen eingeräumt, die heute in der Harvard-Klassifikation die Bezeichnung B führen, in denen also die Heliumlinien als Absorptionen auftreten. Wie wenig man im übrigen aus der Abwesenheit dieser Linien Schlüsse auf das Fehlen eines Elements auf dem untersuchten Weltkörper ziehen darf, ist bereits bei der Sonne deutlich zum Ausdruck gekommen. Hier sind im Gesamtlicht der Photosphäre die Heliumlinien nicht vorhanden, und doch spielen sie in der Chromosphäre eine große Rolle. Die Klasse deutet also wahrscheinlich weniger auf eine größere Dichte oder gar Menge des Heliums in den Atmosphären des betreffenden Fixsterns hin, als darauf, daß die Druck- und Temperaturverhältnisse der Entstehung der betreffenden Strahlungen gerade besonders günstig sind.

Man kennt gegenwärtig etwa 700 B-Sterne bis zur Sehgrenze des unbewaffneten Auges und einige weitere Tausend innerhalb des für Spektral- und Farbenindexaufnahmen erreichbaren photographischen Gebietes. Obwohl sich die B-Sterne in der Milchstraße häufen (Abb. 374), ist ihre Raumverteilung doch nur

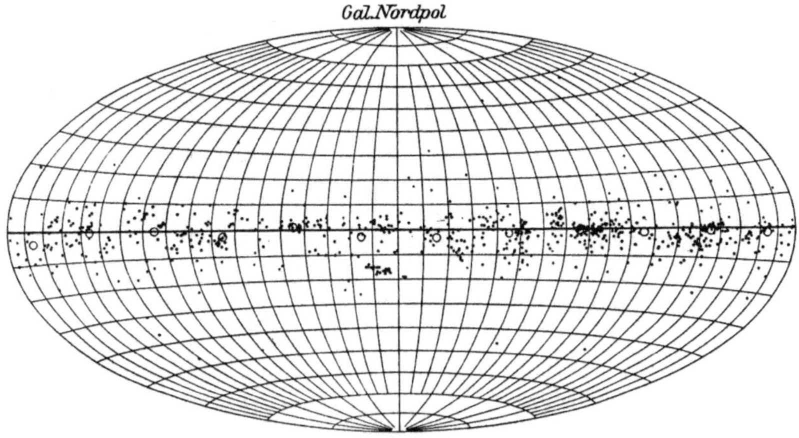

Abb. 374. Häufung der B-Sterne in der Nähe des galaktischen Äquators (nach H. Shapley und A. J. Cannon).

sehr spärlich, so daß eine Volumeneinheit, in der sich etwa 2000 Zwerge der G-Klasse befinden, nur wenig mehr als einen B-Stern enthält. Bemerkenswert ist eine Ansammlung in bestimmten galaktischen Gegenden, z. B. im Perseus, im Orion, im Skorpion, in den Plejaden usw. Mit einer einzigen Ausnahme (72 *G* Columbae) sind die Parallaxen und Eigenbewegungen der Heliumsterne überaus geringfügig, so daß die Klasse als aus sehr fernen Sternen hoher Eigenhelligkeit, die nach dem Ergebnis der spektroskopischen Parallaxen etwa bei — 0.8^m liegt, zusammengesetzt gelten kann. Die geringe Streuung der absoluten Größe und die Verteilung bis in die weitesten Fernen und Tiefen der Milchstraße verleiht den B-Sternen eine besondere Bedeutung für alle Untersuchungen, die den Bau unserer Welteninsel betreffen. Tatsächlich geben sie gegenwärtig (vgl. S. 720) immer noch das sicherste Gerüst für das Modell des Sternsystems ab. Außer den erwähnten kleineren Nestern sind noch zwei größere Gruppen zu unterscheiden: die hellere und nähere mit kleineren Radialgeschwindigkeiten, gekennzeichnet durch eine Zusammendrängung nach dem Sternbild Carina, und eine

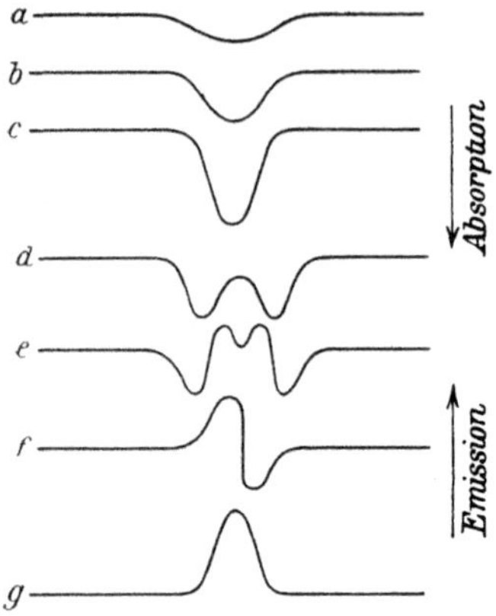

Abb. 375. Graphische Darstellung der Linieneigentümlichkeiten in Sternspektren.

schwächere mit größeren Raumbewegungen und einer Systemverschiebung in der Richtung des Sagittarius.

Die spektralen Eigentümlichkeiten der B-Sterne sind mit den dunklen *He*-Absorptionen nicht erschöpft. Wenn auch das regelmäßige Auftreten von ganzen Emissionsserien auf den Spektraltypus O beschränkt ist, so machen sich in einzelnen Fällen bis in die B-, ja bis in die A-Klasse hinein noch einzelne Umkehrungen der Ca^{+}-, *He*-, Fe^{+}-, besonders aber der *H*-Linien bemerkbar, die dann am anderen Ende der Draper-Reihe, in den Me- und N-Sternen als charakteristisches Merkmal ganzer Sterntypen wieder regelmäßig beobachtet werden. Unter den helleren Sternen mit Wasserstoffumkehrungen vom Typus Be wären γ Cassiop. (2.2^{m}), η Centauri (2.6^{m}), α Columbae (2.8^{m}) sowie η und ζ Tauri (beide 3.0^{m}) zu nennen. Sie liegen mit den gleichartigen schwächeren Objekten nahe im galaktischen Äquator und gehören den Unterklassen Bo bis B3 an. In Abb. 375 sind einige Intensitätskurven der *H*-Linien, wie sie in den Sternspektren B und A beobachtet werden, schematisch dargestellt. Man kann sie heute aus den Photogrammen mit den gebräuchlichen Mikrophotometern in allen Einzelheiten und in beliebigem Maßstabe automatisch erhalten. In den Fällen *a*, *b*, und *c* liegen normale Absorptionen vor, deren Intensität durch die Temperaturdifferenz zwischen Photosphäre und umkehrender Schicht bestimmt wird. Bei *d*, *e* und *f* hat man es bereits mit Umkehreffekten zu tun, derart, daß im Bereiche der Absorptionslinien eine mehr oder weniger breite Emission auftritt. Vermutlich hat die Erscheinung ähnliche Gründe, wie in den analogen Fällen bei der Sonne (Abb. 221 u. 229), ist also auf Unterschiede der physikalischen Bedingungen mit der Höhe zurückzuführen. Auch eine andere Deutung wäre möglich, etwa in der Weise, daß die Sterne von ausgedehnten Chromosphären umgeben sind, und daß die dunklen Linien von dem eigentlichen Stern, die hellen dagegen von der leuchtenden Gashülle ausgehen. In den Fällen *a*, *b*, *c* wäre die Höhe der Atmosphäre noch nicht so groß, daß von ihr der Sternkern wesentlich überragt würde; bei *d* und *e* könnte man sich dagegen einen allmählichen Übergang von einem normalen Stern in einen Wasserstoffball vorstellen, obwohl solche Nebel mit vorherrschenden *H*-Emissionen am Himmel nur selten, z. B. an dem *BD*-Stern $+ 30^{0}$ 3639 beobachtet werden. Der Fall *f*, bei dem die Emission nach Rot und die Absorption nach Violett zu verschoben ist, tritt nur bei bestimmten Sternen vom Novatypus ein und ist vorläufig nur durch sehr hohe Radialgeschwindigkeiten zu erklären. Daß bei den normalen Umkehrungen die dunkle Linie stets breiter auftritt als die Aufhellung, ist unschwer zu erklären. Das Licht des

Abb. 376. B-Spektrum mit hellen Linien. γ Cassiopeiae (Harvard-Aufnahme).

Sterns muß durch sämtliche Schichten des atmosphärischen Wasserstoffs hindurch, während die Emissionslinien ihren Ursprung in den äußersten Randgebieten der leuchtenden Chromosphäre nehmen. An Sonnenerscheinungen gemessen handelt es sich also bei diesen Sternen um ein durch eine sehr hohe Umkehrschicht (Flash) verändertes Photosphärenspektrum.

Der Umkehrvorgang betrifft nie die sämtlichen Linien der Balmer-Serie. Nach einer von W. W. Campbell gefundenen Regel werden die Emissionen in den Be-Sternen mit abnehmender Wellenlänge immer schwächer; dann setzen die Absorptionslinien mit wachsender Stärke ein. Bei γ Cassiopeiae (Abb. 376) sind die ersten sechs Linien hell, die übrigen dunkel, bei den anderen Vertretern der Gruppe beginnen die Absorptionen bereits bei $H\delta$, $H\gamma$ oder gar $H\beta$. Die in der letzten Zeit ausgeführten Spektralaufnahmen mit rotempfindlichen Platten haben bei so vielen B-Sternen die $H\alpha$-Linie in Emissionsform nachgewiesen, daß der Anfang der Absorptionen bei $H\beta$ sogar als Regel des Be-Typus gelten darf. In vereinzelten Fällen sind die Umkehrungen auch schon in doppelter Form und unsymmetrisch, ähnlich wie bei den Kalziumlinien der Sonnenfackeln, beobachtet worden. J. Scheiner hat die Campbellsche Regel noch durch Temperaturunterschiede zu erklären versucht, derart, daß bei fortschreitender Abkühlung der Photosphäre und Abnahme ihrer Höhe zuerst die hellen Wasserstofflinien des Ultraviolett und dann allmählich die anderen langwelligen Linien der Serie verschwinden, doch sind hier außerdem noch Druck, Dichte und elektrischer Zustand von Einfluß. Nach den heutigen Anschauungen über das Wesen der Strahlung sind Teilemissionen und -absorptionen physikalisch erklärbar. Daß gerade der Wasserstoff zu einer derartigen Schichtung der einzelnen monochromatischen Strahlungen neigt, lehrt am besten das Spektrum der Chromosphäre bei Gelegenheit totaler Sonnenfinsternisse (S. 315).

Eine Merkwürdigkeit einzelner B-Sterne liegt auch in der offenbar periodischen Veränderlichkeit des Spektrums, die hier z. T. sehr deutlich zutage tritt. Man kennt bis jetzt etwa ein Dutzend solcher Fälle, darunter φ Persei, χ Draconis, v Cygni und v Sagittarii. Die auffälligsten Veränderungen betreffen stets die Helligkeit, besonders aber das Helligkeitsverhältnis der Emissionen. Die Perioden sind nur bei zwei Sternen, φ Persei und v Sagittarii kurz (127 bzw. 138 Tage). Sonst umfassen sie viele Jahre, bei χ Draconis etwa 3 Jahrzehnte. Der ebenfalls hierher gehörende Stern *X* Persei unterliegt daneben noch einem sehr merkwürdigen unregelmäßigen Lichtwechsel.

Eine weitere seltsame bei den B-Sternen zuerst entdeckte Eigentümlichkeit des Spektrums verdient besondere Erwähnung. Bei der Untersuchung des spektroskopischen Doppelsterns δ Orionis hatte J. Hartmann festgestellt, daß die Linien (H) und (K) des Kalziums den veränderlichen Doppler-Effekt nicht zeigten, doch gestattete erst die genauere an 35 Sternen vorgenommene Nachprüfung von R. K. Young einen Einblick in das Verhalten dieser Absorptionen. Sie nehmen danach in den beobachteten, fast ausschließlich dem Milchstraßengebiet angehörenden Fällen tatsächlich an den Erscheinungen der Bahnbewegungen nicht teil, zeigen auch eine andere mittlere Radialgeschwindigkeit, wie die übrigen Linien im Spektrum.[1]) Diese „ruhenden Linien“ sind stets auffallend gut begrenzt, in einzelnen Fällen, wie δ Orionis, sogar ungewöhnlich scharf. Daß sie ganz eigenartigen Verhältnissen ihre Entstehung verdanken, ersieht man daraus, daß zuweilen neben dem scharfen auch das übliche verwaschene Linienpaar auftritt, das dann an etwaigen periodischen Verschiebungen im Spektrum durchaus normal teilnimmt. In einzelnen Sonderfällen, z. B. bei β Lyrae, ruhen neben den Linien (H) und (K) auch die Wasserstoff- und Heliumabsorptionen (S. 642), in anderen, wie δ Orionis und β Scorpii, auch die (D)-Linien des Natriums.

Die Angelegenheit hat in neuerer Zeit J. S. Plaskett unter Benutzung eines sehr umfangreichen Materials nach allen Richtungen hin diskutiert und die folgenden Tatsachen festgestellt. Zunächst sind die stationären Linien nicht auf eine bestimmte Spektralklasse beschränkt, sondern allen heißen Sternen von B3 an aufwärts einschließlich der Kerne der planetarischen Nebel und der Neuen Sterne eigen. Es ist nun höchst seltsam, daß die normalen Linien (H) und (K) des Ca^{+}, die beim Spektraltypus K2 ihr Maximum besitzen und schon bei A0 recht schwach sind, gerade bei B3, also dort aufhören, wo die scharfen Absorptionen einsetzen. Von Sternen mit stationären Linien kennt man gegenwärtig etwa 250 Vertreter. Die meisten sind spektroskopische Paare und liegen in nächster Nähe der Milchstraße. Daß sie auf diese Gegend nicht beschränkt sind, zeigt ϱ Leonis mit einer galaktischen Breite von 53^{0}. Die von den stationären Linien angezeigten Raumgeschwindigkeiten führen im Mittel genau auf die Sonnenbewegung, sind also fast durchweg parallaktischer Natur.

Eine einwandfreie Deutung für die feststehenden Linien ist noch nicht gefunden. Als nur einige wenige Sterne dieser Art bekannt waren, konnte man noch an vereinzelte dunkle kosmische Wolken von Kalzium, Natrium usw. denken, die zwischen Stern und Sonne im Milchstraßengebiet liegen mochten. Damit wäre erklärt, warum die Linien nur von der Sonnenbewegung abhängige Radialgeschwindigkeiten zeigen. Andere Überlegungen sprechen gegen diese Deutung. So ist es unverständlich, warum nicht auch die Sterne anderer Klassen

[1]) H. Kienle, Die ruhenden Kalziumlinien. Seeliger-Festschrift 1924.

die gleiche Merkwürdigkeit zeigen, und weshalb in den vermutlich kalten Wolken die Strahlung des ionisierten und nicht diejenige des neutralen Kalziums angeregt wird. Bleibt man bei der Grundvorstellung, so müssen die Massen schon in die nächste Umgebung der betreffenden Sterne versetzt und als so dünn angenommen werden, daß eine merkliche Absorption oder Streuung nicht zustande kommt. Die Deutung ist auch in dieser Form nicht befriedigend, wir können aber vorläufig keine bessere an ihre Stelle setzen. Wenn die stationären Linien interstellaren Wolken angehören, so lassen sich aus dem ihnen eigenen Doppler-Effekt auch ihre Eigengeschwindigkeiten im Raum genau ebenso wie bei Sternen ableiten. Für die sechs Hauptgruppen der untersuchten O- und B-Sterne gelangt auf diese Weise O. STRUVE zu radialen Bewegungen, die zwischen + 5 km und — 14 km liegen; der bei den B-Sternen sehr merkliche *K*-Effekt (S. 520) ist in den stationären Linien kaum angedeutet.

Die mittlere Reihe der Sternspektra. Etwa 90% der Sterne, die in dem neuen Draper-Katalog der *HD* enthalten sind, gehören den Spektraltypen A bis M an. Um den übrigbleibenden Rest in seinen besonderen physikalischen Eigenschaften charakterisieren zu können, ist es notwendig, die wesentlichen Merkmale und Zusammenhänge innerhalb der normalen Sternspektra an bestimmten Leitlinien noch einmal kurz hervorzuheben, wobei die graphische Darstellung in Abb. 349 in Erinnerung gebracht sei.

Die Spektra der A-Klasse sind durch das Überwiegen der Wasserstoffserie derart gekennzeichnet, daß andere Linien oft überhaupt nicht zur Geltung kommen. Das ist besonders bei denjenigen Sternen der Fall, in denen die Balmer-Serie in breiter bandenartiger Form auftritt. Werden solche Spektren nach dem Keilverfahren (S. 73) aufgenommen, so erhält man sehr lehrreiche Abbildungen, die nicht nur die Lichtverteilung in den einzelnen Wellenlängen, sondern auch die Absorptionen der Balmer-Serie deutlich veranschaulichen (Abb. 377). Zu beachten ist nur, daß die Lücke bei 530 $\mu\mu$, zwischen $H\alpha$ und $H\beta$, nicht reell, sondern durch ein Minimum der Farbenplatte hervorgerufen ist.

Ihre größte Stärke erreichen die *H*-Linien bei A0, behalten sie etwa bis A3 und fallen jenseits A5 außerordentlich rasch ab. Sterne vom e-Charakter, also mit Umkehrerscheinungen, kommen vor, sind jedoch bereits weit seltener als bei der B-Gruppe. Von anderen Absorptionen erreicht λ 4128—4131 des einfach ionisierten Siliziums bei A0 ihr Maximum und ist deswegen von Bedeutung, weil dieses Element trotz der geringen Stärke seiner Linien sich durch alle Spektraltypen hindurch in verschiedenen Anregungsbedingungen verfolgen läßt. In den heißeren O-Sternen kommt es in

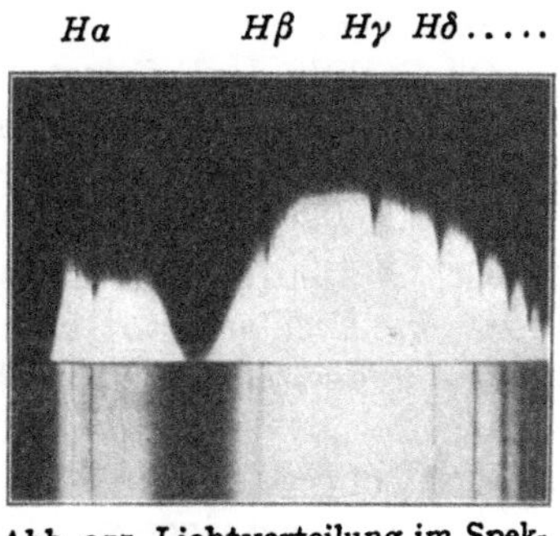

Abb. 377. Lichtverteilung im Spektrum eines A0-Sterns (nach dem Draper-Katalog).

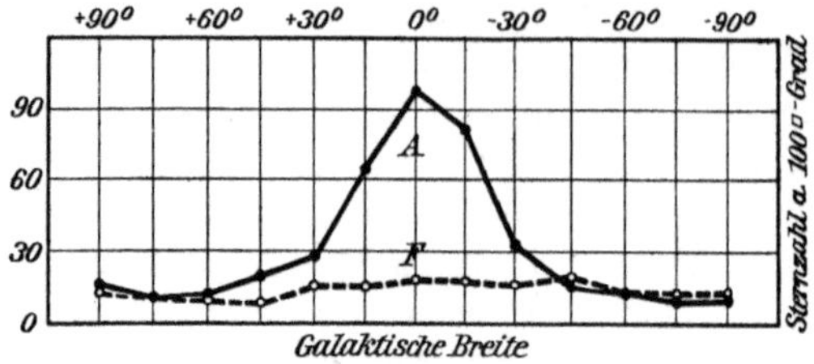

Abb. 378. Verteilung der A- und F-Sterne als Funktion der galaktischen Breite.

dreifach ionisierter Form (Si^{+++}) vor, zwischen B0 und B3 wird es als Si^{++} sichtbar, tritt zwischen B0 und F0 als Si^{+} auf und ist von F0 bis zu den kühlsten Sternen in der neutralen Atomgestalt anzutreffen. Bemerkenswert ist es, daß in den hochtemperierten A-Sternen bereits die Zyanbande λ 4314 angedeutet ist.

Angesichts der überaus wechselvollen Form, in der die Balmer-Serie in den A-Sternen auftritt, müßte es möglich sein, aus ihrem Verhalten Einzelheiten über Dichte, Druck, Temperatur oder absolute Helligkeit abzuleiten. Vorläufig weiß man nur soviel, daß kräftige, scharfe *H*-Linien auf Gigantennatur des Ursprungssterns hinweisen. Die physikalischen Gründe für den Liniencharakter sind aber noch nicht angebbar. Eine Reihe von Deutungen liegt zwar bereits vor, doch sind diese sämtlich unbefriedigend; weder die Annahme einer großen Schichtdicke, noch einer großen Dichte bei geringer Schichthöhe, einer starken Streuung oder besonders raschen Rotation vermag die Breite der Wasserstofflinien in den Spektren der Klasse A vollständig zu erklären.

Über die Klasse F der Harvard-Reihe ist im einzelnen wenig zu bemerken. An der auffälligen galaktischen Konzentration der A-Sterne nimmt sie nicht teil, und zwar erfolgt der rasche Abfall der Kurve (Abb. 378) zwischen A5 und F2. Physikalisch sind die F-Sterne als eine typische Übergangsform von den Siriussternen zu Weltkörpern vom Charakter unserer Sonne aufzufassen, die in den Erscheinungen der Fackeln noch zahlreiche Anklänge an F-Sterne aufweist. Die normalen Sterne der Klasse gehören größtenteils der Zwergreihe an, doch kommen bemerkenswerte Ausnahmen vor. Die merkwürdigen Veränderlichen der Cepheidenklasse sowie bestimmte mit ihnen spektral innig verwandte Sterne vom Gigantentypus (S. 563) erreichen z. B. hier ihr Häufigkeitsmaximum.

Die Spektra der G-Klasse sind durch das Beispiel der Sonne genügend gekennzeichnet. Die meisten stimmen mit ihr Linie für Linie so genau überein, daß man wohl berechtigt ist, auch andere Eigentümlichkeiten unseres nächsten Fixsterns auf diese Weltkörper zu übertragen. Bestimmte Abweichungen in der Linienstärke und in den Intensitätskurven der kontinuierlichen Strahlung lassen bereits eine Trennung nach Leuchtkraft und Dimensionen zu. Den Zwergsternen Sonne und α Centauri stehen hier die Giganten Capella, α Urs. mai. u. a. gegenüber. Der Linienreichtum der G-Spektra ist bereits sehr groß (Abb. 346), und die tiefere Temperatur macht sich durch geringere Dissoziation der Elemente bemerkbar; Molekülverbände sind durch einige schwache Banden angedeutet. Allen G-Sternen gemeinsam ist die schon bei der Sonne vorgefundene große Intensität der Absorptionen (H) und (K) von Ca^{+}. In einzelnen Fällen kommen auch die

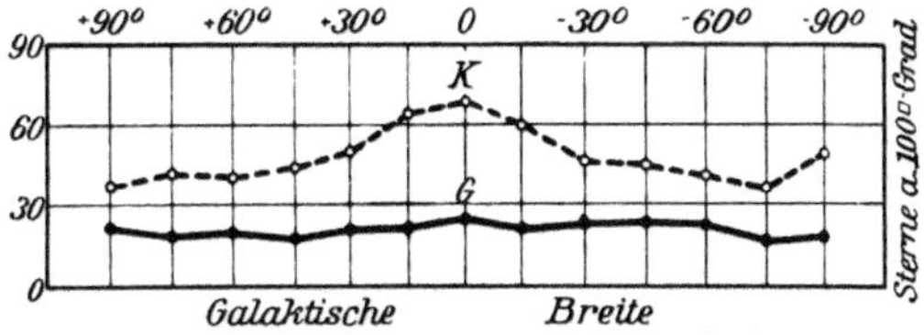

Abb. 379. Verteilung der G- und K-Sterne als Funktion der galaktischen Breite.

uns von den Flecken her geläufigen einfachen Umkehrungen in die Emissionsform (Abb. 221) vor, z. B. bei dem Hauptstern von 61 Cygni. Über die Zahl der G-Sterne vom Sonnentypus läßt sich erst wenig aussagen, da der spektrale Fundamentalkatalog der *HD* die gelben Zwerge nur bis zu einem Abstand von noch nicht 250 *LJ* erschöpft. Zweifellos sind aber in der Sonnenumgebung G-Sterne geringer Leuchtkraft sehr zahlreich vertreten; nach den geschätzten Raumziffern der *HD* entfallen auf etwa 1000 Vertreter der Klassen B bis F und K bis M ungefähr 7000 Zwerge vom Charakter unserer Sonne, so daß diese in der Gegend des Weltalls, in der sie sich gerade befindet, den häufigsten Spektraltypus veranschaulicht.

An dieser Stelle müssen noch die sich von A bis G hinziehenden merkwürdigen Sterne Erwähnung finden, die in der alten Klasseneinteilung von A. E. Maury durch den Buchstaben c charakterisiert worden sind. Neben der damit ausgedrückten Schärfe der Linien zeigen sie auch sonst so enge Verwandtschaft mit den Veränderlichen vom δ Cephei-Typus, daß sie in der Stellarastronomie heute allgemein als Pseudo-Cepheiden (S. 547) zusammengefaßt werden. Die Absorptionslinien sind auf ionisierte Elemente, hauptsächlich auf Ti^+, Fe^+, Si^+ und Sr^+ zurückzuführen, hier und da treten auch zweifache Ionisationen von Metallen hervor. E. Hertzsprung hat zuerst darauf aufmerksam gemacht, daß diese Tatsachen bestimmte, für den betreffenden Spektraltyp durchaus nicht selbstverständliche physikalische Eigenschaften verraten. In erster Linie sind sie ein Kennzeichen hoher absoluter Helligkeit, großen Volumens und sehr geringer Dichte. Der Druck in den umkehrenden Schichten dieser Sterne kann auf so niedrige Werte heruntergehen, daß die Linien des neutralen Heliums, die normalerweise bei B9 schon sehr schwach sind, wieder deutlich sichtbar werden, wie dies z. B. bei α Cygni (F) beobachtet wird. Die Sonderstellung der Pseudo-Cepheiden wird auch durch ihre Lage am Himmel bestätigt. Abweichend von den normalen Sternen der Klassen F bis G drängen sich die c-Typen nach dem galaktischen Äquator zusammen. Sie müssen räumlich von uns sehr weit entfernt sein, da sie keine Parallaxen und kaum merkliche Eigenbewegungen zeigen.

Abb. 380. Lichtverteilung im Spektrum eines Ko-Sterns (nach dem Draper-Katalog).

Sieht man von der galaktischen Verteilung (Abb. 379) ab, so ist eine strenge Grenze zwischen G und K in der Reihe der Spektra

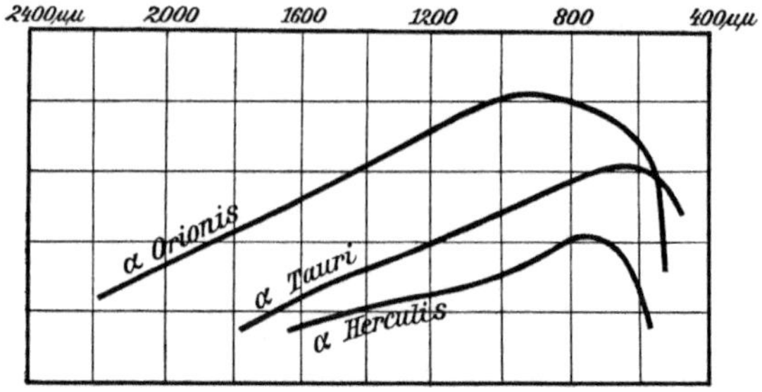

Abb. 381. Bolometrische Energiekurven einiger roter Sterne (nach C. G. Abbot).

nicht zu ziehen. Die Metalllinien werden kräftiger, (H) und (K) nehmen einen bandenartigen Charakter an, und das Anwachsen der Absorptionen mit sinkender Temperatur tritt, besonders im Violett, offenkundig zutage (Abb. 380). Daneben erscheinen neue kräftige Banden, die nach dem Violett zu scharf begrenzt sind, und das Vorhandensein von chemischen Verbindungen anzeigen. Sie gehören in erster Linie dem Titanoxyd an. Auch Kohlenstoffverbindungen und Wasserdampf sind nachweisbar, Merkmale, die auch in den Sonnenflecken durchaus gleichartig auftreten und enge Beziehungen zu diesen in bezug auf Temperatur, Ionisationszustand, Druck usw. vermuten lassen.

Die M-Sterne bilden eine durchaus natürliche, durch weitere Temperaturabnahme bedingte Fortsetzung des K-Typus, wobei der Linienreichtum der Banden soweit geht, daß ganze Spektralgebiete, besonders im brechbareren Teil, fast ausgelöscht erscheinen. Dazu kommt eine starke Verschiebung der Energiekurve nach dem weniger brechbaren Ende. Beide Ursachen vertiefen die Färbung der Sterne derart, daß diese tief gelbrot oder gar rot erscheinen. Der Spielraum in der absoluten Helligkeit ist bei der Klasse M sehr groß. Während die Giganten sich um -0.2^m konzentrieren, sind Zwerge zwischen $+6^m$ und $+16.5^m$ ohne Angabe einer unteren Grenze bekannt (S. 545).

Das Ende der mittleren Spektralreihe kann etwa bei Mc (M8) angenommen werden, wo die Wasserstofflinien endgültig in der Absorptionsform verschwinden, um bei Md (Me) zeitweise in Gestalt von Emissionen wieder aufzutreten. Da dieser Unterabteilung, soweit sie Riesen umfaßt, meist Veränderliche langer Periode angehören, und die Erörterung der spektralen Änderungen ohne Zurückgreifen auf die Lichtkurve unmöglich ist, soll die Klasse Md erst später an geeigneter Stelle behandelt werden. Der Übergang von den normalen Sternen zu den Veränderlichen vollzieht sich ähnlich wie bei den Pseudo-Cepheiden nicht plötzlich. Verschiedene K- und M-Sterne zeigen, obwohl sie einem Lichtwechsel nicht unterliegen, bereits Erscheinungen im Spektrum, wie sie sonst nur in Veränderlichen oder in Neuen Sternen beobachtet werden. Merkwürdige Objekte dieser Art sind Boss 1985 und 5650, *HD* 45617 u. a. Letzterer enthält Absorptionen von *He* sowie Emissionen von *H* und *Fe*. Ein unbekanntes kräftiges Triplet bei λ 4288 bis 4244 gehört vielleicht dem Fe^+ an, so daß auf diesem Stern ganz ungewöhnliche physikalische Verhältnisse herrschen müssen.

Wie bei der Sonne, erhebt sich auch bei den Sternen die Frage, welche irdischen Grundstoffe dort nicht vorhanden bzw. noch nicht sicher spektroskopisch nachgewiesen sind. Von den schweren Elementen von Neodym abwärts treten nur noch Europium, Terbium und Blei mit den Atomgewichten 152, 159 und 207 auf.[1]) Bis zur Atomnummer 63 fehlen 22 Grundstoffe, die in der nebenstehenden Übersicht verzeichnet sind. Daß aus derartigen Zusammenstellungen nur sehr vorsichtige Folgerungen gezogen werden dürfen, ist bereits beim Sonnenspektrum betont worden. Ebensowenig wie ein Schluß auf das Fehlen der betreffenden Stoffe ist der andere auf eine besondere Reichhaltigkeit der uns immer wieder in den Sternen begegnenden Elemente, wie *H*, *He*, *Fe*, *Ti* usw. statthaft, wie ja die Astrophysik überhaupt von der Anwendung der quantitativen Spektralanalyse auf die Himmelskörper noch weit entfernt ist.

Spektroskopisch nicht nachweisbare Elemente in der Fixsternstrahlung bis zur At. Nr. 63.

At. Nr.	Element	Zeichen	At. Gew.
4	Beryll	*Be*	9
5	Bor	*B*	11
9	Fluor	*F*	19
10	Neon	*Ne*	20
15	Phosphor	*P*	31
17	Chlor	*Cl*	35
18	Argon	*A*	40
32	Germanium	*Ge*	72
33	Arsen	*As*	75
34	Selen	*Se*	79
35	Brom	*Br*	80
36	Krypton	*Kr*	83
41	Niobium	*Nb*	93
49	Indium	*In*	115
50	Zinn	*Sn*	119
51	Antimon	*Sb*	120
52	Tellur	*Te*	128
53	Jod	*J*	127
54	Xenon	*Xe*	130
59	Praseodym	*Pr*	141
60	Neodym	*Nd*	144
62	Samarium	*Sa*	150

Sonderklassen der Draper-Folge. Unter Einschluß der B-Klasse gehören mehr als 99% aller Sterne den oben behandelten Spektraltypen an, und jeder kosmogonische Gedankengang muß auf die Darstellung dieser großen Masse von Weltkörpern eingestellt sein. Fingerzeige auf Abweichungen von den aufgestellten Regeln, Kontrollen der möglichen theoretischen Gedankengänge usw. werden dagegen stets nur die Ausnahmefälle bieten, so daß es verständlich ist, wenn man gerade diesen in der Stellarspektroskopie von Anfang an besondere Aufmerksamkeit zugewendet hat. Oft sind die Sondergruppen durch so wenige Sterne vertreten, daß es fast befremdlich erscheint, daß sie in der Harvard-Skala durch besondere Bezeichnungen hervorgehoben worden sind.

Gewissermaßen eine Fortsetzung der normalen Spektralfolge bilden die Klassen N und R. Sie haben bestimmte Eigentümlichkeiten mit den M- bzw. K-Sternen gemeinsam, stehen aber in anderer Hinsicht wieder völlig gesondert da. Für die N-Sterne geht das schon aus der Tatsache hervor, daß sie durchweg Parallaxen unter 0.005″ haben und ganz im Gegensatz zum Typus M ausschließlich in der Milchstraße oder in deren nächster Nähe vorkommen. Schon die ersten Untersuchungen der stark rot gefärbten N-Sterne, wie sie W. Huggins, H. C. Vogel und N. C. Dunér angestellt haben, ließen erkennen, daß ihre

[1]) C. H. Payne, Stellar atmospheres. Cambridge (Mass.) 1925.

Spektra (Abb. 382) durch sehr breite und dunkle Absorptionsbanden charakterisiert sind, die aber im Gegensatz zu den Titanoxydbanden der M-Sterne nach Rot scharf begrenzt sind und nach dem Violett zu allmählich abfallen. Die drei Hauptkanten liegen in abnehmender Helligkeitsfolge in Gelb, Grün und Blau, so daß das Spektrum, abgesehen von der etwas verschiedenen Helligkeitsfolge, ein genaues Bild des normalen Kometen- bzw. Swan-Spektrums bietet. Die Aufnahmen von G. E. HALE, der sich besonders eingehend mit den N-Spektren beschäftigt hat, lassen noch ein halbes Dutzend Zyanbanden sowie Linien von *Ca*, *Cr* und *Fe* erkennen. Auch Emissionen kommen vor, doch sind sie schwer von den zufälligen Lücken im Spektrum zu unterscheiden. Einwandfrei erwiesen ist vorläufig nur das gelegentliche Vorkommen heller Wasserstofflinien; ein Zurechtfinden unter den anderen Emissionen ist außerordentlich schwierig und vorläufig kaum durchführbar.

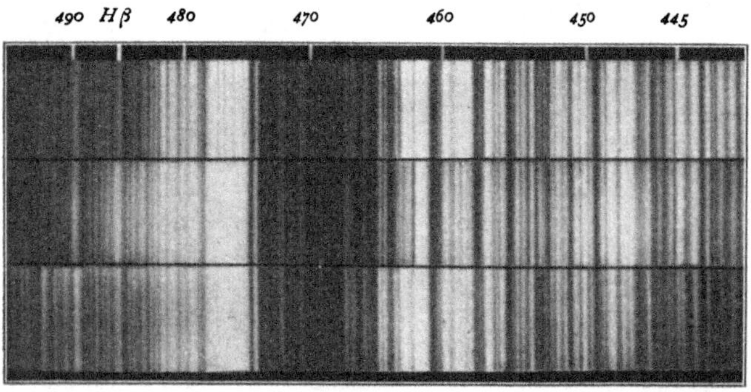

Abb. 382. Spektra einiger N-Sterne (nach G. E. Hale).

Von den bisher bekannten rund 300 Sternen der Klasse N bis etwa 10^m ist der größte Teil veränderlich. Auf die rote Farbe, die selbst diejenige der M-Sterne noch merklich übertrifft, ist bereits hingewiesen worden; bei der Nc-Gruppe reicht das Spektrum kaum noch in das grüne Gebiet hinein. Photographisch macht sich die starke Tönung durch die überaus geringe Aktinität des Lichtes, also durch sehr hohen Farbenindex, bemerkbar.

E. C. PICKERING hat seinerzeit unter dem Buchstaben R einige Objekte von der Klasse N abgetrennt, bei denen der blaue Teil des Spektrums nur in dem Grade der G5- oder K-Sterne absorbiert erscheint, so daß die Linien (H) und (K) wieder hervortreten. Bei geringer Dispersion erscheint das R-Spektrum in vier Teile zerrissen, die bei 610, 480, 440 und 430 $\mu\mu$ liegen. Alle anderen Einzelheiten entsprechen sonst durchaus der N-Klasse, wenn man von einigen neu hinzukommenden Absorptionen absieht. Bisher sind etwa 70 Glieder der Abteilung (R0, R3, R5 und R8) in der mittleren scheinbaren Helligkeit 8.4^m bekannt. Ob ihre Abtrennung von N auch physikalisch begründet ist, muß die Zukunft lehren. Visuell besteht der Unterschied lediglich in der merklich gelberen Färbung der R-Sterne gegenüber den Gliedern der Klasse N. Bei dem veränderlichen K-Stern *RU* Camelop. treten im Minimum des Lichts die charakteristischen Banden und Linien der R-Klasse hervor, so daß hier möglicherweise eine Übergangsform gefunden ist. Trifft dies zu, so wäre bei einer Angliederung der seltenen Spektra an die normalen Klassen R dem Typus N voranzusetzen. Ob die S. 522 erwähnten hohen Geschwindigkeiten in der Blickrichtung bei den R-Sternen allgemein vorherrschen, ist noch ungewiß.

Über die sehr seltenen S-Sterne, von denen erst etwa zwei Dutzend bekannt sind, ist den Angaben auf S. 503 nur wenig hinzuzufügen. Wie die Titanbanden bei den M- und die Kohlebanden bei den N-Spektren, treten hier Zirkonbanden als charakteristisches Merkmal auf. Zwischen λ 6612 und 6229 lassen sich nicht weniger als 13 Kanten zählen. Das schon in einzelnen M-Sternen nachweisbare Zirkon ist mit Titan chemisch verwandt, im Laboratorium erscheinen aber die Banden des Titans bei tieferen Temperaturen als diejenigen des Zirkons. In der Temperaturskala geht demnach der S-Typus den Sternen der Klasse M voraus. Unter den S-Sternen finden sich viele Veränderliche. Besonders beachtenswert ist darunter χ Cygni, der durch gleichzeitiges Auftreten von Titan- und Zirkonbanden einen Übergang M-S darstellt. Mit Md gemeinsam hat S das Auftreten von Emissionen, unter denen neben Helium und Hβ drei Funkenlinien des Eisens charakteristisch sind. Die Unterbringung der 400 N-, R- und S-Sterne im Draper-System ist vorläufig nicht möglich. Nach H. D. Curtis und P. W. Merrill handelt es sich um zwei Seitenzweige, Ro bis Nc und S bis Se, die bei G bzw. bei K von der normalen Folge der Spektra abbiegen (Abb. 383).

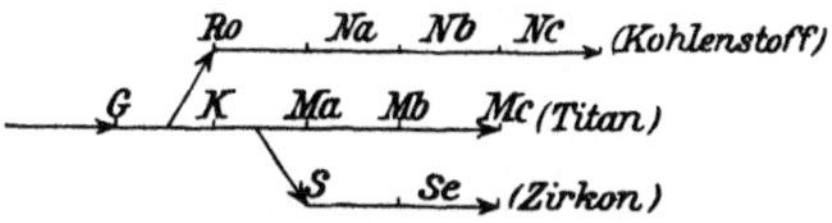

Abb. 383. Mutmaßlicher Anschluß der N-, R- und S-Sterne an die Normalfolge der Sternspektra (nach P. W. Merrill).

Da die planetarischen und die mit ihnen sehr eng verwandten diffusen Gasnebel sowie die Neuen Sterne gesondert betrachtet werden müssen, bleiben nur noch die durch ihre hellen Linien auf kontinuierlichem Grunde gekennzeichneten O-Sterne am Anfang der Draper-Reihe als Gegenstand einer näheren Besprechung übrig. Es könnte höchstens die Frage aufgeworfen werden, ob diese Himmelskörper überhaupt zu den Sternen oder nicht besser zu den sog. Emissionsnebeln zu rechnen sind. Der physikalische Begriff eines Sterns gegenüber einem Nebel beginnt offenbar dann, wenn das Spektrum einen wesentlich kontinuierlichen Charakter annimmt. Diese Voraussetzung trifft nun bei der O-Klasse zweifellos bereits zu. Daneben beweist die größere Anzahl von Übergängen nach den B-Sternen hin, daß wir es hier, trotz offenkundiger Anklänge an eine bestimmte Nebelklasse, mit Körpern zu tun haben, die sicher bereits als Sterne anzusprechen sind.

Man bezeichnet die O-Sterne mit besonders auffallenden Emissionen auch als den Wolf-Rayetschen Typus (Ow), weil C. Wolf und G. Rayet 1867 zuerst die Charakteristik dieser merkwürdigen Spektra bei drei im Sternbild des Schwans gelegenen Sternen erkannt haben. Es sind bis jetzt etwa 110 bis auf eine Ausnahme (γ Argus) schwache Sterne der Klasse O bekannt geworden. Stellt man sie nach ihren Örtern zusammen, so ergibt sich mit auffallender Deutlichkeit, daß sie sich mit Ausnahme einer Gruppe von 21 Gliedern, die der großen Kapwolke angehört, durchweg in der Milchstraße, und zwar in nächster Nähe ihrer Mittellinie befinden. In etwa 65% aller Fälle kommen galaktische Abstände zwischen 0^0 und 2^0 vor, so daß man die Lage der Milchstraßenebene aus den Örtern der O-Sterne besonders sicher ableiten kann. Eine weitere Eigentümlichkeit besteht in der ausgesprochenen Gruppenbildung der helleren Glieder. Es sind dabei drei große Nester zu erkennen; 15 Sterne innerhalb eines Milchstraßenbogens von $5\frac{1}{2}^0$ Länge in Argo, 8 Sterne innerhalb 5^0 in Norma und 8 Sterne innerhalb 8^0 im Cygnus.

Auf die Beobachtung der O-Sterne, die abgesehen von den hellen Emissionen auch durch die ungewöhnliche Helligkeit des violetten Spektralgebietes sofort auffallen, ist viel Arbeit verwendet worden. Die ältesten Messungen rühren von H. C. Vogel her, der dazu den großen Wiener Refraktor verwendet hat. Es folgen dann die visuellen Messungen W. W. Campbells aus dem Jahre 1894 und neuerdings die weit genaueren photographischen Untersuchungen von W. H. Wright und J. S. Plaskett, die unsere Kenntnisse über diese Spektralklasse sehr erheblich gefördert haben.

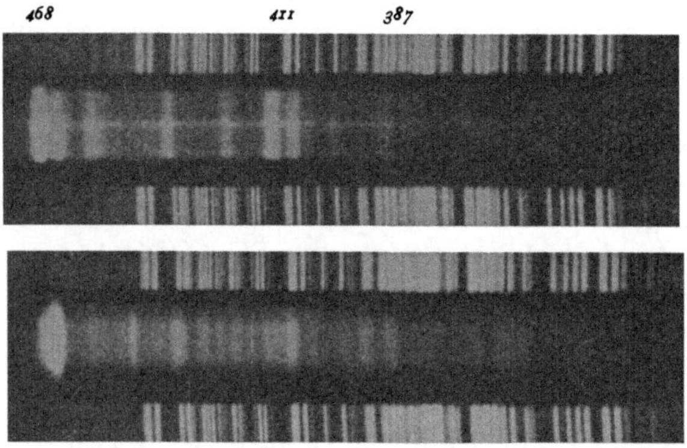

Abb. 384. Spektra der Wolf-Rayet-Sterne $+37^0 3821$ und $+35^0 4013$ (nach M. Wolf).

Die Einteilung der O-Sterne in Unterklassen, wie sie auf der Harvard-Sternwarte vorgenommen worden ist (S. 500), bezieht sich sicher nur auf Äußerlichkeiten. Es erscheint nicht unmöglich, daß die sehr wechselvoll aufgebauten Spektra dieser Sterne weniger auf eine Verschiedenheit des materiellen Aufbaus als auf eine große Veränderlichkeit der Anregungsbedingungen in verschiedenen Schichten zurückzuführen sind. Die Breite und die Stärke der Linien ändert sich von Stern zu Stern sehr beträchtlich, wahrscheinlich kommen auch merkliche Abweichungen in der Wellenlänge identischer Emissionen und Absorptionen vor. Die meisten O-Sterne zeigen beide Linienformen nebeneinander; in einigen Ob-Gliedern sind nur Emissionen erkennbar. In allen Fällen bildet die Hauptcharakteristik das Auftreten von Helium in neutralem und ionisiertem Zustande. In dem hellsten O-Stern, γ Argus (2.2^m), bemerkt man daneben noch H, C^{++}, N^{++}, O^{++}, Si^{+++}, alles Anzeichen sehr geringer Dichte und hoher Temperatur. Eine recht kräftige Absorption bei λ 3868 fällt merkwürdigerweise fast genau mit der Wellenlänge der dritten hellen Nebuliumlinie in den Spektren der Gasnebel und der Neuen Sterne zusammen. Auch sonst bestehen gegenüber den Emissionsnebeln vom planetarischen Charakter zahlreiche Berührungspunkte. Die von Wright festgestellte Tatsache, daß die Kerne der planetarischen Nebel als echte O-Sterne anzusehen sind, beseitigt eigentlich alle Unterschiede. In einzelnen Fällen, wie bei dem rötlichen, verwaschenen Objekt $+ 30^0$ 3639 (S. 558), war man längere Zeit im Zweifel, ob man es zu den Wolf-Rayet-Sternen oder zu den echten Nebeln rechnen sollte.

Auch die dynamischen Eigenschaften der O-Gruppe lassen keinen Zweifel darüber, daß es sich um Weltkörper von ganz besonderer Stellung handelt.[1]) Die absolute Helligkeit ist groß, die Massen ohne Zweifel sehr bedeutend. Berechnet man sie aus der absoluten Leuchtkraft, die im Mittel etwa bei -4^m liegt, nach einer von A. S. Eddington entwickelten Beziehung (S. 580), so gelangt man auf Werte von 10 bis 80, im Mittel auf mindestens 40 Sonnenmassen. Ein direkter Nachweis der Gültigkeit dieser Ziffern ist schwierig, da nur zwei Doppelsterne des O-Typus bekannt sind. Die Radialgeschwindigkeiten sind durchweg sehr hoch und ergeben im Durchschnitt 25 km, kommen also wieder fast genau den planetarischen Nebeln gleich. Merkwürdig sind die Änderungen im Doppler-Effekt der O-Sterne, die wohl weniger auf Bahnbewegungen als auf physische Vorgänge hindeuten. Daß alle O-Sterne mit den frühen Vertretern der B-Klasse die stationären Kalziumlinien gemeinsam haben, wurde schon an geeigneter Stelle (S. 560) hervorgehoben. Ihre Anwesenheit in den sehr dünnen und heißen Atmosphären der O-Sterne ist physikalisch gar nicht zu erklären und weist zwingend auf eine Resonanzstrahlung in einem mit dem Stern nur lose zusammenhängenden Medium hin.

Das von den anderen Spektralklassen so abweichende Verhalten der Strahlung bei den O-Sternen, die größtenteils sowohl Absorptionen wie Emissionen zeigen, bedarf einer Erklärung, die jedoch noch schwieriger zu geben ist als etwa für die Umkehr einzelner *H*-Linien in den Be-Spektren (S. 558). Die Annahme einer optischen Überlagerung einer photosphärischen Strahlung mit dunklen und einer Flashstrahlung mit hellen Linien ist wohl möglich, aber doch wenig wahrscheinlich, da sie bei der Mannigfaltigkeit und Unveränderlichkeit des wechselseitigen Verhältnisses zwischen hellen und dunklen Linien ganz bestimmte stationäre Zustände voraussetzt, die in diesen Sternen hoher Temperatur kaum anzunehmen sind. A. Schuster hat auf Grund theoretischer Betrachtungen darauf hingewiesen, daß bei Annahme eines geringen Temperaturgradienten in der Photosphäre eines Sterns und bei schwacher Absorption der äußeren Schichten diese in ihrer Helligkeit durch Streuerscheinungen so weit gedämpft werden können, daß sowohl dunkle wie helle Linien sichtbar werden. Da der Temperaturgradient im wesentlichen durch Gravitationskräfte bestimmt wird, so hat die Annahme zur Voraussetzung, daß es sich um Himmelskörper von sehr großem Volumen handelt. Das paßt zu allem, was über die Natur der O-Sterne bekannt ist, durchaus. Die Berechnungen werden aber dadurch wesentlich erschwert, daß die Beziehungen zwischen Temperatur und Strahlung in so komplizierten Spektren noch unbekannt sind (vgl. S. 572).

---

[1]) J. S. Plaskett, Problems of the O-Type stars. Seeliger-Festschrift. Berlin 1924.

Die effektive Temperatur der Fixsterne. Der Zusammenhang der Sternspektren mit den Farben in dem Sinne, daß den komplizierteren Spektren immer rötere Tönungen der Sterne entsprechen, ließ schon frühzeitig den Gedanken an eine Abkühlungsskala aufkommen, die sich in den verschiedenen Sternklassen eindeutig ausprägt (S. 498). Die Angabe auch nur der Größenordnung für die Temperaturen war aber unmöglich, solange ihre gesetzmäßige Beziehung zu der beobachteten Strahlung noch verborgen blieb. Nachdem es vor einem Vierteljahrhundert gelungen war, die entsprechenden physikalischen Zusammenhänge für ein kontinuierliches Spektrum abzuleiten und durch Anwendung der Beziehung auf die Sonne deren effektive Temperatur zu ermitteln, war auch die Ableitung von Sterntemperaturen in greifbare Nähe gerückt.

Durch die Plancksche Energiegleichung ist für den strahlenden Schwarzen Körper die Helligkeit einer bestimmten Wellenlänge im kontinuierlichen Spektrum mit der Temperatur eindeutig verbunden. Wenn wir also den Photosphären der Sterne die Eigenschaft dieser Idealstrahlung beilegen dürfen, so wird man aus dieser Beziehung und aus dem Vergleich mit Messungen am Schwarzen Körper unmittelbar die richtigen Sterntemperaturen erhalten. Obwohl diese Voraussetzung, wie wir an den berechneten und beobachteten Sterndurchmessern gesehen haben, wahrscheinlich im großen und ganzen zutrifft, sollen die abgeleiteten Werte, wie bei der Sonne, nur als effektive Temperaturen bezeichnet werden.

Die Messung der relativen Helligkeiten der einzelnen Gebiete in Sternspektren ist mit starken Fehlerquellen behaftet, die Ergebnisse sind also mit Vorsicht zu benutzen. Bei den Sternen der Klasse B und A, in deren Spektren nur wenige Absorptionslinien auftreten, wird man ohne weiteres zuverlässige Werte erhalten, nicht aber bei F, G, K oder gar M. Hier nimmt die Zahl der Linien mit abnehmender Wellenlänge derartig zu, daß die relative Schwäche der blauen und violetten Spektralgebiete nicht allein auf niedrige Temperatur, sondern zum weitaus größeren Teil auf die Absorption der brechbareren Strahlung zurückzuführen ist. Bei den M-Sternen fehlt das Violett von 430 $\mu\mu$ an vollständig. Durch entsprechende Auswahl von möglichst linienarmen Gebieten haben um 1910 J. Wilsing und J. Scheiner den ersten Temperaturkatalog von 109 hellen Sternen liefern können, dem dann 1919 ein weiterer von J. Wilsing und W. Münch mit insgesamt 199 Objekten folgte. Die Messungen geschahen auf visuellem Wege mit dem 50 cm-Refraktor des Potsdamer Observatoriums unter Benutzung eines Crovaschen Spektralphotometers mit Polarisationseinrichtung. Als Vergleichsquelle diente eine elektrische Lampe, deren Strahlung an die Energiekurve des Schwarzen Körpers angeschlossen war.

Unabhängig hiervon hat H. Rosenberg die gleiche Aufgabe auf einem anderen Wege zu lösen versucht, indem er aus den mit einem Objektivprisma aufgenom-

---

[1]) J. Wilsing, Effektive Temperaturen von 199 helleren Sternen. Publ. d. Astrophys. Observ. Potsdam. Bd. 24 (1919).

menen und mikrophotometrisch ausgewerteten spektralen Energiekurven die Temperaturen von 70 helleren Sternen ableitete. Die Übereinstimmung zwischen den visuell und photographisch ermittelten Werten erwies sich als recht mangelhaft; in der Mitte der Spektralreihe stimmten die Zahlen gut überein, am Anfang und am Ende wichen sie aber stark ab, in dem Sinne, daß die photographische Skala die größeren, die visuelle die kleineren Unterschiede der Temperatur umfaßt. Durch eine sehr eingehende Untersuchung der Frage hat A. Brill festgestellt, daß die Abweichungen in erster Linie darauf zurückzuführen sind, daß die Wilsingsche Untersuchung sich auf den Spektralbereich 642 bis 451 $\mu\mu$, die Rosenbergsche auf 500 bis 400 $\mu\mu$ bezieht. Prüft man die Gültigkeit des Planckschen Gesetzes für die betreffenden durch die vorhandenen Absorptionen, Lichtstreuung usw. ganz verschiedenartig beeinflußten Gebiete, so erhält man nur bis 450 $\mu\mu$ eine angenäherte Übereinstimmung mit der Theorie (Abb. 385).

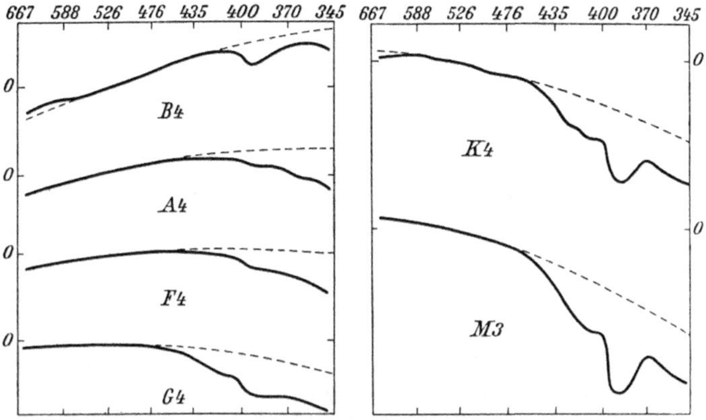

Abb. 385. Energiekurven der Sternspektra B bis M, verglichen mit Hohlraumstrahlung (nach A. Brill).

Verzichtet man auf die theoretische Darstellung der Energiekurven jenseits dieser Wellenlänge, so gelangen die beiden Messungsreihen, wie die nebenstehende Übersicht beweist, wenigstens zwischen A5 und M in sehr guten Einklang.[1]) Als Konstante der Planckschen Gleichung ist dabei die Zahl 14300 (S. 136) angenommen. Die starken Abweichungen zwischen Bo und Ao sind nach Brill vermutlich auf noch unbekannte Reduktionsfaktoren in der spektralen Extinktion der Erdatmosphäre zurückzuführen. Da hier die Potsdamer Werte sicher zu klein, die Tübinger dagegen wohl etwas zu groß

Effektive Sterntemperaturen.

Sp.	Wilsing visuell	Rosenberg photogr.
B o	12300°	30000°
B 5	11450	18000
A o	10250	12000
A 5	9000	9000
F o	7950	7850
F 5	6880	6930
G o	5980	6000
G 5	5250	5200
K o	4570	4570
K 5	3860	3840
M a	3550	3580

[1]) A. Brill, Die Strahlung der Sterne. Ergebnisse d. exakten Naturw. Bd. III. Berlin 1924.

ausgefallen sind, dürften vorläufig die Mittelwerte eine leidliche Annäherung an die Wirklichkeit bilden.

Eine weitere photographische Nachprüfung der Temperaturskala, die sich aber nur auf wenige Objekte bezieht, ist von H. H. PLASKETT und von R. A. SAMPSON ausgeführt worden. Beide Reihen bestätigen das Grundergebnis der vorhin angeführten Übersicht, so daß die Frage nach der effektiven Temperatur der Fixsterne als im wesentlichen geklärt betrachtet werden kann. Die mittleren Fehler der Messungen lassen sich bei 10000° auf etwa ± 1000° bei 5000° auf ± 250°, bei 3000° auf ± 100° abschätzen, d. h. die Bestimmung der Temperatur wird immer genauer, je tiefer die letztere ist. Es muß auch hier wieder betont werden, daß die mitgeteilten Zahlenwerte sich lediglich auf die Strahlung der obersten Photosphärenschichten der untersuchten Sterne beziehen und daher nur ein Bild von der nach außen wirksamen Temperatur geben.

Von den nicht im Bereiche der Normalreihe gelegenen Typen der Sternspektra lassen sich die effektiven Temperaturen aus den Strahlungswerten nicht in so einfacher Weise ableiten. Bei den roten N-, S- und R-Sternen wird der charakteristische Kurvenverlauf durch die zahllosen Absorptionsgebiete vollkommen verwischt und auf die mit hellen Emissionen durchsetzten O-Spektren treffen sicher die Voraussetzungen des Planckschen Gesetzes nicht mehr zu. In dem letzten Falle lassen sich nur Höchstwerte der Temperatur ableiten, die nach R. H. FOWLER und E. A. MILNE in den Grenzen zwischen 23000° und 35000° liegen.

Da sich die bisherigen spektralphotometrischen Untersuchungen auf die hellsten Sterne des Himmels beziehen, diese aber mit wenigen Ausnahmen in der oberen Horizontallinie des Russell-Diagramms liegen (Abb. 370), so durfte der Unterschied der Energiekurven, der zwischen den Giganten und Zwergen besteht (S. 556), bei den Temperaturmessungen bisher vernachlässigt werden. Bei künftigen umfassenderen Arbeiten wird sich eine sorgfältige Trennung als notwendig erweisen, auf die besonders E. HERTZSPRUNG hingewiesen hat. Die vorläufig aus Farbenäquivalenten abgeleiteten Unterschiede der Temperaturen bei Riesen und Zwergen sind noch sehr unsicher. Der Überschuß bei den Giganten mag noch bei F5 einige Hundert Grad betragen; er geht dann aber sehr rasch auf die Zwerge über, so daß wir schon bei der Sonne, also bei G0, eine etwas höhere Oberflächentemperatur erwarten dürfen als bei dem Riesenstern Capella.

Wertvolle Kontrollen für die effektiven Temperaturen ergeben heute die Messungen der Gesamtstrahlung der Sterne mit Bolometer, Thermoelement und Radiometer, worüber bereits früher einiges mitgeteilt worden ist (vgl. Abb. 381). Ähnlich wie beim Sonnenlicht die Pyrheliometer und Aktinometer gestatten diese Instrumente die Ableitung von Strahlungskonstanten der Sterne, die aber nicht wie bei der Solarkonstante auf die Minuteneinheit, sondern auf die Zeit von vielen Jahrhunderten bezogen werden müssen, wenn anschauliche Zahlen herauskommen sollen. Die entsprechenden Messungen befinden sich noch im Anfangsstadium. Zusammenfassend geht aus ihnen hervor, daß das vereinigte

Licht aller Sterne nur einer Wärmeenergie entspricht, die bei dauernder Einstrahlung auf 1 qcm erst in 100 bis 200 Jahren 1 g-cal liefern würde.

Die Schwierigkeit aller spektralphotometrischen Arbeiten bringt es mit sich, daß an eine Temperaturbestimmung auch nur der helleren Sterne des Himmels nach den direkten visuellen Verfahren nicht gedacht werden kann. Infolgedessen hat J. Wilsing den Versuch gemacht, auf dem Wege über die Sternfarben zu brauchbaren Werten von effektiven Temperaturen zu gelangen. Da die Farbenskala der Sterne nach allen bisher ausgeführten Untersuchungen zweifellos eine eindeutige Funktion der Temperatur ist, d. h. einen Ausdruck der im visuellen bzw. im photographischen Gebiet enthaltenen Strahlungsenergie bildet, steht der Möglichkeit einer derartigen Lösung theoretisch wie praktisch nichts entgegen. Die Hauptschwierigkeit liegt in der Konstruktion eines zweckmäßigen Kolorimeters. Ist es erst gelungen, ein geeignetes Instrument dieser Art herzustellen, so besteht die weitere Aufgabe lediglich in der empirischen Ableitung der Beziehungen zwischen den Instrumentalablesungen und den spektralphotometrisch bestimmten Temperaturen bekannter Sterne. Damit ist das Instrument geeicht und kann zur Messung von Sternen unbekannter Temperatur verwendet werden.

Da die Temperatur der elektrischen Vergleichslampen eines Photometers, wie sich aus der Gestalt ihrer Energiekurve ergibt, im günstigsten Falle kaum 2000° bis 3000° beträgt, bleibt die Anwendung eines Kolorimeters vor der Lampe, etwa in der Zöllnerschen Form (S. 229) eine recht unvollkommene Einrichtung, um so mehr, als hier obendrein gerade die meist vorkommende weiße Tönung durch die Polarisationsfarben gar nicht herstellbar ist. J. Wilsing ist daher dazu übergegangen, umgekehrt die Farbe der Sterne so weit meßbar zu verändern, bis sie derjenigen der normal belasteten Vergleichslampe entspricht. Nachdem die Benutzung von Metallreflexionen sich als zu umständlich erwiesen hatte, wurde die Verwendung eines entsprechend berechneten Rotkeils in der Brennebene des Fernrohrs versucht. Die ideale Wirkung eines solchen Keils soll der Bedingung entsprechen, daß die durch ihn bewirkte meßbare Farbenvertiefung des Sterns mit seiner Temperaturstrahlung in einfache Beziehung zu bringen sein soll. Tatsächlich fand Wilsing unter den Erzeugnissen der Schottschen Werke in Jena ein rotes Glas, dessen Transmissionskoeffizient der gestellten Bedingung in so vollkommener Weise entspricht, daß man mit ihm die Temperaturunterschiede ebenso einfach an einer linearen Skala messen kann, wie die Größenunterschiede mit dem Rauchglaskeil. Bei dem Potsdamer Instrument entsprach 1 mm des Rotkeils einem Temperaturgradienten von etwa 1000°, so daß bei Ablesungen von 0.1 mm damit noch Unterschiede von 100° zu messen waren. Daß bei diesen Farbenbeobachtungen der künstliche Stern noch auf die Helligkeit des eingestellten wahren gebracht werden muß, erscheint selbstverständlich. Da die Graukeile nie völlig neutral sind, wird man hierzu am zweckmäßigsten eine Polarisationsvorrichtung wie beim Zöllner-Photometer verwenden. Die von J. Wilsing aus Messungen an 104 Sternen erhaltenen Temperaturen haben die Brauchbarkeit der Rotkeil-Methode in jeder Hinsicht dargetan. Auf einige besondere aus der Arbeit folgende Resultate ist bereits auf S. 548 hingewiesen worden.

Die Reihe der Sternspektra im Lichte der Sahaschen Theorie. Betrachtet man, wie das schon an verschiedenen Stellen dieses Buches geschehen ist, die Spektra der normalen Reihe B bis M etwas genauer, so müßte man eigentlich aus der Mannigfaltigkeit in der Zahl und Folge der Linien (Abb. 349) auf große Unterschiede in der Zusammensetzung der Sternatmosphären schließen. Das ist früher auch ganz allgemein geschehen, bis sich nach und nach die Unwahrscheinlichkeit der Annahme herausstellte, daß die Zahl und Stärke der Linien irgendwie die Quantität eines Grundstoffes auf einem selbstleuchtenden Weltkörper anzeige. Die Temperaturen selbst der kältesten Sterne sind noch derart hoch, daß an eine merkliche Kondensation irgendwelcher Elemente nicht zu denken ist. Ein weiterer wichtiger Einwand gegen die verschiedene Zusammensetzung der Sterne liegt in der Tatsache, daß das Auftauchen und Verschwinden der Elemente in den einzelnen Spektralklassen sich in keinerlei Weise mit den physikalischen Eigenschaften der beobachteten Gase und Dämpfe, wie Atomgewicht, Schmelzbarkeit, latenter Wärme u. a. in Beziehung bringen läßt.

Abgesehen von diesen Überlegungen zeigen noch zwei andere Erscheinungen, daß die Hauptcharakteristik der Sterne jedenfalls nicht in der materiellen Zusammensetzung der einzelnen Individuen zu suchen ist. Seit mehr als 100 Jahren ist bekannt, daß verschiedene Doppelsterne lebhafte Farben- und somit auch wesentliche spektrale Unterschiede zeigen, und ähnliches macht sich auch bei spektroskopischen Doppelsternen bemerkbar (S. 524). Bei β Cygni, o^1 Cygni und γ Andromedae bilden je ein K- und ein B- bzw. A-Stern, bei δ Sagittae ein M- und ein A-Stern, bei α Scorpii gar ein M- und ein B-Stern ein zusammenhängendes System, und es wäre bei der naheliegenden Annahme eines gemeinsamen Ursprungs der beiden Körper nicht einzusehen, warum der eine gerade die leichten Gase, der andere die Metalle in sich vereinigt haben sollte. Ein weiteres sehr anschauliches Kennzeichen dafür, wie wenig zuverlässig die Spektrallinien ein Sternindividuum der Zusammensetzung nach charakterisieren, bieten die Neuen Sterne. Wir werden sehen, daß hier bei dem Auf- und Wiederabstieg in wenigen Tagen und Wochen die Spektralklassen F, A, B, O, P rasch nacheinander durchlaufen werden. Jede Periode ist durch die Linien eines anderen Elements gekennzeichnet, und doch handelt es sich stets um denselben Weltkörper.

Auf diese Weise hat sich in der neueren Zeit auf dem Boden der Atomtheorie unter den Physikern die Überzeugung herausgebildet, daß die Sterne sehr wohl die gleiche Zusammensetzung haben und sich doch spektral sehr abweichend verhalten können, je nach den Bedingungen, unter denen von Fall zu Fall die Strahlung zustande kommt. Abgesehen davon, daß die schwersten Grundstoffe nur in tieferen Schichten des Sterninneren vorkommen werden, dürfte so manches leichtere Element, das in der strahlenden äußeren Schicht in genügender Menge vorhanden ist, unerkannt bleiben, da seine mehr oder weniger dissoziierten Atome eine Strahlung aussenden, die von der Erdatmosphäre nicht mehr durchgelassen wird. Auf diese Tatsache ist schon bei der Sonne wiederholt hingewiesen worden. Hier ist sie insofern von noch größerer Bedeutung, als bei dem schwachen Licht der Sterne die Erdatmosphäre praktisch alle Strahlung auslöscht, die jenseits der Grenzen 600 und 360 $\mu\mu$ liegt.

Von welchem Gesichtspunkte die Dinge auch angesehen werden, stets stellt sich heraus, daß es im wesentlichen die höhere oder tiefere Temperatur im Verein mit dem stärkeren oder geringeren Druck ist, die das Auftreten bestimmter Linien und Liniengruppen besonders begünstigen. Von beiden Faktoren hängt die Ionisation der in dem leuchtenden Stern enthaltenen Elemente ab. Je geringer der Druck bzw. die Dichte ist, und je höher die Temperatur, desto mehr Elektronen können aus den Atomverbänden losgelöst werden, und um so mehr ändert sich das Spektrum. Betrachtet man von diesem Standpunkt aus die Draper-Klassen etwas genauer, so liegt der ganze tiefere Sinn der ursprünglich rein formalen Reihe klar vor Augen. Die Linien erscheinen und vergehen in den Spektren der Sternphotosphären nach Maßgabe der Ionisationsbedingungen. Da neben der Temperatur auch Druck und Dichte dabei eine wesentliche Rolle spielen, so kommt es, daß Sterne gleicher Masse und Temperatur, aber verschiedenen Volumens trotz allgemeiner spektraler Identität Verschiedenheiten im Liniencharakter aufweisen, aus denen unter Umständen sogar ein Schluß auf die relativen Dimensionen der Lichtquelle gezogen werden kann. Das ist der innere Sinn der von A. Kohlschütter und W. S. Adams begründeten Methode zur Ableitung absoluter Helligkeiten aus spektralen Linieneigentümlichkeiten (S. 552).

Die allgemeine Deutung der Spektraltypen auf Grund dieses von M. N. Saha zuerst angewandten Prinzips soll nachstehend nicht in der üblichen bisher befolgten Reihenfolge B, A, F, G, K, M behandelt werden, sondern umgekehrt, da das Bild klarer hervortritt, wenn man von den niedrigeren zu den höheren Temperaturen übergeht.[1])

Am unteren Ende der Normalreihe der Spektren haben wir die Klasse Mc kennengelernt, die vermutlich die Sterne tiefster Temperatur umfaßt. Das ganze Spektrum wird hier von Banden beherrscht, die chemischen Verbindungen angehören. Die Balmer-Serie des Wasserstoffs fehlt normalerweise gänzlich, ein Zeichen, daß die Temperatur noch nicht ausreicht, um die H_2-Moleküle in die beiden Atome auseinander zu reißen. Schon in der benachbarten Klasse Mb sind die Wasserstofflinien bestimmt, wenngleich noch schwach vertreten. Ionisationserscheinungen, also Einwirkungen auf den Bau der einzelnen Atome treten bei so tiefen Temperaturen an den charakteristischen Linien noch nicht

---

[1]) J. Bosler, L'évolution des étoiles. Paris 1923.

besonders hervor, wären auch wegen der Lichtschwäche des violetten Spektralgebietes kaum nachzuweisen. Sie beginnen mit Sicherheit erst bei Ma, wo man neben dem neutralen durch die Fraunhofersche (g)-Linie (λ 4227) vertretenen Kalzium zum ersten Male auch die Absorptionen (H) und (K) von Ca^+ beobachtet, die nun die Spektra G, K und F vollkommen beherrschen und noch bis B5 nachweisbar bleiben. Bei Go ist zum ersten Male Mg^+ nachweisbar, dessen fortschreitende Ionisation an der Stärke von λ 4481 bis B5 verfolgt werden kann. In den Atmosphären der heißesten Sterne oberhalb Ao beherrschen ionisierte Atome vollständig das Feld. Bei B8 verschwinden endgültig die Linien von *Ca*, während die *He*-Absorptionen gleichzeitig an Kraft gewinnen. Diese erreichen in den Spektren B2 die größte Intensität, gleichzeitig macht sich aber bereits ionisiertes Gas (He^+) in hoher Prozentzahl bemerkbar, das dann neben Si^{+++} bis zu den äußersten Grenzen der kosmischen Temperaturskala nachweisbar bleibt. Die geringe Anzahl der O-Sterne deutet vielleicht darauf hin, daß der Ionisationsprozeß in den äußeren strahlenden Schichten keine beliebige Steigerung zuläßt, sondern verhältnismäßig bald instabile Bedingungen herbeiführt, die nur noch in vereinzelten Fällen die Bildung von fixsternartigen Weltkörpern ermöglichen.

Die soeben geschilderten, aus der untenstehenden Übersicht von C. H. Payne[1]) besonders deutlich hervortretenden physikalischen Beziehungen zwischen Ionisationszustand und Spektrum werden durch Laboratoriumsversuche durchaus bestätigt. Bei tiefen Temperaturen können nur einige wenige Elemente, wie Rubidium, Natrium u. a. in ionisiertem Zustande erwartet werden. Auch bei Kalzium erfolgt die Ionisation leicht, so daß wir Ca^+ schon in den roten Sternen erwarten dürfen. Die Abspaltung der Elektronen mit steigender Temperatur verläuft nach den experimentellen Erfahrungen unter Fortlassung der astronomisch unwichtigen Elemente in der Folge *Ca, Ti, Fe, Si, O, He,* also genau entsprechend den an Sternen gewonnenen Ergebnissen. Hier wie dort sind tiefe Temperaturen durch Flammen- und Bogenlinien, höhere durch Funken-, die höchsten durch sog. Überfunkenlinien (S. 141) gekennzeichnet. Damit ist die Möglichkeit einer Kontrolle der astronomischen Temperaturbestimmungen gegeben, wenn über die Dichte bzw. den Druck der strahlenden Schichten bestimmte Annahmen

Charakteristische Linien in Sternspektren.

Spektrum	Ursprung der charakt. Linien
O	$H, He, He^+, C^{++}, N^{++}, Si^{+++}$
B o	$H, He, He^+, O^+, Si^{+++}$
B 1	H, He, Si^{+++}
B 2—B 3	H, He
B 5	H, He, Si^+, Ca^+
B 8—B 9	H, He, Si^+, Ca^+, Mg^+
A o	H, Si^+, Ca^+, Mg^+
A 2—A 3	H, Ca^+, Mg^+, Ca, Fe
A 5—F o	H, Ca^+, Ca, Fe, Ti
F 2—K o	H, Ca^+, Ca, Fe, Ti, CN
M	$H, Ca^+, Ca, Fe, Ti, TiO_2$

[1]) Vgl. Fußnote S. 565.

gemacht werden können. Dabei dürfen, wenn notwendig, die Betrachtungen über die Ionisationsverhältnisse der Atome ohne weiteres auch auf die Dissoziation von Molekülen ausgedehnt werden. Bei Wasserstoff wäre z. B. unter der Voraussetzung, daß in den photosphärischen Schichten der M-Sterne der Druck die Größenordnung einer Atmosphäre hat, bei $T + 3000^0$ mit 40%, bei $T = 4000^0$ mit 90% dissoziierter Moleküle zu rechnen. Man wird nicht gar zu sehr fehlgehen, wenn nach der Deutlichkeit der Balmer-Serie die Temperatur der Mc-Sterne auf etwas weniger, diejenige der Klasse Mb auf etwas höher als 3000^0 angesetzt wird, was mit den spektralphotometrisch abgeleiteten Werten im Einklang steht.

Aus den vorstehenden Angaben folgt ohne weiteres, daß es physikalisch sinnlos ist, irgendein System der Fixsterne auf einer materiellen Verschiedenheit aufzubauen. Ein Weltkörper, dessen Temperatur steigt bzw. fällt, durchläuft offenbar zwangsläufig die spektralen Stadien der Draper-Klassen mit ihren Übergängen. Reichte unser Blick weiter in das ultraviolette Gebiet der Sternspektra, wäre er hier nicht durch den dunklen Vorhang der atmosphärischen Absorption vollständig abgeschnitten, so lägen die Dinge noch klarer vor Augen, da dann weit mehr Elemente in bezug auf spektrales Auftreten und Verschwinden verfolgt werden könnten. Aber auch so hat das Bild, das aus der engen Zusammenarbeit der Astronomie mit der Physik hervorgegangen ist, bereits eine sichere Grundlage. Es darf natürlich nicht Wunder nehmen, daß es noch nicht möglich geworden ist, die Erfahrungen des Laboratoriums auf die Sterne in allen Einzelheiten zu übertragen. Überschaut man kritisch die bisher erzielten Erfolge, so läßt sich das Urteil vorläufig dahin zusammenfassen, daß die qualitative Übereinstimmung der Theorie von M. N. Saha am Himmel durchweg sehr gut ist, dagegen in quantitativer Beziehung noch zu wünschen übrig läßt. Die Hauptschwierigkeit bereitet die Temperaturskala, insofern, als die beobachteten Maxima der einzelnen Strahlungen in den Sternen bei viel tieferen Gradziffern erscheinen, als es nach der Theorie der Fall sein sollte. Bei *Ca, Sr, Ba* handelt es sich um Unterschiede von etwa 3000^0, die also unter keinen Umständen als Beobachtungsfehler angesehen werden können. Angesichts des zweifellos hohen Temperaturgradienten der meisten Sterne liegt die Vermutung nahe, daß die Linien in tieferen Schichten ihren Ursprung nehmen als die für die Temperaturbestimmungen benutzte kontinuierliche Strahlung, doch ist diese Anschauung wegen ihres offenkundigen Widerspruchs mit den Erfahrungen an der Sonne durchaus unbefriedigend.

Während Saha das Auftauchen und Verschwinden bestimmter Linien im Spektrum der Sterne verfolgt, haben neuerdings R. H. Fowler und E. A. Milne ihr Hauptaugenmerk auch auf die Zwischenstufen, insbesondere auf die maximale Intensität der Absorptionen gerichtet. Die dabei nach physikalischen Erfahrungen rechnerisch erhaltenen Temperaturen schließen sich zwischen den Spektraltypen A0 und K5 den beobachteten Werten (S. 571) weit besser an als die von Saha angenommenen Zahlen, so daß damit ein wesentlicher

Fortschritt der Ionisationstheorie in ihrer Anwendung auf die Sterne zu verzeichnen ist.[1])

Die Masse der Sterne. Beziehungen zum Spektrum und zur Leuchtkraft. Bei allen Betrachtungen über die Bewegung, die Strahlungsenergie, den inneren Aufbau oder gar über die Kosmogonie der Fixsterne bildet die Masse einen sehr wichtigen Faktor. Da sie alle Bewegungsvorgänge im Weltall beherrscht, und diese an den Sternen mit Bahn- und Eigenbewegung bereits seit mehr als 100 Jahren sehr sorgfältig astronomisch verfolgt werden, sollte man gerade in bezug auf die Massenwerte in der Astronomie eine besonders reichhaltige Ausbeute erwarten. In Wirklichkeit sind aber unsere Kenntnisse über die Sternmassen noch sehr dürftig. Denn sowohl für die Quergeschwindigkeiten wie für die Ortsänderungen in der Blickrichtung, die die Hauptausbeute an Bewegungserscheinungen am Himmel liefern, fehlen vorläufig die Massenzentra. So ist man ausschließlich auf die seltenen Doppelsternsysteme von relativ kurzer Periode und großer Parallaxe angewiesen. Die so erhaltenen, der Zahl nach geringfügigen Ergebnisse müssen weiterhin verallgemeinert und auf Einzelsterne oder gar auf Glieder von mehr oder weniger gedrängten Haufensystemen übertragen werden. Es ist sehr wahrscheinlich, daß das rein gefühlsmäßige Vertrauen auf die Allgemeingültigkeit der wenigen, aber auf zuverlässigen Grundlagen beruhenden Daten den Astrophysiker auch hier nicht auf Irrwege geleitet hat; immerhin wird es gut sein, sich bei den folgenden Betrachtungen immer wieder der Unzulänglichkeit des Beobachtungsmaterials zu erinnern, auf dem einzelne zweifellos sehr geistvolle Theorien unserer Tage aufgebaut sind.

Die Masse der Doppelsterne läßt sich nur in den wenigen Fällen sicher berechnen, in denen die Bahnelemente bestimmt sind und gleichzeitig die Parallaxe p des Systems bekannt ist, so daß die große Halbachse a der Bahn in astronomischen Einheiten ausgedrückt werden kann. Ist α der Halbachsenwert im Winkelmaß, so ist offenbar

$$a = \frac{\alpha}{p}$$

Bezeichnet man mit M die Masse, mit P die Umlaufsperiode des Systems, so ist wieder nach dem dritten Keplerschen Gesetz

$$M = \frac{a^3}{P^2} = \frac{\alpha^3}{p^3 P^2}$$

Das so berechnete M stellt die Gesamtmasse des Doppelsterns dar. Eine Trennung in die Einzelwerte ist nur dann möglich, wenn nicht nur die relative Bahn des schwächeren Sterns um den helleren vorliegt, sondern mindestens auch einer der Sterne während des Umlaufs an feste Fundamentalsterne angeschlossen wurde. Dann ist die Lage des Schwerpunktes in der Bahn bestimmbar und damit auch die Verhältniszahl, nach der die Gesamtmasse auf die Komponenten zu verteilen ist.

---

[1]) Zusammenfassende Darstellung in R. Emden, Thermodynamik der Himmelskörper. Leipzig 1926.

Massen der visuellen Doppelsterne.

Sternpaar	Sp.	Scheinbare Größe		Masse ($\odot = 1$) M_1	M_2
α Aurigae	G0, F0	0.74^m	1.24^m	4.2	3.3
β Aurigae	A0, A0	2.82	2.82	2.4	2.3
α Can. mai.	A0, F0	— 1.58	8.44	2.4	1.0
α Can. min.	F5, ?	0.48	12	1.1	0.4
80 Tauri	F0, ?	5.76	8.96	1.8	0.7
ζ Herculis	G0, ?	3.04	6.54	1.1	0.5
α Centauri	G5, K5	0.33	1.70	1.1	1.0
η Cassiop.	F8, K5	3.67	7.41	0.9	0.2
70 Ophiuchi	K0, K4	4.28	5.98	1.0	0.9
85 Pegasi	G0, ?	5.86	11.06	0.3	0.6
ξ Bootis	G6, K4	4.80	6.82	0.6	0.5
μ Herculis	Mb, Mb	10.21	10.71	0.4	0.4
o^2 Eridani	B9, Md	9.74	11.14	0.2	0.2
Krüger 60	Ma, Ma	9.43	10.93	0.3	0.1

Da bei den spektroskopischen Bahnen nur ein Minimalwert der Gesamtmasse in Form von $M \sin^3 i$ ableitbar ist (S. 525), liefert das ganze bisher beobachtete Doppelsternmaterial nur 14 Sternpaare, die den geforderten Bedingungen genügen. Sie sind in der kurzen nebenstehenden Übersicht, die E. HERTZSPRUNG 1923 gegeben hat[1]), verzeichnet, wobei die berechneten Massen auf die Sonne als Einheit bezogen sind. Aus diesen wenigen, aber zuverlässigen Werten folgt, daß die Massen der Sterne anscheinend nur eine sehr geringe Streuung aufweisen. Schon früher hatte man entsprechend den Erfahrungen an α Centauri, Sirius und Prokyon angenommen, daß für die erste Orientierung die Sonnenmasse auch für alle anderen Sterne ohne Rücksicht auf Spektrum und absolute Helligkeit als maßgebend anzusehen sei.

Daß mit dem Gewinn dieser Naturkonstante, wonach also die Sterne im Durchschnitt der Sonne an Masse gleichen sollten, eine Umkehrung des Problems nahe lag, ist ohne weiteres klar. Wurde M als bekannt, bei Doppelsternen also gleich 2 Sonnenmassen angenommen, so durfte für alle Bewegungspaare unbekannter Entfernung nunmehr a berechnet und daraus die Parallaxe p bestimmt werden. Das ist auch in sehr umfassendem Maße geschehen, und die auf diesem Wege abgeleiteten hypothetischen Sternabstände sind zu allerhand Untersuchungen verwendet worden, die um so weniger zur Beanstandung Anlaß boten, als man durch plausible Annahmen auch bei den Bedeckungsveränderlichen Massenwerte der Komponenten erhielt, die den bisherigen Vorstellungen nicht widersprachen. Durch Hinzuziehung der spektroskopischen Parallaxen haben sich jedoch die Anschauungen über die Verteilung der Sternmassen in den letzten Jahren merklich geändert. Das große, nach vielen Hunderten von Individuen der verschiedensten Klassen zählende Material hat die älteren Ansichten nicht bestätigt, sondern deutliche, wenn auch noch nicht ganz klare

[1]) E. HERTZSPRUNG, On the relation between mass and absolute brightness of components of double stars. Bull. Astr. Neth. 1923.

Gang der Masse mit der Leuchtkraft der Sterne.

Absol. Größe	Masse ⊙ = 1	Zahl d. Sterne	Absol. Größe	Masse ⊙ = 1	Zahl d. Sterne
-1.4^m	9.7	9	$+3.2^m$	2.6	17
-1.2	6.2	10	$+3.3$	1.7	24
$+0.5$	5.6	8	$+4.3$	1.7	25
$+0.6$	6.8	22	$+4.4$	2.5	28
$+1.2$	2.4	35	$+5.2$	2.4	24
$+1.2$	2.5	28	$+5.6$	2.2	25
$+1.6$	3.8	31	$+6.5$	1.4	21
$+2.0$	2.1	29	$+9.2$	1.0	7
$+2.5$	2.0	35	$+10.8$	0.6	2
$+3.0$	4.6	33			

Beziehungen zwischen Masse, Spektrum und Leuchtkraft aufgedeckt. Der funktionale Zusammenhang ist nur für Masse und absolute Helligkeit einfach; daß man ihn erst verhältnismäßig spät entdeckte, lag daran, daß bei den Untersuchungen die Massen stets nach den Spektren und nicht nach der Leuchtkraft geordnet wurden. Die Änderung des Bildes veranschaulicht die nebenstehende Übersicht, die H. N. Russell, W. S. Adams und A. H. Joy aus 413 Doppelsternpaaren abgeleitet haben.[1]) Einem Abfall um 12 Größenklassen, d. h. einer Abnahme der Leuchtkraft im Verhältnis 1 : 60000, entspricht demnach ein Abfall der Masse von 1 auf $\frac{1}{16}$, doch ist zu beachten, daß der Gang nichts weniger als gleichförmig ist. Die Zahlen beweisen eigentlich nur, daß bis zur absoluten Helligkeit $+0.6^m$ Massen von der Größenordnung 7 ⊙, von $+1^m$ an solche von der Größenordnung 2 ⊙ vorwiegen. Sehen wir trotzdem den Gang als erwiesen an, so muß bei Ableitung irgendwelcher theoretischer Beziehungen noch beachtet werden, daß die absoluten Helligkeiten fast durchweg aus scheinbaren visuellen Größen berechnet werden, somit noch eine Reduktion der physiologischen Spektralkurve auf die Energiekurve der betr. Sterne erfordern. A. S. Eddington hat daher in seine Untersuchungen an Stelle der visuellen Größen verbesserte, sog. bolometrische Helligkeiten eingeführt und für die Umrechnung eine Tafel gegeben, deren Werte für Temperaturen zwischen 4500° und 10500° nur wenige Zehntel einer Größenklasse betragen, aber für sehr rote Sterne bis zu -2.6^m anwachsen können.

Die, wie erst kürzlich eine Arbeit von W. Rabe gezeigt hat, noch recht undurchsichtigen Zusammenhänge zwischen Eigenhelligkeit und Masse müssen unbedingt geklärt werden, da sich daran einige sehr wichtige Fragen bezüglich des Werdeganges der Sterne knüpften. Ist die Leuchtkraft der Sterne tatsächlich von der Masse abhängig, so läßt die Feststellung ursächliche Beziehungen zu ihrer Entwicklungsgeschichte vermuten. Außerdem bringt aber der Gang der Massen mit dem Spektrum den ähnlichen Zusammenhang in Erinnerung, der bereits früher (S. 520) auch für die Radialgeschwindigkeiten gefunden worden ist. Da die Massen mit dem fortschreitenden Spektrum abnehmen, die Geschwindigkeiten dagegen in dem gleichen Sinne wachsen, so liegt es nahe, hier eine Gesetzmäßigkeit der kinetischen Gastheorie zu vermuten, wonach in

[1]) H. N. Russell, W. S. Adams und A. H. Joy, A comparison of spectroscopic and dynamic parallaxes. Publ. Astr. Soc. Pac. 1923.

einer thermisch ausgeglichenen Gasmasse alle Moleküle die gleiche Bewegungsenergie Mv^2 haben. Ob eine solche Anwendung der Gasgesetze auf die Fixsterne statthaft ist oder nicht, muß die Zukunft lehren. F. H. SEARES glaubt schon heute annehmen zu dürfen, daß für Sternmassen 1 bis 10 in rund 90% der beobachteten Fälle tatsächlich eine Energiekonstante Mv^2 besteht. Der Abnahme der Eigenhelligkeit um 1^m würde dann ein Zuwachs der Geschwindigkeit um 3 km entsprechen. Sollte sich das Gesetz bestätigen, so würde es damit möglich sein, die Massen der Sterne nicht nur aus ihrer absoluten Helligkeit, sondern auch unmittelbar aus ihrer Raumbewegung abzuleiten, womit das ganze Problem nicht mehr auf die Doppelsterne beschränkt bliebe.

Während die kleinsten nachgewiesenen Massen der selbstleuchtenden Sterne etwa $\frac{1}{10}$ der Sonnenmasse erreichen, jedenfalls aber kaum darunter sinken, findet man bei einigen frühen Spektraltypen starke Überschreitungen der oberen Grenze. Bei ξ Cor. bor. (B) und *HD* 216014 (B3) begegnet man Massen von 26 bis 27, bei β Delph. (F5) von 46 Einheiten und der von J. S. PLASKETT gefundene Oe-Stern $BD + 6^0$ 1309 weist Komponenten mit 87 bzw. 73 Sonnenmassen auf. Der spektroskopische Doppelstern v Sagittarii mit 138^d Periode soll sogar eine Komponente von 260 Masseneinheiten enthalten, doch ist die Erklärung der Linienverschiebungen in diesem komplizierten Spektrum nicht eindeutig. Die genannten ungewöhnlichen Fälle, die möglicherweise auf eine Zusammensetzung aus Gasen sehr geringen Molekulargewichts hindeuten (S. 590), ändern nichts an der Feststellung, daß die weitaus überwiegende Zahl der untersuchten Doppelsterne Massen aufweist, die auf die Grenzen 0.5 bis 10 beschränkt bleiben. Da die Sonnenmasse $1.94 \cdot 10^{33}$ g entspricht (S. 266), so liegen die normalen Fixsternmassen zwischen $1 \cdot 10^{33}$ g und $2 \cdot 10^{34}$ g, also genau an der Stelle, wo nach EDDINGTON entsprechend den Wechselwirkungen zwischen Schwere und Gasdruck beide Kräfte sich ungefähr das Gleichgewicht halten. Jedenfalls darf als sicher angenommen werden, daß schon Sterne mit Massen von $1 \cdot 10^{35}$ g außerordentlich seltene Ausnahmen darstellen. Eine untere Grenze ist naturgemäß nicht angebbar, da sie in der unsichtbaren Welt der dunklen Körper zu suchen ist, über die wir vorläufig nichts wissen. Als unterer Grenzwert für leuchtende Sterne darf heute etwa eine Masse von 10^{29} g gelten, die ungefähr der in Uranus oder Neptun vereinigten Materie entspricht.

Die Dichte der Sterne. Schon die Analogie mit der Sonne läßt erwarten, daß die Materie in den Sternen dünn verteilt ist, mit anderen Worten, daß diese im großen und ganzen Körper geringer Dichte sind. Da zur Bestimmung der Dichte stets Masse und Volumen bekannt sein müssen, hat man diese Konstante erst in den letzten Jahren bei einigen wenigen Sternen ableiten können. Von diesen ersten Werten ist natürlich keine hohe Genauigkeit zu erwarten, und man muß sich vorläufig damit begnügen, wenn die Ergebnisse die Gesetzmäßigkeiten der Dichteverteilung nur andeuten. Wohl kennen wir bei einigen Sternen die Masse, bei anderen das Volumen, aber nur in wenigen Ausnahmefällen, wie z. B. bei Capella, beziehen sich die beiden Naturkonstanten auf ein und denselben Stern. Dabei hängt gerade von der Dichteverteilung bei den Weltkörpern das Vertrauen ab, das man auf den Grundgedanken aller bisher aufgestellten Entwicklungstheorien der Sterne setzen darf. Wird z. B., wie das in den meisten kosmogonischen Gedankengängen geschieht, angenommen, daß die Urform aller Dinge das Nebelstadium war, und daß sich die Weltkörper hieraus durch Kontraktion gebildet haben, so muß eine genetische Folge der Sterntypen unbedingt von einer Zunahme der Dichte begleitet sein.

Wie man bei Doppelsternen mit bekannten relativen Dimensionen der Bahn die Gesamtmasse der beiden Komponenten aus Abstand und Umlaufszeit in einfachster Weise berechnen und die Massen eventuell trennen kann, ist bereits bekannt (S. 528). Lägen nun in jedem Doppelsternsystem auch die linearen Durchmesser der Komponenten vor, so würde sich auch die Dichte durch einfache Division der Masse durch das Volumen berechnen lassen. Nun sind bei den visuellen und den meisten spektroskopischen Doppelsternen die Durchmesser der Sterne unbekannt, die Dichte also auf diesem direkten Wege nicht bestimmbar. Dagegen ist es, wie an einer anderen Stelle (S. 548) gezeigt wurde, möglich, bei bekannter effektiver Temperatur, d. h. bei bekanntem Spektrum und unter Ansatz der absoluten Helligkeit eines Sterns nach dem Russell-Diagramm, den Durchmesser physikalisch mit Hilfe des Planckschen bzw. Stefan-Boltzmannschen Gesetzes abzuleiten. Wendet man die betreffenden Strahlungsformeln auf die Doppelsterne mit bekannter Parallaxe an, so erhält man nach E. Bernewitz[1]) den nebenstehenden Gang der Dichte mit der Leuchtkraft und dem Spektrum der Sterne, wobei die Sonnendichte wieder gleich 1 gesetzt ist.

Gang der Dichte mit der Leuchtkraft der Sterne.

Abs. Gr.	Sternzahl	Spektrum	Dichte $\odot = 1$
0.8^m	4	A0—F3	0.08
1.5	4	A0—F2	0.14
3.6	9	A0—G0	0.23
2.5	9	A2—K2	0.24
4.6	11	F1—G5	0.45
5.6	11	F5—K0	0.40
6.2	8	F2—K5	0.50
7.9	5	K2—K5	0.47
10.8	2	Mb	2.81

Wie aus den absoluten Helligkeiten hervorgeht, handelt es sich bei den betrachteten Systemen fast ausschließlich um Sterne der Hauptreihe. Wenn man vom letzten Wert absieht, tritt die Dichtezunahme bei den mittleren Eigenhelligkeiten nicht besonders auffällig hervor, obwohl sie sich in dem kosmogonisch geforderten Sinne zweifellos ausprägt. Die Zahlen der Tabelle sind aber von der photometrischen und spektroskopischen Einordnung der Sterne so stark abhängig, daß sie eine Unsicherheit von mindestens 50% enthalten, die das Ergebnis fast ganz in Frage stellt. E. Öpik hat daher einen anderen Weg eingeschlagen, indem er den Radius der Sterne zwar auch aus den Strahlungs-

[1]) E. Bernewitz, Über die Dichten der Doppelsterne. Astr. Nachr. Bd. 213 (1921).

gesetzen berechnet, daneben aber in den Doppelsternsystemen das Massenverhältnis 1 : 1 als gegeben ansieht. Für die Hauptkomponenten von 49 visuellen Paaren erhielt er auf diese Weise eine Dichtefolge, die zwischen A0 und A5 mit 0.65 beginnt und zwischen K0 und K5 mit 0.072 schließt. Die äußersten Werte betragen in Sonneneinheiten 0.012 bzw. 5.9. Im Gegensatz zu Bernewitz spricht sich also bei Öpik ein abnehmender Gang der Dichte mit fortschreitendem Spektrum aus, doch darf nicht übersehen werden, daß die von diesem verwendeten Doppelsterne in erster Linie dem Gigantentypus angehören.

Merklich zuverlässiger dürften die Dichten sein, die man bei den Verfinsterungsveränderlichen vom Algol- bzw. β Lyrae-Typus erhalten hat. Hier ergeben sich schon aus der Lichtkurve die relativen Dimensionen der beiden Körper in Einheiten des Bahnhalbmessers mit erheblicher Genauigkeit. Ist außerdem in den Elongationen die Radialgeschwindigkeit, d. h. sehr nahe die wahre Bahnbewegung von Hauptstern und Begleiter in Kilometern festgestellt, so sind hieraus (S. 527ff.) in elementarer Form alle geometrischen und dynamischen Dimensionen des Systems, also auch Masse und Dichte der Komponenten zu berechnen. Bei der Lichtschwäche der meisten Algolveränderlichen ist indessen eine Bestimmung der radialen Bewegung bisher auf einige wenige Fälle beschränkt geblieben, so daß man in dem Allgemeinfall auf einige Voraussetzungen angewiesen ist. Die geläufigste und wohl auch wahrscheinlichste Annahme geht von der gleichen, je einer Sonneneinheit entsprechenden Masse der Komponenten des Verfinsterungssystems aus. Betrachten wir nur diesen Fall, so ist[1]), wenn k die Gravitationskonstante bedeutet, nach dem dritten Keplerschen Gesetz

$$a^3 = k^3 M P^2$$

Da bei allen Bahnbestimmungen die Radien ϱ_1 und ϱ_2 der Sterne in Einheiten von a berechnet werden, so ist das Volumen V einer Komponente durch

$$V = \tfrac{3}{4}\pi k^3 \varrho^3 M P^2$$

ausgedrückt, oder im Verhältnis zur Sonne ($V_0 = 1$, $\varrho_0 = 1$) durch

$$V = k^3 \varrho^3 M P^2$$

Hieraus folgen unmittelbar die Dichten

$$D_1 = \frac{M_1}{k^3 \varrho_1^3 M P^2} \qquad D_2 = \frac{M_2}{k^3 \varrho_2^3 M P^2}$$

in denen man nur $M_1 = M_2$, $M = 2$ und die Konstante $k = 4.21$ zu setzen hat, um sehr einfache und leicht berechenbare Ausdrücke zu erhalten.

Bisher sind erst etwa 100 Bedeckungsveränderliche in dieser Art genauer untersucht worden. Die Ergebnisse hat H. Shapley in einer kleinen statistischen Tabelle zusammengestellt, die umstehend Platz gefunden hat und in mancher Hinsicht Interesse verdient. Trotz der geringen Zahl der Dichtewerte tritt

[1]) H. Shapley, A study of the orbits of eclipsing binaries. Princeton 1915.

Verteilung verschiedener Dichtewerte auf die Spektralklassen B bis K

Dichte (⊙ = 1)	B	A	F	G	K
10^{-6} bis 10^{-5}	—	—	1	1	—
10^{-5} » 10^{-4}	—	—	—	—	—
10^{-4} » 10^{-3}	1	—	—	2	1
10^{-3} » 10^{-2}	1	—	—	—	—
0.01 » 0.03	3	6	1	1	—
0.03 » 0.1	5	13	—	—	—
0.1 » 0.3	8	24	3	1	—
0.3 » 1.0	—	11	7	1	—
1.0 » 3.0	—	—	—	2	—

vom Spektraltypus F an eine Gabelung hervor. Bei den Klassen B und A liegen 97% der Dichtewerte zwischen 0.01 und 1.0, während fast alle F-, G- und K-Sterne entweder wesentlich niedrigere oder höhere Werte aufweisen. Die Sterne der betrachteten Verfinsterungsklasse scheinen also in zwei Gruppen zu zerfallen, von denen die eine in der Dichtefolge den B- und A-Sternen vorausgeht, also geringere Dichte als diese hat, die andere dagegen ihnen folgt. Damit erscheint der Widerspruch zwischen dem Verlauf der Dichtefunktion von E. Bernewitz und E. Öpik (S. 582) aufgeklärt. Es unterliegt wohl keinem Zweifel, daß die Dichte der Giganten zwischen K und B sehr gering ist und in der Richtung B bis K noch abnimmt, während sie bei den Zwergen allmählich anwächst. Durch eine neuere Untersuchung von F. H. Seares, die fast alles, was wir auf dem Gebiete der Oberflächenhelligkeiten, der absoluten Größen und der Massen der Sterne wissen, berücksichtigt, wird das Bild der Shapleyschen Tafel dem Sinne nach durchaus bestätigt; während die Gigantenreihe im Russell-Diagramm von links nach rechts, also von den Spektraltypen B bis M von 0.2 bis $0.7 \cdot 10^{-5}$ der Sonnendichte abnimmt, macht sich in der schrägen Normalreihe der Zwerge eine Zunahme von 0.03 bis 3.8 bemerkbar.

Überaus merkwürdig sind einzelne extreme Werte der Dichte, die die Shapleyschen Untersuchungen an Bedeckungssternen ergeben haben. Nur ein derartiger Veränderlicher, *W* Ursae mai., übertrifft mit 1.8 die Sonne bezüglich der Dichte, alle anderen, Hauptsterne sowohl wie Begleiter, haben eine wesentlich dünner verteilte Materie. Fünf dieser Doppelsterne vom Verfinsterungstypus zeichnen sich sogar durch eine unvorstellbar geringe Dichte aus. Es handelt sich um die nebenan verzeichneten Algolsterne, die alle die Eigentümlichkeit haben, daß sie einem für Veränderliche dieser Klasse ungewöhnlich späten Spektraltypus angehören. Da die Dichte der Sonne, bezogen auf atmosphärische Luft von $+20\,^0$C etwa $1.2 \cdot 10^3$ ist, so erreicht von

Bedeckungsveränderliche mit ungewöhnlich geringer Dichte.

Veränderlicher	Sp.	Periode	Dichte (Sonne = 1) Hauptstern	Begleiter
RX Cassiop.	Ko	32.3^d	$5 \cdot 10^{-4}$	$4 \cdot 10^{-4}$
SX »	G3	36.6	$4 \cdot 10^{-4}$	$2 \cdot 10^{-4}$
W Crucis	Gp	198	$2 \cdot 10^{-6}$	$2.5 \cdot 10^{-5}$
RZ Ophiuchi	G8	262	$1 \cdot 10^{-3}$	$3 \cdot 10^{-5}$
ε Aurigae	F8p	9905	$3 \cdot 10^{-6}$	$3 \cdot 10^{-9}$

den angeführten sechs Veränderlichen nur der Hauptstern von *RZ* Ophiuchi die Dichte unserer Atmosphäre. Bei ε Aurigae wäre gar eine durchschnittliche Dichte der Materie anzunehmen, wie sie sich in Vakuumröhren bei 1 mm Atmosphärendruck findet und bei unserer Sonne dann vorläge, wenn man sie sich etwa bis zur Saturnbahn ausgedehnt denkt. Wir werden später (S. 636) auf diese Tatsache noch zurückkommen.

Ähnlich merkwürdige Dichtewerte kommen hin und wieder auch in der anderen Richtung bei visuellen Doppelsternen zum Vorschein, z. B. beim Prokyon- und Siriusbegleiter und bei dem zweiten Stern von o^2 Eridani, die aber alle aus den Grenzen des normalen Russell-Diagramms erheblich herausfallen (Abb. 371). Besonders bemerkenswert ist dabei der Siriusbegleiter, der um etwa 10 Größen schwächer ist als der Hauptstern, eine Masse $= 1$ und das Spektrum cF hat. Ist die Temperatur bei ihm mit der Oberflächenstrahlung wirklich so eng verbunden, wie man dies bei den normalen Sternen im allgemeinen annimmt, so sind die Beobachtungsdaten mit einem so kleinen Durchmesser nur dann vereinbar, wenn für die Dichte, bezogen auf Wasser, die Ziffer 30000 angenommen wird. Ein so enormer Wert, der an der Oberfläche des Sterns der Masse von 1 kg das Gewicht von 35 Tonnen erteilen würde, ist physikalisch nur vorstellbar, wenn man sich den Siriusbegleiter aus Atomkernen aufgebaut denkt. Auf dem Mt. Wilson-Observatorium ist es anscheinend gelungen, den relativistischen Einfluß dieses gewaltigen Schwerefeldes auf die Lage der Absorptionslinien (S. 314) quantitativ nachzuweisen, doch ist noch eine Bestätigung des Ergebnisses abzuwarten. Bis dahin wird man eher geneigt sein, an der Zuverlässigkeit einiger Daten und an der Gültigkeit verschiedener Voraussetzungen zu zweifeln, die zu so wenig vorstellbaren Werten führen, wie ja überhaupt die Bestimmung der Sterndichten kaum über die ersten Anfänge hinaus gediehen ist.

Das Russell-Diagramm als Ausdruck des Werdegangs der Sterne. Mit der Frage nach der Temperatur der Sterne hängt die andere nach ihrer Entwicklung im Laufe der Jahrmillionen eng zusammen. Daß die Sterne nicht für alle Zeiten ihre Strahlung beibehalten können, sondern allmählich erkalten müssen, lehrt am besten das Antlitz der Erde und des Mondes, von denen die Erde in ihrem Innern, der Mond auf seiner Oberfläche noch deutlich die Spuren der ehemaligen Sternnatur trägt. Nur könnte man nach den Schwierigkeiten, die bereits die Erhaltung der Sonnenenergie bereitet, die Frage stellen, ob es heute schon Sinn hat, aus der spektralen Reihenfolge der Fixsterne einen zeitlichen Entwicklungsgang dieser Weltkörper herzuleiten. Geht man aber von der Anschauung aus, daß alles, was wir im Bereiche der Fixsternwelt sehen, nicht etwas Fertiges, sondern etwas allmählich Gewordenes ist, so liegt der Gedanke und der Wunsch, aus dem Nebeneinander der Erscheinungen ihre zeitliche Folge zu ermitteln, nicht ferner als etwa der Gedanke einer Entwicklung der irdischen Lebewesen im Laufe der paläontologischen Zeitalter.

Bei allen Überlegungen, die sich auf kosmogonische Fragen beziehen, ist der Evolutionsgedanke auf Grund einer Temperaturabnahme am natürlichsten und einfachsten, da er unmittelbar auf der Erfahrung fußt, daß ein heißer, strahlender Körper ohne genügende Energiezufuhr allmählich abkühlt. Die Erfahrungen an der Sonne lehren jedoch, daß die Sterne keine derart gestalteten Körper sind, daß ihre Temperatur in diesem Falle unter allen Umständen herunterginge, sondern komplizierte Gaskugeln, die sich vollständig anders verhalten können. Geht man wieder von dem Gedanken aus, daß sie infolge von Kontraktion aus Nebelmaterie entstanden sind, so ist zunächst das von J. H. LANE und A. RITTER aufgestellte Gesetz zu beachten, nach dem bei einer sich zusammenziehenden Gaskugel die Temperatur proportional mit der Abnahme des Halbmessers steigt, obwohl ein dauernder Energieverlust durch Ausstrahlung erfolgt (S. 375 ff.). Könnte man also dem Inneren einer solchen Gaskugel Wärme zuführen, so hätte das eine Ausdehnung und damit eine Temperaturerniedrigung zur Folge. Der geschilderte Kontraktionsvorgang erstreckt sich nicht über eine beliebige Zeitdauer, sondern ist zweifellos beschränkt. Bei einer gewissen noch durchaus geringen Dichte versagt bei der Gaskugel aus irgendeinem Grunde irgendeine der von der Theorie angenommenen Voraussetzungen. Die Kontraktion geht weiter vor sich, vermag aber nicht mehr der Energieausstrahlung Schritt zu halten, so daß der Weltkörper zu erkalten beginnt. Im ersten Kontraktionszustand wurde die Gaskugel immer kleiner aber heißer, im zweiten wird sie weiter immer kleiner, aber die Temperatur beginnt gleichzeitig zu sinken, bis der Stern zu einem festen Körper von relativ hoher Dichte und kleinem Durchmesser erkaltet ist.[1])

Auf dieser Vorstellung und seinem klassischen Diagramm fußend, hat H. N. RUSSELL 1914 eine sehr anschauliche Entwicklungstheorie der Fixsterne aufgestellt, die trotz mancher Lücken den beobachteten Tatsachen und Gesetzmäßigkeiten vortrefflich Rechnung trägt und als eine der bedeutsamsten Arbeitshypothesen der neueren Astronomie angesehen werden darf.

Das mathematisch und physikalisch erfaßbare Anfangsstadium eines Sterns besteht nach RUSSELL in einer ausgedehnten Gaskugel von sehr geringer Dichte im inneren mechanischen Gleichgewichtszustand. Der Strahlungsverlust wird durch die Kontraktion völlig ausgeglichen, es vergeht also eine sehr lange Zeit, während der die Temperatur ganz gleichmäßig bleibt. Der zweite Zustand ist durch eine Beschleunigung der Kontraktion und gleichzeitiges rasches Ansteigen der Temperatur gekennzeichnet. In irgendeinem Moment der Entwicklung, vielleicht beim Erreichen einer bestimmten kritischen Temperatur des Sterns, tritt ein unbekannter innerer Wärmeprozeß in Wirksamkeit, der die Kontraktion verlangsamt. Wird mehr Wärme erzeugt, als ausgestrahlt werden kann, so dehnt sich das Gas unter entsprechender Abkühlung aus, die unbekannte Energiequelle wird außer Betrieb gesetzt usf. Ohne diese Annahme

[1]) R. EMDEN, Thermodynamik der Himmelskörper. Leipzig 1926.

einer negativen spezifischen Wärme ist eine Deckung der ausgestrahlten Energie durch Kontraktion über Hunderte von Jahrmillionen nicht denkbar. Wird ein Zustand wie der geschilderte zugegeben, so kann es vorkommen, daß der Stern zeitweilig unter Anzeichen spektraler und thermischer Veränderungen rasche Pulsationen, also einen periodischen Lichtwechsel zeigt, vielleicht ähnlich dem, wie wir ihn an den sog. Cepheiden (S. 626) beobachten.

Nach der geschilderten Vorstellung ist demnach der Urzustand eines selbstleuchtenden Weltkörpers in den Giganten der M-Klasse zu erblicken, also in Sternen geringer Dichte und relativ geringer Temperatur. Die Entwicklung schreitet von hier aus fort unter Zunahme von Dichte und Temperatur über die Riesensterne der Klassen K, G, F usw. Bei F, A, in seltenen Fällen vielleicht erst bei B, findet eine Umkehr statt. Die Temperatur beginnt zu sinken, bis allmählich der Zustand F, G, K, M der Zwergsterne durchlaufen ist. Nach dieser Anschauung fällt die physische Trennung in Giganten und Zwerge fort; jeder Stern ist einmal ein roter M-Gigant gewesen und wird sein kosmisches Dasein als leuchtender Stern im Zustande eines M-Zwerges beschließen. In der Mitte etwa liegt der höchste Entwicklungszustand, wobei es, wie gesagt, durchaus nicht notwendig erscheint, daß alle Sterne die Temperatur der B-Sterne erreichen. Bei geringerer Masse, wie sie etwa unsere Sonne aufweist, wird die Umkehr schon im A- bzw. F-Stadium oder noch früher eintreten (Abb. 386). Da im Gigantenstadium die Oberfläche zwar immer kleiner wird, aber im gleichen Maße auch die Flächenhelligkeit steigt, im Abstieg dagegen sowohl die Fläche wie die Gesamthelligkeit sinken, wird der absteigende schräge Ast in rascherer Folge durchlaufen als der horizontale. In welchem physikalischen Zustand die Umkehr der Sterne in die Zwergreihe stattfindet, läßt sich nicht rechnerisch feststellen. Jedenfalls ist die Dichte dann bereits beträchtlich größer als diejenige der atmosphärischen Luft. Nach der Verteilung der Zahlen in der Tabelle auf S. 584 darf sie vielleicht in dem betr. Stadium ganz roh zu etwa $\frac{1}{10}$ der Wasserdichte angenommen werden.

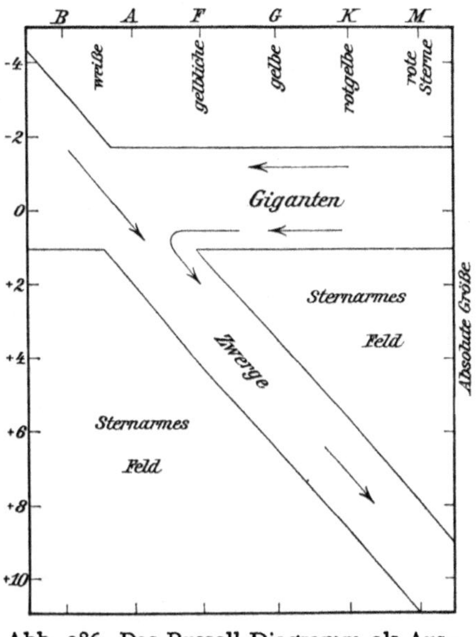

Abb. 386. Das Russell-Diagramm als Ausdruck der Sternentwicklung.

Bereits um 1897, als noch niemand an eine Trennung der gelben und roten Sterne in Giganten und Zwerge dachte, hat J. N. Lockyer die Anschauung vertreten, daß kein zwingender Grund vorhanden sei, das Maximum der Temperaturen an den Ausgang der Entwicklung eines Sterns zu versetzen, und daß es jedenfalls ebenso nahe liegt, die höchste Stufe der Evolution etwa in die Mitte seiner Geschichte zu verlegen. Wenn auch LOCKYER bereits rote Sterne von steigender und solche von sinkender Temperatur annahm, so ist doch eine Begründung der für ältere Vorstellungen ungewöhnlichen und daher damals schroff abgelehnten Anschauungen erst den neueren astrophysikalischen Arbeiten vorbehalten geblieben.

Es unterliegt keinem Zweifel, daß die Evolutionsideen von LOCKYER und RUSSELL mit mancher kosmogonischen Ansicht aufräumen, die besonders den älteren Astrophysikern geläufig geworden war. Wenn die Theorie nach ihrem Bekanntwerden unter den jüngeren Forschern eine entschieden zustimmende Aufnahme gefunden hat, so liegt es weniger daran, daß man sie in allen Einzelheiten für zutreffend hielt — RUSSELL selbst hat sie recht vorsichtig begründet —, sondern weil sie tatsächlich in das ungeheure Material, das sich auf dem Gebiete der Spektren und der absoluten Helligkeiten der Sterne anzusammeln begonnen hat, eine Ordnung und einen Ideenzusammenhang gebracht hat.

Bis auf die Massenfrage, die im nächsten Abschnitt noch berührt werden soll, ist gegen die Hypothese auch heute noch weder vom astronomischen noch vom physikalischen Standpunkte aus etwas einzuwenden. Nach allem, was wir heute über die Sonne und alle anderen selbstleuchtenden Himmelskörper wissen, ist nicht daran zu zweifeln, daß wir in den Sternen im wesentlichen Gaskugeln vor uns haben. Bei diesen liegt aber ein Entwicklungsgang, wie er eben geschildert wurde, durchaus im Bereiche der theoretischen Voraussetzungen, und ist um so glaubwürdiger, als die mathematische Behandlung der Zustandsänderungen eines gasförmigen Sterns hoher Temperatur keine Schwierigkeiten bietet. Die Frage, wie die roten Giganten am Anfang der Reihe mit ihrer fast unvorstellbar geringen Dichte entstanden sind, läßt die Russellsche Theorie freilich völlig offen. Gehen wir zu noch weniger dichten Himmelskörpern über, so bleiben als rückwärtige Verlängerung der Reihe nur noch die Gasnebel übrig. Hier ist aber offenbar eine Kluft vorhanden. Weder die physische Eigentümlichkeit, noch die räumliche Verteilung, Bewegung usw. läßt, von den Veränderlichen der Md-Klasse vielleicht abgesehen, die roten Giganten in irgendeinem engeren Zusammenhange mit den echten Gasnebeln erscheinen. Die Schwierigkeiten werden nicht geringer, wenn man etwa einen Anschluß an die seltenen in die RUSSELLschen Erwägungen nicht mit hineingezogenen O-Sterne versucht. Die Vorgeschichte der roten Giganten ist also noch vollkommen in Dunkel gehüllt. Wenn man sie nicht nach der alten Nebularhypothese direkt als die Urform der Materie gelten läßt, so muß man annehmen, daß sich die Bildung aller Sterne, die unseren Fernrohren zugänglich sind, schon vor Jahrmillionen vollzogen hat und jeder rückwärtige Blick in ihren Entwicklungsgang uns für alle Zeiten verschlossen bleibt.

Der innere Aufbau der Sterne. Erhaltung der Strahlungsenergie. Die klare und einleuchtende Theorie RUSSELLS hat zu einer längeren Reihe von theoretischen Arbeiten Anlaß gegeben, die den ganzen Gedankengang nicht nur vertieft, sondern auch in verschiedenen wesentlichen Punkten umgestaltet haben. An der Spitze dieser Untersuchungen stehen die geistreichen Aufsätze A. S. EDDINGTONS, die dieser etwa seit 1916 in verschiedenen Zeitschriften erscheinen ließ, und die schließlich zu einer physikalisch sorgfältig begründeten Vorstellung über den inneren Aufbau eines Fixsterns geführt haben.[1])

Schon R. EMDEN hatte in seinen Arbeiten über Gaskugeln Formeln angegeben, nach denen es möglich ist, Temperatur, Druck und Dichte für jeden Mittelpunktsabstand einer idealen Gaskugel zu berechnen. Die Temperatur in den Kerngebieten eines Riesensterns muß danach mehrere Millionen Grade betragen. Sie ist, wie immer, bedingt und definiert durch molekulare Bewegungen, wobei nur zu beachten ist, daß es sich dabei angesichts der hohen Temperaturen nicht mehr um irgendwelche Verbände der kleinsten materiellen Teilchen, sondern um lose Ionen, Elektronen, Atomkerne und andere Trümmer der Materie handelt. Nun haben z. B. *He*-Atome bei Zimmertemperatur eine mittlere Geschwindigkeit von 1 bis 2 km in der Sekunde, bei $T = 4 \cdot 10^6$ Grad würde die Weglänge in der gleichen Zeit etwa 150 km erreichen. Die Zahl mag ungeheuer groß erscheinen; gegenüber einer alltäglichen Laboratoriumserscheinung, nämlich der Bewegung der Heliumkerne in den ausgeschleuderten α-Teilchen der radioaktiven Substanzen, die 150000 km in der Sekunde, d. h. die halbe Lichtgeschwindigkeit erreichen, erscheint sie als recht geringfügig.

Die materielle Bewegung der Atome und Moleküle mit ihren dauernden Zusammenstößen, Richtungsänderungen usw. macht nur einen Teil des Energieinhalts der Sterne aus. Ihre Photosphären schließen daneben noch zahllose immaterielle Ätherschwingungen ein, die sich von den Kerngebieten aus nach allen Richtungen ausbreiten und nur zu einem sehr geringen Teil die abschließende Hülle nach außen durchdringen. Im irdischen Laboratorium, wahrscheinlich auch in den Zwergsternen, mögen beide Arten von Bewegung gleich verteilt sein. Weltkörper, in denen etwa nur die materielle oder immaterielle Bewegung verkörpert wäre, sind kaum denkbar.

Die aus dem Sterninnern kommenden Ätherwellen werden von der Materie reflektiert, absorbiert und zerstreut. Dadurch entsteht ein Druck der Strahlung auf die Sternmaterie, der den wirksamen Gravitationskräften unter Umständen derart das Gleichgewicht hält, daß der Weltkörper sich fast in einem labilen Zustande befindet, in dem die geringste äußere Ursache imstande sein dürfte, seinen inneren Zusammenhang zu lösen. Nach einem Gleichnis von EDDINGTON kann man sich die Schichten des Sterns als schwach durchlässige Siebe vorstellen, gegen die die eingeschlossene Ätherenergie windartig anstürmt und sie zu durchbrechen sucht.

Werden unter Annahme eines bestimmten mittleren Molekulargewichtes der Materie die Zusammenhänge mathematisch entwickelt, so kommen die uns

---

[1]) A. S. EDDINGTON, The interior of a star. Seeliger-Festschrift. Berlin 1924.

bekannten Beziehungen zwischen der Masse einerseits und Schwere bzw. Lichtdruck andererseits zustande (S. 25). In bester Übereinstimmung mit der Erfahrung am Himmel beschränken sie in normalen Fällen, d. h. bei einem aus Grundstoffen höheren Atomgewichts aufgebauten selbstleuchtenden Körper die Massen auf 10^{33} bis 10^{35} g. Zu einer Vorstellung über das Molekulargewicht der Sternmaterie ist EDDINGTON auf einem außerordentlich einfachen Wege gelangt. Bei den hohen Temperaturen des Sterninnern müssen die Elemente dort vollkommen dissoziiert sein, d. h. sie können der Hauptsache nach nur aus Kernen und Elektronen bestehen. Sieht man von den leichten Gasen Wasserstoff und Helium ab, die sich vermutlich nur in den äußeren Schichten vorfinden, so ist z. B. entsprechend den Ordnungszahlen (S. 27) *Li* (At.-Gew. 7) in Kern und 3 Elektronen, also in 4 Bestandteile, *Be* (At.-Gew. 9) in 5, *Na* (At.-Gew. 23) in 12 Bestandteile aufgelöst. Dividiert man das Atomgewicht durch die Zahl der Bestandteile, so kommt etwa bis zum Vanadium eine etwas kleinere, von da an eine etwas größere Ziffer heraus als 2. Im Mittel erhält man die Zahl 2.2, die man als mittleren Wert des Molekulargewichts hochtemperierter dissoziierter Sternmaterie ansehen darf. Bei Berechnung der Massengrenzen für das Verhältnis Schwere- zu Strahlungsdruck (S. 20) wurde eine doppelt so große Ziffer angenommen, um den Verhältnissen bei der Bildung der Sterne, die wohl bei tieferen Temperaturen, also in Gegenwart von weniger stark dissoziierten Elementen, stattgefunden hat, gerecht zu werden. Bei *He* käme nur das Molekulargewicht 1.3, bei *H* gar 0.5 heraus, so daß die Theorie zum mindesten Sterne aus diesen beiden Grundstoffen ausschließt. Vielleicht darf man noch weiter gehen und folgern, daß Wasserstoff und Helium trotz ihrer spektralen Aufdringlichkeit in den Sternatmosphären auch dort nur in verhältnismäßig geringen Mengen vorkommen.

Die von jeher im Anschluß an Sonnenvorgänge diskutierten Konvektionsströmungen mit ihrem Austausch von kühlen und heißen Schichten, wie sie früher noch R. EMDEN verfochten hat, oder Kontraktionserscheinungen nach der Vorstellung von J. H. LANE, A. RITTER und H. N. RUSSELL treten in dem Eddingtonschen Stern höchstens als Nebenerscheinungen auf. Die Grundlage der Theorie bildet das Strahlungsgleichgewicht, d. h. die Auffassung, daß die Energieübertragung von einem Teil der Gaskugel zum anderen so erfolgt, daß jedes Massenelement von dem Energiestrom, der es durchfließt, ebensoviel absorbiert, wie es nach allen Richtungen hin aussendet. Diese aus dem stationären Strahlungszustand der Sterne hergeleitete Vorstellung kehrt viele alte Probleme direkt in ihr Gegenteil um. Während z. B. ehedem immer wieder die Frage nach dem Ursprung der nach außen wirksamen Strahlung auftauchte (S. 375), darf jetzt umgekehrt danach geforscht werden, welche Einflüsse den Stern daran hindern, die ungeheuren Energievorräte, die sein Inneres birgt, in kürzester Zeit an das Weltall abzugeben. Man gelangt auf diesem Wege zu der Vorstellung, daß die äußeren Schichten, also die Photosphären der Sterne einen sehr hohen Absorptionskoeffizienten besitzen müssen. Schon sehr dünne

Schichten lassen nur noch Spuren der Strahlung hindurch, so daß bei Annahme von bestimmten Dichte- und Temperaturgradienten schon einige wenige Meter Materie genügen, um auch den stärksten Energiestrom vollkommen zurückzuhalten. Aus Betrachtungen der Atomtheorie ergibt sich, daß der Absorptionskoeffizient dem Ausdruck

$$\frac{D}{T^{\frac{7}{2}}}$$

proportional ist, wenn mit D die Dichte und mit T die absolute Temperatur bezeichnet werden. Spektraltypus und Oberflächentemperatur des Sterns sind dabei von geringer Bedeutung. Da der Proportionalitätsfaktor aus einem Stern mit bekannten physikalischen Eigenschaften abgeleitet werden kann, ist damit umgekehrt die Möglichkeit geboten, aus der austretenden Strahlung Schlüsse auf den Absorptionskoeffizienten der leuchtenden Materie zu ziehen. Bei den Beziehungen zwischen der Absorption und der Dichte ist auch die Möglichkeit gegeben, die Strahlung eines selbstleuchtenden Weltkörpers mit seiner Masse zu verbinden.

Da wir in dem Capella-System (S. 534) ein vortreffliches Beispiel eines Doppelsterns besitzen, in dem alle Bestimmungsstücke wie Masse, Dichte, Oberflächentemperatur usw. sehr sicher bekannt sind, lag es nahe, die notwendigen Konstanten der Gleichungen diesem Gigantenpaar zu entnehmen. Der von Eddington unternommene Versuch der Anwendung der Formeln auf andere Doppelsterne sowie die Sonne führte dann zu einem unerwarteten Ergebnis. Trotz der weiten Grenzen in der absoluten Helligkeit (-4^m bis $+12^m$) und der sehr verschiedenen Dichte ließ sich die Leuchtkraft der betrachteten 35 Sterne aus den Massen durchweg bis auf $\pm 0.6^m$ berechnen. Damit darf nicht nur die funktionelle Abhängigkeit von Masse und Strahlung, sondern auch die Gleichgültigkeit irgendwelcher spezieller Annahmen über die Zustandsgleichung der Sternmaterie angenommen werden, mit anderen Worten, es ist dargetan, daß die Materie in den Sternen aller normalen Typen, ohne Rücksicht auf ihre besonderen Eigenschaften, also Druck, Temperatur und Dichte, derart kompressibel bleibt, daß eine Verdoppelung des Druckes auch stets eine Verdoppelung der Dichte zur Folge hat.

Die Erkenntnis, daß die Zustandsgleichung idealer Gase auf Sterne aller Spektralklassen und aller Dimensionen anwendbar bleibt und die Strahlung ausschließlich als eine Funktion der Masse aufzufassen ist, also durch den Verlauf der Sternentwicklung unbeeinflußt bleibt, widerspricht einem fundamentalen Grundsatz der Russellschen Evolutionshypothese, wonach die Sternentwicklung als eine Folge der Dichteänderungen bei konstanter Masse aufgefaßt wurde (S. 586). Damit tritt sogleich die Frage auf, inwieweit diese Hypothese überhaupt noch aufrecht erhalten werden kann. Tatsächlich spricht A. S. Eddington dem Russell-Diagramm die Bedeutung ab, die ihm bisher beigelegt worden ist. Er erblickt in ihm keinen Evolutionssinn, sondern nur eine statistische Kurve, die vielleicht die absoluten Helligkeiten und die Spektra angibt, bei denen Sterne verschiedener Anfangsmasse einen Gleichgewichtszustand erlangt haben. Eine Entwicklung der schwachen Sterne aus helleren Vorgängern unter Voraussetzung der Massenkonstanz hält er jedenfalls theoretisch für unmöglich. Ist im Russell-Diagramm irgendein kosmogonisches Gesetz verkörpert, so ist es nur mit einem allmählichen Verlust von Materie vereinbar. Wird Masse ausgestrahlt, so bleiben die beiden Diagrammzweige mit steigender und sinkender effektiver Oberflächentemperatur erhalten. In bezug auf die innere Temperatur ist aber nur ein stetiger Aufstieg, höchstens einmal ein zeitweiliger Stillstand denkbar.

Mit dem Massenverlust wird die alte Streitfrage nach dem Ersatz der von Sonne und Sternen ausgestrahlten Energie wieder angeschnitten. Ob die Sternkonstanten säkular ebenso unveränderlich sind, wie die Sonnenkonstante, wissen wir noch nicht, doch liegt die Vermutung nahe, daß hier in Jahrmillionen ebensowenig ein allmähliches Versiegen der Strahlungsquelle eintritt, wie wir das bei der Sonne nach dem Klima vergangener Erdperioden annehmen dürfen (S. 377). Was für physikalische Anforderungen an die wirksame Energiequelle, die die Strahlung der Gestirne unverändert über so gewaltige Zeiten hinweg aufrecht erhält, zu stellen sind, ist wiederholt betont worden. Sie soll im Innern der Sterne große Wärmemengen erzeugen, den stabilen Zustand der Gestirne in keinem Falle stören und der Ausstrahlung in den Weltenraum fast parallel verlaufen. Diesen Bedingungen würde eine Massenausstrahlung tatsächlich entsprechen, und J. H. Jeans hat den Gedanken schon vor etlichen Jahren ausgesprochen. Die rechnerische Behandlung der Aufgabe wird durch die relativistische Auffassung von der Gleichheit zwischen Energie und Masse mathematisch festgelegt, indem ein Massenverlust M eine Energie

$$E = MV^2$$

abgibt, wenn V die Lichtgeschwindigkeit bedeutet. Nach diesem Grundsatz hat die Energie von $2 \cdot 10^{13}$ g-cal pro Sekunde die sehr geringe Masse von 1 g. Wenn man annimmt, daß die Massenausstrahlung allein die Sonnenenergie aufrecht erhält, so würde daraus ein Verlust von Materie im Betrage von $120 \cdot 10^9$ Tonnen jährlich folgen. Unter der allerdings nicht wahrscheinlichen weiteren Voraussetzung, daß die Gesamtmasse in Strahlungsenergie umgewandelt werden kann, würde die Sonne in der jetzigen Helligkeit etwa $15 \cdot 10^9$ Jahre dem Planetensystem unverändert scheinen können, ein Ergebnis, das selbst den kühnsten geologischen Altersbestimmungen keine Grenze mehr setzt.

Ob die Massenausstrahlung allein die Energie der Sterne aufrecht erhält, läßt sich nicht mit Bestimmtheit behaupten. Die Mitwirkung anderer Quellen wäre durchaus denkbar, doch schaltet das neue Eddingtonsche Sternmodell fortan alle Ursachen aus, die etwa auf Umbildungen von Wasserstoff in Helium zurückgreifen, sowie solche, die nur die Oberfläche der strahlenden Gaskugel beeinflussen. Photosphärische Vorgänge, wie Bildungen von Flecken, Fackeln und Flocken, erscheinen demnach für diesen Fragekomplex völlig belanglos. Um die Sonne als leuchtenden Körper zu erhalten, muß vielmehr der Temperaturgradient zwischen Photosphäre und Kern in seinem Anstieg von 6000° bis zu einigen Millionen Grad erhalten bleiben. Daraus folgt, daß z. B. ein starker Meteoritenfall wohl für kurze Zeit die Helligkeit der Sonne zu steigern vermag, aber nicht imstande wäre, ihre Lebensdauer auch nur um einen Tag zu verlängern.

19. Die Neuen und Veränderlichen Sterne.

Noch vor etwa drei bis vier Jahrzehnten galten die sog. Neuen und Veränderlichen Sterne als ungewöhnliche Ausnahmeerscheinungen am gestirnten Himmel, denn bis dahin wurde nur in Abständen von vielen Jahren oder Jahrzehnten die Entdeckung eines Sterns bekannt, der einmal oder periodisch sein Licht merklich wechselte. Durch das im 19. Jahrhundert entstandene Kartenmaterial, vor allem aber durch die Anwendung der Photographie ist die Zahl der Neuen und Veränderlichen Sterne derart gewachsen, daß gegenwärtig wenigstens bei den Veränderlichen ein klarer Überblick nicht mehr leicht ist. Ein merkwürdiger Zufall hat allerdings wieder die Orientierung sehr gefördert, nämlich die Tatsache, daß die ältesten bekannten Veränderlichen, wie Mira Ceti, Algol, β Lyrae, δ Cephei, auch heute noch die Haupttypen der Sterne mit merklichem Lichtwechsel kennzeichnen, und daß trotz der großen Zahl dieser Objekte deutliche Übergänge unter den Einzelklassen verhältnismäßig selten vorkommen, jedenfalls bei weitem nicht so häufig sind, wie etwa unter den Spektraltypen. Da der Lichtwechsel eines Sterns physische oder dynamische Gründe haben kann, so dürfte eine Gruppierung der beobachteten Erscheinungen eigentlich nur vom Standpunkte dieser beiden Ursachen aus erfolgen. Unser Einblick in die hier wirksamen physikalischen Zusammenhänge ist jedoch noch nicht so weit gediehen, daß Trennungen und Gruppierungen nach z. T. rein äußerlichen Gesichtspunkten zu vermeiden wären.

Die Neuen Sterne. Das plötzliche Aufleuchten von sog. Neuen Sternen, die oft für viele Monate den Anblick eines bekannten Sternbildes völlig verändern, hat in der Geschichte der Menschheit fast das gleiche Aufsehen hervorgerufen, wie die Erscheinung eines großen Kometen, und in allen älteren europäischen und besonders asiatischen Chroniken finden sich zahlreiche Aufzeichnungen hierüber. J. B. Biot, A. v. Humboldt u. a. haben Mitteilungen darüber zusammengetragen und übersetzt. Man hat diese alten Angaben früher für recht zuverlässig gehalten, doch ist dies durchaus nicht der Fall; oft bleibt es bei genauerem Nachprüfen sogar äußerst zweifelhaft, ob die angeführte, meist laienhaft beschriebene Erscheinung richtig als Neuer Stern zu deuten ist oder sich vielleicht auf einen Kometen, eine besonders glänzende Feuerkugel u. dgl. bezieht. So wertvoll z. B. die alten chinesischen Chroniken, insbesondere der Ma-Tuan-Lin sind, wenn es sich um den Lauf von Kometen am Himmel handelt, als Nachrichtenquelle über früher erschienene Neue Sterne sind sie nur mit größter Vorsicht zu benutzen. Ohne nähere Angaben hätten die Daten auch dann, wenn sie gesichert wären, kaum mehr als eine rein historische und statistische Bedeutung.

Seit dem 16. Jahrhundert, also seit dem Wiederaufleben der astronomischen Beobachtungstätigkeit, kann das Auftauchen und Verschwinden von etwa 100 Neuen Sternen bis zur Maximalhelligkeit 10^m als gesichert gelten, doch unterliegt es keinem Zweifel, daß die wirkliche Ziffer viel größer gewesen ist. Nach S. J. Bailey sollen alljährlich am ganzen Himmel mindestens 9 Sterne heller als 10^m erscheinen, doch ist die Ziffer vielleicht etwas zu hoch angesetzt. Der wissenschaftliche Verlust an diesen meist nicht beobachteten schwachen Erscheinungen ist nicht gar zu groß, da in den letzten Jahrzehnten genügend helle, ja sogar glänzende Neue Sterne nach allen Richtungen hin untersucht werden konnten. Um später an bestimmte Daten anknüpfen zu können, sind in der Übersicht auf S. 595 alle Objekte enthalten, die seit der berühmten von Tycho Brahe geschilderten Erscheinung von 1572 am Himmel aufgetaucht sind und mindestens die 7. Größe erreicht haben. Wie man sieht, bezieht sich die größere Hälfte der Liste auf Entdeckungen des neuen Jahrhunderts.[1])

Wenn auch zwischen den Neuen und allen anderen Sternen ein sehr beträchtlicher Abstand insofern besteht, als sich hier anscheinend ein ungewöhnlicher Abschnitt der Lebensgeschichte eines fernen Weltkörpers in kürzester Frist vor unseren Augen abspielt, so stehen die Novae weder ihrer Raumlage noch ihren spektroskopischen Eigenschaften nach völlig vereinzelt da. Betrachtet man zunächst die galaktischen Breiten, so fällt sofort die Zusammendrängung im Gebiete der Milchstraße auf, ähnlich wie bei den Wolf-Rayet-Sternen und planetarischen Nebeln. Dabei werden jedoch offenkundig die dichtesten, schon dem freien Auge auffallenden Stellen der Milchstraße gemieden. Bevorzugt sind die Ränder der dunklen Lücken und Kanäle, so daß die Aussicht, einer Novaerscheinung zu begegnen, dort am günstigsten ist, wo die Randlinie der glänzenden Wolken verläuft. Während in der Gegend des Schützen, in der galaktischen Länge von 300°, die Neuen Sterne sich besonders stark häufen, fehlen sie, wie K. Lundmark festgestellt hat, in dem Bereiche zwischen den galaktischen Längen 187° und 255° vollkommen. Selbst wenn die Untersuchung auf alle älteren zweifelhaften Novae ausgedehnt wird, bleibt diese Lücke bestehen, so daß sie kaum zufällig sein kann. Wenn auch die Neuen Sterne im Bereiche der Milchstraße besonders dicht auftreten, so sind sie auf diese Gegend nicht beschränkt. *N* 1866 Cor. bor. hatte, wie die Übersicht zeigt, z. B. einen galaktischen Abstand von 47°, doch ist das Verhalten dieses Sterns gegenüber den anderen etwas abweichend gewesen, so daß hier vielleicht eine Ausnahmeerscheinung vorliegt.

---

[1]) Näheres über Neue Sterne in G. Müller und E. Hartwig, Geschichte und Literatur der bis Ende 1915 als veränderlich anerkannten Sterne. Bd. II. Leipzig 1920.

Helle Neue Sterne der letzten Jahrhunderte.

Bez.	Sternbild	Entdecker	Max.	Min.	Gal. Breite
N 1572 (B)	Cassiopeia	Tycho Brahe u. a.	-4^m	11^m	$+2^0$
» 1600 (P)	Cygnus	W. J. Blaeu u. a.	3.5	5	0
» 1604	Ophiuchus	I. Altobelli u. a.	− 2	< 13	+ 5
» 1670 (11)	Vulpecula	Mönch Anthelme	3	< 13	0
» 1783	Sagitta	J. L. D'Agelet	6?	< 11	− 2
» 1848	Ophiuchus	J. R. Hind	5.5	12.5	+ 16
» 1860 (T)	Scorpius	A. Auwers	7	< 12	+ 18
» 1866 (T)	Corona	J. Birmingham	2	9.5	+ 47
» 1876 (Q)	Cygnus	J. Schmidt	3	14	− 8
» 1885	Andromeda	E. Hartwig	7	< 14	− 21
» 1891 (T)	Auriga	T. D. Anderson	4.5	14.5	0
» 1893	Norma	W. P. Fleming	7	< 14	+ 4
» 1895 (Z)	Centaurus	»	7	< 14	+ 29
» 1898	Sagittarius	»	4.5	15	− 10
» 1899	Aquila	»	7	< 13	− 8
» 1901	Perseus	T. D. Anderson	0	13	− 9
» 1902	Puppis	J. E. Woods	7	< 15	+ 6
» 1903	Gemini	H. H. Turner	5	< 16.5	+ 13
» 1905	Sagittarius	I. E. Woods	7	< 14	− 6
» 1910	Ara	W. P. Fleming	6	< 14	− 5
» 1910	Lacerta	T. E. Espin	5	< 14	− 5
» 1912	Gemini	S. Enebo	3.6	< 15	+ 16
» 1913	Sagitta	J. C. Mackie	7	< 14	− 8
» 1917	Scorpius	I. E. Woods	6.5	< 14	+ 12
» 1918	Monoceros	M. Wolf	5.5	< 12	+ 4
» 1918	Aquila	G. N. Bower u. a.	− 0.5	10.5	+ 1
» 1919	Lyra	J. C. Mackie	6.5	< 14	+ 14
» 1919	Sagittarius	J. E. Woods	7	< 14	− 8
» 1920	Cygnus	W. F. Denning	1.5	< 12	+ 12
» 1925	Pictor	Watson	1.0	13	− 25
» 1927	Taurus	A. Schwassmann	6	< 15	− 14

Konnte das Erscheinen der *N* 1885 Androm. in dem bekannten großen Nebel in der hohen galaktischen Breite von 21° noch als ein merkwürdiger Zufall angesehen werden, so fällt diese Annahme bei den letzten zahlreichen Entdeckungen Neuer Sterne im Bereiche von Nebeln schon aus Wahrscheinlichkeitsgründen zweifellos fort. Von diesen speziellen Neuen Sternen hat neben *N* 1885 Androm. nur noch *Z* Centauri in NGC 5253 die 7. Größenklasse erreicht. Alle anderen Objekte dieser Art, die letzthin in den Spiralnebeln NGC 224, 2403, 2608, 2841, 4321, 4486, 4527 u. a. — es handelt sich bei der Aufzählung um Nebelnummern des sog. Neuen Generalkataloges von

J. L. Dreyer — beobachtet worden sind, waren im Maximum ihrer Helligkeit kaum 13. bis 17. Größe. In der Reihe steht der große Andromedanebel (NGC 224) mit bisher 75 kurz hintereinander aufgefundenen Neuen Sternen an erster Stelle. Auf diese merkwürdige Tatsache werden wir später noch zurückkommen müssen. Auch sonst haben noch die Novae zu anderen, ähnlich wie die Spiralnebel sehr weit entfernten kosmischen Gebilden Beziehungen. Oft findet man dunkle Nebel in unmittelbarer Nachbarschaft, ja bei *N* 1860 oder *T* Scorpii liegt sogar vielleicht ein Zusammenhang mit dem Kugelhaufen NGC 6093 vor.

Über den Abstand der Neuen Sterne herrschte lange Zeit hindurch große Ungewißheit. Die Parallaxenmessungen werden stets durch die Lichtänderung erschwert. Die Eigenbewegungen sind kaum merklich und die Radialgeschwindigkeiten wegen der physischen Linienverschiebungen im Spektrum höchst unsicher. Die geringsten Entfernungen haben bisher *N* 1920 Cygni ($p = 0.018''$), *N* 1918 Aquilae ($p = 0.014''$) und *N* 1901 Persei ($p = 0.010''$) ergeben, so daß für sie im Mittel ein Abstand von 250 *LJ* angenommen werden kann. K. Lundmark schätzt eine Novaparallaxe nach der Formel

$$\log p = -0.2\, m - 2.42$$

ab, wenn m die größte nach dem plötzlichen Aufstieg erreichte scheinbare Helligkeit bedeutet. Die absolute Helligkeit m_0 der Neuen Sterne im größten Licht ist dabei im Durchschnitt zu -7^m angenommen worden. Da das Gesamtlicht unseres ganzen Sternsystems etwa der Größe $m_0 = -15^m$ entspricht, so ist es ohne weiteres klar, daß für einen Beobachter außerhalb der uns umgebenden Sternenwelt das Aufleuchten einer Nova durchaus nicht eine gleichgültige Erscheinung darstellt. Es ist sehr wohl denkbar, daß einzelne früher verzeichnete Neue Sterne, wie die wohl nur dem Jahr nach unsichere sehr helle Erscheinung im Skorpion von 827 n. Chr., dem absoluten Glanze nach das Gesamtlicht des uns umgebenden Sternsystems erreichten, eine Überlegung, die sich bei der Beurteilung der Stellung der Spiralnebel als besonders wichtig herausgestellt hat.

Über das Licht der Neuen Sterne in ihrem Minimum, d. h. in ihrem Normalglanz ist erst durch die Photographie Näheres bekannt geworden. Die alte Anschauung, daß es sich bei dem Ausbruch um das Aufleuchten von bis dahin dunklen Körpern handelt, muß danach aufgegeben werden. Alle Novae sind wahrscheinlich trotz der ihnen beigelegten Bezeichnung uralte Glieder unseres Sternsystems. Wenn dies nicht immer einwandfrei festgestellt worden ist, so liegt das daran, daß die meisten Neuen Sterne im Normallicht bei der 20. Größenklasse oder darunter liegen, wo eine sichere Identifizierung kaum noch möglich ist.

Die Nova Persei von 1901. Eine genauere Untersuchung der Vorgänge beim Aufleuchten und Verschwinden einer Nova wurde erst durch Anwendung der Spektralanalyse möglich, und zwar bot die erste Gelegenheit hierzu *N* 1866

Cor. bor. Trotz der Unvollkommenheit der damaligen Hilfsmittel erkannten W. Huggins und W. A. Miller, daß ein kontinuierliches Spektrum mit dunklen und hellen Linien vorlag. Eine sichere Feststellung der Absorptionen war nicht möglich; von den vier hellen Linien waren aber zwei sicher mit den Wasserstoffemissionen $H\alpha$ und $H\beta$ identisch. Weit eingehender konnte die zehn Jahre später erschienene *N* 1876 Cygni untersucht werden. Das sehr helle kontinuierliche Spektrum erwies sich anfangs wieder von zahlreichen Absorptions- und Emissionslinien durchquert. Während der kontinuierliche Hintergrund mit dem Sinken der Helligkeit sehr bald an Intensität abnahm, wurden die Emissionslinien immer besser sichtbar, vor allen Dingen trat allmählich eine außerordentlich helle und breite grüne Linie bei 500 $\mu\mu$ hervor, die als charakteristisches Merkmal der kosmischen Gasnebel bereits bekannt war. Diese Hauptnebellinie war zuletzt vorherrschend, so daß das Licht fast monochromatisch erschien. Nach mehr als einem Jahre, im Februar 1878, als die Nova bereits schwächer als 11^m geworden war, blieb diese Linie oder Liniengruppe allein sichtbar. Das Licht des Sterns war in dieser grünen Strahlung konzentriert und glich völlig einem der zahlreichen kleinen planetarischen Nebel am Himmel.

Die Nova *N* 1876 Cygni bildet einen gewissen Abschluß in der Geschichte der Neuen Sterne im 19. Jahrhundert; erst die glänzende Erscheinung der Nova Persei von 1901 brachte neue Ergebnisse. *N* 1918 Aquilae und *N* 1920 Cygni zeigten einen ähnlichen aber etwas einfacheren Verlauf, so daß es genügen wird, die Beschreibung des Vorganges auf die Nova Persei zu beschränken und später die gewonnenen Tatsachen durch einige neuere Erfahrungen zu ergänzen.

Der denkwürdige Stern war am Tage seiner Entdeckung 1901 Febr. 21 etwa 2^m bis 3^m, Febr. 23 bereits 0^m. Das Aufleuchten muß innerhalb weniger Stunden erfolgt sein, denn nach einer photographischen Aufnahme von S. Williams war 28^h vor der Entdeckung noch kein Stern heller als 11^m, 48^h vorher keiner heller als 12^m an der betreffenden Stelle sichtbar. Eine spätere Nachprüfung der Harvard-Platten hat dann allerdings ergeben, daß der Aufstieg nicht von völliger Unsichtbarkeit erfolgt ist. Am Orte der Nova stand schon immer ein schwacher Stern, der seine Helligkeit unregelmäßig zwischen 12^m und 14^m änderte. Nach dem 23. Februar nahm das Licht anfangs rasch, dann langsamer ab, bis nach Mitte März 1901 ein deutlicher, regelmäßiger Helligkeitswechsel von etwa viertägiger Periode einsetzte (Abb. 387).

Die ersten spektroskopischen und spektrographischen Untersuchungen in Potsdam und auf der Harvard-Sternwarte ergaben ein kontinuierliches Spektrum vom Typus F bis A, dessen blauer und violetter Teil, ähnlich wie bei den O-Sternen, besonders hell erschien. Etwa 30 dunkle Linien waren erkennbar, davon sehr breit und verwaschen die *H*-, *Mg*- und *Si*-Linien, während (H) und (K) sehr scharf erschienen. Von Emissionen war zunächst keine Spur zu erkennen. Schon am 24. Februar traten indessen die hellen *H*-Linien deutlich hervor, die Metallinien von *Fe* wurden schärfer, die *Ca*-Linien dagegen breiter und verwaschener. Die Grundform des Spektrums war ein ausgeprägter cA-Charakter, ähnlich α Cygni, mit darübergelagertem bandenartigem Emissionsspektrum (vgl. Abb. 393). Von den Doppellinien erschienen die Absorptionen nach Violett, die breiten Emissionen ein wenig nach Rot verschoben. Nach einigen weiteren Tagen entsprach das Absorptionsspektrum mehr dem B-Typus. Wie bei früheren Erscheinungen wurde nun der kontinuierliche Grund immer schwächer, die Absorptionslinien traten gegen die Emissionen immer mehr zurück, bis gegen Ende März das Spektrum etwa der Klasse O bis B glich.

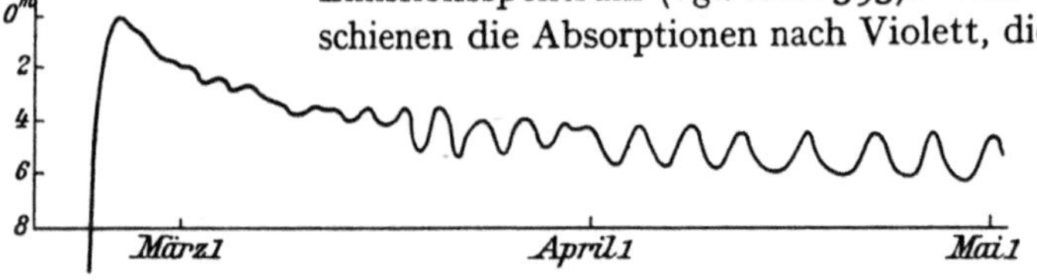

Abb. 387. Lichtkurve der Nova 1901 Persei, Februar bis Mai 1901 (nach K. Kostersitz).

Die gleichzeitig einsetzende eigentümliche Erscheinung des periodischen Lichtwechsels (Abb. 387) ist von einer interessanten Änderung des Spektrums begleitet gewesen. Es zeigte sich, daß die Aufhellung während der Maxima wesentlich durch Intensitätszunahme des kontinuierlichen Spektrums verursacht wurde, wobei auch, wenigstens bis Ende März, die während der Minima verschwundenen dunklen Linien wieder sichtbar wurden (Abb. 388). Hiermit

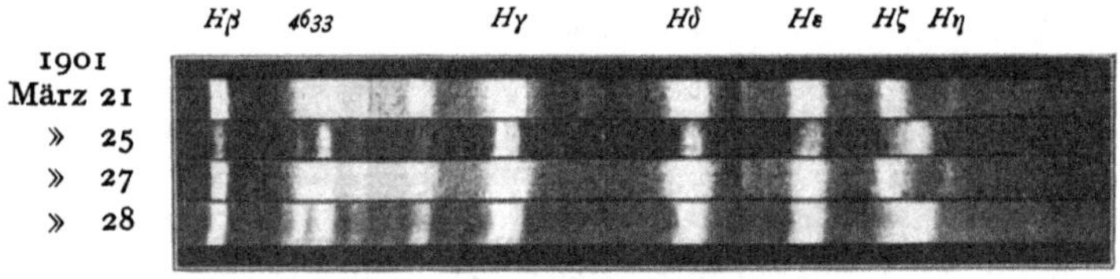

Abb. 388. Periodischer Wechsel des Spektrums der Nova 1901 Persei (Aufn. des Stonyhurst-Observatoriums).

verbunden waren starke und ungleichmäßige Verschiebungen der *H*-Linien, während die scharfen *Ca*-Linien stationär blieben, genau so, wie wir es gegenwärtig in den Spektren aller Gasnebel und heißen Sterne bis B3 zu sehen gewohnt sind (S. 560). Die Helligkeit 4.6^m der Nova konnte dabei als Grenze zwischen den verschiedenen Typen des wechselnden Spektrums angesehen werden, indem oberhalb derselben das normale Spektrum B bis O vorhanden war, unterhalb derselben das für die Minima charakteristische reine O-Spektrum auftrat. Während des Minimums am 6. April konnte E. v. Gothard zuerst die Nebellinien bei λ 5007 und 4959 wahrnehmen. Von da an hat mit ständigem Wechsel der allmähliche Übergang in das Nebelspektrum wie bei den vorhergehenden Novae stattgefunden. In ganz unerwarteter Weise hatte also die Nova Persei während der ersten Monate ihrer Sichtbarkeit nacheinander die charakteristischen Kennzeichen der Spektralklassen F bis A, O bis B, O und P angenommen.

Im Herbst 1901, als der Stern die 7. Größe erreicht hatte, war die Umwandlung der Strahlung in einen echten planetarischen Nebel, d. h. in ein kombiniertes Nebulium- und Wasserstoffspektrum auf sehr schwachem kontinuierlichem Grunde nahe vollständig erfolgt. Der weitere Verlauf der Änderungen ist durch ein allmähliches Hellerwerden des Grundes und ein Zurücktreten der Nebellinien gekennzeichnet. Ende 1902 erschien bei 10^m der Rückgang zur Klasse O wieder eingeleitet, 1904 verschwanden bei der Größe 11^m die Nebellinien, und seit etwa 1908 kann die endgültige Rückkehr zur Klasse der O-Sterne als vollzogen gelten.

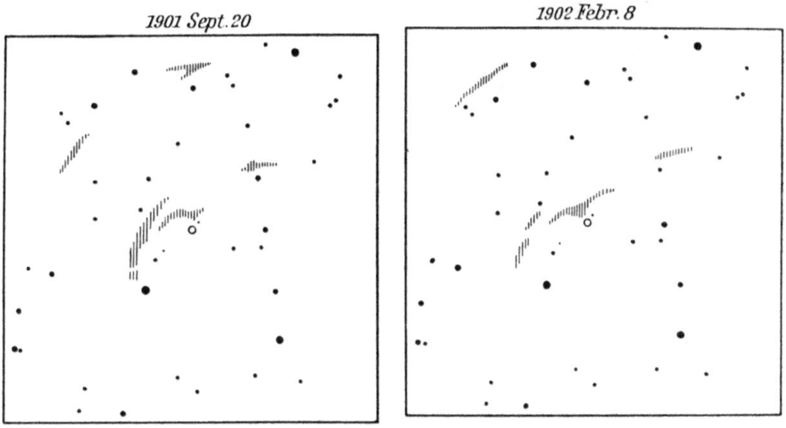

Abb. 389. Fortschreitende Nebel in der Nachbarschaft der Nova 1901 Persei.

Der Helligkeitsabfall der Nova Persei nach 1902 ist von verschiedenen Seiten mehr oder weniger anhaltend verfolgt und beobachtet worden. Danach kann man annehmen, daß 1915 der ursprüngliche Zustand der Nova, wie er vor 1901 bestand, erreicht war; der Stern ist etwa bei der 13. Größe stehen geblieben und zeigt wieder den alten unregelmäßigen Helligkeitswechsel zwischen 12^m und 14^m. Merkliche spektrale Änderungen sind seitdem nicht erfolgt, und der O-Typus scheint nun ein dauerndes Kennzeichen der Nova zu bilden. Ob sie auch vor dem Aufleuchten dieser Spektralklasse angehört hat, läßt sich nachträglich nicht mehr feststellen, ist aber doch wohl wahrscheinlich.

Das merkwürdigste Verhalten hat die Nova Persei erst in ihrer späteren Entwicklung geboten. Ende August 1901 fand M. Wolf auf photographischen Aufnahmen mit langer Expositionszeit, daß der Stern in weiterem Abstande von einer strukturreichen, schwachen Nebelhülle von unregelmäßiger Form umgeben war. Zur Überraschung aller Astronomen wurde am 11. Nov. von C. D. Perrine weiter konstatiert, daß einige helle Knoten dieser ring- oder sichelförmigen Nebelhüllen sich innerhalb 6 Wochen um 1 Bogenminute fortbewegt hatten. Die Ortsänderung dieser Verdichtungen erfolgte aber keineswegs radial, vielmehr änderte sich auch ihr Positionswinkel, so daß eine Zurückverfolgung der Bahn nicht genau auf den Ort der Nova führt (Abb. 389).

Abb. 390. Neuer Nebel von 1914 um die Nova 1901 Persei (nach G. W. Ritchey).

Bei der Wichtigkeit des eventuellen Zusammenhanges ist trotz der außerordentlichen Lichtschwäche der Nebel auf der Lick-Sternwarte ein Versuch unternommen worden, um näheren Aufschluß über die Art des von ihnen ausgesandten Lichtes zu erhalten. In bezug auf Polarisation hat sich ein negatives Resultat ergeben. Dagegen zeigt ein Spektrogramm, das mit schwacher Dispersion von der hellsten Stelle der Nebelhülle mit 34stündiger Expositionszeit erhalten wurde, ein kontinuierliches Spektrum, das der gleichzeitigen Strahlung der Nova nicht gleicht, dagegen vielleicht dem Charakter des Lichtes in den ersten Stunden des Aufleuchtens entspricht.

Die wahre Bedeutung dieser Feststellungen in Verbindung mit den Bewegungsvorgängen in der Nebelhülle läßt sich erst ermessen, wenn man die scheinbaren Winkelgeschwindigkeiten in lineare Werte umrechnet, wozu aber die Kenntnis der Entfernung erforderlich ist. Parallaxenbestimmungen von Neuen Sternen leiden an dem großen Übelstand, daß sich außer dem Gesamtlicht auch das Spektrum im Laufe der Zeit stark verändert, damit aber auch wegen der Lichtbrechung in der Atmosphäre der Schwerpunkt des photographischen Bildes. Als wahrscheinlichsten Wert der Parallaxe haben wir (S. 596) 0.010″ kennengelernt. In dem entsprechenden Abstand von 100 Parseks oder 330 *LJ* führen aber die Nebelbewegungen auf Ortsveränderungen von 200000 bis 400000 km in der Sekunde. Diese sind kaum auf materielle Geschwindigkeiten zurückzuführen, sondern wahrscheinlich durch Fortpflanzung von Lichtschwingungen in einer den Stern umgebenden dünnen Materie zu deuten. Unter dieser Annahme, die zuerst von J. C. Kapteyn und H. v. Seeliger ausgesprochen worden ist, hat H. H. Turner aus der Nebelbewegung die Parallaxe der Nova zurückgerechnet und hierfür $p = 0.0093''$ gefunden, einen Wert, der mit dem trigonometrisch erhaltenen fast genau übereinstimmt.

Von den inzwischen längst verschwundenen Gas- oder Staubhüllen gänzlich verschieden sind die engen Nebelwindungen, die sich seit 1914 um die Nova gebildet haben, und die unter langsamer Ausbreitung eine Ring- bzw. Schneckenform anzunehmen scheinen (Abb. 390). Während die Bewegung der Hüllen von 1901 und 1902 am besten durch das Fortschreiten eines Reflexes erklärt wird, liegt in diesem Falle sicher eine materielle Ausströmung von Nebelmaterie aus einem Stern vor, vielleicht ähnlich der Art, wie sie der Stern Merope in den Plejaden zeigt.

Photometrische und spektrale Analyse einer Novaerscheinung. Eine in die Einzelheiten gehende Auseinandersetzung der Beobachtungsergebnisse, die jeder Neue Stern der letzten Jahrzehnte geboten hat, ist im Rahmen dieses Grundrisses nicht möglich. Ähnlich wie bei den verwandten Weltkörpern der O-Klasse und den planetarischen Nebeln bestehen hier bei den Einzelindividuen mancherlei Unterschiede, doch blieben bei jeder bisher beobachteten Nova stets bestimmte charakteristische Merkmale erhalten, so daß die Einordnung in die betreffende Sterngruppe selten zweifelhaft erscheint.

Für die quantitative Lichterscheinung typisch ist das plötzliche Aufleuchten, das selbst bei weniger bedeutenden Erscheinungen 7 bis 8 Größenklassen umfaßt, also einem in der kurzen Zeit von wenigen Stunden erreichten Helligkeitszuwachs auf das 1000fache des normalen Betrages entspricht. Auf ein scharfes Maximum folgt der anfangs rasche, dann aber stark gebremste Lichtabfall, der bei *N* 1901 Persei mehrere Jahre in Anspruch genommen hat. Wenn man von den hier und später auch bei *N* 1918 Aquilae beobachteten sehr ausgesprochenen Sekundärwellen absieht, haben die meisten Novae eine sehr ähnliche Lichtkurve ergeben. Daß Ausnahmen bzw. Sonderfälle nicht selten vorkommen, beweist das mehrfache Aufleuchten von *N* 1670 Vulpeculae und in unseren Tagen der langsame Aufstieg von *N* 1925 Pictoris, ferner die Geschichte der *N* 1892 Aurigae, die von Dezember 1891 bis März 1892 die Helligkeit nur wenig geändert hat. Ob Sterne wie *N* 1600 oder *P* Cygni, η Argus u. a. zu den eigentlichen Novae zu rechnen sind, steht noch nicht absolut fest, darf aber mit einiger Berechtigung angenommen werden. Der erste hat nur zwischen 1600 und 1677 plötzliche Änderungen der Helligkeit gezeigt, der zweite ist überhaupt eines der merkwürdigsten Objekte am ganzen Himmel. Von 1600 bis 1822 zwischen 3^m und 5^m veränderlich, wuchs er unter dauerndem Auf- und Abflackern 1837 bis 1850 nahe zur Helligkeit des Canopus (-0.9^m) an, um dann bis 1900 langsam auf 7.7^m herunterzusinken. Nach der Lichtkurve ist er als ein unregelmäßig Veränderlicher, nach den spektralen Eigentümlichkeiten als eine typische Nova vom Charakter der *N* 1925 Pictoris zu betrachten. Auf der nördlichen Halbkugel ist ein ganz ähnlicher Fall in dem viel schwächeren *Z* Androm. gefunden (Abb. 391), während *T* Pyxidis in der äußeren Form der Lichtkurve, einem dreimaligen kurzen Aufleuchten in den Jahren 1890 (8^m), 1902 (7^m), 1920 (6^m) bereits an Eigentümlichkeiten der Veränderlichen des *U* Geminorum-Typus erinnert (Abb. 393).

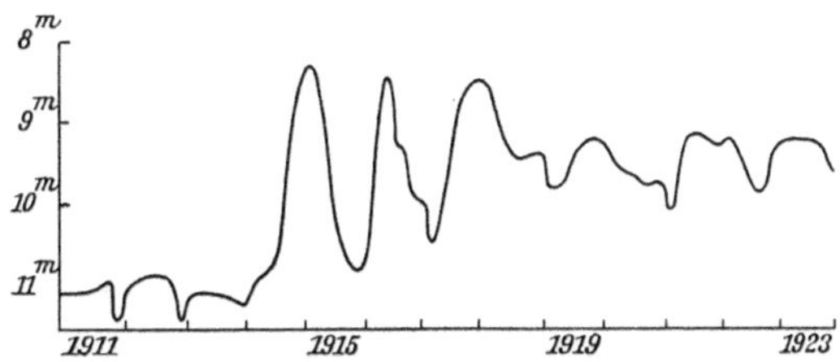

Abb. 391. Lichtkurve von *Z* Andromedae 1911 bis 1923 (nach H. Shapley).

So merkwürdig die quantitativen Lichtänderungen bei einer Novaerscheinung auch sein mögen, so werden sie doch durch die Reichhaltigkeit des qualitativen Wechsels der Strahlung weitaus übertroffen. Im allgemeinen ist das Spektrum eines normalen Sterns, von Änderungen in der Lage und zuweilen auch im Aus-

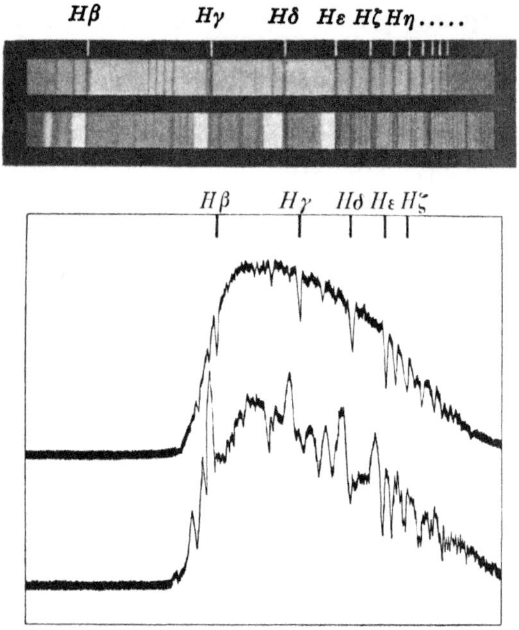

Abb. 392. Spektra der Nova 1918 Aquilae 1918 Juni 9 und 10 und ihre Auswertung mit dem Mikrophotometer.

sehen der Linien abgesehen, etwas ebenso Unveränderliches wie seine Parallaxe oder Eigenbewegung. Jeder Neue Stern ist dagegen durch eine ganze Reihe spektraler Änderungen gekennzeichnet. So haben wir bei *N* 1901 Persei einen Wechsel der Strahlung in der Reihenfolge der Spektralklassen O?, F bis A, B, O bis B, O, P, O kennengelernt. Im Anstieg ist somit das Spektrum kontinuierlich; dunkle und helle Linien sind wohl vorhanden, aber äußerst fein und zuweilen schwer nachweisbar. Im Maximum des Lichtausbruchs nähert sich die Nova dann immer mehr einem Stadium, in dem neben einigen Emissionen zahlreiche scharfe Absorptionen auftreten, die im Ultraviolett Linie für Linie mit α Cygni übereinstimmen. Während jedoch im Spektrum dieses Sterns (cA2eα) nur die *Hα*-Linie sowohl in Absorptions- als auch in Emissionsform auftritt, erscheinen bei einer Nova alle *H*-Linien in dieser Gestalt (Abb. 392 u. 393). Durch das Hinzutreten weiterer starker Emissionen von N^+, He^+ und anderen Elementen erhält das Spektrum scheinbar einen bandenartigen Charakter, der auch in dem nun folgenden sog. Orionstadium (B) erhalten bleibt. Der Übergang zum Nebelspektrum P mit seinen Begleiterscheinungen, dem Überfließen der N^+-Linien in die Nebelemissionen, dem Verschwinden der He^+-Linien u. a. m. ist für die Deutung der ganzen Erscheinung zweifellos am wichtigsten und seine Aufklärung für das ganze Problem am bedeutsamsten. Das Abklingen der Leucht- und Spektralerscheinungen pflegt im allgemeinen keine Überraschung mehr zu bieten.

In der Draper-Klassifikation haben die Neuen Sterne die besondere Bezeichnung Q erhalten. Sie werden dabei vorläufig in 7 Unterabteilungen eingeteilt, die folgende Übergänge zeigen:

Qa **Absorptionslinien schwach, Emissionen kaum angedeutet.**
Qb **Absorptionen kräftiger, in Form von gesteigerten Funkenlinien. Emissionen heller.**
Qc **Zunahme der Absorptionslinien (He^+, O^+, N^+), Emissionslinien sehr hell.**
Qu **Breite Emissionsbänder bei λ 4640, 4515, 3480, zuweilen auch bei λ 4379.**
Qx **Scharfe Emissionslinien (He^+, O, N^+), Absorptionslinien schwach.**

Qy wie Qx, durch Auftreten der Nebuliumlinie λ 3663 gekennzeichnet.

Qz Nebellinien in voller Entwicklung. Übergang zum O-Typus.

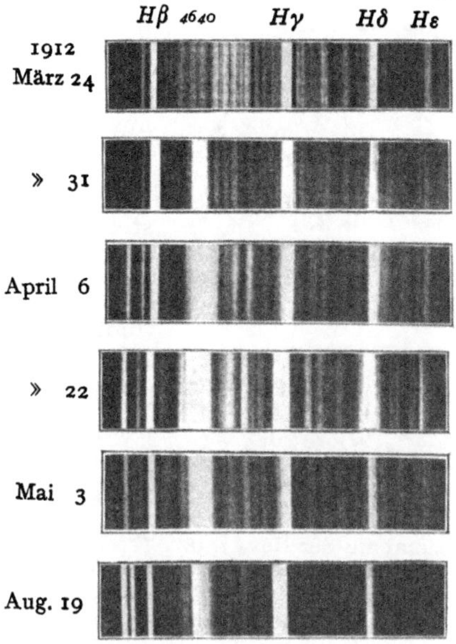

Abb. 393. Veränderungen im Spektrum der Nova 1912 Geminorum (nach W. S. Adams und A. Kohlschütter).

Ein Vergleich mit der vorangehenden Beschreibung der Nova Persei zeigt, daß Qa und Qb Ähnlichkeit mit dem Spektraltypus cA bis cF, Qc mit B, Qu und Qx mit O, Qy mit P und Qz mit P bis O haben. Die Beziehungen erstrecken sich demnach auf die frühesten Spektraltypen, doch ist hier und da auch ein Parallelgang mit roten Sternen beobachtet worden, z. B. bei *T* Cor. bor. mit der Klasse M, bei *Z* Centauri und *N* 1919 Aquilae mit dem seltenen R-Typus usw.

Obwohl die in den Neuen Sternen auftretenden Nebellinien durch ihre breite verwaschene Form von den scharfen Emissionen der Gasnebel äußerlich stark abweichen, kann doch schon wegen der einwandfreien Übereinstimmung der Wellenlängen an der Identität der Strahlung kein Zweifel bestehen. Es entsteht damit die Frage, ob nicht diese vorübergehende Umwandlung der Qualität des Lichtes darauf zurückzuführen ist, daß die Nova dann tatsächlich mehr einem Nebel als einem Stern gleicht. Früher bot diese Vorstellung gewisse Schwierigkeiten; seitdem man aber erkannt hat, daß es selbstleuchtende Nebel in dem alten Sinne nicht gibt, sondern daß fast stets der Ursprung der Strahlung in benachbarten Sternen hoher Temperatur zu suchen ist (S. 668 ff.), erscheint das Nebelstadium einer Nova nicht mehr so rätselhaft wie ehedem. Der merkliche Durchmesser dieser Sterne in diesem Zustande wäre danach nicht, wie man oft vermutet hat, auf Übereinanderlagerung der sekundären Farben in dem benutzten Refraktorobjektiv, sondern auf eine reelle Erscheinung zurückzuführen. Ganz abgesehen davon, daß der Eindruck auch an Spiegelteleskopen erhalten blieb, mußte in dem Fall von *N* 1918 Aquilae von Anfang an die rein optische Erklärung als unwahrscheinlich erscheinen. Hier hatte E. E. Barnard sechs Monate nach dem Aufleuchten einen deutlichen Nebelumriß gefunden und gemessen. Die Hülle erreichte im Laufe von drei Jahren einen Durchmesser von 5″; sie ist neuerdings auf dem Mt. Wilson photographisch in einer Ausdehnung von 20″ wiedergefunden worden, so daß der Nebel ein Wachstum von 2″ jährlich gezeigt hat. Da die einzelnen während des Abstiegs 1918 bis 1921 ausgesandten Emissionen infolge einer unregelmäßigen Gasschichtung von verschiedenen Teilen des Nebels herrührten, erscheinen die ohne Spalt gewonnenen Spektralaufnahmen aus dieser Zeit nicht fadenartig, sondern zeigen deutliche, bald nach oben bald nach unten übergreifende helle Knoten (Abb. 394), aus denen bei Betrachtung genügend zahlreicher Positionswinkel der äußere Nebelumriß zu den verschiedenen Zeiten und in den verschiedenen Wellenlängen sich darstellen läßt (Abb. 395). Da *N* 1920 Cygni und *N* 1925 Pictoris eine ähnliche Erscheinung gezeigt haben und am Dominion-Observatorium in Victoria auch bei dem novaartigen Stern *Z* Andromedae (S. 601) eine Gashülle entdeckt worden ist, darf wohl behauptet werden, daß jeder Ausbruch eines Neuen Sterns Anlaß zum Aufleuchten eines Nebels gibt, der wieder verschwindet, sobald die Temperatur der Nova soweit sinkt, daß sie in den umgebenden Gasmassen keine Resonanzstrahlung mehr hervorrufen kann.

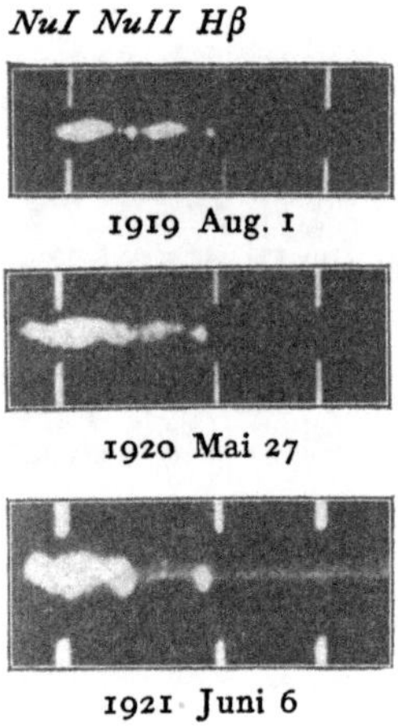

Abb. 394. Durchmesserzunahme der Nova 1918 Aquilae zwischen 1919 und 1921 (nach J. H. Moore u. C. D. Shane).

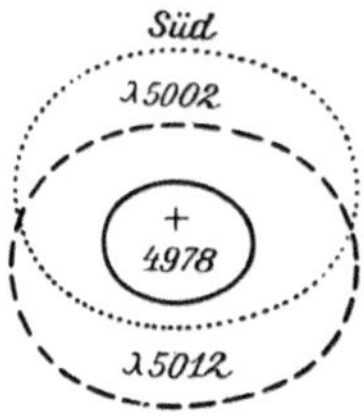

Abb. 395. Umriß der Nova 1918 Aquilae in den Wellenlängen λ 5012, 5002, 4978.

Daß die Änderungen des Spektrums der Neuen Sterne von recht auffälligem Farbenwechsel begleitet werden, erscheint selbstverständlich. Tatsächlich haben die bisher beobachteten helleren Novae die ganze 9 teilige Tonskala der Sternfarben durchlaufen, ja sie beiderseits sogar merklich überschritten. Bei *N* 1901 Persei reichten z. B. die Grenzen von Blaugrün bis zu einer gesättigten Purpurfärbung, lagen also (vgl. S. 506) etwa zwischen -2^c und $+11^c$. Da die Farbenänderungen hier nicht, wie bei den normalen Sternen durch Unterschiede im kontinuierlichen Spektrum, sondern größtenteils durch das wechselnde Intensitätsverhältnis der Emissionslinien in den verschiedenen Wellenlängen hervorgerufen werden, ist die Einordnung der Novafärbungen in die normale Skala zeitweise nicht leicht. Es wäre zu erwarten, daß die ungewöhnlich starken Änderungen des Spektrums sich auch in einem sehr beträchtlichen Wechsel des Farbenindex äußerten. Dies ist jedoch nicht der Fall; die Beobachtungen an *N* 1918 Aquilae haben im Gegenteil eine sehr gute Übereinstimmung zwischen der visuellen und photographischen Lichtkurve ergeben. Dagegen treten zwischen den visuellen und photovisuellen Größen der Neuen Sterne oft erhebliche Unterschiede auf.

Deutung der Vorgänge im Novaspektrum. Wenn man von dem Anfangs- und Endzustand einer Nova absieht, der anscheinend bei jeder beliebigen Helligkeit und Spektralklasse liegen kann, wiederholen sich die einzelnen Phasen der Erscheinung eines Neuen Sterns derart, daß es heute möglich ist, den normalen Verlauf des Ereignisses in bezug auf Lichtkurve und Spektrum im voraus anzugeben. Neben den fast unfaßbaren Helligkeitsänderungen, die in entsprechender Über-

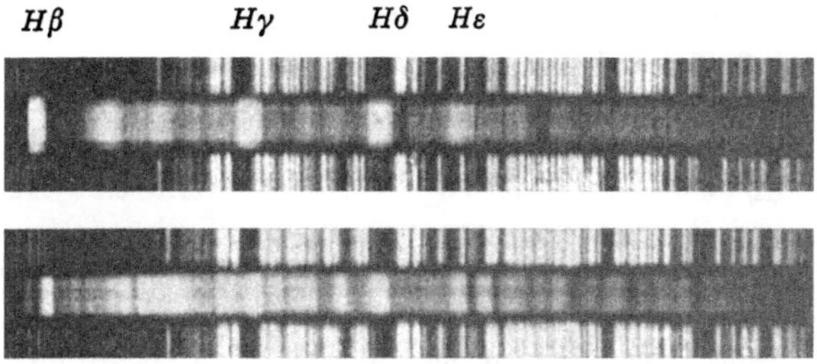

Abb. 396. Spektra der Nova 1918 Aquilae (1918 Juni 18) und der Nova 1920 Cygni (1920 Aug. 27) in nahe gleichem Entwicklungszustand (nach M. Wolf).

tragung oft dem plötzlichen Emporschnellen eines Sterns 2. Größe bis zur Helligkeit des Vollmonds entsprechen, sind es hauptsächlich die spektralen Änderungen, die das höchste Interesse eiregen, und für die irgendeine plausible physikalische Deutung gefunden werden muß.

Die nächstliegende Erklärung könnte in der Theorie von H. N. Russell und M. N. Saha gesucht werden, die den Spektraltypus im wesentlichen als Funktion der Temperatur auffaßt. Wenn es auch von vornherein wahrscheinlich war, daß der Wechsel der Helligkeit und der Spektralklasse bei den Neuen Sternen auch mit Temperaturänderungen Hand in Hand ging, so war doch eine Bestätigung dieser Vermutung von Wert. Gelegenheit dazu bot zuerst *N* 1918 Aquilae, die bei ihrer großen Helligkeit die spektralphotometrischen Messungen sehr erleichterte. Aus der Energieverteilung in ihrem Spektrum hat J. Wilsing eine Reihe von effektiven Temperaturen abgeleitet, die in der nachstehenden Tabelle nebst den Draper-Spektren bzw. ihren ungefähren Äquivalenten in der Normalreihe der Fixsterne sowie mit den zugehörigen Helligkeiten aufgezählt sind. Wie man sieht, zeigen hier effektive Temperatur und Spektraltypus wohl einen Gang, doch ist dieser bei weitem nicht so deutlich ausgeprägt, wie bei den normalen Fixsternen. Noch merkwürdiger erscheinen die Beziehungen, wenn man die Temperaturverhältnisse des schroffen Aufstiegs betrachtet. *N* 1918 Aquilae war vor dem Ausbruch 1918 Juni 8 ein A-Stern von der absoluten Helligkeit 4.4^m. In drei Tagen war das Licht bis auf -7.5^m, also um 12^m gewachsen, während der Spektralcharakter und damit die Temperatur kaum eine Änderung erfuhr. Dieser Widerspruch ist, da eine ultrarote Strahlung beim Typus A nicht in Frage kommt (vgl. S. 515) nur so zu deuten, daß der Stern in der Zwischenzeit seinen Durchmesser ganz gewaltig vergrößert hat. Rechnet man mit K. Lundmark den erforderlichen Zuwachs auf Grund der bekannten Parallaxe $p = 0.014''$ aus, so gelangt man auf 600 km

Effektive Temperaturen von *N* 1918 Aquilae.

1918		Eff. Temp.	Spektrum		Gr.
Juni	10	9000°	Q b	A—B	0.4^m
»	11	8800	»	»	0.5
»	12	6600	»	»	0.9
»	13	5700	»	A—F	1.1
»	14	6800	Q c	»	1.4
»	18	7800	»	A—B	2.0
»	19	10000	»	B	2.3
»	30	7100	Q x	A—B	3.3
Juli	4	11100	Q y	B—F	3.0

pro Sekunde, d. h. auf eine Expansion des Sterns, die nur als Explosion bezeichnet werden kann.

Diese unerwartete Feststellung könnte Bedenken erregen, wenn mit ihr nicht nur die beobachteten Nebelbildungen, sondern auch die enormen Linienverschiebungen in den Spektren der Neuen Sterne eine Deutung fänden. Das gleichzeitige Auftreten von Absorptions- und Emissionslinien nebeneinander war ja den Astronomen schon vor 30 Jahren bei *N* 1891 Aurigae und *N* 1899 Aquilae aufgefallen und ist dann bei den hellen Neuen Sternen der letzten Jahrzehnte besonders sorgfältig verfolgt worden. Die relativen Verschiebungen erreichten, auf λ 4500 bezogen, bei *N* 1901 Persei 11 *AE*, bei *N* 1912 Gemin. 22 *AE*, bei *N* 1918 Aquilae gar 33 *AE*. Wie wenig man berechtigt ist, aus ihnen Radialbewegungen des ganzen Sterns im gewohnten Sinne abzuleiten, zeigt besonders der letzte Wert, der in km umgerechnet, auf eine Sekundenbewegung in der Blickrichtung von 2200 km führt. Man hat früher, insbesondere beim Erscheinen der Nova Persei, an starke Druckeffekte gedacht, ja die früher erwähnten diesbezüglichen Versuche von W. J. Humphreys und J. F. Mohler (S. 162) sind zum Teil durch die Beobachtungen an *N* 1901 Persei angeregt worden. Bei dieser Deutung stößt man aber sehr bald auf große Schwierigkeiten. Denn unter der Annahme, daß die experimentell gefundene Proportionalität zwischen Druck und Verschiebung auch für sehr hohe Druckkräfte noch nahe zutrifft, würde man bei den Novae auf einen Gasdruck von einigen Tausend Atmosphären zu schließen haben, was allen sonstigen Erfahrungen an Fixsternen vollkommen widerspricht. So bleibt als einzige brauchbare Erklärung des Vorganges schließlich doch nur der Doppler-Effekt übrig, in dem Sinne, daß die enormen Geschwindigkeiten nicht der räumlichen Bewegung des Sterns zukommen, sondern durch die explosionsartige Expansion der Gaskugel hervorgerufen werden.

Durch die letzte helle Erscheinung, *N* 1925 Pictoris, die nach Lichtkurve und Spektrum als ein Bindeglied zwischen den Novae und η Argus angesehen werden kann, ist in den Werdegang eines Neuen Sterns noch etwas mehr Licht gedrungen. Der Aufstieg erfolgte in diesem Falle ungewöhnlich langsam. Vor Januar 1925 stand der Stern mindestens 36 Jahre in der Größe 12.8^m unverändert am Himmel. Mitte April 1925 war er 3^m, Ende Mai 2.5^m und erreichte 1925 Juni 10 ein flaches Maximum bei 1.0^m. Von Mai 1925 an konnten auf der Sternwarte in La Plata seine photometrischen und spektralen Eigentümlichkeiten fast lückenlos studiert werden. Da ähnlich wie bei *N* 1918 Aquilae das Spektrum im Aufstieg praktisch ungeändert blieb, nimmt J. Hartmann ähnlich wie K. Lundmark an, daß der Lichtausbruch nur durch eine Vergrößerung der Oberfläche, also durch eine Expansion, zu erklären sei. Nach dem beobachteten Doppler-Effekt muß sie im vorliegenden Falle 140 km pro Sekunde betragen haben, so daß der Radius des Sterns im Laufe der Entwicklung zum Maximum um rund 300 Millionen km angewachsen ist. Den fast plötzlichen Abfall des Lichtes nach dem Maximum und das Einsetzen der spektralen Veränderungen erklärt Hartmann bei allen Neuen Sternen durch ein Aufreißen der Gaskugel. Dadurch wird das Sinken der Helligkeit eingeleitet, und es kommen Strahlungen zum Vorschein, die bei normalen Sternen gar nicht oder nur in Ausnahmefällen hervortreten.

Durch diese Auffassung erledigt sich eine ganze Reihe von Theorien, die im Laufe der Zeit zur Erklärung der Neuen Sterne aufgestellt worden sind.[1]) Die wichtigsten von ihnen mögen trotz des rein historischen Interesses, das sie nur noch beanspruchen dürfen, hier Platz finden, da auch die neuen Anschauungen das eigentliche Wesen und die Ursache des plötzlichen Aufleuchtens noch lange nicht erfassen. Die ältesten Ansichten gehen wohl durchweg von irgendeiner Katastrophe aus, also beispielweise vom Zusammenprall zweier dunkler oder nur noch schwach leuchtender, durch den Raum dahineilender Sterne. Die den beiden Körpern zukommende Bewegungsenergie wird beim Zusammenstoß zum großen Teil in Wärme umgesetzt, so daß beide Gestirne in ungeheurer Gluthitze neu erstrahlen. An dieser früher sehr allgemeinen und populären Annahme ist jeder Punkt angreifbar. Zunächst widersprechen so häufige Zusammenstöße zwischen den sehr dünn verstreuten Fixsternen allen Regeln der Wahrscheinlichkeit. Für eine genauere Berechnung fehlen vorläufig noch die Bewegungsgrößen. Nimmt man aber in Ermangelung besserer Grundlagen an, daß die Geschwindigkeiten im Weltall nach dem von C. Maxwell für die Moleküle einer im thermischen Gleichgewicht befindlichen Gaskugel aufgestellten Gesetz verteilt sind (S. 709), so käme in dem uns umgebenden Sternsystem erst eine Sternkollision auf $7 \cdot 10^{12}$ Jahre. Auch die früher angenommene enorme Temperaturerhöhung tritt nach den Erfahrungen bei *N* 1918 Aquilae und *N* 1925 Pictoris in Wirklichkeit nicht ein, wenn auch die in diesen beiden Fällen beobachteten Zahlen nicht für alle Neuen Sterne streng maßgebend zu sein brauchen. Auf jeden Fall ist es ausgeschlossen, daß ein durch und durch in Glut geratenes Doppelsternsystem in einigen Wochen wieder zu einem unscheinbaren Objekt oder gar bis zur völligen Unsichtbarkeit im Fernrohr verblassen sollte. Gerade die rasche Helligkeitsabnahme in Verbindung mit dem, soweit wir bisher wissen, fast unveränderten Zustand des Sterns vor und nach dem Ausbruch deutet mit Bestimmtheit darauf hin, daß die Ereignisse, die einen Stern zum Aufleuchten veranlassen, nur Vorgänge in den äußersten Schichten seiner Photosphäre sein können.

Dieser Vorstellung versucht bereits eine Hypothese von O. Lohse Rechnung zu tragen. Hiernach braucht die Abkühlung eines Sterns nur soweit vorgeschritten zu sein, daß er mit einer dichten, stark absorbierenden Atmosphäre umgeben ist. Bei einer gewissen Stufe des Temperaturabfalls kann dann die plötzliche Verbindung einzelner Elemente stattfinden, und die hierbei frei werdende Wärme unter Umständen ausreichen, um ein temporäres Aufleuchten des Himmelskörpers zu veranlassen. Das wäre ein verständlicherer Vorgang als die

---

[1]) Eingehend in J. G. Hagen und J. Stein, Die Veränderlichen Sterne, Bd. II. Freiburg 1924.

Kollision, doch muß bemerkt werden, daß auch in dieser Deutung große Schwierigkeiten enthalten sind. Es mag sein, daß in dem endlosen Reich der Sterne hin und wieder ein solches Ereignis eintritt, bei denjenigen Neuen Sternen, die, wie *N* 1901 Persei, *N* 1918 Aquilae, *N* 1925 Pictoris u. a. schon vorher nachweislich als frühe Spektraltypen am Himmel vorhanden waren, ist die Annahme unzulässig. In ähnlicher Weise wie LOHSE deutet W. NERNST den plötzlichen Energiezuwachs der neu aufleuchtenden Sterne durch Zerfall radioaktiver Substanzen. Die Voraussetzung derartiger hochatomiger Grundstoffe in Sternen großer Masse und hoher absoluter Helligkeit ist an und für sich nicht unwahrscheinlich. Bei der Sonne, die sich vermutlich seit Hunderten von Jahrmillionen bereits im Zwergstadium befindet, wäre demnach eine Novakatastrophe mit allen ihren verderblichen Folgen nicht mehr zu befürchten. Da wir über den Umfang der auf Neuen Sternen wirksamen radioaktiven Vorgänge keine positiven Kenntnisse haben, so läßt sich vorläufig weder für noch gegen die Hypothese etwas Stichhaltiges vorbringen. Sicher unzutreffend ist an ihr die Annahme hoher absoluter Helligkeit für das Normallicht der Neuen Sterne. Nach K. LUNDMARK sind in diesem Stadium fast alle hellen Objekte der Nova-Klasse, die letzthin erschienen sind, als typische Zwerge zwischen $m_0 = 4.4^m$ (*N* 1918 Aquilae) und 8^m bis 10^m (*N* 1901 Persei) anzusehen, so daß nach den sonstigen Erfahrungen kein Anlaß vorliegt, ihnen besonders hohe Massen zuzuschreiben.

Eine Hypothese von A. S. EDDINGTON und R. EMDEN geht unmittelbar von unseren gegenwärtigen Vorstellungen über die im Inneren eines Sterns wirksamen Kräfte aus. Die Auffassung, daß Sterne großer Masse infolge des inneren Strahlungsdrucks instabil werden können, bildet einen Grundgedanken der EDDINGTONschen Entwicklungen. Leuchtende Gaskugeln von mehr als 10 Sonnenmassen werden ja bereits in erster Linie durch den Strahlungsdruck getragen. Es genügt also in diesem Falle theoretisch nur eine geringfügige Störung des Gleichgewichts, um einen solchen Stern aufzureißen und ihn damit in erhöhtem Glanze aufleuchten zu lassen. Da dabei wieder große Massen vorausgesetzt werden und die Rückkehr des Sterns zum Normalstadium nach einer solchen Explosion unwahrscheinlich ist, so kann auch diese Hypothese nicht als befriedigend angesehen werden.

Eine früher sehr beachtete Erklärung der Neuen Sterne hat H. v. SEELIGER gegeben. Er nahm im Sinne der ältesten Anschauung über den Vorgang wieder das Zusammentreffen zweier Himmelkörper an, von denen jedoch der eine kein Stern, sondern ein Nebel sein sollte. Beim Eintritt des dunklen Körpers in den kosmischen Nebel tritt eine oberflächliche Erhitzung ein, wobei sich die Verdampfungsprodukte ablösen und rasch die Geschwindigkeit der nächsten Nebelteile annehmen. Der Stern gibt dann das kontinuierliche Spektrum mit dunklen Linien, die leuchtenden Gasteile die hellen Emissionen, ähnlich wie dies bei Meteorerscheinungen beobachtet wird, die die Erdatmosphäre passieren. Durch die Entdeckung der Nebel um *N* 1901 Persei, der sog. stationären Kalzium- und Natriumwolken und der dunklen Nebel im Raume hatte die

SEELIGERsche Annahme stark an Boden gewonnen. Sie ist aber schon deshalb unhaltbar, weil sie weder der dünnen Verteilung der Nebelmaterie im Raum, noch den hier wie an den Neuen Sternen tatsächlich beobachteten sehr geringen Geschwindigkeiten Rechnung trägt.

Die von K. LUNDMARK und J. HARTMANN gegebene, sich ausschließlich auf Beobachtungstatsachen stützende Erklärung stößt nicht auf so unüberwindliche Widersprüche, wenn sie es auch offen läßt, wie man sich die Gleichgewichtsstörungen vorstellen soll, durch deren Eintritt Kräfte ausgelöst werden, die urplötzlich einen Stern vom Sonnendurchmesser bis zum Umfang der Erd- oder Marsbahn aufblähen. Das größte Rätsel einer Novaerscheinung liegt aber zweifellos darin enthalten, daß ein Weltkörper derartig katastrophale Ereignisse, also Expansion und Explosion, Nebelablösung usw. ohne dauernde Folgen übersteht. Man muß, wie bereits auf S. 607 angedeutet, tatsächlich annehmen, daß diese Vorgänge nur eine sehr dünne instabile äußere Schicht in Mitleidenschaft ziehen, unter der der eigentliche Stern in seinem dynamischen und physikalischen Aufbau ungeändert bleibt. Für die Vorstellung einer das ganze Innere verändernden Umwälzung ist auch die Zahl der Neuen Sterne viel zu groß. Rechnet man jährlich mit rund 10 Ausbrüchen (S. 594), so gelangt man schon nach etwa 500 Millionen Jahren zu einer Ziffer, die die Zahl der überhaupt vorhandenen Sterne übersteigt. Nach dieser Zeit, also nach Ablauf der Hälfte der gegenwärtig von den Geologen angenommenen Erdgeschichte vom Kambrium bis zur Gegenwart müssen demnach alle Sterne den Novazustand mindestens einmal passiert haben. LUNDMARK und ebenso NERNST halten es demnach nicht für ausgeschlossen, daß das Novastadium eine normale Periode in der Lebensgeschichte eines jeden Sterns bildet, die fortan in jede Evolutionstheorie der selbstleuchtenden Weltkörper einzuschließen wäre. Die Anschauung mag zunächst recht merkwürdig erscheinen, es unterliegt aber keinem Zweifel, daß die Statistik der Neuen Sterne zwingend zu dieser Folgerung führt.

Die Beobachtung der Veränderlichen Sterne. Das Hauptgebiet der Himmelsphotometrie bilden noch heute die sog. Veränderlichen, d. h. diejenigen Fixsterne, deren Helligkeit merklichen zeitlichen Schwankungen unterworfen ist. Mit ganz vereinzelten Ausnahmen sind hier bis vor kurzem die Beobachtungen nach dem schon erwähnten von F. W. ARGELANDER angegebenen Stufenschätzungsverfahren (S. 224 u. 225)[1]) ausgeführt worden, dessen Vorzüge neben beträchtlicher Genauigkeit in der Einfachheit und Schnelligkeit bestehen, mit der man zum Ziele gelangt. Da der Wert der Methode noch heute ganz verschieden beurteilt wird, ist es zweckmäßig, ihr an dieser Stelle einige kritische Bemerkungen zu widmen.[2])

---

1) F. W. ARGELANDER, Aufforderung an Freunde der Astronomie. Schumachers Jahrbuch 1844.

2) Näheres in J. G. HAGEN und J. STEIN, Die Veränderlichen Sterne. Bd. I. Freiburg 1921.

Wenn man nach längerer Betrachtung zweier der Helligkeit nach nicht sehr verschiedener Sterne zur Überzeugung gelangt, daß der eine Stern *a* eine Spur heller ist, als der Stern *b*, so bezeichnet man nach ARGELANDER diesen Unterschied als eine Stufe und notiert *a* 1 *b*. Einen stärkeren Unterschied bezeichnet man mit zwei Stufen, also *a* 2 *b*. Geht man nicht weiter als höchstens bis zum Unterschied 4, so zeigt sich nach einiger Übung, daß die Stufe einem konstanten photometrischen Wert entspricht, der bei den meisten Beobachtern 0.1^m bis 0.2^m beträgt. Ist man einigermaßen auf die Schätzungen eingeübt, so lassen sich graphisch oder nach einem Ausgleichsverfahren die wahrscheinlichsten Stufenwerte für die Vergleichsterne ableiten und diese dann einheitlich in ein photometrisches System übertragen. Für viele Zwecke ist aber auch eine allein auf Stufen beruhende, also unreduzierte Lichtkurve schon sehr wertvoll, da sie den Verlauf der Erscheinung sowie die wichtigen Maxima und Minima des Helligkeitswechsels eindeutig festlegt und nur im Maßstab willkürlich ist. Man kann wohl behaupten, daß die umfassenden Kenntnisse, die wir heute über die Veränderlichen besitzen, zum größten Teil der reinen Stufenschätzungsmethode und nicht photometrischen Messungen zu verdanken sind. Nachdem am Harvard-Observatorium und an der Bergedorfer Sternwarte zu den wichtigsten älteren Veränderlichen die Vergleichssterne photometrisch gemessen und die Ergebnisse zum großen Teil in dem großen Kartenwerk der Vatikanischen Sternwarte[1]) auch verwertet worden sind, ist jeder Beobachter in der Lage, seine Schätzungen völlig streng zu reduzieren und der photometrischen Skala anzupassen.

Ein ähnliches, von einzelnen Beobachtern bevorzugtes Schätzungsverfahren hat E. C. PICKERING in Amerika eingeführt. Von der Erfahrung ausgehend, daß fast alle normalen Schätzungen nach Zehnteln einer bestimmten Einheit vorgenommen werden, hat er vorgeschlagen, die Veränderlichen stets nach diesem Maßstab zwischen zwei Vergleichsterne einzuschalten. Die Aufzeichnung *a*4*b* würde dann bedeuten, daß der Veränderliche um 0.4 des Abstandes *a* bis *b* schwächer ist als *a* und um 0.6 desselben heller als *b*. Da jedes Sternintervall verschieden ist, fällt hier der Stufenbegriff fort. Die Vorteile der Pickeringschen Methode liegen auf der Hand. Sie schließt jede Extrapolation aus, ist also wissenschaftlich einwandfreier. Ein weiterer Vorzug besteht darin, daß bei einiger Übung die sichere Interpolation noch bei Sternen gelingt, bei denen der Abstand *a* bis *b* bis zu einer Größenklasse und darüber geht. Bei gewissenhafter Arbeit ist auch hier die Ableitung eines dem Beobachter angepaßten Systems von Vergleichshelligkeiten, also ein Anschluß an photometrische Helligkeiten nicht zu entbehren. Die naheliegende unmittelbare Interpolation der Schätzungen zwischen bereits vorliegende, womöglich an anderen Instrumenten gemessene Sterngrößen ist unstatthaft, da jedes photometrische System zum mindesten mit einem Farbenfaktor behaftet ist, der von der Größe des benutzten Fernrohrs,

[1]) J. G. HAGEN, Atlas stellarum variabilium. Bis 1928 acht Bände.

vom Auge des Beobachters und anderen Dingen abhängt und zu ganz fehlerhaften Ergebnissen Anlaß bieten kann.

Man hat früher den erwähnten Methoden nachgesagt, daß sie nicht frei von Voreingenommenheit seien, insofern, als der Beobachter, wenn er erst im Besitze einer fertigen Schätzung sei, nur gar zu leicht bei der nächsten durch das vorangehende Ergebnis beeinflußt werde. Diese Fehlerquelle ist zweifellos vorhanden, kann aber erfahrungsgemäß nur bei einem kleinen Arbeitsprogramm auftreten und erst dann merkliche Störungen hervorrufen, wenn etwa ein kurzperiodischer Veränderlicher rasch nacheinander mit denselben Sternen verglichen wird, und der Beobachter bereits vorher über den ungefähren Verlauf der Helligkeitsänderungen orientiert ist.

Viel verhängnisvoller als die Erinnerung an vorausgegangene Schätzungen ist der Einfluß der Lage der Sterne gegen den Höhenkreis, denn das Auge schätzt die Helligkeiten sehr verschieden ein, je nachdem die Sterne über- bzw. nebeneinander im Gesichtsfelde erscheinen. Der geringen Kenntnis dieses überaus lästigen Richtungsfehlers ist es zuzuschreiben, daß zuweilen gute photometrische Messungen von Vergleichsternen verworfen werden, nur weil sie den Schätzungen eines Beobachters nicht entsprechen, und umgekehrt, photometrisch nicht nachweisbare Schätzungsergebnisse beharrlich aufrecht erhalten werden. Nach einem Vorschlage von W. Ceraski kann man den Einfluß des Richtungsfehlers sehr auffällig an einer Anzahl beliebig angeordneter schwarzer Nadelköpfe verschiedener Größe vorführen. Hält man sie so, daß sie eine Lichtquelle, also etwa eine Lampe, ein Fenster u. dgl. in Form eines kleinen künstlichen Sternhaufens reflektieren und dreht nun plötzlich das Nadelkissen um einen bestimmten Winkelbetrag, so tritt eine sehr auffällige rein physiologische Umorientierung der Bilder nach ihrer Helligkeit ein. Diese Wahrnehmung, die durch objektive photometrische Messungen bestätigt wird, mahnt zur Vorsicht, besonders dort, wo es sich um Zenitübergänge und um Sterne von Jahresperiode handelt. In solchen Fällen ist die Anwendung eines Reversionsprismas sehr zu empfehlen. Auf andere bei roten Sternen allmählich eintretende Auffassungsunterschiede, die selbst bei sehr erfahrenen Beobachtern eine halbe Größenklasse und darüber erreichen können, hat vor einiger Zeit H. Osthoff hingewiesen. Das ändert nichts an dem hohen Wert der Stufenschätzungsmethode, der die Astrophysik trotz dieser Mängel außerordentlich viel verdankt.

Die Nachteile der Stufen- und Interpolationsmethoden kommen bei Schätzungen auf photographischen Aufnahmen zum großen Teil in Wegfall, sofern nur Objektiv bzw. Spiegel über das benutzte Bildfeld gut begrenzte runde Scheibchen von Sternen liefern. Werden von einem hellen Stern auf der Platte Reihenbilder in Expositionen aufgenommen, die nach dem empirischen Gesetz 1, 2.8, 7.8, 22 usw. fortschreiten (S. 247), so erhält man eine Relativskala von vollen Größenintervallen, in die alle anderen Sterne eingeschätzt werden können. Weitere Anschlußmöglichkeiten bieten die Polsequenzen,

Aufnahmen hellerer Sterne der photometrischen Hauptkataloge mit groben, äquidistanten Objektivgittern (S. 514) usw. Von diesen Hilfsmitteln wird heute ausgiebig Gebrauch gemacht, und man darf behaupten, daß in kleinen Feldern die reinen Schätzungen heute nur sehr wenig hinter den mühsamen mikrophotometrischen Messungen zurückstehen, das unzuverlässige Durchmesserverfahren (S. 244) sogar oft übertreffen.

Die frühere ungünstige Bewertung der Schätzungen ist zweifellos unberechtigt und wahrscheinlich darauf zurückzuführen, daß man sich über den Genauigkeitsgrad der photometrischen Messungen einer Täuschung hingegeben hat. Einige wenige Hundertstel einer Größenklasse lassen sich nur mit lichtelektrischen Photometern mit Sicherheit verbürgen, wobei dann in unserem Klima die Beständigkeit der atmosphärischen Durchsichtigkeit dauernd aufs schärfste kontrolliert werden muß. Bei visuellen und besonders photographischen Messungsreihen innerhalb eines kleinen Helligkeitsintervalls ist es nicht schwierig, durch jede, etwa aus 2 bis 4 Einstellungen bestehende Beobachtung das halbe Zehntel einer Größenklasse zu sichern. Einzelmessungen, Anschlüsse an hellere Sterne usw. können dagegen um einen wesentlich größeren Betrag abweichen und beim Aufbau einer mittleren durchaus regelmäßigen Kurve sehr wohl um $\pm 0.2^m$ und darüber ausschlagen. Die Ursachen liegen teils in der Atmosphäre, teils in physiologischen Eigentümlichkeiten des Auges. Die erste bewirkt, daß nur ausnahmsweise künstlicher und wahrer Stern einander im Fernrohr völlig gleichen; bei unruhiger Luft kann man z. B. oft die schwachen Sterne noch recht gut messen, während bei den helleren dies in solchem Falle ganz unmöglich ist. Zunächst sind die schwankenden, verwaschenen Sternbildchen künstlich gar nicht nachzubilden; ferner besteht bei aufgeblasenen Sternen stets eine Neigung dazu, vom Schätzen der Intensitäten zum Vergleichen der Durchmesser überzugehen, worauf die Photometer gar nicht eingerichtet sind. Auch sonst setzt das Auge insofern der Messungsschärfe eine Grenze, als es, im Gegensatz zu Flächenhelligkeiten, beim Fixieren der punktförmigen künstlichen und wahren Sterne sehr leicht und rasch ermüdet. Die Erfahrungen zeigen, daß die Messungen an den üblichen Photometern um so besser werden, je rascher sie erfolgen. Keile von weniger als 0.2^m Absorption bei einer Verschiebung um 1 mm sind aus diesem Grunde in Photometern nur dann verwendbar, wenn sie mit recht grober Zahn- und Triebübertragung versehen werden. Der Auslöschkeil in der Form der Abb. 171 sollte trotz seines vorteilhaften Grundprinzips völlig aus dem photometrischen Gebrauch verschwinden.

Die Frage, ob die Schätzungs- und Interpolationsmethoden gegenwärtig noch Daseinsberechtigung haben, läßt sich nach den soeben erwähnten Schwierigkeiten, die auch bei den Messungen auftreten, nur mit einer entschiedenen Bejahung beantworten. Wenn eine genügende Zahl von Vergleichsobjekten gut gemessen ist, hat bei den langperiodischen Sternen die sorgfältige Schätzung auch heute noch ihre Vorteile. Die genauere Untersuchung der kurzperiodischen Veränderlichen, besonders derjenigen vom Bedeckungstypus, wo sehr geringe Abweichungen der Kurven vom normalen Verlauf bereits zu wichtigen, ev. unberechtigen theoretischen Schlüssen führen können, wird man am besten der instrumentellen Photometrie überlassen und sich der Schätzungen hier möglichst nur zur Feststellung der Minimumepochen bedienen.

Benennung und Einteilung der Veränderlichen. Die Zahl der ihrem Lichtwechsel nach mehr oder weniger bekannten Veränderlichen betrug im Jahre 1927 etwa 3000. In dieser Zahl sind alle zweifelhaften Sterne und die Veränderlichen in Sternhaufen nicht enthalten. Nach der Tatsache, daß allein am Harvard-Observatorium bisher 3500 z. T. noch nicht näher beobachtete Sterne mit Lichtänderungen gefunden worden sind, wäre zu befürchten, daß das Gebiet schließlich unübersehbar werden könnte. Indessen scheinen mit abnehmender Helligkeit die zerstreuten Veränderlichen durchaus nicht proportional der Sternzahl zu wachsen. Während bis zur ersten Größe 17%, und von da bis zur vierten 7% aller Sterne veränderlich sind, nimmt nach H. Shapley die Zahl zwischen 4^m und 5^m auf 3%, zwischen 5^m und 6^m auf 2% ab. In bezug auf die schwächsten Sterne sind besonders lehrreich die systematischen, allerdings nicht sehr vollkommenen Aufnahmen einiger zirkumpolarer Milchstraßengegenden von C. R. D'Esterre, die etwa bis 15^m oder 16^m heruntergehen und auch nicht entfernt die erwartete Ausbeute an Veränderlichen geliefert haben. Nach den Bergedorfer Erfahrungen bietet erst die photometrische Messung von etwa 1500 Sternen 10^m bis 12^m Aussicht auf die Entdeckung eines Veränderlichen, und E. Hertzsprung erwähnt einmal, daß er beim Vergleich von mehreren hundert Himmelskartenplatten der Potsdamer Zone nur einen einzigen unbekannten Veränderlichen gefunden habe.

Bevor wir etwas näher auf Einzelheiten des Lichtwechsels der Sterne eingehen, sind einige Worte über die Benennung der Veränderlichen notwendig. Die helleren Sterne, die bereits vor der Entdeckung des Lichtwechsels eine Katalogbezeichnung besaßen, behalten diese auch nachher, z. B. β Persei oder Algol, α Orionis oder Beteigeuze, *o* oder Mira Ceti usw. Die anderen werden nach F. W. Argelanders Vorgang in einheitlicher Weise, aber für jedes Sternbild getrennt, mit den großen lateinischen Buchstaben von *R* an benannt. So ist z. B. der zuerst entdeckte Veränderliche im Sternbild des Drachen als *R* Draconis bezeichnet, der zweite als *S* Draconis usw. Da in sämtlichen Sternbildern auf diese Weise das Alphabet längst nicht ausreicht, so werden nach dem Vorschlage von E. Hartwig die weiteren Veränderlichen durch Zusatz eines zweiten Buchstabens benannt und zwar in der Reihenfolge *Z*, *RR*, *RS*, . . . *RZ*, *SS*, *ST*, *SU* usw. In einigen Sternbildern genügt selbst diese Buchstabenkombination nicht mehr, und man ist dazu übergegangen, auf *ZZ* die Bezeichnung *AA*, *AB*, *AC* usw. folgen zu lassen. Diese Benennungsart ist auf die Dauer nicht aufrecht zu halten, und man wird über kurz oder lang zu einer Bezifferung übergehen müssen, wie sie schon G. F. Chambers, C. André u. a. vorgeschlagen haben. Sie verläuft nach dem Muster *V*1, *V*2, *V*3 usw., würde also auch die bisher entdeckten Sterne zu umfassen haben. Es ist zu hoffen, daß sich auf dieser klaren und eindeutigen Regel recht bald die Grundlage für eine Neubenennung schaffen läßt. Eine in Amerika bisher übliche wenig praktische Numerierung nach den Rektaszensionen für 1900.0, die E. C. PICKERING eingeführt hat, ist nur vorübergehend zur Anwendung gekommen.

Ein Verzeichnis von allen benannten Veränderlichen findet man in den jetzt von R. PRAGER in Babelsberg alljährlich herausgegebenen Ephemeriden Veränderlicher Sterne, deren Bearbeitung Jahrzehnte hindurch die verdienstvolle Aufgabe der Bamberger Sternwarte gebildet hat. Eine sehr umfangreiche und vollständige Geschichte und Literatur des Lichtwechsels der bis Ende 1915 als sicher veränderlich erkannten Sterne ist in Form eines dreibändigen Werkes 1920 von G. MÜLLER und E. HARTWIG herausgegeben worden.[1]) Der große Vorteil dieser Sammlung beruht darin, daß sie dem Benutzer das Nachschlagen der Quellen erspart, soweit es sich nur um Epochen des hellsten und kleinsten Lichtes und um Kurveneigentümlichkeiten handelt.

Bei der großen Anzahl der Veränderlichen ist es notwendig, sie nach gewissen Gesichtspunkten zu ordnen, die nach Möglichkeit mit der Ursache des Lichtwechsels im Zusammenhange stehen.[2]) Bei der nicht immer einwandfreien Erkenntnis dieser Ursachen ist eine strenge Vereinigung aller maßgebenden Tatsachen, wie Form der Lichtkurve, Spektrum usw. vorläufig noch nicht möglich. Immerhin ist das Material bereits reichhaltig genug, um wenigstens in großen Zügen die folgende Gruppierung in vier Haupttypen zu erlauben.

I. Die roten, meist periodischen Veränderlichen.
  a) Langperiodische Veränderliche vom Miratypus (Sp. Me vorherrschend).
  b) Veränderliche mit Doppelwellen, wie *RV* Tauri (Sp. G bis M).
  c) Unregelmäßige Veränderliche vom Typus μ Cephei (Sp. M und N vorherrschend).

II. Die nichtperiodischen Veränderlichen.
  a) Sterne mit Andeutung von Gesetzmäßigkeiten. Typus *U* Geminorum (Sp. F wahrscheinlich vorherrschend).
  b) Unregelmäßige Veränderliche. Typus *R* Coronae (Sp. F und G wahrscheinlich vorherrschend).

III. Die Cepheiden.
  a) Sterne mit mehrtägigen Perioden. Typus δ Cephei (Sp. F bis G vorherrschend).
  b) Kurzperiodische Sterne. Typus *RR* Lyrae (Sternhaufentypus, Sp. A bis F vorherrschend).

---

[1]) G. MÜLLER und E. HARTWIG, Geschichte und Literatur der bis Ende 1915 als veränderlich anerkannten Sterne. Leipzig 1918 bis 1920.

[2]) C. E. FURNESS, An introduction to the study of variable stars. Boston 1915. — K. SCHILLER, Einführung in das Studium der Veränderlichen Sterne. Leipzig 1923.

IV. Die Bedeckungsveränderlichen.

a) Sterne mit lichtschwachen Begleitern. Algoltypus (Sp. B bis A vorherrschend).

b) Sterne mit hellen Komponenten. Typus β Lyrae (Sp. B bis A vorherrschend).

Eine neuere Gruppierung der Harvard-Sternwarte unterscheidet: 1. Neue Sterne, 2. Langperiodische Veränderliche, 3. Unregelmäßige Veränderliche, 4. Cepheiden, 5. Bedeckungsveränderliche, 6. Schwache Orionsterne, 7. Noch unbekannte Typen, 8. Veränderliche in Sternhaufen. Wir wollen hier der zuerst gegebenen Einteilung folgen; denn wenn auch bei ihr, wie bisher, in erster Linie die Lichtkurven ausschlaggebend sind, so wird dabei auch den Spektren kein Zwang angetan. Im Sinne des Russell Diagramms ist die Ordnung sogar nicht mehr als rein formal anzusehen. Mit dem M-Giganten beginnend, führen die Typen zunächst auf Sterne hoher Leuchtkraft in den Spektralklassen G, F, A, B, bis zur normalen Zwergreihe, deren erste sichere Anzeichen bei den Bedeckungsveränderlichen auftreten (S. 584). Die Gruppe I enthält die zweifellos physisch veränderlichen Sterne, bei II und III muß die Frage nach dem Grund des Lichtwechsels noch als unentschieden gelten, während bei IV ein Zweifel an einer dynamischen Ursache, die sich in der Bewegung von zwei Körpern um einen gemeinsamen Schwerpunkt äußert, nicht mehr möglich ist.

Die langperiodischen Veränderlichen der Miraklasse. Die sehr zahlreichen Veränderlichen des ersten Typus sind durch den von D. Fabricius 1596 entdeckten Lichtwechsel von *o* oder Mira Ceti charakterisiert. Wie Abb. 397 zeigt, ist im typischen Verlauf die Lichtzunahme dieser Sterne rascher als die Abnahme und die Maxima sind meist schärfer ausgeprägt als die Minima. Die Regel ist aber nicht allgemein, denn es kommen in den einzelnen Fällen alle nur möglichen Kurven vor, von flachen kaum merklichen Wellen bis zu ausgesprochenen Sinusschwingungen oder gar regelmäßigen Zykloiden (Abb. 398). Breite flache Maxima wechseln mit scharfen Umbiegungen der Kurven um die Zeit größter Helligkeit, rasche Lichtzunahme mit ebensolcher Abnahme. Die Perioden liegen in der Regel zwischen 100 und 400 Tagen, mit einem ausgesprochenen Maximum um 300^d. Die längsten sicher ermittelten Perioden betragen 900^d (*VX* Sagittarii) bzw. 815^d (*RV* Aquarii), die kürzeste 90^d (*T* Centauri), doch ist die Zugehörigkeit dieser Außenseiter zur Klasse der normalen

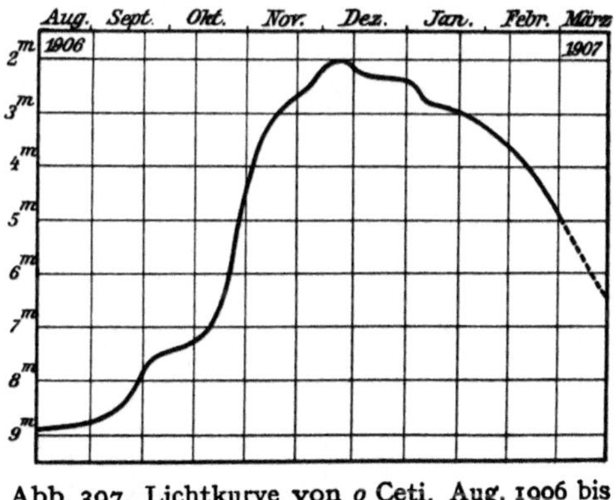

Abb. 397. Lichtkurve von *o* Ceti, Aug. 1906 bis März 1907 (nach A. A. Nijland).

Die hellsten Mira-Veränderlichen mit Amplituden $> 3^m$.

Stern	Sp.	Lichtw.	Periode	Stern	Sp.	Lichtw.	Periode
R Androm.	Se	5.5^m bis 14^m	409^d	*T* Centauri	M1e	5.5^m bis 9^m	91^d
o Ceti	M6e	3 » 9.5	330	*R* »	Me	5.5 » 13	561
R Triang.	M5e	5.5 » 12	267	*R* Bootis	M4e	6 » 12	223
R Horol.	M9e	4 » 10	406	*S* Cor. bor.	M8e	6 » 13.5	362
R Leporis	N	6 » 10.5	419	*R* Serpentis	M7e	6 » < 13	357
U Orionis	M8e	6 » 12	377	*S* Herculis	M5e	6 » 13	302
R Carinae	Me	4.5 » 11	308	*RR* Scorpii	M7e	6 » 12	277
R Leonis	M8e	5 » 10	318	*R* Ophiuchi	M4e	6 » 13.5	302
S Carinae	Me	6 » 9.5	149	*R* Aquilae	M7e	6 » 11	310
R Urs. mai.	M6e	6 » 13	299	*R* Cygni	Se	6 » 14	421
R Corvi	M6e	6 » 12.5	308	χ »	M6e	4 » 13	406
T Urs. mai.	M6e	5.5 » 12.5	255	*U* »	R8	6 » 12	457
R Virginis	M6e	6 » 11	146	*T* Cephei	M7e	5 » 11	391
R Hydrae	M8e	3.5 » 10	404	*R* Aquarii	M7e	6 » 11	387
S Virginis	M7e	6 » 12.5	377	*R* Cassiop.	M7e	5 » 13	427

Mirasterne noch etwas zweifelhaft. Der Lichtwechsel der langperiodischen Sterne ist selten ganz regelmäßig, sondern in bezug auf den Umfang der Helligkeitsänderung und die Periode Änderungen unterworfen. So schwanken z. B. die Maxima von Mira Ceti zwischen 1.7^m und 5.0^m, die Minima zwischen 8.0^m und 9.5^m. An anderen Sternen, wie *T* Draconis, ist ein deutliches säkulares Abklingen der Amplitude zu bemerken.

Der Umfang der Helligkeitsänderungen bei der Klasse ist, wie schon der Fall von *o* Ceti selbst zeigt, zuweilen sehr groß. Unterschiede zwischen Maximum und Minimum von 4 bis 6 Größenklassen, die etwa der Helligkeitsdifferenz zwischen Venus und den Sternen zweiter Größe oder dem scheinbaren Lichtwechsel des Planeten Mars infolge der Abstands- und Phasenwinkeländerung entsprechen, sind häufig. *U* Cassiopeiae, *R* Centauri, *R* Andromedae u. a. haben eine maximale Amplitude von 8^m bis 9^m, χ Cygni gar eine solche von 10^m. Die letzte Zahl besagt, daß der Veränderliche im Maximum 6500 mal so hell ist, wie im Minimum. Es kommen also z. T. überaus große visuelle Unterschiede der Helligkeit in Frage, die sehr merkwürdig wären, wenn es sich gleichzeitig um ebenso beträchtliche Änderungen der Gesamtenergie dieser Sterne handelte. Nach den bisherigen thermoelektrischen Messungen von S. B. NICHOLSON und E. PETTIT zu urteilen, die

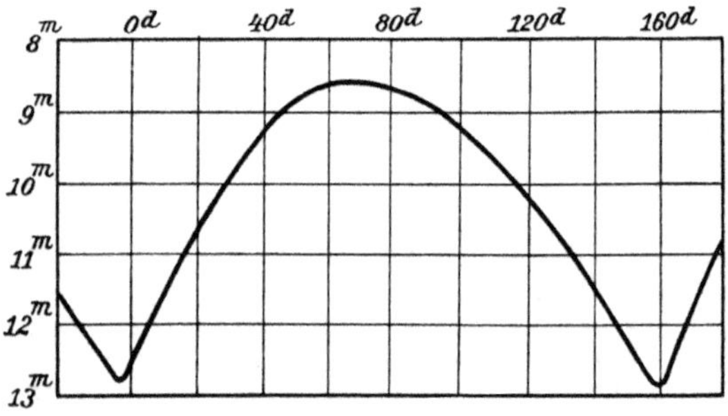

Abb. 398. Lichtkurve von *X* Aurigae.

acht Veränderliche langer Periode genauer untersucht haben, ist dies jedoch nicht der Fall. Das Verhältnis der Gesamtstrahlung zum visuellen Betrag ergibt bei diesen Sternen schon im Maximum einen sehr beträchtlichen Wärmeindex (S. 515), der im Minimum in Einzelfällen bis zu 8 Größen anwächst, was auf eine starke Verschiebung der Energiekurve nach dem Ultrarot in der Phase kleinsten Lichtes hindeutet. Hieraus folgt, daß die große Amplitude des Lichtwechsels dieser Sterne nur scheinbar ist und durch die jeweilige Lage der Energiekurve zum visuellen Spektralgebiet bedingt wird. Berechnet man unter naheliegenden Annahmen aus den Wärmeindizes die Temperaturen, so entsprechen bei *o* Ceti einem Lichtwechsel von 6.5^m nur rund 50% Temperaturänderung. In ähnlicher Weise haben Nicholson und Pettit gefunden, daß bei χ Cygni eine Lichtzunahme um das 1320fache nur eine Änderung der Gesamtstrahlung um das 1.7fache zur Folge hat.

Mehr oder weniger stetige Änderungen der Periode kommen bei den Mirasternen häufig vor. *R* Aquilae, *R* Aurigae und *R* Cassiopeiae geben Beispiele eines solchen Verhaltens. Besonders eigenartig ist die schon früher vermutete, aber erst von H. H. Turner an einigen Beispielen nachgewiesene plötzliche Änderung der Elemente einzelner Mirasterne. Die gänzlich unvermutet eintretenden Abweichungen betreffen entweder die Periode oder die Ausgangsepoche. Bei *R* Hydrae springt z. B. die Periode alle 3415 Tage um genau 10^d zurück, so daß sie seit 1670 allmählich von 518^d auf 408^d abgenommen hat. Bei χ Cygni lassen sich dagegen alle Epochen mit einer konstanten Periode von genau 406^d darstellen, wenn man für die mehr als 200jährige Beobachtungszeit vier Epochenänderungen von je 28^d annimmt. Diese Unstetigkeiten sind überaus merkwürdig und es wäre zu wünschen, daß sie auch weiterhin sorgfältig verfolgt würden.

Alle Miraveränderlichen haben eine tiefgelbe oder gelbrote Färbung und gehören zu 88% der Spektralklasse Md (nach der neueren Bezeichnungsweise Me) an. Die Klassen Ma bis Mc sind mit etwa 6% vertreten, desgleichen N mit demselben Anteil. Der seltene Typus S wird in 15 Fällen angetroffen. Es muß hier wieder ausdrücklich daran erinnert werden (S. 503), daß die Bezeichnung Md bzw. Me keine Stufe in der Reihe Ma, Mb, Mc bezeichnet, sondern alle Spektra zwischen K5 und Mc vereinigt, in denen helle Linien auftreten. Die Deutlichkeit der Emissionen bei Md wurde früher durch eine Zahlenfolge 1 bis 10 ausgedrückt, an deren Ende Sterne wie *o* Ceti, *T* Leporis, *R* Leonis, *R* Aquilae u. a. standen. Es ist zu beachten, daß die neue mit der Bezeichnung Me verbundene und bis M9e gehende Bezifferung (vgl. z. B. die Tabelle auf S. 616) mit der älteren nicht identisch ist.

Das Spektrum der Mirasterne (Abb. 399) zeigt im Verlauf des Lichtwechsels merkliche Veränderungen. Bei *o* Ceti, dem in dieser Hinsicht am besten untersuchten Stern, waren die Abweichungen im Maximum und Minimum besonders rätselhaft, bis es sich herausgestellt hat, daß hier ein Doppelsternsystem vorliegt, das aus einer Me- und einer B-Komponente besteht. Die Schlußfolgerungen,

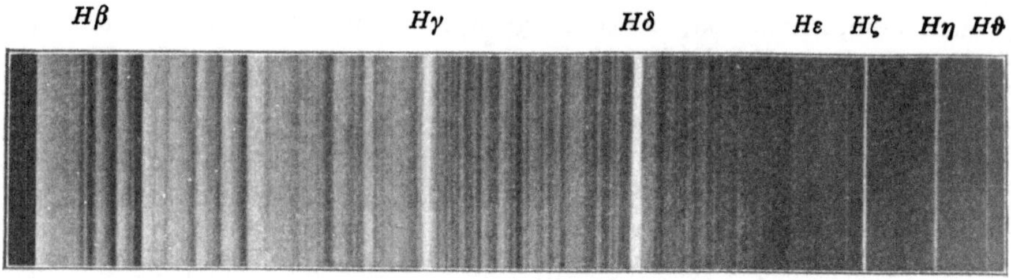

Abb. 399. Spektrum von *o* Ceti im Maximum der Helligkeit.

die man aus dem spektralen Verhalten von *o* Ceti auf andere Sterne derselben Klasse gezogen hat, sind demnach nicht mehr in allen Punkten stichhaltig. Es gibt aber genügend helle gleichartige Veränderliche, wie *χ* Cygni, *R* Leonis usw., bei denen an großen Instrumenten, am besten wieder an Reflektoren, die qualitativen Veränderungen der Strahlung fast fortlaufend verfolgt werden können. Nach den Untersuchungen P. W. Merrills vom Detroit-Observatorium, der sich besonders eingehend mit dem Spektrum der Mirasterne beschäftigt hat, werden die dunklen Liniengruppen, abgesehen von den nach dem Minimum zu stark anwachsenden Titanoxydbanden, vom Lichtwechsel kaum beeinflußt, dagegen zeigen die hellen Emissionen einen unzweideutigen Gang mit der Helligkeit. Die Glieder *Hδ* und *Hγ* der Wasserstoffserie erreichen ihre größte Intensität bald nach dem Lichtmaximum, etwa gleichzeitig mit der Eisenemission *λ* 4202, während andere, wie *λ* 4308 (*Fe*) und *λ* 4571 (*Mg*) erst kurz vor dem Minimum deutlicher zum Vorschein kommen (Abb. 401). Besonders merkwürdig ist das Verhalten der Wasserstofflinien insofern, als sie in ihrer Intensität stets von den üblichen Erfahrungen im Laboratorium abweichen. *Hδ* und *Hγ* sind, wie eben erwähnt, um die Zeit der maximalen Helligkeit des Veränderlichen ungewöhnlich hell, *Hβ* und *Hε* ungewöhnlich schwach (Abb. 399); *Hα* fehlt wahrscheinlich gänzlich. Später treten *Hβ* und besonders *Hε* wieder deutlich hervor. Die Emissionen zeigen fast durchweg Violettverschiebung, z. T. sind daneben auch die zugehörigen dunklen Absorptionen bemerkbar. Merrill hat 113 Mirasterne auf diese Eigentümlichkeit hin untersucht und gefunden, daß die Lage der hellen Linien deutliche Beziehungen zur Amplitude und zur Periode des Lichtwechsels zeigt, so daß die Verschiebungen nicht

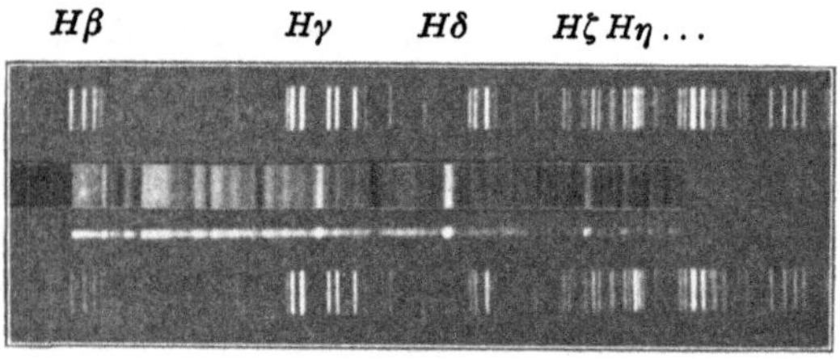

Abb. 400. Spektrum (fadenförmig und verbreitert) von *χ* Cygni (nach A. Jenvall).

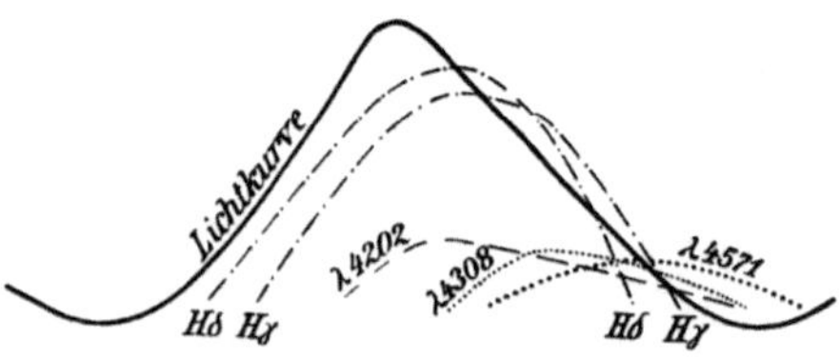

Abb. 401. Entwicklung der Emissionslinien im Spektrum von *o* Ceti (nach P. W. Merrill).

auf Bewegungen der Sterne, sondern auf physikalische Vorgänge in den Sternatmosphären zurückzuführen sind.

Merkwürdig ist die gleichfalls von MERRILL gefundene Tatsache, daß die Bewegung der Sonne im Raum in bezug auf die 113 Mirasterne zwar nahe den bekannten Apex, aber eine dreimal so große Geschwindigkeit, nämlich 53 km pro Sekunde ergibt. Besonders hohe Radialgeschwindigkeiten haben *S* Carinae (+ 280 km) und *R* Pictoris (+ 204 km); starke Bewegungen sind stets an kurze Perioden gebunden. Bei den beiden erwähnten Sternen betragen diese 149^d bzw. 167^d. Einige andere statistische Beziehungen innerhalb der Mirasterne hat W. GYLLENBERG in recht erschöpfender Weise abgeleitet. Auffällig ist dabei der Gang der Periode mit dem Spektraltypus der Sterne, wie ihn die nebenstehende Tabelle veranschaulicht. Die Spektralklassenfolge entspricht hier einem ungefähren Farbenzuwachs von 4.5^c bis 8.5^c (S. 506), so daß damit die alte Beobachtung zahlenmäßig zum Ausdruck gebracht ist, daß die Mirasterne mit wachsender Periode immer röter werden. Noch tiefer ist im allgemeinen die Farbentönung der N-Sterne, bei denen ähnlich wie bei S lange Perioden und kleinere Amplituden vorherrschen.

Zusammenhang zwischen Periode und Spektrum bei Mira-Veränderlichen.

Periode	Mittleres Spektrum	Sternzahl
$< 200^d$	Md 4.5	22
200—249	Md 5.1	39
250—299	Md 5.7	53
300—349	Md 6.6	53
> 350	Md 7.1	62

Die Parallaxe ist erst für etwa ein Dutzend der hellsten langperiodischen Sterne bestimmt worden, hat sich aber durchweg als sehr klein ergeben; das Mittel führt auf $p = 0.007''$, ergibt also für die nächsten Mirasterne einen mittleren Abstand von rund 470 *LJ*. Auch die etwas besser untersuchten Eigenbewegungen lassen sehr große Entfernungen vermuten, denn nur drei Veränderliche der Md-Klasse, *o* Ceti, L_2 Puppis und *R* Orionis haben eine Ortsveränderung von mehr als 0.2″ jährlich ergeben. Bezeichnet man wieder (vgl. S. 596) mit m die Maximalhelligkeit eines Miraveränderlichen, so kann nach K. LUNDMARK seine Parallaxe nach dem Ausdruck

$$\log p = -0.2\,m - 1.56$$

abgeschätzt werden. Da die hellen Mirasterne eine mittlere Maximalhelligkeit 8^m haben, so folgt für diese Gruppe $p = 0.0007''$, also ein mittlerer Abstand von rund 5000 *LJ*. Die absolute Helligkeit ist dabei gleich $+ 0.3^m$ vorausgesetzt, wie sie aus den wenigen trigonometrischen Parallaxen folgt. Zwerge sind im Bereiche der Miraklasse außerordentlich selten. Für die N- und S-Sterne müssen die Abstände im Durchschnitt noch größer und ihre absoluten Helligkeiten um etwa 2.5^m höher angenommen werden.

In der Verteilung am Himmel folgen die langperiodischen Veränderlichen den anderen M-Sternen mit unveränderlichem Licht, d. h. sie zeigen, wenn man von den spezifisch galaktischen N-Objekten absieht, keine Zusammendrängung nach der Milchstraße zu. Da die galaktische Zone seit vielen Jahren besonders eifrig nach Veränderlichen durchsucht wird, würde auch eine geringfügige Häufung in dieser Gegend zunächst nicht viel über die wahre Verteilung aussagen.

Die Veränderlichen vom Typus *R* Sagittae und *α* Orionis. Ursachen des Lichtwechsels bei den roten Sternen. Der weitaus größte Teil der bis jetzt am Himmel gefundenen Veränderlichen gehört dem Miratypus an, doch darf daraus noch kein Schluß auf das wahre Häufigkeitsverhältnis gezogen werden. Wenn auch die Zusammendrängung der Perioden um die Dauer eines Jahres und die rote Farbe mit dem damit verbundenen hohen Farbenindex die photographischen Entdeckungen der Mirasterne etwas beeinträchtigen, so erleichtert andererseits die große Amplitude sehr ihre Aufsuchung, besonders wenn Stereokomparatoren und Blinkmikroskope beim Vergleich von zeitlich auseinanderliegenden Aufnahmen verwendet werden. Es ist aber durchaus möglich, daß die in bedeutend kleinerer Amplitude ihr Licht wechselnden und daher weit schwieriger auffindbaren Cepheiden in Wirklichkeit ebenso zahlreich oder noch häufiger in unserem Sternsystem vertreten sind als die Rotsterne langer Periode. Da nun Übergänge von einer Klasse der Weltkörper zu einer anderen stets dort am ehesten zu erwarten sind, wo die größte Zahl der Einzelgebilde vorliegt, so war man schon frühzeitig darum bemüht, unter den Miraveränderlichen die charakteristischen Lichtverhältnisse von auffälligen Ausnahmefällen zu trennen und unter den letzteren nach Übergängen zu anderen Typen von Veränderlichen zu forschen. Trotz der vielen Arbeit, die besonders von H. Ludendorff dem Studium der Lichtkurven und der Spektren gewidmet worden ist[1]), lassen sich in dieser wichtigen Angelegenheit noch keine festen Richtlinien angeben, so daß wir uns hier mit der Feststellung einiger Tatsachen begnügen müssen.

Schon bei einzelnen, sonst durchaus einwandfreien Vertretern der Miragruppe kommen außer den erwähnten plötzlichen auch regelmäßige Perioden- und besonders Kurvenänderungen vor, die man sich in erster Näherung durch Übereinanderlagerung von mehreren Wellen verschiedener Schwingungsdauer und verschiedener Amplitude vorstellen kann. Eine vielfach angewendete interessante mathematische Aufgabe besteht dann darin, die Einzelperioden durch sog. harmonische Analyse abzuleiten. Die Gezeitenkurven, die Kurven meteorologischer Elemente u. a. bieten der Periodogrammanalyse wichtige terrestrische Aufgaben; in der Himmelskunde ist sie besonders oft auf die Sonnenfleckzahlen angewendet worden (S. 283). In das Gebiet der Veränderlichen hat die harmonische Analyse besonders H. H. Turner eingeführt und darauf eine ganze Reihe von geistreichen Hypothesen gegründet. In Abb. 402 ist z. B. die Kurve von *W* Cygni dargestellt. Man glaubt auf den ersten Blick,

---

[1]) H. Ludendorff, Über die Beziehungen der verschiedenen Klassen der Veränderlichen Sterne. Seeliger-Festschrift. Berlin 1924.

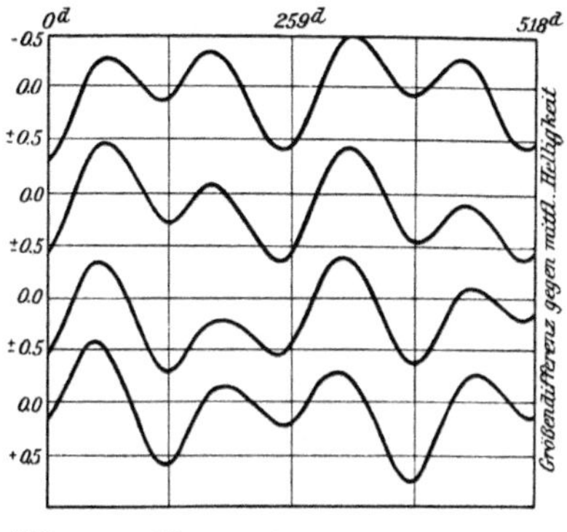

Abb. 402. Harmonische Auflösung der Lichtkurve von *W* Cygni (nach H. H. Turner).

einen sehr unregelmäßigen Lichtwechsel vor sich zu haben, und doch ist bei genauerem Hinschauen nicht zu übersehen, daß dies nur durch die Überlagerung von einigen regelmäßigen Wellen bewirkt wird. Die von H. H. Turner und M. A. Blagg abgeleitete analytische Darstellung der Kurve läßt zwei harmonische Schwingungen erkennen; die Hauptperiode beträgt 129.6^d, die Nebenperiode 243^d bei einer Amplitude von 0.36^m bzw. 0.26^m. Es muß jedoch erwähnt werden, daß selbst bei diesem anscheinend klaren Beispiel noch starke Störungen vorkommen, die die Kurve zeitweilig völlig umgestalten können. Die Tatsache, daß es möglich ist, wenigstens einen Teil des Kurvenzuges eines Veränderlichen auf diese Weise zu deuten, bleibt trotzdem ein Gewinn, da sie vielleicht auf eine besondere Gruppe von Sternen ein Licht wirft, die spektral mit dem Miratypus verwandt ist, aber merklich abweichende Lichtkurven zeigt. Überlagern sich nämlich zwei Perioden von der Dauer 1:2 so, daß die extremen Epochen nahe übereinstimmen, m. a. W. so, daß jedes Maximum und Minimum der langen Periode mit je einem Minimum der kurzen zusammenfällt, so erhält man einen Lichtwechsel mit stets gleichen Erhebungen, aber abwechselnd schwachen und tiefen Depressionen, etwa so, wie es die oberste und die unterste Reihe der Abb. 402 zeigen. *R* Scuti, im Maximum 4.5^m, ist der hellste Vertreter dieser Klasse, die meist nach den um 4 Größen schwächeren Veränderlichen *R* Sagittae oder *RV* Tauri benannt zu werden pflegt. J. van der Bilt hat den Lichtwechsel von *RV* Tauri mit Erfolg durch drei Perioden von 39.2^d, 44.2^d und 49.8^d dargestellt, doch bleibt die Voraussage der Lichtphase für irgendeine beliebige Zeit auch hier noch sehr ungewiß und unsicher. Er rechnet daher die *R* Sagittae-Gruppe zu den unregelmäßig Veränderlichen. Das Spektrum dieser Sterne mit Doppelperioden schließt sich nur z. T. dem Miratypus an. *R* Sagittae, *V* Vulpeculae, wahrscheinlich auch *RV* Tauri sind Sterne vom Spektralcharakter der Sonne, während *R* Scuti im Bereiche G5 bis K2 veränderlich ist. Der Wechsel des Spektrums ist hier durch das ungewöhnlich frühe Auftreten der Titanoxydbanden (bei Ko) besonders bemerkenswert.

Bei den irregulären Sternen des I. Typus (Ic) kann man sich die Grundperiode von zwei, drei oder mehreren Sinuswellen derart überlagert vorstellen, daß scheinbar ganz unregelmäßige Lichtänderungen entstehen. Die harmonische Analyse ergibt hier, da es sich nicht um strenge Gesetzmäßigkeiten handelt, keine klaren Ergebnisse, doch muß bemerkt werden, daß auch das Beobachtungsmaterial dieser lange Zeit hindurch vernachlässigten Sterne viel zu wünschen übrig läßt. Bei ihrer tiefen, z. T. fast rein roten Farbe sind alle Schätzungen mit starken physiologischen Fehlern behaftet, und selbst photometrische Messungen fallen nur dann zuverlässig aus, wenn sie fortlaufend, womöglich unter Verwendung von Farbfiltern ausgeführt werden. Besonders wertvoll wären photographische Beobachtungen der Helligkeit, angesichts des hier vorherrschenden Farbenindex von 3, 4, ja 6 Größenklassen sind sie aber meist nur mit stärkeren Instrumenten ausführbar und müssen auch dann auf die helleren Vertreter der Klasse beschränkt bleiben. Auch radiometrische Messungen sind besonders aussichtsreich. Wie an anderen Stellen (S. 258) gezeigt wurde, ist die unsichtbare, langwellige Strahlung der roten Sterne so groß, daß selbst diejenigen unter ihnen, die visuell kaum die 9. und photographisch die 12. oder 13. Größe erreichen, ihrer Gesamtstrahlung nach unter die hellsten Sterne des Himmels einzureihen sind.

Zu den bekanntesten unregelmäßigen Ma-Sternen der Gruppe gehören α Orionis und der sog. Granatstern μ Cephei. Auch η Gemin. ist dazu zu rechnen, obwohl er wenigstens zeitweise (z. B. 1856 bis 1881 und seit 1888) einer ziemlich regelmäßigen Periode von 232^d folgt. α Orionis ist gleichzeitig ein spektroskopischer Doppelstern mit einer Umlaufszeit von 6 Jahren (S. 523). Eine weitere Merkwürdigkeit dieses Sterns beruht darin, daß das Mt. Wilson-Interferometer in den Jahren 1920 bis 1927 für ihn dauernd abweichende Durchmesserwerte ergeben hat, die entweder auf tatsächliche Änderungen des Volumens oder auf einen Wechsel in der Stärke der Randverdunkelung zurückzuführen sind. Manche früher für unregelmäßig gehaltene Mirasterne haben bei sorgfältigerer Beobachtung deutliche Perioden ergeben. Eine Beziehung zum Spektraltypus besteht hier insofern, als die K-Sterne der ganzen Gruppe I mit sehr wenigen Ausnahmen bei durchweg kleiner Amplitude nichtperiodisch sind. Sie stehen dadurch in einem gewissen Gegensatz zu den S-Sternen, die umgekehrt ausgesprochene Perioden mit einem Häufigkeitsmittel von 357^d besitzen.

Die große Mannigfaltigkeit der Einzelfälle erschwert die einheitliche Deutung der Veränderlichen vom Miratypus außerordentlich.[1]) Engere Beziehungen sind fast nur zu den Cepheiden vorhanden (S. 630 ff.), worin aber das Wesentliche der Verwandtschaft besteht, ist noch unbekannt. Jedenfalls sprechen alle Anzeichen dafür, daß der Lichtwechsel der roten, mehr oder weniger periodischen Sterne auf inneren Veränderungen beruht. Darauf weist schon die Veränderlichkeit des Spektrums hin. Ferner sind die Unregelmäßigkeiten in Periode und Umfang der Lichtänderungen ohne besondere Hilfshypothesen weder mit Umlaufs- noch mit Rotationserscheinungen zu vereinigen, so daß die Annahme von mechanischen Vorgängen höchstens beiläufig in Frage kommt. Da das M-Spektrum bei diesen Sternen vorherrscht und, wie schon an anderer Stelle

1) Für alle Theorien von Veränderlichen vgl. J. G. Hagen und J. Stein, Die Veränderlichen Sterne. Bd. II. Freiburg 1924, und K. Schiller, Einführung in das Studium der Veränderlichen Sterne. Leipzig 1923.

(S. 295) hervorgehoben wurde, durch das Vorkommen der Titanoxydbanden an das Spektrum der Sonnenflecke erinnert, so liegt es besonders nahe, als Ursache des Lichtwechsels periodische Veränderungen im Fleckenareal dieser Sterne etwa nach Art der elfjährigen Sonnentätigkeit zu vermuten, wie es bereits F. ZÖLLNER getan hat.

Erst kürzlich ist dieser Gedanke von H. H. TURNER neu aufgegriffen und behandelt worden. Wird der Lichtwechsel durch die Zahl der Flecke und Fackeln in den Photosphären der Mirasterne hervorgerufen und gilt auch im Weltall dasselbe Gesetz für die Oberflächenverteilung dieser Gebilde, wie auf der Sonne, so kann untersucht werden, wie die Achsenlage der Sterne die Lichtkurven beeinflußt. Die extremen Fälle sind dabei ohne weiteres klar; offenbar muß die Amplitude bei äquatorialer Blickrichtung am größten, bei polarer am kleinsten sein. Trotz der Anschaulichkeit dieser Vorstellung dürfen etliche Bedenken gegen die TURNERsche Idee nicht unterdrückt werden. Zunächst ist die Sonne nach den ABBOTschen Messungen ein veränderlicher Stern nur in dem Sinne, daß ihre Lichtmaxima in die fleckenreichen Jahre fallen, weil offenbar die stellenweise verminderte Helligkeit der Oberfläche durch Steigerung der Strahlung an anderen Stellen nicht nur ausgeglichen, sondern übertroffen wird. Ob bei sehr großer Fleckenzahl das Umgekehrte stattfindet, wissen wir nicht. Ferner wären angesichts der erheblichen Veränderungen, die das Fleckenspektrum der Sonne gegenüber demjenigen der Photosphäre aufweist, im Minimum der Mirasterne großer Amplitude sehr auffallende Änderungen der dunklen Linien und Banden zu erwarten, die tatsächlich nicht vorliegen. Eine Nachprüfung auf einen Zeemann-Effekt ist vorläufig ausgeschlossen; was man bei *o* Ceti dafür gehalten hat, waren Verdoppelungen, die durch den bis 1923 unbekannt gebliebenen Begleiter und dessen Bewegung hervorgerufen wurden. Will man durchaus an der Fleckentheorie festhalten, so wären die M-Sterne als Weltkörper aufzufassen, die durch irgendwelche besonderen, rhythmisch wirksamen Kräfte periodisch zum Aufleuchten gebracht werden. Das Auftreten von Emissionslinien könnte auf große Fackelfelder zurückgeführt und die S. 618 erwähnten Geschwindigkeitsunterschiede gegen die benachbarten Absorptionen so erklärt werden, daß bei diesen Umwälzungen heiße Gase emporsteigen und abgekühlte herabsinken.

Die Veränderlichen vom Typus *U* Geminorum und *R* Coronae. Die zweite Gruppe von Veränderlichen umfaßt die meist weißen oder gelben Sterne, die für gewöhnlich in unverändertem Licht am Himmel leuchten, dann aber eine Zeitlang sehr erhebliche Helligkeitsänderungen wenig regelmäßiger Art zeigen. Sie sind leicht nach dem Gesichtspunkte in zwei Gruppen zu scheiden, daß bei der einen das kleinste, bei der anderen das größte Licht die Regel bildet. In dem ersten Falle sind außerdem Andeutungen von gewissen Gesetzmäßigkeiten in den Kurven vorhanden, während in dem zweiten sich anscheinend alle Veränderungen regellos abspielen. Nur sehr wenige Objekte fallen in diese beiden Unterabteilungen, die man nach den ältesten Vertretern auch als *U* Geminorum- bzw. *R* Coronae-Typus zu bezeichnen pflegt.

Von den *U* Geminorum-Veränderlichen sind erst neun Vertreter am Himmel aufgefunden. Es sind dies nach der Rektaszensionsfolge: *UV* Persei, *TZ* Persei, *SS* Aurigae, *U* Geminorum, *X* Leonis, *SU* Ursae mai., *TW* Virginis, *SS* Cygni und *RU* Pegasi. Diese Sterne sind in der Regel sehr schwach, 12^m, 13^m, ja 17^m (*UV* Persei), steigen dann plötzlich in wenigen Stunden um 3 bis 4 Größenklassen empor, um in einigen Tagen wieder allmählich abzunehmen (Abb. 403). Perioden sind nicht vorhanden, doch läßt sich wohl bei allen eine Höchst- und Mindestzahl von Tagen angeben, innerhalb deren nach einer beobachteten Epoche größter Helligkeit die nächste Zunahme zu erwarten ist. Der Spielraum bei den bisher entdeckten Sternen ist bereits sehr groß. Eine sehr kurze Grundperiode von etwa 16^d zeigt *X* Leonis, eine sehr lange *UV* Persei, der in Zwischenzeiten von vielleicht 250^d aufleuchtet, aber einmal, zwischen Herbst 1923 und 1926 auch volle drei Jahre unsichtbar geblieben ist. Scharfe und kurze Maxima wechseln dabei mit flachen und langen Erscheinungen oft in ungestörter, jahrelanger Folge ab (*U* Geminorum), doch kommt es auch vor, daß selbst diese Gesetzmäßigkeit für einige Zeit verschwindet (*SS* Cygni) und die Verwandtschaft mit der ganz irregulären Unterabteilung deutlich hervortritt.

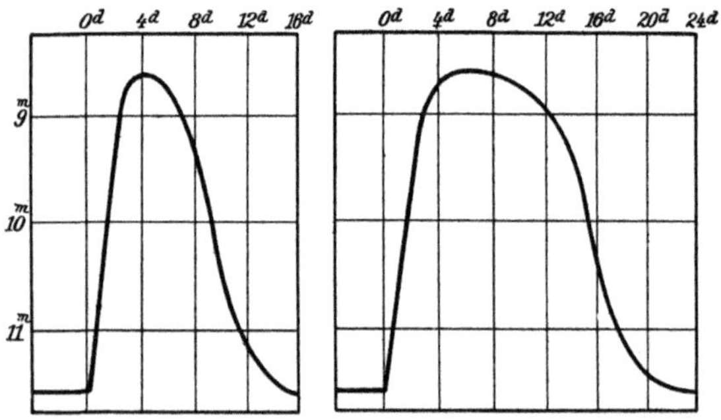

Abb. 403. Kurze und lange Maxima von *SS* Cygni (nach A. A. Nijland).

Schon frühzeitig hat man auf die äußere Ähnlichkeit der *U* Geminorum-Sterne mit den Novae hingewiesen, ja bei *T* Pyxidis (S. 601) liegt vielleicht schon ein Zwischenglied vor. Das spektroskopische Verhalten dieser Veränderlichen während der Erscheinung ist aber noch viel zu wenig geklärt, um tatsächliche Übergänge verbürgen zu können. Da die Neuen Sterne nacheinander alle Spektralklassen zwischen F und O durchlaufen, kann es reiner Zufall sein, daß der *U* Geminorum-Typus in den beiden genauer untersuchten Fällen (*U* Geminorum und *SS* Cygni) ein Spektrum zeigt, das demjenigen der Novae in gewissen Stadien ähnelt. In der abgekürzten Schreibweise erhält man z. B. für *SS* Cygni im Maximum das Spektrum B8n!q, im Minimum Opq. Während bei hoher Strahlung verwaschene, 20*AE* breite, dunkle *H*- und *He*-Bänder auftreten, gehen sie beim Sinken der Helligkeit in die gleichartige Emissionsform über. Wie bei den Neuen Sternen erscheinen dann zwei übereinandergelagerte und gegeneinander verschobene Spektra vom Absorptions- und Emissionscharakter.

Fast noch merkwürdiger sind die ganz unregelmäßigen Sterne der Gruppe, als deren Vertreter *R* Coronae bor. gelten kann (Abb. 404). Dieser Veränderliche ist oft jahrelang konstant, von der Größe 6.0^m, nimmt dann plötzlich in einigen Wochen um 3 bis 8 Größenklassen ab und steigt schließlich rasch oder langsam in einer im voraus nicht anzugebenden Zeit und Kurve zur Normalhelligkeit wieder empor. In den zehn Jahren zwischen 1864 und 1874 ist ein Stillstand in dem Licht überhaupt nicht eingetreten. Ob eine Überschreitung der Normalhelligkeit stattfindet, steht noch nicht sicher fest. Ähnliche und doch in jedem besonderen Fall typische Objekte sind *X* Persei, *UZ* Tauri, *RW* Aurigae, *RY* Sagittarii u. a., ferner einige mit Nebeln zusammenhängende Veränderliche, wie *T* Tauri, *R* Monocerotis, *R* Cor. austr., *T* Orionis, über die noch später (S. 677) einiges zu sagen sein wird. Das Spektrum von *R* Coronae

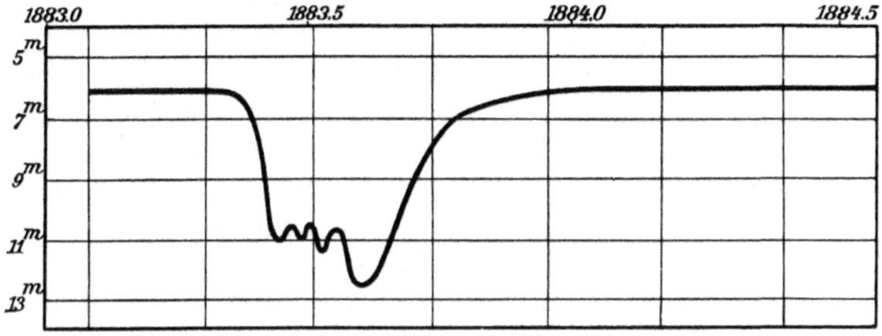

Abb. 404. Lichtwechsel von *R* Cor. bor. zwischen 1883.0 und 1884.5 (nach H. Ludendorff).

bor. (cGoep) ist genauer untersucht. Es zeigt im Normallicht eine enge Verwandtschaft mit den sog. Pseudo-Cepheiden, z. B. α Persei (cF5). Eigentümlich ist nur das Fehlen der Wasserstoffserie unter den dunklen Linien. Beim Abstieg kehren sich einige Absorptionen, insbesondere die kräftigen Linien von *Ti* um; im Minimum treten Ti^+, Ca^+, Sr^+ und Sc^+ in Emissionsform auf, woraus sich vielleicht ein Schluß auf die physikalischen Anregungsbedingungen in diesem Stadium des Lichtwechsels ziehen läßt. Ähnlich liegen die Verhältnisse bei *T* Tauri und bei *R* Cor. austr., in deren Spektrum im Minimallicht Emissionslinien von Fe^+ nachgewiesen werden konnten. Diese Feststellungen sind von Wichtigkeit, weil sie wenigstens bei diesen drei Sternen den physischen Charakter des Lichtwechsels sicherstellen.

Hier ist wohl auch der geeignete Ort, um auf verschiedene, vorläufig nicht unterzubringende Veränderliche hinzuweisen. Es sind dies zunächst einige früher zweifellos vorhandene, aber wieder verschwundene Sterne, die noch heute zu den Novae gerechnet werden, aber ihrer galaktischen Lage nach wenig zu ihnen passen. Gesichert ist das Verschwinden in drei Fällen, bei zwei schwachen Sternen im Aries, die 1854 bzw. 1905 beobachtet wurden, und bei einem merkwürdigen, 1907 auf der Heidelberger Sternwarte aufgenommenen Objekt in den Fischen. Der Fall, daß ein Stern aus völliger Unsichtbarkeit allmählich auftaucht und dann längere Zeit hell bleibt, ist an *RT* Serpentis festgestellt worden. Der Veränderliche wurde 1917 bzw. 1918 von M. WOLF und E. E. BARNARD unabhängig gefunden. Zwischen 1891 und 1908 fehlt er auf allen daraufhin untersuchten Platten. Im März 1910 war er 11^m und ist dann allmählich bis zur 10. Größe angewachsen, von der er seit 1920 langsam wieder herabsinkt. Es wäre nicht ausgeschlossen, daß hier ein besonderer Fall des *U* Geminorum-Typs vorliegt. Der Spektralcharakter (Fo) würde dieser Annahme nicht widersprechen. Die Radialgeschwindigkeit des Sterns zeigt insofern eine Absonderlichkeit, als sie während der etwa 5 jährigen Beobachtungsperiode stetig von + 125 auf + 44 km abgenommen hat. Eines der merkwürdigsten Objekte am Himmel ist zweifellos auch *RW* Aurigae, insofern, als sein Licht zwischen den Grenzen 9^m und 12^m dauernd aber unregelmäßig hin und herflackert. Auch *Z* Camel. zeigt einen Lichtwechsel von ähnlichem Charakter. Über das Spektrum dieser Veränderlichen ist so gut wie gar nichts bekannt; die Farbe entspricht in den beiden Fällen einem F- bzw. K-Stern.

Die Erklärung der Lichtkurven der ganzen Gruppe II, insbesondere der Sterne, die in bezug auf die Lichtänderungen wenigstens ab und zu Wiederholungen zeigen, ist nicht ganz einfach. Bei dem regelmäßigsten, *U* Geminorum, fand A. A. NIJLAND, daß man durch Übereinanderlagerung von normalen Lichtausbrüchen mit einer symmetrischen Verfinsterungskurve jedes zweite Maximum darstellen könne. Da durch diese Annahme die Ungleichmäßigkeit der Periode nicht beseitigt wird, so ist die Deutung kaum überzeugend.

Das absonderliche Verhalten der Unterabteilung IIb, bei der der typische Lichtwechsel nicht in einem Aufleuchten, sondern in einem Helligkeitsabfall besteht, könnte wenigstens bei denjenigen Sternen, bei denen keine spektralen Bedenken vorliegen, auf unregelmäßige Verfinsterungen durch vorüberziehende Staub- und Nebelwolken zurückgeführt werden, nachdem es sich gezeigt hat, daß es ganze Gruppen von Veränderlichen gibt, die offenbar dieser Ursache ihren Lichtwechsel verdanken. Das sind die zahlreichen vom Orionnebel und vom Nebel um *S* Monocerotis eingehüllten gelben bzw. roten Zwergsterne, die ähnlich wie *R* Coronae einem Lichtwechsel unterliegen, der in einer an keine Periode geknüpften zeitweiligen Lichtschwächung besteht. Die Annahme, daß hier eine vor den Sternen daherflutende absorbierende Materie an der vorübergehenden Lichtabnahme die Schuld trägt, liegt besonders nahe. Dagegen spricht eigentlich nur die Tatsache, daß wir uns die Gasnebel als im höchsten Verdünnungsstadium befindliche Materie vorzustellen haben, der man wohl erst bei sehr großer Tiefenausdehnung so beträchtliche Absorptionen zuschreiben darf. Auf Sterne, die beim Sinken der Leuchtkraft auch sehr erhebliche spektrale Änderungen zeigen, wie *R* Cor. bor., *T* Tauri, *R* Cor. austr. u. a., ist die Theorie natürlich nicht anwendbar.

Die Cepheiden. Die Veränderlichen vom δ Cephei-Charakter (Typus III) zeichnen sich durch einen Lichtwechsel aus, der nach unseren bisherigen Kenntnissen in der Mehrzahl der Fälle durch wenig gestörte, regelmäßige Perioden

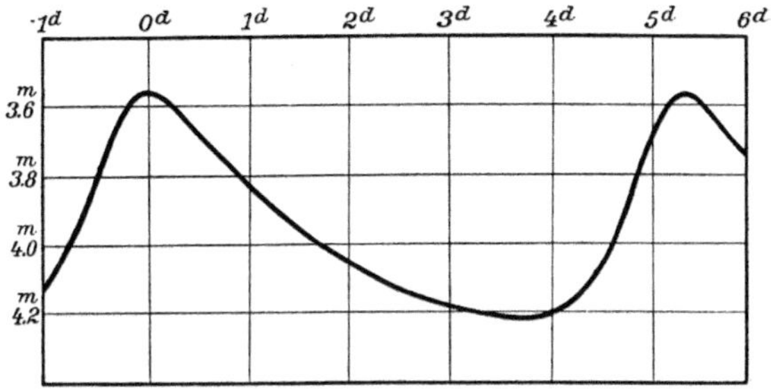

Abb. 405. Lichtkurve von δ Cephei.

dargestellt wird. Bei dem hellsten und wichtigsten Stern der Gruppe, δ Cephei, ist z. B. erst in den letzten Jahren der Nachweis einer sehr geringen Periodenabnahme geglückt, obwohl die ältesten Beobachtungen 140 Jahre zurückliegen.

Die mittleren Lichtkurven der Cepheiden haben alle mehr oder weniger die in Abb. 405 dargestellte Form, ohne Rücksicht darauf, ob die Periode mehrere Tage oder einige Stunden umfaßt. Ihr Hauptkennzeichen bildet die geringe Amplitude von 0.6^m bis 1.4^m, der rasche Aufstieg und der langsamere, zuletzt kaum merkliche Abstieg zum Minimallicht, das dem Maximum unmittelbar vorausgeht. Die irreleitende Bezeichnung Antalgolsterne, wie sie für die kurzperiodischen Cepheiden vom Typus *RR* Lyrae eine Weile in Gebrauch war, ist aufgegeben. Man faßt heute diese letzte Unterabteilung (IIIb) zu einem Sternhaufentypus zusammen, da die betreffenden Veränderlichen in Kugelhaufen besonders zahlreich vorkommen (S. 702). Als eventuelle dritte Cepheiden Form werden die sinusartigen Kurven mancher Sterne angesehen, deren Hauptvertreter ζ Geminorum (Abb. 406) ist.

Während die mittleren Lichtkurven der meisten Cepheiden jahrzehntelang unverändert ihren Verlauf beibehalten, waren den Beobachtern in den Einzelerscheinungen wiederholt Unstimmigkeiten aufgefallen. Die Frage nach sekundären Wellen innerhalb der Hauptänderung ist dann, trotz ihres deutlichen Auftretens bei η Aquilae, ebenso oft behauptet wie bestritten worden. Nach den Untersuchungen von H. C. Plummer, L. C. Martin, E. Hertzsprung u. a. unterliegt es keinem Zweifel, daß wenigstens die Kurven des Sternhaufentypus, die ja wegen der nur nach Stunden zählenden Periode oft an ein und demselben Abend von einem Maximum zum nächstfolgenden durchbeobachtet werden können, von Fall zu Fall sehr wesentliche Veränderungen erleiden. Diese beruhen nicht nur in einem Wechsel der maximalen und minimalen Helligkeit, sowie des Zeitpunktes der Epochen, sondern auch in Abweichungen des Kurvenverlaufs, die offenbar auf kurze sekundäre Wellen zurückzuführen sind. Die Schwankungen sind anscheinend an kein bestimmtes, mit der Hauptkurve irgendwie enger verknüpftes Gesetz gebunden. Bei genügender Anzahl von Beobachtungen heben sie sich immer wieder auf, so daß der lange Zeit gehegte Zweifel an ihrer Realität durchaus begründet war. In

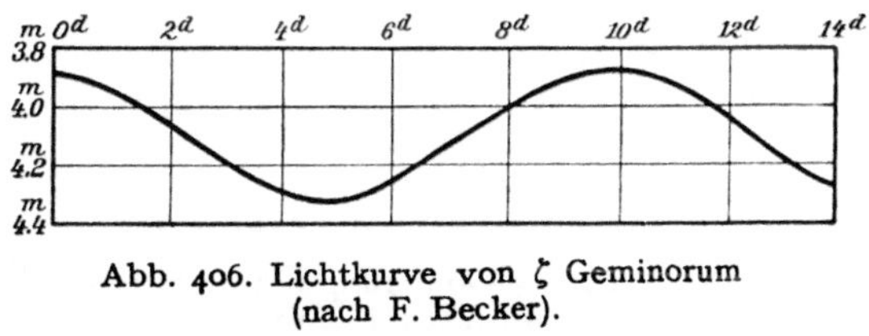

Abb. 406. Lichtkurve von ζ Geminorum (nach F. Becker).

einzelnen, allerdings nicht häufigen Fällen, können die Sekundärwellen so bedeutend werden, daß sie einzelne Maxima völlig umgestalten oder gar zum Verschwinden bringen. Selbst der hellste Vertreter der Gruppe, δ Cephei, ist vielleicht von diesen Sekundärwellen nicht frei (Abb. 410).

Die langperiodischen Cepheiden drängen sich deutlich in der Milchstraße zusammen, während die kurzperiodischen des Sternhaufentyps unregelmäßig über den ganzen Himmel verteilt sind. Die Perioden der Milchstraßengruppe zeigen ein Häufigkeitsmaximum bei etwa 5.5^d, während diejenigen der am Himmel zerstreuten, bisher bekannten isolierten Vertreter des Haufentypus ausschließlich zwischen 7.4 und 15.9^h mit einem ausgeprägten Maximum im Mittelwert, zwischen 11 und 12^h liegen. Man hat geglaubt, daß zwei in dieser Beziehung gänzlich abweichende Fälle, nämlich *XX* Cygni und der sehr schwache, betreffs seiner Zugehörigkeit zu III noch zweifelhafte *RV* Can. ven. mit je 3.2^h Periode nur Teilwellen einer doppelt oder dreimal so großen Haupterscheinung darstellen, doch kann nach neueren Beobachtungen eine solche Annahme als ausgeschlossen gelten.

Die Spektra der beiden Unterabteilungen IIIa und IIIb sind nicht sehr verschieden. Bei den isolierten Cepheiden herrscht die Klasse F bis G vor, bei den Haufenveränderlichen A bis F mit dem c-Charakter der Absorptionslinien. Emissionen kommen, meist in wenig auffallender Form, vor, betreffen aber nur in einem Falle (*W* Serpentis) die Wasserstofflinien. Ein sehr eigenartiges Merkmal der Klasse ist die Veränderlichkeit ihres Spektrums im Verlauf des Lichtwechsels. Nach H. Shapleys und E. C. Pickerings Untersuchungen rückt dieses vom Maximum zum Minimum der Kurve bei allen Sternen der Gruppe III in der Reihe der Spektra erheblich vor, im Mittel etwa von F5 bis G5. Aber auch ganz andere, z. T. größere Intervalle werden durchlaufen, bei δ Cephei von F1 bis G1 (Abb. 407), bei η Aquilae von A8 bis G5, bei *RR* Lyrae von B9 bis F2. Daß diese Änderungen nicht auf bestimmte Spektralklassen beschränkt sind, zeigt z. B. *TT* Aquilae, der von G5 im Minimum auf K2 heruntergeht, oder *RU* Camelopardalis, der im größten Licht der Klasse K0, im kleinsten gar der seltenen Klasse R anzugliedern ist. Infolge der Beziehungen zwischen den Spektren und dem Farbenindex haben die Änderungen zur Folge, daß die photographische Amplitude dieser Sterne im Mittel etwa 1.5 mal so groß ist wie die visuelle. Die Cepheiden sind daher für photographische Untersuchungen besonders geeignete Veränderliche.

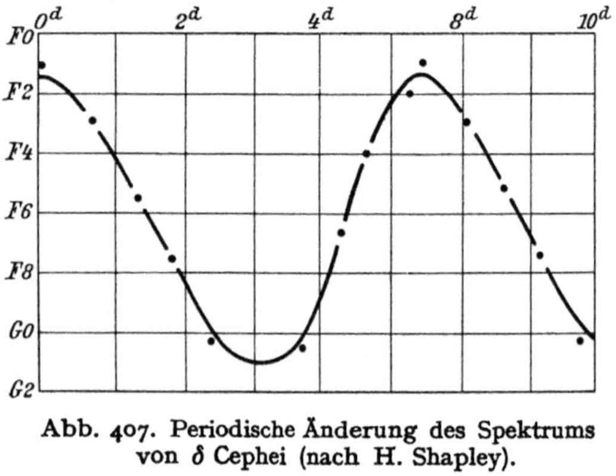

Abb. 407. Periodische Änderung des Spektrums von δ Cephei (nach H. Shapley).

Eine statistische Untersuchung über die absolute Helligkeit der Cepheiden hat ein außerordentlich bedeutsames Gesetz zutagegefördert. Stellt man die Perioden und Helligkeiten dieser Veränderlichen zusammen, so fällt es auf, daß bei den helleren Sternen die langen Perioden von 6 bis 8 Tagen deutlich vorwiegen. Diese Veränderlichen können nun wirklich eine höhere Leuchtkraft haben oder uns wegen der geringeren Entfernung nur so erscheinen. Eine Entscheidung hierüber ließe sich nur dann treffen, wenn man irgendwo am Himmel innerhalb eines engen Raumes eine größere Anzahl physisch verbundener, d. h. praktisch gleichweit entfernter Sterne dieser Klasse vorfände. Ist der Durchmesser des Raumes, in dem sich die betreffenden Veränderlichen befinden, gegenüber der Entfernung vom Beobachter gering, so dürfen die scheinbaren Helligkeitsdifferenzen der Sterne gleich den absoluten Unterschieden gesetzt und unmittelbar miteinander verglichen werden. Eine solche Gruppe von Cepheiden liegt in der sog. Kleinen Kapwolke vor. Bereits im Jahre 1904 hatte hier H. S. Leavitt auf Aufnahmen der Harvard-Sternwarte eine größere Zahl von Veränderlichen gefunden, die durch weitere Nachforschungen schließlich fast auf 1000 angewachsen ist. Hiervon gehören 25 Sterne dem δ Cephei-Typus mit Perioden zwischen 1.25^d und 127.0^d an. Werden die visuellen Helligkeiten im Maximum und Minimum als Funktionen des Logarithmus der Periode aufgetragen, so erhält man zwischen beiden die in Abb. 408 dargestellte fast lineare Beziehung. Wächst die Helligkeit um eine Größenklasse, so vergrößert sich der Logarithmus der Periode um 0.48. Damit ist auch zwischen der absoluten Leuchtkraft eines jeden Sterns dieses Typus und seiner Periode ein gesetzmäßiger Zusammenhang festgelegt.

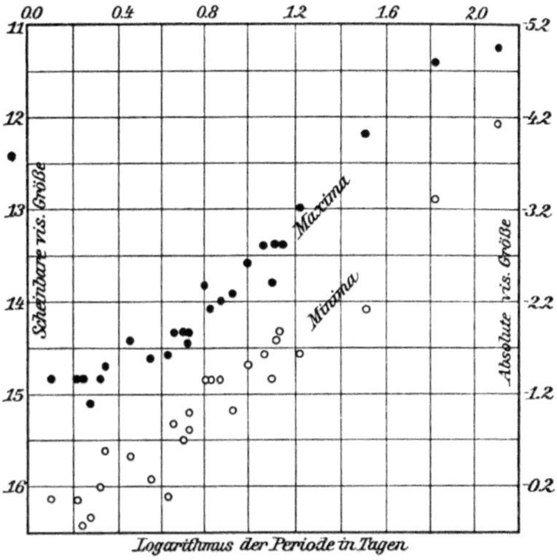

Abb. 408. Das Leucht- und Periodengesetz in der kleinen Kapwolke (nach H. S. Leavitt).

Beherrscht das Leavittsche Gesetz etwa alle Cepheiden, so ist damit ein Schlüssel für Entfernungsbestimmungen dieser Sterne gegeben, sobald nur für einige nähere die absolute Helligkeit feststeht. Eine strengere Rechnung dieser Art war längere Zeit hindurch nicht ausführbar, weil die Parallaxe nicht einmal für die hellsten dieser Sterne einigermaßen sicher bekannt war. E. Hertzsprung hat daher auf Grund des vorhandenen Eigenbewegungsmaterials statistisch die Parallaxe von 13 Cepheiden abgeschätzt und für diese bei einer Durchschnittsperiode von 6.6^d die mittlere absolute Helligkeit -2.3^m abgeleitet. Damit ließ sich in Verbindung mit der Perioden- und Leuchtkurve aus jeder beobachteten Periode die absolute Helligkeit und aus deren Vergleich

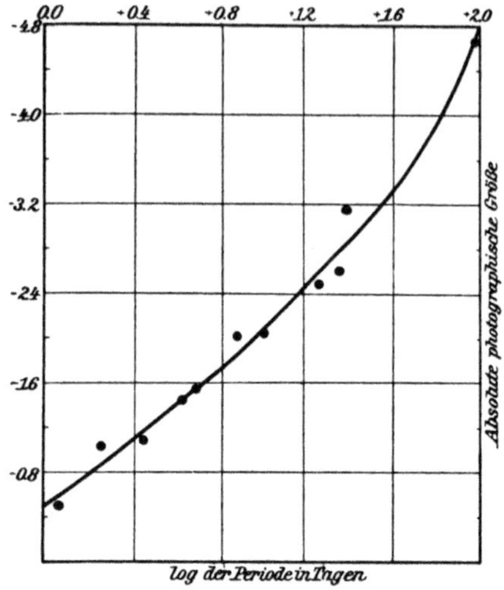

Abb. 409. Gegenwärtiger Stand des Leucht- und Periodengesetzes (nach H. Shapley).

mit der scheinbaren Größe die Entfernung berechnen, genau so, wie wir es bei den spektroskopischen Parallaxen (S. 554) kennengelernt haben.

Wie nicht anders zu erwarten war, hat die merkwürdige Beziehung, deren innerer Sinn noch vollkommen unbekannt ist, zu weitläufigen astrometrischen Parallaxen- und Eigenbewegungsuntersuchungen an den Cepheiden Anlaß gegeben, so daß das Leucht- und Periodengesetz bereits sicher begründet ist. Abb. 409 veranschaulicht die heute maßgebenden Beziehungen zwischen der Periode und der photographischen Helligkeit, wie sie sich aus insgesamt 106 Veränderlichen der Kleinen Kapwolke ergeben haben, und zwar für Perioden von 1 bis 100 Tagen. Die Leuchtkräfte der Ordinaten sind auf neueren Parallaxen der helleren Cepheiden aufgebaut, und zwar so, daß dem $\log P = 0.71$ die photographische absolute Helligkeit $M = -1.63^m$ (visuell $M = -2.13^m$) entspricht. Der Unterschied der scheinbaren und absoluten Helligkeiten beträgt bei der Kleinen Kapwolke 17.55^m, so daß hieraus ein Abstand des betreffenden Sternsystems von 105000 *LJ.* folgt. Wie man aus der Kurve ersieht, sind die Cepheiden der kleinen Kapwolke Sterne sehr hoher Leuchtkraft; bei langen Perioden nähern sie sich bereits den für die Neuen Sterne statistisch gefundenen absoluten Helligkeiten. Sie dürften in dieser Beziehung selbst die sog. Pseudo-Cepheiden, wie α Cygni und α Persei, noch übertreffen, ja vielleicht sogar die absolut hellsten Sterne sein, die wir überhaupt kennen. Da der Typus III der Veränderlichen ausgesprochene Giganten umfaßt, so wären im Sinne des Russell-Diagramms die kurzen Perioden mit den Spektren A bis F als zu den vorgeschritteneren, die langen mit den Spektren F bis G als zu den jüngeren Sternen gehörig zu betrachten. Wenn in dem Russell-Diagramm der ihm beigelegte Evolutionssinn steckt (S. 585), so muß demnach erwartet werden, daß die Perioden der Cepheiden im Falle einer Änderung allmählich kürzer werden. Auch auf theoretischem Wege, aus der Pulsationstheorie heraus, gelangt man zu einem ähnlichen Ergebnis; genauere Beobachtungsdaten über derartige säkulare Periodenänderungen sind natürlich frühestens nach einigen Jahrzehnten zu erhoffen.

Beziehungen der Cepheiden zu den Miraveränderlichen. Erklärung des Lichtwechsels. Die längsten bei den Cepheiden beobachteten Perioden liegen bei 100^d, also etwa dort, wo bereits vereinzelte sichere Vertreter des Miratypus anzutreffen sind. Da außerdem die Spektra der Cepheiden mit zunehmender

Periode von A bis G fortschreiten und die Lichtkurven von denjenigen der langperiodischen Veränderlichen schließlich nur wenig abweichen, lag es nahe, besonders an dieser Stelle nach Beziehungen zwischen den beiden Sterngruppen zu forschen. Eine gründlichere Nachprüfung der kritischen Fälle wird dadurch erschwert, daß die tiefer gefärbten Cepheiden besonders starke Unregelmäßigkeiten der Periode und der Amplitude zeigen, und darin mit einigen Mirasternen kurzer Periode durchaus übereinstimmen. Hier ist tatsächlich eine Trennung der beiden Typen auf Grund von Lichtkurve und Spektrum bzw. Farbenindex schwierig, und es bleibt oft nur die Lage der Sterne gegen den galaktischen Äquator als entscheidendes Merkmal übrig. Die Nachprüfung auf veränderliche Geschwindigkeit in der Blickrichtung, die die Cepheiden auszeichnet, ist nur bei den helleren Sternen möglich; sie würde zweifellos die sicherste Scheidung der beiden Klassen ermöglichen.

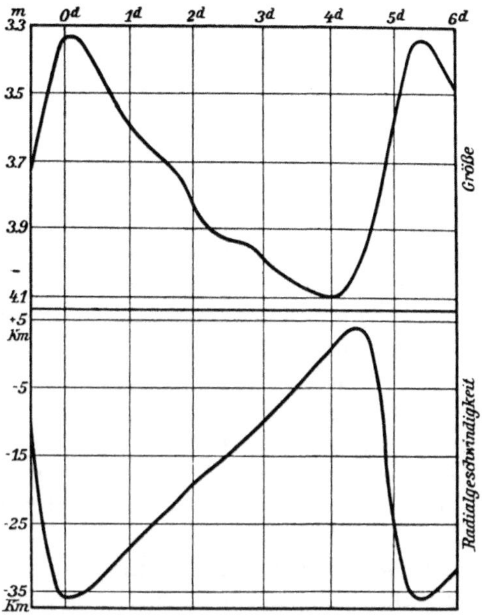

Abb. 410. Periodische Veränderlichkeit des Lichtes und der Radialgeschwindigkeit bei δ Cephei (nach J. Stebbins u. J. H. Moore).

Die Auffindung der wechselnden Radialgeschwindigkeit bei den Cepheiden reicht etwas mehr als 30 Jahre zurück. Nachdem man bei Algol auf spektrographischem Wege zu so überraschender Bestätigung der Doppelsternnatur gelangt war (S. 526 ff.), lag es nahe, auch bei δ Cephei, der im Maximum 3.6^m wird, die Radialbewegung in gleicher Weise zu untersuchen. Die Arbeit ist von A. Belopolski im Jahre 1894 ausgeführt worden und hat einen engen Zusammenhang der Lichtänderungen mit einem periodischen Wechsel der Radialgeschwindigkeiten ergeben. Seitdem sind auch bei allen anderen helleren Sternen der Gruppe die gleichen Beziehungen festgestellt worden, und es ist danach kaum daran zu zweifeln, daß die Cepheiden in ihrer Gesamtheit dieser Regel folgen. Die Radialgeschwindigkeitskurve ist in allen untersuchten Fällen der Helligkeitskurve sehr ähnlich (Abb. 410). Das Maximum der negativen Geschwindigkeit, also der Annäherung, fällt etwa innerhalb $^1/_{15}$ der Periode mit dem Höhepunkt der Lichtkurve zusammen, das Maximum der positiven Geschwindigkeit mit dem kleinsten Licht (Abb. 410).

Versucht man eine Erklärung der Licht- und Geschwindigkeitskurve, so erkennt man zunächst, daß eine Verfinsterung im vorliegenden Falle gänzlich ausgeschlossen ist. Beim Vorübergang eines Sterns vor einem anderen, also im Moment des kleinsten Lichtes, erfolgt die Bewegung stets senkrecht zur Blickrichtung, es ist also dann im Doppler-Effekt nur die Geschwindigkeit Null möglich, während bei den Cepheiden gerade dann ein Geschwindigkeitsmaximum eintritt. Die Verfinsterung müßte in eine Elongation fallen, was natürlich absurd ist. Weiter ist es merkwürdig, daß der hypothetische Begleiter sich in keinem Falle irgendwie an den Linien des Spektrums verrät. Ganz und gar mit einem reinen Bewegungsvorgang unvereinbar erscheint schließlich die Veränderlichkeit der Kurven und der Wechsel der Spektralklasse vom Maximum zum Minimum. Man müßte schon mit J. Hellerich annehmen, daß der Lichtwechsel durch irgendwelche Einwirkung der dunklen Komponente auf die Atmosphäre oder die Oberfläche des hellen Sterns hervorgerufen wird. Selbstverständlich ist es ohne Rücksicht auf diese Bedenken und Widersprüche möglich, die Geschwindigkeitskurve als Ausdruck einer Bewegung in sehr exzentrischer Bahn aufzufassen und die Rechnung wie bei den spektroskopischen Doppelsternen durchzuführen. Das ist bei etwas mehr als einem Dutzend Cepheiden tatsächlich geschehen. Bei dieser rein schematischen Behandlung des Problems kommen jedoch sehr unwahrscheinliche Konstanten heraus. Sowohl die Abstände wie die Massen der Komponenten erweisen sich als so unvorstellbar gering, daß die reine Doppelsternhypothese auch dann, wenn man von den Schwankungen der Lichtkurven absieht, nicht aufrecht erhalten werden kann.

Neben der Umlaufsbewegung käme eventuell auch eine Rotation in Frage. Bei ungleichmäßiger Helligkeit eines der Sterne, also z. B. bei Vorhandensein von größeren Fleckenfeldern, würde die Umdrehungskurve die Umlaufskurve überdecken und bei einem Periodenverhältnis 1:2 tatsächlich zur Entstehung einer Cepheidenkurve Anlaß geben (Abb. 411). F. Zöllner hat darauf hingewiesen, daß schon die Achsendrehung eines einzigen mit Fleckenfeldern entsprechend bedeckten Fixsterns zur Erklärung des Lichtwechsels aller Typen ausreicht. Durch H. Gyldén, H. Bruns und H. N. Russell ist dann die Theorie analytisch auf beliebige Helligkeitsunterschiede in der Sternphotosphäre ausgedehnt und das Zöllnersche Ergebnis bestätigt worden. Nach experimentellen Versuchen unterliegt es auch empirisch keinem Zweifel, daß man durch die Rotation einer Kugel mit sehr ver-

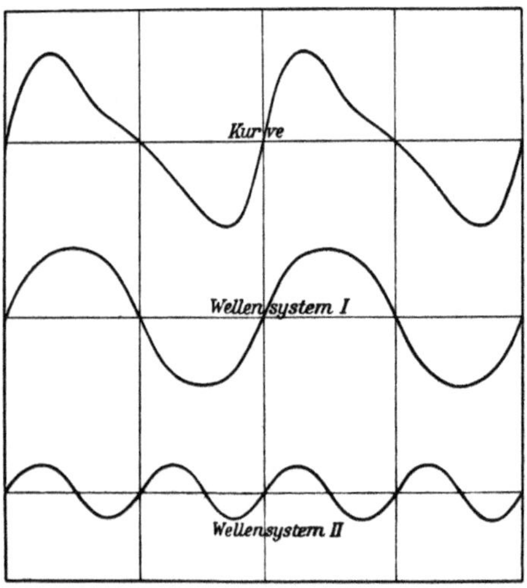

Abb. 411. Entstehung einer δ Cephei-Kurve durch Übereinanderlagerung von zwei Sinuswellen.

schiedenen Helligkeitsfeldern jede Lichtkurve, also auch diejenige der Cepheiden darstellen kann. Widersprüche entstehen erst, wenn man bedenkt, daß diese Fleckenbildung, mit der wir stets den Begriff tieferer Temperaturen verknüpfen, gerade den Spektraltypen cA oder cF eigen sein soll.

Bei dem Zurückgreifen der neueren Astrophysik auf die älteren thermodynamischen Arbeiten hat man sich bei der Behandlung des Cepheidenrätsels auch einer Abhandlung von A. RITTER aus dem Jahre 1879 erinnert, in der der Lichtwechsel der Sterne ganz allgemein auf radiale Schwingungen einer Gaskugel zurückgeführt wird. Der Gedanke ist auf die Gesamtheit der physischen Veränderlichen aus verschiedenen Gründen nicht anwendbar, dagegen würden die angenommenen periodischen Volumänderungen eine recht brauchbare Erklärung der Cepheidenkurven abgeben. Zweifellos sind die Sterne vom Typus δ Cephei als Gaskugeln großer Masse, aber sehr geringer Dichte anzusehen; es ist also lediglich die Frage nachzuprüfen, inwieweit die Gleichgewichtsbedingungen einer solchen Gaskugel derartige Pulsationen zulassen. Tatsächlich ist, wie A. S. EDDINGTON zuerst gezeigt hat, vom Standpunkte der Mechanik gegen eine solche Möglichkeit nichts einzuwenden. Zur Stütze der Vorstellung könnte man erwähnen, daß kein δ Cephei-Veränderlicher bekannt ist, dessen Leuchtkraft die absolute Größe Null nach unten hin überschritte. Offenbar hört an dieser Stelle infolge irgendwelcher Änderungen in dem inneren Aufbau einer strahlenden Gaskugel die Eignung der Sterne für diese Art von Lichtänderungen auf. Daß die Maxima und nicht die Minima des Lichts das Ungewöhnliche an der Erscheinung der Cepheiden ausmachen, darf daraus geschlossen werden, daß Spektrum und Farbe im kleinsten Licht von den gleichartigen Eigenschaften der übrigen Sterne nur sehr wenig abweichen und durchaus als normal angesehen werden dürfen, während im Maximum für einen gegebenen Farbenindex eine etwa doppelt so große Helligkeit herauskommt als bei normalen Sternen. Danach wären also die Cepheiden im wesentlichen physische Veränderliche, charakterisiert durch periodisch wiederkehrende Expansionen und Kontraktionen leuchtender Gaskugeln. Die rhythmische Volumänderung ist nach der Theorie zeitlich begrenzt, kann also nicht beliebig lange dauern. Nach der Schätzung EDDINGTONS müßten die gegenwärtig pulsierenden Sterne ihre Schwingungen schon nach wenigen Jahrtausenden einstellen.

Welche Ursachen den ersten Anstoß zu den inneren Schwingungen geben, ist unbekannt. Vielleicht könnte man die Pulsations- mit der Doppelsternhypothese wieder in der Weise vereinigen, daß man annimmt, daß die Aufhellungen durch Gezeitenwirkungen eines dunklen Körpers hervorgerufen werden. Setzt man in einem Doppelsternsystem stark exzentrische Bahnen voraus, so können bei entsprechender Lage derselben zur Erde sehr wohl die typischen Cepheidenkurven erklärt werden. Die zeitliche Begrenzung der Schwingungen käme dann natürlich in Fortfall. Selbst unter Annahme dieser Deutung behält das Problem noch viele Schwierigkeiten, deren Lösung zweifellos in erster Linie von dem

Einblick in das noch völlig dunkle Naturgesetz abhängt, das die engen Beziehungen zwischen Periode und Leuchtkraft regelt.

Außer der Doppelstern- und Pulsationshypothese sowie der Verbindung beider gibt es für die δ Cephei-Sterne noch verschiedene andere Erklärungsversuche, die aber hier ohne Nachteil übergangen werden können. Es ist nicht ausgeschlossen, daß eines Tages irgendeine besondere Entdeckung am Sternhimmel die Deutung des Cepheidenproblems in weit einfacherer Form zuläßt, als wir es heute ahnen. Damit ist der ganze auf die Entwicklung der bisherigen Ideen verwendete mathematische Scharfsinn natürlich nicht vergeblich gewesen. Die abgeleiteten Gesetzmäßigkeiten können sich sehr wohl an anderer Stelle und bei anderer Gelegenheit für die Himmelskunde als nützlich erweisen.

Die Bedeckungsveränderlichen vom Algoltypus. Die Sterne der Gruppe IV (Algol- und β Lyrae-Typus) haben sich im Laufe der Zeit als eine besonders wichtige Klasse von Veränderlichen erwiesen, insofern, als hier die Erklärung der Vorgänge durch eine Umlaufsbewegung in so einwandfreier Form geglückt ist, daß trotz der Unsichtbarkeit des Vorganges kaum noch von einer Hypothese gesprochen werden darf. Während bei vielen Cepheiden jede Vervollkommnung der Beobachtungsbedingungen immer neue Komplikationen der Lichtkurve aufdeckt, kann man von den Sternen der Algolklasse das Umgekehrte behaupten. Die photometrischen Messungen lassen keinen Zweifel darüber, daß hier, von seltenen Sonderfällen abgesehen, mit der Güte der Beobachtungen auch ihre Übereinstimmung mit der glatten theoretischen Kurve immer besser und vollkommener wird. Es ist bekannt, daß schon der erste aufmerksame Beobachter des im Jahre 1667 oder 1669 entdeckten Lichtwechsels des Algol, J. Goodricke, um 1782 darauf hingewiesen hat, daß die Veränderungen dieses Sterns durch eine Verfinsterung hervorgerufen werden könnten, deren Wahrscheinlichkeit dann ebenso oft behauptet wie bestritten worden ist. Die endgültige Entscheidung brachte im Jahre 1889 der spektroskopische Nachweis der Doppelsternnatur und der Bahnbewegung durch H. C. Vogel und J. Scheiner (S. 526 ff.), dem dann im Laufe der Zeit viele ähnliche Arbeiten an gleichartigen Sternen gefolgt sind.

Die Bedeckungsveränderlichen finden sich an allen Stellen des Himmels vor, in der Gegend der Milchstraße wie an deren Polen, ein Zeichen dafür, daß die Bahnebenen dieser engen Doppelsterne, vom Sonnensystem aus gesehen, keine bevorzugte Orientierung im Raum zeigen. Wegen des Interesses, das insbesondere die Klasse IVa mit Algol als Vertreter bietet, mögen hier für die helleren unter

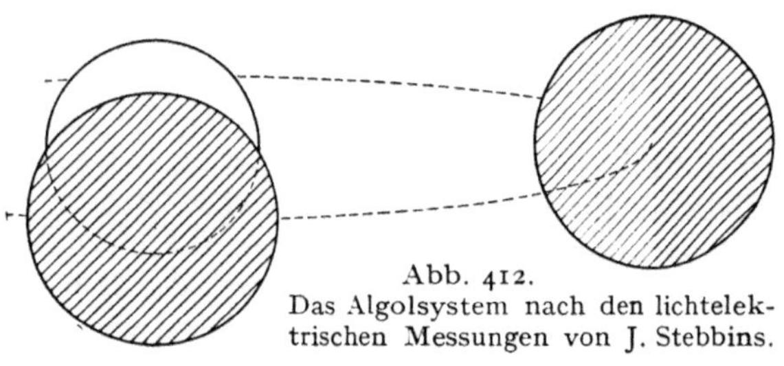

Abb. 412.
Das Algolsystem nach den lichtelektrischen Messungen von J. Stebbins.

ihnen — bekannt sind über 200 — der Ort, der Umfang der Schwankungen, das Spektrum, die genäherte Periode *P*, die Dauer *T* der Lichtänderung und die Dauer *t* des Minimums folgen. Einige der Gruppe angehörende oder ihr zugewiesene hellere Sterne mit sehr kleinen Amplituden sind in die Liste nicht aufgenommen worden, darunter auch der schwächste Trapezstern im Orionnebel (*BM* Orionis), der zwischen 8^m und 9^m in einer algolähnlichen, aber vielleicht

Verzeichnis der helleren Algolsterne.

Veränderlicher	Ort 1900.0		Max.	Min.	Sp.	*P*	*T*	*t*
TV Cassiopeiae	$0^h 13.9^m$	+ 58° 35′	7.4^m	8.4^m	B 9	1.813^d	8^h	0.5^h
U Cephei	0 53.4	+ 81 20	6.8	9.2	A 0	2.493	11.5	2.0
RY Persei	2 39.0	+ 47 43	8.1	10.6	A 2	6.864	23	3.8
RZ Cassiopeiae	2 39.9	+ 69 13	6.4	7.6	A 0	1.195	5.7	0.4
β Persei	3 1.7	+ 40 34	2.2	3.4	B 8	2.867	9.5	0
λ Tauri	3 55.1	+ 12 12	3.8	4.2	B 3	3.953	10.5	0
RW Tauri	3 57.8	+ 27 51	8.0	11.5	B 5	2.769	8	1.4
RZ Eridani	4 39.0	− 10 52	8.0	9.2	A 5	39.293	53	0
VV Orionis	5 28.5	− 1 14	5.2	5.6	B 2	1.485	7	—
RR Lyncis	6 18.0	+ 56 20	5.8	6.2	A 3	9.94	8	—
WW Aurigae	6 25.9	+ 32 32	6.0	6.5	A 0	1.263	4.5	0
R Canis mai.	7 14.9	− 16 12	5.8	6.4	F 0	1.136	6	—
X Carinae	8 29.1	− 58 53	7.9	8.7	A 0	0.541	6.5	—
S Cancri	8 38.2	+ 19 24	8.0	10.1	A 0	9.485	20.4	3.8
S Velorum	9 29.5	− 44 46	7.8	9.2	A 0	5.934	15	6.3
TT Hydrae	11 8.3	− 25 55	7.6	10.1	A 2	6.96	40	5
UY Virginis	12 56.6	− 19 14	8.2	8.9	A 3	1.998	—	0.8
RS Canum ven.	13 6.0	+ 36 28	7.8	8.9	F 8	4.798	11	0
δ Librae	14 55.6	− 8 7	5.0	6.0	A 0	2.327	13	0
U Coronae bor.	15 14.1	+ 32 1	7.5	8.7	A 0	3.452	10.5	1.2
TW Draconis	15 32.4	+ 64 14	7.3	10.0	B 9	2.807	9.5	1.4
R Arae	16 31.4	− 56 48	6.8	7.9	A 0	4.425	9.2	0
U Ophiuchi	17 11.4	+ 1 19	6.0	6.8	B 8	1.677	7.5	0
TX Herculis	17 15.4	+ 42 0	8.0	8.5	A 0	2.056	4.5	0
Z Herculis	17 53.6	+ 15 9	7.4	7.9	F 0	3.993	9.6	2.2
RS Sagittarii	18 11.0	− 34 8	6.6	7.6	A 0	2.416	12.5	8.0
RZ Scuti	18 21.1	− 9 16	7.5	8.9	B 3	15.194	77	—
RX Herculis	18 26.0	+ 12 32	7.2	7.9	B 9	1.779	4.5	0
RS Vulpeculae	19 13.4	+ 22 16	7.3	8.0	A 0	4.478	15	4.8
U Sagittae	19 14.4	+ 19 26	6.4	9.2	B 8	3.381	12.5	1.7
Z Vulpeculae	19 17.5	+ 25 23	7.4	9.0	A 0	2.455	11	0
Y Cygni	20 48.1	+ 34 17	6.9	7.9	A 0	2.996	4	0
S Equulei	20 52.2	+ 4 42	8.2	10.0	A 0	3.436	8	0.7

nicht ganz ungestörten Kurve schwankt. Auch ε Aurigae (F 8) mit Lichtänderungen zwischen 3.3^m und 4.0^m und der längsten bisher bekannten Periode von 27 Jahren ist übergangen. Sicher liegen in diesem Falle schon wegen der geringen sich aus der Bahnbestimmung ergebenden Dichte (S. 584) besondere Verhältnisse vor. H. Ludendorff stellt sich auch den verfinsternden Körper nicht als dunklen Stern, sondern als eine langgestreckte Wolke von absorbierender Materie vor. Die letzte Bedeckung fand 1902 statt, die nächste ist 1929 zu erwarten. Von den schwächeren und daher hier nicht aufgenommenen Algolsternen hat erst *RZ* Ophiuchi (G 8) mit 262 Tagen die nächstlängste Periode. Die kürzesten bei Algolsternen bisher festgestellten Umlaufszeiten liegen bei 7^h.

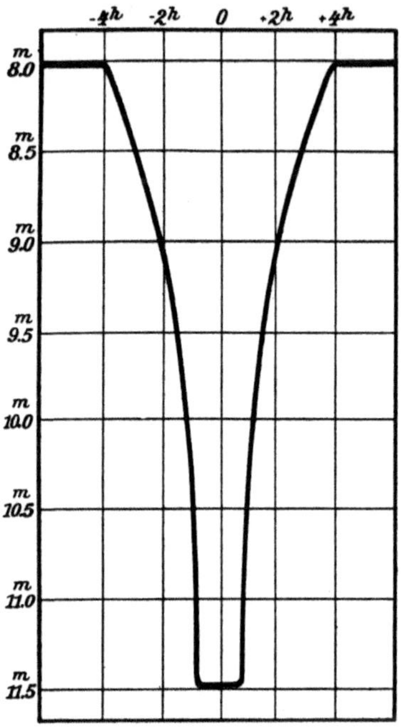

Abb. 413. Lichtkurve von *RW* Tauri.

Die Größen *P* und *T* der Tabelle hängen, wie S. Chandler zuerst bemerkt hat, offenbar zusammen. Ist die Periode noch unbekannt, aber die Dauer *T* einer Verfinsterung beobachtet, so läßt sich unter Benutzung des neueren Materials nach E. Leiner genähert

$$P = \frac{T - 0.110}{0.0914} \quad \text{setzen.}$$

Da am Himmel zweifellos alle möglichen Formen einer Verfinsterung, also totale, partielle und ringförmige Erscheinungen vorkommen, und das Helligkeitsverhältnis der Sterne sehr verschieden sein kann, sind auch die Lichtkurven der Algolsterne sehr mannigfaltig, von kaum merklichen Helligkeitsänderungen von 0.1^m oder 0.2^m (β Aurigae, δ Orionis, α Virginis, α Cor. bor.), die nur lichtelektrische Photometer nachzuweisen gestatten, bis zu einem Lichtabfall von nahe 4 Größenklassen (*RW* Tauri, *SX* Hydrae, *WW* Cygni), der fast einem Erlöschen der Sterne im Minimum gleichkommt (Abb. 413).

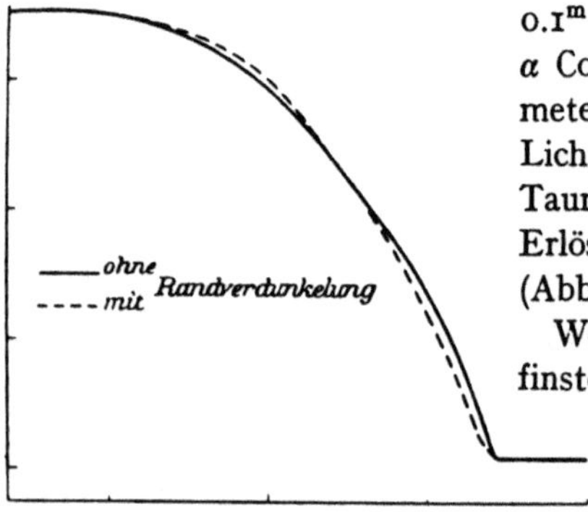

Abb. 414. Einfluß der Randverdunkelung auf die Lichtkurve eines Bedeckungsveränderlichen.

Welche wichtigen Daten sich aus den Verfinsterungserscheinungen für die Algolsysteme ableiten lassen, ist bereits früher auseinandergesetzt worden. Eine dem Genauigkeitsgrad der Gegenwart angepaßte erschöpfende Methode der Bahnbestimmung für Bedeckungsveränderliche hat

1916 H. N. RUSSELL ausgearbeitet[1]). Es wird dabei auf Exzentrizität der Bewegung, Abweichung von der Kugelform und sogar auf etwaige Randverdunkelung Rücksicht genommen. Wie die letztere sich im Lichtwechsel ausprägen muß, ist leicht einzusehen. In Abb. 414 ist z. B. eine halbe Verfinsterungskurve bei Annahme zentraler Bedeckung eines gleichmäßig hellen Sterns voll ausgezogen. Hat der bedeckte Körper verdunkelten Rand, ähnlich wie die Sonne, so wird bei gleichen Dimensionen des Systems der Anfang der Verfinsterung und der Übergang zum Minimum weniger schroff verlaufen, die Mitte der Kurve dagegen steiler ausfallen, so, wie es etwa die gerissene Linie

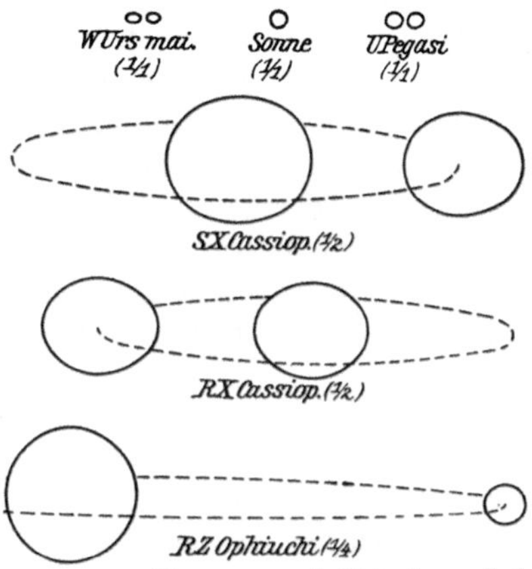

Abb. 415. Körper- und Bahnform bei einigen Bedeckungssystemen.

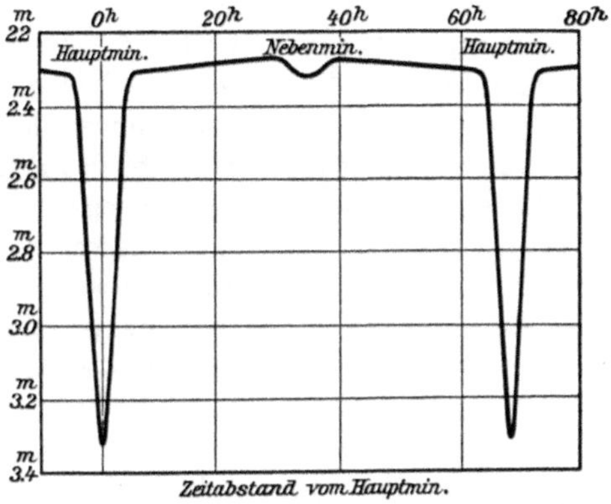

Abb. 416. Lichtelektrische Kurve der Algolveränderlichkeit (nach J. Stebbins).

der Abb. 414 andeutet. Das Vorhandensein elliptischer Körper ist erst in einigen wenigen Fällen nachgewiesen, von denen Abb. 415 einige Beispiele gibt. Im allgemeinen scheinen die Bahnen nahe kreisförmig zu sein und gleichförmig leuchtenden nicht deformierten Weltkörpern anzugehören, von denen in der Regel der dunklere den größeren Durchmesser hat. Zu dem letzten Schluß zwingt schon das sehr seltene Vorkommen ringförmiger Verfinsterungen.

Durch die Anwendung der lichtelektrischen Photometrie ist es gelungen, auch den letzten Zweifel an der Natur des Lichtwechsels der Algolsterne zu beseitigen. In der Lichtkurve von β Persei, die J. STEBBINS erhalten hat (Abb. 416), tritt nicht nur das schwache Nebenminimum deutlich hervor, das auf die teilweise Bedeckung des Begleiters durch den Hauptstern zurückzuführen ist, sondern der Lichtwechsel zeigt auch sonst nirgends den gewohnten für größere Teile der Algolkurven maßgebenden horizontalen Verlauf. Man könnte den Auf- und Abstieg vor bzw. nach dem Nebenminimum für eine Wirkung der Erleuchtung des Begleiters durch den Hauptstern, also für einen Phaseneffekt ansehen, doch ist dafür die Abweichung der beobachteten Helligkeiten von der

[1]) H. SHAPLEY, A study of the orbits of eclipsing binaries. Princeton 1915.

Horizontalen an den betr. Stellen viel zu stark. Nach STEBBINS ist dies kaum anders zu erklären, als daß vom beleuchteten Teil der Atmosphäre des Begleiters die Strahlung des Hauptsterns nicht nur reflektiert, sondern auch absorbiert und wieder emittiert wird. Ähnliche Fälle liegen bei λ Tauri, *TT* Lyrae und *Z* Draconis vor. Sehr wahrscheinlich besteht bei den Sternpaaren Gleichheit von Rotation und Revolution. Einen weiteren Einblick in die physikalischen Eigentümlichkeiten der Komponenten gewähren die photographischen Beobachtungen des Lichtverlaufs und die Radialgeschwindigkeiten. Liegt z. B. eine sichere visuelle bzw. photovisuelle und eine photographische Lichtkurve vor, so wird es unter Umständen möglich, den Charakter der Randverdunkelung bei dem hellen Stern zu bestimmen. Auf diesem Wege ist z. B. der Nachweis erbracht, daß *S* Cancri, *W* Urs. mai. und *RZ* Cassiop. den gleichen selektiven Absorptionsverlauf von der Mitte ihrer Scheiben bis zum Rande zeigen, wie unsere Sonne. Ferner hat sich aus Abweichungen der spektrographischen Geschwindigkeitskurve vom normalen Verlauf beim zweiten und dritten Kontakt in den Fällen β Persei, δ Librae und λ Tauri sogar die Rotation des Hauptsterns nachweisen lassen. Die Unstimmigkeiten zwischen Licht- und Geschwindigkeitskurve, die zu dieser Erkenntnis geführt haben, sind von F. SCHLESINGER 1909 zuerst bemerkt und sogleich richtig gedeutet worden.

Systematische Änderungen der Periode sind bei mehreren Algolsternen nachgewiesen. So hat die Dauer des Lichtwechsels von β Persei von 1782 bis 1830 allmählich zugenommen, ist aber von da an bis zur Gegenwart wieder allmählich kürzer geworden. Neben regelmäßigen Änderungen kommen auch Zeiten konstanter Periode, zeitweilig vielleicht sogar sprunghafte Übergänge vor. Die einfachste Erklärung für die periodischen Änderungen dürfte in der Annahme eines dritten dunklen störenden Körpers zu suchen sein, der nach den Untersuchungen von F. SCHLESINGER bei Algol auch spektrographisch deutlich hervortritt. Bei einer Bahnneigung von 58° und einer Exzentrizität von 0.13 hat er eine Umlaufszeit von 1.9 Jahren. In dieser Periode wird auch der helle Stern räumlich verlagert, so daß er uns bald 90 Millionen km näher, bald um ebensoviel ferner steht, als im Durchschnitt. Da das Licht genau 5 Minuten braucht, um die angegebene Strecke zu durcheilen, müßte es möglich sein, den Unterschied von 10 Minuten in den Minimumepochen photometrisch festzustellen.

Nicht bei allen Algolsternen ist der Verlauf des Lichtwechsels so einfach wie bei β Persei. *Y* Cygni und *Z* Herculis zeigen z. B. wechselnde Perioden, derart, daß diese bei *Y* Cygni $1^d\,10^h\,11.2^m$ bzw. $1^d\,13^h\,43.7^m$, bei *Z* Herculis $1^d\,22^h\,49^m$ bzw. $2^d\,0^h\,59^m$ betragen. Da die kurzen und langen Intervalle in voller Regelmäßigkeit aufeinanderfolgen, und die Minima nicht den gleichen Abfall der Helligkeit zeigen, ist es klar, daß hier eine umschichtige Bedeckung von nahe gleich hellen Sternen stattfindet, daß also die ungleichmäßigen Abschnitte Teile einer einzigen Hauptperiode sind. Durch entsprechende Annahmen für Exzentrizität und Lage der Apsidenlinie ist es möglich, die geraden Minima ebenso wie die ungeraden einwandfrei theoretisch darzustellen.

Über die Spektren der Bedeckungsveränderlichen und ihre Verteilung gibt bereits die Tabelle S. 635 Auskunft. Bei dem Vorwiegen der B- und A-Klassen muß ihnen nach den statistischen Erfahrungen neben hoher absoluter Helligkeit, die in der Regel etwa zwischen $\pm 2^m$ liegen mag, auch eine beträchtliche Masse zukommen, was durch die z. T. sehr raschen Bahnbewegungen eine Bestätigung findet. Daneben umfaßt aber die Algolgruppe auch schwächere Sterne, obwohl Zwerge offenbar seltener sind als Giganten. Castor C mit der absoluten Leuchtkraft $+ 8^m$ schließt vorläufig die Reihe. Werden die Dichten nach den früher (S. 583) entwickelten Formeln berechnet, so findet man in den Algolsystemen mit gesicherter Bahn bei den Begleitern stets die geringere Dichte, auch wenn die Farben nahe gleich sind. Die Sterne, die die Verfinsterungen hervorrufen, hat man sich übrigens nicht als völlig dunkle Körper vorzustellen, wie z. B. die Planeten, sondern lediglich als Sterne geringerer Leuchtkraft, etwa wie den Sirius- oder Prokyonbegleiter. Die Bestimmung ihrer Spektra wäre von großem Interesse, doch ist diese Aufgabe bei der Kürze der Bedeckungen vorläufig nicht anders als auf dem Umwege über den Farbenindex zu lösen. Verwendbar sind natürlich nur solche Sterne, bei denen die Lichtkurve im Minimum eine totale Verfinsterung verrät; bei partiellen Erscheinungen kann höchstens ein Mischeffekt registriert werden. R. S. Dugan, H. Shapley, H. N. Russell u. a. haben etwa an einem Dutzend von Sternen derartige Untersuchungen angestellt und dabei gefunden, daß fast ohne Ausnahme für die Begleiter ein sehr erheblicher Farbenindex herauskommt, der meist den Farbenklassen g bis k entspricht. Im Gegensatz zu den visuellen Doppelsternen der Gigantengruppe (S. 538) scheint also hier der schwächere Stern meist auch der rötere zu sein.

Die Bedeckungsveränderlichen vom Typus β Lyrae. Mit der Stebbinsschen Kurve des Lichtwechsels des Algol sind die Veränderlichen des Typus IVa auf einen Spezialfall der β Lyrae-Veränderlichen (IVb) zurückgeführt, deren charakteristische Kurve in Abb. 417 dargestellt ist. Ein solcher Helligkeitsverlauf entsteht offenbar dann, wenn bei einem Verfinsterungssystem ein sehr enges Doppelsternpaar mit nahe gleich hellen Komponenten vorliegt, die sich wechselseitig periodisch bedecken. Man kennt gegenwärtig etwa 50 Sterne dieser Art mit Perioden von 0.27 bis zu 198 Tagen (*i* Bootis bzw. *W* Crucis). Als Ergänzung der Tabelle der Algolsterne sind einige davon in der Übersicht auf S. 640 verzeichnet. Besondere Aufmerksamkeit verdient dar-

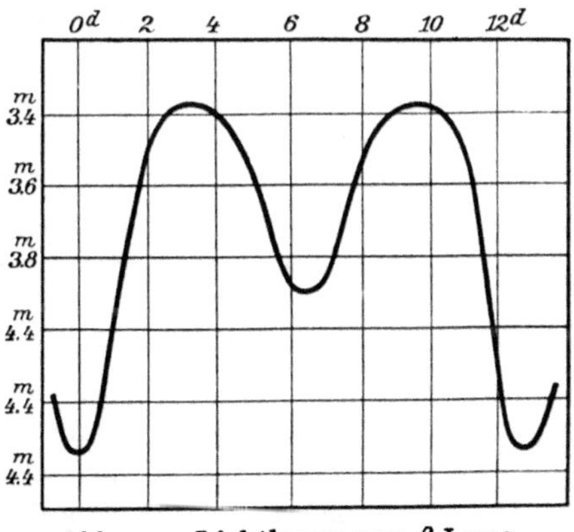

Abb. 417. Lichtkurve von β Lyrae.

Verzeichnis der helleren *β* Lyrae-Sterne.

Veränderlicher	Ort 1900.0		Max.	I. Min.	II. Min.	Sp.	*P*
TT Aurigae	$5^h\ 2.8^m$	$+39° 27'$	8.4^m	9.1^m	8.8^m	B 5	1.333^d
W Ursae mai.	9 36.7	+56 25	7.9	8.5	8.5	G 8	0.334
V Puppis	7 55.4	—48 58	4.1	4.9	4.7	B 1, B 2	1.454
S Antliae	9 27.9	—28 11	6.3	7.3	7.3	F 0	0.648
VZ Centauri	11 47.6	—60 58	8.3	8.7	?	B 0	2.464
SZ »	13 43.8	—58 0	8.2	8.8	?	A 2	4.108
RR »	14 9.9	—57 23	7.4	7.8	7.7	F 0	0.303
AK Herculis	17 9.7	+16 29	8.2	8.9	8.9	F 8	0.422
u »	17 13.6	+33 12	4.8	5.3	4.9	B 3	2.051
β Lyrae	18 46.4	+33 15	3.4	4.3	3.8	B 9, B 3	12.908
VW Cephei	20 38.5	+75 14	8.1	8.5	8.4	G 5	0.246

unter *W* Ursae mai. insofern, als seine Lichtkurve (Abb. 418) die Form einer regelmäßigen Zykloide hat; merkwürdig ist außerdem die kurze Periode, die im Verein mit der Lichtkurve auf hohe Dichte und starke Abplattung der beiden Körper führt. Da die Parallaxe des Sterns bekannt ist, kann seine absolute Helligkeit berechnet werden. Sie beträgt im Gesamtlicht $+ 4.4^m$, so daß es sich um ein Zwergsternpaar vom Sonnencharakter mit den absoluten Größen 5.2^m und 5.2^m handelt (Abb. 415).

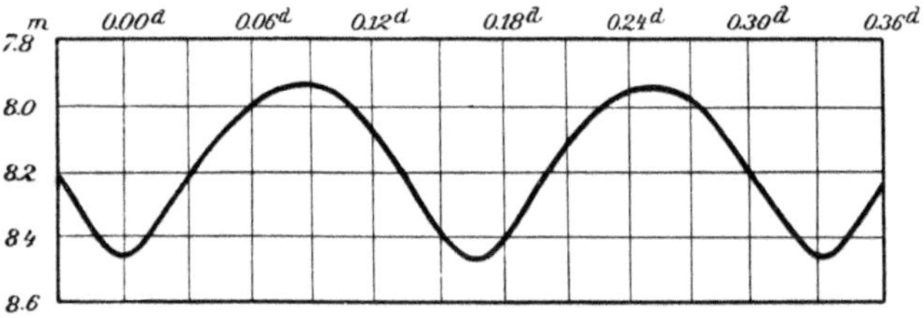

Abb. 418. Lichtkurve von *W* Urs. mai. (nach H. N. Russell).

Trotz der geringen Anzahl der helleren Sterne des *β* Lyrae-Typus beschränken sich die meisten bisherigen Ergebnisse auf eine Feststellung der Lichtkurvenform. Ob diese sonst ziemlich glatt verläuft wie bei den Algolsternen oder sekundäre Wellen zeigt, wie sie viele der kurzperiodischen Cepheiden aufweisen, ist selbst bei *β* Lyrae noch etwas zweifelhaft. Schon in W. F. Argelanders und E. Lindemanns Beobachtungen sind einige kurze Nebenwellen ausgeprägt; sie kommen in den neueren photometrischen Beobachtungsreihen kaum noch zum Vorschein, so daß die älteren Abweichungen möglicherweise doch auf Schätzungsfehler zurückzuführen sind. Dagegen haben die langjährigen Beobachtungen von J. Baxendell außer der 13tägigen Periode bei *β* Lyrae noch zur Auffindung einer sekundären Welle von 6.6^d Dauer geführt.

Betrachtet man nur den mittleren, glatten Helligkeitsverlauf, so ist *β* Lyrae neben *u* Herculis das einzige auch dynamisch gründlicher untersuchte System, ohne daß es gelungen wäre, alle beobachteten Erscheinungen der Kurve, die unzweifelhaft nachgewiesenen Periodenänderungen, u. a. vollkommen zu deuten. Das darf nicht überraschen, wenn man bedenkt, daß wir bei diesen Systemen kaum imstande sind, die wechselseitigen Einflüsse, die zwei so dicht benachbarte Weltkörper aufeinander ausüben mögen, zu überschauen und in Rechnung zu ziehen.

Das Spektrum von β Lyrae gehört zur Klasse B9, darüber ist ein zweites Spektrum B3 mit dunklen und hellen Linien gelagert, ähnlich, wie wir das bei den Neuen Sternen kennengelernt haben. Die spektrale Charakteristik des Sterns ist kompliziert und als cB9 + B3nep zu bezeichnen. Schon im Jahre 1891 hatte E. C. Pickering eine Veränderlichkeit der Linienabstände in dem Doppelspektrum nachgewiesen, doch ist eine Klärung der Angelegenheit erst durch die Arbeiten von R. H. Curtiss, R. A. Rossiter u. a. erfolgt.[1] Danach ist zunächst auch spektroskopisch die Doppelsternnatur des Veränderlichen einwandfrei festgestellt. Nach dem Verschiebungseffekt der Linien, nach der Periode und dem Lichtwechsel handelt es sich um zwei nahe gleich große und gleich helle, merklich elliptische Körper von ungleicher Masse und Helligkeit, die einen Umlauf um ihr Schwerezentrum in einer Periode von 12.91^d vollenden. Die großen Achsen der beiden Rotationsellipsoide liegen dauernd im Radiusvektor und befinden sich fast im Kontakt (Abb. 419). Die Neigung der Bahnebene gegen die Blickrichtung beträgt etwa 62^0 und der Lichtwechsel wird dadurch hervorgerufen, daß umschichtig partielle und fast totale Verfinsterungen stattfinden. Die Hauptminima mit ihrer 3.2 tägigen Dauer entstehen, wenn der größere aber lichtschwächere Stern den kleineren helleren partiell bedeckt. Die Berechnung der absoluten Dimensionen ist noch etwas unsicher. Die Minimalmassen, d. h. die Werte $M \sin^2 i$ betragen 7 bzw. 17 Sonnenmassen. Die Dichten sind höchstens von der Größenordnung 10^{-3}, also überaus gering.

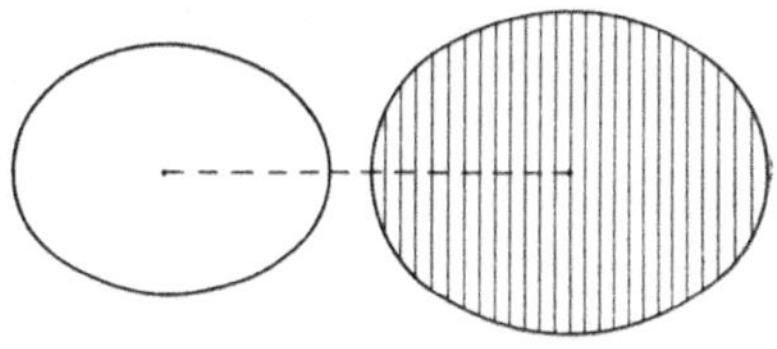

Abb. 419. Doppelsternsystem β Lyrae.

Die Radialgeschwindigkeitskurve ist vollständig gesichert. Sie ergibt in den Elongationen 181 km Bahngeschwindigkeit und eine konstante Raumbewegung des Schwerpunktes von — 19 km. Da der Stern in unmittelbarer Nähe des Apex der Sonnenbewegung liegt, ist der ganze Betrag dieser Ortsänderung als parallaktisch aufzufassen. An der helleren Komponente macht sich ein deutlicher Rotationseffekt bemerkbar, ähnlich wie bei β Persei (S. 638); er führt auf eine äquatoriale Umdrehungsgeschwindigkeit der hellen Komponente von 13 km in der Sekunde.

Die spektralen Erscheinungen sind durch den Doppler-Effekt bei β Lyrae nicht erschöpft, im Gegenteil, es hat einige Zeit gedauert, bis es gelang, die Linien, die sich in diesem verwickelten Spektrum gesetzmäßig verschieben, von den anderen einwandfrei zu trennen. Die ruhenden Linien (H) und (K) des Kalziums sind uns bei allen Sternen der früheren Spektraltypen begegnet. Bei

[1]) R. H. Curtiss, The spectrum of β Lyrae. Publ. Allegh. Obs. Bd. 2 (1912).

β Lyrae nehmen aber auch die dunklen Linien des Heliums und des Wasserstoffs an der Bahnbewegung nicht teil, so daß im Sinne der PLASKETTschen Erklärung (vgl. S. 560) neben interstellaren *Ca*-Wolken auch noch eine die beiden Sterne umschließende Schicht aus *H* und *He* angenommen werden muß. Auch breite Emissionen dieser beiden Gase sind im β Lyrae-Spektrum vorhanden. Diese ruhen aber nicht, sondern zeigen in bestimmten Phasen des Lichtwechsels ein sehr auffälliges, für den Stern durchaus charakteristisches Hin- und Herpendeln um die komplizierten dunklen Linien (Abb. 420), das A. C. MAURY durch eine Rotation der schwächeren Komponente im Sinne der Umlaufsbewegung zu erklären versucht hat. Dafür spricht die Tatsache, daß die hellen Bänder bei der Annäherung des helleren Sterns gegen die festen Absorptionen nach Violett, bei seiner Entfernung nach Rot zu verschoben sind. Der Vorgang spielt sich so ab, daß die Emissionen vom Hauptminimum an gerechnet, etwa 10 Tage lang ohne Rücksicht auf Lichtkurve und Bahnbewegung um mindestens 5 *AE* nach dem Violett zu wandern, um dann in drei Tagen in die Anfangslage wieder zurückzukehren. Die Violettlage und hiervon besonders der elfte Tag des Lichtwechsels nach dem Hauptminimum sind durch besondere Lichtschwäche der Emissionen gekennzeichnet.[1]) Völlig klar ist an den Vorgängen im β Lyrae-Spektrum nur der Doppler-Effekt des Umlaufs und der Achsendrehung der Komponenten. Die zahlreichen Anomalien dagegen sind noch durchaus rätselhaft. Man könnte sie durch Gezeitenwirkung sowie dadurch erklären, daß das Licht des Hauptsterns durch die Photosphäre des Begleiters hindurch sichtbar ist, eine Annahme, die jedoch angesichts der Undurchlässigkeit von Dämpfen hoher Temperatur für jede Art Strahlung (S. 141) sehr unwahrscheinlich erscheint.

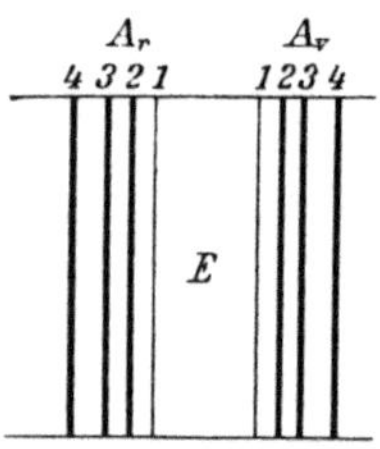

Abb. 420. Struktur der Wasserstoffbänder im Spektrum von β Lyrae (n. R. H. Curtiss).

Die spektroskopischen Erscheinungen bei β Lyrae veranschaulichen deutlich die Schwierigkeiten, die zuweilen bei dem sonst einfachen Problem der Bedeckungsveränderlichen auftreten können. In dieser Hinsicht ist β Lyrae ohne Frage der merkwürdigste Doppelstern am ganzen Himmel. Eine klare Deutung der mannigfachen Erscheinungen, die das System bietet, wäre schon deshalb von großer Bedeutung, weil sie auf ein kosmogonisches Problem, die Trennung eines Sterns in zwei Komponenten, Licht werfen könnte. Außerdem hat H. N. RUSSELL darauf hingewiesen, daß ellipsoidische Systeme vom Charakter β Lyrae sehr wohl dazu geeignet wären, um die EDDINGTONschen Annahmen über den inneren Aufbau der Sterne nachzuprüfen. Doppelsterne dieser Art müssen nämlich ein Fortschreiten der Apsidenlinien zeigen, dessen Betrag von der Größe, der Masse und dem inneren Aufbau der Komponenten abhängt. Weltkörper mit so geringen Dichtegradienten wie die Erde, würden z. B. eine überaus rasche Verschiebung des Periastrons mit sich bringen, wie sie bei β Lyrae jedenfalls nicht beobachtet wird.

[1]) Abbildungen der spektralen Phasen von β Lyrae in M. N. Bd. 54, 57 u. 64.

VIII. Die kosmischen Nebel und Sternhaufen.

20. Die galaktische und außergalaktische Nebelwelt.

Die zahlreichen über den Himmel scheinbar regellos verstreuten lichtschwachen Gebilde, die im Gegensatz zu den Sternen einen merklichen Durchmesser haben, teilt man bekanntlich in Nebelflecke und Sternhaufen ein. Diese Scheidung ist nicht streng, denn es ist klar, daß ein Nebel, der in einem kleinen Fernrohr eine matt leuchtende Fläche bietet, in einem mächtigeren Instrument oder auf einer photographischen Aufnahme deutlich als Sternhaufen erscheinen kann. Angesichts der Erfahrung, daß jede Verbesserung der Fernrohrleistungen die Auflösung vieler Nebelflecke mit sich brachte, hat man früher allgemein angenommen, daß in Wirklichkeit alle nebligen Objekte am Himmel auflösbar seien, und daß die Bezeichnung Nebelfleck nur formal für bisher praktisch noch nicht getrennte Sternhaufen gelte. Diese Ansicht fand im Jahre 1864 eine plötzliche Änderung durch die Entdeckung von W. Huggins, daß im Spektrum einzelner Nebelflecke helle Linien auftreten. Damit war ein untrügliches Kennzeichen für die gasförmige Natur dieser Himmelskörper gegeben, und es lag daher nahe, fortan die Scheidung der nebligen Himmelskörper in Nebelflecke und Sternhaufen nach den spektralen Eigenschaften vorzunehmen. Aus anderen Gründen ist jedoch eine strenge Trennung nicht durchführbar. Zunächst deshalb, weil nur ein kleiner Teil dieser Weltkörper spektroskopisch erreichbar ist, und weil sich ferner herausgestellt hat, daß in dieser allgemeinen Form das kontinuierliche Spektrum überhaupt nicht als untrügliches Kennzeichen des Sternhaufencharakters angesehen werden darf. Viele leuchtende Nebel erstrahlen nach unseren gegenwärtigen Kenntnissen nur im Lichte benachbarter Sterne; bei anderen liegt wohl eigene kontinuierliche Strahlung vor, doch besteht hier vorläufig ein so offenbarer Widerspruch zwischen Aussehen und Spektrum, daß man auch bei diesen Himmelskörpern noch kein allgemeines, für die ganze Nebelklasse gültiges Urteil zu fällen vermag.

Nebelkataloge. Photometrische Ergebnisse. Bis gegen Ende des 18. Jahrhunderts waren durch die Entdeckungen von W. Derham, E. Halley, N. L. La Caille und besonders C. Messier etwa 100 Nebel am Himmel bekannt geworden. Das Gebiet erfuhr dann eine ganz ungeahnte Erweiterung durch W. Herschel, dessen erster, 1784 herausgegebener Katalog 466 neue Nebelgebilde enthielt. Wie sehr das Interesse an diesen Himmelskörpern wuchs, kann man daraus ersehen, daß nach 81 Jahren, also 1865, J. Herschel in seinem Generalkatalog bereits ein Verzeichnis von 5080 gesicherten Nummern veröffentlichen konnte.

Die Zahl der heute bekannten und katalogisierten Sternhaufen und Nebel läßt sich nicht genau angeben, beträgt aber gegen 20000. Der ausführlichste und gegenwärtig am meisten benutzte Nebelkatalog ist der New General Catalogue von J. L. DREYER, dessen Hauptteil um 1890 erschienen ist und mit NGC zitiert zu werden pflegt.[1]) Die drei nach und nach erschienenen Bände, die mit NGC, I NGC und II NGC abgekürzt werden, enthalten 7840, 1529 bzw. 3857 Objekte. Die zahllosen kleinen, nur photographisch erreichbaren Nebel sind im NGC nicht enthalten. Ein zusammenhängendes Verzeichnis dieser an manchen Stellen des Himmels dicht gedrängt stehenden Gebilde fehlt noch, obwohl von G. BIGOURDAN, M. WOLF und dem Harvard-Observatorium bereits recht große Felder durchmustert und die in ihnen enthaltenen Nebel katalogisiert worden sind. Für die üblichen astrophysikalischen Arbeiten reichen die drei Teile des NGC vollkommen aus. Daneben hat sich noch bei den helleren Nebeln und Sternhaufen ein Zurückgreifen auf die alten Nummern von C. MESSIER (M) erhalten.

Nicht nur über die Zahl, sondern auch über die Umrisse und die Gestaltung der Nebel hat die photographische Platte unsere Kenntnisse sehr erweitert und vertieft. Besonders bei Expositionen an Spiegeln kurzer Brennweite übertrifft sie derartig das Auge, daß heutzutage ein Studium der Nebelfleckformen nur noch auf photographischem Wege Erfolge verspricht. Manche stark aktinischen Nebel, wie der berühmte Amerikanebel (Abb. 429), sind visuell am Fernrohr auch in den besten Nächten nur in den gröbsten Umrissen zu erkennen, während sie sich photographisch in verhältnismäßig kurzer Zeit mit zahllosen Einzelheiten abbilden.

Sowohl bei direkter Beobachtung am Fernrohr als auch bei den photographischen Aufnahmen von Flächengebilden spielt das Brennweitenverhältnis der benutzten Optik eine wichtige Rolle (S. 92). Während die Helligkeit eines punktförmigen Objekts, z. B. eines Sterns, allein von der Öffnung des Fernrohrs abhängt, und mit dem Quadrat der Öffnung wächst, kommt es bei der Flächenabbildung gar nicht auf die Dimensionen des Fernrohrs an, sondern nur auf das Verhältnis der Öffnung zur Brennweite. Zu welchen Konsequenzen das führen kann, läßt sich an einem einfachen Beispiel klar machen. Ein Nebelfleck, in dessen Innern sich ein Stern befindet, sei einmal mit einer Porträtlinse von 10 cm Öffnung und 50 cm Brennweite, das andere Mal mit einem großen Refraktor von 100 cm Öffnung und 20 m Brennweite aufgenommen. Die beiden Öffnungen verhalten sich wie 1 : 10, die Helligkeit der Sternbildchen also wie 1 : 100. Für die Nebelabbildung ist aber nur das Öffnungsverhältnis maßgebend, die Helligkeiten verhalten sich hier wie $\frac{1}{5}$ zu $^1/_{20}$, d. h. wie 4 : 1. Im ersten Falle erhält man also einen hellen Nebel mit schwachem Stern, im anderen dagegen einen hellen Stern mit schwachem Nebel, falls dieser überhaupt zum Vorschein kommt.

[1]) J. L. DREYER, A new general catalogue of nebulae and clusters of stars. Mem. Royal Astr. Soc. Bd. 49 u. f.

Spiralnebel M 33 Trianguli

(8½-stündige Aufnahme am 60-zölligen Reflektor des Mt. Wilson-Observatoriums)

Die große Zahl der photographierten Nebel hat eine zuverlässige Gruppierung dieser Himmelsobjekte ermöglicht, wobei sich gezeigt hat, daß ihre Lage am Himmel im allgemeinen auch über die physische Beschaffenheit entscheidet, soweit sich ein Schluß darüber aus dem äußeren Anblick und dem Spektrum ziehen läßt. Folgen wir im wesentlichen einer neueren Einteilung von E. P. Hubble, so hätten wir zu unterscheiden:

I. Galaktische Nebel.
 1. Planetarische Nebel (NGC 6543 Drac.).
 2. Diffuse Nebel.
  a) hell (NGC 1976 Orionis),
  b) dunkel (Barnard 86).

II. Nichtgalaktische Nebel.
 1. Nebel ohne besondere Oberflächenstruktur.
  a) Kugelnebel (NGC 4486 Virg.),
  b) Nebel von Ellipsen- bzw. Linsenform (NGC 3115 Sext.).
 2. Spiralnebel.
  a) enge Knäuelformen (NGC 2681 Urs. mai.),
  b) offene Spiralen (NGC 5194 Can. ven.),
  c) auflösbare Spiralen (NGC 598 Triang.).
 3. Irreguläre Nebel (2366 Camel.).

Schließt man dieser Anordnung auch noch die nicht zweifelhafte Einteilung der Sternhaufen an, so kämen für die weiteren Betrachtungen noch in Frage:

III. Sternhaufen.
 1. Kugelhaufen (NGC 6205 Herc.),
 2. Offene Haufen (NGC 2099 Aurigae).

Wie man sieht, sind die leuchtenden galaktischen Nebel auf zwei charakteristische Formen beschränkt, auf die im allgemeinen kleinen, runden planetarischen Nebel und die ausgedehnten Nebel von unregelmäßiger, diffuser Struktur. Beide zeigen im Spektrum ausschließlich Emissionslinien, so daß man berechtigt ist, sie als gasförmig anzusehen. Die außerhalb der Milchstraße liegenden Nebel haben dagegen fast durchweg kontinuierliche Spektra. Die Einzelgruppen sind nicht nur durch die äußere Form, sondern auch durch eine merkwürdige Gesetzmäßigkeit charakterisiert, die E. P. Hubble gefunden hat, und die darin besteht; daß für jede der Unterabteilungen annähernd die gleiche Flächenhelligkeit angenommen werden kann. Die Verwandtschaft der Gruppen 1 bis 3 der nichtgalaktischen Nebel ist noch ungeklärt. Ihren physikalischen Eigenschaften nach könnte es sich um entfernte Sternsysteme, um Sternhaufen, oder kosmische, im reflektierten Sternlicht leuchtende Staubmassen handeln.

Die Helligkeitsschätzungen der Nebelflecke und der dichteren Sternhaufen sind durch die Lichtschwäche und durch die große Verschiedenheit in Größe und Form erschwert, die diese Himmelskörper gegenüber den scharfen Vergleichsternen zeigen. Infolgedessen hat man sie früher durch ziemlich nichtssagende Ausdrücke, wie sehr hell, hell, ziemlich schwach usw. gekennzeichnet. Später haben die Beobachter, ähnlich wie bei den Kometen, Größenschätzungen gewagt, wobei sich gezeigt hat, daß bei sorgfältiger systematischer Anwendung des Verfahrens auf eine größere Anzahl von Objekten recht wertvolle Ergebnisse erzielt werden können, sobald die Helligkeiten nur auf photometrisch bestimmte Sterne bezogen werden. Gerade der letzte Punkt läßt noch manches zu wünschen übrig. Das umfangreiche Material, das von J. Holetschek[1]) und von C. Wirtz[2]) in ihren großen 576 bzw. 1257 Objekte umfassenden Listen niedergelegt ist, wird z. B. erst nach Festlegung der Vergleichssternhelligkeiten die Bedeutung erreichen, die ihm unzweifelhaft zukommt. Die in den folgenden Verzeichnissen mitgeteilten, meist nach der *BD* geschätzten Helligkeiten von J. Holetschek sind oft reichlich um eine halbe Größenklasse unsicher.

Der erste, der photometrische Messungen der Nebelfleckhelligkeiten angestellt hat, war W. Huggins, der drei bekannte helle Nebel (NGC 6720 Lyrae, 6853 Vulpeculae, 7009 Aquarii) mit einer in großer Entfernung aufgestellten Kerze verglich. Einige Jahrzehnte später (1879—1882) wurden von E. C. Pickering mit einem besonders zu diesem Zweck konstruierten Photometer, bei dem extrafokale Sternscheibchen zum Vergleich dienten, die Flächenhelligkeiten von 41 Nebeln bestimmt. Durch Reduktion auf eine Scheibe von 1′ Durchmesser wurde das Material homogen gemacht, so daß die angegebenen Größen die Gesamthelligkeit der Nebel bezeichnen, wenn ihre Scheibe gerade einen Durchmesser von 1′ hat. Da die meisten gemessenen Nebel viel kleiner sind, so liegen die auf diesem Wege gefundenen Größen beträchtlich höher als es der Wirklichkeit entspricht. Wo zuverlässige Durchmesser bestimmt sind, und die Nebel als einigermaßen gleichmäßige Scheiben aufgefaßt werden können, ist dann die Umwandlung in Gesamthelligkeiten leicht ausführbar.

Ganz gleichartig hat C. Wirtz seine Messungen angeordnet, die er an einem Vergleichs-Keilphotometer unter Benutzung des Straßburger Refraktors von 49 cm Öffnung zwischen 1911 und 1914 ausgeführt hat. Sein Katalog umfaßt 566 Nebel und Sternhaufen, die mindestens je zweimal gemessen worden sind. In der untenstehenden Liste sind die hellsten Nebel des Wirtzschen Verzeichnisses enthalten, ohne Angabe der Örter, die den Übersichten S. 648 und 680 entnommen werden können. *H* bedeutet die Flächen-, *Gr* die Gesamthelligkeit, und zwar ist letztere, wie oben angedeutet, aus *H* mit Hilfe des visuellen Nebeldurchmessers berechnet. Die kugelförmigen Sternhaufen sind durch ⊕, die Emissionsnebel durch ○, die Spiralnebel durch σ, die Kugelnebel durch $\varkappa$ gekennzeichnet. Zur Erleichterung der Identifizierung ist sowohl die NGC- als auch die Messier-Nummer angegeben.

---

[1]) J. Holetschek, Beobachtungen über den Helligkeitseindruck von Nebelflecken und Sternhaufen. Ann. Stw. Wien, Bd. 20 (1907).

[2]) C. Wirtz, Beobachtungen von Nebelflecken am 49 cm-Refraktor. Ann. Stw. Straßburg. Bd. 4 (1911).

Flächen- und Gesamthelligkeiten einiger Nebel und Sternhaufen.

NGC	M	Charakter	*H*	Gr.	NGC	M	Charakter	*H*	Gr.
205	—	σ	11.7^m	8.0^m	4579	58	σ	10.7^m	8.7^m
224	31	σ	8.8	4.6:	4594	—	σ	9.7	8.7
598	33	σ	12.1	4.7:	4631	—	σ	11.8	8.8
1023	—	σ	10.1	8.4	4649	60	ϰ	10.3	7.9
1952	1	○	11.2	8.1	4725	—	σ	10.9	7.5
1976	42	○	7.8	5.1	4826	64	σ	11.0	8.8
3115	—	σ	9.8	9.0	5194	51	σ	10.9	7.4
3368	96	σ	10.7	7.7	5272	3	⊕	8.9	5.0
3521	—	σ	10.3	8.8	5457	101	σ	12.2	6.5
3623	65	σ	10.9	7.9	5904	5	⊕	8.9	4.4
3627	66	σ	10.6	7.9	6210	—	○	8.2	8.2
4216	—	σ	10.8	8.6	6218	12	⊕	10.4	5.7
4303	61	σ	11.7	8.7	6254	10	⊕	10.2	7.9
4321	100	σ	11.3	7.8	6333	9	⊕	10.1	7.7
4374	84	ϰ	10.5	8.1	6402	14	⊕	11.0	8.0
4382	85	σ	10.4	8.4	6572	—	○	8.2	8.2
4406	86	ϰ	10.7	7.7	6618	17	○	10.5	6.9
4472	49	ϰ	10.2	7.8	6853	27	○	10.8	7.0:
4486	87	ϰ	10.4	7.1	7078	15	⊕	8.1	5.1
4565	—	σ	11.2	8.5	7089	2	⊕	8.7	6.3
4569	90	σ	11.4	8.8	7331	—	σ	10.8	8.8

Die planetarischen Nebel. Das Hauptkennzeichen aller leuchtenden Nebel, die sich im Bereiche der Milchstraße vorfinden, ist ihr Emissionsspektrum. Man hat daraufhin diese Nebel früher als selbstleuchtend angesehen und ihnen auch kosmogonisch eine ganz besondere Stellung im Weltall zugewiesen. Gegenwärtig herrschen darüber andere Anschauungen. Bei fast allen bedeutenderen galaktischen Nebeln sind nämlich Beziehungen zu räumlich benachbarten Sternen der frühen Spektralklassen O und B aufgedeckt worden, die in mancher Beziehung noch dunkel sind, aber doch zweifellos darauf hindeuten, daß der Leuchtvorgang im wesentlichen auf die von diesen Sternen ausgehende hohe Strahlungsenergie zurückzuführen ist. Bevor wir auf diese Frage näher eingehen, sollen die wichtigsten Merkmale der Emissions- oder sog. Gasnebel skizziert werden.

Den Sternen schließen sich am besten die planetarischen Nebel an. Den Namen haben sie von ihrer Form erhalten, denn sie erscheinen im Fernrohr als kleine, kreisrunde oder elliptische Scheibchen, ähnlich den Bildern, wie sie die Planeten Jupiter, Uranus und Neptun bei etwas dunstiger Luft liefern. In dieselbe Gruppe gehören auch die Nebelsterne und Ringnebel, wie ja überhaupt die Photographie die letzte Form als typisch für die meisten planetarischen Gebilde festgestellt hat. Das nachstehende Verzeichnis enthält alle helleren

Verzeichnis der helleren planetarischen Nebel

NGC	Ort 1900.0		BD u. CoD	Gr.	Sp.	Bemerkungen
40	0h 7.6m	+71° 58′	—	10m	Pd	Ring, 0.6′ Dm.
651	1 36.0	+51 4	+50° 332	10.5	—	Doppelnebel, Schneckenform
1068	2 37.6	−0 26	−0 412	9	—	Schneckenform, M 77 Ceti
1326	3 20.2	−36 49	−36 1280	—	—	Plan.
I 351	3 41.1	+34 45	—	10	—	» 9″ Dm.
1501	3 58.4	+60 39	—	10	—	Nebelstern, Hülle 57″ Dm.
1514	4 2.9	+30 33	+30 623	8.5	—	» » 126″ »
1535	4 9.6	−13 0	−13 842	9	Pd	Plan. 15″ Dm.
I 418	5 22.9	−12 46	−12 1172	9	Pa	Ring 15″ »
2022	5 36.6	+9 2	—	11	Pf	» 28″ »
II 2149	5 48 9	+46 6	+46 1067	11:		Plan. langlich, 12″: 6″
II 2165	6 17.1	−12 56	−12 1453	10.5	Pe	» 8″ Dm., ♃-ähnlich
2392	7 23.3	+21 7	+21 1609	8.5	Pe	Nebelstern, Hülle 45″ Dm.
2438	7 37.2	−14 29	−14 2129	10	Pd	Ring 70″: 64″ i. Sternhaufen
2440	7 37.5	−17 58	−17 2105	9	Pe	Plan. 15″ Dm. unregelm.
—	8 10.8	−41 24	−41 3911	11.5	Pc	
2792	9 8.6	−42 1	−41 4893	8	Pd	»
2818	9 12.0	−36 12	—	10	—	»
3132	10 2.8	−39 57	−39 6137	8.5	Pd ?	» 1′ Dm.
3242	10 20.0	−18 8	−17 3140	8	Pe	» 42″: 38″
3587	11 9 0	+55 34	+55 1449	9.5	—	Eulennebel, 150″ Dm.
3918	11 45 4	−56 38	−56 4818	7	Pe	Plan. 35″ »
4361	12 19.4	−18 13	−17 3614	10	Pf	Spiralform.
II 3568	12 30.4	+83 7	+83 357	10	Pd	» 15″ Dm.
—	13 44.6	−50 43	−50 8073	11.5	Pd	Plan.
5315	13 46.5	−66 1	−65 2513	10 5	Pe	» klein
II 4406	14 16.1	−43 41	−43 9005	11.5	Pb	»
5873	15 6 4	−37 44	−37 10033	9.5	Pe	»
5882	15 10 0	−45 17	−45 9789	11 5	Pd	»
II 4593	16 7 0	+12 20	+12 2966	9.5	Pc	Nebelstern, Hulle 10″ Dm
6153	16 24 7	−40 2	−39 10464	11	Pd	Plan. klein
6210	16 40 3	+23 59	+24 3048	8 5	Pe	» 12″ Dm.
II 4634	16 55.6	−21 40	−21 4483	11	Pd	» langlich
II 4637	16 58.1	−40 44	−40 11127	11 5	Pd	
—	17 7.0	−37 0	−36 11341	9 5	Pe	
6309	17 8.4	−12 48	—	10 5	Pe	Plan. 20″: 8″
6326	17 12.9	−51 40	−51 10820	11 5	Pd	»
6369	17 23.2	−23 41	−23 13397	12	Pd	Ring 31″: 23″, schwach
6543	17 58.6	+66 38	+66 1066	8	Pd	Plan. 20″ Dm.
6537	17 59.3	−19 51	—	10.5	—	» sehr klein
6563	18 5.5	−33 53	−33 12935	11 5	Pb	» 50″: 35″
6565	18 5.6	−28 12	−28 14266	12	Pc	» 10″ Dm.
6572	18 7.2	+6 50	+6 3649	8 5	Pd	» 12″ »

NGC	Ort 1900.0		BD u. CoD	Gr.	Sp.	Bemerkungen
6577	$18^h\ 7.8^m$	$-19^0\ 6'$	—	11^m	Pd	Plan., klein
6629	18 19.6	— 23 15	-23^0 14350	11	Pd	» rund, 15″ Dm.
—	18 26.4	— 25 12	— 25 13223	11	Pd	» sternartig
—	18 39.3	— 33 25	— 33 13537	9.5	Pd	» »
6720	18 49.9	+ 32 54	+ 32 3246	9	Pb	Ring i. d. Leier, 80″. 60″
6741	18 57.5	— 0 35	— 0 3630	10.5	Pd	Plan., klein, 7″ Dm., ♃-artig
I 1297	19 10.5	— 39 47	— 39 13207	10 5	Pe	
II 4846	19 11.0	— 9 14	— 9 5069	10	Pd	Plan., sternartig
6781	19 13 6	+ 6 21	—	11	Pd	» schwach, 2″ Dm.
6790	19 17 9	+ 1 19	+ 1 3979	10	Pd	» vollk. sternartig
6803	19 26.6	+ 9 52	—	11	Pd	» 5″ Dm.
6818	19 38.3	— 14 24	— 14 5523	9	Pe	» 24″ »
6826	19 42.1	+ 50 17	+ 50 2869	8.5	Pd	» 27″: 24″
6853	19 55.3	+ 22 27	—	7.5	Pb?	Hantelnebel i. Fuchs
6884	20 7.2	+ 46 10	—	10.5	Pd	Plan., sternartig, 7″ Dm.
6891	20 10.4	+ 12 26	+ 12 4266	10	Pd	» 6″ Dm.
6905	20 17.9	+ 19 47	—	11	Pd	» 45″ Dm.
7009	20 58.7	— 11 48	— 11 5511	7.5	Pe	» 13″: 30″, ♄-artig
7026	21 2.9	+ 47 27	—	11.5	—	»
7027	21 3.3	+ 41 50	+ 41 4004	9	Pe	» 10″ Dm.
II 5217	22 19.9	+ 50 28	—	11	Pd	» 7″ »
7354	22 36.6	+ 60 46	—	10.5	—	» 30″ »
7662	23 21.1	+ 41 59	+ 41 4773	8.5	Pe	» 30″ »

Nebel dieses Typs, der Gesamtzahl nach etwa die Hälfte der bisher bekannten Objekte. Fortgelassen sind diejenigen Nebel, die offenbar physisch zu den beiden Kapwolken gehören, also eine Sonderstellung einnehmen. Die Größen sowie die Bemerkungen beziehen sich auf den visuellen Anblick in größeren Fernrohren. In kleinen Instrumenten erscheinen die meisten planetarischen Nebel vollkommen sternartig; daher die Hinweise auf Nummern der bekannten Durchmusterungen, in die diese kleinen Nebel bei den Beobachtungen ohne weiteres mit hineingeraten sind.

Werden die Örter der hier verzeichneten Nebel in eine Karte eingetragen, so tritt ihre Beziehung zur Milchstraßenebene überaus deutlich hervor, denn rund 60% dieser Gebilde entfallen auf eine galaktische Zone von $\pm 10^0$. Schon diese Zusammendrängung in der Mittellinie der Milchstraße läßt den Schluß zu, daß die planetarischen Nebel, vor allen Dingen diejenigen, die nahe in der Hauptebene der Milchstraße liegen, sehr entfernte Himmelskörper sind. Die bisher bestimmten Parallaxen können höchstens die Größenordnung der Abstände veranschaulichen. A. VAN MAANEN, der sich dieser schwierigen Aufgabe mit besonderem Eifer gewidmet hat, fand unter 16 untersuchten Nebeln die größte Parallaxe bei NGC 7662 in der Andromeda ($p = 0.023''$).

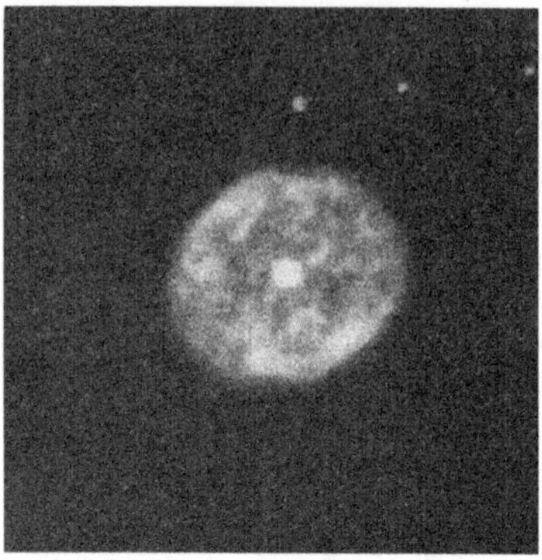

NGC 1501 Camelop. (Exp. 120^{m})

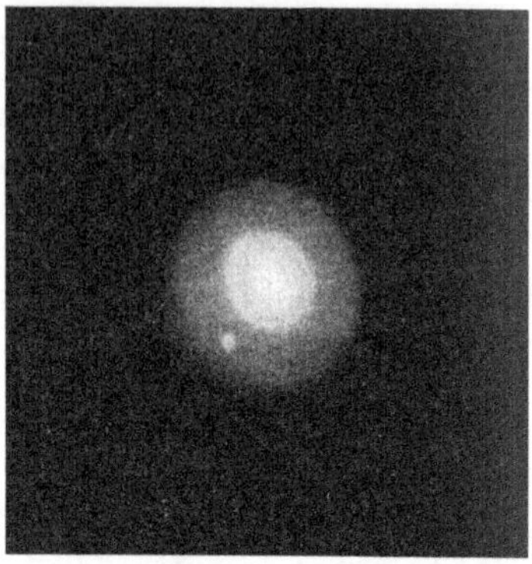

NGC 1535 Eridani (Exp. 85^{m})

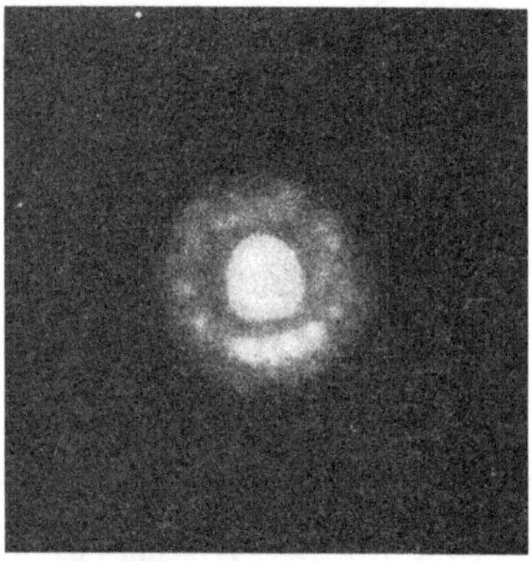

NGC 2392 Gemin. (Exp. 120^{m})

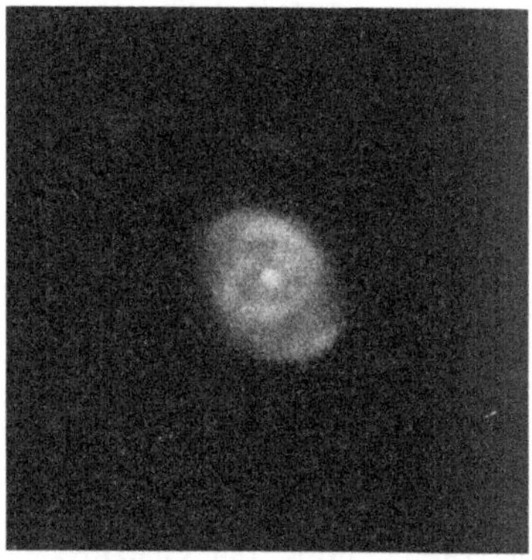

NGC 6543 Draconis (Exp. 50^{m})

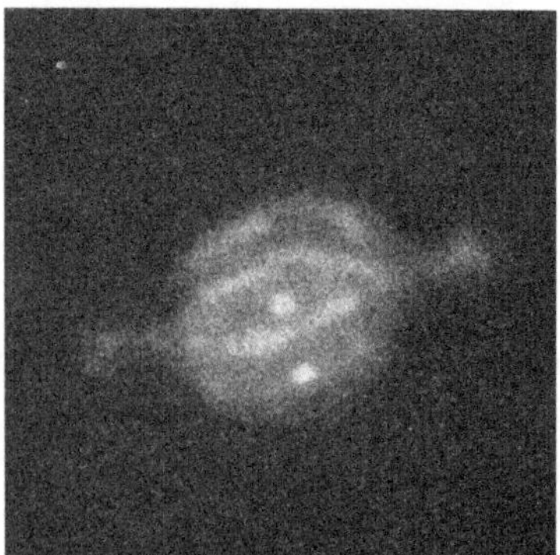

NGC 7009 Aquarii (Exp. 210^{m})

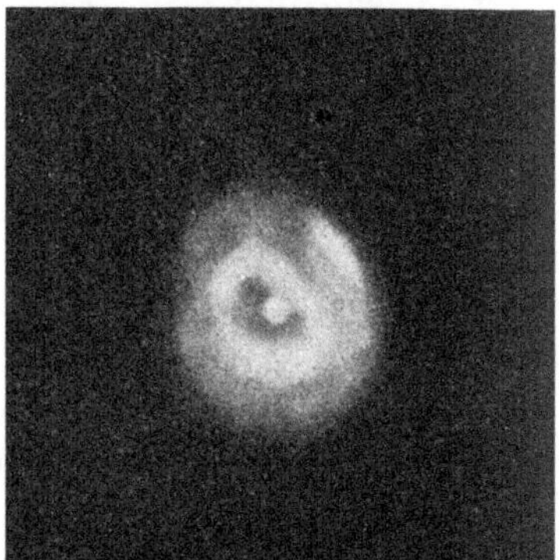

NGC 7662 Androm. (Exp. 90^{m})

Abb. 421. Die Haupttypen der planetarischen Nebel
(nach Mt. Wilson-Aufnahmen, 1.5 m-Reflektor).

die kleinste beim Ringnebel NGC 6720 in der Leier ($p = 0.001''$). Demnach würden die beiden Nebel in Distanzen von 140 bzw. 3300 *LJ* zu versetzen sein. Als Mittelwert der Abstände ergaben sich rund 240 *LJ*, wegen des Fehlens einer parallaktischen Bewegung stellt aber diese Zahl sicher nur einen unteren Grenzwert dar. Danach müssen die Dimensionen selbst der kleineren planetarischen Nebel sehr bedeutend sein, jedenfalls den Durchmesser unseres ganzen Planetensystems wesentlich übertreffen. Bei dem schwachen Doppelring NGC 7293 im Aquarius, der einen Durchmesser von 14′ und eine Parallaxe von 0.058″ hat, gelangt man sogar zu einer Ausdehnung, die mindestens dem 800fachen Umfang der Neptunbahn entspricht.

Das typische Beispiel eines planetarischen Nebels bietet NGC 6543. Er steht zwischen δ und ξ Draconis, fast genau am Pol der Ekliptik und hat im Sucherfernrohr das Aussehen eines verwaschenen Sterns 8. Größe. In großen Refraktoren erkennt man eine blaue elliptische Scheibe von 23″ : 18″ Durchmesser mit einem Zentralstern 9.5^m. Bei Anwendung eines geradsichtigen Prismas zerfließt der Stern in einen farbigen Faden, während der Nebel wegen seiner fast monochromatischen Strahlung ungeändert bleibt. Man erhält dann den Eindruck eines Ringes; daß auch diese Gestalt nicht zutrifft, beweist die Photographie, die den Nebel deutlich in Schneckenform zeigt. Ganz ähnlich gebaute Objekte sind NGC 7027 Cygni, 7662 Androm. und der Schneckennebel NGC 1068 Ceti. Von der Stern-, Scheiben- und Schneckenform sind hier alle Übergänge zum Ring vertreten (Abb. 421). Das größte Objekt der letzten Art ist der bereits erwähnte Doppelring von NGC 7293 Aquarii, das hellste der bekannte Nebel in der Leier NGC 6720. Die große Achse des elliptischen Ringes beträgt hier 80″, die kleine 60″. Die zentrale Verdichtung ist visuell 15.5^m, während sie photographisch schon mit den helleren Teilen des Ringes sichtbar wird. Daß der Ring kein einfaches glattes Gebilde ist, erkennt man auf den ersten Blick. Die an den Enden der großen Achse befindlichen Teile sind merklich lichtschwächer und der Umriß erscheint aus mehreren nicht genau konzentrischen Schichten zusammengesetzt, so daß man den räumlichen Eindruck eines Körpers erhält, bei dem die Materie in Schalenform angeordnet ist. Die Ringgestalt selbst kann nicht dem wahren Umriß entsprechen; wäre dies der Fall, so müßten diese Nebel nicht nur als Kreise oder Ellipsen, sondern auch in Strichform am Himmel vorkommen, was bis jetzt nicht beobachtet worden ist. Bei genauerer Betrachtung am Fernrohr gewinnt man den Eindruck, als ob die Stellung des Beobachters zu den planetarischen Nebeln überhaupt ohne Bedeutung wäre, und daß uns diese Weltkörper, von verschiedenen Seiten betrachtet, nicht wesentlich anders erscheinen würden, wie von dem jetzigen Standpunkte aus. Hieraus darf vielleicht der Schluß gezogen werden, daß es sich um leuchtende Schichten von Ellipsoiden oder tonnenförmigen Gebilden handelt, die dort am hellsten erscheinen, wo die Hüllen sich in der Projektion am stärksten überlagern. Aber auch dann muß in einzelnen Fällen eine besondere, oft ungewöhnliche Verteilung der leuchtenden Materie angenommen werden, ganz abgesehen davon, daß schalenförmige, etwa durch Strahlungsdruck getragene oder gar rotierende Gashüllen um einen Stern auch dynamisch schwer vorstellbar sind.

Spektroskopische Untersuchungen. Das Spektrum der planetarischen Nebel wird in eine besondere Klasse P zusammengefaßt. Es besteht meist aus einem schwachen kontinuierlichen Grund mit kräftigen Emissionslinien. Das Helligkeitsverhältnis zwischen den beiden Strahlungen ändert sich naturgemäß mit der angewendeten Dispersion; bei sehr schwacher Zerstreuung ist das kontinuierliche Spektrum relativ hell; bei starker wird es schwach und kann sogar ganz verschwinden. Aber auch bei Anwendung ein und desselben Instrumentes ist deutlich zu erkennen, daß die Intensitäten der beiden Spektra auch von Fall zu Fall verschieden sind. In einzelnen Nebeln, z. B. NGC 4214 und

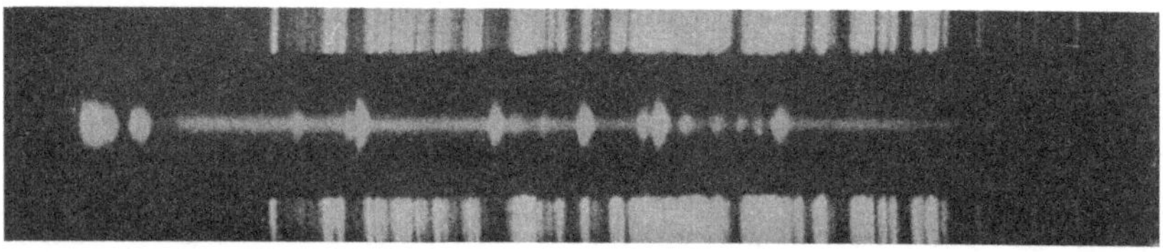

Abb. 422. Spaltspektrum des planetarischen Nebels NGC 6572 Aquilae (nach M. Wolf).

4449 Can. ven. ist das kontinuierliche Licht sehr auffällig, in NGC 6751 Aquilae und 7026 Cygni fehlt es gänzlich. Es liegt dies zweifellos daran, daß in dem einen Falle in erster Linie der sternartige Kern, im zweiten hauptsächlich der Nebel zur Entstehung des Spektrums beiträgt. Die Nebel der ersten Gruppe sind weiß oder schwach gelblich, diejenigen der zweiten oft ausgesprochen blau oder grün.

Das Emissionsspektrum der Gasnebel besteht im visuellen Teil wesentlich aus drei sehr hellen grünen Linien bei den Wellenlängen λ 5007, 4959 und 4862, vom Helligkeitsverhältnis 10 : 3 : 1. Daß die dritte Linie mit der *Hβ*-Linie des Wasserstoffs identisch ist, wurde gleich nach ihrer Entdeckung erkannt; dagegen ist es bisher nicht gelungen, die Herkunft der beiden anderen Emissionen experimentell zu ermitteln. Sie wurden bis in die neueste Zeit einem noch unbekannten Gase, dem Nebulium (*Nu*) zugeschrieben, das uns von den Neuen Sternen her bereits bekannt ist. In der nachfolgenden Tabelle sind die helleren Nebellinien mit ihren Wellenlängen nach W. H. Wright unter Einschluß des ultraroten und ultravioletten Gebietes verzeichnet. Es geht daraus hervor, daß die Gasnebel mindestens drei Elemente, das hypothetische Nebulium, Wasserstoff und Helium, enthalten. Die Verteilung dieser drei Elemente in den einzelnen Nebeln ist sehr verschieden. Oft fehlt das Helium, zuweilen ist der Wasserstoff stark zurückgedrängt, während er in anderen Fällen wieder deutlich hervortritt, wie bei $BD + 30^0\,3639$ und NGC 40, wo *Hβ* die hellste Emission des Spektrums bildet. Dabei ist noch zu beachten, daß die Helligkeitsfolge der Balmer-Linien in den Nebelspektren ähnlich wie bei den Mira-Veränderlichen von der üblichen Regel abweicht. Auf $H\beta$ folgt $H\gamma$, während $H\alpha$ nur selten und dann nur schwach sichtbar ist. Das kontinuierliche Wasserstoffspektrum (vgl. S. 313), das bei λ 3647 beginnt, tritt bei den spektrographischen Aufnahmen der Gasnebel deutlich hervor. Da die Unterschiede im Spektrum der planetarischen Nebel sicher auch irgendeine physikalische Ursache haben, wird ihnen in der Draper-Klassifikation durch Unterteilung Ausdruck verliehen. Die entsprechenden Bezeichnungen sind bereits in dem Verzeichnis auf S. 648 u. 649 verwendet und können wie folgt gekennzeichnet werden:

Pa. *Nu IV* und *V* sehr kräftig, andere *Nu*-Linien schwach. *H*-Serie vorhanden, λ 3869 fehlt.

Pb. Ähnlich Pa, doch erscheinen die Hauptlinien *I* und *II* des *Nu* bei λ 5007 und 4959 wesentlich kräftiger.

Pc. Die dritte *Nu*-Linie bei λ 4363 tritt besonders deutlich hervor. Stadium der Neuen Sterne beim Übergang in die Nebelphase (Pc = Qx, vgl. S. 602).

Pd. Die Hauptlinie *Nu I* bei λ 5007 in voller Entfaltung; mindestens fünfmal so hell wie $H\gamma$. λ 4686 (He^+) fehlt.

Pe. Ähnlich Pd, doch ist λ 4686 vertreten.

Pf. Die Linie λ 4686 ist die hellste des ganzen Spektrums.

Hellere Emissionen in Gasnebeln.

λ	Intensitat	Ursprung
7325	deutlich	*O* ?
7138	»	?
6584	hell	*N* ?
6563	»	$H\alpha$
6548	deutlich	*N* ?
5007	sehr hell	*Nu I*
4959	» »	*Nu II*
4862	hell	$H\beta$
4740	deutlich	?
4686	hell	He^+
4472	deutlich	*He*
4363	hell	*Nu III*
4341	»	$H\gamma$
4102	»	$H\delta$
3970	deutlich	$H\varepsilon$
3968	»	?
3889	»	?
3869	hell	He^+
3729	sehr hell	*Nu IV*
3726	hell	*Nu V*

Die meisten planetarischen Nebel entfallen auf die Klasse Pd und Pc; Pa und Pf sind außerordentlich selten.

Über die Verteilung der einzelnen Elemente auf die verschiedenen Stellen eines Nebels lassen sich durch direkte Beobachtungen keine Anhaltspunkte gewinnen, wohl aber durch ein genaueres Studium der Spektrogramme. Wie merkwürdig zuweilen die Verhaltnisse liegen, zeigt am besten das Spektrum des Ringnebels in der Leier (NGC 6720), das von M. Wolf, K. Burns und W. H. Wright untersucht worden ist, und dessen Anblick Abb. 423 veranschaulicht. An dem photographischen Bilde, bei dessen Aufnahme der Spalt den Ring radial durchquerte, ist die eigenartige Verteilung der Emissionen auf die einzelnen Nebelgebiete aufs deutlichste zu erkennen. Die Linien λ 5007, 4959, 4069, 3968 und besonders das Paar λ 3727 setzen hauptsächlich den Ringumriß zu-

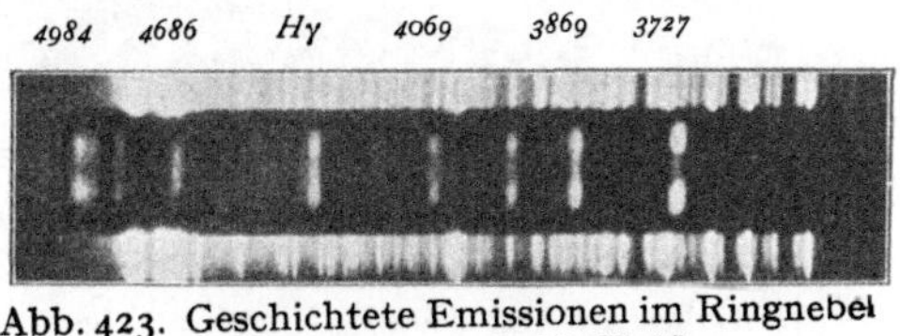

Abb. 423. Geschichtete Emissionen im Ringnebel in der Leier (nach M. Wolf).

Abb. 424. Spektrum des Ringnebels in der Leier (nach W. H Wright).

sammen. Bei λ 4363 und 3869 ist die Materie auf die ganze von dem Nebel eingenommene Fläche fast gleichartig verteilt, und bei λ 4686 ist nur das Innere des Ringes in Form eines kurzen Striches herausgekommen. Ähnliche Verhältnisse liegen auch beim Hantelnebel NGC 6853 Vulpeculae, bei NGC 2392 Gemin., 2438 Puppis u. a. vor.

Werden von einem Nebel mit einem Objektivprisma oder mit einem spaltlosen Spektrographen Aufnahmen gemacht, so erhält man monochromatische Teilbilder, die den einzelnen Emissionen im Spektrum entsprechen. Oft lassen sich schon auf diesem kürzeren und einfacheren Wege innerhalb ein und desselben Nebels Unterschiede in der Gasschichtung nachweisen, was daran zu erkennen ist, daß die Teilbilder des Nebels in ihrem Umriß nicht übereinstimmen (Abb. 424). Im Falle der Anwendung gewöhnlicher zweiteiliger Objektive ist natürlich bei Beurteilung der monochromatischen Bilder Vorsicht am Platze. Bei der üblichen Objektivkorrektion sind, streng genommen, nur zwei Gegenden des Spektrums zur Vereinigung gebracht, und nur an diesen Stellen hat man daher scharfe, unverzerrte Bilder zu erwarten. Die besten und zuverlässigsten Ergebnisse liefern natürlich Spektrographen, die mit Reflektoren verbunden sind. Sehr anschauliche Abbildungen dieser Art finden sich in der großen Nebelmonographie der Lick-Sternwarte.[1]) Nach diesen Spektrogrammen ist in den planetarischen Systemen Wasserstoff am meisten verbreitet; es folgt das Nebulium, während das Helium in der Regel auf die Kernumgebung beschränkt bleibt.

Von besonderer Bedeutung für die Beurteilung der Beziehung zwischen den Gasnebeln und den Fixsternen ist jedes Ergebnis, das die physische Beschaffenheit der Nebelkerne betrifft. Zunächst lehrt schon eine flüchtige Untersuchung, daß diese durchweg ein kontinuierliches Spektrum zeigen, also dementsprechend als Sterne und nicht als Nebelknoten aufzufassen sind. W. H. Wright hat mit den optischen Mitteln des Mt. Wilson-Observatoriums diesen Spektren besondere Aufmerksamkeit gewidmet und den Nachweis geliefert, daß sie neben Absorptions- auch zahlreiche Emissionslinien enthalten, deren Lage, Helligkeit usw.

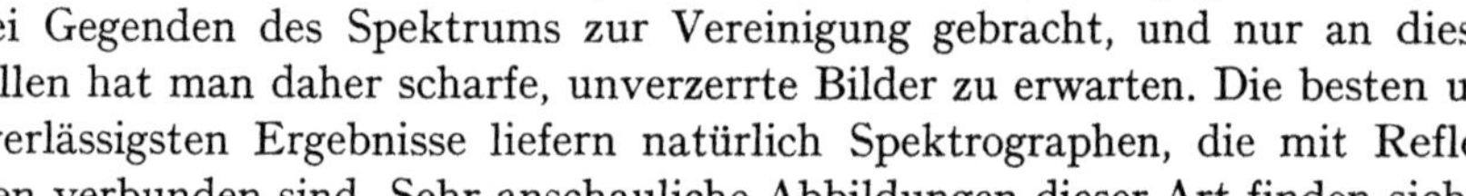

Abb. 425. Spektrum des planetarischen Nebels NGC 7009 (nach W. H. Wright).

[1]) Studies of the nebulae made at the Lick-Observatory and Santiago. Lick Publ. Bd. 13 (1918).

den Sternen vom Wolf-Rayet-Typus genau entspricht. Bei den Kernen der kleinen planetarischen Nebel ist die Spektralklasse O die Regel, bei den größeren treten Übergänge auf, die bis an die Grenze Oe 5 der normalen Sterne heranreichen. Da, wie wir noch sehen werden, mit den diffusen Emissionsnebeln Sterne der Klasse Oe 5 bis Bo und mit den kontinuierlich strahlenden Nebeln in der Regel Sterne der Klassen B 1 bis A 3 eng verknüpft sind, so liegt hier eine fortschreitende Entwicklung der Beziehungen zwischen Nebeln und Sternen vor, die anscheinend mit der Temperaturfolge zusammenhängt. Daß an eine kosmogonische Entwicklung der Sterne aus den Nebeln, etwa in der Reihenfolge P-O-B-A nicht gedacht werden kann, wurde schon mehrfach erwähnt. Dagegen spricht schon die räumliche Bewegung der planetarischen Nebel, die im Durchschnitt 30 km in der Sekunde zurücklegen, während die B-Sterne nur mit einer Sekundengeschwindigkeit von 7 km dahineilen. Die wichtigsten Bedenken sind darin begründet, daß die Zahl der planetarischen Nebel viel zu gering ist, um als Normalstadium einer Sternentwicklung gelten zu können.

Noch eine Eigenschaft der von Gashüllen umschlossenen Nebelkerne muß hier erwähnt werden. Da die sonst im Milchstraßengebiet verstreuten Wolf-Rayet-Sterne als Weltkörper sehr hoher Oberflächentemperatur anzusehen sind (S. 572), liegt es nahe, ihren gleichartigen Verwandten inmitten der planetarischen Nebel auch eine bedeutende absolute Helligkeit zuzuschreiben. Nach den Parallaxen, die A. VAN MAANEN von planetarischen Nebeln bestimmt hat, folgt jedoch für die Kerne im Mittel nur ein Wert $m_0 = + 8.5^m$, der im Vergleich zu der Normalhelligkeit der Klasse um etwa 12^m zu tief liegt. Selbst wenn man die Entfernungen zwei oder dreimal größer annimmt, bleiben sehr erhebliche Unterschiede bestehen. Entweder sind also die O-Sterne in zwei Äste vom Riesen- und Zwergcharakter gespalten, oder es liegt Absorption durch die Nebelmaterie vor. Letzteres scheint wahrscheinlicher zu sein. Daß die Kerne der planetarischen Nebel eine ungewöhnlich starke Gelbfärbung zeigen, war schon früheren Beobachtern aufgefallen; die inzwischen photographisch bestätigte Wahrnehmung deutet darauf hin, daß neben der Absorption auch Lichtzerstreuung vorliegt.

Die diffusen galaktischen Nebel mit Emissionsspektrum. Bewegungsvorgänge in Gasnebeln. Ihrem äußeren Aussehen nach von den planetarischen Nebeln völlig verschieden, dagegen bezüglich des Spektrums mit ihnen eng verwandt sind die sog. diffusen Nebel des Milchstraßengürtels, als deren hervorragendster Typus der große Nebel um das Trapez ϑ Orionis gelten darf.

Der Orionnebel (NGC 1976) ist nicht nur der bekannteste, sondern auch der strukturreichste aller großen Nebel mit Emissionsspektrum. Im Fernrohr zeigt er in seinem hellsten Teil, der sog. Huygensschen Region (Abb. 426), eine ausgesprochen wolkige Beschaffenheit, deren Einzelheiten auf den üblichen Aufnahmen wegen Überexposition meist nicht mehr zu erkennen sind. Durch entsprechend kürzere Belichtungen oder durch Verwendung von Chlorsilberplatten

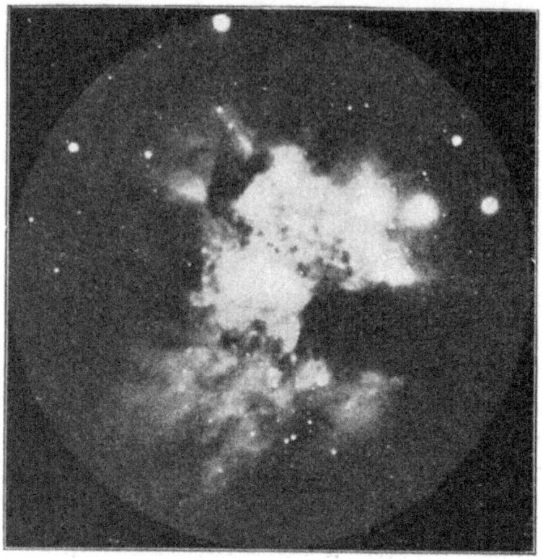

Abb. 426. Mittlerer Teil des Orionnebels (nach einer Yerkes-Aufnahme).

kann man jedoch die innere Struktur auch photographisch in jeder wünschenswerten Klarheit und Deutlichkeit erhalten. Über die räumliche Gestalt des Nebels ist eine Vorstellung kaum möglich. Neben gleichmäßig hellen Flächen treten in ihm merkwürdige Formen auf: kumulusartige Bildungen, daneben verwaschene oder scharf umrissene Bänder und Schweife, zwischen denen dunkle Höhlen und Kanäle dem Ganzen ein chaotisches Aussehen verleihen. Daß der Nebel in die gleiche Entfernung zu versetzen ist, wie die hellglänzenden Sterne des Orionbildes, kann als gesicherte Tatsache gelten. Die ganze Konstellation stellt ja nichts anderes dar, als einen ausgedehnten, sehr entfernten und zerstreuten Haufen von Helium-Sternen. Auch im Orionnebel selbst befinden sich viele hellere und schwächere Sterne desselben Spektraltypus. Ihre physische Zugehörigkeit zum Nebel geht insbesondere daraus hervor, daß der hellste Teil der Nebelmaterie das aus Sternen Oe 5 bis B gebildete sog. Trapez so umschließt, daß eine ähnliche Figur entsteht. Der Zusammenhang ist auch astrometrisch insofern von besonderer Bedeutung, als damit die Entfernungsbestimmung der leuchtenden Wolke auf die scharf einstellbaren Sterne übergeht. Leider ist die Parallaxe der Trapezsterne trigonometrisch vorläufig nicht zu erfassen. Durch statistische Methoden gelangt man aber nach J. C. KAPTEYN zu dem Wert $p = 0.007''$, der einem Abstand von rund 450 LJ entspricht und allein für das innerste Kerngebiet des Orionnebels den 600fachen Durchmesser des Sonnensystems ergibt.

Ganz merkwürdige Gebilde stellen auch die unregelmäßigen Nebel NGC 6960 und 6992 im Schwan dar (Abb. 428), die trotz ihres scheinbaren Abstandes von etwa $2\frac{1}{2}{}^{0}$ offenbar zusammengehören. Beide sind schon von J. HERSCHEL katalogisiert und beschrieben worden, aber erst die photographischen Spiegelteleskope haben alle Einzelheiten der beiden Nebelstreifen abgebildet. Nach den Aufnahmen

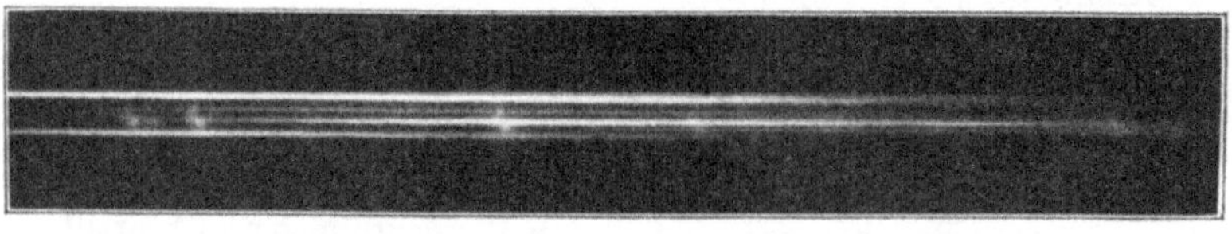

Abb. 427. Spektrum der Gegend um ϑ Orionis (nach M. Beyer).

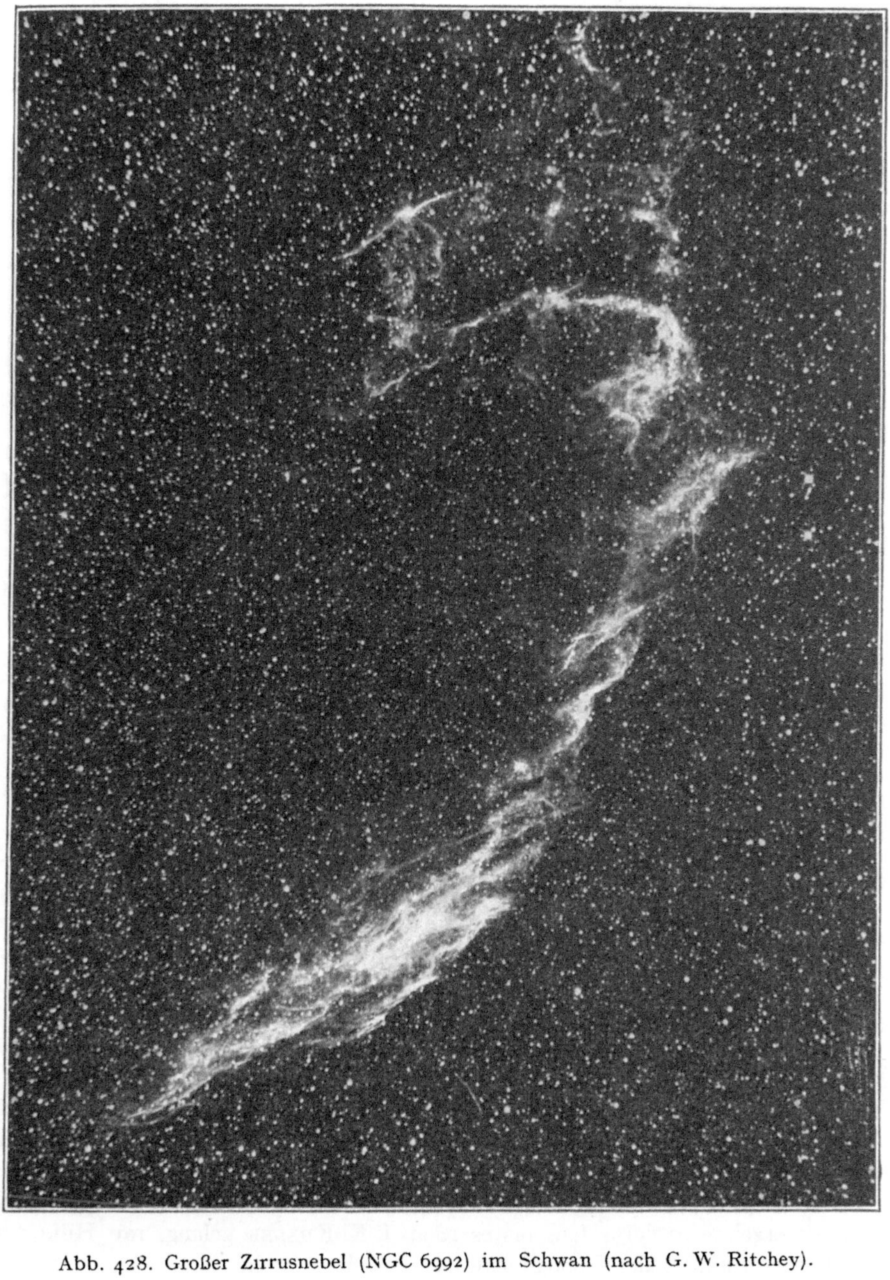

Abb. 428. Großer Zirrusnebel (NGC 6992) im Schwan (nach G. W. Ritchey).

bestehen sie aus feinen Fasern, die stellenweise miteinander zopfartig durchflochten sind. An den Nebel NGC 6960 grenzt nach Westen zu eine merkwürdige dunkle Lücke, in der die Sterne wesentlich dünner verteilt sind, als östlich von der scharfen Nebelgrenze, eine Tatsache, auf die wir noch zurückkommen werden (S. 665).

Große diffuse Emissionsnebel.

NGC	Ort 1900.0	Bemerkungen
1499	$3^h\,57^m$ + 36^0 8′	Nebel bei *o* Persei, Emissionsspektrum
1952	5 28.5 + 21 57	Krebsnebel i. Stier, Emissions- u. kräftiges kont. Sp.
1976	5 30.4 — 5 27	Orionnebel bei *ϑ*, Sp. Pb
1977	5 30.5 — 4 54	» » *c*, *He* in Emission, *H* in Absorption
1982	5 30.6 — 5 20	» nördl. von NGC 1976
2070	5 39.4 — 69 9	Nebel in d. Gr. Kapwolke
3372	10 41.2 — 59 9	Nebel um *η* Argus
6514	17 56.3 — 23 2	Trifidnebel im Schützen
6523	17 57.6 — 24 23	M 8, groß, unregelmäßig, Sp. Pb
6618	18 15.0 — 16 13	M 17, Omeganebel im Schützen
6960	20 41.5 + 30 22	Kl. Zirrusnebel im Schwan
6992	20 52.2 + 31 19	Gr. » » »
7000	20 55.2 + 53 56	Amerikanebel bei *α* Cygni, kont. u. schwaches Emissionssp.

In der vorstehenden Liste sind die hellsten diffusen Nebel des Himmels enthalten, sofern sie ein Emissionsspektrum zeigen. Dieses entspricht beim Orionnebel am besten der Unterklasse Pb (S. 653) und ist durch mäßige Helligkeit der Hauptnebellinien gekennzeichnet. Wird zur Dispersion ein Objektivprisma angewendet, so erhält man monochromatische Teilbilder des Nebels, die die Verteilung der Emissionen auf die einzelnen Linien wiedergeben (Abb. 427). Es zeigt sich auch hier, wie J. Hartmann zuerst festgestellt hat, daß das den Nebel zusammensetzende Gasgemisch, also Nebulium, Wasserstoff und Helium, innerhalb der Nebelgrenzen sehr verschieden verteilt ist oder unter verschiedenen Leuchtbedingungen auftritt. Die größte Ausdehnung hat der Nebel im Lichte der ultravioletten Doppellinie λ 3727 (*Nu*). Auch in dem zentralen Teil der Huygensschen Region überwiegt die Wirkung des Nebuliums, während außerhalb der Wasserstoff vorherrscht, ja an einzelnen Stellen sogar allein auftritt. Im nördlichen Teil, bei *c* Orionis, wird kontinuierliche Strahlung angetroffen, wie sie auch in anderen Nebeln, z. B. bei NGC 1952 Tauri und 7000 Cygni vorkommt.

Schon bald nach der ersten Anwendung des Spektroskops auf die Nebel sind Versuche angestellt worden, um etwaige Linienverschiebungen zu messen und die Geschwindigkeiten im Visionsradius zu berechnen. Bei der Lichtschwäche der Nebel und der Geringfügigkeit der Verschiebungen sind die Arbeiten zunächst ergebnislos verlaufen, bis es 1890 J. E. Keeler gelang, mit Hilfe des großen Refraktors der Lick-Sternwarte bei einer Reihe von helleren Nebeln sichere Resultate durch visuelle Beobachtung zu erhalten. In den Jahren

Nord

Süd

Abb. 429. Amerikanebel bei α Cygni (nach M. Wolf).

1896 bis 1914 sind dann, in erster Linie von W. W. Campbell, am Lick- und Mills-Observatorium 138 Gasnebel der Nord- und Südhalbkugel auf die Bewegung in der Blickrichtung mit den besten Hilfsmitteln spektrographisch untersucht worden. Nach Abzug von 12 der großen Kapwolke angehörenden Objekten wurde das folgende Ergebnis erzielt, wobei die Werte bereits auf die ruhende Sonne bezogen sind, demnach als absolute Radialbewegungen gelten können:

5 große Nebel	11 km
65 Ringe und planetarische Scheiben	31 km
31 planetarische Sternnebel bzw. Nebelsterne	28 km

Einige abnorme Geschwindigkeiten, die bis zu 205 km in der Sekunde gehen, sind dabei ausgeschlossen worden. Nach diesen Daten haben die großen Nebel eine stärkere Bewegung als die kleinen; die Geschwindigkeiten scheinen also mit der Konzentration der Gasnebel zu wachsen. Vergleicht man die Werte mit den absoluten Radialgeschwindigkeiten der normalen Fixsterntypen B bis M (S. 521), so erkennt man sogleich, daß die Mehrzahl der Nebel eine davon stark abweichende Bewegung zeigt; dagegen nähert sich diese den Zahlenwerten, die man für die seltenen Sterne mit Emissionslinie (O und Md) gefunden hat.

Neben den Bewegungen im Visionsradius haben alle Andeutungen eines Nachweises der Rotation bei den Nebeln ein hohes Interesse. Zu diesem Zweck ist lediglich nachzuprüfen, ob die Nebelemissionen gegen die Linien der ruhenden Vergleichslichtquelle in verschiedenen Positionswinkeln parallel oder geneigt verlaufen, nach genau dem gleichen Grundgedanken, der bereits bei Jupiter und den Saturnringen befolgt worden ist (Abb. 293 u. 297). Sehr sorgfältige Untersuchungen dieser Art sind gleichfalls auf der Lick-Sternwarte von W. W. Campbell und J. H. Moore am Orionnebel ausgeführt worden. Die bereits von H. Bourget, C. Fabry und H. Buisson festgestellten internen Bewegungen der Nebelmasse sind eingehend geprüft und bestätigt worden. Die Radialgeschwindigkeiten liegen zwischen + 9.7 und + 24.9 km und zwar erhält man die größten Werte nicht außen, sondern im zentralen Gebiet. Die Materie, aus der der Nebel besteht, ist somit in ungleichförmiger Bewegung begriffen; es wird später einmal durch eine Wiederholung der Untersuchung festzustellen sein, ob Sinn und Größe dieser Bewegungen mit einer Rotation vereinbar sind. Von den in ähnlicher Weise untersuchten 43 planetarischen Nebeln haben 25 innere Bewegungen ergeben, wovon 19 Fälle sich als Rotationseffekte deuten lassen. Wahrscheinlich verläuft die Umdrehung aber nicht gleichförmig; möglicherweise liegt eine Kombination von Rotation und Bewegung einzelner Nebelschalen nach dem Kern zu vor. Mit der angenommenen Deutung der Linienverschiebungen stimmt die Wahrnehmung überein, daß die rascheste Rotation bei den am stärksten abgeplatteten Nebeln gefunden worden ist. Wie wichtig hier ein klares Ergebnis wäre, liegt auf der Hand. Sobald die Rotationsgeschwindigkeit und die Entfernung eines Nebels bekannt sind, kann man die linearen Dimensionen und die Umdrehungszeit des Nebels sowie die Masse des Zentralsterns berechnen, um den die Bewegung stattfindet. Vorläufig sind die Resultate noch recht ungenau; auf alle Fälle zeigen sie, daß die Nebelkerne trotz der vorhin festgestellten geringen absoluten Helligkeit nicht nur die Sonne, sondern auch weit heißere Sterne an Masse wesentlich übertreffen müssen.

Auch einzelne Nebelkerne verraten deutliche Anzeichen einer Umdrehung. Der Zentralstern von NGC 6572 Ophiuchi, der einen Durchmesser von etwa 3″ hat, rotiert z. B. um eine im Positionswinkel 90° gelegene Achse mit einer Geschwindigkeit von 5 bis 6 km in der Sekunde.

Völlig ungeklärt ist noch die bisher an 10 Nebeln, besonders an NGC 2392 Gemin., 6720 Lyrae und 7662 Androm. beobachtete Erscheinung einer Spal-

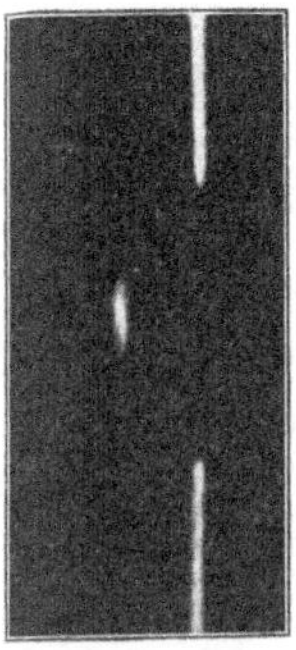

Abb. 430. Geneigte Nebellinie im Spektrum von NGC 7026.

tung der Hauptnebellinie, wahrscheinlich auch aller anderen Emissionen in der Umgebung des Zentralsterns (Abb. 431). Die Linien setzen also an den äußeren Nebelteilen einfach an, um in der Mitte unter verschiedenartigen Verzerrungen sich zu verdoppeln. Die deutliche Spaltung ist in erster Linie auf eine Rotverschiebung der einen Komponente zurückzuführen, die im Sinne einer Bewegung gedeutet, bei NGC 2392 zwischen Kern und Nebel einen Unterschied von 80 km ergeben würde. Das Verhalten der Linien ist in allen Positionswinkeln gleichartig, spricht also nicht für eine Rotation. Da die Emissionen außerdem keine Spur von Polarisation zeigen, so fällt auch der sonst naheliegende Zeeman-Effekt (vgl. Abb. 223) als Erklärung fort; andere Einwirkungen, wie Druck, starke elektrische Felder usw. kommen ohne unwahrscheinliche Annahmen erst recht nicht in Frage.

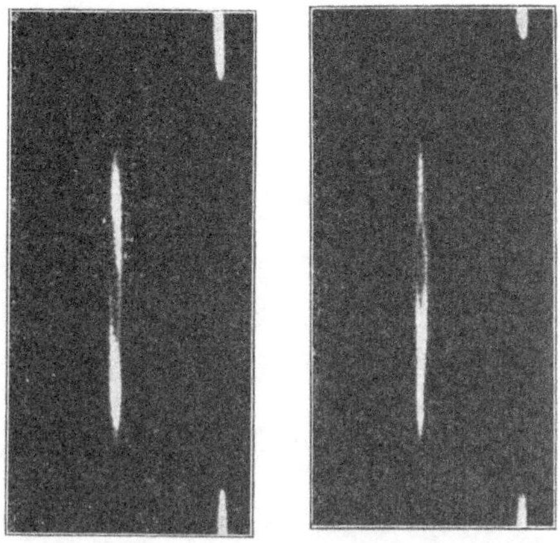

Abb. 431. Linienspaltung im Spektrum des Nebels NGC 7662.

Die dunklen Nebel. Schon in den frühesten Beschreibungen und Darstellungen der Milchstraße wird auf das Vorhandensein von dunklen Lücken, Höhlen und Kanälen in dem galaktischen Sternband hingewiesen, die ihm im Verein mit benachbarten besonders hellen Stellen den eigenartigen wolkigen Charakter verleihen. Die auffallendste dieser Lücken liegt im Crux, doch sind ähnliche, freilich weit weniger auffällige Flächen dieser Art auch auf der nördlichen Himmelshalbkugel vorhanden. Ein elliptischer Fleck unweit α Cygni und ein anderer kreisförmiger im Cepheus werden keinem aufmerksamen Beobachter der Milchstraße entgangen sein. Hier sowohl wie bei der bekannten Gabelung zwischen Cygnus und Scorpius handelt es sich offenbar um leere Gebiete, die mit der räumlichen Verteilung der Sterne in dieser

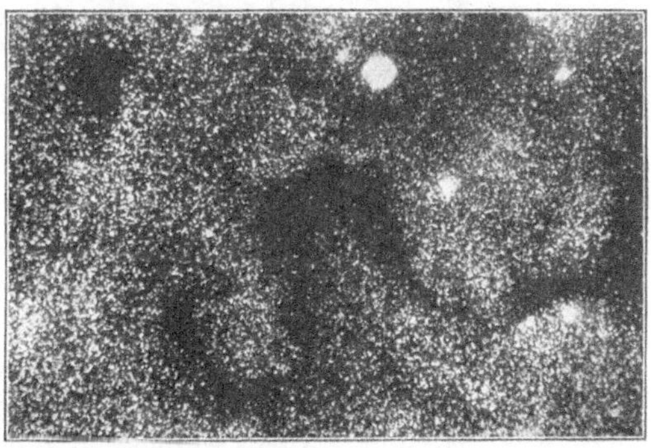

Abb. 432. Dunkler Nebel B 72 bei ϑ Ophiuchi (nach E. E. Barnard).

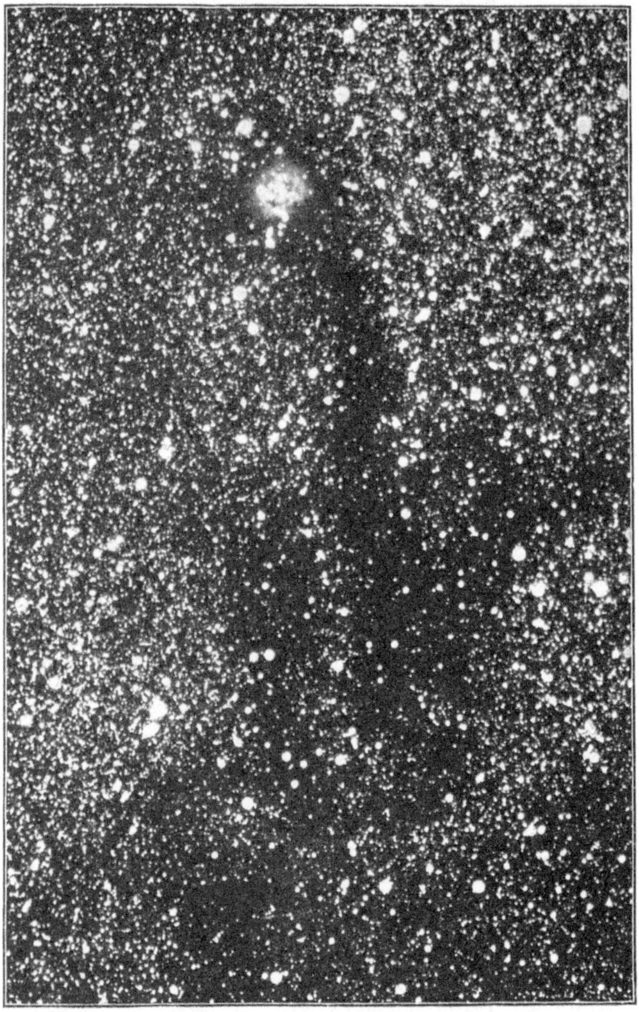

Abb. 433. Kokonnebel bei π^2 im Schwan (nach M. Wolf).

Richtung zusammenhängen mögen. Dagegen haben die photographischen Aufnahmen einzelner Milchstraßenfelder, wie sie von E. E. Barnard und M. Wolf um 1890 mit großer Ausdauer in Angriff genommen wurden, an vielen Stellen ähnliche Dunkelfelder weit kleineren Ausmaßes zur Darstellung gebracht, die auch bei sehr langen Expositionen nichts hergeben und gegenüber der besonders sternreichen Umgebung auf den Positiven tintig schwarz erscheinen. Einige dieser merkwürdigen Stellen sind durch die Abb. 432 und 434 veranschaulicht. Visuell sind sie natürlich nicht so ausgeprägt, doch hat die Durchmusterung der betreffenden Gegenden an Okularen mit sehr großem Gesichtsfeld ihr Vorhandensein auf den ersten Blick bestätigt. Als eine weitere Eigentümlichkeit ergab sich bei vielen dieser dunklen Flecke ein Zusammenhang mit benachbarten hellen Nebeln, der in einigen Fällen, wie bei dem bekannten Kokonnebel im Schwan (Abb. 433) den bildlichen Eindruck erweckt, als hätte der leuchtende Ballen auf seinem Wege durch die Sternenwelt einen Teil der benachbarten Fixsterne mitgerissen oder zur Seite gedrängt. Auch Beziehungen der dunklen Höhlen zu einzelnen Neuen Sternen (S. 594) sind überaus deutlich ausgesprochen.

Da wir uns die Milchstraße mit ihren zahllosen Sternen nicht als ein Flächen-

Abb. 434. Dunkle Nebel im Taurus (nach E. E. Barnard).

sondern als ein ausgedehntes Raumgebilde vorzustellen haben, müßten bei Annahme von bloßen Sternleeren diese „Kohlensäcke“ oder „Tintentropfen“ in Wirklichkeit Querschnitte von Röhren oder Höhlen darstellen. Außerdem müßte angenommen werden, daß diese sternleeren Schächte sämtlich radial zur Sonne gerichtet seien. Diese Voraussetzungen sind höchst unwahrscheinlich, und man ist daher genötigt, nach einer anderen Erklärung zu suchen. E. E. Barnard hat wohl als erster auf Grund von photographischen Aufnahmen in der Taurusgegend $\alpha = 4^h\,15^m$, $\delta = +27^0$ (Abb. 434), und in der Umgebung von ϑ und ϱ Ophiuchi (Abb. 432), ν Scorpii u. a. um 1907 die dunklen Stellen in der Milchstraße als Absorptionserscheinungen angesprochen. In einem besonderen Falle, bei einer Höhle im Sagittarius (Abb. 465), konnte er sogar in einer klaren Nacht Spuren von sehr schwach leuchtender Materie erkennen. Durch diese Beobachtung wird die Auffassung sehr gestützt, daß es sich bei den Höhlen der Milchstraße überhaupt um Nebel handelt, die in sternärmeren Gegenden des Himmels vermutlich hell auf dunklem Grunde erscheinen würden. Die Dunkelheit der Felder würde danach größtenteils durch eine Kontrastwirkung

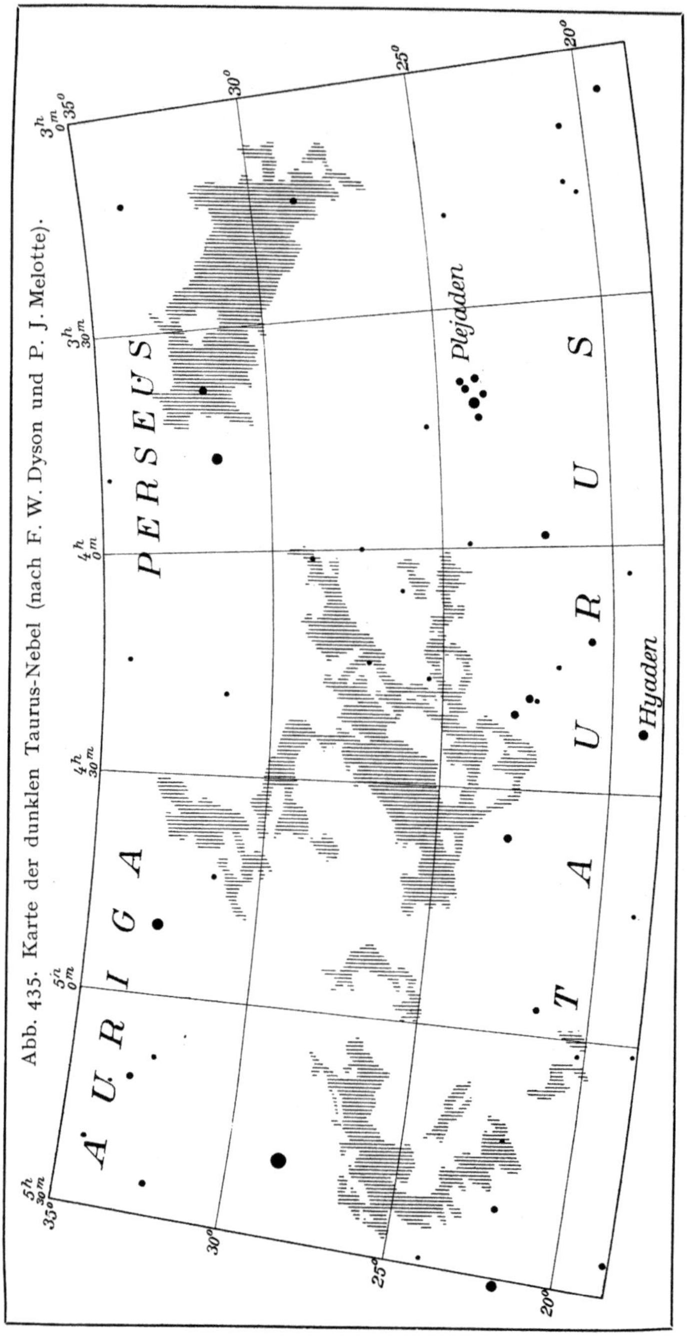

Abb. 435. Karte der dunklen Taurus-Nebel (nach F. W. Dyson und P. J. Melotte).

bedingt sein, ähnlich den Verhältnissen zwischen Sonnenflecken und Photosphäre oder zwischen den dunklen Linien und dem kontinuierlichen Spektrum. Der Stoff, der die Absorption hervorruft, muß zwischen Sonne und Milchstraße liegen und für das Sternlicht völlig undurchlässig sein. Eine ganze Reihe von anderen Beobachtungen konnte zur Stütze dieser zunächst sehr vorsichtig aufgenommenen Anschauung angeführt werden. Man erinnerte sich der seltsamen dunklen Lücken und Unterbrechungen im Orion-, Trifid- und in anderen Nebeln oder der viele Grade umfassenden merkwürdigen Verdunkelung des Taurus-Bildes, auf die E. E. Barnard und etwa 13 Jahre später F. W. Dyson und P. J. Melotte hingewiesen haben (Abb. 435). Auch einige Fälle von Nebelveränderlichkeit

Abb. 436. Helle und dunkle Nebel sudlich von ζ Orionis (nach M. Wolf).

gestatteten eine Deutung durch Bedeckungserscheinungen dunkler Massen. Die wichtigste Stütze der Hypothese brachten indessen einzelne außergalaktische Nebel, die wir noch heute z. T. als von der Kante gesehene Spiralen anzusehen gewohnt sind. Hier ist oft schon visuell eine deutliche Teilung der Gebilde in zwei Hälften zu bemerken (Abb. 452). Photographisch tritt sie sehr auffallend hervor, wobei kaum eine andere Deutung als die einer Absorption möglich ist. Die letzten Zweifel an dem Vorhandensein dunkler Massen im Weltall hat die wie eine schwarze Gewitterwolke vor feinen Zirren liegende Unterbrechung des Nebels südlich von ζ Orionis (Abb. 436) sowie die seltsame, an bekannte leuchtende Gebilde erinnernde Umrißform einzelner dunkler Milchstraßenhöhlen (Abb. 432) beseitigt.[1])

Die Frage, ob es sich bei den dunklen Nebeln um Staub- oder Gaswolken handelt, kann nur durch eine genauere Untersuchung der spektralen Veränderungen, die das Sternlicht beim Durchgang durch die absorbierende Materie erleidet, entschieden werden. Besonders geeignet dafür sind ausgedehnte Dunkelnebel mit gut ausgeprägter Begrenzung, die eine quantitative und qualitative Sternabzählung über größere Felder innerhalb und außerhalb des Gebietes gestatten. In unseren Breiten ist dafür besonders gut der kleine Zirrusnebel NGC 6960 im Schwan verwendbar, der mit dem benachbarten großen Zirrusnebel 6992 (S. 657) offenbar nur den leuchtenden Rand einer breiten dunklen Wolke bildet. Bei NGC 6960 fällt die Grenze gegen den nebellosen Himmel sehr scharf durch das plötzliche Auftauchen von Sternen geringerer Helligkeit

---

[1]) E. E. Barnard, On the dark markings of the sky. Ap. J. 1919 I.

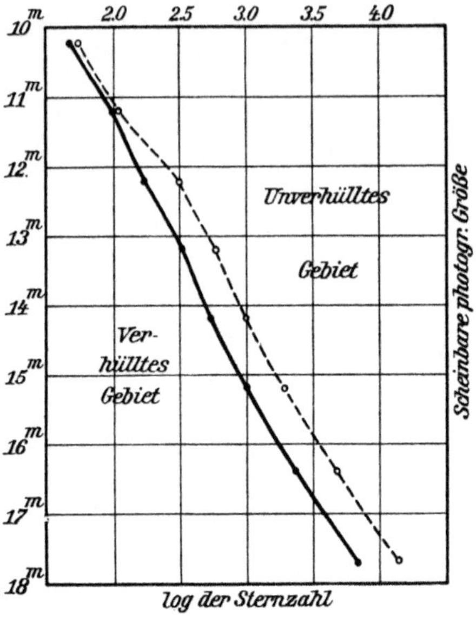

Abb. 437. Ergebnis der Sternabzählung am Rande des kleinen Zirrusnebels NGC 6960 (nach M. Wolf).

auf. M. Wolf hat diese Stelle des Himmels genauer untersucht, unter besonderer Beachtung der Veränderungen, die Zahl und Farbe der Sterne beim Überschreiten der Uferlinie des Nebels erleiden. Bis zur 11. Größe ist zunächst ein Unterschied in den Sternzahlen östlich und westlich vom Nebel nicht bemerkbar. Die helleren Sterne liegen also noch durchweg vor der absorbierenden Wolke. Nunmehr beginnen aber die Ziffern im Nebelbereich plötzlich abzunehmen, bis bei 12.5^m wieder ein Stillstand erreicht ist. Bei graphischer Darstellung decken sich also zunächst die Sternziffern pro Quadratgrad links und rechts von der Uferlinie. Bei 11^m tritt eine Gabelung ein, die bei 12.5^m wieder einem parallelen Verlauf der Häufigkeitskurven Platz macht (Abb. 437). Hieraus folgt, daß der Nebel in dem mittleren Abstand der Sterne 11. Größe beginnt und eine volle Größenklasse von dem ihn durchdringenden Licht absorbiert. Besteht nun die dunkle Wolke aus Gasen, so muß das Licht der Sterne beim Durchgang eine Zerstreuung erleiden, die unter Annahme der Rayleighschen Formel (S. 218) besonders stark die kurzen Wellenlängen beeinflussen, d. h. das Sternlicht röten muß. Die von Wolf bestimmten Farbenindizes haben nun im Mittel für die schwachen Sterne $< 11^m$ innerhalb und außerhalb des Nebels die gleiche Farbe, also keine Vertiefung der Tönung ergeben. Daraus darf wohl geschlossen werden, daß der dunkle Nebel, der am Ort von NGC 6960 das Licht abfängt, im wesentlichen aus Staubmassen besteht. Durch Berücksichtigung der mittleren Abstände der Sterne 11., 12. und 13. Größe folgt für die Wolke eine Entfernung von 1500 und eine Schichtdicke von über 500 *LJ*.

Die hier besprochenen dunklen Nebel beschränken sich ähnlich, wie wir das bei den stationären Kalzium- und Natriumwolken J. S. Plasketts kennengelernt haben, auf das Gebiet des Milchstraßengürtels; die Aufnahmen von E. P. Hubble lassen sie höchstens bis zur galaktischen Breite von 37^0 verfolgen. Bemerkenswert ist die gewaltige Ausdehnung einiger dieser dunklen Felder. Im Taurus und in Vulpecula bedecken sie zusammen je ein Areal von über 100 Quadratgrad. Welche Bedeutung ihrer Materie im Kosmos zukommt, wissen wir nicht. Während J. G. Hagen sie für den Urstoff ansieht, aus dem sich die Sterne entwickelt haben, vertritt umgekehrt H. N. Russell die

Anschauung, daß diese absorbierenden Massen aus Staub bestehen, der durch Strahlungsdruck aus Sternen hoher Leuchtkraft fortgeschleudert wurde und mit Gasen vermischt weite Gebiete des interstellaren Raumes erfüllt.

Ein sehr umstrittenes Gebiet bildeten eine Zeitlang die von J. G. HAGEN in Rom aufgefundenen, z. T. schon von W. HERSCHEL gesehenen außergalaktischen Dunkelnebel, die am dichtesten an den Polen der Milchstraße auftreten sollten. BARNARD u. a. geübte Beobachter haben diese außergalaktischen schwach leuchtenden Felder nicht sehen können, ebenso erwies es sich als unmöglich, sie durch lange Expositionen photographisch festzuhalten. Wie wichtig eine klare Entscheidung über diese Angelegenheit ist, braucht nicht besonders hervorgehoben zu werden. Während die örtlichen galaktischen Absorptionsgebiete das Gesamtbild der leuchtenden Milchstraße kaum mehr stören, als etwa die dunklen Linien das Spektrum eines weißen Sterns, würden die ausgedehnten HAGENschen Nebel uns eine Begrenzung der sichtbaren Sternenwelt vortäuschen, die in Wirklichkeit gar nicht vorhanden ist. Die Anerkennung von so beträchtlichen Absorptionserscheinungen würde somit unsere Anschauungen über den Bau des Sternsystems vollständig umgestalten und die Arbeiten auf diesem Gebiete wieder um einige Jahrzehnte zurückwerfen. Diese Gefahr liegt aber kaum vor. Der mehrfach geäußerte Verdacht, daß die in Rom beobachteten dunklen Stellen nur auf Ungleichmäßigkeiten in der Verteilung der helleren Sterne bis 14 oder 15^m zurückzuführen seien, scheint sich zu bestätigen. Das geht nach H. SHAPLEY aus Abzählungen hervor, ferner daraus, daß beim Übergang zu längeren Aufnahmezeiten die noch schwächeren Sterne von der 16. oder 17. Größe wieder vollzählig erscheinen, was im Falle einer kosmischen Absorption natürlich ausgeschlossen wäre; in den erwähnten echten Dunkelfeldern im Taurus und in Vulpecula holen auch die längsten Expositionen keine normalen Sternzahlen mehr heraus. Demnach ist der nur visuell auftretende Eindruck der grauen nebligen Schleier am Himmel vermutlich darauf zurückzuführen, daß an diesen Stellen die helleren Sterne etwa bis 15^m nur sehr spärlich auftreten, und die Lücken das vereinigte Licht der schwächeren, also den matt erleuchteten Hintergrund, um so deutlicher erkennen lassen.

Zur weiteren Nachprüfung der damit angeschnittenen wichtigen Frage nach einer etwaigen allgemeinen Raumabsorption hat H. SHAPLEY auf einen sehr universellen optischen Versuch zurückgegriffen, den bereits vor 20 Jahren C. NORDMANN und G. TICHOFF, damals freilich erfolglos, angewendet haben. Im einleitenden Kapitel ist darauf hingewiesen worden, daß ein nicht homogener Lichtstrahl nach dem Passieren einer genügend dicken Schicht eines durchsichtigen, wägbaren Stoffes eine etwas andere Zusammensetzung zeigen muß, als vorher (S. 29). Es liegt dies daran, daß beim Verlassen des leeren Raumes und beim Eindringen in die durchsichtige Materie die roten und die violetten Strahlen eine verschiedene Verzögerung erleiden. Daraus folgt ohne weiteres, daß der Moment irgendeiner im fernen Weltraum sich abspielenden scharf erfaßbaren Erscheinung im roten Licht früher wahrgenommen werden muß als im violetten, wenn auf dem Wege eine Dispersion stattgefunden hat. Gelegenheit zu solchen Beobachtungen bieten einzelne Veränderliche vom Algol- bzw. δ Cephei-Typus, deren Licht zum oder vom Minimum z. T. sehr steil ab- bzw. emporsteigt, doch ist von vornherein ein positives Ergebnis nur dann zu erhoffen, wenn der Lichtstrahl einen sehr weiten Weg durch den Raum zurücklegt. Nun sind einzelne Sternhaufen von Kugelform, die Cepheiden kurzer Periode enthalten, bis zu mehreren Hunderttausend Lichtjahren von uns entfernt, erscheinen also für die vorliegende Untersuchung als besonders geeignet. Vorläufig liegt von H. Shapley nur ein sicheres aber völlig negatives Ergebnis für den rund 40000 *LJ* entfernten Kugelhaufen NGC 5904 Librae vor, in dem an den rasch veränderlichen Sternen für die Wellenlängen λ 5500 und λ 4500 keine Anzeichen einer Epochenabweichung festzustellen waren. Wenn man das Ergebnis auch noch nicht verallgemeinern darf, so spricht es doch im Verein mit anderen Tatsachen entschieden zugunsten einer klaren, ungetrübten Sicht in den uns umgebenden Raum hinein und festigt damit das Vertrauen zu den bisher gewonnenen astrophysikalischen Tatsachen und Anschauungen.

Untersuchung der Leuchterscheinung bei den kosmischen Nebeln. Die Beschreibung der verschiedenartigsten Nebel am Himmel, ihrer Spektren usw. läßt erkennen, daß bei diesen Weltkörpern höchst merkwürdige physikalische Zustände und Erscheinungen vorliegen müssen. Überall haben wir es offenbar mit sehr stark verdünnter, aber kaum merklich verschiedener Materie zu tun. Trotzdem leuchtet uns aus ihrem Spektrum bald das kontinuierliche Licht eines Sterns, bald Wasserstoff, Helium und Nebulium in von Fall zu Fall wechselnder Intensität der Linien entgegen. Eine Vereinigung dieser Erscheinungen zu einem einheitlichen Bilde ist zwar noch nicht völlig einwandfrei geglückt, aber ein Weg dazu ist bereits angebahnt. Er ist von den Nebeln ausgegangen, die in ihrem Licht nur ein Reflexphänomen darstellen.

Das bekannteste Beispiel dieser Art bilden die Plejadennebel. Aus direkten Beobachtungen an lichtstarken Instrumenten war schon lange bekannt, daß einige hellere Sterne der Plejaden, besonders Merope und Maja, mit Nebeln umgeben sind. Photographische Aufnahmen von E. E. Barnard und M. Wolf haben nun das Ergebnis wesentlich erweitert, insofern, als bei genügend langen Expositionen die ganze Sterngruppe über viele Quadratgrade hin mit schwachen Nebelmassen von äußerst komplizierter Struktur umgeben ist. Während den inneren Nebelgrund der Plejaden in besonders klaren Nächten vielleicht schon das unbewaffnete Auge zu erkennen vermag, sind diese Außennebel der Plejaden von solcher Lichtschwäche, daß sie nur mit den lichtstärksten Objektiven zur Abbildung gelangen und auch dann noch so zart ausfallen, daß eine direkte Reproduktion nicht möglich ist. M. Wolf hat nach einigen Photographien eine Zeichnung der Gegend angefertigt, die in Abb. 438 wiedergegeben ist. Die Hauptumrisse der Nebel sind hier richtig und getreu dargestellt, in bezug auf

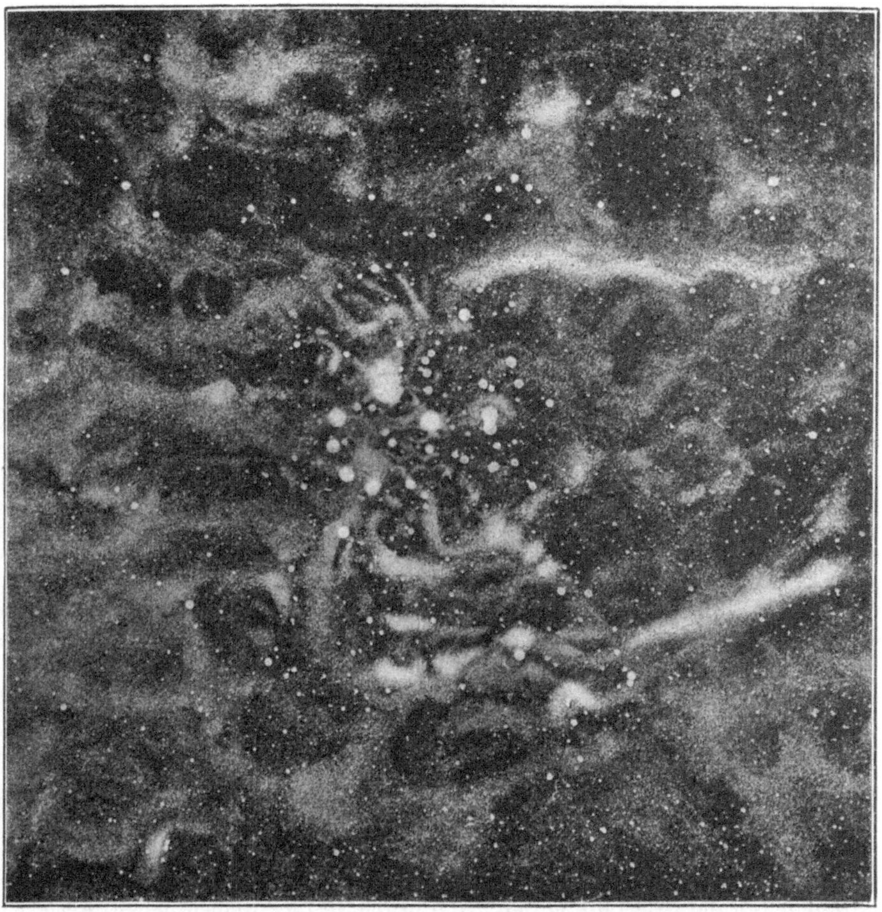

Abb. 438. Außennebel der Plejaden (nach M. Wolf).

Einzelheiten bleibt dagegen vieles unsicher und zweifelhaft. Eine etwas gröbere Zeichnung von J. Calvert nach photographischen Aufnahmen von E. E. Barnard stimmt übrigens in den allgemeinen Zügen vollständig mit der Wolfschen überein.

Die inneren Plejadennebel zeigen nun nach V. M. Slipher ein kontinuierliches Spektrum mit Absorptionslinien, deren Charakter dem B-Typus der hellen Plejadensterne entspricht. Die Nebel reflektieren also im wesentlichen das Licht der benachbarten hellen Sterne, mit denen sie offenbar physisch verbunden sind. Ganz ähnliche Beziehungen sind dann von E. P. Hubble noch an rund 30 Nebeln beobachtet worden. Die größten und hellsten davon sind in dem nachstehenden Verzeichnis enthalten; einige der darin vorkommenden Objekte, die in ihrem kontinuierlichen Spektrum auch Emissionen zeigen, sind bereits unter den sog. Gasnebeln auf S. 658 aufgezählt worden. Wie man sieht, handelt es sich auch hier durchweg um galaktische Nebelfelder; außerhalb der Milchstraße, wo die frühesten Spektraltypen, vor allem die B-Sterne, fehlen oder nur sehr spärlich vorkommen, kennt man kaum einen gesicherten Fall eines diffusen Nebels, der mit Sternen irgendwie in Verbindung stünde.

Galaktische Nebel mit kontinuierlichem Spektrum.

NGC	Ort 1900.0		Bemerkungen
—	$3^h\,41.5^m$	$+23^0\,48'$	Plejadennebel
1579	4 23.7	+35 4	—
1788	5 1.9	− 3 29	—
1952	5 28.5	+21 57	Krebsnebel, veränd. Kräft. kont. Sp. mit Em.-Linien
1977	5 30.4	− 4 54	Nebel bei *c* Orionis, *He* in Emiss., *H* in Abs.
2068	5 41.6	+ 0 1	—
2261	6 33.7	+ 8 49	Kontin. Sp. mit schwachen Em.-Linien
—	15 52.8	−25 50	Nebel um π Scorpii
—	16 6.2	−19 12	» » ν »
—	16 14.7	−19 47	» » $-19^0\,4359$ bis $-19^0\,4361$
—	16 19.4	−24 7	» » $-24^0\,12684$
—	16 19.6	−23 13	» » ϱ Ophiuchi
—	16 24.1	−24 54	» » 22 Scorpii
7000	20 55.2	+43 56	Amerikanebel, kont. Sp. mit schwachen Em.-Linien

Wegen der Lichtschwäche der beobachteten Reflexerscheinungen ist es selbst bei so deutlichen Zusammenhängen, wie im Falle der Plejaden, bei ϱ Ophiuchi u. a. überaus schwierig, die Identität der Spektra zwischen Nebel und Stern nachzuweisen. Sowohl ein positiver wie ein negativer Befund bleibt anfechtbar. Ein positiver deswegen, weil angesichts der erforderlichen sehr langen Expositionszeiten die Erleuchtung der Erdatmosphäre durch einen hellen Stern der Nachbarschaft das Spektrum hervorrufen kann; gegen ein abweichendes spektrales Ergebnis könnte dagegen eingewendet werden, daß bei Sternen hoher Temperatur kein zwingender Grund für die Annahme identischer Spektra auch bei den das Licht reflektierenden Nebeln besteht. Die Strahlung der letzteren kann sehr wohl von benachbarten Sternen stammen und doch gegenüber der eigentlichen Lichtquelle erhebliche Veränderungen zeigen (S. 674). Hier ist, wie zuerst E. Hertzsprung erkannt hat, zunächst eine quantitative Untersuchung aussichtsreicher als die qualitative. Er hat daher an dem günstigen Fall der Plejaden die Helligkeit der zugehörigen Nebel in ihrer Abhängigkeit von der scheinbaren Sternentfernung geprüft und gezeigt, daß bei Annahme einer geeigneten Albedo der Leuchtvorgang nach Intensität und Abstandsgesetz zweifellos als ein Reflexphänomen aufgefaßt werden kann. Einen wichtigen weiteren Schritt stellt eine 1922 erschienene Untersuchung von

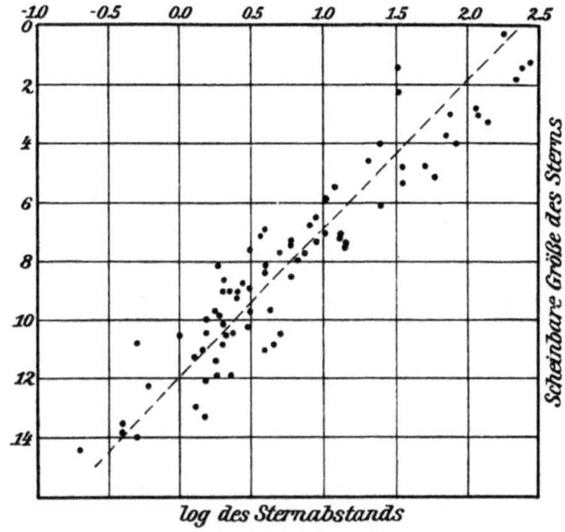

Abb. 439. Funktionelle Beziehung zwischen Nebelhelligkeit und Größe des Ursprungssterns (nach E. P. Hubble).

E. P. Hubble dar.[1]) Nimmt man als Arbeitshypothese an, daß alle diffusen Nebel der Milchstraße, und zwar auch solche, deren Spektrum unbekannt ist, das Licht benachbarter Sterne reflektieren, so muß sich nicht nur ihre Helligkeit, sondern bei Reduktion der Aufnahmen auf die gleiche Expositionszeit auch der abgebildete Durchmesser der Nebel irgendwie mit benachbarten Sternen und mit dem quadratischen Gesetz der Lichtausbreitung in Beziehung bringen lassen. Hubble hat nun die Abstände a der äußersten Nebelteile von den zentralen Sternen für eine ganz bestimmte Expositionszeit und ein einheitliches Instrument in Bogenminuten ermittelt und dann die Logarithmen von a nach der scheinbaren Helligkeit m der Zentralsterne graphisch aufgetragen (Abb. 439). Benutzt wurden mehr als 80 diffuse, z. T. sehr lichtschwache galaktische Nebel. Das Ergebnis der Untersuchung ist merkwürdig. Die Punkte der Kurve liegen trotz ihrer Verteilung auf Sternhelligkeiten zwischen 0^m und 14^m nahe in einer geraden Linie, deren Gleichung

$$m + 5 \log a = 12$$

ist. Man erkennt sofort, daß damit das quadratische Gesetz der Energieausbreitung bestätigt ist. Bezeichnet man nämlich mit J die Intensität des Sterns, so soll ja bei Gültigkeit der Hypothese für alle Nebel

$$\frac{J}{a^2} = \text{const.}$$

sein. Geht man von den Intensitäten zu Helligkeitslogarithmen, d. h. Größen über (S. 205), so wird also verlangt, daß

$$-2.5 \log J + 2.5 \log a^2 = \text{const.}$$

sei. Das ist aber nichts anderes als der oben empirisch gefundene Ausdruck. Damit ist wohl der Beweis erbracht, daß das Licht der untersuchten Nebel tatsächlich als Reflexerscheinung aufzufassen ist. Die Wirkung der Sternstrahlung läßt sich zuweilen außerordentlich weit verfolgen, z. B. bei Alkyone in den Plejaden ($p = 0.007''$) bis 7^0 oder fast bis zu 60 LJ, bei Rigel ($p = 0.006''$), dessen Nebelschweif bis weit in den Monoceros hineinragt, bis $12\frac{1}{2}^0$ oder mehr

[1]) E. Hubble, The source of luminosity in galactic nebulae. Ap. J. 1922 II.

Abb. 440. Nebelmassen nördlich von *o* Persei (Mt. Wilson-Aufnahme).

als 100 *LJ* usw. Dabei sind die Zahlen als Mindestwerte aufzufassen, da bei der Berechnung eine Nebelausbreitung senkrecht zur Blickrichtung angenommen wurde. Wenn man bedenkt, daß unser Sonnensystem nur eine Ausdehnung von vier Lichtstunden hat, so erscheint die abgeleitete Reichweite der Strahlung ungewöhnlich groß. Es ist aber zu beachten, daß es fast durchweg B-Giganten, also sehr heiße Sterne sind, die in der geschilderten Weise mit Reflexnebeln verknüpft sind. Von Spektraltypen tieferer Temperatur kommen F, G und K in der HUBBLEschen Liste je ein- oder zweimal vor. Bei diesen Sternen kann der seltene Fall eintreten, daß der sie umgebende Nebel das reflektierte Licht schon an der roten Farbe verrät. Nach C. D. PERRINE liegt eine derartige Erscheinung bei dem Nebelstern *CoD* — 25°4441 vor.

Die Abweichungen, die manche Nebel von dem a^2-Gesetz in dem Sinne zeigen, daß ihre Helligkeit gegenüber dem Sternlicht zu groß herauskommt, erklärt HUBBLE durch Absorptions- oder Diffraktionserscheinungen, die in der Richtung nach dem Beobachter zu zur Geltung kommen und auf den Zentralstern schwächend einwirken. Die Anschauung wird dadurch gestützt, daß in den betreffenden Fällen die Sterne viel röter erscheinen, als es ihrem Spektralcharakter zukommt. Für mehr als 40 Nebelsterne, wie ϱ Ophiuchi, σ Scorpii u. a. wurden im Mittel Überschüsse des Farbenindex von 0.35^m gefunden. Bei dem Stern *BD* — 22°4510 (8^m) ist der Unterschied besonders groß; während das Spektrum als A3 anzusehen ist, gleicht die Farbe dem Typus G4. In den diffusen Nebelmassen in der Nähe von *o* Persei (Abb. 440) sind sogar 17 Sterne vom O-Typus eingeschlossen, die durchweg einen ungewöhnlich hohen Farbenindex besitzen.

Ein besonders merkwürdiges und unerwartetes Ergebnis der HUBBLEschen Arbeiten ist darin enthalten, daß die diffusen Emissionsnebel quantitativ sich ganz gleichartig verhalten, wie die Nebel, die im reflektierten Sternlicht leuchten. Die Energieausstrahlung geht also auch hier von bestimmten Zentren aus, an denen Sterne früher Spektraltypen stehen. Die Abhängigkeitskurve des in einer bestimmten Zeit gewonnenen Bilddurchmessers *a* von der scheinbaren Sternhelligkeit (Abb. 439) ist also genau gleichartig wie bei den vorhin behandelten Reflexnebeln. Angesichts der unregelmäßigen Struktur, wie sie z. B. der Orionnebel aufweist, kommt das Gesetz naturgemäß nur dann zum Vorschein, wenn über weite Gebiete Mittelwerte gebildet werden.

Zur Feststellung der Leuchtbeziehungen der planetarischen Nebel gegenüber den Kernen standen 56 Aufnahmen der Lick-Sternwarte zur Verfügung, doch haben sich hier keine so eindeutigen Ergebnisse ableiten lassen, wie bei den diffusen Gasnebeln. Die Bedingungen der Lichtreflexion werden auch bei dieser Klasse wohl grundsätzlich erfüllt, doch ist die Streuung der Einzelwerte weit stärker. Wird trotzdem eine Darstellung nach dem quadratischen Gesetz versucht, so stellt sich heraus, daß die beste Übereinstimmung nicht mit der Abstandspotenz a^2, sondern mit $a^{2.12}$ erzielt wird. Das deutet darauf hin, daß bei den planetarischen Nebeln die aktinische Wirkung der Gasmaterie gegenüber der Kernstrahlung bereits merklich heruntergedrückt ist. Auf die in Frage kommenden Ursachen dieses Verhaltens werden wir alsbald noch zurückkommen.

Versuche zur Erklärung der Nebelstrahlung. Veränderliche Nebel. Nach den eben geschilderten Ergebnissen des Mt. Wilson-Observatoriums darf schon jetzt behauptet werden, daß es galaktische Nebel mit Eigenstrahlung überhaupt nicht gibt, sondern daß von allen diesen Gebilden eine qualitativ umgewandelte Strahlung benachbarter Sterne ausgesendet wird. Die einzigen Ausnahmen, bei denen solche Anregungszentren fehlen, betreffen den Krebsnebel NGC 1952 im Taurus und die schon mehrfach genannten beiden Zirrusnebel NGC 6960 und 6992 im Cygnus. Es erscheint aber die Annahme berechtigt, daß auch in diesen Fällen ein Stern den Ursprung der Strahlung bildet, aber durch die hier wie dort nachweislich vorhandenen dunklen Nebelteile dem Auge verdeckt wird. In präziserer Form kann das allgemeine Resultat der Hubbleschen Untersuchung so ausgedrückt werden, daß diffuse galaktische Nebel dann ein Gasspektrum haben, wenn ihre Strahlung von heißeren Sternen als B1 angeregt wird. Fixsterne niedrigerer Temperatur geben nur zu einfachen Reflexerscheinungen, also zu kontinuierlichem Licht Anlaß. Ein deutlicher Übergang ist dadurch gegeben, daß an der Grenze, bei B1, meist beides, also Nebel- und kontinuierliche Strahlung eintritt. Daß die Nebel bei der Spektralklasse A3 erlöschen, liegt vermutlich weniger an der ungenügenden Lichtwirkung als daran, daß die Staub- und Nebelhüllen sich ähnlich wie die hypothetischen Kalziumwolken (S. 561) nur in der Nähe sehr heißer, massiger Sterne ausgebildet haben. Greift man mit H. N. Russell wieder auf den Strahlungsdruck und die Hypothese des Massenverlustes der Himmelskörper zurück, so darf nicht außer acht gelassen werden, daß Teilchen günstigen Umfangs, die von der Sonnenstrahlung etwa mit der zehnfachen Kraft der Gravitation fortgeschleudert werden, bei den weit massigeren B-Sternen einen mehr als 100fachen Druck erleiden und daher viel leichter ihrer Anziehungssphäre entzogen werden.

Die Erklärung des Leuchtvorgangs bei den Emissionsnebeln bot von jeher Schwierigkeiten. Eine Temperaturstrahlung schien in dem kalten Weltraum bei so dünn verteilter Materie ausgeschlossen zu sein, und es wurde daher schon frühzeitig auf die Fluoreszenz als mögliche Ursache der Lichterscheinung hingewiesen. Später boten die mit elektrischen bzw. magnetischen Vorgängen verknüpften Glimmentladungen bei tiefen Temperaturen und die offenbar in sehr verdünnter Luft sich abspielenden Nordlichter analoge Erscheinungen. Damit war wohl der Vorgang selbst einigermaßen verständlich geworden, dagegen blieb die Quelle der Anregung in vollkommenes Dunkel gehüllt. Bereits 1921, zu einer Zeit, als die Untersuchungen über die Reflexvorgänge an einzelnen Nebeln kaum begonnen hatten, wurde von H. N. Russell die Ansicht geäußert, daß möglicherweise alle Nebel der galaktischen Zone ohne Rücksicht auf das Spektrum sowohl ihren Ursprung als auch ihre Sichtbarkeit benachbarten Sternen hoher Temperatur verdanken. Da bei den planetarischen Nebeln die Kerne ein O-Spektrum zeigen, und im Falle der ganz gleichartigen Strahlung bei dem diffusen Orionnebel das benachbarte sog. Trapez sich aus Sternen Oe5 bis Bo zusammensetzt, so ist natürlich eine gewöhnliche Reflexwirkung ausgeschlossen. Vielmehr muß eine vollständige Umwandlung, also Absorption und Reemission sehr kurzwelliger Strahlung in der Nebelmaterie angenommen werden. Die beobachtete Einbuße der Energie bei den planetarischen Nebeln (S. 673) ließe sich vielleicht durch Annahme korpuskularer Vorgänge wie bei den Polarlichtern deuten.

Rückschlüsse auf die Temperatur der kosmischen Nebel sind schwierig und liefern höchstens theoretische Werte. Der üblichen Ansicht, daß bei diesen Weltkörpern Wärmegrade zu erwarten seien, die in der Nähe des absoluten Nullpunktes liegen müßten, hat schon 1897 W. Huggins widersprochen, indem er darauf hinwies, daß bereits durch eine geringe Zahl bewegter Atome oder Moleküle ein deutlicher Leuchtvorgang hervorgerufen werden könne. Das Leuchten besagt dann nur, daß diese wenigen Moleküle Bewegungen ausführen, die einer sehr hohen Temperatur entsprechen. Wie das Überwiegen der kurzwelligen Strahlung zeigt, müssen in den Emissionsnebeln die Zusammenstöße trotz ihrer geringen Häufigkeit sehr heftig sein. Es hat später nicht an Versuchen gefehlt, auf dieser Grundlage Zahlenwerte für die Temperatur der Nebel abzuleiten. Wird die Wärme vom Standpunkte der kinetischen Gastheorie als Bewegungsvorgang aufgefaßt, so läßt sich eine Beziehung zwischen der Linienbreite, d. h. der Geschwindigkeit der Atome und Moleküle (S. 159), dem Molekulargewicht und der absoluten Maximaltemperatur des leuchtenden Gases aufstellen. Sind gleichzeitig mindestens zwei Grundstoffe anwesend, von denen das eine seinen chemischen Eigenschaften nach bekannt ist, so kann die gemeinsame Temperatur und das Atomgewicht des unbekannten Gases berechnet werden. Am besten eignet sich für Beobachtungen dieser Art das Interferometer (S. 199), da hier die Linienbreite durch die leicht ablesbare Interferenzordnung ersetzt wird, bei der die Ringe verschwinden. Auf diese Weise fanden H. Buisson, C. Fabry und H. Bourget durch Aufnahmen des Orionnebels (Abb. 441) als oberen Grenzwert der Temperatur des Gasgemisches Nebulium

+ Wasserstoff ($Nu + H$) 15000° und als Atomgewicht des Nebuliums aus der ultravioletten Doppellinie λ 3727 den Wert 3. Da die grünen Linien ein etwas kleineres Atomgewicht geben, der Nebel in ihrem Lichte auch etwas andere Formen hat, so schien es nicht ausgeschlossen, daß das hypothetische Gas aus zwei Elementen besteht. So bemerkenswert diese Versuche auch sind, so läßt sich ihr Ergebnis in dieser Form nicht aufrecht erhalten. Da nämlich das Spektrum eines Elements in seinem ganzen Aufbau eine Funktion der Kernladung darstellt, so kann seine Grundstruktur aus dieser quantentheoretisch vorausgesagt werden. Danach müßte das Nebulium bei Annahme der erforderlichen Kernladung — es käme nur 1 oder 2 in Frage — eine völlig andere spektrale Linienanordnung zeigen. Die Ansicht der Astrophysiker geht auch heute mehr dahin, daß die Nebelemissionen nicht einem neuen Element, sondern nur der unbekannten Strahlung eines sehr gewöhnlichen überall vorhandenen Grundstoffes zuzuschreiben sind. Nach I. S. Bowen handelt es sich um Linien des zweifach ionisierten Sauerstoffs, für den die Quantentheorie bereits die betreffenden Wellenlängen (*Nu I* bis *Nu V*) festgelegt hat. Die physikalischen Bedingungen, unter denen gerade die Nebelstrahlung emittiert wird, sind jedoch im Laboratorium vorläufig nicht herstellbar.

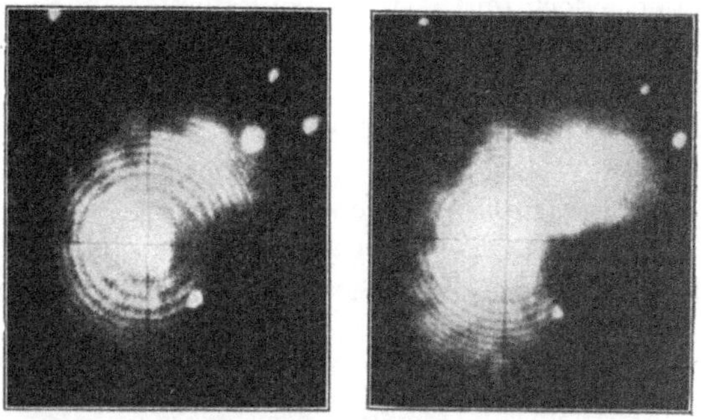

Abb. 441. Interferometerbilder des Orionnebels im Lichte von $H\gamma$ und *Nu IV* (nach C. Fabry).

Von besonderem Interesse ist die bereits recht alte Frage nach einer zeitlichen Veränderung der Helligkeit und der Form einzelner Nebel. Die Schwierigkeit einer Entscheidung ist hauptsächlich darin begründet, daß diese meist lichtschwachen Himmelskörper zu den verschiedensten Zeiten mit den verschiedensten Instrumenten beobachtet und danach beschrieben worden sind. Berücksichtigt man daneben noch den Einfluß der wechselnden Luftdurchsichtigkeit, die Wirkung etwaigen Mondscheins, der physiologischen Abhängigkeit des Auges von der Vergrößerung u. a., so ist unschwer einzusehen, daß auch abweichende Ergebnisse desselben Beobachters an demselben Instrument nicht ohne weiteres reell zu sein brauchen. Tatsächlich kann auch erst seit Anwendung der Photographie von dem Nachweis einer wirklichen Veränderlichkeit einzelner Nebel die Rede sein.

Als klassisches Beispiel eines veränderlichen Nebels darf der dicht neben dem Veränderlichen *T* Tauri stehende NGC 1555 gelten. Er wurde von J. R. Hind 1852 entdeckt und in den folgenden Jahren von verschiedenen Beobachtern mit zum Teil mäßigen Instrumenten gut gesehen; H. d'Arrest hat ihn 1855 und 1856 sogar als sehr hell bezeichnet. Um 1861 war er bereits recht schwach, blieb jedoch im LASSELLschen Reflektor auf Malta und im Pulkowaer Refraktor noch bis 1868 sichtbar, verschwand dann aber vollständig. Erst 1890 bis 1895 wurde er von S. W. BURNHAM und E. E. BARNARD im großen Refraktor der Lick-Sternwarte sehr schwach wiedergesehen. Photographische Aufnahmen der Neuzeit lassen erkennen, daß der Nebel tatsächlich noch vorhanden, aber überaus lichtschwach geworden ist.

Außer NGC 1555 zeigen noch zwei weitere mit Veränderlichen zusammenhängende Nebel Anzeichen starken Umrißwechsels. Es sind sind dies der merk-

1920 Sept. 18 1920 Nov. 1

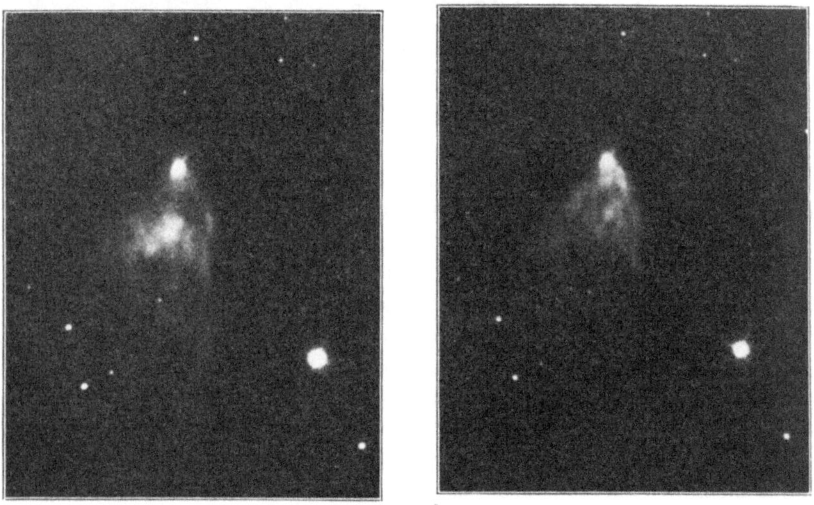

Abb. 442. Veränderlicher Nebel NGC 2261 um *R* Monocerotis (nach E. Hubble).

würdige Kometennebel um *R* Monocerotis (NGC 2261) und der ähnliche um *R* Cor. austr. (NGC 6729), an dem bisher wohl die stärksten und raschesten Änderungen beobachtet worden sind. Nach den photographischen Aufnahmen von HUBBLE gehen diese soweit, daß der Durchmesser des Nebels einmal in drei Tagen von 4″ bis 12″ anwuchs. Bei NGC 2261 besteht der Wechsel in scheinbaren oder wahren Verlagerungen der Materie, im Auftreten von hellen Knoten, dunklen Kanälen usw , wie es der etwas harte Abzug der Abb. 442 deutlich veranschaulicht. Das Spektrum von Stern und Nebel ist hier novaartig, das Licht des letzteren außerdem polarisiert. Als ein vierter sicherer Fall eines veränderlichen Nebels darf der neue seit 1914 sichtbare Ring von Materie um die Nova Persei (Abb. 390) gelten, der sich von seinem Ursprung langsam zu entfernen scheint.

Es ist beachtenswert, daß die genannten, sicher veränderlichen Nebel in nächster Nähe der Milchstraße liegen und mit Sternen von unregelmäßigem

Lichtwechsel in Beziehung stehen. In der folgenden kleinen Tabelle sind die vier Fälle nach Katalognummer und Ort noch einmal aufgezählt. Auch der merkwürdige unregelmäßig Veränderliche *T* Orionis gehört vielleicht hierher, wenn man den ihn umgebenden großen Orionnebel mit seinen verschiedenen Radialbewegungen und den offenkundigen Strömungen dunkler Materie ebenfalls als veränderlich annimmt. Allgemeine gesetzmäßige Beziehungen zwischen dem Lichtwechsel der Sterne und der Helligkeit der benachbarten Nebel bestehen trotzdem nicht. Die ovale Gashülle, die z. B. den Mirastern *R* Aquarii umgibt, zeigt trotz der großen Amplitude dieses Veränderlichen, die von 6^m bis 11^m reicht, keine Änderungen nach Helligkeit und Gestalt.

Veränderliche Nebel um Veränderliche Sterne.

NGC	Ort 1900		Bemerkungen
—	$3^h\ 24.4^m$	$+43^0\ 34'$	*N* 1901 Persei (O) folgt 0.5^s
1555	4 16.1	+19 17	*T* Tauri (G5ep) folgt 2^s, 0.4′ nördl.
2261	6 31.2	+ 8 51	*R* Monoc. (Q) 0.4′ südl.
6729	18 55.2	−37 6	*R* Cor. austr. (G5ep) voran 0.5^s, 0.2′ nördl.

Die Umwälzungen, die bei NGC 6729 in kürzester Zeit beobachtet worden sind, erscheinen zunächst ihren Ausmaßen nach unfaßbar, besonders wenn man damit die Größenordnung der Radialbewegung vergleicht, die der Doppler-Effekt bei Nebeln (S. 659) ergeben hat. In einem ähnlichen Falle, bei den Bewegungen um den Neuen Stern im Perseus (S. 600) wurde zur Erklärung ein Fortschreiten von reflektierten Lichtstrahlen herangezogen, und diese Deutung scheint auch hier am wahrscheinlichsten zu sein. Die Annahme führt unter Zugrundelegung der stärksten bei NGC 6729 beobachteten Bewegung von 3″ täglich auf einen Abstand von 290 *LJ*, der durchaus in die Größenordnung der Entfernungen hineinpaßt, die für einzelne planetarische Nebel abgeleitet worden sind. Bei den Nebeln NGC 1555 und 2261 darf vermutlich veränderliche Absorption als Ursache des Lichtwechsels angenommen werden.

Etwas hiervon verschieden sind die Veränderungen, die an Aufnahmen des Krebsnebels (NGC 1952) im Stier von C. O. Lampland und R. S. Dugan zuerst beobachtet worden sind. Es handelt sich um Änderungen der Feinstruktur des sehr kompliziert gebauten Nebels, die langsam vor sich gehen und wohl reelle Verschiebungen von Materie bedeuten. Die bisher bemerkten Bewegungen umfassen etwa 2.5″ in $11\frac{1}{2}$ Jahren und sind vielleicht auf eine Expansion der Materie zurückzuführen. Auch in dem großen Zirrusnebel NGC 6992 Cygni, der schon durch seine hohe Radialgeschwindigkeit von 100 km in der Sekunde auffällt, sind Querbewegungen bis zu 10″ im Jahrhundert festgestellt worden. Mit diesen beiden Nebeln und den vier merkwürdigen Gebilden der obigen Liste ist die Zahl der sicher veränderlichen Nebel erschöpft. Alle sonstigen früher für sicher angesehenen Fälle von Veränderlichkeit (NGC 955, 3666, 4254 u. a.) halten der Kritik nicht stand.

Zahl und Verteilung der nichtgalaktischen Nebel. Bei der Anwendung der Photographie auf die kosmische Nebelwelt zeigten schon die ersten langen Aufnahmen verschiedener außergalaktischer Gebilde, daß die Spiralform hier vorherrscht. Bekanntlich hatte Lord ROSSE bereits um 1845 an NGC 5194 (*M* 51) Can. ven., NGC 4254 (*M* 99) Comae, NGC 4303 (*M* 61) Virg. u. a., im ganzen an etwa einem Dutzend von Nebeln die spiralige Struktur erkannt, doch haben erst die systematischen photographischen Aufnahmen, wie sie in erster Linie I. ROBERTS 1888 in Angriff genommen hat, einen tieferen Einblick in die Struktur dieser merkwürdigen Himmelskörper gestattet. Der Crossley-Reflektor der Lick-Sternwarte hat dann in den geschickten Händen von J. E. KEELER den Nachweis gebracht, daß außerordentlich viele, wenn nicht überhaupt die meisten Nebel des Himmels dem Spiraltypus angehören, d. h. aus nahe in einer Ebene ausgebreiteter, spiralförmig angeordneter Materie bestehen. Die Zahl der Spiralnebel läßt sich vorläufig nicht angeben. Wenn aber dieser Klasse alle außergalaktischen großen und kleinen Nebel mit kontinuierlichem Spektrum zugerechnet werden, so zählen sie sicher nach Hunderttausenden. KEELER schätzte noch die Zahl auf 120000, C. D. PERRINE auf 500000 bis zu 1 Million; doch ist die letzte Ziffer wohl zu hoch gegriffen. Auf Grund der photographischen Ergebnisse kann nach F. H. SEARES die Zahl 300000 heute als obere Grenze der nichtgalaktischen Nebel bis 18.6^m gelten. Wie dicht sie trotzdem an manchen Stellen des Himmels gesät sind, zeigt eine Lick-Aufnahme bei $\alpha = 12^h\, 55^m$, $\delta = +\, 23^0\, 30'$ in Coma, die in einem Felde von $38' : 39'$ nicht weniger als 249 solcher winzigen Lichtfleckchen aufweist. Auf einem Negativ des sog. Eulennebels (NGC 3587) in Ursa maior konnte G. W. RITCHEY sogar in einem Felde von 36 Quadratminuten, also auf $^1/_{12}$ der Vollmondfläche, nicht weniger als 100 kleine Nebel zählen. Man könnte bei dieser Fülle vermuten, daß die Anzahl der Nebel außerhalb der Milchstraße nahezu unbegrenzt sei. Dies trifft aber nach dem oben gesagten nicht zu. Sehr lange Aufnahmen, die R. F. SANFORD als Stichproben ausgeführt hat, haben jedenfalls nur sehr geringen Zuwachs der im aufgenommenen Areal bereits bekannten Nebel ergeben.

Bei der Aufzählung der außergalaktischen Nebel wollen wir uns im wesentlichen der Auffassung der Beobachter auf dem Mt. Hamilton anschließen, d. h. es sollen die typischen Spindelnebel als von der Kante gesehene Spiralen angesehen werden. Von der charakteristischen Spiralform ist trotz mannigfacher Übergänge die zweite HUBBLEsche Untergruppe, die die Nebel ohne Flächenstruktur umfaßt (S. 681), auf photographischen Aufnahmen leicht zu unterscheiden. Sie umfaßt Kugel-, Ellipsen- und Linsenformen, in denen außer dem geometrischen Umriß höchstens einmal (wie z. B. bei NGC 5866) eine Andeutung von Struktur erkennbar ist. Die Verwandtschaft der außergalaktischen Nebeltypen tritt aber oft in der physischen Verbundenheit recht heterogener Typen zutage. Die offenbar zusammenhängenden NGC-Nummern 221 und 224 in der Andromeda können z. B. als extremste Vertreter der

HUBBLEschen Skala (Kugelnebel und auflösbarer Spiralnebel) angesehen werden.

Nur ganz wenige der nichtgalaktischen Nebel sind in den beiden Hauptgruppen nicht unterzubringen. Das sind die drei unregelmäßigen Gebilde

NGC 3115 Sextantis

NGC 2681 Ursae maioris

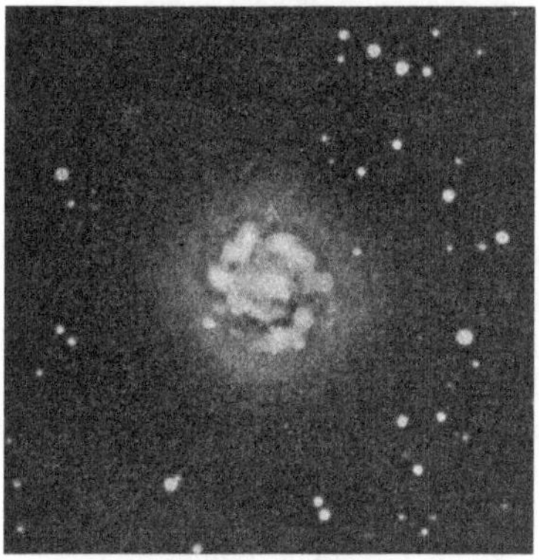
NGC 278 Cassiopeiae

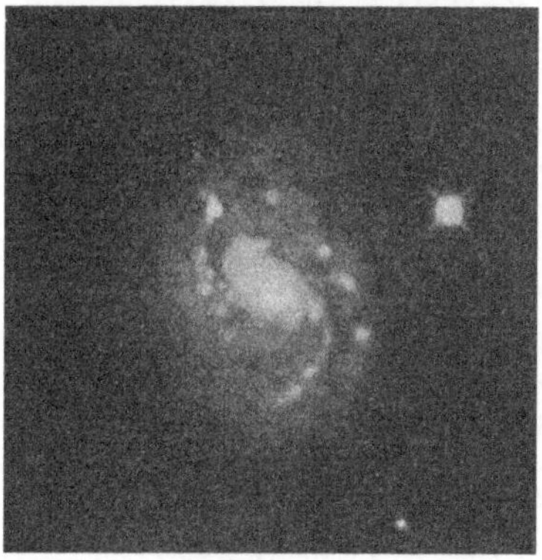
NGC 1068 Ceti

Abb. 443. Typen der außergalaktischen Nebel (nach Mt. Wilson-Aufnahmen).

NGC 2366 Camel., 4214 und 4449 Can. ven., ferner NGC 278 Cassiop., 346 in der Kleinen Kapwolke, 1068 Ceti und 4151 Can. ven., die deutliche, z. T. sehr ausgeprägte Spiralstruktur haben (Abb. 443), jedoch mindestens im Kerngebiet ein Emissionsspektrum zeigen und daher mit größerer Berechtigung den bereits behandelten Gasnebeln beizuordnen sind.

Angesichts der großen Anzahl der außergalaktischen Nebel konnten in die nachstehenden Übersichten nur die hellsten oder sonst irgendwie merkwürdigen in mittleren nördlichen Breiten sichtbaren Gebilde aufgenommen werden.

Bemerkenswerte Spiralnebel zwischen $\delta = -30^0$ und dem Nordpol.

NGC	Ort 1900.0		Gr.	PW	Beschreibung
205	0^h 34.9^m	$+41^0$ 8′	10.2^m	1700	Elliptisch 1:2.5
224	0 37.3	+40 43	5.0	40	» 1:3, auflösbar, M 31 Androm.
253	0 42.6	−25 50	8.8	50	» 1:5, reiche Struktur
598	1 28.2	+30 9	7.0	30	Spirale 1:1.5, auflösbar, M 33 Triang.
628	1 31.3	+15 16	10.6	—	Fast geometrische Spirale, M 74 Pisc.
891	2 16.2	+41 53	—	25	Spindelform 1:10, gespalten
936	2 22.5	− 1 36	11.1	85	Längliche Spirale
1023	2 34.1	+38 38	10.2	80	Spindelform 1:4
2403	7 27.2	+65 49	8.7	120	Elliptisch 1:2, auflösbar?
2537	8 6,2	+46 18	—	165	0.8 im Durchm., spiralförmig?
2681	8 46.4	+51 41	10.8	—	Kern mit einer fast ringf. Spirale
2683	8 46.5	+33 48	10.2	40	Spindelform 1:9
2841	9 15.1	+51 24	9.4	150	Elliptisch 1:3, reiche Struktur, regelm.
2903	9 26.5	+21 56	9.1	20	» 1:2.5, » »
3031	9 47.3	+69 32	8.3	140	» 1:3, regelm., M 81 Urs. mai.
3034	9 47.6	+70 10	9.0	65	» 1:6, spiralf.? M 82 Urs. mai.
3623	11 13.7	+13 38	9.9	175	Elliptisch 1:4.5, M 65 Leonis
3627	11 15.0	+13 32	9.1	180	» 1:3, M 66 »
3628	11 15.0	+14 8	11.0	100	» 1:10, Spindelform, gespalten
3726	11 27.9	+47 36	11.1	5	» 1:1.5, groß, schwach
4051	11 58.0	+45 5	12.0	120	» 1:3, zweiarmig
4151	12 5.5	+39 58	11.6	—	Klein, rund, Kern m. Emissionslinien!
4216	12 10.8	+13 42	11.8	20	Spindelform 1:7, hellster in Nebelgruppe
4244	12 12.5	+38 22	12.1	50	Spindelform 1:16, leicht gespalten
4254	12 13.7	+14 59	10.6	—	Volle Spirale, M 99 Comae
4258	12 14.0	+47 52	8.7	165	Elliptisch 1:3, reich gegliedert
4303	12 16.8	+ 5 2	10.6	—	Volle Spirale, regelmäßig, M 61 Virg.
4321	12 17.8	+16 23	10.5	—	» » M 100 Comae
4382	12 20.3	+18 45	10.0	30	Elliptisch 1:3, M 85 Comae
4501	12 26.9	+14 58	10.6	140	» 1:2, M 88 Comae
4526	12 29.0	+ 8 15	10.5	110	» 1:2, mit Lücke
4565	12 31.4	+26 32	11.0	135	Spindelform 1:10, gespalten
4594	12 34.8	−11 4	9.2	90	» 1:10, scharf gespalten
4631	12 37.3	+33 6	9.5	85	» 1:9, flockig
4725	12 45.6	+26 3	9.2	40	Elliptisch 1:1.5, Kern hell, Spir. schwach
4736	12 46.2	+41 40	8.4	110	» 1:15. regelm., M 94 Can. ven.
4826	12 51.8	+22 14	9.2	110	» 1:2, auff. Lücke, M 64 Comae
5005	13 6.3	+37 36	11.1	70	Spindelform 1:3, mit Lücken
5055	13 11.3	+42 34	9.6	100	Elliptisch 1:3, dicht, M 63 Can. ven.
5194	13 25.7	+47 43	7.4	—	Volle Spirale, regelm., M 51 Can. ven.
5195	13 25.8	+47 47	9.0	—	Rund, Begl. von M 51, Kugelnebel?
5236	13 31.4	−29 21	10.6	—	Große Spirale, heller Kern, M 83 Cent.

NGC	Ort 1900.0		Gr.	PW	Beschreibung
5457	13^h 59.6^m	$+54^0$ $50'$	10.3^m	—	Volle Spirale, regelm., M 101 Urs. mai.
5746	14 39.9	+ 2 23	10.6	170^0	Spindelform 1:10, gespalten
6946	20 32.6	+ 59 48	12	—	Volle Spirale, schwach
7217	22 3.4	+ 30 52	—	—	» » fast ringförmig
7331	22 32.5	+ 33 54	10.4	165	Elliptisch 1:5
7479	22 59.9	+ 11 47	12	—	Zweiarmig, typische *S*-Form
7814	23 58.1	+ 15 34	10.4	130	Spindelform 1:3, deutl. gespalten

Hellere Nebel von Kugel- und Linsenform.

NGC	Ort 1900.0		Gr.	PW	Bemerkungen
221	0^h 37.2^m	$+40^0$ $19'$	8.8^m	—	M 32, Begl. von M 31 Androm.
524	1 19.6	+ 9 1	11.5	—	— Piscium
584	1 26.3	− 7 23	10.9	—	Länglich, mit Kern u. schw. Begleiter
3115	10 0.3	− 7 14	9.5	45	Spindelform 1:6, ohne Einzelh.
3377	10 42.4	+ 14 31	11	—	— Leonis
3379	10 42.6	+ 13 67	9.4	—	— »
3521	11 0.7	+ 0 30	10.1	160	Elliptisch 1:5, Verdicht. am Westrande
4278	12 15.1	+ 29 50	10.8	—	— Comae
4374	12 20.0	+ 13 27	9.9	—	» 84, Virginis
4406	12 21.1	+ 13 30	10.0	—	» 86 »
4450	12 23.4	+ 17 38	10.0	10	Elliptisch 1:3
4472	12 24.7	+ 8 33	9	—	M 49, elliptisch 1:3
4486	12 25.8	+ 12 57	9.7	—	» 87 » 1:3
4546	12 30.4	− 3 14	10.2	—	— » 1:3
4649	12 38.6	+ 12 6	9.5	—	M 60 » 1:3
4760	12 47.9	− 9 57	—	—	— » 1:3
5866	15 3.7	+ 56 8	11.7	125	Linsenform 1:3, dunkler Querstrich

Helle außergalaktische Nebel mit Sondercharakter.

NGC	Ort 1900.0		Gr.	Bemerkungen
278	0^h 46.4^m	$+47^0$ $1'$	—	Ausgesproch. Spiralform, mit Em.-Sp.
651	1 36.0	+ 51 4	9.9^m	Doppelnebel, spiralf. » »
1068	2 37.6	− 0 26	8.7	Spiralf., Kern mit Em.-Sp. (M 77 Ceti)
2366	7 18.3	+ 69 13	—	Unregelm. Nebel 6′: 3′
4151	12 5.5	+ 39 58	10.5	Klein, rund, Kern mit Em.-Sp.
4214	12 10.6	+ 36 53	11.3	Unregelm. Nebel 8′: 4′, mit Emissionen
4449	12 23.3	+ 44 39	9.5	» » 3.5: 2′ » »

Die Gesamthelligkeiten sind dabei nach J. Holetschek bzw. nach ihrer Neureduktion durch J. Hopmann angegeben, während Positionswinkel und Beschreibung sich auf die vorhandenen Aufnahmen unter besonderer Berücksichtigung der Lick-Monographie[1]) beziehen.

Werden die Örter der bekannten Spiralnebel in eine Sternkarte eingetragen, so fällt es sofort auf, daß sie mit sehr wenigen Ausnahmen (z. B. NGC 6440 Ophiuchi und 6555 Herculis in den galaktischen Breiten 2^0 und 16^0) nirgends in die Zone der Milchstraße eindringen. Ihre Zahl wächst dann mit zunehmendem Abstand vom galaktischen Äquator, doch sind die galaktischen Pole nicht unbedingt als Häufigkeitszentren dieser Himmelskörper anzusehen. Die große auf der nördlichen Halbkugel hervortretende Nebelwolke umfaßt wohl den Pol der Milchstraße, erstreckt sich aber unsymmetrisch zu diesem von Ursa maior bis Virgo. Auf der südlichen Halbkugel macht sich eine noch größere Streuung bemerkbar. Daß die helleren Kugelnebel sich auf einen Fleck des Himmels von 30^0 Durchmesser konzentrieren, dessen Mitte in Virgo liegt, zeigt schon die Zahlenübersicht auf S. 681. Eine wichtige Gesetzmäßigkeit führt vielleicht auf Beziehungen zu den kugelförmigen Sternhaufen. Vergleicht man die Stellen der größten Häufigkeit beider Himmelskörper miteinander, so stellt sich heraus, daß die Spiralnebel gerade in denjenigen galaktischen Längen, in denen die Kugelhaufen sich zusammendrängen, besonders spärlich auftreten.

Die Formen und das Spektrum der Spiralnebel. Die Grundform der normalen Spiralnebel bilden in der Regel gekrümmte Ströme von Materie, die an zwei gegenüberliegenden Stellen des Kerns ihren Ursprung nehmen (Abb. 447) und entweder isoliert bleiben, oder sich in mehrere Arme teilen. Mit verschwindenden Ausnahmen umschließen dabei die Windungen Bögen zwischen 90^0 und $2 \cdot 360^0$ Umfang. Die Gestalt mancher Nebel ist überraschend regelmäßig. Es braucht nur an so bekannte Fälle erinnert zu werden, wie NGC 628 (*M* 74) Piscium, NGC 5194 (*M* 51) Can. ven. (Abb. 444), NGC. 5457 (*M* 101) Urs. mai. (Abb. 445) u. a., deren Ebene nahe senkrecht zur Blickrichtung liegt und einen vollen Einblick in den Verlauf der Windungen gestattet. Auch einige stärker geneigte Spiralen, wie NGC 224 (*M* 31) Androm., lassen noch Einzelheiten erkennen. In den Spindelnebeln, die, wie erwähnt, von einigen Beobachtern als Kantenbilder von Spiralnebeln angesehen, von anderen als eine Sonderklasse von Nebeln behandelt werden, verschwindet schließlich jede Spur einer Struktur. Bei der ungeheuer großen Zahl dieser strichartigen Gebilde erscheint es zunächst unwahrscheinlich, daß sie alle im Aufriß gesehene Spiralen darstellen sollten. Vielleicht ist der Widerspruch aber so zu erklären, daß mit der stärkeren Neigung auch die Lichtstärke, also auch die aktinische Wirkung dieser Nebel wächst. Da die Strichnebel auf alle Fälle mit den Spiralen bezüglich ihrer Bewegung, ihrer mittleren Helligkeit usw. vieles gemeinsam haben, liegt zu einer Sonder-

[1]) Studies of the nebulae made at the Lick Observatory and Santiago. Lick Publ. Bd. 13.

Abb. 444. Spiralnebel *M* 51 Can. ven. (Aufn. von G. W. Ritchey).

Abb. 445. Spiralnebel *M* 101 Urs. mai. (Aufn. von M. Wolf).

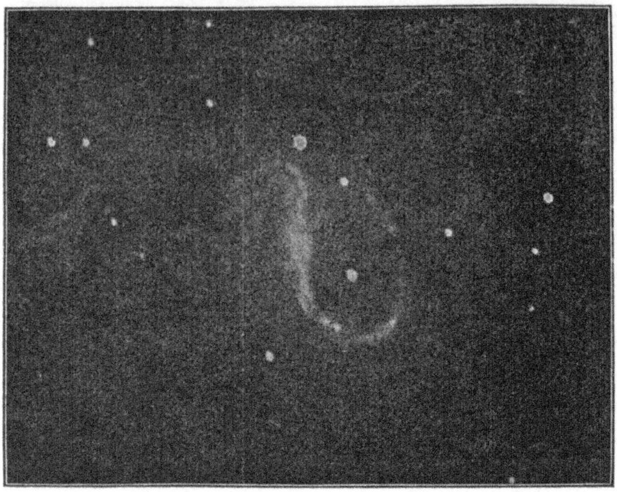

Abb. 446. S-förmiger Spiralnebel NGC 7479 Pegasi.

behandlung vorläufig kein physikalischer Grund vor. Wie wenig man übrigens berechtigt ist, die Spiralform als eine ausschließliche Eigentümlichkeit der nach ihr benannten Nebel zu betrachten, zeigen die vier oder fünf Fälle, in denen man bei Emissionsnebeln die gleiche Gestalt beobachtet hat (S. 681). Der hellste derselben ist NGC 1068 Ceti (Abb. 443). Er zeigt im kernnahen Teil, der die Schneckenform des bekannten planetarischen Nebels im Drachen (NGC 6543) hat, die üblichen Emissionslinien, in der zweifellos spiraligen Hülle ein kontinuierliches Spektrum. In größerer Entfernung ist noch ein lichtschwacher Ring von unbekannten spektralen Eigenschaften erkennbar. Auf der südlichen Halbkugel liegt, wie wir sahen (S. 679), in der Kleinen Kapwolke ein ausgesprochener Spiralnebel mit Gasspektrum in NGC 346 vor, doch handelt es sich dabei immerhin um Ausnahmen.

Von einer systematischen Untersuchung der Orientierung der Spiralnebelebenen hat man sich wichtige kosmogonische Aufschlüsse versprochen. Das Ergebnis einer Arbeit von C. C. Gregory, der 362 Spiralen daraufhin untersucht hat, zeigt jedoch keine klaren Gesetzmäßigkeiten. Sicher ist vorläufig nur soviel, daß die Ebenen dieser Nebel, insbesondere der großen, im allgemeinen die parallele Einstellung zur Milchstraße meiden.

Daß die Gestalt der Spiralen wichtige Fingerzeige über die Entstehung dieser Weltkörper zu geben vermag, hat man frühzeitig erkannt. E. v. d. Pahlen und neuerdings H. Groot und J. H. Raynolds haben die Frage genauer untersucht, aber, wie gleich vorausgeschickt werden mag, keine strengeren Gesetzmäßigkeiten gefunden (Abb. 447). Für die geneigten Spiralen müssen zum sicheren Erkennen der genaueren geometrischen Form die Bilder erst photographisch auf die Neigung Null gebracht werden, so daß so gut wie möglich der Eindruck erzeugt wird, als fiele die Blickrichtung senkrecht auf die Spiralebene. Es handelt sich dabei um eine ähnliche Entzerrung der Projektionsverhältnisse, wie sie z. B. bei topographischen Aufnahmen vom Flugzeug aus unter Anwendung automatisch arbeitender Apparate ganz allgemein vorgenommen wird. In Übereinstimmung mit v. d. Pahlen fand z. B. Groot, daß sich 17 Arme, die 9 Nebeln angehören, durch logarithmische Spiralen darstellen lassen. In fünf Fällen könnte ebensogut die archimedische Form vorliegen. Bezeichnet man mit φ den Winkel, den die Richtung nach einem Punkt der Spirale mit der Abszissenachse bildet, mit r den Mittelpunktsabstand, so werden die beiden Hauptformen der Spiralen durch die Gleichungen

$$r = a\varphi \qquad \text{(Archimedische Spirale)}$$

$$\log r = b - c\varphi \qquad \text{(Logarithmische Spirale)}$$

ausgedrückt, wobei a, b und c konstante Größen sind. Die erste Kurve beschreibt ein Punkt, der sich auf einem um seinen Ursprung gleichmäßig rotierenden Strahl mit gleichförmiger Geschwindigkeit vom Mittelpunkte der Bewegung entfernt; die zweite setzt dabei eine Beschleunigung der Bewegung auf dem Leitstrahl voraus (Abb. 448). Je nach den Annahmen über die Geschwindigkeit der Rotation und der vom Kern aus radial wirkenden Kraft kann man durch den einen oder anderen Ausdruck einzelne Windungen der Nebel mathematisch darstellen. Solange über die physische Zusammensetzung der Spiralnebel und ihre Stellung im Raum kein völlig klares Bild vorliegt, hat es freilich wenig Sinn, an die geometrischen, stets nur in roher Näherung zutreffenden Formen irgendwelche weitgehenden Schlußfolgerungen zu knüpfen.

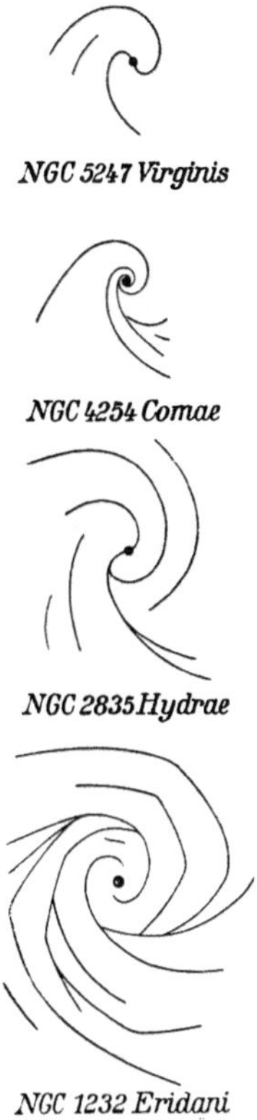

Abb. 447. Typische Umrisse von Spiralnebeln (n. J. H. Raynolds).

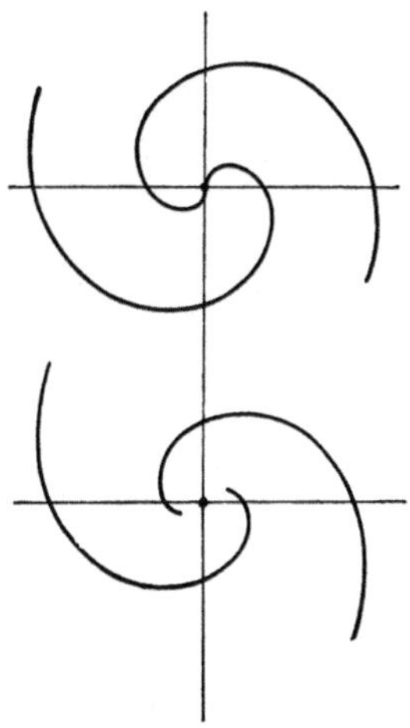

Abb. 448. Grundform der Spiralnebel: Archimedische und logarithmische Spirale.

Betrachtet man die Aufnahmen der Spiralnebel etwas genauer, so kann man darunter sogleich zwei Gruppen unterscheiden, solche, die auch auf den besten Photographien eine gleichmäßige Nebelform der Arme zeigen, und andere, die durch ihre flockige Struktur Anzeichen einer gewissen Auflösbarkeit verraten. Als Vertreter der ersten Klasse wäre NGC 2841 Urs. mai., als Beispiel der zweiten NGC 598 Triang. oder NGC 5457 Urs. mai zu nennen. In NGC 598 konnte G. W. Ritchey 2400, in NGC 5457 über 1000, in NGC 3031 Urs. mai. über 400 helle Knoten zählen, die sich hauptsächlich auf die Außenarme dieser Nebel verteilen. Daß diese Anordnung nicht überall die Regel bildet, ist an NGC 4826 Comae zu erkennen, wo gerade umgekehrt die Haufenbildung den inneren Teil der spiraligen Windungen beherrscht (Abb. 449). Die gleichmäßigen Nebel wie die Flockenformen sind gleich oft am Himmel vertreten

Abb. 449. Spiralnebel NGC 4826 (*M* 64) Comae (nach Mt. Wilson-Aufnahme).

und anscheinend ohne Beziehung zur Gestalt oder zur Größe der Nebel. In ganz fortgeschrittenen Fällen, womit aber zunächst nicht etwa irgendeine wirkliche Entwicklungsphase bezeichnet werden soll, erscheint das ganze Gebilde derart in kleine Nebel zergliedert, daß nur mit Mühe die Spiralform zu erkennen ist (Abb. 450). Bei schräger Lage kommen dann flockige Lanzettformen zustande, die in ihren Umrissen einem Fisch mit glänzenden Schuppen ähnlich sehen, wie das z. B. bei dem ziemlich hellen „Heringsnebel" NGC 4631 Can. ven. der Fall ist. Wegen ihrer seltsamen Form wären noch die stets sehr schwachen Φ-Nebel (Abb. 451) zu erwähnen; sie zeigen mannigfache Abweichungen in den Umrissen, sind aber wohl als echte Spiralen anzusehen.

Eine wichtige, schon früher angeschnittene Frage haben noch einzelne Spiralnebel, besonders solche mit stärkerer Neigung aufgerollt. Sie zeigen in der Längsachse dunkle Kanäle, so daß bei strenger Kantenstellung auf den Photographien fast der Eindruck einer Muschel entsteht (Abb. 452). Besonders auffällige Vertreter dieser Gruppe sind NGC 678, 891, 4282, 4286, 4565, 4594 und 7814. Man hat die dunklen Streifen dieser Nebel früher für einfache Lücken gehalten, ähnlich der Cassini-Spalte beim Saturnring; bei diesem aber erscheinen durch die geometrischen Verhältnisse die Lücken an den Enden der Projektionsellipse am deutlichsten und verschwinden in der Nähe der kleinen Achse, wäh-

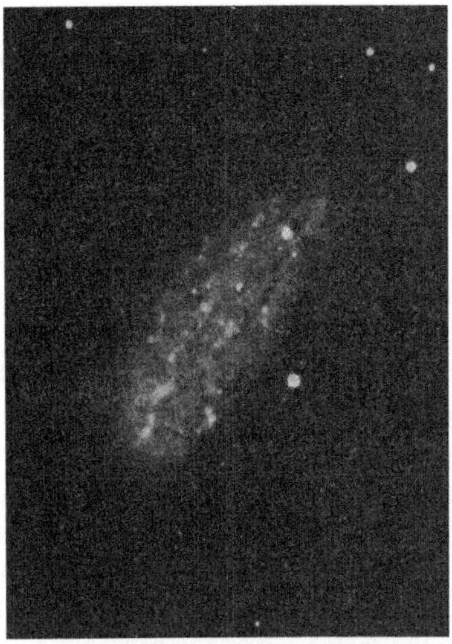
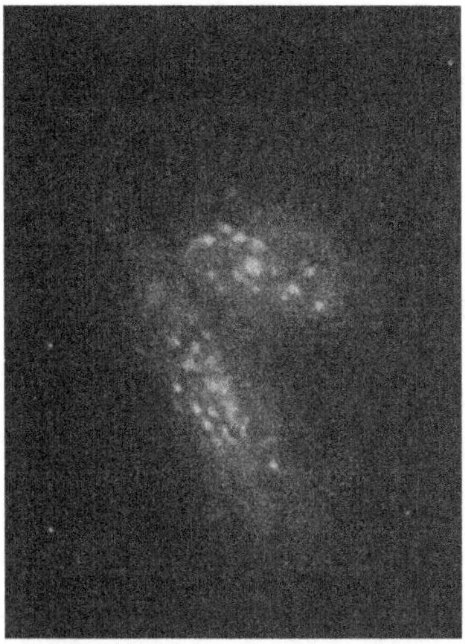

Abb. 450. Spiralförmige Flockennebel NGC 2776 Urs. mai. und 4567/68 Virg. (nach Mt. Wilson-Aufnahmen).

rend hier der dunkle Kanal gerade im vorderen durch die Projektion am stärksten verkürzten Teil der Figur liegt. Zweifellos handelt es sich also nicht um leere Räume, sondern um nichtleuchtende Nebel- oder Staubwolken, die den äußeren Grenzen der Spiralen vorgelagert sind und eine kräftige Absorptionswirkung hervorrufen. Bei der ungeheuren Zahl der Spiralnebel ließen sich noch mannigfache Eigentümlichkeiten derselben schildern. Die zahlreichen Abbildungen des Textes werden jedoch einen besseren, auf eigener Anschauung beruhenden Einblick in die Struktur dieser sonderbaren Weltkörper vermitteln, als dies eine Beschreibung zu tun vermag.

Soweit die bisherigen Untersuchungen reichen, zeigen die Spiralnebel ein kontinuierliches Spektrum mit Absorptionslinien. Danach liegt es nahe, sie als Sternhaufen aufzufassen, bei denen lediglich infolge der großen Entfernung eine Trennung in einzelne Komponenten unmöglich ist. Daß mit dieser Erklärung alle Schwierigkeiten behoben wären, kann man nicht behaupten. Trotzdem mehren sich von Jahr zu Jahr die Anzeichen, daß die Deutung der typischen Spiralnebel als Sternhaufen zutrifft. Zunächst wäre es natürlich möglich, daß auch die Spiralnebel aus Gasen oder Staubmassen bestünden, die lediglich das Licht von zentralen Sternen reflektieren. Nach J. H. Raynolds würde z. B. der Andromedanebel (NGC 224) einer solchen Annahme entsprechen. Von einer allgemeinen Eigenschaft kann aber keine Rede sein, wie E. P. Hubble nach dem früher geschilderten Verfahren (S. 671) nachgewiesen

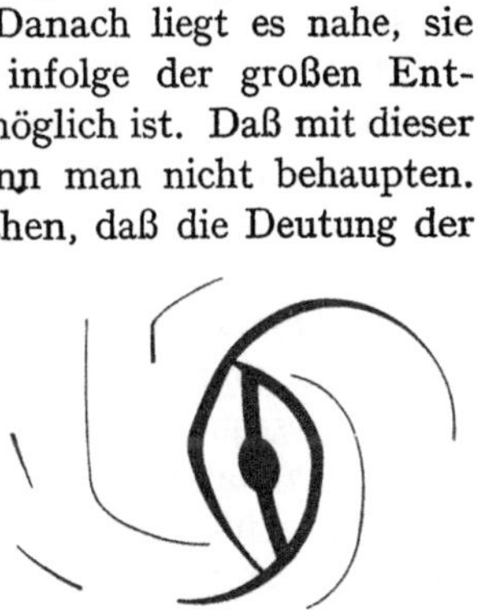

Abb. 451. Φ-Nebel NGC 5921 Librae.

hat. Die meisten Spiralnebel haben überhaupt keinen Kern, auf den die Beleuchtung zurückgeführt werden könnte. Bei Staub- und Dunstmassen müßten auch unzweideutige Anzeichen von Phasenwirkung und Polarisation vorliegen, die bisher in keinem einzigen Falle nachzuweisen waren.

Unter diesen Umständen liegt es nahe, weitere Schlüsse von einer Vertiefung der spektroskopischen Untersuchungen zu erhoffen, doch muß bemerkt werden, daß die Spiralnebel und die anderen mit ihnen verwandten außergalaktischen Gebilde gegenüber den Milchstraßennebeln schon an sich sehr lange Expositionen erfordern. Bei den Spektren gehen diese Zeiten bis zu Dutzenden von Stunden, und es erscheint daher nicht verwunderlich, wenn man früher vor der Aufwendung derart langer Arbeitszeiten für einen ungewissen Erfolg zurückschreckte. Erst die bei den ersten gelungenen Spektren festgestellten überaus auffallenden Doppler-Effekte haben zu häufigeren Spektralaufnahmen der Spiralnebel Anlaß gegeben und dann auch sicheren Aufschluß über ihren mittleren Spektralcharakter geliefert. Die gleiche Aufgabe ist auf dem kürzeren Wege der effektiven Wellenlängen mit Erfolg in Angriff genommen worden. Die wichtigsten direkten und auf dem Umwege über die Gitterspektra erhaltenen Bestimmungen dieser Art sind hier in einem Täfelchen vereinigt. An den direkten Bestimmungen sind in erster Linie E. A. Fath, M. Wolf, F. G. Pease und V. M. Slipher, an den Effektivwerten K. Lundmark und B. Lindblad beteiligt.

Integriertes Spektrum von 33 Spiralnebeln.

NGC	Sp.	NGC	Sp.
221	G 8	3412	F 9
224	G 5	3613	K 6
404	G	3619	K 6
584	G	3623	K 1
936	G	3627	F 1
1023	G	4111	G
1700	G 0	4251	G 4
2681	F 8	4278	F 5
2841	K 0	4494	G 0
2903	F 5	4594	F 5
3031	K 0	4725	G 4
3034	F 2:	4736	G 8
3077	G:	4826	G 5
3368	G	5194	K 3
3377	K 0	5195	G 6
3379	G 8	7331	G:
3384	G 0		

Aus der Übersicht geht hervor, daß in den Spiralnebeln Sterne des vorgeschrittenen Sonnentypus überwiegen. Der Sondercharakter von NGC 1068 und 4449 wird auch durch die effektiven Wellenlängen bestätigt. Diese Nebel sind hier nicht aufgenommen worden, weil der erste sicher den planetarischen, der zweite wahrscheinlich den diffusen Nebeln zuzurechnen ist. Auch bei NGC 2903 und 3627 liegt der Verdacht vor, daß der abgeleitete frühe Spektraltypus auf Anwesenheit heller Linien zurückzuführen ist. Jedenfalls ist es sehr wahrscheinlich, daß der mittlere Spektraltypus der Spiralnebel die Grenzen F 5 bis K 5 nur selten überschreitet. Die Feststellung von Lundmark und Lindblad, daß bei NGC 4736 der Kern das Spektrum K0, der Nebel dagegen F 9 hat, ist von F. H. Seares als allgemein gültig bestätigt worden; die Spiralarme bestehen also aus blauerer Materie als die Kerne.

Bewegungsvorgänge in den Spiralnebeln. Alle Versuche, bei den außergalaktischen Nebeln, insbesondere den Spiralnebeln eine trigonometrische Parallaxe festzustellen, sind bisher gescheitert, obwohl einzelne derselben, wie z. B. der große Andromedanebel, einen hinreichend scharfen, gut meßbaren Kern besitzen. Dagegen verdienen die Eigenbewegungen mehr Vertrauen, obwohl auch hier wegen der erst kurzen Zeitdifferenz zwischen den einzelnen Beobachtungen höchstens die Größenordnung der abgeleiteten Zahlen verbürgt werden kann. Nach H. D. Curtis ergibt sich für 66 untersuchte Spiralnebel eine durchschnittliche Eigenbewegung von 3.3″ im Jahrhundert, wobei der Nebel NGC 253 Sculptoris mit einer säkularen Ortsänderung von 8″ an der Spitze steht.

Abb. 452. Spindelnebel mit Absorptionsband NGC 4594 Virginis.

Im völligen Gegensatz dazu hat sich die Bewegung im Visionsradius bei den helleren Spiralnebeln als außerordentlich groß herausgestellt. Wie die nachstehende Übersicht der in den letzten Jahren hauptsächlich von V. M. Slipher erhaltenen Resultate lehrt, treten hier Radialbewegungen auf, die auf den gelben Teil des Sonnenspektrums übertragen einer Verschiebung um das Vierfache des Abstandes der (D-)Linien entsprechen würden (vgl. Abb. 100). Selbst der Mittelwert beträgt noch mindestens 625 km in der Sekunde, d. h. mehr als 20mal so viel wie bei den planetarischen Nebeln. Wahrscheinlich sind diese mit kleiner Zerstreuung erhaltenen Linienverschiebungen als Höchstwerte aufzufassen; bei stärkerer Dispersion kommen merklich kleinere Geschwindigkeiten heraus, als sie die Tabelle angibt.

Das Vorherrschen der positiven Vorzeichen in den abgeleiteten Geschwindigkeiten ist beachtenswert. Es deutet darauf hin, daß die Spiralnebel einen K-Effekt zeigen (S. 520), d. h. auseinander streben und sich dabei gleichzeitig auch von unserem engeren Sternsystem entfernen. Eine Beziehung zwischen der Radialbewegung und der Neigung der Spiralen, also der Lage ihrer Ebenen im Raume, ist nicht vorhanden, und man hat daher einige Zeit Bedenken getragen,

Radialgeschwindigkeiten von außergalaktischen Nebeln.

NGC	Sternbild	Radialbew.	Gal. Breite	NGC	Sternbild	Radialbew.	Gal. Breite
221	Androm.	− 300 km	− 21°	4111	Urs. mai.	+ 800: km	+ 74°
224	»	− 315 »	− 20	4151	Can. ven.	+ 950 »	+ 76
278	»	+ 650: »	− 16	4214	» »	+ 300 »	+ 78
404	»	− 25 »	− 28	4258	» »	+ 500 »	+ 68
584	Ceti	+ 1800: »	− 72	4382	Comae	+ 500: »	+ 80
598	Triang.	− 70 »	− 30	4449	Can. ven.	+ 200 »	+ 72
936	Ceti	+ 1300 »	− 56	4472	Virginis	+ 850 »	+ 70
1023	Persei	+ 300 »	− 19	4486	»	+ 800: »	+ 74
1068	Ceti	+ 916 »	− 52	4526	»	+ 580 »	+ 71
1700	Eridani	+ 800 »	− 28	4565	Comae	+ 1100: »	+ 88
2681	Urs. mai.	+ 700 »	+ 42	4594	Virginis	+ 1140 »	+ 52
2683	Gemin.	+ 400 »	+ 40	4649	»	+ 1090 »	+ 75
2841	Urs. mai.	+ 600: »	+ 46	4736	Can. ven.	+ 290 »	+ 86
3031	» »	− 30 »	+ 42	4826	Comae	+ 150 »	+ 84
3034	» »	+ 290 »	+ 42	5005	Can. ven.	+ 900 »	+ 78
3115	Sextantis	+ 600 »	+ 38	5055	» »	+ 450 »	+ 74
3368	Leonis	+ 940 »	+ 57	5194	» »	+ 270 »	+ 71
3379	»	+ 812: »	+ 59	5195	» »	+ 240: »	+ 71
3489	»	+ 600 »	+ 63	5236	Centauri	+ 500: »	+ 31
3521	»	+ 730 »	+ 54	5866	Draconis	+ 650 »	+ 52
3623	»	+ 800 »	+ 64	7331	Pegasi	+ 500 »	− 22
3627	»	+ 650 »	+ 64				

die beobachteten ungewöhnlich starken Linienverschiebungen tatsächlich als Doppler-Effekt aufzufassen. Man darf bei dieser Frage um so vorsichtiger sein, als ja für Linienverschiebungen im Laufe von kaum 50 Jahren die mannigfachsten physikalischen Gründe gefunden worden sind, und keine Veranlassung vorliegt, diese als erschöpft zu betrachten. Vielleicht sind aber trotzdem die Zweifel nicht berechtigt. Das Vorkommen von positiven und negativen Bewegungen, sowie die Beobachtung, daß die Verschiebungen genau proportional den Wellenlängen erfolgen, sprechen doch sehr für einen unverfälschten Doppler-Effekt.

Eine sehr wichtige weitere Stütze dafür, daß es Bewegungserscheinungen sind, die wir in den Spektren der Spiralnebel beobachten, darf man wohl in dem Ergebnis einer Untersuchung erblicken, die F. G. Pease an dem Spiralnebel großer Radialgeschwindigkeit NGC 4594, und später am großen Andromedanebel angestellt hat. Der Nebel NGC 4594 in Virgo gehört zu den Spindelnebeln, bildet also vermutlich eine Spirale, deren Ebene nahe in der Blickrichtung liegt (Abb. 452). Als Arbeitsinstrument diente der 1.5 m Spiegel des Mt. Wilson-Observatoriums. Der Spalt des Spektrographen wurde in die Längsachse der Spindel gebracht und die Platte 80 Stunden lang (März bis Mai 1916) exponiert.

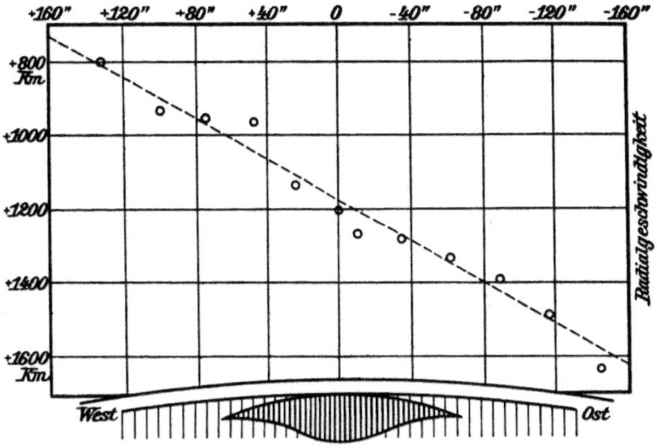

Abb. 453. Graphische Darstellung der Rotationsverhältnisse im Spindelnebel NGC 4594 Virg.

Der Linienanschluß an das Eisenspektrum gestattet die sichere Ermittlung von Radialgeschwindigkeiten bis zu einem Kernabstand von etwa 140″. Trägt man die erhaltenen Zahlenwerte graphisch auf, so ergibt sich die in Abb. 453 dargestellte Figur. Daraus würde nach Abzug der Schwerpunktsbewegung von 1140 km (S. 690) hervorgehen, daß der ganze Nebel als einheitliche Masse rotiert, und zwar im Kernabstand von 2′ mit einer Geschwindigkeit von 330 km in der Sekunde. Eine gleichartige Untersuchung der stark abgeplatteten Verdichtung des Nebels durch V. M. Slipher hat jedoch gezeigt, daß zuletzt eine Beschleunigung eintritt, derart, daß in etwa 20″ Schwerpunktsabstand schon nahe der doppelte Betrag der geforderten linearen Bewegung (100 statt 56 km) erreicht wird. Ein entsprechender Versuch beim Andromedanebel (NGC 224) hat für diesen ebenfalls eine gleichförmige Rotation ergeben, derart, daß nach Abzug der Gesamtbewegung der südlich vorangehende Teil des Nebelkerns sich uns mit 100 km Geschwindigkeit nähert, während das entgegengesetzte Ende sich mit der gleichen Geschwindigkeit entfernt. Bei Querstellung des Spaltes auf die kleine Achse des Nebels konnte ein Rotationseffekt nicht nachgewiesen werden, was zugunsten der gefundenen Ergebnisse und ihrer Deutung spricht. An NGC 3031 Urs. mai. hatte übrigens schon früher M. Wolf eine Rotation von gleicher Größenordnung festgestellt. Nachgewiesen ist sie noch bei NGC 221 Androm., 2683 Cancri, 3623 Leonis und dem spiralförmigen Emissionsnebel NGC 1068 Ceti.

Man sollte glauben, daß so beträchtliche Rotationserscheinungen auch in den direkten Messungen der Nebelwindungen irgendwie hervortreten müßten, und tatsächlich liegen Nachforschungen dieser Art bereits weit zurück. Verwendbar für den Zweck sind nur diejenigen Nebel, die wir nahe im Grundriß erblicken; außerdem müssen sie eine reichhaltige Struktur besitzen, d. h. wenigstens stellenweise in einzelne Knoten aufgelöst sein, um im Meßapparat scharfe Einstellungen zu ermöglichen. Durch Vergleichung seiner photographischen Aufnahmen mit den visuellen Messungen von Lord Rosse glaubte bereits I. Roberts im Nebel NGC 5194 Can. ven. für den verstrichenen Zeitraum von 47 Jahren eine Drehung um mehrere Bogenminuten feststellen zu können, doch unterliegt es keinem Zweifel, daß die von ihm verwendeten älteren Beobachtungen für eine derartige

Untersuchung viel zu ungenau waren. In neuerer Zeit (1916) hat S. KOSTINSKI die Frage untersucht und gefunden, daß die äußeren Nebelarme von NGC 5194 sich im Sinne des Uhrzeigers und gleichzeitig nach außen bewegen, während die inneren eine entgegengesetzte Drehung zeigen. Die Größenordnung dieser Ortsänderungen sollte 0.04″ bis 0.05″ jährlich betragen. C. O. LAMPLAND und J. A. SCHOUTEN fanden Bewegungen nahe gleichen Betrages, aber von ent-entgegengesetztem Vorzeichen.

Um die gleiche Zeit hat A. VAN MAANEN an der reich gegliederten Spirale NGC 5457 Urs. mai. (Abb. 445) seine viel umstrittenen, später auf sechs weitere Nebel ausgedehnten systematischen Messungen von Bewegungen in den Spiralarmen begonnen. Obwohl die am Stereokomparator ausgewerteten Aufnahmen nur 9 bis höchstens 16 Jahre auseinander liegen, und auf den verwendeten Negativen eine Bogensekunde 0.026 bzw. 0.037 mm entsprach, treten in dem Ergebnis, wie die nebenstehende Übersicht zeigt, anscheinend deutliche Bewegungen innerhalb der untersuchten Nebel hervor. Neben einer einheitlichen Drehung macht sich in den Messungen auch ein Fortstreben der Materie vom Kern in der Richtung der Arme bemerkbar, im Mittel um 2.5″ im Jahrhundert. Die Rotation erfolgt nach VAN MAANEN mit gleicher Winkelgeschwindigkeit; erst in nächster Nähe des Zentrums machen sich geringfügige Beschleunigungen bemerkbar.

Gemessene Strömungen in Spiralnebeln.

NGC	*M*	Durchm.	Photographische Aufnahmen	Mittl. säkul. Strömung
598	33	24′	1910 u. 1922	2.0″
5194	51	8	1910 » 1921	2.1
5055	63	6	1910 » 1922	1.9
3031	81	17	1910 » 1921	3.9
4736	94	4	1912 » 1921	2.1
5457	101	18	1899 » 1915	2.2
2403	—	9	1910 bis 1921	2.8

Diese Resultate wären für die Beurteilung der Stellung der Spiralnebel im Raum von grundlegender Bedeutung, wenn sich nicht ernste Bedenken an die Realität der abgeleiteten Ziffern knüpften. Zunächst ist es höchst auffallend, daß die mittlere Stromgeschwindigkeit in Winkelmaß bei allen sieben Nebeln von nahe gleicher Größenordnung ist, obwohl es sich um Gebilde verschiedenen Aufbaus und sicherlich auch verschiedener Entfernung handelt. Noch schwerer ins Gewicht fällt der Umstand, daß die beobachteten Bewegungen sich in keiner plausiblen Form den Gesetzen einer Massenanziehung fügen. Insbesondere gelangt man auf Grund der Attraktionstheorie zu Dichtewerten der Kerne, die völlig absurd sind. J. H. JEANS hat ausgerechnet, daß die Materie im Zentrum dann etwa der Verteilung von $^1/_{10000}$ des Inhalts einer Geißlerschen Röhre in die luftleeren Räume irgendeines riesigen Gebäudes entsprechen würde. Dadurch ist es sehr wahrscheinlich geworden, daß der wesentlichste Teil der angeblichen Nebelbewegungen auf photographische bzw. physiologische Einflüsse zurückzuführen ist. Kontrollmessungen an NGC 598, die K. LUNDMARK unter Verwendung der gleichen Negative und des gleichen Meßinstruments ausgeführt hat, haben auch ein vollkommen abweichendes Resultat ergeben. Die Strombewegung findet LUNDMARK mehr als 10mal kleiner und obendrein in entgegengesetzter Richtung verlaufend als es VAN MAANEN erhalten hatte. Alle Schlußfolgerungen über den Abstand, die Rotationsdauer und die physische Beschaffenheit der Spiralnebel, die aus den Daten der letzten Übersicht eine Zeitlang gezogen wurden, können demnach heute nicht mehr als stichhaltig gelten.

Die kosmische Stellung der Spiralnebel. Bei keiner Klasse von Weltkörpern ist die physikalische Vorstellung über die Zusammensetzung, den Aufbau, die dynamischen und physikalischen Verhältnisse usw. derart an den Abstandsmaßstab gebunden, wie gerade bei den Spiralnebeln. Daß diese Gebilde überaus weit entfernt sein müssen, zeigen die mißglückten Parallaxenmessungen einiger scharfer Kerne, ferner die Tatsache, daß die Spiralen im Gegensatz zu den hellen und dunklen Nebeln der Milchstraße die Verteilung selbst der schwächsten Sterne nicht beeinflussen. Wird z. B. das Kerngebiet eines Spiralnebels von gut durchgearbeiteten Negativen hart kopiert, so erweist sich im Nebelfelde die Zahl der Sterne nicht geringer als auf dem freien Himmelsgrunde der Umgebung (Abb. 454). Daraus folgt ohne weiteres, daß die leuchtenden Massen hinter den Sternen liegen müssen, also entweder an den Rand des uns umgebenden Sternsystems, oder in die Gebiete außerhalb desselben zu versetzen sind. Befinden sich etwa an der äußersten Kante der Milchstraße ebensolche dunklen, absorbierenden Wolkenmassen verstreut, wie man sie hier und da bereits im Vordergrunde beobachtet (S. 664), so würde damit die Unsichtbarkeit der Spiralnebel im galaktischen Gürtel durch Abschirmung ihres Lichtes in einfachster Weise gedeutet sein.

Abb. 454. Kerngebiet des Andromedanebels und Vordergrundsterne.

Nun hat der holländische Astronom C. EASTON auf Grund seiner Studien der allgemeinen Helligkeitsverhältnisse des Sternhimmels vor 30 Jahren die Hypothese aufgestellt, daß der äußere Anblick der Milchstraße sich am einfachsten deuten und erklären lasse, wenn man annimmt, daß diese in spiraligen Windungen unser näheres Sternsystem umschließt. Trifft die Anschauung zu, so liegt die Hypothese nahe, daß umgekehrt auch die Spiralnebel räumlich weit entfernte, unserem Milchstraßensystem koordinierte Welten sind. Um diese Inseltheorie der Spiralnebel wurde ein langjähriger wissenschaftlicher Kampf ausgefochten, bis für diese Vorstellung in einzelnen Fällen Beweise geschaffen wurden, so daß heute wenigstens für einige größere Spiralnebel eine dem Milchstraßensystem ähnliche Stellung im Weltraum gesichert erscheint.

Da es zunächst völlig unmöglich war, irgendeinen direkten Abstandswert für die Spiralnebel zu erhalten, so mußte die gesuchte Größe statistisch festgelegt werden. Das einfachste Verfahren beruht wieder in der Verbindung der linearen Radialgeschwindigkeit v_r mit der Eigenbewegung μ im Winkelmaß. Die früher (S. 689 u. 690) hierfür abgeleiteten Mittelwerte betragen 0.033″ im Jahr bzw. 625 km in der Sekunde. Auf die gleiche Zeiteinheit gebracht, würden sie auf einen Abstand von 100000 *LJ* führen, der aber sicher nur als Mindestwert anzusehen ist, wie die folgende einfache und anschauliche Überlegung zeigt. Die Milchstraße erscheint dem unbewaffneten Auge etwa so, wie die meisten Spiralnebel in den kräftigsten Fernrohren, d. h. als ein unauflösbarer nebliger Schimmer. Bei diesen muß man, wie wir noch sehen werden, bis mindestens zur 13. Größe, d. h. von dem Schwellenwert des Auges, der bei 6^m oder 7^m liegt, um mindestens 6 Größen heruntergehen, wenn man einzelne Gebiete, wie z. B. die Scutumwolken in Einzelsterne auflösen will. Wenn uns also in Fernrohren, die günstigsten Falles Sterne bis 16^m erkennen lassen, ein Spiralnebel noch vollkommen milchig und neblig erscheint, so ist, wenn er aus Sternen besteht, kaum zu erwarten, daß diese im Mittel heller sind als $16 + 6$, d. h. 22^m. Nach dem Spektrum zu urteilen, würden die sich zuerst herauslösenden Sterne vermutlich gelbe Giganten sein. Setzt man ihre absolute Helligkeit auch nur gleich $+ 1^m$, so führt das (S. 541) auf die Parallaxe 0.000006″ oder den Abstand von 500000 *LJ*. Zu nahe derselben Größenordnung ist K. Lundmark auf Grund einer Übertragung der linearen Ausdehnung der dunklen Nebel der Milchstraße auf die gleichen Erscheinungen an den Spiral- und Spindelnebeln gelangt. Eine weitere Entfernungsschätzung gestattet noch die Anwendung der allerdings wenig sicheren Lundmarkschen Novaformel (S. 596) auf die scheinbare Helligkeit der im Andromedanebel erschienenen Neuen Sterne. Setzt man diese gleich 17^m, so gelangt man auf einen Abstand von 2 Millionen *LJ*, der im vorliegenden Falle allerdings wohl als Höchstwert anzusehen ist.

Diese wohl bemerkenswerten, aber doch in recht weiten Grenzen unsicheren Schätzungsversuche sind nun im Jahre 1925 dadurch überholt wurden, daß es E. P. Hubble auf dem Mt. Wilson gelungen ist, die äußeren Teile der beiden größten Spiralnebel, NGC 224 Androm. und NGC 598 Trianguli nicht nur in Sterne aufzulösen, sondern darunter auch zahlreiche Veränderliche aufzufinden. NGC 224 ergab z. B., abgesehen von 75 Neuen Sternen, 50 Objekte mit Lichtwechsel, darunter 36 Cepheiden, NGC 598 außer einer Nova im ganzen 57 Veränderliche einschließlich von 22 Sternen vom δ Cephei-Typus. Die Perioden liegen zwischen 18 und 50 Tagen, die mittlere photographische Helligkeit bei 19^m. Nach der Leavittschen Helligkeits- und Periodenkurve (Abb. 409) kann für diese Veränderlichen die absolute Helligkeit $m_0 = -3.2^m$ angesetzt werden, woraus für diesen Nebel ein Abstand von fast 1 Million *LJ* folgt. Ein Zweifel an dieser Schlußfolgerung ist kaum möglich; denn da sich alle auf dieser kleinen Himmelsfläche aufgefundenen Veränderlichen auf den Umriß der Nebel beschränken, so gehören sie sicherlich diesen auch physisch an. Aus der glatten Einfügung der Nebelcepheiden in die normale Periodenkurve darf weiter gefolgert werden, daß trotz der verschiedenen räumlichen Tiefe, in der sich ohne Frage die Sterne in den Nebeln befinden, ihr Licht ohne merkliche Absorption nach außen gelangt und auch auf seinem weiteren Wege durch den Raum so wenig verändert wird, daß alle Gesetzmäßigkeiten, die wir in unserem näheren Sternsystem zwischen Leuchtkraft und Periode beobachten, noch vollkommen erhalten bleiben. Ganz ähnliche Verhältnisse wie bei NGC 224 liegen bei dem Triangelnebel NGC 598 vor, sowie bei NGC 3031, 5457 Ursae mai. und 2403 Camel., deren Untersuchung noch nicht abgeschlossen ist.

Mit diesen Arbeiten ist der Nachweis erbracht, daß wenigstens die größten Spiralen des Himmels dichte Sternhaufen darstellen, die sich weit außerhalb des Milchstraßensystems befinden. Die durchschnittliche Gesamtmasse eines solchen Haufens schätzt Hubble auf $3 \cdot 10^8$ Sonnenmassen und seine absolute Helligkeit auf -15.2^m. Die wahren Dimensionen können sehr verschieden sein. Beim Andromedanebel mit seiner fast 3^0 langen Achse beträgt der Durchmesser nach den neuen Abstandsmessungen etwa 50000 *LJ*, hat also fast die Größenordnung der die Sonne umgebenden Sternenwelt; der Triangelnebel ist nur etwa halb so groß. Daß jede Klasse der außergalaktischen Nebel nach Hubble nahe die gleiche Flächenhelligkeit hat, wurde schon erwähnt (S. 645). Im Hinblick auf die möglicherweise vorhandenen Analogien zwischen unserem Sternsystem und den Spiralnebeln liegt es nun nahe, auch in dieser Beziehung einen Vergleich anzustellen. Zu diesem Zweck hat F. H. Seares die Groninger Sternziffern (S. 495) in Verbindung mit den Kapteynschen Ausmaßen der Milchstraße dazu verwendet, um für einen außergalaktischen Standpunkt die Flächenhelligkeit unseres Sternsystems im Aufriß und Grundriß zu berechnen. Er hat dabei jedoch Zahlen erhalten, die um das Zehnfache kleiner sind als die an den Spiralnebeln beobachteten Werte.

Wie die Dinge auch im einzelnen liegen mögen, sie ändern nichts an der Erkenntnis, daß das Weltall an den Grenzen unseres Sternsystems keinen Abschluß findet, sondern gewissermaßen hier erst beginnt. Von diesem Standpunkt aus erscheinen selbst die ungewöhnlich großen, in unsere nähere Fixsternwelt so gar nicht passenden Radialgeschwindigkeiten der Spiralnebel nicht mehr so rätselhaft wie bisher. Ist der Doppler-Effekt hier richtig gedeutet, so bieten die betr. Zahlen sogar Aussicht zur Ableitung des Apex und der Raumgeschwindigkeit unseres Milchstraßensystems in genau derselben Weise, wie es im vergangenen Jahrhundert gelungen ist, Zielpunkt und Weglänge der Sonne innerhalb der sie umgebenden Sterne zu bestimmen. Sehr sicher lassen sich die Zahlenwerte natürlich vorläufig nicht angeben. Eine Überschlagsrechnung von K. Lundmark führt auf eine Raumgeschwindigkeit des solaren Sternhaufens von 600 bis 700 km pro Sekunde mit einem Apex bei $\alpha = 20.3^h$ und $\delta = +75^0$. Der *K*-Effekt der Spiralnebel (S. 689) beträgt im Mittel 800 km.

Für die Entscheidung der Frage nach der Zusammensetzung und physischen Beschaffenheit der Spiralnebel stehen vorläufig nur die Spektren der integrierten Strahlung zur Verfügung. Wenn man außer den früheren Mitteilungen darüber noch die Feststellung berücksichtigt, daß die Nebelarme blauer erscheinen als die Kerngebiete (S. 688), so darf angenommen werden, daß die Spiralen sich zum großen Teil, die Kerne fast ausschließlich aus Sternen des Sonnentypus zusammensetzen, wobei im Spezialfall des Andromedanebels und seines Begleiters auch der Zwergcharakter der Kernkomponenten als nachgewiesen gelten kann.

Wie sich die offenbar aus fertigen Sternen bzw. Sterngruppen bestehenden Windungen gebildet haben, ist noch vollkommen unklar. Daß die Entwicklung derartiger Formen aus rotierenden Gaskugeln dynamisch möglich ist, hat J. H. Jeans gezeigt. In einer stark kompressiblen Masse eines rotierenden Gasballes ist die Energieausstrahlung stets mit einer Schrumpfung verknüpft. Die Rotation erleidet dabei eine Beschleunigung, wobei der Nebel die Form eines stark abgeplatteten Sphäroids annimmt und bei weiterer Zunahme der Geschwindigkeit je nach der geringeren oder größeren Massenkonzentration im Mittelpunkte entweder in zwei Teile zerfällt oder in die Gestalt einer Linse übergeht. Die weitere Folge ist dann die Ausbildung eines flachen äquatorialen Ansatzes, der bei einer kritischen Geschwindigkeit in der Bewegung zurückbleibt und sich schließlich in Ringform vom Hauptkörper abtrennt. Es genügt jedoch der geringste Attraktionseinfluß von außen, um die glatte Ringbildung zu verhindern. Dann erfolgt die Loslösung der Materie in Form von Ausströmungen, die antipodal ausgeblasen werden. Dieser Zustand ist instabil. Er führt zur Bildung von Nebelknoten und -nestern, die sich grob spiralförmig um den Gaskern orientieren, genau so, wie wir es an vielen Nebeln tatsächlich beobachten. Durch die Feststellung des Sterncharakters der hellsten Spiralen ist die strenge Anwendung der sehr anschaulichen Jeansschen Überlegungen auf diesen Typus von Nebeln nicht mehr möglich, dagegen wäre sie bei den wenigen Vertretern der Emissionsgebilde von Spiralform (wie NGC 1068) auch fernerhin im Auge zu behalten. Der Anschauung, daß der Vorgang sich in dem Jeansschen Sinne bei allen Spiralnebeln zu einer Zeit abgespielt hat, als diese noch aus gasförmiger Materie bestanden, stehen allerlei theoretische Bedenken gegenüber, ganz abgesehen davon, daß es heute noch unentschieden ist, ob der Werdegang im Kosmos ein Auf- oder ein Auseinanderrollen der Spiralarme bedingt.

21. Die kugelförmigen und zerstreuten Sternhaufen.

Die kugelförmigen Sternhaufen. Neben der Kosmogonie der Nebelflecke hat seit W. Herschels Zeiten auch der Aufbau der Sternhaufen wiederholt die Aufmerksamkeit und den Scharfsinn der Astronomen in Anspruch genommen. Zerstreute Gruppen, wie die Plejaden, die Hyaden, die Perseus- und Skorpiongruppe, waren durch die Entdeckung von parallelen Sternströmen dem Verständnis allmählich näher gerückt. Vergebens suchte man jedoch in unserem näheren Fixsternsystem nach einer Sternanordnung, wie sie uns in den Kugelhaufen am Himmel entgegentritt. Beim Betrachten dieser Gebilde und der oft unzählbaren Sterne, die sie zusammensetzen, wurde man früher unbedingt zu der Ansicht geführt, daß es innerhalb oder außerhalb unseres Sternsystems große Gruppen von Fixsternen geringer Leuchtkraft geben müsse, in denen die einzelnen Komponenten vielleicht um ebenso viele Lichtstunden und -tage getrennt verstreut liegen, wie die uns zunächst gelegenen Sterne um Jahre und Jahrhunderte. Diese Anschauung hat sich durch die neueren Forschungen wesentlich gewandelt und zwar auf Wegen, die mindestens ebenso lehrreich sind wie die nach und nach einwandfrei gesicherten Ergebnisse.

Die erste Eigentümlichkeit, die an den typischen Kugelhaufen insbesondere gegenüber den Spiralnebeln auffällt, besteht darin, daß ihre Zahl eng begrenzt ist. Es dürfte schwer halten, mehr als 80 gesicherte Fälle dieser Art von Haufen am Himmel zu zählen, wobei schon einige etwas aufgelockerte Systeme mitgerechnet sind. Denn es ist zu beachten, daß trotz der Sonderstellung, die die Kugelhaufen einnehmen, doch zahlreiche Übergänge zu den sog. offenen und zerstreuten Sterngruppen am Himmel vorhanden sind. Wir wollen hier (S. 698) zunächst nur die hellsten und typischsten Vertreter der Kugelhaufen aufzählen, um schon aus der Tabelle einige wichtige Schlüsse über diese Himmelskörper ziehen zu können. Die Übersicht enthält wieder die Nummer des NGC, den Ort für 1900.0, die Helligkeit nach J. Holetschek und anderen Quellen, sowie Angaben über Ausdehnung und Zusammensetzung der betreffenden Gruppen, wobei in den meisten Fällen der Übersichtskatalog von S. J. Bailey[1]) als Grundlage gedient hat. Von den 34 hier aufgezählten Kugelhaufen entfallen nur 8 auf die nördliche Himmelshalbkugel. Es liegt hier also ein offenkundiger Gegensatz zu den Spiralnebeln vor, die ausgesprochen die nördliche Halbkugel bevorzugen. In Wirklichkeit ist wieder die Lage zum galaktischen Äquator entscheidend, die aber, wie sich herausstellt, hier durchaus nicht die Bedeutung hat, wie etwa bei den planetarischen Nebeln. Die Kugelhaufen gruppieren sich wohl durchweg um die Schwerpunktslinie der Milchstraße, und zwar so, daß die meisten in etwa $\pm 40^0$ Abstand vom galaktischen Äquator zu liegen kommen; merkwürdigerweise wird aber die Mitte der Milchstraße von ihnen streng gemieden, so daß in $\pm 6^0$ galaktischer Breite kein echter Kugelhaufen sich vorfindet (vgl. Tabelle S. 698). NGC 6705 Scuti mit 4^0 Breite bildet bereits einen Übergang zu den sog. offenen Gruppen, die einem anderen Verteilungsgesetz folgen. NGC 104, 362 und 5904, sowie NGC 7099 liegen ein wenig außerhalb der 40^0-Zone, während zwei nördliche, NGC 5024 Comae und NGC 5272 Can. ven. mit nahe 80^0 galaktischer Breite ganz aus der Reihe fallen. Im allgemeinen

[1]) S. J. Bailey, A catalogue of bright clusters und nebulae. Harv. Ann. Bd. 60 Nr. 8 (1908).

Kugelförmige Sternhaufen.

NGC	Ort 1900.0		Bezeichnung	Gr.	Durchm.	Zusammensetzung	Gal. Br.
104	0^h 19.6^m	-72^0 38′	47 Tucanae	4.5	30′	5000 St. 13^m—15^m	-46^0
362	0 58.9	−71 23	—	7	10	1000 » 13 —15	−46
1851	5 10.8	−40 9	—	8	4	400 » 15	−34
1904	5 20.1	−24 27	M 79 Leporis	8.0	4	300 » 15	−28
2808	9 10.0	−60 27	—	6.5	6	1000 » 14	−11
4590	12 34.2	−26 12	M 68 Hydrae	8.2	5	150 » 12 —16	+35
4833	12 52.7	−70 20	—	8	6	250 » 15 —16	−9
5024	13 8.0	+18 42	M 53 Comae	7.8	5	350 » 14 —15	+79
5139	13 20.8	−46 47	ω Centauri	4	35	6000 » 13 —15	+15
5272	13 37.6	+28 53	M 3 Can. ven.	6.6	12	1000 » 14 —16	+77
5286	13 40.1	−50 52	—	8	10	300 » 14 —16	+10
5904	15 13.5	+2 27	M 5 Librae	6.7	12	1000 » 13 —15	+45
5986	15 39.5	−37 27	—	8	4	350 » 13 —16	+13
6093	16 11.1	−22 44	M 80 Scorpii	7.8	5	500 » 13 —16	+18
6121	16 17.5	−26 17	M 4 »	6.8	18	500 » 11 —16	+15
6205	16 38.1	+36 39	M 13 Herculis	5.8	15	3000 » 13 —16	+40
6218	16 42.0	−1 46	M 12 Ophiuchi	6.8	10	400 » 13 —16	+25
6229	16 44.2	+47 42	—	8.6	2	— » —	+41
6254	16 51.9	−3 57	M 10 Ophiuchi	6.9	12	700 » 13 —16	+22
6266	16 54.8	−29 58	M 62 Scorpii	7.0	5	1000 » 14 —16	+6
6273	16 56.4	−26 7	M 19 »	6.8	4	750 » 14 —16	+8
6293	17 4.0	−26 26	—	8.5	3	150 » 14 —16	+6
6333	17 13.3	−18 25	M 9 Scorpii	8	5	200 » 14 —16	+9
6341	17 14.1	+43 15	M 92 Herculis	6.2	5	100 » 13 —15	+34
6356	17 17.8	−17 43	—	8.5	2	— » —	+9
6397	17 32.5	−53 37	—	6.5	20	1000 » 13 —16	−13
6402	17 32.4	−3 11	M 14 Ophiuchi	7.8	4	150 » 15 —16	+14
6541	18 0.8	−43 44	—	7.5	8	350 » 13 —16	−12
6626	18 18.4	−24 55	M 28 Sagittarii	7.9	4	1000 » 14 —16	−7
6656	18 30.3	−23 59	M 22 »	6.2	12	2000 » 13 —16	−9
6705	18 45.7	−6 23	M 11 Scuti	6.8	12	250 » 12 —14	−4
6723	18 52.8	−36 46	—	6.5	8	1000 » 13 —15	−19
6752	19 2.0	−60 8	—	6.5	15	1000 » 12 —15	−26
6779	19 12.7	+30 0	M 56 Lyrae	8.3	2	25 » 13 —15	+7
6864	20 0.2	−22 12	M 75 Sagittarii	8.0	2	— » —	−28
7078	21 25.2	+11 44	M 15 Pegasi	6.2	10	1000 » 13 —16	−29
7089	21 28.3	−1 16	M 2 Aquarii	6.7	8	800 » 13 —16	−37
7099	21 34.7	−23 38	M 30 Capricorni	8.5	8	350 » 12 —15	−48

drängen sich die Kugelhaufen um einen begrenzten Fleck des Himmels zusammen, dessen Mittelpunkt etwa im Schützen zu suchen ist. Ein Blick auf das Verzeichnis läßt die Tatsache und mit ihr die stark unsymmetrische Lage des Sonnensystems zu der Welt der Kugelhaufen deutlich erkennen. Im Zusammen-

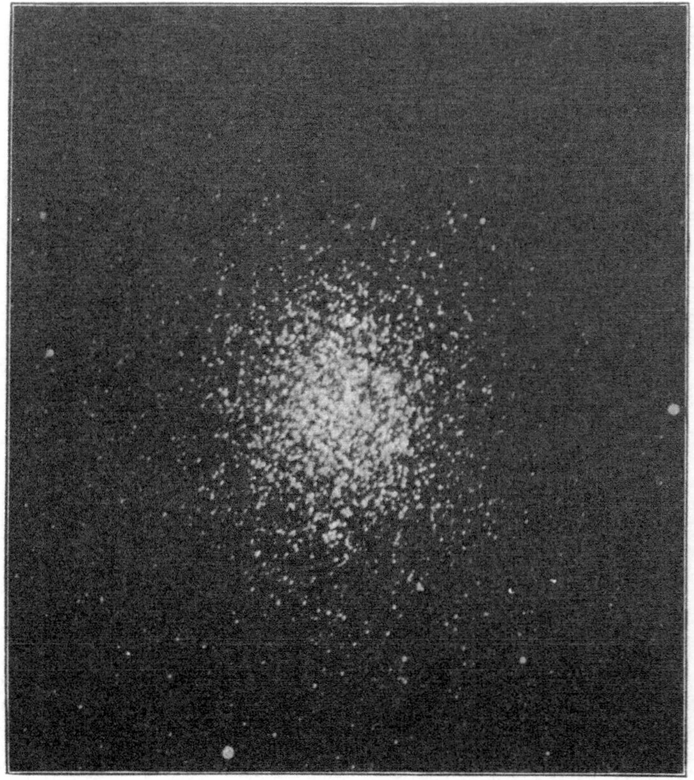

Abb. 455. Kugelhaufen ω Centauri
(Aufn. von D. Gill).

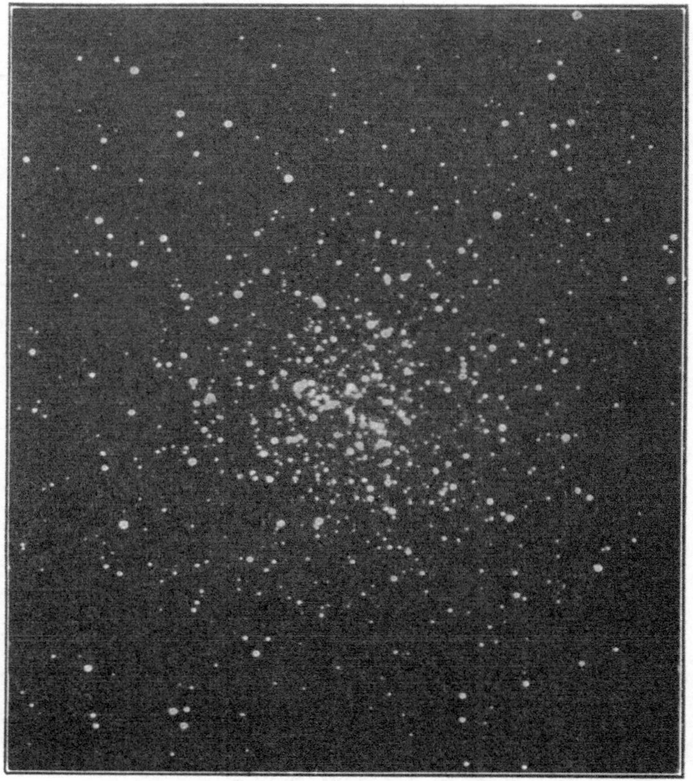

Abb. 456. Die Giganten im Kugelhaufen M 13 Herculis
(Aufn. von G. W. Ritchey).

hange damit sei noch daran erinnert (S. 682), daß die Spiralnebel gerade die Gegend des Himmels meiden, in der die Kugelhaufen ihr Häufigkeitsmaximum haben.

Bemerkenswert sind auch die spektroskopischen Ergebnisse. Nach den Radialgeschwindigkeiten, die insbesondere V. M. Slipher bestimmt hat, befinden sich die Kugelhaufen z. T. in rascher räumlicher Bewegung und zwar liegt nach den Zahlenwerten der folgenden Tabelle eine Drift vor, die die Kugelhaufen dem Sonnensystem näher zu bringen scheint. Die Feststellung irgendwelcher innerer Bewegungen ist an den Teilsternen der offenbar sehr weit entfernten Kugelsysteme vorläufig nicht zu erwarten, jedenfalls hat A. van Maanen bei den daraufhin untersuchten Haufen NGC 6205, 6779 und 7089 nichts gefunden, was auf irgendwelche Ortsänderungen der Komponenten hindeutete. Es ist aber zu beachten, daß die verwendeten Aufnahmen nur 9 bis 11 Jahre auseinanderlagen.

Mittleres Spektrum und Radialbewegung der Kugelhaufen.

NGC	Sp.	Radialbew.	NGC	Sp.	Radialbew.
1851	—	+ 315 km	6266	—	+ 50 km
1904	—	+ 235 »	6273	—	+ 30 »
5024	F-G	— 180 »	6333	—	+ 225 »
5272	F 6	— 130 »	6341	A 5	— 160 »
5904	A 9	+ 10 »	6626	—	0 »
6093	G	+ 70 »	6656	F	—
6205	F-G	— 265 »	6934	F	— 350 »
6218	—	+ 160 »	7078	F	— 95 »
6229	A 3	— 100: »	7089	F	— 10 »
6254	G	—	7099	—	— 125 »

Der in der nebenstehenden Übersicht für einige Kugelhaufen angegebene mittlere Spektraltypus ist direkt spektrographisch oder auf dem Umwege über die effektiven Wellenlängen bestimmt worden. Dabei sind die betr. Arbeiten nach denselben Methoden und von denselben Beobachtern wie im Falle der Spiralnebel (S. 688 ff.) ausgeführt worden, so daß die Resultate als direkt vergleichbar gelten können. Wie die Tabelle veranschaulicht, sind an dem mittleren Aufbau der Kugelhaufen im Durchschnitt weißere Sterne beteiligt als an der Zusammensetzung der Spiralnebel. Es darf aber nicht außer acht gelassen werden, daß ein mittleres Spektrum, das in der Übersicht etwa mit F oder G bezeichnet ist, oft einer Streuung der Sterne von B bis M entspricht.

Entfernung und physischer Aufbau der Kugelhaufen. Völlig neuartige Gesichtspunkte über die Entfernung und den Aufbau der Sternhaufen von Kugelform haben die Untersuchungen von H. Shapley am Mt. Wilson-Observatorium gebracht. Dort sind im Laufe der Jahre 1916 bis 1918 einige hellere Sternhaufen der genannten Art genau nach Verteilung, Größe und Farbe der Komponenten in der Weise untersucht worden, daß von ein und demselben Objekt gewöhnliche photographische und durch Farbfilter gewonnene photovisuelle Aufnahmen miteinander verglichen und hieraus die Helligkeiten und Farbenindizes abgeleitet wurden.[1]) Die Bestimmung des ungefähren Charakters einzelner Spektren war nur bei den hellsten Haufen möglich, und zwar wurde zu diesem Zweck ein Prisma mit spitzem Brechungswinkel vor die photographische Platte geschaltet. Es ist klar, daß es selbst für die optischen Hilfsmittel der Mt. Wilson-Sternwarte unmöglich war, auch mit den gröbsten Farbenäquivalenten bis in die Mitte der Kugelhaufen vorzudringen, aber auch so haben die erhaltenen Ergebnisse nicht nur für diese geschlossenen Sternsysteme, sondern für unsere gesamten Entfernungsbegriffe im Weltall die größte Bedeutung erlangt. Daß die gewonnenen Tatsachen und vor allem die Voraussetzungen, auf denen die SHAPLEYschen Schlußfolgerungen beruhen, nun erst nach und nach in allen Einzelheiten kritisch nachgeprüft werden müssen, ändert nichts an der Bedeutung und Wichtigkeit dieser Arbeiten.

Aus den photometrischen und kolorimetrischen Messungen H. SHAPLEYS folgt zunächst die Tatsache, daß das feste Gerüst eines jeden echten Kugelhaufens von sphärisch angeordneten, sonst aber durchaus nicht besonders dicht stehenden gelben Gigantensternen etwa vom Capella-Typus gebildet wird. Es ist dies eine Feststellung, die sich bei großen Kugelhaufen, z. B. bei NGC 6205 Herculis, NGC 5904 Librae und NGC 7089 Aquarii an lichtstarken Fernrohren auch visuell an der Farbe der helleren Objekte prüfen und bestätigen läßt. Dazwischen drängen sich die Vertreter der früheren Farbenklassen *a* bis *f* immer dichter zusammen, und zwar um so mehr, je näher man der Mitte des Haufens kommt. Um einen bestimmten Fall herauszugreifen, zeigen z. B. von 800 gemessenen Sternen des Herkules-Haufens NGC 6205 (Abb. 456) die 400 helleren in 75 % der Fälle eine tiefere Farbenklasse als go, während die 400 schwächeren zu 85 % entschieden weißer als diese Stufe sind. Unter der 16. Größe sind g-Sterne schon seltene Ausnahmen. Ähnlich liegt das Verhältnis in den anderen genauer untersuchten Systemen. Man muß danach wohl annehmen, daß die Kugelhaufen sich aus relativ wenigen gelben Sternen von großer absoluter Helligkeit und überaus zahlreichen weißen Sternen geringerer Helligkeit zusammensetzen. Im Herkules-Haufen stehen z. B. den oben erwähnten 400 bis 500 gelben Giganten mehr als 27000 blaue Sterne niedrigerer Leuchtkraft gegenüber.

F. G. PEASE und H. SHAPLEY haben etwa 40 größere Kugelhaufen auch auf Elliptizität und damit auch auf die Lage einer eventuellen Rotationsachse untersucht. Die Abzählungen, die sich im ganzen auf etwa 1 Million Sterne beziehen, lassen bei den schwächeren weißen Komponenten in einigen Fällen deutlich eine elliptische Anordnung erkennen. So haben NGC 6273, 6205, 7078, 6779 und 7089 sowie ω Centauri zweifellos die Form eines Rotationsellipsoides, während NGC 6218, 6254 u. a. keine Abweichung von der Kugelform verraten. Es liegt aber die Annahme nahe, daß auch diese Haufen nur

[1]) H. SHAPLEY. Studies based on the colors and magnitudes in stellar clusters. ApJ. 1917 I u. ff.

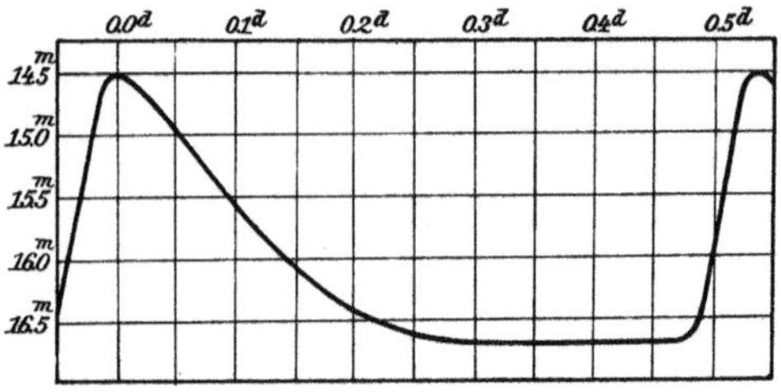

Abb. 457.
Mittlere Lichtkurve der kurzperiodischen Veränderlichen im Sternhaufen *M* 3 Can. ven.

infolge der besonderen Achsenlage in der Projektion kreisrund erscheinen. Wahrscheinlich herrscht in allen Sternhaufen der hier betrachteten Klasse eine Anordnung der Komponenten vor, wie sie rotierenden, dem zentrifugalen Trägheitswiderstand nachgebenden Körpern eigen ist. Die typische Kugelform, an der man solange festgehalten und die den hier betrachteten Haufen den Namen gegeben hat, wird lediglich durch die Gruppierung der hellen Giganten vorgetäuscht (Abb. 456).

Eine längst bekannte sehr merkwürdige Eigenschaft der Kugelhaufen beruht darin, daß sie eine unverhältnismäßig hohe Zahl Veränderlicher Sterne vom Cepheidentypus enthalten. Die interessantesten Objekte in dieser Hinsicht sind NGC 5272 Can. ven. mit etwa 180, ω Centauri mit etwa 130 und NGC 5904 Librae mit rund 90 Veränderlichen des gleichen Typus, nahe der gleichen Amplitude und derselben mittleren Periode (Abb. 457). Diese beträgt im Mittel bei ω Centauri: 0.549^d, bei NGC 5904: 0.547^d, bei NGC 5272: 0.541^d. Die relative Häufigkeit der Veränderlichen ist wohl bei NGC 5272 am höchsten, wo auf je 5 bis 6 Objekte vom Gigantentypus ein δ Cephei-Stern entfällt. Die Untersuchungen haben bisher bei rund 20 Kugelhaufen Veränderliche ergeben, z. T. allerdings in so geringer Zahl, daß eine genaue Untersuchung nicht lohnt. Es ist bisher nicht gelungen, an den Sternhaufen mit ungewöhnlicher Veränderlichenzahl irgendwelche Besonderheiten zu finden, so daß die Gestalt der Kugelhaufen und ihre Lage zur Blickrichtung jedenfalls keinen bestimmenden Einfluß auf die Häufigkeit der Veränderlichen haben.

Wie bereits an anderer Stelle erwähnt worden ist, zeigen die bisher untersuchten Haufenveränderlichen nach Kurve und Farbenindex eine fast vollkommene Übereinstimmung mit den isolierten Sternen des gleichen Typus. Daß es sich auch hier wieder um Giganten handelt, erkennt man auf den ersten Blick aus der Tatsache, daß nur die helle Gruppe der Haufensterne die typischen Veränderlichen liefert. Jedenfalls liegen keine Bedenken vor, die Gesetzmäßigkeiten, die man sonst an dieser Klasse von Veränderlichen festgestellt hat, insbesondere den uns bereits geläufigen Zusammenhang zwischen Periode und absoluter Helligkeit auch auf die Haufenveränderlichen anzuwenden. Setzt man dabei für bestimmte Periodengruppen nach Abb. 409 die absoluten Helligkeiten m_0 an und vergleicht sie mit den scheinbaren Größen m der Veränderlichen, so führt das wieder in bekannter Weise (S. 541) auf die Parallaxe p des Sternhaufens und durch Division der letzteren in 3.26 auf seine Entfernung in Lichtjahren. Weitere einfache Beziehungen zum Abstand vom Sonnensystem haben die Durchmesser der Haufen, ihre Gesamthelligkeit und die scheinbare Größe der hellsten Komponenten geliefert. Einer Abnahme von Durchmesser, Gesamthelligkeit und Sterngröße entspricht stets eine Zunahme der Entfernung. Man darf daraus schließen, daß die kleinsten Kugelhaufen auch die fernsten sind, ferner aber auch, daß ihre absoluten Dimensionen nahe gleich sind, so daß auf dieser Grundlage Helligkeit, Durchmesser und Abstand in sehr einfache Beziehungen zueinander gebracht werden können. Die von H. SHAPLEY auf den angedeuteten Wegen aus der Helligkeit der kurzperiodischen Veränderlichen, aus dem scheinbaren Durchmesser der Haufen, aus ihrer Gesamthelligkeit und aus den hellsten Sternen abgeleiteten Entfernungen von etwa 70 Kugelhaufen stimmen gut überein. Wie die nachstehende Übersicht der Abstände zeigt, handelt es sich selbst bei den hellsten Systemen um außerordentlich hohe Werte. Die kleinsten und lichtschwächsten Sternhaufen von Kugelform (z. B. NGC 7006) sind nach diesem wohlbegründeten Schätzungsprinzip in eine Entfernung von mehr als 200000 *LJ* zu versetzen. Eine einfache Verbindung der Abstände mit den auf S. 698 mitgeteilten scheinbaren Dimensionen in Winkelmaß führt zu dem Ergebnis, daß die wahren Durchmesser der sechs Systeme von M 22 bis M 2 im Mittel je 130 *LJ* betragen. Für ω Centauri und 47 Tucanae folgen je 200 *LJ*, also größere Ziffern, wahrscheinlich aber nur deshalb, weil die photographischen Aufnahmen bei diesen nahen Haufen bis zu absolut schwächeren Sternen reichen als bei den anderen. Es ist wohl sicher, daß auch bei den ferneren Systemen längere Expositionen die Grenzen merklich erweitern würden. Das wird durch die Erfahrung vollauf bestätigt. M 3 Can. ven. hat z. B. auf den üblichen Abbildungen 7′ im Durchmesser. Das Original einer mehrstündigen Reflektoraufnahme von C. W. RITCHEY zeigt diesen Teil bereits völlig überexponiert, in dem übrigbleibenden äußeren Ring von 30′ äußerem Durchmesser sind dagegen noch über 20000 Sterne sichtbar. Danach darf man wohl annehmen, daß bei Mitberücksichtigung der äußersten physischen Glieder die Durchmesser der Kugelhaufen sich ziemlich einheitlich auf nicht weniger als etwa 450 *LJ* stellen würden. Wird noch hinzugefügt, daß unter Voraussetzung einer gewissen Homogenität die absolute Helligkeit der hellsten Komponenten zu je -1.5^m und das Eigenlicht der schwächsten vermutlich zu $+6^m$ anzunehmen ist, so ist damit der äußere Aufbau eines Kugelhaufens nach Umriß und Inhalt eindeutig gekennzeichnet.

Abstände der helleren Kugelhaufen.

Kugelhaufen	Gr.	Abstand	Kugelhaufen	Gr.	Abstand
ω Centauri	4^m	21000 LJ	M 5 Librae	6.7^m	41000 LJ
47 Tucanae	4.5	23000 »	M 3 Can. ven.	6.6	45000 »
M 22 Sagittarii	6.2	28000 »	M 15 Pegasi	6.2	48000 »
M 13 Herculis	5.8	36000 »	M 2 Aquarii	6.7	51000 »

Angesichts der erheblichen Dimensionen dürfte trotz der hohen Sternzahl in den hier betrachteten geschlossenen Gruppen die Verteilungsdichte der Sterne nicht übermäßig groß sein. Innerhalb eines Abstandes von 33 *LJ* ($p = 0.1''$) sind in unserem engeren Sternsystem statistisch etwa 150 Sterne zu erwarten. Man wird nicht sehr fehlgehen, wenn man in dem besonders gründlich untersuchten Haufen NGC 5272 (M 3) Can. ven. auf eine Kugel von dem gleichen Radius etwa 15000 Sterne, also das hundertfache rechnet. Bei Verteilung auf die ganze Himmelskugel ist das trotzdem nicht viel, wobei noch zu beachten ist, daß bei der vollkommen isolierten Lage der Kugelhaufen für einen Beobachter in ihrem Zentrum die Welt im Abstande von wenig mehr als 100 *LJ* eine scharfe Grenze hat. Es ist also wohl möglich, daß wir inmitten eines solchen Sternkomplexes trotz der größeren Nähe der Sterne nicht mehr davon am Himmel erkennen würden, als in einer klaren Winternacht auf der Erde. Da der durchschnittliche Abstand der Sterne in der Sonnenumgebung etwa 40 *LJ*, im Zentrum von NGC 5272 Can. ven. dagegen nur $2\frac{1}{2}$ *LJ* beträgt, so würden dort die nächsten Sterne allerdings um mehrere Größenklassen heller erscheinen als auf der Erde.

So bedeutsam alle diese Ergebnisse sind, so darf nicht außer acht gelassen werden, daß sie mit einer fundamentalen Voraussetzung stehen und fallen: der Annahme einer physischen Gleichartigkeit der Haufensterne mit denjenigen in unserem engeren Sternsystem. Dafür, daß diese Voraussetzung tatsächlich zutrifft, sprechen verschiedene Anzeichen, insbesondere die Erfüllung des Perioden- und Helligkeitsgesetzes. Da die Entfernungen der Kugelhaufen aus den δ Cephei-Sternen, aus der Gesamthelligkeit, aus der Leuchtkraft der auffälligsten Giganten und aus den scheinbaren Durchmessern der Sternhaufen, also auf Grund von vier Hypothesen abgeleitet sind, die durchweg zu einem einheitlichen Resultat führen, so darf sogar rückwärts das so gewonnene Abstandsmittel dazu dienen, um die absolute Helligkeit der betreffenden Cepheiden für jeden einzelnen Fall genauer zu berechnen und auf diese Weise das Leavittsche Gesetz nachzuprüfen bzw. zu ergänzen. Die neuen aus 330 Veränderlichen in sieben Systemen gewonnenen Beziehungen bestätigen nicht nur die bisher angenommene Gesetzmäßigkeit, sondern erweitern sie noch beträchtlich nach den kleinen Abszissen zu. Für Perioden unter 0.65^d kann danach einheitlich eine absolute visuelle Helligkeit von -0.23^m angenommen werden.

Offene und zerstreute Sternhaufen. Bereits einige der auf S. 698 aufgezählten Kugelhaufen zeigen die ersten Anzeichen einer Auflockerung. So sind bei NGC 6218 Ophiuchi (Abb. 458) wenigstens die helleren äußeren Sterne nicht kugelförmig, sondern in Gestalt von langauslaufenden Armen fast seesternartig angeordnet. NGC 7099 Capricorni ist unsymmetrisch und bei NGC 6397, 6705 und 6723 bemerkt man bereits deutliche Spuren von dunklen Öffnungen und Kanälen, die die Sterne in einzelne Gruppen scheiden. Ebenso allmählich wie von den kugelförmigen zu diesen offenen ist der Übergang von den offenen zu den zerstreuten Sternhaufen, deren typische Vertreter in *h* und χ Persei, in der Präsepe, den Plejaden und schließlich in so weitläufigen Gruppen wie

Verzeichnis der helleren offenen und zerstreuten Sternhaufen.

NGC	*M*	Ort 1900.0		Gr.	Gal. Br.	Bemerkungen			
752	—	$1^h\,51.8^m$	$+37^0\,11'$	—	-23^0	zerstreut,	40	Sterne	9—11^m
869	—	2 12.0	+ 56 41	4.6^m	− 3	*h* Pers.,	400	»	7—12
884	—	2 15.4	+ 56 39	4.9	− 3	χ »	300	»	7—12
1039	34	2 35.6	+ 42 21	5.7	− 15	zerstreut,	60	»	9—12
—	—	3 41.5	+ 23 48	1.5	− 23	Plejaden,	200	»	3—12
1528	—	4 7.8	+ 50 59	6.5	+ 1	zerstreut,	40	»	10—14
1647	—	4 40.2	+ 18 53	—	− 15	»	50	»	8—14
1960	36	5 29.5	+ 34 4	6.6	+ 2	»	50	»	8—12
2099	37	5 45.8	+ 32 21	6.7	+ 4	offen,	200	»	10—12
2168	35	6 2.7	+ 24 21	5.6	+ 4	»	200	»	10—14
2244	—	6 27.0	+ 4 56	—	0	zerstreut,	15	»	8—11
2281	—	6 42.3	+ 41 10	6.3	+ 19	»	20	»	8—11
2287	14	6 42.7	− 20 38	5	− 9	»	25	»	8—11
2323	50	6 58.2	− 8 12	6.6	0	»	40	»	9—11
2422	—	7 32.0	− 14 16	4.8	+ 5	»	50	»	6—10
2447	93	7 40.4	− 23 38	6.7	+ 2	»	25	»	10—12
2477	—	7 48.7	− 38 17	—	− 5	offen,	300	»	11—12
2516	—	7 56.7	− 60 36	—	− 15	zerstreut,	50	»	6— 9
2548	—	8 8.8	− 5 30	5.5	+ 17	»	40	»	8—12
2632	44	8 34.3	+ 20 20	3.8	+ 34	Praesepe,	50	»	7—12
2682	67	8 45.8	+ 12 11	6.4	+ 34	zerstreut,	50	»	9—13
3201	—	10 13.5	− 45 54	—	+ 10	offen,	250	»	12—14
3293	—	10 32.0	− 57 43	—	0	zerstreut,	100	»	7—15
3532	—	11 2-2	− 58 8	—	+ 2	»	200	»	10—12
3766	—	11 31.5	− 61 3	—	0	»	100	»	9—15
4755	—	12 47.7	− 59 48	—	+ 2	»	75	»	9—14
6067	—	16 5.4	− 53 57	—	− 3	offen,	400	»	9—16
6231	—	16 47.0	− 41 38	—	0	zerstreut,	150	»	7—12
6362	—	17 21.5	− 66 58	—	− 13	offen,		»	14—17
6405	6	17 33.5	− 32 9	5.5	− 3	zerstreut,	50	»	8—12
6475	7	17 47.3	− 34 47	5	− 6	»	25	»	7— 9
6494	23	17 51.0	− 19 0	7	+ 1	»	100	»	10—14
6530	—	17 58.7	− 24 20	6.5	+ 1	»			
6531	21	17 58.6	− 22 30	6.7	− 2	»	25	»	8—13
6603	24	18 12.6	− 18 27	4.7	− 3	»	25	»	11—14
6604	—	18 12.5	− 12 17	6.5	− 2	»			
6611	16	18 13.2	− 13 49	6.7	− 1	»	25	«	8—12
6633	—	18 22.7	+ 6 30	5,0	+ 7	»	25	»	8—10
6809	55	19 33.7	− 31 10	—	− 25	offen,	800	»	12—14
7092	39	21 28.6	+ 48 0	5	− 3	zerstreut,	20	»	7—11
7789	—	23 52.0	+ 56 10	—	− 5	offen,	200	»	10—13

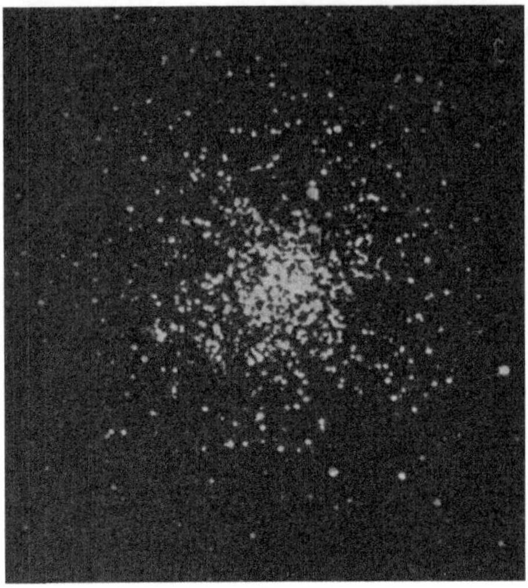

Abb. 458. Kugelhaufen NGC 6218 (*M* 12) Ophiuchi.

der Coma Berenices, den Hyaden und anderen gemeinsamen Sterndriften zu suchen sind. Die wichtigsten dichteren Sternhaufen der Klasse enthält das Verzeichnis auf S. 705, das sich wieder im wesentlichen auf den Katalog von S. J. Bailey (s. Fußnote S. 697) und die Helligkeitsschätzungen J. Holetschek's stützt.

Prüft man die Verteilung der offenen Sternhaufen am Himmel, so stellt sich heraus, daß sie im Gegensatz zu den Gruppen von Kugelform fast ohne Ausnahme in nächster Nähe des galaktischen Äquators liegen. Wie auffällig der Unterschied in dieser Hinsicht ist, zeigt die untenstehende Gegenüberstellung. Bei den offenen Gruppen handelt es sich also um typische Milchstraßengebilde, die aber zweifellos zu unserem engeren Sternsystem gehören. H. Shapley schätzt den Abstand der entfernteren auf 50000 Lichtjahre; die meisten dürften uns wohl erheblich näherstehen.

Die physischen Verhältnisse in den aufgelockerten Systemen zeigen zum Teil eine Ähnlichkeit, in anderer Hinsicht dagegen merkliche Abweichungen gegenüber den Kugelhaufen. Die Tatsache, daß man auf der Harvard-Sternwarte auch in den offenen Gruppen Nester von Veränderlichen gefunden hat, spricht jedenfalls für eine gewisse Verwandtschaft. In NGC 3201 Carinae sind im ganzen 56, in NGC 6362 Arae bisher 15 Sterne mit merklichem Lichtwechsel festgestellt worden. Die Helligkeitsänderungen befolgen hier aber nicht so einfache Gesetze, wie wir sie bei den Kugelhaufen und bei der Kleinen Kapwolke kennen gelernt haben. Weitere erhebliche Unterschiede betreffen die Farbenäquivalente und damit auch die Spektra, die nichts von den gesetzmäßigen Beziehungen erkennen lassen, die man an den Kugelhaufen gefunden hat. Waren die offenen Systeme ehedem kugelförmig, so ist bei der Auflösung die geordnete Gruppierung der roten Riesen und der schwächeren blauen Sterne verschwunden, ja in einigen Fällen müßte sogar angenommen werden, daß der Haufen bei dem Übergang in die neue Form bestimmte Spektraltypen ganz verloren

Verteilung der Sternhaufen auf die Milchstraße.

Gal. Breite	Zahl der Sternhaufen kugelförm.	offene
0°—2°	0	46
2—4	2	38
4—6	6	23
6—8	8	11
8—10	9	10
10—12	7	5
12—14	5	6

hat. So enthalten die offenen Systeme NGC 1039 Persei etwa 80 %, NGC 1647 Tauri rund 73 % Sterne der Farbenklassen a und f. Im Gegensatz dazu besteht NGC 2682 Cancri zu 71 % aus rein gelben Sternen der Klasse g. Er ist noch dadurch bemerkenswert, daß die extremen weißen und roten Sterne der Farben a und m bei ihm überhaupt fehlen. Auch in einigen zerstreuten Sternhaufen, wie den Plejaden, den Hyaden usw. liegen derartige Gruppierungen nach Helligkeiten und Farben vor, die z. T. so ausgesprochen sind, daß man an diesem Kennzeichen mit großer Wahrscheinlichkeit die physischen Glieder von den sich zufällig auf den Haufen projizierenden bzw. dahinter liegenden Sternen trennen kann. Eine große Erleichterung bei derartigen Arbeiten gewähren die Sternverteilungszahlen von P. J. van Rhijn, die für jede Größe und für jede galaktische Breite die zu erwartende Sternzahl angeben (S. 495). Man kann also stets die Anzahl der beobachteten Sterne mit der tabulierten mittleren Normalziffer für die betreffende Stelle des Himmels vergleichen und so rein statistisch bestimmen, wie viele der beobachteten Glieder als physische Haufenkomponenten anzusehen sind. Natürlich ist das Verfahren nur dann zulässig, wenn es sich nicht um kleine Felder, sondern um große Areale von einigen Quadratgrad Flächenausdehnung handelt.

Bei allen Untersuchungen aus dem Gebiete der Stellarastronomie bildet heute das Russell-Diagramm ein so wichtiges orientierendes Hilfsmittel, daß man von ihm auch bei Sternhaufen gern Gebrauch macht, um so mehr, als hier wegen des großen Abstandes der Systeme gegenüber ihrem Durchmesser in erster Näherung die scheinbaren Größenunterschiede mit den absoluten als identisch angenommen werden können. Ist also ein Sternhaufen photographisch und photovisuell durchphotometriert, so ergibt die Eintragung der photovisuellen Größen in die Farbenfelder b, a, f usw. bzw. in die entsprechenden Spektralfelder B. A, F usw. (vgl. Abb. 369) auch ohne Kenntnis der Parallaxe bzw. der absoluten Helligkeiten ein Bild darüber, ob die betreffenden Komponenten nach Spektrum und Leuchtkraft den Sternen der Sonnenumgebung entsprechen oder nicht. P. ten Bruggencate und letzthin besonders R. Trümpler sind diesen Fragen näher nachgegangen und haben dabei z. T. Fälle festgestellt, die von dem normalen, aus Einzelsternen abgeleiteten Russell-Diagrammen merklich

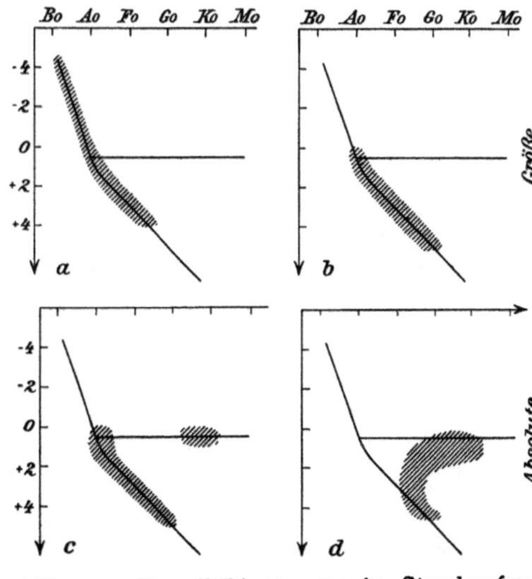

Abb. 459. Russell-Diagramme in Sternhaufen (nach R. Trümpler).

abweichen. TRÜMPLER hat die Gesamtheit der untersuchten Systeme in vier Klassen eingeordnet, die in Abb. 459 graphisch dargestellt sind. Danach sind geschlossene Riesen- und Zwergäste in Sternhaufen nur selten nachweisbar. Dem statistischen Gesetz der Helligkeiten und Farben in der Sonnenumgebung kommt Klasse *c*, wie sie die Präsepe, die Hyaden und die Comagruppe veranschaulichen, wohl am nächsten. Fall *d*, also ein besonders zeitiger Übergang vom Riesen- zum Zwergast, ist bisher nur einmal, bei NGC 752 festgestellt. Bei *b*, der durch *M* 34 Persei vertreten wird, ist nur ein Zwergast vorhanden; *a*, dem unsere schönsten nördlichen Haufen, die Plejaden und *h* und χ Persei angehören, ist mit *b* wesensverwandt. Nur erscheinen die Sterne hier nach Leuchtkraft und Spektraltypus fast ohne Richtungsänderung stark in den Bereich der sog. Übergiganten (Abb. 370) verschoben. Trotz dieser Mannigfaltigkeit werden durch die zerstreuten Sternhaufen irgendwie neuartige, von den bisherigen Erfahrungen merklich abweichende Anschauungen über das Wesen des Russell-Diagramms in unseren Vorstellungskreis nicht hineingetragen.

Die dynamischen Verhältnisse in Sternhaufen.[1]) Betrachtet man das uns umgebende nähere und fernere Sternsystem genauer, so tritt der Mangel einer strengeren inneren Gesetzmäßigkeit in allen seinen physikalischen Eigenschaften deutlich zutage. Alles, was man an Einzelheiten über Abstände und Bewegungen, über absolute Helligkeiten, über Spektren, Massen und Dichten bisher gewonnen hat, deutet darauf hin, daß hier früher wahrscheinlich klarere und geordnetere Beziehungen bestanden haben, aber im Laufe der kosmogonischen Entwicklung allmählich bis auf spärliche Reste verloren gegangen sind. Ein Rückblick, also der Wiederaufbau der ehemaligen Zusammenhänge aus den übrig gebliebenen Gesetzmäßigkeiten bereitet große Schwierigkeiten, bietet aber dem theoretischen Scharfsinn ein so dankbares Feld der Betätigung, daß das Problem immer wieder in Angriff genommen werden wird, solange der menschliche Geist sich nicht mit den Erscheinungen der Natur begnügt, sondern dafür auch kausale Zusammenhänge zu ergründen versucht.

Von diesem Gesichtspunkte aus haben die in sich abgeschlossenen Sternhaufen, besonders diejenigen von Kugelform, das theoretische Interesse der Astronomen stets in Anspruch genommen. Der dynamische Aufbau und die Stabilität dieser Systeme sind schon vor etwa einem halben Jahrhundert Gegenstand von mathematisch-physikalischen Untersuchungen gewesen, die aber so lange unfruchtbar bleiben mußten, solange über die Entfernung dieser Gebilde und die Beziehung ihrer Komponenten zu den normalen Sternen der Sonnenumgebung nichts bekannt war. Durch die Arbeiten H. SHAPLEYS ist die Abstandsfrage sowie die physikalische Stellung der Haufensysteme so weit geklärt worden, daß heute die Schwierigkeiten für die theoretische Behandlung der Aufgabe zwar nicht beseitigt, aber doch wesentlich vermindert sind.

---

[1]) F. TEN BRUGGENCATE, Sternhaufen. Berlin 1927.

Unter den älteren Astronomen haben sich besonders H. GYLDÉN und Lord KELVIN mit der Dynamik der Sternhaufen beschäftigt. Dabei ging GYLDÉN[1]) von einem Sternhaufenmodell aus, bei dem im Raum einer Kugel die Massen gleichmäßig verteilt sein sollten. In einem solchen System, bei dem dann ohne weiteres auch geometrischer Mittelpunkt und Schwerpunkt zusammenfallen, kommen für die einzelnen Körper Kegelschnittbahnen in Frage, die zwischen Kreis und Parabel liegen können, aber bezüglich Schwerpunktslage, Umlaufszeit usw. merklich von den im Sonnensystem beobachteten Keplerschen Gesetzen abweichen. Die Einzelheiten der Theorie sind für die heutigen Vorstellungen belanglos, weil die Voraussetzung der gleichförmigen Massenverteilung bei den Kugelhaufen sicher nicht zutrifft. Die neueren Arbeiten, insbesondere diejenigen von H. v. ZEIPEL, H. C. PLUMMER u. a. greifen fast durchweg auf eine Idee von Lord KELVIN zurück, wonach die Sterne in einem geschlossenen Weltsystem wie die bewegten Moleküle einer Gaskugel behandelt werden, bei der Druck und Temperatur so verteilt sind, daß ein sog. adiabatischer Gleichgewichtszustand vorliegt. In der Verteilung der Geschwindigkeiten auf die einzelnen Mittelpunktsabstände macht sich dann ein bestimmtes von C. MAXWELL 1860 aufgestelltes Gesetz geltend, nach dem sich berechnen läßt, wie die Bewegungsenergie Mv^2 der Moleküle sich auf die Kugel verteilt, m. a. W. wieviele Moleküle in einem bestimmten Mittelpunktsabstand eine gegebene Bewegung ausführen. Wird beim Übergang von der Gaskugel zum Sternsystem an Stelle des Molekulargewichtes die Masse gesetzt, so bleiben die Überlegungen in beiden Fällen durchaus gleichartig. Durch Einführung des Maxwellschen Gesetzes wird somit die Anordnung der materiellen Punkte in einem Sternhaufen von Kugelform in ein Abhängigkeitsverhältnis von ihrer Masse gebracht. Liegt umgekehrt die räumliche Lage der Komponenten vor, so läßt sich die Masse der Sterne in einem bestimmten Mittelpunktsabstand berechnen, bei bekanntem Farbenindex also eine Beziehung zwischen Spektrum, absoluter Helligkeit und Masse aufstellen. Die Beobachtungsarbeit läuft dabei im wesentlichen auf eine Abzählung der Sterne von der Haufenmitte aus und ihre Ordnung nach Größe und Farbenindex hinaus.

Ob man auf dem angedeuteten Wege, also rein theoretisch und ohne irgendwelche Kenntnisse der wirklichen internen Bewegungen, über den Aufbau der Kugelhaufen zu klaren Vorstellungen gelangen wird, ist eine offene Frage. Irgendwelche strengen Beziehungen zu Gaskugeln sind schon deshalb nicht zu erwarten, weil die Sternhaufen, wie wir sahen, günstigstenfalls Rotationsellipsoide sind und keine Kugeln. Aber auch praktische Schwierigkeiten liegen vor. Sie beruhen darin, daß man zum Erfassen der schwächeren Sterne eines Haufens langer Expositionen bedarf, bei denen die inneren Teile nur noch als einheitlich gedeckte Fläche, also stark überexponiert, herauskommen. Es gibt keine Möglichkeit, diesen Nachteil irgendwie, etwa durch Anwendung der Flächen-

---

[1]) H. GYLDÉN, Die Grundlehren der Astronomie. Leipzig 1877.

photometrie zu umgehen. Bei Behandlung der photographischen Technik wurde bereits darauf hingewiesen, daß die Schwärzung derart kleiner Flächen infolge des sog. Eberhard-Effektes schwer kontrollierbare Fehler zeigt, also für Messungszwecke durchaus ungeeignet ist. Soweit bisher bekannt, ist das Maxwellsche Gesetz bei den Kugelhaufen nur auf bestimmte Mittelpunktsabstände anwendbar; in den zentralen Teilen erwies sich bisher die Dichte der Komponenten zwei- bis dreimal so groß wie die Dichte der Moleküle in einer entsprechend aufgebauten Gaskugel.

Bei den offenen und zerstreuten Sternhaufen werden die Untersuchungen dadurch erleichtert, daß man in diesen Fällen die Verteilungsziffern der Komponenten bis zur Mitte des Haufens vollkommen klar verfolgen kann. Eine bedeutungsvolle Arbeit auf diesem Gebiete hat H. v. Zeipel 1921 durch Ausmessung und theoretische Bearbeitung des offenen Sternhaufens NGC 2099 (*M* 37) Aurigae geliefert. Diese prachtvolle, etwa mehr als NGC 6705 (*M* 11) Scuti aufgelöste Gruppe zeigt im Fernrohr wie auf photographischen Aufnahmen nahe kreisförmigen Umriß und besteht aus mehr als 2700 Sternen bis zur 20. Größe. Unter Voraussetzung der erwähnten Maxwellschen Geschwindigkeitsverteilung ist die Anordnung der Sterne verschiedener Farbe in dem Haufen nur dann erklärbar wenn im Durchschnitt lediglich Massen von der Größenordnung der Sonnenmasse angenommen werden. Daneben zeigt sich aber ein deutlicher Gang der Werte mit der Spektralfolge. Die größte Masse, nämlich 2.2, ergeben die gelben Giganten. Es folgen die *B*- und *A*-Sterne mit Massen = 1, woran sich dann die F- und G-Zwerge mit 0.7 bzw. 0.4 Sonnenmassen anschließen. Das statistische Gesetz des Russell-Diagramms wird also in dem Sternhaufen erfüllt, sein kosmogonischer Sinn aber nur dann, wenn ein allmählicher Massenverlust während der Entwicklung angenommen wird.

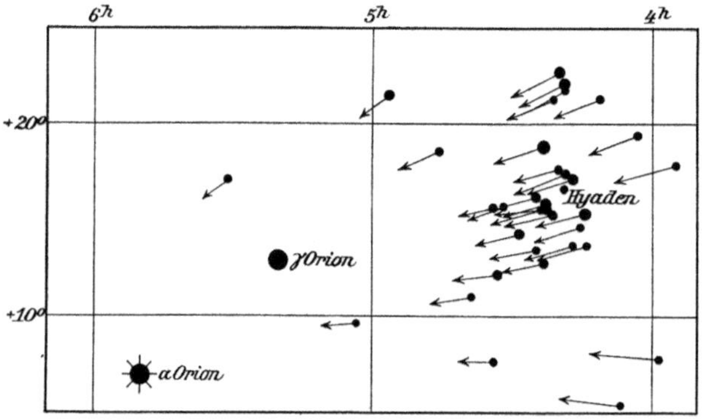

Abb. 460. Die Sterndrift der Taurusgruppe.

Der Umstand, daß wir nur eine beschränkte Anzahl von Kugelhaufen am Himmel vorfinden, und daß diese zum größten Teil weit außerhalb unseres engeren Sternsystems liegen, hat auf den Gedanken geführt, daß möglicherweise ihre Existenz mit der Nachbarschaft des Milchstraßensystems dynamisch unvereinbar ist. Aus dem besonders auffälligen Fehlen echter Kugelhaufen im Bereiche der galaktischen Ebene hat insbesondere H. Shapley den Schluß gezogen, daß die vielen in der Milchstraße angesammelten Massen so regelmäßig aufgebaute Gruppen von Sternen nicht aufkommen lassen. Er hä die Kugelhaufen für so wenig stabile Gebilde, daß sie bei der Annäherung an die Sternwolken der Milchstraße sich lockern und schließlich in offene Haufen zerfallen. Zweifellos stützen einige Beobachtungsdaten diese Ansicht. Bei den Entfernungen, die gegenwärtig zwischen den einzelnen Himmelskörpern im Weltall liegen, ist jedoch eine nennenswerte Beeinflussung eines Sternhaufengefüges durch Attraktionseinflüsse einzelner Sterne nicht denkbar. Auch andere Tatsachen, wie die z. T. völlig abweichende Zusammensetzung der beiden Haufentypen, sind mit der Hypothese schlecht vereinbar, wie man überhaupt kaum erwarten darf, nach der ersten Feststellung des Abstandes und der räumlichen Ausdehnung dieser Sternsysteme alsbald auch einen Einblick in ihre zeitliche Entwicklung zu erhalten.

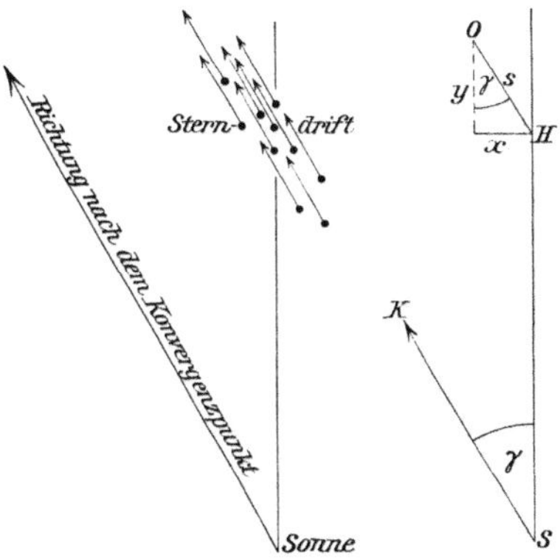

Abb. 461. Ableitung der Parallaxe aus der Konvergenzbewegung eines Sternstroms.

Die zerstreuten Sternhaufen bewegen sich, soweit dies bisher überhaupt festgestellt werden konnte, geradlinig durch den Raum. Steht eine Gruppe der Sonne verhältnismäßig nahe und nimmt sie eine größere Himmelsfläche ein, so kann, wenn Sonnen- und Sternhaufenbahn nicht gerade parallel verlaufen, eine scheinbare Konvergenz der Eigenbewegungen nach einem bestimmten Himmelspunkt auftreten. Den bekanntesten und ältesten Fall dieser Art bilden die Hyaden, von denen nach den Untersuchungen von L. Boss u. a. gegen 50 helle und mindestens 60 schwächere Sterne einem Punkt zustreben, der etwas östlich von α Orionis liegt und mit dem Ziel oder Vertex der sog. ersten Sterndrift nach Kapteyn identisch ist. Bezeichnet man (Abb. 461) mit SK die Richtung Sonne-Vertex, so besagt der Sinn der Konvergenzbewegung offenbar, daß die Hyadensterne H parallel unter sich und parallel zur Richtung SK den Raum durcheilen. Obwohl die nähere Verfolgung der Beziehungen als eine rein astrometrische Aufgabe angesehen werden darf, ist sie für den Astrophysiker insofern wichtig, als sie, wie schon W. Klinkerfues 1873 erkannt hat, auf sehr zuverlässige Parallaxenwerte der Teilsterne des Stromes führt.[1]) Bezeichnet man mit s den linearen Betrag der gemeinsamen parallelen Bewegung der Sterndrift in der Zeit von 1 Sekunde, gemessen in km, mit γ den Winkel bei S, so ist nach Zerlegung von s in die Komponenten x und y, senkrecht zum Visionsradius und in der Richtung desselben

$$s = y \sec\gamma$$

und

$$x = s \sin\gamma$$

---

[1]) A. S. Eddington, Stellar movements and the structure of the universe. London 1914.

Da γ aus der Lage des Konvergenzpunktes bekannt ist, und die Radialgeschwindigkeit aus dem Doppler-Effekt im Spektrum der helleren Hyadensterne bestimmt werden kann, so ist damit s und x gegeben. Den Betrag x der Querbewegung kennt man aber auch im Winkelmaß aus der jährlichen Eigenbewegung μ des Haufens. Bezieht man wie früher (S. 517) x und μ auf die gleiche Zeiteinheit, so ist die Parallaxe p des Sternhaufens

$$p = 4.74 \frac{\mu}{x}$$

Im Falle der Hyaden beträgt die aus der Gruppenbewegung abgeleitete mittlere Parallaxe 0.0245″, entspricht somit einem Abstand von 133 Lichtjahren. Die Genauigkeit dieser Entfernungsbestimmung ist sehr erheblich; der wahrscheinliche Fehler dürfte weniger als 2% betragen, so daß kaum einige Dutzend der direkt, also trigonometrisch gemessenen Parallaxen diesem Resultat an Schärfe gleichkommen.

Die Milchstraße.[1]) Zu den bereits mit freiem Auge sichtbaren Nebeln und Sternhaufen gehört auch die Milchstraße, die viele Jahrhunderte hindurch von den Astronomen unbeachtet geblieben ist, bis die neuere Zeit mit ihren zahlreichen sich auf die fernsten Himmelskörper beziehenden Problemen auch das helle Band, das den Himmel in einem Großkreise umspannt, in den Bereich der wissenschaftlichen Untersuchungen hineinzog.

Eine gute, ausführliche Beschreibung der Milchstraße findet sich schon im Almagest des Ptolemäus, doch wurde sie so wenig beachtet, daß selbst die Sternkarten des 17. und 18. Jahrhunderts nichts von diesen Einzelheiten wiedergeben und nur schematische Darstellungen des allgemeinen Verlaufs enthalten. Erst auf den Blättern des Atlas Novus von E. Heis und im Cordoba-Atlas findet man eine Umriß- und Helligkeitsdarstellung, die auf wirklichen Beobachtungen beruht. Seitdem bleibt das Interesse für die Milchstraße recht rege. Verschiedene bildliche Darstellungen folgen rasch aufeinander, darunter die Zeichnungen von J. Schmidt und C. Easton, sowie die Vereinigung der photographischen Aufnahmen zu einem Gesamtbilde, das F. Goos herausgegeben hat, und von dem der verkleinerte Ausschnitt in Abb. 462 eine Vorstellung gibt.

Mit der Photometrie der Milchstraße hat sich bereits E. Heis beschäftigt. Er schätzte ihre Helligkeit in Stufen ein, und zwar so, daß I die hellsten, V die schwächsten Gebiete bezeichnete. Die Arbeit ist neuerdings u. a. von A. Pannekoek und K. Graff wieder aufgenommen worden, von letzterem derart, daß zunächst durch mehrjährige Beobachtungen der Verlauf der Milchstraße im einzelnen verfolgt und sowohl durch eine Schummerzeichnung als auch durch eine gefühlsmäßige auf Helligkeitsschätzungen beruhende Isophotendarstellung festgehalten wurde. Die Eichung der Kurven geschah dann in einigen besonders dunklen Nächten mit einem Flächenphotometer der in Abb. 172 dargestellten

[1]) A. Kopff, Das Milchstraßensystem. Erg. d. ex. Naturw. II. Berlin 1923.

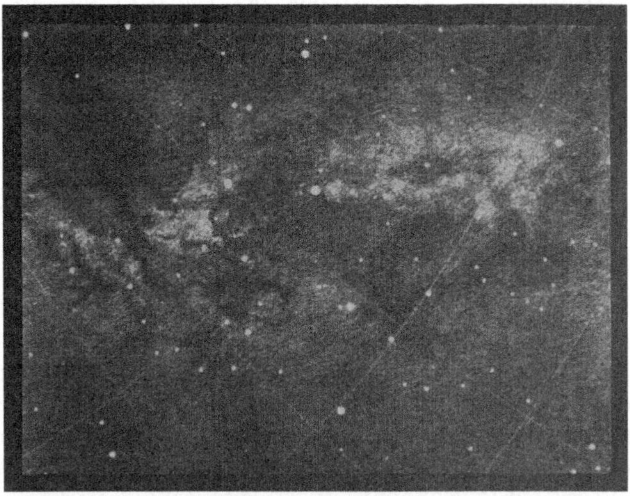

Abb. 462. Darstellung des Cygnusgebietes der Milchstraße (nach F. Goos).

Art. In ähnlicher Weise hat PANNEKOEK seine weit umfassendere Milchstraßenbearbeitung, die beste, die wir zurzeit besitzen[1]), den photometrischen Messungen von VAN RHIJN angepaßt. Zur Orientierung sind hier einige Helligkeitswerte der Bergedorfer Liste mitgeteilt. Es folgt daraus, daß die hellsten Teile der in Mitteleuropa sichtbaren Milchstraße den Himmelsgrund an ihrem nördlichen Pol um 1.5^m übertreffen, also viermal so hell sind als dieser. Es muß aber darauf aufmerksam gemacht werden, daß derartige Messungen stets nur Minimalwerte der Helligkeitsunterschiede ergeben. In unseren Gegenden ist der Himmel fast stets mit einem leichten Schleier überzogen, der besonders am Horizont sehr störend wirkt; daneben machen sich noch Aufhellungen bemerkbar, deren Ursprung nicht ganz geklärt, aber vermutlich auf nordlichtartige Erscheinungen zurückzuführen ist. Durch diese allgemeine Himmelshelligkeit werden die wahren Gradienten des Milchstraßenlichtes ebenso verkleinert, wie dies auch bei photometrischen

Relative Helligkeit einiger Milchstraßengebiete.

Milchstraßengebiet	Gr.
Galaktische Polgegend (Coma und Canes ven.)	0.0^m
„Kohlensack" nordöstlich von α Cygni	— 0.5
Randgebiete in Lyra, Ursa minor, Andromeda u. a.	— 0.7
Zentraler Streifen zwischen Cassiopeia und Puppis	— 0.9
Hellste Gebiete zwischen Cassiopeia und Cygnus	— 1.0
Hellste Stellen in Aquila und Ophiuchus, Rand der Gabelung	— 1.1
Heller Fleck bei α Cygni	— 1.2
Kondensationen zwischen γ und β Cygni	— 1.3
Helle Wolken in Sagittarius und Scutum	— 1.5

[1]) A. PANNEKOEK, Die nördliche Milchstraße. Leiden 1920.

Messungen der Sonnenkorona, des Zodiakallichtes usw. der Fall ist (S. 328 und 482). Da die meteorologischen Faktoren, die die Helligkeit des Hintergrundes veranlassen, meist unbekannt sind, ist ohne besondere Messungsreihen eine Reduktion der erhaltenen Werte auf ein unbeeinflußtes dunkles Himmelsfeld stets unsicher.

Nicht weniger wichtig als die photometrische Durchmusterung wäre eine Eichung der Milchstraße nach mittleren Spektralklassen oder nach Farbenäquivalenten. Einige besonders für diesen Zweck ausgesuchte Gebiete bilden den Gegenstand der Untersuchung für die Fortsetzung des Draper-Kataloges an der Harvard-Sternwarte in den nächsten Jahren. Angesichts der Lichtschwäche der Sterne, die hier in Frage kommen, ist aber ein Ergebnis für die ganze Milchstraße vorläufig kaum zu erwarten. Ein erster Versuch, um das integrierte Spektrum größerer Gebiete zu erhalten, ist im Jahre 1912 von E. A. Fath auf der Lick-Sternwarte ausgeführt worden. Aus den bis zu 74 Stunden belichteten spektrographischen Aufnahmen von drei hellen Wolken im Sagittarius, Scutum und Cygnus konnte nur festgestellt werden, daß das Durchschnittsspektrum dieser Gebiete vom Sonnentypus, also von der Spektralklasse G, kaum wesentlich abweicht. Die Beobachtung ist von Interesse, da sie die Zunahme der gelben Sterne mit abnehmender Helligkeit, wie sie sich in einer früher gegebenen statistischen Tabelle (S. 505) ausprägt, bestätigt.

Über die eigentliche Erscheinung der Milchstraße herrschten noch vor wenigen Jahrzehnten recht unklare und unbestimmte Vorstellungen. Selbst über eine so elementare Frage, wie ihre Auflösbarkeit bestand vor kurzem noch keine widerspruchsfreie wissenschaftliche Meinung. Es ist dies z. T. dadurch zu erklären, daß in der Milchstraße sich der Schimmer sehr entfernter Himmelskörper mit dem Licht von weit näher stehenden Sternen überlagert, die beide zufällig nahe der galaktischen Ebene ihr Häufigkeitsmaximum erreichen. Bei allen Milchstraßenproblemen ist daher die primäre, dem direkten Anblick am Himmel entsprechende Erscheinung von den sekundären in den Ziffern der Kataloge auftretenden Häufungsstellen der Sterne der ersten neun oder zehn Größenklassen streng zu unterscheiden.

Wie bereits wiederholt hervorgehoben wurde, reicht die Bonner Durchmusterung in ihren südlichen Teilen bis zur 11. Größenklasse herunter, also etwa 4 bis 5^m weiter, als die Sehgrenze für das unbewaffnete Auge beträgt. Blättert man die *BD*-Karten durch, so erkennt man auf den ersten Blick bestimmte Häufungsstellen, die der Lage nach ungefähr mit der Milchstraße zusammenfallen. Würden diese Gebiete bereits den Grundstock der Sterne enthalten, die das flockige, stark differentiierte Band der Milchstraße zusammensetzen, so müßten einige besonders charakteristische, dem freien Auge als scharf begrenzte Wolken erscheinende Teile derselben auf den Kartenblättern deutlich zu erkennen sein. Die hellen Wolken bei α Cygni, westlich von α Aquilae, im Scutum und besonders im Sagittarius eignen sich besonders gut für eine solche Nachprüfung. Aber selbst wenn man, wie dies geschehen ist, die betr. Gebiete nach den Karten verkleinert, oder diese unter den verschiedensten Gesichtspunkten umzeichnet, ist eine Übereinstimmung der *BD* mit dem tatsächlichen Anblick der Milchstraße am Himmel nirgends recht zu erzielen. Auch die durch H. v. SEELIGER vorgenommenen Abzählungen der *BD*-Sterne lassen eine Erklärung der Milchstraße auf Grund des untersuchten Materials nicht zu. Es sind also jedenfalls Sterne, die unterhalb 11^m liegen, die in ihrer Gesamtheit den Eindruck der primären Milchstraße für das unbewaffnete Auge hervorrufen.

Eine sichere Entscheidung der Angelegenheit hat erst die Photographie ermöglicht. Da die Milchstraße, wie eben festgestellt wurde, für geringe optische Hilfsmittel nicht auflösbar ist, so verhält sie sich in gewisser Beziehung wie ein Flächengebilde, also etwa wie ein kosmischer Nebel. Werden nun die Aufnahmeinstrumente möglichst lichtstark gewählt, d. h. so, daß sie bei möglichst großer Öffnung relativ kurze Brennweite besitzen, so ist es schließlich bei Anwendung genügend langer Expositionen möglich, vom direkten Anblick her bekannte Gebiete der Milchstraße in ihren Einzelumrissen auf den Aufnahmen wiederzuerkennen. Bei dem sehr beträchtlichen Durchmesser der Sternscheibchen, wie sie Objektive mit großem Öffnungsverhältnis, also 1 : 5 bis 1 : 2 geben, wird sogar eine außerordentlich verstärkte Kontrastwirkung erreicht, die die Umrisse der Milchstraße weit besser zeigt, als der direkte visuelle Anblick. M. WOLF und E. E. BARNARD haben auf diesem Wege ein sehr umfangreiches Material gesammelt, das auch technisch eine hervorragende, hier in verschiedenen Wiedergaben (Abb. 463ff. u. a.) veranschaulichte Leistung darstellt. So prächtig die bildmäßige Wirkung dieser Aufnahmen auch ist, so sind sie für die Beurteilung der Helligkeitsverhältnisse innerhalb der Milchstraße wegen ihrer Kontraste und ihrer Abhängigkeit von der verwendeten Objektivkonstruktion nicht geeignet. In dieser Beziehung stellen die galaktischen Blätter der Franklin-Adams-Karten (S. 490) ein wertvolleres Material dar, weil die ihnen zugrunde liegenden Negative mit dem gleichen Objektiv und unter Innehaltung einer bestimmten einheitlichen Expositionszeit erhalten worden sind. Obwohl auf diesen Aufnahmen die Grenze der abgebildeten Sterne bis 14.5^m oder 15^m reicht, ist in einzelnen Gegenden, wie Monoceros, Canis maior usw. der Milchstraßenumriß noch nicht deutlich herausgekommen, ein Zeichen, daß die Auflösbarkeit hier erst bei schwächeren Sternen einsetzt. Andererseits enthalten die Platten in manchen Gebieten, wie in Carina, in der Großen Kapwolke und anderwärts größere überexponierte Flächen, aus denen hervorgeht, daß die Milchstraßenumrisse hier von wesentlich helleren Sternen als 14^m bestimmt werden. Im Mittel darf man wohl annehmen, daß erst Sterne von 13^m abwärts die klare Begrenzung der Milchstraßenwolken hervorrufen. Da die üblichen an Meridiankreisen bestimmten Sternkataloge höchstens einmal bis 10^m und die Durchmusterungen nicht unter 12^m reichen, so darf darin noch kein Material zur Erforschung der primären Milchstraße gesucht werden. Daran wird nichts geändert, daß an manchen Stellen, wie z. B. zwischen γ und β Cygni, auch die hellen Vordergrundsterne an dem

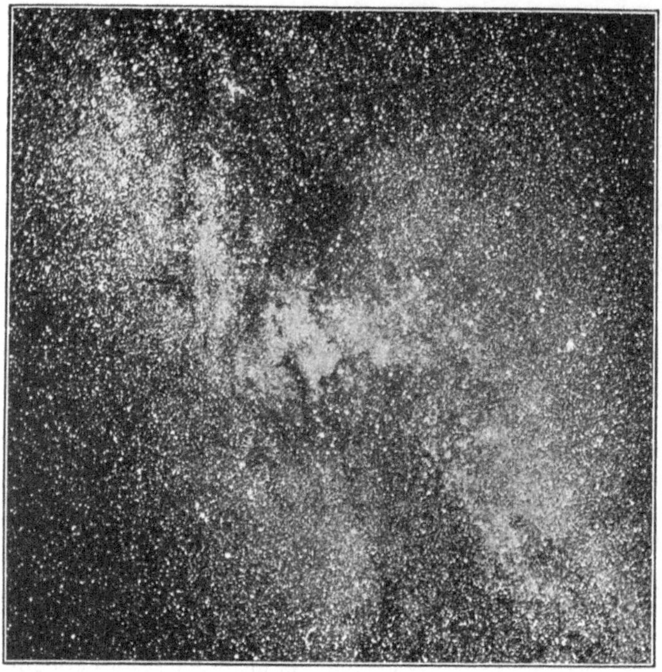

Abb. 463. Milchstraße im Cepheus und Cygnus (Aufn. von M. Wolf).

Zustandekommen einzelner galaktischer Kondensationen mitwirken und hier eine besonders leichte Auflösbarkeit der Milchstraße vortäuschen.

Zur Bestimmung des Abstandes der helleren Milchstraßenwolken kann in Ermangelung anderer Grundlagen das Russell-Diagramm herangezogen werden. Wie bei den Kugelhaufen wird also wieder vorausgesetzt, daß die Erfahrungen, die wir über die Spektra und absoluten Helligkeiten der Sterne in der Sonnenumgebung gewonnen haben, auch außerhalb dieses Bereiches gelten. Eine solche Annahme ist nicht ganz ohne Bedenken, aber sie hat doch eine gewisse Wahrscheinlichkeit für sich. Nun hat sich, wie wir sahen, herausgestellt, daß die Sterne, die sich zu den am Himmel sichtbaren helleren Milchstraßenwolken zusammenfügen, etwa die 13. bis 15. Größe besitzen. Weiterhin wissen wir, daß das von E. A. Fath erhaltene mittlere Milchstraßenspektrum der Klasse G angehört. Handelt es sich demnach bei den betrachteten Sternen der Milchstraße, was kaum zu bezweifeln ist, um Giganten, so käme ihnen nach der Tabelle (S. 546) die absolute Helligkeit $+1^m$ zu. Aus der Differenz zwischen absoluter und scheinbarer Helligkeit erhält man für die Parallaxe dieser uns zunächst liegender Sternwolken den Schätzungswert $p = 0.00025''$ oder einen Abstand von rund 13000 *LJ*.

Irgendwelche Versuche eines Eindringens in die räumliche Tiefe dieser regellosen Milchstraßengebilde schienen noch vor kurzem aussichtslos. Neuerdings hat aber G. Malmqvist gezeigt, daß eine einfache Anwendung des Herschelschen Abzählungsverfahrens (S. 718) Erfolge verspricht, wenn man nur auf Grund von Farbenindexmessungen bestimmte, erfahrungsgemäß in der absoluten Helligkeit wenig streuende Spektralklassen dieser schwachen Sterne berücksichtigt, also die Untersuchung der Raumtiefe z. B. lediglich auf den A-Sternen aufbaut. Die ersten Ergebnisse sind recht bemerkenswert. Die Sternwolke in Auriga, zu der u. a. der Sternhaufen NGC 2099 gehört (S. 710), beginnt in etwa 5000 und endet in 14000 *LJ* Abstand, während die Entfernung des bekannten Scutumflecks zwischen die Grenzen von 6000 und 16000 *LJ* zu versetzen ist. Aus diesen Zahlenwerten folgt, daß bei statistischen Untersuchungen nach Art der S. 629 geschilderten Verfahren die Tiefe der Milchstraßenwolken gegenüber dem Abstand nicht immer ohne weiteres vernachlässigt werden darf.

Abb. 464. Milchstraße im Aquila und Scutum (Aufn. von M. Wolf).

An dieser Stelle wird man sich noch einmal der Sterne erinnern, die trotz ihrer beträchtlichen Helligkeit zur primären Milchstraße in engster Beziehung stehen. Es sind dies die Gasnebel, die Wolf-Rayet-Sterne, die tiefroten N-Sterne, die sog. Pseudo-Cepheiden der Klassen cA bis cG und die Cepheiden. Nach E. Hertzsprung haben die Verteilungspole dieser Sterngruppen die nebenstehend verzeichnete Lage am Himmel. Zum Vergleich sind die fünf am genauesten bestimmten Örter des nördlichen galaktischen Pols zu einem Mittelwert vereinigt worden. Die Übereinstimmung in der

Verteilungspole galaktischer Objekte.

Galaktisches Objekt	Ort 1900.0 des Verteilungspols		Zahl d. Obj.
Visuelle Milchstraße	191.1°	+ 26.9°	—
Gasnebel (Sp. P)	192.7	+ 28.1	130
Wolf-Rayet-Sterne (Sp. Oa—Oe)	190.7	+ 26.9	87
Sterne der Klasse N	194.2	+ 27.4	228
Pseudo-Cepheiden (Sp. cF—cG)	189.1	+ 26.3	98
Cepheiden langer Periode	195.9	+ 26.8	60

Orientierung der aufgeführten Himmelskörper ist tatsächlich sehr auffallend, um so mehr, als die normalen in der Tabelle nicht berücksichtigten Sterne zum Teil sehr erhebliche Abweichungen von der Symmetrieebene des Milchstraßengürtels zeigen. Es ist vorläufig nicht möglich, für diese seltsame Korrelation, die vermutlich mit der Kosmogonie unseres Sternsystems irgendwie zusammenhängt, einen triftigen Grund anzugeben.

Aufbau des Milchstraßensystems. Die topographische Erforschung der primären Milchstraße, deren erste Erfolge eben skizziert worden sind, ist ohne eine sichere Erkundung der sekundären, also des die Sonne umgebenden lokalen Sternsystems undenkbar. Der Grundgedanke der dabei befolgten Verfahren geht auf W. Herschel zurück, der in seinen berühmt gewordenen Sterneichungen dafür das erste Fundament schuf. Wenn seine Beobachtungen nur einen ungefähren Auf- und Grundriß der Fixsternwelt in der Sonnenumgebung ohne jeden Maßstab geliefert haben, so lag das daran, daß erst 17 Jahre nach dem 1822 erfolgten Tode Herschels W. Bessel die erste Ableitung einer Fixsternparallaxe bekanntgeben konnte. Auch in dem heutigen Bilde des Sonnensternhaufens stellt der Maßstab noch das unsicherste Element dar. Da wir die Basis für unsere geometrischen Abstandsmessungen nicht willkürlich vergrößern können, müssen Umwege eingeschlagen werden. So hat man, wie wir sahen, die Entfernungen mit anderen Eigenschaften der Sterne, z. B. mit der absoluten Helligkeit, verknüpft und ist dann schrittweise zu dem Weltbild gelangt, das im letzten Teil dieses Buches entwickelt wurde. Man darf aber nicht übersehen, daß es sich bei allen physikalischen Verfahren der Entfernungsbestimmung um einen Notbehelf handelt, und daß unsere Vorstellungen vom Aufbau des viele Millionen von Gliedern zählenden Sternsystems streng genommen nur auf einigen Hundert sicheren Parallaxen beruhen.

Bei ihren Eichungen nahmen die beiden Herschel noch an, daß die Zahl der Sterne im Weltall begrenzt und ihre Sichtbarkeit nur durch die Leistungsfähigkeit der benutzten Reflektoren bestimmt sei. Setzt man weiter noch in erster Näherung voraus, daß die Sterne in einer bestimmten Blickrichtung räumlich gleichmäßig verteilt sind und durchschnittlich dieselbe Helligkeit besitzen, so kann offenbar aus der abgezählten Sternziffer N und dem Gesichtsfeld g des Fernrohrs die relative Distanz d der Systemgrenze berechnet werden. Die Größe N entspricht dann dem Inhalt eines kegelförmigen Raumes, dessen Spitze im Auge des Beobachters liegt und dessen Höhe gleich d ist. Bezeichnet man mit r den Radius seines Grundkreises im Abstand d, mit α den halben Sehwinkel des Okulars, so ist

$$N = \tfrac{1}{3} r^2 \pi d = \tfrac{1}{3} d^3 \pi (\alpha \sin 1^0)^2$$

oder

$$N = \tfrac{1}{3} g d^3$$

Für $g = 1$ Quadratgrad ist demnach die erforschte Raumtiefe d durch die einfache Gleichung

$$d = \sqrt[3]{3N} \qquad \text{gegeben.}$$

Abb. 465. Helle Sternwolke mit dunklen Flecken und Kanälen nordöstlich von μ Sagittarii (nach E. E. Barnard).

Von den HERSCHELschen Annahmen hat, wenn wir von den örtlichen, das Bild nur wenig störenden Verdunkelungen durch die absorbierenden Nebel absehen, nur die stillschweigend gemachte Voraussetzung einer absoluten Durchsichtigkeit des Raumes der Zeit standgehalten. Alle anderen Grundlagen haben sich als nicht zutreffend erwiesen. Wir wissen heute, daß die Instrumente W. und J. HERSCHELS nicht alle Sterne bis zur Grenze des Systems umfassen konnten; ferner ist bekannt, daß die leuchtenden Himmelskörper im Weltall nicht gleichmäßig verteilt sind und auch nicht entfernt die gleiche absolute Helligkeit haben. Die gestellte Aufgabe wird natürlich wieder, wenn auch nicht so einfach, lösbar, sobald die Dichte- und die Leuchtfunktion in dem uns umgebenden Raum bekannt sind. Die erste Gesetzmäßigkeit bestimmt die Beziehungen zwischen Abstand und Sternhäufigkeit, die zweite stellt dagegen die

Zahl der Individuen fest, die zu einer bestimmten absoluten Helligkeit gehören. Eine Ableitung der beiden Funktionen gestatten die am Sternhimmel gewonnenen Beobachtungsdaten in Verbindung mit den Gesetzen der mathematischen Statistik, die ihrerseits auf den Regeln der Wahrscheinlichkeitsrechnung beruhen. Wegen der Unsicherheit der Distanzen ist zwar das Problem der Dichte- und Leuchtfolge der Sterne noch nicht vollständig geklärt, doch darf wohl die Ansicht ausgesprochen werden, daß die erforderlichen Grundlagen in wenigen Jahrzehnten zu beschaffen sein werden, und eine zuverlässige Beantwortung der Hauptfragen, die sich an den Aufriß, Grundriß und den Maßstab unseres inneren Sternsystems knüpfen, schon in absehbarer Zeit zu erwarten ist. Möglich wurden die Fortschritte erst durch die Anpassung der mathematischen Wahrscheinlichkeitsgesetze an die neuartigen astronomischen Aufgaben und durch eine mühsame statistische Auswertung der vorhandenen Sternverzeichnisse. Der schließliche Erfolg ist in erster Linie den jahrzehntelangen theoretischen und praktischen Bemühungen von H. v. SEELIGER, J. C. KAPTEYN und besonders C. V. CHARLIER nebst Schülern zu verdanken[1]), die in unermüdlichem Eifer mit klarem theoretischen Blick die vorhandenen Durchmusterungen, photometrischen Kataloge und photographischen Karten auf das vorgesteckte Ziel hin durchgearbeitet und rechnerisch verwertet haben. Die Untersuchungen sind schon deswegen von besonderem Interesse, weil hier auf drei z. T. verschiedenen Wegen ein Vorstoß in den Sternenraum unternommen wurde. Den gemeinsamen Grundlagen entsprechend hat er zu Ergebnissen geführt, die im Kernpunkt übereinstimmen. Danach gehören die Sterne, die wir am Sternhimmel mit unbewaffnetem Auge oder mit mäßigen optischen Hilfsmitteln beobachten, durchweg einem örtlichen, unsere Sonne allseits umgebenden, nicht besonders dichten Sternhaufen an, der eine starke Ausbreitung nach der galaktischen Ebene zu zeigt. Je weniger sich in dem Schwarm die Sterne einer bestimmten Spektralklasse örtlich häufen und je gleichmäßiger ihre absolute Helligkeit ist, um so mehr nähern sie sich den von W. HERSCHEL für seine Eichungen aufgestellten Voraussetzungen, und um so sicherer wird ihre Lage im Raum bestimmbar.

Die Sterne der B- und A-Klasse, besonders die ersteren, entsprechen am besten der gestellten Bedingung. Trägt man ihre aus dem Vergleich der absoluten mit den scheinbaren Helligkeiten gewonnenen photometrischen Distanzen auf, so erhält man ein Modell des solaren Sternhaufens, dessen Aufriß in zwei um 90° auseinanderliegenden Hauptachsen durch Abb. 466 veranschaulicht wird. Wie man sieht, handelt es sich um stark abgeplattete Gebilde, die in erster Näherung als Rotationsellipsoide, Linsen oder dergl. angesehen werden können. Die Neigung der Verteilungsebene gegen die Ebene der primären Milchstraße ist nirgends gleich Null. Der kräftiger schraffierte Hauptschwarm

[1]) F. BOTTLINGER, Bau und Größe des Fixsternsystems nach den Untersuchungen von H. v. Seeliger. Naturw. 1919. — A. PANNEKOEK, J. C. Kapteyn und sein astronomisches Werk. Naturw. 1922.

der B-Sterne hat z. B. im Querschnitt Taurus — Ophiuchus eine Neigung von 12°. Bei den A-Sternen beträgt die Abweichung 5°. Die Sonne befindet sich nicht in der Hauptebene der betreffenden Sternsysteme, sondern liegt ein wenig nördlich davon. Erweitert man die Untersuchung, so gut dies überhaupt möglich ist, auch auf Sterne der anderen Spektralklassen, so wird das Bild, abgesehen vom Maßstab, nur wenig geändert. Lediglich die Giganten des F-, G- und M-Typus haben an der Abplattung keinen Anteil, sondern nehmen, ganz ähnlich wie das bei den kugelförmigen Sternhaufen festgestellt wurde, einen sphärischen Raum ein (vgl. Abb. 378 und 379). In allen Fällen kann aber als ziemlich sicher angenommen werden, daß die Sonnenumgebung nicht bis zu den Grenzen des örtlichen Sternhaufens gleichmäßig mit Sternen erfüllt ist, sondern daß die Zahl der Haufenkomponenten nach außen hin schließlich abnimmt. Die Tatsache ergibt sich bereits aus der Zusammen-

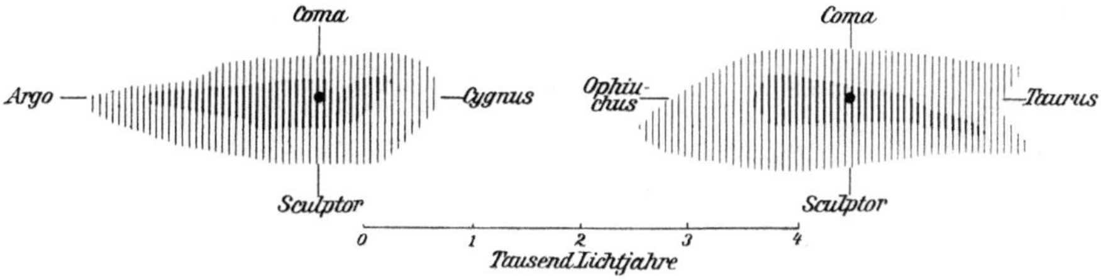

Abb. 466. Aufriß des Systems der B-Sterne (nach C. V. Charlier).

stellung der VAN RHIJNschen Verteilungsziffern (S. 495) und aus den zugehörigen Kurven der Abb. 340. Nach dem Pol dieses Sternhaufens zu hat G. MALMQVIST in rund 3500 *LJ* Abstand eine 100mal geringere Sternfülle festgestellt als in unserer Nachbarschaft. Zweifellos sind also in dieser Richtung bereits in einem Abstande von etwa 5000 *LJ* die Sterne so dünn gesät, daß wir von einer Grenze unseres Sternsystems sprechen können. Während H. SEELIGER auch im galaktischen Äquator das Vorhandensein einer ziemlich scharfen Begrenzung im Abstande von ungefähr 13000 *LJ* vertritt, setzt J. C. KAPTEYN die Entfernung der äußersten Sterne in dieser Richtung auf etwa 30000 *LJ*. Wahrscheinlich liegt auch dort noch kein Abschluß des solaren Sternhaufens vor, wenn auch in diesen Abständen die Sterndichte nur noch einem geringeren Bruchteil der Dichte im zentralen Gebiet, in dessen Nähe wir uns befinden, entsprechen mag.

Mit dem eigentümlichen Querschnitt des KAPTEYNschen Sternsystems, wie es durch Abb. 467 veranschaulicht wird, wollen wir uns hier nicht näher beschäftigen. Aus den Dimensionen der Sternwolke geht aber hervor, daß fast alle bisher astrometrisch oder astrophysikalisch genauer untersuchten Himmelskörper ohne jeden Zweifel dem eben betrachteten kosmischen Gebilde angehören. Fast alles, was die Stellarastronomie in mühevoller Arbeit bis in die letzte Zeit hinein geleistet hat, also die Bestimmung von Eigenbewegungen, Parallaxen,

Radialgeschwindigkeiten und Sterndriften, die Untersuchung der Spektren und der absoluten Helligkeiten, betrifft diesen lokalen, die Sonne umgebenden Sternhaufen.

Die Beziehungen dieses sekundären Milchstraßensystems zu dem äußeren primären sind noch lange nicht in den Einzelheiten klargestellt. Rein schematisch können wir uns die Sachlage gegenwärtig etwa so vorstellen, daß an den Grenzen ein allmählicher Übergang zu den dahinter befindlichen Milchstraßenwolken stattfindet. Liegen die Dinge tatsächlich so, dann kann sehr wohl ein Zweifel darüber aufkommen, ob nicht einige besonders merkwürdige galaktische Weltkörper, wie die Planetarischen Nebel, die Wolf-Rayet-Sterne, die Novae usw. zum solaren Sternhaufen oder zu dem ihn umgebenden Milchstraßensystem gehören. Eine völlig einwandfreie Entscheidung ist noch nicht möglich, es spricht aber manches dafür, daß die betreffenden Himmelskörper doch dem inneren, engeren Sternsystem zuzurechnen sind. Sicher außerhalb der uns umgebenden Sterneninsel, z. T. sogar außerhalb der Wolken der primären Milchstraße sind die kugelförmigen Sternhaufen zu versetzen. Ihre Abstände sind durch die Arbeiten H. SHAPLEYS soweit festgelegt, daß diese Weltsysteme fortan als zuverlässige Marksteine im Grundriß der gesamten uns umgebenden Sternenwelt gelten können. Sie sind so einseitig verteilt, daß die Sonne nicht weniger als 50000 LJ von ihrem Schwerpunkt entfernt liegt. Nur wenig näher hat man sich eine galaktischer Zone dunkler Wolken vorzustellen, die alles Licht abschirmt, das in noch größeren Fernen seinen Ursprung hat. Auf diese Weise kommt ein nur die außergalaktischen Nebel und einzelne aus sehr schwachen Sternen bestehende unregelmäßige Sternhaufen wie NGC 6822 nicht umfassendes allgemeines Sternsystem mit einem mittleren Radius von 150 000 LJ zustande. Man muß sich aber bei diesem Bilde stets vor Augen halten, daß die zuverlässigen astronomischen Methoden mit ihrem Vorrat an trigonometrischen Parallaxen und Eigenbewegungen nur ausnahmsweise über 300 LJ hinausreichen, in dem Modell somit nur die nächste Umgebung der Sonne als völlig gesichert gelten kann.

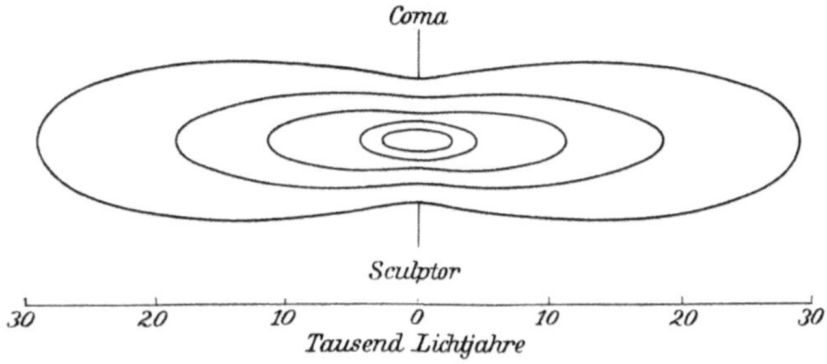

Abb. 467. Umriß des Kapteynschen Sternsystems mit Kurven gleicher Dichte (schematisch).

Bestimmte Anzeichen für eine Spiralform des gesamten Milchstraßensystems im Sinne der EASTONschen Hypothese (S. 693) liegen nicht vor, doch sind andererseits auch kaum ernsthafte Widersprüche feststellbar. Die hellen Gebiete zwischen γ und β Cygni, in denen EASTON die Kernwolke erblickte, kommen hierfür be-

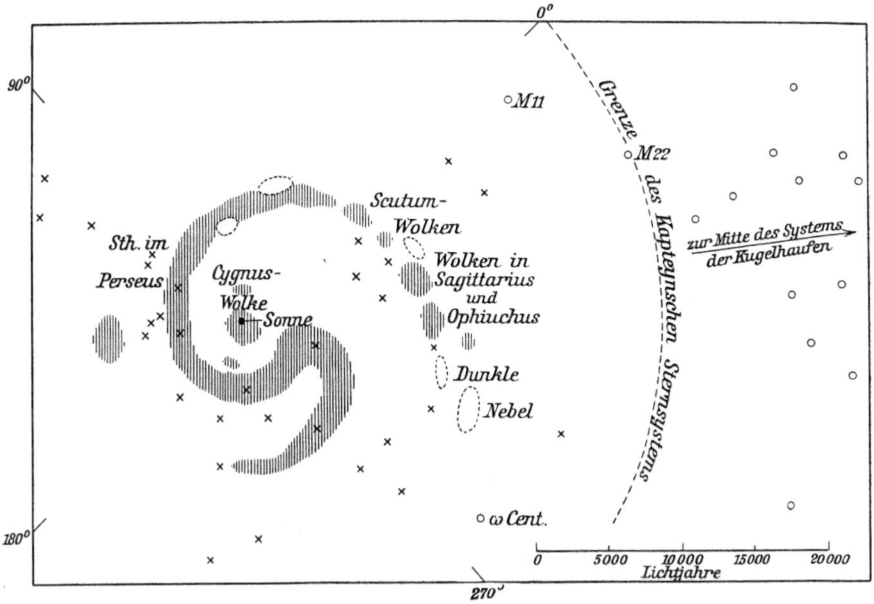

Abb. 468. Das Sternsystem als Spiralnebel aufgefaßt. Kreuze: zerstreute Sternhaufen. Kreise: Kugelhaufen (nach einer Idee von D. Mc. Laughlin).

stimmt nicht in Frage, dagegen könnte das Zentrum sehr wohl in die Sagittarius- oder Carinagegend verlegt werden. Die Milchstraße stellt dann sicher kein so helles und aus so regelmäßigen Spiralen aufgebautes Gebilde dar, wie wir es etwa am Andromedanebel beobachten. Einige wenige, durchaus nicht besonders stark ausgeprägte Arme mögen das System kennzeichnen. Ein eigentlicher Kern ist nicht vorhanden, aber immerhin könnte es wohl möglich sein, daß wir ein solches Gebilde in entsprechendem Abstande nach Gestalt und Spektrum als einen echten Spiralnebel auffassen würden. NGC 598 (*M* 33) im Triangel entspricht wohl noch am besten dieser Vorstellung. Die Helligkeitsverhältnisse, die wolkenartige Struktur, das Vorhandensein von Sternhaufen weit außerhalb der eigentlichen Spirale, die Einbettung eines großen Gasnebels in die entfernteren Windungen erinnern hier so an Verhältnisse, die uns in unserem eigenen Sternsystem geläufig sind, daß das Bild festgehalten zu werden verdient, solange es nicht durch ein anderes, besseres ersetzt wird. Überträgt man die Hauptwindungen dieses Spiralnebels nach den ungefähren Dimensionen des Kapteynschen Sternsystems in einen galaktischen Grundriß, so erhält man das Diagramm der Abb. 468, das sich einer Skizze von D. Mc. Laughlin anschließt, aber durch einige neuere Abstandsbestimmungen eine Ergänzung erfahren hat. Es ist möglich, daß das allgemeine Sternsystem, vom Nordpol der Milchstraße aus in mehreren 100000 *LJ* Abstand betrachtet, so aussieht. Zwingende Gründe für diese Annahme liegen jedoch nicht vor, da das Bild in verschiedener Beziehung willkürlich ist. Vor allem sind Form und Durchmesser der Spirale unverbürgt. Außerdem ist zu beachten, daß die spiralförmige Gruppierung der Komponenten erfahrungsgemäß nicht die einzig mögliche Anordnung eines abgeschlossenen Sternsystems bildet. Das beweisen z. B. die Magellanschen Wolken in den Sternbildern Dorado und Tucan, die bei einem Abstand von 112000 bzw. 105000 *LJ* Durchmesser von 14000 bzw. 5000 *LJ* haben und schon wegen dieser Dimensionen, ihres Reichtums an Nebeln usw. nicht unter die gewöhnlichen Sternhaufen eingereiht werden dürfen. Vor einigen Jahren hat E. P. Hubble einen ganz ähnlichen, zweifellos nicht spiralförmigen Aufbau an dem Nebel NGC 6822 in dem drei- bis vierfachen Abstand der Kapwolken nachweisen können, und einige der unregelmäßigen außergalaktischen Nebel wie NGC 4449 erwecken ganz den Eindruck, als ob sie ähnliche, völlig ungeordnete Sammelsysteme von Sternen, Sternhaufen und Nebeln wären.

In diesem Zusammenhange darf noch einmal kurz die Inseltheorie der Spiralnebel gestreift werden, da sie ja im Grunde den Anlaß zur Aufstellung von Modellen des solaren Sternsystems nach Art der Abb. 468 gegeben hat. In zwei Fällen, bei NGC 224 Andromedae und NGC 598 Trianguli, darf die Hypothese durch Abstand und Durchmesser als erwiesen gelten, so daß wenigstens diese beiden Nebel als ferne Sternsysteme von der ungefähren Größenordnung des solaren Sternhaufens anzusehen sind (S. 695). Bei den anderen Spiralen kann man der Frage vorläufig nur mit Wahrscheinlichkeitsgründen näher treten. Sollten aber die bisherigen Ergebnisse eine allgemeinere Bestätigung erfahren, die Grenzen der sichtbaren Welt also tatsächlich so außerordentlich weit reichen, so könnte damit auch eines Tages unsere Erkenntnis kosmogonischer Vorgänge eine sehr wesentliche Erweiterung erfahren. Haben wir erst genügend zahlreiche gleichartig aufgebaute Weltsysteme entdeckt, die tatsächlich im Raum um Millionen von Lichtjahren auseinander liegen, so reicht mit einem Male unser Blick um die gleiche Zeitspanne in die Vergangenheit zurück. Es könnte vorkommen, daß uns einzelne Spiralnebel so erscheinen, wie sie vor 2, andere, wie sie vor 10 Millionen Jahren ausgesehen haben, d. h. in dem Augenblick, als sie der Lichtstrahl verließ. Der Unterschied von 8 Millionen Jahren könnte aber möglicherweise auch in dem Werdegang eines Milchstraßensystems ein nicht ganz zu vernachlässigendes Zeitintervall bilden. Unter Voraussetzung einer gleichartigen Evolution würde es vielleicht auf diese Weise möglich sein, einen Einblick in die Geschichte der einzelnen Milchstraßensysteme zu erhalten, obwohl das menschliche Leben, ja selbst die ganze Entwicklung des Menschengeschlechts auf der Erde gegenüber diesen Zeitspannen nur als ein überaus kurzer Augenblick erscheint. Von diesen Luftschlössern sind wir natürlich noch weit entfernt; die Möglichkeit von künftigen Schlüssen der angedeuteten Art und Richtung läßt sich jedoch heute kaum noch bestreiten.

Namenregister.

Sachregister.

Verzeichnis der Zahlentabellen.

Angewendete Abkürzungen für periodische Schriften.

Ann. Astrophys. Obs. Smithson. Inst.: Annals of the Astrophysical Observatory of the Smithsonian Institution, Washington.

Ap. J.: Astrophysical Journal, Chicago.

Astr. Nachr.: Astronomische Nachrichten, Kiel.

Bull. Astr. Neth.: Bulletin of the Astronomical Institutes of the Netherlands, Haarlem.

Enz. d. math. Wiss.: Enzyklopädie der mathematischen Wissenschaften, Leipzig.

Erg. d. ex. Natwiss.: Ergebnisse der exakten Naturwissenschaften, Berlin.

Harv. Ann.: Annals of Harvard College Observatory, Cambridge (Mass.).

H. u. E.: Himmel und Erde, Berlin und Leipzig.

Lick Bull.: Lick Observatory Bulletins, Berkeley.

Lick Publ.: Lick Observatory Publications, Sacramento.

M. N.: Monthly Notices of the Royal Astronomical Society, London.

Nat.: Nature, London.

Naturw.: Die Naturwissenschaften, Berlin.

Obs.: The Observatory, London.

Pop. Astr.: Popular Astronomy, Northfield.

Publ. Astr. Soc. Pac.: Publications of the Astronomical Society of the Pacific, San Francisco.

Publ. Astrophys. Obs. Potsd.: Publikationen des Astrophysikalischen Observatoriums in Potsdam.

Publ. Brit. Astr. Ass.: Publications of the British Astronomical Association, London.

Zeitschr. f. Phys.: Zeitschrift für Physik, Braunschweig.

Z. f. I.: Zeitschrift für Instrumentenkunde, Berlin.

GPSR Compliance

The European Union's (EU) General Product Safety Regulation (GPSR) is a set of rules that requires consumer products to be safe and our obligations to ensure this.

If you have any concerns about our products, you can contact us on ProductSafety@springernature.com

In case Publisher is established outside the EU, the EU authorized representative is:

Springer Nature Customer Service Center GmbH
Europaplatz 3
69115 Heidelberg, Germany

Batch number: 08550628

Printed by Printforce, the Netherlands